U0200615

科技部创新方法工作专项（项目编号：2015IM050100）

10000 个科学难题

10000 Selected Problems in Sciences

制造科学卷
Manufacturing Science

"10000 个科学难题"制造科学编委会

科学出版社

北 京

内 容 简 介

　　本书是《10000个科学难题》系列丛书中的制造科学卷。书中的332个制造科学难题是由本领域 600 余位专家研究、提炼与撰写的,内容覆盖了当今制造科学几乎所有的研究方向,反映了当代经济发展中制造科学的新问题,以及制造科学与多学科交叉产生的新难题。这些难题的汇聚出版,较全面地展示了制造领域所面临的新使命和发展中的科学挑战。由于制造科学属工程科学,难题多从工程现象提出,且具有多学科融合的复杂性。本书的作者们为准确提炼科学难题,将科学与工程的关联通过难题内容的逻辑结构予以阐明,这也是本书难题的撰写特点。

　　本书可供机械工程专业和相关学科的本科生、研究生阅读,也可为从事制造工程及其交叉领域研究工作的专业人员提供参考。

图书在版编目(CIP)数据

10000 个科学难题・制造科学卷/"10000 个科学难题"制造科学编委会.
—北京:科学出版社,2018.10
　ISBN 978-7-03-057121-2

　Ⅰ.①1⋯　Ⅱ.①1⋯　Ⅲ.①自然科学-普及读物②制造工业-普及读物
Ⅳ.①N49②TB-49

中国版本图书馆 CIP 数据核字(2018)第 064446 号

责任编辑:裴　育　鄢德平　纪四稳 / 责任校对:王萌萌
责任印制:师艳茹 / 封面设计:陈　敬

科学出版社 出版
北京东黄城根北街16号
邮政编码:100717
http://www.sciencep.com
中国科学院印刷厂 印刷
科学出版社发行　各地新华书店经销
*
2018 年 10 月第　一　版　开本:720×1000 1/16
2018 年 10 月第一次印刷　印张:83
字数:1 641 000
定价:680.00 元
(如有印装质量问题,我社负责调换)

"10000 个科学难题"征集活动领导小组名单

组 长 杜占元 黄 卫 张 涛 高瑞平

副组长 赵沁平

成 员（以姓氏拼音为序）

雷朝滋 秦 勇 王长锐 王敬泽 徐忠波 叶玉江
张晓原 郑永和

"10000 个科学难题"征集活动领导小组办公室名单

主 任 李 楠

成 员（以姓氏拼音为序）

刘 权 裴志永 沈文京 王振宇 鄢德平 朱小萍

"10000 个科学难题"征集活动专家指导委员会名单

主 任 赵沁平 钟 掘 刘燕华

副主任 李家洋 赵忠贤 孙鸿烈

委 员（以姓氏拼音为序）

白以龙 陈洪渊 陈佳洱 程国栋 崔尔杰 冯守华
冯宗炜 符淙斌 葛墨林 郝吉明 贺福初 贺贤土
黄荣辉 金鉴明 李 灿 李培根 林国强 林其谁
刘嘉麒 马宗晋 倪维斗 欧阳自远 强伯勤 田中群
汪品先 王 浩 王静康 王占国 王众托 吴常信
吴良镛 夏建白 项海帆 徐建中 杨 乐 张继平
张亚平 张 泽 郑南宁 郑树森 周炳琨 周秀骥
朱作言 左铁镛

"10000个科学难题"制造科学编委会名单

主　任　钟　掘
副主任（以姓氏拼音为序）

蔡鹤皋　郭东明　黎　明　林忠钦　卢秉恒
任露泉　宋天虎　谭建荣　温诗铸　熊有伦

编　委（以姓氏拼音为序）

陈　恳　陈雪峰　陈云飞　戴一帆　邓　华
丁　汉　董　申　段吉安　房丰洲　冯吉才
付　新　高　峰　葛世荣　韩　旭　韩志武
黄传真　黄明辉　黄　田　贾振元　姜澄宇
姜　澜　蒋庄德　焦宗夏　康仁科　赖一楠
李涤尘　李圣怡　李晓谦　蔺永诚　刘　宏
雒建斌　孟永钢　彭芳瑜　秦大同　邵新宇
帅词俊　孙立宁　唐进元　田红旗　涂善东
王艾伦　王国彪　王海斗　王华明　温激鸿
吴运新　项昌乐　徐九华　徐西鹏　杨　合
杨华勇　杨　荟　尹周平　尤　政　虞　烈
袁慎芳　苑世剑　苑伟政　翟婉明　詹　梅
湛利华　张宪民　张义民　赵　杰　赵万生
郑津洋　钟敏霖　周仲荣　朱　荻　朱文辉
朱向阳

《10000 个科学难题》序

　　爱因斯坦曾经说过"提出一个问题往往比解决一个问题更为重要"。在许多科学家眼里，科学难题正是科学进步的阶梯。1900 年 8 月德国著名数学家希尔伯特在巴黎召开的国际数学家大会上提出了 23 个数学难题。在过去的 100 多年里，希尔伯特的 23 个问题激发了众多数学家的热情，引导了数学研究的方向，对数学发展产生的影响难以估量。

　　其后，许多自然科学领域的科学家们陆续提出了各自学科的科学难题。2000 年初，美国克雷数学研究所选定了 7 个"千禧年大奖难题"，并设立基金，推动解决这几个对数学发展具有重大意义的难题。十多年前，中国科学院编辑了《21 世纪 100 个交叉科学难题》，在宇宙起源、物质结构、生命起源和智力起源四大探索方向上提出和整理了 100 个科学难题，吸引了不少人的关注。

　　科学发展的动力来自两个方面，一个是社会发展的需求，另一个就是人类探索未知世界的激情。随着一个又一个科学难题的解决，科学技术不断登上新的台阶，推动着人类社会的发展。与此同时，新的科学难题也如雨后春笋，不断从新的土壤破土而出。一个公认的科学难题本身就是科学研究的结果，同时也是开启新未知大门的密码。

　　《国家创新驱动发展战略纲要》指出，科技创新是提高社会生产力和综合国力的战略支撑。我们要深入实施创新驱动发展战略，培养创新人才，建设创新型国家，增强原始创新能力，实现我国科研由跟跑向并跑、领跑转变。近日，为贯彻落实《国家创新驱动发展战略纲要》，加快推动基础研究发展，科学技术部联合教育部、中国科学院、国家自然科学基金委员会共同制定了《"十三五"国家基础研究专项规划》，规划指出：基础研究是整个科学体系的源头，是所有技术问题的总机关。一个国家基础科学研究的深度和广度，决定着这个国家原始创新的动力和活力。这再次强调了基础研究的重要作用。

　　正是为了引导科学家们从源头上解决科学问题，激励青年才俊立志基础科学研究，教育部、科学技术部、中国科学院和国家自然科学基金委员会决定联合开展"10000 个科学难题"征集活动，系统归纳、整理和汇集目前尚未解决的科学难题。根据活动的总体安排，首先在数学、物理学和化学三个学科试行，根据试行的情况和积累的经验，再陆续启动了天文学、地球科学、生物学、农学、医学、信息科学、海洋科学、交通运输科学和制造科学等学科领域的难题征集活动。

　　征集活动成立了领导小组、领导小组办公室，以及由国内著名专家组成的专家指导委员会和编辑委员会。领导小组办公室遴选有关高校、科研院所或相关单位作为承办单位，负责整个征集工作的组织领导，公开面向高等学校、科研院所、学术机构以及全社会征集科学难题；编辑委员会讨论、提出和组织撰写骨干问题，并对征集到的科学问题进行严格遴选；领导小组和专家指导委员会最后进行审核并出版《10000 个科学难题》系列丛书。这些难题汇集了科学家们的知识和智慧，凝聚了参与编写的科技工作者的心血，也体现了他们的学术风尚和科学责任。

开展"10000 个科学难题"征集活动是一次大规模的科学问题梳理工作，把尚未解决的科学难题分学科整理汇集起来，呈现在人们面前，有利于加强对基础科学研究的引导，有利于激发我国科技人员，特别是广大博士、硕士研究生探索未知、摘取科学明珠的激情，而这正是我国目前基础科学研究所需要的。此外，深入浅出地宣传这些科学难题的由来和已有过的解决尝试，也是一种科学普及活动，有利于引导我国青少年从小树立献身科学，做出重大科学贡献的理想。

分学科领域大规模开展"10000 个科学难题"征集活动在我国还是第一次，难免存在疏漏和不足，希望广大科技工作者和社会各界继续支持这项工作。更希望我国专家学者，特别是青年科研人员持之以恒地解决这些科学难题，开启未知的大门，将这些科学明珠摘取到我国科学家手中。

2017 年 7 月

前　　言

　　制造科学是一门创造产品的科学，它阐明产品设计制造的科学规律，运用自然科学探索、构建物质在能量作用下演变为特定功能产品的科学原理，承载制造过程的装备系统集成与运行规律、产品状态的检测与表征方法等。制造科学渗透着众多自然科学和工程科学，人类在产品创新制造的历史长河中构建起制造科学的理论、技术体系和超越现有的制造工程系统，因此制造科学遵从自然科学的客观规律，又来自于人类的智慧与创造。

　　社会发展对产品的新需求不断挑战制造科学，人类破解科学难题、创造新产品满足社会变革的需求，世界文明发展的历次技术革命反复演绎着这条规律。当代的知识大爆炸和人类创新意识的大觉醒使社会对产品的需求更具科学幻想性、绿色现实性、产品功能与制造实现的极端性，也驱动制造科学在解决这类新难题的过程中创造着新产品，如超级功能深空探测器、超高速飞行器、超大型海上平台、超精密微纳芯片、超高能量激光武器等，这些产品的创造既传承了传统制造科学，又在难题破解中形成制造新原理，引发了制造科学的世纪变革。随着国际竞争的激烈与各国战略目标的推进，制造科学的变革正在向科学深度和竞争前沿推进，我们如何应对和制胜？选择只能是：深度解决科学难题，抢占创造新产品先机。这是本书编委会接受此项任务的初衷和努力目标，期望通过本书的编撰将困扰本领域发展的科学难题挖掘凝炼出来，以助制造科学的进步。

　　为使本书内容在学科内涵上不存在大缺漏，我们以高校制造学科力量为主体，集合多年活跃在学科第一线的团队，按学科方向组成编写工作组，各组之间不设定内涵界线，以便于学科交叉新问题的提出。编写工作组分别向社会征集、评审、遴选难题条目，经过近两年的工作，将开始征集到的 1200 余条难题，通过 3~4 次小组评审和修改、3 次编委会评审和修改、3 次专家组评审和遴选，最终确定 332 条难题入选本书出版。考虑到制造科学具有很强的学科交叉性，书中难题条目不按学科方向分类，而是将科学原理接近的难题就近编排。

　　条目评审过程中我们形成一个共识：科学难题是当前学术界基本达成共识的未解决的问题，但是对难题的立意和分析客观上存在的不同学术见解，本书不可能一一述及，我们尊重编撰者的学术观点，同时也努力不给读者留下"此乃唯一"的思维约束，我们期望本书给予读者的是对"制造如何创造物质产品社会"的好奇心的激励、探索的提示和智慧思考的萌生，也希望读者特别是青年读者能以此初心阅读本书。

　　为便于广大读者顺畅地阅读，本书难题条目按导入篇和专题篇编撰，引入导入篇条目有助于读者了解制造科学的总体状况、时代特点和存在的领域性科学难题，编入专题篇条目多为阐明某一科学难题的产生、由来、已有的研究和可能解决难题的研究路线。

　　本书是教育部、科学技术部、中国科学院和国家自然科学基金委员会共同发起编撰出版的《10000 个科学难题》系列丛书中的制造科学卷，由科技部创新方法工作专项设立"10000 个科学难题征集——制造"项目支持实施。编撰过程中，国家自然科学基金委员会工程与材料科学部为此任务设立了"先进制造科学基础与前沿发展研究"课题并对具体条目撰写提出了建议，教育部科学技术司对本书的立项申请、审查、出版进行了全过程组织与指导，600 余位专家学者对本书难题条目的征集、撰写、评审、遴选贡献了智慧。我们对社会各界给予本书出版的支持致以衷心感谢！

　　世界处于大变革时代，产品创新是推进变革的物质力量，承担创造产品使命的制造科学永远处在变革的前沿。在本书编撰工作结束之时，我们对制造科学难题的认识还在不断深化，后续的更具科学挑战性的难题正在萌生，制造领域的有志者们将在不断解决难题的过程中发展制造科学、贡献社会、造福人类！

制造科学编委会

2017 年 2 月

目　　录

10000 个科学难题 · 制造科学卷

导 入 篇

当代极高功能产品挑战制造科学

Manufacturing Science Challenged by Extremely High Performance Products

物质在制造环境下通过能量的作用演变为功能产品，选择不同物质、应用不同能量、产生不同演变，获得满足各领域要求功能迥异的产品，创造出不同时代特征的社会经济文明。

进入 21 世纪以来，全球科技创新进入空前密集活跃的时期，新一轮科技革命和产业变革正在重构全球创新版图、重塑全球经济结构[1]。国家需要拥有功能最强大的装备实现上进深空、下入深海的探索目标；需要拥有信息密度最大、传输速度最快、信息保真度最好的光子/电子器件；需要拥有巨大可再生能源的动力装备；需要能保障国家安全的国防武器装备。由此推动多学科的科学发现与发明聚焦于创造极端功能产品，如巨型火箭、巨型海上平台、速度为 8～10 马赫的高超声速飞行器、工作在温度为-250～2300℃的飞行器发动机、特征线宽已进入 20nm以下的芯片、表面粗糙度＜0.5nm 的激光光学镜面等，这类具有极大极小结构零件、极端几何精度、极端服役功能、极端复杂系统的产品成为高端制造能力的表征[2,3]。极端特征产品的发展提出了制造科学的新难题。

1. 极大尺度制造——解决超大型构件极高综合性能的制造难题

大型装备主体结构整体化是实现装备高功能的重要技术因素，但已有制造技术使大型结构各部分的性能差异可高达 30%～50%，质量效率低，装备服役存在巨大安全风险。以重型运载火箭制造为例：

国际航天强国研制超重型火箭外径达 10m 量级，长达 100m 量级，径厚比高达 1000，筋的高厚比高达 10，形成整体高柔性和局部高刚性的复杂结构（图 1），制造与服役中传力路径与形变状态具有强不确定性，服役性能与残余应力也随之呈现随机性，同时需要服役于极低温度环境（液氢贮箱-252℃、液氧贮箱-183℃）。这类综合高性能的超大型构件制造难度极大，除形状精度难以保证外，还极易产生局部性能弱化和局部形状变异而导致失效，至今仅美国做成过一枚土星V发射火箭。

实现此类几何尺寸特大、性能要求特严格的复杂构件整体制造，面对的科学

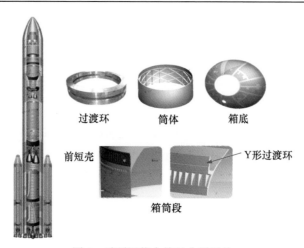

图 1　重型运载火箭及典型零件

难题如下：

（1）具有高强高韧、耐腐蚀、耐疲劳、耐冲击、耐辐射的构件内部特征微观组织结构是怎样的；

（2）这类特征微结构在怎样的制造能量驱动下才能获得；

（3）能量在这种大而复杂的结构中的真实传输路径是什么；

（4）在大尺度下凸显的构件性能的不均匀如何通过调控制造的两个主因素——能场与物质场解决；

（5）如何控制和消减对安全服役威胁最大的残余应力。

这类超大型轻量化高性能构件，如果采用金属/纤维混杂材料（图 2），轻量化指标可以大大提升。但是对服役性能的形成与失效分析仍缺乏充分的科学依据，2012 年美国国家航空航天局（NASA）对 B787 审查认为：对复合材料的服役行为掌握有限。

图 2　飞机混杂材料构件

轻质混杂材料的可靠应用还需要解决一些基本科学问题，例如：

（1）金属/纤维混杂材料构件各种性能对应的微结构的形成和失效机制；

（2）热/冷加工制造过程构件产生局部损伤的机制与规避原理；

（3）连接部位的结构特性和连接应力，整件残余应力状态与控制；

（4）需要由基础研究获得知识，建立混杂材料构件材料-结构-制造-性能一体化的设计准则和制造规范。

2. 极小尺度制造——解决纳结构制造品质对信息传输品质影响难题

微电子、光电子器件由微、纳尺度结构承载及传递信息流，其制造精度的误差值可能高达结构尺寸的 1/10，因此制造精度极大地影响传输品质，提高极小尺度结构制造品质是信息保真传输的基础和突破口。以光子集成器件制造为例：

光子集成器件（图 3）将激光器、调制器、光栅等集成制造在同一芯片上，器件集成制造是应对未来通信速率（＞10Gbit/s）与容量爆炸式增长的必由之路。

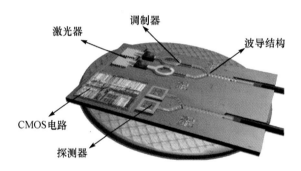

图 3　光子集成器件结构示意图

其制造实现需要突破如下科学难题：

（1）需要解决器件集成制造中多种元件结合界面晶格失配，导致光功能丧失等问题；

（2）为不损失光信号功率，需要解决纳米光路异质接口折射率匹配问题；

（3）为保证信息的保真传输，必须突破高能束参数与微能场调控问题，实现亚纳米级精度制造。

微电子器件制造是发展最快的领域之一，在特征线宽不断减小的同时引发了制造技术的变革，目前国际微电子界正致力于实现 10nm/7nm 特征线宽的新型微缩器件（图 4）：

（1）通过研发新材料提高电子迁移率；

（2）通过三维纳结构实现尺寸微缩；

（3）通过新结构的三维集成达到整体降低晶体管功耗的目的。

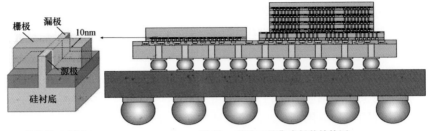

(a) 10nm器件结构示意图(FinFET)   **(b) 10nm芯片三维集成封装结构图**

图4 10nm特征线宽新型微缩器件及封装示意图

实现这些产品目标，在科学原理上必须突破如下难题：

（1）高迁移率材料纳米结构的形成；

（2）单个原子层厚度硅基板的制造原理与规律；

（3）三维集成中高传输密度、高传输速度和高保真传输的互联微通道的建立；

（4）极紫外光光源亚纳米运动精度的实现。

3. 超精密无损伤制造——解决亚纳米级精度功能表面"零"损伤制造难题

精密光学元件不断挑战高精度无损伤制造的新极端。以强光光学元件为例：

强光光学元件是服役于极高功率（10万瓦级）激光辐照的光学元件，是激光武器和惯性约束聚变装置等强光系统的关键元件。

强光光学元件表面为复杂高次曲面，需要纳米级面形精度和亚纳米级粗糙度。例如，惯性约束装置中楔形透镜的形位误差<10″，面形精度优于20nm RMS（均方根），表面粗糙度优于0.5nm RMS。

更具挑战的问题是：光学表面不允许有加工缺陷（图5）。在超强激光辐照下，加工缺陷将引起表面激光能量局部集中，造成强光辐照损伤，使元件几何结构或材料性质发生不可逆变化，导致镜面光学行为变异甚至出现微裂纹（图6），无法承载强激光能量。

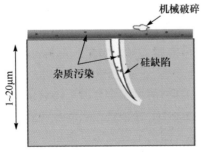

图5 熔石英表面加工缺陷模型   图6 惯性约束装置的楔形透镜损伤

为实现强光光学元件高品质制造，其亚纳米精度制造技术原理需要具有低应力、低缺陷、缺陷动态延缓等功效，实现高精度、零缺陷制造，提升超强激光承受能力。

在太赫兹雷达上用的阵列光学器件制造代表另一类超精密制造，其表面具有复杂结构。图7为立方棱镜阵列反射镜面。

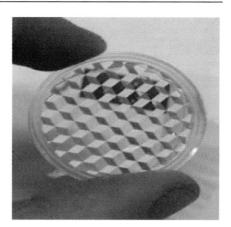

图7　立方棱镜阵列反射镜面

这类复杂结构高精度镜面只能用机械切削方法加工，精度要求极高：

0.1～10THz；

多面体阵列结构，角度误差＜1′；

面形误差＜0.3μm；

间距误差＜0.1μm；

粗糙度＜15nm。

其中的科学难题如下：

（1）以怎样的材料-能量交互方式有效地改善硬脆光学晶体加工性能；

（2）硬脆光学晶体的纳米切削时，对何种微结构匹配怎样的切削能才不产生制造缺陷；

（3）制造过程影响精度的扰动源及其消减。

4. 极高服役性能制造——在学科交叉制高点上探索新制造原理

对产品服役功能的极高要求，需要综合多学科知识形成产品新概念、新结构和新制造方法[3]。

1）极端服役飞行器制造

高超声速巡航飞行器（图8）的速度高达8～10马赫，需要极高能量密度轻质发动机，实现发动机高能量密度燃烧和承载高温燃烧的构件所需达到的性能指标是当今之最，在解决高能量密度燃烧的热力学难题的同时，还要面对特殊轻质耐热功能结构的特种制造难题。

图8　高超声速巡航飞行器示意图

高速飞行时剧烈的气动致热使其界面急剧升温，需要用能承受极高温（高达2300℃）的热防护构件作为飞行器主体结构，因此需要在热电转换、微通道传热等方面有新的原理性创造。

需要解决的科学难题如下：

（1）设计怎样的结构才可以具有强热电转换能力；

（2）用什么制造原理与方法可以制成蜂窝结构与热微通道结构；

（3）传热与传力结构如何实现刚性连接形成整体承载能力。

大幅度提升高超声速飞行器高温服役的结构效率及其超强的热防护能力，是当今实现高超声速飞行的竞争制高点。

2）水下装置隐身结构制造

声隐身性能是决定水下装置在海洋战争环境中能否生存的核心要素。敷设在水下装置外表面的高性能水下隐身结构是其唯一能够有效对抗声呐探测的关键部件，其吸声性能的提高将有效降低水下装置的目标反射强度，提升其声隐身性能。

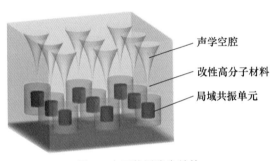

图 9　水下装置隐身结构

高性能水下装置隐身结构（图 9）的基本性能要求是轻质、耐压、低频宽带吸隔声：

500～1000Hz 声波平均吸声系数＞0.6。

1000Hz 以上声波平均吸声系数＞0.8。

轻质：密度＜1100kg/m³。

耐压：3～4MPa。

实现上述目标需要突破的科学难题如下：

（1）更好地实现以消声为目标的声能传递、转化与耗散的结构；

（2）局域共振声学结构的材料结构匹配设计及其精确制造技术。

3）特殊功能的极端服役装备

特殊功能的极端服役装备可以是一类制造装备，也可以是具有特定功能的高端装备，它们表征着国家的整体制造能力和各工业领域的基本服役能力。面对国际竞争的实力需求，制造界正在构思可制造性的装备集成规律，构造新机型，服务新目标。以核聚变系统中关键结构的制造为例：

核聚变系统中一些关键结构所要求的制造品质用现有的加工方法几乎无法实现，我国正实验用超快激光束进行这类微结构制造（图10）。

在微纳尺度结构上达到的制造能量条件如下：

特高品质：近零变质层。

超强：能量密度约 10^{22}W/cm²。

超快：脉宽可达约 1.2×10^{-17}s。

三维超精度加工：精度 10nm 级。

其中要解决的关键科学问题如下：

（1）超快激光加工的电子动态调控；

（2）材料瞬时局部特性演变规律与调控。

能源动力装备是经济社会最基本、最重要的基础装备。高速永磁电机代表新一代能源动力装备，是一种具有特高功率密度的先进能源动力装备（图11），已应用于舰船、飞行器动力推进系统。其典型功率指标如下：

图10　超快激光加工系统

高速：对应于单机功率从数十千瓦到数十兆瓦，相对应的工作转速可覆盖范围宽达 15000～200000r/min。

高比能：对于 2～10MW 功率范围的高速永磁电机，采用高速驱动模式（15000～25000r/min）后其功率密度比常规电机提高近 10 倍；未来采用新型工作介质的动力推进系统的单位质量功率密度可高达 10～15kW/kg，是常规机组的 30～50 倍。

直驱：能量同轴转换，增效近 20%。

（a）高速永磁发电机组　　　　（b）高速永磁电机直驱式压缩机组

图11　高功率密度先进能源动力装备

这类高速、高功率密度的电动机/发电机在重大装备上（单机功率为数十兆瓦）应用时，还要解决一些关键难题：

（1）如何保证高速、超高速转子的结构具有高强度；

（2）无损伤、多尺度制造完整性的科学依据；

（3）大电流输送过程中高频高能电磁场的能量转换、耗散与宏微观效应的关系；

（4）高速机电耦合系统的非线性动力奇异现象与机理。

5. 人-机融合智能系统制造——解决人工选择与自然选择相融合的难题

人-机融合智能系统（图 12）是集生物体与人造机电装置于一体的系统，它正在成为下一代智能机器人的重要技术特征。作为当今的前沿科学技术之一，人-机融合智能系统为"制造"设立了新的对象和目标，大幅延伸了制造科学的边界，也带来了一系列重大科学技术难题。

（a）神经控制假肢　　　　　　　　　　（b）机器昆虫

图 12　人-机融合智能系统

人-机融合需要解决的首要问题是生物体与人造机电系统之间的信息传输，包括神经信息的感知和认知、神经控制的机理、外部信息的神经传入机制等。从制造的角度来看，一个重大的难题是如何借助工程科学方法来构建生物神经系统与外部环境之间的双向信息通道。另外，人-机融合智能系统技术的发展正在拉近机械系统与生命体之间的距离。如何构建具有类生物体特性的智能机械系统，突破运动、感知、控制一体化设计和制造原理，并实现其与生物体的功能融合和集成，已成为当今机械制造科学的重要任务[4,5]。

制造的本质是能量将物质改变为具有功能的产品，以怎样的物质与能量交互作用才能制造出功能超常的产品成为制造科学的核心问题。大自然赋予人类极其丰富多彩的物质与能量，任何时空这些物质与能量都在进行着交互。它们的存在极其浩瀚与神秘，人们知之甚少，运用更少，如何发现、选择和恰到好处地将它们集成为全新的物质能量体系、超越现实已有的工程制造系统、实现极高功能新概念产品的制造，是制造科学基础研究的主题，这一主题在生存竞争与发展的世界中成为永恒，而且正不断产生、更迭着具有强烈时代特征的重大科学难题。

参 考 文 献

［1］ 习近平. 在中国科学院第十九次院士大会、中国工程院第十四次院士大会上的讲话. 北京: 人民出版社, 2018.

［2］ 中华人民共和国国务院. 国家中长期科学和技术发展规划纲要(2006—2020 年). 2006.

［3］ 美国未来学研究所, 美国机械工程师协会. 机械工程未来 20 年发展预测. 中国机械工程学会, 译. 2008.

［4］ Brooker G M. Introduction to Biomechatronics. Raleigh: SciTech Publishing Inc., 2012.

［5］ Rus D, Tolley M T. Design, fabrication and control of soft robots. Nature, 2016, 521(7553): 467-475.

撰稿人： 钟　掘[1]、熊有伦[2]、林忠钦[3]、温熙森[4]、

虞　烈[5]、朱向阳[3]、段吉安[1]

1 中南大学、2 华中科技大学、3 上海交通大学、

4 国防科技大学、5 西安交通大学

热加工的科学挑战与未来

The Future and Scientific Challenges of Hot Processing

热加工是在热或热、力、磁等外场共同作用下，使液态、固态或半固态材料发生凝固、流变或转移形成所需形状和性能构件的制造过程。热加工主要包括铸造、塑性成形、焊接、热处理与改性、增材制造等加工技术。热加工既是古老的工艺，又是焕发青春的重要技术。我国商朝的"司母戊鼎"就是当时世界最高水平的铸造产品，也是青铜文化的代表。武侠小说中削铁如泥的宝剑实际上是通过对铸铁反复锻打脱碳变成了中碳钢，再经过淬火处理变成锋利无比的宝剑。现代社会中，从"可上九天揽月"的运载火箭到"可下五洋捉鳖"的潜艇，以及飞驰在大地上的高铁列车，都离不开热加工技术提供的关键产品。

热加工技术的鲜明特点是在获得复杂形状构件的同时，通过从原材料到最终构件的全工艺过程调控，改善构件内部微观组织，进而提高构件综合力学性能，实现成形成性一体化制造[1]。热加工是制造高性能复杂形状构件的关键技术，也是先进制造技术的重要组成部分。《中国制造 2025》和美国国防高级研究计划局（DARPA）连续实施几十年的 ManTech 计划（先进制造技术研发计划）均把热加工列为优先发展的关键技术。同时，大型高性能铸锻件的制造能力和装备也是一个国家的工业水平和国防实力的体现。

热加工技术发展大体经历了四个主要阶段[2]。第一阶段（20 世纪 80 年代前）为毛坯加工阶段。此阶段的主要任务是制造出性能满足要求的毛坯或半成品，这些毛坯需要经过机械加工去除大量材料才能获得最终形状的构件。在这个时期，人们戏称铸锻件为"傻大黑粗"。第二阶段（20 世纪 80～90 年代）为近净成形（near-net shape）或精密成形（net shape）阶段。此阶段的主要任务是制造出接近最终形状的半成品或直接加工出达到最终形状的成品。对于近净形状的半成品，除了配合面需要机械加工外，大部分区域不再需要加工，彻底改变了铸锻件"傻大黑粗"的形象。第三阶段（2000 年以后）为成形成性一体化阶段。此阶段不仅要获得形状复杂的产品，更重要的是在热加工过程中控制材料的组织演化及缺陷成生，以获得综合性能优异的构件，这对于高性能结构材料（铝合金、钛合金、金属间化合物、金属基复合材料等）构件的热加工尤为重要。第四阶段为"原子到产品"（atom to product, A2P）阶段。此阶段以材料基因组计划为代表的研究工作正处在探索阶段，预期实现从原子直接制造出大尺度材料、构件和产品，这样的产品能够保留原子级/纳米级材料所具有的独特物理性能。

进入21世纪以来，随着航空航天、船舶、核能和高铁等高端装备向深空、深海、超高速和超高温等方向发展，迫切需要使用轻量化、大型化、整体化、结构功能一体化、极端尺寸和耐高温构件，以期适应更加苛刻的服役环境。这些重大的现实需求推动了具有新材料、新结构、新功能的构件热加工技术的快速发展，呈现出如3D打印、原子到产品等全新的发展趋势。面向全新热加工技术发展带来的挑战，需要突破热加工领域若干重大的科学难题。

1）从原子到产品热加工过程跨尺度统一本构模型

直接用原子制造产品是人类的伟大梦想，3D打印、微铸造等技术为实现这个梦想带来了可能性。如何从最终产品出发，运用数值仿真通过反向设计给出材料成分、微观结构、合成和加工方法，建立直接面向产品性能和热加工过程的材料-结构一体化设计与制造新方法，则是实现这一梦想的关键。2011年，美国宣布实施国家材料基因组计划（Materials Genome Initiative, MGI）[3]。该计划的核心思想是将传统的从材料研发到产品开发的过程反转，从产品倒推出相应材料成分、"基因"、微观组织和性能，给出"数字化材料产品"。美国福特公司实施了"Atom to Auto"研发项目，初步实现了通过材料基因设计和仿真制造出铝合金发动机缸体铸件，投资回报率达到7倍。复杂热加工过程的反向制造流程包括：产品→热加工→材料→微观组织/"基因"→成分→原子。这一反向过程可以看成热加工与"材料基因组"的有机融合，进一步拓展并打通了复杂产品与"原子、成分和微观组织"之间的内在联系，为实现"最合适的材料布置在最恰当位置"提供了有效手段。为了实现从原子到最终产品设计与制造过程的模拟，支撑高性能产品多材料微观组织与多尺度结构的匹配优化，则需要建立从原子尺度-微纳米尺度-介观尺度-宏观尺寸的跨尺度统一本构模型。然而，由于受数值计算方法和测试表征技术的限制，目前只能基于材料的宏观特性，通过测试方法获得材料在特定条件下的性能参数，然后建立唯象学的本构模型。这种本构模型因缺乏实际的物理意义和通用性，往往无法满足伴随多物理场耦合作用的热加工过程。近年来，虽然包含材料微观-介观-宏观特性的多尺度本构模型得到了较快发展[4]，但是目前只能用于单个材料单元的模拟计算，尚无法实现热加工过程的全过程多尺度模拟计算。因此，建立从原子到产品热加工过程跨尺度统一本构模型，将是一个结合固体物理、材料学、计算力学等多学科交叉的科学难题和挑战。

2）高性能产品热加工过程成形成性一体化智能调控

热加工的独特优势是可以通过工艺过程提高构件综合性能，工艺过程成形成性一体化智能调控是保障产品内在质量的关键手段。然而，从材料到构件的热加工过程经受热、力等多物理场的共同作用，并伴随着材料内部微观组织和缺陷的复杂演变,这个过程就像一个"黑匣子"。"千锤百炼"、"淬火成钢"正是说明从获得形状到提升性能是一个由内而外的质变过程。随着热加工技术的发展,通过工艺手段获得理想形状的目标已经基本实现,但高性能产品的性能精确控制仍然面临挑战,特别是成形成性一体化制造过程中材料微观组织演化和结构形变之间存在交互作用,产品控形与控性工艺路径间相互约束,容易导致成形成性目标"顾此失彼"。如何在热加工过程中实现形状和性能的定量双重调控,始终是热加工领域亟待突破的科学难题。为此,需要解决热加工过程中材料微观组织与成形成性演化数学模型的建立、构件内部参量检测与获取途径、工艺参量诊断推理与实时控制等问题。有效的解决途径是探明材料组织演化与结构应力应变场的交互作用机制,建立构件成形成性制造目标与热加工工艺的映射模型,通过热加工过程全流程多尺度的数值仿真,规划高性能构件控形控性加工的最优工艺路径;采用先进在线检测方法对热加工过程的温度、应力、速度等工艺参量进行实时测量,建立热加工过程内部微观组织演变与外部工艺参量之间的量化关系模型[5];基于这种量化模型和工艺知识库,采用知识推理和逻辑判断等方法,实现对热加工过程构件材料微观组织和结构形状的智能化精确控制,改变目前仅依赖经验进行定性控制的现状,从而制造出适应各种苛刻服役环境的高性能复杂构件。

3)热加工过程物质定向凝固与定向流变的精确控制

凝固和流变是物质在液态和固态下的基本物理行为,也是精密铸造和塑性成形技术的理论基础。如果能实现热加工过程物质的定向凝固与流变精确控制,人们可以获得具有独特优异性能的产品。通过控制锻造过程材料流变方向可制造出具有流线的飞机起落架等主承力构件。固体塑性流变方向是困扰学术界近一个世纪的难题,早在 20 世纪 40 年代,苏联学者就提出了"最小阻力定律"来描述固体塑性流变方向。但是,实际上很难确定最小阻力的方向,因此也无法预测流变方向。我国学者通过非线性数值模拟和理论分析[6],发现固体塑性变形时质点是沿着静水应力梯度最大的方向流动的,且其速度大小与应力梯度值存在比例关系,由此建立了一点的流动方向与应力场特征量之间的关系。然而,对于复杂的塑性变形过程,如何建立固体全域的流变方向与应力场特征量及工艺参量的量化关系仍然是没有突破的科学难题;利用定向凝固可制造出在高温(1100℃)、高转速(1000r/min)下工作的航空发动机复杂空心定向单晶叶片;但是,目前世界上最高水平空心定向单晶叶片的合格率约为 70%,我国的合格率还不到 50%。对于复杂空心单晶叶片,因其横截面形状复杂,会引起温度梯度与溶质场失稳,造成局部难以满足单晶定向凝固条件,导致叶片中出现杂晶、大/小角晶界及溶质偏析缺陷[7]。针对这种复杂结构的定向凝固过程,需要突破的科学难题是如何建立物质定向凝固方向与温度、应力等物理场的量化关系模型。

4）超常尺寸产品热加工过程的尺度效应

微机电系统中微纳器件（特征尺寸小于 1mm 直至纳米级）等超小尺寸构件、重型运载火箭箭体结构（直径 10m 级）等超大尺寸构件的精确制造是热加工技术面临的重大挑战。因材料变形性能及界面摩擦行为等物理规律与构件尺寸密切相关，常规尺寸构件热加工中通常被忽略的物理效应，会对超常尺寸的构件产生显著影响。对于超小尺寸构件，材料表面效应的影响使得超小尺寸构件热加工中出现"越小越弱"的现象[8]，其机理是材料表面层晶粒受晶界约束少，导致位错更容易滑移且不产生位错堆积的晶界强化效应，当特征尺度减小到微观或介观尺度时，材料流动应力显著降低；在超小尺寸构件成形过程中，模具与构件接触界面的摩擦力呈现"越小越强"的现象，其机理是随界面接触面积减小，边缘开口润滑区域比例增加，导致实际接触面积增加而引起摩擦系数增大。当构件尺寸与晶粒尺寸相当时，晶粒的各向异性对材料性能产生显著影响；各向异性固体在模具约束下将产生非均匀的塑性流动，使得微观组织结构演变更加复杂，不仅塑性变形抗力急剧增加，而且严重影响构件尺寸精度和性能的一致性[9]。而对于超大尺寸构件，材料的非均质特性逐渐显现，超大尺寸坯料的成分偏析、宏观缺陷等愈发严重，其热加工过程的凝固与流变行为、缺陷形成机制等均会发生变化。因此，超常尺寸产品热加工过程的物理规律表现为明显的尺度相关性，不是常规尺寸构件热加工规律的简单比例缩放，加工过程中的力学行为不再遵循几何相似理论。需要突破的科学难题是如何揭示超常尺寸产品热加工过程的尺度效应，探究其产生的物理机制，提出超常尺寸产品精度与性能控制方法。

5）极端条件下新物质产品的热加工新原理

在超高温、超高压或室温极高压（百万大气压）条件下，许多物质的物理、机械和功能特性等将发生巨大改变，进而形成新物质。人们可以利用这一现象，发展制造新物质产品的热加工新原理、新方法，进而制造出具有卓越性能的新物质产品。DARPA 实施了一项 XSolids 研究计划，致力于特殊材料产品的研制。最近 *Science* 报道，哈佛大学 Dias 教授团队成功地将曾经的理论变为现实——创造了地球上最稀有、最有价值的材料：金属氢[10]。其途径是先在超低温环境下使氢气变成固态氢，然后将固态氢样品置于 488 万大气压的环境下，在这样极高的外部压力下，分子氢的化学键被打开，最终形成由氢原子为最小单位组成的晶体氢，即金属氢。金属氢是高含能物质，其能量密度约是 TNT 炸药的 50 倍；若作为火箭推进剂，其比冲值是目前最大的液态推进剂的 3 倍以上。

展望未来，通过世界各国科学家和工程师持续不断的研究，将最终研发出实现从原子直接制造产品的热加工技术，通过控制材料基因改变各种构件性能；还将通过对材料内部微观结构的智能控制或通过定向凝固和流变，制造出预先设计的高性能产品，实现"想要什么性能，就做出什么性能"。有理由相信，在不远的将来可以通过创造全新的热加工原理，为发现新物质和制造新产品开启一个新时代。

参 考 文 献

[1] 国家自然科学基金委员会工程与材料科学部. 机械工程学科发展战略报告(2011~2020). 北京: 科学出版社, 2010.

[2] 苑世剑. 精密热加工新技术. 北京: 国防工业出版社, 2016.

[3] 刘梓葵. 关于材料基因组的基本观点及展望. 科学通报, 2013, 58(35): 3618-3622.

[4] Roters F, Eisenlohr P, Hantcherli L, et al. Overview of constitutive laws, kinematics, homogenization and multiscale methods in crystal plasticity finite-element modeling: Theory, experiments, applications. Acta Materialia, 2010, 58(4): 1152-1211.

[5] Tekkaya A E, Allwood J M, Bariani P F, et al. Metal forming beyond shaping: Predicting and setting product properties. CIRP Annals—Manufacturing Technology, 2015, 64: 629-653.

[6] Yuan S J, Zhang J, He Z B. Application and validation of screw method in strain measurement and metal flow observation in bulk forming. Journal of Strain Analysis for Engineering Design, 2007, 42(7): 519-527.

[7] 傅恒志. 航空航天材料定向凝固. 北京: 科学出版社, 2015.

[8] Geiger M, Messner A, Engel U. Production of microparts—Size effects in bulk metal forming, similarity theory. Production Engineering, 1997, 4(1): 55-58.

[9] Engel U, Eckstein R. Microforming—From basic research to its realization. Journal of Materials Processing Technology, 2002, 125-126: 35-44.

[10] Dias R P, Silvera I F. Observation of the Wigner-Huntington transition to metallic hydrogen. Science, 2017, 355(6326): 715-718.

撰稿人：苑世剑 [1]、来新民 [2]

1 哈尔滨工业大学、2 上海交通大学

高效高性能切削加工面临的技术挑战与科学难题

Technical Challenges and Scientific Problems in High Efficiency and High Performance Machining

切削加工是机械制造中最基本的加工方法之一，在国民经济中占有重要地位。切削加工的任务是利用切削工具（包括刀具、磨具和磨料）切除零件表面的多余材料，从而获得规定几何形状、尺寸和表面质量的零件。切削工具具有刃口，其材质一般比工件坚硬，不同的刀具结构和切削运动形式构成不同的切削方法，用刃形和刃数都固定的刀具进行切削的方法有车削、钻削、镗削、铣削、刨削、拉削和锯切等，用刃形和刃数都不固定的磨具或磨料进行切削的方法有磨削、研磨和抛光等。自 20 世纪 40 年代以来，各类加工工艺方法的加工精度已经逐步从毫米级提升到微米级乃至纳米级[1]。

切削加工按照切除率和加工精度一般分为粗加工、半精加工和精加工。粗加工是指用大的切削深度，经一次或少数几次走刀从工件上切去大部分或全部加工余量。半精加工一般作为粗加工与精加工之间的中间工序。精加工用精细切削的方式使加工表面达到较高的精度和表面质量。根据零件的工艺特点，在精加工之后还包含精整加工和修饰加工。精整加工在精加工后进行，其目的是获得更小的表面粗糙度；修饰加工的目的是减小表面粗糙度，以提高防蚀、防尘性能和改善外观。

1. 面临的技术挑战与研究现状

为了满足高性能零件设计制造和使役要求，在众多国内外学者的持续努力下，各种高效、高性能制造工艺和装备不断涌现，高速切削、超声辅助加工、机器人加工、微细加工等各种切削加工工艺及相关设备应运而生。切削加工不仅在经典金属材料的车削、铣削、磨削、抛光等工艺理论研究和技术应用方面取得了大量成果，而且切削/磨削速度逐步向高速/超高速发展，材料去除机理已深入微观/纳观尺度，加工材料向各向异性复合材料方面发展，加工过程控制逐步迈向智能化。

1）切削/磨削速度逐步向高速/超高速发展

采用超硬材料刀具和磨具，切削速度比常规高出 5～10 倍，实现提高材料去除率、加工精度和加工质量的先进加工技术称为高速切削技术。伴随着高速加工装备和先进刀具的迅速发展，高速切削技术已经在航空航天、汽车、发电装备等领域获得广泛应用。不同工件材料的高速切削速度范围各不相同[2]，例如，铝合金的切削速度可达 2000~7500m/min，钛合金的切削速度可达 200~600m/min。在高速切削加工中，由于存在最小切除厚度，未被切除的材料在第三变形区内受刃口和后刀面的作用而形成已加工表面，因此刀具和工件接触区的材料变形对加工表面具有较大影响。有学者研究过不同切削刃口半径和不同切削参数下的加工表面质量，并采用犁耕作用和材料侧流进行解释；也有学者对刀具工件接触面的能量分布和摩擦模型进行了研究。然而，高速/超高速切削加工过程所涉及的工件材料变形、材料去除、能量转换等机理尚未理解透彻，需要进一步揭示工件材料物质属性（包括材料成分、相组成、微观/纳观组织、界面、晶体缺陷、键、位错等）对高速切削材料动态变形行为和加工表面成形成性质量的影响机理，这对于提高加工表面完整性和零件服役性能具有重要意义和应用价值。

超高速磨削作为机械加工领域的一项前沿技术，在钛合金、镍基合金、金属间化合物、金属基复合材料、工程陶瓷等航空航天难加工材料高效精密加工领域具有广阔应用前景，从根本上颠覆了"磨削工艺效率低"的概念。尽管超高速磨削的界定速度并不明确，但依据国际生产工程科学院（CIRP）报告的有关立方氮化硼（CBN）砂轮磨削速度范围统计结果[3]，可以认为在工业界实际应用的高速磨床砂轮线速度已普遍为 120m/s 及以上，材料去除率可达到 $150mm^3/(mm \cdot s)$ 以上，表面粗糙度小于 $0.1\mu m$。超高速磨削加工主要依靠金刚石与 CBN 超硬磨料砂轮工作面上众多磨粒的微切削作用去除材料，磨粒的尺寸、位置、分布通常存在随机性；不仅如此，磨削过程中被加工材料内部总是存在高应变、高应变率以及热软化等共同作用和变化。这些变化会造成材料性能发生改变，这是一个由量变到质变的过程。因此，磨削加工系统内部的砂轮-工件界面行为非常复杂，目前尚缺乏对超高速磨削过程机理的深入理解，特别是对随着磨削速度增加而导致的速度效应，以及单颗磨粒最大未变形切屑厚度（以下简称单颗磨粒切厚）变化而导致的尺寸效应缺乏深入认识。在此背景下，未能全面反映超高速磨削在材料成屑去除机制方面的物理本质，也难以充分利用高速/超高速磨削优势突破磨削高温与烧伤的瓶颈，制约了难加工材料磨削效率与加工质量的进一步提高。

2）材料去除由宏观尺度走向微观/纳观尺度

目前，微小型化技术已成为构建现代化航空航天、军民信息网络的重要基石，也是我国国家重大科学工程如聚变能源、深空探测、先进医疗、信息技术等未来不断创新发展的核心推动力，是国民经济新的增长点。在微小型零件（加工特征尺寸一般为 $10\mu m$~1mm）的微细切削加工中，为获得更微细的加工特征尺寸，保证零件尺寸精度和使役性能要求，微细切削的当量切削厚度越小越好。国内外学者利用微细切削试验、有限元模拟、分子动力学仿真等，在微细切削尺寸效应的影响因素、产生机制，以及多种尺寸效应共生与耦合等方面取得了大量的研究成果[4]。随着去除材料尺度由宏观到 100nm 以下，材料断裂由小变形的剪切滑移向推挤碾压的大变形转化，切屑呈带状，但如何断裂尚不十分清楚；亚表层由原来可能产生的损伤结构转而呈现出纳米尺度孪晶结构，其性能不但没有损伤，而且优于原材料性能。因此，需要用现代检测方法、基于第一性原理和分子动力学仿真方法，更准确地分析这一纳米尺度、瞬态切削过程的机理。

磨粒加工技术在加工尺度方面也一直向精密和超精密方向发展，2010 年，Brinksmeier 等[5]确定超精密磨削的尺寸精度小于 0.1μm，表面粗糙度小于 0.01μm。研究表明，对于脆性材料，随着尺度的减小会出现脆塑性材料去除机理的转变，直接影响了对磨粒加工过程界面行为的理解。随机分布的切削刃与工件表面材料有切削、刻划、划擦等三种接触方式，只用单个磨粒的切削不足以研究磨削过程，如何应用概率论、统计学等数学方法和更规范、更精准地制作磨具，同时应用大数据定量描述磨削作用过程还需做大量工作。

　　3）加工对象从各向同性材料走向各向异性复合材料

复合材料以其优越的性能在航空航天、海洋装备等各种极端服役环境得到了广泛的应用。其中高性能碳纤维复合材料由于单位质量下强度高、刚度高，易于实现大型复杂构件整体制造，可大幅减少连接、减轻质量、提高性能和可靠性，已成为航空航天装备的优选材料，如空客公司 A380 飞机质量的 25%、A350 飞机质量的 52%以及波音公司 B787 飞机质量的 50%均应用了碳纤维复合材料（CFRP）。复合材料可以通过铺放、固化等方式实现近净成形，但固化成形后的复合材料制件仍需大量的边缘轮廓、功能窗口以及连接孔的加工以实现装配，同时复合材料还通常与钛合金、铝合金等组成叠层结构。为了保证这些部位服役过程中的可靠性和承载性能，复合材料构件的高质量、低损伤加工是面临的重要技术挑战。Dandekar 等[6]发现碳纤维复合材料切削加工的材料去除表现为细观层面的纤维断裂及基体、界面开裂至宏观切屑形成的复杂演化过程，包含纤维、单层和宏观层等多个尺度。然而，高性能碳纤维复合材料属于典型的难加工材料，采用传统工具和工艺切削加工过程中极易出现纤维或基体的断裂，在加工表面产生毛刺和裂缝等质量缺陷，同时刀具寿命低，频繁换刀，难以实现高精度、数字化加工，效率低，易导致构件报废，造成重大经济损失甚至灾难性事故发生。因此，高性能碳纤维复合材料制件的高质量、高效率加工，对现有切削加工理论和技术提出了严峻挑战。

金属材料具有韧性好、延展性好的优点，在铝、镁金属基中添加氧化铝、碳化硅、氮化铝等颗粒可增强材料的强度和耐磨性。而陶瓷材料硬度高、耐磨性好，但具有韧性相对较差、易脆断、可靠性差等缺陷，因此在陶瓷材料中加入纤维增韧，可以弥补陶瓷材料本身的缺陷。近年来具有高刚度、高强度、高韧性、低密度、耐高温等优异性能的金属基和陶瓷基复合材料在切削刀具、空间光学系统和航空航天结构件等领域得到了广泛应用。研究表明，金属基和陶瓷基复合材料的磨削加工具有许多特殊性[7]，不同相的材料导致表面加工质量不均匀，难以避免各种表面缺陷等，传统金属与硬脆材料的磨削理论已不足以解释复合材料的磨削机理。目前人们对金属基和陶瓷基复合材料磨削加工的去除机理、变形行为与表面生成之间的关系还远远没有认识清楚。

4) 加工过程从数字化建模与预测走向大数据驱动的智能控制

复杂曲面零件制造能力是制造业科技水平的重要标志之一。复杂曲面零件广泛应用于运载、能源、国防等重大行业，如航空整体叶轮是航空发动机压气机核心功能部件，其制造技术直接影响我国两机专项的顺利实施。复杂曲面零件切削加工是一个典型的变刚度工艺，在加工过程中由于力（装夹力、切削力等）及温度等物理量的作用会出现几何变形，这将直接影响零件的加工质量。考虑加工过程的复杂性，几何变形机理的研究将涉及工件材料的多种物理属性及其相互作用，如材料力学属性、热学属性及其相互影响。同时，材料的各种非线性特性为几何变形机理的研究带来了极大的障碍，尤其是在条件极端恶劣的刀具与工件的接触区域。此区域极端的温度及应力极易导致材料属性发生变化，而这些变化是难以预测的。

随着计算机和仿真计算技术的快速发展，以切削过程理论建模和试验辨识切削过程参数为基础，或是基于有限元方法，进行切削过程力学、热力学的仿真计算，并实现切削参数和切削过程的优化，已成为一个重要的发展方向。一批切削加工过程仿真优化软件实现了应用，如 Cut Pro（加拿大）、Third Wave（美国）、X-Cut/e-Cutting（中国）等，这些软件可按给定的优化目标函数，采用优化方法，获得最优的主轴转速、进给速度、切削宽度等参数，也可给出可选的优化参数区间，应用于实际数控加工。切削加工过程的影响因素纷繁复杂，随着数据科学的飞速发展，未来破解加工过程演化建模难题的方法可望基于大数据的机理提取与演化预测[8,9]。切削加工过程控制的智能化有助于不断提升装备性能和适应能力，制造出高品质产品，如 DMG MORI 最新发布的 CELOS 系统就已初步实现了基于大数据的零件加工质量预测。

2. 面临的科学难题

1) 高速切削/磨削加工中的力热耦合作用

切削力是切削过程中主要的物理现象之一，直接影响着切削热的产生、刀具磨损，进而影响工件的已加工表面质量、加工中的振动程度等。高应变率加载效应是高速/超高速切削加工中导致工件材料变形不同于普通速度切削的核心要素，超高速切削载荷诱导出现的工件材料塑脆转变将导致切屑和工件表面的变形行为由位错滑移转变为孪晶,相应的材料失效模式由塑性变形/韧性断裂转变为脆性断裂,高应变率加载下的材料变形和去除机理是研究难点。基于表面功能需求的加工表面完整性评价指标有待建立,从而便于绘制切削参数、加工表面微观组织、加工表面完整性、零件使役性能之间的映射关系网络,并揭示不同尺度参数间的关联特性。高速/超高速切削过程中刀具工件接触区复杂的热力耦合问题及其对工件表面变形行为的影响机理仍是主要难点。速度效应是超高速磨削面临的主要科学难题,需要探明并精确描述磨削速度的提高导致变形区材料本构状态(应变、应变率与温度关系)的改变,进而影响临界成屑厚度和磨削过程中划擦、耕犁以及成屑的阶段划分,最终导致磨削力、磨削温度、加工表面完整性的变化。

　　2)高精度切削/磨削加工中的尺寸效应和动力学效应

　　当切削厚度与某些材料或结构参数(如材料晶粒尺度)相近时,就会出现表面质量、切削比能(切除单位体积消耗的能量)等的急剧变化,即微细切削中的尺寸效应。而金属微细切削多种尺寸效应的产生和耦合机制还有待于进一步深入研究,如何建立微细切削尺寸效应的综合表征与预测分析方法,揭示微细切削尺寸效应对零件使役性能的影响机制等,仍然是系统探明微细切削尺寸效应的科学难题。难加工材料磨削过程中广泛存在尺寸效应,目前缺乏对超高速磨削条件下磨粒与工件接触界面材料变形、成屑机制以及临界成屑厚度变化的科学认识,磨削过程中,每颗磨粒的形状差异巨大,当单颗磨粒切厚尺寸达到纳米量级时,也会出现尺寸效应,都需要开展探索研究。薄壁零件的高精度加工一直是世界难题,单纯依靠动力学建模与工艺参数优化的方式进行振动抑制并不能从根本上改变薄壁零件加工参数可行域狭小的本质,采用辅助支撑和耗能装置提高工艺系统的刚度和阻尼是解决大型薄壁零件加工变形和振动问题行之有效的方法之一,但引入辅助支撑和耗能装置之后,如何精确掌握完整的"主轴-刀具-工件-夹具"系统动力学模型,理清刀具路径、加工参数、工艺系统特性与切削变形、切削振动间的关联关系,则是有待于进一步研究的科学难题。

　　3)复合材料加工时界面的物理化学作用

　　复合材料的基体材料分为金属和非金属两大类,增强材料主要有碳纤维、硬质细粒等。对金属基复合材料磨削去除机理、变形行为与表面生成之间的关系还远远没有认识清楚,需要进一步研究复合材料内部界面的物理与化学增强效应,建立微观/纳观跨尺度纳米复合材料力学本构模型,用计算机模拟技术预测材料去除的力学行为和加工表面的创成过程,为复合材料的磨削加工研究提供系统、完整的理论基础。高性能碳纤维复合材料细观上呈纤维、树脂及界面组成的多相态,宏观上呈多层、多向的非均质各向异性特性,具有高硬度、各向异性、层叠等特征,今后还需要从切削加工中细观层面的材料破坏,以及宏观层面的切屑形成本质的基础理论研究出发,深入研究高性能碳纤维复合材料的去除及损伤形成机制,提出既可保证有效切除高强高硬纤维，又大大降低损伤的复合材料切削新原理与损伤抑制技术，以指导高性能碳纤维复合材料切削加工的专用工具与工艺设计。

4）加工过程智能化控制中基于大数据的机理提取与演化预测

数字化加工是目前保证切削加工精度的主要手段，然而，经分析建模、计算机仿真和量化计算过程得到的数控加工程序并不一定能够加工出合格、优质的零件。切削加工过程涉及加工工艺、工况、刚柔耦合、自激振动、干涉、温度波动等诸多复杂因素，简化的数学模型不可避免地存在近似误差，而模型参数往往随加工过程动态演化，又大大增加了数学模型的不确定性。大数据、人工智能等技术的迅猛发展，将为加工过程中各种复杂非线性现象的准确建模与演化预测等难题的突破带来新的研究思路。如何布置"声、光、电、热、磁"等传感器作为数据探针，构建长时间连续采样、清洗、分类和存储的加工过程大数据平台，如何运用压缩感知、深度学习等新兴机器学习方法，揭示大量异构数据背后隐藏的加工动力学演化新规律，阐明不同参数以及各物理量之间的内在联系规律，则成为实现加工装备"感知—学习—决策—执行"大闭环自律控制系统，从而不断提升装备性能和适应能力，制造出高品质产品的科学难题。

3. 小结

综上所述，在众多国内外学者的持续努力下，切削加工不仅在经典金属材料的车削、铣削、磨削、抛光等工艺理论研究和技术应用方面取得了大量成果，而且切削速度逐步向高速/超高速发展，材料切削去除机理已深入微观/纳观尺度，加工材料对象向各向异性复合材料方面发展，加工过程控制逐步迈向智能化。总体而言，作为支撑我国国家重大战略和国民经济发展的切削加工技术正持续展现其强大的活力，吸引着大量学者、企业的广泛参与。

参 考 文 献

[1] Byrne G, Dornfeld D, Denkena B. Advancing cutting technology. CIRP Annals—Manufacturing Technology, 2003, 52(2): 483-507.

[2] Wang B, Liu Z Q, Su G S, et al. Modeling of critical cutting speed and ductile-to-brittle transition mechanism for workpiece material in ultra high speed machining. International Journal of Mechanical Sciences, 2015, 104: 44-59.

[3] Barrenetxea D, Alvarez J, Marquinez J I, et al. Grinding with controlled kinematics and chip removal. CIRP Annals—Manufacturing Technology, 2016, 65(1): 341-344.

[4] Bissacco G, Hansen H N, Slunsky J. Modelling the cutting edge radius size effect for force

prediction in micro milling. CIRP Annals—Manufacturing Technology, 2008, 57(1): 113-116.

［5］ Brinksmeier E, Mutlugünes Y, Klocke F, et al. Ultra-precision grinding. CIRP Annals—Manufacturing Technology, 2010, 59(2): 652-671.

［6］ Dandekar C R, Shin Y C. Modeling of machining of composite materials: A review. International Journal of Machine Tools and Manufacture, 2012, 57(2): 102-121.

［7］ Cronjäger L, Meister D. Machining of fibre and particle-reinforced aluminium. CIRP Annals—Manufacturing Technology, 1992, 41(1): 63-66.

［8］ Donoho D L. Compressed sensing. IEEE Transactions on Information Theory, 2006, 52(4): 1289-1306.

［9］ Lecun Y, Bengio Y, Hinton G. Deep learning. Nature, 2015, 521(7553): 436-444.

撰稿人：丁　汉[1]、彭芳瑜[1]、黄传真[2]、贾振元[3]、何　宁[4]、徐西鹏[5]

1 华中科技大学、2 山东大学、3 大连理工大学、

4 南京航空航天大学、5 华侨大学

超精密加工：挑战制造精度的极限

Ultra-Precision Machining: Challenging the Limit of Machining Precision

1. 超精密加工的内涵

在机械产品中，精密与超精密加工技术旨在提高机械零件制造的几何精度和表面质量，以提高机器零部件配合的可靠性、运动副运动的精准性，实现长寿命、低能耗和低运行费用等，包括车、铣、镗、磨等加工方式。在功能产品中，精密与超精密加工技术旨在保证其物理、化学等功能的实现，如光学、微波器件性能等，常加工软金属、脆性非金属、晶体等材料。

加工方法可分为两类：超精密切削加工和研磨抛光加工，如单点金刚石车削是超精密切削加工的典型代表；超精密光学研磨抛光加工，主要包括游离磨料或能量束流抛光等。

一般认为，超精密机械加工技术是指零件尺寸精度和形位精度达到亚微米级、表面粗糙度优于10nm的加工方法和技术。而光学零件研磨抛光加工方法的精度比超精密机械加工可提高1～2个数量级。要实现超精密加工就离不开超精密测量技术，所以通常认为超精密加工技术包含超精密切削加工、超精密光学研抛加工和超精密测量三大技术领域，其概念和精度极限也是随着科技发展而不断进步的。图1为标准工具尺寸（ϕ100mm）的普通、精密、超精密加工技术的发展趋势[1]。

2. 超精密加工技术的发展趋势

20世纪60年代，由于军事技术的需要，美国在金刚石刀具技术及气体、液体静压轴系等技术的基础上推出了超精密单点金刚石车床，推动加工技术进入超精密加工时代。具有标志性的成果是：1984年美国劳伦斯·利弗莫尔实验室（LLNL）研制的64in（1in≈2.54cm）超精密单点金刚石车床LODTM（图2）和POMA计划即实现直径800mm大型球面镜加工面形精度0.1μm计划（表1），形成了第一代超精密车削加工技术。

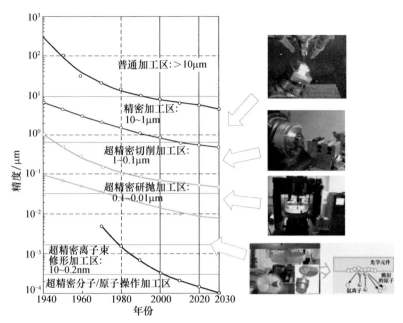

图 1　普通加工技术、精密加工技术、超精密加工技术的发展趋势[1]

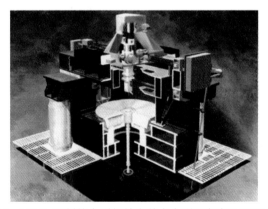

图 2　LLNL 研制的大型超精密单点金刚石车床 LODTM[2]

表 1　美国 POMA 计划的要求精度[3]　　　　　　　　　（单位：μm）

序号	精度内容	当时精度	目标精度
1	位置检测精度	0.1	0.01
2	定位精度	0.5	0.05
3	偏摆、俯仰、滚转	1.0	0.02
4	直线性	0.25	0.02
5	轴向回转振摆	0.1	0.02

续表

序号	精度内容	当时精度	目标精度
6	径向回转振摆	0.1	0.02
7	主轴伸长	0.25	0.05
8	主轴驱动	0.5	0.01
9	热变形	0.5	0.05
10	工件夹持	0.5	0.05
综合		1.5	0.1

21 世纪末，第二代超精密单点金刚石车床采用了直线电机驱动及快刀伺服等技术，使车削加工技术发展到回转非对称及微结构的加工（图 3），精度也有所提高，如美国 Precitech 公司的 Nanoform 700 Ultra 的空气静压主轴，其径向、轴向回转精度均优于 15nm，液体静压导轨的直线度优于 0.3μm/350mm，位置反馈分辨率达到 32pm[4]。切削机理的研究也进入分子、原子层次。预期第三代超精密技术，将以智能化、信息化和分子/原子操作技术等为主要特征。

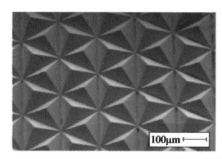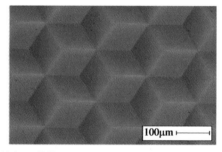

图 3 微结构加工件[5]

第一代光学加工技术为经典机械研抛技术，以加工平面和球面零件为主，已使用了 200 多年，仍为企业界大量采用。20 世纪 70 年代，在非球面和复杂面形光学零件需求的驱动下，发展出第二代光学加工技术，即基于数控的机械研抛技术，如数控小工具研抛技术、气囊研抛技术等（图 4）。20 世纪末发展的第三代可控柔体研抛技术，包括应力盘、磁流变和离子束、射流等高能束流加工技术，研抛模的柔度（或刚度）通过计算机进行控制，可实现多维控制，模型稳定好，收敛比和精度高。

磁流变加工的基本原理是利用含铁粉的液体在滚轮转动和磁场作用下，变成一种柔度可变的黏稠流体并产生流体动压，然后推动磨粒对工件进行剪切去除。它就像用橡皮把写在纸上的铅笔划痕擦除一样，把光学表面微量的多余材料"擦除"。离子束加工的基本原理是在真空环境中，先将氩气电离，再用电场将离子加速，

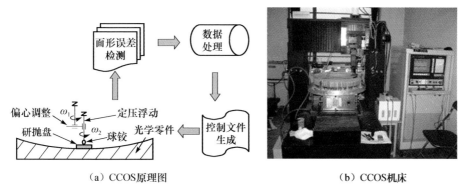

（a）CCOS原理图　　　　　　　　（b）CCOS机床

图4　第二代基于CNC（数控技术）的CCOS（计算机控制的光学加工系统）
小工具光学加工技术[6]

然后轰击工件表面，使材料去除，这是迄今为止精度最高的加工方式之一，可以实现原子、分子量级的定点、定量去除。这两种方法的共同特点都是可实现低应力、低损伤和高精度的加工，其加工原理如图5所示。

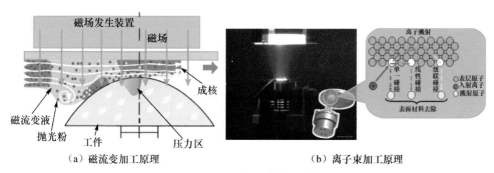

（a）磁流变加工原理　　　　　　　　（b）离子束加工原理

图5　磁流变和离子束加工原理[6]

超精密测量技术也经历了三代技术的发展。第一代技术是基于超高精度机械量具的测量。第二代技术是基于光电技术和以光波长为基准的测量技术。预期第三代超精密测量技术，将进入分子/原子量级的认知层次，以更高的测量智能化、信息化水平以及在线、在位测量技术等为主要特征。

3．超精密制造技术的难题和科学问题[6-9]

不断追求精度的提高是超精密加工技术永恒的主题，摆在超精密加工面前的科学难题是：精度有极限吗？如果有，在哪里？我们能逼近它吗？如果能，怎么才能做到？

超精密加工有很多不同的方法，加工的对象形状各异，材料不同，各自发展的规律也不同，但面临的共同科学难题是：如何挑战精度的极限？突破现行技术极限的限制，将带动相关各类技术的发展。

提高精度、突破精度极限的科学问题，简单总结如下。

1）加工过程中的宏观、介观、微观行为规律的认识

超精密加工过程越来越接近于分子、原子尺度，其加工过程将产生量子效应，未来的制造过程将在原子尺度实现，需要用新的理论来分析微观形态演变机理，指导工艺的研究。

2）加工过程中各种能场作用机制的再认识

传统的加工过程往往以机械力为主，机械力使被加工材料产生挤压、剪切、摩擦、耕犁等。而在超精密加工过程中，机械力相对变小，一些新的能场作用形式相对凸显，如电磁场、热流场、化学等作用可能被放大，也给辅助能场作用提供了可能性。

3）新的加工方法引入的新概念和新机制

例如，表面石墨烯改性能使金刚石刀具增硬、增寿，用比天然金刚石还硬的孪晶金刚石做刀具，超硬的刀具如何刃磨？又如，基于原子力显微镜（AFM）的纳米机械加工技术，现在已逐步实现单个分子、原子的搬迁和组装，也将涉及一些新的科学原理。再如，传统的切削加工，无论是单刃车削，还是多刃铣削，都可以从几何关系推演出在工件表面残留的包络线和机床运动误差的复制成分。而粒子流加工方法是大量粒子的"蚁群"行为，促使误差趋于收敛或发散。单纯的几何机制不能复现误差的形态，那概率机制、进化机制、自组织机制能否复现误差的形态呢？

4）新材料和新结构带来的新问题

多相陶瓷材料、软脆易潮解材料、各向异性材料、光子声子材料、负折射率材料等特殊功能要求的材料都有特殊的要求，都面临与材料相互作用的新机理，需要深入探讨。例如，磷酸二氢钾（KDP）晶体软脆易潮解材料，易水解和磨粉嵌入，不宜用研抛方法加工。用单点金刚石车削加工，面临着切削方向改变、晶体各向异性的问题。金刚石飞切车削加工，则易生成中频误差。

传统的空间望远镜是根据分辨率衍射极限公式，通过增大系统的通光口径来提高分辨率的，但这样系统的体积和重量会相应增大，增加了空间运载的难度。采用新的负折射率材料与大面积微结构结合的光子晶体人工材料等，都可能成为新的解决方案，但还都需要开发新的超精密加工技术，例如，空间薄膜大口径衍射成像系统制造、为地球提供能源的空间薄膜太阳能光热发电聚光系统制造等。

5）超精密测量带来的新挑战

如何评价不同尺度下测量的不确定性，就是"测不准"原理。超精加工过程的复杂性、环境的复杂性、跨尺度等，使得目前还没有有效的方法来实现真正的

在线/在位测量，因此必须探讨更高效和更可靠的测量仪器和方法。

基于大数据多传感器融合的误差分离方法，将众多的冗余信息去伪存真，由表及里地抽取和提升。例如，超精密加工面形的测量通常用逐点扫描检测方法，需要高精度的溯源、高精度测量基准或运动基准传递，还需要误差分离与重构算法等。

波面干涉测量也开始用于加工面形的在位测量，但必须有更好的抗振能力和抗气流扰动能力的技术支撑，如瞬时移相干涉技术等。采用光学干涉检测面形方法是用球面波为基准的面干涉原理，对非球面测量必须通过补偿器产生与被测面形匹配的测试波前信息才能进行。要适应更复杂的面形包括高陡度离轴非球面、柱面甚至自由曲面等光学面形的测量，还要开发新的测量和补偿手段，如适应复杂面形的基于计算机全息图衍射原理的补偿方法等。

4．小结

超精密加工的发展是新原理、新方法的创新紧密结合的产物。原始创新不足是制约我国技术水平提高的重要根源。加强超精密加工基础和创新工艺的研究，首先要对"难题"进行深入的分析，然后透过现象探掘其科学问题。只有对科学问题有深入理解，才能使工艺技术和装备水平提升，使我国超精密加工技术从跟踪国外先进技术走向自主创新之路。

参 考 文 献

[1] 中国机械工程学会. 中国机械工程技术路线图. 北京: 中国科学技术出版社, 2013.

[2] Donaldson R R, Patterson S R. Design and construction of a large, vertical axis diamond turning machine. Contemporary Methods of Optical Manufacturing and Testing, 1983, 433: 62-67.

[3] 袁哲俊, 王先逵. 精密和超精密加工技术. 3 版. 北京: 机械工业出版社, 2016.

[4] AMETEK Precitech Inc. Nanoform® 700 Ultra Precision Machining System. Keene: AMETEK Precitech Inc., 2014.

[5] Flucke C, Gläbe R, Brinksmeier E. Diamond micro chiselling: Cutting of prismatic, micro optic arrays. Proceedings of the 7th International Conference European Society for Precision Engineering and Nanotechnology, 2007: 20-24.

[6] 李圣怡, 戴一帆. 大中型光学非球面镜制造与测量新技术. 北京: 国防工业出版社, 2011.

[7] 孙涛, 宗文俊, 李增强. 天然金刚石刀具制造技术. 哈尔滨: 哈尔滨工业大学出版社, 2013.

[8] Fang F Z. Atomic and close-to-atomic scale manufacturing — A trend in manufacturing development. Frontiers of Mechanical Engineering, 2016, 11(4): 325-327.

[9] Fang F Z, Liu B, Xu Z W. Nanometric cutting in a scanning electron microscope. Precision Engineering——Journal of the International Societies for Precision Engineering and Nanotechnology, 2015, 41: 145-152.

撰稿人：李圣怡

国防科技大学

微纳制造的发展与挑战

The Development and Challenge of Micro-Nano Fabrication

1959 年，诺贝尔物理学奖获得者、加州理工学院费曼教授在其所做的著名演讲《在底部还有很大空间》中问到"为什么我们不可以从另外一个角度出发，从单个的分子甚至原子开始进行组装，以达到我们的要求？"1981 年，扫描隧道显微镜（STM）的发明为人们揭示了一个可见的原子、分子世界，使人们观测物质分子、原子成为可能；1984 年，费曼在他的另外一次演讲中又提出了一个问题"制造极其微小的、有可移动部件的机器的可能性有多大？"2016 年，三位科学家因发明了"行动可控、在给予能源后可执行任务的分子机器"获得了诺贝尔化学奖。以上历程，仅仅是微纳制造技术发展的一个缩影，却生动形象地说明了微纳制造对认识和改造物质世界所做出的巨大贡献。正如中国古代道家典籍《庄子》中描述的蜗牛两根触角上的两个小国家，两根蜗牛触角就是它们的整个世界；又如中国古语所言"螺蛳壳里做道场"、"小天地里大乾坤"，微纳制造及其打造的微/纳机械电子系统将人类社会带进了一个设计和制造的全新领域。

1962 年，第一个硅微型压力传感器问世，其后陆续开发出了尺寸为 50～500μm 的齿轮、齿轮泵、气动涡轮及连接件等微机械。1987 年，美国加利福尼亚大学伯克利分校研制出转子直径为 60～120μm 的硅微静电机，显示出利用硅微加工工艺制造可动结构并与集成电路兼容以制造微小系统的潜力。20 世纪 80 年代末，美国 15 名科学家提出"小机器、大机遇：关于新兴领域——微动力学的报告"的国家建议书，声称"由于微动力学（微系统）在美国的紧迫性，应在这样一个新的重要技术领域与其他国家的竞争中走在前面"；此建议得到了美国有关机构的重视，这些机构连续大力投资，并把微纳米技术和航空航天、信息作为科技发展的三大重点。此后，微纳制造在不到 30 年的时间里，开辟了一个又一个全新的制造领域和产业，微传感器、微执行器、微型构件、微光学元件等微纳器件在航空航天、国防、汽车、生物医学、环境监测等领域展现了良好的应用前景。

如同微电子产业和计算机产业给人类带来的巨大变化一样，微纳制造也将对人类社会产生新一轮的影响。内置多种微传感器的智能手机，已经成为人们生活中不可或缺的一部分；汽车工业中大量采用了微传感器和微加速器，提高了人们的舒适性和安全性；医用微系统可以进行视网膜手术、发现并去除癌细胞、修补受损血管等，为人类征服绝症带来了希望；芯片实验室（LOC）可以把生物医学或化学等领域中的样品制备、生化反应、分离检测等操作过程集成于几平方厘米甚至几百平方毫米的微小芯片上，完成只有在专业实验室用传统方法才能完成的分析和检测；微惯性测量组合单元及单元器件在国防、军事以及民用导航领域所发挥的作用越来越大；航空航天领域研制的皮卫星、纳卫星及微型飞行器减小了传统飞行器的体积和质量，成本低廉、发射方便；柔性电子突破了传统微电子的设计方法，并在任意形状柔性衬底上实现纳米特征-微纳结构-宏观器件的大面积集成。

微纳制造技术面向的是微米、纳米甚至更小尺度下的加工，其意义在于：①系统或器件的微型化具有降低功耗、缩小体积、便于携带、提高系统可靠性等优点；②微型化还可以节省原材料，利于实现批量生产，大大降低生产成本，同时促进多功能组件的高度集成；③当材料与结构的特征尺度在 100nm 以下时，其呈现出不同于宏观世界的效应与特性，即纳米效应（如量子效应、小尺度效应、表面与界面效应以及隧道效应等），利用这类奇异的纳米效应，可使功能体系展示出许多新奇的特性与功能。

随着微纳制造技术的发展，其制造工艺逐步成熟与完善，微纳系统及器件已经从实验室逐步走向实用化与产业化。然而，当微纳器件的特征尺寸进一步缩小以后，受纳米效应等因素的影响，构件材料本身的力学、热学、电学以及生物学等性质将发生很大的变化，超出了宏观理论所能解释的范畴，使人们无法有效预测并调控微纳结构尺度和性能，成为限制微纳制造发展的瓶颈。因此，微纳制造技术虽然取得了长足的发展，但也面临着巨大的挑战。

1）微纳尺度下的物理效应

微纳制造中相关基础理论的研究明显滞后，如多物理场跨尺度耦合问题的研究、微纳尺度下尺寸效应的机理揭示等[1]。一方面，相比于宏观结构，微纳尺度下的器件具有更大的比表面积，因此很多在传统理论中被忽略的力和场此时可能会起到主导作用[2]。例如，微纳制造中特有的"黏附"问题，就是由于在微纳尺度下，表面应力如毛细引力、范德瓦耳斯力、氢键和静电力等起主导作用引起的，而这些表面应力在宏观尺度下通常是可以忽略不计的；又如，微纳结构的润湿行为中，表面应力占据主导作用[3]。另一方面，当材料尺寸降到微米/纳米尺度后，宏观尺度下的相关理论已无法完全准确地适用。例如，当特征尺寸缩小到 100nm 以下时[4]，宏观传热学下的基于声子扩散的傅里叶定律已无法完全准确地适用于微纳尺度下的热学分析，因为宏观结构的尺寸远大于声子的平均自由程，热传导是一个线性响应的输运过程，而在微纳尺度下的热输运是非线性的，体系的热传导系数依赖于结构尺寸，热流密度并不正比于温度梯度；又如，石墨烯具有优异的电学性能，但它表现出不同于宏观物理的电学性质，有些现象已无法通过经典物理学进行解释，从能带上看，传统材料的载流子表现为抛物线性的能带结构，而石墨烯中的载流子表现为线性的能带结构。

2）微纳制造的新原理、新方法

传统的集成电路（IC）工艺受衍射极限、量子效应、微纳尺度下的热传效应等的限制，器件最小特征尺寸难以进一步缩小。2015 年，《纽约时报》撰文指出摩尔定律在集成电路制造业的神话即将被打破[5]；摩尔本人也认为摩尔定律到 2020 年就会黯然失色。因而，人们对微纳制造新原理、新方法的探索一直未曾停止。纳米压印、丝网印刷、飞秒激光刻蚀、聚焦离子束刻蚀、3D 打印等各类新型微纳制造工艺层出不穷，被广泛应用于柔性微纳结构制备、生物组织器官制造、跨尺度结构加工等领域。例如，科学家采用类似传统铸造的方法，通过原子层沉积技术（ALD）在蝇眼的表面沉积一层氧化铝，然后高温煅烧去除生物模版，氧化铝被高温烧结，从而复制出蝇眼结构的跨尺度微纳结构，这一"微纳铸造"目前已经发展成为人们探明大自然中微纳结构的有效方法之一。然而，从科学原理上来看，这些方法都属于自上而下的微纳制造工艺，如同传统的光刻工艺，需要事先加工高精度的"模板"，工艺流程烦琐，加工精度也受限于"模板"的结构尺寸。相对于自上而下的加工方法，自下而上的加工方法是微纳加工的重要技术和特点之一，它使人们利用单个原子或分子，在微纳尺度创造新的结构、新的材料、新的功能成为可能。例如，我国著名文学作品《爱莲说》中写出了荷叶"出淤泥而不染"的特点，该特点作为一种高尚品德被文人广为传颂，荷叶优异的超疏水性能和非凡的自清洁功能来源于其表面特殊的微纳突起结构，科学家采用自下而上的加工方法在柔性基底上制造了类似的微纳结构，成功模拟出荷叶的超疏水和自清洁功能。然而，这类方法还在深入研究之中，其加工机理还未完全统一。以自组装方法为例，由于自组装过程的复杂性，尚难以找到如物理定律一样的普遍规律来控制自组装，因为组装条件的不同，相同材料或结构会产生不同的组装结果，具有不同的形态和性质。而其科学问题，主要集中于组装体系中组装单元的成键本质、规律、优先性、方向性等，以及分子间、分子内、分子与基底间的相互作用等。

3）新型微纳材料的合成与器件

零维、一维和二维纳米材料如量子点、纳米线、纳米管以及石墨烯、二维层状过渡金属硫族化合物（TMDC）等由于量子尺寸效应、表面效应及介电限域效应等而具有许多新颖、优异的性能，如 ZnO 纳米线的压光电效应、石墨烯超高的载流子迁移率和热导率以及二维 TMDC 的能谷电子学等[6-8]，使应用此类材料制备的微纳器件具有十分优异的性能，成为未来微纳器件的重要研究方向。例如，2011 年，加利福尼亚大学伯克利分校利用石墨烯覆盖在硅光波导上制备的光调制器的调制速度为 1GHz，且有望达到 500GHz，而其面积仅为 25μm²，为世界上最小的光调制器[9]。不同于传统微纳器件自上而下的制备工艺，基于新型纳米材料的器件制备通常需要先合成出材料，然后采用自下而上的加工方法将其"堆叠"而成。其中亟待解决的两类关键科学问题是高质量、物性可调纳米材料的合成机理以及高精度、自下而上的器件制备原理，如大面积高质量的石墨烯薄膜可控生长机理、高性能二维层状材料范德瓦耳斯异质结的形成原理、纳米薄膜的大面积无缺陷自组装生长机制等，这些问题的解决将极大地推动新型微纳器件的研究与应用。

4）微纳器件的仿生制造与生物兼容性

在人们所处的生物界里，从壁虎能够在垂直的表面爬行，到五彩缤纷的蝴蝶翅膀，这些令人惊奇的生物现象都可以从其微纳结构里寻找到答案。基于此，微纳制造领域的科研工作者进行了大量与生物功能体类似的微纳结构研制，以期模仿各种生物体的行为功能，制造出"蜘蛛侠"、"超人"等。但迄今为止，这一愿景尚未实现，问题主要在于：一方面，仿生微纳结构制造并不是宏观制造的缩小版本。在微纳米世界，没有了杠杆、金属钳和阀门等在宏观世界中常见的机械组件，同时在纳米尺度，基于连续介质假设的力学模型需要重新审视；实用的仿生微纳结构的制造却是一项极其复杂的工程，目前的微纳米加工工艺还不能制备出结构尺寸和形貌精确匹配的仿生微纳结构。另一方面，生物体本身就是一个精密的"微纳米系统"，将微纳米技术应用于生物学领域，需要二者具备完美契合的"接口"，也就是人们常说的生物兼容性。将微纳制造与生物学交叉融合以解决一系列的医学难题如治疗癌症、抗衰老等，需实现微纳系统与生物体的兼容性，即从微纳尺度下深入掌握生物体与仿生微纳系统相互作用的本质和科学原理。

5）微纳尺度下的测量问题

门捷列夫曾说过"科学是从测量开始的"，而对于微纳制造，尚缺一把"尺子"。对于纳米材料和纳米器件的研究和发展，测量、表征及溯源起着至关重要的作用，这是由于人们对纳米材料和器件的许多基本特征、结构和相互作用了解得还不是很充分，使其在设计和制造中存在很多盲目性；换句话说，纳米制造和应用是以研究纳米材料和器件在复杂环境中的准确可靠测量为基础的，无论这些纳米材料还是纳米器件具有什么功能，首先需要对其结构特点有一个定量表征。随着新材料和新工艺的不断引入，纳米器件的特征尺寸普遍进入亚 100nm 量级，其性能受几何尺寸和纳米粗糙度的影响越来越显著。但是，传统的测量与表征方式如扫描电子显微镜（SEM）、原子力显微镜（AFM）、接触式探针轮廓仪、共聚焦显微镜等逐渐无法满足技术发展的需求，如高深宽比纳米结构仍无合适的测量原理和方法。此外，为了保证量值传递的准确性以及对相关测量仪器如 SEM、AFM 等进行校准，需要研制各种纳米标准样板进行量值溯源和比对。然而，采用何种制备原理及方法才能获得尺寸、精度可控的纳米标准样板还需不断探索，纳米标准样板的溯源理论和体系还未能建立，这在很大程度上制约了微纳制造技术的发展。

微纳制造技术的发展具有战略重要性，有助于奠定和发展新的工业基础，让我国在急剧增长的微纳技术产品与服务全球市场中发挥引领作用。作为认识和改造微观世界的重要手段，微纳制造技术经过多年的发展已经取得了显著的成绩并得到了广泛的应用，但仍存在着大量科学难题尚未解决：微观尺度下的物理机理和物理效应无法完全用传统理论来解释；传统的加工原理与方法已经无法满足微纳制造过程中对特征尺寸和精度的需求；尺度的缩小使得微纳测量问题已经成为制约微纳制造发展的突出问题。解决这些科学问题，任重而道远。但是我们确信：在"微纳"的"小天地"里，会有更为广阔的"大乾坤"，在微纳制造这个"螺蛳壳"的"道场"里，还会不断诞生更多的传奇故事。

参 考 文 献

［1］ 王立鼎, 褚金奎, 刘冲, 等. 中国微纳制造研究进展. 机械工程学报, 2008, 44 (11): 2-12.

［2］ Nakada K, Fujita M, Dresselhaus G, et al. Edge state in graphene ribbons: Nanometer size effect and edge shape dependence. Physical Review B, 1996, 54(24): 17954.

［3］ Ekimov A I, Efros A L, Onushchenko A A. Quantum size effect in semiconductor microcrystals. Solid State Communications, 1993, 56(11): 921-924.

［4］ Chu W S, Kim C S, Lee H T, et al. Hybrid manufacturing in micro/nano scale: A review. International Journal of Precision Engineering and Manufacturing—Green Technology, 2014, 1(1): 75-92.

［5］ Markoff J. Smaller, faster, cheaper, over: The future of computer chips. The New York Times. 2015-9-26.

［6］ Wang Z L. Piezopotential gated nanowire devices: Piezotronics and piezo-phototronics. Nano Today, 2010, 5(6): 540-552.

［7］ Geim A K, Novoselov K S. The rise of grapheme. Nature Materials, 2007, 6(3): 183-191.

［8］ Ye Y, Xiao J, Wang H, et al. Electrical generation and control of the valley carriers in a monolayer transition metal dichalcogenide. Nature Nanotechnology, 2016, 11: 598-602.

［9］ Liu M, Yin X, Ulin-Avila E, et al. A graphene-based broadband optical modulator. Nature, 2011, 474(7349): 64-67.

撰稿人：蒋庄德

西安交通大学

新制造能量的引入将引发制造科学变革的迹象与本质

Signs and Nature of Upcoming Manufacturing Science Innovations Induced by New Processing Energy Types

1. 历史介绍

纵观人类生产历史，每一次重大的制造业的突破和革命无不伴随着新制造能量的引入以及相应先进制造工具的充分应用。自石器时代通过简单人力、畜力等获得了石斧、石锤等原始制造工具雏形起，人类社会已经历了青铜时代、铁器时代、蒸汽时代、电气时代和信息时代，制造能量也从原始的生物能、矿石化学能逐渐发展出机械能、热能、电能、电磁能、粒子束能、光能、风能、生物能、原子能等，极大地推进了人类的生产制造水平和科学进步。随着制造业水平的提高，人们对产品零件的材料性能、结构形状、加工精度和质量等提出了更高的要求，20 世纪下半叶以来，以高能束与特种能场为典型代表的一批新兴制造能量和技术正得到日益广泛的应用，使新一轮制造科学的变革成为可能。

高能束是指在自由空间可定向传输的高密度能量束流，主要是指激光束、电子束、离子束、等离子体等，具有能量、束流密度、时间、空间可控的特点。特种能场主要是指超声波、微波、磁场、电场、化学等特定能量形式。高能束与特种能场制造是指"通过高能密度束流或特定能场与物质相互作用，改变材料的物态和性质，实现控形与控性的过程"[1]。高能束与特种能场制造的基本特点是其能够以远大于传统制造的能量密度，可在极短的时间尺度，从电子层面非线性非平衡地吸收，跨尺度、选择性地改变材料的结构与性能，实现制造目标[1]。主要可分为激光制造、载能粒子束制造和特种能场制造三方面。

2. 激光制造

1）当前进展

激光制造是通过激光与物质的相互作用实现材料的成形与改性。当前用于制造的激光种类繁多，并不断发展，波长从红外到 X 射线，脉宽从连续到飞秒（乃至阿秒），瞬时功率密度在实验室可超过 10^{22}W/cm^2，并能产生超快、超强、超短等极端物理条件，形成超高加热速度、远离平衡态的加工。由于激光具有高亮度、高方向性、高单色性、高相干性、偏振特性等，其在能量、时间、空间方面可选择范围宽，并可精确、协调控制，因此激光制造具有典型的多维性特征，既可满足宏观尺度的制造工艺要求，又能实现微米乃至纳米级别的制造等的跨尺度制造要求，其制造微复杂结构的能力与品质远高于传统制造，是目前制造学科中最具发展潜力的新生长点和新技术突破之一，并由此产生了一批新技术（如光刻、增材制造、近场纳米制造、微孔精密加工、干涉诱导加工、电子动态调控制造、深熔焊接等）、一批新产品（如大规模集成电路、MEMS/NEMS 等）、一批产品的高性能化（如大飞机、航空发动机、燃气轮机、汽车等）和相应的高新技术产业群。当前我国的激光制造方向已形成了华中、珠三角、长三角、环渤海等四大激光产业集群，2014 年我国激光产业链产值约 1010 亿元。在未来 5 年内，激光行业将会保持每年 15% 的平均增长速度。

2）发展趋势

当前激光技术正向超短脉宽、短波长、高能量、高光束质量、高重复频率等方向发展，并由此产生了超快激光制造，赋予了激光制造更多独特的加工特性和优势。例如，激光纳米加工尺度极限将不断缩小，从现有的数十纳米将缩小至数纳米、单原子操纵，加工的可重复性、效率和质量将逐步提高。复杂三维纳米加工正逐渐趋于成熟，可望实现高精度纳米结构组成的大尺寸跨尺度结构/构件的制造。与长脉冲相比，超短脉冲从根本上改变了激光与材料的作用机制。超快激光易获得极高的峰值功率，可使几乎所有固体材料完全电离。在如此高的强度下，对非金属材料，种子自由电子的产生主要通过强电场电离，与靶材的初始状态无关。因此，飞秒激光烧蚀具有确定性和可重复性的特点。通过选择略高于烧蚀阈值的激光通量，可得到超衍射极限结构。超快激光与材料作用为高非平衡态，电子在飞秒脉宽时间内被激发到极高的温度，而后续从电子到晶格的能量传输在皮秒及皮秒以上量级。因此，在飞秒激光脉宽范围内，超快脉冲能量主要沉积在薄层内，在如此短的时间内，晶格的运动可以忽略，可大幅度减少重铸、热损伤（微裂纹）和热影响区。在激光脉冲时间短到飞秒和材料尺寸小到纳米时，许多经典的理论已经不再适用，而量子效应非常明显。图 1[2] 展示了超快激光与材料作用的跨尺度理论模型，揭示了超快、非平衡、非线性的激光与材料作用机理。

3．载能粒子束制造

载能粒子束制造是指利用电子束、离子束、等离子体等粒子与物质的相互作用，实现材料的成形与改性的制造方法。载能粒子束也具有多维性特征，其能量密度范围宽、能量转换效率高、能量时空精确可控、参数精确可控、束斑灵活可调，且载能粒子束多数处于真空条件下，其污染小，较大质量的载能粒子与物质相互作用时不仅可以传递能量，还可以直接传递动量。

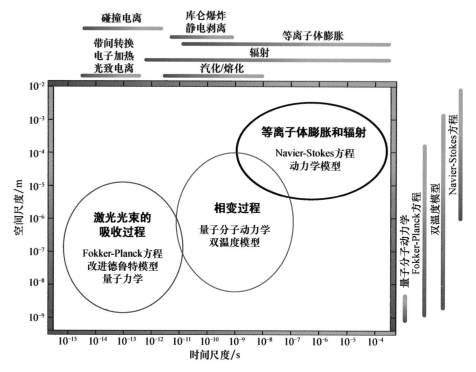

图 1 超快激光与材料作用的跨尺度理论模型

1）当前进展

载能粒子束制造能同时满足宏观制造与微观制造的要求，已成为航空航天、汽车、舰船、能源、交通、电子信息等领域中的关键制造技术之一。在高硬度材料、复杂型面工件、精细表面、高性能硬盘等关键领域发挥了重要作用。载能粒子束表面工程、材料连接、快速制造、纳米制造和跨尺度制造等领域是国际应用、研究的热点和前沿领域。例如，具有沉积速率高等特点的电子束物理气相沉积已成为美、俄、英、德等国制备航空涡轮发动机转子叶片热障涂层和新型高温合金叶片材料的重要手段；电子束熔丝成形技术因其高沉积速率、高冶金质量以及可微重力条件下制造零部件，已成为美国航空航天领域低成本、绿色关键制造技术之一。

2）发展趋势

当前，载能粒子束制造正朝着大功率、高可靠性方向发展，并有向多载能粒子集束、载能粒子与激光或其他特种能场相结合的复合协同制造方向发展的趋势，相关载能粒子束制造装备则向多功能、精密化和智能化方向发展，使得当前载能粒子束制造逐渐向极大、极小、复杂等极端条件的制造方向扩展。

4. 特种能场制造

特种能场制造主要是指利用电能、磁能、声能、化学能及其组合或复合（包括与机械能的组合或复合）等特定能量场与材料发生相互作用，通过能量的传递和转化，产生一系列物理和化学现象，来实现材料的成形与改性的制造方法。按工艺分，特种能场制造加工主要包括电化学制造、电火花加工、超声加工、微波/电磁加工、水射流加工等。与传统的加工方法相比，特种能场制造在加工制造各种难加工材料、复杂型面、微细结构等方面具有较大优势，并且能获得相当高的尺寸精度和表面质量。

1）当前进展

特种能场制造技术已成为先进制造技术不可或缺的重要组成部分，被广泛应用于各个工业领域，解决了大量传统加工方法难以解决甚至无法解决的加工难题，在诸多制造领域有不可替代的需求。

目前特种能场制造主要围绕精密与微细特种能场制造、特种复合能场制造、新型材料的特种能场制造等方面展开。例如，德国学者提出纳秒脉宽脉冲电流电化学加工技术，使得电化学溶解定域性、突变性提高，从而实现了微米尺度的金属三维复杂型腔的微细加工，引发了世界范围内的微细电解加工技术研究热潮。2014年，国际生产工程科学院（CIRP）年会主题报告专门聚焦于特种能场制造技术在航空发动机中的应用，指出电化学制造、电火花制造以及增材制造技术将在未来先进航空发动机关键部件的制造中发挥重要作用。日本学者发明线电极电火花磨削方法，成功解决了微细电极在线制备的难题，并加工出微米级的微细轴和微细孔。德国 MTU 公司将精密电解加工技术应用于航空发动机难加工整体叶盘的制造，取得了显著进展。日本东京大学理化研究所的学者提出了电解在线磨削修整法，首次解决了微粒度砂轮磨削的难题，并用于镜面磨削中，粗糙度可以小于1nm。我国南京航空航天大学学者创新性地发明了硬质粒子摩擦辅助电铸方法，在国内外首次实现了大型回转体部件无结瘤、无针孔的不间断电铸。

伴随着新的技术产业变革，特种能场制造技术必将获得更高水平的发展及更为广泛的应用。例如，航空航天、军工制造领域受到国家的高度重视，正在迅速发展，该领域有大量的零件采用难切削材料制成，并且许多零件形状复杂、特殊，有的结构微细，可以毫不夸张地说：航空航天与国防高端装备的关键零部件的制造都离不开特种能场制造技术。未来特种能场制造技术在航空航天、航海、军工、汽车、高铁、电子信息、精密仪器、医疗器械、生物工程、能源装备、数控机床、精密模具等重要制造领域将起着越来越重要的、不可或缺的作用，在某些领域已经发挥并将进一步发挥主流制造手段的作用。

2）发展趋势

随着信息、精密制造等高新科技不断发展，特种能场制造技术正朝着极端化、融合化、智能化等方向发展[3]。

（1）极端化：特种能场制造方面的研究针对服役于极端环境、极端工况的关键部件，正积极开展极端尺度、极端要求下的高性能制造，如微滴喷射零件、微植入式生物系统、生物检测芯片、微纳光学器件、微型模具、微结构连接封装等的微细制造；航空发动机大型风扇叶片、大飞机大型结构件、航天火箭发动机大型喷管等大尺寸关键部件制造；精密仪器设备、新型发动机、微电子器件、精密模具、光学器件的精密及超精密制造等。

（2）融合化：通过各类特种能场制造技术相互之间，以及与其他加工技术和工艺方法的融合，如电加工、激光加工、增材制造、超声加工等各种不同制造技术的复合，可催生出更多新型的加工方式及制造手段，实现更优异的特种能场制造技术。

（3）智能化：除了在加工过程中对轴的运动轨迹进行控制，当前特种能场制造将在时间、空间维度上，根据加工工件及环境的宏微观状态，精准快速地感知、判断，对加工能量、轴运动状态、工作介质等诸多工艺参数进行智能决策控制，以达到最佳的物理化学效应及多能场复合效应，实现智能化制造。

5. 挑战和难题

高能束与特种能场制造集成了物理、化学、制造、信息等多学科的基本原理。由于学科交叉的复杂性和制造要素的极端性，其制造过程的观测、分析和认识都还存在诸多亟待揭示的问题[4]。特别是将这些具有特殊功能的制造原理应用于更多的产业领域时，目前还面临着诸多挑战，例如：

（1）激光制造过程中光子-电子-离子-环境相互作用对能量吸收、转换、传递及相应成形成性机制的影响。光、热、电、磁、力学性能的跨尺度（从瞬时、局部到持续、宏观）演变规律，从电子层面掌控激光在物质中传输机理和对制造过程的影响规律，提高制造复杂结构的精度、质量和效率。

（2）超快激光制造动力学过程、机理与控形控性规律。能量、时间、空间特征参量变化引起的复合制造动力学过程演变（传质、传热、相变、熔化、蒸发、气化、电离等）与机理[5]，多能量场复合加工的能量耦合与协同作用机理，远离平衡态下材料的组织与性能演变、突变机制，激光的时空特性对周期/梯度成分与结构成形的精确调控效应等。

（3）宏/微/纳观激光制造以及跨尺度制造方法、技术和相应材料体系研究[6]。激光与材料接触界面的物理、化学或生物效应；激光的大面积、低成本、无损伤和可靠一致的制造方法；超越激光衍射极限的高深宽比纳米结构的激光加工方法以及激光制造的在线过程监测和质量控制方法；激光光源品质、传输特性的检测和控制方法与模拟理论，适合于激光制造的材料特性及其设计方法等。

（4）超快激光与材料相互作用过程中一些基本物理量的讨论和相关理论的建立。当时间短到飞秒和尺寸小至纳米量级时，许多传统的经典理论已经不再适用，急需更完善的理论和实验工具支撑。例如，需要考虑如亚飞秒时间及亚纳米空间下温度和压强的定义；又如，激光的波粒二象性对制造过程的影响机制等[7]。

（5）极端环境下的高能束与特种能场制造。随着社会的不断发展和科学技术的不断进步，人类对于能源的需求越来越高，对海洋和空间探索的渴望越来越强。开发高能束与特种能场制造技术对深海/深空极端工况下重大装备关键部件制造具有重要意义。未来航空发动机、火箭发动机等航空航天领域重大装备的关键部件，将工作于更加极端的环境中，其几何结构更加复杂、精度要求更加严格、表面/亚表面状态要求更加苛刻，机械加工难度更大的新型材料也会不断投入应用，因此其加工制造将更具挑战性。针对这类特殊的重要部件，如何发挥高能束与特种能场制造技术的优势，针对激光加工、电化学加工、电火花加工、超声加工，以及各种复合加工方法，进一步揭示其能量的作用机制和机理，以及零部件成形成性的本质特征和内涵，提出创新的制造方法，深入研究并解决其中涉及的关键科学问题，成为必须面对的核心问题[8]。

（6）高能束与特种能场的复合制造新原理、新方法及能量耦合与协同控制机理。在实际制造过程中，单一能量源往往具有局限性。如何充分利用高能束源及其他能源或能场种类的多样性实现高效率、高品质制造工艺和方法也是未来发展的方向之一[9]。

（7）电化学制造的间隙分布、演变规律与尺度、精度极限。与大多数加工方法不同，在电化学制造过程中，材料的转移是以离子尺度进行的，金属离子的尺寸在 1/10nm 甚至更小，因此电化学制造技术在微细制造领域，以至于纳米制造领域有着很大的发展潜力。但传统电化学制造技术能实现的尺度和精度远未达到理论极限，亟待深刻理解和掌握多物理场作用下电化学制造过程中的离子迁移、双电层形成与动态演化、极间间隙的分布与突变规律，从而进一步挖掘电化学制造技术的潜力和极限。

6. 小结

当前高能束与特种能场制造在工业中所占的比重已成为衡量一个国家工业制造水平的重要指标之一。预期高能束与特种能场等新兴能量的引入将会进一步给现代制造业带来深刻变革。例如，高能束与特种能场机床将实现高效率、高精密、数字化、智能化制造。回顾历史，人类制造业许多重要技术革命都发生在新制造能量和生产工具领域。展望未来，高能束和特种能场有望成为这样一种新能量和新工具。

参 考 文 献

[1]　国家自然科学基金委员会工程与材料科学部. 机械工程学科发展战略报告(2011～2020).
　　　北京: 科学出版社, 2010.

[2]　王国彪. 纳米制造前沿综述. 北京: 科学出版社, 2009.

[3]　中国机械工程学会特种加工分会. 特种加工技术路线图. 北京: 中国科学技术出版社, 2016.

[4]　钟掘. 极端制造——制造创新的前沿与基础. 中国科学基金, 2004, 6: 330-332.

[5]　Gorkhover T, Schorb S, Coffee R, et al. Femtosecond and nanometre visualization of structural
　　　dynamics in superheated nanoparticles. Nature Photonics, 2016, 10: 93-97.

[6]　Malinauskas M, Žukauskas A, Hasegawa S, et al. Ultrafast laser processing of materials: From
　　　science to industry. Light: Science and Applications, 2016, 5: e16133.

[7]　Piazza L, Lummen T T A, Quiñonez E, et al. Simultaneous observation of the quantization and
　　　the interference pattern of a plasmonic near-field. Nature Communications, 2015, 6: 6407.

[8]　Klocke F, Klink A, Veselovac D, et al. Turbomachinery component manufacture by application
　　　of electrochemical, electro-physical and photonic processes. CIRP Annals—Manufacturing
　　　Technology, 2014, 63(2): 703-726.

[9]　Lauwers B, Klocke F, Klink A, et al. Hybrid processes in manufacturing. CIRP Annals—
　　　Manufacturing Technology, 2014, 63(2): 561-583.

撰稿人: 姜　澜[1]、熊　伟[2]、徐正扬[3]、胡　洁[1]

1 北京理工大学、2 华中科技大学、3 南京航空航天大学

现代机电系统中的复杂性科学问题

Complexity Science Problem in Modern Mechatronic Systems

1. 高度集成的复杂机电系统

在人类文明的加速发展进程中，传统机械与电气技术、信息技术、新能源和新材料技术等不断融合，催生了一系列结构复杂、工况极端、信息融通、高效节能和精确稳定的复杂机电系统。复杂机电系统将多种单元技术集成于机电载体，形成特定功能的复杂装备，是将机、电、液、光等多物理过程融合于载体的复杂物理系统。

在完成高度复杂的多物理过程中，机电系统及内部各子系统与环境间进行着能量、物质与信息流的多种传递与转换；特别是在信息技术的带动下，对于信息感知和处理能力的增强使得复杂机电系统更具有自律性、自适应性和对作业全过程的可观测性和可控性[1]。大型发电机组、高速列车、空天运载工具、高速连轧机组、微电子/光电子制造装备、高性能电子装备、全断面隧道掘进机等都是高度复杂、功能异常丰富、运行控制能力十分强大的复杂机电系统（图1）。

（a）大型发电机组

（b）高速列车

（c）大型客机

（d）高速轧机

图1 几种典型的现代复杂机电系统

同时，现代科学技术的进步正在引领着新一代机电装备的诞生。例如，超超临界 CO_2 动力循环可能在不久的将来，给中高温热能利用领域带来革命性的变化，从而成为新一代能源发电技术。美国能源部（DOE）从 21 世纪初就开始该项目的研发，目标是为核电站、太阳能光热发电、余热利用等研发下一代动力设备；日本、美国、德国等大型电力企业计划在不久的将来实现数百兆瓦级设备的商用化[2]。

在可再生能源领域，是否存在另外的技术途径以实现对于风能的大规模利用？例如，在大型风电机组中通过采用液压系统实现风能—机械能—液压能—机械能—电能的转换。其主要原理是利用风轮直接驱动液压泵，通过管路利用高压液体驱动马达带动发电机组进行发电，结合风力机变桨控制系统、液压马达控制系统、液压蓄能器主动控制系统以及发电机励磁控制，形成风力发电-储能系统，最终实现风能的最大利用。这种系统省去了笨重的增速箱和昂贵的变流器，把发电部分放置在地面，其机舱内主要是液压泵及管路，重量比传统风力机组大大减轻，蓄能器的应用提高了电能质量，减少了对电网的冲击，可以使电网吸纳更多的风电电能，并且方便维护维修，减少维护维修成本，降低电度成本[3]。

在舰船推进系统方面，将电机和推进器集成于一体的无轴推进系统，无疑是对传统推进系统设计理念的一种颠覆——至少在一定程度上和范围内[4,5]。

人类对太空探索及深海、深地资源的开采与利用需求的日益增加，都对现代机电装备提出了新的挑战（图 2）。机电装备服役功能的不断增加和多目标化使得系统的组成也日渐复杂，现代机电系统的零部件与子系统数目甚至可高达 $10^5 \sim 10^6$ 量级。

"复杂性科学是 21 世纪的科学"[6-11]。复杂机电装备是"复杂系统"的一种。无疑，面对日益庞大的系统，科学工作者在复杂机电装备的制造过程中，需要采用系统科学的方法和理论来认识和发现复杂机电装备的规律，包括系统设计、制造、运行以及安全管理等。

对于复杂机电系统，一般系统论原理和规律会随着系统复杂程度的增加而日渐凸显出来——局部不能代替整体，而整体也不完全取决于局部；系统规模越庞大、越复杂，功能越极端，系统的"结构-功能"对立统一规律也越明显。在复杂机电系统中，已发现相当一大类系统所发生的奇异变化与子系统性质无关，复杂机电系统的整体行为不完全取决于各独立子部件的行为；同时复杂机电系统的整体行为在大时间尺度上也不能唯一地被确定。在现代复杂机电系统中，由于系统自组织和他组织现象的并存，许多有关系统性能的不确定性、不稳定性、变异性和"灰色"现象有待于现代科学给出合理的解释。

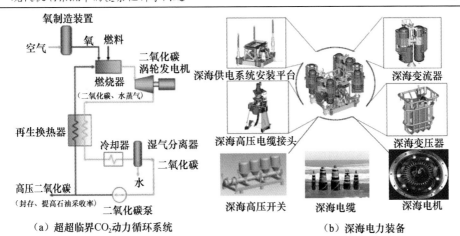

（a）超超临界CO_2动力循环系统　　　　（b）深海电力装备

（c）无轴推进舰船

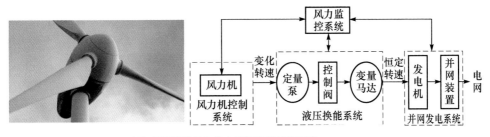

（d）新型液控风力发电恒频控制原理框图

图2　正在发展中的新型机电装备

2. 复杂机电装备系统级设计、建模理论与方法

现代机电系统的多样性和复杂性，首先导致了系统层面建模的困难。

对于现存的各式各样的设计理论，如公理设计、解耦、耦合设计、多学科建模、全局动态建模、系统不确定性建模、大规模数值模拟等，固然在一定程度上具有一定的合理性，但各自的局限性也是极为明显的；同时这些理论之间有时甚至是彼此相悖的，它们的正确性也有待于工程实践的进一步确认。

复杂机电系统通常涉及机械、控制、电子、液压、气动和软件等多学科领域，在本质上需要基于统一的多域性模型进行系统优化设计，其开发是一个多领域交叉的系统工程。多领域物理建模理论与方法就是为解决现代产品复杂化和多领域耦合问题而出现的，它反映了现代产品复杂化和多领域耦合的发展趋势，以及各学科交叉融合的趋势。多领域统一建模理论与方法的发展，经历了从单一领域独立建模到多领域统一建模、连续域或离散域分散建模到连续离散混合建模、面向过程建模到面向对象建模等发展阶段。目前，尽管国内外在各专业领域建模技术集成和统一建模理论与方法上有了明显的进展，但在今后很长一段时期内，复杂机电系统模型化研究的基本任务仍然是寻找和建立统一、透明而柔性的复杂机电系统的建模理论与方法，它们应该具备如下特性：方便地构建系统的全局数学模型，既可用于系统全局分析，也可用于子系统分析；清晰地表达系统的跨能域耦合机制；可以描述系统的全局特性；方便地实施量纲转化、求解与分析[12]。

其次，通过加速试验来实现对于装备零部件或子单元的寿命与可靠性评估是目前常用的手段与方法[13]。但是，机电装备及系统单元的寿命与可靠性评估、预测以及加速试验的理论基础和依据到底是什么？

加速试验的本意是通过对于测试单元施加更为严酷的条件如负载、环境、激励等来考察单元或部件的寿命与可靠性，有待于商榷的问题在于：

（1）绝大多数情况下，很难构建与机电系统真实服役条件完全相同的多因素试验环境；

（2）目前大部分加速试验都还只能停留在部件或单元级，它们与装备系统的整体寿命及可靠性有着一定程度上的关联，但局部并不能最终决定整体，系统论和复杂性理论对于这一点已有清晰的阐明；

（3）加速因子选取的科学依据是什么。

通过加速试验所得到的试验结果无法直接推演到装备部件以及整个系统的寿命及可靠性评估结论，它们在时间尺度、空间尺度以及方法论等方面都难以统一到同一理论框架下。因此，寻找和建立统一、透明而柔性的复杂机电系统的建模理论与方法，对于科学研究工作者仍旧是一种强有力的挑战。

3. 复杂机电系统的动力奇异行为和现象

1）复杂机电系统的自组织现象

从20世纪80年代开始，对复杂系统的研究主要是针对自组织系统，如生命系统、生态系统、经济学和社会学中的各类博弈系统等，这类系统的复杂性是最典型的，主要是由系统的非线性导致的，表现为在动力学空间上会发生混沌与分叉，以及由序参量控制的各种结构演变、自组织、涌现性及脆性问题。

21世纪初，学者开始对他组织系统进行系统的研究，到目前为止对他组织系统的研究主要是针对各类网络系统，如供电网络系统、交通网络系统、通信网络系统等，这类系统的复杂性除了由非线性因素导致以外，主要是由系统的层次复杂性、巨量的网络节点和广阔的空间蔓延性导致的，表现为复杂机电系统在一定条件下可能出现的涌现性、系统崩溃和脆性。对于这些问题的诠释都不能基于对子系统行为的直接外推或集总，因为它们更多地从属于系统整体结构层面。

如果说，在生物、流体领域中存在的结构自组织现象一部分己为人们发现，那么对于那些集机、电、液、光、热等多物理过程于一身的他组织系统即现代复杂机电系统，随着系统复杂性的增加，一定伴随有系统自组织现象的发生。因为，就本质而言，复杂机电系统中产生和出现的自组织行为实际上都是对他组织功能客观上的反抗，可以断言，随着人们对于现代复杂系统研究的深入，这些复杂系统的典型特征也将逐步被人们认识。

2）复杂机电系统的非线性动力学行为

现代机电装备在不断追求高效率、高精度、高品质和极限功能的进程中，系统的功能日趋丰富，载有的物理过程更趋极限，系统内各种物理过程的非线性、时变特征更为突出，过程之间的耦合、交融关系更为复杂，非线性动力演变也成为现代复杂机电装备功效和精度降低与服役性能恶化的主要原因。

非线性是复杂机电系统固有的特性，通常由子系统内部非线性环节以及子系统之间的机电耦合、刚弹耦合、流固耦合、热弹耦合或者非线性控制引发。例如，图 3 所示铁路车辆在轨道上高速运动是一个复杂的动力作用过程，轮轨界面激扰会引起车辆系统振动，反过来车辆振动又会改变轮轨接触状态，进一步在其他因素的交互影响下，轮轨系统将发生多种复杂的动力学现象，在不利情况下就会打破系统稳定状态，造成脱轨、翻车等重大安全事故[14]。轮轨系统动力学问题至今已有百余年研究的历史，但列车脱轨机理、轮轨动力作用引起的钢轨波磨等复杂问题并没有得到彻底解决，它们与轮轨系统的非线性动力学行为（突变、分叉、混沌）息息相关，需要从系统的角度去研究复杂多因素影响下车辆与轨道耦合动力作用问题，在充分认识其内在机制与规律的基础上避免脱轨发生。

非线性动力学经过多年的发展，在机械系统中得到了若干应用，但复杂机电系统不断涌现出的高维非线性动力学问题一直没有得到很好解决。许多复杂机电系统的动力学问题难以在设计与仿真分析阶段得以发现和解决，主要的障碍在于高维非线性动力学理论与方法的严重不足。因此，必须重视子系统之间的非光滑非连续界面、非线性功能界面、控制饱和与时滞效应等在多层次耦合作用下造成系统本身的"脆弱"和性能劣化，在抽象出复杂机电系统非线性模型的基础上，寻找或探索相应的理论与数值分析方法，通过演绎、试验等途径解释系统出现的分叉、混沌、分形、突变等非线性演变机理，为复杂机电系统的集成设计、运行状态监测与控制、故障诊断与预示等提供理论指导。因此，复杂机电装备的高维非线性动力学理论与分析

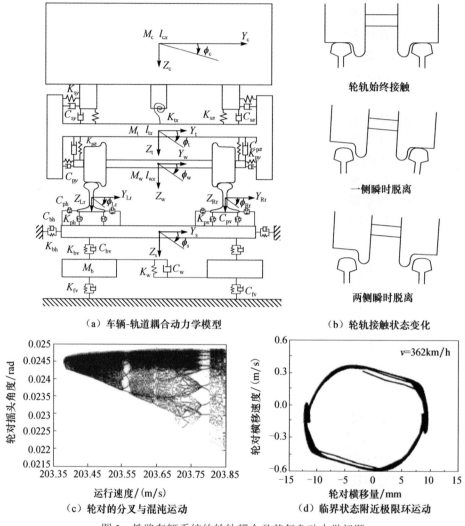

（a）车辆-轨道耦合动力学模型　　　　　　　（b）轮轨接触状态变化

（c）轮对的分叉与混沌运动　　　　　　　（d）临界状态附近极限环运动

图 3　铁路车辆系统的轮轨耦合及其复杂动力学问题

方法仍将是机械、力学、数学等多学科领域专家长期面临的科学挑战。

3）动力时滞对现代机电系统的动力学行为影响的程度

通信和控制技术在现代复杂机电系统中得到了广泛的应用。各种真实的受控系统，包括高速运动或低速运动下的大量动力学系统、人机交互作用下的动力系统等，由于控制信号传输或控制设备自身存在的不可避免的某些缺陷，在控制与系统作动之间存在时间差或时滞，于是形成的系统成为时滞动力系统，尽管在过去的处理中，人们常常忽略时滞并解决了许多问题，但随着对被控系统动力学行为要求越来越精确化，需要考虑时滞对系统的影响。

但是，在以往的工程科学中，都是以时间连续、空间连续以及动力均匀性假设为前提的。在许多情况下，可以略去各种物理场的建立时间，从而在同一时间参考系下讨论一切主导系统动态行为的演化过程，所有这些根据系统中物质流、能量流及信息流在部件间的动力传递过程，可以列出其在状态空间中的动力学方程。所有这些都是基于系统的动力学均匀假设：系统中的每个部件在任意时刻进入某个子系统的能量流、物质流或信息流均立刻在部件中融合而不需要时间。然而，对于工作在苛刻条件下的复杂机电系统动力分析，现代科学不得不走向严密的体系，进一步的研究可能不得不认真考虑时滞的作用，因为它普遍存在于能量流、物质流和信息流的传递中并影响着系统演化的全过程。对于一个简单且为大家熟知的瓦特调速器的研究结果出乎人们意料——在一定的参数条件下系统会由于时滞走向混沌（图 4）[15]。

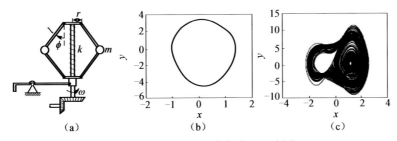

图 4 时滞在调速器中产生了混沌[13]

20 世纪 70 年代，对于复杂机电系统发展最具决定性意义的是 Intel 公司对于微处理器的开发成功，其为计算系统和机械系统的集成开辟了道路。正是计算的引入，使得在复杂机电系统内部各子系统之间、系统与外部环境之间、系统与人之间等各个层面的信息沟通和复杂控制有了实现的可能。但这并不意味着计算机可以解决一切问题，在许多现代先进机电系统中，能量流、物质流以及信息流在传递过程中所发生的冲突也愈加明显，而且在大多数情况下表现为因信息流的引入而带来的时滞效应（图 5）。随着现代机电系统的日益复杂化和智能化，相信这种由动力时滞引发的系统不确定性以及非唯一性等新现象会不断地涌现出来并逐渐为人类所认识。

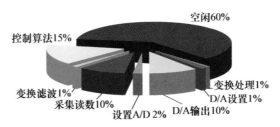

图 5 TMS320 模块中的时间资源分配

4. 复杂机电装备的宏/微观总体性研究理论和方法

在现代复杂机电系统中，对于机械结构的处理需要从宏观到微观，所采用的分析方法有连续力学、统计力学、分子动力学甚至量子力学等，但归根结底，这些系统部件都是由原子、分子组成的，就理论而言，它们应当可以被统一在同一理论框架下（图6、图7）。

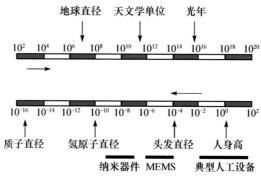

图 6　自然界的各种物体尺寸

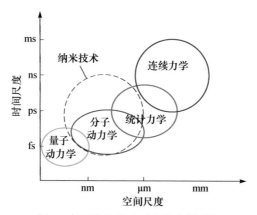

图 7　各种物体尺寸对应的分析理论

目前的困难除了因计算量过于庞大而导致数值模拟无法完全实现外，人们对于分子、原子层面的相互作用机理仍然处在不断的认知深化过程中，包括现行分子动力学模拟中所采用的数十种势函数的合理性究竟在多大程度上能够描述微观层面的内在规律；这些势函数是否具有统一的表述模式。最后，由海量非线性动力计算的复杂性所导致的不确定性、多平衡态以及多解性依然是令人困扰的难题，但这种探索与努力一直在进行中[16,17]。

参 考 文 献

[1] 国家自然科学基金委员会工程与材料科学部. 机械工程学科发展战略报告(2011~2020). 北京: 科学出版社, 2011.

[2] KAIST. Review of supercritical CO_2 power cycle technology and current status of research and development. Journal of Nuclear Science and Technology, 2015, 47: 647-661.

[3] Umaya M, Noguchi T, Uchida M. Wind power generation—Development status of offshore wind turbines. Mitsubishi Heavy Industries Technical Review, 2013, 50(3): 29-31.

[4] Tuohy P M, Smith A C, Husband M. Induction rim-drive for a marine propulsor. IET International Conference on Power Electronics, 2010: 1-6.

[5] Gray A, Shahrestani N, Frank D, et al. Propagator 2013: Uf autonomous surface vehicle. Association for Unmanned Vehicle Systems International, 2013: 1-10.

[6] Auyang S Y. Foundations of Complex-system Theories. Cambridge: Cambridge University Press, 1999.

[7] 许国志. 系统科学. 上海: 上海科技教育出版社, 2000.

[8] 颜泽贤, 范冬萍, 张华夏, 等. 系统科学导论——复杂性探索. 北京: 人民出版社, 2004.

[9] Suh N P. Complexity, Theory and Applications. Oxford: Oxford University Press, 2005.

[10] 金鸿章, 韦琦, 郭健, 等. 复杂系统的脆性理论及应用. 西安: 西北工业大学出版社, 2010.

[11] Goldreich O. Computational Complexity: A Conceptual Perspective. Cambridge: Cambridge University Press, 1988.

[12] 钟掘. 复杂机电系统耦合设计理论与方法. 北京: 机械工业出版社, 2007.

[13] 陈循, 张春华, 汪亚顺, 等. 加速寿命试验技术与应用. 北京: 国防工业出版社, 2013.

[14] 翟婉明. 车辆-轨道耦合动力学. 4版. 北京: 科学出版社, 2015.

[15] Ge Z M, Lee C I, Control, anticontrol and synchronization of chaos for an autonomous rotational machine system with time-delay. Chaos, Solitons and Fractals, 2005, 23(5): 1855-1864.

[16] Isermann R. Mechatronic Systems, Fundamentals. New York: Springer, 2003.

[17] Deshmukh A V, Talavage J J, Barash M M. Complexity in manufacturing systems, Part 1: Analysis of static complexity. IIE Transactions, 1998, 30(10): 645-655.

撰稿人：虞 烈[1]、翟婉明[2]、赵春发[2]、王艾伦[3]
1 西安交通大学、2 西南交通大学、3 中南大学

机器人的未来：从"机器"到"人"的跨越

The Future of Robots: Evolving from "Machine" to "Human Being"

1. 问题的由来及重要性

自 1959 年世界上第一台工业机器人问世以来，机器人发展取得了巨大成就，在制造业、服务业、医疗保健、国防和太空等众多领域获得广泛应用。2013 年，麦肯锡全球研究所发布《引领全球经济变革的颠覆性技术》报告[1]，将先进机器人列入 12 项技术之中。"机器人革命"有望成为"第三次工业革命"的主要切入点和重要增长点，将影响全球制造业战略格局[2-5]。工业机器人和各类特种机器人的工业和民生应用强有力地推动了机构与机器人的学科发展，同时给机构与机器人等相关学科的未来发展带来新的挑战。

强力推动机器人发展的因素主要有四个方面[6]：①制造业劳动力价格越来越高，而产品价格越来越低，需要利用机器人改变传统制造业依赖密集型廉价劳动力生产模式；②人类寿命和生活质量越来越高，而能够提供老龄化服务的人力资源越来越少，需要利用智能化的机器人装备提供优质服务；③自然和人为灾害以及战争仍频繁发生，而人类难以适应这类环境，需要机器人代替人来执行任务；④人类探索深海、太空等极端环境的活动越来越多，而人类在这类环境中的生存能力低且代价高，需要机器人去实现远程交互作业。

不过现阶段机器人的智能和自主能力仍很薄弱，本质上仍只是机器，还缺少"人"的特质，要实现机器人从机器到"人"的跨越，需要解决制约人-机交互、人-机合作、人-机融合发展的瓶颈，要从多方面进行基础研究布局，以求核心难点问题的突破：①寻求新思维，加强面向具体工程应用任务、适合定制化开发要求的机器人实用化整机设计理论与方法研究，提升机器人操作灵活性、在线感知能力；②加强服务机器人研究，着力提升机器人理解人的行为和抽象指令、人-机沟通与协调合作能力，建立机器人安全机制；③针对在核辐射、军事战场、太空、地外天体、自然和人为灾害等危险甚至不可达区域执行任务的需要，开展特种机器人研究，解决在线实时交互、超远距大延时交互、动态未知环境中自主作业等问题，实现人-机交互与机器人自律协同的合作作业以及机器人与人共处同一环境空间的互助作业。

纵观工业发展史，机械的广泛使用增强和延伸了人四肢的能力，计算机的广泛使用提升和扩展了人大脑的功能。随着信息技术的进步，机器人成本大幅度降低而性能大幅度提高，机器人将不断增强和拓展类人的综合能力，灵敏、高效、智能的机器人时代即将到来。

2．问题的本质与描述

现阶段机器人的智能和自主能力仍很薄弱，实现机器人由"机器"向"人"的跨越是现代机器人发展的大方向，也面临着很多科学和技术挑战。传统的工业机器人适用于结构化环境和重复作业任务，而现代机器人则希望和人在相同的非结构化空间和环境中协同作业，实时在线完成非确定性的任务；传统机器人属于多输入、单末端输出系统，而现代机器人属于多输入、多末端输出系统；传统机器人灵巧作业、在线感知、对人的行为和抽象命令的理解、认知与决策能力等均远低于人，无法与人实现高效沟通和交流。目前的机器人系统示教和规划困难，且缺乏有效的安全机制。因此，现代机器人发展需要机器人的环境与任务适应性增强、智能和自主作业能力的提升、人-机交互能力的改善、安全性能的提高，需要突破制约人-机交互、人-机合作、人-机融合发展的瓶颈，解决机器人三维环境感知、规划和导航、类人灵巧操作、直观人-机交互、行为安全等一系列难题，现代机器人将面临如何与人互助作业、如何服务人的生活、如何实现人-机交互与自律协同的控制等一系列科学挑战。

3．历史回顾与现状分析

工业机器人在美国出现前期，受当时计算机、控制器、驱动与传动等单元配套技术发展水平的制约影响，处于低潮、进步缓慢阶段。20世纪中叶后，随着科学技术的发展，机构和机器人经历了从平面向空间、从单自由度向多自由度、从串联向并联和混联的发展过程[6]。60年代后期，工业机器人被日本引进后得到了快速发展，劳动力短缺、产业升级和政策支持促使其机器人产业在70～90年代出现了爆发式增长，造就了日本工业机器人产业发展的黄金20年，使之超越美国成为世界机器人第一强国，支撑日本成为世界制造强国。

机器人已从早期的工业机器人发展为种类繁多的现代工业机器人、特种机器人和服务机器人。虽然工业机器人已广泛应用于各大门类工业领域，但主要在结构化环境中执行各类确定性任务，面临着操作灵活性不足、在线感知实时作业弱等问题；服务机器人是应对未来全球人口老龄化趋势加剧的核心手段，存在无法接受抽象指令、难与人有效沟通、人-机协调合作能力不足、安全机制欠缺等问题；特种机器人是代替人类在极地、深海、外星、核辐射、军事战场、自然和人为灾害等危险甚至不可达区域执行任务的重要手段，存在依赖离线编程、在动态未知环境中依赖人类远程操作等问题。机器人在智能和自主方面与人存在巨大差距，机器人本质上仍是机器，缺少"人"的特质，机器人的进一步发展必然要寻求作业能力的提升、人机交互能力的改善、安全性能的提高。

与工业机器人快速发展相适应，串并联及混联机器人机构学成为机构与机器人研究领域最活跃的一个分支。自 20 世纪 50 年代以来通过持续努力，国际上已经形成较为完善的工业机器人和并联机器人机构的分析理论体系，但以多输入多输出复杂关联关系为特征的并联机构"综合"，即功能和性能设计问题以及面向具体开发任务的机器人创新设计问题仍是国际公认的复杂且具有挑战性的难题。

4．问题的难点与挑战

机器人技术涉及领域众多，具有多学科交叉和融合特点。机器人正在从传统机器人走向现代机器人，逐步发展成为具有感知、认知和自主行动能力的智能化装备，实现从"机器"到"人"的跨越，呈现出人-机交互、人-机合作、人-机融合等鲜明技术特征，现代机器人需要在三维环境感知、规划和导航、类人灵巧操作、直观人-机交互、行为安全等理论与技术方面进行突破与发展。

面对这些发展大趋势，需要研究如何通过揭示机器人与非结构化环境和不确定性作业任务的适应性规律，为现代机器人创新与设计提供理论基础；通过揭示机器人理解人的行为和抽象指令的机理，为智能机器人构建人-机沟通及安全机制提供理论依据；通过揭示人-机交互与自律协同控制原理，为机器人实现人-机协调合作提供技术支撑。这些重大问题的最终解决，将从根本上奠定机器人从"机器"跨越到"人"的理论和技术基础。

参 考 文 献

[1] Manyika J, Chui M, Bughin J, et al. Disruptive Technologies: Advances That will Transform Life, Business, and the Global Economy. San Francisco: McKinsey Global Institute, 2013.

[2] Christensen H, Batzinger T, Bekris K, et al. A Roadmap for U.S. Robotics—From Internet to Robotics. Washington: Computing Community Consortium and Computing Research Association, 2009.

[3] Obama B H. Advanced Manufacturing Partnership (AMP). Washington: U.S. Presidential Science and Technology Advisory Committee, 2011.

[4] Obama B H. National Robotics Initiative (NRI). Washington: U.S. National Science Foundation, 2011.

［5］ Claes N. Civilian Robotics Programme—"SPARC". Munich: European Commission, 2014.

［6］ 高峰, 郭为忠. 中国机器人的发展战略思考. 机械工程学报, 2016, 52(7): 1-5.

撰稿人： 高　峰、郭为忠

上海交通大学

新机构与新机器的发明创造：从"必然王国"到"自由王国"

The Invention of New Mechanisms and Machines: From "the Realm of Necessity" to "the Realm of Freedom"

1. 问题的由来及重要性

机构创新是机器人、智能装备等高端机电产品创新开发的基础，新机构与新机器的发明创造是赢得国际市场竞争的核心手段。我国正在努力实现从制造大国向制造强国的历史性转变，其重要标志是具有自主研发和获取自主知识产权的能力、为世界提供更多原创性设计的能力，这也是一个新机构与新机器的发明创造从"必然王国"走向"自由王国"的能力。

新机构与新机器的发明创造是机构学研究的重要内容。20 世纪中叶后，随着科学技术的发展，机构经历了从平面向空间、从单自由度向多自由度、从串联向并联和混联的发展过程，大量的新机构被发明出来[1-3]。但在这个过程中，新机构与新机器的发明创造更多的是依赖发明者和设计师个人的灵感、天分和经验。当前，并/混联机器人机构学（简称并/混联机构学）是现代机构学研究中最为活跃的一个分支。并/混联机构是典型的"知识密集"程度高的机构，如 Stewart-Gough 机构、Tricept 机构、Delta 机构等并联机构在现实世界中得到了广泛应用。从大型飞机驾驶、地震、空间对接等运动模拟器，到复杂精密的并联机床、微操作装备、传感器等，众多应用领域涌现出了各类并/混联机电系统与高端装备。

机构和机器的研究包括"分析"与"综合"两大类问题，"分析"对应机构与机器性能的建模与求解，"综合"对应新机构与新机器的发明创造与设计。自 1978 年 Hunt 提出并联机器人机构以来，国内外学者对该类机构进行了大量的深入研究。目前，国际上已经形成较为完善的并联机构分析的理论体系，但并联机构"综合"即发明创造与设计方面仍有待进一步发展和完善，新机构与新机器的发明创造国际上仍处在知其然的"必然王国"阶段，特别是新机器的发明创造还有很长一段路要走，还难以根据具体需要实现程式化发明创造。面向复杂任务需求的并联机构构型综合是国际公认的复杂且具有挑战性的难题[4]。

2．问题的本质与描述

新机构与新机器的发明创造是一个从无到有、根据功能或性能需求构思和生成新方案的过程。尽管人类发明了众多新颖实用的机构和机器，但遗憾的是这个发明创造过程在历史上更多的是依靠发明者和设计师的个人聪明才智与独特经验完成的。机构的构型综合是根据要求的特征进行综合设计，得到所有满足要求的机构的过程。机构设计要比机构分析困难得多，并联机构的设计更因其结构的复杂性和运动的耦合性而更具挑战性。

对于并联机构性能设计，首先需要解决机构的性能评价问题。并联机构的构型与参数设计问题通常是通过在一定的约束条件下优化性能指标来完成的，这些指标应具有明确的物理意义，并具有可计算性。

并联机构的尺度综合是在选定构型的前提下，为实现特定的任务或完成预期的功能和性能确定并联机构运动学与动力学参数的过程。并联机构的构型种类繁多、尺度域性能量纲多样、尺度域无穷，造成了并联机构尺度综合问题十分复杂，其挑战是如何揭示多种性能与并联机构尺寸型之间的映射规律，妥善解决拓扑设计模型与参数设计模型的有机衔接、数学模型的完备性以及性能评价指标的合理性等问题。

揭示多种性能与机构尺寸型之间的映射规律，建立一种面向工程应用的具有普遍适用性的并联机构尺度综合方法是未来的研究目标。

3．历史回顾与现状分析

新机构与新机器的发明创造主要与构型设计相对应，构型设计又称构型综合或型综合，解决的是机器或装备机构总体拓扑方案的设计和创新问题，是国际机构学领域的前沿性研究方向。

历史上，新机构与新机器的涌现主要是依靠个人的才华、睿智和经验。例如，中国古代有众多的各类机构与机器发明、法国的 De Roberval 天平秤机构（1669年）等，近代出现的 Watt 蒸汽机（1776 年，1782 年）、Sarrus 机构（1853 年）、Delassus 机构（1900 年）、Bennett 机构（1903 年）、Bricard 机构（1927 年）、Myard 机构（1931 年）、Goldberg 五杆和六杆机构（1943 年）等，现代产生的 Stewart-Gough 并联机构（1962 年）、Baker 五杆机构（1978 年）、3-RPS 机构（1983 年）、Tricept 机构（1985 年）、Delta 机构（1988 年）、H 机构（1999 年）、Exechon 机构（2004 年）、Trivariant 机构（2005 年）等[5,6]，大都是个人聪明才智和经验基础上的突发灵感。造成这种现象的根本原因在于机构和机器组成原理的复杂性以及发明创造行为自身存在的神秘性。

为发明创造出更多的新机构与新机器，近现代以来人们对构型综合开展了持续探索，在机构学发展进程中产生了多种构型综合理论和方法。对于空间机构特别是并联机器人机构等复杂机构，主要有两类构型综合的思想：一类是基于运动运算规则进行构型综合的思想[3,5]，主要方法有基于单开链和方位特征的综合法、基于李群和流形的综合法、基于线性变换的综合法、基于运动特征广义功能集合的 G_F 集方法等；另一类是基于约束运算规则进行构型综合的思想[6]，代表性方法有基于螺旋理论的约束螺旋综合法、基于虚拟链的方法、基于 Wrench Graph 的构型综合方法、基于线几何和旋量系几何特性的图谱化构型综合方法等。并联机构构型综合方面存在的问题突出体现在缺乏拓扑学、运动学和动力学统一建模的方法，缺乏可视化、智能化、工程化机构设计软件系统。关于机构原始创新设计问题，法国的 Merlet 教授指出："并联机构的优化设计可分为两个主题，即拓扑综合与尺度综合，虽然还不清楚拓扑综合能否与尺度综合分离，但其性能与这两类综合密切相关，这是一个很大的课题，只有通过机构学家、数学家和产业界的密切合作才能完成"。该领域的发展趋势是系统研究机构的拓扑与尺度、运动学和动力学性能的映射规律，建立相应的设计理论和方法。

目前国内外针对性能评价指标研究主要集中在工作空间、奇异位形、解耦性、各向同性、速度、承载能力、刚度、精度等方面，还不很成熟。主要发展趋势是借助数学和力学等工具，研究具有明确的物理意义、可用数学方程描述、具有可计算性、可全面描述机构综合性能的评价指标体系。

在机构学的发展历史上，先后形成过 19 世纪下半叶的德国学派、20 世纪上半叶的苏联学派、20 世纪下半叶的美国学派。21 世纪初，以建立系统的并联机构学理论体系为特征，正在逐渐形成中国学者的研究特色。

4. 问题的难点与挑战

根据具体任务要求进行机构和机器的发明创造是一项困难的工作，机构构型、性能评价、尺度设计以及驱动设计是其核心内容。目前，新机构与新机器的发明创造在相当程度上仍然主要依靠设计师的灵感和智慧，仍然处在"必然王国"的状态，人类在新机构和新机器的发明创造上还不能做到随心所欲，还没有到达根据具体需要进行针对性发明创造的"自由王国"，普遍缺少有效的理论方法，用来指导设计师从需求出发、依靠理性推理和演绎、从粗到细、由浅入深地逐步产生出新机构和新机器的有效方案。对于并/混联机器人机构及装备创新设计，其困难在于设计目标的多样性、构型和产品性能的关系不明确、构型设计的非数值性与定性特征、尺度设计的强耦合与定量特征、性能评价指标需要具有全局性和大小可比性等特点，这些不仅导致构型创新困难，同样导致并/混联机器人的机构性能优化设计十分困难。对于机构和机器性能，它是构型和尺度以及动力学设计的综合效应，如何做到全局最优设计也是新机构与新机器发明创造面临的难题。

参 考 文 献

［1］高峰. 机构学研究现状与发展趋势的思考. 机械工程学报, 2005, 41(8): 3-17.

［2］高峰, 郭为忠. 中国机器人的发展战略思考. 机械工程学报, 2016, 52(7): 1-5.

［3］高峰, 郭为忠, 孟祥敦. 3.3 并联机器人构型综合研究进展与思考//李瑞琴, 郭为忠. 现代机构学理论与应用研究进展. 北京: 高等教育出版社, 2014.

［4］Merlet J P. Still a long way to go on the road for parallel mechanisms. ASME Biennial Mechanisms and Robotics Conference, 2002: 1-19.

［5］Gogu G. Structural Synthesis of Parallel Robots: Part 1: Methodology. Dordrecht: Springer, 2007.

［6］Huang Z, Li Q C, Ding H F. Theory of Parallel Mechanism. New York: Springer, 2012.

撰稿人：高　峰、郭为忠

上海交通大学

神经控制：假肢研究面临的重大难题

Neural Control: A Big Challenge for Development of Neuro-Prosthetic Hands

假肢的应用历史悠久，它记载了人类与伤残的抗争。在功能性假肢数百年的发展历程中，1948 年肌电假肢的问世是一个重要的技术分水岭[1]，它首次建立了假肢与神经系统的信息联系，展示了神经控制技术的雏形。

起源于 20 世纪 70 年代的模式匹配法是目前假肢神经控制接口研究的主流方法。该方法的原理（图 1）是借助信号处理技术识别截肢患者残肢表面肌电信号的特征信息，建立与假肢动作模式相对应的特征模板，并以此作为假肢控制的依据。尽管模式匹配法已在假肢产品中普及应用，但它完全采用了建立在实验统计分析基础上的唯象模型，与生物肢体的神经控制机理并没有明确的关联。从该意义上说，它与"神经控制"的本质还有较大的距离。

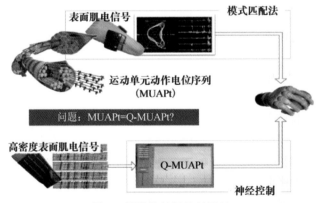

图 1　假肢的神经控制原理

控制人手运动的末端神经信号是肌纤维运动单元动作电位序列，它在肌纤维中传播形成电流场，表面肌电信号则是置于该电流场中的电极检测到的电位差。作为肌纤维运动单元动作电位序列的一种间接测量手段，表面肌电信号包含神经系统电活动的丰富信息，但由于人体组织的容积导体效应，不同运动单元的动作电位经肌肉组织传递和叠加后在表面肌电极上的响应往往非常相似，仅通过少数几个表面电极很难将不同的运动单元区分开。事实上，表面肌电信号与神经系统电活动之间的关系并不清楚。如何通过对运动单元动作电位序列本身的研究来认识人手运动的神经编码规律，发展相应的神经控制模型，已成为未来的假肢研究不可回避的问题。

神经信号的侵入式测量技术是研究肌肉神经电活动的经典手段。肌内电极具有较好的空间选择性，能够获取控制特定肌纤维的运动神经单元的电活动。对肌内电极采集到的信号进行简单的处理即可得到电极附近运动神经单元的电活动模式。但肌内电极的高空间选择性也意味着该方法难以获取整个肌肉组织全部运动神经单元的电活动，且电极植入位置的偏差还会对测量数据的可重复性造成显著影响。此外，作为一种创伤性手段，神经信号的侵入式测量技术在假肢中的应用也受到限制。

近年来，高密度表面肌电信号测量技术得到了较快的发展，目前最新的高密度肌电测量系统可同步记录数百通道的前臂肌电信号，这使得通过表面肌电信号反解神经元活动成为可能，以德国哥廷根大学伯恩斯坦计算神经科学中心为代表的研究机构对于该问题的研究已取得重要的阶段性进展[2-5]。他们借助现代信息处理技术，从高密度表面肌电信号中分离出了与运动单元动作电位相似的多通道脉冲序列，并利用它作为假肢肌电控制接口的输入信号，结果显示，该方法对于假肢的多模式操作控制具有更高的准确率和更强的鲁棒性。但该方法存在的最大问题是分离得到的电脉冲序列个数具有不确定性，所对应的运动单元解剖学位置也不清楚。事实上，科学家并没有足够的证据来证明由表面肌电信号分离出的脉冲序列与运动单元动作电位序列存在确定的对应关系，以下的问题目前还没有确切的答案。

问题1：能否从表面肌电信号中分离出运动单元的动作电位序列？

该问题的重要意义在于，如果它有肯定的答案，那么科学家便可以采用无创测量技术间接获取与人手运动直接相关的神经元电活动，更为重要的是，它为进一步研究以下的问题提供了前提条件。

问题2：如何建立人手运动的神经编码模型及假肢的神经控制模型？

漫长的自然进化造就了生物体极其复杂的神经系统，目前人类对神经信息的认知水平还很低，现有的神经科学理论也无法为上述问题提供答案，这就为工程学方法和信息技术提供了极大的施展空间。伴随着微纳制造、传感、信息及医学技术的迅速发展，科学家对于神经系统的信息获取手段有了革命性的进步，这也是神经信息认知的重要基础。

探索和认识人手运动信息的神经编码规律，建立相应的神经控制模型，是未来假肢研究面临的任务。

参 考 文 献

［1］　Reiter R. Eine neu elecktrokunstand. Grenzgebiete der Medicin, 1948, 1(4): 133-135.

［2］　Holobar A, Minetto M A, Botter A, et al. Experimental analysis of accuracy in the identification of motor unit spike trains from high-density surface EMG. IEEE Transactions on Neural Systems and Rehabilitation Engineering, 2010, 18(3): 221-229.

［3］　Holobar A, Glaser V, Gallego J A, et al. Non-invasive characterization of motor unit behaviour in pathological tremor. Journal of Neural Engineering, 2012, 9(5): 056011.

［4］　Farina D, Rehbaum H, Holobar A, et al. Non-invasive accurate assessment of the behavior of representative populations of motor units in targeted reinnervated muscles. IEEE Transactions on Neural Systems and Rehabilitation Engineering, 2014, 22(4): 810-819.

［5］　Farina D, Jiang N, Rehbaum H, et al. The extraction of neural information from the surface EMG for the control of upper-limb prostheses: Emerging avenues and challenges. IEEE Transactions on Neural Systems and Rehabilitation Engineering, 2014, 22(4): 797-809.

撰稿人：朱向阳

上海交通大学

机械传动科学技术的发展历史与研究进展

History and Research Progress of Mechanical Transmission Science and Technology

机械装备的工作性能、使用寿命、能源消耗、振动噪声等在很大程度上取决于传动的性能。随着机械系统向高效、高速、精密、重载、多功能方向发展，对传动的功能和性能的要求也越来越高，深入研究传动科学与技术，探索传动的新原理、新概念和新方法意义重大。因此，必须重视对传动科学与技术的研究[1]。传动的形式主要包括机械传动、流体传动和电传动。机械传动的主要形式有齿轮传动、带（链）传动、摩擦传动等，具有传递运动精度高、速度响应快、传动效率高等优点，在机械系统中是主要的传动形式。随着对传递功率和传动效率等性能要求的提高，机械传动与流体传动、电传动等形式复合，出现了机电复合传动、液压机械复合传动、液力机械传动等多流无级复合传动。

1. 机械传动科学技术的发展历史

机械传动作为机械系统的组成部分，一直伴随着人类日常生活和生产活动，具有悠久的历史。在中国古代，指南车作为早期的机械就装有类似齿轮传动的装置，迄今已有 3000 年的历史。古希腊时代也有关于机械传动的史料记载。罗马时代，在水力驱动的谷物碾磨中采用了木制齿轮传动。到 14 世纪，为开发钟的传动系统，人们开始研究金属齿轮传动以减小尺寸。18 世纪初，蒸汽机被发明并且很快被用于铁路机车和加工机械，大幅增加了对机械传动的需求[2,3]。

19 世纪末，电动机和内燃机等动力装置的发展推动了机械传动在铁路机车、船舶、制造厂、发电站等的广泛应用，小型化、长寿命、更可靠的机械传动成为人们追求的目标。从这一时期到 20 世纪初期，先后出现了摆线、渐开线齿形的齿轮传动，产生了直齿轮、斜齿轮、锥齿轮和蜗杆传动。船舶、电厂涡轮机采用的大型高速齿轮传动由于其节线速度高、要求的齿形精度高，推动了磨齿等高精度加工方法和机床的发展，同时高速引起的动载荷在齿轮传动的设计中开始受到重视。

20 世纪 40 年代，渐开线和非渐开线齿轮传动的齿形计算方法，齿轮刀具与被加工齿轮、相互啮合的齿轮之间的展成关系及齿形计算方法，空间三维齿形及其啮合计算方法得以问世，齿轮几何学的一般分析方法开始形成。进入 70 年代，空间啮合理论的研究成为机械传动的研究热点并取得了创造性成果，这些成果被用于曲线锥齿轮、环面蜗杆、点接触蜗杆以及圆弧齿轮等新型传动装置的开发，显著推动了机械传动的学科发展。各种少齿差行星传动、新型伺服传动、新型蜗杆传动相继出现，考虑弹性变形、热变形、制造误差的啮合理论研究达到很高水平，局部共轭、失配啮合理论被用于各种啮合传动，空间啮合轮齿受载接触分析方法相继问世，齿间载荷分配及应力分析等得到广泛应用。

20 世纪 90 年代以来，齿轮传动、带（链）传动的动力学建模及振动噪声研究继续成为研究的热点，研究对象由直齿轮、斜齿轮向锥齿轮、行星齿轮、同步齿形带及多种形式的链传动拓展。研究方法向变速箱整体耦合的系统拓展。以减振降噪为目的，人们提出了更为科学的轮齿三维任意可控修形设计方法，根据轮齿修形的要求，多自由度数控齿轮加工机床纷纷问世。21 世纪初，装备技术的发展对机械传动的工作转速、载荷、振动噪声、效率、传动精度、可靠性提出了更高的要求，因此机械传动动力学、声振传递机理、疲劳损伤机理、摩擦润滑机理、齿轮表面创成和啮合参量的测量等依然是研究热点。

回顾机械传动科学与技术的发展史可以清楚地知道，作为机械系统的重要组成部分，机械系统的动力装置、工作装置的突破性进展对传动机提出的要求推动了传动科学技术的进步，同时对机械传动的研究深度、广度和学科交叉性提出了大量科学难题。

2. 机械传动科学技术的研究进展

21 世纪，力学、材料科学、信息科学、先进制造技术、能源及环境保护技术等成为科学技术发展的重要领域，这些领域的最新研究成果和技术进步对机械传动科学技术的发展产生了重要的推动作用。现代机械传动科学技术的研究进展如下。

1）高性能机械传动的设计与制造

从传动原理和结构上探索创新机械传动形式，推动了机械传动性能的提升，研究开发承载能力大、效率高、体积小、重量轻的新型齿轮如低耗齿轮[4]、非对称齿轮[5]、非圆齿轮[6]、环面渐开线齿轮[7]和共轭曲线齿轮[8]等一直是研究的热点。另外，机械传动多场耦合动力学设计及振动噪声控制也是实现高性能机械传动的重要途径。

传动装置的制造技术与机械传动的最终性能、成本密切相关。高精度硬齿面滚齿和剃齿是齿轮传动高效率、低成本、高性能加工的发展方向。提升齿形加工精度和齿面微观形貌的生成能力，对于提高传动系统的动力学性能、减振降噪，并获得高承载能力十分重要[9]。

在高性能机械传动领域，目前尚待解决的难题有：传动机构优化设计方法、真实啮合齿面的疲劳预测与失效机理、机械传动扭振控制、高速齿轮多相流摩擦润滑机理与能量传递、齿轮磨削表面微观形貌主动创成方法与形性协同智能制造等。

2）机械传动的无级化与高效化

高效和不间断的传递来自动力装置的功率是传动系统追求的目标。无级传动是理想的传动形式，在连续变速范围内可获得任意传动比，并可通过调节传动实现驱动与负载的最佳匹配，从而实现能源的高效利用，降低动力装置的驱动功率。无级传动的形式主要有机械摩擦传动、流体传动、电力传动等单一介质传动。为满足高效、高速、重载的传动系统要求，采用复合传动技术实现无级传动，典型的技术形式有液压机械传动和机电复合传动等。

以降低内燃机油耗和排放以及提高传动效率为目标，无级传动在车辆领域普遍应用。例如，摩擦式机械无级传动技术，又称无级自动变速传动（continuously variable transmission, CVT）技术；其他无级传动包括电力传动、液压传动、液力传动等[10]。多流复合传动主要是通过齿轮传动机构将电力或液压无级传动与动力装置耦合成为新的无级传动装置，实现传递大功率、高传动效率、宽传动范围的变速能力，满足车辆行驶需求[11]。

机械传动无级化和高效化实现的难点是传动设计约束的多样性与复杂性，包括驱动与负载的宽范围变化和高功率密度设计要求等。机械传动无级化涉及流体、电力、摩擦、控制、制造等多个科学领域，学科交叉明显，多领域的工作机理将与机械传动服役条件存在强耦合，是一个复杂的系统工程问题，需要复杂约束空间与高柔性的传动机构设计与匹配理论、宽域全服役条件下机械无级传动的高效驱动与控制理论、复合传动机构的优化设计理论等。

3）机械传动的信息化与智能化

机械传动的信息化与智能化是信息、计算机和控制技术与机械传动技术的结合。其特点是根据动力装置的效率特征和工作装置的功能要求，通过计算机智能控制，实现动力传动功率、效率或传动比的实时控制，以达到工作装置与动力装置的最佳匹配与协调；基于测试信号的时频特征或传动系统的数学模型，实现对传动系统健康状态的估计，进而达到寿命预测、故障诊断或容错控制的目的。

机械传动的信息化与智能化最集中的体现是汽车工业的自动变速传动领域，包括机械自动变速传动（automatic mechanical transmission, AMT）、液力机械自动变速传动（automatic transmission, AT）和双离合器自动变速传动（dual clutch transmission, DCT）等典型的传动装置。为实现传动装置的高性能工作，需要制定以燃油消耗最低或效率最优为优化目标的传动系统控制策略，将动力装置和传动装置调节到最佳工作区，并且保证传动系统平顺地实现工况切换[12]。通过在线学习技术智能修正换挡逻辑和驾驶风格自学习等智能方法已经在一些汽车自动变速器产品中实现，基于有限传感器信息和状态观测等方法的传动系统状态监测与故障诊断技术得到应用。针对模糊逻辑、神经网络等智能算法和基于模型的传动系统状态观测与故障诊断方法处在深入研究阶段。在新能源汽车传动领域，纯电动、插电式和增程式电动汽车的传动系统控制器大量采用基于模型的预测控制和最小值原理等优化控制算法以提升车辆的燃油经济性和传动效率[13]，但尚未彻底解决最优控制算法兼顾全局最优与实时性的问题。

随着无线通信技术和无人技术与汽车工业的深度交叉融合，汽车工业领域提出了融合卫星导航信息、城市建筑设施信息、车际信息以及道路交通流信息的网联车（connected vehicle）以及网联动力传动控制技术（connected powertrain）[14]，利用定位信息、交通流信息和车际交互信息实现对未来工况的高置信度预测，从而进一步提升动力传动系统的工作效率，降低油耗。

在机械传动的信息化与智能化方面存在的难题有：①多输入多输出复杂机电系统的参数自动标定；②嵌入式环境下的最优控制算法实时性设计；③复杂机电传动系统的高频动力学特性及控制；④4G/5G 广域无线网络状态下的车辆实时通信与控制；⑤动力传动系统的实时故障诊断与容错控制。

4）机械传动中新材料的应用

材料科学与技术是 21 世纪重点发展的科学与技术领域。各种新材料在机械传动中的应用推动了机械传动科学与技术的发展。陶瓷、高分子聚合物、磁流变等新材料已经在机械传动领域得到了比较广泛的应用，取得了良好的效果。梯度材料、记忆合金、压电晶体、复合材料、智能材料等独特的性能特点，也将对机械传动的性能产生重要影响。

陶瓷材料高强度、耐高温、硬度大、耐腐蚀等特点，使其摩擦磨损性能远优于一般金属材料[15]，在机械传动元件轴承的设计制造中得到了广泛的应用[16]；高分子聚合物由于其特殊的摩擦磨损和力学性能[17]，在机械传动中也得到应用，如塑料齿轮传动已广泛应用于办公设备且无须润滑介质，以高分子塑（橡）胶复合材料和金属配对的水润滑轴承已广泛应用于船舶推进系、水轮机等；磁流变材料研究取得了较大的进展，在机械传动中磁流变阻尼器研究已取得一定成果[18]。这些材料的应用都对机械传动系统的高效率、高品质、精密化发展起到了巨大的推动作用。

逐渐成熟的梯度材料、记忆合金、压电晶体等新型材料，在机械传动领域的应用前景广阔。梯度材料是一种多相材料，由于材料成分梯度变化，所以其性能也由表及里有规律地变化，功能梯度材料由于力学性能的特殊性[19]，可应用于高性能齿轮制造。形状记忆合金已应用于微型机械[20]。压电晶体作为一种机电耦合材料，由于其独特的感知、学习和对环境做出反馈的物理特性，在机械传动振动控制领域已有应用[21]。

随着众多新型材料的研究发展，对机械传动的创新设计和制造必将引起新的变革。目前有待解决的难题有：①新材料在机械传动应用中的使役特性；②机械系统与新材料多场耦合机制；③机电液交叉耦合及非线性效应；④智能材料集成的非线性理论等。

5）微机械传动

微机械传动要求在微小空间内实现能量传递、运动转换和调节控制等功能，以实现规定的动作和精确度，但由于其尺度效应，工作原理、性能特征和设计制造与常规尺度的传动有显著不同，所以传动机理也显著不同。目前微机械传动主要采用超声、静电、电磁、压电、形状记忆合金、热膨胀、磁致伸缩等驱动方式。研究人员在超声电机运动机理、驱动与控制技术等方面提出了一套理论和设计方法，发明和研制了多种新型行波、驻波超声电机以及驱动器[22]。1988年美国加利福尼亚大学伯克利分校研制出世界上第一个硅微型静电电机，该电机直径仅为 $60\sim120\mu m$[23]。在微机械传动元件方面，美国贝尔实验室已经开发出直径为 $400\mu m$ 的齿轮[24]。

研究发现，当微机械特征尺寸达到亚微米或纳米量级时，黏性力、表面张力、静电力、摩擦力等表面效应显著增强，微传动元件材料的变形和损伤机制与宏观构件也不相同，材料性能和力学行为都将发生很大变化，以连续介质力学为基础的传统机械传动设计理论与方法遇到严重的挑战。微机械传动的研究难题包括：①微传动尺度效应和物理特征；②微传动材料力学性能及制造工艺；③微传动摩擦学、运动学和力学性能；④高精度和高效微传动机构形态和机构设计等。

6）特殊（极端）环境中的机械传动

特殊（极端）环境如宇宙空间的高真空、微重力、大温差，海洋环境下的海水腐蚀，强磁场和强电场等环境，以及机械传动高温、重载、高转速等工况。这些特殊环境中机械传动的服役特性会发生很大变化，对机械传动的设计带来很大挑战。

航空航天领域涉及多种特殊环境，例如，宇宙空间处于 $10\mu Pa$ 以下的超高真空状态，昼夜温差大而且为失重环境。在此环境下传动副表面之间的润滑是难题，固体润滑是航天领域普遍采用的润滑方式，如滚动轴承采用 DLC（类金刚石薄膜）固体润滑涂层以提高在宇宙环境下轴承的耐磨性[25]。NASA 对飞船传动副的摩擦问题进行了研究，在摩擦、磨损、润滑等问题的预防、分析、控制和试验四个方面取得了进展[26]。NASA 还研究了武装直升机机械传动在润滑油泄漏条件下的性能响应和工作寿命，以使直升机能够安全撤离战场危险环境[27]。

对于船舶和海洋资源开发，由于机械传动易受海水腐蚀，材料力学性能迅速下降，如何进行腐蚀防护，延长传动元件的使用寿命，近年来得到广泛的研究[28]，解决的途径主要是采用抗腐蚀材料，进行传动元件的表面防腐涂层和表面处理[29]等。

　　工作在电厂、发电站等环境中的机械传动装置由于强电场和强磁场易引起传动元件表面的"电蚀"现象，在齿轮啮合面、轴承摩擦面形成点状圆形凹坑甚至形成波纹，引起振动和噪声，加快了传动副的破坏，甚至引发重大事故。对于电蚀，近年来研究者分别从大电流和微电流解释了电蚀形成的原因[30]。但是对于如何保持传动副性能、物理性质和力学性能，避免发生电蚀仍然是一个悬而未决的问题，这也是今后电蚀研究的重要课题。

　　极端环境的机械传动是机械传动的一个重要领域，现阶段仍有许多未解决的问题：极端环境机械传动性能演化机理、极端工况失稳机理和稳定性设计、抗摩擦磨损和抗腐蚀设计理论、疲劳寿命预估和可靠性设计方法等。

参 考 文 献

[1]　秦大同. 机械传动科学技术的发展历史与研究进展. 机械工程学报, 2003, 39(12): 37-42.

[2]　会田俊夫. 齿车の技术史. 东京: 开发社, 1970.

[3]　Kubo A. Foreword. Proceedings of the JSME International Conference on Motion and Power Transmissions, 2001: 1.

[4]　Machado R M P. Torque loss in helical gears: Influence of "Low Loss" gear design. Porto: University of Porto, 2013.

[5]　李秀莲. 非对称渐开线齿轮传动特性及应用基础研究. 镇江: 江苏大学博士学位论文, 2012.

[6]　冉小虎. 非圆齿轮传动特性与实验研究. 重庆: 重庆大学硕士学位论文, 2007.

[7]　曹涛. 新型环面渐开线齿轮齿面生成与啮合特性研究. 南京: 南京航空航天大学硕士学位论文, 2014.

[8]　高艳娥. 共轭曲线齿轮设计理论及切齿方法研究. 重庆: 重庆大学博士学位论文, 2015.

[9]　Ding H, Tang J, Zhong J. Accurate nonlinear modeling and computing of grinding machine settings modification considering spatial geometric errors for hypoid gears. Mechanism and Machine Theory, 2016, 99: 155-175.

[10]　Dong P, Liu Y, Tenberge P, et al. Design and analysis of a novel multi-speed automatic transmission with four degrees-of-freedom. Mechanism and Machine Theory, 2017, 108: 83-96.

[11]　Giallanza A, Porretto M, Cannizzaro L, et al. Analysis of the maximization of wind turbine energy yield using a continuously variable transmission system. Renewable Energy, 2017, 102(13): 481-486.

[12]　方圣楠, 宋健, 宋海军, 等. 基于最优控制理论的电动汽车机械式自动变速器换挡控制. 清华大学学报(自然科学版), 2016, (6): 580-586.

［13］ Walker P, Zhu B, Zhang N. Powertrain dynamics and control of a two speed dual clutch transmission for electric vehicles. Mechanical Systems and Signal Processing, 2017, 85: 1-15.

［14］ Wan N, Vahidi A, Luckow A. Optimal speed advisory for connected vehicles in arterial roads and the impact on mixed traffic. Transportation Research Part C—Emerging Technologies, 2016, 69: 548-563.

［15］ Kimberley J, Ramesh K T, Daphalapurkar N P. A scaling law for the dynamic strength of brittle solids. Acta Materialia, 2013, 61(9): 3509-3521.

［16］ Bal B S, Garino J, Ries M. A review of ceramic bearing materials in total joint arthroplasty. Hip International, 2017, 17(1): 21-30.

［17］ Xie F, Lu Z X, Yang Z Y. Mechanical behaviors and molecular deformation mechanisms of polymers under high speed shock compression: A molecular dynamics simulation study. Polymer, 2016, 98: 294-304.

［18］ Yang L, Chen S Z, Zhang B, et al. A rotary magnetorheological damper for a tracked vehicle. Advanced Materials Research, 2011, 328-330: 1135-1138.

［19］ Guo L C, Noda N. Modeling method for a crack problem of functionally graded materials with arbitrary properties piecewise-exponential model. International Journal of Solids and Structures, 2007, 44(21): 6768-6790.

［20］ Jani J M, Leary M, Subic A. A review of shape memory alloy research: Applications and opportunities. Materials and Design, 2014, 56: 1078-1113.

［21］ Li M F, Lim T C, Guan Y H, et al. Experimental active vibration control of gear mesh harmonics in a power recirculation gearbox system using a piezoelectric stack actuator. Smart Materials and Structures, 2005, (14): 917-927.

［22］ Lei Y Z. Recent research advances and expectation of mechanical engineering science in China. Chinese Journal of Mechanical Engineering, 2009, 45(5): 1-11.

［23］ Tai Y C. IC-processed micro-motors: Design, technology, and testing. IEEE Micro Electro Mechanical Systems. An Investigation of Micro Structures, Sensors, Actuators, Machines and Robots, 1989: 1-6.

［24］ Mehregany M. Micro gears and turbines etched from silicon. Sensors and Actuators, 1987, 12(4): 341-348.

［25］ Vanhulsel A, Velasco F, Jacobs R, et al. DLC solid lubricant coatings on ball bearings for space applications. Tribology International, 2007, 40(7): 1186-1194.

［26］ Fusaro R L. Preventing spacecraft failures due to tribological problems. NASA/TM-2001-210806. Ohio: Glenn Research Center, 2001.

［27］ Krantz T L. NASA/Army rotorcraft transmission research: A review of recent significant accomplishments. NASA STI/Recon Technical Report N, 1994, 94: 25181.

[28] Li S X, Akid R. Corrosion fatigue life prediction of a steel shaft material in seawater. Engineering Failure Analysis, 2013, 34: 324-334.

[29] Bellezze T, Roventi G, Fratesi R. Localised corrosion and cathodic protection of 17 4PH propeller shafts. Corrosion Engineering, Science and Technology, 2013, 48(5): 340-345.

[30] Xie G X, Guo D, Luo J B. Lubrication under charged conditions. Tribology International, 2015, 84: 22-35.

撰稿人：秦大同[1]、项昌乐[2]、刘　辉[2]、马　越[2]、刘长钊[1]

1 重庆大学、2 北京理工大学

流体传动与控制技术及其科学问题

The Technology and Fundamental Problems of Fluid Transmission and Control

流体传动是以流体为介质的一种传动方式。目前流体传动在天空、陆地、海洋各空间领域如航空航天、工程机械、舰船海工装备等均有广泛应用。2015 年，我国液压（含液力）、气动工业总产值 700 多亿元，已超过美国成为全世界产值最大的国家，并且作为关键元件，以几十倍甚至上百倍的量级辐射主机装备行业，直接影响我国制造业的支柱产业。更为关键的是，流体传动元件的性能和可靠性很大程度上决定了主机装备的技术水平，在高端装备中举足轻重。而早在公元前 200 年，人类已制造第一架水轮机开始利用水能。但直到 17 世纪帕斯卡定律的出现，才奠定了液压传动的静力学理论基础，促进了实用液压机械技术的应用。随着人类的生产、生活对驱动方式的要求进一步提高，流体传动遇到了许多新的挑战，一方面流体传动需要适应更为复杂的环境及个性化需求，另一方面需要从基础理论上继续完善工程流体力学。

1. 流体传动的发展历程

现代流体传动与控制技术的历史并不长，但人们对流体的认识与控制从很早就开始了。古希腊、埃及和中国是最早利用该技术的国家，如公元前 220 年古希腊发明螺旋提水工具、公元前 100 年中国出现水轮、公元 50 年埃及发明热空气/水力驱动寺庙大门、公元 117 年中国张衡发明水运浑象仪、公元 270 年中国杜预发明水轮驱动的水转连磨、公元 1135 年中国宋代五谱记述"莲花漏"上使用浮子——阀门式机构自动调节漏壶的水位等。在此期间，人们已经掌握了如何通过槽道引水进行灌溉和家庭使用，建筑堤坝和水闸引导水流的方向，欧洲的提米特和罗马建设了宏大的城市引水系统，阿基米德提出了浮力原理。17 世纪末期，流体运动的基本性质研究取得了显著进展，意大利物理学家托里拆利、法国物理学家 Mrriotte 和伯努利研究了流体经过小孔和短管的力学问题，同期法国科学家帕斯卡发现了密闭或受限容腔内流体静力学的基本定律：密闭容腔内液体压力具有无方向性的传递特征并处处相等。但直到 1795 年，由于机床能够制造较为精密的配合偶件并且密封技术得到发展，液压元件及使用液压传动技术的机器开始进入工程实践阶段。英国工程师布拉默（J. Bramah）发明了水压机，利用封闭容腔内的流体传递能量或力，构成一种具有价值的传动形式，真正把流体力学的科学、技术与工程有机结合在一起；其后 1827～1845 年法国的纳维（C.L.M. Navier）和英国的斯托克斯（G.G. Stokes）建立了黏性不可压缩液体的运动方程，即纳维-斯托克斯方程；1850 年英国工程师阿姆斯托朗（W.G. Armstrong）发明了液压蓄能器；18 世纪中叶英国工程师詹金（F. Jinken）发明了世界上第一台差压补偿流量阀；1862 年德国的吉拉尔（L.D. Girard）发明了液体静压轴承；1883 年英国的雷诺（O. Raynolds）发现液体的层流和湍流两种状态并建立湍流基本方程——雷诺方程；1886 年美国的赫谢尔（C. Herscher）用文丘利管制成水流流量测试装置等，使得液压传动技术成为当时一种领先的动力传动方式。这些以水作为传动介质的早期流体传动与控制技术提高了人类利用工具提高生活质量和改造自然的能力。

由于早期制造加工水平和橡胶化工工业还未出现，当时的液压缸没有密封措施，所以元件压力等级低、泄漏大（压力只有十几个大气压，容积效率仅为 20%左右）。后来人们使用毛毡、动物皮等作为密封材料，成为液压缸介质泄漏控制的简单方法，同时随着机床加工技术水平的提高，元件精密配合偶件的尺寸和形貌误差得到控制，减少了元件的内部泄漏。但总体而言，早期的以水为介质的流体传动与控制技术的功能和性能指标是比较粗糙的，处于雏形发育期。随后，材料学科发展以及丁腈橡胶等耐油密封材料的出现，使油压技术在 20 世纪得到迅速发展。

随着石油化工技术的发展，石油基液压介质逐渐成熟，表现出比水介质更为出色的抗磨、承载、润滑的性能。同期面临其他传动方式的迅速发展和激烈的市场竞争，液压传动技术的控制性能、振动与噪声、寿命和可靠性等指标面临严峻挑战。提高压力和转速等级被认为是最佳的解决方案之一，至 20 世纪 50 年代左右，液压元件的压力和转速等级逐渐提高，液压传动压力等级从 7MPa 左右提高到 35MPa 以上。压力和转速等级的提高导致元件摩擦副的表界面问题凸显，人们对摩擦学设计方法、材料及热处理方面进行了大量研究工作，重载高速摩擦副表界面的研究显著提高了高压高速液压元件寿命和可靠性等性能指标，并推动了液压元件的迅速发展。1905 年，美国的詹尼（Janney）首先将矿物油作为介质，设计制造了第一台油压柱塞泵及传动装置；1922 年，瑞士的托马（H. Thoma）发明了径向柱塞泵。随后，斜盘式和斜轴式轴向柱塞泵、径向液压马达和轴向变量马达等相继出现；1936 年，美国的威克斯（H. Vickers）发明了以先导控制压力阀为标志的管式系列液压控制元件；60 年代出现了板式和叠加式液压元件；60 年代后期出现了比例控制元件；70 年代出现了插装式液压元件。20 世纪末，随着材料与摩擦学技术的进步，水介质以及生物液压油等环保介质又重新引起重视，近 30 年低压力等级的水液压元件已开始小规模应用。

随着精密加工技术的快速发展，液压元件的摩擦副配合偶件的控形控性能力显著加强，1950 年美国的穆格（W.C. Moog）发明了单喷嘴两级伺服阀，并在第二次世界大战期间高性能武器装备的研制中迅速推广应用，开启了现代液压自动化控制的新时代。20 世纪 40 年代电液伺服控制技术最早运用在飞机上，50～60年代开始发展，60 年代以后各种新结构的伺服阀相继出现。第二次世界大战后美国麻省理工学院动态分析与控制实验室对液压伺服控制做出重要贡献，1960年美国麻省理工学院的布莱克本（Blackburn）出版了 *Fluid Power Control* 一书，随后 1966 年美国辛辛那提磨床公司的梅里特出版了 *Hydraulic Control System* 一书，完整地总结归纳了液压伺服控制的工程实践，首次系统阐述了自动控制理论与液压传动技术有机结合的各种形式。由于伺服控制系统的高动态特征，介质的流动状态日趋复杂化，以前省略或忽视的"介质复杂流动引发的控制问题"受到重视，考虑实际流体性质的伯努利方程（1726 年荷兰的 N. Bernoulli提出）、欧拉方程（1755 年瑞士数学家 L. Euler 在《流体运动的一般原理》一书中首先提出）、纳维-斯托克斯方程（1827～1845 年法国的 C.L.M. Navier 和英国的 G.G. Stokes 提出）等理论被用于工程实践，提高了液压伺服控制系统的技术水平，解决了工程实践中的各类问题。20 世纪 80 年代以来，随着计算机技术、电子传感技术的发展，各种先进的控制理论和方法在液压伺服系统中的应用成为热点，但由于液压传动系统固有的变液容、变阻尼、变刚度特征，使其成为复杂的时变强非线性系统，依赖于模型准确性的先进控制理论和方法至今仍然未在工程实践中获得成功应用。

20 世纪 40 年代，流体传动与控制技术在移动机器设备上开始取代机械传动，并推广普及。50 年代，定量泵开中心控制方法普及，系统压力不超过 14MPa。70 年代，发明了变量泵闭中心压力补偿控制方法，系统效率大幅度提高，最大压力可达21MPa。80 年代末期，各种形式的负载敏感原理实用化，电子控制得到广泛应用，液压系统的压力等级达到 35MPa。随着电子技术、计算机技术、信息技术、自动控制技术及新工艺、新材料的发展及应用，液压传动技术也在不断创新。例如，电液数字阀不需要 D/A 转换器，可直接与计算机接口实现对流体压力、流量及方向的程序控制，具有工作稳定可靠、抗干扰能力强、重复误差和滞环小等特点；又如，液压混合动力技术将具有较高能量密度的内燃机和具有较高功率密度的液压动力装置组合在一起协调控制，既发挥了内燃机连续工作时间长、能量补给方便快捷的优点，又发挥了液压传动功率密度大、液压蓄能器快充快放能力强的优点。

2. 流体传动的研究方向

1）高压、大流速复杂运动

高压、大流速是流体传动元件及管路系统内介质流动的显著特征。例如，目前 35MPa 压力等级的液压系统已成为高端液压装备的主流技术，并向 45MPa 甚至更高压力等级发展，在元件的节流控制口和压力过渡区，介质流速最高可达100m/s 以上。高压、大流速介质与复杂的固体界面结构耦合，易引发高阶漩涡、强剪切流、高速射流、多相流等复杂流动现象，伴随产生剪切失稳[1]、空化[2,3]、自激振荡[4]、液动力等问题，直接影响系统的传动效率、控制性能与可靠性。已有研究表明，流体传动与控制领域面临的系统动态控制性能衰退甚至失效、阀芯颤振甚至失稳、流量反馈精度差、元件噪声与振动等技术难题，均与上述复杂流动现象存在着关联。但受制于现有流体力学理论尚欠完善、介质复杂流动在线观测困难等，目前尚无法揭示某些复杂流动现象的本质机理及行为规律，更难以通过正向设计找到控制介质流动行为的方法，这已成为阻碍流体传动与控制技术进一步提升性能的重要因素。

代表性难题包括：

（1）流体空化机理；

（2）流体激振与诱发噪声机理；

（3）复杂流场流量计算；

（4）高速射流理论；

（5）湍流与剪切层失稳机理。

2）高压、复杂运动界面

界面是指两个或多个不同物相之间的分界面。在流体传动系统中存在多种介质，会形成气液、气固、液固等界面。由于介质性质的不同，界面存在如弯月面、吸附、浸润（润湿）等现象，而这些界面现象将对流体传动零部件的宏观性能产生影响，如密封失效、润滑不足引起磨损，最终影响元件寿命。而高压和复杂运动作为流体传动元件及界面的显著特征，又导致流体传统元件具有不同于其他零部件的界面问题。目前，学者主要从两个方向进行研究：一是从物理现象的本源进行机理探索；二是从工程问题的角度，在一定工况下研究流体传动元件中界面带来的问题，如高速高压大流量、油液污染等。然而，由于缺少原位在线的监测手段，实验研究往往无法还原实际工况，也无法验证理论计算所得。

代表性难题包括：

（1）复合运动中摩擦副油膜产生与破坏机理；

（2）颗粒污染物与油液的动态接触行为；

（3）水液压中的摩擦副界面问题（包括摩擦、磨损、润滑和密封）；

（4）液压元件油膜原位在线检测方法；

（5）界面稳定性机理。

3）智能化及动态控制

随着现代科学技术的不断发展，人工智能技术取得了巨大的飞跃，智能化成为工业技术发展的必然趋势。通过液压技术与智能技术相结合，能够大大提高生产效率、优化资源配置、提高产品质量。

数字液压是液压技术智能化的一个重要前提与发展方向，在液压模拟回路数字化的过程中，液压系统易产生高频激振、管路耦合等问题而影响液压系统性能；另外，通过在液压系统内部集成传感与控制元件，使系统具备对外界的感知和一定的学习适应能力，通过自我学习在运行过程中对自身进行不断完善，实现多数据的融合与控制都值得研究。

代表性难题包括：

（1）高频振动下多自由度谐振效应；

（2）输流管路的流固耦合振动；

（3）液压系统流体脉动的滤波方法；

（4）柱塞泵液固声多场耦合激励振动机理；

（5）高频多通道数字流体融合与控制。

4）绿色节能技术

进入 21 世纪，节能与环保提到了前所未有的高度，很自然地出现了绿色流体传动技术（green fluid power transmission technology），即绿色液压。从液压技术的工程应用和发展情况看，绿色液压内涵大致可以概括为节能、降噪和环境友好三个方面，是近 20 年来的研究热点和发展趋势。相对于其他传动方式，液压传动的系统效率尚有较大的提升空间，可通过感知负载特性智能化地调节液压驱动，使其相互匹配的方法实现。主要难题在于大型多驱动多负载系统的功率匹配、负载特性感知和适应性智能控制。环境友好液压的典型研究是重新发展以天然水为介质的液压技术，避免液压油污染环境。主要难题在于水介质条件下实现与油液压相当的元件和系统的高功率密度、低噪声和长寿命。

代表性难题包括：

（1）重大装备复杂多驱动多负载系统的功率匹配；

（2）多驱动和多执行器系统节能控制；

（3）水介质条件下的高压液压元件摩擦副降噪和减磨；

（4）水介质液压元件的界面防护和密封。

5）可靠性表征及寿命评价

可靠性一词最早于 1816 年由 S.T. Coleridge 提出，1957 年由美国国防部电子设备可靠性咨询小组（Advisory Group on the Reliability of Electronic Equipment, AGREE）首先对其做了定义。20 世纪 60 年代开始陆续出现了基于概率论的可靠性框图、故障树分析（fault tree analysis, FTA）、故障模式影响分析（failure model effect analysis, FMEA）等可靠性分析方法。随着航空航天、核能、电力、交通等安全关键系统对超高可靠性、超长寿命流体传动产品的需求不断提升，基于多场作用下的失效物理、变载荷累积损伤、基于性能退化的可靠性模型不断涌现，以适应高压、高速、宽温、真空等严酷条件作用下的可靠性表征和综合评价。

代表性难题包括：

（1）流体润滑与摩擦磨损混合失效机制；

（2）多物理场作用性能退化机理；

（3）变载荷谱累积损伤失效模型；

（4）功能与性能可靠性综合表征；

（5）功率与信息综合可靠性评价；

（6）多失效模式竞争的可靠性分析方法。

参 考 文 献

[1] Baines P G, Mitsudera H. On the mechanism of shear flow instabilities. Journal of Fluid Mechanics, 1994, 276: 327-342.

[2] Furukawa A, Tanaka H. Violation of the incompressibility of liquid by simple shear flow. Nature, 2006, 443: 434-438.

[3] Coutier-Delgosha O, Stutz B, Vabre A, et al. Analysis of cavitating flow structure by experimental and numerical investigations. Journal of Fluid Mechanics, 2007, 578: 171-222.

[4] Curle N. The influence of solid boundaries upon aerodynamic sound. Proceedings of the Royal Society of London A: Mathematical, Physical and Engineering Sciences, 1955, 231(1187): 505-514.

撰稿人：杨华勇[1]、徐　兵[1]、谢海波[1]、傅　新[1]、王少萍[2]、
　　　　龚国芳[1]、邹　俊[1]、胡　亮[1]、祝　毅[1]

1 浙江大学、2 北京航空航天大学

摩擦学：从微观奥秘到工程难题

Tribology: From the Mysteries at the Microscale to Engineering Problems

摩擦学主要是研究相互作用、相互运动表面间的摩擦、磨损和润滑规律及其控制技术的学科。统计资料显示，摩擦消耗掉全世界 1/3 的一次能源，磨损致使约 60%的机器零部件失效，而且 50%以上的机械装备恶性事故都起源于润滑失效和过度磨损。摩擦学研究是事关国民经济发展的重要领域。另外，摩擦学对人类文明的进步也起到了巨大作用，原始社会燧人摩擦取火（钻木取火）标志着人类开始走向文明。公元前 9000 年出现滑橇，公元前 4600 年中国出现以滚动摩擦替代滑动摩擦的车等使人类摆脱了原始生活模式。特别是与摩擦学密切相关的轴承的发明，催生了现代工业的发展。这些都是摩擦学对人类文明发展的贡献。随着人类进一步向高速化、绿色化、深远化发展，对摩擦学提出了许多新的挑战，如何从微观入手，探索摩擦学最为本质的机制，为解决工程摩擦学难题提供新的途径、方法和技术成为当今摩擦世界的主流。

1. 摩擦学发展历程

1）摩擦理论研究

真正对摩擦进行定量的研究，始于 15 世纪欧洲的文艺复兴时期。达·芬奇使用石头和木头开始了对固体摩擦的实验研究，测量出水平和斜面上物体间的摩擦力。达·芬奇还研究了摩擦面间有润滑油和其他介质时对摩擦的影响。遗憾的是，达·芬奇对摩擦的研究工作，当时并没有发表。他的手稿直到 1967 年才被发现，其摩擦相关著作和设计图才被人们所知。

最早对摩擦现象做出科学研究的是法国物理学家阿孟顿（G. Amontons）。1699年他写道："如果假设两平行滑动表面的摩擦力随接触面积的增加而增加，那是不正确的。实验表明，摩擦力随负载的增大而增大。"在 Amontons 向法国科学院报告时，这一结论引起了人们的惊奇和质问。欧拉（L. Euler）在 1750 年用数学形式表示 Amontons 的实验结果，即 $F=fN$。这个公式通常称为库仑摩擦定律[1]，因为对摩擦现象进行系统研究的是 18 世纪法国物理学家库仑（C.A. de Coulomb）。他在大量实验后，建立了以微突体变形为基础的古典摩擦定律。英国物理学家德萨古利斯

（J.T. Desagaliers）提出了"黏着学说"，即产生摩擦力的真正原因在于摩擦表面上存在着分子（或原子）力的作用。1939 年苏联学者克拉盖尔斯基以摩擦力二重性为依据，统一了分子论和凹凸学说，建立了摩擦分子机械论。19 世纪 50 年代，Bowden 与 Tabor[2]经过系统的实验研究，建立了较完善的黏着摩擦理论，对于现代摩擦学理论具有重要的意义。从 1986 年开始，纳米摩擦研究兴起，摩擦研究进入新的范畴。

现代摩擦研究在探索无磨损摩擦（wearless friction）、近零摩擦或超滑（near-frictionless or superlubricity）、原子尺度摩擦（atomic-scale friction）、摩擦起源等，希望从根本上探索摩擦机制和控制摩擦的方法。

2）润滑理论研究

润滑作为摩擦学的核心组成部分，也经历了数千年的发展。早在春秋时代的《诗经》中，就有羊脂润滑车轴的描述。润滑理论发展至今，逐步形成了由全流体膜到干接触的润滑理论体系，即随着润滑膜厚度的减薄，润滑状态经历以下过程：流体润滑[3]、弹流润滑[4]、薄膜润滑[5]、边界润滑[6]、干摩擦。在实际中，往往几种润滑状态共存，统称为混合润滑[7,8]。

流体润滑是 1886 年 Reynolds[3]建立的以流体动力学为基础的润滑状态，它为设计滑动轴承奠定了理论基础，并推动了轴承工业的快速发展。

边界润滑的概念是由 Hardy 等[6]于 1922 年提出的，即界面单分子吸附层的润滑作用。边界润滑说明了润滑剂分子化学结构在润滑过程中的重要性。为了阐明润滑分子的作用机制和边界润滑的失效机理，相继出现了 Bowden 模型、Adamson 模型、Kingsbury 模型、Cammeron 模型、鹅卵石（Cobblestone）模型，极大地丰富了边界润滑理论研究。

传统的流体润滑理论不适宜于点、线等高副接触状态。1949 年由苏联学者 Grubin 和 Vinogradova[4]提出了弹性流体动力润滑（简称弹流润滑）理论。但弹流润滑的真正迅速发展得益于 Dowson 等[9,10]利用计算机技术发展起来的数值计算方法。在 20 世纪 70～80 年代，世界上众多的摩擦学家投入该领域研究，相继发展出线接触问题完全数值解、点接触问题完全数值解、微弹流润滑、界面滑移与极限剪应力理论等。弹流润滑理论比较完善地考虑了点、线接触区的弹性变形，润滑液的黏压效应、热效应等。中国学者温诗铸、朱东、胡元中、杨沛然、黄平等对完善弹流润滑理论做出了贡献。弹流润滑理论进一步完善了以流体力学和弹性力学为基础的润滑理论，同时为解决球轴承、滚子轴承等点、线接触轴承的设计提供了理论指导。

但是，弹流润滑如何转化为边界润滑以及过渡状态的物理本质是润滑理论上的重大遗留问题。雒建斌、温诗铸等[5,11]于 1994 至 1996 年间提出的薄膜润滑填补了这一空白。其主要得益于纳米测量技术和纳米流变技术的迅速发展。雒建斌等提出了诱导有序层是薄膜润滑的主要特征；建立了弹流润滑与薄膜润滑的转化关系以及薄膜润滑的失效准则；提出了薄膜润滑的物理模型和新的润滑状态划分准则。郭峰等[12]对薄膜润滑的界面滑移问题取得了很好的实验结果。同时，在模拟方面，胡元中等[13]用分子动力学模拟的方法研究了薄膜润滑的流变特性，揭示出近壁面液体分子密度迅速增加等现象，其模拟结果与实验结果取得了比较一致的效果。

实际运行过程中，往往不是一种润滑状态独立存在，而可能有几种不同润滑状态共存，因此出现了混合润滑状态。它是由德国摩擦学家 Stribeck 等[7,8]根据摩擦系数随转速、黏度和压力的变化提出的，是描述不同的润滑状态共存时的状态。因此，在不同的混合润滑阶段，其性能差异非常巨大。决定混合润滑性能的一个关键因子是接触率。对混合润滑研究做出贡献的学者有很多，其中包括郑绪云的部分弹流润滑理论、J. Greenwood 的接触模型、K.L. Johnson 的平均膜厚模型、朱东和胡元中的混合润滑完全数值解。另外，雒建斌等通过实验方法建立了接触率与压力、速度、黏度、摩擦副弹性模量和表面综合粗糙度的关系。

虽然润滑理论体系已经完成，但是对润滑的研究并未终止，目前已进入润滑性能与分子结构的关系、超滑、绿色润滑、微量润滑、超低黏度润滑、苛刻工况（高速、高温、高压、腐蚀环境等）润滑等方面的研究。

3）磨损与表面工程

磨损是摩擦学的重要分支，是指相互接触的物体在相对运动中其表面材料不断损伤、几何尺寸持续变小的过程[14]。磨损伴随摩擦产生，是摩擦学研究的重要内容之一，同时它也是零部件失效的一种基本形式。磨损导致的失效占机械零件失效的 60%～80%。磨损一般由物体间的机械作用、物理作用和化学作用引起[15]。

因为磨损发生在接触面的表层，减少零部件磨损最有效的方法一方面是改善表面间的润滑效果，减少固体接触从而减少磨损，另一方面是改善固体表面层品质，提高其耐磨性。这种获得所需表面性能的系统工程称为表面工程[16]，其于 1983 年由 T. Bell 首次提出。表面工程技术大致可分为表面改性技术、薄膜技术和涂层技术三大类[16]。

2．现代摩擦学主要研究方向

随着高科技飞速发展，对摩擦学的要求也迅速提高，如近零摩擦、近零磨损、高温润滑、超低温润滑、强腐蚀环境润滑。要突破这些技术上的新要求，首先需要在摩擦机理和润滑机制上实现突破。另外，测量技术的不断突破，为从本质上讨论摩擦、润滑和磨损提供了可能。因此，摩擦学已进入一个新的爆发性突破的前夜。目前，主要研究热点集中在以下几个方面。

1）摩擦起源与超滑

摩擦起源与超滑[17]是国际摩擦学研究的热点。摩擦现象是由摩擦副材料及界面的跨尺度特性共同决定的，微观分子、原子尺度的作用以及宏观材料的力学特性和工况条件共同决定着摩擦学行为。因此，摩擦机理的全面揭示需要建立跨尺度的物理模型。超滑是摩擦系数趋近于零的特殊状态。工程上目前将摩擦系数小于 0.01 的润滑状态称为超滑[17]。超滑可以分为固体超滑（含结构超滑）[18,19]和液体超滑[20-22]，其机理与摩擦起源密切相关。目前国际上许多学者从原子、分子的角度研究摩擦的规律和现象，在单晶二维材料层间超滑性能、无定形碳薄膜的超低摩擦现象、新的液体超滑体系（磷酸体系、生物液体、酸与多羟基醇混合溶液）、摩擦发射、摩擦发电、摩擦控制等方面取得了重要进展。

目前有待解决的难题如下：

（1）摩擦起源；

（2）超滑机制；

（3）磨损预测；

（4）摩擦系数的精确预测；

（5）摩擦量子理论与摩擦自旋电子学问题；

（6）跨尺度（微观/介观/宏观）摩擦学理论；

（7）摩擦诱发材料结构演变问题；

（8）摩擦发射的机制；

（9）润滑中的界面滑移问题；

（10）薄膜润滑分子行为的探测。

2）生物摩擦学与仿生摩擦学

生物摩擦学（bio-tribology）于 20 世纪 70 年代由 Dowson 提出[23]，主要研究关节润滑、心脏瓣膜、血管流动、人造视网膜、人工心脏、牙齿等摩擦磨损问题。最早讨论关节润滑的是 Reynolds[3]，但并未开展研究。第一个从事关节润滑研究的是 MacConaill[24]，他根据关节结构，提出了关节流体动压润滑模型。Jones[25]是早期开展关节润滑实验研究的学者，证明了关节润滑黏性阻尼现象。关节润滑的流体动力润滑理论维持了数十年，Charnley[26]用真人关节摆动实验证明其润滑更倾向于边界润滑。Unsworth 等[27]用实验证明关节润滑根据其运行次数和载荷大小的不同，可以处于边界润滑、全膜润滑或混合润滑三种状态。到了 20 世纪 80～90 年代，人工关节迅速发展，特别是超大分子量聚乙烯（UHMWPE）[28]在人工关节上的使用，其具有的无毒、密度小、耐磨、抗腐蚀、抗冲击、自润滑等特点使人工关节成为可能。到了 21 世纪初，关节水合润滑概念的提出，为探索关节润滑本质起到了很好的作用[29]。近年来，口腔摩擦学、皮肤摩擦学、眼睛摩擦学、血管摩擦学、胸膜摩擦学、脚下摩擦学等的发展，大幅度扩展了生物摩擦学的范畴。

仿生摩擦学是与生物摩擦学密切相关的领域，近 20 年发展非常迅速。它是以向自然界学习为核心，针对生物系统的减摩、抗黏附、增摩、抗磨损及高效润滑机理开展研究和学习，制造出仿生结构与器件，如仿荷叶自清洁表面、仿壁虎吸附与脱附表面、肠道探测机器药丸、仿鲨鱼减阻表面、仿蜣螂体表的非光滑防黏着表面等。

目前有待解决的难题包括：

（1）长寿命硬体人工关节材料的设计准则；

（2）超低摩擦与磨损关节材料的改性方法；

（3）磨损微粒毒副作用的药物抑制机理；

（4）人工关节中金属纳米磨屑的腐蚀机制；

（5）人体天然牙结构与摩擦学性能的构性关系；

（6）牙齿的损伤与自我修复机制；

（7）不同皮肤层的各向异性力学性能及其对摩擦行为的影响；

（8）人体软组织的润滑机理；

（9）新一代人工关节的设计准则；

（10）具有增摩、高黏附和易脱附特性的新型仿生材料的发掘。

3）绿色摩擦学

绿色摩擦学（green tribology）的概念由张嗣伟提出[30]，Jost 在第四届世界摩擦学大会上进行了宣讲。绿色润滑，即环境友好润滑，是 20 余年来润滑剂研究的核心，也是当代摩擦学的主流发展方向之一[31,32]。随着制造业和生态文明发展的迫切需求，环境污染问题已经成为世界各国关注的焦点。绿色摩擦学的典型研究为研发矿物润滑油的替代品，如不含硫、磷等的抗极压添加剂、纳米颗粒添加剂、水基润滑、微量润滑、油气混合润滑。

目前有待解决的难题包括：

（1）分子结构与润滑性能之间的关系；

（2）固-液复合润滑规律；

（3）绿色极压添加剂；

（4）微量润滑机理；

（5）油气混合微量润滑规律与控制技术；

（6）全水基润滑分子的设计与制备；

（7）难加工材料的高效润滑方法；

（8）绿色离子液体；

（9）液体中纳米颗粒运动规律与表征；

（10）超分子凝胶润滑剂。

4）极端工况摩擦学

极端工况包括高速、真空、高温、高压、强氧化、强腐蚀等。在高速飞行器、深海探测、高铁、能源等领域均涉及极端工况问题。

在航空航天摩擦学方面，高速、真空、高温、强氧化的苛刻环境条件非常突出，然而对运动副的性能、寿命、可靠性要求又非常高。在航天领域，由于真空环境的要求，MoS_2、DLC 等固体润滑剂应用比较多。同时，挥发性很低的润滑液也是研发的主体。例如，引入了氟、氯等元素改性的硅油空间液体润滑剂[33]，以及具有极高热稳定性和蒸发损失性能的液体（如 PFPE、x1-P 和离子液体）[34-36]。PFPE 和 x1-P 早期应用于硬盘的磁头与磁盘表面间的润滑，1998～2001 年，杨明楚等[35]研究了 x1-P 的摩擦学性能及其在硬盘磁头表面的润滑特性。2001 年，刘维民等[36]在室温离子液体的摩擦学性能研究方面取得重要进展。另外，如何解决高压、高温下的润滑失效问题也非常重要。ZDDP 的成功研制，为解决发动机的润滑问题起到了巨大作用。但是，由于 ZDDP 含有磷、硫等环境有害元素，研制绿色抗极压添加剂成为一个难题。

海洋运输船舶、潜艇/潜器、水下机器人、海底采矿装备、海底油气开发设备、海洋结构物等相关设施都处于高盐、高压、低温、腐蚀以及生物污损等多元苛刻海洋环境中，服役性能受到了极大关注，其摩擦学问题越来越突出。模拟苛刻海洋环境条件，研究关键部件的摩擦磨损机理和特性也是重要的研究任务。

在高铁领域，运行速度不断提高，在我国商用的轮轨式高铁速度已经达到了 350km/h，属于全球最高速度。目前正在研究 500km/h 以上的高速列车。也有学者在研究速度 600km/h 以上的磁悬浮列车和 1000km/h 的真空管道列车。在轮轨式高铁中，轮轨关系，特别是表面污染物、列车速度、轮轨表面粗糙度、载重等对轮轨黏着特性的影响非常重要，高速列车车外噪声主要来自轮轨的噪声[37]。

能源装备中的高载荷、高温、颗粒磨损、腐蚀环境等使得工件的磨损较一般工况严重，表面强化与减摩耐磨技术至关重要。核电等能源装备中润滑、密封等摩擦副在核辐射作用下的失效问题非常重要。煤炭、风电等大型能源装备中轴承、齿轮等摩擦副的重载、变温等苛刻工况和高湿、高盐、高颗粒污染等使用环境的影响值得研究。

目前有待解决的难题包括：

（1）极端工况下的多场耦合作用材料损伤行为和机理；

（2）摩擦学系统的状态检测方法；

（3）空间、超高真空、高低温、射线辐照等空间环境模拟实验重构；

（4）地基实验与空间运动部件实际润滑效果及寿命的相关性；

（5）宽温域润滑材料的设计方法；

（6）核辐射环境下的摩擦磨损问题；

（7）离子液体摩擦学；

（8）材料表面的原子尺度去除机制；

（9）表面纳米化的结构特征和微观机理；

（10）钢轨/车轮波浪形磨损机理与预防。

5）智能润滑

发展摩擦副的智能监测、微纳传感和反馈控制技术，为实现润滑系统智能诊断、智能修复、自适应调整、智能存储奠定基础。探索具有修复剂/润滑剂储存-释放功能的智能润滑材料的设计和制备方法，发展环境适应（高低温、海洋、沙漠等）具有自修复、自存储、自诊断等功能的智能摩擦副。

目前有待解决的难题包括：

（1）现役机器摩擦学系统状态的在线辨识；

（2）自修复摩擦副设计原理；

（3）自存储、自感知润滑胶囊；

（4）自诊断、自修复摩擦系统的设计与实现。

参 考 文 献

［1］　Dowson D. History of Tribology. 2nd ed. London: Professional Engineering Publishing, 1998.

［2］　Bowden F P, Tabor D. The Friction and Lubrication of Solid. Oxford: Oxford University Press, 1954.

［3］　Reynolds O. On the theory of lubrication and its application to Mr. Beauchamp Tower's experiments including an experimental determination of the viscosity of oliver oil. Philosophical Transactions of the Royal Society, 1886, 177: 157-234.

［4］　Grubin A N, Vinogradova I E. Investigation of the contact of the machine components//Ketova K F. Central Scientific Research Institute for Technology and Mechanical Engineering, 1949.

［5］　Luo J B, Wen S Z, Huang P. Thin film lubrication. Part I: The transition between EHL and thin film lubrication. Wear, 1996, 194: 107-115.

［6］　Hardy W B, Doubleday I. Boundary lubrication-the paraffin series. Proceedings of the Royal Society of London, 1922, 100: 550-574.

［7］　Stribeck R. Kugellager für beliebige Belastungen. Part I. Zeitschrift des Vereines Deutscher Ingenieure, 1901, 45(3): 73-79.

［8］　Stribeck R. Kugellager für beliebige Belastungen. Part II. Zeitschrift des Vereines Deutscher Ingenieure, 1901, 45(4): 118-125.

［9］　Dowson D, Higginson G R. A numerical solution to the elastohydrodynamic problem. Journal of Mechanical Engineering Science,1959, 1: 6-15.

［10］　　Hamrock B J, Dowson D. Isothermal elastohydrodynamic lubrication of point contact: Part I—

Theoretical formulation. Journal of Lubrication Technology, 1976, 98: 375-383.

[11]　雒建斌. 薄膜润滑实验技术和特性研究. 北京: 清华大学博士学位论文, 1994.

[12]　Guo F, Yang S Y, Ma C, et al. Experimental study on lubrication film thickness under different interface wet abilities. Tribology Letter, 2014, 54(1): 81-88.

[13]　Hu Y Z, Wang H, Guo Y, et al. Simulation of lubricant rheology in thin film lubrication. Part I: Simulation of poiseuille flow. Wear, 1996, 196: 243-248.

[14]　温诗铸, 黄平. 摩擦学原理. 4 版. 北京: 清华大学出版社, 2012.

[15]　克拉盖尔斯基. 摩擦磨损计算原理. 汪一麟, 等译. 北京: 机械工业出版社, 1982.

[16]　徐滨士, 刘世参, 等. 表面工程. 北京: 机械工业出版, 2000.

[17]　Hirano M, Shinjo K. Atomistic locking and friction. Physical Review B—Condensed Matter, 1990, 41(17): 11837-11851.

[18]　Erdemir A, Martin J M. Superlubricity. New York: Elsevier, 2007.

[19]　Wang W, Dai S Y, Li X D, et al. Measurement of the cleavage energy of graphite. Nature Communications, 2015, 6: 7853.

[20]　Luo J B, Lu X C, Wen S Z. Developments and unsolved problems in nano-lubrication. Progress in Natural Science, 2001, 11(3): 173-183.

[21]　Klein J, Kumacheva E, Mahalu D, et al. Reduction of frictional forces between surfaces bearing polymer brushes. Nature, 1994, 370(6491): 634-636.

[22]　Ma Z Z, Zhang C H, Luo J B, et al. Superlubricity of a mixed aqueous solution. Chinese Physics Letters, 2011, 28(5): 056201.

[23]　Dowson D. Whither tribology. Wear, 1970, 16(4): 303-304.

[24]　MacConaill M A. The function of intra- articular fibrocartilages: With special reference to the knee and radio-ulnar joints. Journal of Anatomy, 1932, 66: 210-217.

[25]　Jones E S. Joint lubrication. The Lancet, 1936, 227(5879): 1043-1045.

[26]　Charnley Y J. The lubrication of animal joints in relation to surgical reconstruction by arthroplasty. Annals of the Rheumatic Diseases, 1960, 19: 10-19.

[27]　Unsworth A, Dowson D, Wright V. The frictional behavior of human synovial joints. Part I—Natural joints. Journal of Tribology, 1975, 97(3): 377.

[28]　Dumoulin M M, Utracki L A, Lara J. Rheological and mechanical-behavior of the UHMWPE/MDPE mixtures. Polymer Engineering and Science, 1984, 24(2): 117-126.

[29]　Jin Z M, Dowson D. Bio-friction. Friction, 2013, 1(2): 100-113.

[30]　Zhang S W. Green tribology: Fundamentals and future development. Friction, 2013,1(2): 186-194.

[31]　Ceccaldi P. Environment-friendly lubricant. Biofutur, 1995, 148: 27-30.

[32]　Pearson S L, Spagnoli J E. Environmental lubricants—An overview of onsite applications and

experience. Lubrication Engineering Magazine, 2000, 56(4): 40-45.

[33] Weng L J, Wang H Z, Feng D P, et al. Tribological behavior of the synthetic chlorine and fluorine-containing silicon oil as aerospace lubricant. Industrial Lubrication and Tribology, 2008, 60: 216-221.

[34] Wei J, Fong W, Bogy D B, et al. The decomposition mechanisms of a perfluoropolyether at the head/disk interface of hard disk drives. Tribology Letters,1998, 5: 203-209.

[35] Yang M C, Luo J B, Wen S Z, et al. Investigation of x1-P coating on magnetic head to enhance the stability of head/write interface. Science in China, 2001, 44(S): 400-406.

[36] Ye C F, Liu W M, Chen Y X, et al. Room-temperature ionic liquids: A novel versatile lubricant. Chemical Communications, 2001, 21: 2244-2245.

[37] Thompson D J, Jones C J C. A review of the modelling of wheel/rail noise generation. Journal of Sound and Vibration, 2000, 231: 519-536.

撰稿人：雒建斌、解国新

清华大学

极端制造的强度与寿命调控

Strength and Life Control for Extreme Manufacturing

进入 21 世纪以来，人类面临着前所未有的资源与生存环境问题的挑战，如何提高资源利用和能源生产效率，开发新一代可持续洁净能源成为全球共识，探索深空、深海、深地资源纳入了相关科技计划，同时追求更加健康的生命成为人类共同的目标。为此，制造技术正发生着革命性的变化，各种参数不断超越极限，向极端化方向发展。2004 年，我国科学家提出了"极端制造"的理念[1]，该理念泛指当代科学技术难以逾越又随着人类科技发展不断被突破与变革的制造前端。进而在《国家中长期科学和技术发展规划纲要（2006—2020 年）》中，极端制造技术以及重大产品和重大设施寿命预测技术被列入前沿研究领域。由此，极端制造的强度与寿命问题得到了前所未有的重视。

极端制造大体上可以分为极端环境制造与极端尺度制造两大类。极端制造带来了许多新的失效控制的难题。

（1）极端环境下的失效问题。为了提高资源利用效率，能源利用与转化的工艺逐渐向极端参数发展，给强度科学提出了一系列的挑战。极端环境下的失效更加复杂多样，包括：极端能流环境（energetic flux extremes）失效、极端化学环境（chemical reactive extremes）失效、极端热机环境（thermomechanical extremes）失效以及极端电磁环境（electromagnetic extremes）失效[2]。在极端能流环境下，高通量含能射线或高能光子在材料内部引起损伤并导致失效，涉及核反应堆、太阳能光热、光伏发电等能源装备；在极端化学环境下，零部件表面与气态或液态化学介质的接触，导致表面性能下降和失效，涉及过程工业关键反应容器及核反应装备等；在极端热机环境下，发生高温蠕变与大温差作用下引起的严重热应力、变形及热机械疲劳失效等，涉及先进发动机、汽轮机、超超临界锅炉、换热器、高温转化与裂解装置等能源转换与存储设备等；在极端电磁环境下，高强电场和场梯度加速电磁材料失效，涉及高速列车、先进电机、绝缘和超导部件等。能源领域涉及的典型极端环境和可能的失效模式如图 1 所示。

（2）极端尺度下的失效问题。建立在微纳制造基础上的电子工业已成为国民经济的支柱产业，它为人类追求更加美好、健康的生活提供了重要的基础。可穿戴的柔性电子产品给人类带来了许多便利，但其大变形失效、屈曲失效、热循环

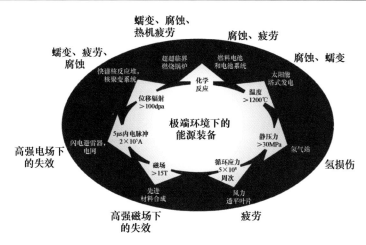

图 1 能源领域涉及的极端环境和失效模式

疲劳失效、界面反应和界面缺陷导致器件的断裂失效等,给设计制造带来了新的挑战;在微电子器件的特征线宽日益逼近物理极限时,将有赖于基于量子理论的纳电子器件的发展,原子迁移、电迁移失效、毛细黏附失效等在更微小的尺寸上提出新的强度与寿命问题。尺寸上的另一个极端是巨型工程(mega-engineering)对装备的要求,为了探索深空、深海、深地资源,极端尺寸的机械装备与系统不断涌现,如空间站(飞船)的建造、大型深海探测器和工程、大型深地钻探与原位生产工厂,它们在规模和复杂性上不断走向极端,载荷的不确定性、材料的不均匀性、制造的或然性、部件的相互作用等增加了强度设计与寿命调控的难度,如地震载荷、风载荷、波浪载荷下的失效以及大型结构焊接缺陷导致的断裂等。

除了极端尺寸,另一个重要挑战是极端时间尺度上的难题,即超长寿命制造。制造出更加经久耐用的产品是节约资源的有效手段,为此近年来对重大产品与基础设施提出了更长设计寿命的要求,如新的核电装置设计寿命为 60 年(传统设计寿命为 30 年),大飞机要求的设计寿命为 30 年或者 9 万飞行小时(传统设计寿命为 4 万飞行小时),大型钻井平台的设计寿命为 30 年,数控车床也要求有 15 年以上寿命。有些特殊装置在功能的要求上近乎永久,如核电站废料的存储,深藏地下的存储容器的设计寿命要求在 10 万年以上。在超长时间的服役过程中,存在许多不确定性因素的影响,如材料性能发生劣化、载荷和服役环境在服役过程中发生变化。此外,短期内不发生作用的因素在长时间服役后却可能起作用,如低温蠕变导致的长时间下的应变累积就可能与腐蚀性介质共同作用,最终导致应力腐蚀开裂,目前对这些长时间交互作用下的破坏机制还缺乏足够的认识,失效控制无从谈起。因此,极端制造的强度与寿命是空间尺度(spatial scale)与时间尺度(temporal scale)上的双重难题[3],同时它们相互耦合,大大增加了解题的难度,如图 2 所示。

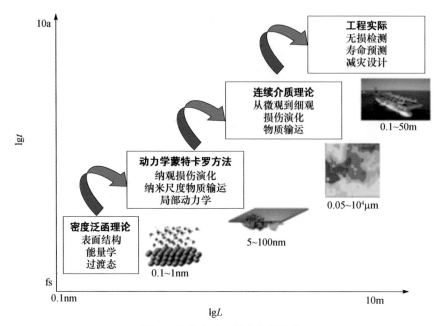

图 2　损伤在时空尺度上的演化

　　极端制造带来的难题在经典强度理论的框架下已很难得以解决。人类从学习制造工具开始，就遇到了强度与失效的问题，不同材料（石块、木头等）的强度不同，所制造出来的工具的耐用程度（失效时间）也大不相同，只是这些原始的工具制造一般不会涉及安全问题。到了欧洲的文艺复兴时期，由于桥梁与建筑的破坏而引发了强度学的研究。从伽利略（Galileo）研究拉伸与弯曲破坏到米泽斯（von Mises）提出基于变形能的强度理论，经典强度理论的体系基本形成，这使得各种机器与装置的建造成为可能，有力地推动了工业文明的进程。进而为了防止机器疲劳与脆断失效，20 世纪又提出了疲劳与断裂的理论，为 20 世纪制造业突飞猛进的发展提供了良好的安全保障。进入 21 世纪后，尽管总体事故率在下降，但是由极端环境与极端尺度制造引发的故障与重大事故仍不鲜见[4]。新的失效形式往往复杂多样，基于单一失效模式并施以较大安全系数的强度设计方法已很难支持新一代的制造。另外，从众多失效经验也可以看出，千里之堤溃于蚁穴，结构失效往往源于材料与结构制造引入的薄弱界面和缺陷，导致材料与结构的承载能力严重下降。

　　实际上，材料在目前的各种应用中均远未达到其本征的强度与寿命，大部分情况下材料的强度或只用到了其本征强度的 10%，而使用寿命与本征寿命的差距则可能更远。为此，基于全寿命周期理念的强度与寿命调控理论逐渐取代基于传统强度准则的设计理论已成为必然。针对特定失效机制的先进材料制造工艺与表面制造技术，可望消除材料内部缺陷并增强表界面，在使用过程中实施结构健康监测可望对结构进行寿命监控，确保服役安全性能，由此材料的内在潜力可以得到最大限度的发挥。图 3 显示了提升材料及结构性能与寿命的技术发展趋势。

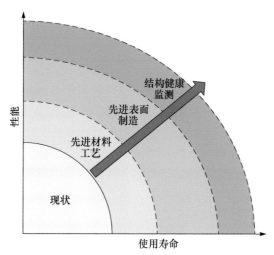

图 3　提升材料及结构性能与寿命的技术发展趋势

　　要实现基于失效机制的强度与寿命调控，还有许多基础科学问题必须得到解决。针对极端环境下的制造，强度理论应该与其他学科结合并吸收养分，着力解决极端服役条件下结构破坏的化学-力学问题、冲蚀-磨损机制耦合作用、复合载荷谱作用下构件的疲劳、疲劳载荷下的棘轮效应、热-机耦合作用下的疲劳强度等强度学基础的挑战；传统的断裂力学框架必须进一步拓展，如精确描述极端服役条件下结构的裂尖约束效应，并建立相应的裂纹扩展动力学模型；高端装备服役中的特殊科学问题应得到重视，如核电部件在高温水环境中应力腐蚀开裂、航空发动机热障涂层中热生长氧化层（TGO）萌生和扩展，此外极端环境下密封件、阀门等部件的寿命预测也是实际中长期未能解决的难题。

　　针对极端尺度的制造，亟待解决复杂载荷带来的挑战，如多轴非比例载荷效应与疲劳寿命预测、疲劳进程中的结构应力表征、接触疲劳微观损伤机制、地震等极端荷载下的结构响应、残余应力多尺度计算与测试等；针对空间尺度的材料与结构性能的关联，应致力发展计算机辅助的虚拟试验与小试样试验相结合的方法，同时深化对裂纹起源的认识、把握小尺度疲劳裂纹扩展规律、实现不同材料与结构的多尺度建模，仍然是科学家难以回避的问题；针对微电子产品及微纳制造，应该着重解决微纳缺陷演变的快速测试、表征与调控、微纳结构的寿命测试与理论建模。在时间尺度上，针对超长寿命制造，必须进一步探索超高周疲劳的内部破坏机制、金属与合金蠕变变形速率的应力依赖性、低温蠕变与其他损伤机制的相互作用、聚合物慢速裂纹扩展的多尺度表征与评价、核废料存储容器的超长寿命预测等问题，目前加速寿命试验方法存在较大的误差，还无法支持跨尺度的寿命预测，因此建立针对不同损伤机制的加速寿命试验方法仍是当务之急。可以理解，在一定的认识阶段，极端制造带来的失效问题还很难完全用确定论模型来描述，概率论模型仍然是保障产品可靠性的重要基础。因此，小样本条件下产品的可靠性、健康评估及预测中的不确定性、不确定性服役条件下结构寿命的预测等问题仍需不断深入探索。

为了支持寿命调控技术的实现，表面制造的科学基础应该得到重视，应致力探索分子/原子尺度上化学/力学事件对失效的影响，从源头上阻断失效途径，提高表面制造部件的耐久性。结构健康监测与自修复在支持装置长寿命运行方面将发挥日益重要的作用，必须研究新的传感原理与方法以及传感元件及其封装结构的耐高温、抗疲劳性能等，建立传感信号与各种结构损伤的关联耦合关系，形成结构健康状态及剩余强度与寿命的鲁棒性诊断方法。

参 考 文 献

［1］ 钟掘. 极端制造——制造创新的前沿与基础. 中国科学基金, 2004, 18: 330-332.

［2］ Wadsworth J, Crabtree G W, Hemley R J, et al. Basic research needs for materials under extreme environments. Report of the basic energy sciences workshop on materials under extreme environments, Office of basic energy sciences. Washington: U.S. Department of Energy, 2007.

［3］ Tu S T, Wang Z D, Sih G C. Structural Integrity and Materials Ageing in Extreme Conditions. Shanghai: ECUST Press, 2010.

［4］ 涂善东. 安全 4.0: 过程工业装置安全技术展望. 化工进展, 2016, 35(6): 1646-1651.

撰稿人：涂善东

华东理工大学

10000 个科学难题·制造科学卷

专题篇

如何利用热加工缺陷遗传规律提升能源装备大型锻件的可靠性？

How to Improve the Reliability of Heavy Forgings for Critical Energy Equipment Based on the Understanding of Defect Heredity during Hot Working?

大型锻件是新型核电、火电等能源装备的核心构件。到 2020 年，我国电力装机容量将达到 10 亿千瓦左右，预计还需要建设百万千瓦级核电站 30 多座、60 万千瓦级以上的大型燃煤机组 400 多台以及 70 万千瓦级以上的水电机组 200 多台。上述装备对大型锻件总需求量超过 40 万吨。此外，船舶制造、冶金装备和煤化工装备等领域对大型锻件的需求也在迅速增加。

基于"提高效率、降低消耗、安全可靠"的设计思想，新一代核电、火电等能源装备对大型锻件提出了"大型化、一体化、高性能化"的要求。以百万千瓦核电机组为例，其中的压力容器整体顶盖、蒸发器下封头、锥形筒体等形状复杂的锻件都需要整体锻造，单件所需铸锭超过 400 吨，压力容器锻件净重 250 吨，而常规岛中的汽轮机低压整体转子、发电机转子都需要 600 吨级的钢锭锻造。

上述锻件大多服务于核电、船舶、机械、国防等国家重大需求领域。它们的服役环境复杂、服役时间长，在服役期内的安全性与其本身性能衰退相关。而大型锻件的衰退和失效主要取决于其在热加工过程中的组织结构特性，该组织结构特性又起源于铸锭组织。大型锻件所需铸坯尺寸巨大，浇注和凝固的高温金属熔体达数百吨，需要多个钢水包按照一定程序浇注，且凝固时间长达 100h 以上，区域间冷速差异达 100 倍以上。因此，大型锻件的铸锭组织不均匀、宏观偏析、缩孔疏松、微裂纹和杂质富集等问题十分突出[1]，也常造成锻造开裂、热处理不均匀等后续加工难题。而大型锻件生产成本高、用量少，大多为定制化生产，使得建立稳定可靠的长效工艺性能控制制度尤为困难。为此，迫切需要认识并利用大型锻件热加工过程不同阶段，偏析、缩孔疏松、低熔点夹杂缺陷的形貌、尺寸与分布等关于工艺流程、时间及铸件三维空间分布的缺陷遗传规律以用于指导大型锻件的生产。

1. 大型锻件热加工过程的缺陷研究

如前所述，大型锻件的组织缺陷起源于铸造组织的不均匀，而铸造组织的均匀性又受铸锭尺寸和凝固条件的限制[2]。通过改进锻造和热处理工艺并不能根除由于铸造组织不均匀带来的负面影响。各工艺过程与锻件组织结构之间互为因果，互相影响。在缺乏真实锻件热加工过程全截面、全流程组织分析数据的基础上，如何通过第一性原理和分子动力学模拟获得材料的基本热物理参数；通过相场模拟获得初生相、增强相、低熔点夹杂相等的分布及形貌演化规律；通过有限元法在宏观尺度上预测各相的物理、力学性能；借助元胞自动机技术和有限元法分析获得大型锻件热加工过程中单元体流动、传热、变形等在宏观尺度上的时空演化规律。通过在不同尺度模拟方法之间构建关键参数传递通道，实现多尺度、多通道大型锻件热加工过程全流程三维演化数学模型。对大型锻件热加工过程多缺陷演化过程的数字化模拟，即缺陷图谱演算，是当前大型锻件热加工过程面对的挑战。如何借助缺陷图谱的演算，通过数字化制造（包括铸造、锻造和热处理全流程）的方法，对大型锻件热加工过程的缺陷形成及演化进行调控，也是当今大型锻件热加工过程面临的难题与机遇。只有在上述难题得到解决的基础上，才能通过有针对性的工艺控制改进并提升铸造组织的均匀性，并在后续变形及热处理过程中阻断组织缺陷的遗传，提升最终锻件的组织性能。

大型锻件热加工过程的缺陷研究主要有以下几个难点：

（1）金属的不透明特性使得原位观察缺陷的形成演化过程难以进行[3]；

（2）热加工过程中的高温环境阻碍了对缺陷形成及演化过程的跟踪；

（3）常规无损探测设备的探测深度和探测精度不足以提供充分的组织缺陷信息；

（4）庞大的体积使得大型锻件缺陷取样分析工作量巨大，而且难以保证取样的典型性和代表性；

（5）大型锻件一般单件重、形体大、品种多、批量小、金属消耗量大、制造费用昂贵，难以对每件产品都进行破坏性取样检测。

计算机模拟技术的发展使大型锻件热制造过程的虚拟制造成为可能。通过计算机模拟技术，对铸造过程的充型、热传导和凝固过程进行模拟分析，可以模拟铸造过程的紊流、表面张力、自由表面、相变、热交换等众多影响因素的复杂流动，使模拟结果更接近真实的铸造过程。此外，借助多相流模拟甚至可以对铸造过程中产生的卷气、氧化夹杂、砂型冲蚀、压铸过程的排气等进行仿真。典型的铸造模拟软件有 ProCAST®、Magma®、Anycast® 等。这些锻造模拟软件可以提供变形过程中的材料流动、模具填充、成形载荷、模具应力、纤维流动、缺陷形成和韧性破裂等信息，适用于热、冷、温成形的模拟，包括液压成形、锤上成形、螺旋压力成形和机械压力成形等。热处理模拟则可以模拟正火、退火、淬火、回火、渗碳等工艺过程，预测硬度、晶粒组织成分、扭曲和碳含量等。目前，对锻造和热处理过程的变形、传热、相变和扩散之间的复杂耦合，包括塑性变形功引起的升温、加热软化、相变控制温度、相变内能、相变塑性、相变应变、应力对相变的影响，甚至碳含量对各种材料属性的影响已经可以通过商业软件进行模拟。典型的锻造、热处理模拟软件有 Deform® 等。但无论模拟软件如何强大，都需要对其模拟计算结果进行实验验证。因此，对大型锻件热加工过程全流程的组织缺陷演化规律的实验研究，是实现大型锻件虚拟制造并将其用于指导生产工艺制度建立的理论与基础。

2. 大型锻件热加工过程的缺陷图谱演算的实验基础及分析难点

为消除铸造模拟与锻造、热处理模拟之间的隔阂，并为商业模拟软件针对大型锻件的热加工过程进行改造和优化，有必要对热制造过程中的组织、缺陷等演化机制进行研究，结合典型实验结果以及计算机模拟技术建立大型锻件热加工过程的缺陷图谱。大型锻件的缺陷及其演化过程通常由以下几个因素控制。

1）偏析

铸造偏析（图1）的形成过程受凝固传热、传动、传质的影响，其主要原因在于热溶质对流、晶粒运动及凝固收缩引起的中心部分富溶质熔体流动。铸锭中 C、P、S 等的不均匀分布会使材料力学性能呈现各向异性，从而降低材料的强度、塑性、韧性等宏观力学性能[4,5]。铸造偏析受固态扩散距离的限制，在后续的锻造和热处理过程中，可以有所改善，但仍难以彻底消除。相反，热处理及锻造过程对扩散的强化而形成粗大的析出夹杂，将成为使用过程中的疲劳断裂源。

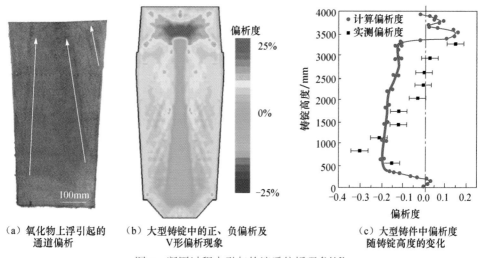

（a）氧化物上浮引起的
通道偏析

（b）大型铸锭中的正、负偏析及
V形偏析现象

（c）大型铸件中偏析度
随铸锭高度的变化

图 1　凝固过程中引起的溶质偏析现象[4,5]

2）晶粒尺寸

由于大型锻件尺寸较大，其铸锭坯料在凝固过程中时间长、温度高，形成的铸锭组织远较一般小尺寸铸锭组织粗大，并且铸锭边部与心部晶粒尺寸相差较大。一般铸造中获得的大型锻件铸锭边部与心部晶粒尺寸差异可达百倍以上。在后期锻造及热处理过程中，热处理温度及锻造变形温度的径向不均匀，以及锻造应力在截面方向的分布差异，导致晶粒形态差异较大（图2）。晶粒形态差异和混合形式导致组织在变形过程中的再结晶行为和相变行为不同，可进一步恶化锻件组织的不均匀性，从而影响产品的最终性能。

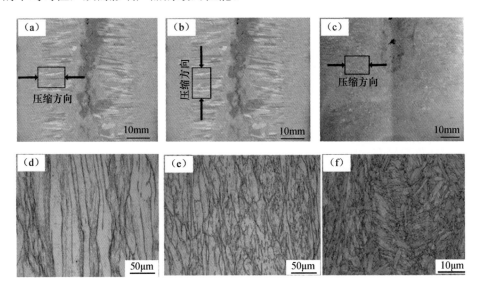

图2   不同的12% Cr 钢铸造组织（（a）～（c））对热加工变形后的组织形貌

（（d）～（f））的影响[6]

（a）、（d）为柱状晶长轴方向，（b）、（e）为柱状晶短轴方向，

（c）、（f）为等轴晶组织变形条件为900℃，0.1s⁻¹

3）夹杂

随着炼钢技术的发展，真空精炼技术可以有效去除外来夹杂物。但大型锻件用钢的冶金和凝固特性决定了钢锭内部不可避免地存在各种类型的内生夹杂物（图3），并且随着钢锭体积增加，夹杂物尺寸也相应增大。而钢的成分复杂化也导致夹杂的类型多样化[7]。多样化的夹杂在热加工过程中的行为表现不同，对组织变形的影响也不尽相同。最新的研究表明[8]，大型锻件中的夹杂物主要有两种，一种是塑性夹杂，在一定的压下量条件下，这种夹杂会随着应力的增加而变形，基本不影响最终锻件的性能；另一种是脆性夹杂，这种夹杂在锻造过程中容易形成应力集中点，并成为锻造裂纹源和疲劳断裂裂纹源。

（a）Ti-O-Mn-S　　　　　（b）Ti-O　　　　　（c）Ti-N

图3　Ti 脱氧后钢中不同类型夹杂的 SEM 照片[7]

4）缩孔疏松

大型铸件在凝固过程中由于温度场、成分场不均匀造成各部分收缩不一致，以及气体析出的影响，容易导致缩孔疏松的形成。这些缩孔疏松难以自然弥合。通常在锻造过程中通过热变形方式对铸锭中的空洞进行压实闭合。研究结果表明，开坯方式和锻造方向对缩孔疏松的弥合有很大的影响。然而，由于大型锻件的几何特性，锻造方向难以每次都满足弥合缩孔疏松的需求。如果在锻造中闭合的孔洞及闭合界面没有立即消失，遇到拉应力后还会重新扩张。只有在高温下继续变形，接触面的原子沿压应力方向充分扩散，形成稳固的金属键结合，孔洞才会消除[9]。图 4 表明，通过高温下的原子扩散与再结晶过程，可以使闭合后的裂隙焊合，从而恢复材料的连续性，改善其力学性能。

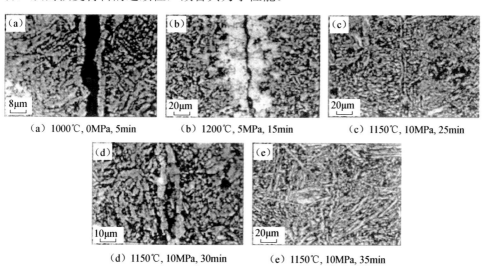

（a）1000℃，0MPa，5min　　（b）1200℃，5MPa，15min　　（c）1150℃，10MPa，25min

（d）1150℃，10MPa，30min　　（e）1150℃，10MPa，35min

图4　20MnMo 钢在不同压实条件下对芯部孔洞组织修复过程的影响[9]

尽管前述研究已对大型锻件缺陷的成因及其发展规律给出了判据，但大多集中于研究单一因素的组织演化特征，而对多因素耦合下的缺陷演化未有涉足。铸锭的不均匀性对大型锻件的后续热加工方法选择和工艺程序、参数的制定具有重要影响。锻造热变形过程中，成分分布与夹杂、空洞和晶粒的形状、大小的过渡起伏致使铸锭各区域的变形抗力、变形行为以及动态再结晶产生巨大差异。严重的成分偏析也导致后续热处理中脆性相、硬质相的析出，并在热变形中造成夹杂裂纹[10,11]（图 5）。大量研究表明，大型锻件的组织缺陷起源于铸造阶段，并在热加工过程中各有其遗传特性。但目前对不同组织特征在遗传过程中的耦合关系尚缺乏定量描述，对组织特征演化仍停留于定性分析的基础上，难以适应新型核电、火电等能源装备的苛刻使用环境要求，无法对其服役性能衰退规律做出可靠的预估。

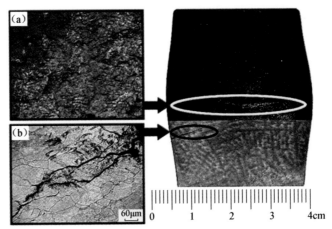

图 5　30Cr2Ni4MoV 钢夹杂缺陷在锻造过程中诱发裂纹的发生[10]

3. 大型锻件热加工过程的缺陷图谱演算困境及缺陷控制

锻件的最终性能是锻件最终组织和缺陷的综合体现。而最终组织和缺陷的形态、尺寸、分布是一连串非平衡热加工的积累。确定大型锻件最终组织的演变历史及其与非平衡加工过程的关系对于厘清锻件组织、性能、缺陷之间的关系至关重要。因此，需要从非平衡组织、缺陷的源头即铸锭组织的非平衡特性与遗传效应出发，研究大型锻件在热加工过程中组织、缺陷耦合演变的历史与遗传过程，进而控制大型锻件中的缺陷发展。

此外，锻件最终性能的空间分布是随组织、缺陷的空间分布状态而变化的。而最终组织、缺陷的空间分布状态又是一连串非均匀组织演变的积累。确定大型锻件在铸造、锻造和热处理等不同热加工过程中的组织和缺陷空间分布状态，对于确定前工序坯件质量评估准则和后工序需要采取的技术参数至关重要，并为锻件最终性能的抽点评估提供重要依据。

因此，对大型锻件的缺陷研究离不开缺陷类型、数目及分布的研究。通过选取大型锻件特征部位组织，对典型锻件热加工过程的组织演化进行全程跟踪，建立缺陷类型、频率、数目及分布数据库，并对其进行统计和归一化处理，获得典型锻件热加工过程全流程缺陷演变图谱，再用计算机进行拟合分析，得到缺陷类别、数目、分布随热加工过程演化的一般性规律。最终，达到利用该一般性规律推演实际锻件缺陷分布的目的。

目前，实现大型锻件的热加工全流程组织、缺陷演算较为成熟的做法是采用多尺度模拟技术：以第一性原理和分子动力学计算获得多相高性能锻件母材的各相热物理参数；通过相场模拟获得各相的形核与生长过程，预测其初生相、增强相、低熔点相等的生长、分布；在相场法组织结构预测的基础上，通过有限元法获得各相的力学性能；通过元胞自动机及有限元方法获得锻件在浇注过程、凝固过程以及锻压、轧制、热处理过程中的流场变化、能量及质量传输过程。其难点主要在于：①研究对象材料为复杂多元体系，对复杂多元体系的第一性原理模拟已超出目前的计算能力，而因缺乏复杂多元合金体系的势函数，分子动力学模拟也难以实施，因此难以对多元体系下的相选择过程进行计算，也就无法获得多元体系的缺陷图谱演算所需的基础数据与信息；②对于演算参数的跨尺度通道传递问题的研究，方向和方法比较分散，未能形成高效、统一的参数传递方法，无法利用现有的基础数据库，满足多尺度计算要求；③多尺度计算过程中产生大量的数据，其存储与实时处理，也对演算过程中的并行计算算法提出了更高的要求；④由于大型锻件造价高昂，难以通过大量的实验试错积累实验数据对演算结果进行验证，所以其数据可靠性分析及数据挖掘期待新的方法与思路。尽管目前尚不能从理论上获得可靠的大型锻件热加工全流程缺陷演算模型，对各环节工艺控制窗口设定也缺乏依据，但仍可通过最终的使用要求给出热加工过程中各步骤所需的大致性能窗口，并根据该性能窗口结合分流程实验缺陷图谱，定性给出各加工环节所需的组织特征以及相应的工艺控制参数，从而提高最终工件的成品率。

参 考 文 献

[1] Kurz W, Fisher D. 凝固原理. 李建国, 胡侨丹, 译. 北京: 高等教育出版社, 2010.

[2] Zhao J, Zhong H, Zhang Z, et al. Simulation of temperature field and microstructure in heavy steel ingots solidification. TMS Annual Meeting, 2014: 361-368.

[3] Lin R, Shen H. Numerical simulation of convection and inclusion distribution during solidification in a heavy steel ingot. IOP Conference Series: Materials Science and Engineering, 2015, 84: 012101.

［4］ Li D Z, Chen X Q, Fu P X, et al. Inclusion flotation-driven channel segregation in solidifying steels. Nature Communications, 2014, 5: 5572.

［5］ Ge H, Ren F, Li J, et al. four-phase dendritic model for the prediction of macrosegregation, shrinkage cavity, and porosity in a 55-ton ingot. Metallurgical and Materials Transactions A, 2017, 48: 1139-1150.

［6］ 马晓然. 大锻件12% Cr超超临界转子钢铸态热变形行为的研究. 上海: 上海交通大学硕士学位论文, 2014.

［7］ 齐江华, 吴杰, 索进平, 等. 钢中细小夹杂物的研究方法探讨. 冶金分析, 2010, 30(10): 1-5.

［8］ 张立峰. 钢中非金属夹杂物几个需要深入研究的课题. 炼钢, 2016, 32(4): 1-16.

［9］ 袁朝龙, 钟约先, 马庆贤. 材料内部孔隙性缺陷自修复过程. 塑性工程学报, 2002, 9(2): 12-16.

［10］ Wang J, Fu P, Liu H, et al. Shrinkage porosity criteria and optimized design of a 100-ton 30Cr2Ni4MoV forging ingot. Materials and Design, 2012, 35: 446-456.

［11］ 韩静涛, 李研, 蒋新亮, 等. 大型锻件锻造裂纹控制技术研究. 中国国际自由锻会议, 2010: 57-61.

撰稿人：夏明许、李建国

上海交通大学

多约束下塑性变形失稳机理与控制

Mechanism and Controlling of Plastic Deformation Instability under Multiple Constraints

　　本难题涉及材料成形制造特别是金属材料热加工领域。金属等材料塑性成形，在多物理场作用和多模具约束加载下，往往会产生剧烈时变和空间分布上的拉/压不均匀变形，并伴随显著微观组织演变，极易诱发颈缩、剪切、皱曲和形状畸变等多种形式的塑性失稳现象。从宏观表现看，这些失稳现象具有共同之处，即材料在不均匀应力和应变场作用下，稳定承受载荷发生了突变（abrupt change），连续变形转变为颈缩、剪切带或面外翻转变形等局部变形模式（strain localization）。这一类现象的发生，将会直接导致材料在成形中发生过度减薄、破裂和起皱等多种成形缺陷，决定着构件的成形极限、成形精度及其服役性能，甚至损伤模具导致过程中断。因此，塑性变形失稳已成为影响材料精确成形的主要缺陷和障碍之一，研究揭示多约束下材料塑性变形失稳机理并发展有效控制理论和技术，一直是材料成形制造前沿领域的热点和基础性关键难题之一[1-3]，不但对于丰富塑性变形失稳理论具有重要科学意义，而且对于挖掘材料成形潜力，实现高性能轻量化构件绿色、智能成形制造具有重要应用价值。

　　多约束下材料塑性变形失稳现象涉及机械、材料、力学、物理等多学科交叉，其复杂性主要在于：①应变局域化塑性变形失稳形式众多，其宏观/微观产生和扩展规律及机理复杂且各不相同；②塑性变形失稳现象涉及材料、几何和边界三重非线性及其耦合作用，宏观/微观影响因素众多且影响规律复杂；③不同于薄壁结构静态加载，材料成形过程呈现时变和空间分布上的不均匀应力应变场变化，变形机制复杂且伴随微观组织演变，从而使塑性变形失稳机理更为复杂且难以控制；④塑性变形失稳模式对变形物质本身存在的几何、物理初始微缺陷和工作界面动态加载条件的扰动极为敏感，尤其是塑性成形过程本身涉及非比例、非连续复杂动态加载路径，使得塑性失稳形成、扩展和模式转变机理复杂化而极难实现准确预测和有效控制；⑤非匀质材料等变形物质的采用、多物理场及高速动态等外部加载条件的施加，导致上述问题更为突出。

　　针对不同的塑性变形失稳问题，国内外学者已开展了大量丰富的实验、解析和建模研究。然而，由于上述多约束下材料塑性变形失稳现象在表征、机理、预测和控制方面的复杂性，仍面临理论上的挑战。下面以塑性失稳现象中最普遍和研究最多的拉伸失稳（tension instability）、压缩失稳（compression instability）和 PLC（Portevin-Le Chatelier）失稳为例进行评述。

（1）拉伸失稳方面：20 世纪，Swift 和 Hill 分别提出了分散性失稳理论和集中性失稳理论，为塑性拉伸失稳研究奠定了理论基础。但这两种失稳理论均不能适用于复杂变形状态。为此，Marciniak 和 Kuczynski 从材料损伤角度引入不均匀性概念，提出了沟槽假说，即 M-K 理论。后来，Storen 和 Rice 提出了屈服角点理论，Bressan 等又提出了临界剪切应力失稳准则。但由于没有足够的实验验证，这些理论适用性均有限。进一步，人们基于微观空洞损伤等理论，提出非耦合和全耦合损伤断裂准则来预测不同成形过程中损伤的形成、发展过程，以用于多约束塑性变形拉伸失稳。但由于缺乏对相关机理的深刻理解，对于非比例、非连续加载过程和非匀质各向异性材料塑性失稳现象的预测仍不理想[4,5]。

（2）压缩失稳方面：20 世纪初，人们就开始了对压缩失稳现象的实验和理论研究，但大多限于静态加载下具有简单边界条件的结构屈曲分析；而在塑性变形压缩失稳方面，各国学者从实验设计、预测方法和控制等方面取得了一定的进展。日本学者吉田青太（Yoshida）提出了一种方板对角拉伸实验方法以研究表征板材不均匀拉伸起皱的问题，但实验局限性在于失稳时刻及失稳过程难以定量检测，不适用于复杂边界条件下的塑性变形过程；在失稳预测方面，已提出了静力平衡法、能量法和唐奈初始缺陷法等解析方法，但限于求解简单边界条件下的失稳起皱问题，而隐式和显式有限元方法虽可考虑材料非线性问题，但分别受难以收敛性和不能进行多失稳分叉点检测的限制，对于多约束下材料塑性变形失稳的预测效果也不够理想。限于实验和建模方法，有关塑性变形压缩失稳形成机理及其控制仍是一个亟待解决的难题[6,7]。

（3）PLC 失稳方面：对这一类塑性失稳现象研究最早可追溯到对上下屈服极限和吕德斯变形带的研究。PLC 失稳是指当进入塑性变形阶段后，材料在时域上表现为应力锯齿形流动（serrated flow 或 jerky flow）和应变台阶状变化，在空域上表现为应变局域化（strain localization），即锯齿形屈服（serrated yielding）。在 PLC 失稳所致应变局域化实验表征方面，当前常用的方法有数字图像相关（digital image correlation, DIC）法、数字散斑干涉（digital speckle pattern interferometry, DSPI）法和红外侧温法等[8]；在数值建模预测方面，学者们采用有限元法或晶体塑性理论分析了铝合金等多种材料的 PLC 现象；在 PLC 产生机理方面，目前被普遍接受的是动态应变时效（dynamic strain aging, DSA）理论。以往研究重点多集中于可动位错与溶质原子气团、林位错间的动态交互作用，而对析出相、空位等其他障碍所起的作用研究不多，在作用机制方面仍很有争议[8,9]。由于该失稳现象本身的复杂性，如何通过新的实验手段和建模方法揭示 PLC 效应微观机制并进行有效控制,一直以来都是材料和成形制造领域的一个研究热点和难点。

综上,尽管人们针对塑性变形失稳问题已经开展了大量研究,但由于成形过程本身的复杂性以及各种失稳现象宏观/微观发生机理的复杂性,对多约束下材料塑性变形失稳现象的精确预测和有效控制仍存在很大困难。而当前对高性能轻量化复杂构件成形成性一体化制造的重大需求,使得成形构件往往使用非匀质难变形材料并具有大型整体复杂难成形结构,成形过程往往需要采用热力等多物理场耦合下的多约束,塑性失稳机理更为复杂且可能同时发生,而成形指标却十分苛刻,这导致多约束下塑性变形失稳机理和控制问题更为突出且更为复杂,可能需要开展下述研究。

1)多约束下材料塑性失稳现象的发生和发展宏观/微观机理研究

如何发展适用的实验测量表征方法和先进的全过程多场多尺度宏观/微观建模分析手段,从而深刻全面地揭示多约束下非匀质难变形材料在热力耦合等多物理场作用和非连续、非线性复杂加载条件下的失稳发生和发展物理机制是首先需要解决的科学难题。

2)多约束下材料塑性失稳发生和发展的精确预测

塑性过程失稳现象涉及应力突变和应变局部化,随塑性成形过程发生动态演变,其发生和发展过程不但与材料各向异性以及微缺陷等固有属性密切关联,而且对应力等加载条件也异常敏感,可能在同一过程中不同时刻或不同区域发生多种失稳模式(多条分叉路径),这导致实现复杂构件多约束下塑性失稳现象发生和发展过程的精确预测成为一个挑战性难题。

3)多约束下材料塑性成形过程中塑性失稳现象的有效控制

塑性成形过程本身是一个强非线性过程,而塑性失稳现象又是随塑性变形过程动态发生和发展的一类复杂现象,成形条件稍有变化,即可能发生失稳而导致构件失效甚至使成形过程中断。针对其控制过程多因素、多目标、多约束的数学本质,如何发展精确而高效的多约束塑性成形过程优化控制方法和算法,是提高成形极限和成形质量面临的难题。

参 考 文 献

[1] 杨合. 局部加载控制不均匀变形与精确塑性成形——原理和技术. 北京: 科学出版社, 2014.

[2] 梁炳文, 胡世光. 弹塑性稳定理论. 北京: 国防工业出版社, 1983.

[3] 国家自然科学基金委员会工程与材料科学部. 机械工程学科发展战略报告(2011~2020). 北京: 科学出版社, 2010.

［4］ Li H, Fu M W, Lu J, et al. Ductile fracture: Experiments and computations. International Journal of Plasticity, 2011, 27(2): 147-180.

［5］ Keralavarma S M, Chockalingam S A. criterion for void coalescence in anisotropic ductile materials. International Journal of Plasticity, 2016, 82: 159-176.

［6］ Cao J, Cheng S H, Wang H P, et al. Buckling of sheet metals in contact with tool surfaces. CIRP Annals—Manufacturing Technology, 2007, 56(1): 253-256.

［7］ Liu N, Yang H, Li H, et al. A hybrid method for accurate prediction of multiple instability modes in in-plane roll-bending of strip. Journal of Materials Processing Technology, 2014, 214(6): 1173-1189.

［8］ Ling X, Belytschko T. Thermal softening induced plastic instability in rate-dependent materials. Journal of the Mechanics and Physics of Solids, 2009, 57(4): 788-802.

［9］ Ovri H, Lilleodden E T. New insights into plastic instability in precipitation strengthened Al-Li alloys. Acta Materialia, 2015, 89: 88-97.

撰稿人：杨　合、李　恒

西北工业大学

精密成形全过程多尺度建模仿真

Multi-Scale Modeling and Simulation of the Whole Process of Precision Forming

航空航天高端装备向大运力、低能耗和长寿命方向发展，要求其关键构件具备高性能、轻量化和高可靠性，关键是采用轻质、高强、难变形材料和整体薄壁复杂结构，进行成形成性一体化制造。金属材料成形过程，如凝固成形、塑性成形、热处理、焊接成形等，涉及多尺度变形与组织性能演化问题，且多尺度响应之间相互耦合，使成形机理和规律复杂，从而给成形过程和成形质量精确控制带来了挑战。材料成形全过程是指材料从原始粉末（或颗粒）凝固成形为铸锭，塑性成形为坯料再到构件，焊接成形为部件，以及阶段间的热处理等各个阶段所构成的整个过程。多尺度建模是指从宏观成形条件、细观变形机制、微观组织演化等多个尺度对材料成形过程进行数值建模，以揭示试验难以观察的材料成形宏/细/微多尺度机理与规律及其交互作用。基于多尺度建模仿真，如图1所示，从微观到宏观形成成形过程的多尺度机理分析方法，从宏观到微观形成基于多尺度目标的设计方法。

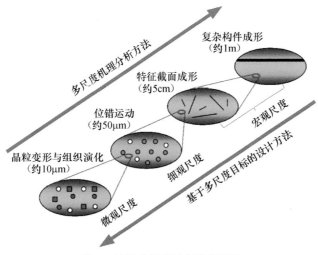

图 1 材料成形多尺度建模框架

　　以金属材料塑性成形过程为例，在力热耦合作用下，利用金属材料的塑性，使其产生永久不可恢复的形状改变，并改善其性能。在该过程中，宏观尺度的加载（力热）条件决定了材料点的变形状态和温度场分布，驱动细观尺度上的位错滑移、增殖及湮灭，导致微观尺度上的组织演化；反过来，组织演化和位错运动会导致材料性能变化，从而决定宏观材料流动和变形响应。因此，金属塑性成形是多尺度耦合响应机制下的复杂过程。同时，金属塑性成形过程对初始坯料组织敏感，这就对开坯锻造过程或材料熔铸过程提出了要求；另外，金属塑性成形件的组织和性能可通过后续热处理进行改善。这些成形过程中也都存在多尺度耦合响应，而采用试验手段难以观察该多尺度响应机制与规律。因此，进行材料成形全过程多尺度建模仿真，是精确掌握材料宏观成形规律并深入揭示其细观/微观机制与组织演化，从而实施控制的先进手段，因而决定了材料成形过程中基于目标形状与性能的从材料设计到成形工艺优化全过程的方向与目标，是发展高端装备关键构件精确成形成性一体化制造理论和技术的关键。

　　如图 2 所示，国际上在多尺度建模仿真领域的研究是从各个尺度分别开始的，例如，基于位错滑移机制描述细观尺度变形响应的晶体塑性理论由 Schmid 等[1]、Orowan[2]、Taylor[3]于 20 世纪 30 年代提出；微观尺度上的元胞自动机方法于 50 年代被提出；而真正用于描述材料成形过程的组织演化预测则是在 90 年代被提出[4]。然而，现有研究仍存在许多不足，包括：

　　（1）多为基于宏观成形的微观机理分析研究，缺乏从微观机制入手的成形规律研究。然而，材料的成形性能是由其微观组织与变形机制决定的，如钛合金等轴组织与魏氏组织的性能不同、滑移变形与孪生变形的性能不同；且在材料成形过程中材料的微观组织与变形机制是变化的，如热加工过程中的相变，这就导致

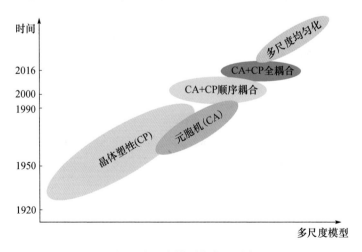

图 2　多尺度模型的发展历史

了材料成形性能的改变。因此，只有基于材料微观组织和变形机制及其演化进行材料性能演化建模，才能更为精确地预测宏观成形规律并深入揭示其微观机理。

（2）多为变形终了时的多尺度规律研究，鲜见加工过程中的实时多尺度响应研究。常见的细观/微观分析以宏观变形为边界条件，实现该条件下（即变形终了时刻）的多尺度规律预测，而缺乏考虑该条件加载过程中组织演化对材料性能的影响，导致预测可靠性与精度较低。

（3）多为单一尺度下的机制与规律研究，缺乏多尺度耦合响应研究。材料成形全过程涉及尺度复杂响应规律，割裂多尺度间的耦合作用必然导致预测可靠性和精度的降低。

（4）多为基于代表体积单元（RVE）进行的研究，难以拓展到大型复杂构件成形过程的预测。受限于计算效率，多尺度建模仿真一般在较小的几何尺度（毫米级或以下）下进行，通过施加周期性边界条件（保证计算结果对该模型的任意复制叠加有效）以匹配宏观试验测量，但由于材料性能和结构的不均匀性，该预测结果应用于大型构件成形误差较大。

鉴于存在的这些不足，学者开始关注多尺度耦合建模方法。2000 年，德国马克斯-普朗克研究所 Raabe 教授等[5]率先建立了元胞自动机与晶体塑性有限元相结合的顺序耦合模型，用于模拟铝合金成形后热处理过程中的静态再结晶行为。该模型开创了微观尺度与宏观/细观尺度耦合建模的先河。2016 年，Li 等[6]建立了元胞自动机与晶体塑性有限元的全耦合模型，预测了钛合金等温成形过程中的细观不均匀变形-动态再结晶形态演化-应力响应间的耦合作用规律。然而，这些进步并不能完全解决上述问题。为此，研究者发展了多尺度多阶层模型（multi-scale hierarchical model, MHM）[7]。该模型从最小尺度（最本质的物理机制）出发，建立该尺度上的变形响应。通过对该变形响应的均匀化，作为上一尺度材料点的变形响应，依此类推，直到宏观尺度。但是，该方法是新近提出的建模方法，理论和方法都不够成熟，尤其是多尺度响应之间的均匀化方法难度很大。在这方面虽然已经报道了一些研究工作，例如，Zhang 和 Oskay[8]提出了一种基于应变特征值的降阶均匀化方法，利用双尺度渐进展开将多晶体塑性分解为宏观和微观问题，以解决多晶材料组织演化过程中宏观/微观尺度同步预测的问题。然而，从均匀化方法的理论系统性和数值化算法的高效性来看，尚需要更为系统深入的研究工作。

综上所述，材料成形过程涉及多尺度复杂响应机制，深入揭示该多尺度耦合响应机理与规律是进行工艺优化实现成形成性协同调控的前提，而进行精细化的全过程多尺度建模仿真是其中的关键。在目前多尺度建模理论与方法的基础上，进行宏/细/微多尺度同步耦合响应的多尺度全过程建模，是实现构件成形成性一体化机理与规律预测的关键。在该研究方向上，未来发展需要研究解决的问题可能在于：

（1）高效稳健算法。针对现有模型的高效稳健算法，尤其是基于多核并行计算的高效算法，解决多尺度模型在大型复杂构件成形过程中的应用难题。

（2）多尺度均匀化方法。发展高效、可靠的多尺度响应间的均匀化方法，解决小尺度模型难以反映宏观过程而大尺度模型又缺乏物理机制的难题，从而实现大型构件成形过程的多尺度快速、可靠仿真。

（3）基于无网格法的多尺度模型。突破现有多尺度模型往往基于网格或单元的局限，发展新的基于无网格法的多尺度模型，以提高预测可靠性。

（4）全过程一体化预测方法。解决各个过程之间的数据传递、工况传递中存在的问题，考虑各过程之间的转移过程，建立全过程一体化预测方法，实现全过程精确预测。

参 考 文 献

[1] Schmid E, Boas W. Plasticity of Crystals. London: Chapman and Hall, 1935.

[2] Orowan E. The plastic behavior of crystal. Physical Review Letters, 1934, 89: 634-651.

[3] Taylor G I. Plastic strain in metals. Journal of the Institute of Metals, 1938, 62: 307-324.

[4] Hesselbarth H G, Göbel I R. Simulation of re-crystallization by cellular automata. Acta Materialia, 1991, 39(9): 2135-2143.

[5] Raabe D, Becker R C. Coupling of a crystal plasticity finite-element model with a probabilistic cellular automaton for simulating primary static recrystallization in aluminum. Microstructures, Mechanical Properties and Processes—Computer Simulation and Modelling, 2000, 8: 445-462.

[6] Li H W, Sun X X, Yang H. A three-dimensional cellular automata-crystal plasticity finite element model for predicting the multiscale interaction among heterogeneous deformation, DRX microstructural evolution and mechanical responses in titanium alloys. International Journal of Plasticity, 2016, 87(12): 154-180.

[7] Nikolov S, Raabe D. Hierarchical modeling of the elastic properties of bone at submicron scales: The role of extra fibrillar mineralization. Biophysical Journal, 2008, 94(11): 4220-4232.

[8] Zhang X, Oskay C. Eigenstrain based reduced order homogenization for polycrystalline materials. Computer Methods in Applied Mechanics and Engineering, 2015, 297: 408-436.

撰稿人：杨　合、李宏伟

西北工业大学

材料-结构-功能一体化制造中形性协同调控

Coordinative Modulation between Geometry Accuracy and Material Property in Integrated Manufacturing of Material, Structure and Function

先进制造技术发展的主要原动力之一是满足航空航天等领域的高端装备发展对构件服役越来越苛刻的重大需求。随着先进飞机、高超飞行器、重型运载火箭、轨道空间站和核聚变装置等重大装备的研制,需要其核心和关键构件具有超高承载、极端耐热、结构功能一体化、超高精度、超轻量化和高可靠性等优异的性能[1]。例如,新一代航空发动机涡轮叶片需要在高达 1800℃的高速气流冲刷下,以超过 10000r/min 的速度运行长达数千小时并高效地输出机械能,不仅结构复杂、型面精度高,还需要优异的耐高温、疲劳和蠕变性能;重型运载火箭要求近地轨道运载能力达到 130t,其构件在满足重载、高冲击、超低温等恶劣工作情况所需性能的同时还要实现结构减重,对高性能的轻合金复杂整体构件的需求日益迫切;速度大于 10 马赫的高超声速飞行器,机体外表温度超过 2200℃,温度梯度达 300℃/mm 以上,还要承受超过 10 倍重力加速度的机动过载,但结构重量系数要求低于 15%,严酷的服役条件要求机体有极高的承载-热防护综合性能;新一代军机的相控阵雷达需要采用共型天线以满足隐身要求,使得承载结构、气动外形、隐身、收发组件等集成为一个部件,实现隐身功能与结构一体化。此类集承载-功能一体化的高性能轻量化构件的制造既是重大装备研制的保证,也是国家高端制造核心竞争力的重要体现。

高性能复杂构件多工作于苛刻的服役环境,其承载性能和功能效果受材料和结构的耦合影响和保障。相对于高端装备的快速发展,新型材料从研发到应用需要很长的过程,而结构优化设计所能带来的性能潜力也有极限,仅仅依靠材料的进步或结构的改善难以满足装备性能提升的迫切需求。因此,高性能复杂构件需要将合适的材料布置在构件的恰当位置上,实现宏观/细观/微观多尺度结构与梯度材料、多材料的合理匹配,充分发挥材料和结构的综合优势。材料-结构-功能一体化制造,即通过材料和结构在宏观/微观多尺度下的匹配优化设计、形性协同制造和精确调控,满足结构承载、特定功效和轻量化的需求,是先进制造的永恒目标。

材料和结构是构件实现承载和功能效用的两个基本要素，从古至今，构件制造均受两者的约束和驱动。但传统制造技术在实现材料-结构-功能一体化上尚存在以下问题：

（1）传统工艺的约束导致材料-结构-功能一体化制造困难。传统工艺主要面对的制造对象是均质材料、致密结构或非周期性的细观结构。高性能复杂构件的发展则需要将梯度材料、多材料制造成宏观/细观/微观多尺度结构。功能/结构材料的组合和过渡、界面性态控制，宏观/细观/微观构型的制造，均可能需要对一些传统制造方法进行跨越式发展。

（2）制造过程形性协同演化复杂，影响因素众多，精确表征、预测与控制面临挑战，常常导致形性误差不断积累，使构件实际性能偏离设计指标。传统多能场制造调控采用反复试错法，造成高性能目标有效实现困难。

由于这些约束，现有构件绝大多数仍然采用的是均质材料宏观组装的方法，这与材料-结构-功能一体化的目标有着很大的差距，使得高性能轻量化构件的制造面临着严峻挑战。

由于材料-结构-功能一体化制造技术的巨大潜力，自 21 世纪初，各发达国家纷纷对此开展了规划和研究。2008 年，美国科学院材料专家委员会提出了集成计算材料工程报告[2]，以材料及其加工过程多尺度模型为基础，实现产品、产品材料和制造技术的一体化。由此衍生出的"材料基因组计划"[3]，旨在将材料、结构设计与制造技术无缝结合，支持材料科学和制造领域的研究、开发和创新，使先进材料的发现、开发、制造和使用的速度提高 1 倍，以推动美国制造业复兴。中国国家自然科学基金委员会自 2010 年起连续将"高性能精确成形制造"作为"十二五"、"十三五"期间机械学科的优先资助领域[4]，以促进在精确形性一体化制造方面的科技创新。此外，增材制造作为有望突破多材料、多尺度结构一体化制造难题的新一代革命性技术，获得中国国家自然科学基金委员会、美国科学基金会的重点支持以及德国《工业 4.0 战略计划实施建议》[5]等纲领性战略规划的高度关注。

虽然人们对材料-结构-功能一体化制造的未来无限憧憬，但不得不直面其中巨大的挑战。该技术是材料、结构和制造的强耦合，只有三位一体、有机融合，才能带来突破。但其中仍然面临着巨大的挑战：

（1）如何实现材料-结构-功能一体化协同制造。传统制造方法达到这一目的很难，但随着 3D 打印和多能场辅助成形等新技术的发展，通过增材/减材/等材复合整体制造方法实现复杂构件形性的逐点逐域控制已逐渐成为可能。但复合成形机理需要针对复杂构件多材料多尺度结构的特点更加有针对性地开展研究。

（2）如何实现制造性能的多能场精确调控。制造性能偏离的一个重要来源是对工艺过程认识不够深刻。多能场与物质的交互作用十分复杂，其对材料和结构性能的定量影响机理和规律难以获得，从而使得只能把制造工艺的一些核心和关键因素当成黑箱处理，导致制造过程不可控。因此，需要在制造全过程的多场耦合下多尺度精确预测与优化稳健控制方面有所突破。

高性能复杂构件材料-结构-功能一体化制造的发展，需要围绕材料、结构、功能三个核心要素，通过制造过程精确调控，实现制造性能指标与设计目标的一致，达到构件综合性能的提升。由此形成材料-结构-功能一体化制造理论，以指导发展全新的面向功能、材料和结构协同的制造工艺技术（图1）。

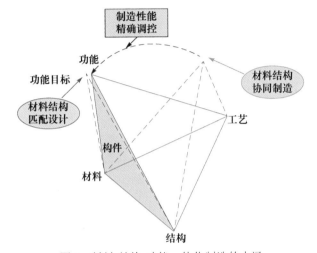

图 1　材料-结构-功能一体化制造的内涵

围绕材料-结构-功能一体化制造，需要突破以下几个科学难题：

（1）高性能复杂构件制造材料-结构-功能形成的机理与规律。研究多材料和多尺度构型组合在极端服役环境下实现高性能的机理以及材料-结构与性能的映射；研究多能场复合作用下构件制造中材料、结构和功能演变的表征与建模，探明制造工艺与构件性能的关联关系。

（2）局部能场下多材料多尺度结构逐点/线/面/体控制的制造方法。研究局部能场与材料和结构的相互作用规律，微观单元界面、宏/细/微跨尺度结构界面及多材料结构界面特征形成规律、性能和几何误差传递，探索复合工艺过程的精准调控策略，发展材料-结构-功能同步精确制造新原理与技术。

（3）复合能场下材料组织演化与结构变形的精确调控。研究高性能复杂构件材料组织演化与结构形变的耦合机理、复杂构件形状精度与性能指标冲突的破解机制，揭示外加能场对构件材料组织和形变的影响规律，实现多场耦合作用下结构变形协调与性能精确调控。

材料-结构-功能一体化制造科学难题的突破将有望引领高性能复杂构件的制

造模式实现以下三方面的转变：在材料方面，实现从"选择"到"定制"，改变以往被动使用材料的模式，从宏/微多尺度角度发掘材料与结构潜力，突破现有材料性能极限，实现按照材料功能和结构性能需求进行匹配设计和制造；在结构方面，实现从"组装"到"整体"，突破传统制造工艺约束，实现复杂构件的整体制造；在性能方面，实现从"试错"到"精确"，突破制造过程性能指标的"反复试凑"模式，实现制造高性能的精准控制。相关科学难题的突破可为航空航天等领域的国家重大装备需求提供理论和技术的有力支撑，并促进材料、力学、信息与机械学科交叉融合。

参 考 文 献

[1] 苑世剑. 精密热加工新技术. 北京: 国防工业出版社, 2016.

[2] Committee on Integrated Computational Materials Engineering, National Materials Advisory Board, Division on Engineering and Physical Sciences, National Research Council. Integrated Computational Materials Engineering: A Transformational Discipline for Improved Competitiveness and National Security. Washington: National Academies Press, 2008.

[3] 刘梓葵. 关于材料基因组技术的基本观点与展望. 科学通报, 2013, 58(35): 3618-3622.

[4] 国家自然科学基金委员会工程与材料科学部. 机械工程学科发展战略报告(2011～2020). 北京: 科学出版社, 2010.

[5] Federal Ministry of Education and Research. Securing the future of German manufacturing industry. Recommendations for implementing the strategic initiative INDUSTRIE 4.0. Final report of the Industrie 4.0 Working Group. https://www. plattform-i40.de/finalreport2013 [2017-8-1].

撰稿人：杨　合[1]、樊晓光[1]、林忠钦[2]、赖一楠[3]、苑世剑[4]

1 西北工业大学、2 上海交通大学、3 国家自然科学基金委员会、

4 哈尔滨工业大学

如何破解大规格熔铸体不均匀凝固成形难题？

How to Solve the Problem of Uneven Solidification of Large-Sized Ingots?

金属凝固是由液态金属转变为固态金属的多尺度液-固相变过程。金属凝固过程涉及或受控于多种物理场变化，包括凝固温度场、溶质浓度场、流场、压力场、应力场、外加能场以及重力、离心力、电磁力、凝固热力学驱动力与界面张力等。这些跨尺度的多物理场的耦合作用决定了材料的凝固行为与组织演变规律。对于制造大规格及超大规格铸锭，由于各物理场的不均匀性问题非常突出，成形及组织均匀性控制的难度大大增加，需要精准掌握熔体凝固中各种物理场的相互作用关系，尽可能使能场的分布与物质场的分配处于均衡状态，提高物理场的宏观均匀性以促成熔体的均匀凝固。否则将导致凝固组织增大，缺陷增多，产品质量不达标。因此，深入研究金属凝固过程中物理场的宏观分布状态及控制方法，揭示不同能场状态对凝固组织演变及均匀性的影响规律，寻求与建立合适的物理场协同调控理论，精准控制凝固组织的形成与演变是制造高品质超大规格铸锭所需要解决的关键科学问题。

高品质大规格铸锭制造的困难点集中在三个方面：①凝固温度场的梯度状态随铸锭尺寸的增大而急剧加强，导致形成的铸锭组织不均匀、晶粒粗大、成分偏析严重，边部与心部凝固温差差异大，形成分布不均的粗晶环，成分偏析严重，而且容易造成液穴深度拉长，热应力增大，铸锭在凝固过程中开裂，成形率低。这种过大的成分不均匀性，在后续的加工与热处理中难以完全消除，成为最终产品性能离散度高的主要因素之一。②大铸锭心部凝固冷却速度严重受限，制约了溶质元素在基体中的固溶程度，导致凝固时出现的共晶相多且呈粗大网状分布，铸锭中心形成粗大的未溶组织，残余结晶相数量增多，成为后续流变加工的难点。③铸锭尺寸增大后，熔池中的杂质与气体更容易团聚、偏聚，铸锭微缺陷增多增大，局部杂质元素超标，氢含量偏高。上述问题导致铸锭组织中形成纤维状杂相、网状结晶相以及夹杂、疏松、微裂纹等缺陷，这种随铸锭直径加大而愈趋严重的组织结构状态将演变为产品后续流变加工或焊接时的弱化组织带。

目前解决上述问题的路线之一是借助外加能场的作用，改变传统铸造技术下的凝固结晶过程，期望新过程有助于形成高品质铸造组织。多物理场耦合下的金属凝固控制是一个关键而又复杂的系统工程。目前，金属凝固控制领域的前沿研究热点之一是通过在金属凝固过程中介入单一或多种外加物理场，利用外场对熔体凝固区域不同尺度结构的扰动作用及其在熔体传递过程中产生的特殊物理化学效应，实现改变金属凝固体系中各种物质场与能场的分布状态，调整物质传输与能量传递的通道，改变熔体形核的热力学条件，最终产生满足需求的金属凝固组织和成分分布。现在基于物理外场调控的凝固技术虽然已运用到部分工业生产中，如超声铸造、电磁铸造、电磁铸轧、超声焊接、电阻点焊（极短时间内极高冷却速率下极小体积的凝固行为）等[1-7]，但没有得到大面积的推广和应用，其主要原因就是人们对外场介入下的凝固组织的演变与均匀性分布规律并未完全掌握，困扰铸造产品质量精准稳定控制的一系列问题尚未有效解决：外加物理场如何与熔体中的流场、温度场、应力场等物理场之间发生耦合作用，这种多场耦合作用如何影响熔体凝固过程、如何影响微观组织的形成及长大、如何影响溶质元素的扩散与分布，多物理复合场下凝固过程的热力学、组织取向和凝固相变过冷度的影响，以及最终形成的铸锭组织状态一直未能从机理上得到解释。

以超声外场辅助铸造为例，小规格铸锭铸造通常采用单源超声场，超声作用的金属熔体量较小，通过超声空化效应、声流辐射效应等理论可以在一定程度上合理地解释超声场的介入如何细化小规格铸锭/铸件的凝固组织，改善偏析。当铸锭规格成倍增大后，一方面，熔体的凝固环境变得更为复杂（主要表现在凝固温度场的不均匀性急剧增大，铸锭心部冷却速度严重受限以及杂质、气体极易形成团聚、偏聚）；另一方面，由于大规格铸锭成形时的熔体体量大，为使外加能场在凝固物质场均匀分布，需采用阵列布置的多源超声场，由此涉及多个超声源在金属熔体形成的能场状态，但是这些参数与状态目前尚缺乏有效的科学方法测取，这也成为超声能辅助铸造中首要解决的难题（分布、谐振、畸变、干涉、衍射、衰减等规律）。应用超声/电磁复合外场铸造，电磁场有利于改善熔体宏观流动性，促进溶质元素的扩散与熔体热量传输，超声场则诱导熔体形核，提高形核率及抑制晶体的快速长大，但对于两种不同外场协同作用时，相互之间的耦合关系、作用机理及对金属凝固行为的影响规律缺乏研究和认识，需要系统研究和丰富完善多能场复合作用条件下凝固组织演变原理与规律，解决对材料物质熔融状态时的微观存在形态的观测难题，发挥不同物理场的优势，获得目标需要的凝固过程。

参 考 文 献

[1]　　Chinnam R K, Fauteux C, Neuenschwander J, et al. Evolution of the microstructure of Sn-Ag-Cu solder joints exposed to ultrasonic waves during solidification. Acta Materialia, 2011, 59:

1474-1481.

[2] Ghmadh J, Debierre J M, Deschamps J. Directional solidification of inclined structures in thin samples. Acta Materialia, 2014, 74: 255-267.

[3] Boettinger W J, Coriell S R, Greer A L, et al. Solidification microstructures: Recent developments, future directions. Acta Materialia, 2000, 48: 43-70.

[4] Prodhan A, Sivaramakrishnan C S, Chakrabarti A K. Solidification of aluminum in electric field. Metallurgical and Materials Transactions B, 2001, 32: 372-378.

[5] Li J, Ma J, Gao Y, et al. Research on solidification structure refinement of pure aluminum by electric current pulse with parallel electrodes. Materials Science and Engineering A, 2008, 490: 452-456.

[6] Chen S, Guillemot G, Gandin C A. Three-dimensional cellular automaton-finite element modeling of solidification grain structures for arc-welding processes. Acta Materialia, 2016, 115: 448-467.

[7] Zheng W, Dong Z, Wei Y, et al. Onset of the initial instability during the solidification of welding pool of aluminum alloy under transient conditions. Journal of Crystal Growth, 2014, 402: 203-209.

撰稿人：李晓谦、蒋日鹏

中南大学

塑性成形过程变形与微观组织直接观察方法

Direct Observation Method for Deformation and Microstructure in Plastic Forming Process

塑性是指当材料所受的外力作用超过材料屈服极限，卸载后发生永久性变形而不破坏其完整性的能力。塑性成形是通过工模具和设备对材料施加力场，再辅以温度场或其他场的作用，使材料产生塑性变形、体积转移和组织演变，获得形状、尺寸和性能满足要求的成形方法。塑性成形可实现对材料的高增值深度加工，如果能创造合适的成形方式与成形条件，不仅能赋予零件近净的甚至精确的复杂形状与尺寸，而且能赋予零件高性能，并发展成为高性能精确成形制造技术，是先进成形制造技术的重要分支，广泛应用于航空航天、汽车等领域[1]。根据材料成形温度的不同，成形可分为冷塑性成形、温塑性成形和热塑性成形（成形温度高于再结晶温度）；根据所用坯料的不同，成形可分为板料成形和体积成形[1]。塑性成形，特别是热塑性成形过程，材料不仅发生宏观的塑性变形，而且伴随着微观组织的演化。塑性成形过程的直接观察方法，即借助试验仪器和相应的分析系统对成形过程进行直接观察，捕捉变形体表面和内部材料的实时宏观变形和微观组织（微观形貌）演变行为。

许多科学家希望能够对材料塑性变形过程和组织演变进行直接观察，然而迄今尚未能实现，其复杂性及难点表现在如下几个方面：

（1）绝大多数用于塑性成形的材料是不透明的。

（2）材料的塑性成形过程，如钛合金等高性能复杂构件的成形过程，不仅是一个集材料、几何、工艺高度非线性的过程，而且是一个高温热力耦合过程。材料在宏观尺度既可能发生大的体积转移（大位移），又可能发生大的变形，且存在拉伸、压缩、扭转等某一变形模式或多种模式并存。同时其微观结构（组织）也发生复杂的演变，例如，既发生晶粒内部的变形（滑移、孪生），又发生晶粒之间的变形（滑动、转动）；变形导致位错增殖将引起材料硬化，同时发生回复或再结晶引起软化；并且由于温度和变形的作用将引发材料的相变。材料的变形和组织演变对成形方式与成形条件极为敏感。

（3）材料塑性成形过程的实现需在成形设备带动工模具的作用下完成，即材料放置在模具型腔中，甚至需要整个放在加热炉中，如等温成形。这使得在塑性成形过程中，不仅对材料（变形体）表面的直接观察困难，而对内部变形和组织的直接观察更是极难实现。

研究建立变形和组织的直接观察方法，对于探明材料塑性变形内在物理机制，发展塑性成形理论和技术，实现塑性成形过程中变形与组织的调控进而实现高性能构件成形制造具有重要意义。塑性成形技术不仅是实现构件，特别是高性能构件成形制造的主流技术之一，而且是金属材料铸造后型材制备和性能改善的主要手段，如全世界钢材的 75%要进行塑性加工[1]。这是由于对于铸锭，特别是特大型铸锭，即使进行高性能精确凝固成形，仍可能存在偏析、缩孔、非金属夹杂物和各种组织不均匀等缺陷。而通过大的塑性变形可打碎铸锭内部碳化物、压实疏松、锻合孔洞、细化晶粒、改善铸态组织，从而获得均质致密的坯料来降低甚至消除这些缺陷。塑性成形过程中材料将经历极为复杂的宏观不均匀变形和微观组织演化，变形和组织演变相互作用，同时对变形条件极为敏感。成形过程中不但易发生起皱、开裂等宏观成形缺陷，而且组织复杂、可能多样性，构件性能可能多样性。这些问题的解决需要建立在对塑性成形过程中材料变形和组织演变深刻认识的基础上，而直接观察方法无疑是最直接的手段和前提。

近年来随着数字图像相关（digital image correlation, DIC）技术、计算机技术和显微成像仪器（扫描电子显微镜（SEM）、透射电子显微镜（TEM）、X射线衍射仪（XRD）、背散射衍射（EBSD）、原子力显微镜（AFM）和光学显微镜等）的发展，人们在材料塑性成形过程变形和组织直接观察方面开展了持续的研究。

对于板料塑性成形，以西安交通大学为代表的研究机构基于 DIC 技术，结合计算机双目视觉理论和材料力学理论；采用两个高速 CCD（电荷耦合器件）摄像机，实时采集物体各个变形阶段的散斑图像，利用图像相关算法进行物体表面变形点的立体匹配，并重建出匹配点的三维空间坐标[2]；对位移场数据进行平滑处理和变形信息的可视化分析，从而实现快速、高精度、实时、非接触式的金属板料三维应变测量。但该方法仅适用于板料成形过程中变形的观测，且需保证摄像机能实时拍摄到观测对象。

通过显微成像仪器对被测试件进行实时连续观测、记录和分析，由此开发了原位（in-situ）测试系统。将拉伸试验系统与显微成像系统集成在一起时，实现了原位拉伸试验，用于材料微观结构观测和力学性能测试。目前已有基于 X 射线衍射仪的原位拉伸测试仪、基于原子力显微镜的原位拉伸测试仪（被测试件的最大尺寸 100mm×8mm×2mm，最小尺寸 20mm×1mm×10μm）。同时基于 SEM，英国克兰菲尔德大学的 Gkotsis[3]对英国 Deben 公司 200N 的微型测试平台进行了改进，使其位移分辨率由原来的 3μm 提高到 2nm。基于 TEM，为了与透射电子显微镜的狭小腔体空间相适应，将微型机械装置的投影尺寸从最初的 3mm×2mm 减小到 2.5mm×1.2mm。Tian 等[4]将其用于块状金属玻璃的弹性极限测试。

仪器化压痕试验（instrumented indentation testing）是利用传感器连续检测施加的力和压入深度，最终得到加载-卸载曲线，根据相关理论从曲线得到材料的力学性能参数[5]。在此基础上，借助 TEM 和 SEM 开发了原位纳米压痕测试技术，可用于裂纹萌生、扩展、剪切带形成、弹塑性变形等[6]。*Nature* 曾将原位纳米力学测试列为热点研究对象[7]，并报道了采用 TEM 原位纳米压痕在镍晶体的塑性变形测试的应用[8]。Gane 和 Bowden[9]率先报道了在 SEM 内的原位压痕试验，但未设置采集载荷和位移传感器。Nowak 等[6]分析了在 SEM 内实现原位测试的可行性以及适用范围，同时指出基于 SEM 原位压痕测试的发展受限于：SEM 相对较小的空间、测试中电子对样品的冲击以及所需的真空环境。

针对晶体取向敏感的材料，开发了基于原位电子背散射衍射（in-situ EBSD）的分析方法，可以实现对拉伸、压缩、弯曲及剪切变形过程中材料的微观组织演变进行原位跟踪观察；可以分析材料在变形过程中的组织演变过程，获得组织演变的连续性信息；为研究材料变形过程中的机理及物理本质提供有力的试验依据。但因为 EBSD 分析中主要依靠采集试样的菊池线谱，一般随着变形程度增加，试样表面出现由变形引起的起伏不平，会导致菊池线的信号越来越差，在大变形量下很难获得高质量的 EBSD 数据，只能获得较少量点的取向信息[10]。

由于材料的不透明、塑性成形过程中的宏观大位移/大变形，并伴随着微观组织的演变，同时受工模具的约束和高温等作用，使得材料塑性成形过程中变形和组织的直接观察仍未能实现。目前基于数字图像相关技术的应变分析系统，仅能实现板料成形过程中表面变形的直接观测。而结合显微成像仪器的原位拉伸和纳米压痕测试系统，一方面仅能通过对所制备特定试样的变形和组织的直接观察，来模拟分析材料成形过程中某一区域的情况；另一方面试样的尺寸和变形程度较小。而发展和建立材料塑性成形过程中变形和组织的直接观察方法，需要在现有原位观测技术基础上对测试原理、测试方法、测试技术有重大突破，如增加测试试样的尺度，提高显微成像仪器的视野和分辨率，提高所测量的载荷和位移范围用于大变形过程，增加多物理场条件，如高温、电场、磁场，增加多维加载和变形测试，以及与第三方测试耦合实现材料变形行为更全面的分析。

参 考 文 献

[1] 国家自然科学基金委员会工程与材料科学部. 机械工程学科发展战略报告 (2011~2020). 北京: 科学出版社, 2010.

[2] 蒋立辉, 王春晖, 王骐, 等. 脉冲相干激光雷达的散斑成像模型及其散斑噪声压缩. 光学学报, 2000, 20(12): 1623-1628.

[3] Gkotsis P. Development of mechanical reliability testing techniques with application to thin film sand piezo MEMS components. Bedfordshire: Cranfield University, 2010.

[4] Tian L, Cheng Y Q, Shan Z W, et al. Approaching the ideal elastic limit of metallic glasses. Nature Communications, 2012, 3: 1-6.

[5] Lucca D A, Herrmann K, Klopfstein M J. Nanoindentation: Measuring methods and applications. CIRP Annals—Manufacturing Technology, 2010, 59(2): 803-819.

[6] Nowak J D, Rzepiejewska-Malyska K A, Major R C, et al. In-situ nanoindentation in the SEM. Materials Today, 2009, 12: 44-45.

[7] Hemker K J, Nix W D. Nanoscale deformation: Seeing is believing. Nature Materials, 2008, 7: 97-98.

[8] Shan Z W, Mishra R K, Syed Asif S A, et al. Mechanical annealing and source-limited deformation in submicrometre-diameter Ni crystals. Nature Materials, 2007, 7: 115-119.

[9] Gane N, Bowden F P. Microdeformation of solids. Journal of Applied Physics, 1968, 39: 1432-1435.

[10] 靳丽, Mishara R K, Kubic R. 材料变形过程中的原位电子背散射衍射 (in-situ EBSD)分析. 电子显微学报, 2008, 27(6): 439-442.

撰稿人：杨 合、孙志超

西北工业大学

3D 打印中物质界面结合机制与调控方法

Interfacial Bonding Mechanisms and Control Method in 3D Printing of Multi-Materials

3D 打印（增材制造）工艺类型众多，主要有：光聚合（VAT photopolymerization）、粉末床融化（powder bed fusion, PBF）、黏结剂喷射（binder jetting）、材料喷射（material jetting）、层压（sheet lamination）、材料挤出（material extrusion）和直接能量沉积（directed energy deposition）等七大类，它们虽然在原材料形态（粉材、丝材、片材、液材）、成形能量供给方式千差万别，但都属于在能量作用下，不同种类、形态材料之间或材料内部的界面重构，形成新的材料形态或重新成形的过程。因此，在各类 3D 打印过程中，多材料的界面特征与结合机制是需要研究的重要科学问题[1,2]。

3D 打印技术可成形几乎任意形状的零部件，但目前 3D 打印方法的研究主要集中在均质、单一材料的成形方面，且零部件的制造精度及内部应力还难以实现精确控制。在多材料方面，英国伯明翰大学 Wu 等采用直接激光成形技术，使用 Ti-6Al-4V 金属丝以及 TiC 陶瓷粉末同步输送，实现了从 0 过渡到最高达到 74% 陶瓷含量的 Ti-6Al-4V/TiC 梯度材料，并发现当 TiC 含量达到 24% 时复合材料获得了最优综合力学性能，实现了不同材料的梯度过渡。比利时鲁汶大学 Vandenbroucke 采用直接激光 3D 打印技术（SLM）成形了 Ti-6Al-4V 与 Co-Cr-Mo 两种材料，制作了致密度高达 99.98% 的牙齿修复体，并详细研究了其强度、腐蚀特性、精度及表面质量等性能。当前，国内外开展多材料 3D 打印的研究相对较少，研究都集中在引入少量增强相的复合材料或是简单材料混合。因此，研究结构宏观/微观总体设计和材料梯度可控分布方法，将最适合的材料配置在结构的最恰当位置，通过材料组织与结构匹配实现零部件性能的跃升，将是未来 3D 打印发展的趋势[3,4]。今后有待突破的三个复杂性难题为：①材料复杂性，即可制造不同梯度材料组成的零部件；②尺度复杂性，即可跨越多个尺度，从材料微观组织到几何宏观结构均可逐点逐域控制；③功能复杂性，即在一次加工过程中完成功能和结构的一体化制造，简化甚至免装配。

以柔性电路系统的 3D 打印为例，包括金属框架、复合材料基底、导电电路与电子元件等，必须综合各种粉材、丝材、片材、液材成形的 3D 打印工艺，由此产生一系列科学问题,如复杂受热单元处固液界面的推挤/俘获作用机制,聚合物基料与不同材料之间的界面胶接行为,表面张力引起的球化效应调控机理,复合材料增强颗粒基体间梯度界面的设计方法等。

因此,解决多材料 3D 打印过程中的界面结合机制与调控机理等科学问题,实现高性能零部件的材料-结构-功能一体化整体制造,将为未来先进制造技术带来极为深远的影响,甚至彻底颠覆传统制造业模式,其科学难题归纳如下:

(1)多材料 3D 打印中的界面特征误差累积规律。根据预制的一维或二维结构材料的不同构成特征(如二维周期材料、柔性材料、编织材料、多孔材料等),需要研究界面特征误差累积规律,包括宏观尺度的几何形状、受荷状态及约束条件,介观尺度复合材料细部结构的几何构型及不同材料的分布特征。为了满足多材料零部件精准制造的要求,必须同时考虑材料和结构两方面。只有合理调控材料和结构的空间分布,获得二者的最佳匹配,才能实现多材料零部件的界面调控与结构性能精确制造,进而制造出高性能多材料零部件。

(2)多材料 3D 打印中的界面应力应变连续性。为实现多材料(包括复合材料与梯度材料)零部件的整体制造,必须通过不同机构输送不同的材料,且往往需要采用多能场复合制造。在复合能场中,不同能场之间的约束作用机制尚不明确,且由于参与成形的材料种类众多,成形中的传质和反应过程将非常复杂,故目前系统研究多材料在复合能场下的元素过渡行为及异种材料间的反应机制还存在很大的困难。由此在不同条件下均会产生界面的应力应变场连续性问题,主要包括:①逐点沉积过程中热影响区与冷却区的界面;②熔池与熔池间的界面;③异种材料间的界面。只有考虑这些问题,才能实现零部件的微观组织与宏观结构的精确控制。

(3)多材料 3D 打印中的多尺度界面特征与演变规律。为统一实现梯度材料、梯度微观组织结构乃至宏观尺度上的功能和结构一体化制造,仅考虑单一尺度上的某个物理机制,无法准确描述系统层次上的复杂现象,需要考虑多尺度界面的特征与演变规律,即不同尺度上的物理过程不具有相似性,但具有很强的耦合关联性。例如,在金属激光 3D 打印过程中,不同材料在熔池中的融合/扩散、局部冷却过程引发的金属相变、宏观结构与工艺支撑形貌特征对内应力的积累与释放、外部压力产生的机理是完全不同且又相互强耦合的,一个层次上的调控失效往往会引发整个零部件的制造失败或者服役失效,如微损伤相互作用会产生更大尺度上的裂纹,从而导致材料破坏。因此,传统力学中的相似解和平均法都不适用,必须探索新的动力系统理论和统计力学方法。

参 考 文 献

[1]   Gibson I, Rosen D W, Stucker B. Additive Manufacturing Technologies. New York: Springer, 2010.

[2]   Li D C, He J K, Tian X Y, et al. Additive manufacturing: Integrated fabrication of macro/microstructures. Chinese Journal of Mechanical Engineering, 2013, 49(6): 129-135.

[3]   Hengsbach S, Lantada A D. Rapid prototyping of multi-scale biomedical microdevices by combining additive manufacturing technologies. Biomedical Microdevices, 2014: 1-11.

[4]   Gitman I M, Askes H, Sluys L J. Coupled-volume multi-scale modelling of quasi-brittle material. European Journal of Mechanics—A/Solids, 2008, 27(3): 302-327.

撰稿人：史玉升

华中科技大学

多物理场下非均匀体复杂流变行为与表征

Complex Flow Behavior of Inhomogeneous Solid under Coupled Multi-Fields and Its Characterization

在材料成形过程中，存在多种物理场，通常将其分为两类：一类是外部物理场，如变形体周围的温度场、作用在变形体表面的外力场等；另一类是内部物理场，如变形体内部的温度场、应力场等。内部物理场主要由外部物理场决定。这些物理场叠加在一起相互作用构成多场耦合问题。在实际成形制造过程中，各种物理场并非理想均匀分布，而是表现为不同程度的非均匀特征。在材料变形过程中，变形体本身即"物质场"也会不断变化，包括变形体的形状和几何尺寸、变形体各部位的力学性能及微观组织等。变形体本身的"物质场"随着"物理场"的持续作用而不断变化，这种变化将贯穿于材料成形的全过程。

材料流变行为是描述变形过程中某一区域变形的发生和发展、宏观转移，以及不同区域之间材料的相互影响和作用，是对材料变形流动进行控制从而获得合格产品的理论基础。现有材料流变行为的描述多是基于理想的坯料形状、理想的材料性能及理想的边界条件。事实上，原始坯料都具有不同类型、不同程度的非均匀性。即使是理想均匀的原始坯料，在成形复杂零件时，在坯料上的不同区域以及在成形过程的不同阶段，材料的变形程度、载荷水平、应力状态等都将发生不同变化，变形后的坯料也将成为非均匀体。材料成形制造过程是一个包含几何非线性、边界条件非线性、材料非线性的问题。试样形状尺寸、摩擦条件、变形温度和速度、变形体的组织性能等多个因素的耦合作用，使得变形过程中材料流变行为或规律变得异常复杂。

目前，关于材料流变的理论仍停留在理想的均匀条件，对于材料变形流动的机理及规律仍缺乏通用或公认的理论。在金属成形制造领域的"最小阻力定律"等理论，因其过于简单及缺乏实际物理意义，只能用于简单成形过程的定性分析。对于多物理场以及非均匀体的相互耦合作用，无法用单一或理想的理论模型来描述，因此尚未建立适用于多物理场下非均匀体的流变理论及表征方法。

多个物理场的作用往往不是简单叠加而是互相耦合，例如，圆柱热态压缩过程中，圆柱上不同位置的热边界条件、力边界条件、变形类型、应变量、应变速率等因素（物理场）不断变化，上述因素的变化又将导致材料的温度、力学性能、组织结构等不断变化从而形成非均匀体。由于多物理场和非均匀体之间的作用具有高度非线性、强耦合的特点，所以建立更具一般性的多物理场下非均匀体的流变规律具有很大难度。

随着计算机技术和计算方法的进步，采用有限元等离散化数值计算方法，对于复杂问题已可以得到满足工程要求的数值解。对于多场耦合问题，已基本实现了流固耦合、热力耦合、电热耦合等典型问题的建模和分析，但是对于多个非均匀场的双向强耦合，还缺乏准确、实用的耦合模型[1]。此外，对材料流变行为的分析，已从以往的理想均匀连续介质逐渐发展到可考虑材料的体积变化及微观组织结构演变，基本实现了宏观到微观多尺度耦合分析。但是受变形理论和计算方法的限制，目前还难以实现对成形制造全过程的基于非均质理论的多尺度建模分析[2]。在理论方面，研究人员一直尝试建立能用于一般材料成形过程的理论分析方法，如三维滑移线法，但是由于成形制造过程中"物理场"和"物质场"之间相互作用的复杂性，目前并无实质性进展。在实验方法方面，多轴复杂加载实验方法及散斑测量等技术为模拟复杂变形条件、实时观测变形过程中变形的位移和应变提供了新方法[3,4]。为了获得变形体内部的变形流动信息，近来出现了"螺纹线测量"等新方法。采用该方法可获得某一状态变形体内部的应变数据，但是所得的数据量和精度有限，且不能对整个变形过程进行连续监测[5]。此外，在成形过程的物理模拟方面，研究人员一直在努力建立能够全面科学模拟实际成形过程的环境。但是，对各种物理场特征（如温度梯度、压力分布）的精确测量和有效控制以及某些极限条件（如超高温、超低温、超高压、高真空）的实现，目前尚未突破[6]。正是受上述多种因素的限制，现有对成形过程中材料流变规律的研究更多是针对具体问题，对于复杂条件下的材料流变尚未形成科学、成熟的理论和表征方法。

为了揭示多物理场下非均匀体的复杂流变行为，需要突破以下几方面的科学难题：

（1）非均匀材料精确本构模型。研究非均匀材料宏观力学特性、功能特性及几何特征在复杂变形条件下的精确测试和表征方法，揭示材料微观/细观组织结构与宏观力学特性的映射关系；研究多尺度、多参数的统一塑性本构模型建模方法，实现非均匀材料的精确建模，探索面向成形制造过程的"塑性梯度"非均匀材料设计新方法。

（2）非均匀体变形非离散精确计算方法。研究非均匀材料梯度特性的连续解析模型，实现非均匀体变形过程中材料特性的精确描述；研究可实现变形体几何离散和材料特性连续描述的非完全离散计算方法，解决传统离散有限单元在用于非均匀体建模时的困难；开发适用于非均匀体变形过程精确计算的仿真软件。

（3）多物理场及非均匀体耦合模型。研究多物理场耦合作用下材料特性的演变规律，揭示非均匀材料梯度特性与多物理参量的耦合映射关系；建立多物理场中物理参量与材料特性的双向强耦合模型，实现复杂成形全过程材料非均匀特性的精确预测；探索非均匀物理场与非均匀材料的统一耦合规律及模型。

（4）复杂成形过程非均匀流变行为表征。研究复杂变形全过程的多维度、多尺度测试方法，实现对多物理场下非均匀体流变行为的定量表征；突破传统塑性力学理论对材料特性、边界条件及坯料形状的限定，建立适用于复杂物理场中非理想均匀材料变形过程的全新塑性力学理论体系，实现对复杂成形制造全过程的精确、有效分析。

多物理场下非均匀体的流变行为与表征，是材料成形制造领域的核心基础问题，是实现复杂成形制造过程的精确建模仿真、对材料变形流动过程进行准确预测的前提。对多物理场下非均匀体的变形流动过程进行系统研究，掌握具有普遍意义的多物理场下非均匀体的流变规律及其表征技术，不仅可以丰富材料成形制造理论基础，还能对实际成形制造过程进行准确、有效的指导，避免成形过程中各种缺陷的产生，这也是实现材料成形制造过程智能化的重要理论基础。

参 考 文 献

[1] Chen Y, Cai G B, Zhang Z P, et al. Multi-field coupling dynamic modeling and simulation of turbine test rig gas system. Simulation Modelling Practice and Theory, 2014, 44: 95-118.

[2] Hamelin C J, Diak B J, Pilkey A K. Multiscale modelling of the induced plastic anisotropy in bcc metals. International Journal of Plasticity, 2011, 27: 1185-1202.

[3] Kuwabara T. Advances in experiments on metal sheets and tubes in support of constitutive modeling and forming simulations. International Journal of Plasticity, 2007, 23: 385-419.

[4] Dick C P, Korkolis Y P. Mechanics and full-field deformation study of the Ring Hoop Tension Test. International Journal of Solids and Structures, 2014, 51: 3042-3057.

[5] Yuan S J, Zhang J, He Z B. Validation and application of a screw method for strain measurement in bulk metal forming. Journal of Strain Analysis for Engineering Design, 2007, 42(7): 519-527.

[6] Karjalainen L P, Porter D A, Jarvenpaa S A. Physical and numerical simulation of materials processing VII. Proceedings of the 7th International Conference on Physical and Numerical Simulation of Materials Processing, 2013.

撰稿人：何祝斌、苑世剑

哈尔滨工业大学

复合材料构件成形过程界面相形态形成机理与调控

Formation Mechanism and Regulation of the Interphase Morphology in Forming of Composite Components

　　复合材料是指由两种或两种以上独立的物理相（不同材料），通过一定的制造工艺（物理或化学）复合而成的，性能优于原单一材料的多相固体材料[1]。这些独立的相根据作用不同分为基体相和增强相，二者之间在制造过程中形成一个几纳米到几微米厚度不均匀的微小连接过渡区域，即复合材料界面，这层区域既不同于基体相又不同于增强相，而是包含了基体相与增强相的原始接触面以及在物理、化学效应下两者之间产生的反应生成物、互扩散层、界面氧化物以及它们的反应物等。这就是说，复合材料的界面不是零厚度的二维"假想面"，而是具有一定厚度的、极为复杂多变"界面相"，其形态与性能明显区别于基体相与增强相，起着连接两者"桥梁"的作用。研究界面相形态的形成机理与调控方法，一直是复合材料制造领域的关键问题。

　　从工程应用的角度来看，复合材料主要分为结构复合材料和功能复合材料；从基体相的类别角度来看，主要分为聚合物基、无机非金属基、金属基三大类复合材料。这些复合材料之所以比单一材料具有更加优异的性能来满足不同的工程需要，就是因为其各组分间的协同效应，而复合材料的界面相就是产生这种效应的根本原因。界面相是增强相与基体相间应力、温度等物理信息的传递者，同时对裂纹阻断、光波的散射与吸收、抗冲击性和耐热性等起到决定性作用[2,3]。

　　例如，在纤维增强树脂基复合材料制造过程中，为了提高纤维和树脂之间的结合性能，几乎所有增强纤维都经过表面前处理，如表面涂层法、等离子体表面处理、化学刻蚀技术、高能辐照改性技术以及超声浸渍改性技术。不同的处理方法又将在后续的复合材料制造中带来截然不同的界面相形态，并最终影响复合材料的综合性能。又如，利用化学效应，在芳纶纤维表面引入—SO_2Cl基团，随后与含有反应活性基团的反应物反应，在芳纶表面接枝上极性基团。该方法反应速率快，且极易引入其他极性基团，很适于增强芳纶与树脂之间的界面强度。但由于纤维与树脂间界面相形态形成机理尚不能完全阐明，导致该方法不易调控复合材料质量且易损伤纤维，同时纤维表面引入的官能团受尺寸不能超过 1.0Å 等限制，使得理论研究成果在应用于工程生产制造的过程中充满了复杂性与不确定性。因此，界面相形态的形成机理分析与调控始终是亟待解决的科学难题。

提高复合材料制造性能对于复合材料的广泛应用具有重要意义，揭示基体相与增强相间的界面相形态形成机理并进行调控是达到这一目标的前提。将纳米级的填料引入界面相，正是人们将界面相形态机理研究应用于设计界面相的一次成功尝试[4]。理论研究表明，纳米填料的长径比越大，越能提高增强相与基体相的接触面积，也就越能促使裂纹在界面处呈"之"字形扩展，增大断裂过程中的能量耗散，从而起到增强作用。研究发现，由于应力通过界面处的剪切力来传递，界面相的力学性能决定了复合材料发生断裂前的应力变化范围。基于这种物理效应及几何效应上的考虑，研究者聚焦在复合材料制造过程中碳纳米管的应用上。碳纳米管能够很好地渗透到纤维中，并且碳纳米管拥有较大的长径比。在工程应用中，通过喷雾的方法将碳纳米管分散在纤维表面，再经过热辐射的作用帮助碳纳米管在纤维中扩散。经过该方法处理过后，后续制成的复合材料的结合强度、界面剪切强度都得到大幅度提高，更是减轻了裂纹的传播。

尽管人们已经关注到了界面相的重要性，但是界面相形态的形成机理研究还面临巨大的难题[3,5,6]。界面相形态形成受基体相、增强相的物理、化学性质以及制造过程中力、热等多能场的综合影响。一方面，增强相、基体相种类繁多，各自的表面微观形态、热膨胀系数、拉伸强度等性质存在较大差异，进而造成界面处易产生增强相团聚和应力集中等缺陷源，为界面相分析造成阻碍；另一方面，在复合材料制造过程中，复合材料的成形环境复杂，既有金属基复合材料的凝固过程、无机非金属基复合材料的烧结过程，又有聚合物基复合材料的固化过程。界面相的形成要历经各种物理化学变化，产生的界面相相差悬殊，并无统一的结构模式。并且随着反应程度的增加，界面失配等原因造成的界面应力又对复合材料的性能产生较大的影响。例如，7 系列高强高韧铝合金是制造现代航空航天装备主承力结构件的重要材料之一。对于制备高性能的铝基复合材料，控制界面反应程度得到合适的界面相结构极为重要。但是在搅拌铸造制备复合材料的较高温度下，增强物不可避免地会与金属熔体发生或多或少的化学反应，在界面上形成脆性生成物，如碳化铝。适量的界面反应能促进增强物与金属熔体的润湿和结合，提高界面结合强度，但过量的界面反应使界面形成厚的脆性层，只会削弱增强物与金属的结合，严重影响复合材料性能。

目前，已提出多种复合材料界面形态形成理论，如吸附和润浸、静电吸引、元素或分子相互扩散、机械锁合以及化学基团连接等，然而并没有哪一种理论能完美地揭示一切界面现象。因此，从制造的角度来看，界面相形态形成机理尚难以完全预料与调控，也将影响复合材料的制造、结构设计与工程设计的可能性与合理性。

即使界面相形成机理的研究面临着众多困难与挑战，各国学者也都没有停下探索的脚步[7-9]。目前，对于复合材料界面相的研究主要有以下几个趋势：首先，界面相研究所应用的理论越来越系统，材料、制造、物理、化学等多学科交叉以及力-热-声-光-电等多场耦合的综合性分析研究越来越常见；其次，研究的尺度从宏观向微观、纳观及多尺度扩展，分析观测方法越来越先进；最后，如何提高与调控复合材料的力学性能、扩展功能性始终是现有研究面临的主题，如增强相与基体相的材料改性、碳纳米管与石墨烯等新兴材料的研究和应用均为前沿课题。如何完善理论，使之应用于指导制造生产，如何有目的性地设计界面相，控制复合材料性能，这都将是复合材料制造领域持续关注的问题。

界面相是在物理结构、化学成分、几何尺度上不同于基体相、增强相的一种复杂结构，它对复合材料性能的巨大影响正是复合材料区别于一般混合材料的重要标志。如何科学地分析界面相，研究界面相形态的形成机理与调控方法，进而将这些机理研究应用于设计界面、指导生产仍然是复合材料制造领域的重大难题。对复合材料界面相形态形成机理的研究，是一个力求从分析机理向利用机理，从分析界面相向设计界面相转变的复合材料制造问题。在未来的研究过程中，人们将从不同的学科运用多角度来实现更加先进的复合材料界面相的设计与制造。

参 考 文 献

[1]　益小苏, 杜善义, 张立同. 复合材料手册. 北京: 化学工业出版社, 2009.

[2]　Bucknall D G. Influence of interfaces on thin polymer film behavior. Progress in Materials Science, 2004, 49(5): 713-786.

[3]　Priestley R D, Ellison C J, Broadbelt L J, et al. Structural relaxation of polymer glasses at surfaces, interfaces, and in between. Science, 2005, 309(5733): 456-459.

[4]　Liu Y, Kumar S. Polymer/Carbon nanotube nano composite fibers—A review. ACS Applied Materials and Interfaces, 2014, 6(9): 6069-6087.

[5]　Moya J S, Lopez-Esteban S, Pecharromán C. The challenge of ceramic/metal microcomposites and nanocomposites. Progress in Materials Science, 2007, 52(7): 1017-1090.

[6]　Chen L Y, Xu J Q, Choi H, et al. Processing and properties of magnesium containing a dense uniform dispersion of nanoparticles. Nature, 2015, 528: 539-543.

[7]　Karger-Kocsis J, Mahmood H, Pegoretti A. Recent advances in fiber/matrix interphase engineering for polymer composites. Progress in Materials Science, 2015, 73(1): 1-43.

[8]　Despringre N, Chemisky Y, Bonnay K, et al. Micromechanical modeling of damage and load

transfer in particulate composites with partially debonded interface. Composite Structures, 2016, 155: 77-88.

[9] Tian X, Liu T, Yang C, et al. Interface and performance of 3D printed continuous carbon fiber reinforced PLA composites. Composites Part A: Applied Science and Manufacturing, 2016, 88: 198-205.

撰稿人：贾振元、孙士勇、杨　睿

大连理工大学

复杂热处理工艺条件下相变机理与组织预测

Phase Transformation Mechanism and Microstructure Prediction under the Complicate Heat Treatment Processes

　　热处理工艺，如最常见的淬火，通常是通过控制相变来获得所需的组织，进而达到所需的性能。因此，掌握热处理过程中材料相变的机理和利用相变动力学预测热处理后的组织是制定热处理工艺的先决条件和重要手段。而热处理过程中工件不同位置上的冷却通常是各不相同的非等速冷却，甚至是冷却、等温、升温组合的多个循环的复杂过程。在这类特殊冷却条件下的固态相变与实验室条件下的等温相变、等速冷却相变均具有显著的差异，主要表现在相变产物构成和形貌的多样性与不连续性。

　　上述现象背后的科学问题是复杂热处理工艺条件下材料内部的复杂固态相变机理，其复杂性包括：非线性温度变化作用下的相变不完全和相变循环；先发生相变（按照高温、中温和低温顺序）对后续相变的影响、同时发生的多个相变之间的竞争等。在揭示上述复杂相变机理的基础上，建立相应的相变动力学数学模型，并通过计算机模拟准确预测热处理后微观组织的类型、数量及分布，则是实现热处理工艺优化设计的基本技术途径。

　　以水-空交替淬火工艺为例，由于工件内部存在巨大蓄热量和显著相变潜热（尤其是大型工件），工件某些部位的冷却过程表现出非常强烈的非线性，甚至出现温度回升的现象。因此，钢铁工件中可能发生复杂的相变过程。例如，有可能在高温区发生先共析相变，形成先共析的低碳铁素体或高碳的碳化物；有可能在低温先形成部分马氏体，而后在温度回升中发生中温贝氏体相变等。

　　Hajy Akbary 等[1]研究发现，在高强度汽车钢板的淬火-配分（Q-P）热处理工艺中，碳配分、碳化物析出和贝氏体相变之间存在强烈的相互作用：①配分前马氏体内形成的 ε-碳化物影响着碳配分过程的完全性；②配分过程中，缓慢的 ε-碳化物溶解动力学阻碍碳从马氏体向奥氏体的配分；③ε-碳化物的溶解程度越大，碳的配分程度越大，奥氏体越稳定，一定数量的奥氏体因碳配分变得稳定而阻碍贝氏体的形成。

　　某些钢在冷却到马氏体点（M_s）以下进行等温后继续冷却的特殊热处理过程中，先形成的马氏体因发生回火析出碳化物，导致马氏体内碳含量和合金元素含量降低，削弱了碳从马氏体向奥氏体的配分，进而抑制了奥氏体由配分导致的稳定化。同时也发现，先形成的马氏体也可以为后续的相变提供更多的形核位置，使后续的贝氏体相变速率显著提高，如图 1 所示[2,3]。因此，在 M_s 以下等温后继续淬火的冷却条件下，马氏体含量显著下降。虽然这个过程通过精密相变膨胀曲线可以表征出来，并可应用于相变组织预测，但是尚不具有普遍意义。

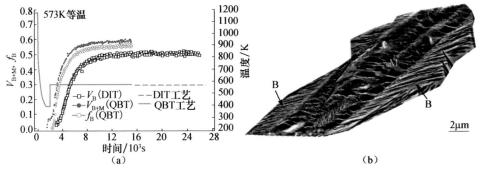

图1 （a）等温贝氏体转变（DIT）与淬火后再等温贝氏体转变（QBT）的动力学；
（b）QBT 试样中先形成马氏体与等温贝氏体的形貌

在复杂热处理工艺条件下，材料内部多个过程相互耦合作用的复杂机制一方面使得单独研究某个过程变得难以实现，另一方面也使得传统的扩散、相变理论和测试手段无法清晰地解释和表征。复杂热处理条件下，工件上不同位置的相变迥异，相变条件、初始状态各不相同，母相与先形成都可能成为非稳定相而发生转变，各相的空间分布、化学成分、能量都处于动态变化的过程中。

尽管经典固态相变动力学的数学模型经过长期研究已经建立完善，并通过等温转变或等速冷却实验得到了验证，例如，J-M-A-K 方程[4]可表征受形核与长大机制控制的等温相变，K-M 方程[5]可表征连续冷却条件下切变机制控制的马氏体相变，然而这些研究成果都存在一定的局限性。实际热处理过程中等温或等速冷却情况较少。目前的组织预测计算大都将连续冷却过程离散为许多个时间很短的等温过程，进而建立等温转变与连续冷却之间的关系。Scheil[6]提出孕育期叠加法则来判断相变开始点，其利用等温转变孕育期计算连续转变孕育期。此后，叠加法则进一步被推广应用于相变量的叠加，使得热处理过程中的扩散型相变的组织预测系统化[7]。然而，实验验证发现，采用叠加法则的计算结果往往与实测结果并不相符，有些情况下甚至差异很大。近十年来，研究者从理论和模型两个方面进行了深入研究，提出了一系列修正，从一定程度上提高了叠加法则的适用性[8-10]。

综上所述，目前对复杂热处理工艺过程中的固态相变机理的基础研究尚不够深入，因而建立在此基础上的组织预测数学模型尚无法精确定量描述相变动力学过程，在实际使用过程中适用范围受到限制，模拟精度需进一步提高，尚无法满足热处理组织预测的工程需要。

因此，复杂热处理工艺条件下相变机理与组织预测的科学难题，一方面涉及材料科学基础研究，需要从材料热力学、相变动力学和组织形貌学角度探索过程中的复杂相变机理；另一方面涉及数理建模和数值计算，需要建立定量化的数学模型和高效的数值方法，实现复杂热处理后零部件内部微观组织类型、数量及分布的精确预测。以上两个方面不仅是智能热处理未来发展需要深入研究的两大方向，也是提升我国智能制造水平的重要技术途径。

参 考 文 献

［1］ Hajy Akbary F, Sietsma J, Miyamoto G, et al. Interaction of carbon partitioning, carbide precipitation and bainite formation during the Q&P process in a low C steel. Acta Materialia, 2016, 104: 72-83.

［2］ Navarro-López A, Sietsma J, Santofimia M J. Effect of prior athermal martensite on the isothermal transformation kinetics below ms in a low-C high-Si steel. Metallurgical and Materials Transactions A, 2016, 47(3): 1028-1039.

［3］ Gong W, Tomota Y, Harjo S, et al. Effect of prior martensite on bainite transformation in nanobainite steel. Acta Materialia, 2015, 85: 243-249.

［4］ Christian J W. The Theory of Transformations in Metals and Alloys. An Advanced Textbook in Physical Metallurgy. Part 1: Equilibrium and General Kinetic Theory. Oxford: Pergamon, 1975.

［5］ Koistinen D P, Marburger R E. A general equation prescribing the extent of the austenite-martensite transformation in pure iron-carbon alloys and plain carbon steels. Acta Metallurgica, 1959, 7(1): 59-60.

［6］ Scheil E. Arch eisenhuttenwes anlaufzeit der austenitumwandlung. Archiv fur das Eisenhuttenwes, 1935, 8: 565-567.

［7］ Christian J W. The Theory of Transformations in Metals and Alloys. Oxford: Pergamon, 2002.

［8］ Grong Ø, Shercliff H R. Microstructural modelling in metals processing. Progress in Materials Science, 2002, 47(2): 163-282.

［9］ Rios P R. Relationship between non-isothermal transformation curves and isothermal and non-isothermal kinetics. Acta Materialia, 2005, 53(18): 4893-4901.

［10］ Liu F, Yang C, Yang G, et al. Additivity rule, isothermal and non-isothermal transformations on the basis of an analytical transformation model. Acta Materialia, 2007, 55(15): 5255-5267.

撰稿人：韩利战、顾剑锋

上海交通大学

高熵合金凝固行为及其机理

The Solidification of High Entropy Alloys: Behavior and Mechanism

　　传统金属类材料自诞生以来已经过无数次改进和提高。人们在努力提高传统合金性能的同时，也试图在合金设计上寻找新的突破，高原子比多主元化设计的高熵合金应运而生[1,2]。传统金属材料的开发都是建立在一种元素的基础上，进而通过添加少量不同种类溶质元素调控合金性能。经过上千年的发展，传统金属材料，如钢铁、镍基超合金、铜合金、铝合金、钛合金，已经逐步建立了完善体系。在合金设计的历史长河中，等比例混合多种金属元素是一个禁忌。人们通常认为，合金中将形成大量金属间化合物，导致材料韧性极差而无法使用。近年来大量研究发现，在元素周期表中存在某些可以大量互相固溶的元素，这些元素等比例混合后可以得到简单固溶体相。该系列合金因具有高的混合熵而被称为高熵合金。不同于传统合金以单一元素为主的设计，等原子比多元合金的设计理念逐渐引起了冶金学家和材料学家的广泛关注[3,4]。

　　以多个主要元素高原子比混合得到的高熵合金在近十年中取得了重要进展。当前，高熵合金的研究主要集中在探索合金成分与相选择及性能间的关系上[5,6]，在相选择、力学性能、物理性质探索等方面均取得了重要进展。然而，随着高熵合金研究的不断深入，人们认识到材料制备加工过程中合金相及微观组织的调控逐渐成为高熵合金发展的瓶颈。凝固是大多金属材料成型必经的过程，材料的凝固行为及相关机理是材料加工过程中的重要科学问题。研究凝固过程的终极目的是调控合金的相组成与微观组织，进而提高材料的性能。随着人们对凝固行为及相关机理的认识，通过调控金属的凝固过程制备先进的金属材料成为可能，相关的技术也得以不断发展，如定向凝固、半固态铸造、离心铸造、激光增材制造等。目前，人们对传统金属材料的凝固特性及机理已经有了深入理解，然而对新近发展的高熵合金的凝固机理及组织调控仍然认识不足，从而制约了铸造成型高熵合金的发展。例如，在定向凝固过程中，高熵合金的选晶、一次枝晶间距选择以及宏观/微观偏析是需要调控的关键指标；在半固态铸造过程中，高熵合金的固相颗粒半径、体积分数是制备高性能零件的核心问题；合金的流动性和收缩性则决定了普通铸造的充型过程与离心铸造的致密度；合金快速凝固过程中的微观组织细化与应力调控是激光增材制造过程的核心问题。这些问题不仅需要在每一种凝固成型工艺中展开细致深入的研究，也需要集中探讨高熵合金凝固过程中与凝固机理有关的共性问题。由此可见，凝固技术是开发高性能高熵合金的重要手段，对高熵合金凝固理论的研究则是开发高熵合金凝固技术的前提。

高熵合金以固相中简单的固溶体相为基础。不同于传统多元固溶体合金，单相固溶体高熵合金的固-液两相区非常小。以面心立方 CoCrFeNi 高熵合金为例，该合金的凝固行为与纯物质类似，微观组织多为粗大的晶粒，不存在明显的成分偏析[7]。目前对 CoCrFeNi 本身的凝固研究非常初步，仍有众多问题有待考查，例如，CoCrFeNi 的固液两相区小到何种程度仍没有确定，与凝固理论密切相关的热力学参数尚无报道，远不如纯物质完善。另外，在 CoCrFeNi 中加入 Mo、Ti、Nb、Cu 后，凝固微观组织以枝晶为主，枝晶间存在明显的成分差异。Mo、Ti 等元素的偏析有可能导致枝晶间出现金属间化合物相[8]。此类合金中，合金的凝固相图非常缺乏，组元间扩散系数的交互作用、界面的热力学动力学参数、非平衡凝固过程中合金的相选择都是亟待解决的问题。现有的凝固理论及合金数据库难以准确描述高熵合金的凝固过程，也难以预测凝固过程中合金的相选择与组织形态。虽然缺乏理论认识，一些关于高熵合金凝固的实验工作表明凝固过程确实极大地影响着其微观组织。高熵合金定向凝固研究发现，随着抽拉速度的增大，合金的一次枝晶间距减小，且定向凝固材料的性能优于普通凝固条件下的性能[9]。高熵合金的快速凝固方面，研究表明高熵合金的组织和相组成均随冷却速度的不同发生显著变化[10]。虽然高熵合金中微观组织的演化及控制引起了人们的注意，但其背后的基础理论问题目前并没有得到透彻的认识。

高熵合金凝固行为及其机理是目前铸造高熵合金发展所面临的关键问题。高熵合金凝固研究目前存在的主要困难在于：一方面，高熵合金的热力学参数和形态演化的动力学规律相对缺乏；另一方面，高熵合金有别于传统多元合金，高熵效应以及缓慢扩散效应下的凝固行为仍不明确。因此，对高熵合金凝固行为的认识需要建立在液固相变过程的热力学参数和动力学过程的基础上。目前，在高熵合金凝固行为及其机理方面存在以下亟须解决的科学难题。

（1）热力学方面：需要解决高熵合金液固相变的热力学参数。在高熵合金中，几种主要元素以等原子比的形式混合，不存在传统合金中的溶剂和溶质之分。高熵合金凝固过程中溶质分配系数需要定量表征。平衡分配系数主要由相图中固液相线决定。目前高熵合金的相图研究仍然处于起步阶段，由于多主元的特点，从实验和计算的角度都存在很大挑战。在决定组织演化的微观尺度上，固-液界面能从毛细尺度上反映固-液界面的稳定特性，从而决定了微观组织演化过程中界面的稳定性以及某些特征长度。凝固过程中原子从液相向晶体的晶面上堆砌形成晶体，高熵合金由多种元素构成，因此其固-液界面上原子的混乱程度相对较高，在界面上同样体现出高熵的特性。高的混合熵对固-液界面能的影响仍然有待考察。

（2）动力学方面：需要明确高熵合金中与扩散和界面生长有关的动力学行为，确定与凝固速度相关的相选择和组织选择规律。合金的扩散系数直接决定了扩散长度。而扩散长度对凝固过程中的组织细化、平界面稳定性等有直接的影响。由于多种主要元素的相互作用，元素在高熵合金溶液的扩散将有可能比在单一的溶剂中扩散缓慢。目前，高熵合金的液相扩散并没有得到应有的关注，仅在高熵合金相选择研究中有所涉及。另外，快速凝固技术是制备高新材料的重要手段，溶质截留在快速凝固过程中所起的作用必须考虑。因此，有必要定量表征高熵合金中的溶质截留效应。由于高熵合金中高原子比元素混在一起作为基体，其溶质截留效应是否更加明显，目前尚不得而知。

作为物理冶金领域新兴的研究方向，高熵合金极大地拓展了金属材料的设计领域，是未来几十年金属材料发展的重点之一，有望为高性能金属材料的设计开发奠定新的基础。高熵合金的发展需要在材料设计、制备加工、性能表征等方面开展深入研究。对以上高熵合金凝固过程中基本问题的研究，一方面将有助于深入理解高熵合金的凝固过程，进而为调控合金相及组织奠定基础；另一方面将丰富液固相变中的物理问题，对丰富和发展现有凝固理论具有重要意义。

参 考 文 献

[1] Yeh J W, Chen S K, Lin S J, et al. Nanostructured high-entropy alloys with multiple principal elements: Novel alloy design concepts and outcomes. Advanced Engineering Materials, 2004, 6: 299-303.

[2] Cantor B, Chang I T H, Knight P, et al. Microstructural development in equiatomic multicomponent alloys. Materials Science and Engineering: A, 2004, 375-377: 213-218.

[3] Gludovatz B, Hohenwarter A, Catoor D, et al. A fracture-resistant high-entropy alloy for cryogenic applications. Science, 2014, 345(6201): 1153-1158.

[4] Li Z, Pradeep K G, Deng Y, et al. Metastable high-entropy dual-phase alloys overcome the strength-ductility trade-off. Nature, 2016, 534(7606): 227-230.

[5] King D J M, Middleburgh S C, Mcgregor A G, et al. Predicting the formation and stability of single phase high-entropy alloys. Acta Materialia, 2016, 104: 172-179.

[6] Otto F, Dlouhý A, Somsen C, et al. The influences of temperature and microstructure on the tensile properties of a CoCrFeMnNi high-entropy alloy. Acta Materialia, 2013, 61(15): 5743-5755.

[7] Lucas M S, Wilks G B, Mauger L, et al. Absence of long-range chemical ordering in equimolar FeCoCrNi. Applied Physics Letters, 2012, 100(25): 299.

［8］　He J Y, Wang H, Huang H L, et al. A precipitation-hardened high-entropy alloy with outstanding tensile properties. Acta Materialia, 2016, 102: 187-196.

［9］　Ma S G, Zhang S F, Qiao J W, et al. Superior high tensile elongation of a single-crystal CoCrFeNiAl 0.3, high-entropy alloy by Bridgman solidification. Intermetallics, 2014, 54(6): 104-109.

［10］　He F, Wang Z J, Li Y Y, et al. Kinetic ways of tailoring phases in high entropy alloys. Scientific Reports, 2016, 6: 46914

撰稿人：王志军、王锦程

西北工业大学

固态焊合界面微空洞演变行为与力学性能预测

The Evolution of Micro-Void and Prediction of Mechanical Properties in Interface of Solid-State Welding

　　轻量化、精密化、绿色化、数字化、智能化是先进制造技术的发展方向，金属固相连接技术和塑性成形技术是先进制造技术的重要领域。在搅拌摩擦焊、线性摩擦焊、扩散焊、超塑焊、压焊、爆炸焊和超声波焊等先进固相连接技术以及叠层轧制、分流挤压、锻件内部缺陷或空洞愈合、板料复合成形等先进塑性成形技术中，固体金属材料在不发生熔化的前提下相互结合，即金属固态焊合，是上述先进固相连接技术和塑性成形技术的共性关键问题。

　　在金属固态焊合过程中，如图1[1]和图2[2]所示，由于金属表面在微观尺度下凹凸不平，当两个金属表面刚刚相互接触时，在接触界面上存在大量微空洞。随焊合过程的进行，接触界面上的微空洞在塑性变形和扩散作用下逐渐闭合并最终实现牢固连接。固态焊合过程结束后，焊合界面的力学性能直接影响制造产品的服役性能。因此，研究微空洞闭合机制并建立空洞闭合数学模型、研究界面力学性能并建立相关预测模型，以及研究不同材料的表面定量表征和固态焊接工艺对材料结合强度的影响规律具有重要的理论意义和应用价值。金属固态焊合界面微空洞演变行为与力学性能预测所涉及的基础理论问题是先进固相连接技术和塑性成形技术学科领域的共同科学问题。

　　由于接触界面微空洞形貌、空洞闭合机制以及界面微观结构的复杂性，研究金属固态焊合过程中焊合界面微空洞演变行为与力学性能面临严峻挑战，其主要难点在于：

　　（1）界面微空洞形貌描述方法的复杂性。微空洞形状复杂，为精确表述其几何形状，需要采

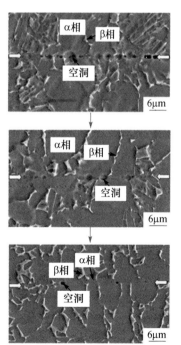

图1　钛合金扩散焊界面空洞闭合

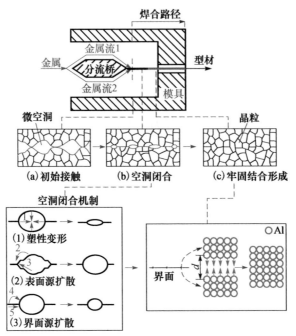

图2　铝合金分流挤压焊合过程中接触界面空洞闭合

用复杂的数学方法（如分形法）进行描述和研究。

（2）界面微空洞闭合机制及其动力学方程建立方法的复杂性。微空洞演变过程涉及与位错运动相关的塑性、黏塑性等变形机制以及与原子扩散相关的表面、体积以及界面等输运机制，其动力学模型需要对每一种机制产生的条件进行研究和判断，并对多种机制进行耦合。同时，空洞表面氧化物或其他污染物的破碎以及新鲜金属暴露并相互结合等微纳尺度下的作用机制也极其复杂，相关数学模型的建立也面临科学挑战。

（3）界面结构复杂性以及由此带来的界面本构和断裂模型建立的困难性。界面处原子排列、位错密度、晶粒大小以及相析出行为等具有一定的特殊性，焊合界面在外力作用下的屈服、硬化和断裂等行为需要从位错运动、相互作用及增殖等塑性变形微观机理和裂纹的萌生与扩展等断裂微观机制进行研究，并结合连续介质力学理论建立多尺度力学模型。

尽管近年来人们针对固态焊合界面进行了相关研究，并通过一些数学方法建立了空洞闭合行为和焊合质量预测的数学模型[3-10]，但焊合界面微空洞演变行为与力学性能预测这一科学难题仍未得到很好解决，其根本原因有以下几个方面：首先，目前仍然缺乏纳米尺度下焊合界面微空洞闭合过程以及已焊合界面在外力作用下失效过程的相关理论与实验结果。因此，通过改变应力应变状态、温度、表面形貌以及材料种类等方式，系统研究焊合界面微空洞在纳米尺度下的闭合过程，以及通过改变外在条件研究已焊合界面的微观损伤机制是攻克这一难题的关键，也是未来的主要发展方向。其次，由于固态焊接材料种类和固态焊接工艺的多样性，焊接材料表面特征以及固态焊合机制极为复杂。因此，研究不同材料的表面定量表征和固态焊接工艺对材料结合强度的影响规律对于发展和完备固态焊合理论，实现焊合界面微空洞演变行为与力学性能的预测具有重要意义。最后，金属固态焊合界面微空洞演变行为与力学性能预测是一个多尺度问题，在宏观层面涉及金属材料流动行为，在微观层面涉及位错、扩散以及界面重构等原子运动过程，而目前建立的数学模型主要从宏观层面进行考虑。因此，从塑性力学、细观塑性力学、位错理论、扩散理论、分子动力学以及第一性原理等多个方面进行研究，并建立多尺度数学模型，是焊接质量预测的重要手段，也是未来发展的重要方向。

参 考 文 献

[1] Li H, Li M Q, Kang P J. Void shrinking process and mechanisms of the diffusion bonded Ti-6Al-4V alloy with different surface roughness. Applied Physics A, 2015, 122(1): 1-8.

[2] Yu J, Zhao G, Chen L. Analysis of longitudinal weld seam defects and investigation of solid-state bonding criteria in porthole die extrusion process of aluminum alloy profiles. Journal of Materials Processing Technology, 2016, 237: 31-47.

[3] Ma R, Li M, Li H, et al. Modeling of void closure in diffusion bonding process based on dynamic conditions. Science China Technological Sciences, 2012, 55(9): 2420-2431.

[4] Zhang X X, Cui Z S, Chen W, et al. A criterion for void closure in large ingots during hot forging. Journal of Materials Processing Technology, 2009, 209(4): 1950-1959.

[5] Chen M S, Lin Y C. Numerical simulation and experimental verification of void evolution inside large forgings during hot working. International Journal of Plasticity, 2013, 49: 53-70.

[6] Cooper D R, Allwood J M. The influence of deformation conditions in solid-state aluminium welding processes on the resulting weld strength. Journal of Materials Processing Technology, 2014, 214(11): 2576-2792.

[7] Paggi M, Wriggers P. A nonlocal cohesive zone model for finite thickness interfaces—Part I: Mathematical formulation and validation with molecular dynamics. Computational Materials Science, 2011, 50(5): 1625-1633.

[8] Chen S, Ke F, Zhou M, et al. Atomistic investigation of the effects of temperature and surface roughness on diffusion bonding between Cu and Al. Acta Materialia, 2007, 55(9): 3169-3175.

[9] Xu H, Liu C, Silberschmidt V V, et al. Behavior of aluminum oxide, intermetallics and voids in

Cu-Al wire bonds. Acta Materialia, 2011, 59(14): 5661-5673.

[10] Yang X, Li W, Feng Y, et al. Physical simulation of interfacial microstructure evolution for hot compression bonding behavior in linear friction welded joints of GH4169 superalloy. Materials and Design, 2016, 104: 436-452.

撰稿人：赵国群、喻俊荃

山东大学

固体微观尺度塑性本构关系

Microscopic Constitutive Relation for Solid Plastic Deformation

塑性变形本质上是通过材料微观结构的演变实现的。正因如此，塑性成形技术能够在获得构件形状、尺寸的同时调控其性能。而从宏观变形和微观结构演变两方面实现成形过程精确预测，对该技术实现数字化、智能化具有重要意义。基于连续介质假设的塑性力学是求解塑性成形问题、实现过程预测的基本方法，以此为基础发展起来的数值方法（如有限元法），已经成为先进塑性成形技术研发不可或缺的工具。本构关系即材料的应力-应变关系，是塑性理论的基本方程之一，它描述了材料本征的物理属性，起着联系材料受力和变形的作用，对塑性成形过程的精确预测起着关键作用。

与弹性本构关系（即广义 Hooke 定律）相比，塑性本构关系具有非线性和变形路径相关性两个显著的特点。这些特点都与塑性变形的机理及变形中微观结构的演变密切相关，同时使得塑性本构关系十分复杂，精确描述困难。从材料微观结构出发，以塑性变形的微观机制为纽带，建立材料塑性本构关系，不仅可能为精确描述材料塑性变形行为提供思路，也是实现宏观变形和微观结构演变的一体化预测的需求。

目前，塑性本构关系已经形成了较为完善的理论体系，一般采用屈服条件、流动法则、强化法则以及加载、卸载条件来唯象地描述。同时，材料科学的发展也使得塑性变形的微观机制以及伴随塑性变形的材料微观结构演变机理和规律得到充分和深入的认识。但从微观机理出发构建材料的塑性本构关系使其满足塑性成形的预测需求仍旧十分困难。这是因为：

（1）本构关系以连续介质假设为基础，反映了材料的宏观平均性能，而微观结构具有不连续性和随机性，且尺度横跨 6～7 个数量级（晶胞约为 10^{-10}m，晶粒可到 10^{-3}m）。如何合理地处理这种不连续性和随机性，将不同尺度上微观结构的影响均匀化以预测宏观意义上的属性十分困难，这不仅使得本构关系的形式难以确定，且可能使得形式过于复杂，工程应用十分困难。

（2）材料的变形机理和微观结构具有多样性且可能相互影响，其对材料宏观力学性能的贡献难以定量确定，使得本构模型的参数确定困难。其结果可能是"负负得正"，在已有的试验点上"差之毫厘"，但可能在部分未知的预测条件下"谬以千里"。

（3）材料的塑性变形机理受塑性成形的工艺条件（如温度、变形速率、加载方式、润滑条件等）等的控制。微结构演变也与塑性成形中材料所受的热力变形等多能场的作用历史相关，使得多种变形机理可能共存，微观组织演变复杂，描述困难，这也进一步加大了基于微观机制的本构建模的难度。

经典的塑性本构理论的易用性好，在一定范围内精度高，在塑性成形数值仿真中具有不可替代的作用。目前，塑性本构关系的发展已经能够较好地预测材料的屈服及变形的复杂的各向异性，变形强化与温度、应变和应变速率的关系等。基于微观机制的建模方法在其中最成熟的应用是在描述温度、应变速率等变形条件对材料变形行为的影响上，典型的如描述各向同性材料在塑性变形中流动应力的变化。一般采用描述材料微观结构的状态参量为内变量，以内变量为纽带，用内变量描述微结构演变的内在机制，建立其随变形历史的演化方程，同时建立内变量与流动应力的显式函数，以此搭建变形条件-微观结构演变-流动应力的一体化预测方法[1]。这种方法适合具有复杂热力加载历史的成形工艺，具有较好的精度，应用也日益广泛。例如，以孔洞体积分数为内变量的韧性损伤模型，在工程应用中表现出很好的适用性。目前，内变量的演化方程及其与流动应力的关联模型在建立时仍缺乏足够的科学性，这在一定程度上降低了模型的预测能力。

塑性变形中的屈服特性同样与变形机理以及微观结构的演变相关，如密排六方金属屈服的拉压不对称性是由拉伸和压缩中滑移和孪晶的不同导致的，各向异性则与形变织构相关。在现有屈服条件的构造中，一般忽略其微观机制，而采用一些不具有明确物理意义的参数来拟合[2]，但这些参数的获取较难。特别是在塑性成形过程中，这些参数将随微观结构的演变而变化，且与变形历史相关，而这些都将影响着成形过程预测的精度。目前，虽然部分学者采用了基于热力学的强化法则[3]或者不同屈服准则之间的插值或转换[4]描述屈服面的演变，但是如何准确地获取参数并描述其在复杂变形历史下的变化规律，仍没有很好的方法。如能建立这些参数演变与变形机理和微观结构演变之间的定量关系，则有可能很好地解决上述问题，但它们之间具体的关系如何、怎样得到，仍待人们进一步探索。

基于微观机制的塑性本构关系的典型代表是晶体塑性模型，它从塑性变形的位错滑移机制出发，运用统计学思想将不连续的位错运动与宏观的塑性变形过程联系，无须使用屈服条件等唯象的简化，成功应用于冲压、轧制、挤压、拉拔等塑性成形工艺，在各向异性、织构演变等体现出显著的优势[5]。随着计算机技术的进步，其数值稳定性差、计算效率低的不足正逐渐被克服，应用日益广泛。但工业材料的塑性成形往往变形机制十分复杂，应用晶体塑性模型还需要根据材料的特点和变形条件耦合相应的变形及组织演变机制，确定合理的模型和参数，才能使结果更加符合实际，这也使得以上三个难点问题都凸显出来。例如，研究金属高温低速成形（如钛合金等温锻造）时，晶界滑移机制对塑性变形的贡献对微观结构的影响是不可忽略的。晶界滑移变形与其自身状态（表征晶界一般需要 5 个参量）和受力状态（6 个应力分量）的定量关系是什么？如何将空间上不连续的晶界滑移均匀化获得对应的宏观变形？其对宏观变形的贡献有多大？热变形下滑移系的硬化规律是什么？如何表征？晶界滑移导致的晶粒旋转如何影响材料的晶体学取向和织构演变？这些问题的解决将进一步提升晶体塑性本构模型的预测精度和能力。

围绕着这些难题，未来的主要研究方向有：

（1）材料多尺度微结构与宏观力学性能的定量关系获取方法；

（2）复杂加载历史下材料多尺度微结构演变建模；

（3）基于微观组织和变形机理的塑性本构关系。

高端装备的发展对零件精确塑性成形成性的要求日益提升，创新成形工艺的研发和过程的精确调控需要塑性成形精确仿真预测的有力支撑。这一科学问题上的突破，必将进一步加深对塑性成形成性一体化精确调控的认识。

参 考 文 献

［1］ Horstemeyer M F, Bammann D J. Historical review of internal state variable theory for inelasticity. International Journal of Plasticity, 2010, 26: 1310-1334.

［2］ Lee M G, Barlat F. Modeling of plastic yielding, anisotropic flow, and the Bauschinger effect. Comprehensive Materials Processing, 2014, 2: 235-260.

［3］ Shi B, Bartels A, Mosler J. On the thermodynamically consistent modeling of distortional hardening: A novel generalized framework. International Journal of Plasticity, 2014, 63(24): 170-182.

［4］ Li H, Hu X, Yang H, et al. Anisotropic and asymmetrical yielding and its distorted evolution: Modeling and applications. International Journal of Plasticity, 2016, 82: 127-158.

［5］ Roters F, Eisenlohr P, Hantcherli L, et al. Overview of constitutive laws, kinematics, homogenization and multiscale methods in crystal plasticity finite-element modeling: Theory, experiments, applications. Acta Materialia, 2010, 58: 1152-1211.

撰稿人：杨　合、樊晓光

西北工业大学

固相焊接界面原子成键的物理学条件

Physical Condition for Bonding Formation of Interfacial Atoms in Solid-State Welding

金属界面获得原子"成键"而永久性连接在一起，就是"焊接"所指的冶金结合机制。从冶金学角度，可以将焊接方法分为两大类，即液相焊接和固相焊接。固相焊接（solid-state welding，简称固相焊）过程中，界面不发生熔化，但界面需要施加压应力并产生变形[1]。因此，固相焊主要涉及电阻点焊、缝焊以外的"压力焊"方法，如冷压焊、叠轧焊（roll bonding）、固相扩散焊、摩擦焊、冷喷涂焊接（cold spray welding）等。

固/固界面经变形而贴合，使原子实现迁移而成键，从而部分或全部满足配位数，实现界面原子晶格的拓扑结构重建，是固相焊接最根本的物理机制。之后可能继续经历扩散与固溶、回复与再结晶或重结晶等过程，从而形成牢固接头[2-4]。因此，进一步细分，可以将接头的成形机制（即冶金结合机制）分为晶界结合机制（grain boundary cohesion）[5]、扩散机制、再结晶机制等[6]。晶界结合机制以冷压焊和冷喷涂为代表，其他方法中这些机制都不同程度地存在。

界面原子成键的物理学条件，是固相焊走向"精密化"和"高可靠性"必然遇到的科学挑战。固相焊的"精密化"和"高可靠性"成形，是航空航天等尖端技术发展的迫切需求。一方面，"精密化"要求焊接实现"近净成形"，就是要大幅度减小应力和变形，但足够的应力与变形恰恰又是固相焊实现冶金结合机制的必要条件。这个问题以现有的固相焊工艺知识已无法解决。另一方面，近净成形条件下，接头冶金结合的"高可靠性"要求，离不开对界面原子成键物理学条件的深入理解。"精密化"和"高可靠性"的提出，首先来自以扩散焊为代表的精密焊接成形技术，如固相增材制造技术的迫切需求。

固相增材制造（solid-state additive manufacturing）是相对于使用液相成形手段（即液相焊接）的激光增材制造、电子束增材制造、电弧增材制造等，而提出的增材制造新概念，其成形的手段就是固相焊接。目前发展的固相增材制造方法有扩散焊增材制造、冷喷涂增材制造、摩擦焊增材制造等，其中以扩散焊增材制造的应用最为成熟。

　　扩散焊增材制造针对的是复杂型腔、流道结构的精密制造，其原理是分层切片造型（微分、离散化），堆叠一次扩散焊成形（积分）的思路，利用的就是分层实体制造（laminated object manufacturing, LOM）设计思想。该技术已经成功应用于制造火星探测器层板喷注器、火箭发动机发汗冷却结构、层板再生冷却推力室等，从而成为航空航天制造的关键技术。并且，进一步地，已陆续在随形冷却流道、波导、冷板（heat sink）与微流道换热器（microchannel heat exchanger）等结构上应用，在高效模具、新能源汽车、集成制冷、精细化工、电子通信、生物医疗领域显示出极为广阔的应用前景。

　　经典扩散焊理论指出，扩散焊工艺条件要求典型焊接温度是 $0.7T_m$（T_m 为母材熔点），轴向变形量一般要达到 2%～5%，才能获得牢固的冶金结合质量[7]。但是，扩散焊增材制造结构，通常是近净成形，要求焊后变形量低于一个数量级，即控制在 0.2%～0.8%，如 4G 微波通信中某型号天线，其成形后的型腔孔道偏差仅允许 ±0.015mm。在这样低的变形量下，仍要满足界面冶金结合的"高可靠性"这样一个严苛的焊接条件，依靠已有的工艺知识已无法解决。因此，急需获得固/固界面原子成键物理学条件，并研究建立相应的理论体系，来支撑新的工艺知识的获得。冷喷涂增材制造和摩擦焊增材制造不是一次堆叠成形，而是逐点成形，可以对成形结构的宏观尺寸精度进行较好的控制。但是，冷喷涂和摩擦焊的本征缺陷，如层间弱连接、S 线等，至今未能获得可信的解释并从工艺上消除。这些缺陷在增材制造领域，将成为不可逾越的技术障碍。这些缺陷产生的本质，就是成形工艺没有满足界面原子成键的物理学条件。

　　如图 1 所示，界面原子成键的物理学条件的内涵是在精密、微变形固相焊接条件下的界面原子激活条件、界面原子发生迁移的热力学条件与动力学机理、拓扑重建、界面缺陷表征与接头质量评价等，涉及固体表面物理、量子力学和材料学等多个学科，涉及的学科广泛。从工艺角度涉及表面处理，压力（或冲击动能）、温度等参量，对界面原子成键的激活和晶格拓扑结构重建的影响等，涉及的影响因素复杂。然而，目前相关的研究工作主要以实验科学和工艺技术为主，研究尚缺少针对性，也缺少理论深度和系统性，因此不能获得满意的答案。

图 1　固相焊接界面原子成键的物理学条件科学问题的内涵

以 Bay[8]等为代表的研究者最早开展了固相焊接界面原子成键物理机制的讨论与系统总结，并建立了相应的性能-工艺参数模型。他们以叠轧焊工艺为应用目标，提出并应用了薄膜理论（film theory）：金属的原子被封闭在表面层（cover layer）内，该表面层（薄膜）可能是钝化膜、吸附物或加工硬化层。冷压焊结合的控制机理是通过过量的塑性变形，使表面层压溃、开裂，并使金属挤出裂缝实现真正接触。当内部金属原子挤到界面实现真正接触时，就认为原子成键已经实现。并且，压力和接头的强度正相关。他们把铝及铝合金等接头无法实现和母材等强的现象，归因于氧化膜没有扩散或分解，于是残留在界面上对原子成键造成阻隔。冷喷涂粒子间也是相同的结合机理[9]，例如，纯铜等材料冷喷涂中，粒子变形时发生表面氧化膜破碎和金属挤出裂缝实现结合的现象[10]。上述理论仍然基于界面过量变形的工艺条件，对于界面原子拓扑结构的建立及原子成键的本质没有讨论。

Lu 等[1]在室温、真空条件下，使纳米金丝相互接触并实现成键，其接头强度与母材等强。其中，压力（也包括变形）成为可以忽略的参量。尽管他们没有就界面原子成键机理做进一步讨论，但是其真空环境、纳米尺度、同一晶格取向等苛刻的实验条件，以及接头导电性能和母材没有差异的结果，也暗示了：①母材不存在表面层，这对上述薄膜理论是一个很好的支持。当然，这一点不能证明在宏观尺度上不再需要压力。②表面原子晶格接近崩溃，并且没有内部配位原子的键能制约，可以方便原子自由迁移成键而重建晶格拓扑结构。③同一晶格取向减小了原子成键时的迁移量，只要在原子引力范围，就能吸引过去成键。④导电性能没有差异，更暗示了界面原子的共同电子云的形成。在这里，原子成键的机理需要量子力学的支撑。

综上所述，界面原子成键的物理学条件的提出，针对的是以固相焊接为手段的增材制造领域，需要从表面吸附与钝化、硬化，微观/细观界面结构与力学，原子迁移成键热力学，原子的引力与电子云形成的量子力学等领域开展研究，从而形成系统的物理与工艺理论来支撑固相增材制造技术的进步。

参 考 文 献

[1] Lu Y, Huang J Y, Wang C, et al. Cold welding of ultrathin gold nanowires. Nature Nanotechnology, 2010, 5(3): 218-224.

[2] Li P, Li J L, Xiong J T, et al. Diffusion bonding titanium to stainless steel using Nb/Cu/Ni multi-interlayer. Materials Characterization, 2012, 68: 82-87.

[3] Xiong J T, Xie Q, Li J L, et al. Diffusion bonding of stainless steel to copper with tin bronze and gold interlayers. Journal of Materials Engineering and Performance, 2012, 21(1): 33-37.

[4] Li J L, Zhao F K, Yang W H, et al. Evolution mechanism of the interfacial reaction layers in the

joints of diffusion bonded Mo and Al foils. China Welding, 2009, 18(1): 7-12.

[5] Dixon R, Chen S P. Fundamentals of Metal and Metal-to-Ceramic Adhesion//ASM Handbook, Vol. 6. Metals Park: American Society for Metals, 1993: 484-503.

[6] Mahabunphachai S, Koç M, Ni J. Pressure welding of thin sheet metals: Experimental investigations and analytical modeling. Journal of Manufacturing Science and Engineering, 2009, 131(4): 481-498.

[7] Kazakov N F. Diffusion Bonding of Materials. Moscow: Pergamon Press, 1985.

[8] Bay N. Cold welding. Part I: Characteristics, bonding mechanism, bond strength. Metal Construction, 1986, 18(6): 369-372.

[9] Assadi H, Ga F, Stoltenhoff T, et al. Bonding mechanism in cold gas spraying. Acta Materialia, 2003, 51: 4379-4394.

[10] Li W Y, Li C J, Liao H L. Significant influence of particle surface oxidation on deposition efficiency, interface microstructure and adhesive strength of cold-sprayed copper coatings. Applied Surface Science, 2010, 256: 4953-4958.

撰稿人： 李京龙、熊江涛、李文亚

西北工业大学

焊接过程复合能场耦合作用机理

Coupled Effects of Hybrid-Energy Fields during Welding

焊接是制造的重要方法之一，金属材料的焊接是利用各种能量，包括化学反应能、机械能、电弧能、高速粒子能、光能等加热和加压或加热并加压金属，使分离的物体之间产生原子间的永久结合。焊接过程涉及能量与材料之间的相互作用，焊接方法不同，施加的能量不同，焊接过程中的传热、传质、冶金和力学过程也不同；复合焊接同时施加两种不同的能量，能场之间将产生相互作用，进而使之与材料的相互作用也发生变化，最终影响焊接过程与结果。焊接中复合能场耦合作用就是采用两种不同能量进行复合焊接时，不同能场之间的相互作用及其对材料焊接过程的影响。

随着特殊材料加工、极端制造需求的增大以及对提高制造效率的追求，复合能场在制造领域中的应用日益受到重视，成为制造领域的热点问题。例如，在焊接中，激光与各种电弧复合[1]，通过激光和电弧之间的相互作用，不仅可以提高激光能量的利用率或提高电弧能量密度和稳定性，获得具有更高制造能力的复合焊接热源，还可以降低单独激光焊接对装配和夹持精度的高要求，并且减少焊缝的气孔和裂纹；超声与电弧复合，不仅可以增加熔深，提高焊接效率，而且可以细化焊缝晶粒，改善焊缝组织的方向性，改善热影响区的组织，减少焊缝中的气孔，改善焊接接头的应力分布，提高接头的强度、韧性和抗疲劳性能[2]。因此，焊接中复合能场的应用可以产生单一热源焊接没有的效果，有效提高制造效率和质量，是适应现代要求的先进焊接技术。但是，激光电弧复合焊工艺参数匹配不当时，熔宽增大、熔深减小，不仅无法达到能量吸收相互增强的效果，也无法获得稳定的焊接过程和良好的焊接效果[3]；而超声电弧复合焊时，增加熔深、细化晶粒、改善接头组织和提高接头性能的效果还不稳定。复合焊接过程的稳定性和复合增益的效果与复合能场的耦合作用有关，由于对复合能场耦合作用机理的认识不足，还无法实现对复合焊接过程与结果的可靠控制。

激光电弧复合焊、超声电弧复合焊接是将物理性质、能量传输机制截然不同的两种能源复合，其相互作用不仅影响电弧静特性、形态、能量分布，也影响激光束的能量、传播特性，以及超声的传播。超声还与液体作用产生空化效应、在气体或液体中传播产生声流效应、作用于固体金属产生声塑性效应等。因此，复合能场相互作用不仅影响复合焊接热源的特性，还影响熔滴过渡、小孔形成、熔池流动、熔深、熔池形态、金属凝固和接头组织。不同能量的激光和超声与电弧复合时其耦合效果不同，与材料的作用及取得的焊接效果也不同。由于复合焊焊接过程涉及多相场和多物理场的相互作用，影响因素多、作用十分复杂，同时受测试手段的局限，使得彻底认识激光与电弧、超声与电弧及其与材料的相互作用变得十分困难。

近年来对激光电弧复合焊和超声电弧复合焊的研究主要通过试验来开展，如研究各种工艺参数对电弧形态以及焊接成形和接头组织性能的影响[4]。随着试验手段的发展，研究者借助于实时 X 射线技术[5]、高速摄像技术[6,7]、特征谱线测量等，对不同工艺参数下电弧复合焊小孔动态行为、熔池流动行为、熔滴过渡行为和等离子体形貌、等离子体数量与温度进行了探究。还有研究者分别从复合热源模型、控制方程和边界条件对热源和熔池的物理模型进行优化，并简化相应的物理耦合场，对熔池流动行为和焊缝成形进行了分析[8]，但是仍未弄清热源之间的相互影响机制及其对熔池流动的影响规律，也不清楚复合焊工艺过程的控制准则。

激光电弧复合焊接涉及等离子体物理、电磁场、流体动力学等复杂多物理场耦合过程，其中任意一个工艺参数的变化都会影响熔滴过渡、熔池流动及最终的焊缝质量，因而焊接过程稳定性控制较为复杂，需要深入开展的研究包括：

（1）先进的数值模拟方法以研究多相多场耦合的复合焊接过程；

（2）基于试验、数值模拟和理论分析研究激光电弧协同作用机理、熔滴过渡行为、保护气体行为、熔池流动行为；

（3）研究激光电弧复合焊工艺过程控制准则，从而保证焊接质量，提高生产效率，降低成本[9]。

超声电弧复合焊存在超声与电弧、超声与液态金属和固态金属的相互作用，而且超声改善接头组织与性能的作用与超声频率和材料有一定的匹配关系，因此需要深入开展的研究包括：

（1）超声与电弧的相互作用及其对焊接热源的影响；

（2）超声作用中频率与材料匹配关系的内在原因和规律；

（3）超声电弧复合焊对液体和固体金属中传热与传质的影响[10]。

这些问题的深入研究对深刻认识、掌握及利用复合焊接都具有十分重要的意义。

参 考 文 献

[1] Steen W M. Arc augmented laser processing of materials. Journal of Applied Physics, 1980, 51: 5636-5641.

［2］　吴敏生, 何龙标, 李路明, 等. 电弧超声焊接技术. 焊接学报, 2005, 26(6): 40-44, 53.

［3］　Zhang Y Q, Wen P, Shan J G, et al. Evaluation criterion and closed-loop control of penetration status during laser-MIG hybrid welding. Journal of Laser Applications, 2010, 22(3): 92-98.

［4］　Wahba M, Mizutani M, Katayama S. Single pass hybrid laser-arc welding of 25mm thick square groove butt joints. Materials and Design, 2016, 97: 1-6.

［5］　Pan Q, Mizutani M, Kawahito Y, et al. High power disk laser-metal active gas arc hybrid welding of thick high tensile strength steel plates. Journal of Laser Applications, 2016, 28(1): 12004.

［6］　Moradi M, Ghoreishi M, Frostevarg J, et al. An investigation on stability of laser hybrid arc welding. Optics and Lasers in Engineering, 2013, 51(4): 481-487.

［7］　Chen M, Xu J, Xin L, et al. Comparative study on interactions between laser and arc plasma during laser-GTA welding and laser-GMA welding. Optics and Lasers in Engineering, 2016, 85: 1-8.

［8］　Rao Z H, Liao S M, Tsai H L. Modelling of hybrid laser-GMA welding: Review and challenges. Science and Technology of Welding and Joining, 2011, 16(4): 300-305.

［9］　Ribic B, Palmer T A, DebRoy T. Problems and issues in laser-arc hybrid welding. International Materials Reviews, 2009, 54(4): 223-244.

［10］　何龙标, 李路明, 吴敏生. 电弧超声对焊接过程热量传递的影响. 中国机械工程, 2010, 21(2): 225-228.

撰稿人：吴爱萍、单际国、张　洲

清华大学

搅拌摩擦焊接过程产热机制及量化表征

Heat Generation Mechanism and Quantization in Friction Stir Welding Process

搅拌摩擦焊（friction stir welding, FSW）是一种新型的固相连接方法，具有优质、高效、节能、环保、焊接变形小以及接头强度高等一系列优点，在热加工领域具有广阔的应用前景。其实质是利用高速旋转的搅拌头与工件摩擦产生的热量使被焊材料局部塑性化，并在搅拌头沿着焊接方向移动时使原始的焊接界面发生破碎，同时已被塑性化的材料在搅拌头的转动摩擦力作用下由搅拌头的前部转向后部，并在搅拌头的挤压下形成致密的焊缝[1,2]。在整个焊接过程中，始终伴随着FSW 产热和塑性变形，而塑性变形在本质上又与 FSW 产热密切相关。因此，FSW 产热是影响焊缝成形、接头微观组织和力学性能的本质性因素，只有明确 FSW 过程的产热机制并将其量化，才能深入了解 FSW 过程中材料的塑性流动行为及组织演变规律，最终达到控制接头性能的目的。换言之，FSW 过程的产热机制及其量化，已经成为焊接领域的一个关键科学问题。

由于在制造成本和焊接质量方面具有独特的优越性，FSW 技术在制造领域得到了快速的推广应用。特别是在航天领域，从 2012 年长征三号火箭燃料贮箱首次采用 FSW，到 2016 年长征五号大运载火箭液氧贮箱完全采用 FSW，表明 FSW 技术为航天建设起到了巨大的推动作用；但也对 FSW 技术提出了越来越高的要求，由此也出现了一些新型的 FSW 方法，如静止轴肩 FSW、双轴肩 FSW 以及水浸FSW 等。这些新型的 FSW 方法，其核心问题仍然是焊接过程的产热机制及其量化问题。

早在 1998 年，Frigaard 等[3]和 Chao 等[4]认为轴肩与被焊材料之间的摩擦产热是 FSW 过程的唯一热源，并建立了最初的产热模型。但是，在 2000~2003 年期间，Colegrove 等[5-7]通过研究发现搅拌针与被焊材料之间的摩擦产热不可忽略，故将其计入 FSW 过程的总产热中。直到 2004 年，Schmidt 和 Hattel 等[8]提出被焊材料与搅拌头界面处的摩擦产热和搅拌头附近材料的塑性变形产热是焊接过程的热量来源，并以摩擦产热为主。此外，由于 FSW 过程包括扎入、焊接和拔出三个阶段，每个阶段的产热机制及其对整体产热的贡献也存在差异。由于不同阶段产热的复杂性和特殊性，目前国内外学者还没有达成统一的认识，对各阶段产热机制及其贡献缺乏深入的理论研究。

从 FSW 过程产热的定量化来看，主要是在假定的产热机制条件下，对焊接过程的产热进行模拟计算，模拟的准确程度既依赖于产热模型的假定是否合理，也依赖于计算所需参数的准确程度[9,10]。目前所用的计算模型主要有三种，一是以焊接压力与摩擦系数的乘积为基础，二是以主轴电机电压和电流乘积为基础，三是以扭矩为基础，它们都存在固有的缺点。由于 FSW 过程的产热存在自耦效应，焊接压力和摩擦系数不是一成不变的，且变化规律难以通过计算和试验获得，所以第一种计算模型只能获得粗略的结果；由于 FSW 过程产热的同时伴随热量向周围环境的耗散，流入被焊工件的热量与焊接工艺参数和被焊材料密切相关，所以采用第二种计算模型所得数值明显高于实际情况；第三种计算模型是建立在诸多简化条件下进行的，难以对 FSW 过程的产热进行精确计算。此外，模拟计算所需的材料物性参量也难以找到准确数值，这也给 FSW 过程的产热量化带来了很大的难度。

只有从本质上阐明 FSW 过程的产热机制并将其量化，才能从源头上深刻认识 FSW 技术，掌握搅拌头结构、焊接工艺参数以及散热条件等因素对 FSW 产热的贡献及其对材料塑性流动和组织演变的影响规律，实现对接头性能的优化和调控，进一步推动 FSW 技术的创新发展和应用。

虽然目前的研究结果认为摩擦产热和塑性变形产热是 FSW 过程的主要产热形式，但二者在焊接总产热中所占的比例以及随材料种类、工艺参数及散热条件等因素的变化规律尚不明确；轴肩与被焊材料之间的作用力和摩擦系数对摩擦产热机制的影响也不清晰。总之，尽管对 FSW 过程进行了 20 多年的研究，但是对 FSW 过程中的产热机制及其量化问题还缺乏深入的理论研究。在产热机制方面，除了摩擦产热和塑性变形产热以外，是否还存在其他形式的产热仍有待进一步研究；在产热量化方面，焊接过程的不同阶段，各种产热形式的贡献程度还需进行精确计算。因此，FSW 过程中的产热机制及其量化问题仍是热加工领域的学者在探索 FSW 本质的道路上所面临的科学难题。

参 考 文 献

[1] Thomas W M, Nicholas E D, Needham J C, et al. Friction stir welding. International patent application No. PCT/GB92102203 and Great Britain patent application 9125978.8. London: UK Patent Office, 1991.

[2] Mishra R S, Ma Z Y. Friction stir welding and processing. Materials Science and Engineering: R, 2005, 50(1): 1-78.

[3] Frigaard O, Grong O, Midling O T. Modeling of the heat flow phenomena in friction stir welding

of aluminum alloys. Proceedings of the 7th International Conference Joints in Aluminum, 1998, 15-17.

[4] Chao Y J, Qi X. Thermal and thermo-mechanical modeling of friction stir welding of aluminum alloy 6061-T6. Journal of Materials Processing and Manufacturing Science, 1998, (7): 215-233.

[5] Colegrove P A. 3 dimensional flow and thermal modelling of the friction stir welding process. Adelaide: University of Adelaide, 2002.

[6] Song M, Kovacevic R. Thermal modeling of friction stir welding in a moving coordinate system and its validation. International Journal of Machine Tools and Manufacture, 2003, 43(6): 605-615.

[7] Khandkar M Z H, Khan J A, Reynolds A P. Prediction of temperature distribution and thermal history during friction stir welding: Input torque based model. Science and Technology of Welding and Joining, 2003, 8(3): 165-174.

[8] Schmidt H, Hattel J, Wert J. An analytical model for the heat generation in friction stir welding. Modelling and Simulation in Materials Science and Engineering, 2004, 12(1): 143.

[9] Upadhyay P, Reynolds A P. Effects of thermal boundary conditions in friction stir welded AA7050-T7 sheets. Materials Science and Engineering: A, 2010, 527(6): 1537-1543.

[10] Colligan K J, Mishra R S. A conceptual model for the process variables related to heat generation in friction stir welding of aluminum. Scripta Materialia, 2008, 58(5): 327-331.

撰稿人：刘会杰、胡琰莹

哈尔滨工业大学

金属相变诱发塑性机制

Mechanism of Transformation-Induced Plasticity
(TRIP) of Metals

　　金属或合金发生固态相变时，在低于弱相屈服强度的应力载荷作用下，仍会引起额外的不可逆塑性变形，如图1所示[1]，该现象称为相变诱发塑性。它不仅随着应力载荷的增加而增加，也随着相变进行过程中新相形成分数的增加而增加，因此相变诱发塑性有别于经典的金属材料塑性流动。相变诱发塑性广泛存在于各类金属、合金及钢铁材料中[1,2]，如先进高强钢（TRIP 钢）和形状记忆合金（SMA）等。

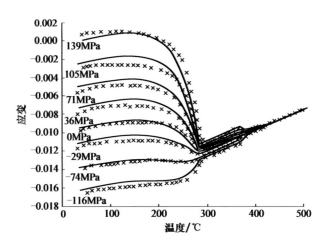

图1　低合金钢的马氏体相变诱发塑性

　　合金或钢铁零件进行热处理淬火时：一方面，零件表面与心部冷却的不同步往往导致较大的热应力；另一方面，相变时导致的新相与母相之间比容差也会引发可观的相变应力。二者的叠加使淬火零件内部应力状态变得非常复杂。而在相变与应力的复合作用下，淬火过程中通常还伴随有显著的相变塑性，它对淬火零件内部应力场的演变和变形行为产生极为重要的影响。对于大型或复杂形状零件，淬火变形和最终残余应力的准确预测尤为困难。因此，对相变诱发塑性机制及其力学建模的研究是当前热处理淬火变形及其计算机模拟研究中的重要课题。

　　相变诱发塑性的研究始于 20 世纪 60 年代，主要形成了两种解释机制和由此衍生的大量力学模型。早在 1965 年，Greenwood 和 Johnson[3]等在研究铀的 $\beta \to \gamma$ 相变时提出，相变诱发塑性源于具有更高屈服强度和更低密度的新相对母相的挤压，在相界面附近诱发了额外的塑性变形。在无应力状态下，这些微观塑性变形在宏观上因相互抵消而不显现；而在应力状态下，微观塑性流动因与应力一致而在宏观上得以显现。Greenwood-Johnson 模型显示，相变诱发塑性应变是应力水平、新相体积分数及相变速率的函数。Denis 等[4]、Leblond 等[5,6]和 Taleb 等[7]进一步研究了不同材料的相变诱发塑性行为，发展了相应的改进模型，其中以 Leblond 等提出的模型最具代表性。另一种机制是 1966 年 Magee 等[8]在研究 Fe-Ni 合金中马氏体相变时给出的基于新相择优取向的相变诱发塑性机制。该机制认为，相变时 24 种马氏体变体在应力作用下发生了择优取向，从而使新相与母相比容差引起的宏观塑性变形有别于无应力（无择优取向）的情况。Fischer 等[9]和 Iwamoto[10]等在此基础上发展了不同的力学模型，其中以 Fischer 提出的模型最具代表性。

　　对合金或钢铁中相变诱发塑性的机制和行为进行了半个多世纪的广泛深入研究，也提出了一系列力学模型。然而，一方面对相变诱发塑性的机制尚无普遍认可的认识，Magee 机制解释了切变型相变，而 Greenwood-Johnson 机制也仅适用于扩散型相变；另一方面，现有的不同力学模型适用范围狭窄，且模拟精度无法令人满意，无法满足零件热处理淬火变形及残余应力数值预测的工程需要。例如，被广泛应用的 Leblond 计算模型存在相变初期高估塑性变形量的问题，而 Fischer 模型涉及需要标定的诸多热力学参数限制了其应用，且计算精度差。

　　金属材料相变诱发塑性机制及其建模这个科学难题至今尚未得到圆满的解决。总之，相变诱发塑性由于其伴随相变产生，涉及晶体学、晶界结构、位错学、相变热力学与动力学、塑性流动等诸多理论知识而十分复杂，且影响因素众多。由于很难实现温度和应力复合载荷条件下材料内部微观组织的精确原位分析，相变诱发塑性的研究有很大挑战性。对相变诱发塑性这样一个既有学术性又有工程应用背景的难题的深入研究，必将有助于解决诸多热处理变形精度要求高和对残余应力有特别要求的合金和钢铁高端零部件的制造难题，有助于显著提升基于精密热处理的成形控性制造技术水平。

参 考 文 献

[1] Mahnken R, Schneidt A, Antretter T. Macro modelling and homogenization for transformation induced plasticity of a low-alloy steel. International Journal of Plasticity, 2009, 25(2): 183-204.

[2] Turteltaub S, Suiker A S J. Transformation-induced plasticity in ferrous alloys. Journal of the Mechanics and Physics of Solids, 2005, 53(8): 1747-1788.

[3] Greenwood G W, Johnson R H. The deformation of metals under small stresses during phase transformations. The Royal Society of London, Series A, Mathematical and Physical, 1965, 283(1394): 403-422.

[4] Denis S, Gautier E, Simon A, et al. Stress-phase-transformation interaction-basic principles, modelling, and calculation of internal stresses. Materials Science and Technology, 1985, 1(20): 805-814.

[5] Leblond J B, Devaux J, Devaux J C. Mathematical modelling of transformation plasticity in steels I: Case of ideal-plastic phases. International Journal of Plasticity, 1989, 5(6): 551-572.

[6] Leblond J B. Mathematical modelling of transformation plasticity in steels II: Coupling with strain hardening phenomena. International Journal of Plasticity, 1989, 5(6): 573-591.

[7] Taleb L, Sidoroff F. A micromechanical modeling of the Greenwood-Johnson mechanism in transformation induced plasticity. International Journal of Plasticity, 2003, 19(10): 1821-1842.

[8] Magee C L, Paxton H W. Transformation kinetics, microplasticity and ageing of martensite in Fe-31Ni. Pennsylvania: University of Pittsburgh, 1966.

[9] Fischer F D, Reisner G, Werner E, et al. A new view on transformation induced plasticity (TRIP). International Journal of Plasticity, 2000, 16(7): 723-748.

[10] Iwamoto T. Multiscale computational simulation of deformation behavior of TRIP steel with growth of martensitic particles in unit cell by asymptotic homogenization method. International Journal of Plasticity, 2004, 20(4): 841-869.

撰稿人: 顾剑锋、徐　骏

上海交通大学

金属增材制造的热裂行为与定量表征

The Behaviors and Characterization of Hot Cracking in Additive Manufacturing of Metals

　　金属增材制造大多是通过激光束、电子束、离子束或电弧等载能束熔凝/熔覆进行逐点、逐线、逐层自由实体成形。基于载能束熔池特征，可以把金属增材制造看成一种数字化微区载能束逐点铸造或焊接[1]。实际上，英国剑桥大学的 Steen 教授等出版的 *Laser Material Processing*[2]一书中也介绍到，在早期研究中，有学者将激光增材制造技术命名为 laser casting，即激光铸造。热裂[3-7]（hot tearing 或 hot cracking）通常是指一种在高温条件下发生的开裂现象，在以往铝基、镁基、铁基和镍基等合金铸造和焊接中较为常见，根据热裂诱发的原因可将其所产生的裂纹分为凝固裂纹（solidification cracking）、液化裂纹（liquation cracking）、失塑裂纹（ductility-dip cracking）和应变-时效裂纹（strain-age cracking）。尽管失塑裂纹和应变-时效裂纹发生在固态阶段，但发生温度通常仅略低于合金的固相线，因此也归于热裂纹。由于金属增材制造所具有的逐层熔凝/熔覆沉积外延生长特征，若是在沉积过程中出现热裂，如图 1 所示，则产生的裂纹将有可能随着逐层熔凝/熔覆沉积过程组织的连续外延生长而发生连续扩展，进而造成成形件整体失效，严重制约了金属增材制造技术在多种金属材料中的应用。

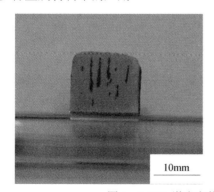
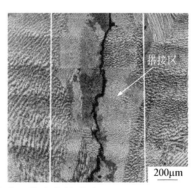

搭接区

10mm

200μm

图 1　In718 激光立体成形件中的热裂纹

　　形成热裂纹的原因有很多，实际上，自铸造和焊接技术发展以来，有大量发表在材料和机械领域学术期刊上的研究论文[3-7]讨论了热裂纹的形成机理、描述模型和测试方法，总体上认为其产生的根本原因是合金的凝固方式和凝固时期成形件的热应力。基于热裂纹的形成方式，可将热裂纹的来源分为凝固裂纹、液化裂纹、高温失塑裂纹、应变-时效裂纹，相应的形成机理如图 2 所示。其中，凝固裂纹形成于凝固后期，当残余液相沿晶界连续分布时在收缩应力的作用下导致边界分离形成裂纹；液化裂纹主要在热影响区形成，有低熔点相液化和组分液化两种理论模型；前两种裂纹主要发生在液固两相阶段，与合金的凝固温度区间、糊状区大小以及低熔点相的形成有关，而高温失塑裂纹和应变-时效裂纹主要发生在固相阶段。在 $0.5T_s \sim T_s$ 温度区间内合金的塑性会急剧下降，当在局部应力的作用下的变形量超过临界塑性变形量时，将会产生失塑裂纹；应变-时效裂纹形成于再热过程或者沉积后热处理过程，是沉淀强化型合金所特有的裂纹现象，在加热过程中沉淀析出相形成温度区间和应力释放区间相同，将会导致在晶界处形成高的局部应力，当局部应力足够大时，晶界处将会发生失效形成裂纹。基于热裂形成方式以及金属增材制造所具有的快速熔凝特征，可以看出，金属增材制造过程中往复快速加热和冷却所导致的局部熔池及其热影响区在凝固和冷却过程中产生的集中变形应是形成热裂纹的必要条件。

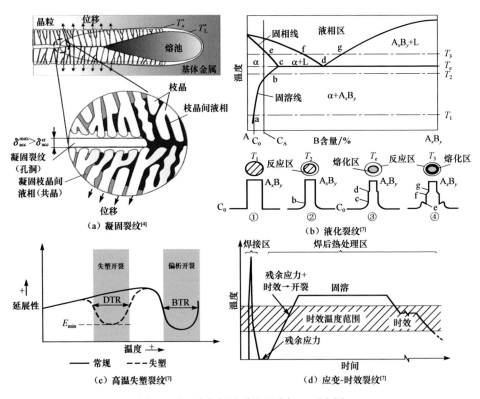

图 2　不同种类凝固裂纹形成机理示意图

除此之外，金属增材制造过程中，熔池尺寸较小，温度梯度大，导致熔池所能提供的液相补缩距离较短。这样，在高冷却速率下，当凝固末期热影响区发生开裂，且合金凝固区间较大导致裂纹较长时，熔池中的液相将不易对其进行填补充填。这样，在逐层熔凝/熔覆沉积过程中，由于熔池凝固组织通常呈现外延柱状晶连续生长，进一步导致热裂纹容易沿着晶间或枝晶间也逐层外延连续发展。这是金属增材制造过程中热裂纹的主要特征。

需要指出的是，相比传统加工制造技术，金属增材制造过程实际上是一个成形加工和不完全退/回火热处理同步进行的过程，即后续熔覆沉积过程对已沉积层的往复加热过程实际上会产生一个动态的不完全退/回火热处理过程，这会给金属增材制造过程中热裂的形成和发展带来更为复杂的变化。例如，对于沉淀强化合金，这种过程有可能还会导致新的应变-时效热裂纹的产生。因为在后续熔覆沉积所造成的往复退/回火过程中，若沉淀相的析出温度区间和应力释放温度区间重叠，沉淀相析出往往会造成位错塞积阻碍变形，进而导致新的应力（相变应力）产生。这样，原有应力和相变应力相互叠加将有可能使局部的应力值超过合金强度，进而发生开裂。但是，现有的这些热裂纹理论通常只能描述一些合金在一定状态下的热裂纹产生，而且只能对一些特定类型的裂纹进行描述。

目前，基于这些理论和模型，研究者也已发展了一些防止金属增材制造过程发生热裂的手段。但是，由于各种材料自身凝固特性的差异，以及相关模型自身的局限性，目前对于金属增材制造过程热裂纹的形成机理还缺乏清晰和定量的认识及验证，使得采用的一些手段尽管在实际应用中具有一定的效果，但有时又是相互矛盾的。这很大程度上是因为目前对于金属增材制造热裂纹的研究大多停留在定性或者半定量分析上，特别是由于具体合金凝固特征的差异，这些理论和模型有时无法准确把握影响热裂纹产生的核心因素，特别是对于金属增材制造过程中合金热裂纹的起源及发展机制，目前国内外相关研究一直没有统一的认识。

对于具体合金，裂纹的产生究竟起源于晶界上的低熔点相、共晶液化还是组分液化，晶界和晶内的强化相的相变过程对裂纹起源有无贡献及其作用机制，这些问题目前还缺乏深入的理解。另外，金属增材制造过程中，熔覆沉积层会经历多次往复的快速加热和冷却过程，这使得熔覆沉积层的应力应变分布和演化要比传统的铸造和焊接复杂得多。同时，不同熔覆沉积层间和道间组织的外延生长和柱状晶/等轴晶转变行为必然也会对热裂纹在整个成形件中的发展产生重要的影响。而且，在金属增材制造过程中可能会产生不同类型的裂纹，这些裂纹的萌生以及扩展可能有不同的影响因素和形成机理。而这些内容也必然成为金属增材制造热裂形成机理研究和模型建立所需要考虑的重要问题。

参 考 文 献

［1］ 林鑫, 黄卫东. 高性能金属构件的激光增材制造. 中国科学: 信息科学, 2015, 45(9): 1111-
      1126.

［2］ Steen W M, Mazumder J. Laser Material Processing. 4th ed. London: Springer, 2010.

［3］ Campbell J, Castings. 2nd ed. Amsterdam: Elsevier, 2003.

［4］ Böllinghaus T, Lippold L, Cross C E. Hot Cracking Phenomena in Welds. Berlin: Springer, 2005.

［5］ Böllinghaus T, Herold H, Cross C E, et al. Hot Cracking Phenomena in Welds. 2nd ed. Berlin:
      Springer, 2008.

［6］ Lippold J C, Böllinghaus T, Cross C E. Hot Cracking Phenomena in Welds. 3rd ed. Berlin:
      Springer, 2011.

［7］ Lippold J C, Kiser S D, DuPont J N. Welding Metallurgy and Weldability of Nickel-Base Alloys.
      Hoboken: Johns Wiley & Sons, 2009.

撰稿人：林　鑫

西北工业大学

空间环境下的熔池传热传质及焊接冶金机理

Heat and Mass Transfer in Molten Pool and Metallurgy Mechanism of Welding in Space Environment

随着空间技术的发展，亟须开发与未来空间任务相适应的空间制造技术，以实现在飞行器轨道上或外太空基地的空间装配、在轨维修、原位制造等[1,2]。当前的空间连接技术仅局限于机械连接和铰接，相比较而言，空间焊接具有连接强度高、刚度大、密封性好、接头结构简单、质量轻、可靠性高等优点，能够实现航天器的在轨快速修复、组装及结构物建造[3,4]。发展空间焊接技术将有助于提升空间站与外太空基地建造、维修和维护的能力，加快人类太空探索与太空资源开发步伐。同时焊接技术作为金属增材制造技术的基础，有助于推动空间金属增材制造及利用星球（如月球）上的现有物质进行工作站建造等技术的发展[5]。

空间焊接即在空间环境中实现材料永久连接的方法。空间环境与地面显著不同，当前的空间焊接研究主要针对空间站轨道处的太空环境进行，该处存在微重力、太空真空、原子氧、高低温循环等特殊空间环境因素[1]，这些特殊因素给空间焊接技术带来非常大的影响，主要表现在地面现有的焊接设备及地面成熟的焊接工艺无法使用；地面焊接的冶金理论、质量控制方法不适用；地面的接头质量评价方法及标准也不适用[6]。焊接熔池的传热、传质行为及焊接冶金过程是一个复杂的多物理场耦合问题，与地面焊接相比，在空间环境特殊因素作用下，焊接熔池行为必将发生复杂的变化，这将影响焊缝成形、缺陷产生及接头服役性能，需要针对空间环境因素开展研究工作，以解明空间环境下的熔池传热、传质及非平衡焊接冶金机理。

在诸多空间环境因素中，微重力对焊接过程的影响最大，且开展微重力焊接试验难度大、成本高，需要通过空间搭载、落井或俯冲飞机开展试验[1]。微重力对熔池的影响主要体现在焊接热过程、焊接温度场分布、熔池流动及流场分布、熔池凝固过程、接头中合金元素的分布、焊接缺陷形成及分布等方面。微重力环境下，浮力对流现象消失，热毛细对流和化学对流的作用急剧增大从而引起熔池流场的变化[7]，熔池流场的改变会使熔池内部对流换热特点改变，从而使熔池温度场改变，进而改变熔池表面张力、黏度系数等热物理参数的空间分布，这反过来会对熔池流场产生影响。熔池温度的分布将影响凝固界面前沿温度梯度,从而影响焊缝组织;熔池流场影响凝固前沿处破碎枝晶的分布,又进一步影响枝晶形核与焊缝组织;熔池凝固枝晶尺寸则会影响晶间的熔池流动。微重力环境下不同物质的密度差异不再引起分层现象,从而使得熔池中元素分布特点发生改变,进而对焊接过程带来更为复杂的影响,最终获得与地面焊接显著不同的焊缝成形及接头微观组织。可以看出,微重力环境使得熔池传热传质及冶金过程更为复杂。

苏联最早开始进行空间焊接及地面模拟试验的研究,研制出用于空间焊接的多功能电子束焊枪、送丝装置、空间涂覆专用装置等,并于 1969 年在联盟 6 号宇宙飞船中开展了太空微重力电子束焊接与电弧焊试验,1984 年苏联宇航员在礼炮 7 号空间站完成了人类首次舱外电子束焊接试验。此后,苏联在 1991 年解体前开展了数百次地面水槽中的宇航员模拟焊接试验、利用飞机俯冲获得微重力下的焊接试验,以及利用空间站微重力环境下的空间焊接试验。美国空间电子束焊接论证工作是在 1973 年的 M551 空间试验项目中进行的,美国国家航空航天局(NASA)与巴顿电焊研究所从 1992 年开始合作开展国际空间焊接试验(ISWE)项目[8]。日本研究人员从 1992 年开始利用俯冲飞机和日本北海道的落井模拟微重力环境,对空间环境下的钨极氩弧焊和空心钨极氩弧焊开展了大量的研究工作[9]。当前的研究结果表明:微重力条件下熔化焊接时接头产生大量的内部气孔,易形成未熔合缺陷,填丝焊接熔滴过渡困难,熔池尺寸相对地面显著增大而不下塌,对于晶粒尺寸及焊缝组织的影响没有统一的规律。表面涂覆时,液态金属很难从加热容器中脱落,必须利用特殊的装置才能实现。由于空间搭载焊接试验需要开发适应空间环境并满足空间应用标准的焊接设备,试验成本高、难度大、机会少;而地面落井、俯冲飞机试验存在微重力时间短、微重力水平差等难题,试验成本也非常高,这极大地限制了空间焊接及地面模拟研究工作的开展,加上微重力条件下熔池行为更为复杂,使得当前的微重力对焊接的影响研究尚处于试验现象层面,缺乏深入的分析和对机理的研究。随着计算流体力学的发展,数值模拟将成为解决微重力焊接研究难题的一种有效手段[10],有助于解决空间微重力环境对焊接过程影响的基础理论难题。

太空真空影响焊接方法的选择,对常规需要在真空中进行的焊接方法没有影响,如电子束焊接。电弧焊接则需要提供气体以维持电弧燃烧[9],电弧热物理特性与大气环境相比发生改变,真空激光焊接的等离子体密度减小,这些变化均会影响热源能量分布,此外真空环境降低了熔池表面的对流散热量,使得熔池传热行为与地面发生显著变化,温度场影响熔池表面金属蒸气反作用力的分布,进而改变了熔池的热输入。焊接冶金方面,太空真空有助于提高熔池金属的纯净度。

太空原子氧具有强氧化性,会引起熔池中活泼金属元素的氧化与损失,对焊缝微观组织和服役性能带来不利影响。真空铝合金焊接时，熔池表面的氧化膜会成为气孔源，导致熔池气孔增多[11]。朝阳面和背阴面的存在使材料在很近的区域内温度差别很大，明暗界线处操作人员的活动也很困难，这种太空的高低温循环会对焊接过程的初始温度造成影响，需要开发大裕度的空间焊接工艺，同时保证低温焊接时不产生裂纹、高温焊接时热影响区性能不显著下降；此外，焊缝在高低温循环过程中产生大的残余应力，这对焊接接头的服役性能提出了更加苛刻的要求。

自 1969 年人类开展首次空间搭载焊接试验以来，对空间焊接已经开展了近半个世纪的研究，但由于试验难度大、资金需求高，使得当前的研究尚不系统，试验成果呈现碎片化，无法形成完备的理论体系，后续尚需在空间焊接传热基础理论（热源种类、加热方法等）、空间焊接冶金基础理论（考虑非平衡、多场耦合及空间环境的影响）、焊接接头质量检验基础理论（焊接缺陷的无损检验方法、评价标准、接头寿命评估方法等）、空间焊接的计算机数值模拟方法和软件开发、空间焊接地面模拟方法的创新与空间焊接设备的研制、空间焊接材料的研发和空间焊接地面模拟工艺试验等方面继续开展研究工作[6]，以推动空间焊接技术从实验室研究逐步走向实际应用。

参 考 文 献

[1] Paton P E. Space: Technologies, Materials Science, Structures. New York: Taylor Francis, 2003.

[2] Belvin W K, Doggett B R, Watson J J, et al. In-space structural assembly: Applications and technology. AIAA Science and Technology Forum and Exposition, 2016: 1-8.

[3] Prater R. Welding in space: A comparative evaluation of candidate welding technologies and lessons learned from on-orbit experiments. Space Chronicle, 2015, 8(S1): 33-46.

[4] Dorsey J T, Watson J J. Space Assembly of Large Structural System Architectures (SALSSA). NASA Report: 20160011577, 2016.

[5] National Research Council. 3D Printing in Space. Washington: The National Academic Press, 2014.

[6] 冯吉才, 王厚勤, 张秉刚, 等. 空间焊接技术研究现状及展望. 焊接学报, 2015, 36(6): 107-112.

[7] Browne D J, Garcia-Moreno F, Nguyen-Thi H, et al. Overview of in situ X-ray studies of light alloy solidification in microgravity. Magnesium Technology, 2017: 581-590.

[8] Russell C, Zagrabelnij A, Munafo P. Evaluation of the Universal Hand Tool for Metals Processing in Space. NASA Report: 20010075133, 2001.

[9] 吹田義一. 宇宙溶接技術の研究開発. 高温学会誌, 2011, 37(3): 108-116.

［10］　胡文瑞. 微重力科学概论. 北京: 科学出版社, 2010.

［11］　Aoki Y, Fujii H, Nogi K. Effect of atomic oxygen exposure on bubble formation in aluminum alloy. Journal of Materials Science, 2004, 39(5): 1779-1783.

撰稿人：冯吉才、王厚勤

哈尔滨工业大学

热加工过程金属相变热力学/动力学相关性

Correlation between Thermodynamics and Kinetics Involved in Phase Transitions in Hot Working

金属材料热加工成形中两个紧密关联的物理过程，即凝固和固态相变，大都属于形核/生长类相变。随着材料科学的发展，人们在形核/生长类相变理论、过程控制等方面的研究均取得不小的成就；这些已取得的理论成就大都基于经典热力学（thermodynamics）和动力学（kinetics）。热力学体现相变的驱动力，从而促进相变发生，动力学虽然表现为相变速率，但由于受控于动力学能垒而实际体现相变的阻力。正是驱动力和阻力之间的协调变化，导致相变路径、相变产物及其形态的千变万化。"驱动力和能垒的协调变化"可以定义为"热力学/动力学相关性"。

常见的材料热加工过程包括铸造、锻压、焊接和热处理，常见的结构材料涉及钢铁、铝合金等，在这些传统材料的传统加工工艺涉及的相变中，热力学/动力学相关性无处不在。以凝固为例，国内外从事非平衡凝固理论研究的多个团队针对单相合金深过冷快速凝固的实验结果均表明[1]：初始过冷度较小时，相变热力学驱动力较小，枝晶生长主要由动力学能垒较大的溶质扩散控制；随初始过冷度提高，相变热力学驱动力增大，枝晶生长由溶质扩散控制逐渐转变为动力学能垒较小的热扩散控制；当过冷度足够大，即热力学驱动力足够大时，枝晶生长完全由热扩散控制。以钢铁控轧控冷技术（TMCP）为例，不同冷速下奥氏体转变为铁素体、贝氏体或马氏体是低合金钢在连续冷却中发生的最基本相变[2]，这实际上是热力学驱动力提高（下降）和动力学能垒下降（提高）的规律性体现；依赖奥氏体、贝氏体和铁素体三相组织优势互补而得到 TRIP（transformation induced plasticity）钢[3]，这实际反映了连续发生的多个相变间热力学驱动力与动力学能垒的协同变化；目前较常见的细晶钢 TMCP 调控手段虽在技术层面上有所不同[4]，但其理论核心均可描述为：通过技术手段使得调控过程中热力学驱动力提高（提高形核率）与动力学能垒增大（抑制长大）同步发生，这实际体现出热力学驱动力提高和动力学能垒下降无法协同。可见，热力学驱动力和动力学能垒间确实存在理论关联，然而，如何定量表征驱动力和能垒的协调变化，如何人为掌控热力学和动力学之间的博弈，始终没有解决。

热力学/动力学相关性研究的缺失必然会限制材料加工工程学科的发展。当前材料热加工重在通过改变一种或多种工艺参量来进行组织和性能调控，这种突出具体工艺而相对忽视相变理论的手段难以进行基于整体加工过程的微观组织预测和面向目标组织的调控工艺设计。也就是说，该相关性的缺失使得当前相变动力学模型的理论框架缺乏与微观组织演化的物理关联，所涉及的全转变动力学隶属于平均场理论，其形核和生长速率均为统计平均，可预测转变分数和转变速率随时间或温度的演化规律，但对相变过程中微观结构及组织形貌演化无能为力。如何立足于热力学/动力学相关性，通过考虑随热力学条件变化的耗散过程而建立内涵微观组织参量演化的全转变动力学理论体系，将会是今后本学科发展的重点方向。考虑到材料热加工涉及的相变大多属于复杂变形和温度条件下的非平衡动力学过程，以上问题的解决亟须将微观组织状态、非平衡效应及形变的综合影响同材料热加工涉及相变的热力学/动力学函数耦合，进而开展面向目标组织、性能的加工条件（热力学/动力学条件）的协同性调控，即加工条件-相变理论-组织性能的一体化、定量化研究（图1）。

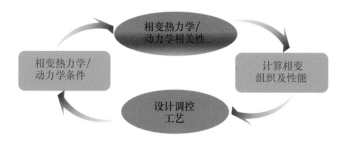

图 1　材料热加工过程中加工条件-相变理论-组织性能
一体化和定量化研究的逻辑关系图

　　热力学/动力学相关性研究具备强大的工程应用前景，也蕴含着深厚的理论发展空间，它属于一类全新的相变理论，其研究离不开非平衡过程热力学的发展。基于 Onsager 不可逆热力学理论[5]，Hillert 等[6]将非平衡过程热力学（即不可逆热力学）应用于凝固和固态相变中的传输问题，得到自由能耗散通量与驱动力间的关系，进一步应用于界面处即可处理溶质拖曳、界面迁移等问题。Cahn 等[7,8]发展了著名的 Cahn-Hilliard 方程和 Allen-Cahn 方程来描述非平衡体系演化，这些方程已成为相场模拟的基础。Svoboda 等[9]基于 Onsager 的热力学变分原理（即最大熵产生原理），进一步发展了等温、等压条件下的热力学极值原理，并成功应用于扩散过程和扩散型相变。Sobolev 将局域非平衡条件下的扩展不可逆热力学理论（extended irreversible thermodynamics）应用于非平衡凝固过程，对完全溶质截留机理给出更合理的解释[10]。刘峰等[11]利用（扩展）不可逆热力学理论研究非平衡凝固、固态相变及晶粒长大动力学，发展了非平衡凝固理论、考虑热力学效应的固态相变动力学模型及晶粒长大热力学/动力学模型。究其实质，上述工作旨在利用不可逆热力学实现"将热力学应用于非平衡动力学过程"的目标，属于从普适性角度来研究宏观过程的共性。相变过程既博大到系统内、晶粒间的宏观输运，也细微至界面处、原子间、分子间的跃迁，属于典型的宏观-微观过程。因此，热力学驱动力和动力学能垒间的博弈决定了该宏观-微观体系的发展，由此引发的热力学/动力学相关性研究旨在解决如下三类物理问题：①热力学驱动力和动力学能垒的函数关系；②考虑非平衡、组织状态和形变等效应的相变动力学；③相变组织演化同热力学驱动力和动力学能垒的定量关系。第一类物理问题在于局域非平衡条件下的反应速率理论和微观速率方程，第二类物理问题在于材料热加工涉及扩散（切变）型相变的统一处理，第三类物理问题在于材料热加工涉及相变中微观组织的多尺度计算。上述三类问题解决后，便可以进行基于整体加工过程的微观组织预测和面向目标组织的调控工艺设计（图1）。可以预言，热力学/动力学相关性研究将引起材料热加工工程领域微观组织控制与宏观性能预测的革命性发展。

参 考 文 献

[1] Willnecker R, Herlach D M, Feuerbacher B. Evidence of nonequilibrium processes in rapid solidification of undercooled metals. Physical Review Letters, 1989, 62(23): 2707-2710.

[2] Zhao J C, Notis M R. Continuous cooling transformation kinetics versus isothermal transformation kinetics of steels: A phenomenological rationalization of experimental observations. Materials Science and Engineering R Reports, 1995, 15(4): 135-207.

[3] Zhu R, Li S, Karaman I, et al. Multi-phase microstructure design of a low-alloy TRIP-assisted steel through a combined computational and experimental methodology. Acta Materialia, 2012, 60(6-7): 3022-3033.

[4] Weng Y Q. Ultra-Fine Grained Steels. Beijing: Metallurgical Industry Press, Berlin: Springer-Verlag, 2009.

[5] Onsager L. Reciprocal relations in irreversible processes. Physical Review, 1931, 37(4): 405-426.

[6] Hillert M. Phase Equilibria, Phase Diagrams and Phase Transformations—Their Thermodynamic Basis. 2nd ed. Cambridge: Cambridge University Press, 2008.

[7] Cahn J W, Hilliard J E. Free energy of a nonuniform system. I. Interfacial free energy. The Journal of Chemical Physics, 1958, 28(2): 258-267.

[8] Allen S M, Cahn J W. A microscopic theory for antiphase boundary motion and its application to antiphase domain coarsening. Acta Metallurgica, 1979, 27(6): 1085-1095.

［9］　Fischer F D, Svoboda J, Petryk H. Thermodynamic extremal principles for irreversible processes in materials science. Acta Materialia, 2014, 67(15): 1-20.

［10］　Sobolev S L. Local non-equilibrium diffusion model for solute trapping during rapid solidification. Acta Materialia, 2012, 60(6-7): 2711-2718.

［11］　Wang K, Wang H, Liu F, et al. Modeling dendrite growth in undercooled concentrated multi-component alloys. Acta Materialia, 2013, 61(11): 4254-4265.

撰稿人：刘　峰

西北工业大学

如何定量表征有物态变化的淬火介质
与工件界面换热行为？

How to Quantitatively Characterize the Interfacial Heat Transfer between Workpiece and Quenchant with State Change?

　　淬火是现代机械制造工业广泛应用的一种大幅提高钢铁零件刚性、硬度、耐磨性、疲劳强度以及韧性的热处理工艺。淬火时工件被加热至临界温度以上，保温使之全部或部分奥氏体化，而后以大于临界冷却速度的冷速快冷到 M_s 以下（或 M_s 附近等温）进行马氏体（或贝氏体）相变。工件的快速冷却主要依赖工件界面与淬火介质间的剧烈换热。常用的淬火介质多为液态形式（水、水溶液或油等），与高温工件接触过程中会发生汽化反应，即淬火介质发生了液态到气态的物态变化。一方面，汽化反应从工件表面吸收了大量热量；另一方面，形成的蒸汽会滞留，甚至覆盖于工件表面，从而降低后续换热效率。因此，有物态变化的淬火介质在淬火过程中与工件之间的界面换热极为复杂，涉及两相流的沸腾换热。

　　工件与淬火介质间的界面换热决定了淬火介质的冷却特性和冷却能力，也是对淬火介质最为本质的评价。它不仅直接导致工件热处理后的各项力学性能，也显著影响工件中的残余应力分布和变形等关键指标。因此，界面换热的表征和量化是选择合适金属材料、制订和优化淬火工艺的重要依据，也是对淬火过程进行计算机数值模拟不可或缺的输入参数。对实现淬火微观组织和变形，甚至残余应力和力学性能的准确预测至关重要。因而，对有物态变化的淬火介质与工件之间的界面换热及其定量化一直是热处理领域的研究热点和科学难题。

　　早在 1756 年，Leidenfrost 就发现了淬火介质物态改变对界面换热的显著影响[1]。当水滴与高温金属接触时，汽化的水会在金属表面形成薄膜（boiling film），使界面换热以蒸汽膜传导和辐射形式进行。1934 年，Nukiyama[2]开创性地建立了沸腾曲线，用以表征界面热流密度与过热度的定量关系，为现代沸腾换热研究奠定了基础。界面的热交换随界面过热度增大依次经历四个阶段，如图 1 所示[3]：当过热度较小时，界面处于自然对流状态；随过热度增加，临近界面的液体汽化形成气泡不断长大并迅速离开界面，此时为核态沸腾状态。过热度进一步增加，热流密度随之逐步增大，气泡大量产生，且相互影响，使得部分界面被滞留气泡覆盖，导致热流密度降低，进入过渡沸腾状态；当过热度达到 Leidenfrost 点时，界面形成稳定蒸汽膜，进入稳定膜态沸腾状态。

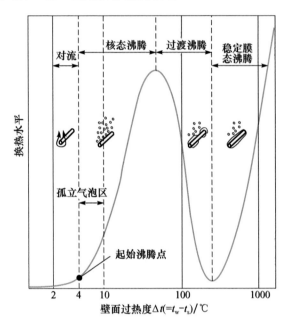

图 1　饱和水在水平加热面上的沸腾曲线（$p=1.013\times10^5\mathrm{Pa}$）

经过几十年的研究，科学家已提出了许多基于沸腾曲线的沸腾换热模型及经验或半经验的换热关联式[4]，用以定量描述物态变化条件下的界面换热。但由于沸腾过程的复杂性、多变性以及随机性，目前人们还无法像处理常规导热、单相对流和热辐射那样来精确计算沸腾换热，至今仍没有发展出适用于工程应用，且通用性和准确性较高的换热关联模型。

经典沸腾换热理论的局限性是多方面的。首先，在计算表面温度和气泡传热时分别采取了平均化和线性叠加的处理思路[5]，忽略了气泡间相互作用所引起的气泡大小不一致性和气泡长大的随机性，导致理论计算与实验数据存在较大差异。虽然也有学者提出引入非线性处理方式来改善理论计算模型，但仍未取得实质性的突破。其次，界面特性，如材质、形状、粗糙度、浸润性等，都对沸腾换热具有显著的影响[6]，造成实验研究数据存在显著的分散度，制约了理论模型的发展。由于对这些界面特性因素的作用还缺乏系统全面的认识，人们无法在研究中合理地引入或分离其影响。此外，经典理论研究基于大溶池范畴，关注宏观现象的解释，缺乏对微观、瞬态和特殊状态下（如脉冲加热、微尺度沸腾等）沸腾换热的有效表述[7]。

实际工程中淬火介质不仅会发生物态变化，而且伴随一定的搅拌流动，属于两相流换热问题。气泡在流动状态下的相互作用及其流动对蒸气膜状态的影响都需要深入的研究。一般情况下，淬火工件表面温度会迅速降低，各个沸腾阶段的形成时间也较短，具有瞬态特性。这与理论研究时的稳态换热形式显著不同，这也是造成现有沸腾传热理论无法应用于工程实际的另一个重要原因。因而，采用瞬态模型，引入非线性处理方式，并引入界面特征诸因素的作用是解决此类换热理论模型研究的重要发展方向。

沸腾过程的复杂性、多样性和随机性不仅对沸腾换热理论研究造成了困难，还对实验测量带来了巨大挑战。采用加热形式的沸腾曲线测量与淬火冷却过程中的实际换热存在显著差异。为此人们发展了多种技术手段，意图精确获取冷却过程中界面的换热数据[8]，来加强对界面特性、流动等因素的认识，以促进理论研究的发展。例如，早期提出了集中热容法、近表面多点估算法等，近年来又发展了电流加热平衡法[9]和反问题法[10]。集中热容法仅适合于纯金、银、铜等热传导较快的金属，近表面多点估算法对测温点安装位置精度要求严格，电流加热平衡法无法处理固态相变潜热，反问题法因其具有不受材质/形状限制、测温点安装灵活、可分离相变潜热等优点，得到较为广泛的应用。

综上所述，有物态变化的淬火介质与工件之间的界面换热机理及其定量表征仍是当前热处理领域重大科学难题，因为淬火过程中液态淬火介质的物态变化及其与淬火工件间的界面换热是一个极为复杂的物理现象，涉及沸腾换热、两相流流体动力学等多个研究领域。界面换热受工件表面润湿条件（表面粗糙度、表面氧化状态、表面曲率等）、介质流场和温度等多种因素的影响。当前最有效的手段是利用流-固耦合的数值计算，间接获得界面上的热流密度，进一步建立起综合换热系数与界面流速、固体界面温度等因素之间的量化关系。此外，随着测试装置的改进、温度测量精度的提高和数值计算方法的发展，反问题法也是一种能够获取实际淬火过程中淬火介质与工件之间界面换热的有效手段。

尽管人们已经在上述方向开展了长期的研究，加深了对其背后机理的理解，并取得了长足的进展，但是要获得有工程应用价值的精确定量描述，尚需时日。

参 考 文 献

[1] Leidenfrost J G. De aquae communis nonnullis qualitatibus tractatus, Duisburg, 1766. English Translation by Wares C. International Journal of Heat and Mass Transfer, 1966, 9: 1153-1166.

[2] Nukiyama S. Film boiling water on thin wires. Society of Mechanical Engineering, 1934: 37.

[3] 杨世铭, 陶文铨. 传热学. 北京: 高等教育出版社, 2006.

[4] Carey V P. Liquid-Vapor Phase-Change Phenomena. New York: Hemisphere, 1992.

[5] Shoji M. Boiling chaos and modeling. Heat Transfer, 1998, 1: 3-22.

［6］ Price R F. Determination of surface heat-transfer coefficients during quenching of steel plates. Metals Technology, 1980, 7(1): 203-211.

［7］ Peng X, Wang B. Forced-convection and boiling characteristics in microchannels. Heat Transfer, 1998, 1: 371-390.

［8］ 张立文, 朱大喜, 王明伟. 淬火冷却介质换热系数研究进展. 金属热处理, 2008, 33(1): 53-56.

［9］ 沈成俊, 张伟民, 顾剑锋, 等. 电流法测量空气换热系数. 热加工工艺(铸锻版), 2006, 35(6): 41-43.

［10］ Gu J F, Pan J S, Hu M J. Inverse heat conduction analysis of synthetical surface heat transfer coefficient during quenching process. Journal of Shanghai Jiaotong University (Science), 1998, 32(2): 19-22.

撰稿人：徐　骏、顾剑锋

上海交通大学

蠕变与应力松弛本构的矛盾与统一

Creep and Stress Relaxation Constitutive Modelling: Contradiction and Unification

现代航空航天壁板类构件具有复杂双曲率外形以及复杂内部结构特征，采用传统滚弯、拉形等技术制造难以达到成形精度和性能双重需求，欧美等发达国家和地区提出利用金属（如铝合金）的蠕变特性和时效析出强化效应，将蠕变成形与时效热处理成性同步进行的构件制造新工艺。由于构件在成形过程复杂热力载荷作用下，蠕变、应力松弛和时效强化同时发生且相互耦合，所以常被称为蠕变时效成形（creep age forming, CAF）、应力松弛时效成形（stress relaxation age forming, SRAF）或统称时效成形（age forming, AF）。

时效成形过程中，应力松弛形成的连续变化应力使得蠕变过程中材料内部位错行为不断变化，也会影响时效沉淀相析出时的形核和长大过程；同时，时效沉淀相的不断析出又会影响位错运动，进而影响蠕变和应力松弛过程。因此，蠕变、应力松弛和时效强化复杂的耦合作用使得同时精确调控构件成形精度和材料性能变得十分困难。目前，该技术主要应用于制造航空机翼蒙皮等小曲率构件，如空客采用该技术制造了世界上最大商用客机 A380 机翼上壁板，材料为 7055 铝合金，蒙皮长 33m，宽度 2.8m，厚度 3～28mm，采用双曲率气动外形设计，成形后的壁板表面光滑，内应力小，尺寸稳定，装配容差可控制在 1mm 以内，且重复性好。空客公司采用该技术，每 24 小时制造出一副合格的机翼壁板，极大缩短了制造周期[1]。

蠕变与应力松弛是金属材料在不同条件下表现出的两种性质。蠕变一般是指金属材料在恒定应力作用下发生的缓慢不可恢复变形的现象，而应力松弛一般是指金属材料在力的作用方向上总应变保持不变而应力自发降低的现象。经典蠕变力学认为，应力松弛过程中随时间增加的非弹性形变与蠕变成形中的蠕变形变都可以用位错理论进行解释，应力松弛是蠕变现象的另一种表现，在本质上它们都是一样的[2]。因此，近年来，为了揭示蠕变和时效的耦合作用，往往采用恒应力蠕变试验获取不同应力和温度下蠕变、微观组织及力学性能随时间的变化规律，然后采用数值分析和数学统计方法处理数据，得到材料的蠕变本构模型；进一步基于加工硬化假说与时效假说建立两种蠕变-应力松弛基本转换模型[3]，实现应力松弛行为的预测。例如，英国帝国理工学院 Lin 等[4]通过引入中间变量考虑了蠕变与时效析出强化的交互作用机制，并通过开展不同温度下的恒应力蠕变时效试验，获得了相应条件下的蠕变、微观组织和性能演变规律，在此基础上，利用遗传算法对本构模型中的材料常数进行拟合，实现了蠕变与时效析出强化统一本构建模；中南大学湛利华等[5]通过分析金属材料蠕变与应力松弛行为的产生机理及其相互关系，分别建立了基于加工硬化假说和时效假说的蠕变-应力松弛基本转换模型，实现了蠕变向时效应力松弛行为转化的预测。

　　然而，从构件的时效成形过程来看，加载阶段，未变形构件在热压罐提供的气压载荷作用下向模具型面贴合；时效阶段，构件始终保持与模具的贴合状态，此时构件内各点的总应变不变，部分弹性应变向蠕变应变转化，其内部应力水平因发生松弛而降低。对于小曲率构件，如机翼蒙皮等，因其初期加载应力水平及应力梯度较小（处于弹性应力水平），时效过程中应力松弛幅度较小，可以近似采用以恒应力蠕变试验为基础建立的蠕变本构模型指导恒应变应力松弛时效成形过程形性演变预测；但对于大曲率构件，尤其是高筋壁板构件，如整体机身壁板等，初期加载后构件内部应力水平及应力梯度均较大，高应力区域往往超出了材料的屈服强度，处于此种条件下的恒应力蠕变时效与恒应变应力松弛时效形性演变规律是否仍然遵守经典蠕变力学的转换关系，值得商榷。

　　已有研究表明[6]，时效成形过程材料性能因纳米强化相不断析出而连续演变，应力的不同表现形式对这一析出过程具有显著影响。图 1 和图 2 分别是 2219 铝合金恒应力蠕变时效试验和恒应变应力松弛时效试验条件下材料力学性能及微观组织的测试结果，可知在相同初始应力状态下，二者的力学性能不同；恒应力蠕变时效处理后合金的强度随着试验应力的增加呈现先升高后降低的趋势，而恒应变应力松弛时效处理后合金的强度随着试验应力的升高而增大；蠕变时效可能存在应力作用导致的析出相各向不均匀分布，即应力位向效应，而相同条件下的应

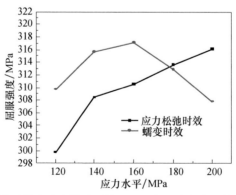

图 1　蠕变时效和应力松弛时效屈服强度随应力水平的演变规律

（a）蠕变时效　　　　　　　　　　（b）应力松弛时效

图 2　蠕变时效和应力松弛时效微观组织的差异

力松弛时效并未观察到此类现象，反之亦然。因此，恒应力蠕变条件下的时效析出特征及非弹性形变行为不再适用于指导连续大梯度应力松弛作用下形性演变规律的预测，必须查明时效成形过程中应力大幅度松弛对形性演变影响的规律及机制。同理，基于经典蠕变力学建立的蠕变与应力松弛相互转化关系，不再适用于大应力梯度下材料性能连续变化的时效成形过程，需要开展蠕变与应力松弛时效统一建模以实现构件形性演变的精确预测。

在该研究方向上，需要突破的两大科学难题如下。

1）纳米强化相连续析出作用下应力松弛与蠕变位错演变关联机制

需要研究性能连续演变作用下的应力松弛特征及非弹性形变机制，揭示蠕变与应力松弛位错演变的微观关联机理，深入剖析时效成形过程蠕变与应力松弛形变特征及统一本构表征方法，从而提高构件回弹预测的准确性。

2）变应力作用下时效析出行为及应力位向效应产生机制

需要系统研究梯度应力作用下纳米强化相随时间的析出演变行为及分布特征，揭示变应力对强化相各向不均匀析出的影响机制，建立材料蠕变/应力松弛时效统一本构模型，为实现大型构件时效成形过程力学性能与成形精度的精确预测与调控提供理论支撑。

参 考 文 献

[1]　Zhan L, Lin J, Dean T. A review of the development of creep age forming: Experimentation, modeling and applications. International Journal of Machine Tools and Manufacture, 2011, 51: 1-17.

[2]　穆霞英. 蠕变力学. 西安: 西安交通大学出版社, 1990.

[3]　奥金格 H A, 伊凡诺娃 B C, 布尔杜克斯基 B B, 等. 金属的蠕变与持久强度理论. 北京: 中国工业出版社, 1966.

[4]　Ho K C, Lin J G, Dean T A. Constitutive modelling of primary creep for age forming an aluminium alloy. Journal of Materials Processing Technology, 2004, 153: 122-127.

[5]　湛利华, 王萌, 黄明辉. 基于蠕变公式的时效应力松弛行为预测模型. 机械工程学报, 2013, 49(10): 70-76.

[6]　湛利华, 张姣, 贾树峰. 2219 铝合金应力时效强度演变规律及其强化模型. 中南大学学报 (自然科学版), 2016, 47(7): 2235-2241.

撰稿人: 湛利华[1]、李　恒[2]、杨有良[1]

1 中南大学、2 西北工业大学

如何调控复杂热力耦合作用下微观组织实现高性能塑性成形？

How to Control the Microstructure Evolution under Thermal-Mechanics Coupling Effects to Realize the High-Performance Plastic Forming?

塑性成形技术主要通过施加力热耦合场，或同时辅以磁场等其他物理场，使材料产生塑性变形实现体积转移，不仅可以实现零件复杂形状和尺寸的精确成形，并且能够控制甚至改善材料的微观组织和性能，是航空航天等高技术领域实现高性能轻量化构件成形制造的重要途径[1]，也一定程度地反映了一个国家高端制造的核心竞争力。航空航天等高端装备对长寿命、高可靠性的不断追求，对零构件的服役性能提出了越来越高的要求，而性能的提升是由塑性成形中材料微观组织演变而实现的，因此调控成形中微观组织演变获得目标组织，成为赋予构件高性能，实现高性能精确塑性成形成性一体化制造的关键[2]。

然而，塑性成形是热力耦合、多工序、多参数作用下的高度非线性物理过程，微观组织演变机理极其复杂且受多因素耦合影响，如何实现复杂热力耦合条件下微观组织调控，成为高性能精确塑性成形成性面临的关键挑战，严重制约着高性能精确塑性成形制造技术的发展。相关研究一直是国际塑性加工领域的前沿与热点，对丰富塑性成形学科理论，提升高性能精确塑性成形制造能力和水平，推动航空航天等领域高端装备的发展具有重大意义。

Sorby 于 1863 年发现，钢铁材料也像生物一样存在着细胞状的微观组织（图 1），它介于"宏观世界"与物质的基本要素"原子·分子世界"之间，对材料的性能能够产生显著的影响[3]。

自此，人们利用显微镜等检测设备对金属塑性成形中的微观组织演变进行了大量观测与研究，发现这是一个极其复杂的物理过程，主要表现在以下几个方面：

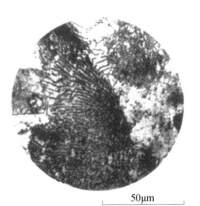

50μm

图 1　谢菲尔德大学收藏的索拜的原始试样微观组织（碳素钢的珠光体组织）[3]

（1）微观组织的相组成、形态及尺寸特征复杂。金属的微观组织往往由多个物相及不同的析出粒子组成，而且它们的三维形貌、尺寸与空间分布极不规则。目前主要通过截面二维组织形貌结合体视学与统计学的方法推测其三维特征，但由于组织三维形貌的不规则性，常常无法满足该方法严格的前提假设，导致错误的结论。近年来，人们利用系列截面法与三维 X 射线衍射法实现了组织三维形貌的观测，但仍存在观测区域小、设备要求高、费时等缺点，很难推广应用[4]，金属微观组织的观测与精确定量表征仍面临很大挑战。

（2）组织演变机制众多且相互影响。金属塑性加工，特别是热加工，材料经历一次或多次加热保温、变形和冷却过程，热变形历史复杂，其间可能会发生相变、晶粒粗化、孪晶、动态回复、连续/不连续动态再结晶、晶粒破碎球化、片层晶粒弯折、变形带、局部剪切带、晶粒转动形成择优取向等多种组织演变机制[5]。而且，各种组织演变机制间存在复杂的相互影响，可能是竞争关系，也可能是促进作用，例如，动态回复与动态再结晶相互竞争，而动态再结晶则会促进晶粒的破碎球化。

（3）涉及多尺度物理现象的耦合响应。塑性变形是由宏观加载驱动细观位错滑移、孪生及晶界变形实现的，涉及多尺度的物理现象，如原子排列和晶格结构变化（纳米级）、位错胞形成（微米级）、晶界滑移（微米级）、动态再结晶（微米级）、局部剪切（亚毫米级）等，从而产生特征尺寸从纳米到亚毫米的微结构演化[6]。这些物理现象和微结构演化尺度跨越大、形成机理各异，且存在相互耦合响应，大大增加了塑性变形微观组织演化机理分析的难度。

（4）各工序组织演变存在遗传效应。金属构件的塑性成形制造常需要进行开坯、改锻、终锻、热处理等多个工序，各工序间组织演变存在一定的遗传效应。例如，两相钛合金在单相区开坯后β晶粒尺寸均匀性、集束取向特征、片层厚度等对改锻过程中片层球化均匀性、α晶粒尺寸与微织构等具有重要遗传影响[7]；而终锻后金属流线、晶粒亚结构与取向、晶体缺陷与存储的变形能等对后续热处理中的宏观织构、静态再结晶、第二相析出等也具有显著影响。

（5）强烈依赖于塑性变形热力条件。塑性成形中材料成分、初始组织状态、变形历史、温度历史、外加物理场等众多因素，都会对微观组织演化产生显著影响，且十分敏感[8]。而塑性成形中很难保证变形热力条件（包括力加载条件、温度、外加物理场等）的均匀性，这就会导致微观组织不均匀缺陷，恶化服役性能。此外，调控组织性能的同时还要协调保证构件的宏观成形精度，实现成形成性一体化制造，这些特点给塑性成形中的微观组织调控带来了很大挑战。

综上所述，金属塑性成形中微观组织演化是一个涉及多工序、多机制、多尺度、多参数且相互耦合影响的高度复杂物理过程。如何从热力耦合、多尺度与全过程的角度深入研究并深刻认识塑性成形中微观组织演化的机理与规律，建立全过程多尺度的塑性成形仿真模型，发展形性一体化协同调控的理论与方法，是高性能精确塑性成形制造前沿领域的核心科学问题。其研究解决将深化对塑性成形组织演化机理的认识，提升高性能精确塑性成形技术水平，推动航空航天等领域高端装备的发展。

参 考 文 献

［1］ 杨合, 孙志超, 詹梅, 等. 局部加载控制不均匀变形与精确塑性成形研究进展. 塑性工程学报, 2008, 15(2): 6-14.

［2］ 国家自然科学基金委员会工程与材料科学部. 机械工程学科发展战略报告(2011~2020). 北京: 科学出版社, 2010.

［3］ 西泽泰二. 微观组织热力学. 郝士明, 译. 北京: 化学工业出版社, 2006.

［4］ Toda H, Kamiko T, Tanabe Y, et al. Diffraction-amalgamated grain boundary tracking for mapping 3D crystallographic orientation and strain fields during plastic deformation. Acta Materialia, 2016, 107: 310-324.

［5］ Roters F, Eisenlohr P, Hantcherli L, et al. Overview of constitutive laws, kinematics, homogenization and multiscale methods in crystal plasticity finite-element modeling: Theory, experiments, applications. Acta Materialia, 2010, 58(4): 1152-1211.

［6］ McDowell D L. A perspective on trends in multiscale plasticity. International Journal of Plasticity, 2010, 26(9): 1280-1309.

［7］ Smith W, Hashemi J. Foundations of Materials Science and Engineering. New York: McGraw-Hill Inc., 2009.

［8］ Banerjee D, Williams J C. Perspectives on titanium science and technology. Acta Materialia, 2013, 61(3): 844-879.

撰稿人：杨　合、高鹏飞、樊晓光、詹　梅

西北工业大学

塑性变形-热处理过程组织遗传演化机理

Microstructure Genetic Evolution Mechanisms in Plastic Deformation and Heat Treatment

金属零件经过塑性变形后,通常需要进行中间退火热处理和最终淬火热处理。中间退火热处理是为了改善加工性能,最终淬火热处理是为了提高强度、硬度和耐磨性以满足零件的使用性能。塑性变形、中间退火热处理和最终淬火热处理工艺简称塑性变形-热处理,不仅是应用广泛的金属零件制造技术,而且是高性能零件如航空发动机叶片、涡轮盘、机匣,高铁车轮、车轴,舰船推进轴,高端装备齿轮、轴承等不可替代的制造技术。

金属塑性变形-热处理组织存在着复杂的遗传演化关系。例如,金属零件塑性变形会形成连续的金属流线,经淬火热处理后金属流线依然存在;塑性变形后的晶粒组织细密,经淬火热处理后晶粒组织也比较细密;塑性变形后的金属零件晶粒大小、形态、分布会直接影响后续淬火热处理得到的组织状态与分布,进而直接影响零件的最终力学性能和使用寿命。因此,只有深刻理解金属塑性变形-热处理组织遗传演化机理,才能实现金属塑性变形-热处理工艺设计优化与匹配,进而通过工艺条件调控实现零件组织状态与力学性能调控,制造具有良好基体组织的高性能金属零件。然而,关于金属塑性变形-热处理组织遗传演化的定量研究还十分缺乏,金属塑性变形温度、变形速度、变形量、变形均匀性等条件对塑性变形后的流线、晶粒、亚结构、变形位错、形变储能、内应力等组织状态有着重要影响,但是影响机理和规律并不清楚;塑性变形组织状态直接影响后续淬火热处理的相变条件、相变速度和相变程度,最终影响热处理组织均匀性、稳定性和强韧性,但是影响机理和规律也不清楚。因此,如果要通过金属塑性变形-热处理实现机械零件组织性能定量控制,就必须研究解决金属塑性变形-热处理组织遗传演化机理这一科学难题。

金属塑性变形-热处理是多物理场、多因素耦合作用下的复杂成形制造过程。金属塑性变形后会产生变形位错、形变储能和内应力,且在细观与微观尺度上,变形位错、形变储能和内应力的分布都是非常不均匀的。而不均匀变形位错、形变储能和内应力对后续淬火热处理过程中的组织演化具有重要影响,使得后续淬火热处理过程中的组织演化机理变得十分复杂。以金属流线为例,金属经过塑性变形后晶粒和少量的夹杂物沿主要伸长方向呈带状分布形成金属流线,在后续淬火热处理过程中,金属流线内部与边界处发生再结晶的程度不一致,同时夹杂物元素会在流线位置发生明显偏聚,但是变形位错、形变储能和内应力对淬火热处理过程中金属流线不同位置处再结晶、夹杂物元素偏聚的影响机理还不清楚,以致金属塑性变形-热处理中金属流线如何遗传、遗传多少等遗传演化机理不清楚。金属塑性变形后产生的不均匀变形位错、形变储能、内应力对后续淬火热处理过程中的相变(转变温度与转变速度等)也具有重要影响,进而影响淬火热处理后组织的转变量、分布与形态。然而,在不均匀变形位错、形变储能和内应力条件下,淬火热处理形核数量与驱动力难以计算,以致金属塑性变形-热处理中相变机理不清楚。此外,在不均匀变形位错、形变储能、内应力条件下,晶粒大小、形态、分布在淬火热处理过程中如何遗传、遗传多少等遗传演化机理也不清楚。综上所述,金属塑性变形后产生了不均匀变形位错、形变储能、内应力,使得金属流线、晶粒、亚结构等在后续淬火热处理过程中的演化机理十分复杂,以致难以揭示金属塑性变形-热处理组织遗传演化机理。

金属塑性变形-热处理涉及弹性力学、塑性力学、热力学、金属物理和相变理论等,通过该难题研究,对于揭示复杂不均匀变形位错、形变储能、内应力条件下淬火热处理组织演化机理,构建金属塑性变形-热处理组织性能遗传演化理论具有重要的科学意义。通过研究金属塑性变形-热处理组织遗传演化机理,对于建立金属塑性变形-热处理组织性能精确调控技术方法,实现金属零件组织性能定量设计制造,促进高性能金属零件制造技术应用发展具有重要的工程意义。

目前,国内外学者对金属塑性变形过程组织演化规律[1-6]、淬火热处理过程组织演化规律[7-9]、淬火热处理后零件的力学性能[10]等分别进行了研究。然而,关于金属塑性变形-热处理组织遗传演化的研究还十分缺乏,以致难以通过金属塑性变形-热处理成形制造实现机械零件组织性能定量控制。因此,迫切需要研究解决金属塑性变形-热处理组织遗传演化机理这一科学难题。针对金属塑性变形-热处理组织遗传演化机理的复杂性,其研究发展方向如下:

(1)研究金属塑性变形后的流线、晶粒、亚结构、变形位错、形变储能和内应力等组织状态对后续淬火热处理的相变条件影响规律,阐明塑性变形组织状态对后续淬火热处理的相变形核、相变温度与相变速度等的影响机理和调控方法。

(2)研究金属塑性变形后的流线、晶粒、亚结构、变形位错、形变储能和内应力等组织状态对后续淬火热处理的相变结果影响规律,阐明塑性变形组织状态对后续淬火热处理的相组织形态与分布、相组织稳定性和相组织强韧性等的遗传演化机理和调控方法。

(3)研究塑性变形条件与淬火热处理条件对金属零件组织性能的交互作用规律,发展塑性变形-热处理协同相变理论和组织性能控制方法。

参 考 文 献

[1]　王国栋. 板形控制和板形理论. 北京: 冶金工业出版社, 1986.

[2]　Zhang Y Q, Shan D B, Xu F C. Flow lines control of disk structure with complex shape in isothermal precision forging. Journal of Materials Processing Technology, 2009, 209: 745-753.

[3]　Fan X G, Yang H. Internal-state-variable based self-consistent constitutive modeling for hot working of two-phase titanium alloys coupling microstructure evolution. International Journal of Plasticity, 2011, 27: 1833-1852.

[4]　Gao P F, Yang H, Fan X G, et al. Microstructure evolution in the local loading forming of TA15 titanium alloy under non-isothermal condition. Journal of Materials Processing Technology, 2012, 212: 2520-2528.

[5]　Wu M, Hua L, Shao Y C, et al. Influence of the annealing cooling rate on the microstructure evolution and deformation behaviours in the cold ring rolling of medium steel. Materials and Design, 2011, 32: 2292-2300.

[6]　Čížek J, Janeček M, Krajňák T, et al. Structural characterization of ultrafine-grained interstitial-free steel prepared by severe plastic deformation. Acta Materialia, 2016, 105: 258-272.

[7]　冯端. 金属物理学. 北京: 科学出版社, 1990.

[8]　徐祖耀. 马氏体相变与马氏体. 北京: 科学出版社, 1999.

[9]　Barrow A T W, Kang J H, Rivera-Díaz-del-Castillo P E J. The $\varepsilon \rightarrow \eta \rightarrow \theta$ transition in 100Cr6 and its effect on mechanical properties. Acta Materialia, 2012, 60: 2805-2815.

[10]　Liu H J, Sun J J, Jiang T, et al. Improved rolling contact fatigue life for an ultrahigh-carbon steel with nanobainitic microstructure. Scripta Materialia, 2014, 90-91: 17-20.

撰稿人：华　林、韩星会

武汉理工大学

塑性加工过程的不确定性

Uncertainty in Plastic Forming Process

本难题涉及材料成形制造特别是金属材料热加工领域。金属等材料塑性加工是在外部能量场（机械能、热能、电能和化学能等）作用下通过多约束加载（多模具、整体/局部边界条件等）使材料产生塑性变形以实现体积转移、性能调控和构件功能创成的物理过程。深刻理解材料在复杂约束条件下塑性加工全过程不均匀形变和微观组织演变规律及机理，并对其进行准确预测和有效控制，是实现高功能创成构件成形和控性一体化精确高效制造的前提和基础[1,2]。

然而，该过程是一个涉及材料、几何和接触边界三重非线性的多种因素耦合影响下的复杂物理问题。尤其是在实际塑性加工过程系统中，变形物质、外部能量、工作界面和变形过程中，无论是可控参数还是不可控参数（噪声因子），均不可避免涉及明显的分散性、随机性和波动性等不确定性（uncertainty）及其传递现象（uncertainty propagation），可能会导致过程失效中断、工模具损坏以及构件功能创成的不确定性响应（uncertainty response），从而严重影响材料塑性加工的效率和精度[3-6]（图1）。因此，塑性加工系统中的不确定性问题越来越不容忽视。

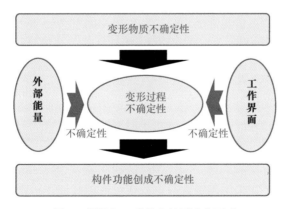

图 1　塑性加工系统中的不确定要素

自 19 世纪后期 Boltzmann、Gibbs 等将随机性引入物理学建立统计力学以来，不确定问题因其在科学和工程各领域的普遍性和重要性，以及其物理本质和表征等方面的复杂性，一直是国际学术界前沿方向的热点和难点问题。在材料塑性加工过程中，所涉及不确定性因素众多且相应物理本质复杂，涉及机械、材料、力学、物理、数学等多个学科，其不确定科学难题主要包括：①待变形物质成形制造前往往经历铸造等复杂的热力耦合物理冶金制备历史，易导致变形体出现尺寸偏差和残余应力等波动，且变形体内部不可避免伴随偏析、微孔洞、位错以及晶界、相界等复杂不均匀成分和组织分布，使得变形物质功能属性产生不确定性，而有关变形物质的物理不确定性产生机制复杂且难以表征；②塑性加工过程材料变形所需机械能、热能、电能、磁能等外部能量场往往因各种能量源的扰动而出现波动现象，与上述材料所具有的不确定性因素耦合作用，使得变形体内出现温度场和残余应力场等内部物理场的非均匀、非连续分布，导致材料形变和微结构演变出现波动；③变形体和成形模具间工作界面往往呈现材料塑性流动、模具运动/振动、模具损伤和界面变温变压摩擦的多重动态复杂耦合作用，工作界面的这类物理不确定性将直接影响变形体的应力应变分布状态；④塑性成形是多因素耦合影响下易产生多种缺陷并伴随组织演化的强非线性输出响应过程，材料成形过程本身涉及滑移、孪生、蠕变、晶界滑移和相变等复杂的不均匀形变机制，因此具有确定性属性的变形体在外部能量和工作界面不确定因素交互作用下，其形变和微结构演变也将发生波动性、随机性等不确定现象，直接影响构件的成形精度和热力学性能等功能创成；⑤构件功能创成不仅涉及形状尺寸等形状要求，还涉及组织和性能的调控，而上述不同类型不确定性因素对材料不均匀变形、多种失稳现象和微结构演变的耦合影响规律极为复杂。

以往的确定性优化设计方法和引入安全因子的保守参数设计方法极难描述上述不确定因素与多约束下塑性成形缺陷发生概率间复杂的非线性关系。因此，围绕变形物质-外部能量-工作界面-变形过程-构件功能创成等材料成形过程要素，研究揭示各类不确定现象的物理本质及其传递、交互作用规律和机制，进而定量表征复杂构件多约束下塑性成形过程的不确定性，建立其与成形质量响应之间的映射关系，以此开展不确定性优化原理和方法，是实现复杂构件形性一体化精确高效成形、绿色成形和智能制造的关键科学问题，具有重要的理论意义和工程实用价值。

国内外学者基于实验测量、统计学方法和实验设计方法，主要针对材料几何和性能波动，研究了相关不确定性对材料成形性能和成形极限的影响规律，并通过蒙特卡罗模拟、响应面法、多目标稳健性优化等方法考虑不确定因素，对塑性成形过程进行了设计，但目前仅限于板材冲压、弯曲等常规工艺[2-6]。由于塑性成形过程涉及参数种类多样、数量大以及成形过程本身的多重强非线性，特别是高性能轻量化复杂构件成形过程往往是多物理场作用下涉及多机制变形和复杂微结构演变的多约束过程，使得其中的不确定现象更为普遍且更为复杂。针对变形物质-外部能量-工作界面-变形过程-构件功能创成中存在的不确定问题,需要突破以下几方面的科学问题。

1)成形过程中不确定性因素的物理本质及其定量表征

采用实验测量方法、概率统计、随机模拟或模糊理论等,研究变形物质、外部能量、工作界面和变形过程涉及不确定因素的起源和分布物理本质,建立不同类型不确定因素的定量表征方法,阐明温度和摩擦等不同不确定性因素之间的相关性和交互作用机制。

2)变形物质、外部能量、工作界面和变形过程不确定性对构件功能创成不确定的影响规律和机制

结合田口设计、蒙特卡罗抽样方法和近似方法等,研究变形物质、外部能量、工作界面和变形过程不确定性对构件功能创成不确定的影响规律和机制,探讨有限元等方法自身数值计算不确定性和统计模型中样本容量带来的不确定性对成形过程的影响规律,获得复杂构件成形过程中各个要素涉及不确定的传递规律。

3)考虑不确定性的多参数多目标多约束优化设计算法

在不确定性分析和设计框架内,针对成形过程多参数、多目标、多约束的高维非线性优化设计难题,采用响应面模型(多项式回归、径向基函数等)、支持向量机、神经网络和 Kriging 模型等替代模型,研究发展提高替代模型预测精度的新算法,建立基于不确定性分析的高效可靠性和稳健性优化设计算法,为实现不确定设计精度和计算成本的平衡奠定理论基础。

参 考 文 献

[1] Allwood J M, Duncan S R, Cao J, et al. Closed-loop control of product properties in metal forming. CIRP Annals—Manufacturing Technology, 2016, 65(2): 573-596.

[2] Wiebenga J H, Atzema E H, An Y G, et al. Effect of material scatter on the plastic behavior and stretchability in sheet metal forming. Journal of Materials Processing Technology, 2014, 214(2): 238-252.

[3] Abdessalem A B, El-Hami A. A probabilistic approach for optimizing hydroformed structures using local surrogate models to control failures. International Journal of Mechanical Sciences, 2015, 96: 143-162.

[4] Ou H, Wang P, Lu B, et al. Finite element modelling and optimization of net-shape metal forming processes with uncertainties. Computers and Structures, 2012, 90: 13-27.

[5] Sun G, Li G, Gong Z, et al. Multiobjective robust optimization method for drawbead design in sheet metal forming. Materials and Design, 2010, 31(4): 1917-1929.

[6]　Hu P H, Ehmann K F. A dynamic model of the rolling process. Part I: Homogeneous model. International Journal of Machine Tools and Manufacture, 2000, 40(1): 1-19.

撰稿人：杨　合、李　恒

西北工业大学

塑性微成形尺寸效应与尺度极限

Size Effect and Scale Limit in Micro-Forming

塑性微成形是一种采用塑性变形方法成形微型构件的微纳制造技术，所成形构件尺寸或特征尺寸至少在二维方向上小于 1mm[1]。该技术继承了传统塑性加工技术的优点，具有成形效率高、成本低、工艺简单、成形构件性能优异和精度高等特点，是低成本批量制造各种微结构和微型构件的重要加工方法之一，在航空航天、能源、电子、生物医疗和军工等领域具有重要的应用前景。

塑性微成形尺度范围在亚毫米或微米量级，属于介观尺度范畴。与传统的塑性加工工艺相比，微成形构件的几何尺寸可以按等比例缩小，而材料的某些参数保持不变，如材料的微观晶粒度和表面粗糙度等，从而导致材料的塑性变形行为发生了改变。在塑性微成形过程中，当试样的特征尺寸达到介观尺度时，试样自身的物理特性和内部结构发生了变化，某些材料性能参数和成形工艺参数不再是简单地按照相似理论等比例增加或减小，超出了宏观塑性加工理论的适用范围。这种与零件几何尺寸和材料内部微观结构尺寸相关的现象称为"尺度效应"。介观尺度材料变形尺度效应是一个非常复杂的问题，随着试样尺寸的不断减小，既有"越小越弱"，也有"越小越强"，这主要体现在试样内部微观结构尺寸与外部几何尺寸对流动应力的耦合作用[2]。例如，德国 Geiger 教授等基于相似性原理研究了微镦粗尺度效应。结果表明，随着试样尺寸的减小，材料的流动应力降低，当微型化比例因子 λ 减小到 0.1 时，材料的流动应力降低约为 20%，出现了"越小越弱"的尺度效应[3]。在纯镍微弯曲实验中，当试样的厚度减少到 25μm 及更小尺寸时，材料的弯曲应力明显升高，表现出"越小越强"的尺度效应[4]。在薄板微冲裁实验中，随着微型化比例因子的减小，材料的最大剪切强度逐渐增大，金属薄板微冲裁尺度效应与冲裁间隙及晶粒尺寸之比有关[5]。总之，塑性微成形尺度效应不仅是由试样尺寸、表面形貌以及模具约束等外在因素造成的，而且与材料的位错滑移、晶界和界面约束等内在因素密切相关，微成形尺度效应理论模型建立必须考虑表面效应、位错密度、晶界与界面、应变梯度与几何必需位错的耦合作用。因此，介观尺度微成形尺度效应成为塑性微成形技术面临的基本科学问题。

塑性微成形极限体现了材料在宏观、介观到微观尺度变化过程中的成形能力。随着塑性微成形技术的尺度范围逐步向纳米尺度推进，材料的微成形性能不断降低，微成形构件的尺寸精度及一致性变差，塑性微成形工艺可加工构件最小特征尺寸的极限问题（即尺度极限）受到越来越多的关注。以微冲孔工艺为例，采用传统模具结构和材料最小微冲孔直径可达 25μm，采用基于微细电火花原位制造和装配技术，最小微冲孔直径可达 14μm，而采用硅刻蚀模具最小微冲孔极限可达 2μm。宏观拉深杯形件的成形质量良好，而微拉深杯形件的法兰发生轻微起皱，成形极限降低。介观尺度微成形极限随着微型化加剧逐渐减小，且当薄板厚度方向仅有几个晶粒时，成形极限降低，分散性逐渐加大。在微模压成形过程中，当晶粒尺寸约为微型模具型腔尺寸的一半时，材料流动性能出现最小值，呈现出明显的填充尺度效应，微成形填充性能与型腔尺寸、晶粒尺寸、型腔尺寸与晶粒尺寸之比有关[6]。同时，塑性微成形过程中材料与模具之间存在复杂的界面效应，摩擦尺度效应明显，严重影响材料的微成形性能。塑性微成形尺度极限主要与材料成形极限、工艺方法、模具及设备精度相关，特别是一些新型的微成形方法对于提高成形质量具有明显效果，如图 1 所示[7]。近年来，随着微成形加工尺度范围不断延伸，特别是随着尺度更小的新型微/纳机电系统的不断涌现，微型构件特征尺寸下限减小至微米甚至纳米量级，逐步接近材料塑性变形基本物理机制作用的空间范畴，材料在微观尺度范畴的变形载体与微型构件的外部特征几何尺寸处于相似量级，塑性微成形过程中表现出更强的尺度依赖性。2004 年，美国 Uchic 等学者[8]发表于 *Science* 上的研究成果报道了微纳米尺度单晶镍微柱压缩过程中，材料力学性能呈现"越小越强"的尺度效应，材料强度逐步接近材料理想强度，使得塑性微成形技术的尺度极限受到更为严峻的挑战。

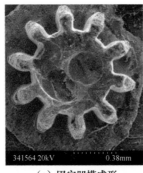 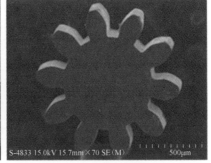

（a）固定凹模成形   （b）浮动凹模成形

图 1   微型齿轮件

总之，塑性微成形与传统宏观塑性成形的主要区别在于微型零件的尺寸更接近材料微观结构尺寸。介观尺度非均质材料微变形的微观物理本质、微成形过程微摩擦尺度效应及润滑、多场耦合作用下微成形过程中组织结构演变热力学和动力学、微型构件微观缺陷和残余应力形成和演变机理等成为塑性微成形技术亟待解决的科学难题。因此，一些新型材料，包括超细晶、纳米晶材料和非晶合金等，逐步应用到塑性微成形技术中。同时，在微成形过程中对坯料施加电场、磁场以及超声波等特种能场作用，利用特种能场和材料相互作用产生的"电致塑性"、"声波软化"和"应力叠加"等物理效应[9,10]，能够改善材料微成形性能，进一步提高塑性微成形的尺度极限，实现微型构件的跨尺度、多材料和可控制造。

参 考 文 献

［1］　Geiger M, Kleiner M, Eckstein R. Microforming. CIRP Annals—Manufacturing Technology, 2001, 50(2): 445-462.

［2］　Greer J R, de Hosson J T M. Plasticity in small-sized metallic systems: Intrinsic versus extrinsic size effect. Progress in Materials Science, 2011, 56(6): 654-724.

［3］　Geiger M, Messner A, Engel U. Production of microparts—Size effects in bulk metal forming similarity theory. Production of Microparts, 1997, 4(1): 55-58.

［4］　Stölken J S, Evans A G. A microbend test method for measuring the plasticity length scale. Acta Materialia, 1998, 46(14): 5109-5115.

［5］　Xu J, Guo B, Wang C J, et al. Blanking clearance and grain size effects on micro deformation behavior and fracture in micro-blanking of brass foil. International Journal of Machine Tools and Manufacture, 2012, 60: 27-34.

［6］　Wang C, Wang C, Xu J, et al. Interactive effect of microstructure and cavity dimension on filling behavior in micro coining of pure nickel. Scientific Reports, 2016: 23895.

［7］　单德彬, 徐杰, 王春举, 等. 塑性微成形技术研究进展. 中国材料进展, 2016, 35: 251-260.

［8］　Uchic M D, Dimiduk D M, Florando J N, et al. Sample dimension influence strength and crystal plasticity. Science, 2004, 305: 986-989.

［9］　Wang X, Xu J, Shan D, et al. Modeling of thermal and mechanical behavior of a magnesium alloy AZ31 during electrically-assisted micro-tension. International Journal of Plasticity, 2016, 85: 230-257.

［10］　Wang C J, Liu Y, Guo B, et al. Acoustic softening and stress superposition in ultrasonic vibration assisted uniaxial tension of copper foil: Experiments and modeling. Materials and Design, 2016, 112: 246-253.

撰稿人： 单德彬、徐　杰、王春举、郭　斌

哈尔滨工业大学

陶瓷与金属连接界面反应机制及调控

Mechanism and Control of the Interface Reaction between Ceramics and Metals

陶瓷及陶瓷基复合材料具有耐高温、高强度、抗腐蚀性优良等诸多性能，但其在常温下韧性差，难以加工制备成形状复杂的构件，因此常常需要采用连接技术制备陶瓷、陶瓷基复合材料与金属的复合构件，以充分发挥它们各自的优异性能，满足现代工程应用的需要。陶瓷、陶瓷基复合材料与金属的连接构件可广泛应用于航空航天、能源、汽车、机械、化工和电子等领域，如航空发动机燃烧室或涡轮叶片、航天发动机推力室或飞行器翼舵、汽车发动机止动盘等。在陶瓷、陶瓷基复合材料与金属连接界面处，界面润湿性差、化学反应生成脆性化合物、接头残余应力大，使得接头常有缺陷产生。而焊接缺陷的存在，往往会导致接头在服役中失效，如欧洲 Ariane 5-ESCA 火箭就曾因喷嘴周围冷却管存在焊接裂纹导致燃料泄漏而发生爆炸。因此，揭示陶瓷、陶瓷基复合材料与金属连接界面反应机制，并对界面反应进行合理调控是新材料及异种材料连接领域非常重要的科学难题。

陶瓷、陶瓷基复合材料与金属连接界面反应机制及调控是通过研究热、力耦合过程中界面区域原子扩散、相变、化学反应的演变特征，揭示反应相的成长规律，并以此为基础确定中间层的设计准则，实现对陶瓷、陶瓷基复合材料与金属接头界面润湿、反应及残余应力的合理调控。该科学难题的解决，不仅能为陶瓷、陶瓷基复合材料与金属的连接奠定理论基础，同时为获得轻质、耐温、高强及气密性良好的陶瓷、陶瓷基复合材料与金属复合构件提供技术支撑，因此具有重要的理论意义和工程应用价值。

由于陶瓷、陶瓷基复合材料与金属之间物理、化学性质差异很大，所以陶瓷、陶瓷基复合材料与金属连接界面反应机制及调控非常复杂，需解决以下几方面难点：

（1）陶瓷、陶瓷基复合材料化学性质稳定，极难与金属发生化学反应，需采用含有 Ti、Zr、Hf 等活性元素的钎料对其进行连接。尽管活性钎料对陶瓷、陶瓷基复合材料具有较好的润湿性，但其与金属反应剧烈，易形成大量的金属间化合物。

（2）陶瓷、陶瓷基复合材料与金属连接时，除存在键型转换外，还在界面处生成各种碳化物、氮化物、硅化物、氧化物以及多元化合物，界面反应产物种类相当复杂。

（3）在确定界面化合物时，由于 C、N、B 等轻元素的定量分析误差较大，需制备多种标准试件进行各元素的定标。另外，采用 X 射线衍射标准图谱对比方法对界面多元化合物的相结构进行判定时，由于一些新化合物相没有标准，给反应生成相的种类与成分的确定带来了很大困难。

（4）陶瓷、陶瓷基复合材料与金属连接时，界面容易出现多层化合物，且这些化合物层很薄，在计算模拟界面反应过程及反应相成长规律时，由于缺少这些相的室温及高温数据，给模拟计算带来很大困难。

近几年，针对陶瓷、陶瓷基复合材料与金属连接界面反应机制及调控各国学者开展了广泛研究，主要围绕复合钎料及中间层的合理设计、待焊材料的表面改性进行研究。复合钎料是向钎料体系中直接添加或利用钎焊过程中反应形成的低热膨胀系数、高弹性模量的增强相，实现对界面反应的调控。目前，钎料体系中直接添加的增强相包含低热膨胀系数和高弹性模量的陶瓷颗粒、纤维以及硬金属颗粒[1]。特别是采用原位合成技术，通过调整颗粒的添加类型、添加量和工艺参数，可有效调节接头中原位反应形成的颗粒或晶须的尺寸和形貌，获得热膨胀系数可调、增强相分布均匀的接头[2]。另外，通过在钎料中添加金属中间层以及少量陶瓷中间层，可限制金属母材元素在钎料中的扩散距离，控制钎缝中脆性化合物的分布[3,4]。特别是，将中间层制备成网状或多孔状结构[5]，通过钎料与中间层在焊接过程中的反应，最终形成以中间层作为骨架的复合钎缝组织，实现陶瓷、陶瓷基复合材料与金属的可靠连接。此外，在金属表面生长晶须不仅能避免钎料中活性元素的大量消耗，且反应后晶须能保留在焊缝中，有利于缓解接头残余应力[6]。采用刻蚀、打孔、微凹槽加工等方式在陶瓷、陶瓷基复合材料表面进行改性，将连接界面由原有的二维结构转变为三维结构，还有利于增强接头的性能[7-9]。但是，尽管上述改善方法对陶瓷、陶瓷基复合材料与金属连接界面反应产生重要影响，但其带来的负面影响不容忽视，特别是由于研究内容不够系统与完善，目前的研究结果很难解释陶瓷、陶瓷基复合材料与金属连接界面反应机制，更无法实现对连接界面反应的调控。

揭示陶瓷、陶瓷基复合材料与金属连接界面反应机制，并对界面反应进行合理调控是新材料及异种材料连接领域的重要科学难题，它的解决对获得高质量的陶瓷、陶瓷基复合材料与金属连接接头具有重要意义。尽管现如今已有部分学者围绕该科学难题开展了探索性研究，但未来解决该科学难题的技术还有待于进一步创新和开发。具体的研究方向有：开发新的钎料增强体系，如颗粒和晶须联合增强的钎料体系；通过改变中间层种类（网状中间层、多孔中间层等）和物理特性（如孔径、孔密度、孔隙率等），形成热膨胀系数和弹性模量可调节的复合钎缝组织，从而实现对陶瓷、陶瓷基复合材料与金属连接界面的有效调控；通过金属母材表面镀膜、生长晶须等，抑制金属向钎料中的过度溶解，避免界面中连续脆性化合物带的生成；通过在陶瓷、陶瓷基复合材料表面生长纳米管、少层石墨烯，改善钎料在陶瓷、陶瓷基复合材料表面的润湿性，提高界面的连接质量等。

综上所述，陶瓷、陶瓷基复合材料与金属连接的关键科学问题是：界面润湿及铺展机理，连接界面的反应机制及调控。只有解决了这个关键科学问题，才能为陶瓷、陶瓷基复合材料与金属复合构件的连接提供正确、可靠的技术指导，避免产生焊接缺陷，扩大在实际生产中的应用。

参 考 文 献

[1] He Y M, Zhang J, Sun Y, et al. Microstructure and mechanical properties of the Si_3N_4/42CrMo steel joints brazed with Ag-Cu-Ti+Mo composite filler. Journal of the European Ceramic Society, 2010, 30(15): 3245-3251.

[2] Leinenbach C, Transchel R, Gorgievski K, et al. Microstructure and mechanical performance of Cu-Sn-Ti-based active braze alloy containing in situ formed nano-sized TiC particles. Journal of Materials Engineering and Performance, 2015, 24(5): 2042-2050.

[3] Fernandez J M, Asthana R, Singh M, et al. Active metal brazing of silicon nitride ceramics using a Cu-based alloy and refractory metal interlayers. Ceramics International, 2016, 42(4): 5447-5454.

[4] Shen Y, Li Z, Hao C, et al. A novel approach to brazing C/C composite to Ni-based superalloy using alumina interlayer. Journal of the European Ceramic Society, 2012, 32(8): 1769-1774.

[5] Zaharinie T, Moshwan R, Yusof F, et al. Vacuum brazing of sapphire with inconel 600 using Cu/Ni porous composite interlayer for gas pressure sensor application. Materials and Design, 2014, 54: 375-381.

[6] Wang Y F, Feng J C, Feng B, et al. Anisotropic growth of $Ni_3(BO_3)_2$ nanowhiskers on nickel substrates and its application in the fabrication of superhydrophilic surfaces. RSC Advances, 2015, 5(37): 28950-28957.

[7] Xin C, Yan J, Li N, et al. Microstructural evolution during the brazing of Al_2O_3 ceramic to kovar alloy by sputtering Ti/Mo films on the ceramic surface. Ceramics International, 2016, 42(11): 12586-12593.

[8] Zhang Y, Zou G, Liu L, et al. Vacuum brazing of alumina to stainless steel using femtosecond laser patterned periodic surface structure. Materials Science and Engineering: A, 2016, 662: 178-184.

［9］ Ma Q, Li Z R, Chen S L, et al. Regulating the surface structure of SiO_{2f}/SiO_2 composite for assisting in brazing with Nb. Materials Letters, 2016, 182: 159-162.

撰稿人：张丽霞

哈尔滨工业大学

提高精密成形极限的变形协调机制与控制

Mechanism and Control of Deformation Coordination for Improving the Limit of Precision Forming

随着国内外高端产业的发展，其装备急需的构件多采用极限设计，即采用最少量的材料实现构件性能的最大化，从而实现装备的轻量化和高性能。因此，提高材料成形极限是先进成形制造领域追求的目标，而有效控制并实现材料的变形协调是提高材料成形极限的有效方法。

众所周知，金属材料为多晶材料，一般具有明显的各向异性；而加载过程中由于模具结构和加载方式等原因还会产生不均匀加载。因此，金属材料塑性成形过程中会发生明显的不均匀变形。如果材料点之间的不均匀变形不能有效协调，将产生各种各样的成形缺陷，如起皱、断裂、局部减薄和充填不满等，从而使材料过早失效，导致成形极限降低。因此，一直以来研究者大都以材料成形过程中的均匀变形为目标，通过模具结构或加载方式优化，促进变形均匀性，从而获得较高的成形极限。例如，在筒形件拉深过程中，研究者通过采用变压边力、润滑、优化凹模圆角和多道次拉深等方法来提高拉深极限。

然而，变形均匀化的作用较小，况且在很多情况下（如成形大型复杂结构件时）不均匀变形不可避免，往往还十分显著。因此，能否利用不均匀变形实现变形协调，从而提高成形极限，一直是材料成形领域学者研究的核心问题。

针对这个问题，西北工业大学杨合教授[1]提出了主动调控和利用不均匀变形，促进变形协调，显著提高材料成形极限的新思路及其实现的局部加载方法。这为不均匀变形协调以提高成形极限方向的研究提出了新方向。然而，其关键在于揭示提高材料成形极限的变形协调机制，从而发展相应的局部加载方法。

材料成形过程中材料点在相互垂直的三个方向上产生正应变，根据金属材料塑性成形体积不变原理，这三个方向上的正应变之和为零。材料成形不均匀变形调控就是要尽可能增大目标方向上的正应变、减小其他两个方向上的正应变而不发生缺陷。这种调控必须满足材料流动的自然规律，即能量最低原理。正如"水往低处流"一样，材料倾向于向系统能量最低的方向流动。因此，不均匀变形调控就需要将目标方向营造成一种低能量方向，从而避免变形不协调导致材料失效。

将这一原理应用于工程领域，根据成形目标的要求对材料施加一定的边界与加载条件，使材料向有利于成形的方向流动，从而利用材料的不均匀变形，实现成形极限的提高，如金属板带面内弯曲成形（图1）。将直板带在其所在面内进行弯曲，称为面内弯曲。传统方法采用拉弯或压弯实现，当板带宽度增大、厚度减薄时，面内弯曲刚度极大，且在垂直于板面方向上极易失稳，因而极难实现稳定弯曲成形，或弯曲半径很大（相对弯曲半径 R/b 一般在 10 以上）。而面内弯曲新方法，将两锥辊共面对称布置形成楔形辊缝，对板带主动施加不均匀压缩轧制条件，使得板带外缘在厚度方向大压下量的作用下产生周向大伸长，而内缘产生小伸长、零伸长甚至负伸长，进而变形协调形成面内圆环[2]（图1）。采用该方法，显著提高了面内弯曲的极限，获得了相对弯曲半径 R/b 达到 0.71 的铝合金环件（图2），外缘相对伸长量达到140%，是其单轴拉伸延伸率（24.8%）的 5 倍以上。除了施加不均匀压下条件外，还可以将两锥辊共面平行布置形成等宽辊缝，利用锥辊的大小端面速度差及板带变形区差异，在板带宽向施加不同边界条件约束，使得板带外缘伸长量大而内缘伸长量小，进而变形协调形成等厚的面内环[3]。采用该方法，获得了相对弯曲半径 R/b 达到 1.52 的铝合金环件。由此可见，主动调控和利用材料的不均匀变形，促进变形协调，能够显著提高材料的成形极限。

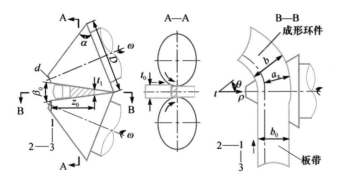

图 1　锥辊不均匀压缩轧制板带面内弯曲成形

图 2　铝合金面内弯曲件（R/b=0.71）

　　然而，材料成形的变形协调机制随材料和成形工艺的不同而各异。因此，研究揭示不同工艺过程中材料的变形协调机制是实现主动调控的关键。影响变形协调的材料因素有晶格类型、相组成、组织与织构、强度和塑性等；成形工艺因素有板料/体积成形、冷/热成形、整体/局部加载、单一/复杂约束、高/低速加载或单/多道次加载等。对于一定性能和几何尺寸的材料，局部加载和多道次成形可调节参量多，利于不均匀变形的主动控制。但是，该过程中复杂约束条件下的变形协调机制和规律十分复杂，复杂约束条件对材料成形的作用规律如何，复杂约束条件下的稳定成形域如何，如何施加极限约束条件，这些都是极难准确回答的问题。因此，研究不同材料成形过程中的复杂变形协调机制是对其实施主动调控以提高成形极限的瓶颈性难题，其有效解决有助于材料成形工艺的创新。

　　综上所述，材料成形过程中会产生剧烈的不均匀变形，如何协调不均匀变形决定了成形极限。而深入研究揭示不均匀变形协调机制并施加有效控制，是提高材料成形极限的关键，该科学难题的解决，有助于材料成形理论和工艺的进步，并将产生新的材料成形工艺原理和方法。该难题未来的发展方向可能在于：①从理论上揭示约束条件和材料宏观/微观组织性能与材料变形协调之间的关联关系；②将不同成形工艺根据其加载的本质特点归类，从而提出具有一定普适性的通用方法与规律；③发展多能场耦合的不均匀变形主动调控方法。

参 考 文 献

[1] 杨合，等. 局部加载控制不均匀变形与精确塑性成形——原理和技术. 北京: 科学出版社, 2014.

[2] Yang H, Xian F J, Liu Y L. A coordination model of the in-plane bending of strip metal under unequal compression. Journal of Materials Processing Technology, 2001, 114: 103-108.

[3] Li H W, Ren G Y, Li Z J, et al. Forming mechanism and characteristics of a process for equal-thickness in-plane ring roll-bending of a metal strip by twin conical rolls. Journal of Materials Processing Technology, 2016, 227: 288-307.

撰稿人：杨　合、李宏伟

西北工业大学

微纳器件加工中微观结构原位表征与操控

In Situ Characterizations and Manipulation for Micro/Nano-Scale Manufacturing

微纳器件是指在微纳尺度上实现特定功能的器件，其性能远优于传统的电子器件：工作速度快，纳米电子器件的工作速度是现有硅器件的 1000 倍；功耗低，纳米电子器件的功耗仅为硅器件的 1/1000；信息存储量大；体积小、重量轻，可使各类电子产品体积和重量大幅度减小。微纳器件的应用主要涉及 CPU、微电子芯片、生物芯片、光电子等领域，是信息技术的重要组成部分，更是实现量子通信的必经之路，已成为现代光电技术与微电子技术的前沿研究领域，不但在国家安全、金融等信息安全领域有着重大的应用价值和前景，而且逐渐走进人们的日常生活，并极大地促进国民经济的发展[1]。

纵观历史，亚毫米级制造使蒸汽机革命在英国获得成功，并使英国一度成为"日不落帝国"；微米级制造适应了电气和电子产品的制造，造就了美国、欧洲、日本的经济快速发展。微纳器件及其加工技术是 20 世纪 80 年代末在美国、日本等发达国家兴起的高新科学技术，如今已成为当代科技发展的前沿领域。纳米技术与生物技术、信息技术并列为 21 世纪的三大科技。例如，2012 年 4 月，一个多国合作的科研团队研发出基于金刚石的具有两个量子位的量子计算机；同年 9 月，澳大利亚科研团队实现基于单个硅原子的量子位，为量子储存器的制造提供了基础；2013 年 5 月，D-Wave Two 量子计算机进入商业领域[2]，这些研究工作对计算机技术的发展产生了深远的影响，具有巨大的工程应用意义。但是，随着加工尺度的减小，现有微纳器件的性能及其加工技术日趋其物理极限，面临着巨大的挑战。例如，纳米级加工因已达到极高的精度，依靠传统精密加工方法提高精密度的原则（母性原则、创新性原则、超微量切削原则、超稳定加工原则），已不能完全满足要求。特别是在超大规模集成电路进入纳米尺度后，其加工工艺将面临量子力学、热力学、功率耗散以及光刻工艺等问题的限制，难以逾越。同时，纳米尺度下，材料和器件的物理性质与功能将由几个尺度效应、边界效应和量子效应直接相关的特征物理尺度来决定，材料的电子结构、输运、光学、热力学性能及力学性能均要发生明显的变化。因此，新材料、新结构、新工艺将成为深入研究微纳器件技术的三个主要方面，而构建特种纳米功能材料将是微纳器件新材料技术发展的重要方向，其关键就是纳米材料的可控制备与原位表征和操控。

纳米材料是微纳器件的物质基础，微纳制造的关键是将能量聚集在纳米空间，将物质运动控制在纳米精度，形成功能特殊、性能优异的产品，并且制造过程具有准确的再现性。微纳制备方法多种多样，代表性方法如化学气相沉积法、电弧放电法、激光溅射法、模板法等。纳米材料制备过程中需要调控不同参数以满足制备需求，即使是同一种材料（如碳）也因制备工艺不同获得多种结构[3]。采用化学气相生长碳纳米管的过程中，催化剂颗粒的大小、形貌和结构决定着生长的碳纳米管的直径和管径结构，甚至是宏观体碳纳米管的形貌。而在石墨烯的化学气相合成过程中，形核率和生长速度强烈依赖于碳原子在金属表面的浓度，并且金属衬底对碳原子与岛片的连接排列有关键性的影响[4]。同时，材料的很多物理行为和化学行为取决于纳米材料中的缺陷（由纳米材料的高比表面积引起），而缺陷的类型和密度又受制备工艺的影响，即使是化学成分完全相同的样品也会因制备与加工的途径不同而呈现迥然不同的性质。因此，制约微纳器件发展的首要因素就是高质量纳米材料的可控制备，而如何从动力学、热力学和晶体工程学出发理清低维结构组装过程中的复杂因素并予以干预，成为实现纳米材料可控制备的难点。

近年来，纳米材料的发展遵循"以性能为牵引，以器件为目标"的原则，即以制造实用器件为目标，确立材料应有的结构与性能，在此基础上进行纳米系统设计，然后进行材料设计，最终确定制备方案。其中，新型二维原子晶体因独特的结构和物性、丰富的科学内涵及广阔的器件应用前景，成为国际前沿科学研究的焦点[5]。除了常规的湿法化学合成、机械剥离、化学气相合成等，近期不断有新制备技术提出，例如，通过改善衬底的亲水性而实现前驱体的均匀铺展，进而实现大面积连续均一单层 WS_2 薄膜（1cm×1cm）的制备；采用低熔点的 SnI_2 粉末作为 Sn 源，通过化学气相沉积方法首次实现了高质量的二维超薄（约 1.5nm）单晶 $SnSe_2$ 纳米片的可控制备，并可拓展至多个体系。高质量纳米材料的可控制备既包括新材料的合成，也包括已有材料的新合成方法及其新形态的获得，对纳米材料生长动力学的深入理解在合成材料的结构优化和器件性能提高方面至关重要[6]。

微纳器件不是传统机械直接微型化，它在结构、材料和性能表征等方面都与传统的机械系统截然不同。在制造对象的尺度从宏观走向微观时，原有的以牛顿力学和统计力学为基础的宏观制造理论逐渐过渡到以分子物理、量子力学和界面/表面科学基础的纳米制造科学。因而，纳米制造的精度理论和体系、纳米结构的物理性质和力学性能的表征，以及纳米器件可制造性和可检测性的评价都是当前尚未解决的难题或研究的热点问题。微纳器件构筑单元（纳米材料）的尺度接近于材料的基本结构——分子甚至是原子，纳米材料表界面原子所占比例极大。纳米材料的超微尺寸和高比例的表面原子数量导致一些特殊的物理化学性能[7]，如当尺寸减小到数纳米至数十纳米时，原为良导体的金属会变成绝缘体，原为典型共价键无极性的绝缘体其电阻大大下降甚至成为导体，原为 p 型的半导体可能变为 n 型。此外，与块体材料相比，纳米材料的性能强烈地依赖于纳米材料的结构（这里不仅指晶体结构，还包括电子能带结构等），由此可见，光探测器件需选用可见带宽的半导体材料，磁记录器件需用单磁畴结构、高矫顽力的磁性纳米颗粒。目前传统的分析表征方法（Raman 光谱、TEM、吸收光谱等）主要采用离线表征手段，构筑器件和性能测试不同时、不同地，人为地割裂了纳米材料结构与性能间的对应关系。例如，无法直观比较几何弯折材料中弯折处（可能存在形变导致的局域应力）和无弯曲部分光电耦合特性的差异；无法评估真实工作条件（如温度、外力等）对微纳材料和器件性能的影响及作用机理。微纳器件原位表征技术可以精确描述多物理场耦合条件下微纳器件的性状，提供了一条解决传统表征手段"结构-性能"割裂现状的途径。1990 年，IBM 公司的科学家首次报道单个原子的操纵技术，此后以电子显微镜为平台发展起来的原位技术在揭示微纳器件中构效关系方面提供了强有力的技术手段。如今研究人员可以借助微纳操纵系统，在电子显微镜下实现材料的操控和微纳器件的构筑[8]。在此基础上，通过耦合不同的检测模块，就可以在微纳尺度上实现材料甚至器件多种物化特性（光、电、力、多场环境）的原位表征[9]。原位表征在获得较高的时空分辨率的同时可实时获得材料及器件的真实性能，不仅可以实现对纳米材料或器件的原位发光的检测和电学物性的测试、纳米尺度的精确操作和控制，以及特定微纳器件的构筑，还可以实时追踪研究微纳器件光电转换过程的动态信息，观察微纳材料及器件在外场作用下的动态物理化学过程，如研究光电材料与器件中的微纳结构、表面界面、电场行为等，克服了传统表征手段构效关系分立的短板，为深入认识微纳材料及器件的微纳结构和动态反应过程提供直观重要的依据，有助于建立微纳尺度功能器件的新概念和新理论，理性设计和开发高效微纳器件。

为实现微纳器件加工中的材料制备及其原位表征与操控，需要突破以下几方面的科学难题。

1）微纳材料的可控制备

（1）从界面科学与工程的角度，实现微纳晶体材料关键界面的可控构筑，开发适用于微纳器件加工的新型材料的精确控制方法。

（2）通过对成核和生长过程的有效控制，发展制备高质量微纳晶体材料的控制生产方法，建立微纳晶体生长行为的系统理论。

（3）结合可控裁剪、晶种定位、二次生长、调制掺杂等多种手段，实现二维原子晶体异质结构的控制合成。

2）原位表征与操控技术

（1）建立和发展适用于微纳器件的原位分析和表征手段，动态、稳态表征相结合，揭示微纳器件中电荷转移、能量转移等基本的物理、化学过程。

（2）直观、实时和原位地研究材料及器件性能与界面等因素的内在关系，实现结构和物理性质的对应。

（3）原位研究力-电或者力-电-光耦合下微纳器件性能的动态变化过程及作用机理。

制造技术水平是一个国家国力强弱的重要指标之一，纳米科学是现代科学的前沿，微纳制造则是将纳米科学的新发现转变为前沿制造技术。微纳制造技术已展现出巨大的工程价值，在信息、材料、环境、能源、生物、医学和国防安全等领域有重要的研究价值与广阔的应用前景，但绝大多数纳米结构和纳米器件受限于纳米材料的合成困境与模糊的构效关系，所以仍停留在实验室原型阶段。因此，实现微纳器件加工中材料的可控制备及构效关系的原位研究，将促进微纳器件的批量化制造，助推下一次工业革命。

参 考 文 献

[1] Duan L M, Lukin M D, Cirac J I, et al. Long-distance quantum communication with atomic ensembles and linear optics. Nature, 2001, 414: 413-418.

[2] Ladd T D, Jelezko F, Laflamme R, et al. Quantum computers. Nature, 2010, 464: 45-53.

[3] Li H Q, Wang X, Xu J Q, et al. One-dimensional CdS nanostructures: A promising candidate for opto-electronics. Advanced Materials, 2013, 25: 3017-3037.

[4] Zhu Y W, Murali S, Cai W W, et al. Graphene and graphene oxide: Synthesis, properties, and applications. Advanced Materials, 2010, 22: 3906-3924.

[5] Nicolosi V, Chhowalla M, Kanatzidis M G, et al. Liquid exfoliation of layered materials. Science, 2013, 340:1420.

[6] Boston R, Schnepp Z, Nemoto N, et al. In situ TEM observation of a microcrucible mechanism of nanowire growth. Science, 2014, 344: 623-626.

[7] Yan R X, Gargas D, Yang P D. Nanowire photonics. Nature Photonics, 2009, 3: 569-576.

[8] Zhang Q, Li H Q, Gan L, et al. In situ fabrication and investigation of nanostructures and nanodevices with a microscope. Chemical Society Reviews , 2016, 45: 2694-2713.

[9] Golberg D, Costa P M F G, Wang M S, et al. Nanomaterial engineering and property studies in a transmission electron microscope. Advanced Materials, 2012, 24: 177-194.

撰稿人：翟天佑

华中科技大学

液态金属凝固过程微观结构原位表征

In Situ Characterization of Microstructure during Solidification of Liquid Metals

凝固是自然界最为常见的液固相变物理过程，是金属材料热加工成型既常用又必不可少的关键技术，而液态金属凝固过程中微观结构变化规律既是材料科学领域的前沿科学问题，又具有显著多学科交叉特征，涉及凝聚态物理、原子分子物理、高能物理、传热学、流体力学和空间科学等多个学科。探索凝固过程微观结构变化对于揭示凝固过程原子扩散、配位、拓扑和化学结构形成的基本规律具有重要的科学意义，有助于揭示凝固过程溶质偏析与截留、晶体与非晶或准晶形成的本源问题，对构建新的凝固理论和发展新型热加工工艺具有重要科学价值和工程指导意义，而原位表征则是揭示液态金属凝固过程中微观结构变化规律最为直接且最为有效的重要途径。

1. 凝固过程微观结构变化是液固相变诸多问题的本源

金属材料制备往往要经历一次或多次凝固相变过程，与材料各种应用性能，如强度、塑性、弹性、导热性等关系最为密切的微观组织与结构均在凝固过程中形成，如晶体生长形态是枝晶还是等轴晶、溶质分布是偏析还是截留、晶粒尺度是粗大还是细密等，以及大的分类上是形成了有序的晶体、无序的非晶，还是旋转有序的准晶。

通过控制凝固过程可以调控材料的微观组织结构进而实现应用性能的主动控制，从人类最早发明铸造技术开始，不断提出并实施各类新的铸造凝固方法，如砂型铸造、熔模铸造、保温冒口等。最近半个世纪，又涌现出更为新颖的凝固技术，如将兆帕以上压力施加至液态合金的压力铸造、引入强的电磁物理场或静磁场的电磁凝固、引入脉冲与高低压电流的电场凝固、将大体积液态合金通过超声或强气流分散为微小液滴的雾化凝固、引入外层空间无容器及微重力物理条件的空间凝固等。

无论是千年以前的原始铸造还是现代新型凝固技术，调控溶质分布和晶粒尺寸一直是人们努力实现的核心目标，而这一核心目标的本源则是凝固过程中液态金属无序分布原子如何跃过液固界面而凝固下来。如果能通过原位表征获得液态金属凝固过程中微观结构演变的直接信息，科学家关心的"液态合金过冷极限的判据、形核团簇的原子捕获、共晶合金协同生长的原子互扩散、偏晶合金相分离的原子配位、包晶合金包晶相独立形核"等一系列重要问题均有望得以揭示。

2. 液态金属凝固过程微观结构表征存在的难题与研究进展

液态金属凝固过程可分为形核和生长两个阶段，原位表征的难点则在于形核过程和形核前液态金属中大量原子扩散过程信息的获取以及基于原子位置的结构表征，具体为：①高温液态金属中原子的瞬时运动速度为 $10 \sim 10^3 \mathrm{m/s}$，这要求原位表征有高的时间分辨率，即要求一个位向的测定时间量级小于毫秒，例如，常规的 XRD 扫描 $20° \sim 100°$ 范围的固体需要 $5 \sim 20\mathrm{min}$，这对液态金属是远远不能胜任的；②原子尺度是埃的数量级，即 $10^{-10}\mathrm{m}$，这为原位表征提出了空间分辨率的要求；③不同的元素可以通过质谱的方法识别，而同种元素的不同原子除了用同位素跟踪外，还没有更好的方法识别；④液态金属中存在的原子团簇往往是高阶的，如十二面体、二十面体等，高阶结构的识别和解析与晶体结构中的面心立方、体心立方等低阶对称结构相比，仍然面临很大的挑战，而这些原子团簇聚散的随机性更加加剧了这一研究的难度。

而且，大多液态金属具有高温高活性的特征，例如，液态金属钛活性极高，几乎与所有容器发生反应；又如，半导体硅常温条件下导电导热性能极低，一旦熔化，则表现出金属的行为，不但导电导热性能高，与坩埚一接触立刻与器壁反应，生成化合物进入液态硅使之纯度显著降低，这样很难测定其结构和性质。进一步，液态金属凝固需要一定的过冷度，即低于其液相线温度，过冷液态合金的热力学亚稳态特征则给原位表征带来了新的难题。

尽管液态金属凝固过程微观结构变化规律一直是国际上该领域的科学难题，但由于其在揭示凝固理论科学问题和引领凝固技术高端制造工艺两方面的重要性，这一问题一直吸引着科学家的研究兴趣。根据这一问题的难点所在，引入高能粒子作为探测源，如同步辐射 X 射线、中子源等，以实现"高通量、高分辨"的目标。美国华盛顿大学 Kelton 等采用 Argonne 国家实验室先进光源提供的高能 X 射线与静电悬浮相结合，对液态 Ti-Zr-Ni 合金进行了衍射实验，表征了形核过程二十面体团簇的形成[1]；德国宇航院 Meyer 和 Holland-Moritz 等采用中子散射方法研究了 Zr-Ti-Cu-Ni-Be 合金静电悬浮液滴，发现了液态结构弛豫现象；山东大学边秀房等采用液态 X 射线衍射仪原位表征了 Al-Fe、Ag-Sn 等液态合金的原子团簇和结构因子[2]。

同时，科学家通过研究与凝固过程最为相关的问题进而深入探索液态金属凝固微观结构的变化规律：

（1）探索液态合金的热物理性质。例如，美国加州理工学院 Rhim 和 Johnson

等通过实验测定非晶体系 Cu-Zr-Al-Y 等液态合金的黏度,用于表征非晶形成能力[3];德国基尔大学 Rätzke 和 Faupel 等利用同位素研究了 Pd-Cu-Ni-P 等液态合金的原子扩散[4];日本 JAXA 的 Ishikawa 和 Paradis 等测定了 Mo、Ta 等多种液态金属的黏度[5];西北工业大学魏炳波和王海鹏等采用电磁悬浮和静电悬浮方法测定了液态金属 Ni、Zr、Ti-Al、Ni-Si、Fe-Cu-Mo 等快速凝固过程研究所需的密度、比热容、表面张力等[6]。

(2)通过研究非晶态合金原子尺度微观结构反演液固相变过程的原子配位关系。例如,中国科学院物理研究所汪卫华等阐明了 Cu-Zr 非晶合金微观结构与形变之间的关系[7];北京科技大学惠希东等通过对 Co 基、Zr 基大块非晶结构的研究,发现原子二十面体有序和原子密堆结构的存在[8];东南大学沈宝龙等通过控制制备过程获得 Fe-Re-B-Nb 等多种磁性大块非晶,进而采用热分析和 X 射线衍射表征其微观结构[9];湖南大学彭平等采用分子动力学方法阐明了 Cu-Zr 液态合金快速凝固过程团簇演变规律[10]。

简言之,尽管这一问题存在极大的挑战性,上述工作已将液态金属凝固过程的微观结构研究向前推进了一大步。

3. 需要进一步解决和研究的问题

(1)发展更为先进的高能光源。液态金属凝固过程微观结构的原位表征,要从实验上取得突破,"光源能量更强、分辨率更高"是基本保障。

(2)原位表征信息的解析。液态金属中团簇的高阶特征,与衍射或者散射实验结果的有机结合,有助于解析凝固过程的真实结构演变规律。

(3)几个重要科学问题:液态金属的微观结构与温度、成分的关系,以及与宏观物理性质的关联;液态金属的微观结构在形核过程中的作用;晶体生长或者非晶形成过程的原子互扩散与配位;凝固过程中不同晶体生长形态对液态金属微观结构的依赖关系;匀晶、共晶、包晶、偏晶四种合金类型凝固过程在原子尺度上的共性和特殊规律。

参 考 文 献

[1] Kelton K F, Lee G W, Gangopadhyay A K, et al. First X-ray scattering studies on electrostatically levitated metallic liquids: Demonstrated influence of local icosahedral order on the nucleation barrier. Physical Review Letters, 2003, 90(19): 195504.

[2] Bai Y W, Bian X F, Qin J Y, et al. Local atomic structure inheritance in $Ag_{50}Sn_{50}$ melt. Journal of Applied Physics, 2014, 115(4): 043506.

［3］ Fan G J, Li J J Z, Rhim W K, et al. Thermophysical properties of a $Cu_{46}Zr_{42}Al_7Y_5$ bulk metallic glass-forming liquid. Applied Physics Letters, 2006, 88(22): 221909.

［4］ Bartsch A, Rätzke K, Faupel F, et al. Codiffusion of P32 and Co57 in glass-forming $Pd_{43}Cu_{27}Ni_{10}P_{20}$ alloy and its relation to viscosity. Applied Physics Letters, 2006, 89(12): 121917.

［5］ Ishikawa T, Paradis P F, Okada J T, et al. Viscosity of molten Mo, Ta, Os, Re, and W measured by electrostatic levitation. The Journal of Chemical Thermodynamics, 2013, 65(1): 1-6.

［6］ Wang H P, Yang S J, Hu L, et al. Molecular dynamics prediction and experimental evidence for density of normal and metastable liquid zirconium. Chemical Physics Letters, 2016, 653(1): 112-116.

［7］ Peng H L, Li M Z, Wang W H. Structural signature of plastic deformation in metallic glasses. Physical Review Letters, 2011, 106(13): 135503.

［8］ Hui X D, Lin D Y, Chen X H, et al. Structural mechanism for ultrahigh-strength Co-based metallic glasses. Scripta Materialia, 2013, 68(5): 257-260.

［9］ Li J W, Yang W M, Zhang M X, et al. Thermal stability and crystallization behavior of $(Fe_{0.75-x}Dy_xB_{0.2}Si_{0.05})_{96}Nb_4$ (x=0-0.07) bulk metallic glasses. Journal of Non-Crystalline Solids, 2013, 365(1): 42-46.

［10］ Wen D D, Peng P, Jiang Y Q, et al. Correlation of the heredity of icosahedral clusters with the glass forming ability of rapidly solidified Cu_xZr_{100-x} alloys. Journal of Non-Crystalline Solids, 2015, 427(1): 199-207.

撰稿人：王海鹏、魏炳波

西北工业大学

能否实现原子尺度 3D 打印?

Can We Achieve 3D Printing in Atomic-Scale?

3D 打印是采用材料逐层堆积的方法制造三维复杂结构。相对于自上而下(top down)的材料去除制造,3D 打印是自下而上(bottom up)的材料累加制造过程。这一技术涉及机械、材料、物理、化学、自动控制、精密检测和软件技术等多个领域。

3D 打印从原理上是材料从点到线、面、体的累积过程,实现从微观到宏观的多尺度制造。这一过程是一个成形最小单位——"受控单元"的累积过程,例如,在金属激光 3D 打印中,"受控单元"是激光束照射到金属粉末上形成的微小金属熔池,随着激光束的移动,金属粉在熔池中熔化,随着激光束移走,熔池冷却凝固形成块材,如图 1 所示。"受控单元"与下层材料和周边材料熔接在一起就形成了整体的构件。因此,制造精度很大程度上取决于"受控单元"位置调控,成形件性能很大程度上取决于"受控单元"成形后的材料性能以及与周边材料界面的性能。目前这一"受控单元"的尺度取决于能量束(激光、电子束、电弧束等)的光斑大小、能量密度以及扫描速度。在金属激光成形中光斑直径一般在 0.05~0.2mm 范围。可以设想,当"受控单元"尺度从微米、纳米向原子尺度(0.1nm 级)逼近时,出现了原子量级的"受控单元"迁移或增加,现有的成形理论已经无法解释这一尺度下发生的现象和效应。这将标志着以经典力学、宏观统计分析和工程经验为主要内涵的现代制造技术向多学科综合交叉集成的下一代制造——原子尺度的增材制造发展。这种原子尺度的增材制造(atomic scale additive manufacturing, ASAM)或许会带来材料与结构的颠覆性变化。如果人类能够从原子尺度制造结构,那么是否就能创造新的物质结构和更高性能的材料呢?

调控原子一直是人类的梦想,1989 年 9 月 28 日,IBM 阿尔马登研究中心的科学家、IBM 院士 D.M. Eigler 成为历史上第一个控制和移动单个原子的人。同年 11 月 11 日,IBM 科学家利用扫描式隧道显微镜(STM)针尖移动吸附在金属镍表面上的氙原子,经过 22h 的操作,把 35 个氙原子排成了"IBM"字样(图 2)。这几个字母高度约是一般印刷用字母的二百万分之一,原子间距只有 1.3nm 左右。这是首次公开证实在原子水平有可能以单个原子精确生产物质,也是人类有目的、有规律地移动和排布单个原子的开始。他们在试验中发现,完全可以使用 STM 的探针来挪动单个原子，以 35 个氙原子组成的"IBM"三个字母旨在展示所达成的原子级别精度和可重复性。科学界将此举比作莱特兄弟在人类历史上的第一次飞行。在操控单个原子之后，Eigler 团队又相继取得了一系列成就，包括发明量子围栏（quantum corral）、发现量子幻影（quantum mirage）效应、展示使用调制量子态传输信息的革命性全新方法、展示基于分子串联（molecular cascades）的纳米级逻辑电路、发明自旋激发光谱法。最近 Eigler 实验室的研究人员还测量了单个原子的磁性和挪动单个原子所需要的力，这些基础研究为工程和技术上的实现提供了新原理。但是，这些研究工作还是在平面层，原子之间距离还没有达到原子排列尺度（0.1nm 级），原子之间能够保持相对位置平衡，如果原子堆积，其结构和性能发生哪些变化，这是人类尚没有认知的问题。

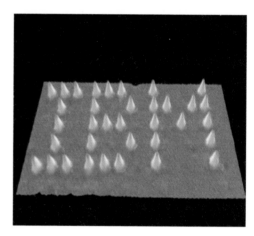

图 1　激光 3D 打印成形件与熔池（发光体）　　　图 2　IBM 制作的原子排列构图

这一方向的发展会面临物理原理和制造技术两个方面的难题和巨大挑战。

1）物理原理方面的难题

在物理原理上，在原子尺度上实现制造体的轮廓及表面形貌，制造过程中表面/界面效应占主导作用。原子或近原子尺度材料迁移过程均发生在固/液/气相的作用界面上，制造过程中原子/分子的行为取决于量子效应。随着制造对象尺度和精度趋向原子或近原子量级，制造过程中材料的原子、分子行为和量子效应主导制造的方法和工艺。现有的原子排列是原子的能带所形成的最稳定状态，而人为地调控原子，排列的位置不是原子最稳定的状态，其状态需要原子的组合和环境的调控才有可能实现稳态。IBM 科学家试图排列原子制造大存储量介质，研究发现过小的原子连接（如 8 个磁性原子）会十分不稳定。而 12 原子最小存储设备使用的是反磁性结构，避免原子间互相干扰。因为在磁性结构下，12 个原子组成的块产生大的自旋，这种自旋会影响周围原子块的自旋，破坏原子之间的独立性。

而反磁性结构的原子不会产生大的自旋，所以原子块之间可以靠得很近。研究人员是在 1K（0K 为绝对零度）的实验环境下，才得到了 12 个原子的稳定结构。若是在室温下进行这种实验，则存储 1bit 应该需要 150 个原子。实验室内也许可以得到这种结果，但是如何经济实惠地实现规模化生产呢？这是摆在技术人员面前最大的一个难题。

2）制造技术方面的难题

装备是实施制造的工具，而使用哪种仪器装备可以实现原子搬运是一大难题。尤其不同寻常的是，对于这种前瞻技术，很多受控单元需要依赖于微观尺度的观测和操作仪器。透射电子显微镜能够实现单原子成像、化学应变成像和皮米级结构观察。在原子操作方面正在探索和研究的重要方向有原子力显微镜（AFM）、"光镊"和电磁场约束等方法。科学家利用原子力显微镜等仪器能够制造出特征分辨率小于 10nm 的新材料分子结构。操纵方法是先将原子蒸镀成分散的原子状态；将分散的原子所处环境温度降到极低，一般为液氦温度；利用原子力显微镜针尖与表面原子相互作用力实现操作。这样控制针尖的运动就可以控制操纵原子运动，按照对分子的设计去构建新材料。虽然这种平面的移动操作可以实现，但是对于 3D 打印需要将原子从表面上拿起来，再搬移到别处进行累加。原子间距离非常近，原子能带作用会起到多大作用，如何稳定所制造的结构将是巨大难题。目前主要通过低温的方法来实现其结构的稳定性，其中激光制冷是提高稳定性的重要方法。

面对这些难题，科学家在不断探索和研究。2012 年，IBM 科学家推出了一部"原子电影"，采用宇宙中最小元素之一——原子制成世界最小的电影。这部电影使用数千个精确排布的原子来创造近 250 帧定格动画动作，名为 *A Boy and His Atom*（男孩和他的原子）。科学家借助 IBM 发明的扫描式隧道显微镜来连续移动原子展示一个电影故事。这种能让人们看到小到单个原子的世界的仪器重达 2t，在 -268℃ 的温度下操作，可将原子面积扩大 100 多万倍。由于能够将温度、压力和振动频率控制在准确的范围内，这种仪器能否实现三维原子操作尚待发展。

2015 年 7 月，美国量子材料领域的杰出科学家、哈佛大学物理学教授 J. Hoffman 创建了一个研究计划，将重点放在以原子精度组合和创造新的量子材料上。他试图创造一种可以在原子尺度上 3D 打印微小物体的方法。该项目一个原子一个原子地 3D 打印对象，以组装出量子异质结构。他计划将两种关键的工艺组合起来，包括分子束外延（MBE）技术，可以实现单个原子层的垂直堆叠（Z 轴）；扫描探针光刻技术，能够使用一种极其锋利的尖端移动和放置在横向上的单个原子（X 轴和 Y 轴）。单独运用这两种技术之一，都不能构建起 3D 结构，但如果将它们结合起来，则有可能实现原子水平的 3D 打印。

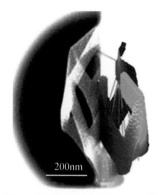

图 3　显微镜中创建的 3D 结构
左侧为结构，右侧为模拟

2016 年 7 月，美国橡树岭国家实验室（ORNL）的研究人员提出用原子尺度 3D 打印技术创造完美材料。他们预测原子尺度的 3D 打印技术将能够创建更强、更轻、更智能的材料（图 3）。其中涉及电子和离子的增材制造方法可以用于开发量子计算机、高效太阳能电池和其他技术。他们在 *ACS Nano* 杂志上发表的一篇论文中，对几种原子尺度的 3D 纳米加工技术进行了评估，推荐了几种经过改进可以适合在原子尺度上创造材料的方法[1]。现有 3D 打印技术是先对设计数据进行分层处理，然后进行材料逐层堆积形成实物。科学家设想的原子制造过程是将被称为"受控物质"（directed matter）的原子或原子簇按照设计的空间结构，逐层堆积创建出近乎完美的材料。他们认为，人类未来能够一个原子一个原子地三维组装形成新材料，能够设计制造出在极端环境下更强、更轻、更牢固的材料，为能源、化学、信息学提供经济的解决方案。

尽管传统的制造技术已有效地为人类服务了几千年，但是新兴的增材制造技术正在为人类创造材料提供一种极其高效、精确的手段。这种"受控物质"的组装方式将使材料和工艺制作迎来新的曙光。这一方向面临两个挑战，即物理原理上突破原子稳态结构的约束以及制造技术上如何调控原子单元。虽然这种在 3D 空间完全控制原子排列和结合的技术还没有被人类掌握，但是研究人员相信，无论最终如何发展，该技术都将成为人们未来追求制造科学和技术发展的一个重要方向。

参 考 文 献

[1]　Jesse S, Borisevich A Y, Fowlkes J D, et al. Directing matter: Toward atomic-scale 3D nanofabrication. ACS Nano, 2016, 10(6): 5600.

撰稿人：李涤尘
西安交通大学

切削刀具的材料设计与几何结构制造

Material Design and Geometrical Structure Manufacturing of Cutting Tool

1. 研究背景

古人云,"工欲善其事,必先利其器",道出了工具的重要作用。亦有人云"高档数控机床是现代工业文明的'皇冠'",那么切削刀具便是该皇冠上的钻石。现代刀具设计正面临机床转速提高、新加工方法涌现、工程材料种类繁杂、零件形状复杂和绿色环保等各种挑战。刀具研究包括其材料和结构的设计与制造。

刀具材料创新是刀具技术进步的首要推动力[1]。刀具材料技术的突破往往给切削性能的提高带来革命性的变化(如涂层技术);刀具材料不是普通的工程材料,而是一种高性能的特种工程材料,然而,开发这样一种集高综合性能于一身的理想刀具是一个极大的难题。刀具材料的发展经历了上百年时间,其切削性能不断提升。目前,刀具材料研究的热点已转移到关注深层次的微观领域。深究刀具材料晶粒的超细化和纳米化、切削环境下刀具涂层与基体的结合力等已成为科学界和工程界关注的热点问题。无论何种刀具,工作于何种切削环境之中,刀具实际切削区总是很微小的,且承受剧烈的力与热载荷;如何让如此微小的区域承受苛刻的使役条件,始终是刀具研究的又一个热点。刀具的结构设计与制造需解决刀具的"锋利"与"强固"的矛盾性。随着工程材料种类及型号的不断增多,切削刀具的种类和样式也在不断扩大。这些变化集中体现在对刀具几何结构的精准化设计与制造。先进科学技术的发展提高了刀具微区几何结构创成的能力,人们对其涉及的深层理论、方法、难点及其对刀具性能的提高都产生了疑问。因此,刀具几何结构研究对切削性能提高和切削理论的丰富都是一个重要的难题。

2. 研究现状

复合技术是刀具基体性能提高最重要的途径之一。复合技术通常是向基体中引入一定量的高强度或高韧度的异质组分,使之混合均匀并烧结制备。相组分在物理和化学性能上的差异,使得其彼此之间能够取长补短而产生协同效应,从而提高刀具材料的力学性能。刀具复合材料正逐渐向超细、纳米级颗粒复合的方向发展,即通过匹配不同粒径的相组分,形成复相多尺度的关联效果,试图提高刀具材料的力学性能和切削性能。刀具表面的改性则是通过涂层方法来实现的。涂层刀具属于梯度功能材料，刀具涂层正从单层涂层向多元多层涂层、梯度涂层等发展，涂层刀具切削时可比未涂层刀具提高刀具寿命 3～5 倍。从传热角度来讲，涂层刀具与未涂层刀具的最大区别在于刀具材料分布不均匀，涂层具有非均质传热的特点[2]。目前已经开展许多关于涂层刀具热传导的研究，为涂层刀具温度的预测提供了一定的理论基础。但是，这些研究均未考虑涂层的薄膜传热特性、刀具涂层内和涂层-基体的非均质传热特点，关于涂层对切削热传导的作用机理及其参数与刀具温度的映射关系尚未完全明确，因此刀具寿命的进一步提高遇到了瓶颈，制约了涂层刀具技术的进一步发展与应用。相比于未涂层刀具，切削热量在流入涂层刀具的过程中需穿过表面几微米（最薄可至几纳米）厚度的涂层，属于非均匀介质热传导（图1），这有悖于传统的傅里叶传热理论的适用条件。当材料的尺度在纳米、微米量级时会发生与常规尺度下不同的物理现象，传统的切削热传导模型和块体材料传热关系式不再适用[3]。因此，迫切需要研究微纳尺度条件下涂层材料的传热规律。

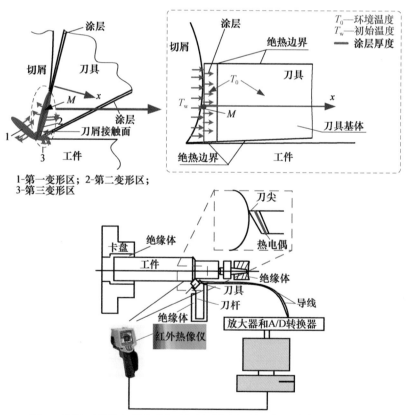

图1　涂层刀具非匀质传热机理示意图及切削刀具温度实时测试技术

人们很早就发现了相同材质的刀具采用不同的切削几何角度时，刀具的可靠性、零件加工表面质量和切削效率差异很大。目前人们已经积累了大量有关刀具宏观切削结构的基础数据，并提出了刀具设计相关理论和制造方法[4,5]，具有很大的科学和工程实用价值。随着科学技术的发展，科学家将更多研究集中在刀具微区微小几何结构对切削性能的改变上，因为在刀具微工作区上进行大尺度的宏观结构改变显然是不可能的，然而在刀面上进行规则微结构的造型，则能够存储润滑剂、容纳碎屑、改善排屑、降低切削力和热，极大提高了刀具的抗磨能力和使用寿命。因此，刀具微小几何结构的创成本质涉及结构的数学表征与测量、结构设计与数字制造、材料物理与化学、切削动力学等相关理论的科学问题。

3. 主要难点描述及说明

1）涂层刀具的热传导制造及切削温度场的实时测试

涂层刀具非均质传热的研究目标是建立刀-屑接触面热产生及热分配系数计算模型，揭示涂层对刀具温度分布的影响规律，优化涂层参数和切削工艺以降低刀具温度，提高刀具寿命。涂层刀具非均质传热难题的解决需要构建非均布载荷、非均匀热流密度条件下的刀-屑摩擦热产生和刀-屑接触面热分配系数理论模型。确定涂层薄膜的热传导参数，建立切削热的非均质传导模型，探明涂层参数（涂层材质、涂层厚度、涂层分布等）对刀具温度的影响规律，以精确预测涂层刀具温度场。红外热像仪及热电偶等温度测试技术在切削刀具温度测试中的局限性较大，涂层薄膜的热传导参数的精确测试难度也较大，因此开发涂层刀具切削温度测试技术，搭建涂层刀具温度专用测量平台，获取刀-屑接触面温度及刀具温度分布，解决非均匀接触和非均匀结构的涂层刀具传热难题，为涂层刀具温度的预测和控制奠定理论基础。

2）刀具基体复合材料的尺度效应与性能

高速切削加工产生极端切削使役环境，并对刀具切削性能产生极大影响（图2）。基于高速切削复杂使役环境下，刀具复合化后相异组分的尺度差异对力学性能的改变；复合刀具的基体和异质相晶粒超细化和纳米化的尺度力学效应及其力学行为的表征；刀具宏观切削力和热在刀具材料微观结构中的载荷传递和衰减，以及刀具纳米组分对力和热载荷的容限能力，是决定纳米复合刀具材料力学性能的难点。

3）刀具微小几何结构创成及其与切削功能的数学关系

刀具的微结构属于介观范畴。只有借助计算机技术，才能保证刀具尺寸和形状的精准性。探索刀具功能和结构一体的数字化设计理论与方法，通过重构几何物理模型快速造型刀具工作微区微结构，建立相关平台或开发相关软件。选择相关的制造方法，保证相关微结构设计方案的有效制造，建立刀具微结构的最优快速响应制造方法，以保证能够制造出精准的微结构。实现结构设计与制造之间的无差异结合，搭建实现精密刀具复杂功能精准微小结构的智能化设计系统与虚拟制造平台，保证准确制造设计的微结构。建立刀具功能与微结构的表征模型，为刀具设计、制造和使用提供坚实的理论和技术支撑（图 3）。

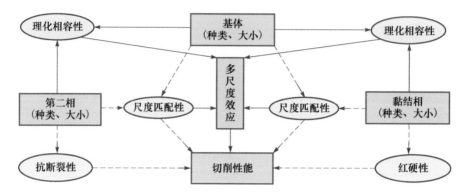

图 2　刀具基体复合材料物相设计多尺度效应图

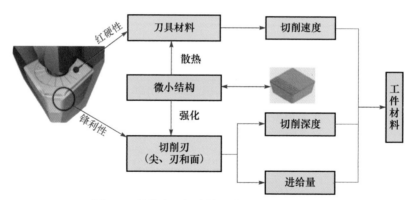

图 3　刀具微小几何结构及其切削功能示意图

4. 解决难题的意义及重要性

通过对现代高性能刀具材料的设计与制造，能够从根本上揭示刀具微观结构与宏观性能的关联和映射效应，从而做到有的放矢地设计和制造刀具，降低刀具设计与应用的盲目性，减少关键零部件制造过程的辅助时间，保证装备制造的可靠性。刀具微区微小几何结构的设计与创成无疑是未来高端精密刀具制造最为关注的主要问题之一，现代刀具的发展正在向精密、精准和精细的高端层次发展，并成为主导未来刀具发展的主要趋势之一，其能解决多变材质种类和复杂形状零件的切削加工需求，保证重大工程中装备零部件的服役可靠性。

参 考 文 献

[1] 艾兴, 邓建新, 赵军, 等. 高速切削加工技术. 北京: 国防工业出版社, 2003.

[2] Zhang S J, Liu Z Q. A new approach to cutting temperature prediction considering the diffusion layer in coated tools. International Journal of Machine Tools and Manufacture, 2009, 49(7-8): 619-624.

[3] 过增元. 国际传热研究前沿-微尺度传热. 力学进展, 2000, 30(1): 1-6.

[4] Shaw M C. Metal Cutting Principle. 2nd ed. New York: Oxford University Press, 2005.

[5] 乐兑谦. 金属切削刀具. 2 版. 北京: 机械工业出版社, 2014.

撰稿人: 黄传真、刘战强、邹 斌

山东大学

高速/超高速切削加工的工件材料变形

Workpiece Deformation in High and Super High Speed Machining

1. 研究背景

高速切削加工技术是先进制造领域的共性关键技术，凭借其高效率、高质量、低成本等优势已经在航空航天、汽车、发电装备等领域获得应用。而且，高速加工可以减小切削力，实现高硬度材料切削。伴随着高速加工装备和先进刀具的迅速发展，高速切削加工技术在国家制造业中逐步起着举足轻重的作用。然而，高速/超高速切削加工过程所涉及的工件材料变形、材料去除、能量转换等机理尚未理解透彻，目前在高速切削时的加工工艺参数主要根据普通速度切削时的规律和高速切削实验的经验性结论进行确定，已严重阻碍了高速切削加工技术的进一步发展与应用。高速切削加工工件材料在高应变、高应变率和高温等多场耦合强作用下发生动态激变行为，揭示工件材料物质属性（包括材料成分、相组成、微观/纳观组织、界面、晶体缺陷、键、位错等）对高速切削材料动态变形行为以及加工表面成形成性质量的影响机理，对于提高加工表面完整性和零件服役性能具有重要意义和应用价值。

2. 研究现状

自 1931 年德国 Salomon 博士提出高速切削（high speed machining, HSM 或 high speed cutting, HSC）理念[1]以来，人们对高速切削进行了长期不倦的探索。相比于普通速度加工，高速/超高速加工的最主要区别即体现在极高的切削速度，能够大幅度提高加工效率，降低加工成本。

根据生活常识，在流速较慢的河流中，当河水流经露出水面的体积较大的石块时，河流会被分割成两部分流经石块，随后再汇聚在一起；若河水的流速较快，则容易受石块的阻挡而溅起水花，如图 1（a）所示。相应地，切削过程中的工件材料可类比于河水，而刀具可类比于河流中的石块。随切削速度提高，工件材料的变形和失效行为将出现重要转变。图 1（b）为高速切削钛合金 TC4 时切屑和加工表面的变形行为及其微观机理。

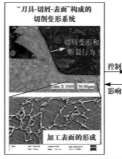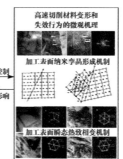

（a）河流遇石块溅起水花　　　　（b）高速切削工件材料的变形和失效行为

图 1　河水冲击和工件材料变形

已有研究表明，随切削速度提高，待去除层金属材料被切除时形成的切屑形态由连续带状演化为锯齿状并最终形成碎断状[2-4]。图 2 为钛合金 TC4 随切削速度提高时的切屑形态演化规律。切屑的形成主要受第一变形区的材料变形和第二变形区的刀屑摩擦作用影响，而加工表面的形成主要受刃口及后刀面的挤压作用影响，但切屑与工件基体连接处（即刀尖或刃口部位）材料变形和断裂行为的改变对加工表面的形成具有重要作用。以极端情况为例，当切削速度达到足够高时，待切除材料被瞬态去除而来不及发生塑性变形，切屑材料的去除机理及加工表面的成形成性行为将发生本质变化。

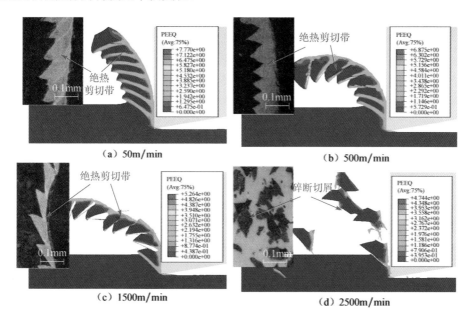

（a）50m/min　　　　　　　　　　（b）500m/min

（c）1500m/min　　　　　　　　　（d）2500m/min

图 2　钛合金 TC4 随切削速度提高时的切屑形态演化规律

金属切削材料变形和切除过程的可视化可以通过高速摄像动态拍摄[5]或获取切屑根部离线观察[6]实现。随着高速摄像机和数字图像处理技术的不断发展，对高速切削切屑变形和断裂过程的实时捕获及定量分析也取得一定进展[7]。Wang 等[8]实现了切削速度高达 7000m/min 的铝合金切屑根部获取实验，实验装置和原理如图 3 所示。实验发现，当切削速度低于碎断切屑临界速度时，切屑经由塑性变形和韧性断裂被去除；当切削速度达到碎断切屑临界速度时，切屑根部形貌特征为脆性断裂，切屑根部断裂表面分布有解理台阶和结晶状断口。切屑根部"冻结"了切屑与工件基体分离时的瞬态特征，为不同切削条件下的切屑变形行为、去除机理、能量转换等研究提供了直接证据。

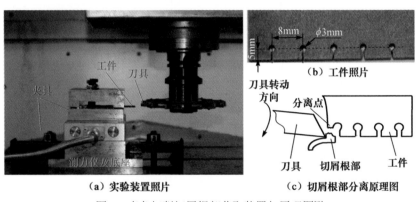

图 3　直角切削切屑根部获取装置与原理图[8]

金属材料在大变形（大应变量、高应变率或大应变梯度）情况下，可获得层片状纳米晶粒，使材料性能显著提高。中国科学院金属研究所卢柯院士团队利用动态塑性变形技术制备了块体纳米结构金属材料[9]，通过对金属材料进行高应变率冲击压缩变形，使材料产生高密度纳米孪晶或位错缺陷，通过应变驱动的结构演化形成了纳米结构材料，使表面物理力学性能得到提高。

高速/超高速切削加工与动态塑性变形处理工艺的相同之处是材料变形区域均处于高应变、高应变率和高应变梯度状态，不同之处是高速切削存在材料去除，高速切削加工的研究目标需兼顾材料的高效去除和加工表面完整性的获取。研究发现，高速切削钛合金 TC4 时，第三变形区受刀具高速挤压作用同样导致加工表层与亚表层性能发生质变。如图 4 所示，当切削速度超过 200m/min 时，加工表面产生{10-11}压缩纳米孪晶，孪晶尺寸在 5～30nm，并且孪晶形貌呈 Y 形分布[10]。图 4（c）和（d）中可看到明显的孪晶特征。

通过纳米压痕实验发现（图 5），钛合金 TC4 加工表面纳米孪晶硬化作用导致高切削速度（200～600m/min）下的表面硬度大于低切削速度（50～200m/min）下的表面硬度，从而使加工表面的力学性能和服役寿命提高。

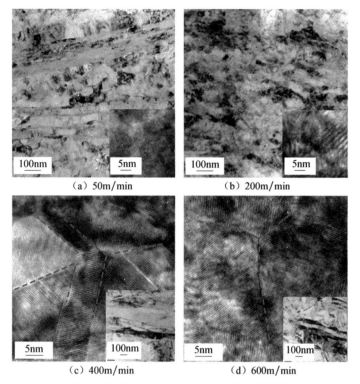

图 4 不同切削速度下钛合金 TC4 加工表面的微观组织特征[10]

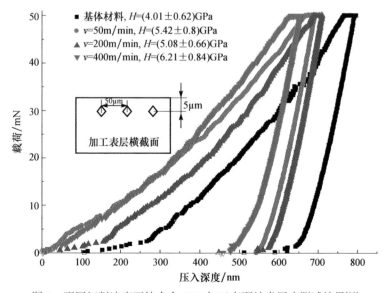

图 5 不同切削速度下钛合金 TC4 加工表面纳米压痕测试结果[10]

3. 主要难题描述及说明

切削加工需要解决的核心问题有两个：一是如何提高工件毛坯多余材料的去除效率并降低能量消耗；二是如何提高切削加工表面完整性以延长零件使役性能和服役寿命。关于切削加工的研究课题均立足于解决这两个问题，高速/超高速切削加工的研究思路也是如此。

1）高速/超高速切削加工的材料变形机理

高应变率加载效应是高速/超高速切削加工中导致工件材料变形不同于普通速度切削的核心要素，因此从应力波传播的角度来分析材料变形和失效机理是一个重要研究方向。von Karman 和 Duwez[11]分析了一细长圆柱型试样端部受冲击载荷时其内部的应力波传播情况，得出对不同材料均存在一临界冲击速度，当试样材料所受拉伸冲击载荷速度超过该临界值时，材料性能会发生塑脆转变而仅在被冲击端部发生脆性断裂，此时的塑性变形可以被忽略。超高速切削载荷诱导出现的工件材料塑脆转变将导致切屑和工件表面的变形行为由位错滑移转变为孪晶，相应的材料失效模式由塑性变形/韧性断裂转变为脆性断裂。根据 Astakhov[12]提出的"金属切削过程是切屑与工件材料之间产生目的性断裂"的理念，通过控制工件材料转变为切屑时发生塑性变形所消耗的能量，可优化切削过程以实现低能耗高效率切削。因此，针对超高速切削高应变率加载下的材料变形和去除机理研究是该难题的重要突破口。

2）高速/超高速切削加工表面变形行为的在线测试

高速/超高速切削加工是一个高度非线性的热力耦合过程，工件材料在高应变、高应变率、高温以及复杂的刀工接触面摩擦等作用下发生局部剧烈变形。超高速切削时材料变形具有瞬时、局部化等特点，给其变形的在线实时测试分析带来了较大困难。数字图像相关技术和粒子图像测速技术等在加工表面变形行为的在线测试研究中仍局限于低速切削，若要将材料变形测试技术应用于变形区域更小、变形速率更高的超高速切削中，还需建立更加完善的实验平台。

3）高速/超高速切削的加工表面完整性

切削加工后的零件是制造过程的最终产品，而零件的加工表面完整性决定了零件的使役性能和服役寿命。"千里之堤，溃于蚁穴"，加工表面上某个微小缺陷的存在将会导致整个零件失效甚至是整部机器的毁坏。因此，建立加工工艺-加工表面完整性-零件使役性能之间的映射关系，探索高性能制造工艺，从而把零件的服役安全置于制造过程之中将是学术界和生产企业制造技术发展的新思路。图 6 为集成切削工艺和滚压工艺并应用于航空发动机典型零件制造的高品质抗疲劳复合加工工艺。

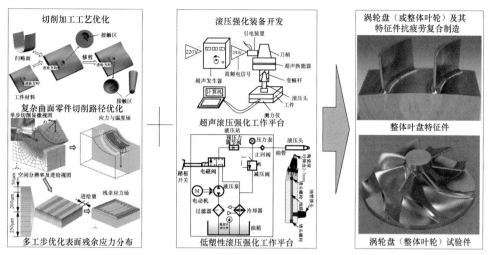

图 6　切削工艺和滚压工艺集成的抗疲劳复合加工工艺

加工表面在形成过程中主要受第三变形区内刃口和后刀面的挤压作用，因此刀具和工件接触区的材料变形对加工表面有很大影响。刀具刃口及后刀面与工件之间剧烈的摩擦和挤压作用形成的热、力载荷乃至化学反应导致刀工接触区材料发生复杂的变形行为或物质改变，因此揭示加工表面形成时涉及的热-力-相变-塑性变形等耦合作用机理或/和化学反应，研究加工表面完整性与零件表面性能之间的关系以实现高性能制造将是超高速切削加工发展的重要方向。

高速/超高速切削过程中刀具工件接触区复杂的热力耦合问题及其对工件表面变形行为的影响机理仍是主要难点。针对刀工接触区热载荷和力载荷的解耦、理论建模、二者对材料变形影响的权重等问题，直接采用解析法进行求解难度较大。基于表面功能需求的加工表面完整性评价指标有待建立，从而便于绘制切削参数、加工表面微观组织、加工表面完整性、零件使役性能之间的映射关系网络并揭示不同尺度参数间的关联特性。

4）高速切削新表面形成的能场作用机理

高速切削新表面形成时工件材料发生复杂的弹塑性变形和微观组织重构，从而消耗弹性变形能、塑性变形能、摩擦能和表面能等（微观层面体现为位错能等）。从能量角度出发，揭示高速切削过程表面成形时的能量转化和能场作用机理，研究加工表面形成时能量转化和传递对材料微观组织与力学性能的影响机制，能够从能量学角度理解高速/超高速切削加工工件材料的变形行为。

4. 解决难题的意义及重要性

研究高速/超高速切削加工的工件材料变形行为，探索高应变、高应变率、高温载荷条件下工件材料变形的热力学耦合机理和能场作用与能量转化规律，有助于揭示超高速切削条件下切屑变形和加工表面的形成机制，可以指导优化切削工艺、提高工件的加工质量和加工效率，并为高速机床设计和刀具设计奠定理论基础，具有重要的理论研究意义和工程应用价值。

参 考 文 献

［1］ Salomon C J. Method of machining metal or of materials behaving similarly when being machined with cutting tools: German Patent, 523594. 1931.

［2］ Hou Z B, Komanduri R. On a thermomechanical model of shear instability in machining. CIRP Annals—Manufacturing Technology, 1995, 44(1): 69-73.

［3］ Sutter G, List G. Very high speed cutting of Ti-6Al-4V titanium alloy—Change in morphology and mechanism of chip formation. International Journal of Machine Tools and Manufacture, 2013, 66: 37-43.

［4］ Wang B, Liu Z Q, Su G S, et al. Brittle removal mechanism of ductile materials with ultrahigh-speed machining. ASME Journal of Manufacturing Science and Engineering, 2015, 137(6): 061002.

［5］ Guo Y, M'Saoubi R, Chandrasekar S. Control of deformation levels on machined surfaces. CIRP Annals—Manufacturing Technology, 2011, 60: 137-140.

［6］ Buda J. New methods in the study of plastic deformation in the cutting zone. CIRP Annals—Manufacturing Technology, 1972, 21: 17-18.

［7］ Zhang D, Zhang X M, Xu W J, et al. Stress field analysis in orthogonal cutting process using digital image correlation technique. ASME Journal of Manufacturing Science and Engineering, 2017, 139(3): 031001.

［8］ Wang B, Liu Z Q, Su G S, et al. Modeling of critical cutting speed and ductile-to-brittle transition mechanism for workpiece material in ultra high speed machining. International Journal of Mechanical Sciences, 2015, 104: 44-59.

［9］ Li Y S, Tao N R, Lu K. Microstructural evolution and nanostructure formation in copper during dynamic plastic deformation at cryogenic temperatures. Acta Materialia, 2007, 56(2): 230-241.

［10］ Wang Q Q, Liu Z Q. Plastic deformation induced nano-scale twins in Ti-6Al-4V machined surface with high speed machining. Materials Science and Engineering: A, 2016, 675: 271-279.

［11］ von Karman T, Duwez P. The propagation of plastic deformation in solids. Journal of Applied Physics, 1950, 21: 987-994.

[12] Astakhov V P. Tribology of Metal Cutting. New York: Elsevier, 2006.

撰稿人：刘战强、黄传真、王　兵

山东大学

金属微细切削加工的尺寸效应

Size Effect in Micro/Meso Metal Cutting

1. 研究背景

卫星和空间站有限的空间要求其中的装置设备越小越好；人们使用手机希望屏幕更清晰、功能更丰富；医疗器械的微小型化则大大提高了患者的生存机会、减轻患者的痛苦。航空航天、精密仪器、生物医疗、汽车和电子等领域装备微小型化的巨大需求，促进了宏观和纳米之间的微细尺度结构加工技术的发展（图1）。微小型产品的微结构加工质量优劣，直接影响微结构相关的电磁、光学、振动、流体和疲劳等相关的技术指标，并决定了产品使役性能。例如，特征宽度 0.02～0.16mm 的高深宽比金属折叠慢波结构是太赫兹的核心放大器件，0.22THz 的电磁波在无氧铜表面传播的集肤深度约 140nm、表面形貌必须接近"相对光滑"，以及表面层介电参数稳定一致，才能有效减小电磁波传播的冷损耗。具有三维加工和多种材料适应性等优良特征的微细切削技术是加工微结构的一项重要技术。在微小型零件（加工特征尺寸一般为 10μm～1mm）的微细切削加工中，要获得更微细的加工特征尺寸、保证零件尺寸精度和使役性能要求，就要切得更薄。当微细切削加工参数（如切削厚度）与材料或结构的某些特征参数（如材料晶粒尺度、刀具刃口钝圆半径等）相近时，就会出现表面质量、切削比能（切除单位体积消耗的能量）等的急剧变化，即微细切削中的尺寸效应[1]（size effect）。微细切削尺

准直器

碘化钠(铊)/碘化铯(钠)

光电倍增管

光栅深窄槽微结构

图 1　微小型结构与应用——硬 X 射线准直器光栅与深空探测

寸效应的内涵在于在微细切削参数范围（切削厚度通常在微米尺度），材料晶粒的各向异性特性得以显现，同时，刀具刃口钝圆半径大于切削厚度还产生了刃口尺寸效应，以及跳动、对称性等多重影响，形成多种尺寸效应的耦合，使得规律异常复杂，问题异常难解。尺寸效应直接影响微细加工零件的质量和使役性能，是制约微细加工极限的重要因素。因此，研究解决微细切削尺寸效应这一科学难题，对促进金属微细切削理论和微细切削技术的创新和完善，推动多领域装备的微小型化有着重要的科学意义与工程价值。

2. 研究现状

微细切削的研究历史只有十多年，针对微细切削尺寸效应科学难题，国内外学者利用微细切削试验、有限元模拟、分子动力学仿真等研究方法和手段开展了大量的研究工作[2-6]，主要包括微细切削尺寸效应的影响因素、微细切削尺寸效应的产生机制，以及多种尺寸效应共生与耦合等。例如，从位错动力学角度描述了微米量级或该量级以下金属材料变形的尺寸效应；从晶体微观结构（如晶粒和位错胞）描述了特征尺寸与材料力学性能（如塑性变形的屈服应力和速率敏感性等）的关系对尺寸效应的影响。还有很多研究关注瞬时切削厚度与刃口圆弧半径、材料晶粒尺寸、加工过程的稳定性（刀具偏摆与圆跳动等）等因素间的关系，分析微细切削刀具刃口尺寸效应和材料尺寸效应的作用规律，研究尺寸效应对毛刺、表面粗糙度、尺寸一致性等的影响，进而提出微细铣削加工参数优化准则，优选微细铣削工艺参数，达到提高零件使役性能的目标[7]。

3. 主要难点描述及说明

与宏观切削和超精密切削不同，微细切削刀具尺寸较小，刚度偏低，刀具不可能绝对锋利，刃口圆弧半径常常大于实际切削厚度，因此微细切削尺寸效应不可避免、耦合关系错综复杂、加工条件约束严格、使役性能要求苛刻，造成研究微细切削加工的难度大，提高加工质量和加工效率的难度也非常大。

1）微细切削多种尺寸效应的产生和耦合机制

微细切削尺寸效应是多种因素的共生与耦合（图 2），存在解耦困难，难以直接验证。微细切削加工时，由于切削厚度多与材料晶粒尺寸相近，切削主要在晶粒内进行，此时材料各向异性影响显著，与宏观切削的各向同性假设有着本质不同。此外，微细切削厚度多小于或接近刃口圆弧半径，刀具刃口钝圆半径的尺寸效应始终耦合在其他尺寸效应中。这些尺寸效应在微细切削时一直共生和耦合，为各种尺寸效应的切削比能量化分析带来极大的困难。

2）微细切削尺寸效应抑制

增大切削厚度与刃口圆弧半径比值，使微细切削脱离高切削比能的工作区间，

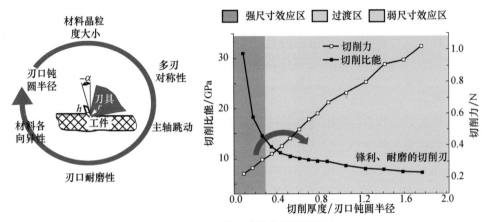

图 2　微细切削尺寸效应的影响因素

是减小微细切削尺寸效应影响的最直接措施。然而，在微尺度数千兆帕的接触压力条件下，受限于刀具材料的尺寸效应特性，刃口-切屑、刃口-工件的摩擦磨损行为，即使是最硬的单晶金刚石刃口圆弧半径也要快速衰退至 70nm 后，才能趋于稳定。制备并保持刃口锋利度的微细切削刀具，并使其工作在稳定可靠的加工参数区域，是微细切削技术的核心问题。

3）微细切削尺寸效应对零件使役性能的影响机制

微细切削尺寸效应直接决定了零件微结构表面形貌、表面变质层、残余应力和加工缺陷等表面完整性，进而影响微小型零件的使役性能（图 3）。因此，如何有效揭示微细切削尺寸效应对微小型零件表面完整性的影响机制，建立与微小型零件声、光、电、磁、热、力等使役性能特性参数间的关系表征模型，则是微细切削尺寸效应研究的又一难点。

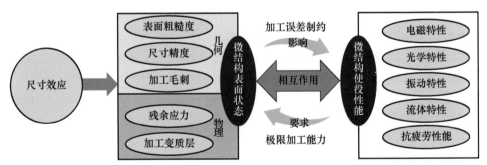

图 3　尺寸效应对微细切削表面完整性及零件使役性能的影响

4. 解决难题的意义及重要性

微小型化技术已成为构建现代化航空航天、军民信息网络的重要基石，是我国国家重大科学工程，如聚变能源、深空探测、先进医疗、信息技术等未来科技不断创新发展的核心推动力，是国民经济新的增长点。如何降低切削比能，保持刃口锋利性？如何获得高光滑表面的微结构？这些问题都与微细切削中的尺寸效应共生与耦合相关。因此，深入研究金属微细切削多种尺寸效应的产生和耦合机制，建立微细切削尺寸效应的综合表征与预测分析方法，揭示微细切削尺寸效应对零件使役性能的影响机制等，系统探明微细切削尺寸效应这一科学难题，对完善从宏观到介观再到微观尺度范围的相关理论体系，发展和推广应用微细切削技术，完善金属切削系统理论和加速各领域装备小型化有着重要的科学意义与实用价值。

参 考 文 献

[1] Bissacco G, Hansen H N, de Chiffre L. Size effects on surface generation in micro milling of hardened tool steel. CIRP Annals—Manufacturing Technology, 2006, 55(1): 593-596.

[2] Liu K, Melkote S N. Finite element analysis of the influence of tool edge radius on size effect in orthogonal micro-cutting process. International Journal of Mechanical Sciences, 2007, 49(5): 650-660.

[3] Lai X M, Li H T, Li C F, et al. Modelling and analysis of micro scale milling considering size effect, micro cutter edge radius and minimum chip thickness. International Journal of Machine Tools and Manufacture, 2008, 48(1): 1-14.

[4] Bissacco G, Hansen H N, Slunsky J. Modelling the cutting edge radius size effect for force prediction in micro milling. CIRP Annals—Manufacturing Technology, 2008, 57(1): 113-116.

[5] Ding H, Chen S J, Ibrahim R, et al. Investigation of the size effect on burr formation in two-dimensional vibration-assisted micro endmilling. Journal of Engineering Manufacture, 2011, 225(11): 2032-2039.

[6] Liu Z Q, Shi Z Y, Wan Y. Definition and determination of the minimum uncut chip thickness of micro cutting. International Journal of Advanced Manufacturing Technology, 2013, 69: 1219-1232.

[7] Vollertsen F, Biermann D, Hansen H N, et al. Size effects in manufacturing of metallic components. CIRP Annals—Manufacturing Technology, 2009, 58(2): 566-587.

撰稿人：何　宁、李　亮

南京航空航天大学

复杂薄壁零件铣削加工的振动问题

Vibration Problem in Milling of Complex Thin-Walled Parts

1. 复杂薄壁零件铣削加工背景

切削力和切削振动是影响复杂薄壁零件（火箭贮箱壁板、航空发动机导流叶片等，图 1）加工质量和加工效率的重要因素。在五轴联动数控铣削加工中，刀具-工件啮合状态随刀具与工件之间的接触关系变化而呈强时变性，切削力波动剧烈；薄壁零件呈弱刚性结构，在切削力激励下易产生过大的变形和振动，甚至发生自激颤振[1,2]。因此，需要探明刀具路径、切削参数、工艺系统参数与切削力及切削振动间的关联规律，为工艺设计提供科学方法。

（a）火箭贮箱壁板

（b）火箭贮箱封盖

（c）航空发动机机匣

（d）航空发动机导流叶片

图 1　典型复杂薄壁零件

2. 复杂薄壁零件铣削加工振动难题

目前对于刚性零件，五轴铣削加工切削力模型已具有较高的精度，在切削参数（进给率）优化中发挥了重要作用，但五轴铣削加工动力学的研究进展缓慢，发表的论文寥寥无几；对于薄壁零件，相关研究尚处于起步阶段。复杂薄壁零件五轴铣削加工切削振动研究的难点主要体现在以下几个方面。

1）切削几何与切削响应之间强耦合，耦合关系描述困难

复杂薄壁零件在切削力激励下的变形量和振动幅值可达几百微米。在加工过程中，切削几何（工件-刀具啮合区、切厚）决定切削激励（切削力），进而影响切削响应（变形、振动）；反之，切削响应导致切削几何变化，两者呈现强耦合，这一耦合关系的描述非常困难[3]。目前采用迭代计算的研究方法只能考虑切削力引起的准静态让刀变形的影响。

2）加工动力学模型参数强时变、强位变，参数精确获取困难

在薄壁零件加工过程中，零件刚度、阻尼等结构参数随着材料去除时变，刀具动力学参数受机床末端姿态的影响且随刀具轴向位置变化，因此复杂薄壁零件五轴铣削加工动力学模型不再是定常周期系统，所需的时变、位变动力学参数很难精确获取[2]。目前，动力学参数获取主要有两种途径：一是在加工过程中多次停机进行零件和刀具模态实验，但工作量巨大，不便于应用；二是用有限元软件计算，但边界条件等仿真环境设置与实际加工条件存在较大差异，结果不准确，不能满足实际生产需求。

3）加工动力学模型维数高，振动响应计算困难

复杂薄壁零件往往呈现多模态、密集模态特性，因此薄壁零件加工动力学模型的维数很高，如何实现振动响应的高效计算是复杂零件五轴铣削加工的难点。目前，薄壁零件加工振动响应计算有两种途径：一是基于有限元模型进行谐响应分析和受迫振动响应分析，但有限元仿真尚不能实现振动响应与切削激励间的耦合关系建模，且受网格密度制约，仿真计算效率很低；二是基于时变动力学模型的振动响应时域仿真，但薄壁工件的振动频率较高，时域仿真的时间步长受其制约不可过大，导致计算时间十分冗长[4]。

3. 复杂薄壁零件五轴铣削加工振动抑制途径

对于薄壁零件加工，虽然可以基于动力学模型优化切削参数达到控制切削力和切削振动的目的，但由于前述原因很难建立精准模型，为了保证加工质量往往采取比优化结果更为保守的工艺参数，所以单纯依靠动力学建模与工艺参数优化的方式进行振动抑制并不能从根本上改变薄壁零件加工参数可行域狭小的本质，是一种牺牲效率的"被动"方法。

采用辅助支撑和耗能装置提高工艺系统的刚度和阻尼是解决大型薄壁零件加工变形和振动问题的"主动"方法，如图 2 所示。固定式或随动式辅助支撑可以提高加工区域的结构刚度[5]，阻尼器、吸振器等耗能装置可以耗散结构振动能量[6]，均可以起到降低变形大小和振动响应幅值的作用。辅助支撑和耗能装置增加了工

艺系统的机械阻抗，从而削弱了切削几何量与振动、变形之间的耦合关系，弱化了材料去除效应对工艺系统整体刚度和阻尼的影响，使得结构参数强时变动力学系统可以在局部近似为结构参数时不变动力学系统，因而大大降低了加工动力学建模与分析的难度。

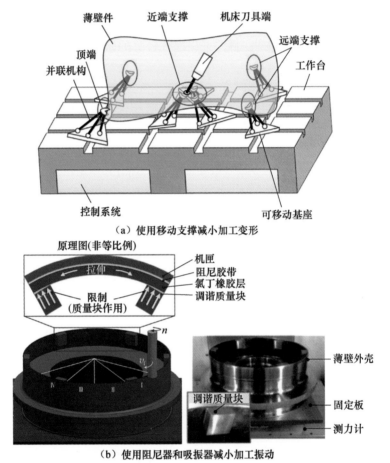

（a）使用移动支撑减小加工变形

（b）使用阻尼器和吸振器减小加工振动

图2 薄壁零件铣削加工辅助支撑与耗能减振示意图

引入辅助支撑和耗能装置的加工系统要求精确掌握完整的"主轴-刀具-工件-夹具"系统动力学模型，厘清刀具路径、加工参数、工艺系统特性与切削变形、切削振动间的关联关系，尤其是研究辅助支撑和耗能装置的拓扑结构、空间布局、机械阻抗特性与切削变形、切削振动之间的映射关系，通过优化刀具几何和切削工艺参数、调控辅助支撑和耗能装置的刚度和阻尼特性，获得期望的工艺系统静态、动态响应。由于正向机理建模的难度很大，一种解决问题的思路是采用数据挖掘和机器学习的方法[7]，通过对工艺实验中采集到的力、位移、振动等数据的特征分析，探明不同加工阶段决定切削变形和切削振动的主要因素，并获得在一定误差范围内等效于机理模型的回归模型；另一种思路是根据不同加工阶段的特点建立一系列的简化机理模型，通过对中间状态零件几何和性能参数的测量，确定相应阶段的模型参数及输入，即通过引入中间测量环节降低建模过程的复杂性和不确定性。这些研究内容均是当前智能制造的前沿热点。

参 考 文 献

[1] Kersting P, Biermann D. Modeling techniques for simulating workpiece deflections in NC milling. CIRP Journal of Manufacturing Science and Technology, 2014, 7(1): 48-54.

[2] Budak E, Tunç L T, Alan S, et al. Prediction of workpiece dynamics and its effects on chatter stability in milling. CIRP Annals—Manufacturing Technology, 2012, 61(1): 339-342.

[3] Biermann D, Kersting P, Surmann T. A general approach to simulating workpiece vibrations during five-axis milling of turbine blades. CIRP Annals—Manufacturing Technology, 2010, 59(1): 125-128.

[4] Khachan S, Ismail F. Machining chatter simulation in multi-axis milling using graphical method. International Journal of Machine Tools and Manufacture, 2009, 49(2): 163-170.

[5] de Leonardo L, Zoppi M, Xiong L, et al. SwarmItFIX: A multi-robot-based reconfigurable fixture. Industrial Robot, 2013, 40(4): 320-328.

[6] Kolluru K, Axinte D, Becker A. A solution for minimising vibrations in milling of thin walled casings by applying dampers to workpiece surface. CIRP Annals—Manufacturing Technology, 2013, 62(1): 415-418.

[7] Yuan Y, Zhang H, Wu Y, et al. Bayesian learning-based model predictive vibration control for thin-walled workpiece machining processes. IEEE Transactions on Mechatronics, 2016, 22(1): 509-520.

撰稿人：朱利民

上海交通大学

纤维复合材料切削加工时的多尺度去除机理

Multi-Scale Cutting Removal Mechanism of Fiber Composite Materials

1. 纤维复合材料切削加工的难题背景

高性能碳纤维复合材料（CFRP）由于单位质量下强度高、刚度高，能够从材料到结构进行一体化设计制造，易于实现大型复杂构件整体制造，可大幅减少连接、减轻质量、提高性能和可靠性，已成为航空航天装备的优选材料。例如，空客公司 A380 飞机质量的 25%、A350 飞机质量的 52%以及波音公司 B787 飞机质量的 50%均应用了碳纤维复合材料，如图 1 所示[1]。研究表明，飞机质量每减轻1kg，增效能达到超过 450 美元；结构质量每降低 1%，油耗可减少 3%～4%。复合材料虽然可以通过铺放、固化等方式实现近净成型，但是为保证构件精度和装配需求，固化成型后的复合材料制件仍需大量的边缘轮廓、功能窗口以及连接孔的加工以实现装配，加工和装配过程中若出现分层等损伤，将严重影响构件的承载能力，威胁服役安全。同时，复合材料通常与钛合金、铝合金等组成叠层结构，在中央翼与机身等重要连接部位承受巨大、复杂、多变的载荷，为了保证这些连接部位的可靠性和承载性能，必须对复合材料构件进行高质量、低损伤加工。

高性能碳纤维复合材料构件往往具有尺寸大、厚度大等特征，例如，大型飞机的复合材料蒙皮长度达 6.5m，厚度最大达 12mm，材料去除量非常大，如图 2

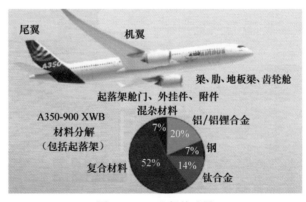

图 1　A350 飞机构成[1]

图 2　大型飞机蒙皮厚度大、尺寸大[1]

所示。由于激光、水射流加工难以直接应用于现场加工，且热损伤、热变形严重，所以切削加工仍是复合材料构件的主要加工方法。然而，高性能碳纤维复合材料细观上呈纤维、树脂及界面组成的多相态，宏观上呈多层、多向的非均质各向异性特性，具有高硬度、各向异性、层叠等特征，属典型的难加工材料，切削加工过程中极易出现纤维或基体的断裂，在加工表面产生毛刺和裂缝等质量缺陷，难以达到工件要求的加工精度和表面质量，而且采用传统工具和工艺加工极易产生严重的分层等损伤，导致其高质量加工极其困难，同时刀具寿命低，频繁换刀，难以实现高精度、数字化加工，效率低，易导致构件报废，造成重大经济损失甚至灾难性事故发生。

因此，高性能碳纤维复合材料制件的高质量、高效率加工，对现有切削加工理论和技术提出严峻挑战。

2. 纤维复合材料切削加工机理的难点描述

碳纤维复合材料切削加工的材料去除表现为细观层面的纤维断裂及基体、界面开裂至宏观切屑形成的复杂演化过程，包含纤维、单层和宏观层合等多个尺度[2-4]。因此，需要研究切削加工中细观层面材料的破坏机理，以及宏观层面切屑的形成机制，进而深入研究高性能碳纤维复合材料的去除及损伤形成过程，提出既可保证有效切除高强高硬纤维，又可大大降低损伤的复合材料切削新原理与损伤抑制技术，以指导高性能碳纤维复合材料切削加工的专用工具与工艺设计。进而结合高端装备大型复合材料构件的加工需求，研发长寿命工具与高稳定性工艺，研制自动化加工装备，形成高性能碳纤维复合材料的高质高效加工技术。

复合材料切削中主要包含刀具对纤维/基体的切断作用，刀具对纤维/基体的压剪作用，以及切削力、热在界面间的传递过程。由于碳纤维复合材料属于难加工材料，细观与宏观上表现出不同的特性：细观上纤维表现为高强、高硬，导热性较好，树脂基体表现为低强度、高黏性，导热性差，相间结合强度低；材料力学性能随方向变化，特别是层间强度低、导热性差异大等。此外，当复合材料与金属形成叠层材料时，各组成材料的性能差异更加明显，不同材料接触部位性能突变，复合材料宏观/细观去除形式发生显著变化。因此，在研究其切削去除基础理论时，除对其宏观切削理论进行研究外，还需对其细观切削过程及变形区划分进行研究，从宏观/细观角度揭示其切削基础理论。

1）碳纤维复合材料细观切削过程复杂和跨尺度切削断裂模式分析困难

实际切削加工过程中，纤维在刀刃挤压作用下断裂去除，即刀刃与纤维间的相互作用决定了纤维的断裂形式，目前对复合材料切削加工去除过程中细观破坏影响的理论和实验研究都鲜见报道。

从细观层面分析，需建立刀刃与纤维之间的接触模型以得到碳纤维复合材料的细观去除过程。然而，切削过程中纤维对刀刃的不断刮擦，造成刀刃磨损，刀具圆弧半径不断变化。当刀具圆弧半径与纤维半径大小相当时，刀刃与纤维的相互作用近似为两个圆柱体的接触，如图 3 所示。刀刃与纤维接触的初始为点接触，而随着刀刃作用的增加进而形成面接触，接触区应力需要根据纤维半径与刀具圆弧半径的尺寸相对关系进行求解。除此之外，由于碳纤维复合材料为纤维与基体的混合体，在切削加工过程中纤维与基体也将发生相互作用，需对周围基体对纤维的切向力和法向力进行分析研究，可通过建立两参数弹性地基梁模型，描述受基体约束作用的纤维变形特点，如图 4 所示。

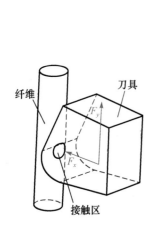

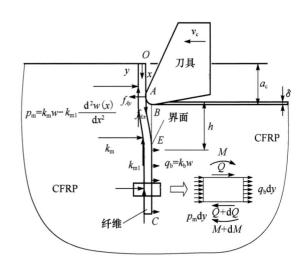

图 3　刀刃与单纤维局部接触　　　　图 4　基体约束作用的单纤维切削模型

2）基于切削过程物理本质的碳纤维复合材料的宏观/微观切削力求解困难

为合理控制高性能复合材料切削加工中的切削力，降低分层等机械损伤，在复合材料切削加工材料去除过程表征及单纤维破坏理论的基础上，需建立高性能复合材料切削力模型，以准确预测高性能复合材料切削加工中的切削力，指导低损伤工具设计与高稳定性工艺制定。

由于碳纤维复合材料的各向异性，在以不同纤维角度切削碳纤维复合材料时，其去除方式不同[5,6]。可以通过直角切削实验与仿真分析，研究切削加工中的材料去除方式。基于高性能复合材料切削加工中材料去除过程的显微观测，发现切断纤维过程中存在明显的弯曲现象，可建立描述切削载荷作用下材料变形区的两切削区模型。需要考虑纤维、基体及其界面破坏从单纤维切削断裂到宏观切屑建立跨尺度切削力模型，如图 5 所示，研究单纤维在切削过程的失效形式，以及对宏观切屑的贡献，另外考虑到实际加工中宏观/微观切削裂纹形成和动态扩展复杂，反映跨尺度动态断裂过程的切削力模型构建仍十分困难。

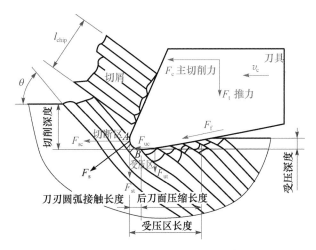

图 5　复合材料切削宏观成屑示意图

3）碳纤维复合材料温度测量及其力热耦合分析困难

由于树脂基体对温度十分敏感，极易因温度过高而使基体软化，从而降低层间结合强度，加剧分层、撕裂损伤的产生[7]。同时，基体一旦软化，特别容易粘刀，造成刀具严重磨损，增加换刀频次，降低加工效率，尤其在加工复合材料/金属叠层材料时，温度的影响更为明显，刀具磨损更加严重。因此，需要分析碳纤维复合材料在切削过程中其纤维/树脂切削变形区的力、热来源，特别需要注意刀具与材料相互作用关系。碳纤维的去除过程是瞬时、动态的力、热生成过程，也是切削热的累积过程，加工时脆性断裂变形区产生的热既会软化树脂基体，也会弱化碳纤维的力学性能，降低树脂、纤维之间的结合强度，进而影响碳纤维复合材料切削时发生分层损伤的力临界值。因此，需要研究加工过程中切削热对加工过程的影响，研究力、热共同作用下刀具和工件的作用形式，建立力热耦合条件下碳纤维复合材料的切削损伤模型。但是，基于目前技术，切削过程中切削力和切削热的准确测量和力热耦合分析都非常困难，而且工件材料在变温环境下损伤演化和裂纹扩展规律非常复杂，导致力、热共同作用下材料去除机理分析仍然十分困难。

参 考 文 献

[1] 范玉青, 张丽华. 超大型复合材料机体部件应用技术的新进展——飞机制造技术的新跨越. 航空学报, 2009, 30(3): 534-543.

[2] Wang D H, Ramulu M, Arola D. Orthogonal cutting mechanisms of graphite/epoxy composite. Part I: Unidirectional laminate. International Journal of Machine Tools and Manufacture, 1995, 35(12): 1623-1638.

[3] Persson E, Eriksson I, Zackrisson L. Effects of hole machining defects on strength and fatigue life of composite laminates. Composites Part A—Applied Science and Manufacturing, 1997, 28(2): 141-151.

[4] Ho-Cheng H, Dharan C K H. Delamination during drilling in composite laminates. Journal of Engineering for Industry, 1990, 112(3): 236-239.

[5] Dandekar C R, Shin Y C. Modeling of machining of composite materials: A review. International Journal of Machine Tools and Manufacture, 2012, 57(2): 102-121.

[6] Xu W, Zhang L C. On the mechanics and material removal mechanisms of vibration-assisted cutting of unidirectional fibre-reinforced polymer composites. International Journal of Machine Tools and Manufacture, 2014, 80-81(5): 1-10.

[7] Yashiro T, Ogawa T, Sasahara H. Temperature measurement of cutting tool and machined surface layer in milling of CFRP. International Journal of Machine Tools and Manufacture, 2013, 70(4): 63-69.

撰稿人：贾振元、王福吉、牛　斌

大连理工大学

基于实际磨粒工作状态的磨削加工工具
与工件作用机理

Mechanisms for the Interfacial Interactions between Grinding Tool and Workpiece Based on the Actual Working State of Abrasives

1. 难题的提出背景

磨削加工是以众多磨料在结合剂把持下的无数微细切削进而从宏观上完成工件材料去除的加工方式。用单一切削刀具无法完成的任务可由众多磨粒分担完成，每颗磨粒都有一定的自锐性，因此磨削加工能够高效率和低成本地实现高精度加工，属于一种高效精密加工方式。随着航空航天、光电信息等产业的迅猛发展，大量新型硬、脆金属和非金属材料的不断出现和广泛使用极大地拓宽了磨削加工的应用范围。特别是对于陶瓷、晶体、玻璃、石材、硬质合金等硬脆性材料，磨削加工几乎成为唯一选择。

磨削加工仅从工件材料本身去除的量来看是宏观尺度的行为，而从单颗磨粒的去除行为来看却是实实在在的微观尺度加工。正因如此，学术界在描述磨削加工过程时采用了单颗磨粒最大切削厚度的概念[1]，而不是整体磨削深度的概念。

单颗磨粒最大切削厚度（h_{max}）是指从磨削运动几何学出发建立的描述单颗磨粒经过磨削弧区一周所切削的最大深度（图1），其包含的信息有磨粒切削刃形状、三大磨削参数（砂轮线速度、工件进给速度、切深）等。

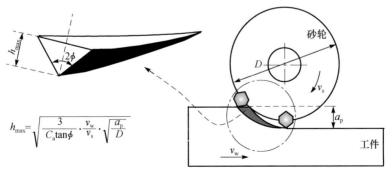

$$h_{max}=\sqrt{\frac{3}{C_a\tan\phi}\cdot\frac{v_w}{v_s}\cdot\sqrt{\frac{a_p}{D}}}$$

图 1　单颗磨粒最大切削厚度示意图

由于是众多磨粒参与切削的过程，最理想的磨削境界应当是工具表面的每颗磨粒都能分担相等的切削负荷。为了更清楚地表达这一概念，给出了图 2 所示的磨粒切削状态示意图。其中，图 2（a）给出了砂轮周向等距排布的 5 颗磨粒磨削过程示意图。在这一理想状态下（即磨粒间距均匀、出露一致、刃形相同、磨损同步），每颗磨粒的最大切削厚度是相等的。这也是磨削领域多年来梦想和追求的境界。

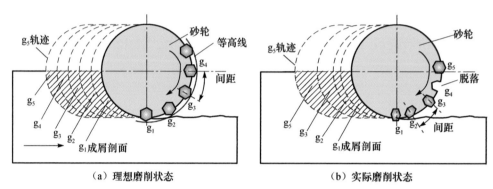

（a）理想磨削状态   （b）实际磨削状态

图 2   磨粒切削状态示意图

事实上，在过去的几十年里，磨削领域比较典型的描述磨削机理的研究成果均以这种理想状态为基础。在这一前提下，各国学者在磨粒加工机理、加工工艺、加工装备与工具、加工过程的数字化描述及监控、加工过程仿真及预测等方面开展了大量研究工作[2-4]。一方面磨粒加工向高材料去除率的方向发展，例如，磨削切深达 20mm，材料去除率可达 500～2000mm³/(mm·s)。高速、超高速的磨粒加工技术得以深入研究并逐渐进入实用化阶段。德国亚琛工业大学实现了圆周速度达 500m/s 的超高速砂轮磨削[5]。另一方面磨粒加工技术同时向精密和超精密方向发展，2010 年，德国学者 Brinksmeier 等确定超精密磨削尺寸精度小于 0.1μm，表面粗糙度（R_a）小于 0.01μm[6]，而在单晶硅、蓝宝石等非金属材料的加工流程中，已经达到纳米级的表面粗糙度[7]。与此同时，加工对象也有了极大的扩展，从传统普通金属材料向高温、高强度合金材料以及硬、脆非金属材料延伸。在工具制备方面，磨削领域开始尝试制备磨粒几何位置可控的加工工具，并利用现代光学技术对加工工具的表面状态进行数字化描述与表征。同时人们还对磨粒加工过程中的力、功率、温度、声发射等过程物理参量进行了监测，希望以此能够更加深入地揭示磨粒加工机理。

2. 主要科学难题及说明

尽管基于图 2（a）建立的一系列磨削理论模型在揭示磨削机理、促进技术进步方面发挥了重要作用，但是人们在试图应用经典磨削理论对磨削加工过程进行精确描述时遇到了很大的困难。对于产生这些困难的原因和急需攻克的科学难题可以概括为以下几个方面。

1）磨粒随机性的影响

实际磨削过程中，工具状态并不会是图 2（a）所示的理想状态，有可能砂轮表面磨粒间距本身就不相等、有可能因磨粒脱落而造成原本均匀的磨粒间距变得不均匀、也可能因磨粒纵向高度不同而造成切入量不同、还有可能因磨粒初始形状不同或者磨损不均等造成磨粒切削厚度的差异（图 2（b））。事实上，人们已经认识到磨粒随机状态对加工的影响，也正因如此，近十几年来，磨削领域一直在力图寻求能够实现控制磨粒分布状态的工具制备方法，这也是有序排布工具得以迅速发展的根本动力。但是，经过长期的努力后人们逐渐发现，即使能从宏观上制造出磨粒有序排布的工具，依然无法实现图 2（a）所设想的加工状态。况且，也有学者在深入研究有序排布工具的加工之后又在反思是否需要人为制造出磨削工具表面磨粒的排布方式，随机分布是否就一定不会产生好的效果。因此，磨削领域遇到的最大科学难题首先是在承认磨粒状态随机特性的前提下，把磨削过程中工具与工件的作用准确、定量化地表达出来。

2）磨粒加工界面中多场耦合作用的影响

把随机状态下磨粒与工件的作用准确地表达出来更多是几何与物理层面的行为描述。磨粒加工界面的复杂性体现在加工界面中多场之间的耦合效应。现有的研究已经揭示了磨粒加工过程是一个在有着极大温度梯度、应力梯度的局部微小区域中发生的复杂多场作用的界面行为。温度和应力的变化与被加工工件有着密切的关系，同时对被加工工件的去除机理、表面质量产生重要的影响。例如，传统的金属磨削加工中材料去除机理本质都是依据弹塑性变形理论中的沿晶界产生剪切滑移形成磨屑而实现磨削加工。但新出现的单晶金属，单晶晶体材料仅有一个晶粒，其在温度场、应力场作用下的材料变形机制、材料去除机制都从本质上有别于普通金属[8]。又如，对于已经被大量使用的硬脆性材料，目前的研究主要是基于准静态加载压痕、划痕实验或改变磨削参数得到经验公式，大部分都忽略了在速度场、温度场、应力场等共同作用下材料的物相转变、微裂纹增韧等因素对裂纹生成及扩展规律、塑性去除以及对材料性能的影响[9]。对于不同属性的材料，温度场、应力场、速度场、流场等多场的共同作用，使得界面之间发生一系列复杂的物理、化学作用，这些作用又相互影响，增加了对磨粒加工界面行为理解的复杂性和难度。因此，磨削领域的第二个科学难题是如何识别和表达出磨削弧区多场的作用以及相互间的耦合规律。

3）跨尺度材料去除及其交互影响

磨粒加工中单颗磨粒去除材料的过程是从小到大（或者从大到小）的过程，

其加工过程是间断不连续的。一个完整的磨粒加工过程随磨削深度的增加一般会经历划擦、耕犁及切削过程，随着加工尺度的减小，在传统磨粒加工中被忽略的微米/纳米条件下的材料去除过程（即划擦、耕犁过程）所占的影响程度将加剧，没有经历完整磨削过程的磨粒数将极大地增加。特别是对于脆性材料，随着尺度的减小更会出现脆塑性材料去除机理的转变。这些都直接影响了对磨粒加工过程界面行为的理解。同时，随着磨粒加工技术向高效方向的发展，磨粒加工覆盖了从毫米尺度到纳米尺度的加工去除量，而这种跨尺度的磨粒去除方式往往体现在同一种材料的整个加工流程中。因此，磨削领域的第三个科学难题是如何表达同一种材料跨尺度去除及其交互影响。

3. 难题的解决方向及解决难题的意义

精准调控磨粒加工界面行为是指在充分获取每颗磨粒自身的位置、形状、尺寸等一系列物理、几何差异性的基础上，结合对加工过程中复杂物理、化学作用的深入理解，从纳米到微米的跨尺度范围内实现对每颗磨粒与工件作用界面的检测、评判、仿真、预测，完成对磨粒加工界面状态的动态演变规律与精准表达，以及在此基础上完成对界面行为的精准化调控。要完成对磨粒加工界面行为的精准调控必须要借助一些新技术。例如，随着大数据理论及分析手段的提高，利用大数据使建立起每颗磨粒加工过程中的界面行为有可能得以实现，进而通过对大数据的深入挖掘，深入分析磨粒加工的界面行为作用机制，建立起基于大数据的磨粒界面行为描述模型。

突破精准描述磨削过程界面行为的科学难题，使磨粒加工界面行为从"理想化描述"向"精准化描述"转变成为可能。实现对磨粒加工过程界面行为的精准调控，可使人们对磨粒加工的认识进入一个全新的阶段，为实现智能磨削加工提供根本依据。

参 考 文 献

[1] Malkin S. Grinding Technology: Theory and Application of Machining with Abrasive. New York: John Wiley & Sons, 1989.

[2] Aurich J C. Linke B, Hauschild M, et al. Sustainability of abrasive processes. CIRP Annals— Manufacturing Technology, 2013, 62(2): 653-672.

[3] Tönshoff H K, Friemuth T, Becker J C, et al. Process monitoring in grinding. CIRP Annals— Manufacturing Technology, 2002, 51(2): 551-571.

[4] Arrazola P J, Özel T, Umbrello D, et al. Recent advances in modelling of metal machining processes. CIRP Annals—Manufacturing Technology, 2013, 62(2): 695-718.

［5］ Oliveira J F G, Silva E J, Guo C, et al. Industrial challenges in grinding. CIRP Annals—Manufacturing Technology, 2009, 58(2): 663-680.

［6］ Brinksmeier E, Mutlugünes Y, Klocke F, et al. Ultra-precision grinding. CIRP Annals—Manufacturing Technology, 2010, 59(2): 652-671.

［7］ Hashimoto F, Yamaguchi H, Krajnik P, et al. Abrasive fine-finishing technology. CIRP Annals—Manufacturing Technology, 2016, 65(2): 597-620.

［8］ Wu D, Tian L, Ma C. Effect of aging time at high temperature on microstructural evolution behavior of a nickel-based singlecrystalsuperalloy. Rare Metal Materials and Engineering, 2015, 44(6): 1345-1350.

［9］ Brian L. Fracture of Brittle Solids. Cambridge: Cambridge University Press, 1993.

撰稿人：徐西鹏[1]、黄 辉[1]、张飞虎[2]、傅玉灿[3]、巩亚东[4]

1 华侨大学、2 哈尔滨工业大学、3 南京航空航天大学、4 东北大学

超高速磨削中的速度效应与尺寸效应

Speed Effect and Size Effect of Ultra-High-Speed Grinding

1. 难题的背景

超高速磨削作为机械加工领域的一项前沿技术，改变了"粗切精磨"的传统加工模式，在钛合金、镍基合金、金属间化合物、金属基复合材料、工程陶瓷等航空航天难加工材料高效精密加工领域具有广阔的应用前景[1]。现阶段，尽管超高速磨削的界定速度并不明确，但依据国际生产工程科学院（CIRP）报告的有关立方氮化硼（CBN）砂轮磨削速度范围统计结果[2]，可以认为120～140m/s是高速/超高速磨削的界定速度。超高速磨削加工主要依靠金刚石与CBN超硬磨料砂轮工作面上众多磨粒的微切削作用去除材料，磨粒的尺寸、位置、分布通常存在随机性；不仅如此，磨削过程中被加工材料内部总是存在高应变、高应变率以及热软化等共同作用和变化。这些变化会造成材料性能发生改变，这是一个由量变到质变的过程。因此，磨削加工系统内部的砂轮-工件界面行为非常复杂，目前尚缺乏对超高速磨削过程机理的深入理解，特别是对于由磨削速度增加而导致的速度效应，以及由单颗磨粒最大未变形切屑厚度（以下简称单颗磨粒切厚）变化而导致的尺寸效应缺乏深入认识。在此背景下，未能全面反映超高速磨削在材料成屑去除机制方面的物理本质，也难以充分利用高速/超高速磨削优势突破磨削高温与烧伤的瓶颈，从而制约了难加工材料磨削效率与加工质量的进一步提高。

2. 难题的研究现状

近年来，国内外在超高速磨削的工艺技术以及速度效应与尺寸效应基础理论方面已开展了探索研究。德国亚琛工业大学的Opitz等[3]肯定了提高砂轮线速度可以减小磨削力和砂轮磨损，并且可以获得更低的表面粗糙度和提高磨削效率。Tonshoff等[4]认为，在材料去除率不变的条件下，磨削速度的提高使得单位时间内参与磨削的磨粒数增多，因此单颗磨粒切厚减小，磨粒所受材料变形抗力减小。德国不来梅大学的Werner[5]等提出可以将缓进给磨削的深磨传热机理推广至高速磨削领域，只要条件适当，即使在高速、深切、大进给的条件下，磨削区工件表面温度也可以控制在 200~400℃。同时，依据应变率理论[6]和速度效应理论[7]，认识到高速磨削机制不同于普通磨削方式，高速条件下，磨粒以极高的速度瞬时与工件发生作用，使接触区材料以极高应变和应变率产生剧烈变形，材料特性发生改变，直接影响变形抗力及磨削比能与单颗磨粒切厚之间的对应关系。近年来，国内学者也分析了磨削速度和单颗磨粒切厚对材料去除行为的影响[8,9]，发现磨削速度与单颗磨粒切厚对工件材料磨削变形过程的应变、应变率以及温度存在特定的影响规律，由此建立了材料应变、应变率与变形温度的三元坐标关系模型，如图 1 所示。其中，三角形的大小、形状变化体现了不同磨削速度与单颗磨粒切厚条件下材料的本构状态，但这主要局限于定性讨论，未见定量表征和描述的报道。此外，也有学者尝试采用单颗磨粒磨削仿真的方法揭示从普通磨削到高速/超高速磨削过程中应变、应变率、温度等的变化规律[10]。上述研究都是对超高速磨削理论的有益探索，但关于超高速磨削成屑机制，特别是速度效应与尺寸效应问题仍缺乏合理、全面的数据支持和科学解释。

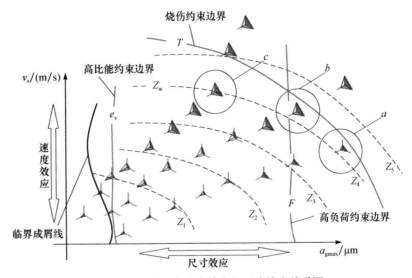

图 1　磨削过程中速度效应与尺寸效应关系图

3. 难题的描述与说明

1) 超高速磨削中的速度效应

超高速磨削中的速度效应研究主要是在超高速磨削工况条件下，科学探明并精确描述磨削速度的提高导致变形区材料本构状态（应变、应变率与温度关系）如何改变，进而影响临界成屑厚度和磨削过程中划擦、耕犁以及成屑的阶段划分，最终导致磨削力、磨削温度、加工表面完整性的变化。截至目前，不同学者所得到的与这些变化相关的实验结果并不完全一致，因此限制了对超高速磨削材料去除机理的深刻理解。受制于现阶段对材料在超高速磨削的极高应变、极高应变率以及热软化状态下的材料本构模型与变形特征进行精确测试，部分仿真研究结果的验证仍缺乏可靠的实验方法。

2）超高速磨削中的尺寸效应

难加工材料磨削过程中广泛存在尺寸效应，也就是去除单位体积材料所消耗的能量（即磨削比能）与单颗磨粒切厚的关系曲线之间存在拐点（也可称为阈值）。需要指出的是，随着磨削速度变化，这个拐点也会发生相应变化。目前主要依靠实验确定超高速磨削过程的拐点及其区间，尚无可靠理论支持。原因在于，目前缺乏对超高速磨削条件下磨粒与工件接触界面材料变形、成屑机制以及临界成屑厚度变化的科学认识，进而导致无法显著降低高强韧难加工材料超高速磨削过程中的磨削比能，以进一步增大材料去除率和提高加工质量。除此以外，磨削过程中，每颗磨粒的形状差异巨大，当单颗磨粒切厚尺度达到纳米量级时，也会出现尺寸效应，需要开展探索研究。

4. 解决难题的意义和重要性

现阶段，钛合金、镍基合金等难加工材料磨削质量可控性差，加工效率低，直接影响了超高速磨削技术在生产中的推广应用。充分理解超高速磨削中的速度效应与尺寸效应及其作用机制，不仅有助于为磨削工艺的制定和优化提供科学依据，充分发挥机床、砂轮的效能，获得最佳的经济技术效果，而且对明确高效磨削技术所能达到的整体目标，对整个磨削系统的设计和各个子系统包括主轴、砂轮、磨削液供给、工作台特性等的匹配，都具有重要意义。

参 考 文 献

[1] 傅玉灿. 难加工材料高效加工技术. 西安: 西北工业大学出版社, 2010.

[2] Oliveira J F G, Silva E J, Guo C, et al. Industrial challenges in grinding. CIRP Annals—Manufacturing Technology, 2009, 58: 663-680.

[3] Opitz H, Guring K. High speed grinding. CIRP Annals—Manufacturing Technology, 1968, 16(1): 377-388.

[4] Tonshoff H K, Karpuschewski B, Mandrysch T, et al. Grinding process achievements and their consequences on machine tools challenges and opportunities. CIRP Annals—Manufacturing Technology, 1998, 47(2): 651-668.

[5] Werner P G. Application and technological fundamentals of deep and creep feed grinding. The

8th Manufacturing Engineering Transactions and North American Manufacturing Research Conference, 1980: 26-32.

[6] 金滩. 高效深切磨削技术的基础研究. 沈阳: 东北大学博士学位论文, 1999.

[7] Rowe W B, Bell W F, Brough D, et al. Optimization studies in high removal rate centreless-grinding. CIRP Annals—Manufacturing Technology, 1986, 35(1): 235-238.

[8] Tian L, Fu Y C, Xu J H, et al. The influence of speed on material removal mechanism in high speed grinding with single grit. International Journal of Machine Tools and Manufacture, 2015, 89: 192-201.

[9] 田霖. 基于磨粒有序排布砂轮的高速磨削基础研究. 南京: 南京航空航天大学博士学位论文, 2013.

[10] Dai J B, Ding W F, Zhang L C, et al. Understanding the effects of grinding speed and undeformed chip thickness on the chip formation in high-speed grinding. International Journal of Advanced Manufacturing Technology, 2015, 81: 995-1005.

撰稿人：丁文锋、傅玉灿

南京航空航天大学

磨料水射流加工中气-液-固耦合动力学问题

Gas-Liquid-Solid Coupling Dynamics in Abrasive Water Jet Machining

1. 难题的背景

磨料水射流加工是利用混有磨料的高压水射流，通过高速冲蚀实现材料去除的一种冷能束加工技术。该加工技术自 20 世纪 80 年代开始得到应用，由于其具有独特的技术优势，现在已成为发展最快的特种加工技术之一。磨料水射流加工的工作原理是将磨料与高压水混合，形成高速磨料水射流，以极高的速度喷出，并以一定的冲蚀动能冲击工件表面。在这一加工过程中，高压水的压力能转换成磨料水射流的冲蚀动能，依靠磨料粒子的冲蚀作用去除材料。磨料水射流是由水、磨料粒子和空气组成的三相高速射流，磨料粒子在其中的混合加速过程对加工能力的影响十分显著。研究水射流的形成、磨料粒子的混合加速过程、射流束的冲击动能及其耗散分析、冲蚀加工区的流场分布等问题，对喷嘴的优化设计、射流束冲蚀能力的提高、磨料水射流加工工艺的优化等具有重要的意义。借助流体动力学对磨料水射流的形成、磨料混合加速过程和冲击工件材料的冲击流场进行建模，是系统、定量研究磨料水射流中气-液-固耦合动力学问题的有效方法。

2. 难题的研究现状

磨料水射流加工中的混合加速和对工件材料的冲蚀过程是在极高的流速下、极短的时间内完成的，且射流束直径很细，磨料粒子平均粒径很小，这使得应用常规的流体力学方法研究磨料水射流非常困难。

早期的研究主要利用实验观察和能量守恒原理进行建模。许多研究者通过实验观测混砂管、喷嘴和工件冲蚀区的冲蚀痕迹，间接研究磨料水射流的混合加速和对工件材料冲蚀过程中的能量转换和传递[1,2]。Momber[3]利用磨料水射流形成过程中的能量守恒原理，对水射流形成过程、磨料混合加速过程中的能量传递和耗散机制进行了研究，获得了能量传递的平均效率和分配比例。图 1 是磨料水射流加工中气-液-固三相射流束的形成过程示意图。但这些传统研究方法仅能获得近似的结果，对混合加速的动态过程和流场分布等细观、微观动力学特征无法精确描述。

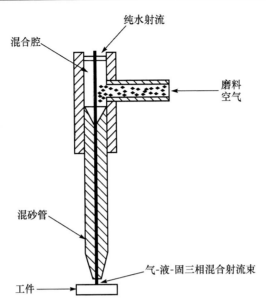

图1 磨料水射流加工中气-液-固三相射流束的形成过程

　　随着计算流体力学（computational fluid dynamics, CFD）的广泛应用，许多研究者开始利用计算机模拟方法对磨料水射流进行动力学建模。Liu 等[4]应用计算流体力学中的多相流体积模型（VOF 模型）对磨料水射流束的流场进行了仿真建模。研究发现，磨料水射流中部存在一个初始区（initial region）。在初始区，射流束轴向速度的衰减非常迅速，不同粒径的磨料在初始区速度的衰减规律相同，但比水射流的速度衰减慢。在相同条件下，粒径小的磨料粒子速度衰减得更快。射流束横截面上的速度分布呈现中间大、外侧小的顶帽形（top-hat profile）分布，如图 2 所示。

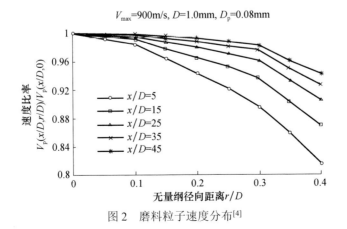

图2 磨料粒子速度分布[4]

　　有研究者应用计算流体力学中的离散相方法（discrete phase method），对磨料水射流冲蚀混砂管的过程进行了仿真研究。研究发现，在射流束中，水、空气和磨料产生涡流，涡流的抽吸作用有助于磨料粒子进入混砂管与水射流混合，磨料粒子的运动轨迹显示磨料与混砂管内壁之间存在碰撞冲蚀作用，冲蚀类型和冲蚀率取决于磨料粒子的形状和速度。

　　Zaki 等[5]利用多相流和粒子传递模型，对磨料水射流冲蚀材料去除过程进行了仿真，建立了基于流体冲击的材料去除模型，模拟了磨料水射流钻孔过程。Umberto 等[6]利用流体动力学仿真方法，对磨料水射流在切割头内部的流场动力学特征进行了仿真。研究发现，射流束在混合腔、混砂管和出口三个部分具有不同的流场特征，切割头内、外部的压力差对射流束的稳定性影响显著，当切割头内、外部压力差较小时磨料水射流束稳定，否则较易发散。Hou 等[7]对磨料水射流在切割头内、外部的流场进行了仿真研究，发现切割喷嘴收缩锥角处射流束的速度会突然增大，当射流离开喷嘴后，速度会迅速衰减。Lv 等[8]利用欧拉多相流模型、压力-速度耦合方法，对由空气、水和磨料三相流构成的磨料水射流，以不同的冲蚀角度冲蚀工件表面进行了仿真研究；分析了磨料水射流冲蚀区流场中压力和速度的分布特征，图 3 为冲击表面椭圆区域短轴和长轴的速度分布曲线；发现冲蚀角度对磨料水射流滞止层和切向冲蚀具有显著影响，减小冲蚀角度会减弱滞止层对冲蚀的影响。磨料水射流冲蚀区压力分布轮廓与冲蚀凹坑的形状相吻合。

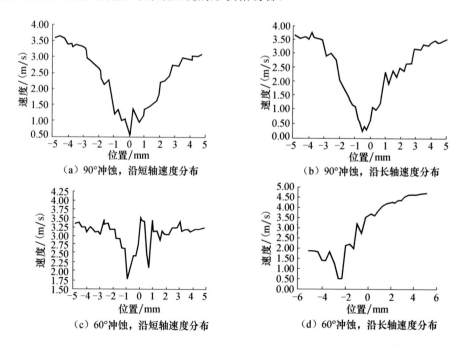

（a）90°冲蚀，沿短轴速度分布　　　　　（b）90°冲蚀，沿长轴速度分布

（c）60°冲蚀，沿短轴速度分布　　　　　（d）60°冲蚀，沿长轴速度分布

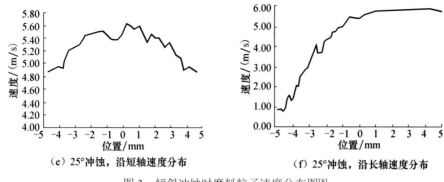

（e）25°冲蚀，沿短轴速度分布　　　　　（f）25°冲蚀，沿长轴速度分布

图3　倾斜冲蚀时磨料粒子速度分布图[8]

计算流体力学在磨料水射流加工的仿真建模研究中，还存在相间能量传递、流固耦合等机理问题，有待进一步研究。

3. 主要难点描述及说明

磨料水射流束的流体特征是压力高、流速快、湍流度大、气-液-固三相混合，磨料的混合加速过程中涉及流体与磨料粒子的冲击与混砂管的冲蚀等流固耦合作用，是极其复杂的流体力学建模问题。磨料水射流加工中，水射流的形成类似于自由射流问题，目前的计算流体力学建模方法可以得到较满意的计算结果。但对磨料混合加速中的气-液-固三相高速汇流、磨料粒子在高速水射流冲击加速时的碎裂现象、射流束对混砂管的冲蚀磨损对流场的影响、磨料水射流冲蚀工件过程中射流冲击与材料去除耦合模型的建立等问题，目前的计算流体力学建模方法还不能很好地解决。另外，利用计算流体力学仿真的方法，对磨料水射流加工过程中的加工表面形成、混砂管磨损等进行动态建模，现有的计算效率有待提高。磨料水射流加工分析用到的计算流体力学控制方程中，经验系数的实验测定十分困难，这也成为制约仿真计算精度提高的重要因素。

4. 解决难题的意义及重要性

对磨料水射流这一气-液-固三相高速射流进行流体动力学建模与分析，可揭示水射流形成规律、磨料粒子加速规律、射流束动能分布、材料的去除机理。据此研究磨料水射流加工机理，科学选取加工工艺参数，优化喷嘴、混合腔、混砂管的结构，从而提高磨料水射流加工效率和精度，推动磨料水射流加工技术的发展和应用。例如，目前磨料水射流加工中，存在能耗高、喷嘴系统易磨损、磨料分布不均匀等工艺难题。利用磨料水射流的流体动力学建模与分析，可以研究磨料水射流加工中影响能耗的主要因素、喷嘴系统产生磨损的主要原因、促进磨料均匀化分布的条件等。通过利用优化喷嘴系统结构、调节磨料水射流流体动力学参数等技术，提高磨料水射流的加工效能和质量。对磨料水射流中气-液-固耦合动力学问题的研究，可为相关领域多相高速射流问题的研究提供借鉴，具有重要的意义。

参 考 文 献

［1］ Momber A W, Kovacevic R. Principles of Abrasive Water Jet Machining. London: Springer, 1998.

［2］ Wang J. Abrasive Waterjet Machining of Engineering Materials. Zurich: Trans Tech Publications, 2003.

［3］ Momber A W. Energy transfer during the mixing of air and solid particles into a high-speed waterjet: An impact-force study. Experimental Thermal and Fluid Science, 2001, 25: 31-41.

［4］ Liu H, Wang J, Kelson N, et al. A study of abrasive waterjet characteristics by CFD simulation. Journal of Materials Processing Technology, 2004, 153-154: 488-493.

［5］ Zaki M, Corre C, Kuszla P, et al. Numerical simulation of the abrasive waterjet (AWJ) machining: Multi-fluid solver validation and material removal model presentation. International Journal of Material Forming, 2008, 1: 1403-1406.

［6］ Umberto P, Carmina D M. Three-dimensional CFD simulation of two-phase flow inside the abrasive water jet cutting head. International Journal of Computational Methods in Engineering Science and Mechanics, 2008, 9(5): 300-319.

［7］ Hou R, Huang C, Zhu H. Numerical simulation of multiphase flow field in abrasive waterjet machining. International Journal of Abrasive Technology, 2013, 6(1): 40-57.

［8］ Lv Z, Huang C, Wang J, et al. A 3D simulation on fluid field at the impact zone of abrasive water jet under different impact angles. Advanced Materials Research, 2012, 565: 345-350.

撰稿人：朱洪涛、黄传真

山东大学

"刚柔相济"的磨粒工具柔性切割加工

"Rigid and Flexible"—Flexible Sawing with Abrasive Wire Saw

1. 难题的背景

柔性切割加工是指利用线（或绳）等柔性材料作为基体，在其表面固结磨料（或利用游离磨料），通过基体的运动，带动磨粒完成材料切割去除的加工方式。最早柔性切割的记载是在上古时期，人们使用绳子带着磨料实现对玉石的雕琢。柔性切割加工与金属的电火花线切割不同，其材料去除主要是依靠磨粒的机械作用，因此是一种典型的磨粒加工方式。这种加工方式集磨粒的高硬度与基体的高柔性为一体，具有"刚柔相济"的特性。目前柔性切割加工主要应用于两大领域，如图 1 所示：①以金刚石线锯为代表的柔性切割加工，主要应用于光电信息材料的切割，如利用线锯实现厚度小于 0.1mm 的晶片切割；②以金刚石绳锯为代表的柔性切割加工，主要应用于石材行业和建筑施工，在天然石材的开采中，绳锯的切割面积可达数百平方米。

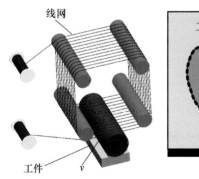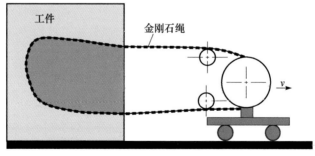

（a）线锯切割晶体材料示意图　　　　　　　（b）绳锯矿山开采示意图

图 1　典型柔性切割加工的基本形式示意图

2. 难题的研究现状

虽然磨粒工具柔性切割很早就已经被应用在实际生产中，但是对于这种加工形式的科学研究则在近几十年。最初的研究集中在柔性切割的适用性上。1968 年，英国浦劳斯提出的金刚石绳锯技术发明专利将金刚石的高硬度与钢丝绳的高柔性进行了完美的结合，形成了金刚石串珠绳。1974 年，在德国汉诺威大学首次尝试了使用串珠绳切割硬质石材。1978 年，第一条电镀金刚石串珠绳在意大利 APUAN 石材矿山成功地进行了切割试验，标志着金刚石绳锯正式进入石材加工行业，并逐步应用于建筑施工。2002 年，Tönshoff 等[1]提出将金刚石绳锯应用于钢件的切割。在随后的研究中，学者的研究逐渐从绳锯的适用性向其加工机理、串珠绳结构优化、工具制备等方面拓展。其中金刚石串珠的磨损一直是金刚石绳锯中研究的重点。

20 世纪 80 年代，Anderson[2]使用 YQ-100 金刚石多线锯进行了硅切片实验。随后金刚石线锯技术在芯片制造业得到了关注。研究者分别尝试了线锯在陶瓷、木材、单晶材料等多种非金属材料的切割加工，并都取得了成功[3-5]。在加工机理研究中，Kao 等[6]将线锯的切割运动简化为运动的弦线模型，分析了线锯切割中的振动问题。Liedke 等[7]建立了线锯切割的宏观力学模型。

3. 主要难点描述及说明

虽然现有研究对柔性切割加工的机理略有涉及，但考虑到柔性切割工具的加工特点，综合全面地研究柔性切割加工的文献尚不多见。柔性切割加工中的材料去除机理尚不清楚，相关科学问题亟待突破。

1）柔性切割加工过程中的动力学分析

图 2 是柔性切割加工的基本形式，从图中可以看出，从宏观上，柔性切割加工与其他磨粒加工不同的是，基体的柔性使得基体在加工过程中产生较大弯曲，其弯曲程度与基体材料、工件材料以及加工过程中的受力情况密切相关。基体的弯曲使得加工过程中工具与工件的接触弧长随之发生改变。在实际加工过程中，随着工件形状的变化（如圆形基片）以及加工形式的变化（如矿山开采，见图 1），接触弧长的变化显得更为复杂。而对于柔性切割，由于锯缝窄小，且接触弧长较

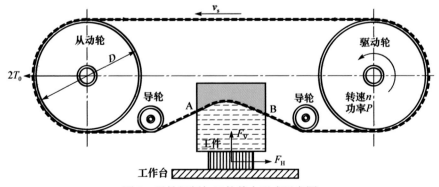

图 2　柔性切割加工的基本形式示意图

长，难以用实验的方法准确获取接触弧长的变化特征。

另外，从微观角度来看，虽然柔性切割加工的本质是磨粒与工件的相互作用，与常规磨粒加工有着相似之处，但是由于柔性基体的存在，柔性切割加工过程中，磨粒可以有更大程度的退让；同时，磨粒与工件的接触也由连续接触转变为断续接触。这对加工过程以及工具的磨损有着较大的影响，材料的去除可能从稳定切割变为冲击切割；工具与工件承受了更多冲击载荷。

宏观上的接触弧长变化与微观上的磨粒大尺度退让、断续冲击都是由工具与工件的相互运动及相互作用力引起的，因此建立起柔性切割加工的动力学模型是深入分析柔性切割加工特点的基础，如何建立起宏观与微观统一的动力学模型成为柔性切割加工理论研究的重点。

2）柔性切割加工过程中的工具振动分析

在加工过程中，由于柔性的基体受到力的作用后会产生受迫振动。在实际操作中，工具的振动一方面导致锯切过程的不稳定（严重时导致切割过程难以为继），另一方面会加剧工件材料的浪费，加大工具的磨损。虽然有学者把这种振动简化为具有横向运动的弦线运动（如同纺线中线的振动），但目前尚无对于该理论模型的实验验证。另外，这种假设没有考虑磨粒切割作用对工具振动的影响。实际上，磨粒加工本身的随机性特点，使得柔性切割的振动问题变为一个受随机载荷作用的具有横向运动的弦线运动。目前从理论上还未有关于此类振动问题的理论模型。

4. 解决难题的意义及重要性

深入理解磨粒工具柔性切割加工中的材料去除机理，是指针对不同的柔性切割加工方式，建立相应的运动模型和动力学模型，建立柔性工具的振动理论模型，探讨工具与工件的相互作用机制，从而为认识柔性切割加工的本质，指导柔性切割工具的制备提供相应的理论依据，并进一步发挥柔性切割的优势。该科学问题的深入研究及解决，对于进一步提升柔性切割加工的性能、拓展柔性切割加工的应用领域具有重要的理论指导意义。

参 考 文 献

[1] Tönshoff H K, Hillmann-Apmann H. Diamond tools for wire sawing metal components. Diamond and Related Materials, 2002, (11): 742-748.

[2] Anderson J R. Wire saw for low damage low kerf loss wafering. The 14th IEEE Photovoltaic Specialists Conference, 1980: 309-311.

[3] Hardin C W, Shih A J, Lemaster R L. Diamond wire machining of wood. Forest Products Journal, 2004, 54(11): 50-55.

[4]　Wei S B, Kao I. Vibration analysis of wire and frequency response in the modern wiresaw manufacturing process. Journal of Sound and Vibration, 2000, 231(5): 1383-1395.

[5]　Clark W I, Shih A J, Lemaster R L, et al. Fixed abrasive diamond wire machining—Part I: Process monitoring and wire tension force. International Journal of Machine Tools and Manufacture, 2003, 43(5): 523-532.

[6]　Zhu L Q, Kao I. Galerkin-based modal analysis on the vibration of wire-slurry system in wafer slicing using a wiresaw. Journal of Sound and Vibration, 2005, 283: 589-620.

[7]　Liedke T, Kuna M. A macroscopic mechanical model of the wire sawing process. International Journal of Machine Tools and Manufacture, 2011, 51(9): 711-720.

撰稿人：黄　辉、徐西鹏

华侨大学

金属基和陶瓷基复合材料精密磨削的表面层形成机理

Surface Forming Mechanisms of Metal and Ceramics Based Composite Materials in Precision Machining

1. 难题的背景

复合材料是由金属材料、陶瓷材料或高分子材料等两种或两种以上的材料经过复合工艺而制备的多相材料，各种材料在性能上互相取长补短，产生协同效应，使复合材料的综合性能优于原组成材料而满足各种不同的要求。金属材料具有韧性好、延展性好的优点，在铝、镁金属基中添加氧化铝、碳化硅、氮化铝等颗粒可增强材料的强度和耐磨性。而陶瓷材料硬度高、耐磨性好，但具有韧性相对较差、易脆断、可靠性差等缺陷，因此在陶瓷材料中加入纤维增韧，可以弥补陶瓷材料本身的缺陷。因此，近年来具有高刚度、高强度、高韧性、低密度、耐高温等优异性能的金属基和陶瓷基复合材料在切削刀具、空间光学系统和航空航天结构件等领域得到了广泛应用，这些应用都对材料具有很高的表面完整性要求。

金属基和陶瓷基复合材料的磨削加工具有许多特殊性[1]。砂轮易堵塞、磨损剧烈，生产成本高；加工过程中工件、砂轮容易产生崩碎脱落，坚硬的磨粒与磨屑混入磨削液可能损伤机床；如图 1 所示，不同相的材料在不同的尺度上力学性能的差异导致其在相同的加工条件下材料去除机理不同，造成加工表面质量不均匀，难以避免各种表面缺陷等。复合材料体系对磨削加工的结果具有显著的影响，传统金属与硬脆材料的磨削理论已不足以解释复合材料的磨削机理及其表面层的创成机理。

2. 难题的研究现状

复合材料的加工变形发生在一定的厚度范围内，材料不再是单一的去除模式，造成加工表面和亚表面质量的不均匀性；增强相的形状和位置的随机分布导致变形区内应力和应变分布不均匀，基体材料承受较大的变形，而增强相承受较大的应力[2]。对于 Al 基复合材料，增强相的加入改善了基体材料的黏性，所以磨削性能有所提高。但是砂轮对软 Al 的去除仍为材料失效去除的主要模式[3]。因此，Chandrasekaran 等发现工件表面层的质量受磨削参数影响不大，主要取决于砂轮

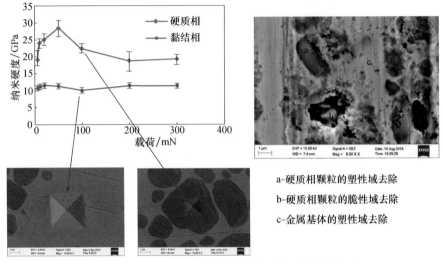

a-硬质相颗粒的塑性域去除

b-硬质相颗粒的脆性域去除

c-金属基体的塑性域去除

图 1　一种金属基复合材料的纳米硬度及其磨削表面

的磨粒种类，总体来说，超硬砂轮的磨削质量优于传统砂轮。对于 Ti 基金属复合材料，由于加入了增强相 TiC 和 TiB 颗粒，其相比纯 Ti 金属更加难磨削，表现出的特征是磨削力的法向与切向分力之比大。金属基体材料的表面主要形成机理是增强相晶粒的微断裂、破碎、脱出以及增强相磨屑的再沉积，严重影响了加工表面质量[4]。对于陶瓷基复合材料，陶瓷基体本为脆性材料，磨削过程中易出现裂纹损伤。而纤维增强相的加入，改善了陶瓷的脆性，使其可以通过塑性域模式去除。对于纤维增强陶瓷基复合材料，表面层的形成机理除了材料塑性流动形成磨屑外，还有纤维的切断与拔出，因此可能造成材料分层失效，并引起砂轮的剧烈振动。陶瓷基体本身的高硬度、高强度，使磨削过程中砂轮磨损剧烈、砂轮磨粒脱落严重[5]。

复合材料的磨削特性受基体材料与增强相种类、所用砂轮类型和磨削工艺参数的影响。增强相可以改善材料的磨削性能，而较软的基体金属堵塞砂轮是砂轮失效的主要原因，磨削加工中的主要问题是砂轮堵塞和磨削区的有效冷却。在实验条件下氧化铝和碳化硅砂轮在磨削力、表面粗糙度等方面优于 CBN 和金刚石磨料砂轮[6]。使用陶瓷基碳化硅砂轮和树脂结合剂金刚石砂轮对氧化铝颗粒增强铝复合材料进行的磨削研究表明[7]，碳化硅砂轮可以用于粗磨，粗磨时工件的磨削表面上有基体金属的涂敷现象，降低了表面粗糙度。金刚石砂轮适合精磨，精磨时基体材料没有明显的涂敷现象。使用细粒度金刚石砂轮在磨削深度为 1μm 的情况下实现了材料的延性磨削，表面和亚表面上没有裂纹与缺陷产生，能够实现增强相的延性去除。

3. 主要难点描述及说明

目前对金属基和陶瓷基复合材料磨削加工的研究主要集中在加工工艺参数和砂轮类型对加工质量影响方面，对磨削加工机理、材料的精密和超精密加工的研究比较薄弱，应该对此进行深入系统的研究，以促进复合材料加工技术的发展。对磨削机理的研究，重点在于基于材料的微米和纳米尺度力学特性揭示复合材料变形的特点、磨屑生成机理、加工表面层的形成机理及其影响因素。但目前对材料去除机理、变形行为与表面生成之间的关系还远远没有认识清楚，尚没有建立在数学解析基础上描述磨削过程的力学模型。

本难题的难点在于基于复合材料微/纳尺度的组分与力学特性，研究材料微/纳表面粗糙度，包括裂纹和残余应力在内的亚表面损伤形成机理，材料使役性能、寿命和可靠性的演变规律，形成复合材料精密磨削的表面/亚表面完整性的综合评价方法。突出复合材料内部界面的物理与化学增强效应，建立微观-纳观跨尺度复合材料力学本构模型，建立材料塑性/脆性去除过程的跨尺度仿真模型，用计算机模拟技术预测材料去除的力学行为和加工表面的创成过程，为复合材料的磨削加工研究提供系统、完整的理论基础，从而实现以使役性能为导向的复合材料表面/亚表面完整性的控制。

4. 解决难题的意义及重要性

金属基和陶瓷基复合材料综合了材料基体与增强相的优点，弥补了单一组分材料的不足和缺陷，具有优良的物理性质和力学性能，但这类材料难以获得高表面完整性的特点限制了其应用。因此，对这类复合材料加工技术的研究与发展是促进其在重要的光学和航空航天等系统中进一步应用的关键之一，需要不断深入探索复合材料磨削加工机理，面向材料的使役性能，从理论方面指导砂轮选型和工艺参数优化，为提高复合材料的加工质量、降低加工成本，实现高质量、高表面完整性复合材料表面的主动性控制。

参 考 文 献

[1] Cronjäger L, Meister D. Machining of fiber and particle-reinforced aluminum. CIRP Annals—Manufacturing Technology, 1992, 41(1): 63-66.

[2] 全燕鸣. 硬脆颗粒增强金属基复合材料切削区的变形. 华南理工大学学报(自然科学版), 1998, (4): 27-32.

[3] Ilio A D, Paoletti A, Tagliaferri V, et al. An experimental study on grinding of silicon carbide reinforced aluminum alloys. International Journal of Machine Tools and Manufacture, 1996,

36(6): 673-685.

[4] He J, Ding W F, Miao Q, et al. Experimental investigation on surface topography for PTMCs during high speed grinding. Applied Mechanics and Materials, 2013, 423-426: 699-703.

[5] Li Z C, Jiao Y, Deines T W, et al. Rotary ultrasonic machining of ceramic matrix composites: Feasibility study and designed experiments. International Journal of Machine Tools and Manufacture, 2005, 45(12-13): 1402-1411.

[6] Ilio A D, Paoletti A. A comparison between conventional abrasives and superabrasives in grinding of SiC-aluminum composites. International Journal of Machine Tools and Manufacture, 2000, 40(2): 173-184.

[7] Zhong Z, Hung N P. Grinding of alumina/aluminum composites. Journal of Materials Processing Technology, 2002, 123(1): 13-17.

撰稿人：姚　鹏、黄传真

山东大学

陶瓷基复合材料超声振动加工延脆性全域切削理论

The Cutting Theory Based on Ductile-Brittle Regime for Ceramic Matrix Composites by Rotary Ultrasonic Machining

1. 难题的背景

陶瓷基复合材料由于具有高比强度、高比模量、耐高温等优势，被越来越多地应用于航空发动机热端部件、航天飞机防隔热部件、高速列车制动件等各领域关键部件中。复合材料成型后作为零部件直接应用时，常需要以切削加工方式达到构件尺寸精度要求。但由于陶瓷基复合材料的各向异性、非均质性、高强度、高硬度、高耐磨性等特点，其加工过程存在加工效率低、刀具磨损严重、加工质量难以保证等问题，易出现基体裂纹、崩碎等加工缺陷并影响构件的使役性能。

在陶瓷基复合材料等硬脆材料加工中，旋转超声振动加工（rotary ultrasonic machining, RUM）技术受到学术界和产业界的广泛重视。旋转超声振动加工是在旋转的金刚石磨粒刀具上附加超声频率小幅振动，并对被加工表面进行锤击（hammering）、磨抛（abrasion）以及划擦（extraction）作用，使工件材料逐步去除的特种加工技术。相比传统切削加工，其具有切削力小、加工损伤少、加工效率高等优点。该技术由英国学者 Percy Legge 在 1964 年最早提出和应用[1]。研究证明：旋转超声振动加工技术是加工新型复合材料的有效手段之一。

2. 难题的研究现状

在切削陶瓷基复合材料时，基于压痕理论，材料会同时存在塑性变形区与裂纹扩展区，即同时存在延性去除及脆性断裂两种材料去除模式（图 1[2]）。

两种材料去除模式对于不同的材料有不同的临界条件，可采用特定的切削参数来改变正压力的大小，调整压入深度，达到控制材料去除模式的目的。1991 年，Bifano 等[3]的研究表明，可通过改变陶瓷材料的切削参数，使其材料去除机理由脆性断裂转变为延性去除。2000 年，Jain 等[4]指出，超声切削机理主要为磨粒对工件材料的磨蚀，根据冲击角度的不同，主要有切削磨损和变形磨损两种形式，前者会引起工件材料的塑性变形，后者则会引起裂纹的生成和扩展。2013 年，

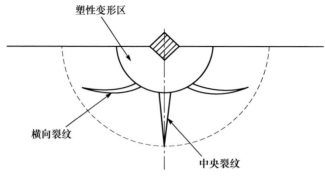

图 1   压入深度理论示意图[2]

Zhang 等[5]对蓝宝石进行超声辅助振动划痕试验，发现随着压入深度的增加，材料去除模式由延性去除模式逐渐转变为脆性断裂模式。2015 年，袁松梅等[6,7]分别基于延性去除及脆性断裂机理，建立了 C/SiC 复合材料旋转超声振动加工的切削力模型，同时分别考虑了基体和碳纤维的去除过程，研究了旋转超声振动加工中磨粒的运动轨迹对材料去除机理的影响[8]。

可以看出，国内外学者在旋转超声振动加工机理方面做了很多研究工作，相关研究涉及超声振动加工切削力建模、磨粒冲击磨蚀方式、材料去除模式试验研究等，然而，仍然停留在仅从单一的延性去除或脆性断裂机理开展研究，所建立的理论模型难以指导实际的加工过程。由于加工理论不完善，采用保守的切削参数实现低损伤加工的同时也大大降低了加工效率，严重限制了旋转超声振动加工技术在陶瓷基复合材料加工中的工程应用。

3. 主要难点描述及说明

尽管陶瓷基复合材料是由基体和增强相两种异质材料构成，但是通过加工试验发现其在宏观上仍然会反映出脆性材料的切削特性，在超声振动加工中仍存在不同材料去除模式，因此目前压痕理论仍可作为机理分析的理论基础。一般认为，陶瓷基复合材料在旋转超声振动加工中呈现出延性去除及脆性断裂两种材料去除模式，由于附加的超声振动，磨粒在材料中的压入深度呈现周期性变化也会对材料的去除机理转变造成影响，所以将材料的去除模式分为延性去除、延脆性临界域以及脆性断裂三种模式更为准确和完整，如何实现对材料去除模式的准确判定并建立涵盖三种模式的切削力模型，是目前陶瓷基复合材料旋转超声振动加工迫切需要解决的关键问题之一。

难点 1：陶瓷基复合材料旋转超声振动加工的材料去除模式判定准则难以建立。

旋转超声振动加工中的磨粒高频冲击使材料去除呈现多种形式（图2），同时由于陶瓷基复合材料的非匀质性和各向异性，其基体和增强相的比例、形态、排布方式、结合界面等特殊材料参数直接影响材料的去除模式，磨粒与材料在动态加工中的相互作用较为复杂，因此旋转超声振动加工中的磨粒最大压入深度不能完全反映出材料去除模式的转变机制，难以有效建立工艺参数与材料去除模式之间的联系，缺乏陶瓷基复合材料旋转超声振动加工的材料去除模式判定准则，不能实现材料去除模式的判断及控制。

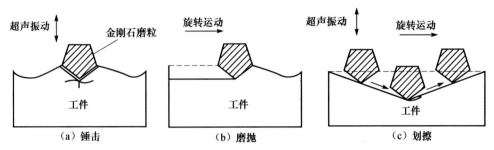

图 2 旋转超声振动加工的材料去除过程[9]

难点 2：陶瓷基复合材料旋转超声振动加工的全域切削力建模困难。

在相同的切削参数下，旋转超声振动加工中磨粒在材料内的运动轨迹长度大于传统切削加工，且磨粒的压入深度处于波动状态，因此陶瓷基复合材料超声振动加工的材料去除模式常呈现延脆性相互转变的临界状态，材料延性去除和脆性断裂的比例受复合材料性质和工艺参数的影响且在加工表面呈概率分布，难以建立起定量的关系，所以不能有效计算陶瓷基复合材料旋转超声振动加工的延脆性临界域切削力，难以建立包含延性去除、延脆性临界域以及脆性断裂三种材料去除模式的全域切削力模型。

4. 解决难题的意义及重要性

陶瓷基复合材料超声加工的延脆性全域切削理论将涵盖旋转超声振动加工的不同材料去除模式，在揭示材料去除模式转变机制的基础上，提出材料去除模式的判定准则，通过调整切削参数、刀具参数、超声振动参数，实现对材料去除模式的控制，满足不同工艺阶段的加工需求，充分发挥超声振动加工的技术优势，减少加工损伤，进一步提高加工效率。以上工作不仅将填补现有超声加工的理论空白，也将解决陶瓷基复合材料超声加工现有切削机理的分立研究、应用范围窄、难以指导工程化应用等问题，真正实现陶瓷基复合材料的高效、高精、高质、低成本加工。

参 考 文 献

［1］ Pei Z J, Kh N, Ferreira P M. Rotary ultrasonic machining of structural ceramics—A review. Ceramic Engineering and Science Proceedings, 2009, 16(1): 259-278.

［2］ Zhang W, Subhash G. An elastic-plastic-cracking model for finite element analysis of indentation cracking in brittle materials. International Journal of Solids and Structures, 2001, 38(34): 5893-5913.

［3］ Bifano T G, Dow T A, Scattergood R O. Ductile-regime grinding: A new technology for machining brittle materials. Journal of Engineering for Industry, 1991, 113(2): 184-189.

［4］ Jain N K, Jain V K. Modeling of material removal in mechanical type advanced machining processes: A state-of-art review. International Journal of Machine Tools and Manufacture, 2001, 41(11): 1573-1635.

［5］ Zhang C, Feng P, Zhang J. Ultrasonic vibration-assisted scratch-induced characteristics of C-plane sapphire with a spherical indenter. International Journal of Machine Tools and Manufacture, 2013, 64(4): 38-48.

［6］ Yuan S, Zhang C, Hu J. Effects of cutting parameters on ductile material removal mode percentage in rotary ultrasonic face machining. Proceedings of the Institution of Mechanical Engineers Part B: Journal of Engineering Manufacture, 2015, 229(9): 1547-1556.

［7］ Zhang C, Yuan S, Amin M, et al. Development of a cutting force prediction model based on brittle fracture for C/SiC in rotary ultrasonic facing milling. The International Journal of Advanced Manufacturing Technology, 2016, 85(1): 573-583.

［8］ Yuan S, Fan H, Amin M, et al. A cutting force prediction dynamic model for side milling of ceramic matrix composites C/SiC based on rotary ultrasonic machining. The International Journal of Advanced Manufacturing Technology, 2016, 86(1): 37-48.

［9］ Pei Z J, Ferreira P M, Kapoor S G, et al. Rotary ultrasonic machining for face milling of ceramics. International Journal of Machine Tools and Manufacture, 1995, 35(7): 1033-1046.

撰稿人： 袁松梅、刘　强

北京航空航天大学

机器人顺应性磨抛加工的刚度匹配与调控

Stiffness Adaptation and Force Regulation for Compliant Robotic Grinding and Polishing

1. 机器人顺应性加工背景

大型复杂零件，如航空结构件、燃气轮机叶片、风电叶片和船舰螺旋桨等，在航空、能源和国防等行业有着广泛应用。多轴数控机床加工是目前制造这类零件的主要手段，但是存在成本昂贵、加工模式固定、配置复杂、难以"加工-测量"一体化等缺点。机器人具有成本低、柔性好、智能化、效率高等优势，因此为大型复杂零件制造提供了新思路。如图1所示，图1（a）是多机器人通过"随动支撑-在位测量-并行加工"方式，实现超大零件的分段自适应铣削；图1（b）是多机器人实现风电叶片并行协同打磨。

（a）多机器人"随动支撑-在位测量-并行加工"　　　　（b）多机器人并行协同打磨

图1　机器人用于大型复杂零件制造

大型复杂零件中，以航空发动机和燃气轮机叶片为代表的典型零件具有曲面复杂、薄壁、几何精度和表面质量要求高等特点。这类零件需要通过磨抛来达到期望的轮廓度要求，同时提高表面一致性。机器人在这类零件加工中已逐渐取代人工和数控机床成为主要的加工工具，如图2所示。在磨抛过程中，机器人和薄壁零件的弱刚性特征导致零件在接触力作用下产生较大变形；同时，考虑到机器人本身刚性低，砂带磨削工具具有柔性特征，传统依靠精确标定和离线编程来实现位置跟踪的加工方式已不再适用。以力控制为基础，结合视觉、位置等多种传感于一体的机器人顺应性磨削方式成为复杂曲面薄壁件加工的有效途径，如图3所示。

（a）两机叶片的轮廓截面

（b）人工打磨

（c）专机打磨

图 2　航空发动机与燃气轮机叶片的磨抛

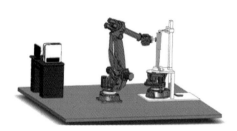
（a）机器人夹持磨头进行打磨

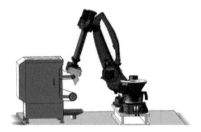
（b）机器人夹持工件进行打磨

图 3　机器人打磨叶片示意图

2. 机器人顺应性加工主要难点

机器人顺应性加工的关键是解决机器人与环境交互过程中的力位精确跟踪问题。目前，机器人顺应性加工普遍没有考虑材料去除模型与力位之间的耦合关系[1-3]、传感器引导运动下力位同步规划机制，以及环境刚度与阻尼未知且变化的情况对机器人力控制参数的影响规律[4,5]。为此，机器人顺应性加工的刚度匹配与调控重点需要克服如下难点。

难点 1：材料去除模型与力位之间的耦合关系建模。

航空发动机和燃气轮机叶片进排气边的机器人磨抛加工，通常具有轮廓度和粗糙度要求，且在不同截面要求不一，因此在零件不同位置将具有不同的材料去除要求。材料去除率体现了砂轮/砂带线速度、工件进给速度、工件与工具的接触正压力、零件几何形状、砂带参数与磨损状态等的耦合关系。因此，材料去除模型的建立对于调控机器人力位同步轨迹、实现期望加工精度至为重要。然而，材料去除模型呈现高度耦合强非线性特点，难以进行准确建模。因此，需要建立机器人修磨过程中各个参数与磨削量的量化关系，并研究融合先验知识的适应学习建模方法，通过实际加工样本学习更新基于磨削机理的半经验公式，解决砂带磨削的去除量与多个参数之间的非线性映射问题。

难点 2：多模态传感器信息融合的诱导反射运动机制。

目前，机器人顺应性加工正逐渐综合力觉、触觉、视觉、位置、振动等多元感知信息，并在多模态传感数据融合的条件下以传感信息引导机器人运动[6-8]。多模态融合技术可通过多通道进行信息获取、分析与交互，可提高系统信息的表达效率与完整性，有利于提高系统执行性能。然而，多模态信息的噪声与时滞、处理框架不统一，以及传感信息导致的冲击与轨迹突变等问题，是制约机器人智能感知和决策的重要问题。因此，针对多模态信息的噪声与时滞问题，需要研制高分辨率、高线性度、高灵敏度和高重复度的传感器，探索结合噪声抑制和时滞补偿的理论方法，研究在机器人加工过程中传感器的动态特性差异与相应的补偿方法；针对多模态信息多通道反馈的闭环处理框架难以统一问题，需要探索力觉、视觉、触觉、位置等物理反馈闭环统一控制框架的设计理念，研究具有高动态响应性能的力位控制器架构；针对传感信息引导运动导致的轨迹突变和冲击等问题，类似于人类条件反射，需要研究在综合约束下的反射运动力位轨迹在线平滑生成方法。

难点3：非解析环境下环境刚度参数与自适应阻抗参数获取。

航空发动机和燃气轮机叶片进排气边的机器人修磨加工通常采用机器人夹持零件的砂带磨抛方式。在几何结构特征方面，叶片进排气边具有复杂曲面薄壁结构外形，解析模型难以获得。在机器人-工件-刀具接触动力学方面，叶片进排气边的叶缘加工受力变形、柔性砂带磨抛设备的接触点空间位置逐点变化，因此在不同位置将具有不同的环境刚度参数[9-13]。为了实现在不同位置逐点控制接触力，需要力控制阻尼参数与环境刚度参数相匹配。因此，针对复杂曲面薄壁件的机器人磨抛加工，需要研究环境刚度的逐点在线估计和辨识方法[14,15]，揭示零件变形对机器人-环境接触动力学行为的影响机理，探索变阻抗参数力控制器的设计方法。

3. 机器人顺应性加工研究趋势

目前，机器人顺应性加工普遍采用离线编程+在线力位控制的方式达到期望的加工精度和表面质量。这尽管可以实现力位轨迹精确规划和控制的目的，但是在复杂曲面薄壁件加工过程中，由于零件解析模型未知，材料去除计算繁重，力控制阻抗参数调控困难，所以加工精度存在不确定情况。为了保证和不断提升机器人加工质量，可将机器学习方法引入机器人顺应性加工，利用先验知识和既往加工过程参数来提取加工经验，滚动优化接触动力学行为参数和力控制阻抗参数，从而实现零件加工质量的"主动控制"。增强学习和示教学习是机器人力控制阻抗参数自适应选择的两种前沿方法[16,17]。增强学习通过大量重复学习来建立环境与行为映射之间的关系[18,19]。示教学习则是通过人工示教的方式对机器人进行运动示教或者力位示教[20,21]，从而达到机器人自主学习最优策略的目的。

通过学习算法，可以将力控制阻抗参数、材料去除量、表面粗糙度等数据建立映射关系，从而根据反复的加工进程逐步迭代更新加工过程参数与控制策略，最终达到稳定高品质加工的目标。利用学习的方法而非单纯依赖人工编程的方式来指导机器人顺应性加工，可以促进机器人成长为具有经验积累与沉淀的"能工巧匠"，这也将成为未来的发展趋势。

参 考 文 献

[1] Ren X, Cabaravdic M, Zhang X, et al. A local process model for simulation of robotic belt grinding. International Journal of Machine Tools and Manufacture, 2007, 47(6): 962-970.

[2] Song Y X, Yang H J, Lv H B. Intelligent control for a robot belt grinding system. IEEE Transactions on Control Systems Technology, 2013, 21(3): 716-724.

[3] Sun Y Q. Development of a comprehensive robotic grinding process. Storrs: University of Connecticut, 2004.

[4] Li M, Yin H, Tahara K, et al. Learning object-level impedance control for robust grasping and dexterous manipulation. IEEE International Conference on Robotics and Automation, 2014: 6784-6791.

[5] Jung S, Hsia T C, Bonitz R G. Force tracking impedance control of robot manipulators under unknown environment. IEEE Transactions on Control Systems Technology, 2004, 12(3): 474-483.

[6] Zhang H, Long P, Zhou D, et al. DoraPicker: An autonomous picking system for general objects. IEEE International Conference on Automation Science and Engineering, 2016: 721-726.

[7] Schwarz M, Milan A, Periyasamy A S, et al. RGB-D object detection and semantic segmentation for autonomous manipulation in clutter. The International Journal of Robotics Research, 2017: 0278364917713117.

[8] Levine S, Pastor P, Krizhevsky A, et al. Learning hand-eye coordination for robotic grasping with deep learning and large-scale data collection. The International Journal of Robotics Research, 2016: 0278364917710318.

[9] Siciliano B, Villani L. Robot Force Control. New York: Springer Science & Business Media, 2012.

[10] Carelli R, Kelly R, Ortega R. Adaptive force control of robot manipulators. International Journal of Control, 1990, 52(1): 37-54.

[11] Yao B, Chan S P, Wang D. Variable structure adaptive motion and force control of robot manipulators. Automatica, 1994, 30(9): 1473-1477.

[12] Chiaverini S, Siciliano B, Villani L. Force and position tracking: Parallel control with stiffness

adaptation. IEEE Control Systems, 1998, 18(1): 27-33.

[13] Caccavale F, Natale C, Siciliano B, et al. Integration for the next generation: Embedding force control into industrial robots. IEEE Robotics and Automation Magazine, 2005, 12(3): 53-64.

[14] Shimoga K B, Goldenberg A A. Grasp admittance center: Choosing admittance center parameters. American Control Conference, 1991: 2527-2532.

[15] Yang B H, Asada H. Progressive learning and its application to robot impedance learning. IEEE Transactions on Neural Networks, 1996, 7(4): 941-952.

[16] Kober J, Bagnell J A, Peters J. Reinforcement learning in robotics: A survey. The International Journal of Robotics Research, 2013, 32(11): 1238-1274.

[17] Argall B D, Chernova S, Veloso M, et al. A survey of robot learning from demonstration. Robotics and Autonomous Systems, 2009, 57(5): 469-483.

[18] Matarić M J. Reinforcement learning in the multi-robot domain. Autonomous Robots, 1997, 4(1): 73-83.

[19] Theodorou E, Buchli J, Schaal S. Reinforcement learning of motor skills in high dimensions: A path integral approach. IEEE International Conference on Robotics and Automation, 2010: 2397-2403.

[20] Calinon S, Billard A. Recognition and reproduction of gestures using a probabilistic framework combining PCA, ICA and HMM. Proceedings of the 22nd International Conference on Machine Learning, 2005: 105-112.

[21] Schaal S. Learning from demonstration. Advances in Neural Information Processing Systems, 1997: 1040-1046.

撰稿人：赵　欢、严思杰

华中科技大学

加工过程基于大数据的机理分析与演化预测

Data-Driven Mechanism Analysis and Evolution Prediction for Machining Processes

现代制造业的飞速发展对加工装备的加工效率与质量、运行可靠性、寿命预估、故障预测等提出了越来越严苛的要求。然而，大部分加工制造过程的动力学机理难以直接用物理规律或工程经验推知[1]，因而机理不明晰成为制约加工过程提质增效的瓶颈。以数控加工为例，它涉及加工工艺、工况、刚柔耦合、自激振动、干涉、温度波动等诸多复杂因素，难以用传统的机理建模方法建立大范围、多测点的动力学模型。

随着数据科学[2]的飞速发展，未来破解加工过程演化建模难题的方法可望基于大数据的机理提取与演化预测。数据科学面向个体认知客观世界的信息加工活动，旨在发掘数据和信息的内在联系，组成具备一定功能的信息物理系统，实现对个体认识活动的调节作用。具体来说，就是针对加工过程诸多测点，布置"声、光、电、热、磁"等多源传感器作为数据探针，构建长时间连续采样、清洗、分类和存储的加工过程大数据平台，对海量异构数据进行提取和分析。挖掘加工过程新特征，揭示加工过程新的因果性与相关性机理，深刻诠释加工过程的物理本质，进而对制造过程未来演化过程进行预测，实现寿命预估与故障预测。

以起落架为例，在飞机降落瞬间，起落架要承受飞机自重 10 倍的冲击力。波音公司通过大数据机理挖掘和寿命预测，为保障每套起落架 75000 次的起降起到了关键作用。而国内由于缺乏大数据分析技术的支撑，只能在 15000 次起降后更换起落架，造成了巨额浪费。因此，基于数据科学的加工制造势在必行。可以说，数据科学正影响着智能制造的深刻变革，基于大数据的机理提炼与演化预测将有望成为智能制造新的研究方向。

科学问题 1：加工过程的数据挖掘和特征提炼。

从数据可信程度来看，加工车间内的恶劣环境使得过程数据往往难以避免噪声污染。从数据特征来看，工况环境和工艺参数多变，数据具有非稳态时间序列的特性。因此，需要构建具有普适意义的数据清洗系统，为后续演化分析和预测提供可信的数据来源。

从数据来源和结构来看，加工过程数据具有多源异构特性。加工车间生产涉及的三维设计模型、工艺文档、数控程序、设备运行参数、产品质量检验等数据往往来自不同的系统，具有完全不同的数据结构。图像采集设备和声学传感器等记录的加工过程图片（如刀具破损、丝杠磨损、工件表面振痕等）和声音（如铣削颤振的异常声频信号等）具有鲜明的非结构化数据特征。而目前大多数数据为无标数据，即工况状态、加工参数、健康状况等均无标记，如何通过深度学习[3]等新兴机器学习方法来自动提取加工过程特征将成为一个至关重要的科学问题。

科学问题2：加工数据的因果性和相关性分析。

加工过程是工况复杂的动力学系统，由于其复杂性和时间多尺度性，加工的大范围动力学演化机理模型依然缺失。另外，从数据规模和特征来看，加工过程数据来源多样、层次各异，经过清洗后仍具有海量、异构和非结构化特性。单台机床加工时的功率、扭矩、声发射信号的采样频率往往以千赫兹计算，每年可以收集TB量级的异构数据。如何充分利用大数据机器学习方法，发现不同时间/空间分布的各物理量之间新的因果性、相关性规律，深刻提炼加工过程新机理，是至关重要的科学问题。拟运用压缩感知[4]等新兴机器学习方法，揭示大量异构数据背后隐藏的加工动力学演化新规律，阐明不同参数以及各物理量之间的内在联系规律，将显著提升对复杂加工过程演化的分析和预测能力，为加工过程寿命预估、故障预测、工艺优化等关键应用夯实基础。

科学问题3：加工装备的动力学演化预测。

针对复杂加工过程，基于数据探针提取的过程特征，充分利用挖掘的时间/空间分布的各物理量之间的因果性和相关性规律，对加工过程未来演化趋势进行预测。针对稀疏的非稳态时间序列数据集，提出有机融入过程先验知识的稀疏贝叶斯学习理论与方法[5,6]，搜寻能导致缺陷的加工动力学演化关键点（或引爆点，图1）[7-9]，

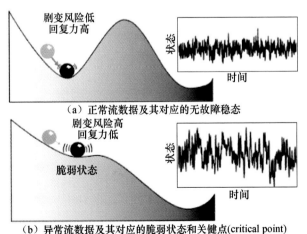

（a）正常流数据及其对应的无故障稳态

（b）异常流数据及其对应的脆弱状态和关键点(critical point)

图1 关键点挖掘方法[2]

挖掘导致数据相关性链条断裂的隐藏节点，对传感器进行精确定位，对可能出现的缺陷进行预判，从而在复杂工况下进行加工装备寿命预估和加工过程故障预测。最终，大幅提高加工装备的可靠性与生产效率，充分发掘智能制造大数据的价值链条，使大数据真正成为未来智能制造的使能技术。

参 考 文 献

［1］ Schmidt M, Lipson H. Distilling free-form natural laws from experimental data. Science, 2009, 324(5923): 81-85.

［2］ Davenport T H, Patil D J. Data scientist: The sexiest job of the 21st century. Harvard Business Review, 2012, 90(10): 70.

［3］ Lecun Y, Bengio Y, Hinton G. Deep learning. Nature, 2015, 521(7553): 436-444.

［4］ Donoho D L. Compressed sensing. IEEE Transactions on Information Theory, 2006, 52(4): 1289-1306.

［5］ Pan W, Yuan Y, Goncalves J, et al. A sparse Bayesian approach to the identification of nonlinear state-space systems. IEEE Transactions on Automatic Control, 2015, 61(1): 182-187.

［6］ Yuan Y, Zhang H T, Wu Y, et al. Bayesian learning-based model predictive vibration control for thin-walled workpiece machining processes. IEEE/ASME Transactions on Mechatronics, 2017, (99): 1.

［7］ Scheffer M. Anticipating societal collapse; Hints from the Stone Age. Proceedings of the National Academy of Sciences of the United States of America, 2016, 113(39): 10733-10735.

［8］ Scheffer M, Carpenter S R, Lenton T M, et al. Anticipating critical transitions. Science, 2012, 338(6105): 344-348.

［9］ Scheffer M, Bascompte J, Brock W A, et al. Early-warning signals for critical transitions. Nature, 2009, 461(7260): 53-59.

撰稿人： 袁　烨、张海涛

华中科技大学

"冻"与"动"的极端对抗：
极地低温恶劣环境中的精密驱动技术

The Extreme Confrontation between "Freeze" and "Move": Precision Driving Technology in the Severe Low-Temperature Environment of Polar Region

1．科学意义

在南极这种极端台址环境下建设望远镜，对探索宇宙奥秘、揭示人类起源等当前科学家关注的重大科学问题具有重要的科学意义。在南极建设的望远镜主要以拼合形式为主体，然而建设拼合式望远镜需要解决极地环境中的微位移驱动问题，才能实现具有超精密拼合精度的宇宙望远镜构建。南极是人们通常认为的极端冷冻环境，在这种环境下需要实现微位移的运动，就形成了"冻"与"动"的极端对抗。精密微位移驱动装置在极地环境中面临着低温运行、冰雪凝结、风霜侵蚀、无人值守等恶劣的环境问题，因此需要研究这种恶劣环境中的微位移驱动及其控制问题，以解决低温凝结、材料变性、低温润滑、防冰表面、远程控制等难题，实现极端台址条件下的精密微位移驱动。

2．问题背景

南极地区是地球上的一种极端地理环境，其高海拔地区在天文观测方面具有如下优点：极夜时间长，可进行长时间的连续观测；大气稀薄、干净、干燥，透明度高；风速低，视宁度极好。因此，南极高海拔地区被公认是地球上最优秀的天文学观测地点。然而，作为极端台址环境，南极环境与其他天文观测地存在着显著的不同，如极低的气温，南极 Dome A 地域是地球上最冷的地域之一，最低温度可达-80℃，平均气温-52℃。天气骤变时，仪器设备容易在冷冻条件下结霜和积冰，并且常年遭受携带冰粒的风侵蚀。

近些年世界各国提出了多个南极望远镜计划，但是截至目前，国际上还没有安置于南极的大型拼接镜面望远镜，因此高精度微位移促动器目前还没有在南极实际应用。微位移促动器应用于南极地区时，会遭受低温、霜冻、冰冻、寒风等负荷，促动器必须具有优良的低温性能。微位移促动器应用于南极地区时要考虑运动精度，耐低温，结构紧凑，外形规则，能够有效避免积雪，同时需要具有一定的密封性，防风雪侵蚀等。考虑到南极地区运输难度大、费用高等限制，促动器还要具有质量轻、体积小、便于运输等特点。

3．最新进展

近年来，拼接镜面望远镜得到了飞速发展。Keck 望远镜和 GTC 望远镜的主镜结构采用 36 块正六边形子镜组成，并且每块子镜由三个微位移促动器进行姿态调节，每两块子镜的拼接处都设有两个位移传感器。图 1 为 Keck 望远镜和 GTC 望远镜的主镜。麦克唐纳天文台的 9.2m 口径霍比-埃伯利望远镜（Hobby-Eberly Telescope, HET）的主镜由 91 块六边形子镜拼接而成，子镜数量较 Keck 望远镜和 GTC 望远镜多，且尺寸较小，使得其子镜厚度降低到 5cm。图 2 为 HET 及其主镜[1]。LAMOST（The Large Sky Area Multi-Object Fiber Spectroscopic Telescope）是一架大视场、大口径望远镜，其成功应用了薄镜面主动光学技术和拼接镜面主动光学技术，可以观测到天空中明暗等级为 20.5 等的天体，成为大口径兼大视场光学望远镜的世界之最[2]。随着世界各国兴建大型拼接镜面望远镜，各国科研人员对拼接镜面望远镜中的关键部件——微位移促动器的研究也不断深入。Keck 望远镜采用的是液压缩放式微位移促动器。为了避免液压油的泄漏和活塞与缸体之间的摩擦，液压减速机构采用了特殊的全封闭柔性缸体，但这种柔性刚体会产生缩放比非线性的问题。图 3 为 Keck 望远镜的微位移促动器结构[3]。美国 Diamond 公司和德国 PI 公司都生产采用电机驱动的微位移驱动器，分别用于 HET 和 SALT（The Southern African Large Telescope）。HET 使用的 Diamond 公司的 2200-2100 系列直线位移促动器，其最小有效分辨率为 50nm，有效行程为 6mm，最大负载能力达到 445N[4]。

　　　　（a）Keck　　　　　　　　　　（b）GTC
图 1　Keck 望远镜和 GTC 望远镜主镜

图 2　HET 及其主镜

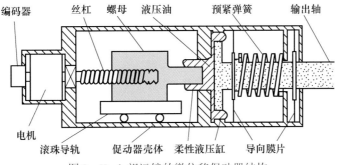

图 3　Keck 望远镜的微位移促动器结构

　　CESA（Compañíade Española de Sistemas Aeronáuticos）为欧洲极大望远镜（European Extremely Large Telescope, E-ELT）研制的微位移促动器 PACT 采用宏/微驱动叠加式，具有大行程和高精度的特点[5]。

　　美国加利福尼亚大学和加州理工学院负责研制的 30m 望远镜（Thirty Meter Telescope, TMT）的微位移促动器采用了完全无摩擦/黏滑设计，其内部零件的相对运动均采用柔性元件保证。促动器采用音圈电机作为驱动器，同时还安装了减荷机构，音圈电机的输出杆通过商用的 C-Flex 柔性铰链安装在上下两个 7:1 省力杠杆上，两个杠杆同样采用 C-Flex 柔性铰链安装在框架上。步进电机经过齿轮减速器减速后驱动线轴缠绕钢丝绳，钢丝绳拉伸两根卸荷弹簧对杠杆加载，使杠杆承受大部分载荷。该设计克服了音圈电机驱动力小的缺点。此驱动器还带有高精度的位移传感器，输出精度预计能达到 1.2nm，稳定性达 5nm（RMS），有效行程为 4.3mm[6]。

　　詹姆斯·韦伯太空望远镜使用的微位移促动器能在恶劣的外太空环境中工作，具有体积小、质量轻、耐低温和真空等优点。促动器结构采用宏/微动叠加式，并且宏动部分和微动部分可以由同一个步进电机驱动。为了提高促动器的承载能力，宏动部分采用步进电机经过齿轮减速驱动一对平行的精密丝杠，精密丝杠的螺旋传动部分采用弹簧预紧消隙。微动部分采用四个结构相同的柔性铰链进行位移缩放，不仅输出精度高，而且负载能力大。经测试，此微位移促动器能在 12K 低温真空环境下稳定输出 10nm 步进精度，有效行程 25.4mm[7]。

我国对拼接镜面主动光学用微位移促动器的研究较少，南京天文光学技术研究所基于 LAMOST 微位移调节机构的实现原理，设计了高精度、大行程的微位移促动器。促动器采用步进电机经过谐波减速器驱动精密丝杠，并通过计算机校正丝杠的传动误差[8]。哈尔滨工业大学研制了用于极地低温条件下的微位移促动器，并进行了相关实验研究，取得良好的效果[9]。

4. 难点内容

为了克服南极的极端环境，使天文望远镜成像质量达到要求，需要天文望远镜的微位移促动器解决极冷条件下的精密运动问题，克服表面结构在极冷情况下的结冰影响、极端环境下的润滑和摩擦机制及表面控制等科学困难。

1）低温条件下的防冰和除冰技术

目前，常用的清除基体表面积冰的方法主要有利用外力对已在基体表面形成的冰进行清除，使其脱落；或者是干扰结冰过程，进而减小结冰速率。第一类方法是对已结冰表面的清理技术，包括加热融冰、机械振动敲击、微波除冰、激光除冰等技术。但是这几种技术增加了系统的能源需求，同时还会使仪器设备变得复杂。第二类方法是对结冰的预防和抑制技术，如加热保温、涂覆防冻液、超疏水表面防结冰等技术。

在防结冰技术中，超疏水表面防结冰是一种新颖的技术，日渐成为研究热点。超疏水表面具有低表面能和微结构，能够减少水与表面的接触面积，延缓水在表面的凝结时间，同时可以减弱水与表面的黏附作用使得水滴不易在表面积累。国内外已有相关研究证实了超疏水表面在防结冰方面具有良好的应用前景。例如，在铝板和商用卫星碟形天线部分表面喷涂颗粒直径为 50nm 的聚合物复合材料可以形成超疏水表面，能够有效抵抗结冰，如图 4 所示[10]。

在基体表面加工相应的微结构也可以形成超疏水表面，这种超疏水表面同样具有一定的防结冰性能。在这种条件下，基体表面的微结构与水的接触面积很小，能够有效防止基体表面结冰，即使形成冰后其黏附也极不牢固，很容易去除。覆盖有这种微结构的基体表面甚至能够在-25～-30℃的低温下保持干洁状态而不发生结冰现象。

虽然大量实验证实了超疏水表面具有防结冰性能，但是还有某些因素限制其在防结冰方面的应用。有的超疏水表面并不是一直具有较好的防结冰性能，随着

（a）　　　　　　　　　　（b）

未处理区域
已经完全被
冰覆盖

涂层区域
无冰覆盖

（c）　　　　　　　　　　（d）

图4　自然冻雨条件下的防结冰性能试验[10]

对其表面余冰的清理次数增多，其防结冰性能明显下降。还有研究表明，虽然某些超疏水表面具有防结冰的性能，但是一旦结冰很难清除。除此之外，防冰和除冰技术还要考虑霜冻、冰冻等载荷的影响。超疏水防结冰技术虽然能够在一定程度上防止表面结冰，但是面对极地特殊环境时，还需要进一步提高其可靠性，特别是在微位移促动器结构上应用时，需要验证其可行性和有效性。

2）极地条件下的微位移促动器材料

目前，用于低温环境下的材料主要有金属材料和复合材料两大类。金属材料的低温性能，如低温下的塑性和韧性，受晶格结构的影响。具有面心立方晶格的金属材料在低温环境下不易发生脆性断裂，适合低温环境；而具有体心立方晶格的金属材料，其韧性随温度的降低而降低，易发生脆性断裂。复合材料属于轻质高性能材料，但是其价格昂贵，可加工性差，一般不用于微位移促动器中。因此，γ-铁、铝、铜、铅以及奥氏体不锈钢等低温性能好的面心立方晶格金属材料将在极地条件下的微位移促动器中获得应用。

在南极望远镜计划中，日本 AIR-T-40 的螺杆采用合金结构钢，螺杆支架采用铝合金，并在螺杆和支架表面涂覆热膨胀率很低的聚四氟乙烯，解决了不同材料收缩不同带来的问题。另外，AST3 使用了殷钢材料，制成经典赛路里桁架对主体结构进行支撑，保证了主镜和聚焦装置之间具有稳定的几何结构[11]。

南极环境恶劣，温度极低，并且温度变化快，因此选择合适的材料尤为重要。选择微位移促动器材料时，应考虑材料的抗结冰功能、极冷情况下实现润滑和摩擦等特性。

3）低温摩擦机制以及润滑技术挑战

南极地区环境温度低，一般的润滑脂和润滑油无法适应低温环境，在冷冻到
−80℃时便会凝固。其在丧失润滑性能的同时，还会阻碍促动器中运动部件的正常
工作。目前，在低温环境下的润滑剂主要有低温极压润滑脂、石墨、MoS_2、高分
子润滑材料和软金属等。低温极压润滑脂具有优良的低温性能、良好的润滑性、
使用方便，在极地仪器设备中应用较广。石墨具有良好的导热性和散热性，是固
体润滑剂之一，但是石墨的润滑性依赖于水和空气，在缺少空气和水分的环境里，
其润滑性会大大下降。近些年，石墨经过改性和复合处理后形成的石墨润滑产品
种类越来越多，如氟化石墨等，使石墨润滑产品在南极环境中将具有较好的应用
前景。由于环境的限制，研究人员正积极探索采用先进的材料实现低温条件下减
小摩擦，降低磨损的应用研究。MoS_2是应用较为广泛的层状结构物润滑材料，它
在真空环境中的摩擦系数和磨损率很低，并且有较宽的温度和速度适应范围，即
使在−180℃下依然能保持良好的润滑性。聚四氟乙烯、酚醛树脂以及聚酰亚胺等
是应用较为广泛的高分子润滑材料。高分子润滑材料相比于其他润滑剂具有良好
的低温性能和化学稳定性，对环境要求低、韧性好、抗油、耐腐蚀。但高分子润
滑材料具有配合精度低、承载能力差等缺点。软金属在应用时通常利用物理化学
镀覆的方法将软金属镀在基材表面，形成一层极薄的固体润滑膜，或者以金属微
粉用粉末冶炼的方法制成复合材料使用。

除了上述科学难题之外，还应该在促动器的设计和控制上下工夫，实现极冷
环境下的精密驱动。促动器的设计要综合考虑材料、结构等方面的因素，突破常
温环境下的结构设计原则，形成极冷条件下的机械设计理念。拼接望远镜的控制
系统庞大复杂，并且要具有高实效性和高效率的特点，除了控制效率、精度外，
微位移促动器在极地应用的控制网络也要综合考虑保温设计、极地环境抵抗能力、
无人值守、网络传输可靠性等具体的技术要求。

5. 未来展望

未来随着人类对宇宙探索的进一步发展，这种体现在天文望远镜微位移促动
器"冻"与"动"上的极端对抗仍将对天文观测科学的发展带来巨大的挑战。但
是，相信随着研究人员在极端摩擦润滑理论、低温结构设计、低温运动控制、先进
减磨材料等方面取得研究进展，必将克服这些困难，在"对抗"中战胜极端环境。

参 考 文 献

[1]　Palunas P, Fowler J R, Booth J A, et al. Control of the Hobby-Eberly Telescope primary mirror

array with the segment alignment maintenance system. SPIE Astronomical Telescopes + Instrumentation, 2004, 5496: 659-666.

[2] Cui X Q, Zhao Y H, Chu Y Q, et al. The large sky area multi-object fiber spectroscopic telescope (LAMOST). Research in Astronomy and Astrophysics, 2012, 12(9): 1197-1241.

[3] Meng J D, Franck J, Gabor G, et al. Position actuators for the primary mirror of the W.M. Keck Telescope. SPIE Advanced Technology Optical Telescopes IV, 1990, 1236: 1018-1022.

[4] Diamond Motion Inc. 2200-2100-Series Linear Actuator Brochure 11082006. Port Angeles: Diamond Motion Inc., 2005.

[5] Jiménez A, Núñez M, Reyes M. Design of a prototype position actuator for the primary mirror segments of the European Extremely Large Telescope. SPIE Astronomical Telescopes + Instrumentation, 2010, 7733(6): 773354.

[6] Lorell K R, Aubrun J N, Clappier R R, et al. Design of a prototype primary mirror segment positioning actuator for the Thirty Meter Telescope. The International Society for Optical Engineering, 2006, 6267: 2T-1-2T-11.

[7] Streetman S, Kingsbury L. Cryogenic nano-positioner development and test for space applications. Proceedings of SPIE, 2003, 4850: 274-285.

[8] 李国平, 苗新利. 一种微位移促动器的设计和检测. 光学精密工程, 2005, 13(3): 332-338.

[9] 白清顺, 王群, 张庆春, 等. 低温微位移促动器的设计与实验. 天文研究与技术, 2016, 13(2): 199-204.

[10] Cao L L, Jones A K, Sikka V K, et al. Anti-icing superhydrophobic coatings. Langmuir, 2009, 25(21): 12444-12448.

[11] Yuan X Y, Cui X Q, Gong X F, et al. Progress of Antarctic Schmidt Telescopes (AST3) for Dome A. Proceedings of SPIE, 2010, 7012: 2D-1-2D-8.

撰稿人：白清顺、陈明君、张庆春、张飞虎

哈尔滨工业大学

纳米切削分子动力学仿真势函数及关键参数
应如何选择?

How to Select Potential Function and Critical Parameters in the Molecular Dynamics Simulation of Nano Cutting?

1. 科学意义

超精密加工在不改变工件材料的物理特性的前提下，获得极限的形状精度、尺寸精度、表面完整性[1]。超精密加工作为先进制造产业发展的核心技术之一，是纳米精度复杂面形加工的重要手段，对整个纳米精度制造的发展起着重要的支撑作用。随着加工精度的要求越来越高，加工过程材料去除的尺度越来越小，超精密加工正逐渐向纳米级、亚纳米级加工精度和原子级加工尺度逼近。然而，由于纳米级加工过程发生在很小的区域，该区域只包含数个原子层或数百个原子层，加工过程在本质上是原子的迁移现象，工件材料应被看成原子或分子的集合体，去除的材料对象已变为具有分立、离散性质的数层或数百层分子原子，因此材料的迁移变化已与传统的加工过程有着本质区别，传统的超精密加工理论已无法有效解释和分析纳米量级加工的现象和结果。

原子尺度下，超精密加工材料的迁移和变形行为受尺度效应、表/界面效应等一系列物理现象和新问题的影响。然而，由于超精密加工的高速瞬态过程不易被表征和材料原子级去除的物理机制还不明确，在世界范围内还没有形成统一的超精密纳米级加工理论。对原子尺度下材料去除机理认识的不足已成为制约超精密纳米级加工技术发展的瓶颈，严重制约了高效率、低损伤的可控纳米级加工技术的发展。因此，需要在原子尺度上研究超精密加工中的物理现象和材料变形行为机制，但如何描述超精密加工原子尺度下材料的迁移和变形行为等物理现象，是当前纳米级加工中的一个科学难题。

2. 问题背景

原子尺度的纳米级加工涉及的理论已远远超出了常规加工理论和技术范畴，必须和其他基础学科，如物理、力学、材料科学等的前沿发展成果紧密结合，形成一门多学科交叉的理论体系，建立纳米级加工理论体系，进而指导实际超精密加工实践，促进纳米级超精密加工技术的发展。纳米级加工过程本身是一个跨多个尺度的研究领域，迫切需要从宏观、微观以及纳观多角度揭示其内在机制。近年来，国内外有大量的科研工作者投入纳米级加工机理的基础研究中，取得了令人瞩目的研究成果[1-3]。相关研究主要集中于超精密加工分子动力学仿真、材料加工表面测试表征、基于扫描探针显微镜的纳米加工实验以及超精密切削加工等。

当去除量控制在几纳米或者几十纳米量级时，对加工设备的精度、运动控制的稳定性、环境条件以及刀具状态等各方面的要求极其苛刻，同时对测试观察仪器的性能也提出了很高的要求。在现有的技术设备条件下，进行满足研究要求的纳米级加工实验，并有效测试分析加工过程，是耗时耗力且难以实现的，而基于分子动力学的仿真研究方法为纳米级加工机理的研究提供了一种便利。国内外广泛采用分子动力学仿真方法，从原子尺度揭示加工变形瞬态过程中的微观变形机理及其对加工结果的影响机制，据此获得并优化超精密、超光滑表面加工工艺参数。尽管分子动力学模拟已经取得了许多重要结论，但是其模拟结果的准确性和真实性一直具有争议和质疑，特别是其核心参数——势函数的选取与近似处理等还有待进一步深入研究[4]。同时，为了解决分子动力学模拟在时间尺度和空间尺度的限制，近年来国内外陆续发展出大规模分子动力学仿真方法、离散位错动力学方法、蒙特卡罗方法、跨/多尺度仿真方法等。这种基于分子动力学基本理论，依托高性能计算科学技术，在原子尺度条件开展的仿真将人类视觉向纳米和亚纳米尺度延伸，有望充分解释微观/纳观尺度下特殊的物理现象，揭示超精密加工的原子级材料去除机理、切屑变形机制以及加工表面演变规律。所获得的研究结果将有力地促进计算科学、仿真理论以及纳米级超精密加工基础理论与技术的发展。目前，采用这些方法研究纳米级加工过程大都仍处于初级阶段，如何对超精密加工原子尺度下的物理现象进行准确的描述已成为一个关键科学问题，还需要进一步的探索和发展。

3. 最新进展

在纳米级切削过程中，传统剪切理论已经无法解释纳米量级材料去除过程。在重大研究计划的资助下，天津大学房丰洲教授研究团队对纳米切削的基础理论和方法进行了深入系统的研究，取得了显著进展[3]。该团队对纳米切削过程中的材料去除机理进行了深入的研究，认为纳米切削去除过程源于材料的推挤变形，通过分子动力学仿真和多尺度模拟，从本质上解释了推挤变形的原因，并从实验方面验证和完善了推挤去除机理，建立了脆性材料纳米切削加工工艺，实现了单晶硅表面的纳米切削加工。

Goel 等[4]针对硅的金刚石加工中的分子动力学仿真研究进展做了全面的评

述，指出目前正在进行的有关势函数的研究工作将有望克服分子动力学仿真研究的一些限制，并给出了最新的研究成果[5]，有效推动和扩展了分子动力学在纳米级加工领域的应用。图 1 所示的硅纳米切削中表面生成过程分子动力学仿真，显示了独特的脆性断裂现象，在已加工表面倾斜 45°～55°方向生成了纳米槽，这在已有文献分子动力学仿真中从未出现过，而这与文献[6]的金刚石车削中得到的图像吻合。

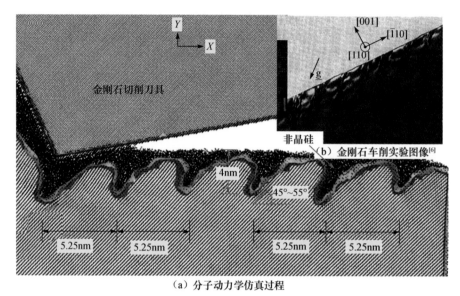

（a）分子动力学仿真过程

图 1　硅纳米切削中表面生成过程[5]

4．难点内容

采用分子动力学等仿真分析方法，从原子尺度解释加工变形瞬态过程中的微观变形机理及其对加工结果的影响机制，为纳米级超精密加工机理的研究提供了一种有效的工具，同时也是对当代高科技的实验观测仪器的有效补充，将为人类打开超精密加工纳观世界的一扇"窗户"。需要解决的难点包括以下几个方面。

1）分子动力学仿真中势函数的选取与近似处理问题

分子动力学仿真是基于经验半经验势函数的数值计算，所以势函数的选取与近似处理是关键问题，同时也是难点问题。对于脆性材料加工仿真多采用 Tersoff 势函数等来描述原子间的相互作用，这些势函数是短程的且以塑性代替材料的脆性行为[5]。因此，更多地结合晶体学、纳米力学、原子物理、量子力学等其他基础学科的成果，针对不同材料开发和采用合理的势函数，是分子动力学仿真研究纳米加工问题的核心。

2）仿真的时间尺度和空间尺度限制

虽然目前的大规模分子动力学模拟纳米加工的规模已经扩大至数百纳米范围，但由于软件、计算普及应用范围的限制，仍与实际材料加工尺寸存在较大的差距。多尺度耦合仿真等方法有望突破限制、实现目标，但最关心区域的原子级仿真仍以分子动力学仿真为主。因此，在多尺度耦合仿真规模、耦合计算方法等方面还需要开展更为深入的研究。

参 考 文 献

[1] 袁巨龙，张飞虎，戴一帆，等. 超精密加工领域科学技术发展研究. 机械工程学报，2010，46(15): 161-177.

[2] 王国彪，邵金友，宋建丽，等. "纳米制造的基础研究"重大研究计划研究进展. 机械工程学报，2016, 52(5): 68-79.

[3] 房丰洲，赖敏. 纳米切削机理及其研究进展. 中国科学: 技术科学, 2014, 44: 1052-1070.

[4] Goel S, Luo X, Agrawal A, et al. Diamond machining of silicon: A review of advances in molecular dynamics simulation. International Journal of Machine Tools and Manufacture, 2015, 88: 131-164.

[5] Goel S, Kovalchenko A, Stukowski A, et al. Influence of microstructure on the cutting behaviour of silicon. Acta Materialia, 2016, 105: 464-478.

[6] Du Y A, Lenosky T J, Hennig R G, et al. Energy landscape of silicon tetra-interstitials using an optimized classical potential. Physica Status Solidi, 2011, 248(9): 2050-2055.

撰稿人： 陈明君、孙雅洲、刘海涛、陈万群

哈尔滨工业大学

超精密加工装备与加工过程是如何相互作用的？

How Does a Ultra-Precision Machine Tool Interact with the Process?

1. 科学意义

超精密加工技术是面向国家高科技和国防安全的战略性基础技术。超精密加工装备是超精密加工技术研究与应用的载体，是实现超精密加工的必要条件。超精密加工的精度要求越来越高，加工过程材料去除的尺度越来越小，被加工工件的尺度特征又跨越宏、微尺度，对超精密加工装备提出了越来越苛刻的要求。目前的超精密加工正向纳米级精度、复杂表面形貌、跨尺度结构零件加工的方向发展，同时超精密加工装备在加工过程中涉及高速度/高加速度、时变载荷、多源扰动的复杂工况和多因素、多物理场耦合效应，因此对超精密加工系统在全周期加工过程中的稳定性要求极高。如何保证高动态、跨尺度、长时间加工条件下的超精密加工精度和表面质量，是超精密加工技术面临的一个重要技术挑战。

超精密加工装备作为一个加工系统，要给工件和刀具这一对相互对抗的矛盾体提供二者之间需要的相对运动和驱动力。在工件和刀具的相互作用过程中，不仅通过运动轨迹形成了新的几何表面，还伴随着一系列复杂的物理过程。工件和刀具的相互对抗作用在加工系统中产生了三种过程载荷：静态力、动态力和热载荷。加工装备在这三种载荷作用下将产生一系列物理响应和变化，这些物理响应的结果都是负面的，它不仅制约工件的加工精度和表面质量，而且会导致刀具和加工装备磨损以及加工精度、加工效率降低等问题。然而，除静态力所造成的结构变形外，人们对工件和刀具这对矛盾体的对抗机理的认识还不是很深刻，对其普遍规律尚未完全掌握，难以准确预测和抑制，尤其对超精密加工装备中工件和刀具的对抗机理更是缺乏深层次的认知。2009 年，德国亚琛工业大学的 Brecher 等[1]指出，零件加工过程中之所以出现表面质量差、刀具寿命急剧降低及机床部件服役性能退化等问题，在很多情况下并不是因为机床结构或工艺参数设计不合理，而是因为机床与加工过程之间交互产生的附加作用。由于高档数控机床加工的许多关键零件具有加工型面复杂、材料特殊、加工周期长及加工精度高等特点，时变切削力的输入将激发加工系统的复杂响应，使机床与加工过程交互作用的影响变得更加明显[2]。因此，准确认识超精密加工装备与加工过程的相互作用机理，是当前需要解决的一个关键科学问题。

2. 问题背景

机床、工件和刀具组成的加工系统是由若干部件（包含相对运动的部件）组成的柔性多体耦合系统，产生于耦合链两末端的工件和刀具之间的切削力是不断变化的。例如，超精密机床装夹在主轴上的铣刀是一个具有一定刚度和阻尼的弹性系统，当刀具切入工件时，在切削力作用下会产生一定位移，断续的切削和变化的切屑厚度及其产生的切削力呈明显周期性变化特征，从而对加工系统产生一个激励。当这种激励能量达到一定能级且当其频率与加工系统固有频率接近时，就会产生谐振，使工件和刀具的矛盾激化，出现颤振现象，加工过程就从稳定状态进入非稳定状态。针对颤振发生的机理，人们进行了大量的研究，提出并采用颤振稳定域图进行预测[3]。颤振稳定域图可反映机床-工件-刀具系统的切削稳定性，但是并不能预测超精密机床的加工性能和解释加工过程中出现的复杂物理现象。

为了预测超精密机床的加工性能以及解决加工过程中出现的问题，分别对机床和加工过程进行研究是有必要的。目前，已有大量研究针对机床本体结构和运动部件的动力学特性，研究以机床整机及部件动力学特性驱动的机床设计动力学建模方法，用于指导机床的设计；或者关注加工过程本身，通过仿真或实验研究加工参数对加工时间、切削力、刀具寿命、表面粗糙度等的影响规律，进而优化加工过程。但是机床和加工过程两个研究领域并非彼此独立，而是相互联系、互相影响的。利用机床的动力学模型，可以动态预测加工过程，并以此为基础对加工过程进行优化；反之，机床的动态特性也受加工过程的影响，需要考虑加工过程的影响并对其进行修正。因此，只有将机床结构模型和加工过程模型集成为一个耦合的动态系统，才能准确地预测超精密机床的加工性能，并解释加工过程中复杂的物理现象[4]。

由于超精密加工装备的加工系统是由多个子系统组成的柔性多体耦合系统，在切削状态下，加工过程对机床动态特性的影响具有明显的非线性特性，机床与加工过程之间的交互作用变得相当复杂，所以针对机床与加工过程之间交互作用机理的研究仍然不足。现阶段，超精密加工装备在加工过程中涉及高速度/高加速度、时变载荷、多源扰动的复杂工况和多因素、多物理场耦合效应，因此超精密加工装备与加工过程之间的交互作用变得更为复杂。为了实现超精密加工系统在全周期加工过程中的稳定性，保证在高动态、跨尺度、长时间加工条件下的超精密加工精度和表面质量，如何准确认知超精密加工装备与加工过程相互作用机理，是一个亟待解决的科学难题。

综上所述，揭示超精密加工装备与加工过程相互作用的难题是：

（1）多物理场耦合作用下的超精密加工装备与加工过程交互作用机理尚不明确；

（2）加工过程中的热变形和力变形造成的机床各部件精度时变性和空间移动性对超精密加工设备精度保持性的长时间、多尺度影响机理有待深入解析。

3．最新进展

机床与加工过程之间的相互作用会引起加工过程恶化，直接导致被加工零件不满足加工要求的质量问题。深入研究机床与加工过程之间的相互作用是当今超精密加工的一大重要课题。由德国生产工程学会（WGP）发起的"预测和应对机床结构与加工过程之间的交互作用"项目获得了德国研究基金会的优先资助，资助期限为 2005～2012 年。此后，WGP 与国际生产工程科学院（CIRP）共同成立了关于机械加工过程中的交互作用的工作组，为了促进对研究成果的交流与探讨，举办了一系列关于机床结构与加工过程交互作用的国际性学术会议，针对机床和加工过程交互作用机理、动态测量、数字仿真预测等技术开展研究，如图 1 所示[1]。

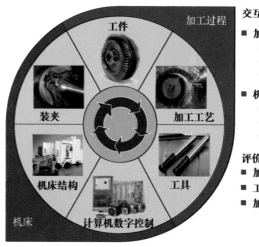

图 1　机床与加工过程的交互作用[1]

Aurich 等[5]对磨削加工中的机床与加工过程相互作用进行了研究，将磨削过程分为宏观的砂轮轮廓加工和微观的磨粒加工，建立了材料去除模型，并将得到的切削力输入机床结构的有限元模型中，对切削力激励下的机床动态响应进行了仿真分析，并获得了对磨削过程中微观形貌的预测。冯伟等[6]根据砂轮形貌构建磨粒位姿随机分布的虚拟砂轮，建立了磨粒运动轨迹方程和工件表面形貌方程，考虑砂轮变形对磨削过程的反向作用，建立了主轴-砂轮结构与磨削过程间的交互模型，采用耦合仿真的方法对机床与磨削交互过程进行了仿真，提出了一种考虑交互作用的磨削表面形貌仿真模型，并进行了实验验证。

Brecher 等[7]将简化的切削力数值模型与机床结构有限元模型耦合，并且将机床结构在切削力作用下的位移变化反馈到切削力计算的数值模型中，实现了加工过程与机床结构相互作用对切削力影响的仿真。曹宏瑞等[4]以高速铣削加工为对象，考虑高速旋转主轴的离心力和陀螺力矩效应，基于 Timoshenko 梁单元和 Jones 轴承模型建立了高速主轴-刀具系统动力学模型，将主轴-刀具动态特性与高速铣削过程耦合，研究高速主轴-刀具系统动力学特性与切削过程之间的交互机理，并提出基于主轴-切削交互过程模型的高速铣削切削参数优化方法。

Mahnama 等[8]采用有限元法对直角切削过程的切削稳定性进行了切削仿真，仿真模型中采用杆单元对机床的动态特性进行替代，在仿真中考虑了切削过程中切削厚度的变化引起的切削力的波动。安晨辉等[9]对超精密飞刀铣削加工过程中的微尺度周期性波纹的生成进行了仿真分析，并通过主轴结构的优化对微波纹进行了有效抑制。梁迎春等[10]采用有限元法建立了超精密飞切加工机床结构动力学与切削轨迹耦合模型，对超精密飞刀切削大尺度磷酸二氢钾（KDP）晶体表面形貌的生成进行仿真分析，明确了大周期波纹是由机床结构和加工过程交互作用引起的，同时考虑材料特性，基于提出的耦合模型实现了对超精密飞刀铣削 KDP 晶体表面形貌和切屑的生成，并进行了实验验证。

4．难点内容

如前所述，由于机床加工系统是由多个子系统组成的柔性多体耦合系统，在切削状态下，加工过程对机床动态特性的影响具有明显的非线性特性，使机床与加工过程之间的交互作用变得相当复杂，尤其目前超精密加工装备在加工过程中涉及高速度/高加速度、时变载荷、多源扰动等复杂工况和多因素、多物理场耦合效应，使超精密加工装备与加工过程之间的交互作用变得更为复杂。目前对机床与加工过程之间相互合作用的研究仅针对静态、单一物理场进行模拟和评价，忽略了机床自身性能和加工载荷在加工过程中的时变性和空间移动性与耦合性的影响，无法实现当前超精密加工针对全加工周期中在时间域和空间域开展超精密加工装备与加工过程相互作用机制与规律的深入研究。需要解决的难点包括以下几个方面。

1）多物理场耦合作用下超精密加工装备与加工过程交互作用建模

在超精密机床加工过程中的热变形和力变形是影响机床精度保持性最为关键的两个因素，为了对机床精度保持性问题进行分析、评价，分别对热学场和力学场进行研究是有必要的。然而，超精密机床的精度变化主要由加工过程中机床结构热-力耦合作用引起，因此为实现超精密机床与加工过程相互作用的分析，不仅需要考虑机床的力学性能，还需要对加工过程中的热因素进行着重考虑，超精密机床加工过程中的热特性不仅会造成机床结构的热变形，还会对机床的流体静压轴承的力学性能产生较大的影响，进而影响机床的动力学行为。

2）多物理场耦合作用下超精密加工装备与加工过程交互作用随时空变化的建模方法

超精密加工过程是超精密机床中的各运动部件随时间和空间不断变化的过程，而目前的研究主要针对机床静态进行模拟和评价，忽略了超精密机床各部件的时变性和空间移动性，无法描述超精密加工装备与加工过程交互作用在长时间、多路径下的行为变化。为了对加工精度保持性进行精确的评价，势必要建立能够包含时间域和空间域的超精密加工装备与加工过程交互作用分析模型，对超精密机床在全加工过程中精度保持性随时间推移和空间移动进行仿真模拟，进而提出多场耦合作用下超精密加工装备与加工过程交互作用机制与规律，以及加工精度保持性随时空演变的评价方法。

因此，针对超精密加工装备与加工过程之间的交互作用的问题，应通过建立机床结构和加工过程交互作用的建模、仿真和预测技术体系，实现对加工过程中交互作用的复现，深入研究机床结构与加工过程交互作用机理，明确交互作用的影响，实现机床结构动态性能与加工过程参数的优化匹配优化。该研究将进一步丰富和发展机床结构与加工过程交互作用的建模和分析理论，为从更深层次上优化超精密加工过程和超精密装备结构奠定基础，具有极其重要的理论意义和实用价值。

参 考 文 献

［1］ Brecher C, Esser M, Witt S. Interaction of manufacturing process and machine tool. CIRP Annals—Manufacturing Technology, 2009, 58(2): 588-607.

［2］ 杨叔子, 丁汉, 李斌. 高端制造装备关键技术的科学问题. 机械制造与自动化, 2011, 40(1): 1-5.

［3］ Quintana G, Ciurana J. Chatter in machining processes: A review. International Journal of Machine Tools and Manufacture, 2011, 51(5): 363-376.

［4］ 曹宏瑞, 陈雪峰, 何正嘉. 主轴-切削交互过程建模与高速铣削参数优化. 机械工程学报, 2013, 49(5): 161-166.

［5］ Aurich J C, Biermann D, Blum H, et al. Modelling and simulation of process: Machine interaction in grinding. Production Engineering, 2009, 3(1): 111-120.

［6］ 冯伟, 陈彬强, 蔡思捷, 等. 考虑机床-磨削交互的工件表面形貌仿真. 振动与冲击, 2016, 35(4): 235-240.

［7］ Brecher C, Bäumler S, Guralnik A. Machine tool dynamics-advances in metrological investigation, modeling and simulation techniques, optimization of process stability. Proceedings of the 5th Manufacturing Engineering Society International Conference, 2013: 1-9.

［8］ Mahnama M, Movahhedy M R. Application of FEM simulation of chip formation to stability analysis in orthogonal cutting process. Journal of Manufacturing Processes, 2012, 14(3): 188-194.

［9］ An C H, Zhang Y, Xu Q, et al. Modeling of dynamic characteristic of the aerostatic bearing spindle in an ultra-precision fly cutting machine. International Journal of Machine Tools and Manufacture, 2010, 50(4): 374-385.

［10］ Liang Y C, Chen W Q, Sun Y Z. A mechanical structure-based design method and its implementation on a fly-cutting machine tool design. The International Journal of Advanced Manufacturing Technology, 2014, 70(9): 1915-1921.

撰稿人：陈明君、孙雅洲、陈万群、刘海涛

哈尔滨工业大学

极细的金刚石测量探针制造有精度极限吗？

Is There an Extreme Accuracy in Fabricating a Very Fine Diamond Probe?

1．科学意义

微纳表面测量技术是精密和超精密加工质量的重要保障，与加工装备、刀具、控制系统、环境等构成了精密和超精密加工的完整技术体系。作为表面测量技术的重要方法之一，机械触针法测量的分辨率极大地依赖于传感器精度，即为了获取加工表面的微小间距和峰谷等特征信息，需要采用极细的针尖，针尖曲率半径一般在 200nm 以内，高精度针尖的曲率半径则在 50nm 以内，面角误差在±0.3°以内[1]，如扫描探针显微镜、表面轮廓仪、纳米压痕仪所用针尖。而能把针尖曲率半径做得如此精细、在测量中又经久耐用的材料唯有金刚石。目前，国外的微纳金刚石测量针尖如同微纳表面测量仪器一样，都已实现商业化，并已出现技术标准 ISO 14577。国内的金刚石针尖制造技术水平严重落后，制得的针尖曲率半径则只能达到微米量级，且针尖存在微崩缺陷而无法迈上产业化发展之路。国内外情况的鲜明对比说明高精度金刚石针尖的制造对工艺技术水平要求极其苛刻，它不仅涉及晶体材料学理论，还涉及稳定的环境控制、加工精度创成与评价方法等系列科学难题。近年来，纳米科技的迅猛发展促进了微纳表面测量精度的不断提高，对测量针尖的制造精度要求也越来越高。那么，金刚石测量针尖是否可以一直满足这样的发展趋势呢？若从金刚石晶体的材料特性分析，金刚石测量针尖的加工精度会存在一个极限，而当前的制造技术是否能突破这一极限呢？若不能，随着未来制造技术水平的不断提高，是否又会达到这一极限呢？

2．问题背景

目前，机械触针式微纳测量技术已广泛应用于工件材料表面微纳米尺度的特征尺寸、几何形状、力学特性等技术参数的检测[2]。例如，纳米压痕法通过使用高精度的金刚石针尖压入或刻划材料表面从而测得材料微小体积内力学特性。压痕和划痕的深度极小，一般为微米甚至纳米尺度，是进行表面涂层、薄膜材料和材料微纳尺度表面等力学特性测试的理想方式。按这种方法设计的纳米压痕仪通过实时连续地记录金刚石针尖在样品表面的加载和卸载过程，能够得到试验过程中施加在针尖上的载荷与针尖压入材料深度的关系，这是传统宏观或显微硬度检测方法所不能达到的。

对于机械触针式微纳测量技术，要精确获得微纳尺度下的特征尺寸、几何形状、力学特性等参数，除了高精度的测试仪器、良好的测试环境以及符合要求的样品表面以外，还需要高精度的金刚石针尖。例如，金刚石玻氏压头是目前大多数纳米压痕试验使用的针尖，与其他材料做成的针尖相比，它可以加工得非常尖锐，并且即使在很小的深度范围内，这种针尖的形貌与理想针尖的偏差也较小，非常适合压入深度极小的微纳压痕试验。然而，由于受目前金刚石针尖研磨水平的限制，即便是高精度玻氏针尖的尖端也具有一定的钝化，通常将尖端钝化区域看成球面。在相同的深度下，非理想针尖的横截面面积大于理想针尖的横截面面积，而这将造成很多负面影响。例如，用尖端较钝的针尖对极薄的膜进行压痕试验时，由于所需完全塑性变形的深度较大，而薄膜较薄，所以不能准确测得薄膜的相关力学特性；反之，针尖尖端钝圆半径越小，则获得可靠硬度测量结果的压痕或划痕深度越小，其能检测的材料厚度也越薄。总之，金刚石针尖的加工质量对工件材料表面测试结果的准确性具有显著影响。

目前，金刚石针尖主要使用机械研磨法制造，但金刚石具有极高的硬度和耐磨性以及明显的各向异性，使得制备工艺极为繁杂，很难保证金刚石针尖的微崩、尖端曲率半径及面角误差要求。尤其是尖端曲率半径，70～80nm 的精度极限是当前机械研磨法公认的制造技术水平。因此，突破针尖制造精度极限以满足微纳表面测量技术不断发展的精度要求始终是金刚石针尖的机械研磨工艺方法寻求破解的难题。

3. 最新进展

对于高精度金刚石针尖，良好的制造质量主要依赖于针尖端部的晶向设计与采用的制造工艺方法。而对于针尖端部的晶向设计，由于单晶金刚石晶体有显著的各向异性，不同晶面晶向的性质具有极其明显的差异，所以合理设计金刚石针尖各个工作面的晶向十分关键。

日本学者 Sumiya 等[3]设计的人造 IIa 型单晶金刚石维氏压头针尖，其轴线与金刚石（100）晶面垂直，且针尖四条棱在（100）晶面的投影为〈110〉晶向。他们认为，对于人造 IIa 型单晶金刚石，其（100）晶面〈110〉晶向的努氏硬度最高，选择该晶向作为压头针尖的棱边方向较为有利。若按照这种设计方法来设计天然 Ia 型单晶金刚石玻氏压头针尖，则压头针尖轴线同样与金刚石（100）晶面垂直，针尖的棱边在（100）晶面的投影需尽量与（100）晶面〈100〉晶向平行，因为天然 Ia 型单晶金刚石（100）晶面〈100〉晶向的努氏硬度最高。

美国 Hysitron 公司生产的高精度金刚石玻氏压头针尖晶向也采用 Sumiya 等的设计方案，如图 1（a）所示，针尖一条棱边与（100）晶面〈110〉晶向平行，另两条棱边与（100）晶面〈100〉晶向较为接近。

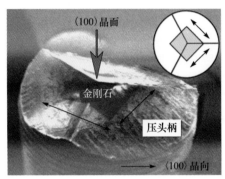

（a）Hysitron公司生产的金刚石玻氏压头

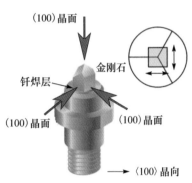

（b）MST公司生产的金刚石玻氏压头

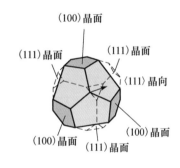

（c）Lysenko等设计的金刚石玻氏压头[4]

图 1 高精度金刚石压头针尖端部的不同晶向设计方案

图 1（b）为美国 MST 公司生产的高精度金刚石玻氏压头针尖，其轴线同样与（100）晶面垂直，但不同的是其中一条棱边在（100）晶面上的投影方向为〈100〉晶向，而另两条棱边与（100）晶面〈110〉晶向更接近。此外，乌克兰学者 Lysenko 等还给出了另一种针尖端部晶向的设计方案[4]，如图 1（c）所示，与前两种不同的是其针尖轴线与〈111〉晶向平行。

然而，上述金刚石针尖各工作面晶向设计的研究工作主要聚焦于耐磨损性能，并未关注不同的晶向组合对高精度金刚石针尖制造精度的影响。

同为金刚石工具，金刚石刀具的晶面设计方法较为成熟。哈尔滨工业大学宗文俊[5]等提出了基于刃口动态微观抗拉强度的设计准则。结果表明，通过合理地组合刀具前后刀面的晶面晶向，使刀具刃口的磨刀强度评价因子最大，刀具可以研磨获得最小的刃口钝圆半径；若刀具刃口的用刀强度评价因子最大，则刀具的抗磨损性能最好。

金刚石针尖端部晶向设计完成后，需要选择合理的制造工艺方法以获得完美无崩的针尖。金刚石是自然界中硬度最高、加工效率各向异性明显的晶体材料，因此对其研磨抛光非常困难，如何高效、高精度地制造出满足技术要求的金刚石针尖依然是当前技术水平下的难点问题[6]。

目前，可用于金刚石针尖加工的工艺方法有机械研磨法、离子溅蚀抛光法、化学抛光法、机械化学抛光法、化学辅助机械抛光法、热化学抛光法、激光烧蚀法、热机耦合法、聚焦离子束加工法等[7,8]，以及新近出现的紫外光辅助无损伤机械化学抛光法[9]、铁催化双氧水腐蚀法[10]等。

传统机械研磨法一般采用涂覆有金刚石磨料的铸铁研磨盘对金刚石针尖进行研磨，金刚石磨粒嵌入铸铁研磨盘的表面微孔中或游离于研磨盘表面并对所研磨的金刚石表面进行挤压刻划，从而达到去除材料的目的。从加工原理分析，由于磨粒的刻划挤压，金刚石针尖的端部或棱边难免出现微崩，实现高精度加工的难度极大。但对比分析国外商业化公司的技术方案可以发现，他们都不约而同地选择了机械研磨法。深究原因，随着微纳表面测量技术的需求不断拓宽，高精度金刚石针尖的需求量急剧膨胀，高效率、高精度、低成本的制造技术成为竞争的核心。然而，70～80nm 的精度极限是当前机械研磨法亟待破解的难题。因此，为使机械研磨法的加工精度达到当前技术水平的最高状态，建立合理的晶向设计理论和精度极限理论、精炼工艺方法的各细枝末节是未来努力的方向。

4. 难点内容

金刚石测量针尖的机械研磨法具有加工效率高、成本低的优点，但也由此伴生出显著的各向异性、易形成微崩缺陷等缺点，使得高精度金刚石测量针尖的制备困难重重。为了突破当前机械研磨法制造金刚石测量针尖的精度极限，可以从以下几个方面的难点内容进行尝试。

1）金刚石测量针尖的晶向设计理论

金刚石晶体的各向异性特征导致不同的晶面晶向呈现出差异极大的磨削效率。当研磨方向处于磨削效率低的晶向上，研磨加工很难获得完美的针尖质量，反之则更有利于获得精细的测量针尖。因此，为了满足金刚石测量针尖制造精度不断提升的需求，应对针尖的晶面晶向进行合理设计。对于传统金刚石刀具，工作面只有 1～2 个，晶向设计并不复杂。但对于金刚石测量针尖，如三棱锥有 3 个工作面，四棱锥有 4 个工作面，不同类型针尖的工作面倾斜角度还不相同，多工作面和多倾斜角度的耦合使得晶向的设计复杂而难度大。更有甚者是圆锥的加工，需 360°回转空间内都出现易磨方向，其设计难度之高迫切需要设计理论的突破。

2）金刚石测量针尖的加工精度极限理论

金刚石晶体是硬度极高、耐磨特性极佳的工程材料，以此为材料制造的金刚石测量针尖，其加工精度极限至今未有定论。因此，可以从材料的强度理论入手，结合机械研磨法的工艺特点，由金刚石测量针尖的晶向设计理论进一步衍生出金刚石测量针尖的加工精度极限理论。然后以加工精度极限理论为依据，逆向预测可实现精度极限的工艺条件，以此有针对性地改进当前机械研磨法或提出新原理的工艺方法，通过构建理论预测的工艺条件，不断尝试突破加工精度的极限。

3）金刚石测量针尖的加工工艺

精湛的加工工艺是金刚石测量针尖制造的核心与灵魂。目前，国外依然采用机械研磨法加工金刚石测量针尖，这说明机械研磨法易使针尖微崩的现象可以通过工艺技术水平的提升得到控制，但机械研磨法是否可以突破金刚石测量针尖的加工精度极限呢？至少目前的国内技术水平难以胜任，因为在此领域内尚存大幅追赶国外技术水平的空间，还需要进一步夯实工艺基础，如研磨盘材质的优选、研磨盘工作面的修整、研磨压力控制、研磨盘-针尖接触稳定性控制等。当国内的机械研磨工艺技术水平实现跃升后，再以金刚石测量针尖的加工精度极限理论为参考，有针对性地优化机械研磨工艺条件，或引入新原理工艺方法的辅助作用，如聚焦离子束修饰、紫外光催化化学抛光光整技术等，通过化解加工效率与加工精度的矛盾关系，逐渐逼近金刚石测量针尖的加工精度极限。

4）金刚石测量针尖的精度校核

对于精密与超精密加工，加工与测量应是有机的整体，测量的技术水平在一定程度上决定了加工的技术水平。因此，精度校核技术对于金刚石测量针尖的高精度制造十分关键，是突破加工精度极限的重要保障。例如，高精度的金刚石棱锥针尖需要校核针尖曲率半径、工作面分度误差、工作面与针尖轴线的面角误差、针尖轴线与柄部轴线的夹角等；高精度的金刚石圆锥针尖需要校核针尖曲率半径、圆锥面的截面圆度、针尖轴线与柄部轴线的夹角等。然而，目前国内尚未突破高精度金刚石测量针尖的制造技术，针尖精度校核技术的研究工作只有零星开展，对针尖加工精度未起到提升作用。未来，应着重研究基于原子力显微镜的金刚石测量针尖曲率半径离线检测技术与面积函数精确评价方法，探索基于白光扫描干涉仪和激光共聚焦显微镜的金刚石测量针尖角度误差、圆度误差离线测量与评价技术，建立基于激光干涉原理的金刚石测量针尖夹角关系在位检测与评价方法，实现金刚石测量针尖的精度校核技术与加工工艺的联动，使精度校核技术为不断提升加工精度起到关键支撑作用。

参 考 文 献

［1］ ISO. ISO 14577-2-2015. Metallic Materials—Instrumented Indentation Test for Hardness and Materials Parameters—Part 2: Verification and Calibration of Testing Machines. Geneva: ISO, 2015.

［2］ Fang F Z, Xu Z W, Dong S, et al. High aspect ratio nanometrology using carbon nanotube probes in atomic force microscopy. Annals of the CIRP, 2007, 56(1) : 533-536.

［3］ Sumiya H, Harano K, Irifune T. Ultrahard diamond indenter prepared from nanopolycrystalline diamond. The Review of Scientific Instruments, 2008, 79(5): 056102.

［4］ Lysenko O, Novikov N, Grushko V, et al. Fabrication and characterization of single crystal semiconductive diamond tip for combined scanning tunneling microscopy. Diamond and Related Materials, 2008, 17: 1316-1319.

［5］ 宗文俊. 高精度金刚石刀具的机械刃磨技术及其切削性能优化研究. 哈尔滨: 哈尔滨工业大学博士学位论文, 2008.

［6］ Pastewka L, Moser S, Gumbsch P, et al. Anisotropic mechanical amorphization drives wear in diamond. Nature Materials, 2011, 10(1) : 34-38.

［7］ Schuelke T, Grotjohn T A. Diamond polishing. Diamond and Related Materials, 2013, 32: 17-26.

［8］ Malshe A, Park B, Brown W, et al. A review of techniques for polishing and planarizing chemically vapor-deposited (CVD) diamond films and substrates. Diamond and Related Materials, 1999, 8(7): 1198-1213.

［9］ Watanabe J, Touge M, Sakamoto T. Ultraviolet-irradiated precision polishing of diamond and its related materials. Diamond and Related Materials, 2013, 39: 14-19.

［10］ Kubota A, Nagae S, Motoyama S, et al. Two-step polishing technique for single crystal diamond (100) substrate utilizing a chemical reaction with iron plate. Diamond and Related Materials, 2015, 60: 75-80.

撰稿人：宗文俊、孙　涛

哈尔滨工业大学

表面石墨烯改性是否能使金刚石刀具增加硬度和寿命？

Can Graphene-Modified Surfaces Increase the Hardness and Lifetime of Diamond Tools?

1. 科学意义

机械研磨方法是当前高精度金刚石刀具制备的主要技术。例如，圆弧刃金刚石车刀、单刃伪球头微铣刀、微纳测量针尖、圆锥球头撞针、钻石切片刀等，都采用机械研磨方法制备而成。机械研磨方法既能获得纳米级的加工精度，又能显著降低成本。但在机械研磨过程中，金刚石刀具表面的碳原子在磨粒机械刻划作用下发生相变，后续的磨粒刻划去除之前的相变层后又重新诱导新的相变层生成，由此周而复始，最终完成加工的金刚石刀具表面会残留下非金刚石的相变层。由于相变层的出现，金刚石刀具的表面硬度会显著弱于基体，使用寿命也相应降低。

金刚石刀具完成机械研磨后，若能提出新原理技术对刀具晶体表面进行后处理，在不破坏刀具已成型加工精度的前提下，诱导刀具表面的相变碳原子重新组合，生成石墨烯膜层，则金刚石刀具表面浅层硬度将剧增至 TPa 量级，由此将带来高精度金刚石刀具使用寿命的颠覆性变革，并引领未来高精度金刚石刀具的产业化发展。

2. 问题背景

当前，精密和超精密加工已经成为制造业新的增长点，在航空航天、国防科技、精密仪器、光学与光电通信、微电子、新能源、汽车制造、生物医学等众多高技术领域日益发挥着巨大的作用。在这些领域中，许多高附加值的产品及零部件，如高精度陀螺、宇航探测敏感器件、MEMS 器件、加速度微传感器、LCD 背光板与增亮膜、IC 光刻机工件台反射镜、高精度激光器元件、高密度衍射光栅等，都具有复杂的几何型面和纳米级精度，并往往具有大面积的复杂表面微结构。随着这些产品进一步换代研制与产业升级发展，对精密和超精密加工技术的需求将极大增加，并取决于精密和超精密加工装备、刀具及工艺技术的协调发展。

然而，目前我国还不能自主生产长寿命的高精度金刚石刀具，如单晶金刚石微铣刀、微圆弧金刚石车刀、微纳金刚石测量针尖、圆锥球头撞针、钻石切片刀等，所需高精度金刚石刀具全部依赖于进口。根据《国家中长期科学和技术发展规划纲要（2006—2020 年）》中"高档数控机床与基础制造技术"重大专项的要求：到 2020 年，我国航空航天、船舶、汽车制造、发电设备制造等需要的高档数控机床与基础制造配套设施 80%左右应立足国内，技术参数总体水平达到国际先进水平，部分指标国际领先。这对于以中、低端制造为主，尚处于发展中阶段的我国金刚石刀具制造业，面临巨大挑战。上述国家战略性产业需求及高端刀具制造遭遇的现实技术瓶颈迫切需要金刚石刀具的基础制造工艺实现质的突破，国货替代进口产品面临的巨大障碍依然是精度与使用寿命的兼容问题。

3．最新进展

金刚石刀具以硬度高、耐磨损、化学惰性优良而著称，但对于精度要求严格的应用场合，刀具刃口的使用寿命还需特殊考虑。而随着人类逐步深入认识天然金刚石晶体的物理特性与力学性能，若不考虑冷却液、振动、低温和表面改性等工艺措施，晶体筛选法和晶面优选法被认为是提高金刚石刀具使用寿命的有效方法。

为了满足使用寿命要求，Decker 等[1]提出了 X 射线预选金刚石晶面的方法，并采用扫描和透射电子显微镜对刀刃质量进行跟踪、对比。天然金刚石晶体具有明显的各向异性特征，采用 X 射线从不同角度照射晶体表面，会出现不同的 X 射线衍射图案，而根据不同晶面的特征图案即可选择合适的晶面。此后不久，袁哲俊等[2]提出了近似原理的金刚石晶面预选方法，即激光晶体定向法。

日本学者 Yamaguchi 等[3]提出了基于赫兹压痕实验并结合红外吸收（infrared absorption, IRA）和电子自旋共振（electron spin resonance, ESR）技术来筛选天然金刚石晶体，从而提高金刚石刀具的使用寿命。他们认为，天然金刚石晶体的 IRA 系数和 ESR 相对强度可在一定程度上体现出晶体内部微量杂质的含量，两者的数值越低，赫兹压痕实验得到的金刚石晶体强度就越高，相应的刀具使用寿命越优异。与此筛选原理类似，目前已出现基于 X 射线荧光光谱分析技术的天然金刚石晶体筛选方法[4]。

袁哲俊等[5]则提出了基于摩擦系数的金刚石刀具晶面优选法。他们通过采样分析天然金刚石晶体不同晶面与有色金属间的静态摩擦系数，认为把摩擦系数越小的晶面定向为金刚石刀具的工作面，就越能提高其使用寿命。

基于 X 射线、激光预选晶面方法，不少学者还提出了采用切削实验的逆向优选晶面方法[6]。首先用 X 射线或激光定向法选择具有不同晶面组合的金刚石刀具，然后通过大量切削实验对比分析刀具刃口磨损数据，由实验数据筛选出使用寿命最佳的晶面组合。

宗文俊等[7]通过深入研究天然金刚石刀具晶体的机械研磨机理，提出了基于金刚石晶体动态微观抗拉强度的晶面筛选方法，如图 1 所示，并建立了刀具刃口或测量针尖端部（棱边）耐磨损性能的各向异性评价因子，即评价因子越高，金刚石刀具刃口或测量针尖越稳定，其使用寿命也相应地会越高。

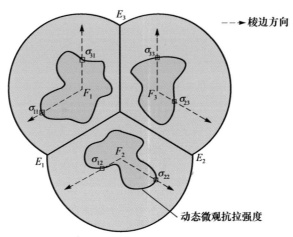

图 1　金刚石玻氏压头针尖锥面上的动态微观抗拉强度分布示意图[7]

日本学者 Furushiro 等[8]提出了大气条件下的铜盘抛光方法，即用机械研磨工艺预先加工出金刚石刀具成品，然后继续在加温铜盘的光洁表面进行抛光。他们认为，该后置抛光方法利用化学氧化原理，可有效去除机械研磨工艺导入刀具表面的损伤层，减少微裂纹等缺陷。实践证明，该方法有效解决了大尺寸 LCD 导光板辊筒模具超精密加工中微圆弧、尖刃金刚石刀具使用寿命不足的关键技术难题。

总之，目前的金刚石刀具使用寿命强化技术仍以晶体筛选法和晶面优选法为主。但近年来，高新技术产业的迅猛发展与升级换代已对金刚石刀具的使用寿命提出了更苛刻的要求，晶体筛选法和晶面优选法已不能完全满足技术要求，在此基础上，进一步提高金刚石刀具使用寿命已成为亟须解决的难点问题。

最新研究表明，金刚石晶体表面合成石墨烯薄膜已成为可能，这为未来硬度和使用寿命都远高于金刚石刀具的新一代超硬刀具的产业化发展之路指明了方向。例如，美国学者 García 等[9]利用 $1×10^{-3}Pa$ 真空的电子束蒸发方法在金刚石（001）晶面沉积金属镍，以沉积的金属镍作为催化剂，然后在 $3×10^{-5}Pa$ 真空和 800℃高温条件下退火 30min，获得了厚度为 12nm 的大面积多层石墨烯。日本学者 Ueda 等[10]在（100）和（111）晶面金刚石表面沉积 150～300nm 厚的铜金属膜作为反应催化剂，然后在 $3×10^{-5}Torr$（$1Torr≈1.33×10^{2}Pa$）真空条件下，采用 950℃恒温保载 90min 的高温退火方法，在金刚石-铜界面上生长出了石墨烯，最后用硝酸蚀除铜膜即可获得金刚石表面的高质量石墨烯薄膜。

4．难点内容

高精度和长寿命兼容问题始终是我国金刚石刀具产业化发展的重点内容，将有利于我国 LCD、先进光学等高新技术产业的健康发展。目前，由于使用寿命和精度无法兼容，国产金刚石刀具难以为上述高新技术产业的健康发展贡献力量。在国产金刚石刀具的现有制造技术基础之上，进一步对金刚石刀具的表面进行石墨烯改性以提高刀具表面硬度和使用寿命，将为我国未来高精度金刚石刀具产业化的跨越式发展提供坚实的技术支撑。

但截至目前，金刚石刀具在机械研磨过程中的表层碳原子相变规律尚未探明，相变碳原子重组生成石墨烯膜层的动力学条件也未明晰。因此，可以从以下两个方面的难点内容进行探索。

1）金刚石碳原子的相变理论与相变规律

材料去除机理的新认识与发现往往是发明新原理工艺技术的源泉。金刚石晶体表层材料在机械研磨过程中的去除机理探讨一直是本领域的热点，从微观解理学说到热烧蚀、电吸附学说，再到脆塑转变、石墨化，以及目前的相变学说，大到宏观表象，小到微观原子排列变化，人们对机械应力诱导的金刚石碳原子去除规律认知追求始终孜孜不倦。但截至目前，相变学说尚未揭示清楚相变产生根源与临界条件、塑性变形与相变的因果关系，晶向方位对相变原子分布的影响规律等理论问题。

2）碳原子重组生成石墨烯膜层的动力学条件

薄膜生长技术分为同质外延与异质外延两类，金刚石刀具表面的石墨烯改性技术属于异质外延。金刚石晶体经过机械研磨后，加工表面残留大量的相变碳原子，加之强大的金刚石碳原子 sp^3 排列信息，两者会产生剧烈的干扰作用，使石墨烯膜层的形成变得困难重重或效率低下。因此，化解金刚石表面相变碳原子与 sp^3 排列碳原子的背景信息干扰、确立相变碳原子重组生成 sp^2 排列石墨环的边界条件、消除金刚石碳与石墨环碳的晶格失配、实现金刚石碳与石墨环碳的共价键合、提高石墨烯膜层的合成面积是目前亟须破解的科学难题。

参 考 文 献

[1] Decker D L, Hurt H H, Dancy J H, et al. Preselection of diamond single-point tools. Proceedings of SPIE, 1984, 508: 132-139.

[2] 袁哲俊, 王先逵. 精密和超精密加工技术. 3 版. 北京: 机械工业出版社, 2016.

[3] Yamaguchi T, Higuchi M, Shimada S, et al. Scientific screening of raw diamond for an

ultraprecision cutting tool with high durability. Annals of the CIRP, 2006, 55(1): 71-74.

[4] Blank V, Popov M, Pivovarov G, et al. Mechanical properties of different types of diamond. Diamond and Related Materials, 1999, 8: 1531-1535.

[5] Yuan Z J, He J C, Yao Y X. The optimum crystal plane of natural diamond tool for precision machining. Annals of the CIRP, 1992, 41(1): 605-608.

[6] Uddin S M, Seah K H W, Li X P, et al. Effect of crystallographic orientation on wear of diamond tools for nano-scale ductile cutting of silicon. Wear, 2004, 257: 751-759.

[7] Zong W J, Wu D, Yao X L, et al. Strength dependent evaluation method for the wear resistance of multifaceted diamond Berkovich indenter in scratch test. Journal of Materials Processing Technology, 2016, 234: 45-57.

[8] Furushiro N, Higuchi M, Yamaguchi T. Polishing of single point diamond tool based on thermo-chemical reaction with copper. Precision Engineering, 2009, 33: 486-491.

[9] García J M, He R, Jiang M P, et al. Multilayer graphene grown by precipitation upon cooling of nickel on diamond. Carbon, 2011, 49: 1006-1012.

[10] Ueda K, Aichi S, Asano H. Direct formation of graphene layers on diamond by high-temperature annealing with a Cu catalyst. Diamond and Related Materials, 2016, 63: 148-152.

撰稿人：宗文俊、孙 涛

哈尔滨工业大学

如何利用热模压成形技术实现玻璃微透镜阵列的跨尺度制造?

How to Fabricate Glass Microlens Array by Glass Molding Process?

1．科学意义

光学微透镜阵列是指一定数量微纳尺度的球面或自由曲面透镜的排列组合,因其特殊的几何特征,而具有多种光学功能,在红外、可见光、紫外(UV)/极紫外(EUV)乃至 X 射线波段对光波的物理特性进行调控和利用[1],实现传统光学元器件难以完成的任意波面变换的光学功能,是现代光学工程中重要的光学元器件[2]。微透镜阵列的周期尺寸一般为 500nm~50μm,单片光学微透镜阵列排列分布的总面积可达 50mm×50mm[3]。单片光学元件将包含 10^6~10^{10} 个微纳单元,单元密度高达 10^4~10^8 个/cm², 微纳单元几何精度与表面粗糙度可达数纳米,光学元件特征尺寸为微纳单元特征尺寸的 3~5 个数量级,微纳单元特征尺寸是几何精度的 1~3 个数量级,密集的微纳单元将产生宏观光学元件不具备的光学特性和功能。根据其排布不同,又可分为邻接式微透镜阵列和分布式微透镜阵列(图 1)。目前微透镜阵列在光学系统中主要应用有反射、衍射、三维成像及光匀化等功能。

（a）邻接式微透镜阵列　　　　　（b）分布式微透镜阵列

图 1　透镜阵列形状

光学微透镜阵列制造是利用一定工艺方法在光学材料表面上加工出特征尺寸在纳米/微米级的球面/非球面透镜单元,并按照一定规律排列分布,具有形状可控、表面质量高和一致性好等特点。玻璃微透镜阵列模压制造是指在高温下施加一定的压力将模具表面的微透镜阵列形状复制到受热软化的玻璃表面上,经退火冷却固化，在光学玻璃材料表面加工出微透镜阵列。该方法具有成形精度高、效率高、一致性好和加工成本低等特点，适合大批量生产制造，被认为是光学微透镜阵列制造最有效的方法之一，具有极高的研究与应用价值[4]。

2. 问题背景

玻璃模压成形理论是玻璃材料宏观上的长程无序与微观上的短程有序，室温下的高硬、高脆与高温下的蠕变松弛，以及微透镜表面接触张力与压力填充构成的矛盾体，成形精度依靠温度、压力及成形时间的精确匹配。根据外界温度和应变率的不同，材料主要表现出弹性特征及黏性特征。在高温下玻璃表现出明显的时间依赖的黏弹性特征。玻璃模压成形需要将玻璃材料和模具一起加热到玻璃化转变温度以上，控制成形压力将微透镜阵列模具表面形状复制到玻璃表面，然后冷却取出光学微透镜阵列玻璃片。如何保证大面积范围内每个微小阵列单元的填充精度与整体一致性是跨尺度制造的主要难点。

光学玻璃种类繁多，不同型号的玻璃的成形特性具有较大差别，其成形温度区间内热塑-黏弹性形变机理研究至今没有完善的理论和材料模型进行预测，以至于如何使玻璃在精密模压成形过程中完全填充模具上微小的阵列单元空腔都只是停留在经验之中，没有形成系统的模压成形理论。蠕变是指材料在常应力作用下，变形随时间的延续而缓慢增长的现象；应力松弛是材料在恒定变形条件下，应力随时间的延续而逐渐减少的现象。与金属材料不同，高温玻璃在模压过程中表现出的蠕变与应力松弛特性直接影响整个成形过程玻璃材料的流动特性。如何预测并合理利用跨尺度条件下高温玻璃微透镜成形过程中的蠕变现象，达到精确地实现微透镜阵列精密复制成为模压成形的又一难点。

光学玻璃材料和模具材料的热膨胀特性不同，使得在高温加热、加压成形和冷却后，存在绝对的热效应引起的成形误差。再加上模具表面的微透镜阵列结构使玻璃材料在其表面上流动特性极大降低，因此需要用更大的成形压力加压玻璃材料以填充空腔，使模具表面微透镜结构容易受高黏度玻璃材料流动冲击变形，降低成形精度，甚至导致成形品完全黏接在模具表面无法取出，缩短模具寿命。此外，随着微透镜阵列周期尺寸的减小，高温玻璃与模具间界面微观作用力对成形过程的影响变大，即尺寸越小，表面现象占比越大，目前高 Tabor 数下界面力对黏弹性材料的力学效应的研究还是空白。玻璃-模具界面微作用力的作用机理及与界面黏接的关系亟待深入研究。

3. 最新进展

在玻璃微透镜阵列模压成形研究领域，德国、美国、日本已经开展了初步研究，但微透镜阵列模压成形过程中材料高温热塑-黏弹变形特性与受压填充特性尚未有系统的理论模型。

　　Zhou 等[5-7]通过玻璃模压成形非球面镜片试验，研究了 Maxwell 模型、Kelvin 模型和 Burger 模型三种力学模型与模压成形试验结果的拟合程度，得到了 Maxwell 模型可以更好地模拟玻璃高温黏弹性材料的应力应变性能的结论，得到的受力曲线如图 2 所示，并模压成形了非球面透镜，如图 3 所示。Jalocha 等[8]主要针对材料高温下的应力松弛及蠕变特性进行了试验研究，精确地得到了材料受恒定应变之后材料的应力曲线，并利用不同的界面摩擦条件，观察对应的变形流动机理，玻璃材料蠕变松弛特性如图 4 所示。

　　天津大学的房丰洲与美国的 Yi 等[9,10]进行了非球面、自由曲面的模压成形、光学测量与光学应用等研究。研究证实，玻璃高温压环试验得到的数据可以通过 Maxwell 模型进行精确的预测，同时可以考察材料的黏性性质。通过仿真预测得到的压力数据可以较好地吻合不同的压环试验结果。通过数值计算可以得到非球面镜片内的应力分布和应变加载曲线，也可以预测非球面镜片的成形精度。同时，现有的广义 Maxwell 本构模型还存在一定的缺陷，主要表现为弹性模量、剪切模量和泊松比的真实值不恒定，同时，该模型中并未考虑界面的微细摩擦对材料非牛顿黏性变化的影响作用。

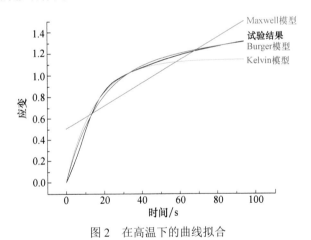

图 2　在高温下的曲线拟合

图 3　模压成形得到的非球面透镜

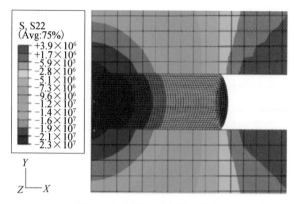

图 4　玻璃材料蠕变松弛特性

4．难点内容

模压成形技术成本低、精度高等优势，使其在玻璃微透镜阵列的制造领域具备独特的优势。需要解决的难点包括以下两个方面。

1）提高玻璃微透镜阵列的跨尺度制造工艺过程可控性

需要构建合理的高温玻璃材料力学-温度-时间多维耦合力学模型，建立跨尺度成形理论分析与有限元预测模型，提高微尺度透镜成形过程的可预测性，进而达到优化成形条件的目的。阐释微透镜阵列宏观尺度极大化与微观尺度极小化的辩证关系，将宏观成形过程中玻璃与模具力热作用机理与微观界面力学效应统一，实现玻璃微透镜阵列的跨尺度制造。

2）跨尺度模压成形玻璃微透镜阵列界面接触摩擦特性建模

研究尺度变化对模压成形微透镜阵列成形一致性及界面摩擦机理的影响规律；形成大面积微透镜阵列模压成形过程中，在温度场、压力场和流变场作用下，玻璃与微阵列模具界面的表面效应与微摩擦特性理论；通过分析尺度效应对成形件粗糙度的影响，建立玻璃-模具界面特征粗糙度预测及优化体系。研究通过类金刚石碳、碳纳米管或石墨烯等材料的镀膜减少界面摩擦，并形成分离层防止玻璃成形品与模具的黏接。

参 考 文 献

[1]　Choi K, Kim J, Lim Y, et al. Full parallax viewing-angle enhanced computer-generated holographic 3D display system using integral lens array. Optics Express, 2005, 13(26): 10494-10502.

[2]　Kim D, Erdendbat M, Kwon K, et al. Real-time 3D display system based on computer-generated

integral imaging technique using enhanced ISPP for hexagonal lens array. Applied Optics, 2013, 52(34): 8411-8418.

［3］ Kim Y, Park J, Choi H, et al. Viewing-angle-enhanced 3-D integral imaging system using a curved lens array. Optics Express, 2004, 12(3): 421-429.

［4］ Khanna H K, Sharma D D, Laroiya S C. Microlens arrays for integral imaging system. Applied Optics, 2006, 45(36): 9066-9078.

［5］ Zhou T, Yan J, Masuda J, et al. Investigation on shape transferability in ultraprecision glass molding press for microgrooves. Precision Engineering, 2011, 35(2): 214-220.

［6］ Yan J, Oowada T, Zhou T, et al. Precision machining of microstructures on electroless-plated NiP surface for molding glass components. Journal of Materials Processing Technology, 2009, 209(10): 4802-4808.

［7］ Zhou T, Yan J, Liang Z, et al. Development of polycrystalline Ni-P mold by heat treatment for glass microgroove forming. Precision Engineering, 2014, 39: 25-30.

［8］ Jalocha D, Constantinescu A, Neviere R. Revisiting the identification of generalized Maxwell models from experimental results. International Journal of Solids and Structures, 2015, 67: 169-181.

［9］ Fang F, Zhang X, Weckenmann A, et al. Manufacturing and measurement of freeform optics. CIRP Annals—Manufacturing Technology, 2013, 62(2): 823-846.

［10］ Yi A, Jain A. Compression molding of aspherical glass lenses—A combined experimental and numerical analysis. Journal of the American Ceramic Society, 2005, 88(3): 579-586.

撰稿人：周天丰

北京理工大学

光学自由曲面为什么难于超精密制造？

Why Is It Difficult to Manufacture Optical Free-Form Surfaces with Ultra-Precision?

1. 科学意义

光学自由曲面通常是指不具有固定回转轴的光学表面，它可以具有任意的形状或表面结构。相对于球面、二次非球面等传统光学元件，光学自由曲面大大增加了光学系统设计的自由度，对于优化光学系统像质、缩小空间结构十分有利，已成功应用于投影仪、打印机、头盔显示器和照明等低精度应用领域。然而，在空间观测、航空侦查和武器装备窗口等高精度成像光学应用领域，要求光学系统波像差的均方根值不超过 $\lambda/14$，系统成像接近衍射极限，以实现完善成像[1]，因此虽然自由曲面面形复杂，但是在上述光学系统中的面形精度要求达到甚至突破纳米级。

可以看出，自由曲面复杂灵活的形状特征，赋予了光学系统新的活力，但也给其超精密加工和检测带来巨大的挑战。加工方面，在复杂面形和高精度双重要求下，传统制造理论不再适于解释加工过程中新的物理现象，如材料稳定可控去除机制、机床静动态特性影响规律、热的产生及传递与分布规律、加工环境因素的影响机制、光学表面质量评价体系等都未得到合理解释。此外，不同功能光学自由曲面将采用不同特性的材料制造，其加工手段和策略将完全不同，还未有光学自由曲面制造成熟体系满足不同加工需求，成为直接影响其发展和推广应用的瓶颈。检测方面，采用光学干涉方法测量球面和非球面已基本成熟，但由于光学自由曲面的高精度、复杂性和多变性，用光学干涉和轮廓扫描测量自由曲面都有很多困难，基本上还没有通用的解决理论和方法，此外，光学自由曲面涉及的数据量通常较大，而相关的几何算法都相当耗时，在多视拼合中尤其突出，因此测量数据处理的算法复杂性也是难题之一。由于自由曲面没有显式参考基准，工件的高精度定位、面形误差与定位误差的解耦、位形空间映射对光学性能的影响也成为加工和检测的难题。因此，必须建立新的自由曲面加工检测新工艺和新方法，以满足未来光学自由曲面制造发展需求。

2．问题背景

自由曲面具有形状的任意性、几何形态的复杂性和数学表达的困难性，在高精度加工需求下，传统的加工检测理论与方法已经无法满足其制造需求。

光学自由曲面加工的技术路线主要有切削与磨抛两类。由于快刀伺服（fast tool servo, FTS）和慢刀伺服（slow slide servo, S3）技术的发展，单点金刚石超精密切削加工技术在自由曲面光学元件加工中获得极大进步，国外相关公司推出的商业化超精密车床都具备 FTS、S3 功能，并在各类非球面透镜阵列、F-θ 透镜等自由曲面光学器件加工中得到应用[2]。然而，单点金刚石车削加工目前仅能加工有色金属、有机塑料和部分晶体材料，此外，受超精密机床精度、行程等性能限制，切削加工方法的加工精度和口径也无法完全满足光学系统对自由曲面的技术需求。

磨削、研磨和抛光加工的技术路线可以实现大多数玻璃、陶瓷、黑色金属等材料光学元件超精密加工，因此成为光学元件的主要加工手段。进入 21 世纪，计算机控制修形抛光（CCOS）技术日益成熟，成为非球面光学元件高精度高效率加工的主要技术手段[3]，该技术在传统的三维空间数控技术的基础上，增加了加工点驻留时间的时间维控制，从而实现光学元件表面材料的确定可控去除，该技术使光学加工技术从经验主导的非确定量研抛技术进入确定研抛加工技术的新时代。但是 CCOS 技术在自由曲面加工中，自由曲面较大的曲率变化和多变的曲率中心，使得抛光工具不柔性、机床静/动态特性限制、复杂曲面加工定位和边界条件不对称等问题突出，导致自由曲面加工过程中材料去除不可控，成为自由曲面光学元件加工精度和效率进一步提升的瓶颈。

高精度的面形检测是自由曲面超精密制造的基础和前提，如 CCOS 需要光学元件表面面形误差数据作为修形抛光的参考。光学平面和球面的面形检测可以用波面干涉测量技术，但该技术用于自由曲面测量时，其与标准平面或球面测试波的偏离量反映为密集干涉条纹，导致检测数据无法解析，超出了干涉仪的垂直测量范围。若在干涉仪镜头后放置一个补偿器，将标准平面或球面测试波变换为与自由曲面理想匹配，那么干涉条纹反映的就只是被测面形相对理想自由曲面的面形误差，实现了零位补偿检验目的。补偿器是针对被测自由曲面特定面形进行像差平衡精确设计的，没有通用性，并且补偿器本身的材料、制造、检验与装调都是限制测量精度的重要因素[4]。近年来，轮廓扫描测量技术逐渐应用于自由曲面面形检测中，但是高精度轮廓扫描运动基准实现和海量检测数据重构与评价是该技术应用的瓶颈。

3．最新进展

为了突破自由曲面超精密切削加工技术在材料、精度和口径方面的限制，国内外研究机构开展了相关研究。美国劳伦斯·利弗莫尔国家实验室（LLNL）的 Casstevens 等在碳饱和条件下进行加工试验，以求减小金刚石刀具的磨损程度，并取得了一定的效果；日本、美国学者探索了振动辅助超精密加工技术，旨在减少金刚石刀具磨损以增加可加工材料范围；德国不来梅大学、中国天津大学研究组运用渗氮等材料改性方法对光学元件表面处理后再进行切削加工，得到较好的效果[5]；中国天津大学提出了 NiIM 加工技术，开发了集成式光学自由曲面加工工艺，美国 Precitech 和 Moore 公司都开发出大行程 5 轴超精密切削加工机床，以适应大口径复杂曲面切削加工；为了提高切削加工精度，国防科技大学、香港理工大学等研究了复杂曲面误差补偿加工方法，可以加工出高于机床精度的光学元件，取得了很好的效果。

在光学元件抛光技术方面，为了提升自由曲面表面修形抛光的材料去除确定性，国防科技大学提出可控柔体抛光技术，采用磁流变、离子束等柔性抛光工具进行修形抛光。美国 QED 公司、中国国防科技大学等单位开发了不同口径系列磁流变抛光轮系统和多轴磁流变抛光装备以适应自由曲面等复杂曲面的曲率变化和不同频段误差控制，并将其成功应用于离轴非球面等复杂曲面加工中，正研究运用于自由曲面加工工艺[3,6]。英国 Zeeko 公司开发出球囊抛光系统，由于其具有抛光工具曲率半径可变、抛光压力可控、机床运动自由度高等特点，也适用于自由曲面等复杂曲面光学元件抛光加工。

在自由曲面光学元件面形检测技术方面，由于自由曲面面形复杂，常规的透镜式补偿器不适用，为了增加波面干涉测量适应性，计算全息（computer generated hologram, CGH）补偿检测技术被大力发展，并逐渐推广应用。为了增加自由曲面面形检测的通用性，一些精密工程技术强国开发了轮廓超精密扫描测量技术，典型的有荷兰埃因霍恩技术大学的 NANOMEFOS 系统和英国 Taylor Hobson 公司的 LUPHOScan 系统，其采用运动轴与测量轴分离技术以提升测量基准精度[7]。另外，日本松下公司 UA3P-6 型超高精度三维轮廓测量仪和荷兰埃因霍恩 IBS 精密机械公司研发的 Isara400 超精密测量仪采用零阿贝误差结构设计，同样实现面形超精密扫描检测[8]。以上系统检测口径可达 300～500mm，测量精度可以优于 100nm。

4. 难点内容

为了满足先进光学系统对光学自由曲面元件的应用需求，实现光学元件的超精密制造，需要解决以下两个方面难题。

1）光学自由曲面表面材料稳定可控去除机理

切削和研磨技术都可以实现自由曲面加工，但是要达到高精度加工目标，必须采用计算机控制修形抛光技术，对光学元件表面材料实现可控去除，以提升加工精度。由于自由曲面空间任意形状复杂性和曲率变化随意性，形成的大梯度变化表面给其材料可控去除带来极大难度。首先，小工具抛光盘对光学表面材料进行扫描去除时，由于自由曲面曲率的变化性，抛光盘与自由曲面表面材料去除的物理、化学作用很难保证处处稳定，其贴合性和去除量就很难保证一致，因此如何对这些去除量非线性变化建模并有效补偿，成为光学自由曲面加工的瓶颈；其次，在计算机控制修形抛光过程中，要求抛光盘沿着光学元件被加工点法线方向加工，且要求抛光装备能在被加工点实现理论加工时间的准确驻留，自由曲面的面形复杂性，增加了抛光装备实现这些要求的难度，使得自由曲面表面材料稳定可控去除难以实现；再次，由于自由曲面无显式基准，其在机床坐标系中的定位以及其面形误差数据的物理对应都成为加工中的难题，增加了自由曲面表面材料稳定可控去除的难度。

2）光学自由曲面面形测量与评价

这一难题源于光学自由曲面对动态测量范围和测量精度同时提出了极高要求，而这两者是测量仪器难以调和的一对突出矛盾。传统光学干涉方法的测量精度很高，但是动态范围太小；坐标测量或轮廓仪的动态范围很大，但是测量精度达不到光学面形要求。突破高精度的轮廓扫描测量技术可能是未来光学自由曲面获得广泛应用的重要问题，需要从提升扫描运动基准本身精度和创新轮廓仪空间构型设计（如无阿贝误差的设计）等方面入手。另外，自由曲面对位置和姿态均非常敏感，可以说空间任意方向都是敏感方向，因而对自由曲面的面形评价带来困难。细微的错位可能导致完全不同的面形评价结果，相应地，其在光学系统中发挥的性能（如成像质量）也会完全不同。因此，在评价光学自由曲面的误差时，必须找到其在空间坐标系中的正确位置和姿态，这通常要通过高精度的优化匹配算法来实现。即建立测量坐标系定位误差扰动下的面形评价模型，开发散乱数据点云曲面的高效高精度自动定位算法，实现测量面形与理论面形的最优定位匹配。此外，如何实现多种测量方法的数据融合与评价，也是光学自由曲面面形精度可信评价需要解决的关键难题。

参 考 文 献

[1] 戴一帆，彭小强. 光刻物镜光学零件制造关键技术概述. 机械工程学报，2013, 49(17): 10-18.

[2] 李荣彬，杜雪，张志辉. 超精密自由曲面光学设计、加工及测量技术. 北京：机械工业出版社，2014.

[3] 李圣怡，戴一帆，彭小强，等. 光学非球面镜可控柔体制造技术. 长沙：国防科技大学出版社，2015.

[4] Henselmans R. Non-contact Measurement Machine for Freeform Optics. Eindhoven: Technische

Universiteit Eindhoven, 2009.

［5］ Fang F Z, Zhang X D, Weckenmann A, et al. Manufacturing and measurement of freeform optics. CIRP Annals—Manufacturing Technology, 2013, 62: 823-846.

［6］ Beier M, Scheiding S, Gebhardt A, et al. Fabrication of high precision metallic freeform mirrors with magnetorheological finishing (MRF). Proceedings of SPIE, 2013, 8884: 88840S.

［7］ Bergmans R H, Nieuwenkamp H J, Kok G J P, et al. Comparison of asphere measurements by tactile and optical metrological instruments. Measurement Science and Technology, 2015, 26: 105004-1-8.

［8］ Widdershoven I, Donker R L, Spaan H A M. Realization and calibration of the "Isara 400" ultra-precision CMM. Journal of Physics: Conference Series, 2011, 311: 012002-1-5.

撰稿人：彭小强

国防科技大学

光学表面亚纳米面形精度制造

Sub-Nanometer Precision Manufacturing for Optical Surfaces

1. 背景介绍

亚纳米面形精度光学表面是指精度达到 1nm RMS（均方根）以下的超高精度光学表面，其在诸多高技术领域都有重要的应用。在光学领域，近 20 年来，人们一直致力于将红外、可见光和紫外波段发展起来的光学技术推广到极紫外和软 X 射线光学中。其中一个典型代表是微电子制造领域，根据摩尔定律，集成电路芯片每 18 个月集成度提高 1 倍、运算性能翻一番。为了不断提高集成电路芯片的集成度和性能，要求光刻技术可制造的芯片刻线宽度不断缩小。极紫外光刻技术被公认为是最有希望的新一代光刻技术，它主要通过采用更短波长的光源缩小刻线宽度。如果使用的光源波长 λ 缩短到 13.5nm，根据瑞利判据，光学系统完善成像的标准是满足衍射极限要求，通过系统整个口径的光束，若其光程差不超过 $\lambda/4$，则所成的像是完善的。均方根光程差广泛用来衡量系统成像质量，$\lambda/14$ 的均方根光程差接近于传统的 $\lambda/4$ 波差极限。为了达到 $\lambda/14$（$\lambda=13.5$nm）衍射极限要求，一个由六反射面组成的极紫外光刻物镜系统的单块光学元件的制造精度要求达到亚纳米量级[1-3]。对照光学成像的性能，其具体要求如下。

（1）面形部分：误差的空间波长大于 1mm，产生非常小角度的散射，与系统的像差相联系。要满足衍射极限成像，要求系统面形部分误差小于 $\lambda/14$ RMS，对应于每个反射面是 0.2nm RMS。

（2）中频粗糙度（MSFR）：误差的空间波长在微米量级区域，由此引起的散射在视场内，增加耀斑（flare）等级和减小成像衬度。根据散射和成像质量的要求，MSFR 约为 0.2nm RMS。

（3）高频粗糙度（HSFR）：误差的空间波长小于 1μm，由此引起的散射不在视场内。引起的散射虽不影响成像质量，但导致能量损失。系统要求 HSFR 必须小于 0.1nm RMS。

毫无疑问，这一制造要求成为超精密制造的前沿，它首次将制造精度提高到亚纳米级。此外，在 X 射线分析领域，为了探测晶体的微观结构，用于探测的 X 射线束越细越好，为了获得纳米尺度的 X 射线束斑，用于控制束斑的 X 射线反射镜面形精度要求也在亚纳米级[4]。

2．问题描述

常见的物质原子尺度即在亚纳米尺度，因此亚纳米面形精度制造是达到原子层级的超精密制造。可以说，亚纳米精度是面形制造的极限精度。另外，亚纳米面形精度制造是纳米制造的延伸，本身既是超精密加工技术发展的必然趋势，也是当今科学技术发展的必然要求[5]。

传统的超精密加工方法中，超精密切削或磨削受限于机床精度和母性复印原则，显然不能实现亚纳米精度的加工；基于游离磨粒的抛光修形过程，虽然面形精度不再受限于机床精度，可以达到亚微米，有时甚至更高，但由于抛光过程中的抛光压力分布变化以及受力变形等不因素的影响，要达到亚纳米精度也几乎不可能。

亚纳米精度制造必然要求制造过程具有亚纳米量级的材料可控去除能力。亚纳米量级的材料去除涉及原子尺度的材料可控迁移。而原子/分子尺度的材料可控迁移无疑是超精密制造的前沿技术。其中涉及表面的物理化学作用、能量传递过程以及界面效应，以及原子尺度材料迁移的微观或介观机理。亚纳米精度制造中的材料迁移涉及原子/分子的去除、流动和添加等共生过程。因此，要精确建模和控制其加工过程，以实现高效率、定量的微小去除非常困难。要分析亚纳米面形精度加工中的现象和机理需要多学科知识的交叉融合，特别要掌握微观及介观表面物理研究的现代方法和手段。

目前基于扫描探针显微镜（SPM）的方式虽然可以进行原子操纵，实现原子的搬迁、去除和添加，还可以进行纳米级微结构的加工，但是其方式和效率显然不能满足光学零件表面的制造需求。有一些传统抛光方法的改进，如弹性发射加工（elastic emission machining, EEM）和浮法抛光（float polishing），能够实现亚纳米精度加工必须具备的原子级极小材料去除能力，但是其加工过程适应性差，加工效率极其低下。

要实现亚纳米面形精度制造必须寻求新的加工原理和加工方法，采用电子、光子、离子等基本能子的直接加工和化学反应或刻蚀的方法可以不产生加工变形和应力应变，应是实现亚纳米精度加工的新方法。但是，如何实现原子级去除，如何精确控制等问题，都有待深入研究。

3．最新进展

目前，离子束修形（ion beam figuring, IBF）是最有前景的光学表面亚纳米面形精度制造方法[6-10]。离子束修形在真空中使用离子束轰击被加工的光学表面，利用轰击时发生的物理溅射效应去除表面材料，达到抛光或修正面形误差的目的。离子束修形的离子能量从几百电子伏到一两千电子伏，束流从几毫安到几十毫安，材料去除率一般为每分钟几十至几百纳米。离子束修形使用能量离子溅射的物理方式去除光学元件表面的原子，加工中工件不受力，不产生应力应变，加工所用的离子能量、束流均可控可调，加工可实现原子尺度的材料可控去除。因此，离子束修形应是光学表面亚纳米面形精度加工的发展方向。

离子束修形加工中，随着能量离子的入射轰击，发生一系列复杂的物理过程，其中溅射是最主要的。溅射过程是导致材料去除的根本原因。材料去除速率取决于入射离子的数量和溅射产额。要实现亚纳米面形精度，必须实现亚纳米甚至更高精度的加工分辨力，因此加工必须依靠较低的离子密度和较小的溅射产额。

但是，离子束修形过程除了发生物理溅射现象之外，还同时发生表面流动现象和添加沉积现象，如图1所示。这三种材料迁移过程同时发生，相互耦合，并与多个加工条件相关，除了离子能量以外，还与离子种类、离子入射角度、工件的材料结构等密切相关。因此，离子束修形过程的微观机理相当复杂，要精确控制表面原子的迁移以实现亚纳米面形精度制造也并非易事。

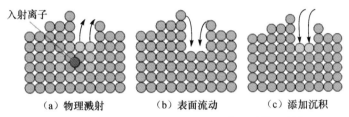

（a）物理溅射　　　　（b）表面流动　　　　（c）添加沉积

图1　离子轰击作用下表面原子迁移的三种物理现象

目前，国防科技大学精密工程实验室离子束修形加工研究小组，通过对离子源光学系统的优化设计，实现了亚纳米的材料可控去除。在此基础上，建立了精确的离子束修形加工去除函数模型与控制工艺，实现了亚纳米面形精度的光刻物镜样件加工。加工的最高精度达到 0.27nm RMS（图2）。

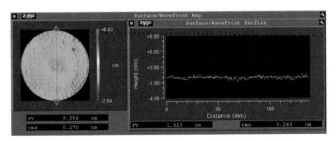

图2　国防科技大学应用离子束修形方法加工的光刻物镜表面误差（0.27nm RMS）

4．难点内容

目前，虽然应用离子束加工方法可以实现亚纳米面形精度的制造，但是亚纳米面形精度制造还存在不少科学难题。首先，制造过程通常意义上仍然是一个宏观过程，精度也是一个宏观物理量，但是亚纳米是一个微观量，亚纳米精度的制造涉及微观的材料可控去除，这样的一个加工过程除了涉及通常制造科学中的加工机理，还涉及加工的原子迁移的微观行为。

（1）亚纳米面形精度制造中的材料可控去除机理，主要包括加工中的能量传递与交换过程、原子碰撞与迁移过程、表面材料原子的溅射逸出过程、溅射产额的理论计算等机理与模型尚不完全清楚。

（2）从现有的实验结果和文献报告来看，离子束修形中表面粗糙度有基本保持不变的，有变好的，有变差的，还有形成微纳结构阵列的。总之，不同加工条件下的微观表面演变现象千差万别。离子束溅射修形加工中，材料去除同时伴生表面流动和添加沉积等原子级材料迁移现象。三种现象相互耦合，其微观机理如何描述，如何定量精确控制以实现亚纳米面形精度制造，有待深入研究。

参 考 文 献

[1] Hasegawa T, Uzawa S, Honda T, et al. Development status of Canon's full-field EUV tool. Proceedings of SPIE, 2009, 7271: 72711Y1.

[2] Weiser M. Ion beam figuring for lithography optics. Nuclear Instruments and Methods in Physics Research B, 2009, 267: 1390-1393.

[3] Lowisch M, Kuerz P, Mann H, et al. Optics for EUV production. Proceedings of SPIE, 2010, 7636: 763603.

[4] Mimura H, Morita S, Kimura T, et al. Fabrication of a 400-mm-long mirror for focusing X-ray free-electron lasers to sub-100nm. Proceedings of SPIE, 2008, 7077: 70770R.

[5] Fang F Z, Chen Y H, Zhang X D, et al. Nanometric cutting of single crystal silicon surfaces modified by ion implantation. CIRP Annals—Manufacturing Technology, 2011, 60(1): 527-530.

[6] Arnold T, Bohm G, Fechner R, et al. Ultra-precision surface finishing by ion beam and plasma jet techniques—Status and outlook. Nuclear Instruments and Methods in Physics Research A, 2010, 616(2-3): 147-156.

[7] Namba Y, Shimomura T, Fushiki A, et al. Ultra-precision polishing of electroless nickel molding dies for shorter wavelength applications. CIRP Annals—Manufacturing Technology, 2008, 57: 337-340.

[8] Zhou L, Dai Y F, Xie X H, et al. Translation-reduced ion beam figuring. Optics Express, 2015, 23: 7094-7100.

[9] Zhou L, Huang L, Bouet N, et al. New figuring model based on surface slope profile for grazing incidence reflective optics. Journal of Synchrotron Radiation, 2016, 23: 1087-1090.

［10］ 戴一帆, 周林, 解旭辉, 等. 离子束修形技术. 应用光学, 2011, 32(4): 753-760.

撰稿人：戴一帆、周　林

国防科技大学

"一尘不染"的超洁净制造能实现吗？

Can the "Spotless" Ultra-Clean Manufacturing Be Achieved?

1. 科学意义

你是否想过在强激光元件的制造过程中可以实现"一尘不染"？随着科学技术的发展，制造中的"一尘不染"，甚至不会有"污染物"产生的"制造"离我们越来越近。随着制造精度的不断提高，与加工质量息息相关的洁净问题开始引起人们的重视，表面洁净度在国家安全、国防战略及国计民生等诸多领域的要求也越来越高，并受到了人们的高度关注。人类正试图在制造领域实现超级洁净，即达到"一尘不染"的超洁净制造状态。

2. 问题背景

"洁净"一词对人类并不陌生，其科学需求源于早期的欧洲医学。20 世纪初，人们开始佩戴洁净的手套、口罩等，防止自身的细菌和尘埃污染。第二次世界大战结束后，人们将通风技术用于洁净控制。20 世纪中期，高效过滤器以及层流洁净室（图 1）的出现对洁净技术做出了卓越贡献[1]。现代洁净技术的发展已经成为电子制造、航空航天、医疗器械以及激光聚变等领域发展的核心保障条件。可以说，没有洁净就没有这些领域的技术突破。

在电子制造领域，半导体制造行业的飞速发展，对元件的洁净度要求越来越高，逐渐形成了全流程洁净控制技术，它融合了高效过滤器设计、洁净材料选择和元件表面洁净度控制等方面。洁净技术已经成为电子工业进步的技术支柱，其高速发展也推动了洁净技术的进步。针对硅片的制造，研究人员建立了一系列硅片洁净的新工艺，实现批量化、无污染、可清洁的硅片洁净流程，甚至可以实现超疏水的电子封装表面，如图 2 所示[2]。

在航空航天领域，美国空军制定颁发了世界上第一个洁净室标准。在航天器中，许多在地面上没有表现的洁净问题，在强光辐射的空间环境下却显得十分突出。研究表明，污染是影响航天产品可靠性、安全性的重要因素[3]。太空望远镜的制造也要求极高的洁净度，图 3 为詹姆斯·韦伯太空望远镜在洁净室内的检验[4]。

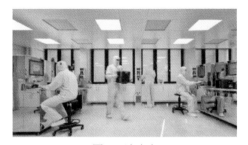

图 1　洁净室

图 2　电子封装领域的超疏水表面

在医疗工程领域，空气洁净技术是一种完全无害、"全程控制"的防止手术过程中空气感染造成医院感染的方法。在手术过程中，空气洁净能够切断污染传播途径，阻止外源性微生物接触手术创口，而不用大量地使用抗菌药物来实现。图 4 为医用洁净室，其是采用空气洁净技术取代传统的紫外线等消毒方法而能对全过程实行污染控制的现代手术室，可以有效地降低室内的感染率[5]。另外，医疗器械的无污染处理也是手术成功、防止交叉感染的关键。

图 3　詹姆斯·韦伯太空望远镜在洁净室内检验

图 4　医用洁净室

在激光聚变领域，为了实现激光约束条件下的可控核聚变研究，人类建设了大型的高功率激光装置，如美国的国家点火装置、法国的兆焦耳装置以及中国的神光系列激光装置。在强激光的作用下，真空装置的内部产生一种称为气溶胶的物质，它将作为一种污染源使光学元件的抗激光损伤能力下降，进而引起聚变装置通光质量、打靶精度降低等问题。有研究表明，光学元件表面的污染物可以引起尺度为其自身 5 倍的损伤斑，使得光学元件的抗激光损伤阈值大幅下降[6,7]。同时，在该领域中超洁净问题已经从光学元件的制造延伸至金属零件的精密/超精密制造范畴。图 5 为激光聚变领域光学元件的洁净检测和维护过程。

从上述电子制造、航空航天、医疗工程以及激光聚变等领域的分析可以看出，洁净问题已经成为影响这些领域发展的关键因素。尽管各个领域之间存在巨大的差异，其对洁净的需求等级也不尽相同，但是获得并维持高洁净等级的工作条件，实现元器件在制造和使用过程的"一尘不染"，一直是对制造学科提

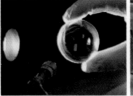

图5　激光聚变领域光学元件的洁净检测和维护过程[8]

出的关键需求。

3. 最新进展

通过对激光聚变、电子制造、航空航天以及医疗器械等领域关键技术问题的分析可以看出，如何获得并维持高洁净度的表面成为制约相关行业科学技术发展的瓶颈。洁净技术是提高产品品质不可或缺的重要技术手段之一，将对未来科技的发展和工业产品的制造产生深远的影响。作为制造科学极限——精密/超精密制造表面的洁净状态不仅包含超洁净如何获得的问题，还包括上述领域使用环境中超洁净如何维持的问题，即"一尘不染"的表面洁净状态具有时间尺度的动态特性。例如，在光学加工领域，目前主要使用的是材料去除法，包括车削、铣削、磨削、研磨和抛光等方法，这些加工方法会在被加工表面产生裂纹、划痕、杂质污染、化学结构不完整等制造缺陷，这些缺陷在强激光辐照条件下会成为损伤前驱体，大幅降低抗激光损伤阈值。这些加工缺陷的存在，导致光学元件在受到高通量激光辐照时，由于激光作用使元件局部或整体的几何结构、元件材料的物理化学性质发生了根本性、不可恢复的变化，从而降低元件透过率和光束质量，并使下游元件产生新的损伤。这种损伤是系统污染物产生的内在原因之一，同时随着时间的变化，损伤可能会扩大，引起缺陷增多，进而造成新的污染，表现为洁净状态的动态变化行为。

在这种背景和牵引下，"超洁净制造"可以看成是获得超洁净表面和维持表面超洁净状态所有制造科学技术的总称[9]。半导体领域专家日本东北大学的大见忠弘教授曾于20世纪90年代撰文阐述超大规模电路制造领域中的超洁净加工处理技术，然而其研究仅限于硅片处理过程，缺乏研究体系的阐述，并未引起制造领域的广泛重视[10]。

4. 难点内容

超洁净制造涉及机械制造、材料物理化学、表面工程、界面科学、精密仪器等多学科，是一个多学科交叉的研究领域。研究制造领域中的"超洁净"问题，旨在通过系统开展超洁净制造基础理论与关键科学问题的研究，揭示超精密制造表面与污染物的界面作用机理及污染物去除机制，获得超洁净表面状态的演化规律及失效机制，进而提出满足特殊领域要求的超洁净表面制造新工艺，并建立超洁净表面的检测体系与评价标准。超洁净制造基础理论和相关技术的研究将为电子制造、航空航天、医疗工程以及激光聚变等领域的发展提供关键的技术支撑，并对制造科学与工程的发展提供新的思维理念和解决手段，其后续研究成果将会对相关行业的发展产生深远的影响。超洁净制造的实现需要解决以下科学难题：

（1）超洁净制造加工表面和亚表面特征与污染物相互作用机理。只有熟知特定环境下的污染物，如灰尘、油滴等与制造元器件表面的相互作用机理，才能实现"一尘不染"的超洁净制造。

（2）如何保持超洁净状态。超洁净是具有时间尺度的动态特性，即超洁净制造不仅要制造出"一尘不染"的表面，同时要保持元器件在使用环境中不产生新的污染，保证超洁净的时不变特性。

（3）实现超洁净制造还要明确使用环境对超洁净表面状态演化的影响。元器件表面的洁净状态受环境的影响极大，如真空、强激光、强辐照、环境温度和湿度等。原来无污染物的表面在这些环境因素的作用下将可能变得不再洁净。

（4）如果在某些情况下，污染不可避免，则要在超洁净制造中解决污染物如何能快速有效地去除的问题。实现动态洁净的表面，需要从材料表面、亚表面以及使用环境入手，将新产生的污染物去除，如制造自洁净表面，施加气流、液流、强光等作用。

（5）超洁净表面状态的评价也是一个急需解决的科学问题。目前，国际上仍缺乏超洁净表面状态统一的标准体系。需要综合使用环境，建立相应的超洁净表面状态评价方法和标准体系。

参 考 文 献

[1] 何德林. 空气净化技术手册. 北京: 电子工业出版社, 1985.

[2] Chang I S, Kim J H. Development of clean technology in wafer drying processes. Journal of Cleaner Production, 2001, 9: 227-232.

[3] 周传良. 航天器污染控制与标准化工作. 航天器环境工程, 2006, 23(3): 181-186.

[4] NASA. James Webb Space Telescope. http://jwst.nasa.gov/images.html [2017-8-1].

[5] 许钟麟. 洁净室的质量控制. 洁净与空调技术, 2003, 1: 1-7.

[6] Pereira A, Coutard J G, Becker S, et al. Impact of organic contamination on 1064nm laser induced damage threshold of dielectric mirrors. Proceedings of SPIE, 2007, 6403: 1-10.

[7] Robert C, Robert C B, John E, et al. Cleanliness validation of NIF small optics. Proceedings of SPIE, 2002, 4774: 19-28.

［8］　National Ignition Facility & Photon Science. Photo Gallery. https://lasers.llnl.gov/media/photo-gallery [2017-8-1].

［9］　白清顺, 郭永博, 陈家轩, 等. 超洁净制造的研究与发展. 机械工程学报, 2016, 52(19): 145-153.

［10］　Tadahiro O. Ultra clean processing. Microelectronic Engineering, 1991, 10(3-4): 163-176.

撰稿人：白清顺[1]、张飞虎[1]、石　峰[2]

1 哈尔滨工业大学、2 国防科技大学

复杂光学表面形状的纳米精度测量如何溯源？

Nano-Precision Measurement of Complex Optical Surfaces: How to Make It Traceable?

1. 科学意义

非球面、离轴非球面、柱面和自由曲面等复杂光学面形为光学系统的设计和性能优化提供了更多的自由度，正在取代传统的球面成为先进光学系统的主角，广泛应用于天文观测或深空探测望远镜、高分辨率对地观测相机、激光武器系统、惯性约束聚变系统和深紫外/极紫外光刻物镜中。根据 Maréchal 判据，系统波像差的均方根（RMS）值不超过 $\lambda/14$，则可认为系统成像接近衍射极限，这就决定了上述光学系统中的面形精度要求达到甚至突破纳米级[1]。其中用于红外或可见光波段的大型望远镜中反射镜面形精度范围为 10～20nm RMS，而极紫外光刻物镜的工作波长 $\lambda=13.5nm$，其面形精度要求高达 0.2nm RMS。

任何测量值只有在给出的测量不确定度范围内溯源到计量单位上才可靠，这种溯源过程是要通过不间断的校准链将测量结果与一个标准参考物联系起来。国际计量委员会用真空中的光速和时间频率标准来定义长度单位，而表面形状计量作为长度计量的一个分支，要求测量值最终能够溯源到长度基本单位。波面干涉测量是光学面形误差测量的标准手段，但以测量平面、球面等简单面形为主。目前作为标准参考物的平面或球面镜头在很多国家计量院都能够实现纳米精度校准，因而通过量值传递可将其生成的平面或球面测试波前溯源到长度单位。但是在测量非球面时，因为非球面相对球面有偏离，不同环带的曲率半径是连续变化的，其反射光线不再等光程。这种非球面形状的偏离反映在干涉图中，随着偏离量增大，条纹变得密集而无法解析。现行测量方法是在标准球面镜头后放置一个补偿器，将球面测试波前变换为与被测非球面理想匹配，仍能保证等光程条件，得到零条纹的干涉图。补偿器作为复杂光学面形干涉检验的标准工具，直接决定了测量精度，但如何准确评价补偿器生成测试波前的不确定度，使计量结果可溯源到国际单位制，不确定度达到纳米级，是当前光学表面计量测试的难题。

2．问题背景

波面干涉测量本质上是相对测量，被测面形误差是相对某个参考基准面描述的。例如，光学平面测量获得的是被测平面相对标准平面镜头的参考平面的误差，可以通过两种方式进行溯源[2]：一种方式是由国家计量院校准参考平面，不确定度为纳米级；另一种方式是应用三平面互检的绝对测试方法，该方法基于误差分离原理，但多次测量过程易受各种不确定因素影响[3]。虽然波面干涉测量还要溯源其他一些影响因素引入的不确定度，包括激光波长、空气折射率（与压强、温度等有关）、横向坐标等的校准，但有研究表明这些因素的影响并不显著。在严格控制测量环境，采用共光路 Fizeau 型干涉仪的情况下，主要考虑标准镜头参考平面的校准不确定度即可。

球面测量的量值溯源与平面类似，难点在于球面测量包含球度误差和曲率半径误差两部分[2]。标准球面镜头同样可通过两种方式溯源：一种是由国家计量院校准；另一种是采用绝对测试方法，常用的是三位置法，需要在共焦位置对被测面的 0° 和 180° 两个方位分别测量，再通过猫眼位置测量，能够实现误差分离[4]。曲率半径通过测量共焦位置与猫眼位置的距离获得，常用位移激光干涉仪测量，可溯源到长度基本单位，但如何保证低不确定度是个挑战。球面测量还需要溯源直线运动平台的调整误差、被测面/位移激光干涉仪与波面干涉仪的对准误差等。

非球面测量的量值溯源仍然是个科学难题。与平面和球面不同，至今还没有简单可靠的方法将非球面追溯到理想面；而且非球面是多样化的，不同面形的非球面测量需要产生不同的参考基准面，甚至需要应用不同的测量原理、方法和仪器，因此必须分别评定其测量不确定度[2]。

3．最新进展

对于非球面度只有微米级的非球面，如极紫外光刻物镜中的非球面，一般可用点衍射干涉仪测量面形误差。点衍射干涉仪通过小孔衍射产生可认为理想的球面测试波前，避免了标准球面镜头参考球面的精度限制。

对于非球面度较大的非球面，补偿检验仍然是主要手段。传统补偿器由若干球面透镜组成，也可以是反射式或折反射混合式。被测面形越复杂，所需补偿器的透镜或反射镜数目越多，从而透镜材料、面形误差、补偿器装调误差等诸多因素都会增大测量不确定度，给量值溯源带来极大困难。相对而言，最近 20 多年来逐渐应用的计算机生成全息图（CGH）作为补偿器灵活得多，如图 1 所示，其只需要在单个光学平板上制作衍射结构，就可以生成指定的复杂曲面波前；而且可以严格控制衍射元件的制造不确定度，更容易校准。CGH 引入测量不确定度的主要因素包括基板透射波前误差、衍射图样的形状和位置误差（影响占空比和刻线周期等）、衍射结构的轮廓误差（刻蚀深度误差、侧壁陡直度等）等。较简单的校准方法是用同种工艺制作生成球面测试波前的 CGH，用它来测量已校准的球面反射镜（作为标准参考物），获得 CGH 制作工艺引入的测试波前误差。

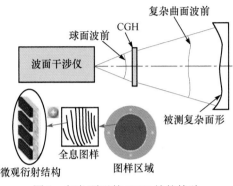

图 1 复杂面形的 CGH 补偿检验

2003 年，德国斯图加特大学的 Reichelt 等[5]提出用双波前 CGH 同时产生球面和非球面波前，其中会聚球面波前用于对一个球面进行三位置法的绝对测试；然后用该 CGH 产生发散球面波前对同一个球面进行测试，可分离出 CGH 的图样误差；最后用该 CGH 产生非球面波前对被测非球面进行补偿检验，获得其面形误差。这种方法操作步骤繁多，不确定因素多，也增加了 CGH 制作的工艺难度。2015 年，Rees 等[6]制作了三片 CGH 用于 ELT 望远镜主镜分块镜的检验与校准，其中 CGH1 生成球面波前，用于已知曲率半径的参考球面测试，可控制检测系统的光学离焦；CGH3 用于主镜分块镜的补偿检验。另外制作了 CGH2，其中心区域与 CGH1 的衍射图样相同，边缘区域与 CGH3 相同，从而通过 CGH2 建立了 CGH1 和 CGH3 之间的溯源关系。

德国联邦物理技术研究院（PTB）正在研究将斯图加特大学 Osten 课题组提出的倾斜波前干涉仪（TWI）方法作为非球面测量校准的可行性[2]。TWI 方法避免使用补偿器，而是用一个平面点光源阵列取代传统干涉仪的点光源，在成像透镜傅里叶平面处加了一个光阑限制电荷耦合元件（CCD）上接收干涉条纹的密度，不同点光源发出的测试波前经被测面反射后，在 CCD 上获得的干涉图信息反映了被测非球面的局部面形误差。通过光线追迹和逆问题求解，能够重构出非球面的面形误差[7]。PTB 应用仿真技术解决了非球面多样化问题，可针对不同非球面分别评价其不确定度。虽然目前还只是得到了一些初步结果，但表明 TWI 方法是可能实现低不确定度目标的。

美国国家标准与技术研究所（NIST）也正在支持"纳米结构和光学表面计量"项目的研究，技术目标包括以下三点：①通过开发创新的干涉计量方法和校准，将长度的国际单位制扩展到精密表面形状计量；②通过全息元件产生已知不确定度的测试波前, 使非球面和自由曲面的计量可溯源到国际单位制; ③研发创新的光学元件, 具有纳米结构衍射和亚波长特征, 用于计量和成像。

4. 难点内容

因其灵活性和便于校准等特点, 基于衍射原理的 CGH 补偿检验可能作为非球面等复杂面形测量溯源的首选方法。需要解决的难点包括以下两个方面。

1) 宏观尺度上可溯源的纳米精度计量

根据补偿能力和制作工艺等限制, CGH 尺寸通常为 4″～6″, 而衍射结构特征尺寸为微米级, 衍射图样或结构的误差为亚微米甚至更小。因此, CGH 的溯源问题首先是解决宏观尺度上(小于 200mm)可溯源的纳米精度计量。目前微观尺度上的亚纳米精度计量溯源有两种途径[8], 一种是自上而下, 先通过激光干涉仪或衍射样板将原子力显微镜溯源到长度国际单位制, 再通过可溯源的原子力显微镜校准台阶、样板等标准参考物, 向下级进行量值传递。另一种是自下而上, 直接解析纳米结构中的原子, 从而其尺寸参数可通过原子间隔作为内在量尺而确定。但是在宏观尺度上实现纳米精度的计量溯源仍然是个难题。在欧洲国家计量院协会(EURAMET)面向微纳技术的几何量计量路线图中, 数百毫米范围上可溯源的(亚)纳米精度计量计划在 2020～2025 年达成目标[9]。

2) 复杂面形补偿检验系统的不确定度合成建模

如图 2 所示, 一方面需要建立 CGH 衍射结构缺陷影响光学波前的不确定度

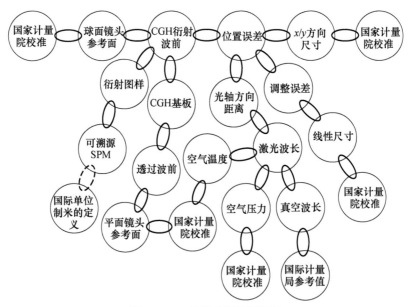

图 2　CGH 补偿检验的溯源链

传递模型，另一方面需要分别对基板透过波前误差（平行差）、CGH/被测面与干涉仪的对准误差以及干涉仪标准镜头、测量环境等因素的不确定度进行校准与溯源[2]，最终建立整个检验系统的不确定度合成模型，将长度的国际单位制扩展到纳米精度复杂表面形状计量。

参 考 文 献

[1] 戴一帆, 彭小强. 光刻物镜光学零件制造关键技术概述. 机械工程学报, 2013, 49(17): 10-18.

[2] Schulz M, Blobel G, Fortmeier I, et al. Traceability in interferometric form metrology. Proceedings of SPIE, 2015, 9525: 95251F.

[3] Parks R E, Shao L, Evans C J. Pixel-based absolute topography test for three flats. Applied Optics, 1998, 37(25): 5951-5956.

[4] Elssner K E, Burow R, Grzanna J, et al. Absolute sphericity measurement. Applied Optics, 1989, 28(21): 4649-4661.

[5] Reichelt S, Pruss C, Tiziani H J. Absolute interferometric test of aspheres by use of twin computer-generated holograms. Applied Optics, 2003, 42(22): 4468-4479.

[6] Rees P C T, Mitchell J B, Volkov A, et al. The use of diffractive imitator optics as calibration artefacts. Proceedings of SPIE, 2015, 9575: 957516.

[7] Baer G, Schindler J, Pruss C, et al. Calibration of a non-null test interferometer for the measurement of aspheres and free-form surfaces. Optics Express, 2014, 22: 31200-31211.

[8] Dai G, Koenders L, Fluegge J, et al. Two approaches for realizing traceability in nanoscale dimensional metrology. Optical Engineering, 2016, 55(9): 091407.

[9] Technical Committees of EURAMET e.V. Science and Technology Roadmaps for Metrology. Bundesallee: EURAMET c.V., 2012.

撰稿人：戴一帆、陈善勇
国防科技大学

光学非球面的补偿检验有没有万能的补偿器？

Can We Find a Universal Compensator for Null Test of Optical Aspheric Surfaces?

1. 科学意义

传统光学系统主要由平面和球面组成，可提供设计优化的变量较少，例如，球面光学元件通常只有材料（折射率）、中心厚度和曲率半径等几个设计变量。因此，为了达到高质量成像的目标，人们不得不采用多个球面元件的组合形式。非球面是形状上与球面有偏离的一类曲面，常见的有抛物面、椭球面、双曲面等二次曲面，也有包含更高阶项的高次非球面。除了球面的几个设计变量外，非球面还有二次常数、高阶项系数等更多的参数，为光学系统优化提供了更多的自由度，因此可以用更少的非球面来达到同样甚至更优的成像质量。如图1所示，平行光通过球面透镜后，只有近轴光线能够聚焦到焦平面上，而边缘的折射光线与光轴的交点是远离焦平面的。非球面则可以通过设计适当的面形参数，使边缘光线折射后也能汇聚到焦点上，实现理想聚焦。

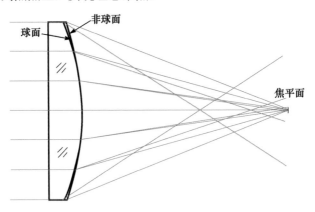

图1 非球面比球面有更多的自由度来控制光线的方向

非球面已经逐渐取代球面成为决定系统性能的主要因素，广泛应用于现代光学系统中。高性能望远镜、空间相机等常用的 Cassegrain 系统、Ritchey-Chrétien（R-C）系统、同轴或离轴三反消像散（TMA）系统中均采用了非球面反射镜；

深紫外或极紫外光刻物镜中也采用了多片高次非球面；惯性约束聚变系统中则是在终端光学系统中采用了非球面透镜对强激光束进行聚焦，照射到靶丸上达到聚变点火条件。

波面干涉测量能够准确获得三维分布的面形误差，是光学面形测量的主要技术手段，但原理上主要限于平面或球面测量，因为干涉仪标准镜头只能发出平面或球面测试光束。当球面波照射到球面反射镜上时，如果球面波中心与球面反射镜的曲率中心重合，那么任一条光线都是沿着球面法向入射的，反射光线将沿着原路汇聚到曲率中心，即所有光线是等光程的。但是当球面波照射到非球面上时，由于非球面上不同环带的曲率半径是连续变化的，不像球面有一个共同的曲率中心，各反射光线不能同时满足法向入射条件，其与光轴的交点并不重合。此时光线之间存在光程差，被测非球面即使没有面形误差，干涉图也不是零条纹，称为非零位测试（non-null test）。干涉条纹形状反映了非球面度大小，非球面度太大时，条纹太密使 CCD 无法解析，超出干涉仪的动态测量范围。

如果在干涉仪镜头后放置一个补偿器，如图 2 所示，将干涉仪发出的标准球面测试光束变换为与被测非球面理想匹配，那么仍能保证等光程条件，实现零位测试（null test）。补偿器通常由两片或三片球面透镜组成，也可以由球面反射镜组合而成，或者是基于衍射原理的计算机生成全息图（CGH）。无论何种形式，补偿器都是针对被测面进行像差平衡精确设计的，只能适用于单一的面形，造成时间和经济成本的巨大浪费。因此，尽管非球面具有更多、更灵活的设计自由度，但正是其面形的多样性与补偿器的专一性形成一对矛盾，传统补偿检验没有灵活适应不同面形的能力。万能补偿器还只是人们的梦想。具有补偿能力可调的可变补偿器，能够适应较大参数范围的不同面形，对于提高检测柔性和效率、降低成本具有重要意义。

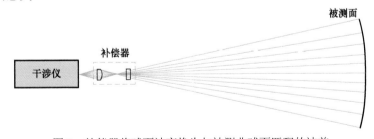

图 2　补偿器将球面波变换为与被测非球面匹配的波前

2．问题背景

如图 3 所示，球面的等距面还是球面，只是曲率半径不同。因此，经干涉仪球面镜头发出的球面测试波在自由空间传播时，能够保持为球面波，可以用来测量不同曲率半径的球面，只要保持球面波中心与被测球面的曲率中心重合即可。而非球面不具有这种对称性，其等距面是不同类型的曲面，如抛物面的等距面不再是抛物面。因此，补偿器变换得到的非球面波只有在特定的传播距离上才与被测非球面匹配，如果被测面形发生变化，那么就很难通过同一个补偿器来产生与之严格匹配的非球面波。

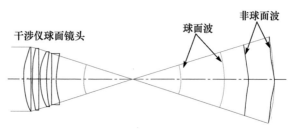

图 3　非球面形状沿传播距离在改变

3．最新进展

为了增加灵活性，可以适当放松补偿器设计的像差平衡要求，即只进行部分补偿，使剩余像差减小到干涉仪的动态范围之内（条纹可解析）。早在 1973 年，Faulde 等[1]就提出了部分补偿透镜的方法，北京理工大学[2]、浙江大学[3]和美国亚利桑那大学[4]均对此进行了较深入的研究。例如，文献[2]针对 $f/1.5$ 的凹非球面设计的部分补偿器是双胶合透镜，补偿能力范围只有 $92.8\lambda \sim 121.7\lambda$（$\lambda$=632.8nm，下同）。因此，部分补偿透镜的方法只能适用于较窄范围变化的面形，并且剩余像差较大，干涉条纹仍然较密。为此，浙江大学进一步结合环带子孔径拼接方法，通过轴向调整被测面的离焦距离，只对部分补偿后的环带区域进行了解析和处理，可增大干涉仪的动态范围[5]，但同时增加了子孔径测量与拼接算法复杂的问题。

另一种产生可变像差的方法是通过调整相位板组合的相互位置来实现，例如，Sasián 和 Acosta[6]提出了通过横向平移两对相位板或轴向平移一对高次非球面透镜的方式产生变化的球差，以及相向回转一对 Zernike 相位板产生变化的 Zernike 像差（非回转对称）[7]。前者产生的球差变化范围较小（不超过数十波长），不适用于被测非球面大范围变化的球差。后者适用于非回转对称非球面或离轴非球面的像差补偿，特别是与子孔径拼接方法结合，可以适应不同面形上不同离轴位置子孔径的像差变化，因为非球面离轴子孔径的像差以彗差和像散为主。国防科技大学研究小组提出的双回转相位板方案，就是通过调整一对相向回转的 Zernike 相位板的回转角度，产生大小可调的彗差和像散，实现不同形状曲面在不同位置的子孔径的大部分像差的补偿。每个子孔径处于接近零位测试状态，称为近零位（near-null）子孔径拼接[8]。近零位补偿器主要产生可变的轴外像差（非回转对称），适用于拼接测量,不能产生可变的回转对称像差(如球差)。美国 QED 公司 2009 年初推出的 ASI 非球面子孔径拼接干涉仪[9]则是利用一对楔形平板,相向回转时主要引入彗差;调整两个平板相对干涉仪光轴的整体倾斜,主要引入像散。通过这两个自由度,产生大小可调的像差,同样可以补偿非球面离轴子孔径的大部分像差。

随着液晶空间光调制器(spatial light modulator, SLM)工艺的日渐成熟,人们开始尝试将其引入非球面补偿检验。与上述补偿方法相比,SLM 可产生的像差模式多样,具有动态可编程的独特优势;但受工艺条件限制,SLM 的调制能力范围很小,波前精度也较差,尚不能满足大范围变化的非球面高精度检验的需求。

最近国防科技大学研究小组提出了高次非球面透镜结合 SLM 的可变补偿检验方法[10]。首先采用高次非球面单透镜作为可变补偿器,调整可变补偿透镜在点光源与被测非球面之间的距离,可获得较大范围的像差补偿能力,可灵活适用于不同面形,使剩余像差减小到 SLM 的调制能力范围内;然后利用 SLM 补偿剩余像差,实现复杂面形的零位测试,如图 4 所示。针对椭球面、抛物面、双曲面(二次常数 K 从 0 变化到 -1.5)等若干个大范围变化的面形,所设计的非球面透镜的补偿能力大于 $100\mu m$,对不同面形均能实现有效补偿,剩余像差小于 20λ,并可用 SLM 进一步补偿,有望为非球面干涉测量灵活性差的难题提供有效的解决方案。当然,非球面单透镜的补偿能力仍然有限,还无法找到一种普适的万能补偿器。

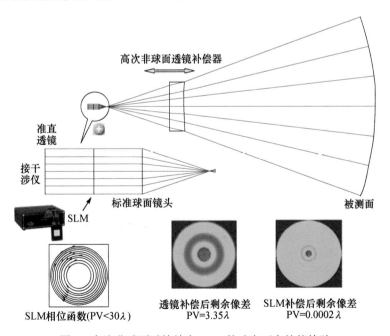

图 4　高次非球面透镜结合 SLM 的动态可变补偿检验

4. 难点内容

非球面的多样性成就了其优异的光学性能，但同时带来了面形检测无法适应其变化的难题。需要解决的难点包括以下三个方面。

1）如何产生大范围可变、模式多样化的像差补偿能力

部分补偿透镜、位置可调的相位板组合、SLM 等多种可变补偿形式均存在各自的优缺点，尚不能满足不同非球面的高精度检验需求。采用高次非球面透镜结合 SLM 的优势互补方案，可能成为一个新的技术发展方向。另外，还需要考虑非球面波前像差的梯度约束，揭示非本征像差的形成机理，为可变补偿方法寻求原理突破。

2）近零位检验存在不共光路引起的回程误差补偿问题

可变补偿对应的非球面像差还有一部分剩余，反射光线会偏离入射光线的方向透过补偿器后回到干涉仪。偏离的反射光在干涉仪内部光路中所经过的路径与参考光不再是共光路的，因而测量结果包含内部光路引入的光程差，在高精度要求的场合必须对此回程误差进行精确补偿。

3）如何从面形测量结果中精确解耦失调像差

非球面补偿检验所得测量结果耦合了面形误差、补偿器系统误差和补偿器或被测面失调引入的像差，对于回转对称非球面的检验，通常需要对检测系统中干涉仪、补偿器和被测面之间的相互位置进行监控，同时可通过光线追迹的方法确定失调像差。然而，对于可变补偿的子孔径拼接测量，对应非球面离轴子孔径上的面形误差与失调像差是难以区分的。例如，全口径上回转对称的球差，在离轴子孔径上表现为像散加彗差的形式，而补偿器或被测面失调引入的像差同样是像散与彗差的组合，此时通过拼接优化得到正确的球差分量就变得非常困难。

参 考 文 献

[1] Faulde M, Fercher A F, Torge R, et al. Optical testing by means of synthetic holograms and partial lens compensation. Optics Communications, 1973, 7(4): 363-365.

[2] 刘惠兰, 郝群, 朱秋东, 等. 利用部分补偿透镜进行非球面面形测量. 北京理工大学学报, 2004, 24(7): 625-628.

[3] 刘东, 杨甬英, 田超, 等. 用于非球面通用化检测的部分零位透镜. 红外与激光工程, 2009, 38(2): 322-325.

[4] Sullivan J J, Greivenkamp J E. Design of partial nulls for testing of fast aspheric surfaces. Proceedings of SPIE, 2007, 6671: 66710W.

［5］ Zhang L, Tian C, Liu D, et al. Non-null annular subaperture stitching interferometry for steep aspheric measurement. Applied Optics, 2014, 53(25): 5755-5762.

［6］ Sasián J, Acosta E. Generation of spherical aberration with axially translating phase plates via extrinsic aberration. Optics Express, 2014, 22(1): 289-294.

［7］ Acosta E, Bará S. Variable aberration generators using rotated Zernike plates. Journal of the Optical Society of America A, 2005, 22: 1993-1996.

［8］ Chen S, Zhao C, Dai Y, et al. Reconfigurable optical null based on counterrotating Zernike plates for test of aspheres. Optics Express, 2014, 22(2): 1381-1386.

［9］ Tricard M, Kulawiec A, Bauer M, et al. Subaperture stitching interferometry of high-departure aspheres by incorporating a variable optical null. CIRP Annals, 2010, 59: 547-550.

［10］ 陈善勇, 戴一帆, 李圣怡, 等. 基于可变补偿透镜的非球面面形干涉测量方法及装置: 中国, 201610348548.4. 2016.

撰稿人：陈善勇、戴一帆

国防科技大学

掠入射镜面的斜率误差测量能否达到纳弧度精度?

Can We Achieve Nano-Radian Accuracy for Slope Error Measurement of Grazing Incidence Mirrors?

1. 科学意义

超短波如 X 射线、γ 射线等位于电磁能谱的高端，照射到普通物质时会穿透或被吸收，因而常采用掠入射方式，即入射光线与反射面法线的夹角接近 90°，或者入射光线与反射面切线方向的夹角很小。迄今为止所有用于宇宙 X 射线研究的聚焦望远镜都是基于掠入射的，要求反射镜镀超光滑金属膜（膜层为重金属如金、铂或铱）[1]。X 射线天文学中通常将波长 1～10nm（能量 0.12～1.2keV）的 X 射线归为软 X 射线，而波长 0.01～1nm（能量 1.2～120keV）的归为硬 X 射线。在 X 射线波段，金属的折射率小于 1，所以 X 射线从真空中入射到金属界面时存在全反射临界角 θ_c，类似于可见光在光纤中的全反射，如图 1 所示[1]。0.5～8keV 波段 X 射线的掠入射临界角只有几度。X 射线以小于临界角的掠射角入射时，会发生全反射，因而反射效率显著增加，可实现 X 射线的聚焦成像。

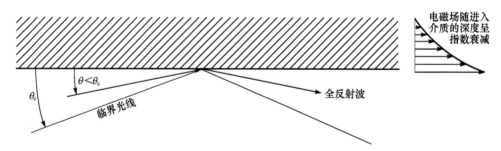

图 1 X 射线掠入射的全反射临界角

在同步辐射光源系统中同样采用了掠入射光学系统对 X 射线束进行聚焦，光学表面有平面、球面、非球面（柱面、环面、抛物面和椭球面）等多种类型，最大尺寸长达 1.5m；这些反射镜多数是双曲率的，子午方向曲率半径数百米到千米，弧矢方向曲率半径则只有数十毫米[2]。日本的同步辐射研究所和大阪大学研究团队采用如图 2 所示的 Kirkpatrick-Baez（K-B）反射镜系统[3]，由两块掠入射反射镜对 X 射线束分别进行两个正交方向上的线聚焦，实现了自由电子 X 射线飞秒脉冲的聚焦，光斑大小为纳米级，聚焦的同时保持相干性，为生命科学、制造科学等领域的研究提供了强有力的工具，如亚纳米级的超分辨显微镜[3]或用作深层同步辐射光刻工艺 LIGA（光刻、电铸和注塑）的辐射源。

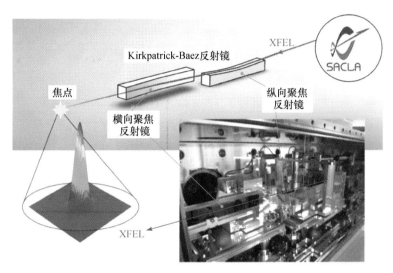

图 2　K-B 掠入射反射镜系统实现自由电子 X 射线束的聚焦[3]

超短波掠入射情况下的反射镜对面形精度提出了纳米级的极高要求，而事实上直接影响掠入射光线偏离的是反射面的斜率变化，因此掠入射镜面更加关注面形的斜率误差指标。第三代自由电子激光器辐射源中的 X 射线反射尺寸达 1m 长，斜率误差均方根（RMS）指标为 50nrad，表面粗糙度要求 0.3nm RMS[4]。根据经验法则，测量精度应至少是被测误差的 3 倍以上，掠入射镜面纳弧度精度的斜率误差测量已经成为下一代超短波光学系统研制面临的一个主要难题。

2．问题背景

掠入射反射镜几何上的主要特征是双曲率，子午方向与弧矢方向的曲率半径差异很大；另外，数十纳弧度或纳弧度的斜率误差指标大致与面形误差的纳米级或亚纳米级相当。极高精度和双曲率特性使得传统面形误差测量方法如波面干涉仪无能为力，长程轮廓仪（long trace profiler，LTP）是同步辐射领域直接测量镜面斜率突破亚微弧度精度的主要仪器。LTP 基于激光束干涉仪或五棱镜扫描直接测量斜率误差（斜率误差导致光线方向偏离），也可进一步积分重构得到轮廓误差。图 3 为 LTP 的光学系统原理[2]，细光束经 BS1、可调棱镜和固定棱镜后分成一对等光程的平行细光束，其间隔 M 通过可调棱镜调整。双光束再经过偏振分束器

（PBS）分成一对参考光束和一对测试光束，分别入射到固定参考镜和被测镜，反射后经过 *F-θ* 透镜聚焦到阵列探测器。在探测器上两对光束分别形成干涉条纹，中心极小的位置与表面斜率成正比，从而可以测得斜率误差。但 LTP 的缺点是只能测得线轮廓的误差分布，并且受导轨精度、扫描测头校准精度等限制，LTP 已经难以满足纳弧度级精度要求。

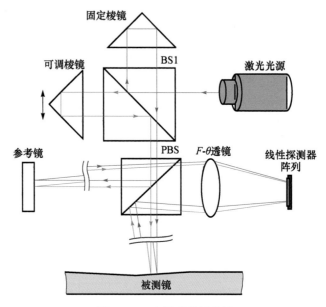

图 3   LTP 光学系统原理图

另外，LTP 的斜率测量范围较小，适用的最小曲率半径约 1m，而掠入射镜面还有一些强曲率的环面或柱面，其弧矢方向曲率半径只有数十毫米，该方向的斜率误差在同步辐射光源中同样有要求，如何准确测量也是一个难题。

3．最新进展

德国 BESSY 的纳米光学测量机（nanometer optic measuring machine, NOM）可算下一代轮廓仪的典型，是迄今测量同步辐射和其他大型光学元件的最高精度的仪器。NOM 采用了自准直仪和美国布鲁克海文国家实验室（Brookhaven National Laboratory, BNL）的 LTP-III 两种光学测头，平面测量不确定度 0.05μrad RMS，曲面测量不确定度 0.2μrad RMS[2]。2012 年，NOM 测量 K-B 系统中的柱面反射镜，在 350mm 长度上实现了优于 1nm RMS 的面形精度，对应到斜率误差约为 50nrad RMS[5]。

2014 年，BNL 的钱石南等报道了新的 MHPP-LTP-NOM 测量机[6]，其采用多面反射镜围成中空五棱镜取代常规的五棱镜，镜面误差通过射流抛光达到 $\lambda/100$，角度误差达到 $1''$，粗糙度为 $0.3\sim0.5$nm RMS；同时采用 ELCOMAT3000 自准直仪作为角度监控，导轨采用 Q-Sys 公司的气浮系统，俯仰、偏摆误差小于 10μrad。实测结果表明，该系统的重复性达到 60nrad RMS，测量平面类轮廓的精度（比对）达到 72nrad RMS。

五棱镜扫描测量斜率范围较大的曲面时，会有较大的光斑位置偏移，引入额外的斜率误差，所以 LTP 不适用于大斜率光学元件的测量。为了减小这个问题对测量精度的影响，2010 年，德国联邦物理技术研究院（PTB）提出用一个准直仪 AC1 加上五棱镜扫描测量并调整被测镜倾斜以使光束原路返回；被测镜的倾斜通过另一个自准直仪 AC2 测量，这个测量臂长是固定的，且比较短，可以避免光斑位置偏移的影响[7]。

为了获得整个面上的误差分布，可采用米字形扫描测量不同方位的线轮廓，然后重构得到三维误差分布，但采样密度和采样效率太低。另一种方法是用小口径波前测量仪器直接测得子孔径区域上的误差分布，然后通过拼接得到全口径的误差。该方法的主要问题是拼接存在误差累积效应，特别是系统误差中的二阶分量会以口径比的平方关系被放大[8]。测量仪器可以是小口径波面干涉仪[9]或扫描白光干涉仪[10]，但干涉仪自身系统误差必须精确校准。BNL 的 Idir 和 Imagine Optic 公司则建议采用 Shack-Hartmann 波前传感器，构成的长程轮廓仪 SH-LTP 的分析孔径大小为 12mm×12mm，空间分辨率为 450μm，采样点数为 26×26。Shack-Hartmann 波前传感器的精度可利用点衍射干涉仪等绝对测试手段进行精确校准，优于 $\lambda/1000$ RMS。SH-LTP 可同时测得两个方向的局部斜率，进而通过子孔径拼接得到全口径的误差分布[4]。

4. 难点内容

用于 X 射线等超短波光学系统的掠入射反射镜所独有的强双曲率特性和大口径（至少一维方向上达到 300mm～1.5m）的极高精度要求，使其面形斜率误差的测量成为一个尚未解决的科学难题：

（1）波面干涉仪等传统高精度测量仪器并不适用，因为强双曲率特性引入很大像差，干涉仪无法直接测量面形，即使附加补偿器等光学元件进行像差补偿，也难以实现全口径的测量。并且，干涉仪本身和补偿器等附加元件引入的系统误差也难以校准到纳米级精度。

（2）随着软硬件水平进一步提升，LTP 有望继续满足掠入射镜面的纳弧度精度要求。但 LTP 只能测得线轮廓的误差，而且不适合于大斜率（小曲率半径）镜面，也就难以测得反射镜弧矢方向的斜率误差。从斜率信息精确重构面形误差需要两个正交方向的斜率分布，因此 LTP 难以测得强双曲率反射镜的三维面形误差。

（3）结合高精度（校准）波前传感器和子孔径拼接方法，能够实现全口径三维面形误差的测量重构。但拼接过程中的系统误差累积效应是主要问题，必须首先对系统误差进行精确校准，并且借助其他辅助方法分离出运动误差（主要是姿态变化）的影响。

参 考 文 献

[1] Gorenstein P. Grazing incidence telescopes for X-ray astronomy. Optical Engineering, 2012, 51(1): 011010-1-12.

[2] Qian S, Takacs P. Chapter 4. Nano-accuracy surface figure metrology of precision optics//Cocco L. Modern Metrology Concerns. Manila: InTech, 2012: 77-114.

[3] Yumoto H, Mimura H, Koyama T, et al. Focusing of X-ray free-electron laser pulses with reflective optics. Nature Photonics, 2013, 7: 43-47.

[4] Idir M, Kaznatcheev K, Dovillaire G, et al. A 2D high accuracy slope measuring system based on a Stitching Shack Hartmann Optical Head. Optics Express, 2014, 22(3): 2770-2781.

[5] Siewert F, Buchheim J, Boutet S, et al. Ultra-precise characterization of LCLS hard X-ray focusing mirrors by high resolution slope measuring deflectometry. Optics Express, 2012, 20(4): 4525-4536.

[6] Qian S, Wayne L, Idir M. Nano-accuracy measurements and the surface profiler by use of Monolithic Hollow Penta-Prism for precision mirror testing. Nuclear Instruments and Methods in Physics Research A, 2014, 759: 36-43.

[7] Schulz M, Ehret G, Fitzenreiter A. Scanning deflectometric form measurement avoiding path-dependent angle measurement errors. Journal of the European Optical Society Rapid Publications, 2010, 5: 10026.

[8] Chen S, Dai Y, Li S, et al. Error reductions for stitching test of large optical flats. Optics and Laser Technology, 2012, 44(5): 1543-1550.

[9] Kimura T, Ohashi H, Mimura H, et al. A stitching figure profiler of large X-ray mirrors using RADSI for subaperture data acquisition. Nuclear Instruments and Methods in Physics Research A, 2010, 616: 229-232.

[10] Rommeveaux A, Barrett R. Micro-stitching interferometry at the ESRF. Nuclear Instruments and Methods in Physics Research A, 2010, 616: 183-187.

撰稿人： 陈善勇、戴一帆

国防科技大学

微结构阵列切削过程的在位测量

On-Machine Measurement in Diamond Machining of Micro-Structure Array

1. 问题背景

微结构阵列是指具有规则分布的微观几何拓扑形状及相应特定功能的一类微结构表面。微结构阵列的微观和宏观几何形貌决定了器件的功能,如光学功能、摩擦功能、润滑功能、信息存储功能等。微结构阵列以其无法比拟的优越性能,已经成为光电子、信息通信以及精密工程等领域的关键零部件,如用于平板显示的微透镜阵列光学薄膜、用于空间光学回射的微金字塔阵列表面、用于太阳能电池的微槽阵列结构光栅、用于先进动态随机存储器的具有高深宽比特征的深沟槽微结构阵列等。随着科技产品向高性能化、高精度化、高集成化方向发展,微结构表面在航空航天、电子制造、生物医疗等高端产业得到了越来越广泛的应用,也相应牵引带动了可用于微结构表面制造的超精密加工技术的发展。

基于快速刀具伺服(fast tool servo, FTS)的金刚石超精密切削是一种非常有效的微结构阵列的加工方式[1-3]。其借助安装在机床运动滑轨上独立于车床数控系统之外的高频响伺服装置(如压电陶瓷、音圈电机等)来驱动刀具,通过工件回转运动与刀具快速伺服运动之间的实时同步控制,完成微纳结构表面的切削,可以实现加工精度高于 $0.1\mu m$、加工表面粗糙度 R_a 小于 10nm 的超精密加工。然而,随着制造技术的不断突破和过程不断复杂化,如何保证制造精度给现代检测提出了新的挑战,而精密测量已成为保障微纳制造质量的唯一有效的技术手段。对于微纳元器件,其形状、尺寸及位置精度将直接影响相关器件的多项性能指标,例如,微透镜阵列的面形精度直接影响光学系统的成像质量、照明均匀度和传输效率。因此,对微纳加工器件进行超精密测量以保证其形状和尺寸精度是十分必要的。另外,微结构阵列目前都采用离线测量技术进行质量评估。但测量坐标系和加工坐标系不一致,判定缺陷位置存在一定难度。即使能将缺陷位置映射到原本的加工坐标系,但二次装夹引入的位置误差也无法避免,修复再加工几乎不可能。根本性解决这一问题的途径就是在微纳切削过程中实现精确的测量,即在位测量,并将测量结果反馈到加工过程,保证加工完成即具有百纳米甚至几十纳米的形貌精度，进而确保器件实现特定的功能。

2．科学意义

不同于传统的测量技术，面向微纳结构阵列切削过程的测量技术有着特别的要求，主要表现在以下两个方面：①微纳加工器件通常在相对较大的尺度范围内（大于毫米量级），具有微纳尺度（小于 100nm）的形貌特征，因此对其进行超精密测量，既需要保证测量范围和宏观测量精度，也需要精确地获取微观尺度信息；既需要提高传统精密测量的精度量级，又需要拓展传统纳米测量的测量范围[4]，它是一种新型的跨尺度测量技术的理念需求。②如图 1 所示，考虑到微纳切削器件材料的多样性、面形的复杂性、微纳加工过程中时变的切削条件等诸多不确定性因素，单次加工往往难以满足器件在几何精度和物理性能方面的要求，因此融合了微纳加工和在位测量于一体的循环加工模式是解决这一难题的重要手段[5]，通过在位测量技术及在位循环修正加工工艺的引入，避免了工件的二次装夹误差，进而可以保障微纳加工器件的最终成型精度。综上所述，实现微纳切削过程的跨尺度在位测量技术及仪器装备既是微纳制造的前沿发展方向，也是微纳加工技术进一步突破精度极限的关键所在，更是目前先进制造领域亟须解决的仪器技术难题和仪器装备需求。

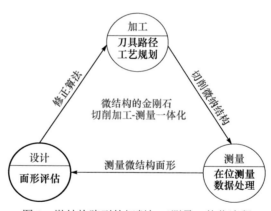

图 1　微结构阵列的切削加工测量一体化流程

面向微纳切削过程的跨尺度在位测量技术与仪器装备，实现面向超高精度复杂元件几何尺寸和三维形貌的跨尺度在位微纳测量及加工误差综合评定，为微纳元件的制造提供一种质量检测控制的有效技术方法和仪器装备，该工程理论的深入研究和技术手段的创新突破也有望进一步提升微纳加工的质量和精度，满足微纳加工领域对先进测量仪器的迫切需求，改变我国测量仪器的发展严重滞后于制造技术发展的现状，具有深远的学术意义和工程应用价值。

3. 最新进展

在位测量是面向超精密单点金刚石切削加工过程的一个重要的技术需求。由于加工装备现场的空间尺度限制、加工现场的强电磁干扰、微纳加工件形状的复杂性和材料的多样性等，面向超精密单点金刚石切削加工过程的在位测量一直是非常具有挑战性的课题，技术实现难度极大，能否实现在位测量也是微纳加工精度能否进一步提高的关键所在。目前，国内外只有少数几个实验室能够实现微纳加工过程的在位测量。日本东北大学纳米测量及控制实验室 Gao 等在这方面开展了一些研究，如图 2 所示，他们开发了基于螺旋扫描模式的原子力显微镜测量系统，并且基于该系统实现了对双曲正弦微结构的高精度在位测量[6]。澳大利亚昆士兰大学机械学院开发了基于触针探测原理的测量单元，将其集成在超精密磨削车床上进行在位测量，并提出了测量误差分析及补偿方法，减小了加工件的二次装夹误差带来的影响[7]。日本神户大学在超精密磨床上搭建了一种新的接触式在位测量系统，如图 3 所示[8]。可以看出，他们将在位测量装置固定倾斜 45°，为了实现对曲率较大的光学镜面的线轮廓测量，解决了传统垂直测量在边缘位置测量误差大的问题。注意到，由于测量装置倾斜角固定，对复杂的曲面光学结构面的自适应能力会减弱很多，并且基本无法对含有微纳结构的曲面光学结构面进行测量。

此外，日本东芝公司、韩国科学技术院、新加坡国立大学等相关研究机构也做了类似的工作[9]。上述国外的实验室初步实现了在位测量，但是大部分工作仍

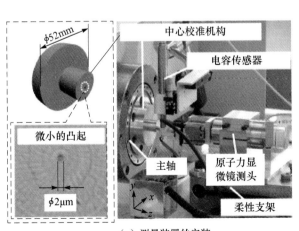
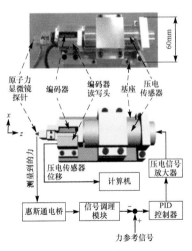

（a）测量装置的安装　　　　　　　　　　　　　　　　（b）测量探头原理

图 2　日本东北大学研制的基于原子力显微镜的在位测量系统

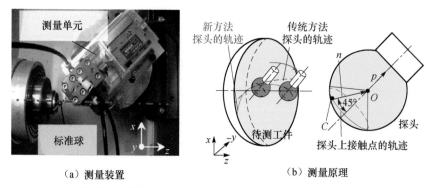

（a）测量装置　　　　　　　　　　　（b）测量原理

图 3　在超精密磨床上建立的倾斜 45° 的在位测量装置及测量原理图

然是基于接触式探针的方法实现在位行扫描，往往只能评价微纳加工试件表面某一局部区域的粗糙度和曲率等，而在位微纳三维面形检测仍然鲜有文献报道。

国内，郭东明、李圣怡、丁汉等几位学者相继提出了"设计-加工-测量"一体化的理念，并将该理念成功用于大型光学非球面、天线罩曲面精密修磨等精密加工过程中，取得了一系列原创性成果。但是，"在位测量"及"设计-加工-测量"一体化仍然局限在精密加工领域，受测量原理、集成机理、技术难度等限制，仍然未能将其拓展到微纳加工领域。对非球面镜头阵列、电子制造掩模板、双正弦结构光栅等微纳加工领域仍然缺少必要的测量仪器装备，有许多未知的关键技术尚待突破，目前一些工作的研究仅仅处于初步探索阶段。例如，房丰洲教授研究团队开发了基于 LVDT 气浮式传感器、红宝石探针和数据采集的原位测量系统，面形测量误差为 500nm。此外，他们还提出了一种由三坐标测量机和视觉形貌测头组成的非接触测量系统，并利用虚拟三靶完成了各项工作参数的标定[10]。

4. 难点内容

虽然上述研究都是极具开创性的工作，但是当前在位测量还没有形成成熟的技术和方法。需要解决的难点包括以下几个方面：

（1）由于微纳切削过程存在诸多不确定性因素，用于金刚石微纳切削加工过程的在位测量仪器，其精度不仅取决于仪器本身的扫描机构和传感器的精度，而且必须综合考虑加工现场的强电磁干扰、测量探头与工件表面的复杂耦合作用、机床运动坐标系与测量仪器扫描坐标系耦合偏置误差等多重因素的影响。需要建立测量探头与工件表面的多尺度动态耦合模型、构建基于多体动力学的在位测量运动误差模型、发展微弱信号的电磁耦合干扰理论模型及其高精度屏蔽技术，研究多种不同误差分布与误差形式于一体的误差分析理论，发展能够综合考虑微纳加工现场不确定性因素及其影响机理的微纳测量仪器精度设计理论与误差模型。

（2）随着超精密金刚石切削加工技术不断呈现新的特征，加工出的微纳结构形貌从原来简单的一维发展为三维结构，具有横向跨尺度、纵向复杂化的特征，然而现有高精度测量系统对不同特征复杂微结构的测量顾此失彼，无法同时实现高精度跨尺度快速测量，更重要的是对一些复杂切削微纳结构存在测不到、测不准的技术难题。因此，需要发展具备真三维测量和跨尺度测量能力的在位测量方法，实现对超精密微结构加工表面跨尺度多参量表征与加工误差快速评定，通过解耦与误差分离算法，将关键数据作为反馈量在线实时提供给金刚石微纳切削加工系统，期望实现加工-测量一体化的闭环制造模式。

（3）通过以上制造模式加工出的微结构阵列是否具备所预期的特定功能及指标还需要进行相应的功能性测试，包括其形状、尺寸、单元位置精度与最终性能的映射关系，依据测试结果能回溯加工中的特定问题并能指导改进相应工艺，保证微结构器件的性能。

参 考 文 献

[1] Patterson S, Magrab E. Design and testing of a fast tool servo for diamond turning. Precision Engineering, 1985, 7(3): 123-128.

[2] Scheiding S, Allen Y Y, Gebhardt A, et al. Freeform manufacturing of a microoptical lens array on a steep curved substrate by use of a voice coil fast tool servo. Optics Express, 2011, 19(24): 23938-23951.

[3] Ludwick S J, Chargin D A, Calzaretta J A, et al. Design of a rotary fast tool servo for ophthalmic lens fabrication. Precision Engineering, 1999, 23(4): 253-259.

[4] Chassagne L, Blaize S, Ruaux P, et al. Note: Multiscale scanning probe microscopy. Review of Scientific Instruments, 2010, 81(8): 086101.

[5] Mears L, Roth J T, Djurdjanovic D, et al. Quality and inspection of machining operations: CMM integration to the machine tool. Journal of Manufacturing Science and Engineering, 2009, 131(5): 051006.

[6] Gao W, Aoki J, Ju B F, et al. Surface profile measurement of a sinusoidal grid using an atomic force microscope on a diamond turning machine. Precision Engineering, 2007, 31(3): 304-309.

[7] Chen F, Yin S, Huang H, et al. Profile error compensation in ultra-precision grinding of aspheric surfaces with on-machine measurement. International Journal of Machine Tools and Manufacture, 2010, 50(5): 480-486.

[8] Suzuki H, Onishi T, Moriwaki T, et al. Development of a 45° tilted on-machine measuring system for small optical parts. CIRP Annals—Manufacturing Technology, 2008, 57(1): 411-414.

[9] Chen S T, Yang H Y. Study of micro-electro discharge machining (micro-EDM) with on-machine measurement- assisted techniques. Measurement Science and Technology, 2011, 22(6): 065702.

[10] Fang F Z, Zeng Z, Zhang X D, et al. Measurement of micro-V-groove dihedral using white light interferometry. Optics Communications, 2016, 359: 297-303.

撰稿人：居冰峰

浙江大学

如何实现超精密加工元件亚表面缺陷非破坏性检测？

How to Realize the Non-Destructive Detection of Sub-Surface Defects in Ultra-Precision Machining Process?

1．科学意义

工程陶瓷材料、微晶玻璃、涂层等超精密加工元件和材料大多都用于对材料特性要求非常高的场合，一旦出现材料特性分布不均匀，或者由内应力的存在而引起亚表面（表面以下百微米以内）缺陷，造成的后果将不可想象。国家点火工程系统中用到的无论是熔石英、BK7 玻璃或晶体，还是为了实现高反射或减反射的膜层，在强激光的照射下，亚表面缺陷都容易引起强烈的局部热效应使温度急剧升高而导致元器件严重损伤。现今光学元件抗激光损伤能力低下已经成为抑制激光器提高能量密度的重要阻碍[1]。对于陶瓷材料，当亚表面存在 $10\sim60\mu m$ 量级的缺陷时，即可导致其在工作时发生破坏。例如，碳化硅在承受 $686\sim980N/mm$ 的负荷应力时，如亚表面有 $30\sim50\mu m$ 量级的缺陷存在，材料即可破坏。据统计，由于材料亚表面缺陷带来的经济损失占我国国民经济损失的 $2\%\sim4\%$[2]。

超精密加工元器件的加工工艺复杂，极易引起微小裂纹、气泡、特性分布不均匀、分层、杂质等各类亚表面缺陷。数据显示，绝大多数超精密加工的材料和器件失效都是由表面及亚表面缺陷引起的。表面及亚表面缺陷的检测水平一直限制着我国精密加工制造业的发展。尽管近年来随着材料科学的进步和制造工艺的改进，精密加工的微纳级工程材料的可靠性已经大大提高，但是微纳材料和器件向高集成化、材料复杂化、多层化、工艺多样化的趋势的发展，带来了对其可靠性保障，尤其是亚表面微小缺陷检测的进一步挑战。因此，亟待研究和开发出适用于一种面向这类精密加工材料的亚表面缺陷检测技术和系统，实现对制造过程中亚表面缺陷快速定量化成像，以优化制造过程和加工工艺，保证最终超精密加工材料及元件的可靠性和稳定性。

2．问题背景

超精密加工技术是 20 世纪 60 年代为了适应核能、大规模集成电路、激光和航天等尖端技术的需要而发展起来的精度极高的一种加工技术，主要用于加工激光核聚变反射镜、战术导弹及载人飞船用球面、非球面大型零件等。超精密加工的精度比传统的精密加工提高了一个数量级上的。到 20 世纪 80 年代，加工尺寸精度可达 10nm，表面粗糙度达 1nm。超精密加工对工件材质、加工设备、工具、测量和环境等条件都有特殊的要求，需要综合应用精密机械、精密测量、精密伺服系统、计算机控制以及其他先进技术。工件材质必须极为细致均匀，并经适当处理以消除内部残余应力，保证高度的尺寸稳定性，防止加工后发生变形。因此，在超精密加工过程中难以避免地会产生亚表面层的缺陷、裂缝，以及加工过程的剩余应力等，同时也对超精密加工元器件的测量和检测提出了挑战。

　　图 1 为超精密加工材料亚表面剖面示意图[3]，可以看出，裂缝主要是竖直向下的，且从上到下逐渐变细呈树形结构，这说明裂缝的产生主要来自超精密加工过程中的正压力，如研磨、抛光过程。从表面 50nm 到 1μm 是抛光过程中由于热作用形成的一层致密、杂质浓度较高的再沉积层，以下到 1～100μm 的深度主要是裂缝和少量的颗粒杂质，即亚表面层。这些损伤直接降低了超精密加工元器件和材料的性能以及使用寿命，对元件造成了不可逆转的损坏[4]。对亚表面缺陷的定量检测是除去亚表面缺陷的基础，也对研究缺陷形成机理、优化加工工艺有着极其重要的作用。

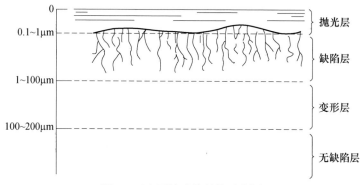

图 1　亚表面缺陷的结构示意图

3．最新进展

　　近年可用于材料亚表面缺陷检测的无损技术手段日趋丰富[5-8]，主要包括：

　　（1）红外热成像技术。根据光热效应探测样本表面的红外辐射能量，并将其转换为温度场用于对材料内部结构信息进行反演。但是红外热成像检测中被测材料的厚度和导热系数会直接影响检测灵敏度，热图像影响因素繁多，分辨率不高。

　　（2）声发射技术。通过检测材料内部因缺陷扩展、应力松弛、摩擦、泄漏和磁畴壁运动等造成局部能量的快速释放而产生弹性波，实现对样本结构完整性的检测与评价。但是它很难提供定量化的缺陷检测和成像，而且信噪比较低，需要外部激励以产生声发射信号。

（3）X 射线衍射检测技术。利用 X 射线在物质中传播的衰减特性来获取内部结构信息，虽然 X 射线具有很高的检测分辨率和穿透特性，但是它对一些亚表面缺陷如分层等并不敏感，检测精度差，而且 X 射线对人体有害，因此只用于特殊场合，并不完全适合各类缺陷的检测。

（4）超声显微镜技术。利用聚焦超声探头实现高分辨率的表面及亚表面缺陷检测。但是目前的超声探头都需要耦合剂，严格意义上讲并非完全的非接触测量，难以实现复杂超精密加工材料的在线检测。

（5）超声导波技术。导波检测的优势在于高效率，传播距离远，检测方便，不需要扫描机构，但由于其传播距离的增加，其检测频率往往限制在兆赫兹量级甚至更低，检测分辨率很低，远远达不到微细缺陷检测的要求。

（6）激光散射技术。利用亚表面缺陷对激光的散射特性引起对激光的偏振特性的改变来反演出缺陷信息，但是这种技术只能用于透明或半透明的工程材料的缺陷检测中。

（7）纳秒激光超声技术。在超声的激发中采用激光-热-声转换效应远程激发超声波实现真正的非接触测量，再通过光学法或其他方式接收超声回波以反演出材料亚表面缺陷信息，但是这种方法信噪比不高，且由于激发的超声频率低，对于亚表面缺陷产生的微弱信号，大大增加亚表面缺陷的检测难度。

在破坏性检测方法方面，传统亚表面缺陷深度测量的方法是抗击法，现在对亚表面缺陷定量检测的方法主要是刻蚀显微法，即首先用刻蚀剂对超精密加工元件表面进行腐蚀，将亚表面缺陷暴露出来；然后用光学显微镜、轮廓仪或者原子力显微镜等设备进行测量。但是，该方法属于破坏性检测方法，不仅会损坏元件，效率还十分低，检测也比较耗时。

4. 难点内容

在飞秒激光超声中，相应的超声波长和检测分辨率可达亚微米甚至纳米级，为亚表面缺陷的定量检测提供了可能。亚表面缺陷定量检测需要解决的难点包括以下几个方面：

（1）理论方面，飞秒激光超声与超精密元器件亚表面缺陷作用机理以及亚表面缺陷各参数量化方法有待研究和确立。亚表面缺陷主要分为划痕、裂纹、杂质三种[9]，缺陷大小从纳米到微米不等，参数可以归纳为长度、宽度、深度、横截面形状等。在飞秒激光超声中，首先通过极短的飞秒激光脉冲在有缺陷的表面及亚表面产生超高频超声，然后与缺陷和材料相互作用，最后提取出能最大化反映缺陷信息的回波，从中提取出缺陷信息。但是，当常规的激光脉冲宽度进一步压缩到飞秒量级时，将形成几十吉赫兹或几百吉赫兹的高频超声波，新的扩散效应如电子扩散、载流子扩散等过程不可忽略，它们与热扩散相互结合将形成飞秒激光超声过程中新的复合扩散效应；在不同的亚表面深度下不同的缺陷类型将会造成表面瞬态应力应变波的非对称传播和多模态波形转换；超精密加工材料和元件亚表面缺陷的尺度与飞秒激光波长尺度相近的情况下，其传播以及与亚表面缺陷相互作用机理需要重新定量和建模。

（2）实际测量中，飞秒激光超声的产生机理复杂，带有亚表面缺陷信息的超声的探测也很困难。根据前文所述，现今比较流行的无损检测和破坏性检测方法对于超精密加工元器件的亚表面缺陷检测都有其不足，均不能完成亚表面缺陷的定量测量。改进和提升现有检测手段或者开发出一种新的面向这类超精密加工元件的亚表面缺陷检测系统成为亚表面缺陷定量检测的难点之一。美国西北大学 Balogun 教授课题组，针对美国国家点火装置靶材检测需要，研发了一种激光超声显微系统（图 2），用于检测点火装置中靶材的弹性特性及其内部结构成像[10]。该系统是传统激光超声系统的升级版，采用皮秒脉冲激光器激发上吉赫兹的超声，具有微米级的分辨能力，能够对亚表面以下 3μm 的微结构进行成像。皮秒激光超声显微方法是一种比较有潜力的方法，但是存在着分辨率的限制，对于亚微米甚至纳米级别的超精密加工元件的亚表面缺陷的检测也同样无能为力。使用飞秒激光

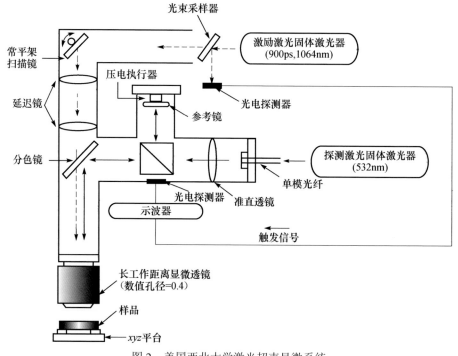

图 2　美国西北大学激光超声显微系统

器,可以提升激发超声的频率从而提升检测的分辨率。但是,一旦脉冲激光进入飞秒量级,会涌现很多未被探索过的新物理现象,超高频超声信号的激发机理尚不明确,带有亚表面缺陷信息的上百吉赫兹甚至太赫兹的超声振动的接收也是一个难题。

参 考 文 献

[1] 王毅. 亚表面缺陷诱导损伤的机理与实验技术研究. 绵阳: 中国工程物理研究院, 2005.

[2] 韩雷, 程应科, 林滨, 等. 先进陶瓷材料表面/亚表面缺陷无损检测. 控制与检测, 2007, 8: 43-50.

[3] Camp D W, Kozlowski M R, Sheehan L M, et al. Subsurface damage and polishing compound affect the 355-nm laser damage threshold of fused silica surfaces. Laser-Induced Damage in Optical Materials, 1997, 3244: 356-364.

[4] Zhang Y L, Xiao J, Yuan X D, et al. Modulation on incident laser induced by repaired subsurface defect in fused silica. High Power Laser and Particle Beams, 2012, 24(8): 1806-1810.

[5] Ibarra C C, Galmiche F, Darabi A, et al. Thermographic nondestructive evaluation: Overview of recent progress. Proceedings of SPIE: Thermosense XXV, 2003, 5073: 450-459.

[6] Aydogan P, Polat E O, Kocabas C, et al. X-ray photoelectron spectroscopy for identification of morphological defects and disorders in graphene devices. Journal of Vacuum Science and Technology A: Vacuum, Surfaces, and Films, 2016, 34(4): 041516.

[7] Honarvar F, Sheikhzadeh H, Moles M, et al. Improving the time-resolution and signal-to-noise ratio of ultrasonic NDE signals. Ultrasonics, 2004, 41(9): 755-763.

[8] Park B, An Y K, Sohn H. Visualization of hidden delamination and debonding in composites through noncontact laser ultrasonic scanning. Composites Science and Technology, 2014, 100: 10-18.

[9] Battersbv C L. Effects of wet etch processing on laser-induced damage of fused silica surfaces. SPIE, 1999, 3578: 446-455.

[10] Balogun O, Cole G D, Huber R, et al. High-spatial-resolution sub-surface imaging using a laser-based acoustic microscopy technique. IEEE Transactions on Ultrasonics, Ferroelectrics, and Frequency Control, 2011, 58(1): 226-233.

撰稿人: 居冰峰

浙江大学

离子注入辅助超精密切削硬脆性材料的
刀具寿命能否大幅度延长？

Can Tool Life Be Significantly Prolonged in Ion-Implantation
Assisted Ultra-Precision Machining of Brittle Materials?

1. 科学意义

晶体材料具有独特的物理化学性质，被广泛应用于微电子、现代光学、航天等高技术领域。从生长成的晶体毛坯到最终成品，加工过程极大限度地决定了器件的使用性能。固体材料的机械加工性能在微观层面上取决于材料原子键属性、晶格结构以及缺陷。对于金属单晶材料，由于金属键具有各向同性与非局域性，在外载荷作用下能够顺利通过滑移变形释放能量，从而体现出良好的可加工性能。然而，对于共价或离子晶体材料，高能量、高度局域化的原子键使得晶格变形困难，因此该类材料大部分呈现出宏观的硬脆属性。硬脆性材料的屈服强度与断裂韧性接近，当载荷作用于单晶系统时，很容易发生脆性断裂。当裂纹发生失稳动态扩展时，其速率可高达每秒千米量级，快速扩展的裂纹在机械加工过程中将破坏产品表面完整性。

在超精密加工中，通过精确的运动控制以及锋利的刀具刃口，能够实现纳米量级的材料去除。在该尺度下，切削厚度与刀具刃口半径处于同一量级，有效负前角使得刃口附近工件材料的晶格发生高压相变，材料通过推挤机制被去除，实现光学级表面的塑性域加工。随着切削厚度增加并超过临界值（脆塑转变厚度），上述条件不再被满足并发生断裂。为了保证表面质量，超精密加工时的最大切削厚度需小于该临界值。此外，由于单晶结构的各向异性，临界切削厚度随加工方向呈现周期性变化，而刀具进给则受最小临界厚度的制约。硬脆性单晶的脆塑转变厚度一般处于几十纳米级至百纳米级，需采用缓慢的刀具进给和高主轴转速进行加工，效率低、刃口磨损严重。如果能够预先改变硬脆材料的力学性能，提高断裂韧性并降低硬度，同时减弱各向异性，就有望解决此类材料超精密机械加工的关键问题，最终实现各种晶体的复杂曲面或功能结构。

2. 问题背景

为了改善硬脆晶体的机械加工性能，需要选择合适的材料改性技术。在采用聚焦离子束制备纳米级刃口金刚石刀具过程中，离子束轰击使得金刚石表层发生非晶化相变，进而导致切削时刃口过快磨损。如果将该过程作用于被加工材料，就可能实现预期的改性效果。另外，聚焦离子束的核心过程是原子量级材料去除，而所需技术的主要任务是力学改性，因此离子注入方法成为潜在的材料表面改性方案。当高能离子进入靶材料后，将与靶原子核发生弹性与非弹性作用并触发级联碰撞，大量靶原子被移位后形成晶格损伤并逐渐累积。随着入射离子数增加，原始的单晶结构最终转变为非晶态，实现离子注入表层力学强度的减弱。与其他表面改性技术相比，离子注入是非平衡过程，外来粒子不受其在靶材中的固体溶解度限制，并且注入深度可精确控制，能够满足制备特定几何尺寸的稳定非晶层的需求。然而，作为一种新的加工方法，目前还存在若干理论与工艺问题亟待解决：

（1）非晶化以外的改性机制。许多研究已经证明，非金属单晶材料非晶化后机械强度降低，这表明一旦表面改性层达到非晶状态，继续增加注入离子剂量将没有意义。从原子层面看，非晶化破坏了晶体原本的周期性结构，但是并未改变原子键特性。因此，只有考虑化学键的影响才能进一步提升力学改性效果。

（2）改性层结构优化。理想的改性层起始于工件表面，其厚度应远大于切削厚度。但在超精密车削过程中，这一条件难以被满足，尤其是无法解决重离子高能量大剂量的注入问题。因此，为了使改性方法具有可实现性，非晶层结构需要基于后续加工方法进行优化，以制定合理的注入方案。

（3）离子改性对器件使用性能的影响。离子注入在改变材料力学性能的同时还可能影响器件最终的使用性能。例如，对于短波光学元件，残留的改性层将改变表层光学特性。作为完备的理论体系，有必要针对离子改性与相关物理化学指标以及补偿方法开展研究。

3．最新进展

2006 年，房丰洲等首次提出离子注入辅助纳米制造新方法（nanometric machining of ion implanted materials, NiIM），并于 2011 年发表相关学术论文[1]。通过分子动力学计算揭示了离子注入缺陷在纳米切削过程中的演化机制，并对单晶硅进行氟离子改性，使其表层硬度与弹性模量显著下降，脆塑转变深度增加。在 6.5km 车削测试中，金刚石刀具后刀面磨损明显减少，表明该方法能够有效延长刀具使用寿命，如图 1 所示。

2013 年，日本大阪电气通信大学基于该方法对 6H-SiC 进行了碳离子辐照改性[2]，试图提高碳化硅的可切削性，实现了 60nm 的临界切削厚度，并发现非晶层能够阻碍表面裂纹向单晶基底传播，提出碳化硅无损加工的可能性。香港理工大学对氢离子辐照单晶硅的研究中[3]，飞刀切削时改性硅的切削力功率谱与塑性合金（Al7075）更为接近，有效地减弱了切削力的高频振动。2015 年，天津大学再

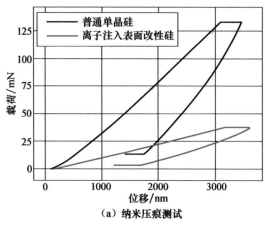

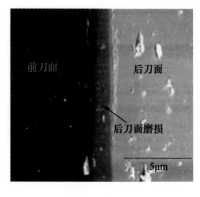

（a）纳米压痕测试　　　　　　　（b）改性硅车削刀具刃口

图1　单晶硅离子注入改性

次将 NiIM 应用于单晶锗[4]，采用重离子轰击实现表面连续 2μm 非晶层，脆塑转变厚度提升至 730nm。此外，未完全非晶化的表层结构以及退火热处理对切削的影响也引起了学者的注意[5,6]，当改性层晶格保留一定程度的有序性时，临界切削厚度在不同方向上体现出各向异性。2016 年，分子动力学分析进一步揭示了粒子轰击引入的材料缺陷对纳米切削应力场的影响[7]，指出了损伤分布均匀性的重要意义。除了上述理论与工艺探索，离子改性方法已经成功应用于光整流太赫兹晶体发射器表面微结构的加工[8]，有效降低了太赫兹波产生与传播中的能量损失。

4．难点内容

根据问题背景中的内容，离子注入辅助加工方法的进一步发展需要解决如下理论难题。

（1）从原子尺度研究注入改性机制。理论方面，目前基于连续介质与经典断裂理论的工程力学体系表现出较强的经验性，特别是本构模型中的材料参数大部分取自宏观试验过程，导致无法基于此框架来揭示原子键对力学性能的影响机理。另外，超精密加工中材料变形与去除发生在纳米尺度，尺寸效应的存在也使经验参数甚至本构形式不再成立。因此，研究工作需要更多地借助量子力学等微观理论来辅助经典方法。研究手段方面，虽然分子动力学已经成功地模拟了注入改性过程，但是由于受势能函数的限制，针对不同离子元素的数值计算严重受阻。同时，由于经验势函数对电子进行了很大程度的近似，无法准确描述局部原子键，这就需要采用更精确的数值模拟算法，甚至采用多尺度计算架构。

（2）非晶态改性层的合理结构。在超精密加工中，名义切削深度达到了微米量级，而形成微米级厚度的连续非晶层需要注入机对离子提供很高的能量（重离子可达兆电子伏量级）。设备功率的限制，迫使离子束流强度降低，从而使大尺寸器件大剂量注入较难实现。优化现有改性层结构需要综合考虑离子注入与加工参数,特别需要对裂纹扩展及其界面行为的微观动力学过程展开深入研究,才能够实现离子改性与超精密加工过程的合理匹配。

(3)加工表面完整性的评价。改性效果的评价目前主要针对脆塑转变厚度、压痕力学参数、加工表面形貌以及切削力和刀具磨损方面,而针对亚表面损伤以及器件应用指标的考核很少被研究。很多研究显示,即使是光学级平滑表面,其亚表面也可能隐藏微裂纹,成为器件使用时的隐患。亚表面损伤除了影响材料的表层力学量,还可能改变其光电性质。为了不断完善 NiIM 的理论与工艺,研究任务呈现出更强的多领域交叉性。

参 考 文 献

[1] Fang F Z, Chen Y H, Zhang X D, et al. Nanometric cutting of single crystal silicon surfaces modified by ion implantation. CIRP Annals—Manufacturing Technology, 2011, 60(1): 527-530.

[2] Tanaka H, Shimada S. Damage-free machining of monocrystalline silicon carbide. CIRP Annals—Manufacturing Technology, 2013, 62(1): 55-58.

[3] Wang H, Jelenković E V. Enhancement of the machinability of silicon by hydrogen ion implantation for ultra-precision micro-cutting. International Journal of Machine Tools and Manufacture, 2013, 74: 50-55.

[4] Wang J S, Fang F Z, Zhang X D. An experimental study of cutting performance on monocrystalline germanium after ion implantation. Precision Engineering, 2015, 39: 220-223.

[5] Xiao G B, To S, Jelenković E V. Effects of non-amorphizing hydrogen ion implantation on anisotropy in micro cutting of silicon. Journal of Materials Processing Technology, 2015, 225: 439-450.

[6] Jelenković E V, To S, Sundaravel B, et al. Micro-cutting of silicon implanted with hydrogen and post-implantation thermal treatment. Applied Physics A, 2016, 122(7): 1-8.

[7] Wang J S, Zhang X D, Fang F Z. Molecular dynamics study on nanometric cutting of ion implanted silicon. Computational Materials Science, 2016, 117: 240-250.

[8] Hu X K, Li Y F, Fang F Z, et al. Enhancement of terahertz radiation from GaP emitters by subwavelength antireflective micropyramid structures. Optics Letters, 2013, 38(12): 2053-2055.

撰稿人:房丰洲、王金石

天津大学

纳米切削与传统切削的机理是否相同？

Is There a Fundamental Difference of Material Removal Mechanism between Nano Cutting and Precision Cutting?

1. 科学意义

切削技术从微米切削向纳米切削演化过程中，切削基础理论的研究也在不断深入。切削机理从 1881 年 Mallock 建立的原始剪切模型，到后来 Merchant、Lee、Shaffer、Oxley 等的不断努力，对切削模型进行修正，使其更好地指导生产实践。随着切削技术从精密切削向微米切削乃至纳米切削方向的发展，切削厚度越来越小，并实现纳米尺度连续切削。切削过程受材料尺度效应和刀具刃口作用的影响，将有异于传统切削过程的现象产生。大量研究表明，纳米级切削过程中，传统剪切理论已经无法解释纳米量级材料去除过程。研究人员于 20 世纪 80 年代探索了纳米量级切削过程中刀具刃口对材料的影响，研究表明，切削过程中部分材料对应的有效前角为负值，使得刃口附近工件材料的晶格发生高压相变，减小了材料断裂的可能，并成功加工出了粗糙度为 1nm 的单晶硅表面，与此同时提出了纳米量级下材料推挤去除机理，并在其后的多年时间不断对其完善，使其有效地解释纳米量级切削表面生成过程[1-3]。新的机理已经为纳米机械加工的基础理论研究展示了广阔的研究前景和巨大的研究空间，但相关研究还处于起步阶段，新的机理在不同材料纳米尺度去除的差异、材料在纳米尺度的变形机制、纳米表面生成、纳观形貌的可控性、纳观行为表征等一系列基础研究问题亟待系统深入展开。

2. 问题背景

传统的切削加工理论主要建立在连续介质力学基础上，当切削加工量控制在纳米级甚至更小时，由于进入了纳观领域，去除的材料对象已变为具有分立、离散性质的数层或数百层分子原子，进而会出现许多新的物理现象。纳米切削所涉及的理论已远远超过了常规切削理论和技术范畴，需要更多地依赖于新的学科领域的发展和基础理论的建立。由于其研究对象的特殊性，纳米切削的理论发展需要和其他基础学科（如物理、力学、材料科学等）的前沿发展成果紧密地结合在一起，形成一门多学科交叉的理论体系，进而指导实际纳米切削加工技术的发展。由于纳米切削过程的高速瞬态过程不易表征和材料原子级去除的物理机制不明确，在世界范围内还没有形成成熟的纳米切削理论，严重制约了高效率、低损伤的可控纳米切削技术的发展[1]。目前纳米切削机理研究的内容主要包括以下三个方面：

（1）Mallock 提出材料剪切去除模型之后，切削加工领域一直在使用该理论对材料去除方式进行分析和指导。但大量研究表明，在纳米切削过程中，由于尺寸效应和刃口效应的存在，剪切理论已不能完整解释纳米级表面的形成过程。建立纳米尺度下材料切削去除模型和理论是相关研究人员的重要研究方向。

（2）每一项技术都有基于自身的适用范围，纳米切削技术的核心是实现可控的稳定去除加工，因此有必要探索切削极限。

（3）根据应用领域的不同，纳米切削的材料对象非常广泛，这些材料的宏观和微观性质均存在着很大的差异，所以其变形去除机制以及刀具与材料之间的相互作用机制也存在着较大的差异。因此，需要针对不同种类材料研究其纳米切削材料变形去除机制。

3. 最新进展

目前，国内外研究纳米切削机理的方法主要有基于分子动力学仿真、材料加工表面测试表征、扫描探针显微镜的纳米加工实验以及超精密切削加工等。基于分子动力学的仿真方法在 20 世纪 80 年代末首先被美国劳伦斯伯克利国家实验室应用于单晶铜微摩擦和纳米切削的机理研究[4,5]。在随后的 90 年代，日本的 Shimada 等[6-8]发表了多篇采用分子动力学模拟研究纳米切削机理的文章，有效推动和扩展了分子动力学在纳米切削加工领域的应用。图 1 为利用分子动力学仿真软件建立的典型的单晶材料三维纳米切削模型[9]。在预先提供的经验半经验的势场环境中，刀具在设计的切削深度上按照一定的速度切削工件，在每一个时间点计算此时刀具原子和工件原子的位置、速度等信息，并实时输出，便可以得到每一时刻的材料变形以及刀具在切削过程中的性质参数的变化。

由于分子动力学模拟的时间尺度和空间尺度存在限制，近年来发展出了多尺度的模拟方法，可以有效地扩大系统的尺寸规模，使仿真状态及结果与实际加工更加接近，例如，Zhu 等[9]基于混合模拟方法（hybrid simulation method, HSM）建立了耦合分子动力学和有限元的纳米切削三维多尺度

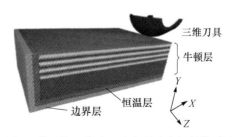

图 1　单晶锗三维分子动力学纳米切削模型[1]

模型。

分子动力学模型只是一种基于经验半经验势函数的数值计算，因此其所采用的切削工艺参数以及加工性能数值并不能与实际加工完全对应。而基于原子力显微镜（AFM）的微机械加工系统可以真实地再现实际纳米切削加工中的部分工艺参数，甚至可以通过修饰针尖形状来模拟不同的刀具形状及刃口半径。因此，在研究探索纳米切削过程中工艺参数对材料切削状态及表面质量的影响方面，基于 AFM 的纳米加工实验有着重要的作用和广阔的应用前景。图 2 为基于 AFM 的纳米加工系统原理图，该系统本身具有原子级别的空间测量性能以及微牛级别的力学测量分辨率，可以在切削加工的同时进行在线或在位检测，获取被加工材料的表面微观形貌以及力学参数，为机械纳米加工机制的研究提供重要的手段和方法。

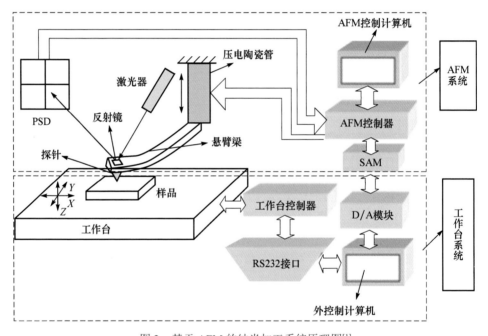

图 2　基于 AFM 的纳米加工系统原理图[1]

在纳米切削中，被加工材料的去除及损伤层特性是影响纳米切削表面完整性的重要因素，也是验证纳米切削分析与研究的有效方法。因此，需要对被加工材料的表面亚表面变形机制以及损伤状况进行测试与表征。拉曼光谱是一种无损、快速检测分子结构及分子间相互作用的表征方法，因此常用于材料相变和残余应力的测试中。通过建立相关计算模型以及与透射电子显微镜测试结果对比标定，可以将拉曼光谱表征从定性测试拓展到定量半定量的检测。Yan 等[10]提出了基于显微拉曼光谱的单晶硅纳米切削表面非晶层厚度测定的模型，获得了单晶硅基于拉曼散射强度比的非晶层厚度计算公式。此外，拉曼光谱还有望在在线表征材料纳米切削过程中的结构变化以及切屑形成的研究中展现广阔的应用前景。

　　超精密加工依赖于超精密机床，并在严格的加工条件下进行。在采用机床进行纳米切削机理的研究时，大部分情况下并不依赖于单点金刚石超精密车削机床的绝对运动精度，而是采用一种斜切的方式获得纳米级的切削深度，如图3所示。这种切削方式的好处在于可同时获得纳米级至微米级的切削深度，以便于分析不同切削深度下材料的去除机制。Fang等[3]及Yan等[10]采用该方式获得了0～200nm的切削深度表面，并检测分析了单晶硅在该范围内不同切削深度对应的亚表面变形状况。这种加工方式也常用于研究脆性材料在纳米切削中的脆塑性域去除方式转变的临界切削深度。

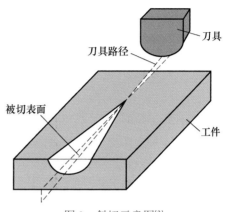

图3　斜切示意图[3]

4．难点内容

　　纳米切削技术在未来制造业的发展中具有广阔的应用前景。对纳米切削机理进行深入探索，建立成熟完整的纳米切削理论体系，可为改善纳米切削表面质量、保证纳米切削表面完整性的制造技术的研究发展提供必要的理论基础，对提高切削加工的水平具有重要意义。目前，纳米切削机理研究的挑战主要在于以下两个方面。

　　1）理论的发展

　　纳米切削机理研究的对象大多处于微观/纳观领域，该尺度所特有的原子乃至量子效应在切削现象及机理探索中占据重要的地位，其所涉及的研究领域远远超出了常规机械加工理论的范畴，而需要更多地依赖其他新的基础学科（如晶体学、纳米力学、原子物理及量子力学等）的发展成果。完整成熟的纳米切削理论必然是一门具有多学科深入交叉背景的理论体系，需要相关的研究人员具有宽广的视野和相关多领域的知识背景。现有的纳米切削理论的研究只是处于初级阶段，相应的研究成果也比较分散，距离建立完整成熟的纳米切削理论体系还有很长的路要走。

　　2）技术及设备的发展

　　理论的建立需要与实际加工相结合。由于相关加工技术和检测技术的限制，目前在纳米切削过程中的纳观瞬态信息以及一些物理现象难以表征，阻碍了相关理论的验证与深入发展。虽然采取了一些相关的研究办法，如分子动力学仿真、原子力显微镜机械加工等，但仍与实际纳米切削有一定的差别。因此，提高纳米切削技术水平迫切需要更精密稳定的切削加工设备以及建立成熟完善的纳米切削加工工艺。同时，还应建立与实际纳米切削加工相配套的测试表征手段，有效地检测与表征纳米切削加工现象与行为，为纳米切削理论体系的建立提供必要的实验支持。

参 考 文 献

［1］ Fang F Z, Lai M. Development of nanometric cutting mechanism. Science Sinica 2014, 44: 1052-1070.

［2］ Fang F Z, Venkatesh V C. Diamond cutting of silicon with nanometric finish. CIRP Annals—Manufacturing Technology, 1998, 47(1): 45-49.

［3］ Fang F Z, Wu H, Liu Y C. Modelling and experimental investigation on nanometric cutting of monocrystalline silicon. International Journal of Machine Tools and Manufacture, 2005, 45(15): 1681-1686.

［4］ Hoover W G, Hoover C G, Stowers I F, et al. Interface tribology via nonequilibrium molecular dynamics. MRS Proceedings. Oxford: Cambridge University Press, 1988: 140.

［5］ Belak J F, Stowers I F. A molecular dynamics model of the orthogonal cutting process. Proceedings of American Society of Photoptical Engineers Annual Conference, 1990.

［6］ Shimada S, Ikawa N, Tanaka H, et al. Feasibility study on ultimate accuracy in microcutting using molecular dynamics simulation. CIRP Annals—Manufacturing Technology, 1993, 42: 91-94.

［7］ Fang F Z, Wu H, Zhou W, et al. A study on mechanism of nano-cutting single crystal silicon. Journal of Materials Processing Technology, 2007, 184(1-3): 407-410.

［8］ Inamura T, Shimada S, Takezawa N, et al. Brittle/ductile transition phenomena observed in computer simulations of machining defect-free monocrystalline silicon. CIRP Annals—Manufacturing Technology, 1997, 46: 31-34.

［9］ Zhu P Z, Hu Y Z, Fang F Z, et al. Multiscale simulations of nanoindentation and nanoscratch of single crystal copper. Applied Surface Science, 2012, 258: 4624-4631.

［10］ Yan J, Asami T, Kuriyagawa T. Nondestructive measurement of machining-induced amorphous layers in single-crystal silicon by laser micro-Raman spectroscopy. Precision Engineering, 2008, 32: 186-195.

撰稿人：房丰洲、赖 敏

天津大学

是否有可能实现原子尺度的制造？

Is There a Possibility to Achieve Atomic Level Manufacturing?

1. 科学意义

回顾制造业的发展过程，亚毫米级制造精度使蒸汽机革命在英国成功，并使英国一度成为"日不落帝国"；微米级制造精度适应了电气和电子产品的制造，造就了美国、欧洲和日本经济的快速发展。原子及近原子尺度的制造（atomic or close-to-atomic scale manufacturing）有望在制造领域带来科学和技术上前所未有的变革，为我国实现由制造大国向制造强国的转变提供历史性的机遇[1,2]。但是，在这一尺度下，现有的制造技术面临着极大挑战，原子尺度制造的相关科学问题亟待解决。

制造的核心技术之一是加工，当加工的尺度从微米、纳米向原子尺度逼近时，出现了原子量级的材料去除、迁移或增加，传统的加工理论已经无法解释这一尺度下发生的现象和效应。这也标志着制造技术将从以经典力学、宏观统计分析和工程经验为主要特征的现代制造技术，走向基于多学科综合交叉集成的下一代制造技术。原子或近原子尺度制造技术的发展将大大拓宽现有制造技术的尺度范围，开辟新的领域，同时会发展新的制造理论和技术方法，对促进学科交叉起到积极的促进作用，使制造科学的研究更为深入和完善[3]。

2. 问题背景

原子及近原子尺度的制造，简称 ACSM，即"制造Ⅲ"。其主要特征包括：①制造对象与过程设计跨越宏观、微观和纳观直接作用于原子本身。产品的几何尺寸是宏观的，但要在原子尺度上实现制造体的轮廓及表面形貌。②制造过程中表面/界面效应占主导作用。原子或近原子尺度材料去除、迁移或增加的物理与化学反应等一系列过程均发生在固/液/气相的作用界面上。③制造过程中原子/分子的行为取决于量子效应。随着制造对象尺度和精度趋向原子或近原子量级，制造过程中材料的原子、分子行为和量子效应主导制造的方法和工艺，制造科学与技术的研究方法需由宏观的实验统计向趋于物质基本组成粒子的相互作用机制转变。

原子及近原子尺度制造技术涵盖各类原子量级的材料去除、迁移或增加，如机械加工、激光加工、聚焦激光束加工、电子束加工及原子沉积等。激光制造技术近年来得到快速发展，激光具有高亮度、高方向性、高单色性、高相干性，可选择范围宽，波长可以从红外到 X 射线，脉冲宽度从连续激光到飞秒甚至更小，瞬时功率密度较高。激光这些特征使其既可以满足宏观尺度制造需求，又能实现微纳量级的制造需求，其中飞秒激光直写技术主要利用材料与飞秒激光相互作用产生对光子的非线性吸收，使材料只有在焦点附近很小的体积范围内才能吸收足够的能量，减小了两者相互作用范围，提高了加工的分辨率。聚焦离子束技术是目前面向原子及近原子尺度制造的又一项重要技术。它是利用电场加速液态离子源后，经过静电透镜的聚焦，得到非常小的离子束束斑，最小直径可达 10nm 以下。利用纳米量级高能离子束轰击材料，使离子与材料间发生相互碰撞。高能离子与固体表面相互作用时，离子射入固体表层，与表层原子发生级联碰撞，并与周围晶格发生能量传递。当表层原子获得足够离开材料表面的能量时，材料表层原子被轰击出材料表面，产生材料的溅射去除。利用此现象可实现纳米结构的高精度加工[4]。场发射透射电子显微镜中高能聚焦电子束可用于原子及近原子尺度结构的制造，如诱导沉积制备纳米线、纳米点、纳米树等各种纳米结构[5]。除此之外，高能聚焦电子束还可实现纳米线的诱导修饰，例如，实现纳米线的切割、打孔、焊接，以及长度、直径、弯曲度等形貌的改变，还可以在纳米线表面诱导沉积其他元素的纳米结构，从而改善其物理、化学性能[5]。

虽然目前已有方法初步实现原子及近原子尺度的制造，但在该尺度下的制造过程受小尺寸效应、表面效应及量子效应的影响，使制造过程表现出许多完全不同于宏观制造的理论、机理和方法，而对此人们还知之甚少，已有技术的更深层应用受很大限制。深入研究和实现基于量子效应的原子及近原子尺度制造过程是实现下一代制造技术的重要方面和难点内容。

3. 最新进展

基于量子效应的原子及近原子尺度制造技术在国内外研究中尚处于起步阶段。高能束是目前实现原子及近原子尺度制造中一种有效的方法，采用的高能束包括聚焦激光束、离子束和电子束。其中激光纳米制造技术展现了众多独特的优势和吸引力，是目前国际研究的热点之一，已成功应用于超材料制造等领域[6]。例如，2009 年，Gansel[7]通过激光直写技术（DLW）研制出了不同种类的超材料，如磁性超导材料（图 1）、三维金螺旋光子超材料、三维双手性螺旋光子晶体以及三维隐形衣结构等。

聚焦离子束技术在原子及近原子尺度制造方面也具有一定的优势：可实现纳米特征结构尺寸的直写加工；相对传统干法、湿法刻蚀对材料的限制，可实现不

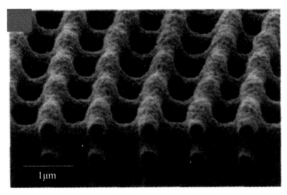

图 1　超材料结构的电子显微图片

同材料和复杂形状的纳米尺度加工；相对传统机械加工方法造成的加工表面损伤，聚焦离子束造成的基底损伤很小。随着对纳米加工需求的不断增加，聚焦离子束加工技术将更广泛应用于纳米尺度制造。除了用于制造过程，聚焦离子束技术在探索材料尺寸效应、量子效应等基础理论方面也展现出了潜在的应用价值。2004年，美国空军实验室的 Uchic 等[8]率先将聚焦离子束技术应用于纳米尺度材料力学性能的测试并取得了巨大的成功，这一创举加深了人们目前对原子及近原子尺度制造领域的认知，使得研究者和设计人员能够更好地预测原子及近原子尺度材料的结构与性能关系[9]。

　　除了上述提到的原子及近原子尺度制造方法外，研究人员也在不断探索新的制造技术。天津大学基于纳米切削材料推挤去除理论，提出了粒子注入辅助纳米加工（NiIM）的新方法，通过粒子注入辅助方式改变要加工工件材料表层性能，从而实现晶体脆性材料的高效纳米切削，并有望进一步将加工尺度减小到原子量级[10]。

　　4．难点内容

　　原子及近原子尺度制造面临着很多挑战，许多问题需要进一步探究：
　　（1）原子及近原子尺度制造基础研究是一项跨学科的研究工程，对基础理论的探究需要更多地结合其他基础学科的新发现、新现象，更多地关注制造中原子迁移机制与原子尺度下物质结构的演变规律，不断探索原子尺度下量子效应在制造中产生的新现象、新机理，为制造科学向新的领域发展奠定坚实的基础。
　　（2）制造技术从微米走向纳米，并将进入原子尺度，除了必须建立新的制造原理和方法外，还要实现原子尺度下的结构和性能的精确测量以及制造装备的高精度控制，使原子及近原子尺度的制造从实验室走出来，真正形成产业，做到批量化制造，为人类社会服务。

参 考 文 献

［1］ 房丰洲. 把握新一代制造技术发展方向. 人民日报, 2015-6-30(理论版).

［2］ Fang F Z. Atomic and close-to-atomic scale manufacturing—A trend in manufacturing development. Frontiers of Mechanical Engineering, 2016, 11(4): 325-327.

［3］ 房丰洲. 纳米制造基础研究的相关进展. 中国基础科学, 2014, 16(5): 9-15.

［4］ Liu Z Q, Mitsuishi K, Furuya K, et al. Features of self-supporting tungsten nanowire deposited with high-energy electrons. Journal of Applied Physics, 2004, 96: 619-623.

［5］ 苏江滨, 朱贤方, 李论雄, 等. 聚焦电子束诱导碳沉积实现纳米线表面可控修饰. 中国科学, 2010, 55(13): 1288-1293.

［6］ 钟敏霖. 激光纳米制造技术的应用. 中国激光, 2011, (6): 1-9.

［7］ Gansel J K. Gold helix photonic metamaterial as broadband circular polarized. Science, 2009, 325(5947): 1513-1515.

［8］ Uchic M D, Dimiduk D M, Florando J N, et al. Sample dimensions influence strength and crystal plasticity. Science, 2004, 305(5686): 986-989.

［9］ 田琳. 聚焦离子束在微纳尺度材料力学性能研究中的应用. 中国材料进展, 2013, 32(12): 706-715.

［10］ Fang F Z, Chen Y H, Zhong X D, et al. Nanometric cutting of single crystal silicon surfaces modified by ion implantation. CIRP Annals—Manufacturing Technology, 2011, 60(1): 527-530.

撰稿人：房丰洲

天津大学

非层状晶体材料能否实现原子级层状去除？

Can the Non-Lamellar Crystal Material Achieve the Atomic Layer-Like Removal?

1. 背景意义

典型的层状晶体材料，如云母、石墨、二硫化钼、石墨烯等，已经可以实现纳米尺度的层状材料去除[1-3]，这是由于它们属于具有完整层状解理面的晶体材料，解理面之间的相互作用较弱，原子间的分离或键的断裂通常发生在解理面上。而对于应用更加广泛、加工精度要求更高的单晶硅、氧化铝、砷化镓等非典型层状晶体材料，它们没有明显的层状解理面，键与键之间的作用力差异也不大，如何实现原子尺度的材料层状去除，达到超高精度、无损伤可控加工，仍是一个未知的难题，这也是将晶体材料的应用推向新高度的关键。

以晶圆平坦化在集成电路（IC）中的应用为例，随着 IC 线宽的不断下降，以及结构向立体化和布线向多层化方向发展，对晶圆的化学机械平坦化（CMP）技术提出了更高的要求。然而，超精密表面加工的终极目标是实现原子级材料可控去除并加工出无晶格损伤的原子级光滑表面。因此，研究晶圆材料表面在机械化学耦合作用下的原子层状去除机制，阐明各因素对其表面原子层状去除的影响规律，优化加工参数以获取材料表面的单原子层去除，是实现晶圆表面超高加工精度的前提。在此基础上，可进一步构建晶圆表面原子级可控去除量化模型，发展在微小压力下实现大面积全局平坦化的新原理和新方法。该问题的解决不仅可以丰富纳米摩擦学的基础理论，而且符合国家高新科技发展的重大战略需求，同时也有助于推动我国 CMP 技术和 IC 制造的发展进程。

2. 最新进展

目前涉及材料的原子层状去除研究，主要是针对具有完整层状解理面的晶体材料，如云母和石墨等。早期 Hu 等[1]发现并报道了云母表面的层状去除现象，Miyake[2]利用原子力显微镜，较为系统地研究了云母表面随载荷增加的层状去除过程。近年来，Dimiev 等[3]采用一种溅射诱导选择性刻蚀的方法，也实现了石墨烯表面的单原子层去除。然而，单晶硅、氧化铝、砷化镓等晶体材料并不具有完整的层状解理面,很难实现原子的层状去除,已有的大部分研究主要偏重于单晶硅表面的微观磨损性能表征[4-6]。此外,哈尔滨工业大学闫永达等[7]通过原子力显微镜实现了硅表面复杂纳米结构的加工。天津大学房丰洲等[8]分别研究了单晶硅表面的纳米切削工艺和纳米切削机理,发现纳米切削主要表现为材料的挤压去除而非宏观条件下的剪切去除,当切削过程工作于塑性和脆性加工模式时,单晶硅表面形成的切屑分别以非晶硅和多晶硅为主。近年来,清华大学郭丹等[9]采用分子动力学模拟的方法,模拟出了二氧化硅微球对单晶硅表面原子的层状去除过程。研究表明,当二氧化硅微球在单晶硅表面的压入深度为 1nm 时,单晶硅表面在磨损过程中会产生大量磨屑,并会在表面形成一层非晶层。而当压入深度降低为 0.1nm 时,单晶硅表面将会以单原子层的形式发生材料去除,同时会获得一个具有较规则晶体结构的表面。该研究表明,单晶硅、氧化铝、砷化镓等不具有完整层状解理面的晶体材料也有可能实现无损伤的原子层状去除。但目前尚缺乏对该类材料表面原子层状去除的实验研究。如何实现硅等半导体材料表面可控的原子层状去除,深入了解晶体材料原子级去除机制是目前面临的重大科学问题。

单晶硅、氧化铝和砷化镓等晶体材料由于不具有明显的解理面,采用纯粹机械去除的方法很难实现其表面原子的层状去除。而在原子尺度,摩擦化学方法是通过界面间的键合效应致使材料表面原子剥离的一种有效手段,目前已经通过原子力显微镜实现了单晶硅表面的层状去除,并通过透射电镜(TEM)进一步验证了单晶硅表面原子层状去除的现象。但进一步研究发现、摩擦化学磨损是一个耦合了机械和化学因素的复杂过程。不仅接触力、滑动速度、扫描参数等物理条件对硅表面材料去除有影响,环境温度、气氛、湿度、pH 等化学条件对材料去除过程也有显著的影响。

3. 难题内容

如何揭示工况参数及环境条件对原子级材料去除的影响机制,是了解晶体材料原子层状去除原理的关键。在此基础上,如何完善加工工艺,使原子级材料去除更加有序、可控,克服磨损过程中的随机性、不确定性,是晶体材料原子级层状去除技术走向应用面临的终极挑战。

参 考 文 献

[1] Hu J, Xiao X D, Ogletree D F, et al. Atomic scale friction and wear of mica. Surface Science, 1995, 327: 358-370.

[2] Miyake S. 1nm deep mechanical processing of muscovite mica by atomic force microscopy. Applied Physics Letters, 1995, 67: 2925.

[3] Dimiev A, Kosynkin D V, Sinitskii A, et al. Layer-by-layer removal of graphene for device patterning. Science, 2011, 331: 1168-1172.

[4] Zou Z J, McBride W, Zhang L C. Amorphous structures induced in monocrystalline silicon by mechanical loading. Applied Physics Letters, 2004, 85(6): 932-934.

[5] Chen L, He H T, Wang X D, et al. Tribology of Si/SiO₂ in humid air: Transition from severe chemical wear to wearless behavior at nanoscale. Langmuir, 2014, 31: 149-156.

[6] Wang X D, Kim S H, Chen C, et al. Humidity dependence of tribochemical wear of monocrystalline silicon. ACS Applied Materials and Interfaces, 2015, 7: 14785-14792.

[7] Yan Y D, Hu Z J, Zhao X S, et al. Top-down nanomechanical machining of three-dimensional nanostructures by atomic force microscopy. Small, 2010, 6: 724-728.

[8] Fang F Z, Wu H, Zhou W, et al. A study on mechanism of nano-cutting single crystal silicon. Journal of Materials Processing Technology, 2007, 184: 407-410.

[9] Si L N, Guo D, Luo J B, et al. Monoatomic layer removal mechanism in chemical mechanical polishing process: A molecular dynamics study. Journal of Applied Physics, 2010, 107: 064310.

撰稿人：钱林茂

西南交通大学

如何实现各向异性材料的一致、可控去除？

How to Realize the Uniform and Controllable Removal of Anisotropic Materials？

紫外光刻机的核心部件是光刻物镜系统[1]。氟化钙（CaF_2）晶体由于具有极高的紫外光透射率和折射率，且是目前唯一能够抵御极紫外短波长光辐射的材料，因此成为紫外光刻物镜系统不可替代的透镜材料。光刻技术进入 13.5nm 的极紫外工艺，对 CaF_2 非球面物镜的表面粗糙度和面形精度均提出了亚纳米级的苛刻要求，如面形精度和表面粗糙度达到亚纳米量级且表面接近于零损伤等[2-4]。因此，CaF_2 光学元件的超精密表面制造是发展极紫外光刻技术的前提，开展相关超精密表面加工理论与技术研究，对提升我国集成电路（IC）制造产业的国际竞争力具有极其重要的战略意义。

CaF_2 晶体硬度和断裂韧度低、脆性大，属于典型难加工材料，加之其各向异性的性能，进一步增大了 CaF_2 非球面光学元件超精密表面加工的难度[5]。在 CaF_2 非球面光学元件的超精密表面加工中，晶面和晶向随抛光位置动态变化，材料去除过程中化合键断裂的个数以及能量壁垒也随之改变，由此导致不同加工区域单位时间内材料去除量不一，严重降低抛光表面的加工精度。一方面，CaF_2 晶体力学性能的各向异性影响材料的一致去除。CaF_2 晶面或晶向的改变均会导致材料硬度发生变化，影响材料的去除速率，进而导致抛光表面出现高低起伏达数百纳米的"三瓣效应"。另一方面，CaF_2 表面的各向异性去除还会降低抛光表面精度。尽管采用机械化学抛光或浮法抛光等技术能够有效缓解晶体各向异性的影响，实现亚纳米级表面精度制造，但这些方法仅适用于超光滑平面加工。目前，磁流变抛光（MRF）是实现超精密非球面光学元件加工中最主要的抛光方法，该方法利用抛光液在高梯度磁场下形成的"柔性抛光膜"去除表面材料，可有效降低表面粗糙度以及材料残余损伤，是实现亚纳米级面形精度和表面粗糙度制造的关键步骤。针对 CaF_2 材料性能的各向异性，通过采用控制黏度和补充驻留时间等 MRF 工艺优化措施能够在一定程度上消除"三瓣效应"，但在实际抛光中影响因素众多，缺乏抛光颗粒对 CaF_2 材料各向异性去除的定量表达，导致非球面加工精度远低于平面抛光精度。而单点接触模式可有效控制和量化材料去除，是研究材料各向异性去除定量表达最直接和最有效的手段。

目前,国内外很少从单点接触角度研究 CaF_2 晶体的各向异性去除规律及材料磨损机制,为数不多的报道主要采用金刚石刀具,研究纳米切削过程中 CaF_2 晶体材料的机械变形及其脆塑转变[6,7]。事实上,在 CaF_2 晶体的超光滑表面加工中,材料的机械转移是影响表面全局平坦化的主要因素,而化学腐蚀作用下原子级材料的剥落是决定表面粗糙度和次表层晶格完整性的关键因素。一方面,CaF_2 与对磨表面的悬挂键在水解作用下形成大量化合键桥,在机械剪切和拉应力作用下可能会导致原子或分子从 CaF_2 表面直接剥落[8]。另一方面,CaF_2 表面原子或分子间的化合键在化学腐蚀作用下发生断裂,生成表面软化层或沉积松质层,这些化学反应产物很容易被机械剪切去除且不会引入加工表面晶体结构变形[9]。不同晶面和晶向上 CaF_2 表面的悬挂键以及原子和分子间的化合键密度各不相同,导致摩擦化学磨损中晶体各向异性对材料去除的影响将更加显著。因此,针对 CaF_2 等各向异性材料的一致可控去除问题,需解决以下两方面的难题。

1)微观去除过程中 CaF_2 的摩擦化学去除机理

前期的单晶硅摩擦化学磨损研究表明,硅原子的去除归因于化合键的断裂,因而材料去除后基体表面晶体结构保持完整,无晶格畸变和原子滑移等缺陷产生[10]。然而,有关 CaF_2 晶体材料的摩擦化学去除研究仍鲜见报道,因此这种由剪切诱导化学作用下的微观损伤机理尚不清楚。在这种低接触压力下,化合键以何种方式发生断裂;其最终又是如何导致 CaF_2 材料的损伤和去除;能否保持材料去除后晶体表面的原子规则排布仍不得而知。

2)晶体各向异性对 CaF_2 微观去除的影响规律及机制

单点接触模式下 CaF_2 晶体的各向异性去除研究尚未开展,不同晶面和晶向上化合键断裂的能量有何差异以及其对原子级材料的去除规律有何影响均需进行深入研究和揭示。另外,在实际的超精密表面加工中,机械效应对材料次表层晶格结构的破坏作用仍难以避免,而如何有效地对其控制并进一步利用 CaF_2 晶体的各向异性去除行为实现不同晶面和晶向材料的一致、可控去除尚不清楚。

因此,针对各向异性材料的超精密表面加工,系统研究晶体各向异性对材料微观去除的影响规律及机制,探明影响材料各向异性去除和导致次表层晶格结构破坏的关键因素,进而构建各向异性材料的一致、可控去除模型,是实现 CaF_2 及其他各向异性材料如蓝宝石和 KDP 晶体等的超光滑、低损伤表面加工的关键。

参 考 文 献

[1] Wagner C, Harned N. EUV Lithography: Lithography gets extreme. Nature Photonics, 2010, 4: 24-26.

[2] 袁征, 戴一帆, 解旭辉, 等. 氟化钙单晶超精密抛光技术. 机械工程学报, 2013, 49(17): 46-51.

[3] Enkisch H, Trenkler J. EUV lithography: Technology for the semiconductor industry in 2010. Europhysics News, 2008, 35(5): 149-152.

[4] SEMI. SEMI P37-1102. Specification for Extreme Ultraviolet Lithography Mask Substrates. Milpitas: SEMI, 2002.

[5] Yin G J, Li S Y, Xie X H, et al. Ultra-precision process of CaF₂ single crystal. Proceedings of SPIE, 2014, 9281: 92811I.

[6] 戴一帆, 彭小强. 光刻物镜光学零件制造关键技术概述. 机械工程学报, 2013, 49(17): 10-18.

[7] Lormeau J P, Supranowitz C, Dumas P, et al. Field proven technologies for fabrication of high-precision aspheric and freeform optical surfaces. Proceedings of SPIE, 2014, 9442: 944203.

[8] 房丰洲, 赖敏. 纳米切削机理及其研究进展. 中国科学: 技术科学, 2014, 44(10): 1052-1070.

[9] Walsh M, Chau K, Kirkpatrick S, et al. Surface damage correction, and atomic level smoothing of optics by Accelerated Neutral Atom Beam (ANAB) processing. Proceedings of SPIE, 2014, 9237: 92372I.

[10] Chen L, He H, Wang X, et al. Tribology of Si/SiO₂ in humid air: Transition from severe chemical wear to wearless behavior at nanoscale. Langmuir, 2015, 31: 149-156.

撰稿人：钱林茂、陈　磊

西南交通大学

材料微观去除：机械化学作用的"联袂演出"

Material Removal at Microscale: The Synergy of Mechanical and Chemical Interactions

　　随着智能手机和平板电脑等高端电子产品的迅猛增长，云计算和物联网等新兴产业的快速兴起，以及导弹、卫星和先进战机等对高性能芯片的迫切需求，集成电路（IC）制造日益成为关系到国家经济命脉和战略利益的支柱性产业[1,2]。在国家科技重大专项"极大规模集成电路制造装备及成套工艺"的支持下，我国在集成电路制造装备与技术方面有了一定进步，实现了装备的国产化。然而，由于起步较晚，整体水平与发达国家存在较大差距，尤其是在前沿研究方面与国外差距很大，且基础理论相对薄弱，严重地制约着我国 IC 制造技术整体水平的提高。例如，英特尔在 2011 年实现了 22nm 工艺，并进一步计划在 2019 年升级到 5nm。三星、台积电等公司也开始进军 22nm 芯片领域。反观中国大陆，还停留在 28nm 阶段，并且尚未量产。其中，光刻技术和化学机械抛光（chemical mechanical polishing, CMP）仍将是制约我国 IC 制造向 22nm 以下工艺进军的两大关键技术。其中，光刻工艺已经可以通过多次曝光寻找突破口。因此，开展 22nm 及以下技术节点的平坦化理论与技术前沿性研究，对提升我国 IC 制造产业的国际竞争力具有重要的战略意义。

　　单晶硅作为一种典型的半导体材料，具有优良的物理性质和力学性能，在 IC 产业中有着非常广泛的应用。IC 产业的迅速发展，对单晶硅表面的制造精度要求越来越高，其特征尺寸不断减小，现已达到 12nm 以下，而与此对应的表面粗糙度要小于 0.1nm[2]。CMP 是目前唯一能够实现晶圆材料全局平坦化的技术。单晶硅晶圆表面的抛光是机械作用与化学作用相互耦合的结果，两种作用在单晶硅材料去除过程中相互影响、相互促进，进而实现高精度、无缺陷的表面加工。目前有关单晶硅晶圆表面材料去除的实验研究主要在 CMP 抛光机上进行，目的在于揭示各个工艺参数对单晶硅晶圆抛光质量的影响。然而，现仍然缺乏对单晶硅 CMP 过程中的机械化学耦合作用机制全面和深入的了解，以及单晶硅材料微观去除的影响规律和机理的科学认识。因此，揭示单晶硅材料微观去除过程中的机械化学耦合作用机制，并建立机械化学耦合作用的理论模型将会是以后工作的重中之重。

　　单晶硅晶圆材料的微观去除按照磨损机制的不同，大致可分为机械去除和摩擦诱导的化学去除两大类。其中，机械去除通常是指由摩擦过程中材料的机械变形而引发的材料损伤，包括磨粒去除和疲劳损伤等。而摩擦诱导的化学去除是指由摩擦过程中的局部温升或表面活化而导致接触界面发生摩擦化学反应，引发材料表面原子或原子团簇的去除[3]。与宏观条件下材料的机械剥离或塑性变形不同，晶圆材料的微观去除是一个机械、化学和温度等多因素耦合作用的过程，不仅受材料内在性质如硬度、键能等的影响，同时与磨损表面属性以及外界环境密切相关。钱林茂等通过微观摩擦磨损实验系统研究了单晶硅材料的摩擦化学去除规律与机理，结果表明单晶硅材料的微观去除不仅受机械作用影响，而且对外界化学条件（如表面化学活性、气氛、空气湿度、溶液 pH 等）的变化较为敏感[4,5]。在此基础上，他们建立了单晶硅表面的微观去除模型（图 1），指出单晶硅材料的微观去除是摩擦诱导下的化学反应过程[4,5]。此外，Pietsch 等[6]通过单晶硅的 CMP 实验研究了单晶硅材料的去除过程，并初步提出了单晶硅材料在机械化学作用下微观去除的模型。路新春等[7-9]系统研究了铜晶圆材料在宏观 CMP 过程中机械化学协同作用下的去除规律，并提出了铜材料的机械化学耦合去除模型。尽管如此，人们对摩擦化学作用导致材料损伤或原子剥离的机理仍不够清楚，亟须开展针对晶圆材料表面的原子级去除行为和机理研究，探明外界能量与固体材料原子级去除之间的映射关系，揭示晶圆材料微观去除过程中的机械化学耦合作用机制。

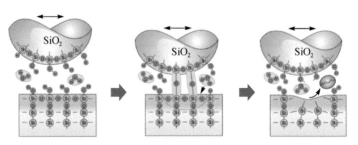

图 1　单晶硅/二氧化硅摩擦副界面间的摩擦化学磨损过程[4,5]

　　晶圆材料表面的原子级去除是一个机械、化学和温度等多因素耦合作用的过程，其解耦将会是一个多学科交叉的复杂过程，如图 2 所示。需要解决的难点主要包括以下几个方面。

　　1）微观去除过程中单一因素的分解及其影响规律与机理的提出

　　无论是机械作用还是化学作用，均是由众多单一因素组合而成的。为了研究机械化学作用的耦合影响，必须先了解各个单一因素的影响机理。然而，由于对整个微观去除缺乏深入的认识与理解，目前并不能完全知道有哪些因素包括在其中，这就需要开展大量的实验研究去探索与确定。此外，如何通过屏蔽化学反应

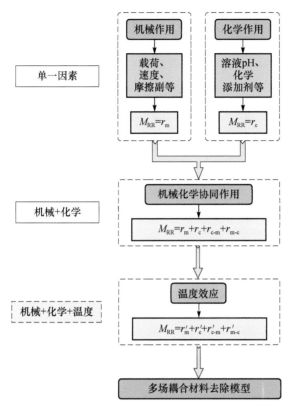

图 2　机械、化学和温度等多因素交互作用的解耦路线

M_{RR} 为总去除率；r_m 为纯机械磨损去除率；r_c 为化学腐蚀去除率；r_{c-m} 和 r_{m-c} 分别为化学腐蚀促进机械磨损加速部分的材料去除率和机械磨损促进化学腐蚀加速部分的材料去除率

环境，研究揭示各个机械因素对单晶硅表面的材料去除机制，是目前实验研究的一大难点所在。

2）微观去除过程中机械与化学的协同作用机制的提出与建立

一方面，化学作用可以通过在单晶硅表面生成力学性能较差的反应膜，促进单晶硅材料的机械去除；另一方面，机械作用不仅可以破坏单晶硅表面的反应膜，而且可以在一定程度上导致磨损区域温度的上升，同时机械作用也可以提供一定的能量输入，共同加速摩擦化学反应的进行。然而，由于外界环境化学成分的复杂性，目前尚不能做到对该过程的在线观测。同样，对于机械作用造成的温度变化以及机械能量的输入，现仍缺乏有效的手段进行观察与记录。

3）机械、化学与温度多场耦合对微观去除影响机制的建立

从单一因素的研究到机械化学协同作用的研究，最后拓展到机械、化学与温度多场耦合影响的研究，这是一个多因素相互影响、相互融合的过程。多因素的耦合影响研究不仅是对我们的知识储备认知提出了要求，还对我们的实验过程以

及实验设备提出了挑战，必须找到一种实验方法能够同时实现机械、化学与温度的调控与检测。最终能够在多场耦合作用的影响下，实现对微观去除规律与机理的认知与深入理解。因此，得到晶圆材料表面在机械、化学和温度等多因素耦合作用下的原子级去除机制，并构建原子级可控材料去除模型，最终实现晶圆材料表面的超精密、无损伤加工将是一项难度大且非常具有挑战性的工作。

参 考 文 献

[1] 国家自然科学基金委员会工程与材料科学部. 机械工程学科发展战略报告(2011～2020). 北京: 科学出版社, 2010.

[2] 王国彪. 纳米制造前沿综述. 北京: 科学出版社, 2009.

[3] Liu J, Notbohm J K, Carpick R W, et al. Method for characterizing nanoscale wear of atomic force microscope tips. ACS Nano, 2010, 4(7): 3763-3772.

[4] Yu J, Kim S H, Yu B, et al. Role of tribochemistry in nanowear of single-crystalline silicon. ACS Applied Materials and Interfaces, 2012, 4(3): 1585-1593.

[5] Chen C, Xiao C, Wang X, et al. Role of water in the tribochemical removal of bare silicon. Applied Surface Science, 2016, 390: 696-702.

[6] Pietsch G, Chabal Y, Higashi G. The atomic-scale removal mechanism during chemo-mechanical polishing of Si(100) and Si(111). Surface Science, 1995, 331: 395-401.

[7] Li J, Liu Y, Pan Y, et al. Chemical roles on Cu-slurry interface during copper chemical mechanical planarization. Applied Surface Science, 2014, 293: 287-292.

[8] Li J, Lu X, He Y, et al. Modeling the chemical-mechanical synergy during copper CMP. Journal of the Electrochemical Society, 2011, 158(2): H197-H202.

[9] Zhang W, Lu X, Liu Y, et al. Effect of pH on material removal rate of Cu in abrasive-free polishing. Journal of the Electrochemical Society, 2009, 156(3): H176-H180.

撰稿人：钱林茂

西南交通大学

机械加工纳米结构的尺度能否进入 100nm?

Can Dimensions of Nanostructure Reach to Sub-100nm Using Mechanical Machining?

1. 科学意义

纳米（nanometer, nm）又称毫微米，是长度的度量单位，$1nm=10^{-9}m$。直观上来看，人头发的直径约为 $70\mu m$，因此 $1nm$ 的长度约为人头发直径的七万分之一。纳米结构（nanostructure）的特征尺寸介于 $0.1nm$ 和 $100nm$ 之间。由于纳米结构的特征尺寸与波长在相同数量级，具有较大的比表面积，所以表现出独特的光学、电学、磁学、热力学和力学性能。例如，某些贵金属纳米结构的电磁场共振放大效应可以增强其表面拉曼信号强度，从而极大提高金属纳米结构对单分子、病毒、细菌等的检测灵敏度；不同于块体材料中的晶格散射，纳米线中表面电子散射起主导作用，从而导致纳米线的电阻率远大于其块体材料的电阻率，这种特性可以极大提高纳米线对微量生物、化学吸附物的选择性与灵敏度；由于纳米结构中包含的缺陷远小于宏观尺度，所以纳米构件具有超高机械强度的特性。随着光电和传感器件尺寸的不断减小，如何低成本、高效率加工多种材料的复杂二维、三维纳米结构一直是人们研究的热点和难点问题。

目前，纳米结构的加工方法主要包括电子束加工、离子束加工、激光加工、光刻加工、纳米压印等。这些方法在加工结构的复杂性、加工材料的广泛性以及低成本、高效率等方面还不能完全满足纳米技术领域快速发展的需要。而传统的机械加工技术则具有加工结构复杂、加工材料广泛、加工成本低、加工效率高的特点，可以弥补现有纳米加工方法的不足。代表机械加工最高精度的超精密加工技术已经向纳米尺度延伸，其加工精度已经达到了纳米尺度，例如，日本学者 Ikawa 等早在 20世纪 90 年代就已经通过实验验证了采用金刚石切削加工技术可以实现 $1nm$ 切削厚度的稳定的超精密切削过程[1]。但是受机床精度和切削刀具尺寸的限制，超精密加工技术目前加工结构的尺度还很难进入 $100nm$ 范围，即实现纳米结构的加工。

从制造技术发展的历史来看，随着机械、电子、材料等相关领域的飞速发展，机械加工方法的精度不断提高，加工的结构尺寸不断减小。因此，制造工程科学家面临着一系列重要科学和技术问题需要解决：采用机械去除方法加工的结构尺度能否继续减小进入 100nm；采用现有的机械加工手段能否实现纳米结构加工；机械加工方法去除材料的极限是什么；在纳米尺度加工结构的机制与传统的机械加工机制是否相同等。

2. 问题背景

超精密加工技术，包括车削、铣削、磨削、抛光等多种加工方法，代表着当今机械加工方法的最高加工精度和加工能力。该技术是在 20 世纪 60 年代人们为了适应核能、大规模集成电路、激光和航天等尖端技术的需要而发展起来的。对于这种加工技术，零件的加工精度包括粗糙度和形状精度等已经进入 10nm 范围。然而，采用这种加工技术加工结构的尺寸，比较难进入纳米尺度，采用现有超精密加工系统仅能加工 1μm 以上尺寸的微小结构。其根本原因在于：①受目前装备制造水平的限制，超精密加工机床的运动精度很难达到纳米尺度，如气浮主轴回转精度小于 50nm、导轨直线度小于 100nm 等。虽然具体单个部件的指标已经达到小于 100nm 的尺度，但是组装一起进行加工，很难实现 100nm 尺度以下结构的高精度加工。②超精密加工机床采用的刀具通常是金刚石刀具，依据目前的刀具制造水平，刀具尺寸很难达到 100nm 尺度以下。综合两方面因素，目前采用超精密加工技术难以实现 100nm 以下结构的加工。因此，迫切需要提出新的加工方法来解决这个问题。

1986 年，原子力显微镜（atomic force microscope, AFM）的出现[2]，改变了超精密机械加工过程的理念。AFM 最初被设计成一种精密检测设备，通过探针与样品表面之间纳牛级的接触作用力检测样品表面形貌，由于力非常小而不损坏被检测样品的表面形貌。然而，当探针施加在样品表面的力达到数微牛时，样品表面将会产生塑性变形从而实现纳米级材料的可控去除。由于具有低成本、操作简单、高精度以及较低环境要求等优势，这种方法目前被认为是一种简单、可行的纳米机械加工技术，受到国内外学者的广泛关注。

AFM 的出现使通过控制纳米尺度刀具-工件之间作用力的载荷控制方式来精确控制纳米加工深度成为可能。这与超精密加工机床的基于无限刚度理论的位移控制方式的加工过程完全不同，如图 1 所示。然而，目前由于 AFM 系统仍然是一种商业化的精密检测设备，还不能实现超精密加工机床的所有能力。因此，如何利用基于载荷控制方式的纳米机械加工方法实现低成本、高效率制备纳米结构是个科学难题。开展相关的纳米机械加工方法、工艺与装备的研究是十分必要的[3]。

3. 最新进展

目前，基于 AFM 的纳米机械加工技术已经成功地应用于纳米加工领域，并且实现了微米尺度、纳米精度复杂二维、三维结构的加工。采用 AFM 纳米机械

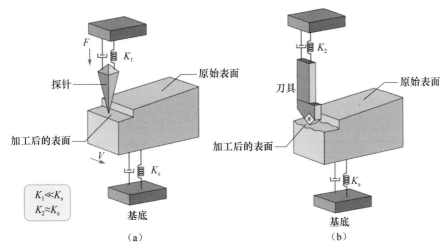

图 1　基于载荷控制和位移控制的加工原理示意图[3]

加工技术可以实现在多种材料上直接加工纳米点结构，并与其他转印技术，如剥离工艺、湿法刻蚀和干法刻蚀等相结合。采用这种技术制备的二维纳米沟槽结构则是由带有一定步进的多条平行纳米线形成的，其宽度可由纳米线的长度来确定，一般为几十纳米（纳米沟槽）到几微米（微米沟槽）。纳米沟槽的深度一般小于100nm。所加工沟槽的深度主要取决于施加的垂直载荷、样品材料和相邻刻划轨迹之间的间距，即进给量。同时，也有部分学者通过在同一位置多次刻划的方式增大所加工沟槽的宽度和深度[4]。在二维结构加工技术的基础上，学者也已经验证了采用该技术加工复杂三维纳米结构的可行性[5]。

商业化的 AFM 系统最初是按照精密检测仪器来设计的，制造商并不关心其加工能力，主要表现在如下两个方面：

（1）受原有系统扫描范围的限制，AFM 系统不可能实现大范围操作，仅具有水平方向的结构尺寸在 100μm 范围的最大加工能力。因此，为了扩展基于商用 AFM 系统的纳米加工方法的应用范围，许多学者开展了利用 AFM 纳米加工方法实现大范围纳米结构加工的研究。目前主要有两种方式，一种是利用单个扫描器、多探针同时扫描加工的方法实现大范围加工，另一种是利用大范围精密移动或转动工作台代替 AFM 系统原有的移动平台来满足大范围纳米结构加工尺寸的需求[6]。

（2）基于 AFM 的纳米机械加工方法主要适合在平面上加工纳米结构。最主要的原因是这些加工方法都是基于商业的 AFM 系统，而 AFM 本身是针对在纳米尺度测量样品表面形貌设计的，AFM 扫描陶管 Z 轴方向位移范围较小，一般都会小于 10μm，X、Y 轴方向位移通常也是在 100μm×100μm 范围以内。因此，为了扩展商用 AFM 系统的空间加工能力，学者首先利用 AFM 恒力控制加工方式实现了倾斜表面的纳米结构加工[7]。进一步利用超精密回转轴系，改造传统的 AFM 系统，建立了基于 AFM 系统的五轴纳米机械加工系统，实现了微小球面的纳米结构的加工[8]。

实际上，AFM 系统是由一个很软的微悬臂带动针尖运动实现纳米精度加工的弹性工艺系统。该弹性工艺系统具有如下优点：①系统刚度小，作用在样品上的力小，可以进行纳米精度的机械加工；②通过控制探针作用于表面上的力，在实现纳米精度加工过程的同时，使探针具有跟踪表面的特性；③通过改变系统的刚度，可以实现加工检测一体化。采用商业化 AFM 系统，通过各种改造实现了纳米结构的高精度加工。但是，面向测量的商业化 AFM 系统很难实现低成本、高效率的加工能力。因此，国内外学者以这种加工方法为基础，开发了脱离商用 AFM 系统、但是基于 AFM 原理即图 1（a）所示的载荷控制方式的加工方法，为力控制的纳米加工过程真正成为一种新的加工手段奠定了基础。例如，图 2 为日本学者 Herrera-Granados 采用传统金刚石尖刀作为切削刀具，在针对法向力进行闭环控制（图 2（a））与不进行闭环控制（图 2（b））两种情况下，在具有一定倾斜的样品表面进行加工的原理图[9]。该装置模拟了 AFM 系统的闭环力控制原理。采用这种方法，研究者在斜面、微小曲面上加工了大范围的纳米沟槽结构，其在铜和青铜表面上加工的沟槽深度约为 20μm。国内哈尔滨工业大学的学者也建立了相应的基于力控制的纳米加工系统，并进行微纳米尺度结构的加工以及应用方面的研究[10]。

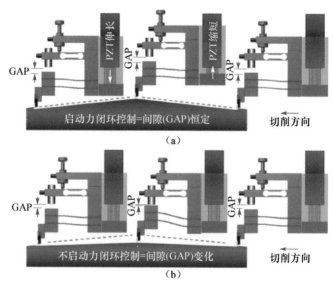

图 2　日本学者采用基于力控制方法的微加工装置的加工原理[9]

4．难点内容

材料去除尺寸与被加工基底材料的单元尺寸（金属/半导体材料中的原子或聚合物

材料的分子尺寸）在相似量级上，是纳米尺度机械加工面临的一项重要挑战。基于载荷来精确控制加工深度的思想，不同于基于无限刚度理论建立的传统机床系统，提出了一种基于弹性工艺系统通过控制力实现精确控制加工深度的纳米机械加工新方法。由国内外的最新研究进展可以看出，基于力控制的纳米机械加工方法具有原理简单、成本低、适用性广泛等特点，是一种由超精密加工技术发展起来的自上而下的纳米加工技术。这种技术有能力将传统的机械去除方法加工的结构尺度延伸到100nm以下。但是这项技术要在近年内获得具体工程应用，需要解决的难点包括以下三个方面：

（1）如何揭示金属/半导体材料纳米机械加工与传统超精密加工材料去除机理的区别。对于金属和半导体材料，由于纳米机械加工中材料去除尺度与被加工基底材料单元尺度在相似量级上，尤其是在原子级尺度去除时，原子间的相互作用对加工结果的影响十分显著，将导致材料晶向对加工过程中材料位错、堆积以及去除产生较大影响。目前，国内外学者主要采用仿真分析的手段进行研究。随着近年来计算机技术的飞速发展，分子动力学的仿真规模与仿真效率越来越接近实际加工尺寸，获得的理论结果已经能够或近似能够指导纳米加工过程。现有纳米尺度材料的去除过程的研究成果表明，影响材料去除过程的因素与传统机械加工有所不同，如纳米机械加工过程中孪晶的形成、切削速度对位错形变的影响、耕犁切削过程的耦合影响等。然而，目前还没有针对力控制下的纳米尺度材料的去除过程与传统纳米机械加工是否有所差异方面的研究。因此，需开展金属/半导体材料的纳米尺度机械加工机理研究，为提高采用这项加工技术的加工精度提供理论指导，并有力保障纳米尺度超薄材料的可控去除过程的实现。

（2）如何理解聚合物材料分子尺寸与微小刀具尺寸在同一数量级时的材料去除机理。聚合物材料在MEMS/NEMS、纳米传感器芯片制备、柔性电子等领域得到广泛应用。对于聚合物材料，在纳米尺度加工中微小刀具与聚合物分子之间的相互作用对加工结构产生重要影响。许多学者的研究表明，分子量大小、分子的组成会对加工中的黏结摩擦系数、加工结构深度以及材料堆积形式产生一定影响，甚至部分聚合物材料在这种载荷控制的纳米加工技术中微小刀具会出现黏滑运动，导致基底材料产生褶皱现象。然而，目前还没有明确针对聚合物材料纳米尺度机械加工材料去除机理的研究工作。因此，开展聚合物材料纳米尺度机械加工机理的研究将对纳米机械加工技术进一步应用起到推进作用。

（3）如何设计新型微小刀具并揭示其强度与样品材料性质的耦合关系，使结构深度和宽度尺寸进一步延伸到10nm以下。随着纳米技术的发展，纳米结构具有10nm以下的尺寸特征在纳米光学、纳流控以及纳米电子学等领域发挥巨大作用。要保证加工结构深度和宽度均小于10nm，需要微小刀具尖端半径小于10nm。商业化AFM单晶硅探针容易实现尖端半径小于10nm，但单晶硅探针的尖端强度较弱，容易磨损。然而，目前金刚石探针尖端半径较难实现小于10nm，同时，在加工过程中的商业化探针形状（类似圆锥形）容易导致微小刀具尖端折断。因此，需要重新设计金刚石微小刀具形状，增加其在加工方向的强度，并揭示其强度与材料性质的耦合关系，为实现这项加工技术加工精度进一步延伸到 10nm 以下提供理论指导及技术支持。

参 考 文 献

［1］ Ikawa N, Shimada S, Tanaka H, et al. An atomistic analysis of nanometric chip removal as affected by tool-work interaction in diamond turing. Annals of CIRP, 1991, 40(1): 551-554.

［2］ Bining G, Quate C F. Atomic force microscope. Physical Review Letters, 1986, 56: 930-933.

［3］ Yan Y D, Geng Y Q, Hu Z J. Recent advances in AFM tip-based nanomechanical machining. International Journal of Machine Tools and Manufacture, 2015, 99: 1-18.

［4］ Dong Z, Wejinya U C. Atomic force microscopy based repeatable surface nanomachining for nanochannels on silicon substrates. Applied Surface Science, 2012, 258: 8689-8695.

［5］ Yan Y D, Hu Z J, Zhao X S, et al. Top-down nanomechanical machining of three-dimensional nanostructures by atomic force microscopy. Small, 2010, 6(6): 724-728.

［6］ Hu Z J, Yan Y D, Zhao X S, et al. Fabrication of large scale nanostructures based on a modified atomic force microscope nanomechanical machining system. Review of Scientific Instruments, 2011, 82(12): 125102.

［7］ Sung I H, Kim D E. Nano-scale patterning by mechano-chemical scanning probe lithography. Applied Surface Science, 2005, 239(2): 209-221.

［8］ Zhao X S, Geng Y Q, Li W B, et al. Fabrication and measurement of nanostructures on the microball surface using a modified　atomic force microscope. Review of Scientific Instruments, 2012, 83: 115104.

［9］ Herrera-Granados G, Morita N, Hidai H, et al. Development of a non-rigid micro-scale cutting mechanism applying a normal cutting force control system. Precision Engineering, 2016, 43: 544-553.

［10］ Zhang J R, Yan Y D, Hu Z J, et al. Study of the control process and fabrication of microstructures using a tip-based force control system. Proceedings of the IMechE Part B: Journal of Engineering Manufacture, 2016, DOI: 10.1177/0954405416682276.

撰稿人：闫永达、耿延泉

哈尔滨工业大学

硬脆材料高速、高精度加工难在哪？

What Are the Difficulties in High Speed and High Precision Machining of Hard-Brittle Materials?

1．科学意义

硬脆材料广泛应用于航天、光学、电子等高技术领域，在天文观测或深空探测望远镜、高分辨率对地观测相机、激光武器系统、惯性约束聚变系统和深紫外/极紫外光刻物镜、半导体集成电路基片、大尺寸蓝宝石光学窗口及高硬材料旋转密封环中，硬脆材料器件都是不可替代的关键组成部件。例如，空间观测相机的大口径碳化硅非球面反射镜，要求反射镜面面形误差小于 10nm RMS，表面粗糙度小于 2nm RMS，无表面/亚表面裂纹。用于激光器中的激光晶体的表面粗糙度 R_a 要求小于 0.2nm。用于激光陀螺系统中的反射镜基片，要求表面粗糙度 R_a 小于 0.5nm。

硬脆材料具有硬度高、塑性差、抗拉强度及断裂韧性低、对缺陷敏感等特点，被普遍认为是难加工材料[1]，加工效率低，表面质量难以保证。磨削是硬脆材料的主要加工方法，在普通磨削过程中，工具与材料表面的接触作用会产生如表面/亚表面裂纹及残余应力等加工损伤，材料去除是以裂纹扩展导致的块状分离方式实现的。同时，加工表面及亚表面会残留大量裂纹等加工缺陷。对加工表面不允许存在残留裂纹的器件，需要利用后期抛光方法来实现，材料去除效率很低。因此，很难实现硬脆材料高效率低损伤加工。鉴于此，硬脆材料磨削加工过程中的损伤演变机理及分布形式方面的研究一直是这种材料加工及应用领域的重要研究课题。如何在保证表面几何精度的同时，避免和控制表面层加工损伤及缺陷，是需要艰难探索的科学问题。因此，深入研究硬脆材料高速磨削加工过程中损伤形成及演变机理等基础行为对获得良好的磨削表面质量及较低的亚表面损伤具有重要意义。

2．问题背景

航空航天以及光学、电子等高技术领域的发展，对硬脆材料光电子器件、微型电子机械及集成电路的需求也越来越多，对硬脆材料器件加工质量、加工效率及加工精度的要求也越来越高。目前，磨削是硬脆材料主要的加工方法。然而，硬脆材料具有很高的硬度、耐磨性以及较大的脆性，其磨削加工是一个非常复杂的过程，普通磨削加工过程中材料去除以脆性断裂为主，加工质量差，效率低。同时，由于其自身脆性以及材料内部缺陷分布的随机性，在磨削亚表面难免会引入裂纹损伤，这对产品的使用寿命和精度都会产生影响。在磨削这种高速的加工条件下，加工过程响应时间短，材料应变率大，因此硬脆材料是如何在高速加工过程中裂纹成核及扩展的一直不明确。例如，大口径 SiC 陶瓷非球面反射镜磨削加工过程中，表面破碎及亚表面损伤严重（图1），材料破碎层深度和破碎程度大（图2），表面存在较大的破碎、凹坑或者脱落，损伤分布形式及扩展机理难以解释。显然，硬脆材料作为工程材料的大规模应用，在很大程度上取决于其加工技术的发展，这就对机械加工技术提出了新的挑战。面对这种现状，世界各国都在积极开展针对相关脆性材料的高效低损伤加工技术的研究。

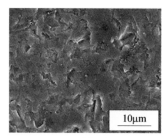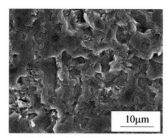

图 1　SiC 陶瓷磨削表面损伤层分布

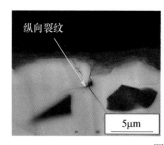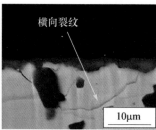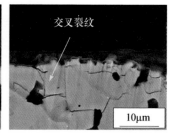

图 2　SiC 陶瓷磨削亚表面损伤层分布

通过研究硬脆材料磨削特性、损伤演变及分布规律，建立硬脆材料磨削加工损伤分布的数学模型，提出优化的磨削工艺策略，以保证在磨削阶段加工出具有较高质量的表面，为后续的研磨抛光工序减小余量，提高整体加工效率，是硬脆材料高速精密加工需要解决的关键问题。

3. 最新进展

国外很多学者在提高磨削表面质量及降低亚表面损伤方面进行了研究，Gopal

等[2]通过 SiC 陶瓷的磨削实验研究了表面粗糙度和缺陷与磨削参数的关系,并利用遗传算法对磨削过程进行优化,从而获得了在不影响表面质量情况下的最大材料去除率。Agarwal 等[3]研究了高去除率磨削过程中的 SiC 陶瓷材料去除和损伤形成机理,发现磨削过程中 SiC 陶瓷去除形式主要为颗粒间断裂和颗粒脱落,同时发现在完全脆性去除方式下增加去除率对表面质量和表面形貌的影响较小。Dai 等[4]研究了高强度反应烧结 SiC 陶瓷的磨削特性,发现盘形砂轮加工获得的表面质量要优于杯形砂轮。Canneto 等[5]研究了不同高强度陶瓷材料的磨削损伤,并依据断裂力学分析了磨削损伤对陶瓷材料强度的影响。国内学者同样针对磨削带来的损伤行为进行了理论及实验研究,李圣怡等研究了 BK7 玻璃磨削过程中亚表层损伤问题,依据经典裂纹系统及磨削运动特性,建立了表面粗糙度与亚表面裂纹层深度的理论模型,分析了磨削参数与亚表层裂纹深度间的关系,该研究为磨削损伤的实时监测及预测提供了方法[6-8]。哈尔滨工业大学张飞虎等通过碳化硅材料多形状磨粒刻划仿真及实验,研究了碳化硅材料去除机理及裂纹扩展行为(图 3),为碳化硅材料精密/超精密磨削及抛光技术研究提供了有力支撑[9]。

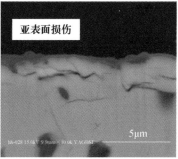

图 3　SiC 陶瓷磨削表面/亚表面损伤形貌图

　　虽然已针对硬脆材料的磨削损伤分布形式及工艺参数优化进行了一定的研究,但磨削是一个复杂的过程,很难直接分析其材料去除过程及表面/亚表面损伤形成及扩展机理。关于均质硬脆材料及复杂结构的硬脆复合材料在高速加工过程中的微观变形和裂纹形成及扩展机理的研究难度很大。

　　4．难点内容

　　1)硬脆材料高速加工过程中的损伤形成及扩展机理研究

　　目前还没有一个有效的实验和观察手段了解硬脆材料微观加工区域发生的损伤及演变物理过程,主要都是基于断裂力学与损伤力学相结合的方式,通过残留形貌及亚表层损伤的检测结果,反演出损伤机理,不能从根本上阐明硬脆材料磨削加工中微观缺陷成核及扩展动态演化等问题。同时,大多硬脆材料如烧结陶瓷类材料本身多相性（晶界、相界、碳化硅相、硅相）的特点又使其变形机理远比单晶材料复杂。多相材料在塑性变形中，晶界（相界）不仅会阻碍位错的运动，并且晶界（相界）自身也会发生变形，如晶界滑移、晶粒长大等，从而引起材料内部结构和组织状态的变化，这些都给分析微观缺陷损伤形成机理及演变过程带来了不确定的因素。

2）硬脆材料磨削损伤三维分布及亚表层损伤层深度预测

目前磨削损伤分布问题的研究中大多以压痕断裂力学模型或单颗粒刻划加工模型为基础，并依据该模型中材料弹塑性变形应力场分布和残余裂纹形式等特征来解释硬脆材料裂纹扩展及材料去除机理。然而，磨削过程非常复杂，需要考虑多磨粒耦合条件下的磨削损伤演变机制，而且砂轮线速度很高，需要建立考虑应变率的硬脆材料本构模型，因此建立相应的损伤预测理论模型难度很大。同时，目前主要通过对硬脆材料超精密磨削加工表面和截面的微观分析，研究磨削亚表层损伤的形式和特征，即使利用聚焦离子束（focused ion beam, FIB）裂纹三维重建方法（图 4），也难以获得相应的三维分布形式。

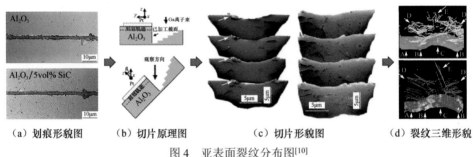

（a）划痕形貌图　　　（b）切片原理图　　　（c）切片形貌图　　　（d）裂纹三维形貌

图 4　亚表面裂纹分布图[10]

3）多场耦合条件下硬脆材料高速加工去除机理及损伤行为

硬脆材料加工过程中，工具与工件材料以很高的速度瞬间碰撞，材料发生高速激烈应变，切屑瞬间形成。由于接触时间很短，工具与工件材料之间的高速微观动态行为很难观测。同时，工具-切屑-工件间的摩擦作用产生局部高温，高速加工过程中多场耦合作用给去除机理及损伤演变行为的研究带来很大困难。因此，对硬脆材料加工去除理论及损伤演变机理的研究带来了很大挑战。

参 考 文 献

[1]　Zhang J, Jiang D, Lin Q, et al. Properties of silicon carbide ceramics from gelcasting and pressureless sintering. Materials and Design, 2015, 65: 12-16.

[2]　Gopal A V, Rao P V. The optimisation of the grinding of silicon carbide with diamond wheels

using genetic algorithms. The International Journal of Advanced Manufacturing Technology, 2003, 22(7-8): 475-480.

[3] Agarwal S, Rao P V. Grinding characteristics, material removal and damage formation mechanisms in high removal rate grinding of silicon carbide. International Journal of Machine Tools and Manufacture, 2010, 50(12): 1077-1087.

[4] Dai Y, Ohmori H, Lin W M, et al. ELID grinding properties of high-strength reaction-sintered SiC. Key Engineering Materials, 2005, 291: 121-126.

[5] Canneto J J, Cattani-Lorente M, Durual S, et al. Grinding damage assessment on four high-strength ceramics. Dental Materials, 2016, 32(2): 171-182.

[6] Li S Y, Wang Z, Wu Y L. Relationship between subsurface damage and surface roughness of optical materials in grinding and lapping processes. Journal of Materials Processing Technology, 2008, 205(1): 34-41.

[7] Li H N, Yu T B, Zhu L D, et al. Evaluation of grinding-induced subsurface damage in optical glass BK7. Journal of Materials Processing Technology, 2016, 229: 785-794.

[8] Yao Z, Gu W, Li K. Relationship between surface roughness and subsurface crack depth during grinding of optical glass BK7. Journal of Materials Processing Technology, 2012, 212(4): 969-976.

[9] 孟彬彬. SiC陶瓷材料刻划去除机理及裂纹扩展行为研究. 哈尔滨: 哈尔滨工业大学博士学位论文, 2016.

[10] Wu H Z, Roberts S G, Möbus G, et al. Subsurface damage analysis by TEM and 3D FIB crack mapping in alumina and alumina/5vol.% SiC nanocomposites. Acta Materialia, 2003, 51(1): 149-163.

撰稿人: 张飞虎

哈尔滨工业大学

打破光学设计"玻璃顶"的大口径薄膜透镜可否被制造出来？

Can We Make Giant Membrane Lens and Break "the Glass Ceiling" of Traditional Optical Design?

1. 科学意义

地球静止轨道（GEO）高分辨率成像卫星在国防、军事、环境监测、减灾、资源探测等领域有重要应用价值，其特点为监视范围广、响应时间快、难以被反卫星武器干扰或摧毁。单颗 GEO 对地卫星可覆盖 1/3 地球，从指令下达到图像交付只需 2～15min，这是低轨卫星无法抗衡的，同时 GEO 对地卫星还具备对舰船、坦克等运动目标持续跟踪的能力。如果 GEO 对地卫星成像质量进一步提高，使对地成像系统能达到 1m 的分辨率，则可同时具备超高空间分辨率和超高时间分辨率，在诸多领域中具有极高的应用价值和应用潜力。

2. 问题背景

众所周知，成像系统的分辨率和口径尺寸成反比，据估算，实现静轨 1m 分辨率对地成像，需要的光学口径需要达到 24m，如果基于传统反射式成像原理，整个系统的质量要上百吨。国外从 20 世纪末开始研制反射式巨型口径观测系统，主要通过子镜或子系统拼接或合成的方式来实现巨型口径，由于其需要工作在光学波段，所以拼接、对准的精度要求极高，进展极为缓慢，现有技术水平仍然远没达到使用水平。另外，传统大口径成像系统的质量也远远超过运载火箭发射能力，这使得发射成本和难度呈指数增长。因此，对于高分辨率 GEO 对地卫星，现有的传统光学望远镜设计已经达到瓶颈，即人们常说的"玻璃顶"。

空间光学衍射薄膜元件，即膜基衍射成像元件，是基于光波衍射理论、以薄膜材料为基底、表面加工有微细结构、具有衍射聚焦能力的一类满足空间光学成像需要的新型功能器件。衍射成像和传统成像原理区别如图 1 所示，图 1（a）为折射成像，通过光学材料厚度来控制光程，多用于小口径成像系统；图 1（b）为反射成像，通过反射曲面控制光程，传统大口径成像系统多采用该结构；图 1（c）为衍射成像，当光打在尺寸和其波长类似的障碍物上，传播会发生不同程度的弯散，通过在衬底上刻蚀不同高度（波长量级）的沟槽，对光程差进行操控，因此具有与传统透镜相同的聚焦功能[1]。由于膜基衍射光学成像技术基于光的衍射理论，采用空间光学衍射薄膜材料作为巨型口径光学系统主镜，具有公差宽松、质量超轻、大折叠比等重要技术优势，能够突破传统巨型口径光学系统研制遇到的"玻璃顶"问题，从而进一步扩大光学口径和成像分辨率。图2（a）和（b）分别为5m口径地面样机的1/8组件和10m口径太空样机的部分组件照片。

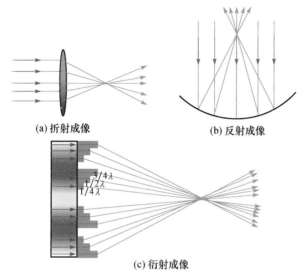

(a) 折射成像   (b) 反射成像

(c) 衍射成像

图1　不同光学过程成像原理示意图

(a) 5m口径1/8组件   (b) 10m口径1/8组件

图2　大口径薄膜成像透镜组件

　　根据实现形式不同，薄膜成像器件可分为菲涅尔型膜基衍射光学器件和光子筛型膜基衍射光学器件两种。菲涅尔型膜基衍射光学器件表面具有环带型衍射微结构，而光子筛型膜基衍射光学器件表面具有孔型衍射微结构，它们的结构差别如图3所示。根据空间光学衍射薄膜材料对入射光波的调制方式不同，薄膜成像器件可分为振幅式和位相式两种。振幅式通过透过部分相干区域来实现衍射成像，而位相式通过精确的空间相位调控来实现衍射成像，由于光线全部透过，光能利用率比振幅式要高。在上述四种类型衍射光学系统中，位相式菲涅尔型膜基衍射光学透镜的理论衍射效率最高，因此在光学成像应用中的研究较多。并且，由于位相式光子筛型膜基衍射光学透镜加工难度低，较振幅式光子筛型膜基衍射光学透镜具有更高的衍射效率，所以也得到了一定研究。

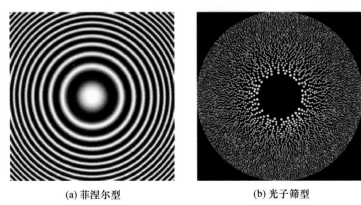

(a) 菲涅尔型　　　　　　　　　　　(b) 光子筛型

图 3　菲涅尔型和光子筛型透镜示意图

菲涅尔型膜基衍射成像元件的特点如下：

（1）理论衍射效率高。理想菲涅尔型膜基衍射光学透镜表面为连续型微结构，设计波长处理论衍射效率为 100%。对于更小环带周期的菲涅尔型膜基衍射光学材料，通常采用台阶近似。量化的台阶数越多，微结构越接近理想的连续表面，衍射效率越高。2 台阶微结构衍射效率为 40.5%，4 台阶衍射效率为 81%。

（2）数据量小。菲涅尔型膜基衍射光学材料，由于其表面微结构具有中心对称的特点，加工参数可以通过简单公式描述，处理方便。

（3）加工难度大。巨型口径空间光学成像系统，其轴向尺寸越小，控制难度越低，越容易实现空间应用。其轴向尺寸主要取决于以菲涅尔型膜基衍射光学成像系统为主镜的焦距，因此要求主镜焦距越小越好。根据最小环带周期公式，焦距越小，最小环带周期越小，进行台阶量化加工时（要保证衍射效率满足要求，量化台阶数一般需要大于 4），特征尺寸就越小，对加工精度要求越高，带来的加工难度越大。在大幅面上，如何加工理想的连续型微结构是国际性加工难题。

光子筛型膜基衍射成像元件的特点如下：

（1）理论衍射效率低。根据国内外相关学者研究，振幅式光子筛型的实验衍射效率小于 10%，位相式光子筛型的实验衍射效率约 30%，难以提高，因此在成像应用中受限。

（2）数据量巨大。根据光子筛型成像原理，其表面的微孔为随机分布，不具备对称性，因此数据量十分庞大。例如，200mm 口径的光子筛，具有约 25 亿个微孔，总数据量达 53GB。如果光子筛型成像应用于制造巨型口径光学系统，其制造所需的图形生成数据文件十分巨大，大大超过现有的工艺制造水平。如何处理表征大幅面纳米结构的超大数据量是实现其加工成型的前提和基础。

除了上述的设计、加工、数据处理等方面需要突破的科学难点外，材料上的困难也非常巨大。不同于在传统的硬质基底材料上微结构加工方法，薄膜基底柔软易变形，按照传统的方式加工难以保证微结构的加工精度。可采用的微加工方法包括准分子激光直写法、微热压印复制法以及反应离子束转移刻蚀法等。其中，准分子激光直写法对于激光器的功率稳定性要求极高，需要采用飞秒脉冲型以保证微纳结构的表面光洁度，且烧蚀加工过程慢，易受环境因素影响，难以制备超大面积的微纳结构表面。微热压印复制法由于聚酰亚胺材料的玻璃化转变温度通常大于 300℃，高温条件下模具变形量对于微结构成型的影响较大，且复制方式对于二元台阶型衍射微结构的转移精度影响较大，难以实现精密模具台阶结构的垂直侧壁的转移。反应离子束转移刻蚀法通过曝光显影方法在薄膜基底表面制备光刻胶三维浮雕结构，并通过反应离子刻蚀将光刻胶三维浮雕结构转移到聚酰亚胺薄膜基底上，但是需要多次套刻，实现难度巨大。

3．最新进展

近年来，随着各应用领域对巨型口径成像系统需求的不断提升和新技术、新概念的不断涌现，国外在新型空间光学衍射薄膜材料方面开始了新的技术攻关与应用研究。美国在 20 世纪 90 年代针对空间光学衍射薄膜材料开展了应用研究和技术验证，取得了一些研究成果。英、法、日等国也面向天文观测开展了空间光学衍射薄膜材料研究。Ball Aerospace 公司为美国国防部高级研究计划署（DARPA）启动了"薄膜型光学即时成像器"（MOIRE）计划，展开超大口径（20m）薄膜望远镜的研制。该项目目标为覆盖 40%的地表区域，实现分辨率可达 1m、1 帧/s 的实时对地观测[2]。MOIRE 计划一旦成功，美国将能实时传输世界上任何地点的高清影像，堪称"间谍卫星之王"。虽然该计划声称用于空间观测、光学通信、地表检测等商业和科学研究目的，但势必会对我国国防安全构成威胁。因此，面对巨型薄膜衍射透镜这一国际性制造难题，我国有必要大力推进相关成像原理、制作工艺的研发进度，率先实现科学难点突破。

4．科学难点

薄膜衍射透镜对于实现高分辨 GEO 对地卫星有着独特的优势，但是现阶段在薄膜材料和微纳制造方面还有以下科学难点问题需要解决。

1）宽波段薄膜衍射成像的研究问题

根据现有的衍射成像理论，微结构形状和排布具有波长唯一性，因此其他波长光会无法成像或者成离焦像。目前主要有两种解决途径：一种是衍射成像理论的突破，拓宽成像波段，如设计三维微纳结构进行成像；另一种是通过图像复原技术等后期处理技术，使横向色散降低。尚需对两种途径细致研究，以期突破该科学问题。

2）如何获得高可见光透过率、高机械强度的有机薄膜材料

常规聚酰亚胺的可见光透过率在80%左右，且对波长小于500nm的可见光截止吸收，需要通过化学改性的方法提高聚酰亚胺薄膜的透过率至90%以上，工作波段下限至400nm以下。聚酰亚胺膜受力过大会导致分子链重排，产生折射率分布的各向异性变化，从而导致应力双折射现象的产生，最终影响光学成像质量。需要通过改进分子设计和成膜工艺，优化聚酰亚胺力学性能，使其能满足抗发射过载需求，还要满足未来入轨后光学成像的要求。

3）薄膜材料的空间环境适应性问题

有机薄膜材料应具有良好的紫外辐射、空间原子氧、高能粒子流等的耐受性，且具有极低的热膨胀系数，能适应卫星在轨运行时快速高低温变化，这样才能保障透镜发射到太空后，温度变化不会影响其成像。需要深入研究薄膜材料的分子构成及聚合度，并且有根据地对材料进行掺杂改性。

4）大面积柔性微纳制造机制问题

薄膜衍射透镜利用微结构的特殊排列得到整个波前相位调制，这要求制造技术横纵向分辨率达到波长量级，能实现任意图形，并适用于柔性衬底。因此，这不再是优化现有加工技术问题，而是需要提出颠覆性的柔性制造新方法。

5）大口径薄膜透镜拼接和成像调控问题

数十米的薄膜透镜，一次成型难度极大，且受限于火箭头部尺寸，也无法顺利发射，因此需要多块子镜拼接。拼接时每块子镜具有6个自由度，各自由度上的失配均会使拼接主镜在成像过程中存在误差，另外薄膜的柔性等特质，会给主镜拼接带来巨大困难。为实现多个子镜的完美拼接，需结合透镜结构设计、主镜在太空的展开方式、各子镜微调手段等协调完成。

6）超材料透镜实现薄膜成像的可行性

超材料透镜通过亚波长尺寸结构有序排列，放大倏逝波，实现"超透镜效应"，突破衍射极限[3]。但超透镜的实现存在非常大的技术瓶颈，需要在以下几方面取得重大突破：100nm特征结构的大面积快速书写，高深宽比精细结构可控制备，高折射率、低吸收率的特殊材料合成以及超大数据量处理与传输等。

综上所述，实现大幅面薄膜透镜的制备不是简单地优化现有工艺或设备的技术问题，而是需要创新思维，从器件设计理论、微纳制造机制、材料工艺到组装

集成等方面均实现革命性突破的科学问题。可喜的是，我国经过"十一五"和"十二五"期间的布局，在"大面积光学的纳米柔性制造"实现了多个重要突破，如苏大维格（SVG）自主研发的激光直写设备[4]，具有高分辨率（0.25μm）、灰度曝光、大幅面（65in，1in≈2.54cm）的特点，实现了纳秒时序同步脉冲控制技术，确保了纳米级定位和复杂结构重叠写入精度，解决了大尺度下微纳图形海量数据传输和处理的难题。我国现已具备制作大口径薄膜成像研究的人才储备和基础设备支撑，需要继续推进基础理论与相关关键技术研究，实现高端纳米制造在大口径薄膜成像系统的应用。

参 考 文 献

［1］ Williams G J, Quiney H M, Dhal B B, et al. Fresnel coherent diffractive imaging. Physical Review Letters, 2006, 97: 025506.

［2］ Atcheson P, Domber J, Whiteaker K, et al. MOIRE: Ground demonstration of a large aperture diffractive transmissive telescope. Proceedings of SPIE, 2014, 9143: 91431W.

［3］ Lin D, Fan P, Hasman E, et al. Dielectric gradient metasurface optical elements. Science, 2014, 345: 298-302.

［4］ SVG. 高速激光图形化设备 iGrapher200-820. http://www.svgoptronics.com [2017-8-1].

撰稿人：黄文彬、乔　文、陈林森

苏州大学

面向 IC 制造的超光滑表面平坦化加工的极限是什么？

What Is the Limit of Ultra Smooth Surface Planarization in IC Manufacturing?

1. 科学意义

集成电路（IC）制造是当今世界尖端制造领域竞争最激烈、发展最迅速的领域。而基于化学机械抛光（CMP）技术的表面平坦化是 IC 制造过程的关键环节和核心技术。此外，CMP 在磁头、磁盘、LED 衬底片、光学镜头等超精表面加工领域也有着广泛应用，是一种高效实用的超精表面加工手段。超平坦和超光滑是 IC 制造中超精表面抛光的主要要求。

集成电路制造发展到 32nm 及以下线宽时，铜互连和低介电常数（low-k）材料的引入使 IC 制造过程的平坦化面临新的挑战。在 32nm 以下技术节点，与铜互连相匹配的介质薄膜的介电常数（k）值将达到甚至低于 2.0，其极低的弹性模量使得表面平坦化加工时的机械应力极易造成材料界面剥离和互连线的损伤[1]，传统的技术与装备无法在超低压力（<0.5psi，1psi=6.895kPa）条件下实现高效、大面积、均匀的材料去除。随着 IC 制造向 14nm、7nm 及以下特征线宽发展，电路结构的应力破坏将成为表面抛光面临的首要挑战。超低应力化学机械平坦化方法是一种发展趋势。

超光滑表面制造需要通过合理的原子尺度材料迁移来实现，其中涉及表面的物理化学作用、能量传递过程以及界面效应。单原子的移动与操作在国际上早已实现，然而面对更大尺度与更大批量的工业生产，表面制造是否能达到原子级别的精度和控制能力是一个未知之谜；能否实现表面理想原子层的排布，能否实现表面单层原子去除，是各领域科学家都非常关注的问题，也是很多学者努力探究的方向。这一课题的探索涉及机械、材料、物理、化学等多学科交叉。

2. 化学机械抛光是超光滑表面加工的有效手段

IC 制造领域的抛光更多的是面对异质材料，尤其是铜互连抛光、浅沟道隔离（SIT）抛光，以及鳍式场效应晶体管（FinFET）三维结构电路，如何在保证抛光效率的同时，保证不同材料同步去除，同时控制抛光应力，防止异质界面的材料损伤，是一个非常大的难题，这就要求抛光工具有非常柔性的加载能力和非常精确的控制能力。对于晶圆平坦化，抛光垫和对晶圆加载的背膜都是柔性的，晶圆处于上下柔性层夹持的状态。虽然晶圆刚性大，但由于厚度很薄，其可变形量也较大。对于这样的加载体系，各层之间力的传递误差较大。此外，分区气压间存在耦合影响，晶圆局部受力与周边受力也存在耦合，理论加载与实际接触应力间有差异，极大地影响了晶圆局部精确控制能力。

以化学机械抛光为代表的超精表面加工不再是单一的机械加工、化学加工或热效应加工，而是多种加工手段的综合应用与协作配合。从晶圆平坦化的材料去除机理方面来看，化学作用可改变晶圆表面材料的性质，从而促进晶圆材料的机械去除；而机械作用不仅可以去除晶圆表面材料，而且会导致作用区域温度升高，从而加速化学反应的进行。可见，晶圆平坦化过程涉及力、热、流、化学和工艺参数等多因素的耦合作用。表面加工的物理化学机理仍是未解之谜。

目前，对于化学机械抛光过程如何实现高精度表面还没有完全给出合理的解释，对于颗粒与被抛光表面之间的相互作用也没有明确的认识。原子尺度的分子动力学仿真可以揭示颗粒对表面的微观去除机理，如揭示单原子层去除机理。目前的仿真结果表明颗粒的冲击、滑动、滚动都对表面有去除材料的作用[2,3]。然而，真实的环境模拟依然很难，例如，考虑化学环境（水分子的作用、H^+、OH^- 等）对材料去除的影响。建立贴合工程实际的原子尺度仿真模型仍是一个科学难题。

3. 微观材料去除机理与加工极限是当前未解之谜

超光滑表面加工设备方面，以清华大学牵头的团队在国家科技重大专项的支持下，率先在国内开展了面向 300mm 晶圆、针对铜互连/低 k 介质的超低下压力 CMP 系统装备的研发工作。通过对超低下压力 CMP 系统架构、超低下压力抛光头、终点检测与膜厚在线测量、CMP 抛光后清洗以及超低下压力抛光工艺等方面的长期研发，已开发出能满足工业生产需求的全自动抛光机，能够实现 5 分区独立控制、0.1psi 的抛光压力控制精度，系统主体部分基本原理如图 1 所示[4]。该抛光机可应用于 300mm 晶圆铜、硅、氧化物层、TSV 等不同材料的抛光，使 300mm 晶圆表面粗糙度稳定在 0.1nm 以下，全局非均匀性小于 2%。

超精表面抛光机理方面，清华大学李静等[5]系统研究了不同 pH 下，CMP 过程的材料去除机理，得到了抛光液 pH 选取区间（pH=4.0～6.0）；通过电化学测量和原子力显微镜（AFM）的纳米划痕实验，分析铜 CMP 中机械与化学的交互作用，结合 CMP 实验，获得了铜 CMP 去除的机制图，从而明确了化学机械抛光过程中，材料去除的主导因素。在 pH=4.0～7.0 时，腐蚀促进磨损是材料去除的主导因素；在 pH=7.0～9.0 时，磨损促进腐蚀起主导作用；在 pH=3.0 和 10.0 时，化学腐蚀则成为主导因素。根据实验结果绘制出的 CMP 机制图（图 2），可清晰和直观地反映出 CMP 在某一特定工况下以何种机制为主，这将对优化 CMP 工艺提供直接的指导作用。

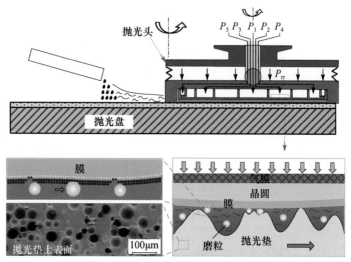

图 1　超低下压力分区控制化学机械抛光原理[4]

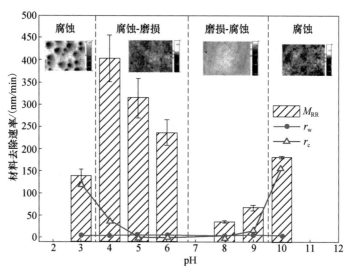

图 2　化学机械抛光材料去除机制图

为了揭示化学作用在表面抛光过程材料去除的作用机理，清华大学温家林等[6]通过 ReaxFF 化学反应分子动力学方法[7]，考虑了化学机械抛光作用体系中 SiO_2 颗粒、H_2O 以及 Si 基底三者之间的化学与机械相互耦合作用，模拟了水环境中 SiO_2 颗粒在 Si 基底上滑移实现 Si 材料去除的过程，如图 3 所示。研究表明，接触滑移界面通过脱氢化学反应产生 Si—O—Si 桥键，该桥键对 Si 基底的材料去除过程具有重要的意义。界面桥键形成后，在 SiO₂ 颗粒的机械滑移作用下，通过界面的 Si—O—Si 键以及 Si—Si—O—Si 键链的断裂过程等两种路径，分别实现 Si 基底原子的去除。

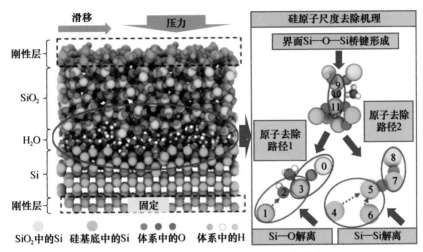

图 3　液体环境硅表面抛光过程分子动力学仿真

为了探索表面加工极限，需要解决颗粒残留、抛光雾及微划痕问题，以及对抛光液磨粒的纯度、表面化学状态进行调整。采用复合螯合技术，解决了抛光残留在抛光垫上的附着问题，提高了腐蚀剂的作用，且促进了抛光垫与抛光液的协同作用，使抛光后的硅片表面质量高，抛光液 pH 及抛光速率保持稳定，使用寿命长。针对抛光颗粒残留、抛光雾、微划痕等表面质量控制问题，通过控制抛光颗粒与水溶性聚合物之间的结合程度，调节抛光颗粒的粒径分布，有效降低了抛光颗粒残留；通过提高抛光液的纯度，使抛光雾水平下降到更低水平；另外，通过调整抛光工艺，选择与抛光液相适应的抛光垫，进一步提高了抛光过程的均匀性，实现了原子级抛光，硅表面粗糙度可以达到 0.04nm（AFM 结果，见图 4）。这与理想原子层表面的表面粗糙度极限 0.0276nm[8]已十分接近。

4. 难点总结

超光滑表面制造需要通过合理的原子尺度材料迁移来实现，其中涉及表面的物理化学作用、能量传递过程以及界面效应。然而，无论是在理论上还是在实际应用中，原子级可控都是非常困难的，主要表现在：

（1）理论上，原子级材料可控去除的量化模型有待建立，从原子/分子迁移到深亚纳米粗糙度表面形成的演变规律尚不清楚。此外，对于接近原子/分子尺度的

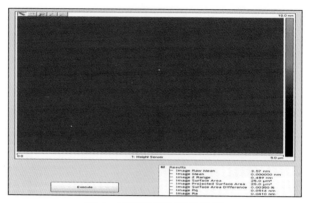

图 4　超光滑表面抛光结果

亚纳米精度表面制造，还需要从材料的原子/分子去除、流动的共生过程出发，揭示原子/分子的迁移规律，才可实现深亚纳米粗糙度表面稳定加工。

（2）实际应用中，表面加工过程极其复杂，具有多尺度特征。以晶圆平坦化为代表的表面加工过程包括单磨粒和多磨粒作用的纳观尺度去除过程、抛光垫单粗糙峰和多粗糙峰作用的微观尺度去除过程以及晶圆面形演化的宏观尺度平坦化过程。如何通过宏观机械系统的精妙控制，以抛光垫微观粗糙峰为载体，以化学液和纳米磨粒为终端执行元素，在加工过程实现原子级可控，从而实现大尺寸晶圆全局高精度控制，是超光滑表面加工在实际生产中的难点。

参 考 文 献

[1]　Peter S. Low-pressure CMP developed for 300mm ultralow-*k*. Semiconductor International, 2003, 26(12): 30.

[2]　Chen R L, Jiang R R, Lei H, et al. Material removal mechanism during porous silica cluster impact on crystal silicon substrate studied by molecular dynamics simulation. Applied Surface Science, 2013, 264: 148-156.

[3]　Si L N, Guo D, Luo J B, et al. Abrasive rolling effects on material removal and surface finish in chemical mechanical polishing analyzed by molecular dynamics simulation. Journal of Applied Physics, 2011, 109: 084335.

[4]　Zhao D W, Lu X C. Chemical mechanical polishing: Theory and experiment. Friction, 2013, 1(4): 306-326.

[5]　Li J, Liu Y H, Lu X C, et al. Material removal mechanism of copper CMP from a chemical-mechanical synergy perspective. Tribology Letters, 2013, 49(1): 11-19.

[6]　Wen J L, Ma T B, Zhang W, et al. Atomic insight into tribochemical wear mechanism of silicon

at the Si/SiO₂ interface in aqueous environment: Molecular dynamics simulations using ReaxFF reactive force field. Applied Surface Science, 2016, 390: 216-223.

[7] Duin A C T V, Dasgupta S, Lorant F, et al. ReaxFF: A reactive force field for hydrocarbons. Journal of Physical Chemistry A, 2012, 105(41): 9396-9409.

[8] Li J, Liu Y H, Dai Y J, et al. Achievement of a near-perfect smooth silicon surface. Science China Technological Sciences, 2013, 56(11): 2847-2853.

撰稿人：路新春

清华大学

亚纳米精度表面制造中原子/分子是如何迁移的？

How Do the Atoms/Molecules Migrate in Sub-Nanometer Scale Precision Surface Manufacturing?

1. 科学意义

在纳米科学领域，科研人员早已在实验室条件下实现固体表面原子级裁剪[1]，可以利用扫描隧道显微镜实现单原子的搬移和操纵，构建各种微小结构。而在制造领域，随着制造精度要求的不断提升，尤其是在光学零件表面制造和集成电路（IC）微纳制造领域，表面精度的要求正向亚纳米级发展，也就是正逐渐逼近原子尺度。这就迫切需要了解表面制造过程中原子/分子迁移规律。其中涉及表面的物理化学作用、能量传递过程以及表面/界面效应。认清制造过程中表面物理化学作用机理和材料去除的能量势垒，对于促进纳米制造科学理论及技术发展具有重要的科学意义。

2. 问题背景

在微纳制造中，表面制造精度正在逼近亚纳米级。亚纳米精度表面制造在极大规模集成电路制造、高精度光学制造等诸多高技术领域都有重要应用。目前，以离子束加工技术为代表的加工手段，表面面形精度已经达到亚纳米级；而以化学机械抛光技术为代表的超光滑表面加工，表面粗糙度已经达到 0.05nm 级。然而，上述原子级精度表面形成机制还不清楚，因此迫切需要对亚纳米精度表面制造机理进行深入而系统的研究。在常规工况下，Luo 和 Dornfeld[2]计算的纳米颗粒在硅表面的压深为 0.07nm。在实际加工过程中，如此微小的压深是否能实现材料的有效去除还取决于颗粒与表层材料、表层材料与基底之间的作用力。这种超高精度的表面加工必须依赖于表面原子/分子的迁移与控制，需要联合原子/分子迁移的物理化学作用、能量传递过程以及表面/界面效应等多个科学领域。

Guo 等[3]利用原子力显微镜在特定的实验参数下实现了晶圆材料的单层原子亚表层无损伤去除，即层状去除的最小厚度与单层硅原子的高度基本一致，较目前文献报道的纳米切削的最高精度"7nm 最薄切屑、1nm 粗糙度"提高了 1 个数量级以上；并发现材料的层状去除源于滑动界面原子键合作用下基体表面硅原子的剥离。通过调节实验参数和工况环境，实现了大气下单晶硅表面多层可控去除（图 1）。以上研究成果在实验上证实了原子级层状去除是可以实现的。但材料去除的机理和能量势垒是需要进一步研究的问题。

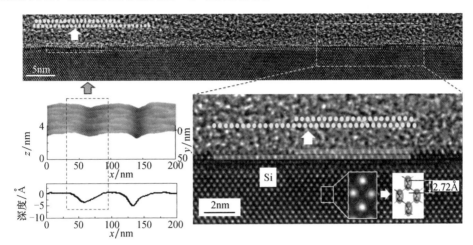

图 1　单晶硅表面单子层去除的实现

3. 最新进展

在物理和化学作用对原子/分子迁移规律的影响方面，陈入领等[4]采用分子动力学方法研究了磨粒在表面的碰撞过程，描述了磨粒原子团簇与表面原子相互作用的物理过程以及碰撞区域附近的材料非晶化相变行为，如图 2 所示。Wen 等[5]通过分子动力学模拟方法研究了机械力作用下单晶硅和 SiO_2 表面化学反应及界面作用规律，研究了压力与水环境等因素对单晶硅表面原子去除的影响规律；采用反应分子动力学方法，模拟了 SiO_2/水界面复杂的摩擦化学反应过程；发现界面桥键的数量与摩擦力的大小之间存在较强的正相关性，界面桥键的形成和断裂是发生原子去除的直接原因，如图 3 所示。然而，桥键的形成和断裂的微观量化条件，仍是一个科学难题。

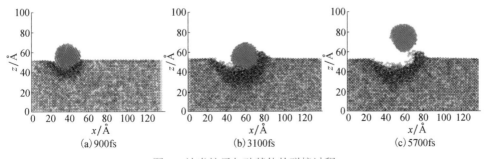

图 2　纳米粒子与硅基体的碰撞过程

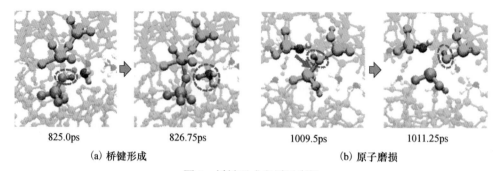

825.0ps　　　　　826.75ps　　　　　1009.5ps　　　　　1011.25ps

　　（a）桥键形成　　　　　　　　　　　　（b）原子磨损

图 3　桥键形成和原子磨损

　　在探索材料去除受化学环境影响方面，钱林茂等通过纳米磨损实验研究了外界机械作用及环境对单晶硅（Si/SiO$_2$）表面材料原子级去除的影响规律[6,7]。实验结果表明，机械作用改变了摩擦化学反应的进行，使得 Si/SiO$_2$ 摩擦界面间的 Si—O—Si 桥键的形成与断裂受到影响，进而影响了整个摩擦化学磨损过程的进行，最终造成单晶硅表面不同程度的磨损，如图 4 所示。另外，研究发现，环境 pH 对材料去除存在显著影响，在摩擦作用下，材料磨损程度会随着溶液 pH 的升高而加剧。另外，溶液 pH 的升高会加剧单晶硅表面的腐蚀作用，较高的 pH 会导致单晶硅表面轻微的腐蚀，从而影响单晶硅的表面质量。可见，外界化学条件会影响材料去除的能量势垒。

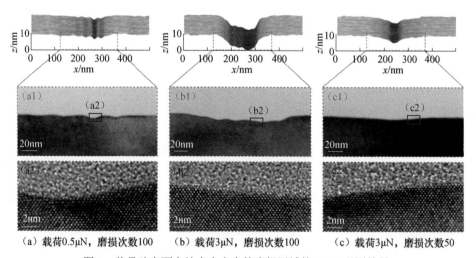

　　（a）载荷0.5μN，磨损次数100　　　（b）载荷3μN，磨损次数100　　　（c）载荷3μN，磨损次数50

图 4　单晶硅表面在纯水中产生的磨损区域的 TEM 观测结果

　　最新研究进一步说明单晶硅原子迁移存在能量势垒。利用原子力显微镜系统研究了对磨副材料、水含量、磨损次数和单晶硅晶体结构对晶圆材料原子去除能量阈值的影响规律，如图 5 所示。实验结果表明，一定数量的机械能注入是摩擦化学反应发生的前提，当注入能量大于阈值后，单晶硅表面摩擦化学去除量与能量耗散基本呈线性关系。摩擦副化学活性、原子面密度和原子层间距以及环境水含量等参数通过改变摩擦化学反应势垒大小实现对原子去除与迁移的控制。然而，能量势垒与晶格结构、化学环境、温度、机械载荷等因素的综合量化关系仍是一个复杂的科学难题。

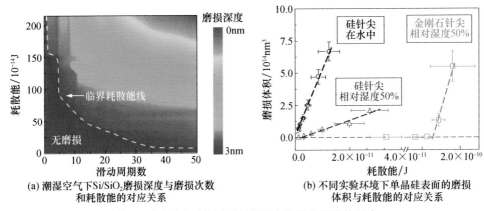

(a) 潮湿空气下Si/SiO₂磨损深度与磨损次数和耗散能的对应关系

(b) 不同实验环境下单晶硅表面的磨损体积与耗散能的对应关系

图5　不同因素对晶圆材料原子去除能量阈值的影响

4．难点内容

综上所述，要实现接近原子尺度的亚纳米精度表面制造，必须弄清制造过程中原子/分子的迁移过程。而这一过程涉及表面的物理化学作用、能量传递过程以及界面效应。在上述因素的共同作用下，如何定量描述原子级材料去除的能量势垒及受外界环境的影响关系，从而实现可控去除，仍然是需要进一步深入研究的科学难题。主要有以下难点：

（1）如何准确表征和量化原子级材料去除；

（2）如何量化原子级材料去除的能量势垒；

（3）如何量化材料特性和外界环境对能量势垒的影响规律；

（4）如何根据材料去除规律，合理控制外界条件实现材料可控去除。

只有突破以上难题，才能逐渐提升表面制造精度。

参 考 文 献

[1]　蒋平. 固体表面原子级裁剪. 科学, 1996, (6): 36-39.

[2]　Luo J F, Dornfeld D A. Material removal mechanism in chemical mechanical polishing: Theory and modeling. IEEE Transactions on Semiconductor Manufacturing, 2001, 14(2): 112-133.

[3] Guo J, Xiao C, Peng B, et al. Tribochemistry-induced direct fabrication of nondestructive nanochannels on silicon surface. RSC Advances, 2015, 5(122): 100769-100774.

[4] Chen R L, Luo J B, Guo D, et al. Extrusion formation mechanism on silicon surface under the silica cluster impact studied by molecular dynamics simulation. Journal of Applied Physics, 2008, 104(10): 1698.

[5] Wen J, Ma T, Zhang W, et al. Atomic insight into tribochemical wear mechanism of silicon at the Si/SiO$_2$ interface in aqueous environment: Molecular dynamics simulations using ReaxFF reactive force field. Applied Surface Sciences, 2016, 390: 216-223.

[6] Chen C, Xiao C, Wang X D, et al. Role of water in the tribochemical removal of bare silicon. Applied Surface Science, 2016, 390: 696-702.

[7] Chen C, Zhang P, Xiao C, et al. Effect of mechanical interaction on the tribochemical wear of bare silicon in water. Wear, 2017, 376: 1307-1313.

撰稿人：路新春

清华大学

植入式柔性神经电极生物相容性

The Biocompatibility of Implantable Neural Electrodes

视网膜色素变性（retinitis pigmentosa, RP）或老年性黄斑变性（age-related macular degeneration, AMD）是两种慢性、进行性视网膜功能退化疾病，主要表现为视网膜上感光受体细胞（photoreceptor cells）受损，从而丧失部分或全部视区，并最终致盲。据 2015 年统计数据，这两种致盲病变导致我国约 240 万患者失明，约占盲人总数的 1/3，目前国际上尚无有效治疗方法。

近年来，科学家发现 RP 和 AMD 患者虽然视网膜上感光受体细胞病变受损，但是其传递视网膜神经信号至大脑皮层的视神经功能还是完整的。基于此，科学家成功研发了一种人工视觉方法，即在视网膜上植入微型电极阵列用于刺激并激活视神经，将摄像头采取的视频信号传入大脑皮层视觉中枢形成视觉，从而使患者重新获得部分有用视力。目前，美国食品药品监督管理局（FDA）已经批准首款视觉假体产品——Argus II（图 1）用于帮助盲人复明[1]。

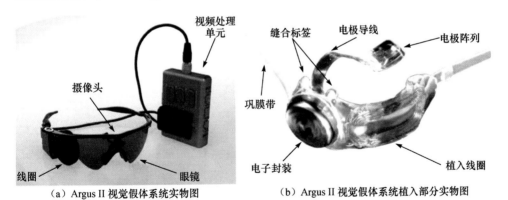

（a）Argus II 视觉假体系统实物图　　　　（b）Argus II 视觉假体系统植入部分实物图

图 1　Argus II 视觉假体实物图

人工视觉假体是微小尺寸的植入体，集光、机、电技术于一体，完成从光电转换、信息处理到视神经刺激等一系列的功能。其最终植入生物体所必须解决的关键科学问题是视觉假体的微光机电系统与视神经组织及其周围环境的生物相容性。由于视觉假体的封装材料和微电极阵列直接与神经细胞接触，这些材料对所接触的组织及其周围环境产生了生化、电磁、热等作用干扰了细胞的正常生理环境和功能。为了减少封装材料及微电极阵列植入后对组织的损伤，一方面需要封装材料与电极涂层具有生物相容性，降低长时间植入可能引起的生物毒性；另一方面需要电极材料在细胞内外溶解液环境中具有耐腐蚀性，保持良好的导电性。此外，可以通过分析各种封装材料、微电极阵列结构及其涂层材料对植入位点的生物细胞、组织等在生化、电磁、热等方面的影响，进而研究合适的封装、电极及涂层材料，建立起视觉假体与生物体之间和谐的接口。与此同时，为了能够建立起真正有效的视觉假体，需要解决高密度电极阵列结构设计和制造、电极-神经界面效应、数据和能量传输质量及速率等众多难题[2]。

参 考 文 献

[1] Humayun M S, Dorn J D, da Cruz L, et al. Interim results from the international trial of second sight's visual prosthesis. Ophthalmology, 2012, 119(4): 779-788.

[2] Guenther T, Lovell N H, Suaning G J. Bionic vision: System architectures—A review. Expert Review of Medical Devices, 2012, 9(1): 33-48.

撰稿人：常洪龙、李　丁、李小平

西北工业大学

微流控芯片中微粒的力学"尺度效应"

"Scale Effect" on the Force of Particulate Matters in Microfluidic Chips

微流控（microfluidics）是在微尺度空间内对流体进行操控的新兴科学技术。对流体中的细胞等微粒进行操作，以实现聚焦、分离、富集和过滤等目的是微流控芯片的重要应用之一。由于"尺度效应"，随着微/纳尺度的不断减小，表面力相较于体积力急剧增大并开始占据主导作用，宏观尺度下一些可忽略的力将不再可被忽略，这使得微粒上作用力变得十分复杂。

不同尺寸和形态的微粒在不同流动状态下，其流固相互作用是不同的。例如，泊肃叶流中的微粒在流动的横向方向上主要受如图 1[1]所示的微粒旋转造成的马格努斯力（Magnus force）、微粒落后于流体造成的萨夫曼力（Saffman force）、微粒周围流场受壁面扰动造成的壁面升力（wall-induced lift force）和流速分布造成的剪切梯度升力（shear gradient lift force）。其中，对于细胞等可变形的微粒[2]，还会受变形诱导产生的惯性升力（deformability-induced lift force）。另外，在弯曲通道[3]和突变通道[4]中，由于二次流的影响，微粒还会受二次流的拖曳力（secondary flow drag force）。深入理解细胞等微粒在不同流动状态下的受力状况，有助于实现对微粒的精确操控。

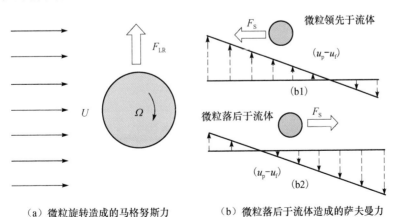

（a）微粒旋转造成的马格努斯力　　　　（b）微粒落后于流体造成的萨夫曼力

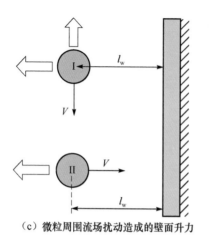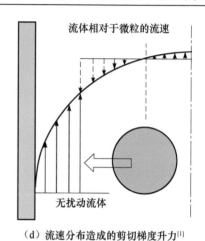

（c）微粒周围流场扰动造成的壁面升力　　　　（d）流速分布造成的剪切梯度升力[1]

图 1　泊肃叶流中的微粒所受的四种横向力

当通道尺寸进一步缩小到纳米尺度时[5]，流体与流体中运动的微粒之间的相互作用就变得更加复杂，此时布朗运动开始显现并有可能超过表面力成为主导因素。因此，需要从试验测量和理论建模两方面入手，进一步揭示纳流控芯片中流固耦合的机理，特别是微流体中微粒的受力和迁移行为规律，为纳流控芯片的微粒操控提供理论基础。

参 考 文 献

[1]　Zhang J, Yan S, Yuan D, et al. Fundamentals and applications of inertial microfluidics: A review. Lab on A Chip, 2016, 16(1): 10-34.

[2]　Amini H, Lee W, di Carlo D. Inertial microfluidic physics. Lab on A Chip, 2014, 14(15): 2739-2761.

[3]　di Carlo D, Irimia D, Tompkins R G, et al. Continuous inertial focusing, ordering, and separation of particles in microchannels. Proceedings of the National Academy of Sciences, 2007, 104(48): 18892-18897.

[4]　Lee M G, Choi S, Park J K. Three-dimensional hydrodynamic focusing with a single sheath flow in a single-layer microfluidic device. Lab on A Chip, 2009, 9(21): 3155-3160.

[5]　Eijkel J C T, van den Berg A. Nanofluidics: What is it and what can we expect from it? Microfluidics and Nanofluidics, 2005, 1(3): 249-267.

撰稿人：常洪龙、寻文鹏

西北工业大学

微纳米尺度下麦克斯韦方程的适用性

Maxwell's Equations Valid in Nanoscale World

麦克斯韦方程（Maxwell equations）是自然科学历史上最重要的经典基础理论之一，它描述电磁波在自然物质中的存在形式与相互作用过程。在麦克斯韦方程中，任何自然物质都用两个物质参数来描述：电介质系数（permittivity, ε）和磁导率系数（permeability, μ），这两个参数决定了物质的折射率系数（refractive index）。上述三个参数是电磁波频率（或者波长）的复数函数，其函数虚部描述了自然材料对电磁波的损耗。理解所有电磁波问题（光波、微波、射频等）的出发点就是麦克斯韦方程组，再辅以具体系统的物态方程及电场、磁场的边界条件和初始条件等。求解麦克斯韦方程组便可以得到研究系统中各电磁分量的时空分布函数，据此判断所研究系统的功能与特性。

麦克斯韦方程描述电磁波在单一匀质材料中的传输，其电介质系数和磁导率系数为自然材料中的同一介质（图1（a））。在麦克斯韦方程中，物质参数（电介质系数和磁导率系数）与物质尺度没有关系，仅仅是物质维度的函数，如各向同性系统的物质方程是 $D=\varepsilon E$，$B=\mu H$，$j=\sigma E$。自然材料是由不同的分子组成，不同分子、原子界面力结合的"化学复合"的复合材料，入射电磁波波长远大于分子尺寸，同时材料结构尺寸远大于波长。在研究微纳米尺度下的系统时，存在两种情况：①微纳结构尺度小于入射电磁波波长；②由金属、电介质、半导体等材料组成"物理复合"的微纳结构阵列。微纳结构系统则是由两种或者多种几何界面清晰的微纳结构组成的（图1（b）），入射电磁波在该结构中发生反射、辐射、透

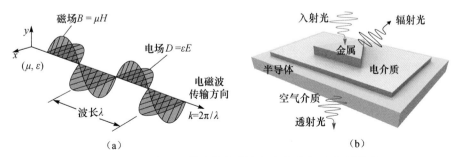

图1　麦克斯韦方程描述的电磁波在电介质中（a）以及在
金属-电介质-半导体复合微纳结构中（b）的传播

射、吸收等多种电磁现象。现有研究结果表明，多种新颖电磁现象的发生与微纳结构尺度相关[1-3]。在这种情况下，虽然仍采用基于麦克斯韦方程的有限元分析方法以及解析方法求解纳米光子学问题，但求解的结果能否准确描述微纳结构系统的电磁分量时空分布，是需要探索的研究问题。

早在 17 世纪，人们就已经注意到光通过小孔引起的衍射现象；理论分析表明，光通过小孔的能量与孔直径的 4 次方成正比，这种理论上的分析结果，以及直觉上的理解持续了近一个世纪。1998 年，人们实验发现，当电磁波穿过直径远小于光波长的纳米孔时，表现出超常光学透射（extraordinary optical transmission，EOT）现象。在直径约为 100nm 数量级的金属纳米孔中，可见光透射率远远超过经典的物理理论[1]。对于这个现象的机理解释包括波导谐振、电磁波与金属表面电子的相互作用等[2,3]。微纳孔阵列的光学特性与孔结构的几何结构尺寸及材料选择有关（图 2）。现有研究中仍旧用麦克斯韦理论模拟仿真计算，但对 EOT 现象的理论解释仍旧在探索中[2,3]。该现象的应用导致超过衍射极限的图像观测和光刻技术成为可能[4]，并在生物分子探测中具有应用前景[5]。

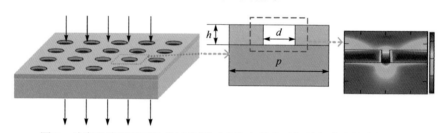

图 2　纳米孔阵列及其结构示意图（当孔直径小于入射电磁波的波长时，
金属孔及孔阵列具有超常光学透射现象）

当金属粒子直径大于等于入射电磁波波长时，在粒子内部激发多偶极子谐振，产生空间变化的电磁场分布，也使金属粒子内部电子密度呈现不均匀分布（图 3（a））。当激发电磁波波长远大于金属纳米粒子直径时，尽管作用在粒子上的入射电场仍旧为时变电场，但可以认为金属纳米粒子内部电场分布为近似静电场（图 3（b）），此时采用准静电力场方法分析粒子与电磁波之间的相互作用。针对球形纳米粒子的光学特性，Mie 散射理论给出了较好的预测[6]，但对于立方体或者柱状粒子的光学特性的解析方程仍旧在研究中[7]。

麦克斯韦方程中的电介质系数和磁导率系数实部均为大于零的正数，否则会导致负的光波相位速度甚至负的能量速度。1968 年，Veselago 理论上研究了负电介质系数和负磁导率系数现象存在的可能性，以及由此预言负折射率系数材料具有的神奇光学特性。随后，负折射率系数、近似为零电介质系数相继被实验证实（图 4）[8,9]，借此实现的完美透镜可以实现突破衍射极限成像[10]。在折射率系数为零的材料中，当光波进入这种介质中时，波长将变为无限长[11,12]（图5）。如果这种介质被证实存在，光波将改变直线行走的习惯，从而在近似零电介质系数微纳结构材料中走任意弯曲的曲线，这将为光通信、光子传输领域带来一场革命[12]。同样，太赫兹频率范围超大值折射率系数材料也得到实验证明[13]，这意味着电磁波在微纳结构材料中的传输速度将任意可控，这是经典麦克斯韦方程没有考虑的现象。

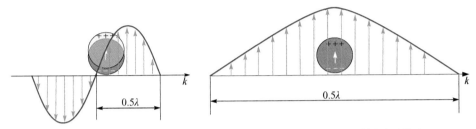

(a) $d \geqslant \lambda$ 时，粒子按照宏观电磁动力学分析　　(b) $d \ll \lambda$ 时，粒子受静电力的作用

图3　金属纳米粒子位于不同波长的电磁场中

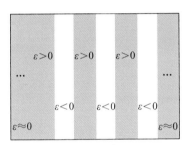

(a) 结构示意图

(b) 由Ag和MgF$_2$制备的负折射率系数复合材料

图4　由正负电介质系数材料复合制备负折射率系数材料

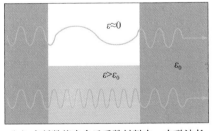

（a）在低数值电介质系数材料中，电磁波长被"拉伸"变长；反之，在高数值电介质系数材料中，电磁波长被"压缩"

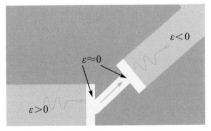

（b）电介质系数近似为零的微纳结构材料可以实现光波导的超级耦合

图5　电介质系数近似为零的微纳结构光学特性[12]

微纳结构涉及多种材料组成的复合结构，当电磁波作用于不同纳米尺度介质

材料时，此时往往涉及多种能量场的相互作用（图 1（b））。例如，电磁波在金属导体中产生诱导电磁场，继而产生热损耗（ohmic loss）和光致辐射（photoluminescence），在半导体介质产生热辐射（radiation）和诱导载流子，以及穿越复合介质界面的热电子（hot electrons）[14]。基于微纳结构的热效应，光子被转换为金属结构中电子运动的热能；在远低于金属熔点的温度下，实现纳米尺度金属微纳结构的制备和热退火处理[15,16]（图 6）。由于现有测试技术还不能对上述多能量场进行准确的定量测试[17]，而采用多物理场耦合分析方法进行研究；以麦克斯韦方程为基础，对相关能量场进行的理论分析结果仅仅作为实验测试结果的参考。

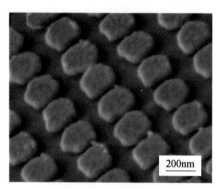 

　　　　（a）近似矩形块纳米粒子　　　　　　　　　　（b）锥球形纳米粒子

图 6　金属（Au）纳米粒子在光热效应下，由矩形块（a）转换变形为锥球形（b），
其转换温度远低于块状金属的熔点温度[15]

尽管存在不确定性，以麦克斯韦方程为基础的光学模拟仿真依然为人们研究微纳结构光学特性提供了参考[18]。例如，以麦克斯韦方程为基础，人们理论分析了在金属-电介质复合微纳结构阵列中存在伪等离子波（图 7）[19,20]。当机

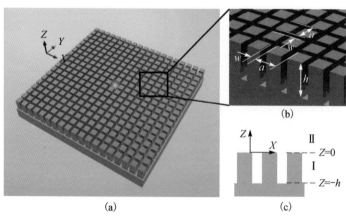

图 7　在金属-电介质复合微纳结构阵列中存在局部伪等离子波，该波的产生与其结构尺寸相关[20]

械学向微纳结构领域进军时，电磁波与微纳米尺度物质的相互作用，为新型光学器件及光学材料研究提供了新的机理。在微纳米尺度下，描述电磁场普遍规律的麦克斯韦方程组，其形式仍然成立，但进一步的微观领域研究可能需要考虑量子效应。

参 考 文 献

［1］ Genet C, Ebbesen T W. Light in tiny holes. Nature, 2007, 445: 39-46.

［2］ Garcia-Vidal F J, Martin-Moreno L, EbbesenT W, et al. Light passing through subwavelength apertures. Reviews of Modern Physics, 2010, 82(1): 729-787.

［3］ Abajo F J G D. Colloquium: Light scattering by particle and hole arrays. Reviews of Modern Physics, 2009, 79(4): 1267-1290.

［4］ Schuller J, Barnard E, Cai W S, et al. Plasmonics for extreme light concentration and manipulation. Nature Materials, 2010, 9: 193-204.

［5］ Willets K A, van Duyne R P. Localized surface plasmon resonance spectroscopy and sensing. Annual Review of Physical Chemistry, 2007, 58(1): 267-297.

［6］ Quinten M. Optical Properties of Nanoparticle Systems. Weinheim: Wiley-VCH, 2011.

［7］ Evlyukhin A, Reinhardt C, Evlyukhin E, et al. Multipole analysis of light scattering by arbitrary-shaped nanoparticles on a plane surface. Journal of the Optical Society of America B: Optical Physics, 2013, 30(10): 2589-2598.

［8］ Shelby R A, Smith D R, Schultz S. Experimental verification of a negative index of refraction. Science, 2001, 292(5514): 77-79.

［9］ Valentine J, Zhang S, Zentgraf T, et al. Three-dimensional optical metamaterial with a negative refractive index. Nature, 2008, 455(7211): 376-379.

［10］ Fang N, Lee H, Sun C, et al. Sub-diffraction-limited optical imaging with a silver superlens. Science, 2005, 308(5721): 534-537.

［11］ Moitra P, Yang Y, Anderson Z, et al. Realization of an all-dielectric zero-index optical metamaterial. Nature Photon, 2013, 7(10): 791-795.

［12］ Engheta N. Pursuing near-zero response. Science, 2013, 340(6130): 286-287.

［13］ Choi M, Lee S H, Kim Y, et al. A terahertz metamaterial with unnaturally high refractive index. Nature, 2011, 470(7334): 369-373.

［14］ Moskovits M. Hot electrons cross boundaries. Science, 2011, 332(6030): 676-677.

［15］ Chen X, Chen Y, Yan M, et al. Nanosecond photothermal effects in plasmonic nanostructures. ACS Nano, 2012, 6(3): 2550-2557.

［16］ Valev V K, Denkova D, Zheng X, et al. Plasmon-enhanced sub-wavelength laser ablation:

Plasmonic nanojets. Advanced Materials, 2012, 24(10): OP29-OP35.

[17] Coppens Z J, Li W, Walker D G, et al. Probing and controlling photothermal heat generation in plasmonic nanostructures. Nano Letters, 2013, 13(3): 1023.

[18] Kim S H, Oh S S, Kim K J, et al. Subwavelength localization and toroidal dipole moment of spoof surface plasmon polaritons. Physical Review B, 2015, 91(3): 035116.

[19] Lavrinenko A V, Laegsgaard J, Gregersen N, et al. Numerical Methods in Photonics. Boca Raton: CRC Press, 2015.

[20] Pendry J B, Martin-Moreno L, Garcia-Vidal F J. Mimicking surface plasmons with structured surfaces. Science, 2004, 305(5085): 847-848.

撰稿人：黎永前

西北工业大学

仿生微纳结构表面气动减阻行为和原理

The Behavior and Mechanism of Aerodynamic Drag Reduction on Biomimetic Micro/Nano Structure

　　未来航空工业的发展要求大型亚声速飞机应具有更大承载和更低油耗的特点，从而对降低飞行阻力、提高升阻比等性能提出更高的要求。

　　实验和理论研究表明，飞行速度范围在马赫数为 0.6～0.8 的典型亚声速大型飞机，其黏性阻力占飞机总阻力的 60% 左右，因此当黏性阻力降低 10% 时，其耗油量可减少 6%。油耗费用则占飞机全寿命使用费的 30%，从而可减少 1.8% 的飞机全寿命使用费[1]。

　　经过几十年的发展，大型飞机主要通过改进翼型形状和工艺、优化全机外形、降低机身表面突出物等方式减少飞行阻力，其总体气动布局相对稳定，气动设计方法日趋成熟。对于欧美航空发达国家的代表——波音和空客进行的渐进式改型飞机而言，飞机气动布局外形参数改进对降低油耗的贡献为 1%～2%，标志着大型亚声速飞机的气动设计对于降低飞行阻力和提高升阻比的研究进入瓶颈期[1]。

　　因为传统减阻技术充分挖掘了诱导阻力和干扰阻力方面的减阻潜力，所以未来大型亚声速飞机的气动减阻主要集中在降低黏性阻力方面。降低黏性阻力的主要思路包括层流减阻和湍流减阻两大方向。考虑到大型亚声速飞机的雷诺数非常高，湍流是不可避免的，因此湍流减阻成为气动减阻的重点研究方向。湍流减阻的主要思想包括两个方面：一方面是促使提前发生转捩，使层流尽早变成湍流；另一方面是控制湍流，降低压差阻力，最终达到降低黏性阻力及总阻力的目标[2]。

　　湍流减阻技术主要包含等离子体减阻、再层流化减阻、物面曲率化减阻、流体介质中加高分子物质减阻、改变物面边界条件减阻、边界层外层放置大涡破碎装置减阻和小肋减阻等多种方案[1]。其中，基于鲨鱼皮仿生研究的小肋减阻技术被认为是一种很有前景的方案。

　　受限于传统机械加工技术，现有的小肋减阻技术一般仅模仿鲨鱼皮的小肋结构，而忽略了鲨鱼皮的其他结构。虽然现有的风洞实验已经证明小肋结构可以有效降低模型总阻力的 6%～8%，但是还存在适用的飞行参数范围窄、容易因表面污染而损失大量减阻性能等问题[1,3]。

　　自然界中的生物为了适应环境和生存的需要，经过千百万年的进化，形成了一套适应环境的生物机制，例如，鸟飞羽具备减阻增升的功能，鲨鱼皮具备减阻的功能，荷叶表面具备自清洁的功能等，如图 1 所示。仿生学的研究和现代制造技术的发展，使探索更先进的小肋减阻技术成为可能。

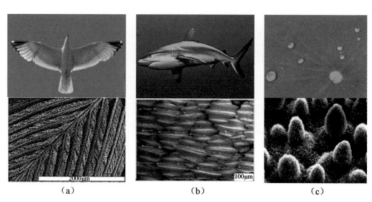

图 1　鸟飞羽、鲨鱼皮以及荷叶表面的微纳结构

　　为解决小肋减阻技术适用飞行参数范围窄的问题，需要深入研究小肋状微结构的减阻机理。研究表明，鸟飞羽和鲨鱼皮的减阻机理可能包括以下几个方面[4-6]：一是流向黏性力的变化导致小肋凹谷区的摩阻减小。近壁面由于存在高、低速条带会形成流向旋涡，小肋使得原本紧贴壁面黏性底层的流向旋涡与平均壁面位置有了一定的距离，小肋槽底的空气成了润滑剂，也可以认为增加了附面层的厚度，从而减小了摩擦阻力。二是由于流向旋涡的诱导作用，在小肋的顶尖处产生了分离旋涡，其涡量方向与原流向旋涡的方向相反，所以削弱了原有的流向旋涡，削弱了壁面附近的内外动量交换，在流向方向上延迟了湍流猝发，同时降低了摩擦阻力和压差阻力。三是小肋结构在机翼或者翅膀展向方向上遏制诱导旋涡的发展，有助于保持机翼或者翅膀前端的压力，可能降低压差阻力。四是传统研究一直忽略鸟飞羽和鲨鱼皮结构中垂直于小肋结构的、深度更大的横向深槽的作用，最新的研究猜测这些深槽可能延迟湍流猝发，从而降低压差阻力。但是由于相关机理尚不明晰，随着雷诺数、攻角、后掠角等飞行参数的改变，微结构的形式、高度、间隔以及横向深槽的布置方式和宽度等几何参数如何影响气动减阻性能仍是一个科学难题。

　　荷叶超疏水自清洁表面为解决小肋减阻技术容易因表面污染而损失大量减阻性能的问题提供了解决思路。荷叶表面微米和纳米跨尺度的复合结构与蜡质聚合物结合导致其超疏水性[7]，这种超疏水表面使水滴和固态污染物与荷叶表面的实际接触面积变得很小，并在水滴的表面张力作用下能够轻易清理表面的固态污染物，从而具备自清洁等功能。而如何融合小肋结构和超疏水微纳米结构，并同时保持各自的减阻和自清洁性能是另一个科学难题。

　　因目前缺乏针对气动减阻机理研究的有效实验研究方案，基于稀薄空气动力学的微纳米尺度上的跨尺度计算流体力学方法也尚不完善，在探索飞行参数与仿生气动减阻微纳结构几何参数之间的关系时面临巨大困难[8]。由于微纳结构气动减阻的机理和超疏水机理尚不健全，研究融合气动减阻结构和微纳米超疏水结构的理论更是难上加难。总之，仿生气动减阻微纳结构表面的研究涉及仿生学、空气动力学、表面物理化学以及微纳制造等诸多学科，有赖于人们长期探索。

参 考 文 献

［1］ Thiede P. Aerodynamic drag reduction technologies. Proceedings of the CEAS/DragNet European Drag Reduction Conference. Potsdam: Springer, 2000: 1-404.

［2］ Walsh M J. Riblets. AIAA, 1990, 123: 203-262.

［3］ Viswanath P R. Riblets on airfoils and wings—A review. AIAA, 1999: 99-3402.

［4］ Walsh M J. Drag reduction of V-groove and transverse curvature riblets. AIAA, 1980, 72: 168-184.

［5］ Luchini P, Manzo F, Pozzi A. Resistance of a grooved surface to parallel flow and cross-flow. Journal of Fluid Mechanics, 1991, 228: 87-109.

［6］ Gaudet L. Properties of riblets at supersonic speeds. Applied Scientific Research, 1989, 3(46): 245-254.

［7］ Gao L, McCarthy T J. The lotus effect explained: Two reasons why two length scales of topography are important. Langmuir, 2006, 22(7): 2966-2967.

［8］ Anderson Jr J D. Fundamentals of Aerodynamics. 5th ed. New York: McGraw-Hill Education, 2010.

撰稿人： 苑伟政、王圣坤、周子丹、何　洋、马志波

西北工业大学

微纳结构形貌对润湿行为的影响规律

The Effect of Micro/Nano Structure Morphology on Wetting Behaviors

润湿是自然界中最基本的三相界面现象，是一种流体（如水）从固体表面置换另一种流体（如空气）的过程。润湿在飞机、轮船、电线的防冰，各种机器的润滑减磨，石油的开采输送，矿物的泡沫浮选，衣服布料的防水防污，工业和家庭的洗涤清洁，建筑的自清洁，超疏水（超疏油）材料，电子器件防水防潮等关系国防和国民经济的几乎所有行业都有重要应用。

影响固体表面润湿性能的因素主要有两个，一是表面化学成分，二是表面微观结构。单纯地通过改变表面的化学成分（如修饰低表面能物质），获得的表面接触角极限是 120°[1]。研究表明，微纳结构是导致表面特殊润湿性能的关键因素。

1. 生物表面微纳结构形貌导致特殊润湿性能

荷叶具有超疏水自清洁的关键是其表面上具有"乳突"微纳阶层结构[2]（图1(a)），使得液滴与其接触的底部存在气垫。基于"荷叶效应"的仿生自清洁涂层及材料也随之出现。水黾在水面上快速行走也离不开其腿部的特殊结构，包括大量纺锤形刚毛及刚毛上面的纳米沟槽[3]（图1(b)）。该结构产生了足以支撑水黾在水上行走和跳跃的支撑力。水上仿生机器人也随之发展起来。跳虫能够长时间在潮湿的地下生存，得益于其可"呼吸"的胸甲上生长着周期排列的凹角微结构（图1(c)），这种结构具有优良的全疏性能使其能够承受一定液体压力而不被润湿[4]，启发了全疏表面的研究思路。猪笼草具有定向液体连续搬运能力在于其表面沿纹理方向分布着大量微沟槽及拱形微腔的多尺度微纳复合结构[5]（图1(d)）。这种结构产生了液滴运动的主要驱动力，包括表面能梯度和 Laplace 压力梯度，实现了液滴单方向搬运。基于液体搬运机理研究为无动力自润滑防黏应用开辟了新的道路。因此，微纳复合结构的不同形貌会导致不同的润湿性能，对润湿的不同应用影响显著，这也是生物适应大自然的选择结果。

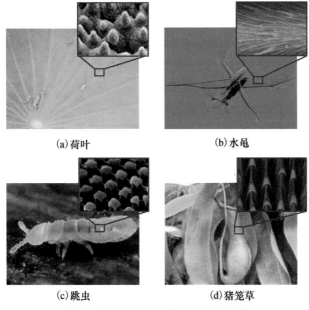

(a)荷叶   (b)水黾

(c)跳虫   (d)猪笼草

图 1 自然界中具有特殊润湿的生物

2．改变微纳结构形貌导致润湿性能变化

改变微纳结构的形状、几何尺寸等对润湿性能会产生不同的影响。例如，Kim 等[6]发现不同结构类型的表面润湿性是不同的。柱状结构、T 形结构和双凹角结构（double re-entrant microstructure）分别表现为疏水、疏油和超全疏性能。对于同一种结构，当结构表面固-气比例减小时，其润湿稳定性不断提高，其中柱状结构表面从疏水转变成超疏水、T 形结构表面从疏油转变成超疏油、双凹角结构表面从高度亲水转变成超全疏（superomniphobic），该表面甚至可以将目前已知表面能最低的全氟乙烷（perfluorohexane，C_6F_{14}）弹跳起来。图 2 为不同结构表观接触角随固-气比例变化曲线，即当气相比例增大时，接触角也随之增大，其中 A 为图中方柱结构、B 为 T 形结构、C 为双凹角结构。

3．与微纳结构形貌相关的润湿理论模型仍存在争议

现有研究通常使用传统的经典润湿理论 Wenzel 模型和 Cassie-Baxter 模型来阐释微纳结构形貌对润湿性能的影响。Wenzel 模型是指液滴完全润湿表面微结构；Cassie-Baxter 模型是指液滴悬置在表面微结构之上，其底部滞留空气，如图 3 所示。Wenzel 模型和 Cassie-Baxter 模型中的本征接触角表达了表面化学成分的影响，粗糙度和固液界面百分比表达了表面微观结构对润湿的宏观平均影响。

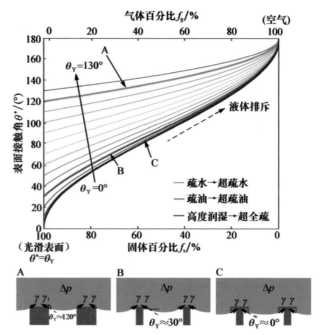

图 2　不同结构的表观接触角随固-气百分比变化曲线[6]

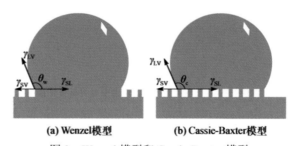

图 3　Wenzel 模型和 Cassie-Baxter 模型

　　近年来，学术界对润湿理论模型能否完全准确描述微纳结构形貌影响产生了争议。McCarthy 等[7]指出 Wenzel 模型和 Cassie-Baxter 模型不能准确描述表面微观形貌对润湿性的微观机理，润湿性能是由三相接触线决定的，而不是由润湿接触面积决定的。Nosonovsky[8]等通过能量方法证明 Wenzel 方程和 Cassie-Baxter 方程在均一粗糙表面适用，在不均一粗糙表面不完全适用。He 等[9]实验发现，从微方柱结构变为微纳复合方柱结构时，尺度变化导致表面从亲水转变为超疏水；固液界面百分比相同的微结构高度增加时，几何参数变化导致表面从亲水变为疏水[10]；实验现象不能完全用 Wenzel 模型和 Cassie-Baxter 模型描述。大量的能量、热力学分析以及实验表明，经典模型并不完全适用于不同形貌的微纳结构表面。

4. 科学问题及解决途径

微纳结构形貌对润湿行为的影响规律是一个科学难题。为了建立更准确的润湿模型，必须基于足够丰富的微观实验证据。然而，现有观测方法难以原位、动态地观测微米及微米以下尺度的润湿微观行为，导致微观实验证据缺乏。因此，从复杂微纳复合结构表面制备和润湿微观行为观测两方面着手展开工作，综合考虑微纳结构的尺度、形状、尺寸等微观形貌因素，建立起准确描述微纳结构形貌影响规律的润湿理论模型，是未来的重要方向。该模型的建立将为设计制造各种具有特殊润湿性能的微纳功能结构奠定理论基础。

参 考 文 献

[1] 江雷, 冯琳. 仿生智能纳米界面材料. 北京: 化学工业出版社, 2007.

[2] Lin F, Li S, Li Y, et al. Super-hydrophobic surfaces: From natural to artificial. Advanced Materials, 2002, 34(7): 1857-1860.

[3] Hensel R, Finn A, Helbig R, et al. Biologically inspired omniphobic surfaces by reverse imprint lithography. Advanced Materials, 2014, 26(13): 2029-2033.

[4] Chen H, Zhang P, Zhang L, et al. Continuous directional water transport on the peristome surface of Nepenthes alata. Nature, 2016, 532(7597): 85.

[5] Gao X, Jiang L. Biophysics: Water-repellent legs of water striders. Nature, 2004, 432(7013): 36.

[6] Liu T L, Kim C J. Repellent surfaces. Turning a surface superrepellent even to completely wetting liquids. Science, 2014, 346(6213): 1096-1100.

[7] Gao L, McCarthy T J. How wenzel and cassie were wrong. Langmuir, 2007, 23(7): 3762-3765.

[8] Nosonovsky M. On the range of applicability of the wenzel and cassie equations. Langmuir, 2007, 23(23): 9919-9920.

[9] He Y, Jiang C, Yin H, et al. Tailoring the wettability of patterned silicon surfaces with dual-scale pillars: From hydrophilicity to superhydrophobicity. Applied Surface Science, 2011, 257(17): 7689-7692.

[10] He Y, Jiang C, Wang S, et al. Control wetting state transition by micro-rod geometry. Applied Surface Science, 2013, 285(21): 682-687.

撰稿人： 何　洋、周庆庆、苑伟政、姜澄宇

西北工业大学

微机电系统制造中的黏附问题

The Adhesion in MEMS Fabrication

黏附是微机电系统（microelectromechanical system, MEMS）制造过程中的常见现象，是造成 MEMS 结构失效的一个主要原因。黏附是由毛细力、静电力和外部力（如惯性力）等作用使两个间距较小的表面互相吸引直至接触，而结构的回复力不能克服毛细力、范德瓦耳斯力和氢键等表面微观作用力[1]，从而导致器件结构失效的现象，如图 1 所示[2]。

图 1　悬臂梁的黏附现象

降低毛细力、范德瓦耳斯力和氢键等阻碍结构回复的表面作用力是解决 MEMS 黏附最直接有效的手段。毛细力是由液体张力引起的，氢键作用力是由水分子间的氢原子与氧原子间的化学键引起的，因此降低环境湿度可以将毛细力和氢键作用力降低至可以忽略的范围[3]。范德瓦耳斯力是一种分子之间非定向、无饱和性的电性引力，无法通过上述方法降低。

研究表明，结构表面微观形貌对范德瓦耳斯力有重要影响，大体趋势是粗糙度大的表面范德瓦耳斯力较小[4,5]。目前用表面粗糙度描述范德瓦耳斯力还存在两个疑问：

（1）在微观尺度下仅用表面粗糙度来描述范德瓦耳斯力是否合理，是否足够全面；

（2）能否对表面间的范德瓦耳斯力用粗糙度等进行定量表述。

探究表面微观形貌对范德瓦耳斯力的影响有助于理解 MEMS 黏附现象，但这可能是一个长期的探索过程。

参 考 文 献

［1］ Tas N, Sonnenberg T, Jansen H, et al. Stiction in surface micromachining. Journal of Micromechanics Microengineering, 1999, 6(4): 385-397.

［2］ van Spengen W M, Pures R, de Wolf I. A physical model to predict stiction in MEMS. Journal of Micromechanics Microengineering, 2005,16(1): 189.

［3］ Wu L, Noels L, Rochus V, et al. A micro-macroapproach to predict stiction due to surface contact in microelectromechanical systems. Journal of Microelectromechanical Systems, 2011, 20(4): 976-990.

［4］ Svetovoy V B, Palasantzas G. Influence of surface roughness on dispersion forces. Advances in Colloid and Interface Science, 2015, 216: 1-19.

［5］ van Spengen W M. A physical model to describe the distribution of adhesion strength in MEMS, or why one MEMS device sticks and another "identical" one does not. Journal of Micromechanics Microengineering, 2015, 25(12): 125012.

撰稿人：谢建兵、郝永存、苑伟政

西北工业大学

如何实现宏观尺度无缺陷纳米材料自组装？

How to Make Macro-Scale Defect-Free Structures by Self-Assembly of Nanomaterials?

进入 21 世纪，各种纳米科技应用逐渐进入生产生活，对于环境污染治理、医疗健康诊断、生产安全保障、清洁能源利用、智慧城市构建等方面都起到极大的推动作用，这与近 20 年来纳米制造技术的飞速发展密不可分，它强有力地支撑了世界范围内纳米相关产品生产以及与纳米技术相关的科学研究。

纵观现有的各种纳米制造技术，主要分为自顶向下（top-down）与自底向上（bottom-up）两种制造途径。其中，前者包括电子束光刻、聚焦离子束刻蚀、极紫外光刻、激光干涉式光刻、纳米压印等制造技术，通过人为控制工艺条件，可以实现复杂结构、器件或系统的任意定制，因此具有较强的设计灵活性。后者主要是自组装技术，它是人类、自然界万物赖以存在的基础，自然界中的自组装现象无处不在[1]：原子、分子通过自组装的方式形成人类器官与组织，无机纳米颗粒通过自组装的方式形成色彩绚丽的猫眼石，而广袤的宇宙也是由卫星（如月球）、行星（如地球）、恒星（如太阳）等天体通过引力等相互作用力而组成的。

自组装技术的简单、高效、低成本等优势吸引了大量科研人员投身其中。尽管科学家现在完全可以做到介入多个原子、分子的自组装过程，例如，早在 1990年，IBM 科学家就利用扫描隧道显微镜操控 35 个 Xe 原子的排列位置得到"IBM"字样，但更多的是对人工合成的各种纳米材料，也可以更加形象地将它们称为纳米积木（nano building blocks），进行受控的自组装组合与排列，从而制造出特定设计的纳米结构或器件[2,3]。

然而，相邻纳米颗粒如何通过受控方式结合形成更大体系结构的内在作用机制以及微观尺度随机缺陷产生的失稳机理是目前亟待解决的国际性科学难题，严重阻碍了纳米材料自组装技术的实用化进程。

一方面，对于自组装的发生过程，虽然普遍认为是能量最小化驱动的，但是实际的自组装过程极其复杂，既有物理层面的，又有化学层面的，液体表面张力、毛细力、范德瓦耳斯力、化学键、外加场力等作用力都会对最终结果产生影响，要掌握各种力的综合效应与影响规律及其微观尺度精确调控仍然面临巨大挑战。通过人工干预自组装过程，可以使某些作用力占据主导地位，从而获得理想的、可预期的结构形貌或器件性能。2016 年 10 月，Flauraud 等[4]提出了一种基于模版辅助定位和毛细力导向的自组装策略，实现了金纳米棒在位置、取向和间距等参数上同时得到纳米级精确组装，在厘米级尺度基底上的组装效率接近 100%，如图 1 所示。

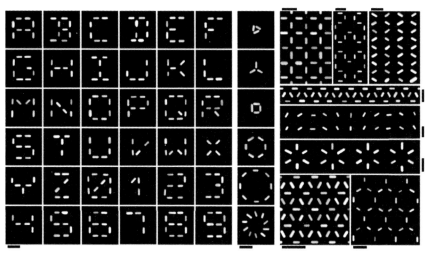

图 1　模版辅助定位与毛细力导向的金纳米棒任意二维图形自组装[4]

图中所有标尺长度均为 250nm

　　另一方面，由于这些"纳米积木"是人工合成的，受微小工艺参数波动的影响，实际制造出的"纳米积木"都或多或少存在尺寸以及几何形状等方面的偏差；此外，自组装过程中由于局部环境的差异以及温度、湿度、压力等环境因素扰动的影响，最终自组装形成的结构中存在大量缺陷，如点缺陷、线缺陷、面缺陷甚至体缺陷等，如图 2 所示，而且这些缺陷都是随机出现的，很难用理论或数值模型进行预测，制造结果的可重复性面临极大挑战，给实际应用造成了相当大的麻烦，这也是一直以来自组装技术很难在光子等领域得到成熟应用的一个重要原因[5]。当然，像太阳能电池、高效发光二极管、生物化学传感等领域，对自组装形

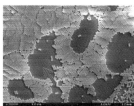
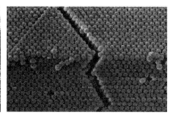

（a）点缺陷与线缺陷　　　　（b）面缺陷　　　　（c）裂纹[6]

图 2　纳米微球在人工自组装过程中出现的各种缺陷

图（a）、（b）为撰稿人所在课题组未发表的实验结果

成的纳米器件存在统计意义上的性能可重复性，因此得到了一定的实际应用。

从单层自组装纳米结构到多层自组装纳米结构、从单一纳米材料的自组装到多种复合纳米材料的自组装、从空间无约束自组装到模板导向自组装、从隐形的微观作用力到宏观的人为施加外力参与自组装过程，自组装技术得到了快速发展，近十来年国际上有大量相关的研究报道。针对特定应用，可以直接利用自组装得到的结构，也可以将其作为中间的拓扑结构传递层[7]。人工参与自组装过程的途径也趋于多样化，如自然沉降法、液体蒸发法、基底抬升法、外加电/磁/光场法、模板辅助法、旋涂法等。但是，很少有关于宏观尺度（厘米级甚至圆片级）无缺陷自组装方法或实验结果的报道。

随着科技的不断进步，人类对于自身以及自然界普遍规律的认识愈加清晰，利用最先进的 3D 生物打印技术，已经可以制造出人体器官"零件"。在不久的将来，纳米制造技术将不断成熟，使人们能根据实际需要与设计要求制造出完美的"纳米积木"，届时可以任意搭建出人们想要的结构、器件或系统，人类世界又将进入一个全新的发展阶段。

参 考 文 献

[1] Whitesides G M, Grzybowski B. Self-assembly at all scales. Science, 2002, 295(5564): 2418-2421.

[2] Vogel N, Retsch M, Fustin C A, et al. Advances in colloidal assembly: The design of structure and hierarchy in two and three dimensions. Chemical Reviews, 2015, 115(13): 6265-6311.

[3] Boles M A, Engel M, Talapin D V. Self-assembly of colloidal nanocrystals: From intricate structures to functional materials. Chemical Reviews, 2016, 116(18): 11220-11289.

[4] Flauraud V, Mastrangeli M, Bernasconi G D, et al. Nanoscale topographical control of capillary assembly of nanoparticles. Nature Nanotechnology, 2016, 12(1): 73.

[5] Kim S H, Lee S Y, Yang S M, et al. Self-assembled colloidal structures for photonics. NPG Asia Materials, 2011, 3(1): 25-33.

[6] Marlow F, Sharifi P, Brinkmann R, et al. Opals: Status and prospects. Angewandte Chemie International Edition, 2009, 48(34): 6212-6233.

[7] Yang S M, Jang S G, Choi D G, et al. Nanomachining by colloidal lithography. Small, 2006, 2(4): 458-475.

撰稿人：虞益挺、苑伟政

西北工业大学

柔性微纳结构制造的异质材料界面特性

Interface Properties of Flexible Micro and Nano Structures Fabrication

传统的硅基微纳器件具有体积小、功耗低、批生产、性能稳定等优点，但是在航空航天、生物医学、可穿戴电子等领域无法满足曲面柔性贴合、自适应变形、生物相容性、微纳仿生等特殊需求。柔性微纳结构制造技术的出现弥补了这些不足，拓展了微纳制造的领域范围。

柔性微纳器件与传统的微机电系统（MEMS）器件相比，有以下特点或优点：

（1）柔性可弯。柔性微纳器件制备使用的衬底多为柔性高分子材料，如聚酰亚胺（PI）、聚二甲基硅氧烷（PDMS）、聚甲基丙烯酸甲酯（PMMA）、聚对二甲苯（Parylene）、聚对苯二甲酸乙二醇酯（PET）、光敏聚合物等，承载在这些基底上的器件可发生一定形状的弯曲。

（2）柔韧抗冲击。基底柔韧性好，与玻璃、陶瓷、硅等器件相比，其抗冲击、不易破损、耐用性更好，对缺陷容忍度也比较高。

（3）大面积、低成本。柔性器件使用的基底材料可以大面积生产，价格相对便宜。

近年来，各种柔性传感器（图1和图2）、柔性致动器（图3）、柔性显示器（图4）、柔性电路板（图5）、柔性电池（图6）、柔性功能结构（图7）、柔性可植入芯片（图8）等不断问世，在信息、生物医疗、能源、国防等领域展现出广阔的应用前景。

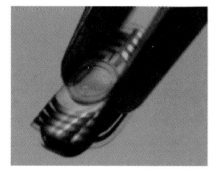

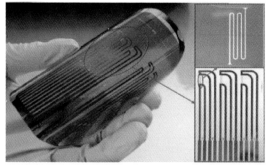

图1　柔性可植入式眼压传感器[1]　　　　　图2　柔性热膜微传感器阵列[2]

图 3　柔性气泡致动器[3]

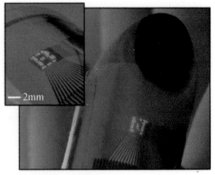

图 4　柔性可变形 LED 显示器[4]

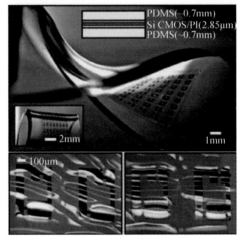

图 5　可伸缩折叠柔性电路板[5]

PDMS-聚二甲基硅氧烷；Si-硅；CMOS-互补金属氧化物半导体；PI-聚酰亚胺

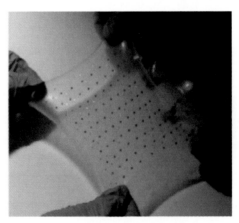

图 6　柔性可伸缩电池[6]

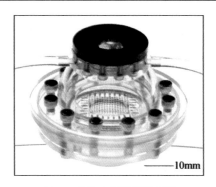

图 7　柔性电子眼摄像机[7]

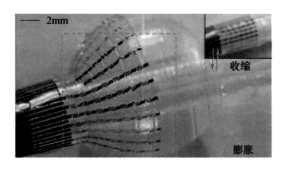

图 8　柔性多功能医用导管[8]

虽然柔性微纳结构制造技术有很多优点,应用前景广阔,但是制造过程中存在的异质材料界面特性严重影响着柔性微纳结构加工及器件性能。

柔性微纳结构制造的基底材料、结构材料、功能材料等很多涉及不同类型的聚合物表面,以及聚合物与金属、半导体、绝缘体等无机物的结合界面。这些单一表面、结合界面的活性、稳定性、亲疏水特性等与纯粹无机物界面有很大不同,会严重影响柔性制造过程及其结构、器件使用的稳定性。柔性微纳结构器件通常为多层异质材料结构,存在诸多界面现象,如不同有机层相互渗透、有机-无机层间的黏弹性、薄膜-基底的剥离、隔层断裂等。这些界面现象的机理与异质材料微纳尺度界面特性密切相关。

柔性异质材料微纳结构中相邻层的材料性质差异较大,具有多层化、多材料和多界面特性,易出现材料属性和变形失配等问题。同时,由于界面效应,在服役中常常表现出异于一般结构的复杂力学行为,极大地影响柔性微纳器件的力学、电学性能和服役行为。为了开拓柔性微纳结构的应用,许多基础力学、热学、电学相互作用机理亟待解决,其中结构力学问题是柔性异质材料微纳尺度界面特性中的核心问题之一。对界面力学问题的研究,不能只关心力学本身,因变形引起的柔性微纳器件电学与力学之间的相互影响也是需要关心的问题。

现阶段，人们需要从典型的柔性聚合物材料入手，对其与不同材料之间的物理化学键合及应力匹配规律等问题进行研究，建立不同的力学、电学模型，分析其界面特性规律，为柔性异质材料微纳尺度界面强度理论、寿命理论、失效准则的建立提供理论依据。

参 考 文 献

［1］ Chen P J, Saati S, Varma R, et al. Wireless intraocular pressure sensing using microfabricated minimally invasive flexible-coiled LC sensor implant. Journal of Microelectromechanical Systems, 2010, 19(4): 721-734.

［2］ Ma B, Ren J, Deng J, et al. Flexible thermal sensor array on PI film substrate for underwater applications. The 23rd IEEE International Conference on Micro Electro Mechanical Systems (MEMS), 2010: 679-682.

［3］ Lv H, Jiang C, Hou H, et al. Flexible balloon actuators for active flow control. Microsystem Technologies, 2012, 18(3): 267-275.

［4］ Park S I, Xiong Y, Kim R H, et al. Printed assemblies of inorganic light-emitting diodes for deformable and semitransparent displays. Science, 2009, 325(5943): 977-981.

［5］ Kim D H, Ahn J H, Choi W M, et al. Stretchable and foldable silicon integrated circuits. Science, 2008, 320(5875): 507-511.

［6］ Xu S, Zhang Y, Cho J, et al. Stretchable batteries with self-similar serpentine interconnects and integrated wireless recharging systems. Nature Communications, 2013, 4(2): 1543.

［7］ Jung I, Xiao J, Malyarchuk V, et al. Dynamically tunable hemispherical electronic eye camera system with adjustable zoom capability. Proceedings of the National Academy of Sciences of the United States of America, 2011, 108(5): 1788-1793.

［8］ Kim D H, Lu N, Ghaffari R, et al. Materials for multifunctional balloon catheters with capabilities in cardiac electrophysiological mapping and ablation therapy. Nature Materials, 2011, 10(4): 316-323.

撰稿人：马炳和

西北工业大学

碳纳米材料电子器件 3D 打印过程中的"咖啡环"效应及其抑制方法

Effect and Suppression Method of "Coffee Ring" in 3D Printing of Carbon-Based Electronic Devices

1. 问题的由来及重要性

现代电子产业向高性能、微型化、集成化方向发展,对基础电子器件的总体性能提出了更高的要求。近些年兴起的碳纳米材料,包括富勒烯、碳纳米管和石墨烯等材料,具有优异的电学和电化学性能,在超级电容器、超级电池、太阳能电池等先进电子器件的应用中备受瞩目,展现出良好的应用前景。在碳基器件的制备技术中,含碳纳米材料微滴 3D 打印技术(图 1)利用压电喷头,将含一定比例纳米碳材料的溶液离散为皮升量级(直径为十几微米至几百微米)的均匀微滴,通过逐点、逐线、逐层沉积与蒸发后,构筑出纳米碳薄膜电极、导线,甚至是多层结构的复杂功能器件。该方法具有对沉积基体无特殊要求、设备成本低、打印形状易定制等优点,为碳纳米电子器件的大规模、个性化、低成本制造提供了有效手段。

在此过程中,碳基器件的基础单元(碳纳米材料薄膜)是通过微滴蒸发得到的,但由于微滴蒸发过程中,均匀弥散的碳纳米材料并非均匀沉积在基板上,而是聚集在打印印迹的边缘,形成边缘厚、中间薄的"咖啡环"[1](图 2),这种现象导致微滴打印成膜具有微观厚度不均匀性,进而使打印纳米碳器件性能不均匀,严重制约了碳纳米材料电子器件 3D 打印技术的发展。

2. 问题的本质与描述

当液滴蒸发时,边缘液体蒸发比液滴中间

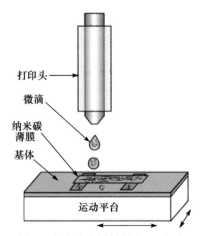

图 1　含碳纳米材料微滴 3D 打印

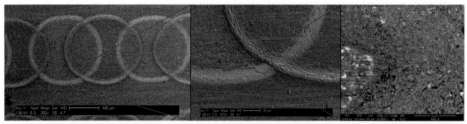

(a) 搭接的碳纳米管"咖啡环"　　　　(b)"咖啡环"交叉处　　　(c) 交叉处局部放大图

图 2　含碳纳米管微滴打印过程的"咖啡环"现象[1]

快，中间的液体会流向边缘以补充损耗，此流动带动弥散于溶液中悬浮颗粒富集于溶液在基板上的气、液、固三相接触线附近，形成边缘厚、中部薄（或无）的环状斑图，称为"咖啡环"效应。"咖啡环"效应普遍存在于各种溶液的蒸发过程中，故当使用含纳米碳材料的微滴进行线层、面层甚至三维叠层结构 3D 打印时，"咖啡环"现象会使纳米碳材料的分布严重不均匀，进而降低电子器件的整体性能，因此明确含纳米碳材料微滴蒸发过程咖啡环形成机理，寻求抑制"咖啡环"效应的抑制方法是纳米碳材料微滴 3D 打印面临的一个重要挑战。

3．历史回顾与现状分析

"咖啡环"效应首先由芝加哥大学 Deegan 等[2,3]在 1997 年观察并描述，他们在 *Nature* 上发表文章，描述当微滴边缘不变情况下，蒸发微滴内部颗粒随内部流场流动的转移行为。荷兰特温特大学流体物理组研究发现，微滴在蒸发末期有一个明显的颗粒迁移高峰时间（rush-hour）[4]；宾夕法尼亚大学的 Yodh 教授及其研究团队研究发现[5]，影响"咖啡环"效应的最主要因素是悬浮颗粒的形状，球形颗粒很容易脱离微滴界面，随着内部环流流向气液固三相界面形成"咖啡环"。但椭球状的颗粒，会使微滴气液界面变形，从而产生强烈的颗粒间长程毛细力，使此类颗粒在蒸发过程中紧凑地聚集在微滴表面而不随着微滴内部环流流动，进而抑制"咖啡环"效应。但由于纳米碳（如富勒烯、石墨烯和碳纳米管）形状较难改变，在含纳米碳微滴打印过程，"咖啡环"现象还未得到有效抑制，目前研究者或是直接利用纳米碳微滴蒸发得到的圆环进行透明电路[1]的打印，或者是使用分散剂抑制纳米碳的迁移[1]，以减弱"咖啡环"效应。

4．问题的难点与挑战

为打印出高度均匀的纳米碳薄膜，需揭示不同形状（如颗粒、管、片层状）纳米碳材料在溶液蒸发过程中的迁移行为，进而明确纳米碳材料溶液蒸发形成"咖啡环"的机理；与此同时，还需厘清微滴打印线条、薄层或三维多复合层过程中的"咖啡环"形成机理和影响因素；并在此基础上，探索相关因素（如溶液-基体表面润湿性、纳米碳材料表面修饰、外界场诱导作用等）对纳米碳颗粒迁移行为的影响机制，探寻"咖啡环"效应的抑制方法，以实现纳米碳膜厚控制。

参 考 文 献

［1］ Shimoni A, Azoubel S, Magdassi S. Inkjet printing of flexible high-performance carbon nanotube transparent conductive films by "coffee ring effect". Nanoscale, 2014, 6(19): 11084-11089.

［2］ Deegan R D, Bakajin O, Dupont T F. Capillary flow as the cause of ring stains from dried liquids. Nature, 1997, 389(6653): 827-829.

［3］ Deegan R D, Bakajin O, Dupont T F, et al. Contact line deposits in an evaporating drop. Physical Review E: Statistical Physics Plasmas Fluids and Related Interdisciplinary Topics, 2000, 62(1 Pt B): 756.

［4］ Marín Á G, Gelderblom H, Lohse D, et al. Rush-hour in evaporating coffee drops. Physics of Fluids, 2011, 23(9): 2010-2011.

［5］ Yunker P J, Still T, Lohr M A, et al. Suppression of the coffee-ring effect by shape-dependent capillary interactions. Nature, 2011, 476(7360): 308-311.

撰稿人：罗　俊、齐乐华、连洪程、张蕊蕊

西北工业大学

柔性电子微纳电流体动力喷印原理

Micro/Nano Electrohydrodynamic Printing for Flexible Electronics

柔性电子是将有机/无机薄膜电子器件制作在柔性基板上的新兴电子技术，以其独特的柔性/延展性以及高效、低成本制造工艺，在信息、能源、医疗、国防等领域具有广泛应用前景，如柔性显示、穿戴式电子、生物医疗、智能家居等[1]，正在成为下一个具有"万亿美元"市场的高新技术产业。柔性电子具有大面积、可变形、透明、质轻等特性，大量采用非硅材料及任意形状柔性衬底，需要高分辨率（<10μm）的低温、非接触式图案化技术，目前并没有形成成熟的设计与工艺，良品率非常低。传统微电子采用光刻、刻蚀等硅基制造工艺难以满足柔性电子大面积、曲面、低温制造需求。喷墨打印（简称喷印）无需掩模，在常温、常压环境下将墨液直写到柔性基板上，被认为是实现柔性电子规模化制造的最有效的技术途径之一[2]。但是，现有喷印技术普遍存在加工精度、一致性、重复性不高等问题，如传统压电喷印技术喷印最小液滴约 10pL、最小线宽约 20μm（图1），墨液黏度要求为 5～20cP。

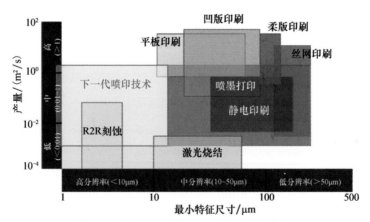

图 1　印刷技术的特征尺寸和生产效率分布

由于柔性电子器件性能强烈依赖于材料、线宽以及工艺控制，实现高分辨率、高性能功能微纳结构的大面积、低成本、快速制造已经为柔性电子产业化发展的基础性问题。与压电、热气泡等"挤"模式喷印工艺不同，电流体动力喷印借助高压电场以"拉"的方式将射流从弯月面顶部拉出[3]，在基底上沉积形成图案。工作原理如图2所示，溶液在高压电场作用下场致流变形成泰勒锥，进而形成直径远小于喷嘴内径的微纳米射流，沉积到基板上形成微纳图案/结构。相较于传统喷墨打印，电流体动力喷印有分辨率高（＜1μm）、适用黏度范围广（1～10000cP）、打印模式多（电点喷、电纺丝、电喷雾）等独特优势。

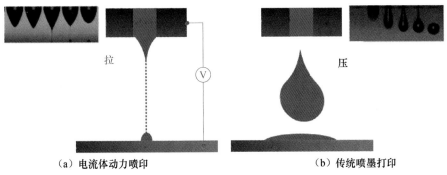

（a）电流体动力喷印　　　　　　　　　　（b）传统喷墨打印

图2　电流体动力喷印与传统喷墨打印工艺原理的比较

电流体动力喷印可实现按需喷印、连续射流、近场直写、雾化制模等喷射模式，如图3所示，为实现高分辨率柔性电子微纳结构/器件的点、线、面制造提供了解决方案，高压电场下泰勒锥的形成机理，锥射流的产生、断裂、飞行以及沉积控制是喷射促发与模式控制的关键科学问题，但目前还没有成熟的理论能准确描述电流体动力喷印机理与过程。

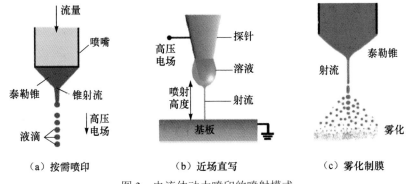

（a）按需喷印　　　　　　　　（b）近场直写　　　　　　　　（c）雾化制膜

图3　电流体动力喷印的喷射模式

在泰勒锥及锥射流形成方面，Zeleny 于 1917 年在实验中发现，在悬滴和基底之间施加电场时，悬滴会发生电致流变从而喷射射流的现象[4]。为解释该现象，Taylor 结合实验与数学建模方法对锥射流的形成条件进行了详细分析，并与 Melcher 共同提出了"漏电介质"模型。Hohman 等[5]在 2001 年建立了描述射流的完整方程，模型包括射流拉伸、电荷传输和射流表面电荷对电场的影响，但初始电荷密度对求解结果影响很大。随着有限元法/有限体积法等数值计算方法的发展，众多学者开始使用流体仿真软件、编写计算程序模拟锥射流喷射及其断裂过程，流场、电场的分布规律，并研究部分工艺参数对射流行为的影响，以揭示过程中各变量间的作用机理。

在微纳米射流飞行轨迹方面，传统电纺射流仅在靠近喷嘴处一段距离内保持稳定，极细射流加速飞向收集电极过程中，将出现"鞭动"等复杂的动力学行为。基于 Maxwell 黏弹性模型，用弹簧黏壶珠子来模拟带电射流片断，可以计算得到射流在空间的"鞭动"三维轨迹[6]。之后，近场电纺丝技术通过减小喷嘴与基板间距，使得射流还未来得及发生"鞭动"就已掉落到基板上，实现了微纳纤维的定位直写。在近场电纺丝的基础上，力控电纺丝工艺引入基板牵引力作用，可适当提高喷嘴基板间距，避免电击穿等现象的发生[7]。微纳射流的定位直写使得电流体动力喷印在柔性电子制造领域得到一定的实际应用。

在微纳米液滴/射流沉积过程方面，电流体动力喷印环境参数（温度、湿度）、基板润湿性、电导率等都会影响最终沉积图案形貌。众多科研工作者通过实验与理论研究了上述参数对溶液的铺展、固化等行为的影响，如湿度过高易产生褶皱、珠链结构，基板润湿性影响薄膜尺寸与平整度，基板电导率影响射流定位性等。通过优化工艺参数可实现光滑、平整的微结构。

为适应柔性电子大面积、高分辨率的跨尺度制造要求，还必须开展如下研究：

（1）带电射流的精准可控断裂。功能墨液在高压电场作用下形成一系列液滴或连续锥射流，但电场控制喷射过程中液滴断裂的位置和射流断裂中的拖尾现象难以精确控制，严重影响打印精度（体积、位置）。因此，需深入研究电子墨液射流的断裂机理，提出相适应的电流体按需断裂的墨液驱动控制方法。

（2）带电微纳射流的空间飞行控制。带电射流的空间飞行受气流、温度、湿度、电场和基板极化的影响，特别是阵列化喷印过程中带电液滴或射流之间的相互干扰现象非常严重，如何观测电场干扰对阵列带电微纳射流定位影响，以及如何通过多场调控以实现高分辨率、高精度喷印，对阵列化喷嘴的设计与制造提出了更高的挑战。

（3）电流体喷射墨液的沉积行为。需要考虑液滴/射流沉积到基板的高速冲击、铺展与固化行为，避免出现液滴溅射和"咖啡环"效应，同时需要考虑柔性衬底温度对微纳液滴固化及大面积沉积一致性的影响，这要求更深入系统地研究柔性衬底的结晶化处理和稳定性工艺，以及微纳结构图形的低温复制和沉积技术。

在微纳米喷印新原理方面，目前科研工作者提出电场、磁场诱导等方式实现亚微米乃至纳米级结构制造的喷印新模式，在提高打印分辨率的同时极大拓展了喷印材料的工艺窗口，被视为微纳米柔性电子器件制造的重要解决方案。但多场耦合使墨液流变性、液滴动力学行为等喷印机理更为复杂，增大了新方法的规律性研究的难度，进而引发了工艺稳定性、可靠性等一系列技术问题，亟待解决。阵列化喷嘴、无喷嘴化结构等能大幅提升喷墨打印效率，但同时也带来了许多制造与控制上的难题，例如，喷嘴、墨腔、驱动一体的阵列喷头加工，微纳米喷嘴阵列的高密度集成，电场、气流等对微纳射流定位的干扰，多喷嘴独立可控喷印等，均有待细致深入的研究。

参 考 文 献

[1] 尹周平, 黄永安. 柔性电子制造: 材料、器件与工艺. 北京: 科学出版社, 2016.

[2] Yin Z P, Huang Y A, Bu N B, et al. Inkjet printing for flexible electronics: Materials, processes and equipments. Chinese Science Bulletin, 2010, 55(30): 3383-3407.

[3] Park J U, Hardy M, Kang S J, et al. High-resolution electrohydrodynamic jet printing. Nature Materials, 2007, 6: 782-789.

[4] Zeleny J. Instability of electrified liquid surfaces. Physical Review, 1917, 10(1): 1-6.

[5] Hohman M M, Shin M, Rutledge G, et al. Electrospinning and electrically forced jets. I. Stability theory. Physics of Fluids, 2001, 13(8): 2201-2220.

[6] Reneker D H, Yarin A L, Fong H, et al. Bending instability of electrically charged liquid jets of polymer solutions in electrospinning. Journal of Applied Physics, 2000, 87(9): 4531-4547.

[7] Huang Y A, Bu N B, Duan Y Q, et al. Electrohydrodynamic direct-writing. Nanoscale, 2013, 5: 12007-12017.

撰稿人：段永青、黄永安、尹周平

华中科技大学

实现速度-精度融合的微纳 3D 打印
能场作用机制与行为

Energy Control Mechanisms and Behaviors for 3D Printing
Micro/Nano Structures with Efficiency and Precision

结构多维、材料多样复合微纳结构的快速制造是目前精密制造领域关注的焦点，也是微纳机电系统、微流控芯片、生物医疗、新材料与柔性电子等领域竞争的核心。自下而上(bottom-up)的 3D 打印制造技术主要利用熔融沉积制造（FDM）、立体光固化成型（SLA）、选择性激光烧结（SLS）、喷印等工艺完成三维功能结构的成型制造，具有节省材料、环境友好等优点，在复杂结构、多材料复合快速成型方面优势明显[1]，可满足新一代智能制造的发展需求。

现有 3D 打印主要利用激光诱导加热，促使溶剂挥发、材料变性来实现目标材料的熔解或固化以完成微纳结构高精度制造。不同目标材料、不同尺寸结构对外加能量响应速度常常差异很大，限制了成型速度和精度的进一步协同提升。实现能量的精确控制与目标材料的快速匹配，是跨尺度高精度微纳结构快速 3D 打印成型的研究重点；优化打印工艺，完成性能调控和结构成型的原位控制，则成为功能性微纳结构低成本、集成化、快速 3D 打印的难点。

3D 打印生物组织和功能器官，可避免人工机械器官影响患者生活质量，以及异种移植中长期服用免疫抑制药剂对患者产生的心理副作用，解决移植供体器官紧缺难题[2]。生物组织具有结构复杂、功能多样、材料复合等特点。为使细胞更好更快地在支架上繁殖，支架微细结构应排列整齐有序，并且特征尺寸应该小于所培养细胞的尺寸（图 1）[3]。组织支架结构兼备颗粒、线、膜等多维度、多孔性等特征，实现生物结构成型的精度与速度融合是推进 3D 打印技术在生物领域应用的关键。

生物组织材料复合、结构精细、特征尺寸多样，对热、光和电等能量场响应和传递的灵敏度差异大，易产生受热、形变不均匀而诱发弯曲、坍塌等损坏，影响了生物组织物结构的精度与功能的完整性。针对多材料复合和生物材料兼容运用的发展特点，明确组织成型过程能量场作用机制，实现生物材料成型过程多特征尺寸结构与功能的同步控制，已经成为 3D 打印在生物组织快速制造应用研究的关键。

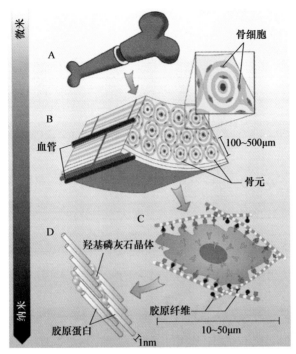

图 1　生物组织应用——骨骼的多层组织结构[3]

在柔性基材上实现功能结构的精确对准、材料浓度梯度控制，是 3D 打印技术在新一代电子产业应用的关键。柔性电子是新一代电子的发展主流和方向，以其独特的柔性/延展性在柔性显示器和可穿戴电子产品等领域具有巨大的应用前景和市场潜力[4]。以薄膜场效应管（TFT）为代表的柔性电子器件，具有尺寸小（沟道长 2～5μm、定位精度优于 2μm）、准三维结构层次多（如有栅电极、绝缘层、有源层、源漏电极等功能结构）和材料多样等特征[5]，应用器件阵列化，实现柔性电子的低成本、快速、精准 3D 打印是实现其产业化需要解决的问题（图 2）[6]。基于溶液的全喷印成为柔性电子低成本产业化制造的发展主流，3D 打印更是以其独特优势成为制造研究的重点。面向柔性电子结构尺寸、定位精度、材料性能配合要求高等特点，实现溶剂挥发速度、涂层间材料渗透、结构形变的精确控制是柔性电子喷印制造的核心。增强能量场控制水平，实现能量的高精度聚焦，以减小 3D 打印电子器件的结构畸变和提高喷印结构精度，成为柔性电子低成本、产业化生产的研究热点。

突破 3D 打印能量控制的难点在于实现智能结构感知-驱动-结构一体化、结构功能梯度化（局部微环境调控）、多材料微空间包容（同轴、核壳结构）以及多功能精确敏感（如同时敏感多种气体成分的微传感器）等功能性微纳结构的集

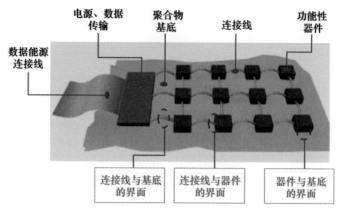

图 2　柔性电子系统——复合微纳功能结构集成与界面[6]

成发展。开展制造跨尺度部件过程中能量激励与调控行为基本问题的研究，引入新原理和新方法开发新型微纳 3D 打印技术，突破现有 3D 打印材料特性和精确结构成型能力，从而扩大打印材料来源，实现多种功能性材料的直接复合制造，促进微纳结构、器件的快速集成化打印制造的快速发展。该领域主要包含以下三个方面的研究内容：

（1）改变单一能量局限、突破多能量耦合调控机理。分析热、光、电、磁、应力等多种能量场之间的耦合作用机制，针对微纳制造构建多场叠加能量描述方程，明确微尺度下的能量分布特征与边缘效应；研究多物理场干涉与波动机理，探索外场作用能量的分布与聚焦控制规律，明确能量场空间作用机制。

（2）扩展目标材料来源、明确多能量的传递与作用机制。研究复合微结构的热传导和吸热机制，明确复合、立体微纳结构中的热分布及时间响应特性；分析多层复合材料结构与性能在多能量场耦合作用下的演变规律与界面行为，明确多场聚焦下功能材料的保型和精度调控机制，实现复合结构尺寸与性能同步调控。

（3）跨尺度能量准确形变快速调控机理。明确不同能量场的叠加原理，研究多场耦合能量的时间与空间演变特性；探索能量场作用下功能性复合结构的流变、融合、渗透与变性规律；研究多场耦合作用下物质的扩散与迁移行为，揭示功能材料溶剂挥发、固化成型过程的能量场调控机制，提升复合结构喷印成型速度。

参 考 文 献

[1]　Campbell T A, Ivanova O S. 3D printing of multifunctional nanocomposites. Nanotoday, 2013, 8(2): 119-120.

[2]　付明福, 杨影, 陈伟才, 等. 喷墨打印技术同步打印细胞和生物支架材料及在组织工程中

的应用. 中国组织工程研究与临床康复, 2011, 15(42): 7892-7896.

[3] Stevens M M, George J H. Exploring and engineering the cell-surface interface. Science, 2005, 310(5751): 1135-1138.

[4] Zhou Y H, Fuentes-Hernandez C, Shim J, et al. A universal method to produce low work function electrodes for organic electronics. Science, 2012, 336(6079): 327-332.

[5] Park J S, Maeng W J, Kim H S, et al. Review of recent developments in amorphous oxide semiconductor thin-film transistor devices. Thin Solid Films, 2012, 520(6): 1679-1693.

[6] Harris K D, Elias A L, Chung H J. Flexible electronics under strain: A review of mechanical characterization and durability enhancement strategies. Journal of Materials Science, 2016, 51(6): 2771-2805.

撰稿人：郑高峰、吴德志、孙道恒

厦门大学

纳米样板特征量的可控性机理

Controllable Mechanism of Character Dimension of Nano Template

随着纳米技术的快速发展，以及新材料和新工艺的不断引入，纳米器件的性能受几何尺寸的影响越来越显著。这就需要研制各种纳米样板对纳米测量仪器进行校准，确保纳米器件各几何量参数的精确表征，在实现可控制备的同时提高纳米器件的性能。如何保证纳米样板特征量的可控性成为制约纳米测量技术进一步发展的关键问题。

纳米样板特征量是指作为样板工作尺寸的宽度值、节距值以及高度值等。科学界近年来对于纳米样板做了大量的探索，并已研发出以槽深、台阶高度、一维节距和二维节距为主的纳米样板，其特征量尺度大于 10nm。线宽样板、一维节距样板和二维节距样板用于测量仪器水平方向的校准。台阶高度样板用于测量仪器竖直轴的校准。在具体使用中，纳米线宽样板一般只能用于紫外透射显微镜和扫描探针显微镜（SPM）水平轴的尺度校准，而纳米节距样板一般用于光学衍射仪和 SPM 水平轴的尺度校准。二维节距样板不但可以校准两个水平轴的尺度，还能校准两水平轴之间的正交性。

目前，纳米线宽样板最小尺寸为 12nm，通过热氧化后键合的方法制备[1-4]。VLSI Standards 公司开发了公称线宽为 25nm、70nm 和 110nm 的纳米线宽样板，如图 1 所示[5]。作为纳米样板的另一种结构，节距样板的研究也有很大进展。Advanced Surface Microscopy 公司提供了节距为 70～292nm 的节距样板，采用多层膜方法是制备特征值更小的节距样板的可行方案，如图 2 所示。日本国家计量院（NMIJ）采用多层膜方法制备了特征值最小达到 5nm 的节距样板。但是该方法工艺复杂，制造效率低，并且不能用于二维节距样板的制备。

对于台阶高度样板，其制备过程一般是：首先通过热氧化在硅基底上形成一层 SiO_2，然后通过湿法刻蚀出台阶形貌，最后在台阶样板表面沉积一层金属材料以提高表面的导电性和耐磨性，一般采用 Cr 作为镀层。受限于氧化工艺制备超薄薄膜的能力，这种方法一般用于制备 7nm 及以上的台阶高度样板[6,7]。

图 1　VLSI Standards 公司 NanoCD Standards（NCD）纳米线宽样板

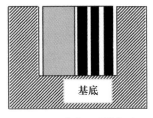

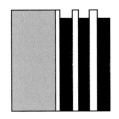

（a）交替淀积金属层（白色区域）　　　（b）抛光多层膜横截面　　　　（c）刻蚀部分绝缘层
　　和绝缘层（黑色区域）

图 2　基于多层膜方法制备节距样板

由于缺乏直线度、平面度和垂直度样板，难以对 AFM、STM 等仪器的三条直线运动轴的直线度和垂直度进行评价。此外，由于纳米测量仪器的各项误差是耦合的，为了提高校准精度，开发三维样板实现各测量误差校准也成为必须开展的工作。

在纳米量级，样板制备的关键工艺为薄膜生长，每一层的生长原理、层与层之间的影响关系，都会对样板的特征量产生影响。随着尺度的降低，这些影响越来越显著，并且很难控制。当特征量降低至 10nm 以下时，基于数理统计和概率分布的加工原理与实际不再完全符合，该阶段的物理化学变化成为影响特征量可控性的主要因素。以原子层沉积技术为例，"物理化学"问题是指在沉积薄膜最初几个循环中的前驱体源和基片表面悬挂化学键与官能团的化学反应动力学过程及其控制，包括基片表面状态（基片表面悬挂化学键和官能团的种类、缺陷分布等）和沉积薄膜初期薄膜生长行为。通过对这些"物理化学"方面的问题分析研究，有助于解释薄膜单层生长的机理，进而提高薄膜生长的可控性。同时研究样板制备过程中发生的物理化学变化，例如，湿法刻蚀工艺中，溶液浓度、结构空间的制约等对化学反应过程的影响，及其在纳米样板表面各种各样缺陷形成过程中的作用机理，对提高纳米样板测量的均匀性和稳定性有重要意义，进而影响仪器的校准精度。也就是说，研究纳米样板制备过程中的薄膜成膜及相关工艺的物理化学机理对可控性产生的影响以及该影响与纳米测量仪器之间的相互作用规律，从而提高纳米样板在制备和测量中特征量的可靠性和准确度。因此，纳米样板特征量可控性的物理化学机理是提高纳米样板可控性和表面质量的关键科学问题。

参 考 文 献

[1] Geng X W, He C L, Xu S C, et al. Silver-assisted chemical etching of semiconductor materials. Progress in Chemistry, 2012, 24(10): 1955-1965.

[2] Zier M, Scheiba F, Oswald S, et al. Lithium dendrite and solid electrolyte interphase investigation using OsO₄. Journal of Power Sources, 2014, 266: 198-207.

[3] Fukuda Y, Schrod N, Schaffer M, et al. Coordinate transformation based cryo-correlative methods for electron tomography and focused ion beam milling. Ultramicroscopy, 2014, 143: 15-23.

[4] Wang C Y, Jiang Z D, Yang S M, et al. Structure analysis of nano-scale dual-step fabricated by Focused Ion Beam. The 13th IEEE Conference on Nanotechnology, 2013: 829-832.

[5] VLSI Standards. http: //www.vlsistandards.com [2017-8-1].

[6] He J P, Zhang Y G, Shen W D, et al. Optical properties of Al₂O₃ thin film fabricated by atomic layer deposition. Chinese Journal of Acta Optica Sinica, 2010, (1): 277-282.

[7] Koenders L, Bergmans R, Garnaes J, et al. Comparison on nanometrology: Nano 2—Step height. Metrologia, 2003, 40(1A): 04001.

撰稿人： 王琛英、蒋庄德

西安交通大学

高质量 p 型 ZnO 纳米线的掺杂机理

The Doping Mechanism of High Quality p-Type Zinc Oxide Nanowire

氧化锌（ZnO）是一种"II-VI族"直接带隙宽禁带半导体，具有 3.37eV 的禁带宽度（室温下），可以用来制备近紫外发光二极管（LED）和激光二极管（LD）等光电器件。特别是 ZnO 具有较高的激子束缚能(60meV)，远大于 GaN 的 24meV，完全有可能在室温下实现高效的激子发射，在光电领域具有极大的应用价值[1]。

ZnO 纳米线是天然的激光谐振腔（两个端面之间形成法布里-珀罗谐振腔，六个侧面形成回音壁谐振腔），又可以作为激光增益介质，是良好的纳米激光材料。2001 年，加利福尼亚大学伯克利分校的杨培东教授首次实现了光激发 ZnO 纳米线室温近紫外激光，开辟了 ZnO 纳米线激光的研究先河[2]。但是关于 ZnO 纳米线激光的研究多是光激发，而真正紧凑、芯片级的纳米线激光并未实现。如能实现电注入激发，便很有可能得到芯片级的纳米线激光。而制备高质量、稳定可靠的 ZnO 纳米线 pn 结则是实现电注入激光的核心与关键[2,3]。

根据半导体理论，利用IIIA 族元素（Al、Ga、In）等来替代 Zn 原子，贡献出一个电子，对 ZnO 进行 n 型掺杂，由于掺杂的施主能级较浅，所以 n 型掺杂较容易实现，目前各方面性能良好的 n 型 ZnO 制备技术已经较为成熟。

而制备高质量、可重复并稳定存在的 p 型 ZnO 仍然是困扰研究者的世界性难题。十余年来，人们对 ZnO 的 p 型掺杂进行了广泛的研究，取得了一系列成果，但也存在不少难题，目前 p 型 ZnO 的实现主要分为三类[3-6]：

（1）本征 p 型 ZnO 材料，通过控制 ZnO 生长过程的锌空位和氧间隙等受主缺陷，实现本征 ZnO 的 p 型导电。浙江大学叶志镇课题组[7]采用 MOCVD 技术成功制备了本征 p 型 ZnO，认为锌空位是其主要导电机制。然而，迄今为止，国内外仍没有基于本征 p 型 ZnO 的 pn 结的报道，本征 p 型 ZnO 稳定性极差是难以制备出 pn 结的主要原因。

（2）利用 IA 族元素（锂、钠、钾、铜、银等）替代锌原子或者 V 族元素（氮、磷、砷、锑、铋等）替代氧原子，作为受主，实现 p 型掺杂。上述元素掺杂制备 p 型 ZnO 均有报道，然而 I 族元素普遍掺杂浓度低，且易形成间隙成为施主态；VA 族元素中氮元素被认为是 p 型 ZnO 的最佳受主掺杂元素，氮掺杂 p 型 ZnO 的报道较多，但是氮掺杂 p 型 ZnO 的机理仍无定论，同时掺杂时形成的间隙氮也是降低氮掺杂 p 型 ZnO 稳定性的重要因素。利用磷、砷等元素的 p 型掺杂也存在类似问题。

（3）多元素共掺杂技术，利用铝、镓、铟等元素与 V 族元素共掺杂，有助于形成更浅的受主能级，提高受主掺杂浓度。目前常见的有铝-氮共掺、镓-氮共掺、铟-氮共掺以及镓-磷共掺等。利用共掺杂技术可以显著提升 p 型 ZnO 的稳定性，但是共掺杂的 p 型导电机制并不清楚，影响了人们对共掺杂 p 型 ZnO 的进一步深入研究。

总体而言，稳定可靠 p 型 ZnO 的合成必须解决以下难题[3-6]：

（1）ZnO 的自补偿效应是降低 p 型 ZnO 长期稳定性的重要因素，而其作用机理仍不清楚。研究本征施主缺陷产生自补偿效应的作用机制，以及本征施主缺陷与受主掺杂元素之间的相互作用机理是降低自补偿效应、提高 p 型 ZnO 长期稳定性的核心与关键。

（2）p 型 ZnO 导电机制不明确。虽然氮是公认的 p 型 ZnO 的最佳受主掺杂元素之一，并且利用氮元素共掺杂的方法也能够实现性能更优、稳定性更好的 p 型 ZnO 材料，但氮元素掺杂的 p 型 ZnO 导电机理仍不清楚，需要进一步研究。同时氮掺杂过程中，间隙氮的产生也阻碍了 p 型 ZnO 性能的提高，需研究间隙氮的产生机制，并探索将其转变为 p 型掺杂受主缺陷的新技术。

（3）p 型 ZnO 的导电类型会受光照、温度及应力等因素的影响，导致 p 型 ZnO 稳定性较差，甚至部分材料与工艺难以重复。研究光照、温度及应力对 p 型 ZnO 导电的影响机理，对降低外部因素的影响、提高 p 型 ZnO 的稳定性具有重要意义。

参 考 文 献

[1] Wang Z L, Song J. Piezoelectric nanogenerators based on zinc oxide nanowire arrays. Science, 2006, 312(5771): 242-246.

[2] Huang M H, Mao S, Feick H, et al. Room-temperature ultraviolet nanowire nanolasers. Science, 2001, 292(5523): 1897-1899.

[3] 刘为振. ZnO 纳米线异质结紫外光发射器件研究. 长春: 东北师范大学博士学位论文, 2013.

[4] 文俊伟, 王小平, 王丽军, 等. p 型 ZnO 薄膜的研究进展. 材料导报, 2015, 29(23): 12-17.

[5] 李万俊. N-X 共掺 ZnO 薄膜 p 型导电的形成机制与稳定性研究. 重庆: 重庆大学硕士学位论文, 2015.

[6] 谭蜜, 张红, 李万俊, 等. 氧化锌材料 p 型掺杂研究进展. 西华师范大学学报(自然科学版), 2016, 37(1): 1-9.

［7］ Zeng Y J, Ye Z Z, Xu W Z, et al. P-type behavior in nominally undoped ZnO thin films by oxygen plasma growth. Applied Physics Letters, 2006, 88(26): 262103.

撰稿人：李　磊、蒋庄德

西安交通大学

表面状态对 ZnO 纳米线器件光响应性能的影响机理

Influence Mechanism of Surface State on ZnO Nanowire Optoelectronic Device Photoresponse Performance

纳米线是直径在纳米级、长度方向无限制的一维纳米结构，具有许多与常规材料不同的特性，在光电、压电以及微/纳机电系统（M/NEMS）等领域具有重要的研究价值[1]。ZnO 纳米线是一种直接带隙半导体材料，禁带宽度为 3.37eV，并且具有高达 60meV 的激子束缚能，是性能优异的紫外光电材料[2]。ZnO 纳米线光电探测器光响度高，响应速度快，是一种理想的纳米光电探测器。2002 年，加利福尼亚大学伯克利分校的杨培东教授利用电子束曝光技术制备了单根 ZnO 纳米线紫外光电探测器，器件对 365nm 紫外光响应明显，并具有良好的可见光盲性能[3]。

与体材料相比，纳米线的比表面积要高几个数量级，纳米线的表面状态对器件光响应性能的影响很大，甚至起决定性作用。然而，纳米线的表面状态难以测量，且对器件光响应性能的影响机理仍不明确，有待进一步研究。这些表面状态包括表面缺陷、吸附物、修饰物等。2007 年，加利福尼亚大学圣地亚哥分校的 Wang 等制备了单根 ZnO 纳米线器件，实现了高达 10^8 的光电导增益，分析表明高增益是由 ZnO 纳米线大量的表面缺陷导致的。然而，并没有可以直接测量相关缺陷的方法，缺陷与载流子之间的相互作用机理也需进一步研究[2]。Delaunay 等将 ZnO 纳米线放入不同湿度条件下的空气中测试了器件的光响应性能，发现器件的光电流随着湿度的增加而降低，分析认为空气中 H_2O 会与 O_2 竞争性地吸附在 ZnO 纳米线表面，当湿度增加时，H_2O 吸附量加大，使 O_2 吸附量减少，从而降低了表面耗尽层厚度，使 ZnO 纳米线的暗电流加大，降低了器件的灵敏度[4]。然而，表面吸附物在 ZnO 纳米线表面以何种形式存在，且吸附物与表面缺陷的作用机制及在光响应过程中的作用机理仍有争议。

也有研究者利用 ZnO 纳米线表面积-体积比大的特点，通过金属颗粒修饰 ZnO 纳米线表面的方法来提高其光响应性能：Aono 等利用 Au 纳米颗粒修饰 ZnO 纳米线将探测器的暗电流降低了 100 倍，光暗电流比从 10^3 提高到 $5×10^6$[5]。Pan 等利用 Ag 纳米颗粒修饰 ZnO 纳米线来提高器件的灵敏度，当 Ag 纳米颗粒的含量达到 7.5%时，探测器的光暗电流比提高了 10 倍[6]。研究者对于表面修饰 ZnO 纳米线光响应性能的影响机理通过局域表面等离子体、局部肖特基结、表面态钝化等几种理论来解释，但未达成一致。

综上，表面状态对 ZnO 纳米线光电探测器的光响应性能有重要影响，但其影响机理仍不清楚，主要表现在几个方面：

（1）表面状态十分复杂，种类繁多，包括晶体缺陷如锌空位、氧空位、间隙原子、杂质缺陷、气体吸附物等以及表面修饰物如量子点、金属纳米颗粒、介电覆盖层等，这些均会对 ZnO 纳米线光响应性能产生影响，且作用过程复杂，机理不明。

（2）表面吸附物、修饰物等与 ZnO 纳米线晶体缺陷的相互作用机理及对光生载流子的影响规律并无定论，并且表面状态如何表征也是一项很有挑战的工作。

（3）表面态及缺陷的产生机理尚不清楚，研究其产生机理对调控表面态及缺陷、提高 ZnO 纳米线光电器件的一致性和可重复性具有重要意义。

参 考 文 献

[1] Thelander C, Agarwal P, Brongersma S, et al. Nanowire-based one-dimensional electronics. Materials Today, 2006, 9(10): 28-35.

[2] Soci C, Zhang A, Xiang B, et al. ZnO nanowire UV photodetectors with high internal gain. Nano Letters, 2007, 7(4): 1003-1009.

[3] Kind H, Yan H, Messer B, et al. Nanowire ultraviolet photodetectors and optical switches. Advanced Materials, 2002, 14(2): 158.

[4] Li Y, Della Valle F, Simonnet M, et al. Competitive surface effects of oxygen and water on UV photoresponse of ZnO nanowires. Applied Physics Letters, 2009, 94(2): 023110.

[5] Liu K, Sakurai M, Liao M, et al. Giant improvement of the performance of ZnO nanowire photodetectors by Au nanoparticles. The Journal of Physical Chemistry C, 2010, 114(46): 19835-19839.

[6] Lin D, Wu H, Zhang W, et al. Enhanced UV photoresponse from heterostructured Ag-ZnO nanowires. Applied Physics Letters, 2009, 94(17): 172103.

撰稿人：李　磊、蒋庄德

西安交通大学

纳米薄膜的失效机理

The Failure Mechanism of Nano Thin Films

纳米薄膜是指厚度在纳米量级的单层或多层膜，或者由尺寸在纳米量级颗粒（晶粒）构成的薄膜。纳米薄膜由于其显著的尺寸效应、晶界效应和量子效应，具有独特的光学、力学、电磁学与气敏特性，因而在光学器件、光电子材料、高密度磁性记录材料、太阳能电池、储氢材料、超导材料以及高效催化剂等领域具有广泛的应用前景。随着纳米薄膜的应用范围越来越广，纳米薄膜在电子器件所占的比重增大。

从 20 世纪 80 年代起，微电子器件就已经从单层薄膜开始向多层叠合膜过渡，到目前为止，国外的叠合层已达到数百层，国内也达数十层之多，从而实现了从面积元器件到体积型元件、从单层"平房"式微电子元件结构到多层微电子"摩天大厦"的巨大变革[1]。微电子技术和 MEMS/NEMS 的发展以及微电子封装工艺的提高，使得微电子器件的集成度上升，集成系统的功能更加齐全、功能更新更加迅速，对系统的稳定性和可靠性也提出了更高的要求。这也对纳米薄膜的性能稳定性提出了巨大的挑战，引起了人们对薄膜失效行为的关注。

失效问题和失效机理一直是器件可靠性和寿命预测研究中不可避免的问题。以往的研究也表明，薄膜与基底的结构体系在不同的材料和构形下，可能存在着不同的失效形式（图 1）：薄膜的断裂与龟裂、薄膜与基底的脱黏与分层、热作用下薄膜团聚导致不连续、热疲劳或热应力腐蚀损伤、多层微电子结构的分层与屈曲、电子封装过程中引起的分离和剥落等。这些失效形式常常单独发生或复合发生，从而导致器件可靠性降低，严重影响薄膜的力学、电学等性能[2-7]。

引起器件失效的原因较多[8]，如微电子组件（薄膜、基底等）生产过程中热学与力学参量的失配、薄膜在各种成型工艺过程中由加热冷却引起的残余应力、电子器件在使用过程中由发热引起的热应力以及性能的退化和老化，都能引起器件性能的失效。一般来说，薄膜/基底体系通常是在残余应力、热应力以及外加应力的联合作用下工作的，其失效行为也受这些因素的共同影响，但起决定性作用的是残余应力。薄膜在制备过程中或在使用工况下，不可避免地受各种载荷或应力的作用，如在薄膜沉积过程的高温及随后冷却过程中，由于薄膜与基底的热膨胀系数和物理特性的不匹配，膜内将产生残余应力，其存在的或压或拉的残余应力，

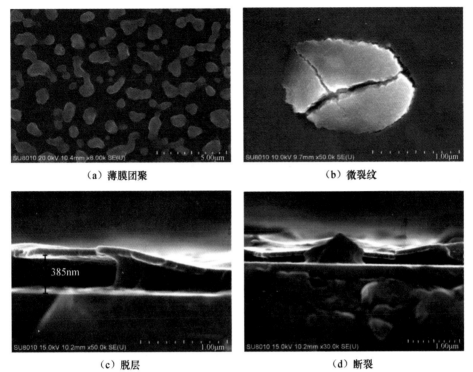

（a）薄膜团聚　　　　　　　　　　　（b）微裂纹

（c）脱层　　　　　　　　　　　　　（d）断裂

图1　薄膜的部分失效形式

有时甚至高达几吉帕。事实上，任何黏结在基底上的薄膜或任何多层材料中的单独片层在其厚度尺度范围内承受着某种残余应力。残余应力的存在意味着如果薄膜不受基底约束或单独片层不受相邻层的约束，薄膜的平面内尺寸将会改变和/或发生弯曲。

当没有任何失效或脱层过程时，薄膜和基底间通过一系列交互过程来协调内应力，如基底的约束抑制薄膜内应力松弛、膜基系统的面内延展或收缩、基底的弯曲以及薄膜的塑性屈服等[9,10]。薄膜中的应力如果不能通过基片或者薄膜的塑性变形得以释放，当累积到一定值时，薄膜就会发生各种失效形式。事实上，薄膜制备和实际应用过程中经常观察到的薄膜屈曲、剥落、卷曲，氧化薄膜微区局部剥落等表明薄膜内部存在应力梯度和局部微区的应力集中。薄膜应力的释放机制可以概括为三类，即薄膜塑性变形、基底塑性变形，以及薄膜开裂、屈曲及脱层，其具体过程可以通过膜层蠕变、基底蠕变、膜层破裂、基底破裂、基底弯曲、膜层弯曲等过程实现，其中，薄膜开裂、屈曲及脱层等是薄膜失效的具体表现形式。

实际制备的薄膜不可能均以理想状态存在，因而其失效机理也更加复杂。例如，用于制备多层膜结构的方法、制备过程中在界面上引入的杂质、各层成分以及层与层之间界面的成分、周围环境的化学和湿度含量，以及存在于界面的反应产物、偏析物、杂质等均有可能严重影响薄膜的断裂阻力。另外，如果一个物体的几何形状包含凹角、内部缺陷或其他能够充当引起应力集中的几何结构，则其断裂敏感性就提高了。在这些地方，局部应力可以远大于物体的平均应力，即使平均应力低于断裂强度，也可能由于应力集中作用，导致局部应力超过材料强度使材料发生断裂。

　　失效问题是一个永恒问题，只能尽量避免而不能完全解决。因此，应了解和明晰纳米薄膜在制备过程或者热载荷作用下的失效行为和失效机理以及不同失效行为之间的相互转化关系和临界转化条件，从而为纳米薄膜在各领域中的应用提供预防方法和改进措施，提高其工作可靠性和寿命，也能为纳米薄膜的可靠性监控和寿命预测提供参考依据。

参 考 文 献

[1] 孙建强. 纳米尺度薄膜力-热耦合场下屈曲实验分析及热疲劳的研究. 天津: 天津大学硕士学位论文, 2008.

[2] Mohan S, Reddy P J. Effect of annealing and agglomeration on electrical-properties of copper-films. Journal of Vacuum Science and Technology, 1976, 13(5): 1076-1080.

[3] Yang C Y, Chen J S. Investigation of copper agglomeration at elevated temperatures. Journal of the Electrochemical Society, 2003, 150(12): G826-G830.

[4] Yu S J, Xiao X F, Chen M G, et al. Morphological selections and dynamical evolutions of buckling patterns in SiAlNx films: From straight-sided to telephone cord or bubble structures. Acta Materialia, 2014, 64: 41-53.

[5] Kusaka K, Hanabusa T, Tominaga K. Effect of a plasma protection net on residual stress in AlN films deposited by a magnetron sputtering system. Thin Solid Films, 1996, 290: 260-263.

[6] Moon M W, Lee K R, Oh K H, et al. Buckle delamination on patterned substrates. Acta Materialia, 2004, 52(10): 3151-3159.

[7] Reddy A M, Reddy A S, Reddy R S. Thickness dependent properties of nickel oxide thin films deposited by DC reactive magnetron sputtering. Vacuum, 2011, 85(10): 949-954.

[8] Freund L B, Suresh S. 薄膜材料——应力、缺陷的形成和表面氧化. 卢磊, 等译. 北京: 科学出版社, 2011.

[9] Mallick P, Agarwal D C, Rath C, et al. Evolution of microstructure and crack pattern in NiO thin films under 200MeV Au ion irradiation. Radiation Physics and Chemistry, 2012, 81(6): 647-651.

［10］ Kim S D, Kim C H. Defect formation of chemical-vapor deposited tungsten on rapid thermal-annealed TiN/Ti. Thin Solid Films, 2008, 516(18): 6310-6314.

撰稿人：林启敬、蒋庄德

西安交通大学

表面等离激元近场增强器件的纳米制造

Nano Fabricating the Near Field Enhancement of Surface Plasmon Devices

在量子理论中，振动能量被量子化，其量子能量称为等离基元。表面等离激元（surface plasmons, SPs）是在金属表面区域的一种自由电子和光子相互作用形成的电磁模。具体地，当电磁波入射到金属与介质分界面时，自由电子集体振荡，电磁波与表面自由电子耦合形成近场电磁波，当振荡频率与入射波频率一致时产生共振，能量将被转变为表面自由电子的集体振动能，于是电磁场被局限在金属表面很小的范围内并增强[1,2]。

近 20 年，随着微机电系统技术的发展和表面等离激元理论研究的深入，SPs被广泛研究和应用于制造领域。例如，利用 SPs 的增强效应使能量密度增加上千倍的特点，提高非线性光学过程的转换效率[3]，或将其用于纳米光刻、高密度数据存储等微纳器件制造中[4]；利用 SPs 对介质折射率变化的敏感性，将其用于化学、生物的传感中[5]。

基于 SPs 的纳米器件，具有强的近场增强、超衍射极限的局域性以及对介质环境的高度敏感性三种主要性质[6]，其中基于 SPs 近场增强原理的纳米器件，由于可应用范围较广（如负折射器件、成像器件等），在纳米器件制造中被广泛研究，但仍存在不少问题。Oulton 等[7]于 2009 年提出杂化 SPs 波导纳米激光器，其由银膜和高折射率纳米线组成，其中填充较低折射率介质，通过利用材料界面上电位移矢量的连续性，从电场角度实现了较大的近场增强，但其实际放大效果尚不足，损耗较大。中国科学技术大学面向太阳能电池组中的相关问题，通过电磁场有限元模拟的方法，建立了 SPs 近场增强模型，探究 SPs 在多种器件中的机制和应用，但其研究对象以一维为主，并限于可见光的近场增强[8]。

总体来说，要在纳米极限尺寸下，制作高质量的基于 SPs 近场增强的纳米器件仍然是困扰研究者的难题。具体地，此类器件制造中会出现杂峰、负折射、互联尺寸不匹配等实际问题。这些问题的产生，主要由于以下两点：

（1）面向纳米尺度时，加工要求的尺寸过小，达到了衬底与真空中的衰减长度范围，量子效应对系统电子的非局域和表面电子密度的微观空间分布产生很大影响，且应用于该条件下垂直于界面的方向场强的指数衰减只能发生在介电参数

（实部）符号相反（即金属和介质）的界面两侧[9]，然而，现有的研究对此尚无法给出准确描述。

（2）面向纳米尺度时，对象结构、材料介电响应、外部环境、激发源之间的影响机理，仍无定论，这使得在尺寸结构设计与工艺设计中，难以进行准确的数值分析，部分参数难以界定。

总体而言，高质量的基于 SPs 近场增强的纳米器件制造必须解决以下难题：

（1）亚波长尺度下面向纳米极限制造的 SPs 增强机理没有足够准确的表述，是阻碍高质量基于 SPs 近场增强的纳米器件设计制造效果的重要因素，而其作用机理仍不清楚。从电磁场散射出发，考虑量子效应对系统电子的非局域和表面电子密度的微观空间分布的影响，研究并准确表述相应机理，是设计制造高质量 SPs 近场增强的纳米器件的关键。

（2）对象结构、材料介电响应、外部环境、激发源之间的影响机理不明确，这使得相关纳米器件结构与工艺设计中的关键参数难以界定。因此，研究相关影响机理，对器件制造中互联尺寸不匹配等问题的解决作用较大[10]。

（3）基于 SPs 近场增强的纳米器件激元模式与杂化理论尚局限于一维，这使得相关纳米器件设计计算中产生的误差较大。因此，研究相应原理，可以提高基于 SPs 近场增强的纳米器件设计的精确度，从而解决制造中的互联尺寸不匹配等问题。

参 考 文 献

[1] Barnes W L, Dereux A, Ebbesen T W. Surface plasmon subwavelength optics. Nature, 2003, 424(6950): 824-830.

[2] Schuller J A. Plasmonics for extreme light concentration and manipulation. Nature Materials, 2010, 9(3): 193-204.

[3] Polman A. Applied physics: Plasmonics applied. Science, 2008, 322(5903): 868-869.

[4] Homola J. Surface Plasmon Resonance Based Sensors. Berlin: Springer, 2006.

[5] Wolfbeis O S. Chemical Sensors and Biosensors. Berlin: Springer, 2006.

[6] Maier S A. Plasmonics—A route to nanoscale optical devices. Advanced Materials, 2001, 13(19): 1501.

[7] Oulton R F, Sorger V J, Zentgraf T, et al. Plasmon lasers at deep sub-wavelength scale. Nature, 2009, 461(7264): 629-632.

[8] 张璇如. 基于表面等离激元的微纳光子器件设计. 合肥: 中国科学技术大学博士学位论文, 2014.

[9] 吴刚. 基于表面等离激元的光器件设计及研究. 北京: 北京邮电大学硕士学位论文, 2015.

[10] 张妍. 有限光束在近场增强结构中的传播特性及应用研究. 上海: 上海大学博士学位论文, 2008.

撰稿人: 田　边、张仲恺、蒋庄德

西安交通大学

脱合金成型纳米表面热功能结构的稳定性控制原理

Stability Control Principle of Dealloying Nano Surface Thermal Functional Structure Molding

表面热功能结构是一种具有强化传热散热功能的固体表面结构，已在热能转换方面得到广泛应用。而微纳表面热功能结构是指尺度在微纳米级别的表面热功能结构，目前为止，微纳尺度表面热功能结构多用于微翅片、微多孔涂层、烧结多孔表面、溅射表面等的强化沸腾传热方面[1,2]。

微纳表面热功能结构往往具有多学科交叉的特点，研究结果显示，规则性、水热稳定性、固液特性等因素，对微纳表面热功能结构强化传热特性十分重要[3]。微纳米尺度强化沸腾表面热功能结构是在 2004 年被 Honda 等[4]提出的，他们利用干法蚀刻技术制造出纳米亚结构特征的硅基微针翅阵列表面，并在工质为全氟己烷（FC-72）的液体条件下，得到了光滑芯片表面 1.8～2.3 倍的临界热流密度。这一结论使传统理论下的强化沸腾结构尺度受到挑战，对微纳表面热功能结构的研究起到极大的推动作用[5]。然而，由于缺乏成熟的基体/表面纳米结构的原位成型方法，微纳米尺度强化沸腾的研究主要基于用沉积技术所制得的不规则多孔纳米颗粒表面，但这种纳米表面存在不规则性与不稳定性[6]。

脱合金原位成型技术是指在特定的具有腐蚀性的环境下，利用合金材料不同组分之间电化学性质的不同，溶解或析出合金中较活泼的金属组分，而留下相对惰性金属组分，该方法具备独特的物理和化学特性，如高导热率等优点，较好地解决了器件制作中的部分问题。但表面力和分子间作用力的影响，对脱合金成型纳米表面热功能结构的制造中的稳定性控制，如孔洞尺寸参数控制、结构成分均一等方面尚有不足[7]。总体来说，制造过程中难以保证脱合金成型纳米表面热功能结构的稳定性。

美国约翰霍普金斯大学 Jonah 教授等于 2001 年在 *Nature* 上发表了文章，利用脱合金原位成型技术成功地制造出金的纳米多孔结构；此外，他们还在理论上运用动力学模型，成功模拟了 Au-Ag 合金的脱合金过程中纳米多孔金结构的原位成型过程，然而此成型方法存在高温离子液体成型环境苛刻、难以控制孔径成型过程[8]等问题。华南理工大学唐彪等[9]提出了一种简易的加工成型方法，在铜基体表面利用热浸镀锌工艺得到微米级厚度的 Cu-Zn 合金层。他们对多相合金层的脱合金过程进行了分析，制备了尺度范围在 50～200nm 的表面纳米多孔铜结构，虽然获得了可以简易加工成型的脱合金原位成型技术，但对结构的表面形貌稳定控制尚不能达到较好的效果。

研究脱合金成型纳米表面热功能结构的稳定性控制原理，关键在于提出纳米表面热结构的尺寸参数、物理和化学特性与传热性能之间的关系。这一问题的难点在于阐明综合考虑热力学、反应动力学、纳米表面热结构原位演化规律、尺度效应的微纳表面热功能结构原位成型控制机理。针对脱合金成型纳米表面热功能结构制造过程中尺寸与结构成分稳定性不足的问题，研究脱合金成型纳米表面热功能结构的稳定性控制原理，对热电、核电、能源化工、航空航天、微电子等领域具有重要意义。

参 考 文 献

[1] 曹向茹, 崔海亭, 蒋静智. 泡沫金属相变材料凝固传热过程的数值分析. 河北工业科技, 2011, 28(1): 1-4.

[2] 王建辉, 刘自强, 刘伟, 等. 地源热泵辅助太阳能采暖系统的研究. 河北工业科技, 2013, 30(6): 86-91.

[3] 汤勇, 潘敏强, 汤兴贤. 表面热功能结构制造领域的发展及关键技术. 中国表面工程, 2010, 23(1): 1-8.

[4] Honda H, Wei J J. Enhanced boiling heat transfer from electronic components by use of surface microstructures. Experimental Thermal and Fluid Science, 2004, 28(2): 159-169.

[5] 谭秀兰, 唐永建, 刘颖, 等. 去合金化制备纳米多孔金属材料的研究进展. 材料导报(综述篇), 2009, 23(3): 68-76.

[6] 阚义德, 刘文今, 钟敏霖, 等. 脱合金法制备纳米多孔金属的研究进展. 金属热处理, 2008, 33(3): 43-46.

[7] 徐昆, 于普兵. 基于气体动理学统一格式的热蠕动模拟. 全国物理力学学术会议, 2012: 82.

[8] Lan Y, Minnich A J, Chen G, et al. Enhancement of thermoelectric figure-of-merit by a bulk nanostructuring approach. Advanced Functional Materials, 2010, 20(3): 357-376.

[9] 唐彪, 周敏, 周蕤, 等. 微纳表面热功能结构及其脱合金原位成形方法. 河北科技大学学报, 2015, 36(4): 337-343.

撰稿人：田　边、张仲恺、蒋庄德

西安交通大学

微纳谐振器件的多物理场动态耦合机理

Multi-Physics Dynamic Coupling Mechanism of Micro/Nano Resonant Device

　　微纳器件具有体积小、重量轻、功耗低、灵敏度高和可靠性高等优点[1]，其中微纳谐振器件的研究主要集中于结构的加工工艺和制造、静态特性分析和测量方法等方面[2]，而对于微纳谐振器件多物理场动态耦合机理的研究比较少。

　　多物理场动态耦合是微观尺度下谐振器件与被测量介质及所处环境之间的相互作用，常见的有机-电、流-固、机-电-液耦合等，它对微纳谐振器件测量的有效性和可靠性具有重要的影响。微纳谐振器件的工作原理在多物理场动态耦合环境下会变得更加复杂，下面以典型的流固耦合为代表进行说明。

　　流固耦合通常是指在流体载荷作用下，固体结构将产生变形、位移或模态振型以及谐振频率的变化，而这种变化又反过来对流体的压力场、速度场等参数产生影响的现象。微纳谐振器件的谐振频率会受加速度、液体黏度/密度、声速等因素的影响而发生变化，因此可以将其用于加速度、流体黏度/密度的测量等，但在实验中存在很多异常现象且无法通过理论模型进行充分解释，所以研究流体与固体之间的动态耦合机理，具有非常重要的理论价值。

　　在以往的工作中，科研人员对微纳谐振器件在流体中的频率响应特性等流固耦合效应开展了大量研究。国外，Sader 等[3]对微悬臂梁（图 1）进行了流固耦合方面的研究，对等截面的矩形微悬臂梁建立了高雷诺数下的一维流固耦合振动模型，但是只能应用于欧拉-伯努利梁结构；Dareing 等[4]研究了流体附加质量对悬臂梁式微型谐振器的影响，但是没有进行模型精度的分析。国内，针对微悬臂梁谐振器动态检测方式无法应用于液体环境的问题，天津大学房轩等[5]通过流固耦合研究，提出了一种利用微悬臂梁谐振器的高阶模态进行微小质量检测的方法。另外，中国科学院、哈尔滨工业大学、南京理工大学等单位也进行了相关的研究。但总体来说，目前对于微纳谐振器件的流固耦合研究仍然比较欠缺，尤其在复杂多物理场环境下对众多影响因素的考虑不够充分，而且现有理论模型的建模方法不一而足，如时域建模与频域建模的结论就不尽相同，所以在流固耦合机理方面需要进行更具深度和广度的探索。

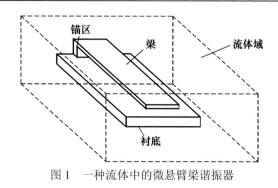

图 1　一种流体中的微悬臂梁谐振器

　　对于微纳谐振器件，多物理场耦合中的尺度效应是一个广泛存在并且没有得出统一结论的科学难题。在微纳尺度下，微纳谐振器件的力学特性随结构几何尺度变化而改变的现象称为尺度效应[6]。由于微纳谐振器件的尺度远小于宏观尺度，所以其自身的物理化学特性将出现显著变化，此时适用于宏观条件下的基础理论就不再适用。例如，基于经典弹性理论得到的力学方程中没有表征这种尺度效应的相关参数，限制了它在微纳尺度下谐振器件力学特性研究中的应用。因此，提出新的理论方法，构建微纳尺度下的力学理论体系，揭示微纳尺度下的电学、力学特性随尺度的变化规律是解决微纳谐振器件多物理场动态耦合中尺度效应影响的关键与难点。现有对纳米尺度的基尔霍夫板受迫振动的尺度效应研究表明，尺度效应是材料的一种内在本质属性[7]，在微纳谐振器件的动力学分析及优化设计中不可忽视，并且当厚度或直径等结构尺度与材料本征尺度参数相接近时会更加明显。目前，研究尺度效应的方法有 Cosserat 理论、非局部弹性理论等，但这个模型在应用中的限制条件均比较多，需要进一步发展完善。

　　边界滑移也是微纳谐振器件流固耦合研究中不可忽略的影响因素，是指流体在固体表面上存在相对运动速度，如在疏水表面和某些亲水表面的流体流动实验中均观察到了边界滑移现象，如图 2 所示。但经典流体力学理论假设固液界面上无滑移，因此无法应用经典流体力学理论进行微纳谐振器件流固耦合分析。

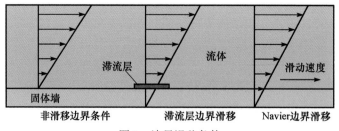

图 2　边界滑移条件

　　滑移边界条件假设有滞留层边界滑移和 Navier 边界滑移。滞留层边界滑移假设在固液界面上存在液体滞流层，且其与固体墙之间无相对运动，而之外的液体会产生明显滑移；Navier 边界滑移则假设流体在固液界面上的切向速度与流体流速沿法线方向变化的梯度成正比[8]。现有研究表明，边界滑移与固体表面粗糙度、流体的黏性、结构的亲疏水性等有关，但是这些因素对于边界滑移的影响非常复杂，不同的学者甚至得出了相反的结论[9,10]，其影响效果也没有精确的理论论述。

在多物理场耦合环境下，尺度效应造成材料物理和化学性质改变的问题会变得更加显著，这必然对微纳器件的制造带来了比较大的困难；同时，边界滑移问题也会随着器件不同位置表面粗糙度和润湿性的不同变得难以精确控制。以上问题是流固耦合环境下微纳制造技术中存在的典型难题，同时，在机-电、机-电-液等多场耦合环境下也存在其他类型的制造难题。未来微纳谐振器件在复杂环境中的应用将越来越广泛，因此对其进行多物理场动态耦合机理的研究迫在眉睫，这对于微纳谐振器件在工程流体热物性参数测量、医疗在体健康监测等方面的应用具有非常重要的意义。

参 考 文 献

[1] Duan H L. Surface-enhanced cantilever sensors with nano-porous films. Acta Mechanica Solida Sinica, 2010, 23(1): 1-12.

[2] Fedder G K, Hierold C, Korvink J G, et al. Resonant MEMS: Fundamentals, Implementation, and Application. New Jersey: John Wiley & Sons, 2015.

[3] Eysden C A V, Sader J E. Frequency response of cantilever beams immersed in viscous fluids with applications to the atomic force microscope: Arbitrary mode order. Journal of Applied Physics, 2007, 101(4): 044908.

[4] Dareing D W, Tian F, Thundat T. Effective mass and flow patterns of fluids surrounding microcantilevers. Ultramicroscopy, 2006, 106: 789-794.

[5] 房轩, 李艳宁, 丁丽丽, 等. 液体中基于动态微悬臂梁传感器的质量检测技术. 压电与声光, 2008, 30(3): 379-384.

[6] Li H B, Xiong J T, Wang X. The coupling frequency of bioliquid-filled microtubules considering small scale effects. European Journal of Mechanics A/Solids, 2013, 39: 11-16.

[7] Abbas A. Size dependent forced vibration of nanoplates with consideration of surface effects. Applied Mathematical Modeling, 2013, 37(5): 3575-3588.

[8] 王玉亮. 固液界面纳米气泡与基底相互作用研究及滑移长度测量. 哈尔滨: 哈尔滨工业大学博士学位论文, 2009.

[9] Yen T H, Soong C Y. Effective boundary slip and wetting characteristics of water on substrates with effects of surface morphology. Molecular Physics, 2016, 114(6): 797-809.

[10]　吴承伟, 马国军, 周平. 流体流动的边界滑移问题研究进展. 力学进展, 2008, (3): 265-282.

撰稿人：赵立波、胡英杰、张家旺、蒋庄德

西安交通大学

超快激光加工三维金属微纳结构中的成型机理

Forming Mechanism of Three Dimensional Metal Micro-Structure Processed by Ultrafast Laser

随着高度集成化微系统的研究与应用逐渐深入，传统工艺采用的硅材料和高分子材料微结构在许多应用场合已无法满足系统对器件和结构性能、强度等的特殊要求，国际上已逐渐认识到金属微纳结构制备尤其是可集成化的三维金属微纳结构的重要性。金属材料既有优良的导热导电性能及电磁特性，又有足够高的韧性和强度，因此可以在很多苛刻的应用环境中工作，金属微纳结构已在各种各样的微系统得到广泛应用，如微机电系统（MEMS）、微传感器、微执行器、微加热器或微型发动机等[1-3]。

而目前能够真正实现三维金属微纳结构的工艺与方法仍很有限，且金属的固有属性，使得现有微纳加工方法在制备高纵深比三维金属微结构和复杂三维金属微结构方面存在极大的困难。传统加工真三维金属微纳结构的方式集中于两种方法：集成电路工艺制备和 3D 打印。集成电路工艺一般用来制备二维金属薄膜或表面微结构，在制备三维微结构时，通常是经过层层掩模、沉积，堆积成为三维金属微结构。为了满足集成度和性能日益提高集成芯片的需求，多层金属化成为目前特大规模集成电路（ULSI）制造的重要研究课题之一[4]，目前多层金属化发展至多达十层。图 1 为 IBM 公司发展的多层铜互连线技术用于特大规模集成电路制备[5]。

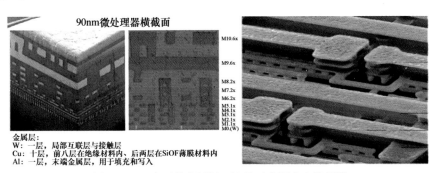

金属层：
W：一层，局部互联层与接触层
Cu：十层，前八层在绝缘材料内、后两层在SiOF薄膜材料内
Al：一层，末端金属层，用于填充和写入

图 1 IBM 公司的多层铜互连线示意图和电镜图[5]

3D 打印一般直接使用金属颗粒进行微激光烧结技术，通过设计好的程序完成简单的三维微纳结构。微激光烧结是在传统 3D 打印选择性激光烧结（selected laser sintering, SLS）工艺基础上于 2003 年由德国 Mittelsachsen 激光研究所和米特韦达应用技术大学开发的一种微尺度 3D 打印技术，通过采用亚微米的粉末材料、圆柱形涂层刮刀，以及调 Q 固体激光器（调制脉冲）技术，实现金属、陶瓷等材料微尺度结构的制造。图 2 为其制造的典型微尺度金属零件[6,7]。

图 2　德国 3D 打印的微尺度金属零件[6,7]

这两个方法都存在难以避免的问题，掩模板的加工和使用大大增加了集成电路工艺的加工难度，而 3D 打印使用的金属颗粒造价昂贵且颗粒间存在间隙，电学性能大受影响。

因此，发展一种方法简单灵活、成本低廉且性能优异的制备三维金属微结构的加工方法显得十分重要和迫切。超快激光微加工，尤其是飞秒激光微加工作为一种新型微纳制造技术，由于其可以实现对各类固态材料进行加工，具有极高的加工精度和真三维加工能力，已成为目前微纳制造领域的前沿和热点研究方向之一。其中，2010 年 Xu 等[8]利用飞秒激光辐照，多光子诱导金属离子还原，使金属粒子在衬底表面沉积，形成二维平面亚微米级微导线，如图 3 所示。微导线随扫描激光功率增大而变宽，所以微导线的线宽可以通过控制扫描激光功率来调节，而

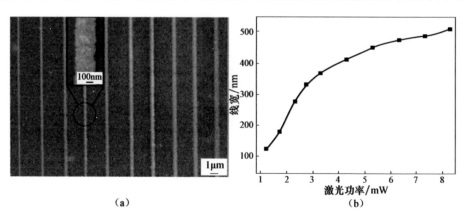

（a）　　　　　　　　　　　　　　　　（b）

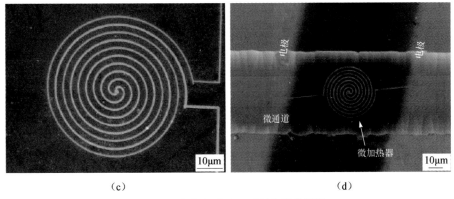

（c）　　　　　　　　　　　　　　　　　　（d）

图 3　飞秒激光诱导还原制备微线圈[8]

　　线圈的缠绕方式可以通过激光的扫描路径来控制，这样就可以实验灵活加工。这种方法不仅可以在平面衬底上进行二维加工，还可以在非平面上加工二维半微线圈，并作为微加热器集成于微通道中。

　　而另一种结合飞秒激光的真三维微纳加工优势与金属微纳结构成型技术（也称为金属微固化工艺）的方法，已可以制备出复杂的三维金属微纳结构[9,10]。图 4 为利用该方法制备的一种微电流传感器和相关测试结果。线圈的总体尺寸小于 1mm，金属的线宽仅约为 36μm。

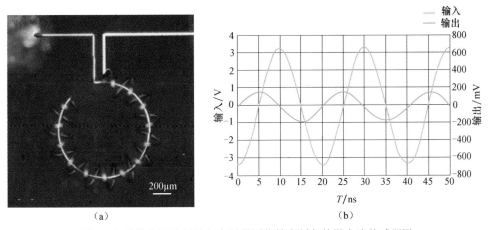

（a）　　　　　　　　　　　　　　　　　　（b）

图 4　飞秒激光湿法刻蚀与金属微固化技术制备的微电流传感器[9]

　　从现有的加工方法不难看出，采用超快激光，特别是飞秒激光是一种有效的制备材料内部的三维金属微纳结构的方法。在制备三维金属微纳结构的过程中，飞秒激光并不是孤立的制备技术，无论是离子还原还是与金属微固化相结合，飞秒激光都是与多种方法结合来使用的。如何利用好飞秒激光这把利刃，将是今后研究中需要重点解决的问题。采用超快激光加工三维金属微纳结构还需要解决两大难题：①体材料内部大深宽比真三维微纳结构超快激光制造方法与新机制的突破；②金属微纳结构成型的新机制。为解决这些难题，需要澄清飞秒激光作用于材料后导致的能量沉积和扩散机制、冲击波等过程的形成、材料晶格结构的破坏和化学活性改变，以及表面和内部微结构演变及形成等关键过程，更应该在原理和方法上重点研究超快激光与物质相互作用的特点和规律，充分了解超快激光与物质作用的过程和产物，这样才能更好地利用飞秒激光与现有其他技术相结合，直接或间接地制备三维金属微纳结构。

发展新的超快激光加工技术解决三维金属微纳结构的难题已成为一个迫在眉睫的任务。需要解决的难点包括以下几个方面：

（1）三维金属微纳结构制造的新原理、新方法。无论是纳观尺度上的金属结构组装、高纵深比三维金属微结构，还是复杂三维金属微纳结构制造方面，目前仍欠缺有效的手段和方法。针对目前两种加工方法——集成电路工艺制备和 3D打印都存在着难以避免的问题，即加工工艺复杂、难度大、造价昂贵、性能差，发展飞秒激光三维金属微结构微纳制造技术这一研究热点的新方法，在相关制造原理、方法、工艺及其相关仪器设备开发上需要投入更多的力量，努力寻找出一些方法简单灵活、成本低廉且性能优异的制备三维金属微结构的加工方法。

（2）三维金属微纳结构材料的广泛性和适用性。不同的应用中需要采用各类型的金属材料，如生物和医学应用中大量采用钛、不锈钢等，而微纳电子器件及系统中各种合金的使用更为广泛，微纳光电子技术中，金、银等贵金属纳米结构具有在光学隐身、光场操控等方面的重要作用。因此，不仅需要探索新的三维金属微纳结构制造原理和方法，还要拓展研究上述方法在可制造三维金属微纳结构材料的广泛性和适用性。

参 考 文 献

[1] Ueda M, Shiono T, Ito T, et al. High-efficiency diffractive micromachined chopper for infrared wavelength and its application to a pyroelectric infrared sensor. Applied Optics, 1998, 37(7): 1165-1170.

[2] Chen Q, Tong T, Longtin J P, et al. Novel sensor fabrication using direct-write thermal spray and precision laser micromachining. Journal of Manufacturing Science and Engineering—Transactions of the ASME, 2004, 126(4): 830-836.

[3] Paivasaari K, Kaakkunen J J J, Kuittinen M, et al. Enhanced optical absorptance of metals using interferometric femtosecond ablation. Optics Express, 2007, 15(21): 13838-13843.

[4] Schiavone G, Desmulliez M P Y, Walton A J. Integrated magnetic MEMS relays: Status of the technology. Micromachines, 2014, 5(3): 622-653.

[5] Glickman M, Tseng P, Harrison J, et al. High-performance lateral-actuating magnetic MEMS switch. Journal of Microelectromechanical Systems, 2011, 20(4): 842-851.

[6] Goebner J. A peek into the EOS Lab: Micro laser sintering. Source: IVAM, EOS, 2013.

[7] Goebner J, Winderlich M. Micro Laser-Sintering by 3D MicroPrint GmbH. 3D Microprint, 2013.

[8] Xu B B, Xia H, Niu L G, et al. Flexible nanowiring of metal on nonplanar substrates by femtosecond-laser-induced electroless plating. Small, 2010, 6(16): 1762-1766.

[9] Shan C, Chen F, Yang Q, et al. High-level integration of three-dimensional microcoils array in fused silica. Optics Letters, 2015, 40(17): 4050-4053.

[10] Chen F, Shan C, Liu K Y, et al. Process for the fabrication of complex three-dimensional microcoils in fused silica. Optics Letters, 2013, 38(15): 2911-2914.

撰稿人： 山　超、陈　烽

西安交通大学

超衍射极限微纳尺度连续相位型光学器件
高保形加工机理

Highly Conformal Machining Mechanism of Continuous Phase Micro/Nano-Scale Optical Element Based on the Break-Through of Diffraction Limit

  1873 年，德国物理学家恩斯特·阿贝发现可见光因其波动特性会发生衍射，所以光束不能无限制地聚焦，并对光学显微镜的分辨率限制做出了界定，他认为极限分辨率是照明光波长的一半，从而揭示了衍射分辨率极限存在的客观物理规律。长期以来，光学显微测量技术及成像技术一直受制于光学分辨率极限的限制，而且传统的光学器件由于尺寸和重量大以及工艺复杂，已不能满足仪器小型、高效、阵列化的发展趋势。20 世纪 80 年代出现的二元光学为解决上述问题提供了一个有效的途径，二元光学又称衍射光学（diffractive optics），是基于光波衍射理论发展起来的一个新兴光学分支，它由美国 MIT 林肯实验室威尔得坎普（Veldkamp）领导的研究组在设计新型传感系统中首次提出[1]。二元光学器件具有体积小、重量轻、衍射效率高、设计自由度多、材料可选性宽等诸多优点，可大幅度减小光学系统的体积与重量，并能实现传统光学器件难以完成的阵列化、集成化及任意聚焦波面等功能。

  微纳尺度衍射光学元件是指具有微米甚至纳米特征尺度，并按照特定方式排布的具有光学聚焦功能的结构，它的出现为突破衍射极限带来了新的方法。19 世纪初出现了最早的刻划光栅，但是二维振幅型计算机全息图（computer-generated holograms, CGH）衍射效率低于 10%，相位型 CGH 的出现大大提高了衍射效率。1818 年，Fresnel 提出了另一种相位型微纳结构，即波带片，并利用子波衍射解释了波带片产生聚焦效果的物理根源。美国麻省理工学院于 20 世纪 70 年代研制出了被称为二元光学元件（binary optical element, BOE）的具有双台阶结构的相位型 CGH。这些早期研究已经表明微纳结构具有灵活的相位调控特性，有望作为成像元件使用。近年来，人们发现了纳米小孔异常透射、亚波长圆孔高效定向辐射、负折射等现象，表明在亚波长尺度下，微纳结构有可能突破几何光学和标量衍射理论的限制[2]。目前，关于微纳结构在成像测量及超分辨聚焦等方面的研究已取得了一系列进展，例如，基于光学衍射理论无倏逝波贡献的远场亚波长同心环微结构聚焦[3,4]、金属狭缝超分辨聚焦[5]、超表面位相调控成像[6]、微纳透镜阵列成像[7]、自组织纳米球形超分辨聚焦透镜[8]等。与传统光学元件相比，微纳结构光学元件具有调控自由度高、物理特性丰富、轻量化和集成化程度高等显著优势，在光学成像及其相关交叉领域中显示出了巨大的应用前景。

微纳尺度光学元件的制备方法包括紫外光刻法、聚焦离子束刻蚀法、灰度掩模法、电子束刻蚀法、软光刻法、直写法等，其中聚焦离子束刻蚀和电子束刻蚀是目前常用的微纳加工工艺。聚焦离子束刻蚀法是在离子柱顶端的液态离子源加一强电场，引出具有正电荷的离子，离子柱中的静电透镜及可控的偏转装置可以将高能离子束聚焦到样品表面，通过计算机控制扫描器，精确控制离子束在样品表面的扫描，通过逐点轰击、二维直线扫描和三维立体加工，实现微纳米级特殊结构的高精度加工。英国南安普顿大学的 Rogers 等[9]采用聚焦离子束制备了二元振幅环带型衍射光学元件，称为超振荡透镜（super-oscillatory lens），在油浸介质中获得了 0.29λ 横向超分辨聚焦光斑，如图 1 所示。聚焦离子束刻蚀具有很高的

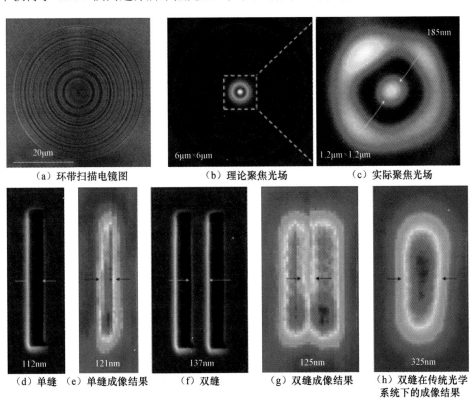

（a）环带扫描电镜图　　　　（b）理论聚焦光场　　　　（c）实际聚焦光场

（d）单缝　（e）单缝成像结果　（f）双缝　（g）双缝成像结果　（h）双缝在传统光学系统下的成像结果

图 1　二元振幅环带型衍射光学元件成像

灵敏度，可以以很高的精度实现复杂的微结构的制备。但是，微结构的尺寸受限于加工时间，曝光深度和离子注入也是重要的影响因素。电子束刻蚀[10]主要有扫描式和投影式两种。扫描式电子束刻蚀利用细电子束在基片表面的电子束刻胶（electron beam resist, EBR）上进行直接照射扫描。电子枪热阴极产生的电子在栅极的控制下形成定向发射的电子束，在阳极高电压的作用下，电子获得很高的能量，在计算机提供的脉冲调制信号控制下，通过电子束通断和偏转扫描的装置，由电磁透镜完成聚焦；投影式电子束刻蚀是从特殊掩模获得的电子束图像在 EBR 上进行成像照射，即通过高精度的成像系统，对掩模平行而贴近的基片进行曝光。电子束刻蚀的分辨率比光刻高，并且不需要掩模板，大大缩短了加工周期；同时，对准曝光、图形拼接等都由计算机自动控制，可大大提高加工精度。电子束刻蚀虽然有很多优点，但是设备复杂，成本昂贵，扫描式曝光方式的一次曝光面积小，当进行大面积图形加工时，所需时间较长。投影式曝光可以解决速度问题，但是掩模的制备较为困难。

综上所述，目前广泛使用的聚焦离子束刻蚀与电子束刻蚀等微纳加工工艺，对于振幅型微纳光学器件的制备工艺相对成熟，但是由于邻近效应的影响，难以精确控制上述工艺的曝光量，造成相位型尤其是连续相位型复杂轮廓光学器件的轮廓深度和变形得不到有效保证。究其原因，目前该领域存在的科学问题尚没有解决：

（1）扫描精确操控下微纳尺度连续相位型光学器件的离子束或电子束极限加工机理尚不清楚；

（2）基于现行检测方法，受限于光学衍射极限的存在，连续相位型光学器件形貌的精确测量方法也不完善。

这些成为目前微纳尺度连续相位型光学器件精确加工与测量中所面临的科学难题。

参 考 文 献

[1] Veldkamp W B, McHugh T J. Binary optics. Scientific American, 1992, 266(5): 92-97.

[2] Burgos S P, De W R, Polman A, et al. A single-layer wide-angle negative-index metamaterial at visible frequencies. Nature Materials, 2010, 9(5): 407-412.

[3] Roy T, Rogers E T F, Yuan G, et al. Point spread function of the optical needle super-oscillatory lens. Applied Physics Letters, 2014, 104(23): 231109.

[4] Yuan G, Rogers E T F, Roy T, et al. Planar super-oscillatory lens for sub-diffraction optical needles at violet wavelengths. Scientific Reports, 2014, 4: 6333.

[5] Chen G, Li Y, Wang X Y, et al. Super-oscillation far-field focusing lens based on ultra-thin width-

varied metallic slit array. IEEE Photonics Technology Letters, 2016, 28(3): 335-338.

[6] Chen X, Huang L, Mühlenbernd H, et al. Dual-polarity plasmonic metalens for visible light. Nature Communications, 2012, 3(6): 542-555.

[7] Lim J, Jung M, Joo C, et al. Development of micro-objective lens array for large field-of-view multi-optical probe confocal microscopy. Journal of Micromechanics and Microengineering, 2013, 23(6): 1063-1076.

[8] Lee J Y, Hong B H, Kim W Y, et al. Near-field focusing and magnification through self-assembled nanoscale spherical lenses. Nature, 2009, 460: 498-501.

[9] Rogers E T F, Lindberg J, Roy T, et al. A super-oscillatory lens optical microscope for subwavelength imaging. Nature Material, 2012, 11(5): 432-435.

[10] Manfrinato V R, Zhang L, Su D, et al. Resolution limits of electron-beam lithography toward the atomic scale. Nano Letters, 2013, 13(4): 1555-1558.

撰稿人： 杨树明、王　通、张国锋、刘　涛

西安交通大学

大深宽比纳米结构制备与测量原理

New Principle of Fabrication and Measurement for Nano-Structure with High Depth-to-Width Ratio

在微纳制造技术的发展中,体硅工艺的进步极大地拓展了器件的可加工范围,即从之前单一表面结构为主的设计延伸到可在三维空间中实现更加复杂结构的设计。大深宽比结构就是其中比较典型的一类,它用于描述一个形状(二维)或结构(三维)较长维度与相对较短维度的比例[1]。采用微加工技术制备的微纳结构,深宽比定义为垂直于加工表面的高度与其加工表面上所具有的较小特征尺寸之比。由于高深宽比意味着保持相同基底面积的情况下在垂直维度上获得更大的可用空间,这一拓展对于许多微纳器件具有重要意义[2,3]。近年来,随着精密仪器、微机电系统、纳米光子学器件等在现代科学研究中日益凸显的作用,迫切需要一类特种尺度微结构-极深纳米结构(纳米孔、纳米槽等)。

3D 打印技术的出现革新了现代加工方法,通过逐层扫描、累积成型工艺解决了一大类难以通过传统机械加工实现的部件,特别是在复杂三维微纳结构和大深宽比微纳结构制造方面具有显著优势,同时兼具效率高、可使用材料种类广、无须掩模以及直接成形等优点。2010 年,瑞士 IBM 研究中心实现了 10nm 以下复杂三维微纳结构制造[4]。2014 年,美国哈佛大学研究人员首次采用 3D 打印技术打印获得功能性血管[5]。2015 年,德国 TETRA 推出全球最高精度的纳米 3D 打印机,并已应用于组织工程和细胞培养等方面。虽然微纳尺度 3D 打印技术已在工艺、材料、装备及应用等方面取得重大进展,但由于材料和加工工艺上的限制,这种新的加工方法可实现的最小加工尺度仍无法满足纳米尺度加工的需要。此外,与传统 3D 打印类似,微纳尺度 3D 打印技术也同样面临台阶效应、层间错位、机械特性各向异性等原理上难以解决的问题。因此,在打印极大深宽比的纳米尺度结构控形、控性一体化制造方面还不能满足当前组织工程、航空航天、生物医疗、微纳光学等实际需求。

1986 年,德国教授 W. Ehrfeld 等在 Karlsruhe 研究中心微细加工方面首创了 LIGA(德语 Lithographie, Galvanformug and Abformug 的缩写)工艺,即 X 射线深层光刻、微电铸和微塑铸三种工艺的有机结合。LIGA 工艺是目前三维立体微纳制造技术中的关键技术,可以制备各种大深宽比微结构,微结构高度可达 1mm,线宽尺寸可达 0.2μm，深宽比可达 500，表面粗糙度可达 30nm。以制备金属沟槽结构为例，图 1 为具体的制备工艺流程。首先由光刻工艺得到所期望的光刻胶图案；然后通过电铸进行倒模，去除光刻胶之后得到金属模具；通过注塑与脱模得到最终的结构。然而，受光刻工艺中光学衍射极限的影响，LIGA 工艺制造出的大深宽比结构，其特征尺寸通常为微米级或亚微米级，很难真正达到纳米量级；使用电子束光刻代替传统紫外光刻能够进一步减小特征尺寸，但仍很难突破百纳米量级。另外，目前正在迅速发展的金属膜二维结构能够产生极细的纳米光针，其尺寸能够突破光学衍射极限[6]，若能应用于光刻则有望进一步减小微纳结构的特征尺寸。由于光刻带来的固有缺陷，抛弃光刻工艺而使用由其他手段制备得到的纳米线、纳米颗粒作为掩模，则能够真正达到纳米量级[7]。目前化学气相沉积（CVD）法已经是一种比较成熟的纳米线制备工艺，可用于制备多种材料的纳米线及其衍生结构，如纳米环、纳米梳等[8]。但这类方法得到的纳米掩模的尺寸和形态由物质本身的特性决定，同时受制备工艺参数的影响，不像光刻可以得到所期望的任意图形。

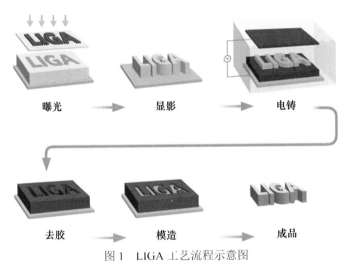

图 1   LIGA 工艺流程示意图

曝光 → 显影 → 电铸

去胶 → 模造 → 成品

传统的微纳结构的表征技术包括扫描电子显微镜、原子力显微镜、共聚焦显微镜等，但截至目前，仍没有一种能够表征大深宽比微纳结构的手段。扫描电子显微镜虽然具有较高的景深，但也只能对深度较小的结构进行表征，对于具有大深宽比的结构则只能得到沟槽开口附近的几何参数。原子力显微镜由于所使用的探针一般为金字塔形的硅或氮化硅，当样品深度增加时，探针直径越来越大，因此对于深度小的样品，如几纳米到十几纳米，很容易实现测量，但随着样品深度的增加，探针很难探入沟槽底部，特别是小开口样品，而对于大开口样品，即使探针接触到沟槽底部，也很难正确获得沟槽侧壁的角度。目前在传统探针上附加碳纳米管的改进方法则在理论上能够对大深宽比结构的器件进行测量，但实际操作中仍存在很多问题。因此，目前纳米级测量仪器和方法不能胜任这些特种纳米结构的溯源测量。

综上所述，目前微米和亚微米级的大深宽比结构的制备工艺已经较为成熟，但是大深宽比纳米结构的可控成形机理还有待深入研究；而且受限于现有微纳结构表征技术的局限性，对于大深宽比纳米结构仍然没有成熟可靠的测量原理和方法，因此探索对大深宽比纳米结构表征的新原理是另一个目前亟待解决的科学难题。

参 考 文 献

[1] 孙光毅. 高深宽比微纳结构模拟、加工及应用. 天津: 南开大学博士学位论文, 2010.

[2] Ahn S H, Guo L J. Large-area roll-to-roll and roll-to-plate nanoimprint lithography: A step toward high-throughput application of continuous nanoimprinting. ACS Nano, 2009, 3(8): 2304-2310.

[3] Zhang Y L, Chen Q D, Xia H, et al. Designable 3D nanofabrication by femtosecond laser direct writing. Nano Today, 2010, 5(5): 435-448.

[4] Pires D, Hedrick J L, De Silva A, et al. Nanoscale three-dimensional patterning of molecular resists by scanning probes. Science, 2010, 328(5979): 732-735.

[5] Kolesky D B, Truby R L, Gladman A S, et al. 3D bioprinting of vascularized, heterogeneous cell-laden tissue constructs. Advanced Materials, 2014, 26(19): 3124-3130.

[6] Liu T, Wang T, Yang S, et al. Focusing far-field nanoscale optical needles by planar nanostructured metasurfaces. Optics Communications, 2016, 372: 118-122.

[7] Whang D, Song J, Lieber C M. Nanolithography using hierarchically assembled nanowire masks. Nano Letters, 2003, 3(7): 951-954.

[8] Yang S, Wang Y, Wang L, et al. Growth and characterization of ultra-long ZnO nanocombs. Aip Advances, 2016, 6(6): 383-387.

撰稿人： 杨树明、王　通、张国锋、刘　涛

西安交通大学

跨尺度微纳结构制备与表征

Fabrication and Characterization of Multi-Scale Micro/Nano Structures

纳米技术是未来高技术竞争的制高点，微纳加工技术是支撑其走向应用的基础，目前微纳加工技术取得了显著的成效，已在微电子及计算机技术、医学与健康、航空航天、环境和能源、生物技术和农产品等领域得到应用。美国国家科学基金会将纳米制造技术定义为构建适用于跨尺度（宏/微/纳）集成的、可提供具有特定功能的产品和服务，并具有微纳尺度（包括一维、二维和三维）结构、特征和系统的制造过程，其中在微结构上制造纳特征实现微纳跨尺度集成制造是发展纳米制造技术和具有纳特征微系统的重要方法。国家自然科学基金委员会也将跨尺度集成制造作为纳米技术五大基础研究领域之一，得到重大研究计划的重点资助。可见，跨尺度集成制造技术在微纳领域具有越来越重要的地位。

跨尺度集成是将宏/微/纳不同尺度的结构组合，加工形成多尺度整体的过程，在微纳制造领域，一般是指微米和纳米尺度的结构集成。微纳集成结构可以根据它们的结构特性分为无序分级结构、一维纳米分支结构、层叠分级结构、几何形状可控分级结构和纳米悬浮分级结构[1]。微纳跨尺度集成制造技术按照其对材料的处理方式可分为两类：第一类方法遵循"自上而下"的原则，该方法通常利用传统的光刻、刻蚀、腐蚀等手段改造晶体以构建预期的结构，通常来说，具有精确可控的几何形状分级结构，一般通过"自上而下"的方法获得，该方法具有较高的工艺可控性，能实现分级结构在预设区域的精确集成；第二类方法遵循"自下而上"的原则，其最大优势是简单、高效，无须使用昂贵的设备和复杂的工艺，而且得到的纳米结构尺寸小，通常能到几十纳米，可以形成明显的分级结构。这些方法对于制造超疏水表面或生物工程中的仿生支架非常有利，"自下而上"的方法包括自组装、胶束聚合、相位分离、纳米线生长等[2]。然而，要制造三维微纳集成结构，需要将微加工、纳米集成等多种工艺进行融合，并需考虑制造过程中尺度、材料和工艺的相容性。

目前，随着纳米技术的发展，已出现了一些相对成熟的微纳结构制备方法，如硅微加工技术，包括薄膜淀积、刻蚀等；而随着新原理、新方法、新工艺的不断提出，依赖于硅微工艺的加工方法已不能满足日益广泛的几何微纳结构表面加工要求，因此出现了面向各类聚合物材料的加工技术，其主要以热压、滚压、注塑、软光刻、纳米压印等模塑复制方法为基础，在平坦面型上实现高集成、短周期和批量化的跨尺度表面制造。美国加利福尼亚大学 Yao 等[3]基于电化学腐蚀方法制备了纳米孔氧化铝模板，然后采用电化学沉积技术在上述纳米孔中生长了纳米线，制备的集成结构实现了光学负折射特性。新加坡国立大学 Son 等[4]基于离子刻蚀技术在玻璃基底上制备了纳米柱和纳米孔集成结构，得到了具有自清洁功能的太阳能电池板，图 1 为纳米集成结构的制备原理及扫描电镜图。北京大学 Sun 等[5]采用改进的 Bosch 深反应离子刻蚀方法及其黑硅效应制备了多种微纳双尺度多级结构，制备的结构具有稳定的疏水性和很强的抗反射性。日本科学技术振兴机构 Zhao 等[6]采用化学气相沉积法在微孔石墨毡上沉积 CNTs 制备了碳集成结构，并将其作为微生物燃料电池阳极。天津大学 Zhang 等[7]利用微纳切削加工技术制造出人造复眼集成结构。

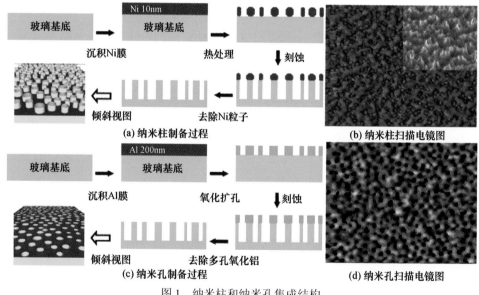

图 1　纳米柱和纳米孔集成结构

综上所述，目前关于跨尺度微纳制造的研究主要集中于制备工艺、应用领域等方面的探索。由于微纳尺度下物体的许多物理现象与宏观尺度下的情况不同，尤其跨尺度结构与其性能之间关系的复杂性涉及很多新型交叉学科，包括超原子及超材料的设计、功能结构设计等，利用结构的尺寸效应、表面效应可以实现宏观结构达不到的力学、热学和电学性能。研究跨尺度结构中的能量、载流子输运以及固液界面、固气界面的相互作用不仅为器件设计提供了新思路，也在进一步拓展人们对宏观世界的认识。当前，跨尺度微纳制造技术正从传统制造技术涉及的力学、热学、电学等学科向基于现代多学科综合交叉的先进制造科学与技术转变，在上述过程中，跨尺度微纳制备和表征过程中仍然存在以下科学问题亟待解决：①制备过程中原子迁移机制与物质结构的演变规律；②表征过程中跨尺度结构特征在多物理场作用下的性能变化规律及界面/表面效应的作用机理等。只有上述难题得到解决，跨尺度微纳制造理论才能真正从宏观走向微观，才能实现跨尺度制造的新原理与新方法。

参 考 文 献

[1] Jeong H E, Kwak R, Khademhosseini A, et al. UV-assisted capillary force lithography for engineering biomimetic multiscale hierarchical structures: From lotus leaf to gecko foot hairs. Nanoscale, 2009, 1(3): 331-338.

[2] 习爽. 一维纳米结构在微纳器件中的跨尺度规模化集成工艺研究. 武汉: 华中科技大学博士学位论文, 2015.

[3] Yao J, Liu Z W, Liu Y M, et al. Optical negative refraction in bulk metamaterials of nanowires. Science, 2008, 321: 930.

[4] Son J, Kundu S, Verma L K, et al. A practical superhydrophilic self cleaning and antireflective surface for outdoor photovoltaic applications. Solar Energy Materials and Solar Cells, 2012, 98: 46-51.

[5] Sun G Y, Gao T L, Zhao X, et al. Fabrication of micro/nano dual-scale structures by improved deep reactive ion etching. Journal of Micromechanics and Microengineering, 2010, 20(7): 75028-75036.

[6] Zhao Y, Watanabe K, Hashimoto K. Hierarchical micro/nano structures of carbon composites as anodes for microbial fuel cells. Physical Chemistry Chemical Physics, 2011, 13(33): 15016-15021.

[7] Zhang X D, Fang F Z, Wang H B, et al. Ultra-precision machining of sinusoidal surfaces using the cylindrical coordinate method. Journal Micromechanics and Miroengineering, 2009, 19(5): 054004.

撰稿人：杨树明、王　通、张国锋

西安交通大学

后摩尔时代的光刻极限

The Photolithography Limit in the Post-Moore Era

光刻是将集成电路图形信息从掩模板上传输、转印到半导体材料衬底上的工艺过程，是决定集成电路集成度的核心工序。随着摩尔定律的演进，芯片集成度的不断提高，芯片的关键尺寸或本征线宽越来越小，目前生产能力已达到 20nm 范围，而理论上最终将接近分子或原子尺寸水平（小于 1nm）。

然而，1873 年科学家 E. Abby 发现，在折射率为 n 的介质中行进的波长为 λ 的光，其以 θ 为聚焦角的聚焦点的最小尺寸为 $\lambda/(2n\sin\theta)$，称为 Abby 限定（Abby limit），它是由光的基本物理性质（衍射）决定的，所以也称为衍射限定（diffraction limit）。依靠光线曝光完成图形转印的光刻技术在原理上仍然受此限定约束，其在晶片表面成像的最小尺寸（分辨率）为

$$CD = k_1 \times \frac{\lambda}{\text{NA}}$$

其中，k_1 为工艺因子，根据衍射成像原理，其理论极限值是 0.25；NA 为投影光刻机成像物镜的数值孔径，定义为 $n\sin\theta$；λ 为所使用的光源的波长。显然它来源于上述衍射限定。

根据以上公式，提高光刻分辨率的理论和工程途径就是增大数值孔径、缩小波长、缩小 k_1。表 1 以逻辑集成电路为例，列出了先进生产线采用的光刻技术随着逻辑器件线宽的技术节点（集成密度的标志）的发展而演进的概况。除了通过减小波长来增加分辨率，"浸没"是指通过将成像表面浸没在水中，使介质的 n 值从原来的 1（空气）增加到 1.44，从而增加数值孔径，最终增加分辨率。表 1 中还列出了辅助方法，称为多次图像（multiple patterning），是在目前光刻一次成像的最小尺寸达不到增加集成密度要求的情况下，利用多次曝光或自对准侧壁刻蚀技术完成更小尺寸图像的技术。

表 1 先进逻辑芯片在不同技术节点器件生产中采用的光刻技术

技术节点/nm	130	90	65	45/40	32/28	22/20	16/14	10	7	5
光源波长/nm	248	193	193	193+浸没	193+浸没	193+浸没	193+浸没	193+浸没	193+浸没	NGL
辅助方法						二次图像	二次图像	三次图像	四次图像	

最先进的光刻形式是浸没式光刻（immersion lithography），其最好的单次曝光分辨率为 35nm，采用单次曝光的纯光刻工艺，适用范围到 28nm 技术代为止，无法用于更先进的技术代。自 22nm 至 10nm 乃至下一个 7nm 节点，即后摩尔时代，浸没式光刻必须结合使用多次图像技术才能满足线宽尺寸要求。而多次图像技术本身也有局限性，而且生产成本非常高，到 5nm 节点，即使仍然采用多次图像作为辅助手段，也无法达到该节点所要求的 13nm 图形线宽尺寸。如何在不依靠或减少依靠多次图像技术的前提下达到 5nm 节点线宽要求的下一代光刻（next generation lithography, NGL）技术，即成为由光学原理决定的衍射限定所衍生出来的现实中的难题。

突破光学原理限定，开发集成电路继续发展所必需的下一代光刻技术和设备是整个半导体产业和科研领域的重大课题。经过几十年的持续努力，新思路、新技术、新材料层出不穷[1,2]，其中比较有希望成功的下一代光刻技术有三大类：第一类以继续降低光波长为途径，包括极紫外光刻（EUV-光刻）和 X 射线光刻，属于在现有光刻技术的衍射限定下的技术改进；第二类跳开以光束为媒介完成图形转移的传统方法，采用不受光学衍射限定约束的新方法，包括电子束光刻（E-beam lithography）、纳米压印（nanoimprint）和原子力纳米光刻（AFM nonolithography）；第三类则仍然以光刻技术为基础，但设法突破衍射限定来增加分辨率。

衍射限定的物理原因可以叙述如下：一个实物本身发出的光或外加光从该实物上散射出来的光包含两种成分的光波，一种是携带该实物大尺寸信息的传导波（propagating waves），另一种是携带该实物小于光波长（或亚光波长，sub-wavelength）尺寸信息的倏逝波（evanescent wave），传导波在非吸收介质中可以传播足够长的距离，而倏逝波在与光波长相当的距离上即衰减到几乎为零，在由传统的介质透镜组成的光刻成像系统中遗失，使得小于波长尺寸的实物特征无法被分辨从而导致有限的分辨率，如图 1（a）所示。要突破这一限制，必须设法在成像过程中保持倏逝波。

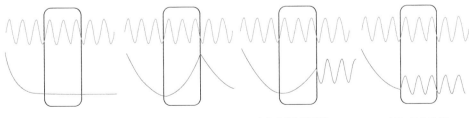

（a）传统的光学透镜　　（b）近场超透镜　　（c）远场超透镜　　（d）双曲透镜

图 1　不同透镜的比较[3]

蓝线代表传导波，红线代表倏逝波

　　早在 20 世纪 60 年代就有人发现，如果有一种负折射率材料（negative index medium, NIM），在其与通常为正数的介质或空气的界面上会发生很多奇特的现象，如反向的斯奈尔定律（Snell's law）和多普勒移动（Doppler shift），它们并不违反物理原理，但极大地挑战了人们的一般认知和直觉。2000 年，科学家 Pendry[4] 发现并预言，在 NIM 的电学性质和结构形状满足某些特定条件的情况下，倏逝波在通过此 NIM 时，其波幅能够经由存在于 NIM 表面一种具有共振特性的表面等离子体激元（surface plasmon-polariton, SPP）增强放大，并且与相应的传导波在同一个物理空间点上还原其在实物上的幅度和相位，从而达成完全保真成像，即理论上的无限分辨率。这样的 NIM 可以称为理想透镜（perfect lens），如图 1（b）所示。然而，能满足所有条件的 NIM 在现实世界中并不存在，例如，折射率为负数的 NIM 要求其介电常数（ε）和磁导率（μ）同时为负数，这在自然界不存在。理论上可以通过人工构造超材料（metamaterials）来达成此目的，近年来这方面的研究很多，但基本上停留在仿真计算和可行性实验阶段。然而，有些 NIM 能够满足部分理想透镜的条件，可以有限度地达到放大倏逝波的目的，这种 NIM 称为超透镜（super lens）。2003 年，科学家首次实验证实了以自然界存在的金属为 NIM（仅其电介常数为负数，也称为单一负折射率材料，single NIM），在一定的条件下也可放大衰减波[5,6]。2005 年，报告采用金属 Ag 薄片制成的超透镜能分辨 60nm 的线条，为光波长的 1/6（$\lambda/6$）[7]。最新的结果是于 2016 年发表的，能够分辨 22nm 的线条，为光波长的 1/17（$\lambda/17$）[8]。

　　上述研究的特点是倏逝波在 NIM 超透镜中得到了加强，但一旦离开透镜，倏逝波幅度依然会迅速减小，所以成像必须离透镜非常近，称为近场成像（near field image），这在纳米储存应用方面或许可以接受，但在光刻应用上很难成为实用的技术。于是，一种远场超透镜（far-field super lens, FSL）被发明[9]，它在原来近场超透镜的基础上外增加了一个光栅结构，该结构能够将倏逝波在离开超透镜时转模成传导波，以达到远场成像的目的，如图 1（c）所示。这一发明首次实验证实了能够分辨相隔 70nm 的两个 50nm 的线条[10]。更为先进的超透镜是一种人工建构的由 Ag/Al₂O₃ 交替多薄层的半球形立体结构，这种具有各向异性特征的超透镜的色散曲线呈现双曲抛物面（hyperbolic）结构，故称为双曲透镜（hyper lens），其优越之处是倏逝波一旦进入该透镜，立刻被转模成传导波，而且根据透镜的设计可以达到放大成像的效果，这更接近目前使用的投射型光刻技术，使其实际可行性得到了突破性的进展。将此双曲透镜整合进传统的显微镜系统，便能直接观察到放大 2.3 倍的 50nm 线宽的实物成像，光源波长为 365nm。作为对下一代光刻技术的探究，超透镜方法有希望突破光学的衍射限定对目前光刻能力的限制[11,12]。

　　总体来说，超透镜在光刻上的应用面临的巨大挑战主要来自两个方面：

　　（1）人工构造的 NIM 要达到实用水平（如光在其中的吸收损耗必须很小）并

不容易;

（2）掩模与透镜之间的距离必须非常小（光波长量级），在实用上达到此目标也极具挑战。

参 考 文 献

[1] Srivastava R, Yadav B C. Nanolithography: Processing methods for nanofabrication development. Imperial Journal of Interdisciplinary Research, 2016, 2(6): 277-284.

[2] Fuller G E. Optical lithography//Doering R, Nishi Y. Handbook of Semiconductor Manufacturing Technology. 2nd ed. Boca Raton: CRC Press, 2008: 1-50.

[3] Zhang X, Liu Z W. Superlenses to overcome the diffraction limit. Nature Materials, 2008, 7(6): 435-441.

[4] Pendry J B. Negative refraction makes a perfect lens. Physical Review Letters, 2000, (85): 3966-3969.

[5] Liu Z, Fang N, Yen T T, et al. Rapid growth of evanescent wave with a silver superlens. Applied Physics Letters, 2003, 83(25): 5184-5186.

[6] Fang N, Liu Z, Yen T J, et al. Regenerating evanescent waves from a silver superlens. Optics Express, 2003, 11(7): 682-687.

[7] Fang N, Lee H, Sun C, et al. Sub-diffraction-limited optical imaging with a silver superlens. Science, 2005, 308(5721): 534-537.

[8] Gao P, Yao N, Wang C, et al. Enhancing aspect profile of half-pitch 32nm and 22nm lithography with plasmonic cavity lens. Applied Physics Letters, 2015, 106: 093110.

[9] Durant S, Liu Z, Steele T M, et al. Theory of the transmission properties of an optical far-field superlens for imaging beyond the diffraction limit. Journal of the Optical Society of America B, 2006, 23: 2383-2392.

[10] Liu Z, Durant S, Steele T M, et al. Far-field optical superlens. Nano Letters, 2007, 7: 403-408.

[11] Liu Z, Lee H, Xiong Y, et al. Far-field optical hyperlens magnifyingsub-diffraction-limited objects. Science, 2007, 315(5819): 1686.

[12] Dolling G, Enkrich C, Wegener M, et al. Simultaneous negative phase and group velocity of light in a metamaterial. Science, 2006, 312(5775): 892-894 .

撰稿人：朱文辉[1]、浦 远[2]

1 中南大学、2 中微半导体设备（上海）有限公司

碳基集成电路的制造工艺和发展方向

Process and Development of Carbon-Based ICs

1. 硅基 CMOS 的技术极限

集成电路（integrated circuit, IC）芯片是现代信息技术的基石，而现代电子芯片组成器件中超过 85%源于硅基互补金属-氧化物-半导体（complementary metal oxide semiconductor, CMOS）器件。市场和科技发展要求器件不断追求性能最优化和尺寸最小化。但是，随着晶体管尺寸的缩小，其沟道也在不断缩短。当沟道缩短到一定程度时，量子隧穿效应凸显，即使不加电压，源极和漏极都可以认为是互通的，晶体管失去了本身开关的作用，逻辑电路也无法实现。另外，随着晶体管尺度的缩减，器件加工遇到越来越严重的技术障碍，最主要的问题集中于器件的加工精度和掺杂的均匀性。此外，纳米尺度下，导电通道中高强度的电场很容易诱发杂质原子的迁移，从而严重影响场效应晶体管电学性质的性能和稳定性。

今天，硅基 CMOS 技术即将进入 10～7nm 的技术节点，并在不断逼近 5nm 的工艺极限，当现有半导体工艺达到 5nm 的工艺技术极限时，比较可能的代替方案包括采取 3D 技术、光学芯片的应用和新材料的研发。3D 技术旨在提高单位体积内硅芯片的密度，提升电子器件的性能；而光学芯片的应用仍需在不改变硅材料主体的情况下攻克光感应芯片的尺寸问题、介质的光吸收问题和设备便携性等诸多技术难题，目前仍处于研发初级状态。所以，当下 IC 领域最重要的发展方向之一是使用新材料，例如，用塑料材料和碳基材料制成的芯片来代替传统硅材料在 IC 中的应用。

2. 碳基材料的传输特性

石墨烯（graphene）和碳纳米管（carbon nano-tube, CNT）同属低维碳基材料，它们具有极其优异的电学、光学、热学、磁学及力学性能，是理想的电子材料[1]。石墨烯和碳纳米管具有特殊的几何结构，使得完美的石墨烯和碳纳米管表面以及结构的缺陷对电子在材料中的传输几乎没有影响。室温下，这两种材料的电子和空穴的本征迁移率均极高，可以达到 $100000cm^2/(V\cdot s)$ 量级，远超出了最好的硅基半导体材料（硅基场效应管的电子迁移率是 $1000cm^2/(V\cdot s)$）。

石墨本是层状立体结构的晶体，石墨烯通常指单层的石墨晶体，每个碳都是 sp^2 杂化，相邻碳原子 A 和 B 形成蜂窝状六边形平面型分子，每个碳剩余一个 p 轨道，各个碳上的 p 轨道彼此互相平行且相互重叠形成一个离域大 π 键，如图 1（a）所示。石墨烯的晶格结构非常稳定，电子在轨道中移动受到的干扰非常小，具有优秀的导电性能。石墨烯拥有如图 1（b）所示独特的电子能带结构，第一布里渊区内有六个费米点（也称为狄拉克点或 K 点），价带 π 和导带 $π^*$ 关于费米点对称并彼此接触。因此，在纯净的石墨烯中，电子和空穴具有相同的性质。在费米点附近，电子的能量与波矢呈线性的色散关系，即

$$E = v_{\mathrm{F}} hk$$

其中，v_{F} 为费米速度，约为光速的 1/300；k 为波矢。因此，费米点附近电子由于受周围对称晶格势场的作用，载流子的有效静质量为零，费米速度接近于光速，石墨烯的载流子的迁移率超过 200000cm²/(V·s)，纯净的石墨烯中电子的平均自由程达亚微米量级，这在制造高速器件上有着非常诱人的潜力[2]。

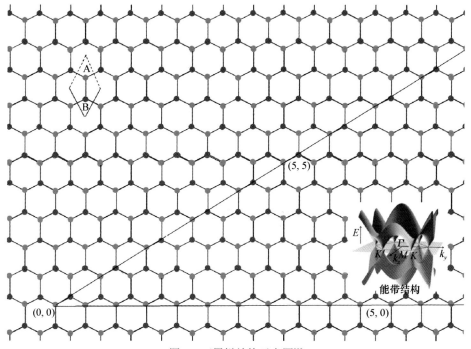

图 1   石墨烯结构示意图[2]

将石墨烯沿某一特定方向卷起，就可得到碳纳米管。碳纳米管是一种具有特殊结构（径向尺寸为纳米量级，轴向尺寸为微米量级，管两端基本上都封口）的一维量子材料。其中碳原子以 sp^2 杂化为主，同时六角形网格结构存在一定程度的

弯曲，形成空间拓扑结构，其中可形成一定的 sp^3 杂化键，即形成的化学键同时具有 sp^2 和 sp^3 混合杂化状态，而这些轨道彼此交叠在碳纳米管石墨烯片层外形成高度离域化的 π 键，碳纳米管外表面的 π 键是碳纳米管与一些具有共轭性能的大分子以非共价键复合的化学基础。根据碳六边形沿轴向的不同取向，可以将碳纳米管分成锯齿型和扶手椅型两种（图 2）。其中扶手椅型碳纳米管在室温下电阻率为 10μΩ·cm，性能优于最好的金属导体。

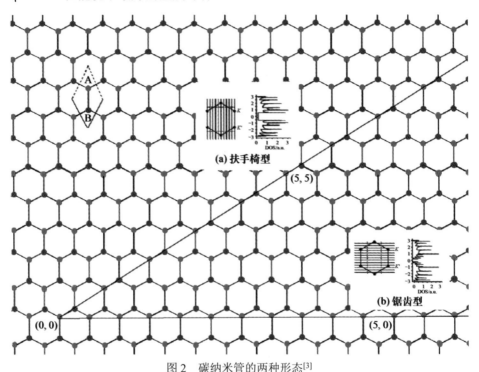

(a) 扶手椅型

(b) 锯齿型

图 2　碳纳米管的两种形态[3]

在 2015 年度国际固态电路会议（International Solid State Circuits Conference, ISSCC）上，Intel 和 IBM 等公司认为在推进 7nm 工艺发展过程中，行业内将不得不面临放弃继续使用硅作为核心材料后的材料选择问题。IBM 公司的系统计算表明，10nm 技术节点后碳纳米管芯片在性能和功耗方面都将比硅芯片有明显改善，例如，相比硅基 7nm 技术，碳纳米管基 7nm 技术的芯片速度将提升 300%。

3. 碳基材料和技术在 IC 应用中的挑战

尽管有着高载流子迁移率和高导热性等优异的先天条件，碳基纳米材料有望在逻辑晶体管方面成为硅的替代品，但是与一般性硅基材料相比，大面积完整的石墨烯晶体是一种零禁带材料，作为沟道很难实现开关的关断。因为石墨烯优异的热稳定性，造成它难以掺杂，无法形成互补的数字逻辑，所以从设计角度上，石墨烯晶体管的研究集中在构造禁带和实现掺杂两个方向。碳基晶体管用于射频电路，要求其具有高频工作特性，即具有高的载流子迁移率、低的接触电阻和接入电阻（未被栅覆盖的电极），同时最好具有电流饱和特性，以实现大的本征增益。以石墨烯晶体管为例，为了将碳纳米材料有效利用于晶体管中，不但要解决微纳尺度下的操作等技术难题，还要集中解决碳纳米材料的可控及稳定掺杂问题，控制能隙和载流子浓度；同时解决碳基纳米材料和传统材料的匹配问题，达到减小接触电阻、提高器件效率的目的。

1）碳纳米材料的可控及稳定掺杂问题

石墨烯是一种禁带宽度几乎为零的半金属/半导体材料，它的价带和导带交于费米点，呈圆锥形，其完美晶体带隙为零。石墨烯产生禁带的方法通常有构造纳米带状和网状结构以及形成异质结等方法。例如，通过将石墨烯裁切成扶手椅型纳米带，利用量子限域效应和边界效应，可以赋予石墨烯条带类半导体的性能[2]。Britnell 等[4]首先提出了将异质结构用于石墨烯晶体管，分别用几个原子层厚的非导电氮化硼和二硫化钼作为中间势垒层，与石墨烯层形成堆叠式的结构（图3），通过隧穿效应实现了约 50 和 10^4 的电流开关比。

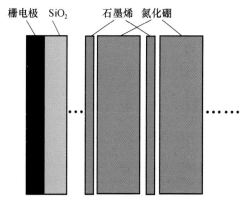

图3 石墨烯纵向异质结构示意图

纳米尺度器件中载流子浓度的控制是纳米电子学面临的又一关键挑战。一般来说，基底上的碳纳米管和石墨烯，受空气中水蒸气的影响倾向表现为空穴型半导体。在碳纳米管 CMOS 器件的早期研究中，为了使空穴型碳纳米管转化为电子型半导体，最常见的方法是向碳纳米管掺杂钾（K）元素。然而，碳纳米管和石墨烯完美的晶格结构虽然保证了材料具有极高的迁移率，但同时给可控掺杂带来了极大困难。钾掺杂属吸附性掺杂，但这种掺杂很不稳定，而由于碳基纳米材料完美的晶格结构，替代性掺杂非常困难，目前尚无法实现几十纳米器件通道的可控和稳定掺杂。美国斯坦福大学 Wang 等[5]通过与氨气电热反应制备出电子型掺杂的石墨烯。研究者通过高强度的电子焦耳热加热氨水，使氨气中的氮原子与石墨烯纳米带形成共价键，这也与理论预测一致。X 射线光电子能谱分析证实了石墨烯和氮原子之间这种相互作用的存在。尽管研究者制造出一个可以在室温下运行的 n 型石墨烯场效应晶体管雏形，但是注入和辐照等掺杂手段会不可避免地破坏碳基纳米材料的完美结构，增加散射，降低器件性能[2]。

2）碳基电子器件的接触问题

在电子器件中，石墨烯和电极之间的功函数变化会影响载流子输运效果，也会导致金属-石墨烯接触界面的偶极子层的产生（图 4），削弱器件性能。减小接触电阻是将碳纳米管和石墨烯材料应用在数字电路和射频电路的关键，它关系到后续形成器件的尺寸和性能等诸多问题。目前报道的减小石墨烯接触电阻的方法主要有金属与石墨烯边缘接触、紫外臭氧处理和退火处理等。仿真计算[6]和实验研究均表明，有效地增加石墨烯的边缘接触（end-contacted）而非面接触（side-contacted）可有效减小接触电阻。当接触金属分别为 Au、Cu、Pt、Pd 和 Ti 时，边缘接触的接触电阻最小可达面间接触的 0.15‰。这种情况下在器件设计方面，对端面进行叠层或将石墨烯切割为条状[7]，都可以有效增加边缘接触从而增进降低接触电阻的效果。另外，Zhang 等[8]发现，与 Au 和 Ti 相比，金属钪（Sc）和钇（Y）可以和半导体性碳纳米管的导带形成完美的电子型欧姆接触。在此思路基础上，通过缩减沟道长度制备出的碳纳米管弹道电子型晶体管，其性能逼近量子极限，在速度和功耗上均远超同等尺度的硅基器件。

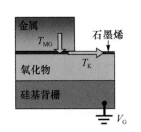 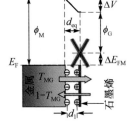

(a) 传输系数为 T_{MG} 和 T_K 的载流子在金属-石墨烯接触界面的示意图 （b）金属-石墨烯界面间功函数与费米能级失调产生的偶极子层 d_{eq}

图 4　金属-石墨烯接触界面的载流子输运差异示意图[2]

4. 小结

2007 年，国际半导体技术路线图下属新兴研究材料工作组推荐碳基纳电子学（包括碳纳米管和石墨烯）作为可能在未来 5～10 年显现商业价值的下一代电子技术。目前，高度成熟的硅基 CMOS 技术的保障是近乎完美的硅单晶材料的规模制备技术和精准的基于掺杂的性能调控技术。相比传统的硅基集成电路，碳基集成电路的研制是一个庞大的系统工程，涉及材料学、微纳加工技术、电子器件的设计和制备、系统集成等多个领域，传统的课题组自由研究模式难以满足碳基集成电路研制的需要。自 1993 年发现单壁碳纳米管、2004 年的石墨烯淘金热以来，碳基电子学的微纳研究和制备技术已有了极大的发展，但是无论技术成熟度控制方面还是量产控制方面，距离替代传统硅基材料，成为理想的大规模集成电路制备用电子材料尚有一定距离。碳纳米管和石墨烯等低维碳材料具有独特的电学性能，非常适合用于超大规模集成电路制造中互连线路和栅沟道材料。然而，无论从概念到制程，目前已知的碳纳米管与石墨烯的应用方式和制造方法都难以使其真正融入现在半导体制造的集成流程。目前仍缺乏可行的技术解决方案将这两种材料引入集成电路生产制程中，实现微纳操作；或是找到合适的可与碳基电子材料相配合的其他材料，例如，目前还没有有效手段可以在完美的石墨烯晶体上生长介电层与之配合。文献报道的设计和实验结果往往具有不可重复性和技术上的操作困难，更谈不上规模量产化。但是，行业对碳基电子器件的关注从未降温，各种计划和研究也在不断完善中，相信终有一日，碳基集成电路也可"飞入寻常百姓家"。

参 考 文 献

[1] Novoselov K S, Fal'ko V I, Colombo L, et al. A roadmap for grapheme. Nature, 2012, 490: 192-200.

[2] Wu Y, Farmer D B, Xia F, et al. Graphene electronics: Materials, devices, and circuits. Proceedings of the IEEE, 2013, 101(7): 1620-1637.

[3] Avouris P, Radosavljević M, Wind S J. Carbon nanotube electronics and optoelectronics //Applied Physics of Carbon Nanotubes. Berlin: Springer, 2005: 525-529.

[4] Britnell L, Gorbachev R V, Jalil R, et al. Field effect transistor based on vertical tunneling graphene hetero structures. Science, 2012, 335: 947-950.

[5] Wang X, Li X, Zhang L, et al. N-doping of graphene through electrothermal reactions with ammonia. Science, 2009, 324(5928): 768-771.

[6] Matsuda Y, Deng W Q, Goddard W A, et al. Contact resistance for "end-contacted" metal-graphene and metal-nanotube interfaces from quantum mechanics. The Journal of Physical Chemistry: C, 2010, 114: 17845-17850.

[7] Smith J T, Franklin A D, Farmer D B, et al. Reducing contact resistance in graphene devices through contact area patterning. ACS Nano, 2013, 7(4): 3661-3667.

［8］ Zhang Z, Liang X, Wang S, et al. Doping-free fabrication of carbon nanotube based ballistic CMOS devices and circuits. Nano Letters, 2007, 7(12): 3603-3607.

撰稿人： 吕光泉[1]、王　卓[1]、朱文辉[2]

1 沈阳拓荆科技有限公司、2 中南大学

超低介电常数绝缘介质薄膜沉积

Ultra-Low-*k* Dielectric Film Deposition

1. Low-*k* 材料应用在 ULSI 中的必要性

现代超大规模集成电路（ultra large scale integratedcircuit, ULSI）器件通常在 1cm^2 的面板上包含 $10^8 \sim 10^9$ 个晶体管，其工作频率更是高达吉赫兹。当集成电路的特征尺寸减小至 0.18μm 或更小时，互连寄生的电阻和电容层数可高达数十层，引起的 RC 延迟问题将不能再被简单地忽略，串扰和功耗已成为发展高速、高密度、低功耗和多功能集成电路需解决的瓶颈。R 为互连金属线阻抗，C 为介质层的电容，如下述公式所示：

$$RC = 2\rho k \varepsilon_0 \left(\frac{4L^2}{P^2} + \frac{L^2}{T^2} \right)$$

其中，ρ 为金属电阻率；k 为层间介质（inter-layer-dielectric, ILD）的介电常数；ε_0 为真空介电常数；P 为层间距；T 为金属厚度；L 为金属线长度。采用低阻抗金属导线和低介电常数（low-*k*）的层间介质材料可以有效减少 RC 延迟[1]。

引入低阻抗金属铜导线和新型 low-*k* 材料，代替传统工艺中 Al/SiO$_2$ 技术可以有效解决集成电路规模化带来的 RC 延迟问题，由此增加器件速度，减少噪声，并降低能耗。寻求 low-*k* 材料并用适当工艺将其集成入 ULSI 制程中成为改进元件性能的一大挑战[2]。用于 ULSI 的 low-*k* 材料不仅要求材料的介电常数尽可能低，而且要求其热稳定性好，热导率高，尺寸稳定性好，能承受现在用于 ULSI 的金属淀积技术工艺处理温度，易于图形化和腐蚀，适应 ULSI 中后段（backend）工艺集成的复杂性；与此同时，low-*k* 材料还需要机械强度良好，与化学机械抛光（chemical mechanical polishing, CMP）工艺兼容，与其他材料黏附性好，可靠性高。迄今为止，无论在寻找新材料、改进现有材料性能，以及解决与 ULSI 金属化等工艺进行集成、匹配兼容等方面 low-*k* 材料的研发工艺都还有很多难题需要攻克。

2. Low-*k* 材料的研究发展历程和挑战

通常情况下，材料的 k 值可以用 Clausius-Mossotti 方程简单描述：

$$\frac{k-1}{k+2} = \frac{4\pi}{3} N\alpha$$

其中，k 为材料的相对介电常数；N 为单位体积内的分子数，与材料密度呈正相关关系；α 为材料的极化率。减少材料极化率和材料密度可有效降低材料的 k 值。

选择电负性适中的元素并将其合理组合，即可以设计出极化率低的分子结构。例如，将氟元素引入 Si—O 骨架中建立起 Si—F 键就是一种降低材料 k 值的有效手段。最早一批的 low-k 材料是通过在化学气相沉积（chemical vapor depositior, CVD）过程中向 SiO_2 中掺氟和碳来实现的。28nm 技术节点之前的电子器件中，绝缘材料通常是 SiO_2，其 k 值为 3.9。氟元素的加入降低了极化率，增加了材料孔隙率，从而将 k 值减少到 3～3.5。但是，用传统的 CVD 工艺制得的 SiOF 膜，其体电阻率和击穿场强都比 SiO_2 低很多。另外，氟的附加会引起加水分解作用，而不稳定的氟杂质易吸收水蒸气形成—OH 和 HF，增加膜的介电常数，同时腐蚀金属互连层，使互连器件退化。鉴于上述原因，加之现有的 CVD 法存在热力学限制，对介电常数的减小贡献有限，难以实施于高质量 ULSI 器件中[3]。

随着薄膜沉积技术的不断发展，low-k 材料的选择从无机材料发展到有机材料。高分子有机材料易于通过 CVD 等多种方式沉积，其中包含的无定形碳链硬度高、摩擦系数小、导热性能好、极化率低，可以通过分子设计调控各项物理和化学性能，是良好的 low-k 材料素材。利用高分子进行分子设计，合成含有大量 C—C 键的前体，再通过 CVD 成膜，同样可以实现降低 k 值的目的。这些亚稳态的无定形碳通常由 sp^2、sp^3 和 sp^1 构成。与不饱和烃类相比，饱和烃的极化率通常更低，具有降低 k 值的先天优势。可惜的是，脂肪族中的 C—C 键、C—H 键和 C—N 键在 300～400℃时热稳定性下降。只有由非脂肪族 C—C 键、C—H 键和 C—N 键构成的芳香族和交联有机物材料可以在互连技术 450～500℃的工艺温度下仍可保持稳定。这类材料的相对介电常数可以达到 2.6～3.0[4]。

ULSI 需要的优秀 low-k 材料的介电常数将达到 1.5 以下，但是现有的各项材料 k 值最多达到约 2 的水平（Teflon®）。除去改变主体材料的种类之外，调节材料密度成为改善 low-k 材料的另一方向。如果想要把 k 值继续降低到 2 以下，即 ULK（ultra-low-k）的水平，就必须引入孔隙[5]。根据多孔材料的介电常数源于材料本身和这些真空孔隙的原理，将相对介电常数 k 为 1 的空气引入致密的材料，在其间形成孔隙，可以得到整块材料的 k 值小于 2 的 ULK 薄膜[6]。对于多孔材料的相对介电常数 k_r 通常受孔隙率 P 和骨架材料的相对介电常数 k_s 的影响：

$$\frac{k_r-1}{k_r+2} = P\frac{k_1-1}{k_1+2} + (1-P)\frac{k_s-1}{k_s+2}$$

其中，k_1 为孔隙内部材料的相对介电常数；$P = l - \rho/\rho_s$，ρ 和 ρ_s 分别为薄膜和骨架材料的密度。如果孔隙内部无实体材料，则该式第一项为 0，k_r 趋于最小化。

在整个器件制程和使用过程中，low-k 材料必须兼具热稳定性、机械强度、电学性能、与其他材料的黏附性能、与其他工艺的匹配能力和反应惰性等诸多要求。近几年来，研究者在结合了材料和制程两方面的考虑后，集中钻研于设计出高孔隙率的硅系 low-k 材料（如沸石系材料），以及含有大量交联结构的高分子材料（如有机-无机混合型硅氧烷材料），其介电常数可达到低于 2 的程度。

从另一角度来理解，每一次半导体技术节点的更新都会增加介电层材料制程的复杂程度和研发成本。如果能使用一种既定的材料来实现未来有可能发生的技术更迭，无疑使厂商和科学家竞相追逐。原则上说，新型多孔型介电材料的介电常数可由孔隙率进行精确调控，具有满足复杂制程需求的潜力。例如，通过分子设计出极化率低的高分子，或者调整多孔型材料的孔隙率，可达到调节 k 值的目的，而且实验结果可与建模的计算结果匹配，孔隙率和 k 值显示出负的相关性[6,7]。

3. ULK 薄膜材料的沉积

旋涂和等离子体增强化学气相沉积（PECVD）等方法均可用来进行 ULK 薄膜的沉积，但是其基本沉积过程都包含骨架（back-bone matrix）沉积和致孔剂（porogen）的形成两部分。ULK 薄膜的沉积需要极具特征的 SiOC 化学源和致孔剂以及对应的后处理工艺。通过 PECVD 方法沉积含有所需致孔剂的骨架结构，使其均匀地嵌入 SiOC 骨架内部，然后通过加热或 UV 辐照等激活方式给致孔剂分子提供能量，引发其分解或蒸发达到去除的目的；由此在 SiOC 膜内产生大小相当于致孔剂分子尺寸的真空孔穴；同时，应用 UV 或电子束的固化作用修复由于分解对薄膜结构造成的破坏，进而关闭围绕每个孔穴的笼状结构，使薄膜固化致密。控制 ULK 薄膜材料质量的几大要素为材料选择、沉积工艺和固化工艺。

就目前生产技术来看，SiO_2 基材料如二氧化硅干凝胶、气溶胶或倍半硅氧烷（silsesquioxanes, SSQ）等无机材料和某些有机高分子都可用于 low-k 薄膜的沉积。例如，SiO_2 单元呈现正四面体结构（图 1（a）），通过用 F 或 CH_x 取代其中某些氧原子的方法可以减少极性键，创造更多的自由体积。诸如此类的碳氧硅中碳成分通常为 10%～30%，以保证薄膜的疏水性和机械强度。SSQ 材料的优点在于这类材料先天呈笼状（图 1（b））或梯状结构（图 1（c）），具有创造出自由体积的潜力。而四角的 R 基团可以是氢、甲基或者其他脂肪烃基团。自由体积尺寸和整体材料的极性也会随着 R 基团的不同而变化。但是，此类笼状结构处于非稳态，并易于在高温下转化成正四面体的 SiO_2 结构。于是，SSQ 基 low-k 材料通常是笼状结构和四面体结构的混合体，并通常使用旋转涂布玻璃（spin on glass coating, SOG）的方法进行制备。

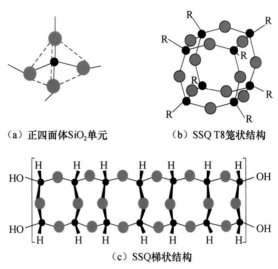

（a）正四面体SiO₂单元　　　　　（b）SSQ T8笼状结构

（c）SSQ梯状结构

图 1　氧化硅材料及 SSQ 材料结构示意图

　　在半导体行业制造史中，使用 CVD 方法沉积掺杂的 SiOCH 薄膜历史久远，如掺杂大分子体积的烷基类基团可有效降低材料密度。一般来说，CVD 的 SiOCH 薄膜的孔隙率一般为 5%～15%，孔隙尺寸为 1～2nm。更先进的技术会使用混有非稳态 CH_x 相（致孔剂）的四甲基环四硅氧烷（tetramethylcyclotetrasiloxane, TMCTS）等前体进行沉积。非稳态相会在沉积工序后的退火处理中分解并在薄膜中留下一个孔隙。最终成品薄膜的孔隙率和相对介电常数依赖于 CH_x/TMCTS 投料比，在投料比为 1:1 时，孔隙率可高达 30%～40%。

　　在固化过程中，致孔剂分子分解，在介电层薄膜中留下了一个纳米孔隙。同时，甲基硅倍半氧烷（methylsilsesquioxane, MSQ）材料在这个孔隙周围交联成网络结构，最终形成 k 值低达 2.1 的多孔 ULK 薄膜。类似地，用 PECVD 方法也可以沉积 ULK 薄膜。例如，Grill 等[7]使用含有环氧丁烷致孔剂的 TMCTS 在 PECVD 腔内沉积成膜。接下来对该薄膜进行热处理，薄膜失去部分 C—H 键，在基质中形成纳米孔隙，孔隙周围的 Si—CH₃ 键将会起到稳定结构的作用。在 ULK 薄膜的形成过程中，除去沉积的步骤，固化（curing）的步骤可以由热处理、UV 辐照或电子束固化等方式来实现，而方法的选择通常与沉积前体的物质种类息息相关。在几种不同的固化技术中，UV 固化不仅能起到去除致孔剂的作用，也能起到促进交联从而加强骨架结构强度的作用[8]。所以，UV 固化制程的质量将直接影响介质薄膜的性能。

　　Low-k 材料（包括 ULK 材料）是利用在薄膜材料中导入碳原子从而引入孔隙

来实现的，制备方法一般包括 PECVD 和 SOG 等。为进一步降低 k 值，必须提高薄膜的孔隙率。例如，在 PECVD 制程中，高的孔隙率是由在骨架结构中加入更多的致孔剂材料来实现的，但是对于 PECVD 方法沉积出的 ULK 薄膜，完全除去致孔剂是非常有挑战性的技术，因此对参与反应的致孔剂和孔隙的研究显得尤为重要。对于 ULK 薄膜，薄膜内孔隙的存在状态是最重要的性质之一。孔隙的分布，包括孔隙的尺寸、是否完全闭合，以及是否在表面相连，都能给成品芯片带来巨大影响。ULK 薄膜中的孔隙尺寸通常在 2nm 左右，但形状各有不同。理想状况下，孔隙需要均匀地紧密分布在薄膜内部，大小需要一致；不得离开本体，也不能含有可能使器件失效的大孔隙（图 2）。如果薄膜的沟槽部分的侧壁附近恰好存在尺寸过大的孔隙，在经过阻挡层和金属连接制程后，很可能导致器件失效。例如，制程中的沉积原料很可能进入这些孔隙并扩散，影响 k 值和漏电流。另外，在随后的 CMP 制程中有机液体制剂很可能进入介电层导致器件失效。例如，当固化不完全时，致孔剂可能会残留于薄膜中，为后道 Cu 的 CMP 工艺留下隐患。控制固化程度，保证致孔剂在最短的时间内达到完全去除，是 ULK 薄膜固化制程中的关键。

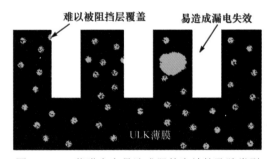

图 2　ULK 薄膜中容易造成器件失效的孔隙类型

　　相比 SiO_2 薄膜，多孔 ULK 材料硬度差，处于热力学非稳态，容易被化学品渗透。所以，ULK 薄膜需要具备其他性能。首先，ULK 膜材通常是疏水性的。水的介电常数接近 80，即使少量水的存在都会大大影响介电层的介电常数。由于多孔型材料通常容易吸水，所以通常通过引入—H 和—CH_x 等基团来改善材料疏水性。在 PECVD 制程中，等离子体中的氢自由基和氧自由基很容易影响疏水性基团并造成薄膜亲水，所以控制沉积过程中的氧气和氢气至关重要。从力学性能上，Cu 材料的引入，要求 ULK 薄膜首先必须能够经得起 CMP 制程，同时必须经受热膨胀和封装过程中的应力变化。ULK 薄膜的力学性能和密度关系如下[9]：

$$\frac{E}{E_s} = C\left(\frac{\rho}{\rho_s}\right)^n$$

其中，E 和 ρ 分别为多孔薄膜的模量和密度；E_s 和 ρ_s 分别为非多孔材料的模量和密度；指数 n 由弯曲机制来确定。提高孔隙率在降低 k 值的同时削弱了材料的力学性能。例如，SiO_2 薄膜孔隙率提高的同时，其杨氏模量可从 $70\sim80GPa$ 降为几吉帕。这就需要提高孔隙均一度来实现弥散强化，改善 ULK 薄膜的力学性能。提高孔隙均一度则是贯穿沉积和固化制程始终的要求。

4. 小结

在过去的 20 多年中，半导体行业研究人员通过掺杂、有机材料修饰和开发，以及制备多孔材料等技术，将 k 值进一步降低到 2 以下，并实现了 k 值的可调控。建立 ULK 薄膜的最大挑战是控制孔穴尺寸、尺寸分布和孔穴结构，以使最终的薄膜可满足电性能的要求（介电常数和漏电率）、机械强度（附着力、硬度、杨氏模量）和工艺集成流程（蚀刻/CMP 损害、铜/阻挡扩散、杂质捕获）。与传统 SiO_2 相比，low-k 材料密度较低，这样带来热传导性较差和元素扩散的问题，从而影响互连的可靠性。在制造工艺上，ULK 薄膜的多孔结构和易渗透性，使得 CMP 和清洁工序变得更为艰难，并导致成品率下降和生产成本提高。为了满足这些要求，可接受的孔穴尺寸必须均一稳定，并具有封闭式笼状结构。如何找出合适的前体和致孔剂材料，通过合理的工艺制成质量稳定的 ULK 薄膜层，则需要材料、设备和工艺等领域研究者的共同努力。

参 考 文 献

[1] Bohr M. Interconnect scaling-the real limiter to high performance. International Electron Devices Meeting , 1996, 39(9): 241- 244.

[2] Baklanov M R, Maex K. Porous low dielectric constant materials for microelectronics. Philosophical Transactions, 2006, 364(1838): 8793-8841.

[3] Qin S, Zhou Y Z, Chan C, et al. Fabrication of low dielectric constant materials for ULSI multilevel interconnection by plasma ion implantation. IEEE Electron Device Letters, 1998, 19 (11): 420- 422.

[4] Dubois G, Volksen W. Low-k Materials: Recent Advances. New Jersey: John Wiley & Sons, 2012.

[5] Semiconductor Industry Association. International Technology Roadmap for Semiconductors. 1999 Edition. Austin: SEMATECH, 1999.

[6] Lam K H, Chan H L W, Luo H S, et al. Dielectric properties of aerogels. Journal of Materials Research, 1993, 8(7): 1736-1741.

[7] Grill A, Edelstein D, Lane M, et al. Interface engineering for high interfacial strength between SiCOH and porous SiCOH interconnect dielectrics and diffusion caps. Journal of Applied

Physics, 2008, 103(5): 054104-054106.

[8] Tsui T Y, Mckerrow A, Rao S S P, et al. Energy beam treatment to improve packaging reliability: U.S. Patent 7678713. 2010.

[9] Jain A, Rogojevic S, Gill W N, et al. Effects of processing history on the modulus of silica xerogel films. Journal of Applied Physics, 2001, 90(11): 5832-5834.

撰稿人： 吕光泉[1]、王　卓[1]、朱文辉[2]

1 沈阳拓荆科技有限公司、2 中南大学

制造过程中如何实现从电子层面对能量输运过程进行连续实时观测？

How to Realize In-Situ Observation of Electron-Level Energy Transport during Manufacturing?

能量在制造中的输运过程决定了制造的精度、效率和质量。对于超快激光制造过程，材料对光子能量的吸收最初大都是由电子作为载体来完成的。由于吸收光子后的电子对晶格的激发通常需要数千至数万飞秒（电子-晶格弛豫时间，$10^{-12}\sim10^{-10}$s），所以飞秒激光加工在脉冲辐照期间，晶格运动可以忽略，只需考虑电子状态在超快光场（光子）下的变化。根据激光波长、功率等参数的不同，以及与激光作用的材料的不同，其能量传递机制各有不同。飞秒激光与金属材料的作用过程中，由于金属存在大量自由电子（$10^{22}\sim10^{23}$cm^{-3}），光子能量直接被自由电子吸收，金属的自由电子瞬时被加热达到很高的电子温度；而与非金属材料的作用过程相对复杂，因为非金属的自由电子非常少，通常光致电离很重要。激光功率密度不同，电离机制也有所不同，如图 1 所示：当激光能量密度小于 10^{12}W/cm^{2}时，主要发生线性电离；当激光能量密度达到 $10^{12}\sim10^{15}$W/cm^2 时，碰撞电离（雪崩电离）和光致电离（多光子电离和隧道电离）两种形式的非线性电离占主导[1]。通过自由电子加热/线性/非线性电离的形式，在飞秒激光的辐照时间内（几飞秒到几十飞秒的时间内）完成了光子-电子相互作用，导致材料电子的状态产生巨大变化，而材料的电子状态（包括能级、密度、自旋和温度等）决定了绝大多数材料特性，包括光学特性（反射率和折射率）、热力学特性（热容和热导率）、磁学特性（磁化率和磁导率）、化学特性（化学能和反应活性）和电学特性（电导率），如图 2 所示。在吸收光子能量后，电子再通过与声子的碰撞将能量传递给晶格，因为声子的质量相对于电子较大，经过与电子的碰撞需要经过更长的时间达到温度的平衡态，相对于超快激光的作用时间，声子达到平衡态的时间远大于激光的脉冲宽度，且只由电子传来的能量决定，在光子到电子再到声子的能量转移过程中，材料的光学特性以及热力学特性取决于其电子状态，并决定了光子传递给电子和电子传递给声子的能量，从而直接影响最终的加工结果。所以，从电子层面理解和观测制造中的能量传递过程对超快激光加工过程至关重要。从电子层面对能量输运过程进行连续实时观测目前还存在很多技术瓶颈，主要难点在于超高的时间和空间分辨率条件下的跨尺度观测。

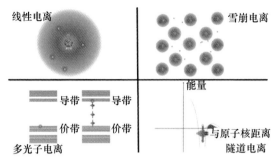

图 1　不同激光功率下的电离机制

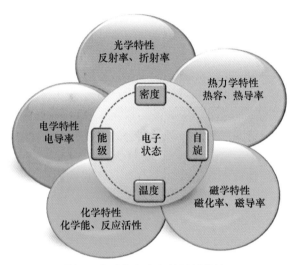

图 2　电子状态决定的材料特性

目前，实现能量输运过程中电子动态的实时观测的手段包括泵浦探测系统、飞行时间质谱系统、低温强磁系统和光电子能谱。泵浦探测系统[1]主要用于探测自由电子密度分布及时空演化，飞行时间质谱系统[2]主要用于探测电子温度的演化，低温强磁系统用于测量电子的自旋状态，光电子能谱[3]则可以测量电子的能态。利用多系统间的协同作用，可以对电子的动态进行观测，找到能量源的能量密度分布与能量的吸收率、电子电离、演化以及最终的相变方式之间的对应关系，深入理解制造机理，从而定量或定性地指导制造工艺。

近年来，通过诸多探测系统的使用，超快激光加工中的电子动态得到了一定的研究。但由于超快激光制造过程是一个多空间、跨时间的跨尺度过程，在实现从电子层面对能量输运过程进行连续实时观测过程中仍有一系列科学难点，主要表现在：

（1）制造过程是一个从飞秒，跨域皮秒、纳秒、微秒，到毫秒（甚至秒）的跨越 12 个以上时间数量级的跨尺度过程，其中涉及电子电离、电子-晶格能量转移、材料相变、等离子体形成和膨胀以及冲击波演化等诸多物理化学过程。每个过程的特征时间不同，且是跨尺度的，如飞秒到皮秒尺度的电子电离过程、皮秒到纳秒尺度的材料相变过程等，单一的探测系统，如飞秒激光泵浦探测系统、激光诱导击穿光谱系统，已不能满足上述跨时间尺度多过程的实验观测。在观测过程中，如何实现制造过程中从电子电离（飞秒到皮秒尺度）、材料相变（皮秒到纳秒尺度）到组织性能演化或材料去除/增加（纳秒到毫秒甚至秒尺度）跨越 12 个以上时间数量级跨尺度过程的完整观测是一个亟待解决的科学难点。

（2）制造过程中局部瞬时电子动态时空演化速度非常快，如果要在电子层面对制造过程进行实时观测，就必须提高观测的时间分辨率和空间分辨率。常用的飞秒激光泵浦探测系统中，探测延时的精度取决于探测激光脉宽和平移台位移精度，现有的平移台位移精度已经能够满足飞秒尺度（甚至更小）的探测精度要求，因此观测的时间分辨率主要取决于所采用的探测光的脉冲宽度。在飞秒激光泵浦探测中，通常采用飞秒激光作为探测光，难以获得更小时间分辨率的电子演化信息。在探测过程中，受探测激光光学衍射极限的限制，观测系统的空间分辨率受到极大抑制。这种基于探测激光本身特征的限制制约了观测系统的时空分辨率，影响电子动态信息的提取。在这一方面，化学领域的科学家做出了有益的探索，通过引入阿秒激光、电子衍射、X 射线等探测工具，极大提升了时空分辨率，并用于化学反应过程的探测[4-6]。如何结合飞秒化学的研究思想并将其应用于实际制造过程观测中，提高电子层面实时观测的时空分辨率是一个亟待解决的科学难点。

（3）在制造过程中，有的制造过程涉及的电子动态的超快演化过程对实验条件极其敏感，难以重复。要观测该实验过程中的电子动态，就必须在实验过程中实现电子动态的连续实时观测，所需要的拍照时间间隔必须小于 10ps[7]，而现有最快的相机连续拍照的时间间隔均大于 1ns，所以传统的相机（CCD、ICCD）不适用[8]。而传统的泵浦探测系统需要多次重复测量，以构建电子动态的超快演化图像[9]，难以用于探测对实验条件极其敏感、难以重复的超快过程。如何实现制造过程中对电子动态的超快连续观测是当前的科学难点之一。

参 考 文 献

[1] Wang C, Jiang L, Wang F, et al. First-principles electron dynamics control simulation of diamond under femtosecond laser pulse train irradiation. Journal of Physics: Condensed Matter, 2012, 24(27): 275801.

［2］ George R, Langford S, Dickinson J. Interaction of vacuum ultraviolet excimer laser radiation with fused silica: II. Neutral atom and molecule emission. Journal of Applied Physics, 2010, 107(3): 033108.

［3］ Torelli M D, Putans R A, Tan Y, et al. Quantitative determination of ligand densities on nanomaterials by X-ray photoelectron spectroscopy. ACS Applied Materials and Interfaces, 2015, 7(3): 1720-1725.

［4］ Zewail A. Laser femtochemistry. Science, 1988, 242(4886): 1645-1653.

［5］ Haessler S, Caillat J, Boutu W, et al. Attosecond imaging of molecular electronic wavepackets. Nature Physics, 2010, 6(3): 200-206.

［6］ Hockett P, Bisgaard C Z, Clarkin O J, et al. Time-resolved imaging of purely valence-electron dynamics during a chemical reaction. Nature Physics, 2011, 7(8): 612-615.

［7］ Gattass R R, Mazur E. Femtosecond laser micromachining in transparent materials. Nature Photonics, 2008, 2(4): 219-225.

［8］ Nakagawa K, Iwasaki A, Oishi Y, et al. Sequentially timed all-optical mapping photography (STAMP). Nature Photonics, 2014, 8(9): 695-700.

［9］ Yu Y, Jiang L, Cao Q, et al. Pump-probe imaging of the fs-ps-ns dynamics during femtosecond laser Bessel beam drilling in PMMA. Optics Express, 2015, 23(25): 32728-32735.

撰稿人：姜　澜、曹志涛、王青松

北京理工大学

超快激光纳米制造过程中亚飞秒时间及亚纳米空间下温度和压强的描述

Sub-Nanometer Sub-Femtosecond Scale Temperature and Pressure Descriptions during Ultrafast Laser Nano Fabrication

温度和压强是热力学最基本的参数，也是加工中最重要的参量之一。对于常规加工过程，温度与压强均可通过统计描述：温度表示微观粒子运动的剧烈程度，可由微观粒子的平均动能得出：$\langle \varepsilon \rangle = \frac{3}{2} k_B T$，其中 $\langle \varepsilon \rangle$ 是粒子平均动能，k_B 是波尔兹曼常量；压强表示微观粒子在单位时间、单位面积内产生的总冲量。统计物理可以基于宏观物质是由大量的微观粒子构成（包括分子、离子、电子、团簇等）这一物理基础研究物质的热力学性质。但是，在飞秒（10^{-15}s）激光加工过程中，激光脉宽大大短于电子-晶格弛豫时间（$10^{-10} \sim 10^{-12}$s），激光的能量吸收在晶格升温前已完成，电子晶格处于非平衡状态（图1（a））。超快激光的脉宽目前可达数飞秒甚至阿秒，可大大短于电子弛豫时间（$10^{-13} \sim 10^{-15}$s），超快激光辐照过程中电子处于非平衡状态（图1（b））[1]。因此，在超快激光加工过程中，加工时间尺度小于微观粒子的弛豫时间，且加工对象有可能只包含数个至数十个原子或者分子。在此情况下，温度与压强的描述与测量是否依旧能通过统计物理的定律得到存在疑问。

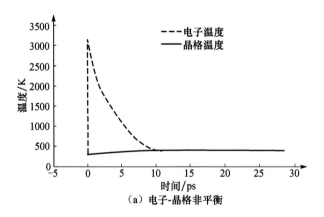

（a）电子-晶格非平衡

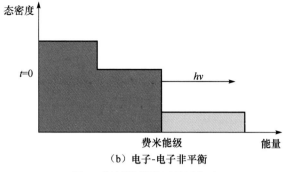

（b）电子-电子非平衡

图 1　材料被激发至非平衡态

下面以超快激光纳米加工如量子点和团簇处理为例（图 2）进行介绍。在超快激光处理团簇过程中，由于团簇可小至几个到数十个粒子的体系，在飞秒/阿秒时间尺度内，团簇的非平衡动力学性质不能用平衡态理论描述。在非平衡态下，团簇的量子涨落效应增强，系统变得不稳定[2]。因此，如何在亚纳米、亚飞秒尺度内重新描述温度与压强是超快激光纳米制造发展中遇到的一大科学难题，挑战了制造理论的基石之一——热力学和传热学。

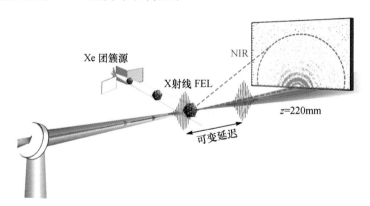

图 2　飞秒激光在 Xe 团簇中引起的非平衡态[3]

有很多科研人员致力重新描述在这种非平衡状态下的温度[4,5]。Baierlein 等通过求解熵对系统总能量的导数来是描述温度[6]，但是这一方法需保证外界参量如体积、磁场等不变，同时要求粒子数量不变。并且这种描述同样是基于微观平衡态。另一个在理论模拟中被广泛使用的是温度的描述：温度用系统粒子的平均动能表示[7]。但是，系统温度不仅依赖于粒子的平均动能，同时依赖于粒子的能量分布，如麦克斯韦-玻尔兹曼分布、玻色-爱因斯坦分布、费米-狄拉克分布。即使环境温度不变，组成团簇的原子的平均动能也会存在涨落[8]，特别是在很短的时间尺度内（图 2）。另外一些科学家提出用微纳尺度能量传输对温度进行等效描述。

Ziman 等描述一个点的温度等于在动量空间（q-space）内与该点平均能量相同且粒子数一致的平衡态系统的温度。然而，不同频率的总声子数对于普朗克分布有可能有不同的温度。因此，根据 Ziman 的描述，同一个点可能有不同的温度。Simons 对由不同材料组成的非平衡声子的热边界两边引入局部等效平衡温度的概念[4]。然而，这个概念与傅里叶定律中使用的传统温度不一致。Chen 和 Tien[9]通过如下方法描述了局部温度：一定温度下对所有能量和波矢的局部积分得到的总能量应等于相应温度下普朗克分布的声子的总能量。然而，这个描述使得温度概念与结构有关且不连续。由此可见，如何在亚纳米、亚飞秒尺度内描述温度是当前超快激光微纳制造中的一大科学难题。

另外，统计物理认为，在宏观尺度下压强源自大量粒子碰撞过程中动量的改变。而在亚飞秒时间尺度内，微观粒子的运动距离有可能小于粒子平均自由程。同时，在亚纳米空间尺度内，粒子数目则可能只有几个到数十个。此时，粒子的压强将出现强烈涨落，所以统计物理对压强的描述在这里同样也不再适用。因此，如何在亚纳米的空间尺度内描述压强同样是当前超快激光微纳制造中的一大科学难题。

参 考 文 献

[1] Jiang L, Tsai H L. Improved two-temperature model and its application in ultrashort laser heating of metal films. Journal of Heat Transfer, 2005, 127(10): 1167-1173.

[2] Weinberg E J, Wu A. Understanding complex perturbative effective potentials. Physical Review D, 1987, 36(8): 2474.

[3] Gorkhover T, Schorb S, Coffee R, et al. Femtosecond and nanometre visualization of structural dynamics in superheated nanoparticles. Nature Photonics, 2016, 10(2): 93-97.

[4] Simons S. On the thermal contact resistance between insulators. Journal of Physics C: Solid State Physics, 1974, 7(22): 4048.

[5] Goodson K E, Flik M I. Microscale phonon transport in dielectrics and intrinsic semiconductors. ASME-PUBLICATIONS-HTD, 1993, 227: 29.

[6] Baierlein R. Thermal Physics. Cambridge: Cambridge University Press, 1999.

[7] Schooley J F. Temperature: Its measurement and control in science and industry. College Park: American Institute of Physics, 1992.

[8] Efremov M Y, Schiettekatte F, Zhang M, et al. Discrete periodic melting point observations for nanostructure ensembles. Physical Review Letters, 2000, 85(17): 3560.

［9］ Chen G, Tien C L. Thermal conductivities of quantum well structures. Journal of Thermo- physics and Heat Transfer, 1993, 7(2): 311-318.

撰稿人：姜　澜、胡　洁、苏高世

北京理工大学

衍射极限与激光作用最小尺度极限

Diffraction Limit and Minimum Laser Interaction Dimension

碳纳米管和石墨烯等新材料的发现将人们引入了纳米尺度的世界，石墨烯是由单层碳原子紧密排列构成的二维蜂窝状结构，是构建其他碳质材料的基本单元，其厚度约为 0.34nm，石墨烯优异的力学、电学、光学和热学性能等都是由其单原子层亚纳米级尺度带来的。纳米尺度一般定义为 1～100nm，至少有一维尺度在 1～100nm 之内的材料称为纳米材料，纳米材料具备小尺寸效应、表面效应、量子效应、宏观量子隧道效应以及特殊的光学、磁学、热学、力学、化学性质，在电子、化工、冶金、宇航、军事、环境保护、医学、生物工程等领域有着广泛的应用发展潜力，人们普遍认为纳米科技的发展将推动众多领域的技术创新。俗话说，没有金刚钻就别揽瓷器活。从制造角度出发，要想人为制造出纳米尺度的结构，需要纳米级或比纳米更小的精细加工工具，目前各种光刻技术（如 X 射线光刻、电子束光刻和聚焦离子束光刻等）能实现 5～10nm 的刻蚀线宽，但这些刻蚀技术往往需要巨资装备和高真空加工环境。相对而言，激光束是一种方便快捷的制造工具，尤其是随着近年来飞秒激光的快速发展，激光脉冲宽度已压缩到 50fs，激光波长已缩短至 266nm（1064nm 波长激光的 4 倍频率），平均功率已达数十瓦、数百瓦甚至上千瓦，重复频率可达兆赫兹。因此，超快激光已经成为一种非常强大而实用的精细制造工具。那么，超快激光束能否成为一种有效的纳米级制造工具呢？超快激光作用是否有最小尺度极限呢？

激光束是一种电磁波，存在波粒二象性，其波动特性会导致衍射效应。1873 年，Abbe 发现，当一束波长为 λ 的光束穿过折射率为 n 的介质并以角度 $\sin\theta$ 汇聚时，所能得到的最小光斑为 $d=\lambda/(2n\sin\theta)$，其中 $n\sin\theta$ 为光学系统的数值孔径（numerical aperture, NA，一般光学系统 NA 可为 1，也可达到 1.4～1.6），当 NA 为 1 时，最小光斑可简单表示为 $d=\lambda/2$，这一现象称为衍射极限，即由于衍射效应的制约，聚焦光束无法聚焦成一个几何点，其极限焦斑约为光波长的 1/2[1]。考虑到目前常用的超快激光的波长为 1064nm（或 1030nm），经 2 倍频后波长为 532nm，3 倍频后波长为 355nm，4 倍频后波长为 266nm，用这些常用激光聚焦后均没法达到纳米尺度（即<100nm），也就是说，常用波长的超快激光难以直接制造出纳米尺度的结构（这里指的是经聚焦激光束烧蚀机制来直接刻蚀制造，多个脉冲超快激

光作用在一个点或区域时可以诱导出纳米结构)。当然,也可以用紫外短波长激光,如用深紫外(DUV,一般波长为 350～200nm)和极紫外(EUV,一般波长为 124～10nm),这些超短波长激光可以实现 1～100nm 的聚焦焦斑,因此能有效进行纳米尺度结构的直接光刻制造,但超短波长激光的产生和器件化均大幅度增加难度和成本,且极紫外光子能量很高(10～124eV),极易被空气吸收,其产生、传输和应用往往均需要高真空环境。与光波(光子)不同的是,电子束和离子束这类的带能粒子束,存在德布罗意波长(de Broglie wavelength),其数值与粒子的动量成反比,能量为 10keV 的电子的波长为 0.01nm,这就是扫描电子显微镜(SEM)、透射电子显微镜(TEM)以及聚焦电子束、聚焦离子束等粒子束能实现很精细的纳米级成像和加工的原因,其代价是复杂昂贵的系统和造价以及高真空环境。

那么有没有可能用常规波长的超快激光,避开或突破衍射极限的制约而获得更精细的纳米尺度的直接加工能力呢?办法总是有的,一般地,将聚焦焦斑尺寸小于 1/2 波长的现象称为突破衍射极限或超分辨。纳米尺度非常小,在实现纳米尺度的加工能力之前,需要有一双能看到纳米的"火眼金睛",即达到纳米级分辨率的成像手段,在纳米尺度世界里,成像与加工往往是"孪生兄弟",在能量低时成像,在能量高时为加工技术,如原子力显微镜(AFM)、聚焦离子束(FIB)等,既可成像,也可加工。

最成功的突破衍射极限的分辨技术当属受激发射减损(STED)技术,其发明人获得 2014 年诺贝尔化学奖。该技术用一束激励激光束照射荧光分子使其发光,同时另一束环形淬灭激光束将上述激光束最中心以外的所有分子荧光熄灭,这样允许发出荧光的区域极小,甚至小于衍射极限的大小,用这样两束激光逐点扫描整个区域或样品,最后得到的图像分辨率很高,远超衍射极限分辨率,至少达到 3 倍超分辨率,即 $\lambda/6$。当然,STED 技术也可用来进行突破衍射极限的纳米级加工,尤其是对生物材料[2]。

飞秒激光双光子聚合是一种实用的突破衍射极限制造方法,将飞秒激光聚焦于特种液态光敏树脂中,树脂的液态小分子同时吸收两个或多个光子,发生聚合反应变成固态大分子结构。双光子吸收率正比于光强的平方,只有在激光聚焦焦斑的最中心区域的光强才能满足双光子吸收聚合反应的条件,光路上其他区域的光强均不足以产生双光子吸收和聚合反应,因此双光子聚合能够制备小于 100nm 的聚合物结构,对聚焦激光束进行三维扫描可制备或打印出三维复杂的纳米级结构或零件。目前,双光子聚合的单线线宽已缩小至约 50nm,即约 $\lambda/10$ 的制造精度[3]。近年来利用一束激光聚合另一束激光外围消聚合的方法(类似于 STED)有可能进一步提高制造精度。

将一束飞秒激光分成两束或更多束,使其传播不同的光程再合并,会在交合处形成干涉条纹和图案,优化激光波长、入射角、分光汇合光束数量以及材料对象特性等，可以得到低于衍射极限的加工结构，但其超分辨的倍率有限。

通过对飞秒激光进行空间整形，将高斯光斑变形为极其靠近的两个光斑，对纳米厚度金膜进行烧蚀去除处理，在两个光斑之间未被去除的区域获得了约 56nm 的金纳米线，即获得了 $\lambda/14$ 的突破衍射极限精度[4]。

另一大类能有效突破衍射极限的方法称为近场方法，即当成像或加工对象与聚焦光学元件的距离小于一个波长时所采用的方法。反之，当对象离开成像光学元件距离较远时（超过或远超过一个波长）则为远场，Abbe 衍射极限是在远场情况下出现的，只对远场有效。上述 STED 技术、多光子聚合、干涉加工和空间整形加工等都属于典型的远场技术。近场方法的基本原理是借助极靠近对象表面（典型值为几百纳米）的消逝场包含的信息构筑超过衍射极限的高分辨率成像或加工。近场方法的局限性也在于不能成像或加工厚度超过一个波长的物体。

多年来已经发展出一些有效的近场方法，如针尖效应，即利用原子力显微镜的针尖，将一束飞秒激光束入射到针尖上，在针尖的近场很小范围内，激光光强得到显著增强，产生烧蚀作用，其他区域光强不足，这样就能实现突破衍射极限的精细加工效果。据报道，利用近场针尖效应已经得到仅约 10nm 的刻痕线宽，若用 532nm 的绿光飞秒激光，则加工精度已达约 $\lambda/50$。另一种主要的近场方法为粒子透镜，即将飞秒激光入射到几微米直径的透光硅小球上，光通过小球时会聚，在小球与材料表面接触的很小近场区域，光强得到显著增强从而实现低于衍射极限的加工线宽。将常规显微镜与粒子透镜结合已经实现在可见光下约 50nm 的超分辨率，约为 $\lambda/50$。

综上所述，突破衍射极限实现纳米尺度制造已成为可能。那么，激光作用或者激光加工是否存在最小尺度极限以及这个极限是多少，还是一个值得深入探讨的问题。

原子的尺寸约为零点几纳米，如碳原子的尺寸为 0.34nm，上面提到的近场针尖加工的最小刻痕线宽为 10nm，约相当于 30 个原子并排的尺寸，如果要刻出一个锥体，则约需要去掉 9000 个原子。因此，激光纳米制造实际上要讨论的是激光光子与一定数量原子的相互作用，此时材料本身的特性、材料内部原子排布结构等可能就会有很大的影响。衍射极限仅仅指出了激光束本身所能聚焦的最小尺度，激光作用（加工）最终产生的最小尺度与很多因素有关，尤其是材料自身的诸多因素。例如，激光双光子聚合的最小线宽尺寸更多的是在聚合物材料方面的精致优化后实现的；同样的聚焦激光束，作用于不同的材料会有明显不同的烧蚀宽度。因此，在纳米尺度下，突破衍射极限只是第一步，更重要的是突破材料的制约，或者突破衍射极限与材料的共同制约。

激光束作为光镊可以操纵、移动单个原子，从而将原子作为单元来构筑一个结构，因此激光作用的最小尺度可以小到原子；在足够强激光作用下，激光能量有可能使氘和氚发生聚合反应（即激光核聚变），因此激光作用的最小尺度可以小到原子核。从上面论证的多个角度，激光作用是否存在最小尺度极限以及这个极限是多少，对这一问题的解答会随着科学发展而不断深化认识，目前仍然是一个谜。

参 考 文 献

[1] Abbe E. Beiträge zur theorie des mikroskops und der mikroskopischen wahrnehmung. Archiv für Mikroskopische Anatomie, 1873, 9(1): 413-418.

[2] Westphal V, Rizzoli S O, Lauterbach M A, et al. Video-rate far-field optical nanoscopy dissects synaptic vesicle movement. Science, 2008, 320(5873): 246-249.

[3] Dong X Z, Zhao Z S, Duan X M. Improving spatial resolution and reducing aspect ratio in multiphoton polymerization nanofabrication. Applied Physics Letters, 2008, 92(9): 132.

[4] Wang A, Jiang L, Li X, et al. Mask-free patterning of high-conductivity metal nanowires in open air by spatially modulated femtosecond laser pulses. Advanced Materials, 2015, 27(40): 6238-6243.

撰稿人：钟敏霖

清华大学

光的波粒二象性对激光微纳制造及
跨尺度制造的影响机制

Influence of the Wave-Particle Duality of Light to Laser
Micro/Nano- and Multiscale-Fabrication

从波动光学的角度，光是一种电磁波，并可根据电磁场理论来描述光学现象，如光的反射、折射、干涉及偏振等现象。同时，光由一粒粒运动着的光子组成，每个光子具有确定的能量。经过长期研究发现，光具有波粒二象性（wave-particle duality），而且一切微观粒子（包括光子）均具有这一特性。具有单色性好、相干性好、方向性好及高亮度优点的激光，也是一种电磁场，具有波动性，即具有干涉、衍射和偏振等特点；同时激光由光子组成，在激光的吸收和辐射等过程中，激光粒子特性非常明显。

随着激光器的迅猛发展，激光在能量、时间、空间方面可选择范围很宽，并可实现精确、协调控制，这些特性使得其既可满足宏观尺度的制造要求，又能实现微纳米尺度的制造要求，成为微纳制造及跨尺度制造的理想工具。激光微纳制造是通过激光与材料的相互作用，改变材料的物态和性质，实现微米至纳米尺度及跨尺度的控形与控性。超快激光辐照时间尺度极短（可短至 10^{-15}s）、瞬时峰值能量密度极高（＞10^{14}W/cm^2）、作用空间极小（约 10^{-9}m），因此激光与材料相互作用过程中涉及的物理效应、作用机理不同于传统制造，也由此产生一些制造新机理、新方法。

激光的波动性对其制造过程的影响主要体现在光的反射、折射、干涉及偏振等特性对加工的影响。例如，飞秒激光诱导表面波纹结构形态上的偏振依赖性以及偏振带来的深孔加工中的弯曲倾向性等，这些机制都缺乏深入、准确的理解。此外，如何突破激光波动特性导致的衍射极限是激光纳米制造中一项最为关键的科学难题。目前，常用的突破衍射极限的激光加工方法有四种：基于近场效应的纳米加工技术、激光干涉诱导微纳加工技术、表面等离子体激元加工技术，以及双/多光子聚合制备三维微纳结构技术。然而，这些技术仍存在显著的缺点，例如：近场加工的可重复性差，效率低；双/多光子聚合对材料要求苛刻，效率低；表面等离子体激元加工及激光干涉加工的图案固定，灵活性差。这些缺陷制约了其实际的加工应用。近期，一种新型基于空间整形光束的无掩模金属纳米线加工技术为突破衍射极限的微纳加工技术提供了一种新的选择[1]，其基本原理为：将高斯型分布飞秒激光脉冲通过空间整形（相位改变）为间距可调的双峰光束，在单步、无掩模的条件下成功制备出超衍射极限的金纳米线，然而这一技术仍存在加工结构单一的缺点。这些基于激光加工的新方法、新技术发展依赖于对光的波粒二象性机制的深入理解。

激光光子能量的吸收方面通常是由激光的粒子性来描述的。激光吸收原理包括自由电子加热（heating）、雪崩电离（avalanche ionization）、多光子电离（multiphoton ionization）、隧道电离（tunnel ionization）等。当能量密度为 $10^{12} \sim 10^{15} \mathrm{W/cm}^2$ 时，碰撞电离和光致电离是自由电子产生的两种主要机制。飞秒激光辐照非金属材料，经过电离过程之后材料表面产生大量电子，使其具有类金属的特性，由于激光作用后产生的自由电子集体振荡，即可产生表面等离子体，当复合介电函数的实部小于 -1 时，即可形成波，即表面等离子体波。在描述飞秒激光与材料相互作用的等离子体模型中[2,3]，自由电子密度变化综合考虑了多光子电离和碰撞电离的影响，成功预测了飞秒激光加工宽禁带介质材料的加工阈值和加工深度。但是，模型没有考虑由光的波动性导致的激光电磁波与材料表面等离子体波的干涉/耦合效应，因此其对于一些加工结构，如激光诱导表面波纹结构的形成无法预测。

从上述过程可以看出，激光与材料的相互作用过程中，不但涉及光的波动性质，同时体现的粒子性也变得极为关键，分析和描述这一复杂的过程是十分困难也是亟须解决的一大科学难题。因此，如何用同一模型更好地描述/融合光的波粒二象性是当前激光微纳制造及跨尺度制造中的一大科学难题。

下面以激光诱导表面波纹结构为例综合说明光的波粒二象性对微纳加工的影响。自被发现以来波纹结构就引起了人们的广泛关注，在其形成机理方面很多学者做了大量的研究[4,5]，随着实验中观测到的表面波纹结构呈现出多样化，与之相关的理论模型也在不断地提出，目前对于飞秒激光诱导亚波长波纹结构的产生以表面等离子体波与入射激光的干涉作用为其主要形成机制。针对非金属材料，飞秒激光辐照材料表面，经线性及非线性光吸收效应，电子可由价带激发到导带产生大量自由电子，当激发自由电子密度超过临界电子密度时，即可形成电子密度较高的表面等离子体。表面等离子体波是一种表面电磁波，具有波粒二象性。激发表面等离子体波后会发生表面等离子体共振，入射激光的能量发生转移，转移成为表面等离子体的振动，入射激光的反射光强度就会相应减弱。研究表明，激光-等离子体的作用将导致材料的去除。Rethfeld 等[6]使用全玻尔兹曼碰撞积分证明了用激光-等离子体相互作用可以很好地描述高离子化电介质材料中飞秒激光的吸收。表面波纹结构的产生即入射激光与表面等离子体的耦合效应，其中涉及的电子密度及激发电子的俘获、扩散及再复合等过程均可对其最终加工形态产生影响。图 1 为采用时域整形的飞秒激光脉冲序列对局部电子动态进行调控以改变表面等离子体与光的耦合，实现了表面波纹结构形态（方向、周期及结构形态）的调控[7,8]。然而，目前的实验研究中只针对其波动性或粒子性中的其中一项，且对其作用过程提出的影响机制，只能针对某一种加工结构或现象进行。一些新

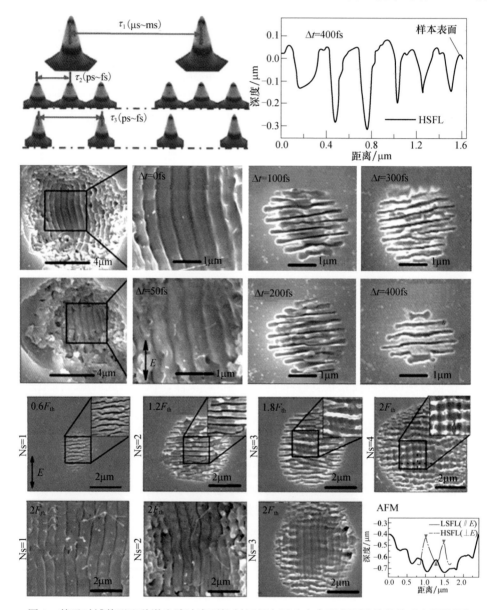

图 1　基于时域整形飞秒激光脉冲序列控制局部电子动态实现表面波纹结构形态调控[7,8]

的制造机理及制造方法中的影响机制尚不明确，其根本原因在于光的波粒二象性的综合影响过程十分复杂，目前尚未建立一个完善的统一理论。研究人员将光的波粒二象性融入量子等离子体模型，对飞秒激光加工亚波长周期性表面结构的形成机理进行系统和深入的研究，揭示了亚波长近波长纹理结构的形成机理[9]。综合考虑光与等离子体激元的波粒二象性以及激光作用过程中材料的特性变化建立较为完善的模型/理论，以描述超快激光与各种物质相互作用的普遍过程是当前超快激光微纳制造中的一大科学难题。

另外，随着观测手段的不断发展，从实际观测角度体现光与激发等离子体激元的波粒二象性对深入理解其对超快激光加工过程的影响机制变得至关重要，如泵浦探测系统可用于直接观测飞秒激光在空气中的传播过程。至今已有大量研究致力于纳米尺度内表面等离子体激元波粒二象性的观测，如近场光学成像技术、电子能量损失谱成像技术及时间分辨光子诱导近场电子显微镜技术辅助光激发被用于从多空间、能量及时间尺度观测表面等离子体激元。然而，这些技术仍存在诸多难题，如信号强度、逐点捕捉、探测尖端对电磁场的影响等。由于超快激光微纳制造过程是跨时间和空间尺度的复杂过程，实现观测过程也是一个巨大的挑战，因而如何从在线观测角度观测激光微纳制造过程中光的波粒二象性也同样是当前超快激光微纳制造中一大科学难题。这一科学难题的解决依赖于超快激光理论模型的发展以及超高分辨率跨尺度观测技术的突破。

参 考 文 献

[1] Wang A, Jiang L, Li X, et al. Mask-free patterning of high-conductivity metal nanowires in open air by spatially modulated femtosecond laser pulses. Advanced Materials, 2015, 27(40): 6238-6243.

[2] Stuart B C, Feit M D, Rubenchik A M, et al. Laser-induced damage in dielectrics with nanosecond to subpicosecond pulses. Physical Review Letters, 1995, 74(12): 2248.

[3] Jiang L, Tsai H L. Energy transport and material removal in wide bandgap materials by a femtosecond laser pulse. International Journal of Heat and Mass Transfer, 2005, 48(3): 487-499.

[4] Garcia-Lechuga M, Puerto D, Fuentes-Edfuf Y, et al. Ultrafast moving-spot microscopy: Birth and growth of laser-induced periodic surface structures. ACS Photonics, 2016, 3(10): 1961-1967.

[5] Rudenko A, Colombier J P, Itina T E. From random inhomogeneities to periodic nanostructures induced in bulk silica by ultrashort laser. Physical Review B, 2016, 93(7): 075427.

[6] Rethfeld B, Kaiser A, Vicanek M, et al. Ultrafast dynamics of nonequilibrium electrons in metals under femtosecond laser irradiation. Physical Review B, 2002, 65(21): 214303.

[7] Jiang L, Shi X, Li X, et al. Subwavelength ripples adjustment based on electron dynamics control

by using shaped ultrafast laser pulse trains. Optics Express, 2012, 20(19): 21505-21511.

［8］ Shi X, Jiang L, Li X, et al. Femtosecond laser-induced periodic structure adjustments based on electron dynamics control: From subwavelength ripples to double-grating structures. Optics Letters, 2013, 38(19): 3743-3746.

［9］ Yuan Y, Jiang L, Li X, et al. Adjustment of ablation shapes and subwavelength ripples based on electron dynamics control by designing femtosecond laser pulse trains. Journal of Applied Physics, 2012, 112(10): 103103.

撰稿人：姜　澜、韩伟娜、李晓炜

北京理工大学

激光冲击波约束应变强化机理与残余应力场演化规律

Two Element Criterion of Laser Shock Processing and Mechanism of Restraining Strain Strengthening

激光冲击强化（laser shock-processing）也称为激光喷丸（laser peening），能够有效地提高航空关键结构件的疲劳寿命。美国空军 HCF（高周疲劳）年度报告指出，1989～1999 年 HCF 故障率为 53.9%，HCF 引起的维修成本支出估计为每年超过 4 亿美元。使用激光冲击强化技术之后，2000～2010 年，HCF 故障率降低至 7%，大幅度提高了飞机安全性，检修周期成倍增加，大幅度降低了维护维修成本和使用费用。美国将激光冲击强化列为第四代飞机/航空发动机的关键制造技术之一[1]。激光冲击强化提高金属疲劳寿命的最主要原因是其能够在金属表面形成残余压应力层，残余压应力的形成不仅与激光冲击波的峰值压力有关，也与冲击波持续时间（保持压力大于动态屈服强度的时间，简称保压时间）有关。只有在足够的保压时间下，才能形成所需稳定的塑性变形层，达到理想的残余压力值及其分布。目前，现有动态塑性变形理论仅仅有一个压力判据而没有时间判据[2]，其不仅造成了激光冲击强化工艺的参数确定依靠试错法，缺乏理论依据，而且对激光器研制和类型选择造成了误导。例如，根据压力判据，飞秒激光产生的压力远大于材料的动态屈服强度，理论上能强化金属，但是实践证明其不能有效提高疲劳寿命。

如果建立包含时间和压力二元条件的判据，就能够解决两大基础理论问题：①为满足不同的激光冲击强化需求，设计系列光学系统及其激光器提供理论依据；②为不同材料、不同结构零件设计出合理的激光冲击强化工艺参数，满足不同的疲劳寿命、残余压应力分布以及微观显微组织要求。但是，至今尚未建立二元判据准则和厘清约束应变强化机理，其难点主要体现在如下几个方向。

1）激光冲击波约束应变强化机理与残余应力层判据

揭示冲击波强声场和温度场耦合作用下金属材料发生动态塑性变形的演化规律与强化微观机制，建立包含时间和压力二元条件的判据，获得激光束能量时空分布与冲击波强声场耦合的规律及其控制理论和方法，为激光冲击波强化层深度精确控制及激光强化装备光学系统设计提供理论基础。激光冲击强化实际上是一个瞬态的物质四态耦合的过程，十分复杂：金属零件和其表面的涂层材料构成固态，涂层是一个非常重要的环节，其作用有二，首先作为吸收激光脉冲能量诱导冲击波的牺牲层，其次是防止激光束直接照射在金属零件表面，避免热损伤，零件表面温度不超过 100℃，所以国外学者将激光冲击强化归为冷加工工艺。涂层表面有一层透明的水，其约束了激光诱导的冲击波，起到增强冲击波峰压的作用，这是物质的第二态——液态。水之外是环境空气或者带有一定压力的压缩空气，这是物质的第三态。激光束穿过透明的水约束层作用在涂层表面，激光束脉冲能量一般为 10～50J，脉冲宽度 10～30ns，脉冲功率达到 10^9W。涂层吸收激光能量，温度急剧升到 10000℃以上，气化、电离，形成等离子体，这是物质的第四态。等离子急剧膨胀、爆炸，形成向零件内部传播的冲击波/应力波。从点燃等离子体到熄灭整个过程属于纳秒量级，非常快。涂层固态、水液态、环境气态和激光等离子态四相态耦合十分复杂，在激光束最初的 1ns 之内，涂层已经气化电离形成了等离子体，尚不清楚 1ns 以后的激光束能量是如何与等离子体相互作用并传递能量。现有的理论都是通过零件金属热学参数来估算温度场的特性，但是激光冲击的过程仅仅是激光束与涂层材料相互作用，温度场也仅仅局限于涂层材料的表层，涂层下面的金属材料处于绝热状态。因此，应该用涂层的热学参数估算温度场，但是涂层材料一般为颗粒状的无机材料和有机材料的混合物，有时还掺杂金属粉末，是非均匀介质，建立在理想均匀金属介质下的热传导理论与公式不能正确反映实际状态。现有的温度场估算通常将光斑内的激光能量分布为均匀或高斯分布，实际上激光束横模是高阶模，而激光束能量的空间分布影响温度场的分布，温度场的空间分布又影响等离子体冲击波的空间分布与传播特性。激光束能量空间分布、温度场空间分布、冲击波/应力波场、残余应力分布，以及微观组织之间的相互影响规律更为复杂。

2）高应变率动态梯度塑性变形机制及其与宏观力学性能耦合规律

激光诱导的冲击波首先与固体材料相互耦合，在冲击波的作用下金属固体发生塑性变形，其压力达吉帕量级，冲击波持续时间为纳秒量级，应变率已经达到 $10^7 s^{-1}$，这是常规喷丸强化的 10000 倍，爆炸的 100 倍，也是极端条件超高应变率动态塑性变形。高应变率下，材料的本构模型参数明显不同于准静态情况下材料的本构模型参数，大多数材料动态屈服强度随应变率的增大而增大。而且，冲击波/应力波向固体内部传播时发生衰减，其应变率也随着零件厚度发生衰减，应变率是一个不断变化的动态过程，即沿零件深度方向的动态塑性变形条件是变化的。这给数值模拟带来了极大的挑战。当冲击波的波长与固体晶粒尺寸在同一量级时，还要考虑波与晶粒耦合的问题。脉冲强激光、材料、强冲击波三者耦合导致的具有高应变率特性的动态塑性变形过程很复杂。每年关于激光冲击强化的论文很多，但是，其主要侧重于激光冲击强化的具体应用和实验现象的描述[3]，例如，对激光冲击作用下材料的显微组织变化的描述[4]，没有把靶材作为耦合系统中的一个组成部分，来研究靶材的形变、残余应力、微观组织与系统其他组成部分之间的耦合作用。激光冲击工艺参数以经验为主。

参 考 文 献

[1] See D W, Dulaney J L, Clauer A H, et al. The air force manufacturing technology laser peening initiative. Surface Engineering, 2002, 18(1): 32-36.

[2] Fairand B P, Wilcox B A, Gallagher W J, et al. Laser shock-induced microstructural and mechanical property changes in 7075 aluminum. Journal of Applied Physics, 1972, 43(9): 3893-3895.

[3] Gujba A K, Medraj M. Laser peening process and its impact on materials properties in comparison with shot peening and ultrasonic impact peening. Materials, 2014, 7(12): 7925-7974.

[4] Zhang Y, Lu J Z, Luo K Y. Laser Shock Processing of FCC Metals. Berlin: Springer, 2013.

撰稿人： 张永康

广东工业大学

超快激光金属微深孔加工中的烧蚀机理

Ultrafast Laser Fabrication Mechanism of
Micro-Deep Holes in Metals

与纳秒激光及脉宽更长的其他激光相比，超快激光具有极短的脉冲宽度，能够实现能量在材料中的快速沉积，理论上能够实现非热能烧蚀，即"冷"加工，完成对材料的精确去除。虽然在超快激光多脉冲加工时依然存在热累积现象，但是极短的脉冲宽度使其能够最大限度地抑制热影响区的产生，从而减少重铸层的厚度。此外，超快激光由于其峰值功率密度高，非线性吸收显著，具有突破衍射极限及材料普适性的特点。因此，超快激光可以在各种材料上制备出孔径更小且重铸层极少的微结构。但是，在超快激光微孔加工中往往存在着等离子体屏蔽、孔深饱和、孔壁粗糙、孔形扭曲且锥度大等现象，严重影响超快激光微深孔加工的效率及质量[1,2]。因此，研究超快激光微深孔加工中的烧蚀机理，分析上述现象的本质原因，是调控激光加工参数以实现高效高质量微深孔加工的前提。

在实际加工中，超快激光刻蚀金属材料时，激光能量首先在有限的深度内被自由电子吸收，并在瞬时将自由电子加热到极高的温度，同时产生雪崩电离，在电子温度升高的同时激发出新的自由电子，从而实现激光能量的非线性吸收[3]。此后，通过电子与声子之间的碰撞进行能量传递，最终电子和声子之间在温度上获得平衡态，且该弛豫时间主要由金属材料的电子-声子耦合强度决定。接下来达到平衡态的晶格-晶格系统将通过多系统间的微观物质碰撞及热传递等将能量进一步传递到材料的更深层内；另外，由于激光在脉冲作用时间内和极小的空间内与物质相互作用瞬时能量很高，金属中微观物质部分形成等离子体，其中一些以汽化的形式飞出，另有一些由于热作用形成熔融液体。此时，等离子体运动及表面形貌的改变又将调控激光能量的分布。因此，材料是在光场与能量场的耦合作用下去除的。

近年来，国内外学者通过理论和实验方法，对超快激光与金属材料相互作用机理开展了深入的研究。

在理论方面，目前在超快激光与金属材料相互作用的模型中，采用电磁波传播模型获得激光在材料表面的能量分布，利用双温模型乃至量子修正双温模型模拟电子-电子以及电子-声子能量传递[4]，根据分子动力学追踪声子-声子之间的能量传递[5]。但是超快激光加工的时域和空域都是跨尺度过程，如何构建上述耦合的模型模拟超快激光与金属材料相互作用仍有一系列科学难点，主要表现如下：

（1）具有局限性的超快激光-材料相互作用模型。对于电磁波模型，为了准确模拟激光在材料中的能量分布，需要每一个时间步长的空间长度小于波长，因此其时间尺度往往小于飞秒量级；对于双温模型，无法准确模拟声子参数及外界对电子运动状态及电子-声子耦合过程的影响，而且材料合金多元素的原子排布决定第一性原理计算结果[6]，如何构建准确的多物理参数的双温模型就是一个科学难题。此外，分子动力学中的核心是势函数，当考虑材料表面的氧化及改性时，需要考虑长程库仑力，该类型势函数的存在是决定分子动力学模拟可行的前提，而且会带来极大的计算量。而对于合金材料，目前没有多元素的势函数，因此如何构建其准确的分子动力学及量子修正模型是决定理论计算成败的关键。

（2）激光与平面金属材料相互作用的模型。目前采用电磁波传播模型耦合量子修正双温模型研究超快激光作用下的刻蚀过程[7]，但是，在目前的超快激光加工领域，尚未出现一个类似于沸点或熔点的物理量来衡量材料的去除及熔融过程，因此即使采用双温模型也无法确定材料的去除量。为此，部分研究人员耦合双温模型及分子动力学来研究材料的烧蚀过程[8]。但是由于分子动力学的计算量大，模型尺度只能在纳米至亚微米尺度范围，无法准确覆盖整个辐照面。然而，在电子能量吸收过程中会导致电子运动参数的变化，从而导致材料吸收激光能量、电子-声子耦合能量以及分子动力学中带电粒子价态的改变，是一个各物理场强耦合的过程。目前未见电磁波方程、电子参数微分方程、量子修正双温方程及分子动力学耦合模型来研究超快激光与金属材料相互作用的相关报道。因此，现有的理论模型不能模拟整个激光辐照面横向尺度范围内超快激光与平面金属材料的相互作用过程。

（3）超快激光微深孔加工的模型。对于超快激光微深孔加工，还需研究孔形、孔壁形貌及孔内的等离子体等对激光在微深孔内传播特性的影响[9]，以及不同孔深状态下材料的去除及沉积过程[10]。因此，模型的纵向尺度需大于孔深的尺度范围，使得微深孔超快激光加工的模型要比单纯研究激光与平面材料相互作用模型的空域尺寸要大得多。此外，在微深孔加工过程中，等离子体的运动过程、晶格间能量传递的时间尺度往往在纳秒量级；而在微深孔加工中往往需要上万个脉冲，在考虑多脉冲效应时，模型的时域必须拓展至秒乃至分钟的时间尺度。

在实验研究方面，高速相机无法满足实时探测脉冲持续时间等离子体运动过程的需求，且金属材料的孔形演变也局限于研磨侧剖分析。同时，如何区分及调控孔隙演变的偶然性及必然性仍有一系列科学难点。主要表现如下：

（1）电子动态运动过程实时探测。考虑纯理论计算与实验结果误差比较大，往往需要利用实验研究得到模型参数，尤其是等离子体的运动状态。激光脉冲时间在皮秒乃至飞秒时间尺度，目前高速相机的采样频率在兆赫兹，无法探测超快激光加工过程中脉冲时间内及脉冲序列下的等离子体运动过程。同时，除了脉冲持续时间尺度为皮秒乃至飞秒时间尺度外，等离子体运动的过程在纳秒时间尺度，而微孔加工实验过程在分钟时间尺度，因此如何实现跨尺度时间范围内的电子动态监测仍是一个科学难题；同时，受光学衍射极限的限制，等离子体运动观测系统的空间分辨率被大幅度抑制。此外，目前利用红外光谱仪监测的最小面积在毫米级，无法实时探测飞秒激光微深孔加工的表面温度。

（2）孔形演变及应力实时检测。在应力检测方面，目前 XRD 应力检测的面积在毫米级，且无法检测微孔内部的应力分布。在孔形检测方面，当孔较浅时，可以通过多种微结构检测仪器直接测量孔的形状；但是当孔较深时，由于金属的不透明性及微结构检测技术的限制，无法实时检测金属孔形的演变过程，只能通过研磨进行剖面分析，使得表面材料应力等一些观察信息丢失[11,12]。该方法限制了对深孔形貌的研究，特别是对孔的侧壁形貌的研究。

（3）孔形演变的必然性及偶然性。一致性或重复性是衡量加工效果的一个重要因素[13]，保证微深孔一致性是超快激光微深孔批量制造的前提。超快激光微深孔加工中等离子体参数、脉冲数、激光偏振及散射等因素会造成微深孔的分叉、孔形弯曲、孔壁自清洁及孔深饱和等，但是目前尚未得到成熟的调控机制以提高微深孔的加工效率与质量。同时，如何分析相同参数下微深孔形貌差异的原因，形成减小孔形差异的有效方法，仍处于研究空白。

由上述内容可知，研究超快激光微深孔烧蚀机理存在着很多瓶颈，如何研究超快激光金属微深孔加工中的烧蚀机理从而提高烧蚀效率及加工一致性是一个科学难题。

参 考 文 献

[1] Döring S, Richter S, Tünnermann A, et al. Influence of pulse duration on the hole formation during short and ultrashort pulse laser deep drilling. International Society for Optics and Photonics, 2012: 824717.

[2] Xia B, Jiang L, Li X, et al. Mechanism and elimination of bending effect in femtosecond laser deep-hole drilling. Optics Express, 2015, 23(21): 27853-27864.

[3] Bévillon E, Colombier J P, Recoules V, et al. First-principles calculations of heat capacities of ultrafast laser-excited electrons in metals. Applied Surface Science, 2015, 336: 79-84.

[4] Jiang L, Tsai H L. Modeling of ultrashort laser pulse-train processing of metal thin films. International Journal of Heat and Mass Transfer, 2007, 50(17): 3461-3470.

[5] Urbassek H M, Rosandi Y. Insight from molecular dynamics simulation into ultrashort-pulse laser

ablation. Proceedings of the SPIE, 2010, 7842(1):104.

［6］ Bévillon E, Colombier J P, Dutta B, et al. Ab initio nonequilibrium thermodynamic and transport properties of ultrafast laser irradiated 316L stainless steel. The Journal of Physical Chemistry C, 2015, 119(21): 11438-11446.

［7］ Yuan Y, Jiang L, Li X, et al. Simulation of rippled structure adjustments based on localized transient electron dynamics control by femtosecond laser pulse trains. Applied Physics A, 2013, 111(3): 813-819.

［8］ Rouleau C M, Shih C Y, Wu C, et al. Nanoparticle generation and transport resulting from femtosecond laser ablation of ultrathin metal films: Time-resolved measurements and molecular dynamics simulations. Applied Physics Letters, 2014, 104(19): 193106.

［9］ Jiao L S, Ng E Y K, Zheng H Y, et al. Theoretical study of pre-formed hole geometries on femtosecond pulse energy distribution in laser drilling. Optics Express, 2015, 23(4): 4927-4934.

［10］ Nedialkov N N, Atanasov P A. Molecular dynamics simulation study of deep hole drilling in iron by ultrashort laser pulses. Applied Surface Science, 2006, 252(13): 4411-4415.

［11］ Zhao W, Wang W, Jiang G, et al. Ablation and morphological evolution of micro-holes in stainless steel with picosecond laser pulses. International Journal of Advanced Manufacturing Technology, 2015, 80(9-12): 1713-1720.

［12］ Zhao W, Wang W, Li B Q, et al. Wavelength effect on hole shapes and morphology evolution during ablation by picosecond laser pulses. Optics & Laser Technology, 2016, 84: 79-86.

［13］ Zhai Z, Wang W, Zhao J, et al. Influence of surface morphology on processing of C/SiC composites via femtosecond laser. Composites Part A: Applied Science & Manufacturing, 2017, 102: 117-125.

撰稿人：梅雪松

西安交通大学

采用激光焊方法制备钢铝异种材料接头

Manufacturing Steel-Aluminum Dissimilar Material Joint by Laser Welding

铝合金由于具有密度低、板材强度与低碳钢相当且无须进行防锈处理等优点，是在汽车车身材料中替代钢材，进而实现汽车轻量化制造的潜在材料。铝合金在汽车车身制造中的应用需解决钢铝异种材料薄板接头的制造问题。目前，在汽车制造业中尚无成熟的钢铝异种材料焊接方法，所采用的连接方法主要为机械连接，机械连接接头存在强度低、气密性差、疲劳性能较弱、接头质量大等问题。

激光焊是目前汽车车身制造中的先进连接方法，已在汽车行业中获得了广泛应用。其在汽车制造业中具有以下独特的优点：

（1）焊缝组织晶粒细小，接头综合力学性能良好；

（2）焊缝中有害杂质含量较低；

（3）焊道窄，熔深大，工件收缩和变形小；

（4）生产效率高，易于实现生产过程自动化；

（5）可焊到性好，能够焊接其他焊接方法难以焊到的位置。

利用激光焊方法制备钢铝异种材料接头具有潜在的工程应用价值。目前针对钢铝异种材料的激光焊方法已经开展了以下研究。

德国拜罗伊特大学的 Laukant 和不来梅激光研究所的 Kreimeyer 分别采用激光束焊接镀锌钢板和铝合金板，实现了对接和搭接接头的连接。日本长冈技术科学大学的 Borrisutthekul 通过控制焊接速度和热沉（散热块）来控制界面处的金属间化合物厚度，实现了激光热导熔钎焊；发现金属间化合物厚度随着热沉导热率和焊接速度的增大而减小，接头剪切强度增大[1]。日本名古屋大学 Ozaki 采用激光焊伴随热碾压的方法焊接低碳钢和铝合金[2]。我国山东大学王术军和秦国梁采用 MIG+激光复合焊方法实现钢铝异种材料的熔钎焊连接。

在过渡材料方面，北京工业大学赵旭东、肖荣诗和兰州理工大学樊丁分别采用填充合金粉和焊丝的方式制备了钢铝激光焊搭接接头[3]。法国 Mathieu 采用 Zn-15Al 焊丝激光熔钎焊钢铝异种材料[4]。湖南大学王涛和周惦武通过在钢铝接头处预置 Si 粉、Sn 粉等合金粉末，实现了激光熔钎焊，对激光焊过程进行了数值模拟，并通过优化工艺参数，对界面层形貌、显微组织和力学性能进行了分析[5]。

采用激光焊方法制备钢铝异种材料接头面临的科学难题包括：

（1）激光焊过程中，激光小孔的动力学行为和金属的快速冷却过程对异种材料接头形成的金属间化合物种类、形态及分布模式的影响规律尚不明了。钢铝异种材料在熔焊过程中难以形成性能良好的焊缝，其主要根源在于钢、铝合金材料中的主要元素 Fe 和 Al 在物理参数、力学参数、晶格参数、相组织结构等方面相差较大：Fe、Al 元素在晶格结构上存在着较大差异，铁在铝中的固溶度很低，几乎为零，铁铝二元合金相图如图 1 所示；Fe 和 Al 之间容易形成一系列金属间化合物硬脆相，如 $FeAl_2$、$FeAl_3$、Fe_2Al_5 等，其力学性能如图 2 所示，其存在于焊缝中会极大地降低接头的力学性能；钢、铝材料的热导率差异较大，铝合金的热导率约为钢材的 4 倍，对接焊时，熔池容易偏向钢板一侧，钢一侧的高温停留时间长，两种材料的相变过程存在较大差异；钢的熔点相对较高，搭接焊时可以控制热输入形成熔钎焊。

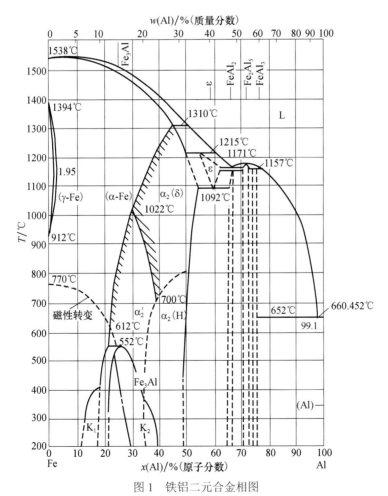

图 1　铁铝二元合金相图

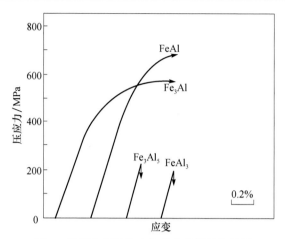

图 2　铁铝金属间化合物的力学性能比较[2]

钢铝焊接接头中金属间化合物的种类、形态及分布模式对接头的力学性能具有重要影响，其与焊接方法、熔池形态及焊接热过程密切相关。激光焊过程中热源的功率密度大，熔池具有尺寸小、冷却速度快、高温停留时间短等特点。小孔效应是高能束加工过程中独特的物理现象，小孔的形成、演变过程及其与激光的相互作用涉及复杂的传质与传热过程，不仅与激光加工的参数有关，还与激光热源的相对位置、钢、铝材料的热导率密切相关。例如，在图 3（a）中，采用铝板在上、钢板在下的方式可以形成熔钎焊，而采用图 3（b）的方式时则可以通过控制热输入形成上、下两个熔池，采用对接接头时则需控制激光热源偏向铝合金一侧，如图 3（c）所示。

小孔的行为对钢铝异种材料熔池中各元素的流动、分布及各相的反应、演变过程都存在重要影响。目前，小孔的动力学行为影响因素较多，在制造过程中不易定量观测，其对钢铝异种材料接头形成过程的影响规律尚不清楚，接头中金属间化合物的种类和显微形态在激光焊过程中的演变规律还需进一步确定。

（2）钢铝异种材料接头中多种金属间化合物混合相对接头力学性能和抗腐蚀性能的影响规律尚不清楚。在激光焊过程中，熔池的高温停留时间短，冷却速度快，钢铝异种材料接头的形成过程具有强烈的非平衡特征，在接头中通常同时存在多种铁铝金属间化合物相，如 $FeAl_3$ 和 Fe_2Al_5 同时存在于钢铝接头中。对于金属间化合物相对接头力学性能的影响，目前的分析认为当铁铝金属间化合物的厚度小于 $10\mu m$ 时，其力学性能处于可接受的范围，而各金属间化合物相对于接头力学性能的影响并无单独研究报道[6]。由此可见，目前的研究结果尚处于工程经验范围。除了力学性能外，多相共存的异种材料接头容易引发电化学腐蚀，这方面的研究还鲜有报道。

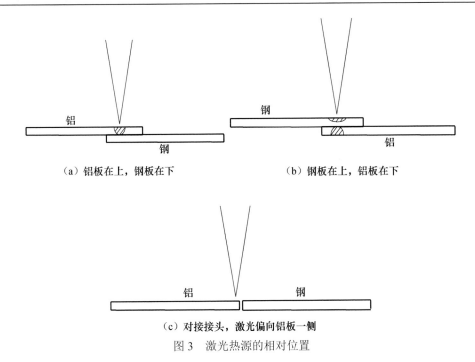

（a）铝板在上，钢板在下　　　　　　　（b）钢板在上，铝板在下

（c）对接接头，激光偏向铝板一侧

图 3　激光热源的相对位置

　　因此，为了深入理解钢铝异种材料接头中各金属间化合物相对接头性能的影响，优化钢铝异种材料的激光焊制备工艺，有必要深入研究钢铝异种材料激光焊过程中，各金属间化合物相的生成、演变过程及其接头力学性能及抗腐蚀性能的影响规律。

参 考 文 献

［1］ Farazila Y, Miyashita Y, Wang H, et al. YAG laser spot welding of PET and metallic materials. Journal of Laser Micro/Nanoengineering, 2011, 6(1): 69-74.

［2］ Ozaki H, Kutsuna M. Laser-roll welding of a dissimilar metal joint of low carbon steel to aluminium alloy using 2kW fibre laser. Welding International, 2009, 23(5): 345-352.

［3］ 赵旭东, 肖荣诗. 铝/钢光纤激光填充粉末熔钎焊接头界面组织与力学性能. 焊接学报, 2013, 34(5): 41-44.

［4］ Mathieu A, Shabadi R, Deschamps A, et al. Dissimilar material joining using laser (aluminum to steel using zinc-based filler wire). Optics and Laser Technology, 2007, 39(3): 652-661.

［5］ 王涛, 周恬武, 彭艳, 等. 钢/铝异种金属预置Si粉的光纤激光焊接. 中国激光, 2012, 39(3): 1-8.

[6] Engelbrecht L, Meier O, Ostendorf A, et al. Laser beam brazing of steel-aluminium tailored hybrid blanks. Proceedings of ICALEO, 2006.

撰稿人：林　健、雷永平

北京工业大学

涂覆成形增材制造过程中的力学问题

Some Mechanical Problems during Additive Manufacturing Based on the Methods of Coating Processing

　　基于高能激光、等离子体熔覆加工以及热喷涂覆层加工等方法的增材制造技术是 21 世纪的热点发展领域。例如，热喷涂的应用已涉及航空、汽车、冶金、印刷、化工等众多工业领域，据统计，仅航空、汽车行业分别约占欧洲热喷涂市场份额的 28% 和 15%[1]，世界在热喷涂产业的年产值已达 35 亿美元[2]，且有逐步增大的趋势。2005 年颁布实施的《国家中长期科学和技术发展规划纲要（2006—2020）》明确将废弃物资源化利用相关共性技术列为加强循环经济建设的优先发展领域。目前许多大型钢铁企业都引进具有热喷涂修复轧辊等冶金装备的生产线，航空发动机和汽车发动机的制造及维修企业也在研究应用热喷涂技术，热喷涂逐渐成为装备再制造工程中的关键技术不断被发掘，成为我国循环经济建设中的朝阳产业。激光熔覆技术更是增材制造领域的重点方向，目前正面向工业应用逐步走向成熟。

　　这些涂覆成形工艺都是大量受热熔化的材料不断沉积到基材表面并叠加实现增材成形的过程，不同的是熔覆过程是以沉积材料的整体熔化和铺展凝固，以及基体材料的局部熔化为特点，而热喷涂是以大量飞行熔滴彼此独自凝固为特点，且基体材料不发生熔化；但也有一些共同之处，例如，二者在材料转移成形过程中，由于被转移材料的高温和成形基体（未熔化部分）的低温而产生了温度差，被转移材料在凝固过程中因传热而引起应力问题。这里所说的成形基体（未熔化部分）可看成一个广义的概念，对于热喷涂，未熔化部分包括喷涂基体和已沉积的涂层；对于熔覆，未熔化部分是指除熔池以外的材料。例如，研究发现热的喷涂粒子扁平化沉积至基体表面后，瞬间凝固形成的骤冷应力是涂层最主要的残余应力源，而且是不可避免的[3,4]。正是涂层中骤冷应力的存在，使喷涂层的最终残余应力总体上呈现拉应力，这对涂层的结合强度、热冲击、磨损及疲劳等性能产生极为不利的影响，在喷涂厚成形、加工及后续使用过程中易诱发翘曲变形、剥落甚至开裂等失效行为。因此，针对涂层中残余拉应力的不利影响，阐明增材制造过程中的力学行为和产生机制，积极探索行之有效的应对措施是该技术领域的一项重要研究工作。另外，涂覆成形增材制造过程中还涉及光、电、热、物、化、磁等多场耦合力学问题，这对于理解能量与材料相互作用机制，深入挖掘涂覆成形的技术潜能，也是非常重要的研究内容。

涂覆成形过程中的残余应力源除了骤冷应力外，通常还包括热失配应力（也称热应力），它是在涂覆层沉积完毕后冷却至室温的过程，由于涂层和基体材料热膨胀系数的不匹配而形成的应力，当涂层材料热膨胀系数大于基体材料时表现为拉应力，反之为压应力。另外，少数喷涂材料在沉积过程中会诱发相变应力[5]。热失配压应力和相变压应力可以抵消一部分骤冷拉应力，对削弱总体残余应力的不利影响有好处，不过它们受喷涂材料的限制，不具备普遍性。

关于涂覆成形技术的工艺过程引起的残余应力及其后续使用引起的力学行为等科学问题，国内外一直在研究[6-8]，包括许多解析模型和数值模型，以及在线和离线测量方法。但是，如何有效控制成形过程中的力学行为是一个难解的谜。而且，这个问题在表面薄覆层加工可能不严重，在增材制造领域却显得尤为突出。因此，对于增材制造，除了材料和工艺需要继续发展之外，还包含一个共性的科学难点需要突破，即覆层加工过程中应力缺陷的阐释及其控制问题，它的存在极大地影响了可成形的尺度（维度）、形状复杂度甚至最终零件的强度等指标。除了理清各种喷涂、熔覆的增材制造工艺过程中应力缺陷形成的共同特点，找出其中存在的带有普遍意义的科学问题，并进行研究阐释之外，如何有效控制这种应力缺陷，采用回避、弱化或转化等思路将这一问题可靠地解决，将会给增材制造领域带来更大的发展。为解决这一问题，以热喷涂增材制造为例，以下几方面可能需要突破。

1）外加控制工艺手段与高温喷涂粒子沉积动态过程的能量控制

通常外加控制工艺手段实时引入热喷涂工艺时，其能量控制会变复杂。过高的能量导入可能导致涂层颗粒因过度冲击而碎化或剥落；过低的喷涂粒子沉积速度也可能导致涂层颗粒的本征结合强度不高而不利于承受外加控制工艺的作用。因此，如何实现外加控制工艺手段和高温粒子喷涂沉积动态过程能量传输的匹配控制，将对该成形工艺制备涂层的质量好坏产生重要影响。

2）残余应力控制机制

如果在热喷涂过程中实时引入外加控制工艺手段，涂层的应力产生机制将发生改变。应力将伴随每一薄层的叠加而累积，这会使涂层内部的残余应力行为建立在新的力学平衡基础上，且残余应力分布规律与喷涂成形的厚度变化密切相关，需对这一行为进行分析。另外，由于很多时候残余应力建立在塑性变形的基础上，原有一些基于弹性假设分析热喷涂层残余应力的方法将不再适用。因此，分析外加控制工艺手段后涂层的残余应力形成机制是理解和发掘这种增材成形技术的重点内容，为突破传统薄涂层成形工艺方法、实现厘米量级以上厚成形的增材制造提供基本理论支撑。

3）外加控制工艺手段对涂层界面的影响

喷涂时熔融的粒子沉积到待喷涂表面上后会迅速扁平化并发生快速凝固，但沉积的粒子还留有一定余热，在喷涂动态过程中引入外加控制工艺手段，会引起涂层表面及扁平颗粒间结合界面的响应。换言之，控制手段一方面会使已沉积涂层的表面因塑性变形等作用发生形貌和组织的改变；另一方面由于扁平沉积颗粒主要通过机械嵌合作用相互黏结在一起，较高能量的外加作用也会使相互嵌合的界面发生结合状态的改变。但是这些改变的基本规律尚不明了，它们可能促使扁平颗粒间的孔隙封闭，结合界面更密实，也可能因为沉积层表面粗糙度和表层组织的变化而弱化后续沉积层的结合强度，甚至使扁平沉积颗粒间相互嵌合的界面发生剥离。

参 考 文 献

[1] Ducos M, Durand J P. Thermal coatings in Europe: A business perspective. Journal of Thermal Spray Technology, 2001, 10(3): 407.

[2] Read J. Keynote address at the China International Thermal Spray Conference. Proceedings, Dalian, 2003.

[3] Tsui Y C, Clyne T W. An analytical model for predicting residual stresses in progressively deposited coatings. Part 1: Planar geometry. Thin Solid Films, 1997, 306: 23-33.

[4] Chen Y X, Liang X B, Liu Y, et al. Elastoplastic analysis of process induced residual stresses in thermally sprayed coatings. Journal of Applied Physics, 2010, 108: 013517.

[5] Chen Y X, Liang X B, Liu Y, et al. Prediction of residual stresses in thermally sprayed steel coatings considering the phase transformation effect. Materials and Design, 2010, 31: 3852-3858.

[6] Gui M, Eybel R, Asselin B, et al. Influence of processing parameters on residual stress of high velocity oxy-fuel thermally sprayed WC-Co-Cr coating. Journal of Materials Engineering and Performance, 2012, 21(10): 2090-2098.

[7] Bansal P, Shipway P H, Leen S. Effect of particle impact on residual stress development in HVOF sprayed coatings. Journal of Thermal Spray Technology, 2006, 515(4): 570-575.

[8] Lu K, Lu J. Surface nanocrystallization (SNC) of metallic materials-presentation concept behind a new approach. Journal of Materials Science and Technology, 1999, 15: 193-197.

撰稿人：陈永雄、梁秀兵
军事科学院国防科技创新研究院

激光/激光-电弧复合焊接接头的可控制备

Controllable Fabrication of Laser/Hybrid Laser Arc Welded Joints

伴随着国家高品质钢材如高性能汽车用钢、海洋平台用钢、高钢级管线用钢、极地船舰用钢等研制开发计划的推进，高强韧化钢材将会逐渐实现工业化生产和批量应用[1,2]。焊接是大多数钢材成为结构件、零部件及最终产品的最主要连接技术之一，焊接接头品质往往决定着最终产品的使用寿命及服役安全性。

现有研究以及工业化应用实例已证实，激光/激光-电弧复合焊接较传统的熔焊技术如电弧焊、气体保护焊、埋弧焊等，焊接热源具有更高的能量密度，导致激光/激光-电弧复合焊接具有更高的加热/冷却速度、更短的相变点以上停留时间，可以获得更窄的焊接热影响区、更低的热影响区组织粗化倾向、更高的焊接生产效率及自动化程度[3,4]。因此，高功率激光/激光-电弧复合焊接技术将有望替代传统的熔焊技术，为上述新研制开发的高强度、高韧性钢材的高效优质连接提供一种最具潜力的焊接技术。

目前，关于高品质钢材的激光/激光-电弧复合焊接方面的研究工作更多地集中在验证激光/激光-电弧复合焊接技术在某种类型钢材上是否存在应用的可能性，对焊接接头的显微组织和力学性能进行表征，并解释显微组织与力学性能之间的关系[5,6]。但是实际上，若要利用高功率激光/激光-电弧复合焊接技术实现高品质钢材的优质连接，基于该技术快速加热/冷却的特点，仍存在如下基础科学问题亟须开展研究工作，才能由被动应用转变为主动调控。具体主要包括以下三个方面。

1）快速加热/冷却条件下熔池内的化学冶金行为

传统的焊接化学冶金理论主要基于传统的电弧焊、气体保护焊等技术而建立。实际上对于高功率激光/激光-电弧复合焊接技术，相对更短的熔池存在时间，导致焊接区钢液与气相之间在高温下发生复杂的冶金反应如气体的溶解及析出、熔池的脱氧等行为，将不同于传统的焊接方法，亟须开展相关的基础研究工作。

2）快速加热/冷却条件下焊接接头的固态相变行为

由于高功率激光/激光-电弧复合焊接技术具有更高的焊后冷却速度，焊接接头的各个微区中更容易获得细小的高硬度显微组织，如板条马氏体、贝氏体组织等，热影响区内显微组织粗化程度将明显降低，焊接接头的性能相对更佳。实质上，关于高功率激光/激光-电弧复合焊接技术下钢材内部显微组织的转变规律已经完全不同于传统焊接技术。因此，关于高品质钢材激光/激光-电弧复合焊接技术焊接接头内奥氏体的相变行为、纳米尺度第二相强化粒子（微合金碳氮化物）溶解、析出及粗化行为等亟须开展基础研究工作，上述问题也是实现焊接接头强韧化的科学基础及理论依据。需要充分挖掘现有物理模拟手段如热力模拟试验机的潜力、结合数值模拟技术加以解决。

3）高功率激光/激光-电弧复合焊接接头的强韧化机理及可控制备

现有的焊接接头组织性能调控理论认为，钢材焊接接头中获得更高比例针状铁素体、更精细的显微组织将使焊接接头的性能更为优异。但是，实质上激光/激光-电弧复合焊接具有快速加热/冷却的特点是其优势所在，也是导致其焊接接头组织性能可控性难度大的症结所在。如何实现激光/激光-电弧复合焊接接头的主动控形控性（即奥氏体相变产物可控、焊接接头各个微区显微组织可控、第二相粒子相变可控等）是该技术进一步推广应用的重要科学难题。

参 考 文 献

[1] Bunaziv I, Akselsen O M, Ren X, et al. Hybrid welding possibilities of thick sections for arctic applications. Physics Procedia, 2015, 78: 74-83.

[2] Turichin G, Valdaytseva E, Tzibulsky I, et al. Simulation and technology of hybrid welding of thick steel parts with high power fiber laser. Physics Procedia, 2011, 12: 646-655.

[3] Byun J S, Shim J H, Cho Y W, et al. Non-metallic inclusion and intragranular nucleation of ferrite in Ti-killed C-Mn steel. Acta Materialia, 2003, 51(6): 1593-1606.

[4] Wan X L, Wu K M, Nune K C, et al. In situ observation of acicular ferrite formation and grain refinement in simulated heat affected zone of high strength low alloy steel. Science and Technology of Welding and Joining, 2015, 20(3): 254-263.

[5] Li X, Ma X, Subramanian S V, et al. Structure-property-fracture mechanism correlation in heat-affected zone of X100 ferrite-bainite pipeline steel. Metallurgical and Materials Transactions E, 2015, 2(1): 1-11.

[6] Bhadeshia H. About calculating the characteristics of the martensite-austenite constituent. A CBMM International Seminar. Rio de Janeiro: Companhia Brasileira de Metalurgia e Mineração, 2011: 9.

撰稿人：王晓南、陈长军

苏州大学

高性能铝合金激光焊接组织性能原位调控

In-Situ Modification of Microstructure and Properties of Laser Beam Welded High-Performance Aluminum Alloys

现代运载工具结构设计和制造，在增加载荷、减少燃料消耗和排放、提高安全性和可靠性的前提下，更加强调减重和提高损伤冗余[1]。采用低密度、高比强度、高弹性模量，更好的抗疲劳裂纹扩展性能和抗腐蚀性的高性能铝合金是实现航空航天飞行器、地面交通运输工具、船舶和武器装备等轻量化、长寿命、高性能、低成本制造的主要途径之一[2]。铝合金按强化方式可分为非热处理强化铝合金和热处理强化铝合金两种，高性能铝合金一般是指能可热处理强化的铝合金。相比于传统高强铝合金，高性能铝合金化学成分更加复杂多元，如在 Al-Cu-Li 合金中添加 Ag、Mn、Zn 和 Sc 等元素[3]；对合金和杂质元素的控制更加严格，从熔炼、轧制到后续热处理等加工制备工艺也更加烦琐，要求也更加苛刻，如从传统 2024 铝合金到具有更低杂质 Fe、Si 含量的高性能的 2524 铝合金，其加工过程同时受到不同轧制温度、道次变形量及轧制速度等多因素的影响后，断裂韧性和二次疲劳裂纹增长阻力提高了 15%~20%[4,5]。

除了采用高性能铝合金外，采用焊接整体结构代替分体式铆接结构可以进一步降低结构重量。但是，传统电弧焊接方法由于热源发散，热输入量大，焊缝沉淀强化不足，且组织粗大，而影响区"过时效"软化严重，因此接头性能差，强度通常只能达到母材强度的 50%左右。

与传统电弧焊接方法相比，激光焊接能量密度高，焊接速度快，热输入量小，焊缝组织细小，热影响区窄，从而可以获得较好的接头性能，接头强度可达母材强度的 70%~80%[6,7]。但是，高性能铝合金开发时一般很少考虑焊接性问题，其焊接热裂纹倾向一般都非常严重，而且激光焊接由于冷却速度快，应变速率大，导致焊接热裂纹倾向更大。因此，高性能铝合金激光焊接时，往往把抑制裂纹放在优先位置，通常采用高 Si、高 Mg、高 Cu 焊丝，利用低熔点共晶的愈合作用来防止焊接裂纹的产生[6-8]。然而，大量共晶的存在使得焊缝塑性和韧性与母材相比明显劣化，焊后热处理也不能得到根本性改善。况且，对于大型构件，焊后热处理也是十分困难的。

目前,激光焊接时,组织性能调控方法和技术途径主要是通过采用填充材料来调控焊缝化学成分和结晶组织。填充材料主要选用抗裂性能好且添加了少量 Ti、Zr 元素的商用焊丝。由于 Ti、Zr 等元素在铝中的固溶度很小,在熔池凝固结晶前先行析出 Al_3Ti、Al_3Zr 质点,可作为异质形核的核心,从而可细化焊缝结晶组织,提高焊缝的强度和塑性。然而,由于焊缝结晶晶内沉淀硬化不足及晶界共晶的形成等因素,接头强韧性不足的问题依然突出。因此,研究焊缝组织性能原位调控新原理、新方法、新技术,使接头的性能达到与母材相当的水平,是高性能铝合金激光焊接面临的科学难题。

1) 激光焊接的物理机制和熔池冶金行为不明

激光焊接是一个复杂的过程,伴随着材料的强烈蒸发,焊接过程剧烈波动和合金元素大量损失。铝合金激光焊接时材料蒸发更加剧烈,焊接过程更加不稳定。焊接过程波动使焊缝成形差、产生咬边和小孔型气孔等焊接缺陷,显著影响接头的韧性,特别是疲劳性能。合金元素的蒸发损失更是直接影响焊缝的组织性能。深入研究揭示激光焊接材料蒸发与熔池冶金行为及其规律,是调控焊缝组织性能的前提。然而,目前人们对激光焊接时材料的蒸发行为及其对焊接过程稳定性的影响、合金元素烧损规律、远离平衡态条件下熔池冶金反应等还未能充分掌控。

2) 激光焊接填充材料设计理论匮乏

采用填充材料改变熔池化学成分是防止焊接热裂纹、调控焊缝组织性能的一种行之有效的方法。与电弧焊接不同,激光焊接通常不开坡口,焊缝金属的化学成分由母材和填充材料成分共同决定,所以采用传统电弧焊接商用焊丝,显然不能满足激光焊接的要求。因此,如何针对不同铝合金的成分特点,并考虑激光焊接的特点及合金元素的蒸发损失,研究激光焊接填充焊丝设计原理,开发新型填充焊丝,在抑制裂纹的同时,原位生成纳米强化相,是调控焊接组织性能必须解决的关键,但目前这方面的研究工作十分匮乏。

3) 焊缝组织性能外场原位调控方法有限,机理不清

由于激光焊接的快速加热和冷却特性,熔池存留时间极短,且深宽比大,熔池内填充材料与母材不能充分均匀混合,影响焊缝化学成分、结晶组织和性能的均匀性,所以需要研究创新的方法消除宏观偏析,同时调控熔池凝固结果过程,如采用电磁场原位搅拌技术。电磁搅拌一方面可促使填充材料与母材混合,另一方面有可能打断熔池结晶时的树枝晶,细化晶粒,从而改善焊缝的强韧性。电磁搅拌技术中一种简便的方法是通过填充焊丝向熔池注入辅助电流,利用电流的自激磁场对激光焊接熔池进行搅拌[9]。但目前关于外加电流自激磁场原位搅拌机理及其对焊缝组织性能的影响机制尚不清楚。

参 考 文 献

［1］ Vollertsen F, Schumacher J, Schneider K, et al. Innovative welding strategies for the manufacture of large aircraft. Welding Research Abroad, 2005, 51(2): 1-17.

［2］ Ishchenko A Y. High-strength aluminium alloys for welded structures in the aircraft industry. Welding International, 2005, 19: 173-185.

［3］ Gupta R K, Nayan N, Nagasireesha G. Development and characterization of Al-Li alloys. Materials Science and Engineering A, 2006, 420: 228-234.

［4］ Chen Y Q, Pan S P, Zhou M Z, et al. Effects of inclusions, grain boundaries and grain orientations on the fatigue crack initiation and propagation behavior of 2524-T3 Al alloy. Materials Science and Engineering A, 2013, 580: 150-158.

［5］ Zheng Z Q, Cai B, Zhai T, et al. The behavior of fatigue crack initiation and propagation in AA2524-T34 alloy. Materials Science and Engineering A, 2011, 528(4): 2017-2022.

［6］ 左铁钏. 高强铝合金的激光加工. 2 版. 北京: 国防工业出版社, 2008.

［7］ Xiao R S, Zhang X Y. Problems and issues in laser beam welding of aluminum-lithium alloys. Journal of Manufacturing Processes, 2014, 16: 166-175.

［8］ Zhang X Y, Yang W X, Xiao R S. Microstructure and mechanical properties of laser beam welded Al-Li alloy 2060 with Al-Mg filler wire. Materials and Design, 2015, 88: 446-450.

［9］ Zhang X, Wu S, Xiao R, et al. Homogenisation of chemical composition and microstructure in laser filler wire welding of AA 6009 aluminium alloy by in situ electric current stirring. Science and Technology of Welding and Joining, 2016, 21(3): 157-163.

撰稿人： 肖荣诗、黄　婷、张景泉

北京工业大学

激光表面改性/脱合金复合制备微纳米多孔结构的形貌调控机制

Tunable Mechanism of Micro/Nano-Porous Structures through Laser Surface Modification/De-Alloying Hybrid Processes

微纳米多孔结构具有比表面积大、孔隙率高、表面能高、表面原子比例大、热导率和导电性良好等特点，广泛应用于超级电容器、锂离子电池、太阳能电池、光催化、传感、生物等领域[1-4]。目前微纳米多孔结构制备方法主要分为模板法[5]、阳极氧化法[6]及脱合金法[7]。模板法通过已有的模板为主体构型控制尺寸得到微纳米结构；阳极氧化法通过电化学氧化阳极金属或合金材料使其表面形成有序多孔的微纳米结构；脱合金法是制备微纳米多孔结构的有效方法，通过化学腐蚀或者电化学腐蚀技术，使合金中一种元素溶解，另外一种元素保留下来，经扩散生长形成三维双连续微纳米多孔结构。模板法制备多孔结构的孔径尺寸及分布只能通过调整模板结构控制；阳极氧化法对前驱体材料选择种类少且要求高；脱合金法以其制备工艺简单、采用的前驱体材料范围广，受到越来越广泛的关注。脱合金法对于前驱体材料体系选择有两条基本要求：①前驱体材料的物相组成要尽可能简单，组织和成分分布要尽可能均匀，否则脱合金过程将变得十分复杂，不利于微纳米多孔结构的形成；②合金组元之间的标准电极电位差要足够大，以利于选择脱合金条件。

在前驱体材料制备技术方面，目前主要采用电弧熔炼法、磁控溅射法、电沉积法等获得微米或者亚微米尺度薄膜材料。这些材料必须要依附于基体表面，界面结合较差，无法实现功能化和结构化材料的制备。激光表面重熔和熔覆等表面改性技术是利用高能量密度激光束，快速加热工件表面/熔覆材料，在材料表面形成一定厚度的重熔层或熔覆层。激光表面重熔和熔覆技术是一个快速的动态熔化与凝固过程，快速冷却条件可以保证获得物相单一、成分均匀、组织细小的前驱体合金。重熔层或熔覆层厚度可达毫米量级，且与基体冶金结合。激光熔覆还可以实现在基底上制备异种材料涂层。因此，激光表面改性技术制备前驱体材料是一条崭新的路径。

目前，激光表面改性/脱合金复合制备方法主要应用于在不锈钢基底上制备

Cu-Mn 合金涂层，脱合金后得到微纳米多孔/微球阵列结构。研究发现，激光表面改性技术可以实现对涂层显微组织的调控，脱合金后可以得到均匀的微纳米多孔结构。随着脱合金时间的增加，结构会经过形成多孔-物质重组-团聚等过程[8-10]。激光表面改性/脱合金复合形成的微纳米多孔结构具有复杂的形成机制，前驱体材料的相组成和成分、激光表面改性和脱合金参数的多样性，导致微纳米多孔结构的多样性。在探究形成多孔结构规律的基础上，实现对微纳米多孔结构的形貌调控，阐明调控机制是激光表面改性/脱合金复合制备微纳米多孔结构需要解决的科学难题。主要表现在：

（1）前驱体材料、激光表面改性和脱合金工艺对微纳米多孔结构的影响规律不清。前驱体材料的相组成、成分和显微组织的多样性对微纳米多孔结构产生重要影响。前驱体合金的相组成越复杂，合金在电解液中的电化学过程将会变得越复杂。材料合金/杂质元素及其含量不同，制备得到的前驱体材料的微观组织不一样，会导致微纳米多孔结构不同。激光表面改性参数的改变，会影响前驱体的显微组织，导致脱合金后微纳米多孔结构形貌发生改变。腐蚀液/电解液及脱合金参数不同，腐蚀后的微纳米多孔结构迥异。各种因素及不同因素相互之间如何影响多孔结构形貌目前不清楚，因此需要系统深入地研究揭示各种因素及其相互作用对微纳米多孔结构的影响规律。

（2）激光表面改性/脱合金相互作用的机理不明。激光表面改性加热和冷却速度极快，可以获得物相单一、成分均匀、组织细小的前驱体合金，有利于脱合金制备微纳米多孔结构。但是，激光表面改性局部加热极端非均匀温度分布会造成很大的残余热应力，而快速冷却远离平衡态的凝固结晶和组织转变会带来固溶体过饱和度及空位和位错密度的急剧增加，从而带来极大的组织应力。激光表面改性残余热应力和组织应力是否对脱合金过程产生影响？影响规律是什么？又是通过什么机制影响的？脱合金过程中前驱体合金残余热应力和组织应力又是如何退变的？这些问题目前均没有明确的答案，需要深入探讨。

参 考 文 献

[1] Yan Z, Yao W, Hu L, et al. Progress in the preparation and application of three-dimensional graphene-based porous nanocomposites. Nanoscale, 2015, 7(13): 5563-5577.

[2] Zhang K, Han X, Hu Z, et al. Nanostructured Mn-based oxides for electrochemical energy storage and conversion. Chemical Society Reviews, 2015, 44(3): 699-728.

[3] Peng B, Ang P K, Loh K P. Two-dimensional dichalcogenides for light-harvesting applications. Nano Today, 2015, 10(2): 128-137.

[4] Heiden M, Johnson D, Stanciu L. Surface modifications through dealloying of Fe-Mn and Fe-

Mn-Zn alloys developed to create tailorable, nanoporous, bioresorbable surfaces. Acta Materialia, 2016, 103: 115-127.

[5] Deng M J, Ho P J, Song C Z, et al. Fabrication of Mn/Mn oxide core-shell electrodes with three-dimensionally ordered macroporous structures for high-capacitance supercapacitors. Energy and Environmental Science, 2013, 6(7): 2178-2185.

[6] Li X, Gu M, Hu S, et al. Mesoporous silicon sponge as an anti-pulverization structure for high-performance lithium-ion battery anodes. Nature Communications, 2014, 5(5): 4105.

[7] He W, Tian H, Xin F, et al. Scalable fabrication of micro-sized bulk porous Si from Fe-Si alloy as a high performance anode for lithium-ion batteries. Journal of Materials Chemistry A, 2015, 3(35): 17956-17962.

[8] Huang T, Dong C, Gu Y, et al. The mechanism of three-dimensional manganese-based nanoporous structure formation by laser deposition coupled with dealloying. Materials Letters, 2013, 95: 30-32.

[9] Huang T, Gu Y, Dong C, M, et al. Evolution of three-dimensional manganese-based nanoporous structure under thermal processing. Materials Letters, 2012, 75: 149-151.

[10] Huang T, Deng Z D, Xiao R S, et al. Laser-hybrid fabrication of highly-dispersed substrate-bonded manganese carbonate microspheres. Materials Letters, 2016, 183: 48-51.

撰稿人： 肖荣诗、黄　婷、崔梦雅

北京工业大学

金属基陶瓷颗粒增强复合材料超快激光精密均匀刻蚀

Uniform and Precise Ablation of Ceramic Particulate Reinforced Metal Matrix Composites with Ultrafast Lasers

自 1960 年激光器问世以来，人们便发现聚焦激光可造成材料的光学破坏、气化和蚀除，证实了激光刻蚀的可行性，由此衍生出现激光切割、打孔、雕刻等材料加工技术，并广泛应用于工业各领域。"超快激光"是脉宽小于 10ps（1ps=10^{-12}s）的激光光源。在超快激光与材料相互作用过程中，由于激光脉宽小于电子与晶格碰撞的弛豫时间，晶格来不及升温，所以超快激光加工被认为是一种"冷加工"方式。实际上，超快激光加工金属时存在高频热积累[1]。尽管如此，超快激光在材料加工中表现出明显的优势：与材料作用时间极短，可有效抑制热扩散，提高加工精度；光强极高，可引发半导体及电介质材料多光子吸收，降低材料刻蚀阈值，实现对几乎各种材料的精密刻蚀加工。

复合材料是新材料发展的重点方向之一。金属基陶瓷颗粒增强复合材料以其低成本和优异性能被认为是一种极具前途的新材料，目前主要在航空航天、电子封装及汽车动力装置等领域应用。由于陶瓷颗粒的引入，该类材料硬度高、耐磨损，传统机械加工十分困难，存在刀具寿命短、加工效率低、加工成本高、表面质量差、次表层损伤等一系列问题[2,3]。相比之下，超快激光作为一种无接触、高精度、超柔性加工手段，可实现各种金属、半导体、陶瓷材料的加工。近年来，树脂基纤维增强复合材料的激光加工也已取得显著进展[4]，但金属基陶瓷颗粒增强复合材料的激光加工还鲜见报道。对于金属基陶瓷颗粒增强复合材料，由于基体与陶瓷增强相两种材料的热学、光学性质存在很大差异，基体和陶瓷增强相在超快激光刻蚀时表现出不同的行为特性，而陶瓷增强相的颗粒形状、大小及其在基体中的分布存在不确定性，使得金属基陶瓷颗粒增强复合材料的激光精密均匀刻蚀存在很大困难，主要具体在：

（1）金属基体与陶瓷增强相物理性质截然不同，对超快激光表现出不同的吸收机制，两者的刻蚀阈值、刻蚀机制和刻蚀速率迥然不同。金属材料依靠自由电子通过逆韧致辐射吸收激光能量；陶瓷材料则主要通过多光子吸收形成自由电子，相对于金属刻蚀阈值高。此外，两种材料的刻蚀机制也不同，主要表现为库仑爆炸（Coulomb explosion）和相爆炸（phase explosion）。库仑爆炸是指质量较小的化合价电子被电离后，在材料表面形成正电荷集中区，依靠库仑斥力形成材料解体的一种方式[5,6]。分子动力学模拟技术及理论计算均指出，库仑爆炸对材料去除效率低，一次仅去除若干原子层[7]。对于金属材料，自由电子较高的移动性会自禁该种机制[8]，而主要通过相爆炸实现刻蚀。相爆炸是指金属材料在短时间内被加热到接近临界温度（critical temperature）的亚稳定（metastable state）状态，液体内部气泡瞬时增加，并出现以液滴抛掷为标志的爆炸现象，此时材料大量去除[9,10]。由于相爆炸蚀除物多为液态，实际所需能量小于气化潜热，材料刻蚀率高。由此可见，采用超快激光刻蚀金属基陶瓷增强复合材料时，金属基体将主要以相爆炸方式蚀除，刻蚀率较高，而增强相陶瓷颗粒则主要以库仑爆炸蚀除，刻蚀率较低，本质上决定了刻蚀过程不均匀。

（2）超快激光刻蚀复合材料时，会根据实际需要进行多遍刻蚀，已形成的表面凹凸结构会影响材料对激光能量的吸收，使刻蚀更加不均匀。复合材料刻蚀表面凹凸不平，是由金属基体低阈值、高刻蚀率，以及陶瓷颗粒高阈值、低刻蚀率差异造成的。金属基体对应的凹陷区域在下一遍刻蚀时，由于"沟壑"结构对光的"捕获"，使光束在其中发生多次反射，增强金属对光能吸收。因此，这种表面凹凸结构在超快激光对复合材料多遍刻蚀过程中，会进一步增强金属基体对光能的吸收、利用，提高其刻蚀效率，造成刻蚀表面更加粗糙。

可见，如何实现金属基陶瓷颗粒增强复合材料超快激光精密均匀刻蚀是激光制造领域面临的一个科学难题。

1）金属基陶瓷颗粒增强复合材料超快激光刻蚀机制不清

金属基陶瓷颗粒增强复合材料超快激光刻蚀机制与金属和陶瓷超快激光刻蚀是否存在差异？陶瓷颗粒与金属基体之间大量界面的存在是否对刻蚀过程和刻蚀机制产生影响？基体与增强相之间是否存在冶金反应？冶金反应的条件是什么？冶金反应又是如何进行的？反应产物对激光刻蚀过程会产生怎样的影响？

2）金属基陶瓷颗粒增强复合材料超快激光刻蚀规律不明

金属基陶瓷颗粒增强复合材料超快激光刻蚀时，激光参数、材料参数、刻蚀条件和工艺参数如何影响刻蚀过程？多遍刻蚀时，刻蚀表面凹凸结构如何影响材料表面对激光能量的吸收？不均匀性刻蚀表面形貌如何演化？

3）金属基陶瓷颗粒增强复合材料超快激光均匀刻蚀方法和理论匮乏

由于基体和增强相热物理和光学性能的巨大差异，金属基陶瓷颗粒增强复合材料超快激光刻蚀本质上是非均匀的。通过什么方式、采用什么原理对刻蚀工艺参数和刻蚀过程进行调控，可以实现金属基陶瓷颗粒增强复合材料的均匀刻蚀？

参 考 文 献

[1] Lugomer S, Maksimović A, Farkas B, et al. Multipulse irradiation of silicon by femtosecond laser pulses: Variation of surface morphology. Applied Surface Science, 2012, 258(8): 3589-3597.

[2] El-Gallab M, Sklad M. Machining of Al/SiC particulate metal-matrix composites. Part I: Tool performance. Journal of Material Processing Technology, 1998, 83: 151-158.

[3] El-Gallab M, Sklad M. Machining of Al/SiC particulate metal-matrix composites. Part II: Workpiece surface integrity. Journal of Material Processing Technology, 1998, 83: 277-285.

[4] Salama A, Li L, Mativenga P, et al. High-power picosecond laser drilling/machining of carbon fibre-reinforced polymer (CFRP) composites. Applied Physics A — Materials Science and Technology, 2016, 122: 73.

[5] Fleischer R L, Price P B, Walker R M. Ion explosion spike mechanism for formation of charged particle tracks in solids. Journal of Applied Physics, 1965, 36: 3645-3652.

[6] Hashida M, Mishima H, Tokita S, et al. Non-thermal ablation of expanded polytetrafluoroethylene with an intense femtosecond-pulse laser. Optics Express, 2009, 17(15): 13116-13121.

[7] Cheng H P, Gillaspy J D. Nanoscale modification of silicon surfaces via Coulomb explosion. Physical Review B, 1997, 55(4): 2628-2636.

[8] Borghesi M, Romagnani L, Schiavi A, et al. Measurement of highly transient electrical charging following high-intensity laser-solid interaction. Applied Physics Letters, 2003, 82(10): 1529-1531.

[9] Martynyuk M M. Vaporization and boiling of liquid metal in an exploding wire. Soviet Physics-Technical Physic, 1974, 19: 793-797.

[10] Martynyuk M M. Phase explosion of a metastable fluid. Combustion, Explosion and Shock Waves, 1977, 13(2): 178-191.

撰稿人: 肖荣诗、黄　婷、张寰臻

北京工业大学

异种合金结合界面增韧机制

Mechanism of Toughness Enhanced Join Interface of Dissimilar Alloy

异种合金制造的构件不仅可承受大的温度梯度，还可承受大的应力梯度，广泛用于航空发动机轮盘、整体叶轮，石油钻杆等关键零件的制造。例如，石油钻杆的钻头需要强度高且耐磨损的材料，而杆部需要承受较大的扭矩，需要韧性好的材料，焊接接头的增韧是急需解决的难题。在提高航空发动机推重比的诸多技术中，最有前途的技术之一就是使用轻质量的高温钛基金属间化合物合金如 TiAl 基合金、超 α_2 合金、O 相合金等材料与高强钛合金如 Ti-6246、TC17 等材料制成双合金高压压气机盘替代比重大的高温合金[1]。例如，用单一合金制成压气机盘，当选用高强钛合金时，其工作温度难以超过 400℃，而大推重比发动机压气机后几级盘盘缘在工作时的温度可达 600～700℃，显然不能胜任；若选用钛基金属间化合物合金，承温能力虽可达 650～900℃，但其室温塑性差，强度偏低，盘毂、盘幅部位难以承担转速提高时叶片和盘缘带来的大拉应力作用。因此，采用承受高温能力强的金属间化合物合金做盘缘，室温强度高、塑性好的高强钛合金作盘毂、盘幅制成的双合金盘，既可承受大温度梯度，又可承担大应力梯度，同时还满足压气机盘高温强度与低温塑性要求匹配的难题[2,3]。Hall 等[4]利用相容性好的两种钛合金材料发明了双合金整体叶轮，但提高承温能力有限，很难突破 600℃，只能用作功重比 6～10 的涡轴发动机压气机整体叶轮。若选用钛基金属间化合物合金和高强钛合金制作双合金盘，由于它们的化学成分、弹性模量、线膨胀系数相容性要差得多，若采用熔焊，如电子束焊、激光焊、潜弧焊等方法连接，结合界面无法消除气孔、空洞等缺陷，而且金属熔化重凝区的晶粒粗大，从而导致连接强度与韧性降低。例如，张洪涛等在研究 $Ti_3Al/TC4$ 熔焊界面组织和强度时发现界面处是凝固的铸造组织，其强度最好也只能达到母材强度的 90%。对于异种合金焊缝熔化区，由于其化学成分不同于两侧基材，电子束焊接熔池容量小、凝固时间短，要在短时间内均匀成分是非常困难的，这将导致焊缝组织不均匀、性能波动大，即使其后的热处理能均匀化学成分、产生固态相变，但已形成的凝固组织中的晶粒尺寸则很难细化[5]。若采用固相连接方法，如压焊、摩擦焊、扩散焊等难以避免焊接裂纹、机械啮合、形成多层组织结构[6,7]及组织突变等缺陷，很难实现 100% 的冶金结合；另外，在高温热加工期间，如锻造加热、热处理固溶保温、热处理时效及长期在高温环境下工作，合金中的元素均会发生扩散，也会造成晶格点阵重构，重新分布，形成新物相或改变物相的形态，影响结合界面组织的稳定性。

焊接连接的异种合金结合界面的韧性改善仅靠热处理方法是难以实现的，因为热处理只能在均匀化学成分方面的作用显著，对于存在固态相变的合金，虽然热处理也能改变晶粒尺度，但工艺复杂，效果有限，且成本高。

通常锻造方法可以消除没有氧化的气孔、空洞，均匀、细化组织，是改善焊接界面强度与韧性的重要技术手段。前期的研究工作表明：真空电子束焊接与摩擦焊接的钛基金属间化合物 Ti-24Al-15Nb-1.5Mo 合金、Ti-22Al-25Nb 合金与 α+β 两相钛合金 TC11、TC4 焊件经等温（或近等温）锻造和梯度热处理后，接头的强度提高明显，其高温强度也超过钛合金基材，但室温塑性有所降低，与金属间化合物合金相当；长期热暴露后，无论是室温强度还是高温强度均没有实质性变化，但室温塑性下降，甚至低于金属间化合物合金的塑性[8,9]，持久性能波动也较大。因此，焊接连接的双合金结合界面若要通过锻造变形与梯度热处理增加异种合金结合界面的室温韧性，那么如下的科学难题需要得到很好的解决。

（1）异种合金结合界面组织在热加工历史中的演化规律及其对性能的影响。两种合金的化学成分、弹性模量、线膨胀系数相容性差，而且它们的成形温度范围、热处理规范均不同，结合界面厚度虽然不大，但合金元素经过扩散后该区成分呈梯度分布，相当于形成一种不稳定的新合金。因此，异种合金焊接连接的毛坯试图通过变形改善其韧性时，变形方法与工艺、热处理方法与工艺对结合界面组织形成的影响规律是必须解决的科学难题之一。

（2）热力耦合作用对异种合金结合界面微组织构成的影响及其与性能的关联机制。强度与韧性的良好结合依赖于组织，但在焊接连接、锻造或近等温成形、热处理及长期高温工作环境下，因热及热力的耦合作用，结合界面组织，组织中物相及分布、物相形态、各相尺度、分布及体积分数随温度、变形量、热处理温度、时间、工作温度与持续工作时间的变化规律与结合界面韧性的关联机制是需要弄清楚的科学问题。

（3）梯度成分下新物相的生成机理。两种成分差异较大的合金中化学元素在热作用下向对方扩散时，结合界面处化学元素在拓扑学晶体点阵上重新占位引起新物相的生成机理及对韧性的影响规律是另一个科学问题。

（4）长期高温服役条件下异种合金界面的脆化机理。在长期高温环境下工作时，在有一定应力作用下，两侧合金中的元素会向对方迁移、有脆性相从塑性相中析出，脆性化合物会发生聚合并分布于塑性相的边界上引起结合界面韧性的降低。因此，如何控制异种合金结合界面元素迁移、脆性化合物聚合并分布于塑性相的边界也是亟待解决的科学问题之一。

参 考 文 献

[1] Winstone M R, Partridge A, Brooks J W. The contribution of advanced high-temperature materials to future aero-engines. Proceedings of the Institution of Mechanical Engineers, Part L: Journal of Materials Design and Applications, 2001, 215(2): 63-73.

[2] Ambur D R. Advances in materials technologies for aerospace systems. The National Educator's Workshop, 2006: 4-6.

[3] Misra A K, Greenbauer-Seng L A. Aerospace propulsion and power materials and structures research at NASA Glenn Research Center. Journal of Aerospace Engineering, 2013, 26(2): 459-490.

[4] Hall J A, Krishnamurthy K. Method of manufacture of dual titanium alloy impeller: U.S. Patent 7841506. 2010-11-30.

[5] Narayanan B, Mills M J, Specht E D, et al. Characterization of solid state phase transformation in continuously heated and cooled ferritic weld metal. In-situ Studies with Photons, Neutrons and Electrons Scattering. Berlin: Springer, 2010: 95-111.

[6] Rybin V V, Greenberg B A, Antonova O V, et al. Examining the bimetallic joint orthorhombic titanium aluminide and titanium alloy (diffusion welding). Welding Journal, 2007, 86(7): 205-210.

[7] Zou J, Cui Y, Yang R. Diffusion bonding of dissimilar intermetallic alloys based on Ti2AlNb and TiAl. Materials Science and Technology, 2009, 25(6): 819-824.

[8] Tan L J, Yao Z K, Ning Y Q, et al. Effect of isothermal deformation on microstructure and properties of electron beam welded joint of Ti2AlNb/TC11. Materials Science and Technology, 2011, 27(9): 1469-1474.

[9] Chun Q I N, Yao Z, Li Y, et al. Effect of hot working on microstructure and mechanical properties of TC11/Ti2AlNb dual-alloy joint welded by electron beam welding process. Transactions of Nonferrous Metals Society of China, 2014, 24(11): 3500-3508.

撰稿人： 姚泽坤

西北工业大学

电弧阴极区的物理化学机制

Physical-Chemical Mechanism in the Arc Cathode Region

焊接是制造业中的重要加工工艺，正朝着快速、高效、优质、低成本的方向发展。其中，电弧焊是一类应用最广泛的焊接工艺，以电弧为焊接热源。电弧燃烧发生在焊枪与工件之间，为工件熔化和熔池流动提供热源和力源，电弧的热-力特性决定了焊接过程的稳定性和焊接生产效率。

电弧的本质是气体电离，分为阴极区、弧柱区和阳极区。不同电弧区域有不同的物理特性。弧柱区体积较大，可达到几毫米至几十毫米，可以观测内部行为变化，弧柱区基本符合局部热动态平衡（LTE）[1]。电弧阴极区分布在阴极表面与弧柱之间，对电弧的产生和物理过程具有重要意义[2]，阴极区分为电离区和空间电荷区[3]（图1）。阴极区和阳极区的尺寸非常小，很难通过实验手段来测定阴极区的物理化学现象，绝大部分研究通过建模计算来分析阴极区的物理化学行为。Hsu 等[3]采用解析法和数值模拟法研究自由燃烧的氩弧焊阴极，测得电离区和空间电荷区的尺寸分别为 0.1mm 和 0.6μm。Zhu 等[4]采用结合一维模型的邻近阴极的鞘层、二维弧柱模型和固态阴极的理论方法预测自由电弧及其阴极的性能，模拟结果与实验测量的弧柱和阴极表面的温度、弧压一致。靠近阴极，有电、磁、热和流体动力效应的相互作用，使得对阴极区的分析变得更加困难，以前大多数研究都只关注阴极区的一个特定部分，或试图解释一些特定的物理过程，只有少数学者尝试探讨整个阴极区。Lee 和 Greenwood[5]提出了更为详细的物理模型，把

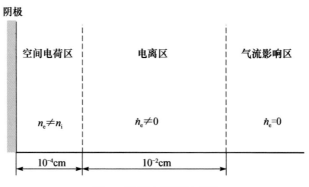

图 1　阴极边界层原理[3]

阴极区分割成多个区域，计算电子发射、阴极电压降和离子电流。

以钨极氩弧焊（TIG）为例，传统 TIG 采用较小电流的自由电弧作为热源，能量密度较低，熔深浅，效率低。钨电极为热阴极，主要以热发射方式向电弧空间释放电子，阴极区的形态决定了弧根处的电流密度，在洛伦兹力作用下影响弧柱区等离子体射流的流场分布，最终影响作用在熔池中的电弧压力和热流密度。在钨材料中掺杂稀土氧化物，稀土元素迁移到电极表面，一定程度上降低电子逸出功，提高电子发射率，增加电流密度，能够在一定程度上改善电弧特性，既能增加工艺效率，又可改善钨极寿命。然而，目前稀土钨极表面的热电子发射机制并不明晰，不能对改善电极材料性能方面提供良好的理论支持[6]。为了改善焊接效率，K-TIG 焊接对钨电极进行强冷却，改变钨极尖端热交换行为，从而影响了阴极前部高温区物质的蒸发与沉淀，也就是会改善电极寿命；另外，钨极尖端的热交换行为也会影响阴极区的产热与散热过程，从而影响微区阴极电子学模式，改善电弧的热力特性，而这一作用机制并没有明晰[7]。K-TIG 采用较大的焊接电流时，保证电极寿命、改善阴极区发射电子的稳定性和改善电弧行为是关键。交流 TIG 焊接铝、镁及其合金时，发生在负半波的"阴极雾化"作用对去除氧化皮非常重要。阴极表面的放电只集中在一些很小的分离区域，这个区域称为阴极斑点，而电弧中电流传递到阴极时大多数情况下都发生在这些斑点处[8]。阴极雾化效果取决于阴极斑点处的热、力作用，而这又来源于载流子的产生与流动[9]，这一作用机理并没有得到阐述。

综上所述，对电弧阴极区的分析研究还缺乏阴极区物理现象的实验观测数据，电弧和阴极的数值建模中的简化和理想化处理与实际焊接过程存在差距，制约了对改善电弧特性的理论发展。以阴极电子学为基础理论依据，实验研究"阴极-阴极表面-阴极区"之间的传质、传热、传电等化学、电学效应的基本物理化学过程和作用机制，指导阴极材料的优化设计、新工艺的开发，为制造业的绿色化、高效化和优质化奠定理论基础。

参 考 文 献

[1] Tanaka M, Lowke J J. Predictions of weld pool profiles using plasma physics. Journal of Physics D: Applied Physics, 2006, 40(1): R1.

[2] Benilov M S, Marotta A. A model of the cathode region of atmospheric pressure arcs. Journal of Physics D: Applied Physics, 1995, 28(9): 1869.

[3] Hsu K C, Pfender E. Analysis of the cathode region of a free-burning high intensity argon arc. Journal of Applied Physics, 1983, 54(7): 3818-3824.

[4] Zhu P, Lowke J J, Morrow R. A unified theory of free burning arcs, cathode sheaths and cathodes.

Journal of Physics D: Applied Physics, 1992, 25(8): 1221.

［5］ Lee T H, Greenwood A N, Breingan W D. A self consistent model for the cathode region of a high pressure arc. Part I—Formulation of the model. Proceedings of the 7th International Conference on Ionization Phenomena in Gases, 1966: 670.

［6］ Lancaster J F. The physics of welding. Physics in Technology, 1984, 15(2): 73.

［7］ Liu Z M, Fang Y X, Cui S L, et al. Stable keyhole welding process with K-TIG. Journal of Materials Processing Technology, 2016, 238: 65-72.

［8］ Savaş A, Ceyhun V. Finite element analysis of GTAW arc under different shielding gases. Computational Materials Science, 2012, 51(1): 53-71.

［9］ McKelliget J, Szekely J. Heat transfer and fluid flow in the welding arc. Metallurgical Transactions A, 1986, 17(7): 1139-1148.

撰稿人： 刘祖明

天津大学

激光熔融沉积的表面形貌形成机理

The Formation Mechanism of Surface Morphology during Laser Melt Deposition

激光增材制造技术是采用激光为热源熔化金属粉末或丝材等增材用材料，使其熔融沉积在基材上，实现高性能的金属增材制造，如基于激光熔覆的金属零件表面改性技术[1]、用于金属零件再制造的激光修复技术[2]、激光直接成形技术[3]和选区激光熔化技术[4]等都作为不同形式的激光增材制造技术在工业领域发挥重要作用。然而，激光增材制造过程中，激光熔融沉积产生的表面在多种因素的影响下会形成一定的起伏形貌，图1为相同激光工艺、不同扫描宽度时选区激光熔化试样的表面形貌。可以看出，激光熔融沉积的表面形貌对成形工艺很敏感。这种起伏形貌不仅直接影响激光增材制造零件的表面质量和制造精度，同时表面形貌的波动会对后续沉积过程产生影响，如激光能量分布、增材粉末的输运分布、熔池在道间和层间的熔合等，进而影响零件的内部结构和整体性能。因此，激光熔融沉积的表面形貌形成机理对于激光增材制造技术的发展和应用至关重要。

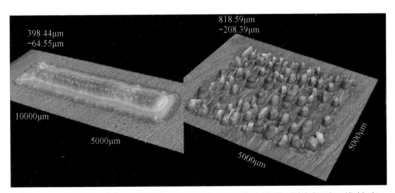

图1 相同激光工艺、不同扫描宽度的选区激光熔化试样表面三维轮廓

目前，对于激光熔池的对流和沉积层的形貌虽然已有一定的研究[5]，但是系统的激光熔融沉积表面形貌形成机理依然是个难题。

不同激光增材制造工艺条件下，熔池形貌的形成机理有不同的特点。对于采用连续波激光器同步送粉方式的激光熔覆过程，目前常用的研究方法是将激光扫描产生的熔池近似看成一个准稳态的熔池，通过熔池对激光能量、粉末吸收等交互作用产生的平衡来近似研究熔池形貌[6]，对于铺粉方式的选区激光熔化工艺，通常将熔池的自由液体进行静态平衡分析[7]。相关研究对熔池形貌有一定程度的定性机理分析，可以解释一些典型形貌的形成机制，但是无法系统地描述熔池形貌的产生机理。

　　激光熔融沉积由多个（脉冲激光）或多道（连续波激光）熔池连缀而成，熔池形貌是形成激光熔融沉积表面形貌的基本单元[8]。熔池形貌主要受平衡形貌和演化过程两个因素的影响。平衡形貌是指考虑静态平衡时熔池的形貌，即把熔池看成一个液滴，在重力、表面张力和润湿角等因素共同作用下形成的一个平衡形状。目前常用的模型是研究一个温度均匀液滴的平衡形状，但是熔池的温度是不均匀的，且温度梯度很高，在表面张力温度梯度的驱动下产生对流，熔池的温度、对流和成分分布等都会对表面张力和润湿角等产生影响，表面张力对成分偏析和加工气氛非常敏感，而表面张力温度梯度驱动的对流对局域成分非常敏感，在氧含量变化时，表面张力温度梯度系数甚至可以出现正负的转化，从而引起对流方向的反转[9]。同时，激光产生的气化会对熔池形状产生影响，气化也会影响熔池输入输出能量的平衡；而且，熔池的温度场和压力分布等状态是实时快速变化的，所以熔池的理论平衡形状也是实时变化的。以上非线性因素交互影响，即使仅考虑熔池平衡状态下的表面形貌，建立模型仍有一定的困难。

　　进一步分析认为，熔池最终形成的形貌不仅与平衡形状相关，还与演化过程相关。由于熔池本质上是激光熔化的粉末和基材重熔部分熔合产生的液滴，在液滴形成之后就会在重力、表面张力和气化压力等因素的共同作用下向该时刻的平衡形状演化，与此同时，液滴快速凝固，大部分熔池在达到平衡形状前就会完全凝固，所以熔池的最终形貌是液滴在向平衡形状变化过程中快速凝固时的中间形态，这不仅需要明晰熔池形状的实时演化过程，还需要精确获取熔池的完全凝固时间。通常，非稳态系统的实时演化机理要比稳态系统分析更加复杂，故熔池形貌的实时演化机理研究要比稳态形貌研究更加困难。

　　综上所述，熔池的凝固和熔池形貌的演化，以及激光扫描过程中熔池能量和物质的传输过程相互影响并构成一个复杂的体系，激光熔融沉积熔池形成以及最终形成的形貌不仅与平衡形状相关，还与演化过程相关，如何系统分析阐述熔池形成和动态演变的机理，获得与最终表面沉积形貌之间的对应关系，成为增材制造过程的基础难点问题。

参 考 文 献

[1] Sexton L, Lavin S, Byrne G, et al. Laser cladding of aerospace materials. Journal of Materials Processing Technology, 2002, 122(1): 63-68.

［2］ Vedani M, Previtali B, Vimercati G M, et al. Problems in laser repair-welding a surface-treated tool steel. Surface and Coatings Technology, 2007, 201(8): 4518-4525.

［3］ Hollander D A, von Walter M, Wirtz T, et al. Structural, mechanical and in vitro characterization of individually structured Ti-6Al-4V produced by direct laser forming. Biomaterials, 2006, 27(7): 955-963.

［4］ Kruth J P, Froyen L, van Vaerenbergh J, et al. Selective laser melting of iron-based powder. Journal of Materials Processing Technology, 2004, 149(1): 616-622.

［5］ Song M H, Lin X, Liu F G, et al. Formation and modeling of vertical outside wall of components inclining inward in laser solid forming. Acta Metallurgica Sinica, 2015, 51(6): 753-761.

［6］ Yuan P, Gu D. Molten pool behaviour and its physical mechanism during selective laser melting of TiC/AlSi10Mg nanocomposites: Simulation and experiments. Journal of Physics D: Applied Physics, 2015, 48(3): 035303.

［7］ Pinkerton A J, Li L. An analytical model of energy distribution in laser direct metal deposition. Proceedings of the Institution of Mechanical Engineers Part B: Journal of Engineering Manufacture, 2004, 218(4): 363-374.

［8］ Li R, Liu J, Shi Y, et al. Balling behavior of stainless steel and nickel powder during selective laser melting process. The International Journal of Advanced Manufacturing Technology, 2012, 59(9-12): 1025-1035.

［9］ 董文超, 陆善平, 李殿中, 等. 微量活性组元氧对焊接熔池 Marangoni 对流和熔池形貌影响的数值模拟. 金属学报, 2008, 44(2): 249-256.

撰稿人：姚建华、杨高林

浙江工业大学

多能量场复合加工数学模型建立以及智能控制

Numerical Modeling and Intelligent Controlling of Multi-Energy Field Hybrid Manufacturing

随着工业制造领域对加工效率、精度和成本等要求的不断提升，采用单一制造技术的方法已经不能满足需求，而多能量场复合加工具有单一能量场加工无可比拟的优势，因此多能量场复合制造应运而生。将电磁场、动能场、热场及化学反应等多种方法、多种能量场与传统制造技术相结合，可突破单一能量场的技术瓶颈，获得更精准、更高效、更高性能及更智能的制造方法。

以激光加工为例，无论是激光焊接、激光切割还是激光增材制造过程，传统方法对以上过程的调控一般通过工艺参数的调整实现。然而，激光加工过程中，材料的熔化及凝固速度极快，仅依靠工艺参数调整的效果有限，通过附加外部能量场可获得额外的调控能力和效果。例如，利用感应加热辅助激光熔覆和熔注过程，减小了熔池与基体间的过冷度，从而抑制了由残余应力带来的裂纹，同时提高了激光熔覆/熔注效率[1]。利用超声波的机械振动冲击特性，破碎并分散枝晶，达到了细化熔覆层晶粒、均匀熔覆层组织、减小残余应力等目的[2]。利用电磁场辅助激光焊接和增材制造，可起到控制加工区域表面形貌、排除加工区域缺陷、实现控形控性的效果[3,4]。当外加电场或磁场辅助激光打孔时，等离子体中带电粒子的运动在电场力或洛伦兹力的作用下发生改变，其密度和分布以及等离子体的形状、位置都会发生改变[5]。选择合适的电磁辅助工艺参数，可降低激光传输通道上带电粒子的密度，有效降低等离子体的屏蔽作用，提高激光的吸收率[6]。利用高速粒子动能场与激光提供的高能密度热场进行耦合，可实现极低的热输入，获得高效、高硬度和极低热变形的沉积效果[7]。

然而，多能量场的复合作用过程较单一能量场的复杂程度有大幅提高，利用现有分析测试手段仍然难以揭示各能量场间的耦合作用规律。以电磁场复合激光增材制造为例，该过程复合的能量场有电场、磁场、热场、流场、重力场等，包含传热、对流、固液相变等物理过程，需要涉及电磁学、传热学、流体动力学、冶金学等多学科的交叉，其本身的理论表达就是一个科学难题。因此，必须利用数值仿真的手段，建立描述各个能量场和物理化学过程的偏微分方程，通过联合求解多能量场耦合偏微分方程组，明晰各能量场间的相互作用关系，分析能量场对加工过程的关键作用机理，最终优化加工制造过程。然而，在多能量场及多物理化学过程耦合条件下，偏微分方程组的复杂程度和非线性程度极高，如何精确、高效地求解该方程组是目前所面临的一个难点。另外，在高温乃至熔点以上的材料物性参数获得较为困难，而准确的物性参数是模型获得准确求解的前提保证。由于部分参数难以从文献或者手册中获得，必须设计实验进行针对性测量或者通过理论公式进行推算，这成为精确求解复杂数学模型的另一个难点。

同时，在明晰多能量场的耦合作用关系后，必须在加工过程中对各能量场进行实时闭环控制。因此，在原有对温度、速度、载荷等物理量的控制基础上，还需要对附加能量场的强度和作用范围进行精确控制，进而实现加工过程中多个参量的高度匹配。因此，必须在原有闭环控制系统上，结合上述数学模型，对加工制造过程中的关键能量场和工艺参数进行智能控制，这成为多能量场复合加工中亟须解决的科学难题。

综上所述，通过多能量场复合加工数学模型的建立、求解、验证和优化，揭示各能量场间的相互作用关系，是获得实际加工过程中控制策略的重要依据和关键科学问题。在模型计算结果基础上，形成加工过程各能量场关键参数的智能闭环控制，是获得超越传统加工极限能力的重要保证。

参 考 文 献

[1] Farahmand P, Kovacevic R. Laser cladding assisted with an induction heater (LCAIH) of Ni-60%WC coating. Journal of Materials Processing Technology, 2015, 222: 244-258.

[2] 张新戈, 王群, 李俐群, 等. 电、磁场辅助激光焊接的研究现状. 材料导报, 2009: 39-42.

[3] Bachmann M, Avilov V, Gumenyuk A, et al. Numerical assessment and experimental verification of the influence of the Hartmann effect in laser beam welding processes by steady magnetic fields. International Journal of Thermal Sciences, 2016, 101: 24-34.

[4] Ayers J D. Modification of metal surfaces by the laser melt-particle injection process. Thin Solid Films, 1981, 84: 323-331.

[5] 王维, 刘奇, 杨光, 等. 电磁搅拌作用下激光熔池电磁场、温度场和流场的数值模拟. 中国激光, 2015, (2): 48-55.

[6] Dal M, Fabbro R. An overview of the state of art in laser welding simulation. Optics and Laser Technology, 2016, 78: 2-14.

[7] Yao J, Yang L, Li B, et al. Beneficial effects of laser irradiation on the deposition process of diamond/Ni60 composite coating with cold spray. Applied Surface Science, 2016, 330: 300-308.

撰稿人：姚建华、王　梁

浙江工业大学

远平衡条件下的加工机理以及材料性能调控

The Underlying Mechanism and Property Controlling for Material Processing Far from Equilibrium Conditions

　　高能束流加工技术是一种典型的远平衡条件下的加工过程，在此过程中高能束流（激光束、电子束、等离子体以及离子束等）使材料产生加热、熔化、气化、等离子体化等物理现象，从而达到对材料进行去除、连接、生长和改性等目的[1-3]。高能束流加工技术主要包括高能束流焊接与制孔技术（如激光焊接、电子束焊接、激光打孔等）、高能束流表面工程技术（如电子束物理气相沉积、真空电弧沉积、磁控溅射、激光熔覆、激光合金化、激光冲击强化、离子注入、脉冲电子束/离子束表面强化等）、高能束流增材制造技术（如激光/电子束选区熔化、激光/电子束沉积等）。高能束流加工技术在能量、时间和空间方面可选择范围宽，并可精确、协调控制，在特种材料制造、特殊精度制造、复杂形状制造、微纳制造和跨尺度制造方面具有独特优势。

　　高能束流加工技术将高能量密度的能源集中在一定范围和深度对工件进行选择性的处理，其能量利用率高，加热速度快，工件表面和内部温度梯度大，通常是在远平衡条件下发生物化及相变反应。材料在平衡条件下通常只以一种状态存在（即稳定的平衡状态），而在非平衡条件下由于传质、传热等过程的不充分，则可能出现多种形式的亚稳态，包括细晶组织、高密度晶体缺陷、过饱和固溶体、亚稳新相、非晶态等。平衡条件下的材料成分、组织、结构等的演变过程可根据成熟的相图系统进行推测和验证，而非平衡条件下的材料加工过程目前尚没有系统的理论可依，材料在远平衡条件下的组织结构的演变规律较平衡状态下复杂得多，影响因素众多，各种亚稳相的形成机理各异。因此，如何实现高能束流加工过程中材料组织结构的定性/定量检测、分析以及形成过程的原位监测，从而阐释其演变规律及形成机理是目前远平衡条件下加工技术的一大难点。此外，在远平衡条件下，材料内部的传热、传质等过程的不充分会导致原子、杂质、气泡等来不及充分扩散和再平衡，因此容易出现成分偏析、夹杂、气孔以及应力集中等，对加工材料的综合性能产生不良影响。目前，国内外研究者通过外部能场复合、感应预热以及后续热处理等手段来改善组织、排除气孔、消除应力等[4-6]。其中，复合高能束制造技术（如激光复合氩弧焊、超声辅助激光焊接、电磁场复合激光焊接/熔覆、超声速激光沉积等）是目前高能束流加工技术领域发展的重要趋势，有望对通过多能量场的协同作用达到对加工材料的控形控性作用[7-9]。

综上所述，如何实现对远平衡条件下的高能束加工材料组织结构的原位监测，阐释其演变规律及形成机理以及如何消除远平衡加工过程中产生的缺陷，从而实现对高能束加工材料性能的有效调控是该领域的难点。解决这些难题，有助于科学准确地判断、分析及控制高能束流加工过程，分析各种因素对高能束流加工状态的影响，实现对加工工件形状和性能等的实时调控，从而推动高能束流加工技术在促进学科发展、提升原始创新能力、推动国民经济发展和社会进步等方面发挥重要作用。

参 考 文 献

［1］ Steen W M. Laser Surface Treatment//Laser Material Processing. London: Springer, 1991: 172-219.

［2］ 巩水利, 高巍, 王玉岱, 等. 高能束流加工技术的发展动态. 航空制造技术, 2014, 463(19): 66-69.

［3］ 徐滨士, 朱绍华, 刘世参. 材料表面工程技术. 哈尔滨: 哈尔滨工业大学出版社, 2014.

［4］ Bachmann M, Avilov V, Gumenyuk A, et al. Numerical assessment and experimental verification of the influence of the Hartmann effect in laser beam welding processes by steady magnetic fields. International Journal of Thermal Sciences, 2016, 101: 24-34.

［5］ Zhou S, Huang Y, Zeng X. A study of Ni-based WC composite coatings by laser induction hybrid rapid cladding with elliptical spot. Applied Surface Science, 2008, 254(10): 3110-3119.

［6］ Zhang D, Lei T C, Zhang J, et al. The effects of heat treatment on microstructure and erosion properties of laser surface-clad Ni-base alloy. Surface and Coatings Technology, 1999, 115(2): 176-183.

［7］ Liu H, Xu Q, Wang C, et al. Corrosion and wear behavior of Ni60CuMoW coatings fabricated by combination of laser cladding and mechanical vibration processing. Journal of Alloys and Compounds, 2015, 621: 357-363.

［8］ Ribic B, Palmer T A, DebRoy T. Problems and issues in laser-arc hybrid welding. International Materials Reviews, 2009, 54(4): 223-244.

［9］ Yao J, Yang L, Li B, et al. Beneficial effects of laser irradiation on the deposition process of diamond/Ni60 composite coating with cold spray. Applied Surface Science, 2015, 330: 300-308.

撰稿人：姚建华、李　波

浙江工业大学

电子束焊接中电子束偏移现象的起源与影响因素

Origin and Impact Factor of Beam Deflection Phenomenon during Electron Beam Welding

电子束焊接是高热源密度的焊接方式之一，其热源热效率是最高的，能量密度可以达到 $10^{10}\mathrm{W/m^2}$，电子束可以被聚焦到直径为 0.1～0.8mm，焊接方式为小孔模式。电子束焊具有熔深宽比大（深宽比达到 20 倍或者更高）、热影响区窄和线能量小等特点，使得焊件接头力学性能优异，从而广泛地用于航空航天和核能领域[1]。

然而，在真实的焊接过程中经常出现电子束偏移现象（偏移方向垂直于焊道方向），导致焊偏、非对称焊缝，甚至未熔合等焊接缺陷。研究发现，在 150mm SB49（C-Mn）钢与 A387 钢超厚板异种材料焊接时，只有约 50mm 厚度的金属被有效连接。在此位置以下，电子束和熔化区都已经偏移到 A387 钢中，导致有 100mm 厚度的金属未熔合[2]。还有研究发现，在某些工况下，电子束先偏移到一个工件里面，然后又偏移到另一个工件里面。当焊接大型结构件时，偏移导致的未熔合缺陷会造成重大损失。然而，关于电子束偏移的起源少有系统研究，这是一个科学难点。有研究提出可以通过减小工件的相对磁渗透性、热导率和电导率来缓解电子束偏移[3]。但是，当工件的材料已经确定时，材料的物理参数都是确定的，所以这样的方法显得不切实际，也不能从根本上抑制电子束偏移。研究还发现，电子束偏移量与入射角关联很大，所以电子束运动轨迹的全程实时监控对抑制偏移意义重大。

电子束偏移原因之一：塞贝克效应形成的温差电流（涡流）产生的磁场导致偏移[4]。电子束焊接模式是小孔模式，所以在工件的上下和前后都存在很大的温度梯度，由塞贝克效应产生的温差电流（涡流）就在异种材料焊接时出现[5]。这样的温差电流与焊接电流相对独立，而且往往会远大于焊接电流。工件上面的温差电流进一步产生外部磁场。偏移就是由外部磁场引起的，即使电子枪是完全对准工件间隙，偏移现象也会出现。外部磁场的幅值和方向都与电子束偏移有潜在关联[6]。电子束偏移主要发生在各向异性介质和不均匀介质焊接时，所以偏移在异种材料连接时表现得尤为明显。

电子束偏移原因之二：焊道或夹具中剩磁的磁场导致偏移。关于工件的剩磁引起电子束偏移的研究非常少，高温区和低温区之间因热循环过程不同而产生剩磁，这种现象主要在焊接铁磁性材料时发生，深入的研究也未见报道。

温差电流、电磁场和电子束偏移量三者之间有关联，量化的因果关系对优化焊接工艺有显著意义，该方向值得开展系统和定量的研究。而以上三个参数又与焊接工艺参数和材料物理特性密切相关。只有开展基于温度场、流速场和电磁场的系统仿真，得到各种焊接材料和工艺参数下电子束运动轨迹方程，然后得到电子束偏移量与诸多焊接工艺参数之间的定量关系，才能从源头上解决电子束偏移问题。电子束焊接中电子束偏移现象的起源与影响因素，是当前的一个科学难题。

参 考 文 献

[1] Kar J, Roy S K, Roy G G. Effect of beam oscillation on electron beam welding of copper with AISI-304 stainless steel. Journal of Materials Processing Technology, 2016, 233: 174-185.

[2] Blakeley P, Sanderson A. The origin and effects of magnetic fields in electron beam welding. Welding Journal, 1984, 63(1): 42-49.

[3] Wei P S, Lii T W. Electron beam deflection when welding dissimilar metals. Journal of Heat Transfer, 1990, 112(3): 714-720.

[4] Ziolkowski M, Brauer H. Modelling of Seebeck effect in electron beam deep welding of dissimilar metals. Compel International Journal for Computation and Mathematics in Electrical and Electronic Engineering, 2009, 28(1): 140-153.

[5] Paulini J, Simon G, Decker I. Beam deflection in electron beam welding by thermoelectric eddy currents. Journal of Physics D—Applied Physics, 1990, 23(5): 486.

[6] Wei P S, Chung F K. Three-dimensional electron-beam deflection and missed joint in welding dissimilar metals. Journal of Heat Transfer, 1997, 119(4): 832-839.

撰稿人：薛家祥、王磊磊

华南理工大学

激光电弧复合焊中电弧和光致等离子体相互作用的起源与机理

Origin and Mechanism of Interaction between Arc Plasma and Laser-Induced Plasma during Laser Arc Hybrid Welding

作为一种高效的焊接工艺,激光电弧复合焊近些年来越来越多地应用于高铁、航空航天等领域,但是许多关于它的基础科学原理仍然未被研究。

激光对电弧的作用体现在激光诱导的电弧吸引与压缩。研究发现,当光丝间距为零时,电弧的弧根明显变小。电弧被吸引到激光光斑正上方聚集,激光诱导的吸引与压缩导致电弧的形状与普通熔化极气体保护焊差别非常大[1]。液态金属的蒸发导致光斑正上方带电粒子的密度比周围显著增加,因此这个区域的电阻非常小,根据焊接电弧的最小电压原则,电弧被吸引到这一区域,这也是电弧被吸引的根本原因。研究发现,在脉冲电弧电流处于一脉一滴临界范围内,加入激光热源后,一脉一滴这种最佳的熔滴过渡方式不复存在。随着总热量的增加,熔滴过渡频率没有增加,反而减小到两脉一滴。熔滴的尺寸显著增加,同时观察到光致等离子体导致电弧倾角发生改变。这是因为熔滴过渡的驱动力主要是电磁力,电弧方向的改变导致电磁力沿着垂直方向的分量变小,熔滴积累到一定尺寸后,重力和电磁力共同促使熔滴分离发生[2]。另外,激光电弧复合焊的电弧长度比普通熔化极气体保护焊要长[3]。电弧形状的改变对熔滴过渡及焊缝成型的定量评估是当前的一个科学难点。如何避免变化的电弧形状影响焊接工艺,甚至利用变化的电弧改善焊接质量,值得深入研究。

电弧对激光的作用体现在电弧等离子体改变激光的吸收率。研究发现,当激光与电弧的间距为零时,复合焊的熔深最小,这样的结果无法通过定性分析来解释其原因[4]。也有研究发现,在只改变焊接电流而不改变其他参数的背景下,激光电弧复合焊的熔深先随电弧电流增加而增加,再随着电弧电流增加而减小。更有甚者,1000W 激光+190A 电流条件下的焊缝熔深竟然比 1000W 激光+50A 电流条件下的焊缝熔深浅[5]。复合焊熔深主要由激光功率决定,这是公认的事实。熔深的改变表明激光吸收率发生了改变。以上案例就是电弧改变激光吸收率的直接证据。随着电弧电流的增加,激光的吸收率在一定程度上减小,导致激光的能量密度小于临界小孔成型密度,焊接模式由激光小孔模式切换到激光传导模式,因此才会出现熔深减小和熔宽增加的现象，然而这并没有引起人们太多的关注。各种工艺条件下电弧等离子体影响激光传输的起源是一个科学难点。

激光小孔模式向激光传导模式切换是非常危险的，这是复合焊中大气孔（毫米级气孔）形成的原因[6]。这样的气孔无法通过焊前打磨、清洗和烘干工件来消除，是困扰一些研究院所和企事业单位的难题。当激光能量密度大于临界激光能量密度时，焊接模式是激光小孔模式，熔池内部形成一个表面温度略高于金属沸点的空穴。当激光能量密度小于临界激光能量密度时，小孔快速消失。通常情况下，熔池内部的金属流动速度可以达到1m/s 级别，从熔池其他位置流过来的金属迅速封住小孔顶部，这时空穴就变成大气泡，液态金属中的大气泡来不及溢出而被困在熔池的糊状区最终形成大气孔[7]。假如激光能量密度在临界密度附近，这种现象就会反复发生并且导致焊缝中出现连续大气孔。当焊接速度较高时，大气泡难以从熔池中溢出，连续大气孔出现的概率也就越高。

各种焊接参数和材料下电弧及光致等离子体的相互作用的起源与机理还没有被人们理解，电弧和光致等离子体相互作用的结果对焊接质量的影响也鲜有报道。辐射光的光谱研究能够从等离子体中的电子温度和密度的时间和空间分布角度来更好地理解激光电弧复合焊[8]。进一步通过数值模拟系统地仿真复合焊的温度场、电磁场和流速场，计算光致等离子体对电弧形状和电磁力的影响以及电弧等离子体影响激光吸收率的方程，才能定量化地研究激光与电弧的相互作用。最终结合实验和理论分析探索复合焊条件下熔滴过渡和小孔稳定性的根源，确保熔滴过渡规律性，确保焊接模式不会由激光小孔模式向激光传导模式切换。激光电弧复合焊中电弧和光致等离子体的相互作用的起源与机理，也是当前的一个科学难题。

参 考 文 献

[1] Liu L, Huang R, Song G, et al. Behavior and spectrum analysis of welding arc in low-power YAG-laser—MAG hybrid-welding process. IEEE Transactions on Plasma Science, 2008, 36(4): 1937-1943.

[2] 韦辉亮, 李桓, 王旭友, 等. 激光-MIG 电弧的复合作用及对熔滴过渡的影响. 焊接学报, 2011, (11): 41-44, 115.

[3] 苏沚汀, 李桓, 韦辉亮, 等. 激光对脉冲 MIG 焊熔滴过渡的改善作用. 焊接学报, 2016, (9): 91-95, 133.

[4] Bagger C, Olsen F O. Review of laser hybrid welding. Journal of Laser Applications, 2005, 17(1): 2-14.

[5] Chen Y B, Lei Z L, Li L Q, et al. Experimental study on welding characteristics of CO_2 laser TIG hybrid welding process. Science and Technology of Welding and Joining, 2006, 11(4): 403-411.

[6] Pastor M, Zhao H, Martukanitz R, et al. Porosity, underfill and magnesium lose during continuous wave Nd: YAG laser welding of thin plates of aluminum alloys 5182 and 5754. Welding Journal, 1999, 78(6): 207S.

[7] Blecher J J, Palmer T A, Debroy T. Porosity in thick section alloy 690 welds—Experiments, modeling, mechanism, and remedy. Welding Journal, 2016, 95(1): 17S-26S.

[8] Ribic B, Palmer T A, DebRoy T. Problems and issues in laser-arc hybrid welding. International Materials Reviews, 2009, 54(4): 223-244.

撰稿人：薛家祥、王磊磊

华南理工大学

电解加工间隙的分布规律

The Distribution Regularity of ECM Gap

电解加工是基于电化学阳极溶解原理实现金属零件加工成型的特种加工技术。在加工过程中，工具和工件分别连接直流电源的负极和正极，电解液高速流过两极之间的加工间隙，当电源开通后，工件材料不断被氧化溶解，加工副产物被高速流动的电解液冲刷带走，工件形状发生变化，随着工具的进给和溶解过程的持续，工件形状逐渐接近工具形状[1,2]。电解加工系统如图 1 所示。

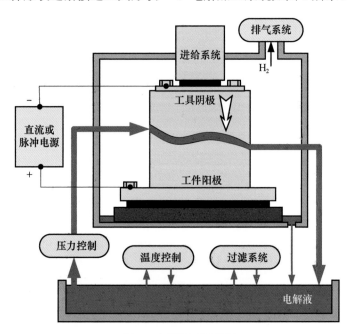

图 1　电解加工示意图

电解加工间隙是逐渐变化、非均匀分布的。从加工开始到结束，电解加工间隙逐渐变化，最后趋于动态平衡。达到平衡状态后，电解加工间隙沿电解液流呈现相对稳定的分布。掌握电解加工间隙的动态变化规律和稳态分布规律对于加工精度分析、工具形状设计至关重要。电解加工间隙如图 2 所示。

早期分析电解加工间隙多采用经验模型或简化方法[3,4]。影响较大的是英国学者 Tipton[5]提出的 $\cos\theta$ 法，它在简化电场的基础上，近似用电解加工间隙长度替代电流线长度，通过法拉第电解定律和欧姆定律得到电解加工间隙分布的计算公式。该方法为简单形状零件电解加工提供了一个估算电解加工间隙分布的近似方法。但由于其对实际加工过程进行了过度简化和假设，在很多实际场合存在着显著的误差。

从场的角度建模求解是深刻理解电解加工间隙分布的科学方法。电解加工间隙中的电场分布可用拉普拉斯方程描述，其边界条件随加工过程的持续而不断变化。当电解加工达到稳态条件时，电场分布除满足拉普拉斯方程，在阳极上还满足特定的双边界条件。电解加工间隙分布规律问题与常规的边值问题不同，不是以求出电位分布为目的，而是求出在特定双边界条件下间隙区域的边界形状。这个问题称为拉普拉斯方程的几何反问题，目前尚无成熟的求解方法。国内外电解加工学者尝试进行多种方法的探索，如相对位移法、复变函数法、有限差分法、有限元法、边界元法、神经网络等[6-13]，在求解效率和精度方面取得了显著的进展。加工间隙电场模型如图 3 所示。

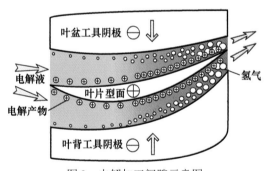

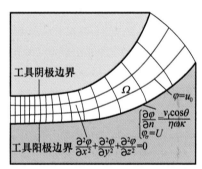

图 2　电解加工间隙示意图　　　　图 3　加工间隙电场模型

而真实的电解加工过程除了电场作用外，还受流场、温度场等多场综合作用的影响，使得电解加工间隙分布规律问题变得更为复杂。早期的基于场分布的研究通常假设电解液电导率和电流效率为常量，而实际加工中它们会显著变化，且变化规律难以准确描述。在加工过程中，阳极材料以离子形式去除，然后与溶液中某些成分反应生成絮状物，体积扩大数百倍；阴极还原反应将析出大量氢气。阳极去除物和阴极析气都显著影响电解液流动状态和电解液电导率。加工过程中会产生焦耳热，使电解液温度逐步上升，也会改变电解液的电导率。电导率的变化将使电场分布发生变化，影响阳极上各点的溶解速度，从而改变电解加工间隙分布。对这些变量的建模仿真是非常困难的。另外，电解加工的各种副产物使得电解液流动为液、固、气三相流动，流动状态具有非线性和随机性特征；在某些场合，阳极溶解会出现钝化、超钝化现象，电流效率和电流密度之间关系呈现出非线性。另外，高电流密度下的极化过程缺乏成熟理论解释和可靠的试验依据，难以定量地分析对溶解效率的影响程度。上述问题使精确建立电解加工间隙分布模型、掌握电解加工间隙分布规律变得极其困难。

迄今为止关于电解加工间隙分布的研究都是针对电解加工已进行了足够长的时间，达到了平衡状态，也就是工件的法向蚀除速度等于工具进给速度分量。但在一些实际场合，由于工件毛坯的余量有限，加工结束时尚未达到平衡状态，这样电解加工间隙处于平衡状态的前提条件并不满足，所以也会给建模仿真带来误差。非平衡态电解加工间隙分布规律问题更加复杂，目前还少有研究报道。

综上所述，电解加工间隙分布规律是影响加工精度最为重要的科学问题。掌握电解加工间隙分布规律，有助于科学、准确地判断电解加工的状态，分析各种因素对电解加工过程的影响，实现电解加工工具的精确设计与工件成型的误差分析，对于提高电解加工的加工精度具有重要而深远的意义。

参 考 文 献

[1] DeBarr A E, Oliver D A. Electro-Chemical Machining. London: MacDonald & Co., 1968.

[2] McGeough J A. Principles of Electrochemical Machining. London: Chapman & Hall, 1974.

[3] Hinduja S, Kunieda M. Modelling of ECM and EDM processes. CIRP Annals—Manufacturing Technology, 2013, 62(2): 775-797.

[4] Koenig W, Pahl D. Accuracy and optimal working conditions in electrochemical machining. Annals of the CIRP, 1970, 18: 223-230.

[5] Tipton H. The calculation of tool shapes for electrochemical machining. Electrochemical Society Fall Meeting, 1970: 525.

[6] Deconinck D, van Damme S, Deconinck J. A temperature dependent multi-ion model for time accurate numerical simulation of the electrochemical machining process. Part I: Theoretical basis. Electrochimica Acta, 2012, 60: 321-328.

[7] Pajak P T, van Tijum R, Altena H, et al. Virtual design of the shaving cap ECM process by multiphysics simulation approach. The 16th International Symposium on Electromachining, 2010: 693-697.

[8] Deconinck D, van Damme S, Albu C, et al. Study of the effects of heat removal on the copying accuracy of the electrochemical machining process. Electrochimica Acta, 2011, 56: 5642-5649.

[9] Pattavanitch J, Hinduja S, Atkinson J. Modelling of the electrochemical machining process by the boundary element method. CIRP Annals—Manufacturing Technology, 2010, 59(1): 243-246.

[10] van Damme S, Nelissen G, van den Bossche B, et al. Comment on numerical model for predicting the efficiency behaviour during pulsed electrochemical machining of steel in NaNO₃.

Journal of Applied Electrochemistry, 2010, 40(1): 205-207.

[11] Zhu D, Wang K, Yang J M. Design of electrode profile in electrochemical manufacturing process. CIRP Annals—Manufacturing Technology, 2003, 52(1): 169-172.

[12] Qui Z H, Power H. Prediction of electrode shape change involving convection, diffusion and migration by the boundary element method. Journal of Applied Electrochemistry, 2000, 30(5): 575-584.

[13] Klocke F, Zeis M, Harst S, et al. Modeling and simulation of the electrochemical machining (ECM) material removal process for the manufacture of aero engine components. The 14th CIRP Conference on Modeling of Machining Operations, 2013, 8: 265-270.

撰稿人: 朱　荻、徐正扬

南京航空航天大学

脉动态电解加工的多物理场作用机制

The Synergistic Mechanism of Multiple Physical Coupling for Electrochemical Machining in Pulse Dynamic Process

　　电解加工是基于电化学阳极溶解原理实现金属零件加工成型的特种加工技术。在加工过程中，工具阴极接电源负极，工件阳极接电源正极，高速电解液从阴阳极之间的加工间隙流过。接通加工电源后，由于电化学作用，工件阳极表面金属原子产生氧化反应失去电子，生成金属离子溶解于电解液，之后同溶液中离子如氢氧根离子生成絮状不溶产物（在酸性溶液中可保持离子态）。在工具阴极表面发生还原反应，溶液中的氢离子得到电子产生氢气。加工中产生的阳极产物、氢气以及伴随着加工产生的焦耳热被高速流动的电解液带离加工间隙，随着工具的不断进给，工件形状逐渐接近工具形状，直至完成加工[1]。电解加工原理如图1所示。

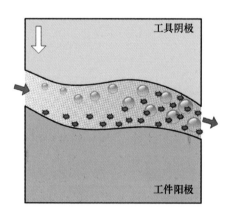

图 1　电解加工原理图

　　电解加工中电场、流场、电化学场以及流动电解液的温度场等多物理场共同作用决定着加工过程。与此同时，加工产物、加工去除物、焦耳热和气泡等，在空间和时间上不断变化，影响着加工间隙内电解液电导率的分布，决定着电解加工成型规律。由此可见，电解加工多物理场作用机制非常复杂，掌握其规律对加工过程的精确分析和调控极为重要。

现有的电解加工技术方法和理论体系均建立在连续加工至平衡态的基础上。以最常见的拷贝式电解加工为例，在工具与工件两端施加稳恒直流电压，工具面向工件连续进给，加工起始后首先进入电解加工过渡过程，工具和工件之间的加工间隙的大小和分布不断变化，随着加工的连续进行，逐步接近平衡状态，工件形状近似于工具的镜像。如上所述，电解加工是从过渡态经连续加工至平衡态所建立的理论方法。例如，零件成型预测、加工间隙分布和工具设计方法，都是基于连续加工到平衡状态的前提，根据其多物理场作用机制形成理论体系。

电解加工过程中多物理场作用机制极为复杂，在现有的电解加工技术方法和理论体系研究中，除了假设进入平衡态的条件外，对加工中的各个物理场均需要进行一定的简化假设。例如，电场研究中，电场受加工间隙、流场、温度场、产物、时空分布等多因素影响极为复杂，为了简化问题而不失其本质，通常假设电场的电流线由阳极等位面指向阴极等位面，等位面与电流线正交，同一电流线上具有相同的电场强度，并且在同一电流线上假设电解液电导率相同等。经典的 $\cos\theta$ 法[2]和拉普拉斯方程几何反问题求解工具阴极边界方法[3]均基于上述假设。电解液流场研究中，加工间隙内流过的电解液介质中包含电解产物、氢气和电解液，是气、液、固三相流。由于三相流问题过于复杂，在研究中通常将所占体积较小的电解产物因素忽略，将电解加工简化为气、液两相流问题。然而，气、液两相流中，由于氢气在溶液的存在形式就很不稳定，可能在气泡流、柱状流等多种流态中变化，流场模型必须进行进一步简化。通常需假设气泡在液相中流型一致且分布均匀，液相不可压缩，气相状态变化服从理想气体状态方程，液相和气相之间不存在质量转换，沿着流动方向每一个横截面上气相和液相分布均匀，目前的电解加工气液两相流动研究均基于上述假设[4]。除了电场和流场之外，流过电解液的电流产生的焦耳热可能引起电解液十几度的温升，加工间隙中电解液的温度场对电导率也有很大的影响[5]。此外，由电化学反应进入电解液的金属离子会和电解液中的氢氧根离子发生二次化学反应，该反应会进一步影响电解加工过程。由此可见，在基于连续加工至平衡态的电解加工技术方法和理论体系中仅对大幅简化的多物理场综合作用机制展开了研究与分析[6,7]，简化的多物理场与电解加工实际状态还存在很大差异，这也是导致电解加工无法精确预测加工间隙分布、无法精确设计工具阴极的主要原因，至今平衡态电解加工间隙中的多物理场作用机制依然是悬而未决的"黑箱子"。

随着电解加工技术的不断发展，采用脉冲电源替代直流电源、工具周期往复进给替代工具连续进给，在工件被加工部位接近工具时通电加工、远离时断电电解液冲刷的脉动态电解加工应运而生。在脉动态电解加工中，工具和工件进行周期性相对运动，阳极溶解始终发生在间隙变小时，在间隙拉大时电解液流阻减小，因而冲液效果得到加强，可以使加工在远小于常规平衡态加工容许的间隙下进行，从而大幅提升了电解加工精度[8-10]。电解加工由平衡态转变为脉动态后，加工中电场、流场、电化学场、加工产物、加工去除物、焦耳热和气泡等在空间和时间上均不断周期变化。与平衡态电解加工相比，脉动态电解加工的多物理场作用机制更为复杂，研究该问题更加困难。脉动态电解加工原理如图 2 所示。

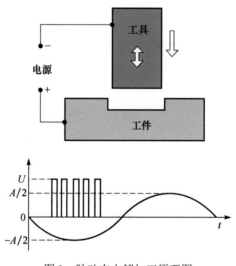

图 2   脉动态电解加工原理图

综上所述，脉动态电解加工是在平衡态电解加工基础上发展形成的先进加工方法，是精密电解加工技术未来发展的主要方向。脉动态电解加工多物理场作用机制是该加工方法最为核心的科学问题。掌握脉动态电解加工的多物理场作用机制，有助于明晰脉动态电解加工成型机理与加工间隙演变规律，对提高工具阴极设计精度、精确控制与调控加工过程、进一步提高电解加工精度有着重要而深远的意义。

参 考 文 献

[1]   McGeough J A . Principles of Electrochemical Machining. London: Chapman & Hall, 1974.

[2]   Tipton H. The Calculation of Tool Shapes for Electrochemical Machining Fundamentals of Electrochemical Machining. Princeton: The Electrochemical Society, 1971.

[3]   Bogoveev N A, Firsov A G, Filatov E I, et al. Computer support for "all-round" ECM processing of blades. Journal of Materials Processing Technology, 2001, 109(3): 324-326.

[4]   Chang C S, Hourng L W. Two-dimensional two-phase numerical model for tool design in electrochemical machining. Journal of Applied Electrochemistry, 2001, 31(2): 145-154.

[5] Deconinck D, Damme S V, Deconinck J. A temperature dependent multi-ion model for time accurate numerical simulation of the electrochemical machining process. Part I: Theoretical basis. Electrochimica Acta, 2012, 60(8): 321-328.

[6] Klocke F, Zeis M, Klink A. Interdisciplinary modelling of the electrochemical machining process for engine blades. CIRP Annals—Manufacturing Technology, 2015, 64(1): 217-220.

[7] Klocke F, Zeis M, Harst S, et al. Modeling and simulation of the electrochemical machining (ECM) material removal process for the manufacture of aero engine components. Procedia CIRP, 2013, 8: 265-270.

[8] Schuster R, Kirchner V V, Allongue P, et al. Electrochemical micromachining. Science, 2000, 289(5476): 98-101.

[9] Fang X, Qu N, Zhang Y, et al. Effects of pulsating electrolyte flow in electrochemical machining. Journal of Materials Processing Technology, 2014, 214(1): 36-43.

[10] Wang D, Zhu Z, Zhu D, et al. Reduction of stray currents in counter-rotating electrochemical machining by using a flexible auxiliary electrode mechanism. Journal of Materials Processing Technology, 2016, 239: 66-74.

撰稿人：刘　嘉

南京航空航天大学

高强度、轻质等高性能零件的电铸成形成性问题

Electroforming of High-Performance Parts with High Strength and Light Weight

电铸技术是基于电化学沉积原理的一种特种加工方法，通过电铸液中金属离子在阴极表面的还原及电结晶来制取薄壁金属零件。在电铸过程中，金属离子在预成形的芯模（阴极）表面不断还原沉积，逐渐生长成一定厚度的金属材料，同时复制芯模的形状。因此，电铸过程不仅是零件的成形过程，也是零件材料的制备过程。

受金属元素电极电位和发生还原电沉积条件的限制，并非所有金属元素都能在阴极还原沉积，因此能用于电铸的单金属种类十分有限，其中具有工业应用价值的主要有铜、镍、铁等，这极大限制了电铸技术的应用。为了改变或加强单一金属的某些性质，如强度、延展性等力学性能，以拓展电铸材料的种类和满足不同应用场合的需求，研究者开始研究合金电铸，即将两种或两种以上的金属在芯模表面共沉积而成形合金零件。早期的合金电铸以金、银等贵金属合金为主，包括铜锌合金等，后来逐渐出现了镍锰合金、镍铁合金、镍钴合金等，并开展了多元合金电铸研究。为了满足耐温、耐磨、减摩等某些特殊性能的需求，人们开展了复合电铸研究，即在金属离子还原沉积的同时，将分散在电铸液中的不溶性固态微粒或纤维等增强体较均匀地嵌合在金属沉积层中而成形金属基复合材料零件。目前常见的基质金属有镍、铜、钴、铁等单金属和铜锡、铜锌、镍铁等合金，增强颗粒有 SiC、SiO_2、Al_2O_3、ZrO_2、La_2O_3、CeO_2 等无机颗粒，以及聚四氟乙烯、氟化石墨、聚氯乙烯等有机颗粒。近年来，随着大批尺寸在纳米级的增强颗粒和高性能纤维开始出现，以纳米尺度颗粒为增强相的纳米复合电铸逐渐兴起，并发现纳米复合电铸层与微米复合电铸层相比，具有更高的耐磨、减摩、耐热、抗蚀等性能。

然而，尽管在合金电铸和复合电铸的发展中，涌现出许多具有各种优异性能的新型电铸材料，但是现代工业产品性能的迅速提高和电铸应用领域的不断拓展，对零件材料的机械强度、热膨胀、延展性等性能和耐磨性、耐腐蚀性等表面性能的技术要求越来越高、越来越苛刻，仅目前存在的电铸材料仍然难以满足现代科技发展的需要。电铸技术的发展困境主要表现在以下两个方面：

（1）具有代表性的新型电铸材料主要有细晶单金属材料、合金材料和金属基复合材料，大部分尚处于实验室研发阶段，与生产应用尚有距离，需要更深入系统的研究。

美国的 McFadden 等、加拿大的 Erb 等均利用电沉积技术分别制备出全致密的纳米 Cu 和 Ni 材料，晶粒尺寸为 30～50nm[1,2]。南京航空航天大学的朱荻等[3]使用超短脉冲和高速冲液配合的方法，成功地制备出最小晶粒尺寸为 15nm 的致密金属镍电铸层。但是，电铸制备的细晶单金属材料主要用于某些特定的应用场合，延展性等性能指标还需要进一步提高。

合金电铸层的合金成分对电铸工艺参数敏感，溶液中金属离子浓度比、电流密度的变化都会引起电铸层合金成分的变化。为了实现共沉积，电铸液中通常含有络合剂和添加剂，以有选择地增大或减小金属离子的阴极极化。尽管 Ni-Co、Ni-Mn、Ni-Fe、Ni-Co-Mn 等合金电铸层表现出很高的硬度、优良的高温性能和焊接性能，但在复杂形状大壁厚零件的长周期电铸中，阴极表面电场分布不均匀、微量添加剂容易消耗且难以检测，因此目前的合金电铸水平尚不能满足大型大壁厚零件的电铸制造需求。

纳米颗粒增强复合电铸存在很多难以解决的问题，最主要的问题是纳米颗粒在溶液中容易发生团聚以及铸层中纳米颗粒的含量过低。发展新的复合电铸技术，包括新型纳米颗粒复合电铸和新型纳米复合电铸工艺，解决纳米颗粒复合电铸中存在的问题，依然是目前乃至未来复合电铸发展中需要解决的关键课题。

（2）无法电铸出常用的合金材料，如不锈钢、铝合金、高温合金、钛合金等，已有电铸材料的综合性能和工艺稳定性有待提高。例如，镍电铸层对某些应用而言，硬度偏低、中温强度不高或延展性不高。为提高其硬度，一般向电铸液中加入糖精等含硫添加剂，其硬度和强度可得到明显的提高，铸层由拉应力变为压应力，结晶状态由晶粒结构变为层状结构。但其显著缺点是具有硫脆性，在 200℃ 以上时镍层便开始变脆，在 600℃ 以上甚至呈粉状。Ni-Mn 合金的强度和硬度均高于电铸镍，可焊性好于电铸镍，但当锰含量过高时，会导致电铸层的内应力显著升高，甚至造成电铸层开裂。

因此，亟须攻克材料难关，开发新型电铸技术，以充分发挥电铸技术的先天优势，扩大电铸技术的应用领域。在这项研究中存在许多关键科学问题，例如，能否解决纳米晶单金属电铸中由于添加剂夹杂、析氢等因素导致的纯度不高、致密性不高等问题，消除孔隙、裂纹等缺陷；能否解决多元合金电铸中电铸液稳定性和复杂轮廓上合金成分的均匀性问题；能否解决纳米复合电铸中纳米颗粒团聚等问题。更进一步，能否在电铸成形的同时，获得媲美镍基高温合金、钛合金等合金材料，且具有高强度、轻质、高延展性等综合性能优良的金属材料。这些研究涉及电化学、材料、制造等多学科交叉，极具科学研究价值。

参 考 文 献

[1] McFadden S X, Mishra R S, Valiev R Z, et al. Low-temperature superplasticity in nanostructured nickel and metal alloys. Nature, 1999, 398(6729): 684-686.

[2] Wang N, Wang Z, Aust K T, et al. Isokinetic analysis of nanocrystalline nickel electrodeposits upon annealing. Acta Materialia, 1997, 45(4): 1655-1669.

[3] Zhu D, Lei W N, Qu N S, et al. Nanocrystalline electroforming process. Annals of the CIRP, 2002, 51(1): 173-176.

撰稿人：朱增伟

南京航空航天大学

超短脉冲电流电解加工定域性突变机理

Mechanism of Ultrahigh Machining Localization of Ultra-Short Pulse Electrochemical Machining

在大多数加工方法中，材料都以微团的形式被去除，如切削加工、激光加工、放电加工。加工方法所能达到的最小材料去除尺度对这一方法的微细加工能力有着重要的影响。在电解加工过程中，材料的转移以离子尺度进行，金属离子的尺寸在 0.1nm 甚至更小，因此电解加工技术在微细制造领域，以至于纳米制造领域有着很大的发展潜力。但传统电解加工方法的加工定域性较差，限制了该技术在微细制造领域的发展。2000 年，德国 MPG 发明了脉冲宽度在纳秒量级的超短脉冲微细电解加工技术，使电解加工的溶解定域性得到突变性提高。该项研究成果于 2000 年发表在 Science 上[1]，引起了人们的高度关注，掀起了微细电解加工的研究热潮。

纳秒脉宽脉冲电流电解加工获得的高加工定域性与电化学中的双电层密切相关。双电层最早由 Helmholtz 提出[2]，后来经过研究人员的不断完善，形成了现有的双电层理论[3-5]。在电解加工系统中，工具电极/工件电极与电解液的固液相边界处的双电层在通电之前处于动态平衡状态，相边界处相当于一个电容器和电阻器并联（图1），通电后极短时间内发生暂态电极极化现象。在暂态电极极化过程中，随着双电层的充电，当电极电位能够接近稳态过电位时，电化学反应开始发生。电极表面的双电层被持续充电，其电位逐渐增大，充电电流相应减小。与此同时，电化学反应电流则不断增大。当双电层充电结束时，其过电位不再变化，充电电流降为零，电极过程达到稳定状态，电流全部用于电化学反应（图2）。直流电解加工和脉宽在微秒级以上的脉冲电流电解加工都是利用电极过程进入稳态后的电化学反应实现加工的，双电层充放电的暂态过程可以忽略[6]。

当电解液温度和压强一定时，电解液法拉第电阻为电解液电阻率和极间距离的乘积，工件电极表面与工具电极的极间距离越长，回路中电解液电阻越大，则该回路中双电层充放电时间常数越大（图3）。因此，距离工具阴极近的阳极表面区域的双电层充放电时间常数小，而距离工具阴极远的阳极表面区域的双电层充电时间常数大。在纳秒脉宽时间内，距离工具电极近的工件表面的双电层达到完全充电状态进入稳态或近稳态阶段，此时可用于电化学

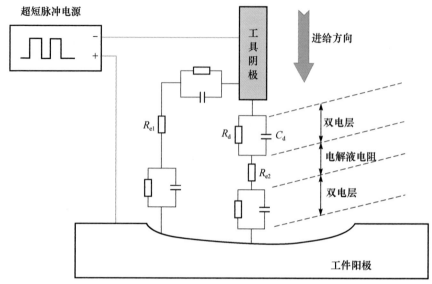

图 1 微细电解加工区域等效电路图

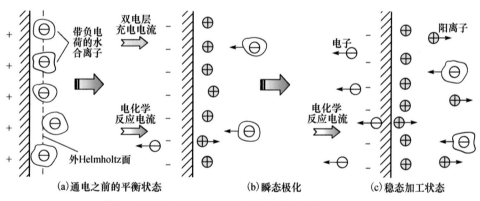

图 2 电极与电解液相边界通电后瞬间的变化示意图

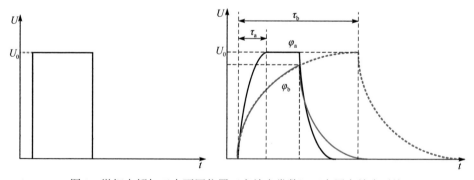

图 3 微细电解加工中不同位置（充放电常数）双电层充放电对比

反应的电流很大，材料开始发生氧化反应，金属原子失去电子成为金属离子进入电解液，材料得到溶解蚀除。但距离工具电极较远的工件表面区域的双电层还远未达到稳态阶段，可用于电化学反应的电流极小，材料无法被溶解蚀除。超短脉冲电流电解加工就是利用电化学反应阶段的暂态过程实现了工件材料的高定域性去除[7-10]。

以上分析均是建立在假设加工过程中双电层厚度不变、电容不变的基础上的，但是在电解加工过程中，电极/溶液界面上的双电层并非静态，而是随电解液的组成及浓度（电解液的消耗与补充程度会引起电解液的变化）、电极材料的表面状态（阳极溶解及阴极析氢反应都会改变电极的表面状态）而发生较大的变化。微细电解加工的电极在微米甚至亚微米尺度，形状复杂，导致双电层空间尺度小且分布复杂，加之涉及固、液、气三相微流体，其研究相当困难，因此至今对超短脉冲电流条件下双电层的动态演化规律仍不清楚，需要深入研究该过程中的物理化学行为，为实现定量描述奠定基础。

参 考 文 献

[1] Schuster R, Kirchner V V, Allongue P, et al. Electrochemical micromachining. Science, 2000, 289(5476): 98-101.

[2] Helmholtz H. Studien über electrische grenzschichten. Annalen der Physik, 1879, 243(7): 337-382.

[3] Conway B E. Transition from supercapacitor to battery behaviour in electrochemical energy-storage. Journal of the Electrochemical Society, 1991, 138(6): 1539-1548.

[4] Conway B E. Electrochemical Supercapacitors. New York: Plenum Press, 1999.

[5] Hamann C H, Hamnett A, Vielstich W. Electrochemistry. Weinheim: Wiley-VCH, 2007.

[6] He R, Chen S, Yang F, et al. Dynamic diffuse double-layer model for the electrochemistry of nanometer-sized electrodes. Journal of Physical Chemistry B, 2006, 110(7): 3262-3270.

[7] Rasmussen H, McGeough J A. Theory of overpotentials in electrochemical micromachining. Journal of Materials Processing Technology, 2004, 149(1-3): 504-505.

[8] Kenney J A, Hwang G S, Shin W. Two-dimensional computational model for electrochemical micromachining with ultrashort voltage pulses. Applied Physics Letters, 2004, 84(19): 3774-3776.

[9] Bhattacharyya B, Doloi B, Sridhar P S. Electrochemical micro-machining: New possibilities for micro-manufacturing. Journal of Materials Processing Technology, 2001, 113(1-3): 301-305.

[10] Kock M, Kirchner V, Schuster R. Electrochemical micromachining with ultrashort voltage pulses—A versatile method with lithographical precision. Electrochimica Acta, 2003, 48(3): 3213-3219.

撰稿人：曲宁松

南京航空航天大学

微尺度间隙流场下物质的输运机理

Mechanisms of Mass Transfer in Micrometer Scale Flow Field

电解加工是一种非接触式加工工艺，加工过程中工具阴极与工件之间存在供电解液流动、进行电化学反应、排除电解产物的间距，这一间距称为加工间隙。加工间隙的大小和变化是决定电解加工的加工精度、材料去除速率和表面质量的一个主要因素。微细电解加工过程中加工间隙远小于常规电解加工的间隙，加工间隙可减小至微米甚至亚微米尺度。微尺度间隙流场下物质的快速输运是决定微细电解稳定性、加工效率及加工精度的决定性因素。

根据电极动力学理论，电极过程由以下各单元步骤串联而成[1]：①反应粒子向电极表面附近液层的迁移过程；②反应粒子在电极表面或表面附近液层进行反应前的转化，如反应粒子的吸附、金属络离子的解离或其他化学变化；③反应粒子在电极/溶液界面上得失电子，生成还原反应和氧化反应产物；④反应产物从电极反应界面脱附、复合、歧化或发生其他化学变化；⑤反应产物或由反应产物生成的新相从电极反应界面向溶液中的传质迁移过程。其中步骤①和⑤的速率与微细电解加工过程微小加工间隙中的传质速率密切相关。因此，微细电解加工的传质过程主要包括两个方面，一是参与电化学反应的新鲜电解液输送到电极表面附近参与电极反应，二是反应生成物（如化合物、气体等）及时排离加工区域。由于加工产物（去除的材料、产生的气泡）存在于电解液中，构成固液气三相流体，在如此微小的尺度下，受表面张力效应、电黏性效应、比表面积效应、双电层效应的影响，并在自然因素传质作用的参与下，其传质过程非常复杂。

微细电解加工过程中，若新鲜电解液（反应粒子）不能及时输送到电极表面附近，电极反应将无法稳定持续进行，工件材料无法被正常电解蚀除，导致微细电解加工的加工效率显著下降甚至无法继续进行。另外，若电解产物或电解产物在电极表面生成的新相无法及时排出微小加工间隙，加工产物累积于加工区域，堵塞加工区域或使加工区域电解液的电导率下降，易造成短路现象，不利于微细电解加工的稳定性。因此，研究微尺度间隙流场下物质的输运机理有利于提高微细电解加工的加工效率和稳定性。微细电解加工过程中，由于加工间隙可减小至微米甚至亚微米尺度，工具电极尺度为微米或亚微米尺度，电解液若以较高压强或流速进入微小加工间隙，易引起工具电极的振动或变形。采用静态电解液进行微细电解加工时，在工件材料去除过程中，工件材料以离子形式被去除，在工件表面产生的金属阳离子主要在浓度梯度作用下向溶液中扩散。由于浓度梯度引起的物质输运速率较低，金属阳离子易累积于加工区域，阻碍微细电解加工的持续稳定进行。如何在静态电解液或低速电解液前提下，实现微尺度间隙流场中物质的有效及时输运，是提高微细电解加工精度、效率和稳定性亟待解决的问题之一。

　　近年来，国内外研究人员提出一系列方法以提高微尺度间隙中物质的输运速率，有效提高了微细电解加工效率和稳定性。Jain 等[2]的研究表明，利用轴向冲液可以使电解液以较高的流速进入加工区域，及时将新鲜电解液输送到电极反应界面，带走加工区域中产生的电解产物，并保持工具阴极的稳定性。刘勇[3]采用旋转工具电极提高微尺度加工间隙中电解产物的排出和新鲜电解液的更新速率，增大加工微结构的深径比。Wang 等[4]和马晓宇等[5]分别提出了工具阴极超声振动和间歇回退等方法，利用微尺度加工间隙中压强变化引起的抽吸效应，增强了加工间隙中的强制对流作用，一方面可将加工区内的反应产物充分排出，另一方面可迫使周围新鲜电解液被吸入加工区域，并可以通过热对流抑制加工区域内电解液的温升。Fang 等[6]通过施加磁场以增强微尺度间隙中反应粒子在液相中的传质速率，并研究了磁场强度、电场强度和加工间隙大小对反应粒子在液相中输运速率的综合效应。Fang 等[7]提出旋转微螺旋工具阴极以促进微尺度加工间隙中电解液的轴向流动，增强了加工间隙中的传质效果，提高了微细电解加工效率。为了解决微细电解线切割加工过程中微尺度加工间隙中物质输运问题，Zeng 等[8,9]研究了微细电解线切割加工过程微尺度加工间隙中的流场特性，并提出了单向运丝、线电极振动等方法，提高了微细电解线切割加工的加工稳定性、加工效率及加工表面质量。微细电解加工过程中，一般采用酸性电解液，可以防止加工间隙中不溶性絮状物的产生并沉淀在加工表面，从而保证微细电解加工的正常稳定进行[10]。

　　微细电解加工过程中加工间隙存在尺度微小，受电场、流场和温度场等多场作用的综合影响等特点。而且，由于微尺度加工间隙中反应粒子和电解产物的空间分布难以直接用科学仪器观测，限制了微尺度加工间隙中物质输运机理的进一步研究。如何准确表述加工间隙中物质输运过程和空间分布是目前的研究难点之一。在研究微尺度间隙流场物质的输运机理的基础上，探索提高微尺度加工间隙中物质的输运速率的措施以提高加工效率是促进微细电解加工进一步发展的要点。

参 考 文 献

[1]　查全性. 电极过程动力学导论. 北京: 科学出版社, 2007.

［2］ Jain V K, Kalia S, Sidpara A, et al. Fabrication of micro-features and micro-tools using electrochemical micromachining. International Journal of Advanced Manufacturing Technology, 2012, 61(9-12): 1175-1183.

［3］ 刘勇. 微细电解铣削加工技术的基础研究. 南京: 南京航空航天大学博士学位论文, 2010.

［4］ Wang M, Zhang Y, He Z, et al. Deep micro-hole fabrication in EMM on stainless steel using disk micro-tool assisted by ultrasonic vibration. Journal of Materials Processing Technology, 2016, 229: 475-483.

［5］ 马晓宇, 李勇, 吕善进, 等. 加工间隙内电解产物对微细电解加工的影响分析. 电加工与模具, 2008, (6): 31-35.

［6］ Fang J C, Jin Z J, Xu W J, et al. Magnetic electrochemical finishing machining. Journal of Materials Processing Technology, 2002, 129(1): 283-287.

［7］ Fang X, Zou X, Zhang P, et al. Improving machining accuracy in wire electrochemical micromachining using a rotary helical electrode. International Journal of Advanced Manufacturing Technology, 2016, 84(5-8): 929-939.

［8］ Zeng Y, Yu Q, Wang S, et al. Enhancement of mass transport in micro wire electrochemical machining. CIRP Annals—Manufacturing Technology, 2012, 61(1): 195-198.

［9］ Wang S, Zeng Y, Liu Y, et al. Micro wire electrochemical machining with an axial electrolyte flow. The International Journal of Advanced Manufacturing Technology, 2012, 63(1): 25-32.

［10］ Rajurkar K P, Sundaram M M, Malshe A P. Review of electrochemical and electrodischarge machining. Procedia CIRP, 2013, 6(8): 13-26.

撰稿人：曾永彬

南京航空航天大学

深海环境下的放电加工

Electrical Discharge Machining in Deep Sea

海洋是蕴含着丰富资源的天然宝库，为人类的生存和发展提供了重要的物质保障。随着人类对海洋资源的开发不断深入，在深海条件下的加工、作业等将被提上日程。例如，随着海洋石油开采的迅速增长，大量的海洋石油平台在海洋领域中兴建。一般海洋石油平台的设计使用年限为 20 年，按照有关法律法规规定，海上石油平台达到使用年限之后，假如没有其他用处，必须对其进行废弃拆除处理[1]。依据国际相关法律法规规定，拆除废弃海洋平台时，必须把水下构筑物从泥线以下 5m 左右切割回收到地面，以保护海洋环境，确保航行安全[2]。海底工作环境恶劣，给回收技术带来了很大的困难。已有的聚能爆炸切割[3]、化学切割[4]等较为成熟的方法，由于受海洋生态环境保护的要求，已被禁用。目前应用较多的废弃海洋平台切割回收方法是机械切割，该切割方法存在切割效率低、刀具损耗大且更换困难、切割回收成本高等问题[4,5]。因此，新型高效废弃海洋平台海底泥面以下的切割技术及其应用基础理论是当今海洋石油开采国的一个重要的研究课题。此外，在进行海洋石油勘探与地质探测时，需要在海底岩石上进行钻孔、矿石破碎取样等操作，由于海底岩石硬度较高，常用的机械式钻进破碎岩石时效率较低，钻头损耗严重，增加了深海作业的成本。

放电加工是利用放电形成的等离子体的高温高压作用去除材料，加工过程中不受被加工材料的强度和硬度等影响，可实现以柔克刚，已在现代工业中获得广泛应用。若能在深海环境下进行放电加工作业，将会克服现有加工方法的缺点，大大加快人类对海洋资源的开发利用步伐，扩展放电加工的应用范围。刘永红教授等[6,7]对海水环境下油井井口头的放电切割回收技术进行了初步试验研究，结果表明可以获得比机械切削高得多的效率；Timoshkin 等[8]对等离子放电破岩钻井技术进行了初步的试验研究，结果表明该方法破碎硬岩的效率高于机械方法，这两种方法的基础理论和应用技术都有待深入研究。

与陆地常规条件下的放电加工相比，深海环境下放电加工有其独特的优点，海水的流动可以较好地将放电蚀除产物带走，不需要对放电产物进行回收和处理。此外，与传统的放电加工机械零部件不同，深海环境下进行放电加工时，大多对加工表面质量要求较低，而对加工效率要求较高，也就是说在加工过程中，能实现材料的高效率去除即可，不需要过多关注加工表面质量，从而降低深海作业成本。

但是，在深海环境下进行放电加工时，其介质为海水，在深海、洋流、浑浊、高温、气体溢出等复杂海底条件下，放电过程中介质的成分复杂而多变，且放电点处的围压高，因此其极间介质的电离击穿、放电等离子体通道的形成，以及极间介质的消电离等微观物理过程与陆地常规条件下的放电加工相比将会有显著的差异。此外，海底放电加工时，待蚀除材料不均匀且导电性差，不易产生稳定的放电。在此条件下如何产生持续稳定的放电等离子体，海底极端条件下的放电加工与陆地常规条件下的放电加工具有何种不同的物理性能，又如何更有效地利用这些特性来实现深海作业是尚待解决的科学问题。

参 考 文 献

[1] Anthony N R, Ronalds B F, Fakas E. Platform decommissioning trends. Asia Pacific Oil and Gas Conference, 2000: 747-754.

[2] Thornton W, Wiseman J. Current trends and future technologies for the decommissioning of offshore platforms. Proceedings of the Annual Offshore Technology Conference, 2000: 283-292.

[3] Viada S T, Hammer R M, Racca R, et al. Review of potential impacts to sea turtles from underwater explosive removal of offshore structures. Environmental Impact Assessment Review, 2008, 28(4-5): 267-285.

[4] Kaiser M J, Byrd R C. The non-explosive removal market in the Gulf of Mexico. Ocean and Coastal Management, 2005, 48(7-8): 525-570.

[5] Tian X J, Liu Y H, Lin R J, et al. An autonomous robot for casing cutting in oil platform. International Journal of Control and Automation, 2013, 6(5): 9-20.

[6] Tian X J, Liu Y H, Cai B P, et al. Experiment investigation on cutting performance for casing cutting by electric arc cutting technology. Materials and Manufacturing Processes, 2014, 29(2): 166-174.

[7] Tian X J, Liu Y H, Cai B P, et al. Characteristics investigation of pipe cutting technology based on electro-discharge machining. The International Journal of Advanced Manufacturing Technology, 2013, 66(9-12): 1673-1683.

[8] Timoshkin I V, Mackersie J W, Macgregor S J. Plasma channel microphone drilling technology. Digest of Technical Papers—IEEE International Pulsed Power Conference, 2003: 1336-1339.

撰稿人：刘永红

中国石油大学（华东）

电化学复合加工多种加工效应能量匹配机理

The Energy Matching Mechanism of Multiple Processing Effects in Electrochemical Composite Machining

早在 1834 年，英国科学家法拉第（Faraday）就发现了电化学反应过程中金属阳极溶解或阴极沉积的物质质量与所通过电量的关系，即法拉第定律，从而奠定了电化学学科及相关工程技术的理论基础。20 世纪 30 年代，开始出现电解抛光与电镀。50～60 年代，电解加工、电解磨削及电铸等工艺技术相继被发明。从此，作为一种先进制造技术，电化学加工技术得到迅速发展，被广泛应用于航空航天、兵器、汽轮机、汽车、煤矿机械、工具等众多行业[1]。然而，电化学加工也存在缺点和不足，如加工精度和稳定性不高等，因此国内外在提高电化学加工精度及扩大电化学加工应用等方面开展了大量的研发工作，涌现出各种不同的电化学复合加工方法。

电化学复合加工是指利用电化学与其他不同形式能量的综合作用实现对工件材料去除或沉积的加工技术，如激光电化学加工、电解电火花加工、电化学磁力光整加工、电化学机械加工、电化学超声加工、振动电镀、超声电镀和激光辅助电解液流加工等。由于存在两种或多种加工作用的复合，各种加工作用相互促进、取长补短，增强了加工能力、扩大了加工范围，可以满足高质量、高效率、低成本的加工要求[2]。然而，其他加工作用的引入使复合加工过程中的能量场变得更加复杂，主要表现在以下两个方面。

1）各种加工效应能量的精确控制困难

在电化学复合加工中，加工形式作用环境的改变，使其加工能量的产生机理变得复杂，从而造成对各种加工效应能量的精确控制变得困难。例如，与电火花加工中使用的绝缘工作液不同，电解电火花复合加工使用的工作液为电化学加工用的具有导电性的电解质溶液。电解作用在阴极产生的氢气泡，形成阻隔电流的气泡层，当电场强度超过气泡层耐压强度时，气泡层被击穿，使间隙局部的液相物质气化并击穿放电而产生电火花[3,4]。可见，电解电火花复合加工中火花的放电过程比电火花加工中的火花放电过程更加复杂，使火花放电的产生机理愈加复杂，导致加工效应能量产生的精确控制极其困难。此外，作用环境的改变，使加工效应能量的传递过程发生变化，也会造成对加工效应能量的精确控制困难。例如，与传统空气中的激光加工相比，激光电化学复合加工工件周围的介质由气体变成液体，而激光作用溶液中物质的热-力效应过程由于快速瞬态沸腾和空化等现象变得特别复杂[5]，这使得对加工中能量的转化机理研究困难，导致加工效应能量传递的精确控制极其困难。目前，各种加工效应能量精确控制的理论尚未成熟，大多数研究还处于实验探索阶段，亟待深入理论研究。

　　2）多种加工效应能量的耦合机制复杂

　　多种加工作用的复合，使加工效应能量的相互影响机制变得复杂。这些相互影响，一方面表现为优势互补，另一方面也会产生加工趋于困难的现象。例如，在电化学磁力研磨复合加工中，磁场的存在使得电场中的离子受洛伦兹力的作用。洛伦兹力不但可以增加电解液的电离度，而且可以加速电极附近离子的扩散和迁移，降低浓差极化，从而促进电化学反应，提高复合加工效率[6]。然而，磁场的强度直接影响机械作用的效果。磁场过强，磁性磨料会贴附在工件表面上而无法随着磁力刷一起运动，因而难以起到刮膜的作用；磁场过弱，则机械刮膜作用过弱，会引起磁性磨料的飞散，造成表面膜残留过多，从而影响电化学作用的发挥[7]。此外，电化学复合加工中多种效应共同作用于加工区域，其能量的耦合不是简单的叠加，不同效应能量所占比例的变化也会对加工过程产生不一样的效果。例如，脉冲激光电化学复合微细刻蚀加工中，在电化学反应和激光辐照的复合作用下，钝化层被破坏区域的工件材料被溶解蚀除，而激光未照射区域的工件材料，由于表面钝化膜的保护不会被溶解蚀除，从而进一步提高了复合加工的定域性。然而，当激光透过电解液聚焦辐射在工件表面时，在能量聚焦处电解液被击穿，形成雪崩电离，出现一个闪白光的等离子体，等离子体还会对外高速膨胀，持续压缩附近电解液，产生冲击波和空泡现象[8]。此外，工件电化学阳极溶解和工具阴极的析氢反应也会产生微小的气泡。这些气泡的存在会引起部分激光散射到其他区域，造成其他区域材料的去除，从而又降低了复合加工的定域性。可见，电化学复合加工中能量的耦合不是加工能量直接简单的加减，而是多种能量以不同权值的相互及协同作用。在电化学复合加工过程中，多种效应能量间的耦合机制，以及多元能量场如何匹配才能实现高品质加工，目前还没有形成完整统一的理论体系，亟待深入研究。

　　尽管作为电化学加工技术的拓展，电化学复合加工技术已经越来越引起人们的重视，但是相关多元加工效应能量的匹配机理研究较少，严重制约了电化学复合加工技术的应用和发展。知己知彼，百战不殆。要想自如地将各种能量扬长避短，首先，应掌握加工能量的产生和传递机理，其关键在于对一些特殊过程的理论建模，如激光电化学复合加工中快速瞬态沸腾过程、电解电火花加工中气泡膜的形成过程等。其次，由于多种能量的耦合作用过程复杂，虽然科学家对多种能量的耦合作用机理进行了大量的实验研究，取得了一定的成果，但对电化学复合加工耦合作用微观机理的理论研究较少。而微观机理的理论研究需要采用更完善的检测技术，对加工区域的电、光、热、力等能量场进行精准检测，并对检测数据加以科学归纳、分析、演绎，以便更准确地揭示能量场的相互及协同作用过程，从而为多种加工效应能量的合理匹配指明方向。

参 考 文 献

［1］　朱树敏, 陈远龙. 电化学加工技术. 北京: 化学工业出版社, 2006.

［2］　徐家文, 云乃彰, 王建业, 等. 电化学加工技术——原理、工艺及应用. 北京: 国防工业出版社, 2008.

［3］　Wuthrich R, Hof L A. The gas film in spark assisted chemical engraving (SACE)—A key element for micro-machining applications. International Journal of Machine Tools and Manufacture, 2006, 46: 828-835.

［4］　Jiang B Y, Lan S H, Wilt K, et al. Modeling and experimental investigation of gas film in micro-electrochemical discharge machining process. International Journal of Machine Tools and Manufacture, 2015, 90: 8-15.

［5］　Long Y H, Xiong L C, Shi T L. The study of the solution concentration influencing on laser-induced electrochemical etching silicon. Optics and Laser Technology, 2011, 43(4): 899-903.

［6］　Judal K B, Yadava V. Electrochemical magnetic abrasive machining of AISI304 stainless steel tubes. International Journal of Precision Engineering and Manufacturing, 2013, 14(1): 37-43.

［7］　张雷, 周锦进. 电化学磁力复合加工工艺的试验研究. 电加工与模具, 2000, (5): 38-40.

［8］　毛卫平, 丁伟, 张朝阳, 等. 激光电化学复合加工的冲击空化检测及试验. 激光技术, 2014, 38(6): 753-758.

撰稿人：陈远龙

合肥工业大学

超声加工的强冲击变形机制

Mechanism of Strong Impact Deformation in Ultrasonic Machining

　　自日本学者隈部淳一郎教授开创超声振动切削加工方法以来，超声真正应用于机械制造已有六十余年的历史。半个多世纪以来，美国、苏联、日本、英国、德国、中国等国家的科研人员对超声加工机理和应用技术开展了广泛而深入的研究。这些研究几乎都是以分析刀具的运动轨迹为基础，着重考虑加工后的表面粗糙度、表面显微硬度、零件的尺寸精度等加工质量，通过对超声加工的低速、稳态动力学和运动学的解析，揭示超声加工在大幅度提高加工质量、延长刀具使用寿命方面的原理和规律，指导工程应用。

　　隈部淳一郎教授[1]建立了超声加工的脉冲力模型，并首先提出了"刚性化理论"，解释了在超声振动车削实验中发现的平均切削力大大下降和材料去除能力提高的现象。随着超声加工应用范围的不断扩大，研究不断深入，人们发现"刚性化理论"仅能比较圆满地解释完全分离型振动切削，而对于其他形式的振动切削具有局限性，也不能解释表面回弹减小的现象。北京航空航天大学张德远教授[2,3]在多年研究的基础上，提出了"超声加工过渡切削理论"，完善了超声加工理论。此后，张德远教授团队又提出了"超声加工表面强化理论"[4,5]，这是继 20 世纪70～80 年代苏联的 Shneider、Marakov 和印度的 Pande 等[6-8]之后，在超声强化理论和工程应用上取得的新进展。研究发现，超声加工表面强化能在零件表面材料形成较厚的纳米晶层。

　　显然，超声加工中工具高频振动对零件表面材料的冲击是导致众多优良加工效果的主因。对这一过程做出全面、透彻的分析，不仅对于理解超声加工过程大有裨益，更重要的是，能够为工艺过程和工艺质量控制提供非常宝贵的理论指导。早期研究者针对"工具-零件"接触区的研究多是通过外围现象观察推论该区域内可能发生的变化，这种研究方法对于人们正确理解超声加工机理以及工程应用，都具有非常重要的指导意义和价值。但是，研究越深入，应用越广泛，这样的理论结果就越无法满足技术提升的需要，迫切需要解密"工具-零件"接触区这个典型的黑箱问题。当前许多学者利用仿真方法对该区域内的加工机理、材料变形、裂纹扩展等进行了深入研究[9-11]，对于理解规律性特征具有重要意义。但是，仿真方法毕竟是建立在条件假设基础上，其精确性仍有待提高，这也是目前大多数学者的研究重点。自 1789 年英国的 Rumtord 研究炮身加工的切削热和切削功开始，切削加工理论和技术的研究已经历了 200 多年，今天拥有的各种实验设备和检测手段早已今非昔比，激光、红外线、数控系统、高速摄影、扫描电镜等早已是耳熟能详的检测方法，但是就在"工具-零件"这个狭小的区域内，至今无法真实、有效地观测到加工过程中的实际情况。

超声加工中，工具做高频振动，工具与零件、切屑等保持动态平衡关系，这一过程较普通加工更为复杂，其科学理论和分析手段面临更大的挑战。阻碍超声加工技术进一步发展的理论瓶颈是工具与零件之间的"固-液-气"界面问题，如图 1 所示。只有解决了这一根本问题，才能打破超声加工效率不高、工具冲击破损的桎梏，才能进一步发挥和提升超声加工在降低切削力、减小表面粗糙度方面的优势和进行微细切削的能力。

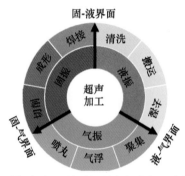

图 1　"固-液-气"界面问题在超声加工中的地位

英国科学家 K.P. Oakley 在《人——工具的制造者》一书中指出：切削的核心内容是生产效率与加工精度和质量。以往研究超声加工，人们只关注后者，即加工精度和质量问题，而忽略了生产效率问题。超声加工技术能否在社会生产中发挥更大的作用，取决于是否能够提高其加工效率。

超声加工的界面问题具有高频动态特性，从根本上解决对其定性定量的解析描述问题，必须依赖非线性数学理论和计算数学技术的发展。具体来说，有以下问题亟待解决。

1）高频动态力作用下的材料变形应力场

超声加工工具的高频振动是受控的，这与通常的冲击分析不同。工具的振动驱动力来自由超声驱动电源提供能量的换能器，换能器是一个机电耦合器件，将电能转换为机械能。工具一旦碰到零件，就会将这一作用力反馈到驱动电源，驱动电源的反应又会经由换能器作用于工具。因此，工具对零件表面"冲击"的实际过程非常复杂，由此使被加工零件的表面材料的变形应力场的分析也变得异常复杂。此外，面对这样一个狭小的接触应力区，常规的测试手段根本无法得到实时的数据，更增加了对接触区变形应力场分析的难度。

2）接触区温度场

这不是超声加工独有的问题，在普通切削加工中，确定接触区的温度场也同样是一个未被破解的难题。目前，可以利用红外技术、热电偶等手段进行外围测量；使用有限元法对温度场进行预测性计算，从而解析温度场情况。此类研究非常多，但是距离完满解决此问题为时尚早。

3）滑移变形

在材料受工具高速冲击时，其晶体、晶界的变化都是剧烈的，特别是切屑的产生过程，传统的切屑变形弹塑性理论显然不足以分析这种高速动态的变化过程。超声挤压时可引起晶粒细化，对此研究还未深入到分子级，并与工程相结合。

4）界面摩擦、润滑和冷却

工具与零件的接触区极小，理论上如果工具与零件表面完全分离，那么界面处就是一个"固-液-气"多相共存环境。对于这一条件下的摩擦、润滑和冷却问题，只有从微观观察和分析，才有可能取得突破。

综上所述，从微观、动态、实时地观察与分析超声加工的力变形过程、热产生与传播过程、工具的磨损和破损失效过程、零件表面形成过程等，揭示超声加工的本征原理，是目前与未来一定时期需着力解决的科学难题。

参 考 文 献

[1] 隈部淳一郎. 精密加工振动切削：基础与应用. 韩一昆, 等译. 北京：机械工业出版社, 1985.

[2] 张德远. 振动切削的精密微细切削特性. 北京航空航天大学学报, 1993, (4): 61-68.

[3] 张德远. 难加工材料加工与监控技术研究. 北京：北京航空航天大学博士学位论文, 1993.

[4] 秦威. 表面超声椭圆振动挤压技术研究. 北京：北京航空航天大学博士学位论文, 2012.

[5] 程明龙. 超高强度钢表面超声振动滚挤压强化技术研究. 北京：北京航空航天大学博士学位论文, 2015.

[6] Pande S S, Patel S M. Investigations on vibratory burnishing process. International Journal of Machine Tool Design and Research, 1984, 24(3): 195-206.

[7] Shneider Y G, Goulb I M. Working surface microgeometry and the life of bearing components. Machine Tool, 1970, 41: 34-37.

[8] Marakov A I, et al. Ultrasonic diamond burnishing. Russian Engineering Journal, 1973, 53: 58-62.

[9] Liang Z, Wang X, Wu Y, et al. Experimental study on brittle ductile transition in elliptical ultrasonic assisted grinding (EU-AG) of monocrystal sapphire using single diamond abrasive

grain. International Journal of Machine Tools and Manufacture, 2013, 71(8): 41-51.

［10］　黄秀秀, 胡小平, 于保华, 等. 基于断裂力学的 Nomex 蜂窝复合材料超声切割机理研究. 机械工程学报, 2015, 51(23): 205-212.

［11］　梁志强, 田梦, 王秋燕, 等. 超声辅助磨削陶瓷材料的裂纹产生与扩展仿真研究. 兵工学报, 2016, 37(5): 895-902.

撰稿人：秦　威、姜兴刚、张德远

北京航空航天大学

超声振动切削过程接触界面材料塑性动力变形和黏弹润滑机理

Plastic Dynamic Deformation of Contact Interface Material and Viscoelastic Lubrication Mechanism in Ultrasonic Vibration Cutting Process

超声振动辅助切削加工作为一种特种加工方式，已经广泛应用于硬脆材料、难加工材料和微机械加工领域。自 20 世纪 90 年代以来，超声切削加工由于其特有的切削特性更多地应用在超精密加工中。超高形状精度、超光滑表面、微细曲面和特殊材料是超精密加工中的重要特征[1,2]。对于超光滑表面的形成，刀具作用下细观非线性塑性变形及接触过程中界面介质的物理效应起着重要作用[3-7]。因此，其机理和规律是控制形成高质量表面需要研究的关键科学问题。

对超声振动加工进行归纳，其机理问题可以归纳为以下几个方面：

（1）超声切削是刀具对材料的一个冲击切削过程，从微观角度来讲，在接触界面材料极小的区域产生极高的冲击压力，该压力超过材料的屈服强度。在该冲击过程中，在微观区域材料经历弹塑性变形，其状态过程的描述和塑性变形规律应有系统和深入的研究。

（2）超声切削中，材料的塑性行为应针对其冲击切削特性进行参数化描述，针对其变形机理（位错滑动、机械孪生等）进行建模；揭示材料位错形成、运动、势垒的影响，明确超声切削冲击作用下材料细观塑性动力行为与传统切削的不同。

（3）超声切削可以很好地抑制刀具切向状态变化对切削过程的影响，切削成型表面可获得极好的表面形貌，表面形貌的均匀性极高。完全分离的切削运动特性使冲击切削必然形成动态的切削界面，由于极薄且经受较高的应变率，由此形成的界面物理效应是影响表面形貌的重要因素之一。此外，切削过程的非物理作用也有待深入研究。

（4）超声切削加工中，由于其分离特性，切削液更容易进入切削区。刀具与材料之间的切削液在冲击载荷作用下，形成高压油膜作用界面。高压油膜对材料的作用是一个动态过程，油膜高压对摩擦行为和动态接触应力的影响机理有待深入研究。

（5）一般情况下，黏度被当成常数来对待，在液膜高压区，切削液黏度会随着压力发生较大变化，这种黏度的变化直接影响界面油膜的压力分布特征，从而使刀具与材料界面的摩擦特性产生质的变化，油膜对摩擦特性的影响规律是影响形成表面形貌的重要因素。

（6）分析黏压特性下油膜在切削过程中对接触界面的动态压力分布是研究微观表面应力性质和分布规律的基础，进而为深入研究界面下材料的应力变化和分布特征以及材料的微观去除机理提供理论基础，对表面形貌形成规律、表面质量特征形成及评价研究具有重要意义。

参 考 文 献

[1] Bruzzone A A G, Costab H L, Lonardo P M, et al. Advances in engineered surfaces for functional performance. CIRP Annals—Manufacturing Technology, 2008, 57: 750-769.

[2] Brinksmeier E. Generation of discontinuous microstructures by diamond micro chiseling. CIRP Annals—Manufacturing Technology, 2014, 63: 49-52

[3] Sevier M, Yang H T Y, Lee S, et al. Severe plastic deformation by machining characterized by finite element simulation. Metallurgical and Materials Transactions, 2007, 38B: 927-938.

[4] Meyers M A. 材料的动力学行为. 张庆明, 刘彦黄, 风雷, 等译. 北京: 国防工业出版社, 2006.

[5] Johnson K L. Contact Mechanics. Cambridge: Cambridge University Press, 1985.

[6] Colinet P, Kaya H, Rossomme S, et al. Some advances in lubrication-type theories. European Physical Journal Special Topics, 2007, 146: 377-389.

[7] Heise R. Friction between a temperature dependent viscoelastic body and a rough surface. Friction, 2016, 4(1): 50-64.

撰稿人：皮 钧、杨 光

集美大学

金刚石刀具超声辅助超精密车削黑色金属的机理

The Mechanism of Ultrasonic Assisted Ultra-Precision Turning Ferrous Metal by Using Diamond Tool

　　20 世纪 50 年代末,出于航天、国防等尖端技术发展的需要,美国率先发展了以金刚石刀具超精密切削加工为代表的超精密加工技术,用于加工激光核聚变反射镜、战术导弹及载人飞船用球面、非球面大型光学零件。单点金刚石超精密车削加工技术作为超精密加工技术的一个典型代表,具有良好的可控性,不仅可以获得亚微米级的形状精度,还可以获得纳米级的表面粗糙度,因而成为制作精密光学器件最重要的方法之一。然而,其加工的效果对工件材料的性质具有较强的依赖性。目前,成功应用于单点金刚石超精密切削技术的典型材料有铜合金、铝合金、银、金、镍磷合金、PMMA 塑料和一些红外材料等。然而,在工业界使用最为广泛的钢铁材料会导致金刚石刀具产生严重的化学磨损,一直被列为金刚石不可切削材料[1]。钢铁材料作为用途最广的工程材料,以其成本低廉、功能多样化而备受超精密加工领域的重视。若钢铁材料能够用金刚石超精密车削加工到纳米级的表面,且金刚石刀具的化学磨损能得到有效的抑制,则可以解决许多精密光学元器件制造的关键问题。

　　为解决这一难题,国内外研究人员围绕着整个加工系统中的加工工艺、刀具和工件材料这三个基本组成部分,以实现金刚石加工钢铁材料的低刀具磨损、低表面粗糙度和高形状精度为目标,分别从加工工艺的改善、刀具的改善、工件材料的改善以及它们的复合改善等四个方面入手展开了深入系统的研究[2]。从改善刀具入手,各国研究人员主要尝试了保护涂层[3]、离子注入[4]、金刚石刀具的替代品研制[5]等方法。所研发出来的金刚石刀具的替代品尽管有较高的化学稳定性,但在刃口锋利程度和抗磨粒磨损性能方面还存在较大的问题,较难达到实用化的程度。从改善工件材料入手,各国研究人员主要尝试了表面改性的方法。典型的方法有两种,一种是在钢铁材料工件表面通过沉积或电镀生成一层镍磷合金[6],研究表明,加工镍磷合金可以有效抑制金刚石刀具的磨损;另一种是对钢铁材料表面进行表面渗氮处理[7],在表层生成氮化铁层,加工实验表明,对氮化铁进行金刚石车削比直接车削钢铁材料具有更小的刀具磨损,因此可以加工出光学级的表面。从改善加工工艺入手,各国研究人员主要尝试了保护性气氛切削[8]、低温切削[9]、超声振动辅助切削[10]等方法。

在以上方法中，被证明效果较为显著的主要有两种：工件表面渗氮处理和超声振动辅助切削。表面渗氮处理改变了材料的属性，生成了金刚石可切削的氮化铁材料，因此其抑制金刚石刀具磨损的原理比较容易理解。然而，这种方法也存在一定的局限性：①渗氮温度较高导致工件不均匀热变形；②渗氮层较浅，将导致经过粗加工或半精加工后渗氮层被切掉，留给精加工的余量仍然是钢铁材料本身；③钢铁材料中的其他合金元素在渗氮后形成的相应氮化物属于高硬质点，在金刚石切削过程中不断冲击切削刃将引起金刚石刀具微崩刃或磨粒磨损。正是这些问题的存在，使得这一方法在工业界的推广应用非常困难。

超声辅助车削方法是直接通过改变金刚石刀具在加工过程中的运动状态来实现金刚石刀具化学磨损抑制的。这种方法比表面改性的方法更直接，省去了烦琐的表面处理工艺及其带来的负面影响。通过改变刀具的运动方式就可以起到这么神奇的效果确实非常有趣。那么超声是如何影响这一加工过程的呢？学术界普遍认为，超声加工改变了切削温度和切削力，限制了金刚石发生化学磨损的条件发生。究竟是切削力主导，还是切削温度主导，还是它们共同起作用？影响单晶金刚石刀具磨损的机制是什么？化学磨损发生的条件是什么？由于受观测条件的限制，这些问题还停留在仿真分析和猜测阶段，缺少直接观测的证据。由于这些问题的解决需要涉及材料学、精密制造和精密测试等领域，难度较高。然而，此问题的解决也将促进这些领域的发展，因此具有重要的学术意义。

参 考 文 献

[1] Paul E, Evans C J, Mangamelli A, et al. Chemical aspects of tool wear in single point diamond turning. Precision Engineering, 1996, 18(1): 4-19.

[2] Li Z J, Fang F Z, Gong H, et al. Review of diamond-cutting ferrous metals. International Journal of Advanced Manufacturing Technology, 2013, 68(5-8): 1717-1731.

[3] Klocke F, Krieg T. Coated tools for metal cutting features and applications. CIRP Annals—Manufacturing Technology, 1999, 48: 1-11.

[4] Brinksmeier E, Gläbe R. Advances in precision machining of steel. CIRP Annals—Manufacturing Technology, 2001, 50: 385-388.

[5] Fujisaki K, Yokota H, Furushiro N. Development of ultra-fine-grain binderless CBN tool for precision cutting of ferrous materials. Journal of Materials Processing Technology, 2009, 209: 5646-5652.

[6] Arnold J B, Morris T O, Sladky R E, et al. Machinability studies of infrared window materials and metals. Optical Engineering, 1977, 16(4): 164-324.

［7］ Brinksmeier E, Gläbe R, Osmer J. Ultra-precision diamond cutting of steel molds. CIRP Annals—Manufacturing Technology, 2006, 55(1): 17-21.

［8］ Casstevens J M. Diamond turning of steel in carbon-saturated atmospheres. Precision Engineering, 1983, 5: 9-15.

［9］ 李晋年, 袁哲俊, 周明. 黑色金属的超低温金刚石超精密切削. 机械工程学报, 1989, 25(1): 69-72.

［10］ Moriwaki T, Shamoto E. Ultraprecision diamond turning of stainless steel by applying ultrasonic vibration. CIRP Annals—Manufacturing Technology, 1991, 40(1): 559-562.

撰稿人： 宫 虎[1]、李占杰[2]

1 天津大学、2 天津职业技术师范大学

辅助电极法绝缘陶瓷材料电火花加工导电膜的形成与放电加工去除机理

Mechanism of Conductive Layer Generation and Material Removal of EDM Process for Insulating Ceramics Using Assisting Electrode Method

陶瓷材料具有高硬度、高强度和易脆断等特点，属于传统机械加工难加工材料。电火花加工是通过工具电极与工件之间的脉冲性火花放电，利用电腐蚀现象来去除工件材料，加工过程宏观作用力小，可实现高脆性、高熔点的陶瓷材料的加工。常规电火花加工适用于加工导电陶瓷，而对绝缘陶瓷材料无法直接进行加工。1993 年，日本长冈技术科学大学福泽康教授、筑波技术大学谷贵幸教授和东京大学毛利尚武教授[1,2]提出了辅助电极法绝缘陶瓷电火花加工方法，实现了绝缘陶瓷材料的电火花加工。然而，加工过程中导电膜的形成质量与材料的去除方式对绝缘陶瓷的加工成功率以及加工表面质量和加工速度具有重要的影响，因此需要对导电膜的形成与放电加工去除机理进行研究。

辅助电极法绝缘陶瓷电火花成形加工的原理如图 1 所示[3]，加工之前在绝缘陶瓷表面附加一层导电材料作为辅助电极，并将整个工件浸入煤油液面以下，工具电极和辅助电极分别接脉冲电源的两极，加工过程中火花放电的高温使煤油热解出游离的碳，碳吸附在绝缘陶瓷的被加工区域形成导电膜，导电膜通过辅助电极与脉冲电源相连，从而实现绝缘陶瓷的电火花加工。自发明辅助电极法绝缘陶瓷电火花加工方法起，各国学者针对此问题开展了研究。

导电膜的形成机理是辅助电极法绝缘陶瓷电火花加工研究中的关键问题。日本学者福泽康和毛利尚武[4]在利用等电流脉宽模式脉冲电源进行绝缘陶瓷电火花加工时，发现加工过程中存在加工电流脉宽大于设定电流脉宽的长脉宽放电现象，研究认为长脉宽放电过程包含陶瓷加工区域导电膜的形成过程，导电膜的形成与加工过程中煤油工作液在放电时的高温分解有关，加工过程中煤油在放电高温的作用下分解产生碳，碳吸附于陶瓷被加工表面形成导电膜。上海交通大学陈湛清教授和李明辉教授[5]研究了金属材料放电加工的极间胶体体系，利用胶体化学理论解释了电极表面出现黑膜的原因。国内外学者主要采用碳在正极表面吸附的观

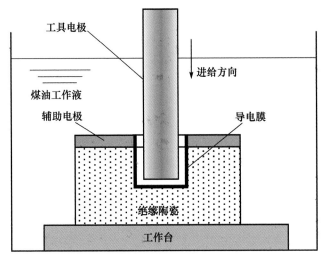

图 1　辅助电极法绝缘陶瓷电火花成形加工原理图[3]

点对绝缘陶瓷正极性电火花加工过程中的导电膜形成进行解释,不能解释绝缘陶瓷负极性电火花加工时导电膜的形成过程。哈尔滨工业大学郭永丰教授[6]进行了绝缘陶瓷成形加工和往复走丝电火花线切割加工的实验研究,并通过绝缘陶瓷电火花加工放电特性分析、单脉冲放电温度场及应力场耦合仿真分析以及加工表面成分、形貌测试分析,研究了氧化锆陶瓷加工中导电膜的形成机理。

　　电火花加工过程中的火花放电具有时间短、放电间隙小等特点,因此难以对工件材料的去除过程进行直接观测,且难以对绝缘陶瓷电火花加工过程中的材料去除机理进行精确阐述。国内外学者多通过单脉冲放电凹坑的形貌、电蚀产物的形态以及借助仿真手段来研究电火花加工过程中的材料去除机理。金属材料的电火花加工过程包含材料的熔化、气化以及熔融金属材料的抛出和反粘,绝缘陶瓷材料的热导率、比热容和热膨胀系数与金属材料存在很大的不同,绝缘陶瓷电火花加工时一次脉冲放电需去除导电膜和陶瓷材料,因此绝缘陶瓷电火花加工过程中的材料去除机理较金属材料的去除机理更为复杂。国外学者对绝缘陶瓷正极性电火花成形加工进行了研究,指出放电过程中绝缘陶瓷以熔化方式被去除[3]。国内学者主要研究绝缘陶瓷材料的往复走丝电火花线切割加工技术,指出放电过程中绝缘陶瓷以断裂、熔化和气化方式被去除[7,8]。

　　综上所述,虽然各国学者对绝缘陶瓷电火花加工导电膜的形成与材料去除机理进行了大量研究,但由于导电膜形成和加工过程的复杂性,并未形成统一的且对加工质量具有有效指导作用的理论。要更深入地了解和掌握绝缘陶瓷材料的放电加工机理,不仅需要将多种绝缘陶瓷材料放电加工机理分析综合考虑、交叉进行,还需采用高速摄像机和透明碳化硅电极直接对放电击穿蚀除过程、导电膜的形成过程进行观测，并利用 X 射线光电子能谱分析、X 射线衍射仪和扫描电子显微镜等设备对加工表面材料成分、晶体结构和形貌进行测试分析，以提供大量的数据支持。因此，辅助电极法绝缘陶瓷材料电火花加工导电膜的形成与放电加工去除机理至今没有得到有效解决。

参 考 文 献

[1] Fukuzawa Y, Tani T, Iwane E, et al. A new machining method for insulating ceramics with an electrical discharge phenomenon. Journal of the Ceramic Society of Japan, 1995, 103(1202): 1000-1005.

[2] Mohri N, Fukuzawa Y, Tani T, et al. Assisting electrode method for machining insulating ceramics. Annals of the CIRP, 1996, 45(1): 201-204.

[3] Mohri N, Fukuzawa Y, Tani T, et al. Some considerations to machining characteristics of insulating ceramics-towards practical use in industry. CIRP Annals—Manufacturing Technology, 2002, 51(1): 161-164.

[4] Mohri N, Fukusim Y, Fukuzawa Y, et al. Layer generation process on work-piece in electrical discharge machining. CIRP Annals—Manufacturing Technology, 2003, 52(1): 157-160.

[5] 陈湛清, 李明辉. 放电加工的极间胶体系统. 电加工与模具, 1979, (5): 4-12, 21.

[6] Guo Y F, Hou P J, Shao D X, et al. High-speed wire electrical discharge machining of insulating zirconia with a novel assisting electrode. Materials and Manufacturing Processes, 2014, 29(5): 526-531.

[7] Guo Y F, Hou P J, Sun L X, et al. Simulation on material removal during reciprocating traveling WEDM of insulating ceramics. Advanced Materials Research, 2013, 690-693: 2490-2495.

[8] 侯朋举. 绝缘氧化锆往复走丝 WEDM 材料去除机理及相关技术研究. 哈尔滨: 哈尔滨工业大学博士学位论文, 2015.

撰稿人：郭永丰

哈尔滨工业大学

电火花加工的微观放电蚀除机理

Material Removal Mechanism in Electrical Discharge Machining from Microscopic View

电火花加工（electrical discharge machining, EDM）是 1943 年由苏联物理学家拉扎林柯夫妇[1]发明的利用电能转变为热能去除金属的加工方法。它通过工具电极和工件之间脉冲性火花放电产生的局部瞬时高温使工件和工具材料因熔融和气化被蚀除，并在各自的表面形成放电凹坑。电火花加工材料蚀除的过程就是连续放电下放电凹坑不断形成和不断叠加的过程。电火花加工具有加工过程不受材料硬度限制、无宏观作用力等诸多优点，自从被发明以来，在仅半个多世纪的时间里就获得了迅速的发展，电火花加工的新工艺和新方法不断涌现，已经成为制造领域一种极其重要的加工手段，是应用最广泛的特种加工方法之一，被广泛应用于航空航天、模具制造等，并在微细化和精密化等加工领域发挥着不可替代的作用[2]。

但是，电火花加工的放电极间现象非常复杂且具有随机性，放电蚀除过程发生在极短的时间内和极微小的具有液体或气体工作介质的空间内，涉及等离子体放电柱的产生、电极和工件材料的蒸发以及熔融等瞬态高速变化的多物理场现象，导致无论采用实验观测手段还是理论分析方法对电火花加工的微观物理过程进行研究都是极其困难的，因此电火花加工的微观放电蚀除机理至今仍未能被明确地解释[3,4]。

电火花加工的极间现象通常被描述如图 1 所示，通常认为放电柱直径小于极间间隙，放电屑像灰尘一样非常小，很多小气泡悬浮在极间。经过研究者多年的深入研究，发现图 1 的描述并不是完全正确的。实际上，如图 2 所示极间几乎充满了气泡，而且放电屑的直径尺度与间隙宽度和电极表面粗糙度几乎相同，在连续放电的情况下，极间介质的击穿发生在放电屑集中的气泡边界或气泡内部[3]。图 3 为重新认识的放电点极间现象[3]。随着研究的不断进展，很多这样以往被公认和普遍接受的电火花加工理论和极间现象又被否定或重新认识。关于电火花加工微观蚀除机理，van Dijck[5]认为，在电火花加工放电持续期间，极大的极间气泡压力抑制了电极材料的蚀除，熔融的金属材料处于过热状态。当放电结束时，气泡压力急剧减小至大气压，熔融区内的电极材料温度超过了大气压下的沸点开始爆沸，使熔融材料被一举蚀除，因此提出了电火花加工"过热蚀除"的机理。

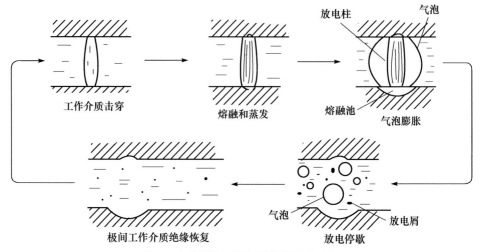

图 1　电火花加工极间现象的以往认识

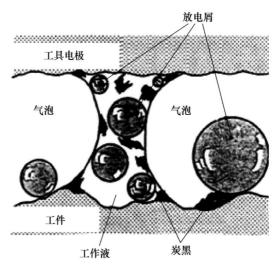

图 2　电火花加工极间示意图

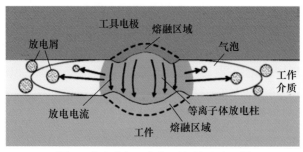

图 3　电火花加工极间现象的再认识[3]

　　基于该理论，van Dijck 等认为，放电蚀除发生在放电结束后，但是实验观测表明放电材料蚀除大部分发生在放电持续时间之内[6]。杨晓冬等[7,8]利用分子动力学对放电蚀除过程进行了仿真，仿真结果也表明放电蚀除发生在放电开始之后，且大部分发生在放电持续时间之内，而放电点处电极材料熔融区沿深度方向的压力梯度是放电蚀除的重要原因。随着微细电火花加工微能脉冲电源技术的不断发展，纳米级放电能量的微细电火花加工也有了实现的可能，这使得微观模拟尺度可以与实际加工尺度相比拟，从而使一些微小尺度下的模拟研究具有了可行性。

　　但总体看，电火花加工基础理论的研究相对滞后，电火花加工过程的本质和微观属性的信息仍很缺乏，在放电柱的形成、极间工作介质的作用、极间气泡的作用、放电蚀除的驱动力、放电发生的时刻、放电能量的分配、放电蚀除率等方面仍然存在许多未知，蚀除机理至今未能被明确解释，基础理论研究的滞后已经成为进一步改善放电状态、提高放电稳定性、提高电火花加工效率、减小电极损耗或改善放电表面特性等的严重瓶颈，该状况制约了电火花加工技术的进一步发展。从微观角度明确电火花加工放电蚀除过程和放电蚀除机理，构建电火花加工放电蚀除的微观理论体系，对于促进电火花加工的进一步发展具有迫切的研究意义。

参 考 文 献

[1] Lazarenko B R. To invert the effect of wear on electric power contacts. Moscow: The All-Union Institute for Electro Technique, 1943 (in Russian).

[2] 白基成, 刘晋春, 郭永丰, 等. 特种加工. 北京: 机械工业出版社, 2013.

[3] Kunieda M, Lauwers B, Rajurkar K P, et al. Advancing EDM through fundamental insight into the process. Annals of the CIRP, 2005, 54(2): 599-622.

[4] Kunieda M. Advancements in fundamental studies on EDM gap phenomena. Proceedings of the 16th International Symposium on Electro Machining, 2010: 15-23.

[5] van Dijck F. Physico-mathematical analysis of the electro discharge machining process. Leuven: Katholieke Universiteit, 1973.

[6] Hayakawa S, Doke T, Itoigawa F, et al. Observation of flying debris scattered from discharge point in EDM process. Proceedings of the 16th International Symposium on Electro Machining, 2010: 121-125.

[7] Yang X D, Guo J W, Chen X F, et al. Molecular dynamics simulation of the material removal mechanism in micro-EDM. Precision Engineering, 2010, 35(1): 51-57.

[8]　杨晓冬, 韩笑, 国枝正典. 分子動力学を用いた放電加工の除去メカニズムの解明. 電気加工技術, 2013, 37(116): 25-37.

撰稿人：杨晓冬

哈尔滨工业大学

微纳放电加工理论及其微细化极限

Theory and Machining Limitation of Micro-Nano EDM

产品微小型化是现代生产的发展趋势之一，而微纳米加工技术是实现结构功能与器件微纳米化的关键，是微纳米科技的一个重要组成部分。微电子器件、生物传感器和微纳机电系统等领域对微小器件需求的日益增加，促使人们不断寻找各种工具与方法来加工这些具有微纳结构的零部件。传统的以光刻技术为基础的紫外线光刻技术、电子束光刻技术、X 射线光刻技术以及非光刻技术如基于原子力显微镜的纳米机械加工技术、纳米压印、聚焦离子束、激光纳米加工等均可以较好地获得各种微纳尺度的结构特征。但是，上述技术存在一些弊端，如加工成本高、设备投资巨大、加工需真空环境、加工步骤及操作复杂、加工效率低等，并且上述微纳加工技术涉及的材料还主要局限于金、硅、铜等，而随着各种具有耐磨、耐热和耐腐蚀性能的合金材料及工程材料在微小器件中的广泛应用，对这些材料进行微纳米加工缺乏有效的手段，这使得微纳结构器件的选材和应用范围受到了很大制约，因此寻求一种具备较广泛材料加工能力且能够跨越微纳尺度界限、加工成本较低的微纳加工新方法，是目前急需解决的问题。

众所周知，电火花加工是一种非接触式加工方法，具有宏观加工力小、不受被加工材料的强度和硬度限制等优点，能够加工各种导电材料，可以通过减小放电能量来获得极小的放电凹坑，因此在微细制造领域具有非常独特的技术优势和非常广阔的应用前景，并具有纳米尺度加工的潜力[1]。目前国内外许多学者开展了微纳放电加工技术的研究，他们寄希望于将传统电火花加工时放电能量极小化来实现纳米级的放电凹坑，但是仅仅实现了亚微米尺度的放电加工，而未真正实现纳米尺度的加工。

上述研究将微纳放电加工类比于传统电火花加工，尽管采用了更加微小的能量、更加微细的电极及更为精确的控制技术，依然未实现纳米级的放电加工，其原因可以认为是在纳米级放电加工的情况下，其极间介质的电击穿机理、电极材料的放电蚀除机理已不同于传统电火花加工。在传统电火花加工中，极间极高的电场将极间介质电击穿，从而形成等离子体放电通道，通道内的高温将电极材料蚀除[2]。而在微纳放电加工过程中，极间距离缩小至数百纳米，甚至数十纳米，在这样的极小间隙内，在两个电极之间施加极高的电场时，阴极在极高电场作用下会发射出大量电子，但是极小的极间距离甚至已经小于电子的平均自由程，极间介质很有可能并未被击穿，因此可能并未发生真正的放电。但是此时的场发射电流依然可以将电极局部材料融化，这些融化的材料在极高的电场作用下，由于场蒸发效应而被蚀除，从而可实现纳米级的加工[3]，其原理可解释如图 1 所示[4]。

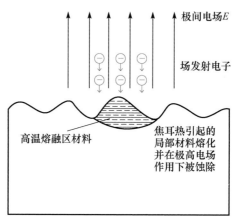

图 1　微纳放电加工材料蚀除示意图

　　由此可见，仅仅通过将传统电火花加工的放电能量微小化很难实现纳米级的放电加工。微纳放电加工作为一种新型的微纳加工手段，其微观加工过程的本质和微观属性的信息仍很缺乏，极小间隙下极间介质的电击穿机理、场发射电子的热效应、材料的蚀除机理、场蒸发效应以及极高的电极损耗等问题尚未得到明确的解释。基础理论研究的滞后已经成为制约微纳放电加工技术进一步发展的瓶颈。构建微纳放电加工理论体系，拓展微纳放电加工的微细化极限，对于促进微纳放电加工的应用与发展具有迫切的研究意义。此外，微纳放电条件下电极损耗较大，纳米级极间间隙的控制等也是未来急需解决的难题。

参 考 文 献

[1] Kunieda M, Hayasaka A, Yang X D, et al. Study on nano EDM using capacity coupled pulse generator. Annals of the CIRP, 2007, 56(1): 213-216.

[2] Kunieda M, Lauwers B, Rajurkar K P, et al. Advancing EDM through fundamental insight into the process. Annals of the CIRP, 2005, 54(2): 599-622.

[3] Virwani K R, Malshe A P, Rajurkar K P. Understanding dielectric breakdown and related tool wear characteristics in nanoscale electro-machining process. Annals of the CIRP, 2007, 56(1): 217-220.

[4] Forbes R G. Field evaporation theory—A review of basic ideas. Applied Surface Science, 1995, 87-8(1-4): 1-11.

撰稿人：杨晓冬

哈尔滨工业大学

激光与电化学复合加工中多种能量场的交互影响和协同作用机制

Reciprocal Effect and Synergy Mechanism of Various Energy Field in Laser and Electrochemical Hybrid Machining

特种加工方法都有各自特点、适用场合以及不足，采用复合加工有可能使不同的方法实现互补，抑制各自的技术缺陷、提高加工质量、扩大适用领域，因此特种复合加工正成为创新发展的主要方向。但是不同加工方法的能量场各不相同，如电火花加工的电能、激光加工的光能、电化学加工的化学能、超声加工的振动效应以及等离子体加工的冲击波效应等[1]。这些能量场复合时相互之间会产生交互影响，对加工对象也将产生协同作用；如果控制合理可以互补促进，如果处理不当也有可能产生破坏性的后果。因此，研究多能量场的交互协同机制，合理利用复合加工的有益效果实现高性能的加工制造，是制造学科特种加工方向亟待解决的科学问题。

激光加工和电化学加工都属于特种加工方法，都是非接触加工，不会产生接触应力和变形，具有进行复合的理论和技术基础。两种加工方法又具有各自的特点，激光加工以高能量的光束作为加工能源，脉冲宽度可以从纳秒级到皮秒级，甚至更短的飞秒级；峰值功率可以达到数百兆瓦，它通过光路传输聚焦于工件表面时会产生与常规条件有显著区别的光、热非线性效应。电化学加工的本质是利用电化学反应以离子的形式去除工件材料，利用电路将电流传至电极两端，电极之间以电解液作为介质，最终在电极/溶液界面发生电化学反应[2,3]。在电化学体系中，利用既能导电，又能透光的 ITO 导电玻璃引入激光束，就可以利用激光具有的高功率密度改变照射区域的电极状态，产生光电化学效应、热电化学效应和力电化学效应，从而影响光电化学反应电流和反应速度，由电化学和激光两种能量的共同作用实现材料的加工制造。

由于激光具有很强的聚焦性和高能量，当它照射到电化学体系的电极表面后会产生交互协同的非线性效应：

（1）激光照射的区域电化学极化电位发生变化，电极的平衡电位正移，从而使电极反应的活化能降低，电化学反应更容易发生。而且激光越强，电位的正移越大。

（2）合适的激光波长能够引起体系中的光吸收和光电化学效应，由于激光的高空间分辨能力，可以只在溶液/基体界面上光照的微区内激发、诱导反应，影响该区域分子的微观运动和微观结构，从而显著抑制电化学反应的杂散电流，使其在电化学微区研究中发挥重要作用。

（3）电极材料在吸收激光能量后将其转化为热能，在电极/溶液界面处形成温度梯度，离界面越近的溶液温度越高，反之温度越低；从而在溶液中产生强烈的微对流，脉冲激光引起的脉动冲击也会对溶液产生微搅拌效果，加快电化学反应离子的传质过程，抑制电化学浓差极化，使反应速度加快，同时还会影响溶液表面张力和电导率的变化[4-6]。

另外，电化学体系的电极反应、电解液等也会对激光的辐照作用产生影响：

（1）当高功率密度、短脉冲激光（$10^8 \sim 10^{10}$W/cm^2、$10 \sim 50$ns）透过电化学体系的电解液作用在电极表面时，激光功率密度超过了水层的击穿阈值，在聚焦区域内发生水的光学击穿，形成等离子体冲击波；由于电化学溶液水层的约束作用，等离子体在膨胀过程中产生的喷射压力波和空泡空化冲击被显著加强，并直接作用于电极表面。

（2）在电极/溶液界面上的电化学反应会析出气体，并以气泡形态存在于溶液中，当激光束穿过气泡时，部分光线会受到气泡的反射和折射，影响激光能量的传播和吸收；其结果可使以高斯分布为特征的激光能量分布更加均匀，但同时造成激光辐照作用区域扩大，降低了加工的定域选择性。

（3）当复合加工的激光能量被材料吸收转化为热量，以热效应方式实现加工时，电化学效应会与其协同作用，使激光辐照区域的金属材料发生电解反应，溶解去除熔凝层，获得较好的表面质量；如果是加工硬脆类材料，则电化学溶液与激光的交互协同会对材料产生冷热激变作用，形成应力集中或微裂纹，从而提高切割、划片的加工效率[7,8]。

激光和电化学复合加工中多种能场的交互影响和协同作用可以用图 1 形象地表达。上述分析都是基于试验结果的整理和阐述，对于激光与电化学的复合体系，还可以通过检测加工过程中的冲击波、光电流、极间电位以及电化学极化曲线等信号的变化，来判断光电化学反应的状态特征；但是为了能够实现从试验分析到理论解析，深度研究复合过程中电能、化学能、强激波和光能等多种能量交互协同所产生的光电化学效应、热电化学效应和力电化学效应，必须建立能够表征其作用机理的参量模型。而在激光电化学复合加工区域内电场、流场、温度场、应力场等构成多场耦合作用于工件上，反应过程比较复杂；而且因为脉冲激光的作用时间只有数十纳秒，常规的光电化学理论并不适用，所以必须考虑时间因素，将光电化学反应的稳态过程转换为暂态过程来分析。因此，在研究复合加工暂态过程的多能场交互协同机理时，如何建立复合能场模型、如何选择物化参数、如何确定数值边界条件、如何设计暂态过程的时间因素等都是必须要面对的科学难题。

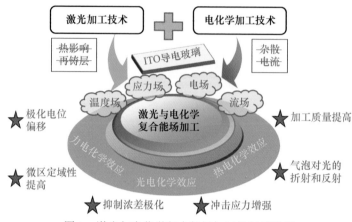

图 1　激光与电化学复合能场加工机制示意图

参 考 文 献

[1]　张建华, 张勤河, 贾志新, 等. 复合加工. 北京: 化学工业出版社, 2015.

[2]　Wolfgang K, Grazia D. Electrochemical reactivity of laser-machined microcavities on anodized aluminium alloys. Electrochimica Acta, 2003, 48(20-22): 3249-3255.

[3]　Shin H S, Chung D K, Park M S, et al. Analysis of machining characteristics in electrochemical etching using laser masking. Applied Surface Science, 2011, 258(5): 1689-1698.

[4]　Chang Y J, Ho C C, Hsu J C, et al. Atmospheric dual laser deposited dielectric coating on electrodes for electrochemical micromachining. Journal of Materials Processing Technology, 2015, 226: 205-213.

[5]　Desilva A K M, Pajak P T, Mcgeough J A, et al. Thermal effects in laser assisted jet electrochemical machining. CIRP Annals—Manufacturing Technology, 2011, 60(1): 243-246.

[6]　Zhang H, Xu J W. Laser drilling assisted with jet electrochemical machining for the minimization of recast and spatter. International Journal of Advanced Manufacturing Technology, 2012, 62(9-12): 1055-1062.

[7]　Yamakata A, Uchida T, Kubota J, et al. Laser-induced potential jump at the electrochemical interface probed by picosecond time-resolved surface-enhanced infrared absorption spectroscopy. Journal of Physical Chemistry B, 2006, 110(13): 6423-6427.

[8] Zhang Z Y, Li Z Y, Qin C L, et al. Analysis of stress-etching quality based on nanosecond pulse laser electrochemical machining. Acta Physica Sinica, 2013, 62(9): 4210-4216.

撰稿人：张朝阳

江苏大学

高速电弧放电加工中等离子体在阳极与阴极不同蚀除行为

The Difference of Material Removal Mechanism Caused by Polarity Effect in Blasting Erosion Arc Machining

制造高性能、高可靠性的航空航天产品既是制造业的最核心竞争力的体现，也是一个国家成为工业强国的重要标志。为满足航空航天产品越来越高的特殊性能要求，钛合金、高强钢、新型高温合金、金属基复合材料等诸多性能优异但成分和金属组织特殊的先进材料得到越来越多的应用。与此同时，这些新材料也给加工带来了极大的挑战。此外，核电装备的大型锻件、重大机电装备的大型铸件等出于质量考虑都留有很大的加工余量，且这些毛坯件的表面硬度都很高，材质和加工余量不均匀，非常需要一种高效低耗的大体积加工方法。

在难切削材料的高效加工方面进行的多元化探索中，电弧放电加工（electric arc machining）因所采用的能量源——电弧具有极高的温度和能量密度以及非常高的电-热转换效率，加之设备及加工成本低等特点，受到越来越多的关注和应用[1]。而基于流体动力断弧机制的高速电弧放电加工方法，不依赖电极和工件之间的相对运动，适用于更广泛的加工方式，如车削、磨削、铣削等，特别是其他电弧放电加工方法所不具备的沉入式及扫掠式加工方式。目前，电弧放电加工的效率已经远远高于传统的电火花加工，在加工高温合金、金属基复合材料、钛合金等典型难切削材料方面，效率和成本甚至优于传统的切削加工，展现了良好的应用前景。

在高速电弧放电加工实验中发现，采用同样的电弧放电参数，仅改变工件和工具的极性，其材料去除率和表面形貌却差别很大[2]。工件接阳极时材料去除率非常高，但表面粗糙度较差；而工件接阴极时材料去除率相对低一些，但表面粗糙度和平整性要好得多。这一"极性效应"可被有效利用来实现高效、低耗加工。这隐含着一个较为深刻的科学问题，即电弧等离子体在阳极和阴极与材料的作用机制、能量交换形式有着本质上的不同。具体来说，包含以下几个问题。

1）极间等离子体的组成和分布

作为局部热平衡状态的低温热等离子体，电弧内部带电粒子作为加工能量的主要载体，电子和正离子的速度及沿径向和轴向的分布决定了其对不同极性表面作用的差异，进一步导致了放电能量在正负极上的分配机理及规律。如何科学地描述和解析这种能量分配的差异性，需要从等离子体的组成和分布来着手[3]。

2）等离子体去除材料的机制

宏观上认为，等离子体作为热源可将工件材料进行热蚀除，但其加热工件材料的具体过程、能量的转换方式以及等离子体中带负电的电子和带正电的离子是如何将能量传递给工件材料的？在极性、能量不同的情况下，蚀除的材料主要以气态还是熔融态抛出？迄今为止还没有一个令人信服的科学解释，更没有一个定量的关系式来表达。

3）电弧等离子体扩张的规律

从两极间放电击穿进而产生等离子体放电通道到通道在放电能量的持续供给下的不断扩张，以及扩张达到最终平衡状态，这整个过程是受何种因素的影响和支配？在这一特定的电弧放电现象达到平衡态时热电离和击穿电离哪一个是主导作用[4]？扩张过程中等离子体内部的电离-复合作用以及等离子体和周围工作介质之间如何相互作用？靠近正负极的等离子体通道直径有何差异及造成这种差异的原因是什么？凡此种种，目前都缺少系统性的科学研究和有效的分析工具。

参 考 文 献

［1］格罗斯 B，等. 等离子体技术. 过增元，傅维标，译. 北京: 科学出版社, 1980.

［2］Zhao W S, Gu L, Xu H, et al. A novel high efficiency electrical erosion process-blasting erosion arc machining. Procedia CIRP, 2013, 6: 621-625.

［3］Zhao W S, Xu H, Gu L, et al. Influence of polarity on the performance of blasting erosion arc machining. CIRP Annals—Manufacturing Technology, 2015, 64: 213-216.

［4］Gu L, Zhang F W, Zhao W S, et al. Investigation of hydrodynamic arc breaking mechanism in blasting erosion arc machining. CIRP Annals—Manufacturing Technology, 2016, 65: 233-236.

撰稿人：赵万生

上海交通大学

太空环境下的增材制造

Additive Manufacturing in Space

随着宇航技术的发展，人类对于太空探索、建设外星球基地乃至星球移民的科技梦想即将提上研究日程，而这些太空探索梦想的实现很大程度上依赖于如何实现高效、可靠、低成本的"太空制造"，从而克服现有火箭运载发射方式在载重、体积、成本上对太空探索活动的限制，在太空中制造出深空探索所需的运载平台、工具与装备[1]。增材制造（3D 打印）技术是一种采用逐层堆积直接进行零件成形的数字化制造工艺，适合于太空制造需求。发展太空增材制造技术，实现空间结构、雷达天线等大尺寸功能构件的太空原位制造与修复，对空间探索具有十分重要的推动作用与战略意义。2014 年 8 月，美国国家航空航天局（NASA）与 Made in Space 公司合作将一台 3D 打印机送上了国际空间站，拟实现空间站宇航员所需工具的快速制造，这让全球的科学家看到了通过采用"太空 3D 打印"来实现"太空制造"工作的曙光[2]。然而，这只是迈出了太空舱内微重力制造的第一步，还有许多未知的难题在等待人类去探索，尤其在太空舱外极为复杂恶劣的环境下可否实现 3D 打印，如何有效利用太空能源和材料应用与回收利用等难题。

（1）微重力环境下 3D 打印材料与工艺限制。在微重力环境下，粉体材料以及液体材料难以被控制约束，因此现有的立体光固化成形（SL）、激光选区烧结（SLS）、激光选区熔覆（SLM）、立体喷印（3DP）、电子束选区熔化（EBSM）等技术，以目前的工艺方法，暂时难以直接被用来作为太空 3D 打印技术的一种技术方向。所以，美国以及欧洲宇航局在航天 3D 打印上迈出的第一步都是以采用丝状热塑性材料为原料的熔融沉积成形（FDM）3D 打印技术。

（2）舱外极端温差对于 3D 打印温度场的影响。对于太空舱外在轨 3D 打印技术，太空高辐射条件下，背阴/照射面温度变化范围可达到 -200～100℃，极端温差将导致航天 3D 打印过程温度场的极度不均匀，而稳定的温度场基本上是所有 3D 打印技术保证成形以及零件性能的必要条件之一。

（3）高真空环境对于 3D 打印技术的影响。在太空舱外环境，3D 打印所处的空间真空度极高（真空度小于 10^{-5}Pa），传热方式会成为制造的难点。在真空环境下没有对流传热，只能通过辐射方式散热，散热速度相对于地球环境会很慢。3D 打印的基本原理是用能量源（激光或加热器）快速熔化粉料或线材，能量源移走后熔化材料快速冷却形成，形成所设计的三维形状。太空真空环境减小了制造过程的散热能力，形成热量的局部积累，使得材料难以快速冷却，材料无法固化成形，从而使制造过程难以持续进行。

（4）太空 3D 打印对原材料的挑战。太空 3D 打印所使用材料应满足轻质、高强度、耐极端温度、耐空间射线辐射等要求，需要满足制造工艺的要求，甚至还需要高效回收再制造。目前现有 3D 打印技术体系缺乏可以很好地应用于航天 3D 打印环境下的材料体系。

（5）太空环境下能源的约束。按照一般空间站设备标准规范，太空单台设备功率应低于 1000W，即使是在舱外作为独立设备，其所拥有的能源也是有局限的，而对于一些以大功率激光、电子束为能源的 3D 打印技术，如现有的激光近净成形（LNSF）、激光选区烧结（SLS）、激光选区熔覆（SLM）、电子束选区熔化（EBSM）、电子束熔丝沉积（EBFF）等技术，其单台设备正常运行所需要的功率至少几千瓦或几十千瓦，甚至上百千瓦（包括温度预热系统）。因此，在现有航天能源技术下，需要探索较低能耗的工艺种类、新的能源利用方式以及更优秀的节能控制方式。

如何在太空失重环境下控制材料的有效成形是一个非常特殊而有趣的科学问题，对增材制造技术具有很大的挑战性，制造过程中的物理化学过程、成形规律、控制方法等都蕴藏着很多科学问题需要去探索。

参 考 文 献

[1] O'Neill G K. The space manufacturing facility concept. Proceedings of the Princeton/AIAA/NASA Conference on Space Manufacturing, 1975.

[2] Clinton Jr R G. The road to realizing in-space manufacturing. Washington: NASA Marshall Space Flight Center, 2014.

撰稿人：李涤尘、田小永
西安交通大学

超大载荷伺服成形过程的并行驱动与控制

Parallel Driving Method of Servo Forming Process under Huge Load

伺服成形装备被称为制造业继蒸汽驱动、电力驱动后的"第三代"成形装备[1]，它采用伺服电机直接驱动，可根据不同的生产需要设定不同的行程长度和速度（图1（a））；通过高精度位移监测系统，可始终保证下死点的成形精度（图1（b））；伺服成形装备可超低速运行，模具振动小，大大提高了模具的使用寿命；成形装备没有离合器、制动部分，节省了润滑油，降低了运转成本；伺服电机发电回馈电网再利用，使得其能耗是同吨位传统机械压力机的40%，是液压机的30%。伺服成形装备是新一代成形设备的发展方向[2]，也代表了当前成形装备领域发展的技术前沿和最新水平[3]。目前，国外知名装备制造企业如日本小松、会田、网野和德国舒勒均已具备千吨级伺服压力机设计和制造能力[4]，最大锻压能力可达2500t。中国第一重型机械集团公司、济南二机床集团有限公司也研发了2500t大型伺服闭式四点压力机，主要用于汽车外覆盖件的冲压。

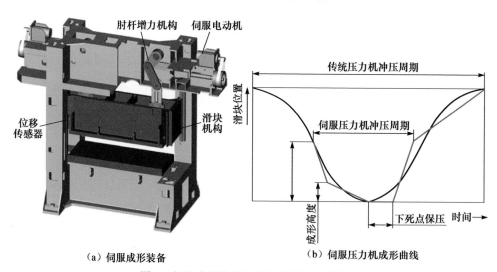

（a）伺服成形装备　　　　　　（b）伺服压力机成形曲线

图1　伺服成形装备的基本原理与成形曲线

表 1 为日本网野伺服压力机和国内某伺服压力机主要技术参数对照[5]。与国外先进技术相比，我国伺服压力机依然处于落后状态，在大扭矩交流伺服电机开发、多电机伺服控制、新型传动机构开发及能量管理等关键技术上仍属空白。伺服电机直接驱动的成形装备大大简化了机械传动机构，极大地增加了滑块运动的灵活性，但由于缺乏能量积累装置，如飞轮或蓄能器等，限制了成形载荷的提高，导致万吨级的伺服成形装备难以研制，限制了其应用范围[5]。采用多伺服电机并行驱动是有效提升伺服成形装备承载能力的关键技术手段，其难点在于多电机驱动的高精度同步、负载平衡与构型综合。

表 1 国内外伺服压力机参数对比

项目名称	单位	日本网野伺服压力机		国内某伺服压力机
公称压力	kN	16000	16000	25000
公称压力行程	mm	7	7	13
悬挂点数	点	4	4	4
滑块行程	mm	1300	1200	1200
滑块连续行程次数	spn	15	13~16	8~12
主电机厂家	—	FANUC	FANUC	Siemens
主电机功率	kW	100×4	170×4	380×4
主电机转速	r/min	2500	2500	600
额定扭矩	N·m	—	640	6050
工作能量	kJ	560	950	1200

多电机驱动一般有两种方式：①如图 2（a）所示，各电机独立转动且分别与滑块相连，通过一套复杂的控制系统引导多台电机同步转动，进而驱动滑块上下运动。采用该方案时，伺服电机同步控制误差以及减速系统中啮合齿轮的侧隙均会导致伺服电机输入端之间存在相位差，使得伺服电机间产生运动干涉和功率损耗[3,6]。②如图 2（b）所示，其采用机械强制同步的方法来降低伺服电机间运动干涉和功率损耗问题。该结构采用中间齿轮同步，从机械结构上强制低速轴上的左右主齿轮相位同步，消除了对伺服电机运动干涉和功率损耗程度影响最大的齿轮啮合侧隙，但依然无法消除伺服电机输出小齿轮和中间齿轮的啮合侧隙，仍会影响 4 台伺服电机功率的合成输出[3]。

无论采用何种结构方式，多伺服电机驱动的方法都会产生冗余驱动并引起机构的过约束问题。这就要求各台伺服电机之间高精度运动同步控制，以避免输入运动误差造成的运动干涉。由于输入误差将会在机构各部件之间产生内力干涉，会引起构件变形甚至损坏设备，同时控制系统的累积误差也会影响压力机的正常工作[7]。因此，多伺服电机高精度同步驱动控制及输入与累积误差的抑制是超大载荷伺服成形过程装备并行驱动需要首先解决的关键问题。

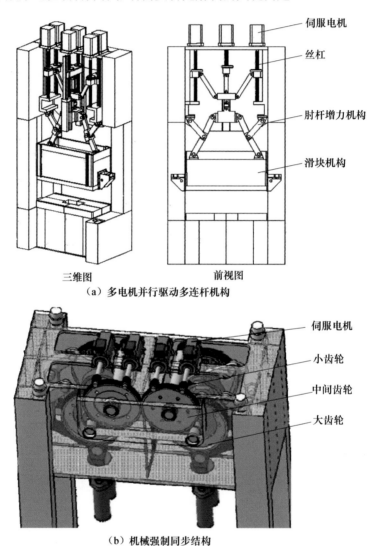

伺服电机

丝杠

肘杆增力机构

滑块机构

三维图   前视图
（a）多电机并行驱动多连杆机构

伺服电机

小齿轮

中间齿轮

大齿轮

（b）机械强制同步结构

图2 多电机驱动方式

多电机同步调速系统中，各驱动电机之间存在着严重的耦合作用（图2和图3（a）），当其中某一电机负载发生变化或者其他电机负载扰动时，该电机转速都会发生相应的变化。常规负反馈调节方法会加剧电机转速的偏差程度，当某驱动电机转速下降时，该电机在系统中就失去了拖动作用，同时还会作为负载被传动链上的其他电机拖动运行，造成各驱动电机之间严重的负载不均衡，即使采用如图 3（a）所示的具有很好同步性能的电子虚拟主轴控制方法，两驱动电机间的平均扭矩也依然相差极大（图 3（b））。负载不均衡现象的存在使伺服压力机难以发挥多电机驱动的优势，甚至会造成电机故障[8]，因此伺服电机间的负载平衡与优化配置问题成为超大载荷伺服压力机所需解决的另一关键问题。

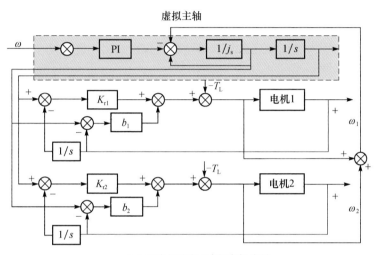

（a）双电机的电子虚拟主轴控制

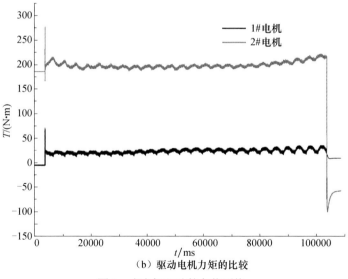

（b）驱动电机力矩的比较

图 3　多电机驱动的负载不均

以伺服电机驱动滚珠丝杠或曲柄为输入方式，采用并联机构协调多个电机的输入，连接多个输入支链的动平台驱动具有增力作用的多连杆机构带动冲压滑块工作，不仅可以多个驱动同时输入，以获得更大的承载能力，并且各个驱动输入之间相互独立，不会产生由输入误差造成的内力干涉问题，可有效缓解冗余驱动带来的控制难题，建立一种具有多输入而无过约束特性的并联机构，采用机械协调多电机的驱动方式，是解决大功率压力机设计问题的重要方向。但伺服驱动系统的并联机构设计不是简单的运动学和动力学设计，而是结合整个传动机构拓扑结构特征设计全新的构型，提出设计性能指标并通过设计法则进行构型综合，是图论[9]、超图论[10]、群代数理论[11]等多学科的综合运用，是大功率伺服压力机所需解决的又一难题。

参 考 文 献

[1] Boerger D. Servo technology meets mechanical presses. Stamping Journal, 2003, 11-12: 32-33.

[2] 张力重，林红旗. 交流伺服电机驱动机械式压力机的发展. 装备制造技术, 2007, (3): 49-52.

[3] 宋清玉. 大型机械伺服压力机的关键技术及其应用研究. 秦皇岛: 燕山大学博士学位论文, 2014.

[4] 高峰，郭为忠，宋清玉，等. 重型制造装备国内外研究与发展. 机械工程学报, 2010, 46(19): 92-107.

[5] 金风明，窦志平，韩新民. 伺服压力机在我国的发展现状. 机电产品开发与创新, 2012, 25(1): 19-21.

[6] Bai Y J, Gao F, Guo W Z. Design of mechanical presses driven by multi-servomotor. Journal of Mechanical Science and Technology, 2011, 25(9): 2323-2334.

[7] 白勇军. 大型重载伺服机械压力机的关键技术及实验研究. 上海: 上海交通大学博士学位论文, 2012

[8] 赵祖乾. 双螺杆驱动伺服压力机同步控制策略研究与实现. 武汉: 华中科技大学硕士学位论文, 2013.

[9] Tsai L W, Norton R L. Mechanism design: Enumeration of kinematic structures according to function. Applied Mechanics Reviews, 2000, 122(4): B85-B86.

[10] Yan H S. Creative Design of Mechanical Devices. Berlin: Springer, 2012.

[11] Hervé J M. Analyse structurelle des méanismes par groupe des délacements. Mechanism and Machine Theory, 1978, 13(4): 437-450.

撰稿人：黄明辉、李毅波

中南大学

超静定组合结构的多体动力学建模与分析

Multi-Body Dynamics Modeling and Analysis of the Statically Indeterminate Composite Structures

从结构设计与制造可行性层面出发，为满足复杂机械系统功能、强度和刚度等方面的要求，机械设备本身无可避免地会存在过多的冗余。如图 1 所示的某组合横梁结构，由于横梁各向尺寸巨大，无法实现整体制造，横梁结构被设计成由两块侧梁和两片中梁通过 2 根预应力纵拉杆和 12 根预应力横拉杆联结而成的组合承载结构。进行系统动力学建模时，18 个运动部件必须通过 28 个固定副进行约束，该组合结构的自由度可由 Gruebler 公式计算得到：

$$\text{DOF} = 6 \times n - \sum_i (m \times f_i) = 6 \times 18 - 28 \times 6 = -60$$

这表示，在进行系统动力学建模时，该组合承载结构将带来 60 个冗余自由度。

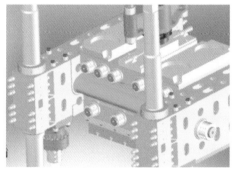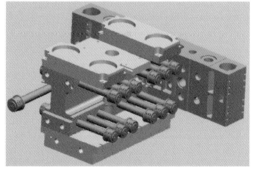

图 1 某组合横梁结构

在对复杂机械系统进行分析时，从多体动力学建模的角度出发，其所追求的目标是自动建模和高效求解，程式化生成约束方程是其研究的主要目标之一，在这个过程中引入冗余约束也几乎不可避免；更为重要的是，如果系统存在奇异构型，其约束的独立性会在系统运动过程中发生变化，在约束独立的前提下求解系统运动方程更是不可能的。

为克服冗余约束给系统运动方程求解带来的困难，需要从系统约束方程中动态地挑选独立约束。但是，不同的挑选方法甚至对约束方程的不同排序都可能造成挑选的独立约束组不同，从而出现不同的计算结果。例如，文献[1]对串联门式冗余约束机构进行了分析。如图 2（a）所示，串联门式冗余约束机构由 3 个物体、6 个旋转铰构成，在这个系统中 2 个物体之间连接了相同类型的 2 个铰，这两个铰的运动学约束作用是相同的，因而其中一个是冗余约束铰。图 2（b）为采用 Adams 进行系统动力学分析的结果。实线代表只保留铰 H_1、H_4 和 H_5 的结果，虚线代表只保留 H_2、H_3 和 H_6 的结果。两种不同铰链组的选择，相当于在含有冗余的约束方程组中选取不同的独立约束组，数值分析的结果显示两者的计算结果具有明显的差异。

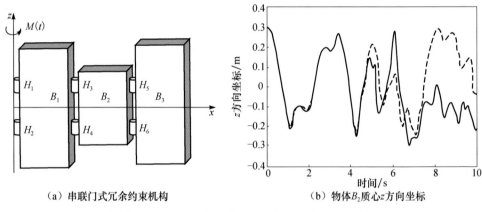

（a）串联门式冗余约束机构　　　　　　（b）物体 B_2 质心 z 方向坐标

图 2　重型模锻压机的多点驱动与多缸同步液压系统

冗余约束的存在对机械系统运动方程的求解具有十分深刻的影响。冗余约束主要起源于系统奇异构型及切断铰约束方程的自动生成，它的存在对多体系统建模和求解都提出了更高的要求。为使系统运动方程可解，需要从系统约束中分离出一组独立约束，不同的独立约束组往往造成数值分析结果的不同；同时冗余约束的存在也会使部分约束反力不确定，导致计算系统无法成为结构强度校核和部件优化的可靠依据。因此，多体动力学系统冗余约束的消减一直是国内外学者研究的重点，主要分为数值法与模型法。

数值法从求解冗余约束多体系统微分代数混合方程的角度出发，以控制违约为主要目的，通过修正系统状态变量使其在可控精度内满足约束方程或修正微分方程的积分格式使其能够与代数方程相容等方式来实现[2]，代表性的方法有广义逆法[3]、最小二乘法[4]、增广的拉格朗日法[5]等。数值法可以降低模型建立的要求，在有冗余约束存在的情况下也可以求解。但数值法大多是理论分析，其计算过程往往十分复杂，不易快速掌握；且适应面不广，只能应用于处理冗余自由度少的简单超静定结构中，对于稍复杂的机械系统，目前尚未有成熟有效的方法。

模型法通过对系统中的刚性部件进行柔性化处理[6,7]，其一般步骤为首先建立超静定组合结构的刚体模型，然后利用有限元分析软件对可能产生过约束的刚体部件进行柔性化处理、生成模态中性文件，最后将刚体模型结合柔性体的模态中性文件建立刚柔耦合数值仿真模型。采用有限元分析软件将刚体柔性化建模的处理方式给系统增加了大量的自由度，使得原系统存在的冗余约束得以消除，但大量自由度的引入也严重降低了多体动力学分析的计算效率与求解精度。

冗余约束的存在还会造成约束反力的不确定性，给多体系统动力学的应用带来负面影响。判断冗余约束系统的约束反力的唯一性及约束反力的正确求解是多体动力学建模所需要解决的两大关键问题，目前的研究主要集中在判断约束反力的唯一性问题上，如借助流方程的思想对系统铰约束反力的唯一性判别法[8]、基于高斯最小拘束原理的质点系统约束反力法[9]和判断冗余约束对应的摩擦力唯一可解条件法[10]等，但这些方法的普适性不强、可操作性较差，且未能给出求解铰约束反力的具体方法。

参 考 文 献

[1] 齐朝晖, 许永生, 方慧青. 多体系统中的冗余约束. 力学学报, 2011, 43(2): 390-398.

[2] Neto M A, Ambrosio J. Stabilization methods for the integration of DAE in the presence of redundant constraints. Multibody System Dynamics, 2003, 10(1): 81-105.

[3] Yu Q, Hong J Z. A new violation correction method for constrained multibody systems. Acta Mechanica Sinica, 1998, 30(3): 300-306.

[4] Zhao W J, Pan Z K. Least square algorithms and constraint stabilization for Euler-Lagrange equations of multibody system dynamics. Acta Mechanica Sinica, 2002, 34(4): 594-603.

[5] Arnold M, Fuchs A, Führer C. Efficient corrector iteration for DAE time integration in multibody dynamics. Computer Methods in Applied Mechanics and Engineering, 2006, 195(50-51): 6958-6973.

[6] Valentini P P. Effects of the dimensional and geometrical tolerances on the kinematic and dynamic performances of the Rzeppa ball joint. Proceedings of the Institution of Mechanical Engineers Part D—Journal of Automobile Engineering, 2014, 228(1): 37-49.

[7] Rayner R, Sahinkaya M N, Hicks B, et al. Combining Inverse Dynamics with Traditional Mechanism Synthesis to Improve the Performance of High Speed Machinery. New York: The American Society of Mechanical Engineers, 2009.

[8] Song S M, Gao X. The mobility equation and the solvability of joint forces/torques in dynamic analysis. Journal of Mechanical Design, 1992, 114(2): 257-262.

［9］　Udwadia F E, Kalaba R E. Analytical Dynamics: A New Approach. Cambridge: Cambridge University Press, 1996.

［10］　Frączek J, Wojtyra M. Joint reactions solvability in spatial MBS with friction and redundant constraints. Proceedings of the ECCOMAS Thematic Conference on Multibody Dynamics, 2009: 1-22.

撰稿人：黄明辉、李毅波

中南大学

存在流体润滑介质的两相互运动表面
从接触到分离的转捩机制

The Mechanism of Transition from Contact to Separation between Two Relatively Moving Surfaces with Hydrodynamic Lubrication

有关多尺度物理现象的处理在工程实际中并不鲜见，例如，流体动压润滑轴承支承的转子启停过程就必须经历在空间尺度上从纳米到微米的干摩擦/混合摩擦、瞬间起飞到进入全膜润滑等三个不同阶段：

（1）干摩擦/混合摩擦阶段；

（2）瞬间起飞阶段；

（3）全膜润滑阶段。

1. 存在流体润滑介质的两相互运动表面处于接触阶段的纳米流动规律

对于第一阶段，即干摩擦/混合摩擦阶段，采用分子动力学模拟可以刻画纳米尺度范围内的压力积累历程。

转子在启停阶段，轴颈外表面与轴承内表面间处于接触状态时的固流关系可视为出口端封闭、纳米尺度下的楔形流道内的流动，作为中间环节，是研究运动表面由接触到分离，或由分离到接触的重要内容，如图 1 所示。

研究表明，当转子在启停阶段、轴颈外表面与轴承内表面处于接触状态时，纳米尺度下流体的流动特性与宏观尺度的流动特性存在许多重要的差异：

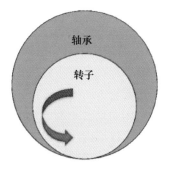

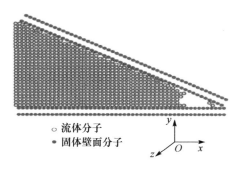

（a）轴承转子系统简化图　　　　　　（b）轴承系统分离前模拟系统示意图

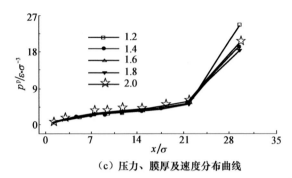

（c）压力、膜厚及速度分布曲线

图 1 启停阶段轴承与轴颈接触状态下楔形空间的流动规律

（1）在宏观层面被视为连续介质的流体在整个区域内的密度分布均匀假设不再成立。

（2）纳米流道内流动分子的密度分布不再均匀：一般情况下，在入口端会出现低密度分布区，而高密度分布区则出现在近封闭端，甚至当固-流体间的浸润性较差时，在出口封闭端有明显的空穴或空泡区存在。

（3）在上述纳米尺度流动过程中，流体的温度也不再表现出均匀性。

（4）对于出口端封闭的楔形区域内由轴颈转动引起的能量积累过程可以理解为：在两相对运动表面运动初期，整个区域内的分子密度分布大体相同，在入口端随轴颈运动进入楔形区域的分子数目逐渐增多；而在出口端流体分子的运动由于受封闭的限制，出现分子积聚、分子间距离减小和势能的迅速增加，从而在封闭端附近形成高压区，其压力值远大于其他区域，并最终在整个封闭楔形区内达到分子密度、温度和压力分布的动态平衡，这时进入楔形区域和离开楔形区域的分子数基本相当。

（5）壁面运动速度进一步增加将直接导致能量密集区的不断扩大，当楔形区域内压力合力等于或大于外载荷时，上述出口端封闭区域的能量平衡状态将被打破，对于轴承转子系统，意味着转子的起飞而进入全膜润滑状态。

2．两相互运动表面分离状态下全膜润滑的流动规律

对于全膜润滑的问题，求解 N-S 方程或 Reynolds 方程可以给出较为满意的答案，也可以仍然按照上述小间隙纳米流动处理方法进行分子动力学模拟。

当转子起飞后，对应于上述楔形流道出端不再封闭而呈现小间隙流动，伴随着由于出口封闭而积累的势能的释放，近出口端处的流体压力将呈现大幅度下降趋势；同时，流体的最大压力也逐渐偏离出口端；当出口端高度继续增加时，楔形流道内的小间隙流体压力分布逐渐与根据 N-S 方程或 Reynolds 方程求解得到的宏观压力分布趋于一致，如图 2 所示。

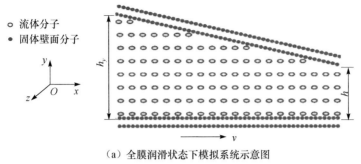

（a）全膜润滑状态下模拟系统示意图

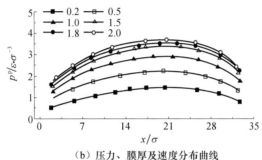

（b）压力、膜厚及速度分布曲线

图 2　全膜润滑状态下的流体压力分布曲线

　　迄今为止，所有关于流体润滑的研究都忽略了其中一个重要环节，即对于存在第三介质的两相对运动表面，从接触到分离的中间过程是如何发生的，相应的瞬间转捩机制是什么，这些问题都有待于进一步阐明[1-13]。

参 考 文 献

[1]　Cieplak M, Koplik J, Banavar J R. Molecular dynamics of flows in the Knudsen regime. Physica A, 2000, 287: 153-160.

[2]　王慧, 胡元中, 郭炎. 超薄润滑膜界面滑移现象的分子动力学研究. 清华大学学报, 2000, 40: 107-110.

[3]　Greenspan D. Molecular study of turbulence in three-dimensional cavity flow. Computer Methods in Applied Mechanics and Engineering, 2001, 190: 4231-4244.

[4]　Frenkel D, Smit B. Understanding Molecular Simulation from Algorithms to Applications. California: Academic Press, 2002.

[5]　弗兰克. 分子模拟——从算法到应用. 汪文川, 译. 北京: 化学工业出版社, 2002.

[6]　Freund J B. The atomic detail of a wetting/de-wetting flow. Physics of Fluids, 2003, 15(5): L33-L36.

［7］ Greenspan D. A study of molecular turbulence through the cavity problem for air. Mathematical and Computer Modelling, 2004, 40: 345-359.

［8］ Cámare L G, Bresme F. Liquids confined in wedge shaped pores: Nonuniform pressure induced by pore geometry. Journal of Chemical Physics, 2004, 120(24): 11355-11358.

［9］ Boen M, 黄昆. 晶格动力学理论. 葛惟锟, 贾惟义, 译. 北京: 北京大学出版社, 2006.

［10］ Huang C, Phillip Y K. Investigating of entrance and exit effects on liquid transport through a cylindrical nanopore. Physical Chemistry Chemical Physics, 2008, 10: 186-192.

［11］ 贾妍, 刘恒, 虞烈. 纳米流道内液体特性的分子动力学研究. 西安交通大学学报, 2008, 42(1): 9-12.

［12］ Itsuo H, Akihiro N. Molecular dynamics of a water jet from carbon nanotube. Physical Review, 2009, E79(4): 046307.

［13］ 贾妍, 刘恒, 虞烈. 楔形纳米流道内流体压力的分子动力学.机械工程学报, 2011, 47(15): 61-69.

撰稿人：虞　烈

西安交通大学

如何提升大功率无轴推进装置的功率密度？

How to Improve the Power Density of High-Power Shaftless Rim-Driven Thruster?

　　船舶航行需要一个与水阻力相等而方向相反的推力。在船舶的不同发展阶段，这种推力由不同形式的推进器产生，从人力摇桨，到风帆推进，再到蒸汽机驱动明轮，直到近代的内燃机驱动螺旋桨。如何创造高效、可靠的船舶推进装置一直是人们的不懈追求。目前，"原动机-传动系统-螺旋桨"是军船和商船应用最广泛的推进模式，这种模式虽然具有动力大、设计方法和制造工艺成熟等优点，但随着船舶的发展，它也暴露出诸多弊端，例如，大型船舶的船体与推进轴系存在复杂的耦合动力学关系，船体变形引起推进系统服役环境发生变化，易导致轴系不对中、振动剧烈、甚至断裂等恶性事故。对于潜艇，轴系穿透耐压壳使其制造成本高昂，占据大量空间，影响续航力和战斗力，轴系振动和噪声更是制约潜艇隐身能力的世界性难题。在此背景下，催生出更为先进的船舶推进模式：直驱式电机/螺旋桨。其中，最具代表性的是吊舱推进器。

　　自 1989 年芬兰 ABB 公司提出 Azipod 吊舱式电力推进方案至今，这种推进装置在民用船舶中得到了积极推广和应用。但它仍然采用动力和推进器分体结构，当功率需求大时，它面临着体积重量大、能耗大、噪声高等问题，特别是大功率吊舱式电力推进器轴向长度可达数米，严重限制了推进器与船体匹配。为此，一种新型推进装置应运而生，即无轴轮缘驱动推进器（shaftless rim-driven thruster, RDT），也称为集成电机推进器。它是一种取消了传动轴系，将推进电机定子安装进导罩，将电机转子与桨叶集成为一体，利用电能直接传递功率输出的新型全电力推进技术，具有结构紧凑、系统效率高、噪声低、布置灵活、绿色环保等突出特点[1]。船舶推进系统的发展如图 1 所示。

　　无轴推进装置的概念模型在 1940 年德国专利中就已被提出[2]。如今，这种先进推进装置已被广泛关注[3-6]，代表性公司包括英国 Rolls-Royce[7]、挪威 Brunvoll、德国 Voith 和 Schottel 等。目前产品功率最大的是英国 Rolls-Royce 公司开发的 TTPM2000 型 RDT，其额定功率为 1.6MW；德国 Voith 公司开发的 VIT2300-1500H 型 RDT（图 2（b））额定功率达到 1.5MW，主要用于海洋平台的动力定位；挪威 Brunvoll 公司开发的 RDT 已经在补给船、渔业监测船、超级游艇和渡船等多种船型上得到应用。从目前公布的产品数据看，单台 RDT 尚未达到运输船舶的推进功率要求。制造大功率和超大功率（数兆瓦、几十兆瓦）RDT 仍是一个复杂机电系统难题。

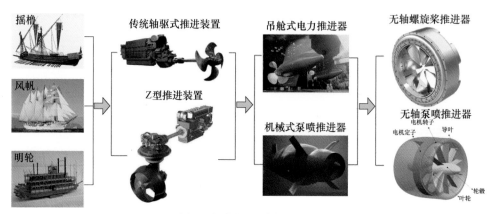

图 1　船舶推进系统的发展

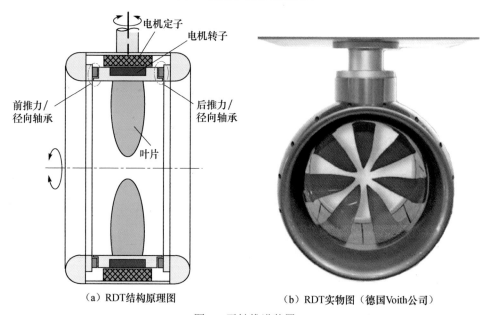

（a）RDT结构原理图　　　　（b）RDT实物图（德国Voith公司）

图 2　无轴推进装置

　　设计大功率 RDT 系统面临的首要困难是如何处理转速与电机尺寸之间的强约束关系。为了尽量提高船舶推进力和减少桨叶空化，要求螺旋桨转速较低，例如，8MW 的船舶主机配备的螺旋桨直径超过 5.8m，工作转速约 100r/min；RDT 驱动电机在桨叶外圈，这就导致电机的直径和重量巨大，例如，英国 Rolls-Royce

公司的 1.6MW 无轴推进装置内外直径分别已经达到 2m 和 2.6m，干重超过 18.3t。这种水动力设计与电机设计的相互约束关系会显著限制 RDT 体积功率密度和质量功率密度的提升，而且这一问题在大功率 RDT 中尤为显著。此外，直径和重量巨大的推进装置如何与船体合理匹配也是一个不小的难题。

如何解决上述矛盾？人们首先想到的是研发高功率密度的大功率低速电机：感应电机（IM）、开关磁阻电机（SRM）、永磁电机（PM）和超导电机等先后被论证。在美国 Tango Bravo 计划资助下，美国电船公司和 DRS 公司研究了用于新一代核潜艇无轴推进装置的永磁电机和电驱动技术，以验证永磁电机担负超大功率 RDT 驱动功能的可行性。2014 年，伊朗沙赫鲁德大学利用有限元软件分析了 2.5MW 轮缘驱动超导同步电动机[8]。但遗憾的是，关于超大功率 RDT 驱动电机方案尚未形成。而且，RDT 工作时，处于电磁场、温度场、流体场、应力场等多物理场中，其服役性能受多物理场强耦合作用与影响。目前的电机系统常以电磁场为主进行设计，这种单因素的设计方法难以实现 RDT 综合性能最优化。例如，为了保证足够大的过流面积，需要电机定转子轭厚度和齿高度尽量小，这就导致磁场容易饱和，电机气隙感应强度降低，容易造成电机输出转矩与桨叶需求转矩不匹配。因此，突破常规电机设计方法的局限，最大限度地增加转子、定子间的磁密，并最大限度地将存储在转子、定子气隙间的磁能高效地转化为转矩，成为实现 RDT 电机大功率化的必然选择。

另一个思路是在不过度损失水力效率的同时，尽可能提高转速，进而减小电机体积。泵喷推进器是一个值得关注的方案，由于它具有特殊设计的导管和导叶，使桨叶在相对均匀的流场中工作，流体脉动力小，运行平稳；并且利用来流冲压，使桨叶在高速范围内具有良好的抗空泡性能，可显著提高推进装置的空泡初生速度。将电机与泵喷推进器进行集成，可以得到无轴泵喷推进器[9]（图 1）。2002 年，美国海军开始代号为 NUWC（Naval Undersea Warfare Center）的轻型电动鱼雷研究，研究表明，采用无轴泵喷推进器后，鱼雷重量、空间和长度分别节省 68%、47% 和 55%，降噪 10dB。美国海军研究办公室（ONR）在先进近海演示船型项目（AHFID）资助下，研制了一个 1.5MW 的无轴泵喷推进器，在一艘小型水面混合动力快船（HYSWAC）上作为辅助推进器[10]。美国"弗吉尼亚"级核潜艇已将无轴泵喷推进器用作辅助推进器，经过十余年的应用经验积累，无轴泵喷推进器很可能直接作为美国海军下一代"俄亥俄"级改进型战略导弹核潜艇的主推进器。但这个思路同样任重道远，一方面未集成电机的机械式泵喷推进器的设计难度很大，只有在其内流场得到精确设计和控制的前提下才能表现出优异的性能，直到今日世界上真正掌握该项技术的国家寥寥无几，再将电机集成无疑会陡增设计难度。另一方面，这种水动力方案提升转速的幅度有限，能多大程度缓解转速对推进装置功率密度的影响还有待探明。

综上所述，船舶 RDT 水力部件的"天然"低速特征限制了 RDT 功率密度的提升，其本质在于 RDT 水力部件复杂流场能量耗散规律和浸水环境下电磁能量的高效转化机制尚不清楚，RDT 系统集成设计理论仍然缺乏。因此，如何提升体积和质量功率密度仍然是目前发展大功率和超大功率 RDT 的瓶颈性难题。

参 考 文 献

［1］ 谈微中, 严新平, 刘正林, 等. 无轴轮缘推进系统的研究现状与展望. 武汉理工大学学报 (交通科学与工程版), 2015, 39(3): 601-605.

［2］ Kort L. Elektrisch angertriebene schiffsschraube: German Patent DE688114. 1940.

［3］ Aleksander J D. Robust automated computational fluid dynamics analysis and design optimisation of rim driven thrusters. Southampton: University of Southampton, 2014.

［4］ Cao Q M, Hong F W, Tang D H, et al. Prediction of loading distribution and hydrodynamic measurements for propeller blades in a rim driven thruster. Journal of Hydrodynamics, 2012, 24 (1): 50-57.

［5］ 汪勇, 李庆. 新型集成电机推进器设计研究. 中国舰船研究, 2011, 6(1): 82-85.

［6］ Hsieh M F, Chen J H, Yeh Y H, et al. Integrated design and realization of a hubless rim-driven thruster. The 33rd Annual Conference of the IEEE Industrial Electronics Society, 2007: 3033-3038.

［7］ Tuohy P M. Development of canned line-start rim-driven electric machines. Manchester: The University of Manchester, 2011.

［8］ Amir H, Ahmad D. Design and performance analysis of superconducting rim-driven synchronous motors for marine propulsion. IEEE Transactions on Applied Superconductivity, 2014, 24(1): 5200207.

［9］ Shen Y, Hu P F, Jin S B, et al. Design of novel shaftless pump-jet propulsor for multi-purpose long-range and high-speed autonomous underwater vehicle. IEEE Transactions on Magnetics, 2016, 52(7): 7403304.

［10］ Waaler C M, Quadrini M A, Peltzer T. Design and manufacture of a 2100 horsepower electric podded propulsion system. ADA399858. Bath: General Dynamics Bath Iron Works, 2002.

撰稿人： 严新平、欧阳武、刘正林

武汉理工大学

动态与渐变机械装备系统耦合（相关）失效模式的可靠性设计

Reliability Design for Mechanical Equipment Systems with Dynamic and Gradual Coupling (Correlation) Failure Modes

　　动态与渐变可靠性理论是经典可靠性理论的演化和升华，其理论与应用研究无疑将促进具有优良性能机械产品的研发并保障机械产品的安全可靠运行。动态与渐变可靠性理论及技术扬弃了固定和静止的设计观点，使设计工作更加深入、更加精确、更能符合实际、更能适应于机械产品日益提高的要求[1]。

　　振动与冲击严重影响机械装备的工作精度、运行可靠性和服役寿命，可见研究机械动态可靠性设计的理论与方法、解释机械装备系统中的各种复杂运动现象、实现大型复杂装备安全可靠运行是提升我国机械装备性能的重要手段。经典的可靠性设计理论与方法未能考虑机械装备系统的动力学行为，为了弥补这种缺失必须开展机械动态可靠性研究[2-5]。机械动态可靠性是为了概括动态机械系统的可靠性理论而产生的术语，是指机械装备在运动或振动状况下的可靠性，"动态"强调机械装备系统中所包含的动态特性（如振动频率、输出响应、能量传递等）。由于机械系统的特性及参数（如强度、应力、物理变量、几何尺寸等）具有固有的随机性，同时机械装备运行是典型的动态过程，载荷、工况、应力等工作环境及参数都是随时间变化的随机变量，必须将其处理为随机过程。如果机械装备可靠性定义为"机械装备在规定条件下、规定时间内完成规定功能的能力"，那么动态可靠性则强调这样的事实：①机械装备的运行演变是动态行为；②损伤（包括维修）会影响机械装备的动力学特性；③动力学行为必然影响机械装备的可靠性或失效率（包括维修率）。可见，不考虑动态特性将难以得到机械装备准确的失效数据和可靠性信息，这必然迫使机械可靠性的研究从静态可靠性向动态可靠性转变，以突破经典可靠性理论与方法无法考虑运动和振动因素的局限。

　　机械装备的渐变失效表现为在一种或多种物理和（或）化学因素等的作用下，逐渐发生尺寸、形状、状态和性能等的劣化，最终以某种形式丧失预定功能的事件。事实上，多数机械装备的特性数值随时间而逐渐变化，如因疲劳、磨损、腐蚀、裂纹扩展等造成的机械强度降低等，使机械装备的可靠性表现出渐变（时变）的特征。这种机械特性参数的变化是一个随时间渐变的过程，当然，机械装备可靠性也必然是时间的渐变函数。渐变失效特指机械装备在运行过程中由于性能参数逐渐劣化而发生的失效，而渐变可靠性强调的是机械系统发生渐变失效所对应的可靠性问题。因此，对机械装备进行渐变可靠性的研究是保证机械装备高可靠性的必然要求[6-10]。

机械装备失效形式按宏观特征可以分为变形失效、断裂失效和表面损伤失效。断裂（变形）失效又可以分为首次过载断裂（变形）失效和强度（刚度）逐渐降低导致的断裂（变形）失效。变形失效、断裂失效和表面损伤失效所对应的可靠性问题可以理解为：①如果机械装备在首次加载过程中出现断裂、变形失效或表面损伤失效，那么与其对应的可靠性问题属于静态或动态可靠性问题；②如果断裂或变形失效发生在运行过程之中以及断裂或变形失效是由于性能参数劣化和振动环境作用产生的，那么与其对应的机械可靠性问题属于动态和渐变耦合的可靠性问题；③表面损伤失效主要由磨损和腐蚀等产生，与其对应的可靠性问题应该是典型的渐变可靠性问题，但是如果磨损和腐蚀等的表面损伤和振动交互影响，与其对应的机械可靠性问题仍属于动态和渐变耦合的可靠性问题。因此，对机械装备进行动态和渐变可靠性研究是保证高可靠性机械装备的必然要求。

机械装备系统的某些参数的劣化不但导致机械装备系统失效，而且也影响机械装备系统的动态行为，同样机械装备的动态行为也影响着参数的劣化过程，因此在机械可靠性设计中，要同时考虑机械装备系统的动态行为和渐变失效是国际级难题之一。在构建可靠性模型时如何妥善考虑这两种相互耦合的因素，是解决动态与渐变机械装备系统耦合（相关）失效模式的可靠性设计的关键科学问题的重点和难点之一。参数的劣化过程通常是一随机过程，从而导致机械装备的动力学方程的激励为随机过程之外的参数也是随机过程，可见构建的动态与渐变耦合的动力学方程是多自由度非线性且载荷和参数同为随机过程的数学模型，因此如何分析这一复杂而极具难度的随机动力学问题以及在此基础上研究可靠性分析和设计又是解决动态与渐变机械装备系统耦合（相关）失效模式的可靠性设计的关键科学问题的重点和难点之一。动态与渐变耦合的多自由度非线性随机系统的可靠性分析与设计问题目前还未有文献涉及，是约束机械装备可靠性发展的科学理论瓶颈。

机械装备的结构系统复杂，零部件之间存在着相关联的接合方式，因此整个机械系统在运行过程中，除了零部件本体的物理与几何特性以外，所有各零部件的接合处和结合面都将产生相关的物理与几何特性（如相对阻尼和相对刚度等），并且这种相关特性同样与机械系统的固有特性相关联。若在研究动态与渐变耦合的机械装备可靠性设计问题时，同时涉及零部件之间接合特性的相关性以及振动失效、渐变失效、静态失效与各失效类型相互耦合相关性等问题，则需要解决表征零部件之间接合特性的相关性和各失效类型之间的耦合性问题，并且在此基础上研究机械装备的多元渐变失效和振动失效的可靠性和寿命预测问题，这种研究具有开创性和挑战性，因此机械装备的动态与渐变及多元相关模式耦合的可靠性和寿命预测问题至今仍处于空白状态，可见这一问题的圆满解决关系到整个项目成果的科学价值和社会价值，同时也是准确预测机械装备可靠性水平所必须攻克的科学难题。如何解决表征各失效类型之间的耦合（相关）以及在此基础上研究的可靠性预测、设计、制造等问题是既复杂而又具有挑战性和开创性的科学问题，这一问题能否得到妥善解决，直接关系着能否突破约束机械装备可靠性发展的瓶颈。机械动态和渐变可靠性设计理论与技术的构想框图如图 1 所示。

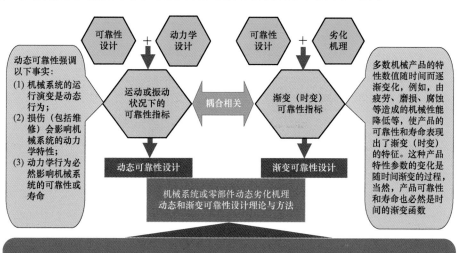

图 1　机械动态和渐变可靠性设计理论与技术的构想框图

参 考 文 献

[1]　张义民. 机械动态与渐变可靠性理论与技术评述. 机械工程学报, 2013, 49(20): 101-114.

[2]　Zhang Y M, Wen B C, Liu Q L. First passage of uncertain single degree-of-freedom nonlinear oscillators. Computer Methods in Applied Mechanics and Engineering, 1998, 165(4): 223-231.

[3]　Zhang Y M, Liu Q L, Wen B C. Quasi-failure analysis on resonant demolition of random structural systems. AIAA Journal, 2002, 40(3): 585-586.

[4]　Franchin P. Reliability of uncertain inelastic structures under earthquake excitation. ASCE Journal of Engineering Mechanics, 2004, 130(2): 180-191.

［5］ O'Connor P D T. Variation in reliability and quality. Quality and Reliability Engineering International, 2004, 20(8): 807-821.

［6］ Yao T H J, Wen Y K. Response surface method for time-variant reliability analysis. ASCE Journal of Structural Engineering, 1996, 122(2): 193-201.

［7］ Mahadevan S, Dey A. Adaptive Monte Carlo simulation for time-variant reliability analysis of brittle structures. AIAA Journal, 1997, 35(2): 321-326.

［8］ Kuschel N, Rackwitz R. Optimal design under time-variant reliability constraints. Structural Safety, 2000, 22(2): 113-127.

［9］ Andrieu-Renaud C, Sudret B, Lemaire M. The PHI2 method: A way to compute time-variant reliability. Reliability Engineering and System Safety, 2004, 84(1): 75-86.

［10］ Li C Y, Zhang Y M. Time-variant reliability assessment and its sensitivity analysis of cutting tool under invariant machining condition based on Gamma process. Mathematical Problems in Engineering, 2012: 542-551.

撰稿人：张义民 [1,2]

1 沈阳化工大学、2 东北大学

飞行器力学环境的天地一致性

Flight and Ground Consistency of Aircraft Mechanical Environment

飞行器力学环境的天地一致性是指通过地面试验能够复现飞行器在飞行环境下的效应，其意义在于提高飞行器的服役性能和可靠性。当前，动力学环境是影响飞行器性能和可靠性的关键因素，主要包括振动、噪声、冲击、加速度等。从哲学的观点来看，当一个结构设计完成后，其固有特性就确定了，但在实际的不同工作环境中，其表现出的特性截然不同。例如，运载火箭的仪器舱结构是一个非常重要的部件，其中安装了飞控系统和一些重要的电子设备，形成了运载火箭的一个分系统。在飞行状态下，该分系统前面安装的是有效载荷，后面安装的是发动机；在进行地面振动（或声振）试验时，通常是通过一个夹具连接在振动台台面上。同一个仪器舱分系统，在飞行状态和振动试验台上，虽然并未改变仪器舱分系统这一对象，但事实上已经形成了两个不同的系统，通过测量仪器舱及安装在其内部的振动响应，会发现差异非常大，表现出的就是"飞行器天地力学环境差"[1]。从哲学的观点来看，由于仪器舱分系统的固有特性不变，由它组成的这两个系统之间必定存在着一定的内在关系，将此关系定义为"飞行器力学环境的天地一致性"。

从动力学角度来看，虽然仪器舱分系统的固有特性未变，但由它形成的两个系统，导致其边界条件、动力学模型、传递特性、载荷等都发生了变化，这是飞行器天地力学环境差的力学本质。飞行器天地力学环境不一致性将会带来以下问题：①影响飞行器的工作性能，如着地目标精度；②边界条件的变化引起动力学模型的变化，导致地面试验的过/欠试验的发生，影响飞行状态的安全性、可靠性；③采用经验法制定环境试验条件，导致飞行器结构/系统的冗余设计和试验的盲目性[2,3]。这样，不仅增加了设计、试验的成本，也拖长了新型号的研制周期。

研究人员一直在尝试建立飞行器力学环境试验的天地一致性准则，包括改进试验方法、进行试验环境剪裁、开展失效模式和失效率统计研究等[4-6]。由于飞行器服役环境总是综合环境，如振动、噪声和加速度环境经常同时存在，而且人们发现在单一环境分别试验和综合环境试验的效果存在差异，所以开展声、振、加速度等综合环境试验，然而研究发现结果没有显著改善。美国提出采用系统级综合环境试验提高天地一致性，同时认为提高声、振力学环境模拟精度是提高天地一致性的关键，并要求响应分布一致，但没有提出明确的准则，各标准都建议使用实测数据，取 50% 置信度、95% 发生概率。显然，这种方法对于具有大量飞行试验数据的成熟型号的进一步改进具有指导意义，对于新型号的环境设计则难以应用。

针对上述问题，在国防 973 计划项目的支持下，西安交通大学航天航空学院阎桂荣教授研究团队揭示了同一结构在飞行环境与地面模拟试验环境之间存在着映射关系，并从理论、数值模拟、试验证明了映射关系模型的存在性。以此为基础，提出了基于映射关系模型的综合力学环境预示方法。该方法将现代数学、信息学、动力学有机地结合在一起，为科学认识和解决天地一致性问题开辟了新途径[7,8]。通过在速度为 3Ma 以下飞行器型号中的应用，该方法通过地面试验数据预示飞行试验振动环境，其结果表明预示值与实测值误差在 ±3dB 以内，满足了工程设计需求，预示值也为考核飞控系统和电子设备提供了振动环境试验的依据。但值得指出的是，上述理论是建立在结构的几何物理特性不变的基础之上的，因此仅适用于低速飞行器的环境预示。

随着高超声速飞行器的发展，仅考虑振动、噪声、冲击、加速度等环境已不能满足现代飞行器对环境适应性分析、预示的要求。特别是新型飞行器要向超大型、超小型、轻型方向发展，这就需要开展精细化设计。对于结构，大量采用复合材料，多样的连接形式；对于飞控系统和对电子设备，要求朝着小型化、集成化、智能化方向发展，这样，热、电磁和动力学环境耦合问题表现得更加突出；对于导弹等武器系统，还要满足实时性启动的要求。这类复杂的飞行环境，对地面模拟试验环境的要求更高，且天地一致性问题更加突出。这就更需要进一步深化映射预示理论的研究，以解决这类飞行器的天地一致性问题。近年来，热、电磁和动力学环境的耦合问题已经引起科学界、工程界的关注，但如何将其同映射预示理论相结合，为飞行器总体设计服务，用于解决工程问题还是一个难题。

针对高超声速飞行器和物理特性发生变化的飞行器的环境预示，需要开展基础性的研究，并突破以下关键问题和难点：

（1）结构的宽频高精度建模方法研究。采用映射预示理论，必须基于同一结构在不同系统中的响应数据集构造学习样本，因此复杂结构建模与响应分析的精确性对预示精度具有决定性的影响。全频段建模，特别是中频声振问题是复杂结构系统建模的世界级难题；结构的非线性、大变形以及参数时变性难以精确计算；结构连接条件复杂多变，参数不确定性大。因此，必须突破中频声振问题、非线性建模问题以及不确定性建模问题。

（2）多物理场耦合计算方法研究，解决热、振动、噪声、冲击、加速度等综合因素下的响应计算问题。当前对综合环境的耦合作用机理研究并不透彻，特别是结构物性参数在综合环境下的变化缺少理论支撑；另外，耦合计算方法的发展也不成熟，当前普遍采用的松耦合计算模式与真实状态存在差异，而紧耦合计算难以实施。

（3）时变非线性特征参数映射的机器学习方法研究，解决非稳态、非线性特征的预示问题。

（4）基础数据库的建立、挖掘与应用，为天地一致性研究提供数据基础。

参 考 文 献

[1] 邱吉宝, 张正平, 李海波, 等. 全尺寸航天器振动台多维振动试验的天地一致性研究(上). 强度与环境, 2015, 42(1): 1-11.

[2] 金恂叔. 航天器的环境试验及其发展趋势. 航天器环境工程, 2002, 19(2): 1-10.

[3] 马兴瑞, 韩增尧, 邹元杰, 等. 航天器力学环境分析与条件设计研究进展. 宇航学报, 2012, 33(1): 1-12.

[4] Kraft E, Chapman G. A critical review of the integration of computions, ground tests, and flight test for the development of hypersonic vehicles. The 5th International Aerospace Planes and Hypersonics Technologies Conference, 1993: 1-16.

[5] Erdos J. On the bridge from hypersonic aeropropulsion ground test data to flight performance. The 20th AIAA Advanced Measurement and Ground Testing Technology Conference, 1998: 1-26.

[6] Harry H D L, Kern J E. Dynamic Environmental Criteria. NASA-HDBK-7005. Washington: National Aeronautics and Space Administration, 2001.

[7] 阎桂荣, 董龙雷, 喻磊. 基于机器学习的动力学环境预测方法. 应用力学学报, 2013, 30(1): 13-18.

[8] 董龙雷, 刘振, 阎桂荣. 高超声速飞行器综合环境预示方法. 临近空间科学与工程, 2015, 6(4): 45-51.

撰稿人：董龙雷、阎桂荣

西安交通大学

复杂大惯量机械系统微弱故障信息提取与分析

Extraction and Analysis of Weak Fault Signal for Complex Large-Inertia Mechanical System

随着科学技术的高速发展和用户对机械装备功能需求的日益增长,复杂大惯量机械系统向高度集成化、重型化、复杂化、大型化等方向发展[1,2]。该系统由成千上万个零部件组成,系统结构复杂多样,载荷巨大以及时变与突变现象普遍,并常采用超大流量多缸多回路协同驱动,液压系统庞大且复杂,运动部件惯量大,如 800MN 模锻压机的液压泵站有半个足球场那么大,运动部件超过了 2500t,机、电、液耦合强,工作环境恶劣,致使复杂大惯量机械系统的失效概率随之增加,故障频发,只要某一零部件失效,都可能导致整机运行故障。同时,复杂大惯量机械系统强非线性与时变性特征突出,系统故障模式复杂多变,一个零件或部件的故障可诱发整个系统的奇异故障行为,难以预测与诊断。此外,复杂大惯量机械系统的零部件及软硬件之间的耦合程度加强,极端工作条件更强化了系统内部子系统之间以及多物理过程间的耦合作用对系统性能的影响,强耦合作用常放大微小量对系统性能的影响,致使任何微小的故障或潜在故障,若不能够及时被检测和预测,都可能诱发连锁反应,造成整个设备的破坏、失效,甚至导致巨大的经济损失[3,4]。例如,万吨级的模锻压机由众多复杂组合结构连接形成,结构与液压系统庞大且复杂,并利用计算机、软件系统及大规模集成电路技术实现智能化控制,其结构与状态信息复杂多变,耦合程度极高,任何微小的故障都可能演变成整机故障,甚至失效,使得故障诊断与维护困难重重[3]。因此,为提高复杂大惯量机械系统的安全性、可靠性与预防设备故障的发生,亟须解决大流量大压力下时变非线性微弱故障信息提取与分析的难题。

微弱信号检测具有如下特点[5]:①故障对应的各类特征信号往往以某种方式与其他强信号源信号混合,特征信号本身十分微弱,还存在强噪声干扰,致使在较低的信噪比中检测微弱信号;②工程实际中所采集的数据长度或持续时间往往会受到限制,这种在较短数据长度下的微弱信号检测在机械系统实时监控等领域有着广泛的需求,这要求微弱信号检测具有一定的快速性和实时性。由于微弱特征信号种类繁多以及在特性上千差万别,为此发展了一系列微弱特征信号检测方法[5,6]，从传统的频谱分析、相关检测、取样积分和时域平均方法到新近发展起来的小波分析理论、神经网络、混沌振子、高阶统计量、随机共振、盲源分离等方法，如图 1 所示。尽管这些方法一定程度上解决了周期信号、缓变信号和噪声不相关信号的检测问题，但仍存在诸多缺陷与不足[5,6]。

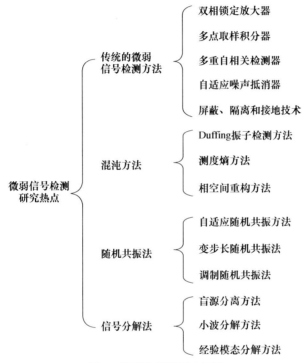

图 1　微弱信号检测方法[6]

随着制造载荷的进一步增大，大惯量机械系统的复杂性、时变性与不确定性急剧增强[7-10]，导致微弱故障信号相对于正常工作的激励信号微乎其微，同时微弱故障信号特征丰富，如微弱周期信号、微弱脉冲信号、微弱冲击信号、微弱非周期信号等，以及噪声种类繁多，如高斯噪声、白噪声、限带噪声、窄带噪声等。尽管微弱信号提取与分析已经取得了诸多重要进展，但复杂大惯量机械系统的复杂性、时变性与不确定性以及微弱故障信号特征的多样性致使传统的微弱故障信号提取与分析方法已不再适用，其基础理论与方法仍然存在一系列亟待突破的挑战性难题：

（1）大惯量机械系统的复杂性、众多单元或子系统的非线性耦合致使影响因素太多、相互关系复杂。科学技术的交叉集成也使机械系统日趋复杂，人-机-环境以及系统软硬件之间相互作用、相互影响关系更加强化，复杂机械装备的非线性、相关性和随机性特征日趋明显。这些因素致使微弱故障信号的发生源、传递路径及规律难以获得。

（2）为实现上万吨的制造力，复杂大惯量机械装备流量与驱动力巨大，使得机械装备的内应力与附加力矩巨大，致使微弱故障信号容易被忽视也难以被检测与分析，使得故障诊断与维护困难重重[3]。

（3）大惯量机械系统运行是典型的动态过程，载荷、工况、应力等运行环境及参数都是时间的变量[11]。例如，因疲劳、磨损和腐蚀造成的机械强度下降，电绝缘强度随时间和外界应力的变化等。甚至连故障模式也是时间的函数。因此，微弱故障必然也是时间的函数，呈现出显著的动态性，强时变非线性机电耦合系统的微弱故障预测与分析极其困难。

（4）噪声的种类繁多，频谱特性丰富，可能与微弱故障信号幅值或者特性相近，它们的频谱特性也可能重合或者混叠，对噪声的抑制将同时衰减有用信号，从而造成信噪比降低或波形失真，信号分离困难。

（5）大惯量机械系统的可靠性数据匮乏，属于典型的小样本，故障信号特征的数值解析困难。作为复杂机械系统一般需要现场组装和试运行，故障信号传递实验与特征分析实验难以在出厂前实施。

总之，在复杂多变的制造过程中挖掘与分析大流量、大压力、大惯量机械装备时变非线性微弱故障信号是极其困难的，也是亟待研究和探索的前沿领域问题。

参 考 文 献

[1] 钟掘. 复杂机电系统耦合设计理论与方法. 北京: 机械工业出版社, 2007.

[2] 杨健维. 基于模糊 Petri 网的电网故障诊断方法研究. 成都: 西南交通大学博士学位论文, 2011.

[3] 梁光夏. 基于改进模糊故障 Petri 网的复杂机电系统故障状态评价与诊断技术研究. 南京: 南京理工大学硕士学位论文, 2014.

[4] Jiang H, Wang R, Gao J, et al. Evidence fusion-based framework for condition evaluation of complex electrome-chanical system in process industry. Knowledge-Based Systems, 2017, 124: 176-187.

[5] 夏均忠, 刘远宏, 冷永刚, 等. 微弱信号检测方法的现状分析. 噪声与振动控制, 2011, 3: 156-161.

[6] 王坤朋. 微弱信号检测的盲源分离方法及应用研究. 重庆: 重庆大学博士学位论文, 2014.

[7] 郭建英, 孙永全, 于春雨, 等. 复杂机电系统可靠性预测的若干理论与方法. 机械工程学

报, 2014, 50(14): 1-13.

[8] Srivastava P W. Reliability prediction during development phase of a system. Quality Technology and Quantitative Management, 2011, 8(2): 111-124.

[9] Robert E, Sophie M. Comparison of numerical methods for the assessment of production availability of a hybrid system. Reliability Engineering and System Safety, 2008, 93: 168-177.

[10] Henry M, Dariusz C. Estimation of repairable system availability within fixed time horizon. Reliability Engineering and System Safety, 2008, 93: 100-106.

[11] 苏春, 许映秋. 复杂机电产品动态可靠性建模理论与方法研究. 中国制造业信息化, 2006, 35(9): 24-32.

撰稿人： 黄明辉、陆新江

中南大学

复杂机电系统全局动态建模

Global Dynamic Modeling for Complex Electromechanical System

　　复杂机电系统的功能特性由众多子系统集成产生，各子系统具有各自的物理过程和单元技术，这些子系统通常包括机械、电气、液压、控制、润滑、材料等多物理过程，通过系统集成激活子系统间的交互作用，从而产生为人们所感知的功能和特性[1-3]。随着复杂机电系统的功能日趋强大与丰富，集成的子系统数目也急剧增多，子系统之间的时间尺度、空间尺度、动力行为不尽相同，子系统之间的耦合关系及多物理过程交互行为更为复杂，如机电耦合、流固耦合、热弹耦合、摩擦学与动力学耦合等，耦合作用也呈现多样性[4-7]，致使系统内各种物理过程的非线性、时变性特征尤为突出，导致复杂机电系统全局建模变得极其困难。同时，现代大型复杂机电系统常需要在极端工作条件下运行，这更强化了系统内部子系统之间以及多物理过程间的耦合作用对系统性能的影响，强耦合作用常放大微小量对系统性能的影响。例如，金属带轧机所用大功率驱动电源几乎都含高阶谐波分量，这些相对较弱的分量却可能通过机电耦合使系统产生谐振，严重危害产品的表面质量；同时，控制变量的微小扰动也可能显著改变系统的响应状态，甚至使过程失控[1]。此外，复杂机电系统需承载多种强能场和多种运动，其间既存在协同耦合，也存在相互制约和扰动。因此，为了描述与设计复杂机电系统的全局动态行为，必须清楚地表达不同时间尺度、不同空间尺度、不同动力行为的子系统间的耦合关系[8]。

　　以复杂大惯量模锻系统为例，对复杂机电系统全局动态建模的复杂性与挑战性进行说明。复杂大惯量模锻系统全局动态建模的难点在于：

　　（1）制造对象的时变性与强非线性。制造对象因形变、微观结构变化等具有强时变非线性特征。同时，一台模锻装备需要制造不同类型的产品，这些产品之间的材料属性、尺寸与形状等均存在巨大差异，使得它们的制造过程差异极大，如软材料与硬材料之间的变形抗力相差几百倍甚至上千倍、上万倍。前期工艺的制造误差、操作误差与材料差异也是不可避免的，造成同批坯料之间存在几何差异与内部特征差异，如坯料形状不一、致密程度不一致等，致使不同坯料制造过程的动态特性存在很大的差异。这些因素致使制造过程建模变得极其困难。

　　（2）制造装备本身的复杂性、非线性与时变性。首先，大型模锻装备由成千上万个零部件通过不同的连接方式组合而成，系统结构庞大且复杂，并通过众多控制单元进行控制，零部件及软硬件之间的耦合程度强。其次，为了提供制造过程所需的巨大驱动力，大型模锻装备通常采用超大流量多缸多回路协同驱动，液压系统庞大且复杂，如800MN模锻压机的液压泵站有半个足球场那么大，机电液耦合极强。同时，大型模锻装备运动部件惯量大，还存在滞后、不确定性与非线性等特征，也存在无法事先精确建模的装备磨损、老化、泄漏等时变工况。这些特征与因素对全局动态建模提出了极大的挑战。

（3）锻件流变成形过程具有复杂时空变化特性，使得锻件对模锻装备的反作用力与力矩也是时空变化的，而这一空间力场无法解析或直接测量，致使锻件与模锻装备制造界面力场的时变规律难以建模。

复杂机械系统的建模经历了从机械系统的运动学建模、结构动力学建模、静力学建模、多刚体系统动力学建模等到多柔体系统动力学建模的发展过程[9]。在此过程中，提出了许多建模方法，如阶跃响应法、脉冲响应法、频率响应法、谱分析法、相关分析法、键合图方法、网络图论、连接理论、耦合影像格子、信息熵法、神经网络建模方法、模糊建模方法等[1-3]。尽管机电一体化产品已有相当长的历史，但到目前为止，复杂机电耦合系统的建模基本都是忽略极小量而保留系统主体部分的建模方式，如通常采用的线性化建模思想与理想条件假设建模思想等[10,11]，复杂机电系统的复杂耦合作用使传统的忽略极小量而保留系统主体部分的建模方式不再适用，这是因为被忽略的微小量能通过耦合作用放大对系统的影响。同时，复杂机电系统全局建模方法通常将整个大系统分解为若干子系统（或模块），然后对子系统（或模块）分别进行建模，再将子系统（或模块）的模型集成起来，形成整个系统的动态模型，如模块化建模方法、子结构模态综合法、拓扑框图分析法、耦合系统的统计能量分析法等。在该建模过程中，需要知道各个物理单元的特点和边界以及各个子系统之间的相互耦合关系[12]。这种由子系统模型集成为系统模型的建模方式的难点在于：①它们仅聚焦子系统本身的建模而对耦合关系进行简化或者直接忽略，这些被简化或被忽略的耦合关系可对系统性能产生很大的影响。②与真实物理系统是由许多异质的标准化元部件或系统组成不符[3]。③由于系统复杂，具有多空间尺度、多时间尺度的特点，各局部差异非常大，且所对应数学模型维数高，耦合关系复杂且为时间的函数，还经常未知，致使局部模型集成为全局模型极其困难。

为了描述复杂机电系统的动态行为，需要以系统与全局的视角、动态发展的观点对其进行建模，阐明复杂机电系统多物理场耦合关联机理，建立各子系统物理过程与系统整体力学性能的动态关系[1]。复杂机电系统的全局动态建模面临的主要难题如下：如何清楚地表达系统组合中的各种耦合关联规律及其时间演变规律？如何阐明多物理过程交互中的机械学宏、微确定性规律与非确定性机制？如何清楚地表明各子系统物理过程与系统整体力学性能的动态关系？采用何种方法来描述和解释系统的复杂性？如何处理数据和信息量的急剧式增加，以及如何协调处于不同时空尺度平台和不同时间序列中的数据、描述语言、方式和逻辑关系？如何在强噪声干扰下挖掘子系统之间的时变非线性耦合关系？这些都是亟待研究和探索的前沿领域问题。

参 考 文 献

［1］钟掘. 复杂机电系统耦合设计理论与方法. 北京: 机械工业出版社, 2007.

［2］钟掘, 陈先灏. 复杂机电系统耦合与解耦设计——现代机电系统设计理论的讨论. 中国机械工程, 1999, (9): 1051-1054.

［3］王艾伦, 钟掘. 复杂机电系统的全局耦合建模方法及仿真研究. 机械工程学报, 2003, 39(4): 1-5.

［4］朱勇. 电液伺服系统非线性动力学行为的理论与实验研究. 秦皇岛: 燕山大学硕士学位论文, 2013.

［5］Wu Y, Li S, Liu S, et al. Vibration of Hydraulic Machinery. Berlin: Springer, 2013.

［6］Piotr W. Dynamics and Control of Electrical Drives. Berlin: Springer, 2011.

［7］Sohl G A, Bobrow J E. Experiment and simulation on the nonlinear control of a hydraulic servosystem. IEEE Transactions on Control Systems Technology, 1999, 7(2): 238-248.

［8］胡舟宇, 伊国栋, 张树有. 面向复杂机电系统建模的设计结构矩阵层次进化构建方法. 计算机集成制造系统, 2013, 10(19): 2385-2394.

［9］唐华平, 钟掘. 一种复杂机电系统的全局建模方法. 中南工业大学学报, 2002, 33(5): 522-525.

［10］Darula R, Sorokin S. Simplifications in modelling of dynamical response of coupled electro-mechanical system. Journal of Sound and Vibration, 2016, 385: 402-414.

［11］Jiang H, Wang R, Gao J, et al. Evidence fusion-based framework for condition evaluation of complex electromechanical system in process industry. Knowledge-Based Systems, 2017, 124: 176-178.

［12］Bortoluzzi D, Mäusli P A, Antonello R, et al. Modeling and identification of an electro-mechanical system: The LISA grabbing positioning and release mechanism case. Advances in Space Research, 2011, 47(3): 453-465.

撰稿人：黄明辉、陆新江

中南大学

复杂机械系统不确定性建模

Uncertainty Modeling of Complicated Mechanical System

复杂机械系统和装备对于国民经济和国家安全保障具有重要战略意义，是国民经济的重要支柱，也是国家科技实力的综合反映。随着制造业的发展，现代高端机械系统和装备趋向大型化、集成化，其制造和服役很多时候处于极端工况和多场耦合环境中，系统中通常存在高维不确定性参数，如材料特性、几何尺寸、边界条件、制造工艺等。这类高维不确定性对产品可靠性设计的精度、效率、稳健性等方面都提出了诸多前沿性和挑战性课题。由于理论和应用两方面的重要意义，不确定性分析与设计技术已经成为机械工程和装备制造领域的热点问题和前沿问题。例如，美国国家科学基金会组织本领域顶尖科学家完成的蓝带咨询报告中，将不确定性问题视为工程和科学中仍具有"挑战、困难和机遇"的核心问题之一，并将可以处理复杂工程系统的不确定性分析及相关设计技术列为目前面临的基本理论和方法的五个挑战之一[1]。近年来，包括圣地亚国家实验室在内的美国几大国家实验室都将不确定性理论与方法列入未来着重发展的研究方向，组织了一批高水平专家进行系统性研究。我国对装备制造领域的不确定性问题及可靠性设计技术也高度重视，《国家中长期科学和技术发展规划纲要（2006—2020 年）》中多次提到该问题或相关问题。

作为机械工程领域的前沿方向和重点方向之一，复杂机械系统的不确定性分析与设计虽然已经取得了诸多重要进展，但在其基础理论与方法方面仍然存在一系列亟待突破的挑战性问题。概率统计理论一直以来是不确定性分析的主要理论工具，已被成功应用于机械工程等一系列重要领域[2]。但是，由于对于精确概率分布函数的依赖性，概率方法通常需要大量的测试数据和实验样本，这较大程度上影响了其复杂机械系统不确定性分析与设计中的应用。20 世纪 90 年代以来，基于小样本数据的非概率不确定性分析方法成为机械设计及相关领域的重要研究方向。非概率凸模型[3]、概率-非概率混合模型[4]、证据理论不确定性模型[5]等一系列不确定性模型被发展出来，为航空航天、海洋工程、国防等领域各类复杂装备问题中涉及的参数不确定性的处理提供了有效和潜在手段。

（1）基于非概率凸模型的不确定性分析方法。已有的凸模型方法研究大都假设参数的不确定域给定，另外也有少量研究提出了多种凸集不确定域的构建方法，成功实现了一类多源不确定性的度量。但整体而言，该领域仍属新兴研究方向，目前尚未形成一种对各类不确定性情况尤其是复杂机械系统中涉及的高维不确定性具有普遍适用性的凸模型建模理论和标准使用流程，这很大程度上影响了凸模型方法在高端机械系统和装备可靠性设计领域的更加广泛的应用。

（2）基于概率-非概率混合模型的不确定性分析方法。虽然近年来该方面已有一系列重要的理论成果出现，但其研究方向主要集中在高效可靠性分析方面，而对于更为底层的如何由有限样本出发实现概率-非概率混合不确定性建模的研究几乎还未开展，相关理论亟待突破。

（3）基于证据理论的不确定性分析方法。由于证据理论在认知不确定性方面的突出优点，其不确定性分析与设计成为近年来机械设计领域的研究前沿，但其基于集合的不确定性度量方式造成的大计算量问题仍然是未来需要着重解决的科学问题，也是影响其工程实用性的关键问题。

未来，针对上述几类不确定性模型，发展具有普遍适用性的不确定性建模方法，并形成从样本数据到不确定性特征的标准化建模流程，对于上述模型研究内涵的扩展及复杂机械系统高维不确定性的有效处理都具有重要的理论意义和工程意义，同时也是对传统的概率不确定性分析理论的重要拓展和补充。

参 考 文 献

[1] Oden J T, Belytschko T, Fish J, et al. Simulation-based engineering science: Revolutionizing engineering science through simulation. Report of NSF Blue Ribbon Panel on Simulation-Based Engineering Science, 2006.

[2] Melchers R E. Structural Reliability Analysis and Prediction. Chichester: John Wiley & Sons, 1999.

[3] Ben-Haim Y, Elishakoff I. Convex Models of Uncertainties in Applied Mechanics. Amsterdam: Elsevier Science Publisher, 1990.

[4] Guo J, Du X P. Reliability sensitivity analysis with random and interval variables. International Journal for Numerical Methods in Engineering, 2009, 78(13): 1585-1617.

[5] Zhang Z, Jiang C, Wang G, et al. First and second order approximate reliability analysis methods using evidence theory. Reliability Engineering and System Safety, 2015, 137: 40-49.

撰稿人：韩　旭、姜　潮

湖南大学

复杂机械系统数值模拟模型的确认

Validation for Numerical Simulation Model of Complex Mechanical System

随着基于模拟的工程科学（simulation-based engineering science, SBES）[1-3]的不断发展，数值模拟已成为与理论分析、实验技术并重的研究方法，同时也促进了机械工程技术的重大进步。数值模拟技术将计算模型、设计方法、计算工具、数据集等集成应用于先进制造业，使装备设计与制造的行为规律、物理作用机理、工艺及加工过程控制、性能预测与优化等研究建立在科学计算的基础上，这为机械装备的设计制造提供定量化和决定性的指导和依据。数值模拟技术虽然在模型表达的可重用性、结构性能的可预测性和产品开发过程的可控性等方面具有明显的优势，但这需要以保证数值模型的可信度为重要前提和关键，数值模拟模型的精度评价与确认将直接决定结构模拟计算的正确性和适用性。

目前，国际上针对数值模拟模型验证与确认（verification and validation, V&V）的研究处于起步阶段，尚未形成确切统一的概念内涵，理论框架也很不成熟[4,5]。数值模型确认的主要过程可概括为通过模拟计算和实验测试，实现数值模型在一定分析域内的响应预测，并利用确认准则对预测结果进行确认评价，同时在这一过程中修正模型参量，以增强数值模型可信度和提高模型预测精度。模型确认的动机是提高数值模拟在复杂工程中的应用程度，但由于现代机械装备在材料、结构、工艺、装配和服役环境等方面日益复杂，通常为具有多物理过程、多尺度结构、多功能特性的综合系统，其建模过程中所需的各类参量也越来越精细，使得复杂机械系统的模型确认面临诸多技术难题和挑战。

复杂机械系统数值模拟模型确认的核心是不确定性度量，涉及的几个关键问题为：

（1）不确定性源的辨识。机械系统的复杂性和认知的不完备是数值模拟具有不确定性的主要来源，具体包括模型参量的随机性（如材料特性）、模型表征能力的局限性（如模型的简化）、数值模拟的计算误差、测量响应的统计误差以及认知能力的不足等。

（2）不确定性描述和建模。不确定性的数学建模理论特别是小样本下非概率建模方法的研究还不完善，如何对复杂机械系统模型形式和参量的多源、相关、高维的随机、认知及混合不确定性进行有效建模还有待进一步探索。

（3）不确定性传播和量化。不确定性传播分为正向传播和逆向传播，其中正向传播是分析和量化机械系统数值模型的输入条件和模型参量等不确定性对结构性能或响应的影响；逆向传播则是考虑测量或机械系统的不确定性，计算反求和评价识别参量的不确定性。复杂机械系统的多场耦合不确定性传播分析方法及效率问题、混合不确定性下多学科全局敏感性分析问题、反向传播的不适定性问题等均有待深入研究。

（4）模型确认实验与确认准则。与传统结构性能实验不同，模型确认实验的目的是确定数值模拟模型能在多大程度上代表实际机械系统，这需定制化设计与建模不确定性度量相关的实验，同时需对复杂机械系统从系统、子系统、部件、单元等不同层面分别进行实验。另外，考虑全域动态响应，定量化比较数值模拟与实验测量结果一致程度的模型确认准则也有待完善。

（5）不确定性下基于数值模拟的响应预测。模型确认的目的是通过对不同来源和传播中的不确定性进行有效管理和缩减实现复杂机械系统响应的准确预测。如何建立一套具有严格数学理论基础的数据挖掘和融合框架，科学有效地统一关联、融合模型确认过程中的多源异构数据，包括不同精度的模拟数据、实验数据、理论数据、先验数据、不确定性数据等，实现复杂机械系统响应的有效预测及多源数据向高层次信息和知识的转化也是一个重要的难点问题。

通过对数值模拟模型确认的研究，有望拓展和增强数值模拟在复杂工程中效用和应用程度，使数值模拟这种认识和分析问题的基础手段真正达到工程实用的层次，这将对工程实际带来重大推动作用和深远影响。

参 考 文 献

[1]　Oden J T, Belytschko T, Fish J, et al. Simulation-based engineering science: Revolutionizing engineering science through simulation. Report of NSF Blue Ribbon Panel on Simulation-Based Engineering Science, 2006.

[2]　Glotzer S C, Kim S, Cummings P T, et al. International Assessment of Research and Development in Simulation-Based Engineering and Science. London: Imperial College Press, 2011.

[3]　韩旭. 基于数值模拟的先进设计理论与方法. 北京: 科学出版社, 2015.

[4]　Oberkampf W L, Roy C J. Verification and Validation in Scientific Computing. Cambridge: Cambridge University Press, 2010.

[5] American Society of Mechanical Engineers. Guide for Verification & Validation in Computational Sold Mechanics. New York: ASME, 2006.

撰稿人： 韩　旭、刘　杰

湖南大学

复杂流动中奇异性拟序结构的描述及分析方法

Descriptions and Analysis of Singular Coherent Structures in Complex Flows

在航空航天、叶轮机械、大气、海洋等领域，存在着大量的奇异现象，如流动分离、失速、喘振、激波、龙卷风、短时巨浪等，特别是在一些极端情况下，更容易产生流动分离等系列复杂的非定常、奇异流动现象。研究表明，非定常奇异流能够诱发出超常的流动性能，如机翼绕流中的非线性高升力等行为，均与流场的非定常特性有关。进一步的深入研究发现，此类非定常奇异流动含有丰富的拟序结构，而这种拟序结构具有普适性和拓扑不变性，表现为流动结构的固有属性，其稳定性与分岔等行为与流动性能存在密切联系，并且其中存在着大量的物质输运、能量迁移转化以及动量交换效应，以及非线性动力学行为等[1]。因此，对于非定常流动特性的研究，需从非线性动力学角度，着重研究非定常流动中奇异现象的动力学演化过程，并揭示其形成的机理，通过控制以实现对奇异现象兴利减弊的目的[1,2]。

然而，非定常流动的复杂性使得相应的描述及分析方法成为流体动力学研究中的难点之一，制约着对流动中奇异现象机理的深入研究和利用。事实上，在流体力学领域，仍然缺乏有关对复杂流动非线性现象的解释与普遍规律的揭示，因此如何捕获和描述复杂流动中的奇异性拟序结构就是目前一项极具实际意义和挑战性的课题。

对于动力系统固有属性的捕获和描述，在结构动力学分析中，其线性系统相应的动力学分析方法相对完善，例如，模态分析与综合，可以利用系统模态的不变性、完备性、正交性等性质研究系统的动力学行为；但对于非线性结构动力系统（如方程（1））：

$$\dot{x} = f(x) \tag{1}$$

其不再满足"线性叠加性"，线性系统发展"完美"的模态理论已不再适用。随后，一些学者根据线性系统模态的数学含义，提出了非线性模态，即是否存在如同线性系统各自由度之间的关系式（原始定义）：

$$\{\varphi^{(i)}\}:\ x_i = X_i(u),\ i=2,\cdots,n,\ u=x_1 \tag{2}$$

事实上，方程（2）只是从数学角度对原模态概念向非线性动力系统的简单拓展，物理意义不明确，难以应用于复杂的多自由度或无穷维动力系统中。

对于流体动力学，其属于非线性、无穷维动力系统，其中的拟序结构具有普适性和拓扑不变性，是否也存在如同线性动力系统的模态？如何描述和分析此类"模态"？下面给出两种不同性质的流体模态。

1．基于 POD 理论的流动模态分析

本征正交分解（proper orthogonal decomposition, POD）法是一种高效地提取流动模式的方法，其实质是从实验或者数值模拟获得的一系列数据中提取出在最小二乘意义下反映数据主要特征的基函数，即 POD 模态。POD 模态并非实际意义下的流场特性结构的模态，而是在统计学意义下描述流场特性结构的模态，类似于结构动力学中的实验模态。由于在 POD 模态的提取过程并没有引入先验假设，该模态能够客观地分析流场特性，可应用于流体动力系统的降维等方面的研究[3,4]。图 1 为 NACA0012 翼型绕流在 20° 攻角下绕流的前四阶 POD 模态。

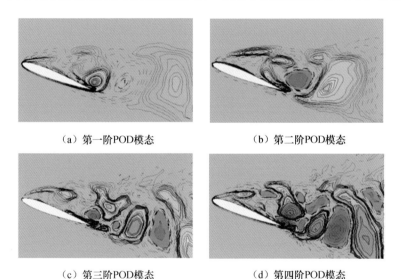

（a）第一阶POD模态　　　　　　　　（b）第二阶POD模态

（c）第三阶POD模态　　　　　　　　（d）第四阶POD模态

图 1　NACA0012 翼型绕流在 20° 攻角时的前四阶 POD 模态

但是，所列出的 POD 模态无法描述流动中的物质、能量、动量输运，也无法描述波涡共振等复杂的动力学行为，因此在一些文献中，称 POD 为运动学描述方法。

2．基于 Lagrangian 的拟序结构流动模态分析

POD 不方便描述能量输运、共振等动力学过程，需从动量迁移、能量输运等

角度构造模态。另外，基于流动的 Euler 描述，由于其特点得到了广泛应用，如流线结构、涡量压力的场分布等，以及其他许多基于流动 Euler 描述的分析方法，但是非定常流动中许多流动现象在本质上是 Lagrangian 现象，如流动分离、非定常漩涡的演化等，即非定常流动形成的复杂非线性动力系统，其中存在着大量的动力学行为。在 Euler 框架下，无法对这些动力学行为进行合理的分析和解释，如冷热空气团的对流扩散、动量的输运、污染物的迁移和混合等动力学行为。

事实上，从 Lagrangian 角度，流动可以视为动力系统，能够根据动力学理论分析其动力学特性[5]。Haller[6]针对一般性的非定常流动提出了有限时间稳定和不稳定流形的概念，这些有限时间稳定/不稳定流形构成了流体中的 Lagrangian 拟序结构（Lagrangian coherent structure, LCS），并且可以采用数值方法直接从流场信息中将拟序结构提取出来。事实上，根据动力系统流形的概念，此类 Lagrangian 拟序结构能够刻画非定常奇异流动中的拟序结构，并具有普适性和拓扑不变性，其行为具备流动结构的固有属性。张家忠课题组研究了 Lagrangian 拟序结构的特性，图 2 为翼型绕流中移动分离的 Lagrangian 拟序结构图。其中，对于非定常流动，排斥 LCS 和吸引 LCS 之间的缠绕间隙（在非线性动力学中，被定义为 Lobe）代表不同区域之间的物质输运，从而可以利于 Lobe 动力学来分析非定常流动中流体的迁移、输运和混合作用等过程及其演化，揭示其稳定性与分岔等行为与流动性能存在的联系等普遍规律[7-9]。

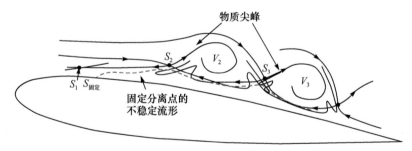

图 2　翼型绕流中移动分离的 Lagrangian 拟序结构

从上面的分析可以看出，基于 Lagrangian 拟序结构的流动模态分析方法更加有潜力，但其中尚有许多问题亟待解决，如涡及其共振、激波等奇异现象的 Lagrangian 动力学，以及细微奇异现象捕获的数值方法等。总之，由连续介质组成的流体动力系统中含有丰富的非线性动力学行为，其具有普适性和拓扑不变性，发展非定常流动的 Lagrangian 拟序结构方法及其动力学分析，可望实现对复杂流动非线性现象的解释与普遍规律的揭示，并对非定常流动超常行为进行有效控制和利用[10]。

参 考 文 献

[1] 雷鹏飞, 张家忠, 陈嘉辉. 局部弹性翼型非定常分离的动力学特性. 力学学报, 2012, 44(1): 13-22.

[2] Prants S V, Budyansky M V, Uleysky M Y, et al. Hyperbolicity in the ocean. Discontinuity, Nonlinearity, and Complexity, 2015, 4(3): 257-270.

[3] Kang W, Zhang J Z, Ren S, et al. Nonlinear Galerkin method for low-dimensional modeling of fluid dynamic system using POD modes. Communications in Nonlinear Science and Numerical Simulation, 2015, 22: 943-952.

[4] Zhang J Z, Ren S, Mei G H. Model reduction on inertial manifolds for N-S equations approached by multilevel finite element method. Communications in Nonlinear Science and Numerical Simulation, 2011, 16(1): 195-205.

[5] 张家忠. 非线性动力系统的运动稳定性、分岔理论及其应用. 西安: 西安交通大学出版社, 2010.

[6] Haller G A. Variational theory of hyperbolic Lagrangian coherent structures. Physica D: Nonlinear Phenomena, 2011, 240(7): 574-598.

[7] Lei P F, Zhang J Z, Kang W, et al. Unsteady flow separation and high performance of airfoil with local flexible structure at low Reynolds number. Communications in Computational Physics, 2014, 16(3): 699-717.

[8] Lei P F, Zhang J Z, Li K L, et al. Study on the transports in transient flow over impulsively started circular cylinder using Lagrangian coherent structures. Communications in Nonlinear Science and Numerical Simulation, 2015, 22: 953-963.

[9] 雷鹏飞, 张家忠, 王琢璞, 等. 非定常瞬态流动过程中的 Lagrangian 拟序结构与物质输运作用. 物理学报, 2014, 63(8): 084702.

[10] Zhang J Z, Liu Y. Complex Motions and Chaos in Nonlinear Systems, Chapter 2: Some Singularities in Fluid Dynamics and Their Bifurcation Analysis. Cham: Springer International Publishing Switzerland, 2016.

撰稿人： 张家忠、秦国良
西安交通大学

基于工业 CT 图像的大型构件微观组织重构与宏观行为评估面临的难题

Problems Faced by Microstructure Reconstruction and Macroscopic Behavior Evaluation Based on Industrial CT for Large Component

近代物理学的发展为材料和结构的表面及内部结构表征提供了广泛的理论基础[1]。对于表面定性形态学和定量形貌学表征，人类已经从传统的机械探针、光学显微镜等技术手段，发展到基于电子束的电子显微镜、基于原子力的原子力显微镜以及基于量子隧道效应的扫描隧道显微镜等纳米级技术手段。对于内部结构表征，人类一直在不断发掘机械波在内部结构表征方面的潜力，并造就了人们所熟知的医学超声检测和工业超声无损检测等广泛应用的方法与手段[2,3]。自伦琴发现 X 射线以来，人们将各种不同波长范围的电磁波应用于内部结构表征，使得电磁波在内部结构表征方面独具特色。

工业 CT（computed tomography）是基于电磁波的微观结构表征手段，它广泛应用于材料、机械和力学等科学技术领域。工业 CT 所采用的电磁波频段具有很高的空间分辨率，使得采用其切片信息能够较真实地重构出物件的 CAD 模型，从而使工程设计人员能够对物件的微观结构建立定性的认知（材料分布、金相和缺陷等），以及对这些微观结构进行几何形貌方面的定量测量[4,5]。然而，这种表观上的材料学和几何学描述对于研究物件的微宏观跨尺度力学性能还显得不足。

结构微观组织的应力分析及宏观寿命评价等跨尺度力学性能研究必须建立可用于数值分析的 CAE 模型。当前可快速重构 CAE 模型的技术多限于三角形或四面体单元的网格剖分技术，然而这一类单元对数值分析精度较差，较难用于对精度有很高要求的材料/结构非线性力学行为分析与评价以及结构优化设计。因此，人们发展出了直接基于 CT 切片图像信息采用四边形或六面体单元的重构物件 CAE 模型的技术，其通过图像处理和 CAE 网格划分等技术自动重构出反映材料真实组分、夹杂、缺陷等微观信息的 CAE 模型，为材料乃至结构的力学行为与寿命评价提供了精确的模型[6]。这项技术的提出缘于生物骨骼组织应力分析的需求，后来逐步发展到一般材料、零部件结构的三维 CAE 重构，成为材料/结构性能分析、设计、安全评价的重要手段之一。如图 1 所示的叶片重构，其真实地反映出构件局部微小构型（如内部通道、气膜孔，乃至细观缺陷、裂纹等），克服了人工建模的困难，为含有缺陷的材料或结构的应力分析以及寿命评价提供了真实的模型。

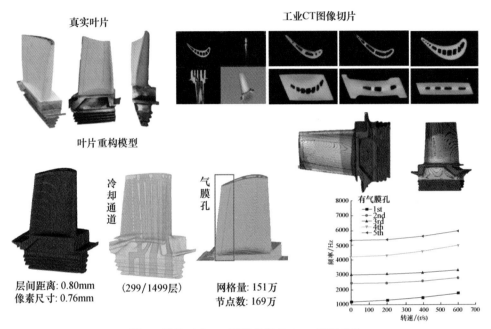

图 1　基于工业 CT 图像信息的 CAE 模型重构

采用工业 CT 扫描图像信息实现复杂大型构件、组合件的 CAE 模型重构，是材料和结构应力分析、安全评价的发展趋势之一。它在不破坏结构的情况下准确再现复杂大型结构的内部构造，进而开展微/宏观行为的评估，这为大型构件面向功能的逆向设计和新型材料面向性能的优化设计提供了有利的支撑。然而，它的发展同时也面临着一些亟待解决的科学问题及技术难题，这主要表现在 CT 成像、图像处理和网格划分等方面。

首先，在成像方面：

（1）由于大型构件或组合件需要工业 CT 的扫描尺寸很大、穿透能力很高，然而工业 CT 所采用的电磁波具有波长短、空间分辨率高的特点，使其时间分辨率相对较低，严重制约着大型构件全尺寸扫描的速度；同时，当微观特征尺寸较大时并不需要很高的空间分辨率便可以满足重构精度，这就需要工业 CT 解决宽频带、自适应空间分辨率等问题。

（2）电磁波在物体内部的传播过程非常复杂，以至于工业 CT 在成像过程中只能将电磁波的传播简化为直线传播，且采用 Born 和 Rytov 等近似理论进行成像，这种近似理论在一定程度上降低了工业 CT 扫描图像的精度，进而使微观结构重构和宏观性能评价精度受限，该问题的解决需要研究电磁波传播反问题的精确理论和方法。

其次，在图像处理方面：

（1）图像去噪的各种处理方法是根据不同的应用背景提出的，且去噪处理参数的设定也与应用对象相关，工业 CT 图像重构的应用亟须从理论上建立统一、智能化的去噪处理方法。

（2）组合件不同断面 CT 图像存在相关性与不一致性，在重构过程中还亟须配准、过滤与归一化等，这些问题需要建立相应的图像处理算法加以解决。

（3）构件的几何大尺度特征与微观缺陷的微小特征（包括裂纹、孔洞和夹杂物等）需要通过图像处理的方法进行自动定性与定量识别，因此不同尺度特征的识别对图像处理方法、机器学习提出了极高要求。

（4）对于微观结构特征的定量图像分割，目前尚无统一的数学模型，结合电磁波的传播及其反问题理论、色谱理论和图像处理技术建立统一的图像分割模式是 CT 应用中的关键问题。

最后，在网格划分方面：

（1）由于采用等矩形或等立方体单元重构的 CAE 模型会在构件曲形界面上呈现出齿状或台阶状，所以对于复杂边界形貌的边界条件如何定义，以及组合构件间接触曲面光滑化表征是亟待解决的科学问题。

（2）大尺度构件、组合件的局部精确化表征会使 CAE 模型的计算网格量剧增，最终导致计算资源的巨大浪费，因此等矩形、等立方体网格单元的过渡加密方法也是有待解决的技术难题。

参 考 文 献

[1] Euan M, Aydogan O. Unconventional methods of imaging: Computational microscopy and compact implementations. Reports on Progress in Physics, 2016, 79(7): 076001.

[2] Smith S W. The Scientist and Engineer's Guide to Digital Signal Processing. San Diego: California Technical Publishing, 1997.

[3] Brierley N, Tippetts T, Cawley P. Data fusion for automated non-destructive inspection. Proceedings of the Royal Society A, 2014, 470: 20140167.

[4] Kak A, et al. Principles of Computerized Tomographic Reconstruction. New York: IEEE Press, 1998.

[5] Torquato S. Optimal design of heterogeneous materials. Annual Review of Materials Research, 2010, 40: 101.

[6] Huang M, Li Y. X-ray tomography image-based reconstruction of microstructural finite element mesh models for heterogeneous materials. Computational Materials Science, 2013, 67: 63-72.

撰稿人：李跃明

西安交通大学

机电装备寿命与可靠性加速试验

Accelerated Life and Reliability Test of Mechatronic Equipment

制造强国与装备质量紧密相关，而装备的可靠性与寿命是影响装备质量的关键要素。随着科学技术的进步，机电装备的功能日益多样，结构日益复杂。与此同时，用户对装备高可靠性和长寿命的期待与装备生产商要求的短开发周期、低研制费用之间的矛盾日益凸显。因此，如何对机电装备的寿命与可靠性进行高效增长与评估的问题日益得到广泛的关注。

机电装备的寿命与可靠性涉及多方面的因素，包括：装备构件材料及其功能结构的多样化与尺度效应；基于装备功能需求的系统部件设计与制造品质；机电系统集成过程中存在的多重内在关联、耦合与约束；负荷、过载的动态变化；服役环境，包括大气、洋流等气候环境，以及电磁、腐蚀、辐射等特殊环境的恶劣程度。

如何在考虑上述因素的基础上，尽快准确地获得机电装备的可靠性寿命信息，进而采取针对性措施快速提高机电装备的可靠性和寿命？通过加速试验来实现机电装备的寿命与可靠性增长和评估是日益有效的手段与方法。

加速试验技术的基本原理是在失效机理不变的前提下，通过加大试验应力量级加快试验对象的性能退化或失效过程，一方面快速激发产品缺陷，通过改进设计或工艺，实现高效可靠性增长；另一方面获得加速条件下的寿命或性能退化数据，通过数学建模将加速试验数据转换到正常（现场）状态，进而对正常应力水平下的装备寿命进行验证、评估或预测[1-3]。

加速试验与传统可靠性试验方法之间的关系如图 1 所示[4]。高加速应力筛选与传统的环境应力筛选相对应，主要应用于生产阶段，快速暴露产品在生产过程中的各种制造缺陷，剔除存在早期缺陷的产品。高加速寿命试验应用于研制阶段，实现高效可靠性增长，波音公司在应用该技术时将其称为可靠性强化试验，目前国内广泛采用这一术语。可靠性强化试验与传统的可靠性增长试验对应，可为高可靠长寿命工程提供高可靠的增长技术。

加速寿命试验是在进行合理工程及统计假设的基础上，利用与物理失效规律相关的统计模型对加速条件下获得的失效数据进行转换，得到试件在正常应力水平下可靠性特征的试验方法。加速退化试验是加速寿命试验的一个发展分支，其分析的数据为装备性能退化数据。该试验可以克服加速寿命试验在零失效方面的

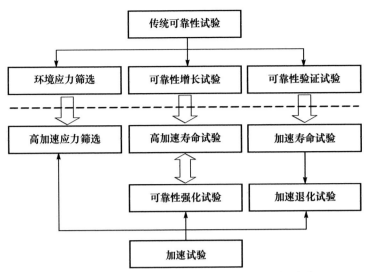

图 1　加速试验与传统可靠性试验方法之间的关系

应用困难，具有广阔的应用前景。加速寿命试验和加速退化试验为高可靠长寿命工程提供了长寿命的预测与验证技术。

国内外对加速试验技术的研究与应用主要集中于可靠性强化试验[2]、加速寿命试验和加速退化试验[5-10]，分别应对了高可靠的增长与长寿命的评价需求，构成了加速试验技术的核心，也代表了可靠性试验技术的发展方向。

然而，如何合理开展加速试验，正确分析试验数据，使得加速试验高效且结果可信，仍然是困惑国内外相关科技人员的难题。

一方面，所设计的加速试验剖面要求满足以下条件：一是要确保在加速试验中试件的失效机理不发生变化（即与正常工作情况下的失效机理相符），从而获得有效的试验数据；二是在加速试验机理不变的前提下，所设计的加速试验剖面能充分发挥加速试验的效率优势。

另一方面，在加速试验数据建模分析时，要求所建立的模型能够体现产品失效的内在物理、化学变化规律，准确描述产品在实际工作中的性能衰变过程，以及系统内各单元间多退化过程的综合作用。

在目前的工程实际中，要同时达到以上两方面的要求还十分困难。因此，目前加速试验的应用对象大多还是针对失效机理研究相对成熟的电子产品。

与电子产品相比，机电装备的构成、服役环境及工作应力更加复杂；失效模式更加多样，如损耗失效、多相关失效、非指数分布且分散性大等，使得以往针对电子产品失效和服役特点提出的可靠性试验与评估方法不再适用。目前国内外机电装备加速试验技术大多处于针对特定结构与产品的探索研究阶段，缺乏普遍的共性规律认识，相关工作缺乏系统的理论指导。试验结论难以服人，成果难以推广。

综上所述，机电装备的寿命与可靠性加速试验必须研究解决以下基本科学问题：如何表征和检验加速试验与正常工况下机电装备的失效机理的一致性？如何设计包含元器件、整机、系统等多个层级，且兼顾高效和机理不变的机电装备的加速试验方案？如何建立能准确描述机电装备性能退化规律的加速试验数据分析模型？

最终，如何利用加速试验结果准确预测或评估机电装备的寿命与可靠性，并使得各种失效机理、各种尺度、各种应力、各种层级的加速试验在方法论上得到统一合理的诠释，这是需要研究突破的根本性科学问题。

参 考 文 献

[1] Nelson W. Accelerated Testing, Statistical Models, Test Plans and Data Analysis. New York: John Wiley & Sons, 1990.

[2] 温熙森, 陈循, 张春华, 等. 可靠性强化试验理论与应用. 北京: 科学出版社, 2007.

[3] 陈循, 张春华, 汪亚顺, 等. 加速寿命试验技术与应用. 北京: 国防工业出版社, 2013.

[4] 陈循, 张春华. 加速试验技术的研究、应用与发展. 机械工程学报, 2009, 45(8): 130-136.

[5] 谭源源, 张春华, 陈循, 等. 基于加速寿命试验的剩余寿命评估方法. 机械工程学报, 2010, 46(2): 150-154.

[6] Tsai T R, Sung W Y, Lio Y L, et al. Optimal two-variable accelerated degradation test plan for Gamma degradation processes. IEEE Transactions on Reliability, 2016, 65(1): 459-468.

[7] Zhang C, Lu X, Tan Y, et al. Reliability demonstration methodology for products with Gamma process by optimal accelerated degradation testing. Reliability Engineering and System Safety, 2015, 142: 369-377.

[8] Zhang X, Shang J, Chen X, et al. Statistical inference of accelerated life testing with dependent competing failures based on copula theory. IEEE Transactions on Reliability, 2014, 63(3): 764-780.

[9] Pascual F G, Meeker W Q, Escobar L A. Accelerated Life Test Models and Data Analysis. New York: Springer-Verlag, 2006.

[10] Tang L C, Tan A P, Ong S H. Planning accelerated life tests with three constant stress levels. Computers and Industrial Engineering, 2002, 42: 439-446.

撰稿人：温熙森、陈　循、汪亚顺

国防科技大学

机械装备系统不同"工程层级"可靠性的逻辑关联

The Logical Relationship of the Mechanical Equipment System Reliability at All "Engineering Hierarchy"

　　系统是由若干单元组成的能够完成规定功能的综合体，每个单元都要完成各自的规定功能，并在系统中与其他单元发生联系。一个系统通常包括多个子系统和单元，以保证完成规定的功能。定性地讲，系统零部件的结构越简单、数量越少，可靠性就越高；系统零部件的结构越复杂、数量越繁多，故障发生的概率越高，可靠性就越低。可见，提高系统的可靠性，要从机械装备各个层级的设计着手，并且要考虑失效模式的相关性[1-11]。机械装备是由诸多不同"工程层级"的物理单元（如功能载体、设计组、子系统、部件组、零件等）组成的系统。图 1 为机械装备系统的"工程层级"。

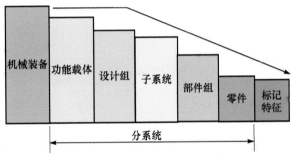

图 1　机械装备系统的"工程层级"

　　在机械装备系统的运行工作过程中，由于各种能量的作用，各单元的功能和性能参数将逐渐劣化或丧失，以至于引起系统发生故障或失效。机械装备系统的组成单元之间联系紧密，因而往往具有与功能相关和与失效相关的特征，例如，组成摩擦副零件的磨损是相互影响的，即其失效具有相关性。对于由零件组成的部件，如减速器、联轴器等，为简化计算和分析，则常常近似地假设各单元的失效为互不相关的独立事件。但是机械装备系统中的各个单元是相关事件还是独立事件，需要对研究对象进行具体分析方能明晰确定。通常机械装备系统的不同"工程层级"之间的可靠性或失效相关程度很高，因此为了保证系统具有所需的可靠性水平，在设计阶段必须根据各单元在系统中的功能关系、可靠性关联或失效相关，给出功能逻辑关系和可靠性逻辑关系，建立机械装备系统的可靠性模型，并依照模型进行可靠性分析和设计。可见，要研究机械装备系统的可靠性，必然需要对机械装备"工程层级"之间的功能和可靠性逻辑关联进行分析，建立机械装备系统各个"工程层级"之间的可靠性模型并综合解析，才能解决机械装备系统的可靠性分析与设计问题。

在机械装备系统可靠性方面，人们越来越多地致力于零部件失效之间的耦合相关性和复杂失效模式等方面问题的研究，进而试图递推出装备系统的可靠性。但是，由于机械装备系统各单元之间通常存在复杂的相互作用关系，系统不同"工程层级"的可靠性一定存在着相应的逻辑关联，但是清晰和明确的不同"工程层级"的可靠性模型至今没有得到满意的解决，可见机械装备系统的不同深度层级之间可靠性的逻辑关联是国际级科学难题之一。在系统可靠性建模过程中，首先要全面认识系统不同"工程层级"的可靠性逻辑关联，而且必须清楚各种影响因素及其发生和作用的机理。经典的可靠性设计方法大多假设零件失效是相互独立的或指定关联耦合参数，进而根据零部件可靠性计算机械装备系统的可靠性，但是由于机械装备系统中各零件的失效模式大多不是概率统计学意义上的独立事件，所以这种方法有时会变得远离真解或没有价值，因此必须深入探究其物理内涵和逻辑关联，建立清晰和明确的不同"工程层级"之间的可靠性逻辑关联模型并综合解析。从物理背景来看，机械装备系统中各零件的失效事件通常是与概率相关的随机事件，系统中各零件失效的相关程度取决于输入的随机性、性能的随机性以及系统参量的随机性等诸多因素。机械装备系统不同"工程层级"的可靠性逻辑关联构想框图如图 2 所示。

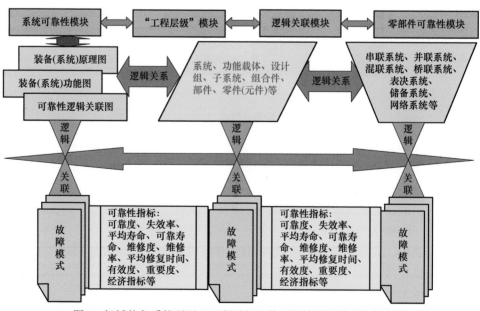

图 2　机械装备系统不同"工程层级"的可靠性逻辑关联构想框图

参 考 文 献

[1] 张义民. 机械可靠性设计的内涵与递进. 机械工程学报, 2010, 46(14): 167-188.

[2] Zhang Y M, Chen S H, Liu Q L, et al. Stochastic perturbation finite elements. Computers and Structures, 1996, 59(3): 425-429.

[3] Zhang Y M, Wen B C, Chen S H. PFEM formalism in Kronecker notation. Mathematics and Mechanics of Solids, 1996, 1(4): 445-461.

[4] Sawyer J P, Rao S S. Strength-based reliability and fracture assessment of fuzzy mechanical and structural systems. AIAA Journal, 1999, 37(1): 84-92.

[5] Tang J. Mechanical system reliability analysis using a combination of graph theory and Boolean function. Reliability Engineering and System Safety, 2001, 72(1): 21-30.

[6] 张义民, 王顺, 刘巧伶, 等. 具有相关失效模式的多自由度非线性结构随机振动系统的可靠性分析. 中国科学(E 辑): 技术科学, 2003, 33(9): 804-812.

[7] Ramirez-Marquez J E, Coit D W. Optimization of system reliability in the presence of common cause failures. Reliability Engineering and System Safety, 2007, 92(10): 1421-1434.

[8] Krivtsov V V. Practical extensions to NHPP application in repairable system reliability analysis. Reliability Engineering and System Safety, 2007, 92(5): 560-562.

[9] Guida M, Pulcini G. Reliability analysis of mechanical systems with bounded and bathtub shaped intensity function. IEEE Transactions on Reliability, 2009, 58(3): 432-443.

[10] Youn B D, Wang P. Complementary intersection method for system reliability analysis. Journal of Mechanical Design, 2009, 131(4): 041004.

[11] Zhang T X, Zhang Y M, Du X P. Reliability analysis for k-out-of-n systems with shared load and dependent components. Structural and Multidisciplinary Optimization, 2018, 57(3): 913-923.

撰稿人：张义民[1,2]

1 沈阳化工大学、2 东北大学

界面约束能否实现受控热核聚变?

Can Thermonuclear Fusion Be Controlled by Interface Constraints?

化石能源日趋枯竭以及能源大量消耗引发的环境问题日益突出,近几十年来,作为终结解决人类能源问题的核聚变研究,一直是发达国家科学研究的重中之重。相对廉价的核聚变材料氘可以通过提炼海水获得,海水中蕴藏的氘足够人类使用数千亿年。实现可控热核聚变的难点在于如何产生并维持一个极高温/极高压的环境,为解决这一问题,科学家已经奋斗了半个多世纪,在全世界建设了数以百计的大型实验装置,获得了许多重要进展,但仍然存在许多必须克服的科学技术难题。例如,我国磁约束 EAST 物理实验的约束时间已经达到了 102s,但距 1000s 的约束时间要求还有很大的差距。

核聚变的理论依据是,两个轻核在一定条件下聚合生成一个较重核,同时伴有质量亏损,根据爱因斯坦的质能方程,聚变过程将会释放出巨大能量。反应条件是将一定密度的等离子体加热到足够高的温度/压力,或将高温保持足够长的时间,使聚变反应得以进行。由于核聚变等离子体温度在千万摄氏度以上,任何材料都无法承受如此高的温度,所以必须采用特殊的方法来约束高温等离子体。在太阳及其他恒星上通过巨大的引力来约束 1000 万~1500 万℃的等离子体,并维持聚变反应,而作为行星的地球却根本没有如此大的引力,只能通过将低密度的等离子体加热到极高温,来实现聚变反应。通过人工方法约束等离子体目前主要有两条途径,即惯性约束和磁约束。

目前,有多种途径可以实现可控热核聚变,而微空泡坍缩就是其中一种。控制微空泡的动力学过程与液气界面的演变过程,能够在空泡内部产生并维持极高温/极高压的微区环境;通过液气界面效应可以实现对空泡内温度与压力增长过程的控制,即对空泡内等离子体行为的约束,直至热核聚变发生。

Moss 等[1]对空泡内能量聚集的现象进行了仔细的研究,确定空泡在压缩时能够产生极高温与极高压。目前还无法对压缩过程中空泡内温度实现精确测量,对空泡在压缩时可以达到的温度极限的计算值也众说纷纭,跨度为 $10^3 \sim 10^8$K,其中 Wu 等[2]的计算表明,空泡在急速崩塌时,内部压强可达 10^{12} 个大气压,温度可达 10^8K,同时空泡内物质的密度也将达到 $800kg/cm^3$;而 Gaitan 等[3]的数值模拟温度均远低于 Wu 等的计算值,但都高于数电子伏;较为典型的是 Colella 等[4]的研究,他们的研究表明，空泡溃灭瞬间存在热区（hot spot），溃灭时温度高于 10^6K；同时 Stringham[5] 的计算表明，空泡溃灭时，内部形成了等离子体，表明空泡坍缩瞬间产生了极高温。

在声空化聚变实验方面，美国橡树岭国家实验室的学者 Taleyarkhan 等[6]于 2002 年在 Science 发表论文，宣布通过声空化发生了氘氘反应，获得了约数百个中子，在国际学术界引起巨大震动。但这个实验没能重复，也没有被学术界认可。Suslick 等[7]于 2007 年在 Physical Review Letters 发表论文，称经 2300 次扫描获得 9 个 2.45MeV 中子计数，但是该数据难以和背底的 5 个中子计数相区分。到目前为止，以通过超声驱动控制泡壁动力学过程为基础的聚变研究，还没有真正称得上成功的报道。

通过界面约束，实现对泡壁动力学过程的控制，促使空泡内物质之间的力学关系由分子间短程力平衡的低温等离子体状态过渡到由库仑力、粒子运动形成的辐射压力、泡壁形成的综合压力构成平衡关系，进入高温等离子体状态；最终在界面鞘层的约束下进入电子简并态，产生极高温与极高压，此时空泡内受力状态仅与电子简并压及粒子引力相关，与外界环境无关。进入坍缩状态后，空泡中心应当能够持续发射高能中子，实现热核聚变，其条件是空泡内必须含有足够多的物质以及保证空泡之间不发生干涉。

界面约束在实现核聚变的过程方面与磁约束及惯性约束拥有许多类似之处与相同点，但在过程控制方面，界面约束依赖于流体力学、热力学、空泡及泡壁动力学、材料物理、表面化学等学科的基本理论，与磁约束及惯性约束大相径庭。能否实现热核聚变，能否维持热核反应持续进行，能否获得高产额的高能中子，实现输出能量远大于输入能量等是科学家不得不面临的科学难题，涉及空泡内力学关系演变的界面作用机理、空泡坍缩过程中的界面约束机制、界面约束热核聚变的控制原理等关键科学问题，以及界面动态演化的空泡动力学作用机理、高压微区构建原理与控制方法、界面高效传质过程的能量聚集与耗散机制、空泡压缩过程与高温等离子体鞘层稳定性控制、坍缩过程的界面力学过程演变与过程表征等研究方向。同时，如何通过设计与制造来构建高效率的界面传质装置，构建高强度的双电层电场，以及如何设计与建造界面约束可控热核聚变系统等，也属于亟须解决的科学技术难题。

参 考 文 献

[1] Moss W C, Clarke D B, White J W, et al. Sonoluminescence and the prospects for table-top micro-thermonuclear fusion. Physical Letters A, 1996, 211(2): 69-74.

[2] Wu C C, Roberts P H. Shock-wave propagation in a sonoluminescencing gas bubble. Physical

Review Letters, 1993, 70(22): 3424-3427.

[3] Gaitan D F, Crum L A, Church C C, et al. Sonoluminescence and bubble dynamics for a single stable cavitation bubble. Journal of the Acoustical Society of America, 1992, 91(6): 3166-3183.

[4] Colella D, Vinci D, Bagatin R. A study on coalescence and breakage mechanisms in three different bubble columns. Chemical Engineering Science, 1999, 54(21): 4767-4771.

[5] Stringham R S. Cavitation and fusion. The 10th International Conference on Cold Fusion, 2003: 233-246.

[6] Taleyarkhan R P, West C D, Cho J S, et al . Evidence for nuclear emissions during acoustic cavitation. Science, 2002, 295(5587): 1868-1873.

[7] Camara C G, Hopkins S D, Suslick K S. Upper bound for neutron emission from sonoluminescing bubbles in deuterated acetone. Physical Review Letters, 2007, 98(6): 064301.

撰稿人： 陈大融

清华大学

燃气轮机系列机组间的相似复杂性问题
与系列化设计方法

Similarity Complexity of Gas Turbine Series and Its Method of Seriation Design

燃气轮机具有重量轻、启动快、刚度大、强度高、能效高、功率密度大等特点，被广泛应用于能源、航空、船舰等领域，被誉为机械制造业"皇冠上的明珠"，由于使用多样化的要求，燃气轮机的系列化是必然趋势。图 1 为常见燃气轮机及燃气轮机转子结构相似简图。

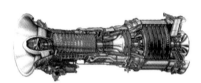

（b）船舰用燃气轮机

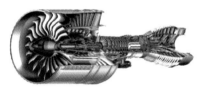

（a）重型燃气轮机　　　　　　　（c）航空发动机

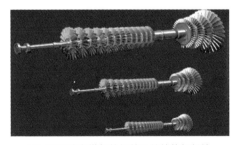

（d）不同功率燃气轮机转子的结构相似性

图 1　常见燃气轮机及燃气轮机转子结构相似简图

目前，世界主流燃气轮机制造商如通用、西门子、三菱、ABB 等公司都有自己的系列化燃机产品，由于燃气轮机系列中各机型之间存在明显的结构相似性，可相互视为模型-原型，人们自然会想到利用相似理论与方法从一个完全成熟且运行良好的燃机产品推演设计出系列中的其他燃气轮机产品[1]。

但由于理论与设计方法上的严重不足，一直不能充分利用机型系列之间的相似关系来有效减少设计和实验工作量，燃气轮机的设计大幅落后于燃气轮机的制造，每次新机型的设计都要耗费巨大的人力、物力和财力，并辅以大量的实验，所以系列机型中新机型的设计几乎都是重新设计，到目前为止，由于新机型设计成本高昂，燃气轮机机组系列数一般都较少，难以满足多样化的实际市场需求。

以相似三定理为基础的经典相似理论[2-8]，比较适用于单个或几个零件、少数几个物理现象的完全相似设计，对于需要大量 π 项处理的复杂系统的相似问题则遇到巨大困难。因此，现有燃气轮机系列化设计过程中仅考虑了少量相似 π 项，如针对转子结构强度的相似设计、透平端末级长叶片的相似设计等，这些相似设计一般都是孤立的，无法体现系统内部各子系统、各元件或各物理现象间相互联系的本质。

归纳起来，现有相似理论在指导燃气轮机系列化设计时存在明显的不足：

（1）燃气轮机结构十分复杂，零件数目可达 $10^4 \sim 10^5$，各子系统（或零件）之间是相互联系的，具有明显的系统复杂性，设计时涉及的化学、力学、热学、流体力学、机械学中的各类定理和公式多达上百个；进行系列化设计时，按设计精细程度，考虑的相似 π 项可从数十、数百直到上千项，且不同相似 π 项求解方法也有所不同。对于单个元件、定理和公式，经典相似理论是有效的，相似第二定理能解决 π 项之间的独立性问题，而在缺乏大系统理论指导情况下，采用经典相似理论已难以处理如此大量 π 项之间的"独立性"和"协调性"问题，也可能丢掉数量众多的耦合相似条件[9]。

（2）燃气轮机是由不同的子系统、部件和零件组成的，由于系统复杂性导致的结构/功能对立统一规律也非常明显，不可能也没必要逐一列写每个零部件及每个定理（或公式）的相似 π 项，因此如何从功能角度对某些子系统和部件进行"外部"的粗粒度描述（少量 π 项），以及如何从结构角度把某些子系统和部件"打开"进行"内部"的细粒度描述（π 项群），功能相似和结构相的关系如何，现有相似理论及燃气轮机设计理论与方法无法回答[10]。

（3）如果从一个完全成熟且性能优良的燃气轮机产品（原型）按完全相似原则设计出系列中的其他燃气轮机产品（模型），其性能肯定会大不如原型，这说明机型系列不可能也没必要做到完全相似。实际上，很多燃气轮机的机型系列之间在结构上就不相同（异构性），如叶片数量、叶盘级数、拉杆数等；有些则由于燃气轮机各部分尺度差异很大，存在着物理结构上的病态，故结构相同，但尺寸并不相似。这使得所得 π 项必然会分为两部分，一部分为完全相似 π 项，另一部分为畸变相似 π 项[11]。畸变相似 π 项中，各相似 π 项的畸变程度也不一样，其中某些 π 项畸变对燃气轮机性能影响不大，有些则相反。为了得到燃气轮机的最优性能，要确定哪些是完全相似 π 项，哪些是畸变相似 π 项，且哪些 π 项畸变程度变化对燃气轮性能最敏感，现有设计理论无法解决这些问题。

总而言之，由于燃气轮机的结构复杂性、运行环境的特殊性，其系列化设计的难度非常大，亟须进行燃气轮机系列化设计的理论与方法研究，揭示不同功率燃气轮机机组间的复杂相似机理，解决大量 π 项之间的独立性问题、畸变相似问题及病态结构相似问题；找到一种原型（成熟机型）和模型（新设计机型）间的相似 π 项群的矩阵表达方法，提出不同功率系列燃气轮机（畸变）相似设计准则。

显然，上述复杂相似难题具有一般意义，其问题的解决也有助于其他复杂机电系统的系列化设计。

参 考 文 献

[1] 蒋洪德. 世界重型燃气轮机产品系列发展史及其启示. 科技日报. 2016-5-30.

[2] 左东启. 模型试验的理论和方法. 北京: 水利出版社, 1984.

[3] 孙博华. 量纲分析与 Lie 群. 北京: 高等教育出版社, 2016.

[4] Gukhman A A. Introduction to the Theory of Similarity. New York: Academic Press, 1965.

[5] Goodier J N, Thomson W T. Applicability of similarity principles to structural models. Technical Report Archive and Image Library, 1944.

[6] 邱绪光. 实用相似理论. 北京: 北京航空学院出版社, 1988.

[7] 邹滋祥. 相似理论在叶轮机械模型研究中的应用. 北京: 科学出版社, 1984.

[8] Szucs E. Similitude and Modelling. New York: Elsevier Scientific Publishing Company, 1980.

[9] 钟掘. 复杂机电系统耦合设计理论与方法. 北京: 机械工业出版社, 2007.

[10] 王艾伦, 张营营, 殷杰. 基于功能/结构相似的复杂系统相似准则研究. 系统工程理论与实践, 2015, (12): 3225-3232.

[11] 殷杰, 王艾伦. 燃气轮机拉杆转子畸变相似问题研究. 中国机械工程, 2013, (24): 3066-3070.

撰稿人：王艾伦

中南大学

燃气轮机中的复杂因素对气膜冷却现象稳定性的影响

Influence of the Complex Factors on the Film Cooling Stability in Gas Turbine

　　燃气轮机在航空、航海及火力发电等工业领域有重要应用。涡轮是燃气轮机的重要部件之一，提高涡轮前进口温度是增加燃气轮机输出功率和提高燃气轮机热效率的重要措施之一。涡轮进口温度的提升，使得燃气轮机中燃烧室和涡轮等高温部件的工作环境严重恶化，导致其可靠性差、使用寿命短等现象的出现。因此，必须对燃气轮机高温部件进行冷却，才能保证它们安全可靠长时间地工作。气膜冷却作为高性能燃气轮机高温部件冷却的关键技术之一，其发展历程已有数十年，并且随着燃气温度的不断提高，气膜冷却技术也在不断发展改进，从最初的粗糙型设计向目前的精细化设计转变，前者主要以提高冷却效率为目的，较少考虑冷却气量的使用，这与气膜冷却技术应用初期燃气温度水平较低、使用的冷却气量不大有关；后者则要求在尽可能少地使用冷却气量的条件下，达到预期的冷却目标。这是因为近代燃气轮机燃气温度已达相当高的水平，冷却用的冷却气量可达到燃气轮机总用气量的 20% 以上，甚至更高，每节约 1% 甚至更低比例的冷却气量，都会使用于燃气轮机做功的气体增加 1% 或相应的份额，对于提高燃气轮机热效率及输出功率都有非常显著的影响[1]。

　　气膜冷却技术是指让温度较低的冷却气体从被冷却表面的孔或缝隙流出并贴附在被冷却表面，将高温气体（燃气）与被冷却表面隔离开的技术，通过这种隔离，降低高温气体对壁面的热侵蚀，起到保护壁面的作用，如图 1 所示。

　　气膜冷却现象中，从气膜孔或气膜缝喷出的冷却气体在壁面上的贴附厚度称为气膜厚度，气膜的厚度取决于从气膜孔或缝喷出冷气的量以及冷气在与高温气体相互作用掺混时向周围的扩散速度。理论上讲，某一区域气膜对壁面的保护作用并不直接取决于气膜的厚度，而是取决于当地气膜特别是贴近壁面气膜的温度，而气膜或贴近壁面气膜的温度则取决于当地燃气与冷气在相互扩散后各自比例的大小，冷气比例高，则气膜温度低；燃气比例高，则气膜温度高。当然，气膜越厚，对高温气体向壁面的扩散的阻碍就越强，会降低壁面附近燃气的浓度，这样就相当于较好地保持了壁面附近气膜具有较低的温度，达到了保护壁面的作用。因此，如果设法保持气膜的稳定性，使其本身不向周围燃气扩散，也不受周围高

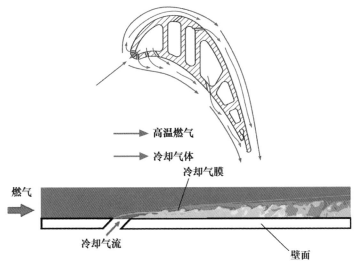

图 1　气膜冷却示意图

温燃气扩散的影响，则气膜的厚度越小越好，因为这意味着采用更少的冷气达到了与较多冷气同样的冷却效果。

为了实现气膜冷却技术精细化设计的目标，人们希望能够找到控制气膜覆盖特性的方法，以便能够在使用更少冷气量的条件下，在更大范围内获得更为稳定、有效的气膜覆盖效果，达到精细化设计的目的。这就需要对气膜冷却现象有更为深入的了解，以前基于对气膜冷却现象粗浅的理解所进行的分析计算或实验获得的气膜冷却特性及实验数据已难以支撑进行气膜冷却的精细化设计。

实际燃气涡轮机中的气膜冷却现象是一个非常复杂的流动换热过程，人们对这一现象还远未达到完全认知的程度。结合气膜冷却技术在燃气轮机中的应用，在现有认知中，以下几种因素会对气膜的稳定性及覆盖效果产生较大的影响。

1）复杂涡流的影响

燃气轮机涡轮叶栅及燃烧室内都有着极其复杂的流动涡流，其中叶栅通道内的涡流是由叶栅本身的结构造成的，包括通道涡、马蹄涡及角涡等，如图 2（a）所示[2]；燃烧室内的涡流则主要是由安装在燃烧室头部的旋流器产生的[3]，其作用是稳定燃烧过程及提高燃烧效率，如图 2（b）所示。无论涡流的形成原因如何，各种涡流的存在都对气膜冷却过程有很大的影响[4,5]。

2）主流热斑的影响

在燃气轮机中，无论其燃烧系统是由多个圆形燃烧室绕环形通道一周形成的，还是由环形燃烧室内（图 3（a））设置一周喷油嘴组成，其喷油嘴的设置在整个环形通道的周向都不可能是连续的，这就造成燃烧后燃气的温度在周向的不均匀性（图 3（b））[6]，这种不均匀性会一直向下游的涡轮部件传递（图 3（c））[7]，对于

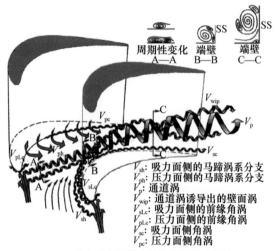

V_{sh}: 吸力面侧的马蹄涡系分支
V_{ph}: 压力面侧的马蹄涡系分支
V_p: 通道涡
V_{wip}: 通道涡诱导出的壁面涡
V_{sLc}: 吸力面侧的前缘角涡
V_{pLc}: 压力面侧的前缘角涡
V_{sc}: 吸力面侧角涡
V_{pc}: 压力面侧角涡

(a) 叶栅通道中的各种涡流示意图

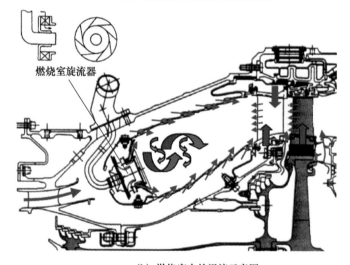

(b) 燃烧室内的涡流示意图

图 2 叶栅通道涡流及燃烧室内涡流示意图

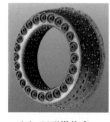

(a) 环形燃烧室

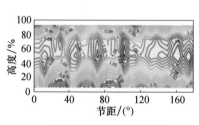

(b) 燃烧室出口热斑形态

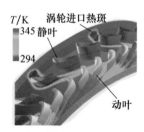

(c) 热斑迁移路径

图 3 燃烧室出口热斑形态

涡轮叶片表面的气膜冷却现象，相当于主流温度分布的不均匀，这种温度不均匀对叶片表面的气膜冷却特性有很大影响[7]。

3）周期性波动的影响

以涡轮叶片表面气膜冷却为例，由于处于上游的涡轮叶片压力面和吸力面压力的不同及叶片尾缘效应的影响，在环形燃气通道的周向会形成周期性压力、速度及温度的波动，在下游工作叶片表面有气膜冷却时，就形成了主流波动影响下的气膜冷却现象，如图4所示。Abhari 等[8]的研究表明，在叶片表面存在较大范围的压力脉动波，会导致叶片表面传热速率的变化，对叶片表面气膜冷却设计形成影响；Ligrani 等[9]的研究表明，主流波动的频率越高，气膜冷却效率越低，最大可以比主流无波动时低 12%。

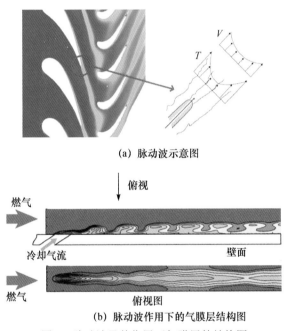

(a) 脉动波示意图

俯视

(b) 脉动波作用下的气膜层结构图

图4　脉动波及其作用下气膜层的结构图

同样的情况也发生在涡轮机匣表面的气膜冷却现象中，由于叶尖对机匣表面扫掠的影响，机匣壁面某一点所感受的燃气的压力是随时间波动的，如图5（a）所示，其中当叶片压力面接近该点时，其感受的压力会较高；当吸力面接近该点时，其感受的压力会较低。因此，在与旋转叶片顶部对应的区域，机匣表面某一点所感受的压力是呈现周期性变化的，如图5（b）所示[10]。Collins 等[10]研究了机匣表面附近压力波效应对气膜冷却流动特性的影响，发现压力波动对气膜孔出口流动特性有较大影响。

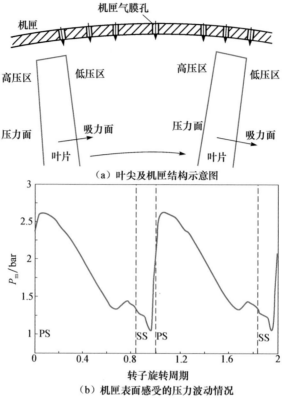

图 5　涡轮机匣表面静压波动图

　　可以想象，在上述各种因素影响下的气膜冷却现象的稳定性会很差，甚至描述在这些因素影响下的气膜冷却现象也显得非常困难，这导致在冷却结构设计中很难准确预估各种因素的影响，只能留有较大的温度设计裕度，达不到精细化设计的目的，冷却气体得不到充分利用，造成浪费，无法满足更先进燃气轮机的设计需求。为解决这一问题，必须充分了解复杂流动中气膜冷却现象的本质，寻求控制气膜冷却过程的方法，达到在使用更少冷气量的条件下，在更大范围内获得更为稳定的、更为有效的气膜覆盖效果的目的。为此，有以下科学问题需要解决。

　　1）气膜冷却过程中的湍流动量及热量扩散规律

　　气膜流动过程具有多股流掺混的特点，而且在主流及二次流之间存在很大温差及速度差，强烈的掺混导致很大的速度及温度脉动，湍流动量扩散及湍流热量扩散与其他条件下的扩散有很大的不同。因此，需要对气膜流动过程中的湍流动量及热量扩散规律进行研究。

　　2）非稳定扰动（涡流、脉动流等）对气膜冷却过程的影响机理

　　在燃气轮机的涡轮叶栅及与其匹配的其他部件中，气流流动是高温、高速、

高湍流度、多旋流、非定常的过程，这些非稳定扰动对形成稳定的气膜冷却会产生很大干扰，要排除甚至利用这些扰动的影响，研究并掌握其对气膜冷却过程的影响机理是先决条件。

参 考 文 献

[1] Kyritsis V E, Pilidis P. Performance Evaluation for the Application of Variable Turbine- Cooling- Bleeds in Civil Turbofans. ASME Turbo Expo: Power for Land, Sea, and Air, 2007: GT2007-27224.

[2] Wang H P, Olson S J, Goldstein R J, et al. Flow visualization in a linear turbine cascade of high performance turbine blades. Journal of Turbomachinery, 1997, 119(1): 1-8.

[3] Huang Y, Yang V. Dynamics and stability of lean-premixed swirl-stabilized combustion. Progress in Energy and Combustion Science, 2009, 35(4): 293-364.

[4] Han J C, Rallabandi A P. Turbine blade film cooling using PSP technique. Frontiers in Heat and Mass Transfer, 2010, 1(1): 1-21.

[5] Wurm B, Schulz A, Bauer H. Cooling Efficiency for Assessing the Cooling Performance of an Effusion Cooled Combustor Liner. ASME Turbo Expo: Turbine Technical Conference and Exposition, 2013: GT2013-94304.

[6] Povey T, Qureshi I. Developments in hot-streak simulators for turbine testing. Journal of Turbomachinery, 2009, 131(3): 031109.

[7] Ong J, Miller R J. Hot streak and vane coolant migration in a downstream rotor. Journal of Turbomachinery, 2012, 134(5): 051002.

[8] Abhari R S, Epstein A H. An experimental study of film cooling in a rotating transonic turbine. Journal of Turbomachinery, 1994, 116(1): 63-70.

[9] Ligrani P M, Gong R, Cuthrell J M. Bulk flow pulsations and film cooling—II. Flow structure and film effectiveness. International Journal of Heat Mass Transfer, 1996, 39(11): 2283-2292.

[10] Collins M, Povey T. Exploitation of acoustic effects in film cooling. Journal of Engineering for Gas Turbines and Power, 2014, 137(10): V05BT13A045.

撰稿人：朱惠人、张　丽、魏建生

西北工业大学

如何提高超声电机中接触界面的运动转换和能量传递效率？

How to Improve the Efficiency of Interfacial Energy Transfer and Motion Conversion between Stator and Rotor in Ultrasonic Motors?

　　20 世纪 80 年代以来，在振动和波动学、摩擦学、机械设计、电力电子、材料科学及控制科学等多学科发展和交叉融合的基础上，用于精密驱动的最主要功能部件——超声电机实现了从原理到实际运行的突破[1]。超声电机系统工作原理如图 1 所示，驱动电路产生的超声波动信号施加在压电器件上，使定子产生微幅波动，在定子和转子（动子）之间摩擦界面的作用下，定子的微幅波动转换为转子（动子）的宏观转动或直线运动[2]。超声电机以其运动精度高、重量轻、功率密度大、响应快、电磁兼容性好等优点，在航空航天、武器装备等高技术领域有广泛的应用前景。由于超声电机中定子和转子间接触界面直接参与运动转换和能量传递，即将微幅波动转换成转子的宏观运动，所以界面的力学行为直接影响超声电机的负载特性、可靠性、运动精度等多种性能[3]；另外，界面的力学行为又受界面摩擦材料、界面的表面形貌（粗糙度等）、超声电机的结构、预压力、环境条件等多种因素的影响[4]。

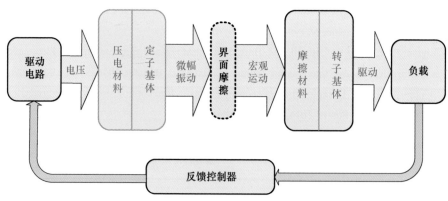

图 1　超声电机系统工作原理

　　从超声电机的原理可知，它具有一个能量转换环节和一个运动转换环节：压电材料把电能转换成机械能，而定子和转子之间的摩擦界面则把微幅波动转换为宏观运动。由于从电能输入到机械能输出的能量传递链比较长，目前超声电机的效率还比较低，国产超声电机的效率一般只能达到30%，即使国外的先进水平也只有35%，远低于电磁电机的效率。因此，超声电机在连续工作时容易发热，引起工作的不稳定，影响其在航空航天领域及重大装备中的应用。超声电机中能量损耗的环节包括压电陶瓷、定子和摩擦界面，其中摩擦界面损耗大部分的能量。如何降低超声电机摩擦界面的能量损耗，提高运动转换和能量传递效率，是提高超声电机性能、拓展超声电机应用范围的关键[5]。

　　超声电机摩擦界面的三维和二维示意图如图2所示。定子和转子的界面可以分为接触区和非接触区，其中接触区又可以分为驱动区和阻碍区[1]。如图2（b）所示，驱动区的摩擦力为正，驱动转子转动，阻碍区的摩擦力为负，阻碍转子转动。超声电机中的摩擦界面与传统的摩擦界面不同，具有以下两个特点：①界面的基本功能是实现运动的转换和能量的传递；②高频微幅波动对界面空气的润滑特性以及摩擦材料的摩擦特性具有很大的影响。为了提高定子对转子的驱动力，应尽可能提高界面的摩擦系数。另外，为了保持超声电机的长期稳定工作，应尽量减少因摩擦引起的磨损。因此，实现界面的增摩减磨，提高运动转换和能量传递效率，是超声电机摩擦界面的设计目标和摩擦材料选用的优化目标[6]。

　　在未来超声电机的研究中，结合超声电机定子与转子间摩擦界面的特点，揭示界面的运动转换和能量传递机制以及各种因素对界面特性的影响规律是提高超声电机性能的基础。需要解决的关键问题如下[7-10]。

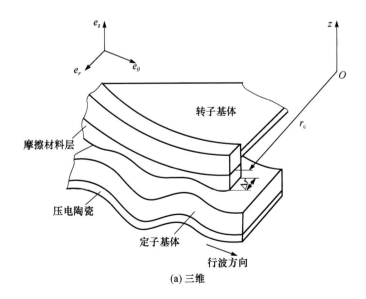

(a) 三维

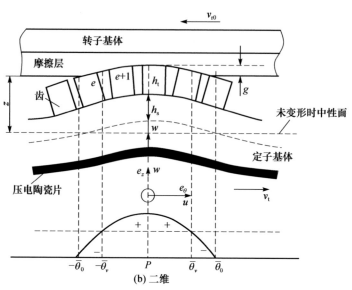

图 2　超声电机摩擦界面的三维和二维示意图

1. 界面的接触动力学行为与接触模型

由于定子的高频微幅波动，定子和转子之间的界面上只有部分区域处于接触状态，而且在接触区域内沿周向快速移动，定子或者转子表面上的任何一点，都处于快速接触后又快速脱离、之后又重新接触的循环过程。在这个接触—脱离—接触的循环过程中，定子通过摩擦力驱动转子，实现运动的转换和能量的传递。分析定子和转子接触时界面的动力学行为，揭示瞬态接触过程中接触力的法向分量和切向分量之间的关系，建立界面的接触模型是需要解决的关键问题之一。

2. 表面的高频微幅波动对界面空气润滑特性的影响规律

定子的高频微幅波动容易在定子和转子的界面上产生高压气膜，从而影响界面的接触行为，进而影响界面的运动转化和能量传递。超声电机的转速较低，一般为 100～200r/min，因此转子和定子之间的相对运动对气膜的影响一般可以忽略不计。但如图 3 所示，当超声波的频率为 34500Hz、直径为 60mm 时，接触区域的运动速度可以达到 722.6m/s，由此产生的气膜压力不可忽视。另外，由于定子上有齿，不是连续的表面，给气膜压力的分析和计算带来了更大的难度。

3. 表面的高频微幅波动对界面材料摩擦特性的影响规律

由于定子和转子处于接触—脱离—接触的循环过程中，接触区域的接触时间

图 3 接触点的运动

很短，无法形成稳定的接触状态，所以定子和转子之间的界面与传统稳定接触状态下的界面具有不同的摩擦特性。在分析界面的运动转换和能量传递时，需要考虑高频波动对界面摩擦特性的影响。揭示瞬态接触下界面的摩擦特性是建立界面接触模型的基础，是亟须解决的关键问题之一。

4. 表面的织构对摩擦特性以及能量传递的影响

定子和转子表面的微观形貌、粗糙度等对界面的运动转化和能量传递具有重要的影响，表面的织构化是提高运动转化和能量传递性能的途径之一。揭示不同模式的织构对运动转化和能量传递效率的影响规律是实现超声电机性能提高的基础。

5. 环境因素对界面运动转换与能量传递的影响规律

研究温度、真空度以及其他因素对超声电机性能的影响规律，是拓展超声电机在航空航天非常环境下应用范围的基础。温度、真空度等环境因素直接影响界面材料的刚度、硬度、摩擦系数等特性，从而影响界面的运动转化和能量传递效率。研究环境因素对界面运动转化和能量传递效率的影响规律，是提高超声电机环境适应性的基础。

通过对超声电机中定子和转子间接触界面的特性及各种因素的影响规律开展研究，解决上述五个方面的基础科学问题，是提高未来超声电机中接触界面运动转化和能量传递效率的基础。

参 考 文 献

[1] 赵淳生. 超声电机技术与应用. 北京: 科学出版社, 2007.

[2] Ueha S, Tomikawa Y. Ultrasonic Motors Theory and Applications. Oxford: Clarendon Press, 1993.

[3] Guo H, Zhang H. Contact analysis and output characteristics of longitudinal-torsional ultrasonic motors. IEEE Spring Congress on Engineering and Technology, 2012: 1-4.

[4] Storck H, Wallaschek J. The effect of tangential elasticity of the contact layer between stator and rotor in travelling wave ultrasonic motors. International Journal of Non-Linear Mechanics, 2003,

38: 143-159.

[5]　Giraud F, Sandulescu P, Amberg M, et al. Modeling and compensation of the internal friction torque of a travelling wave ultrasonic motor. IEEE Transactions on Haptics, 2011, 4(4): 327-331.

[6]　Shi J Z, Liu B. Optimum efficiency control of traveling-wave ultrasonic motor system. IEEE Transactions on Industrial Electronics, 2011, 58(10): 4822-4829.

[7]　Ko H, Kim S, Kim J S, et al. Wear and dynamic properties of piezoelectric ultrasonic motor with frictional materials coated stator. Materials Chemistry and Physics, 2005, 90: 391-395.

[8]　Cheung C K, Shi B, Lau C S, et al. Investigating the effect of surface coatings on the wear behavior of the friction contact in ultrasonic motors. Proceedings of the Institution of Mechanical Engineers Part J: Journal of Engineering Tribology, 2010, 224: 989-996.

[9]　Qu J, Guo W, Wang Y. Effects of wear of friction material on performance of ultrasonic motor. Proceedings of the Institution of Mechanical Engineers Part J: Journal of Engineering Tribology, 2013, 227(4): 362-372.

[10]　Popov V L. Contact Mechanics and Friction—Physical Principles and Applications. New York: Springer, 2010.

撰稿人：裘进浩、季宏丽

南京航空航天大学

深海电力系统及装备关键科学问题

Key Scientific Issues in Deep Sea Power Systems and Equipment

随着海洋油气开采、海底资源开发、海洋环境观测等事业从浅海逐渐走向深海，水下深海生产和观测系统将是未来发展的必然趋势。例如，在我国南海，产油区域大多是深海或超深海，海底深度可达数千米，若进行油气开发或海底环境监测，则相应的深海生产和观测设备必不可少。在诸如此类深海工作条件下，各类型技术设备的固定和安置方式将从现有水面浮式平台过渡到深水浮式平台或海底固定平台[1]，相应地，各类相关技术设备也将承受更大的海水压力、更低的海水温度，以及更为复杂的水下生化环境[2]。

深海生产和监测技术的三个关键领域分别是深海水下系统工程技术、深海水下生产和观测设施，以及深海水下安装。而在深海水下生产和观测设施中，电能的供给又是关键的一环，因此水下电力系统和电力装备也就成为深海生产和监测中不可或缺的关键技术[3]。深海水下生产和观测系统的工作环境决定了不能直接对各类设备直接进行操作，而必须通过水下移动载具单元进行，相应的操控也要通过脐带电缆远程控制，因此其连续生产操作就比水面浮动平台式系统更为复杂。

自21世纪以来，国外在水下海底供电系统方面已经进行了多方面的探索，并且构建了一些已具有实用价值的海底供电系统。美国新泽西州的 Great Bay 为海洋科学观测构建了海底三相交流电力系统，该系统频率为60Hz，线电压为1650V，最大功率为12kW。类似地，在美国马萨诸塞州的伍兹霍尔海洋研究所，同样构建了服务于海洋科学观测系统的海底三相交流电力系统，该系统的特点是使用了三个独立的单相电，因此输电电缆为六线制，这样可以实现三个完全独立的供电系统。该系统能够将4kW的电能传输到5km远的距离。以上海底供电系统均为交流系统，受制于寄生感抗、设备体积、电缆成本等方面的天然局限性，往往只用于近岸水下和海底工程，很难实现延伸到深海的大范围组网。所以，直流供电系统成为深海供电系统的技术趋势。位于加拿大维多利亚海峡 VENUS 的海底观测网络，就采用了海底直流恒压供电系统，供电电压为1200V，采用了单线单极并以海水作为电流回路的输电方式。因其采用了直流供电，故可传递较大的能量。在美国的 MARS 海底科学研究系统中，为了突破水下远距离输电技术，采用了10kV 高压供电，为降低成本和能量损耗而采用了单线输电而海水作为回路的方式。该系统单个接驳盒的最大功率为 10kW，远高于其他供电系统的接驳盒。在该接驳盒内部，通过直流变换器，将 10kV 降低到 375V 和 48V 以供接驳设备选择使用。纵观这些已有的海底供电系统，不难发现它们普遍都服务于海底观测网络，用电设备都是功率较小的信号采集装置，所以供电容量都很有限。此外，这些海底供电系统大多工作于近海大陆架上，在技术上与大容量、大深度的深海供电系统还有很大的距离。

由此不难看出，国内外能够实现深海、超深海大容量供电、配电及用电的技术和装备目前还尚未起步。而相应的技术进步，则需要解决以下主要科学问题。

1. 深海电力能源获取、传输及管理

电力供给是深海装备正常工作的关键。目前，深海供电都是依赖于船上电力系统或者是岸上电力系统[4]。目前深海潜器因为所带能源装置的限制，只能在水下工作有限的时间，大大降低了深海潜器的水下工作能力和效率，为适应深海潜器向长航时作业型发展的需求，研究深海能源装置尤为必要[5]。使用电池进行供电的实例，如在北纬 9° 东太平洋隆起地区的热液口观测系统、意大利的 GEOSTAR 等。另外一种电池为燃料电池，主要通过氧或其他氧化剂进行氧化还原反应，把燃料中的化学能转换成电能。

此外，未来人类要实现深海数千米海底的资源开发、勘探和生产，自带能量装置很难满足需求，其电力供给是必须解决的问题。基于深海核电站+深海直流配电网的水下生产系统供电网络是值得研究的课题[6]；也可以考虑研究基于海洋温差、压差实现规模供电的海底独立供电系统，甚至是某种能量无线传输的海底能量供给系统[7]；或者通过以上各种深海电能供给方式的集成，实现海洋能源获取、传输与管理，以解决人类在深海生产和活动中的能源供给[8]。

2. 深海电力系统与装备基础理论及方法

深海电力系统处于数千米海底，其系统和设备长期运行的可靠性尤为重要，这意味着深海电力系统的规划与设计、电力设备设计理论和方法有别于传统陆上电力系统。在系统的规划和设计中要充分考虑冗余和自愈、更完善的检测和保护技术等。关键电力设备的设计也要充分考虑冗余设计，如电力电子变换中需要冗余拓扑。

深海条件下，电力设备承受着其自身电磁、发热及深海压力等的耦合作用，其相互之间的耦合影响是深海电力设备设计中必须解决的基础科学问题。变压器、开关、电力变换装置及电机等的壳体承受数十吨的压力，而设备内部需要安置铁芯、导线、器件等各类部件，内部空腔压力和外部压力的自平衡、电机本体轴伸端压力平衡条件下的密封、深海封闭环境下设备的热设计和管理等问题相互交织

耦合，这些都依赖电磁、热和力学耦合问题的研究。

3．深海电力装备与材料的长期服役性能及演变规律

一方面，设备及材料耐受海水的高腐蚀性是实现设备长期服役所必须解决的问题，而深海高压力条件下材料及设备的耐腐蚀性则更为复杂，且机理需要进一步研究。另一方面，电力设备的绝缘问题是有别于传统装备的复杂问题，例如，深海电机、变压器等的导线和绝缘材料以及电力变换器的功率器件等需要长期浸泡在冷媒中。这些材料、器件在长期服役过程中性能劣化的演变规律也是必须要研究的问题。

此外，海洋工程中使用的大量的电缆，包括高压海底电缆、动态缆、脐带缆以及各种电缆接头，构成了深海水下生产系统能量、信息传递的纽带。深海用电缆具有大长度、大深度、大截面等特点，服役过程中承受着深海极端环境的严酷考验，因而一系列的基础问题需要研究[9]。例如，长期服役过程中的疲劳劣化；铜作为一个应变敏感材料，在深水应用中由于自重引起的高应力，导致蠕变，进而导致温度-结构-电气的多相耦合问题。在动态应用中导体之间的摩擦问题导致的高度本构非线性-边界条件非线性给分析带来挑战。静水压导致绝缘变形、空间电荷分布不均匀等问题。

4．深海电力系统和装备健康监测检测方法与可靠性理论

深海电力系统和装备长期工作于数千米海下，维修和维护几乎不可能。我国海洋石油开发已达水下2000多米，其水下生产系统置于海底，油井设备控制用电能及各种信号通过脐带缆由海上平台传递到工作面，传输距离70多公里，电缆、控制设备等的故障检测和健康管理等亟待研究。这就要求研究深海装备完善的健康监测检测方法并形成与之配套的可靠性理论。

参 考 文 献

[1] 周守为, 李清平, 朱海山, 等. 海洋能源勘探开发技术现状与展望. 中国工程科学, 2016, 18(2): 19-31.

[2] 周守为. 南中国海深水开发的挑战与机遇. 高科技和产业化, 2008, 12: 20-23.

[3] 周守为, 金晓剑, 曾恒一, 等. 海洋石油装备与设施——支撑起海洋石油工业的平台. 中国工程科学, 2010, 12(5): 102-112.

[4] Yamamoto M, Almeida C F, Angelico B A, et al. Integrated subsea production system: An overview on energy distribution and remote control. Proceedings of the Petroleum and Chemical Industry Conference, 2014: 173-181.

［5］ 徐纪伟, 翁震平, 司马灿, 等. 海洋工作潜器与人类发展. 海洋开发与管理, 2016, 28(6): 71-75.

［6］ 李清平, 朱海山, 李新仲. 深水水下生产技术发展现状与展望. 中国工程科学, 2016, 18(2): 76-84.

［7］ 高艳波, 李慧青, 柴玉萍, 等. 深海高技术发展现状及趋势. 海洋技术, 2010, 29(3): 119-124.

［8］ 杨灿军, 陈燕虎. 海洋能源获取、传输与管理综述. 海洋技术学报, 2015, 34(3): 111-115.

［9］ Kolluri S, Prasanth T, Rajesh S, et al. Subsea power transmission cable modelling: Reactive power compensation and transient response studies. Proceedings of the 17th Workshop on Control and Modeling for Power Electronics, 2016: 1-6.

撰稿人：梁得亮

西安交通大学

什么决定了结构抵抗随机缺陷影响的能力？

What Determines the Ability of the Structure to Resist the Influence of Random Imperfection?

　　工程结构、生物体结构都会面临由于自身结构的随机缺陷带来的性能折损。同时，人们也注意到，工程结构和自然结构又都同时具有一些典型的结构特征，如丰富的结构层次、漂亮的对称性等。留心的人就会发现，对于有些结构，如图1所示，即使结构上有一些随机缺陷，也并没有过多的影响其性能；相反，也有很多结构，稍有一些缺陷就会对其性能影响很大。那么，自然就会有一个问题，即到底是什么决定了结构抵抗随机缺陷影响的能力。

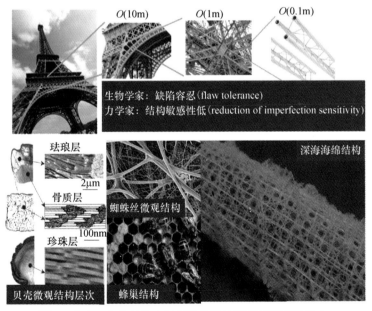

图1　土木、生物结构中层级结构对缺陷有较高容忍能力

部分图片来自文献[1]和[2]

　　生物学家和力学家都很关注这个问题，但需要特别说明的是，生物学家研究的结构"缺陷容忍"和力学家关注的结构"缺陷敏感度低"是同一个意思，是指在考虑不可避免的随机缺陷后，结构性能并未因缺陷而大幅度下降，表现为该结

构是更有利于容忍缺陷的优化结构，是结构的一种优异性能。通过对这种结构性能的研究，对设计出更加轻便和耐用的结构具有很大的指导意义。

Lakes[3]在研究中注意到，如果观察 19 世纪和 20 世纪出现的一批结构，包括 100 年前建成的埃菲尔铁塔、金门大桥等，它们都可看成具有丰富层次的层级结构以及漂亮的对称性。这些结构使用的"等效材料"的表观密度远低于传统的钢材、铝材。百年历史见证了这些结构是重量合理的"轻"结构，不仅因为它们有着良好的承载力，同时还有较好的可靠性储备。另外，大量生物体结构和材料也存在复杂的周期性的层级特点，并由此带来了非常优异的力学性能，尤其是容忍缺陷的性能。Gao 等[4]针对牙齿、贝壳等硬生物组织和深海海绵等的研究发现，在纳米尺度上这些生物结构是软硬叠层的层合结构（硬层由生物矿化物类硬组织构成，软层由蛋白质为主的软组织构成），这样的特殊生物结构具有良好的容忍缺陷性质。Tristan 等[5]对柔软的蛛丝研究也发现，蛛丝微纳米尺度上的多层级结构同样具有较高的容忍缺陷的性能。另外，天然蜂窝在微观和细观尺度上也是周期性的层级结构，蜂窝壁具有类似于航空航天工业中广泛使用的先进纤维增强复合材料层合板的结构，这样的周期性的层级结构明显提高了蜂窝的整体性能。研究表明，蜂窝的力学性能随其使用时间的增加而增强，蜂窝在使用一年后，其剪切模量增加 2 倍，使用两年后剪切模量增加 3 倍[6]。

近些年，力学学者对一些简单结构形式的研究发现，可以通过丰富其结构层次、改变结构对称性和周期性来降低缺陷敏感度。王博等[7]发现在蜂窝结构壁面适当贴加软层，丰富了结构的层级，可以大幅度提高蜂窝结构抵抗缺陷的能力，相对于传统蜂窝，含缺陷的蜂窝弹性模量呈 10 倍提高。Waller[8]研究了表观类似单根杆件的一阶桁架杆在两端铰支受压情况下的承载力，与相同重量的传统零阶受压单杆相比，一阶桁架杆承载力提高了 2 倍；他还基于解析方法得到了一个重要结论：同样表观形状的多层级桁架要比传统单一层级桁架更有利于考虑缺陷的设计，在考虑缺陷时，不同层级结构的最优形状存在很大区别。此外，Waller[9]还系统研究了多层级杆系分支结构的缺陷敏感性和最优形状设计，发现完美的多层级结构可以获得极其优异的承载力，但由于多层级结构在各层级上均可能存在缺陷，这种"优异承载力"的优势会随层级增加有所降低，但它会比传统零阶结构更适应缺陷的存在，表现为对缺陷敏感度低。Obrecht 等[10]发现在受压的光筒壳上附着杨氏模量极小的软层可以极大改善结构的轴压承载性能。该性能的改善不仅包括降低复合结构对几何缺陷的敏感度，还包括极大提高了结构轴压极限承载力，并且这种优越性随着径厚比增加表现得更为明显。Obrecht 等[10,11]研究中最重要的观点是：不能一味追求给定重量下的最佳结构承载力设计，这样的最优设计往往会伴随对缺陷的更为敏感。他们还发现对于薄壁承力结构，在其壁面上镂空蜂窝格栅、预制指定构型双向皱褶也可以较大幅度提高结构的承载力。虽然 Obrecht 等没有直接提及是由于丰富了结构层次或改变了结构对称性而带来了以上优点，但他建议的新结构方案均是在光壳基础上的一阶结构（将光壳视为零阶结构）方案。

近些年，人们在深入研究网格加筋筒壳轻量化的过程中[12-15]，还发现了一个有趣的现象，针对网格加筋壳体这样的旋转对称结构，其环向对称度的改变规律与轴向承载力相关缺陷敏感性的变化规律也具有极大的关联性，这样的类似性质在叶轮失协研究中也有揭示。因此，讨论结构随机缺陷对性能的影响规律，结构对称性可能会是一个全新的角度。但不无遗憾地看到，无论是数值手段还是解析手段，尚未有看到对这一问题的更为深刻的剖析。

如何改变网格加筋筒壳结构的周期对称性来提高抗随机缺陷能力呢？通过增加网格加筋的变化来丰富网格加筋的结构层次，进而降低了筒壳结构的环向对称性，希望这一改变可以降低结构的缺陷敏感度、提高结构的承载力，如丰富加筋高宽尺寸、变化加筋截面形状、增加附着层等结构方案。显然，对比传统网格加筋，这一类型结构方案的加筋结构层次更富有变化，周期对称性发生了改变，其中最易加工实现的结构方案是丰富加筋高宽尺寸，即结构中的加筋按某种给定的规律分为若干级（组），每级（组）筋条截面采用同一尺寸，各级（组）之间尺寸不同，称这样的结构为多级网格加筋结构。这种结构基于现有网格加筋结构普遍采用的化学铣切或机械铣切工艺即可实现。图 2 给出了采用 6061-T651 铝合金、基于机械铣切工艺加工而成的四种多级加筋壳，可以看出，这类结构方案要比传统仅网格形状变化的网格加筋方案具有更强的可设计性。

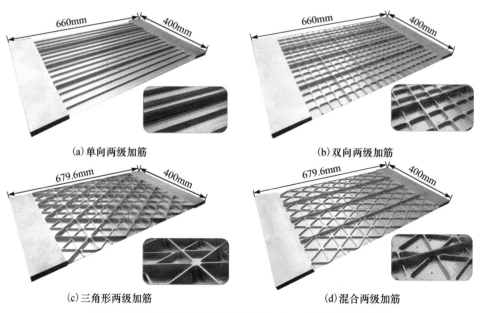

(a) 单向两级加筋   (b) 双向两级加筋

(c) 三角形两级加筋   (d) 混合两级加筋

图 2　几种多级网格加筋结构"分片（panel）级"实验构件

　　通过改变筒壳结构周期对称性来提高其抗随机缺陷能力需要定量化描述。这里针对两个外径为 3000mm、高度为 2000mm 的相同重量加筋圆筒壳建立了数值模型（一种为传统的正置正交加筋，见图 3（a）；另一种为双向两级网格加筋，见图 3（b）），基于后屈曲数值分析，两种结构方案在不考虑任何缺陷时的轴压承载力十分相近；但考虑对应的特征值屈曲模态形状和相同单点侧向集中力产生的凹坑初始缺陷时，双向两级网格加筋结构方案的实际（含缺陷）承载力比传统网格加筋设计提高 10% 左右，表现出对指定初始几何缺陷敏感度降低，见图 4（a）和（b）。可以看出，结构周期对称性的改变可以大幅提高抗随机缺陷的能力。

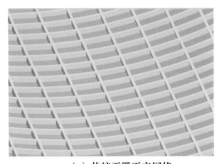 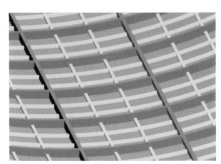

（a）传统正置正交网络　　　　　　　　　（b）双向两级网络

图 3　　网格加筋筒壳方案局部示意图

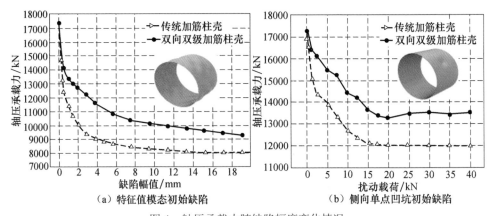

（a）特征值模态初始缺陷　　　　　　　（b）侧向单点凹坑初始缺陷

图 4　　轴压承载力随缺陷幅度变化情况

　　如何理解结构多层级分布、结构对称性与缺陷敏感性之间的关联规律？结构的对称度、层级特点如何定量描述？现有的数值计算与解析手段中如何体现这部分信息？这些问题都需要做进一步深入的研究工作，才能够给予回答。同时，在努力回答这些问题的过程中，似乎又有更有趣的问题引发人们的思考。例如，结构是不是需要设计得非常完美无瑕？就缺陷而言，结构本身是否存在一些可以人为设计的"有利缺陷"，由于它的存在进而结构可以抵抗随机缺陷的影响？这些问题更加引人入胜，它会让人充分认识结构"最优"的本质，一定是考虑缺陷存在下的优化设计。缺陷对于高端产品，一般是指不同制造工艺下一定会产生的制造特征，是不可避免的。通过深入的研究，工程师将会更加了解不同制造特征对于性能的不确定性传递规律。这就启发科学家和工程师，在高端装备结构设计时，结构的最优设计理论一定要与制造工艺充分融合、协同发展。为了这一目的，必须要扎实地做些基础研究工作，例如，围绕不同领域建立关键结构典型制造特征数据库，研究典型制造特征的数学描述及对结构承载性能的影响规律，基于影响规律认识发展非确定性优化设计理论与方法等，这些研究中蕴含着丰富的研究内容，是有重要学术意义和应用潜力的研究方向。

参 考 文 献

[1] Fratzl P, Weinkamer R. Nature's hierarchical materials. Progress in Material Science, 2007, 52(8): 1263-1334.

[2] Meyers M A, Chen P Y, Lin Y M, et al. Biological materials: Structure and mechanical properties. Progress in Material Science, 2008, 53(1): 1-206.

[3] Lakes R. Materials with structural hierarchy. Nature, 1993, 361(6412): 511-515.

[4] Gao H J, Ji B H, Jager I L, et al. Materials become insensitive to flaws at nanoscale: Lessons from nature. Proceedings of the National Academy of Sciences, 2003, 100(10): 5597-5600.

[5] Tristan G, Melis A, Nicola M P, et al. Nanoconfinement of spider silk fibrils begets superior strength, extensibility, and toughness. Nano Letters, 2011, 11(11): 5038-5046.

[6] Zhang K, Duan H, Karihaloo B L, et al. Hierarchical multilayered cell walls reinforced by recycled silk cocoons enhance the structural integrity of honeybee combs. National Acad Sciences, 2010, 107(21): 9502-9506.

[7] Wang B, Shi Y F, Li R, et al. 2D hierarchical lattices' imperfection sensitivity to missing bars defect. Theoretical and Applied Mechanics Letters, 2015, 5(4): 141-145.

[8] Waller S D. Mechanics of novel compression structures. Cambridge: University of Cambridge, 2006.

[9] Waller S D. Optimisation of hierarchical and branched compression structures. Saarbrucken: VDM Verlag, 2008.

[10] Obrecht H, Fuchs P, Reinicke U, et al. Influence of wall constructions on the load-carrying capability of light-weight structures. International Journal of Solids and Structures, 2008, 45(6): 1513-1535.

[11] Obrecht H, Rosenthal B, Fuchs P, et al. Postbuckling and imperfection-sensitivity: Old questions

and some new answers. Computational Mechanics, 2006, 37(6): 498-506.

［12］ Hao P, Wang B, Li G, et al. Surrogate-based optimization of stiffened shells including load-carrying capacity and imperfection sensitivity. Thin-Walled Structures, 2013, 72: 164-174.

［13］ Wang B, Hao P, Li G, et al. Optimum design of hierarchical stiffened shells for low imperfection sensitivity. Acta Mechanica Sinica, 2014, 30(3): 391-402.

［14］ Hao P, Wang B, Li G, et al. Hybrid optimization of hierarchical stiffened shells based on smeared stiffener method and finite element method. Thin-Walled Structures, 2014, 82: 46-54.

［15］ Wang B, Tian K, Hao P, et al. Hybrid analysis and optimization of hierarchical stiffened plates based on asymptotic homogenization method. Composite Structures, 2015, 132(11): 136-147.

撰稿人：王　博、郝　鹏

大连理工大学

太空采矿技术

Space Mining Technology

1. 太空采矿之梦

人类赖以生存的矿产资源枯竭问题越来越突出。为了寻找新的矿产资源，人们开始关注太空星球上的矿产开发。迄今为止，在近地轨道中共发现了约 9500 颗小行星。太阳系约有 100 万颗直径 1km、重约 20 亿 t 的小行星，一颗小行星就可能含有 3000 万 t 镍、150 万 t 钴和 7500t 铂，仅铂矿资源的价值就达 1500 亿美元。月球是目前人类探测与研究程度最高的地外天体。月球表面的月壤中氦-3（^{3}He）资源总量可达 100 万～500 万 t。在地球上建设一个 500MW 的 ^{3}He 核聚变发电站，每年仅消耗 50kg 的 ^{3}He，如果全部采用 ^{3}He 核聚变发电，全世界年总用电约需 100t^{3}He。因此，开发月壤中的 ^{3}He 对人类未来能源的可持续发展具有重要意义[1]。

自 20 世纪 50 年代，美国矿山局开始研究月球采矿可行性。1962 年，美国成立地球外空间资源开发工作小组。1989 年，美国国家航空航天局（NASA）建立地球外空间开采与建设指导委员会，其任务是评价行星表面上的各种矿物并确定其开采和建设相关事项[2]。

时至今日，深空采矿已迈开实质性步伐。2013 年 1 月，深空矿业公司（Deep Space Industries）在加利福尼亚州圣莫尼卡成立，打算开采小行星资源，搭载采矿机器人的"萤火虫"小型航天器和"蜻蜓"飞船，如图 1 所示。

（a）"萤火虫"采矿机器人　　　　　　（b）"蜻蜓"采矿机器人

图 1　美国深空矿业公司的小行星采矿概念

2. 太空采矿方法

在太空实现高价值矿物开采，有三种工艺选择：

（1）挖掘式太空采矿方法。首先用铲运机器人收集小行星地表的散落矿石，然后装载至太空运输车，运至太空采矿基地存储。

（2）破碎式太空采矿方法。首先用太空凿岩机器人破碎矿石，然后用负压吸石机器人回收矿石，运至太空采矿基地存储。凿岩破碎可用冲击锤、螺旋钻、微波破碎和超声振动破碎等原理实现[3]。

（3）原位采选冶一体化方法。该方法把太空矿物开采与分选、冶炼结合起来，在太空原地加工出精品矿物，可减少太空运载矿物的负荷，更重要的是可充分利用太空的微重力和真空环境条件，冶炼出特殊性能的材料，其采矿及加工流程如图 2 所示[4]。

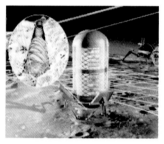

（a）登陆小行星，用绳索拴住行星表面的固定网，使用黏胶物品、鱼叉或可供飞回来的背包喷射器，防止勘探者或设备漂入太空

（b）在小行星的表面采矿，机器人可采用带磁性的梳形抓斗收集富金属岩石，然后将材料运送到中央精炼站

（c）使用钻探-开采联合机器人钻入小行星地下，将挖掘的材料运送至小行星表面之后，由另一个机器人送到中央精炼站

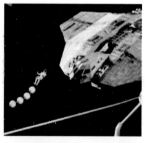

（d）在低重力的小行星上，对回采的矿物进行现场筛选分离，采用离心分离机来筛选太空矿物

（e）飞船在小行星上补充能量，运载矿物返回地球

图 2　太空小行星上采矿及分选加工一体化工艺构想

如果到月球上采矿，构建能源生产、采矿作业、矿物冶金、氧气制造一体化的矿产开发系统，将是未来月球采矿基地得以建立和持续运转的可靠保证，基于

原位资源利用（in-situ resource utilization, ISRU）开采工艺将是实现这一目标的可行技术途径[5]。

未来实现到太空采矿之梦，需要解决以下科学问题：

（1）太空采矿机器人登陆可开采小行星的抓捕及柔性连接技术。从目前技术来看，自由漂浮的绳系机器人可能是解决太空采矿机器人登陆作业、接驳运载的可行方案。

（2）太空采矿机器人的设计、研发及验证，需要解决钻、采、装一体化工作机构原理及可靠性，高强度和高耐久性的轻质材料，微陨石碰撞防护技术，真空及低温条件下的动力能源（蓄电池、燃料电池或辐射能源）等问题。

（3）无重力环境下的太空采矿机器人行走及作业稳定性问题，要求太空采矿机器人具备矿物自主感知及追踪能力、敏捷的避障和越障能力、机器人陷入软土壤时的自主脱困能力，以及防倾翻及自主平衡行驶能力。

（4）实现太空矿产原位采选冶一体化，需要研究矿物在冶金流程中的转变形式和基本物理化学过程、物料和能量平衡、能量供给方式等问题。在月球上实现原位冶炼，核聚变能源、太阳能是可利用的丰富能源，此外固体电解质燃料电池也是一种供能选择。

3. 太空采矿运载

1）可复用航天运载器

航天飞机是目前人类自由进出太空、开采太空资源的现实运载工具。为了进一步降低太空运载的成本，世界各国都在加快研发可复用的航天运载器。第三代航天运载器预计 2025 年投入使用，它的发射成本要降低 100 倍，每公斤有效载荷的入轨成本降到 200 美元。美国国家航空航天局提出了第四代可复用运载器设想，将在 2040 年前后诞生。到那时，太空运载货物的成本将如同现在的快递一样便捷[6]。欧洲航天局在"未来发射准备计划"（FLPP）中，确定了可复用运载器乃至空天飞机的目标，设计的可复用太空返回舱长 5m、宽 2.2m、高 1.5m，质量约 2t[7]。

可复用运载器技术需要解决的关键难题包括线性气塞式喷管发动机、引射器型冲压发动机、拖曳发射技术、弹射滑橇水平起飞技术、升力体机体技术、空中液氧加注技术，还有金属防热技术、制造工艺、机身减重等难题。

2）太空电梯运载系统

在地球同步轨道上建立一个太空运载中转站，在太空运载中转站与地球之间搭建一部太空电梯，以此形成太空采矿的运载通道。

太空电梯设想：用航天器将一条特殊材料制成的长达 35800km 的缆绳释放下来并把它锚定在地面平台上，缆绳的另一端连接在太空站上，在同步卫星轨道上随着地球一起旋转，由于旋转产生的离心力刚好抵消了地球的吸引力，于是太空电梯的导轨绳就竖立在地球与太空站之间，如图3（a）所示。然后，用一个由激光提供能量的自动爬升器沿着太空缆绳上下运行，即可运送飞船、设备和乘客到太空站，也可以把太空上回采的矿物运送回地球。太空天梯运送每公斤物品的费用约10美元。

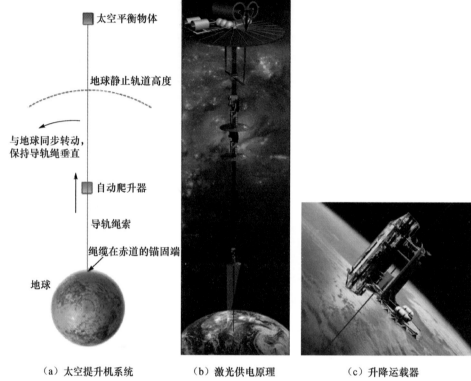

（a）太空提升机系统　　　　　（b）激光供电原理　　　　　（c）升降运载器

图3　太空采矿运载电梯示意图

太空电梯可采用多绳摩擦同步提升货载。若以4绳承载升降器，可运载528kg的升降器，功率约为42kW，把升降器提升至0.1重力高度（0.1重力高度是指将重力加速度降至0.1g时的太空高度，约为320km）的运行时间为116h。

需要解决的关键科学问题如下：

（1）太空电梯构建问题。需要解决的问题包括：①如何把一个携带导轨绳的飞船或航天飞机发射到和地球同步的静止卫星所在的轨道上，搭建太空电梯空间站，它与地球同步飞行；②如何从太空电梯空间站释放一根太空缆绳，将其与位于赤道附近的海上平台连接，形成太空电梯地面站；③如何以太空缆绳作为导向和牵引轨道，安装自动提升器，形成太空运载系统。

（2）巨长太空缆绳材料及制造问题。这条长达 35800km 的缆绳是太空电梯运载人员或货物必需的关键承载部件，必须具备高强度、柔韧性、轻质化集一体的先进材料性能，还要能抵抗太空射线辐射和超低温脆化的极端环境影响。美国学者 Edwards[8]提出了以碳纳米管制造太空缆绳带的技术方案，其厚度仅为 1.5μm，长度为 117000km，太空端的截面尺寸为 1.5μm×11.5cm，地面站一端的截面尺寸为 1.5μm×5cm，缆绳带的总质量约为 5000kg。这条碳纳米管缆绳带在太空端的极限承载为 3440kg，在地球面的极限承载为 5500kg，可运载 132kg 的升降器。

（3）太空电梯升降器的动力问题。太空电梯只能采用无线电力传输方式为升降器提供动力，为此需要研究解决超远距离的微波电力传输和激光电力传输问题。激光输电的太空电梯系统原理如图 3（b）所示，由激光束为提升器无线传输电力，使之在导轨绳上高速升降，运载材料或人员[9]。2007 年，在美国国家航空航天局组织的太空电梯无线电力传输竞赛中，萨斯喀彻温大学参赛队采用 2.5kW 高功率半导体激光器，以 1.8m/s 的速度攀升了 94m，提升器的质量为 25kg[10]。

（4）太空绳缆的稳定性问题。长达数万公里的太空缆绳犹如一根细长的风筝，会随着地球的自转或风吹而飘动或转动，导致升降器轨道不稳定，甚至因拉扯而损坏。因此，要保证太空绳缆在地球同步轨道上，并使它与地面站同步转动。

参 考 文 献

[1] 欧阳自远, 邹永廖, 李春来, 等. 月球某些资源的开发利用前景. 地球科学(中国地质大学学报), 2002, 27(5): 498-503.

[2] 高斯 A K, 袁文彬. 月球采矿——矿业尖端科技的新领域. 国外金属矿山, 1993, (10): 82-85.

[3] 焦玉书. 登月: 到月球去采矿. 中国矿业, 2012, 21(增刊): 13-14.

[4] 刘长武, 沈荣喜, 潘树华. 矿山废弃地下空间的危害与利用研究. 地下空间与工程学报, 2006, 2(8): 1374-1378.

[5] 陈志远, 周国治. 未来月球冶金工艺方法探索. 金属世界, 2013, (1): 21-26.

[6] 曹志杰. 国外可重复使用运载器近期进展. 国际太空, 2005, (11): 20-27.

[7] 单文杰, 康斯贝. 欧洲航天局可重复使用运载器计划初探. 国际太空, 2012, (12): 7-10.

[8] Edwards B C. Design and deployment of a space elevator. Acta Astronautica, 2000, 47(10): 735-744.

[9] Swan C W, Swan P A. Why we need a space elevator. Space Policy, 2006, 22: 86-91.

[10] 王锋. 太空电梯中的激光应用. 激光技术与应用, 2008, (5): 18-21.

撰稿人：葛世荣

中国矿业大学

限制电磁轴承转子系统高超转速的因素

Factors Limiting the Ultra-High Speed of the Active-Magnetic-Bearing-Based Rotor System

传统的机械轴承在转子高速旋转时，由于存在摩擦而导致寿命缩短，所以高速旋转机械一般采用非接触轴承。空气轴承的承载力有限，滑动轴承在高速旋转时轴承损耗较大，相比之下电磁轴承特别适用于高速旋转机械。电磁轴承支承的转子系统具有摩擦小、无须润滑、寿命长和效率高等突出特性，在高速电机、高速磨床及其他数控机床、高速飞轮储能系统、面向天然气输送及污水处理的高速离心压缩机和鼓风机等高速旋转机械装备领域具有广泛的应用价值。为充分发挥电磁轴承支承带来的高速潜能与效益，转子高速运转是人们的追求目标，追求更高转速也是人们怀有的好奇心。为此，研究主要围绕以下几个方面展开[1-7]。

1. 高速电磁轴承转子动力学

转子高速旋转时其离心力很大，线速度高达每秒几百米，常规的叠片转子难以承受，因此需要采用特殊的高强度叠片或实心转子。由于转子材料不能承受高速旋转产生的拉应力，转子强度问题更为突出，转子强度的准确计算和动力学分析是电磁轴承转子系统设计的关键技术。基于静强度设计的转子可能因为运行时发生振动而限制转子转速的提高，基于强度的极限转速从结构方面反映设计水平。由于高速旋转机械常涉及多种复合材料以及本身结构的复杂性，几乎不可能获得临界转速的解析解。目前，在各种数值求解方法中，有限元法是复合材料结构分析中一种应用很广很有效的现代计算方法。在综合考虑旋转惯性力、预应力、温度变化等因素的影响下，结合转子强度条件和优化设计理论，可建立基于强度的高速复合材料转子极限转速的通用计算模型，当目标函数取得极小值时转子达到强度极限转速。显然，极限转速和约束函数均与转子的材料参数和几何参数有关，但由于问题的复杂性，它们难以用这些参数显式表达，必须通过数值方法求解。已有研究显示，对于具有金属材料、非金属材料和多种复合材料的转子应用有限元法进行模态分析确定临界转速，以及通过建立优化模型确定强度极限转速非常有效。对于高速复合材料转子，经过对不同方案的比较和选择，能够得到临界转速和极限转速较为协调的设计方案，在保证转子带载能力不下降的前提下，可采用优化设计理论与方法来自动协调临界转速和极限转速，但对于同时考虑结构几何形状和材料构成等多种因素影响下的具体实现还有待进一步探讨。

2. 高速电磁轴承转子系统的损耗、温升与散热

由于转子为铁磁材料，高速转子磁通交变频率增加不仅导致基本电气损耗的增加，同时还增加了高频附加损耗，特别是转子表面由于高速旋转产生的风磨损耗占较大的比重，且与转子运行速度和散热条件密切相关，因而难以准确计算。同时，由于单位体积功率密度与损耗的增加和总体散热面积的减小，容易过热而导致铁磁材料性能产生改变，所以有效的散热和冷却方式是系统高速转子设计的一个重要问题。准确计算转子空气摩擦损耗，可以为转子结构和通风散热设计提供依据。已有研究显示，随着转子速度升高，转子与周围空气的相对速度增大，相互摩擦产生的损耗会越来越大，高速转子稳定运行时，由于转子高速旋转的影响，转子表面的流体既有轴向流动，又有随转子旋转的切向流动，转子的空气摩擦损耗除了与电机转速有关之外，还与定子、转子表面的粗糙度结构参数和气隙轴向流速等因素有关。高速电磁轴承支承的转子空气摩擦损耗，可以通过流体场分析进行计算，其中转子转速影响最为显著，通常情况下，空气摩擦损耗与转子转速的近 2 次幂成正比。

3. 高速电磁轴承转子系统的转子与定子材料和制造工艺

基于转子高速旋转对强度、导磁、传热等多种要求，高速电磁轴承转子与定子需要采取特殊的材料和制造工艺。迄今为止，电磁轴承的定子铁心仍以采用超薄型低损耗冷轧电工钢片为主。带护套的转子结构是普遍采用的电磁轴承转子结构，采用非导磁合金钢护套的优点是能够对高频磁场起到一定的屏蔽作用，并能减小转子中的高频附加损耗，同时导热性能较好，有利于转子的散热。其缺点是护套为导电体，会产生涡流损耗；与金属护套相比，碳纤维绑扎带的厚度要小，而且不产生高频涡流损耗，然而碳纤维是热的不良导体，不利于转子的散热，而且对转子没有高频磁场的屏蔽作用。已有研究显示，在碳纤维绑扎的铁磁性转子外加一薄层导电性能良好而不导磁的金属，可以有效屏蔽高频磁场进入转子，对减小转子的高频附加损耗有效。

4. 高速电磁轴承转子系统的电磁轴承控制策略与功率变换

电磁轴承转子系统需要采用适当的功率变换系统，为电磁轴承提供可调的电磁能以产生所需要的转子支承力，因此需要研究高速电磁轴承转子系统的电磁轴承功率变换和控制系统的电路拓扑结构及控制策略。电磁轴承是由通电线圈产生的电磁力实现转子悬浮，控制器通过动态检测转子位置，调整励磁线圈的电流从

而控制悬浮力大小，实现转子的稳定悬浮。研究显示，转子的转速受限于励磁线圈中的电流以及供电电压。

5. 电磁轴承转子系统的多变量融合效应

电磁轴承转子系统存在电场、磁场、力、机械、传热、材料等多物理场作用、多物理场复合效应作用、材料物理化学效应作用以及信息控制作用等，在转子高超速运行时更趋复杂化与融合深度化，探讨电磁轴承转子系统的多物理场耦合效应的研究已有涉及，但未见有关高超转速时系统多变量融合效应的理论模型建立及其规律的研究成果公开。

迄今转速高达每分钟 100 万转的无轴承支承的电机已经实现[8]，已有在真空环境下成功磁浮一个直径 0.8mm、旋转速度接近 23.16Mr/min 钢球的报道[9]。图 1 是 2016 年瑞士苏黎世联邦理工学院（ETH）研究 25Mr/min 高速磁浮转子实验装置的原理图[10]。那么，电磁轴承转子系统的转子是否可以在任意期望的高超转速运行？是否存在极限运行转速？如果存在，电磁轴承转子系统的极限转速又是多少？限制电磁轴承转子系统高超转速的因素是什么？如何科学评估其极限转速数值？这些问题都有待于进一步阐明。

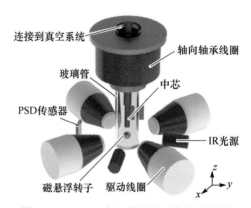

图 1　25Mr/min 高速磁浮转子实验装置[10]

参 考 文 献

[1] 虞烈. 可控磁悬浮转子系统. 北京: 科学出版社, 2003.

[2] 田拥胜, 孙岩桦, 虞烈. 高速永磁电机电磁轴承转子系统的动力学及实验研究. 中国电机工程学报, 2012, 32(9): 116-123.

[3] Tenconi A, Vaschetto S, Vigliani A. Electrical machines for high-speed applications: Design considerations and tradeoffs. IEEE Transactions on Industrial Electronics, 2014, 61(6): 3022-

3029.

［4］　Celeroton. Datasheet CM-AMB-400/Rev01. http://www.celeroton.com [2017-8-1].

［5］　Huang Z Y, Fang J C, Liu X Q, et al. Loss calculation and thermal analysis of rotors supported by active magnetic bearings for high-speed permanent-magnet electrical machines. IEEE Transactions on Industrial Electronics, 2016, 63(4): 2027-2035.

［6］　Le Y, Wang K. Design and optimization method of magnetic bearing for high-speed motor considering eddy current effects. IEEE/ASME Transactions on Mechatronics, 2016, 21(4): 2061-2072.

［7］　张凤阁, 杜光辉, 王天煜, 等. 高速电机发展与设计综述. 电工技术学报, 2016, 31(7): 1-18.

［8］　Zwyssig C, Kolar J W, Round S D. Megaspeed drive systems: Pushing beyond 1 million r/min. IEEE/ASME Transactions on Mechatronics, 2009, 14(5): 564-574.

［9］　Beams J W, Young J L, Moore J W. The production of high centrifugal fields. Journal of Applied Physics, 1946, 17(11): 886-890.

［10］　Schuck M, Nussbaumer T, Kolar J. Characterization of electromagnetic rotor material properties and their impact on an ultra-high speed spinning ball motor. IEEE Transactions on Magnetics, 2016, 52(7): 8204404.

撰稿人：曹广忠

深圳大学

新型液压传动和静压蓄能风力发电机组技术

Wind Energy Conversion System with Hydraulic Transmission and Hydrostatic Energy Storage

  风力发电是可再生能源科学开发的代表,且已成为最为广泛使用的绿色能源。我国风电技术在"十一五"和"十二五"期间取得了长足的进步,风电机组产能得到很大提升,风电装机容量位居世界首位,成为风电大国。但是,我国还远不是风电强国,目前我国风电机组运行效率低、故障率高、可靠性差、寿命短,致使风能的实际利用率、成本与期望值还有很大差距[1]。为了使我国风电产业摆脱对国外技术引进的长期依赖,促进我国风电技术可持续发展,真正掌握拥有自主知识产权的风电关键技术成为必须尽快解决的关键任务,也是我国由风电大国走向风电强国的必由之路[2-4]。因此,为了保证我国风电产业的可持续发展,在未来20~40 年内,必须着力提高风电科技的原始创新能力,真正形成风电技术的自主创新体系。

  风电机组的成本约占风电总成本的 70%,风能的大规模开发将有效降低风电成本,这种大规模开发要求风电机组的大型化。目前,风力机尺寸的进一步大型化已经成为风电业界的重要发展方向(图 1),并随着海上风电开发得以加强,相关技术发展将成为未来风电技术的重要趋势[5,6]。

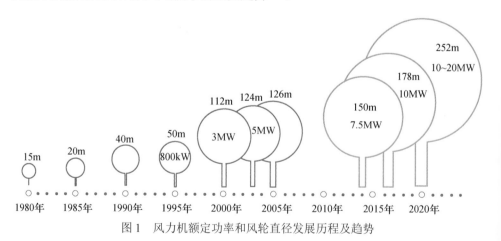

图 1 风力机额定功率和风轮直径发展历程及趋势

目前普遍采用的非直驱式风力发电机组主要由塔架、风力机、齿轮增速器、感应发电机、起动器、变压器和电容器组组成（图2），其基本原理是将风能转换为机械能，然后通过齿轮箱传动机构将低速轴扭矩转变为高速轴扭矩输入感应发电机后再转换为电能。

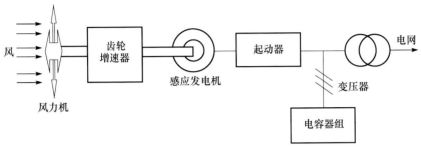

图2　非直驱式风电系统

另一种风力发电机组是采用直驱式变频电机发电方式（图3），由同步发电机将风轮产生的机械能直接转换为电能。

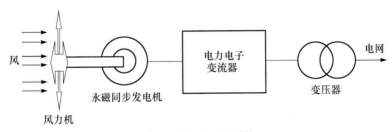

图3　直驱式风电系统

上述两种风电机组的共同特点都在于体积与重量极其庞大，除输送电缆外，差不多全部功能部件，包括风力机、齿轮增速器、感应发电机、起动器、变压器等，都被集成和安装在塔架顶部，对于一台 3MW 的风电机组，安装在塔顶的集成部件近百吨，这给风电机组的安装、维护及安全运行带来了极大的不便。

是否存在另外的技术途径以实现对于风能的大规模利用？例如，在大型风电机组中采用液压系统以实现风能—机械能—液压能—机械能—电能的转换[7-10]。其主要原理是利用风轮直接驱动液压泵，通过管路利用高压液体驱动马达带动发电机组进行发电，结合风力机变桨控制系统、液压马达控制系统、液压蓄能器主动控制系统以及发电机励磁控制，形成风力发电-储能系统，最终实现风能的最大利用。这种系统省去了笨重的增速箱和昂贵的变流器，把发电部分放置在地面，其机舱内主要是液压泵及管路，重量比传统风力机组大大减轻，蓄能器的应用提高了电能质量，减少了对电网的冲击，可以使电网吸纳更多的风电电能，并且方便维护维修，减少维护维修成本，降低电度成本。

新型液压传动和静压蓄能风力发电机组的研制，需要重点解决如下关键问题。

1）大规模长时间流体静压储能—释能—传输过程的热力学、动力学平衡问题

系统利用高压液体柔性传输能量，用压缩气体实现大规模储能，在系统风速间歇、波动时吸收和释放能量，平抑风力发电系统的能量间歇和波动，提高发电质量。该过程涉及风能—机械能—流体静压能（液压能和压缩气体能量）—电能相互转换，转换过程中系统的有效、稳定工作依赖于能量转换、传输过程的热力学平衡和动力学平衡，必须建立储能、释能、传输过程的综合数学模型，才能正确地理解和解决该问题。

2）多类型能量转换、储存、释放的解耦控制问题

系统存在风能、机械能、流体静压能、电能等多类型能量转换、储存、释放、调节过程。其中，桨距角调节实现风能吸收的控制，风轮转速调节获得最佳叶尖速比实现风能最佳吸收过程和风轮储存机械能的控制，液压马达排量调节和蓄能器容积压力调节实现液压能传输—储存—释放控制，溢流阀调节实现多余液压能的微调，通过发电机调节装置和并网控制装置实现电能吸收转换的调节，通过冷却系统调节实现热能的控制等。这些调节过程具有相互关联、参数耦合的特点，需要设计合理的控制算法实现解耦控制。

3）风电机组结构及其关键部件的非线性动力学问题

新型液压传动风力机的结构与传动风力机组不一样，是对原有机组的革新，需要对机组结构及其关键部件的非线性动力学问题进行研究，包括新型机组如机舱等的全新设计方法研究，高压大流量液压旋转连接结构的研究，主轴与高压低速大流量液压泵的连接方法的研究，液压管路随塔架摆动的柔性连接方法的研究，高压、大流量、长距离液压传送系统对塔架振动问题的研究等。

4）大功率液压泵、液压马达及阀关键技术研究

与传统机械传动相比，液压传动的效率偏低，从而影响风力发电机组的整机效率。为了提高液压传动风力发电机组的风能利用效率，高压或超高压、低速、大排量、大扭矩液压马达和液压泵作为液压传动式风力发电机组的核心部件，必须解决其研发的关键技术。针对液压系统，为减小设备的体积、降低重量、提高系统的效率、满足更多功率传动需要，需开展高压或超高压液压元件及系统的研究，研制适合兆瓦级机型应用的高压或超高压、低速、大扭矩、大流量液压马达和液压泵。

5）液压蓄能系统机组匹配技术研究

为平抑来流波动对发电质量的影响和在没风时能保持发电并向电网持续供电，需要根据单机或机群发电能力建立大型蓄能系统。蓄能器的设计和控制是较

复杂的问题，需要开展液压蓄能系统模型及控制技术方面的研究，并进行计算仿真，结合风场特性，确定液压蓄能系统参数，进行系统匹配校验研究，使液压蓄能系统达到最优配置，进而优化系统的能量传递效率；综合考虑传动系统的结构参数，得到适应风场变化以及保持恒定发电机转速的液压马达输出转速调节范围，优化蓄能系统和机组的匹配。

　　显然，这种液压传动和静压蓄能风力发电机组具有常规形式的风电机组所不具备的结构重量轻、输出功率稳定的优点，但涉及的科学问题和关键技术同样复杂。因此，探索和解决新型液压传动和静压蓄能风力发电机组的关键科学和工程问题，掌握其相关核心技术，对风能的大规模利用和风电产业的可持续发展具有重要的意义。

参 考 文 献

[1] Lo K. A critical review of China's rapidly developing renewable energy and energy efficiency policies. Renewable and Sustainable Energy Reviews, 2014, 29: 508-516.

[2] 王富, 徐学渊. 我国风力发电市场前景及存在的问题. 电站辅机, 2010, 31(1): 1-4.

[3] 马慧敏. 制约我国风力发电可持续发展的原因分析. 华北电力技术, 2011, (3): 26-29.

[4] 王仲颖, 时璟丽, 赵勇强, 等. 中国风电发展路线图 2050. 北京: 国家发展和改革委员会能源研究所, 2011.

[5] Chen M, Zhu Y. The state of the art of wind energy conversion systems and technologies: A review. Energy Conversion and Management, 2014, 88: 332-347.

[6] Herbert G M J, Iniyan S, Amutha D. A review of technical issues on the development of wind farms. Renewable and Sustainable Energy Reviews, 2014, 32: 619-641.

[7] 孔祥东, 艾超, 王静. 液压型风力发电机组主传动控制系统综述. 液压与气动, 2013, (1): 1-7.

[8] 乌建中, 赵媛. 液压传动风力发电机并网转速控制研究. 流体传动与控制, 2013, (1): 7-10.

[9] 丁松. 液压传动型风力发电机组概述. 工程科技, 2015, (12): 1-3.

[10] Zhao H, Wu Q, Hu S, et al. Review of energy storage system for wind power integration support. Applied Energy, 2015, 137: 545-553.

撰稿人：王同光[1]、李天石[2]

1 南京航空航天大学、2 西安交通大学

旋转机械转子系统振动失效与典型失效模式耦合相关的可靠性设计

Reliability Design for Rotating Machinery Rotor Systems with Coupling Correlation Vibration and Typical Failure Modes

转子系统作为旋转机械的核心部件，在电力、能源、交通、石油、化工以及国防等领域中发挥着不可替代的作用。旋转机械常常由于出现各种不同形式的故障而影响其正常工作，有时甚至会发生由于故障引发的机毁人亡的事故，并造成重大的经济损失，可见旋转机械转子系统的可靠性研究具有重要的学术理论价值和实际应用价值。随着科学技术的发展，旋转机械正在向高速、重载和自动化方向发展，对旋转机械在速度、容量、效率和安全可靠性等方面提出了越来越高的要求。

机械振动将引起机器的失效和噪声污染，影响精密仪器设备的功能，降低机械加工的精度和光洁度，加剧零部件的疲劳和磨损，缩短机器的使用寿命，消耗机器能量和降低机器效率，有时会使机器结构发生大变形而破坏，甚至造成灾难性的事故。特别是现代机器结构正向大功率、高速度、高精度、轻型化、大型化和微型化等方向发展，振动问题也就越来越突出。旋转机械转子系统的故障与机械振动密不可分，所以要掌握旋转机械转子系统的振动规律和机理，综合运用分析、识别、测定、预测、设计等手段，结合现代数学力学理论和数值计算方法及实验测试技术，有的放矢地采取有效的隔振、减振、抑振、消振、吸振等措施来限制旋转机械转子系统的振动，控制旋转机械转子系统的振动在可以接受的范围之内，以保证旋转机械转子系统的正常工作运行，可见旋转机械转子系统的动态可靠性分析和设计是提升旋转力学性能的重要手段之一。因此，要将机械振动与机械可靠性有机融合，定量地开展旋转机械转子系统的动态可靠性研究，形成符合旋转机械转子系统实际运行工况的动态可靠性分析和设计理论与方法，解释旋转机械转子系统中的各种复杂振动与失效现象，保障旋转机械转子系统的安全可靠运行，可见开展符合国家重大战略需求的旋转机械转子系统动态可靠性设计理论与方法的研究至关重要。经典的可靠性设计理论与方法不能考虑旋转机械转子系统的振动行为，旋转机械转子系统的可靠性理论与方法近乎空白，而且旋转机械转子系统的动态可靠性理论与方法也处于空白状态，为了弥补这些缺失，必须开展符合实际运行工况的旋转机械转子系统的动态可靠性研究。

转子系统是支撑国家经济命脉的航空航天、能源动力、石油化工及冶金工程等行业的关键设备中最为关键的核心部件。因此，转子系统的异常运行状况不仅影响机器本身的安全工作，而且还会造成连续生产的损失，甚至导致机毁人亡的事故。目前国内外许多学者致力于转子系统的故障诊断等方面的研究。旋转机械转子系统的故障的种类繁多、形式各异。最常见的故障有油膜振荡、转轴裂纹、基座松动、碰摩、气流激振、不对中、转轴热弯曲等。除了单一故障以外，还出现各种类型的耦合故障。转子系统的各种故障分析和稳定性研究，取得了一系列重要的研究成果[1-8]，为转子系统故障的预测和诊断提供了较为充分的理论依据。为保证机组的安全可靠运行，降低机组的维修费用和提高机组利用率，研究转子系统典型故障（如油膜振荡、转轴裂纹、基座松动、碰摩、气流激振、不对中、转轴热弯曲等）的可靠性分析和设计模型并求解至关重要[9,10]。转子系统的典型故障多以振动的形式表现出来，因此构建转子系统典型故障与振动的内在关系的关联函数，建立转子系统典型故障的动态可靠性模型并求解，是解决目前国际缺乏的转子系统典型故障的可靠性分析和设计的理论与方法的有效途径，无疑对提高转子系统的性能和可靠性将大有裨益。

在旋转机械转子系统的可靠性设计之中，考虑非线性多盘转子系统的振动行为，进行避免振动失效和典型故障耦合相关的动态可靠性设计是反映旋转机械转子系统实际运行工况之举。旋转机械转子系统的典型故障或失效多数是由机械振动引起的，而这些故障又加剧转子系统的振动强度，最终导致旋转机械的损坏。在故障和振动的双重作用之下，势必引起旋转机械转子系统的振动响应超标，因此在构建转子系统可靠性模型时要妥善考虑振动响应因素和转子系统故障因素等，这样的可靠性模型必定包含时间变量，考虑了时间因素的可靠性模型要比静态模型复杂得多，而且要充分考虑多种多样的转子系统故障与振动之间的耦合关联，如振动与油膜振荡、转轴裂纹、基座松动、碰摩、气流激振、不对中、转轴热弯曲等内在关系，各失效类型相互耦合相关的可靠性分析和设计问题一定是国际级难题之一，其研究成果至今仍然处于空白状态。如何解决表征各失效类型之间的耦合（相关）以及在此基础上研究可靠性分析和设计问题是既复杂而又具有挑战性和开创性的科学问题，这一问题的妥善解决，直接关系到突破约束旋转机械转子系统可靠性发展瓶颈。旋转机械转子系统振动失效与典型失效模式耦合可靠性设计的理论与技术的构想框图如图 1 所示。

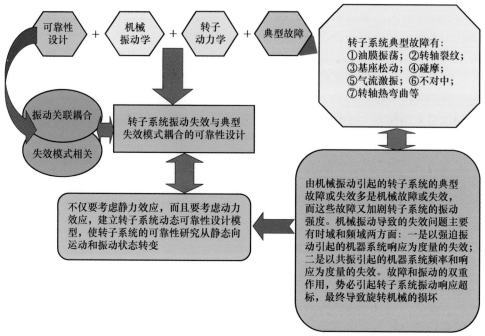

图 1　旋转机械转子系统振动失效与典型失效模式耦合可靠性设计的理论与技术的构想框图

参 考 文 献

[1] Rao J S. Rotor Dynamics. 3rd ed. New Delhi: John Wiley & Sons, 1996.

[2] Muszynska A. Rotordynamics. Boca Raton: CRC Press, 2005.

[3] Vance J M, Zeidan F Y, Murphy B. Machinery Vibration and Rotordynamics. New Jersey: John Wiley & Sons, 2010.

[4] El-Shafei A, Tawfick S H, Raafat M S, et al. Some experiments on oil whirl and oil whip. ASME Journal of Engineering for Gas Turbines and Power, 2007, 129(1): 144-153.

[5] Bachschmid N, Pennacchi P, Tanzi E. Cracked Rotors: A Survey on Static and Dynamic Behaviour Including Modelling and Diagnosis. New York: Springer, 2010.

[6] Kim H S, Cho M H, Song S J. Stability analysis of a turbine rotor system with Alford forces. Journal of Sound and Vibration, 2002, 258(4): 777-790.

[7] Sekhar A S, Prabhu B S. Effects of coupling misalignment on vibrations of rotating machinery. Journal of Sound and Vibration, 1995, 185(4): 655-671.

[8] Goldman P, Muszynska A, Bently D E. Thermal bending of the rotor due to rotor-to-stator rub. International Journal of Rotating Machinery, 2000, 6(2): 91-100.

[9]　Zhang Y M, Wen B C, Andrew Y T L. Reliability analysis for rotor rubbing. Journal of Vibration and Acoustics—Transactions of the ASME, 2002, 124(1): 58-62.

[10]　Zhang Y M, Wen B C, Liu Q L. Reliability sensitivity for rotor-stator systems with rubbing. Journal of Sound and Vibration, 2003, 259(5): 1095-1107.

撰稿人：张义民[1,2]

1 沈阳化工大学、2 东北大学

选取机械装备系统可靠性设计中相关系数量值的理论原则

Theory Principle in Selection of Correlation Coefficient Value for Mechanical Reliability Design

相关系数是测定随机变量之间相关密切程度和相关方向的代表性指标，其特点表现在：①参与相关分析的两个变量是对等的，不分自变量和因变量，因此相关系数只有一个相同的量值；②相关系数的正负号反映相关关系的方向，正号反映正相关，负号反映负相关；③计算相关系数的两个变量都是随机变量。一般来说，随机变量之间的相互关系可以分为两种，一种是函数关系，另一种是相关关系。函数关系是指变量之间存在的相互依存的关系，它们之间的关系值是确定的；相关关系是指两个现象数值变化不完全确定的随机关系，是一种不完全确定的依存关系。

在进行机械装备系统可靠性设计时，需要掌握机械系统及其零部件随机参数的概率分布信息，但是在工程实际中往往很难有足够的资料和数据来确定随机参数的概率分布和概率信息。目前，机械装备系统可靠性设计方法已经有了较大的发展，但是这些方法大多都是假定设计参数服从正态分布或指定分布形式。工程实际的复杂性和统计数据的相对缺乏，使得各设计参数服从多种形式的概率分布形式，甚至无法判断其分布形式，因此基于这种概率统计信息的可靠性设计方法一定会带来误差或远离真解，有时甚至得到谬误的设计结果。对于机械装备系统可靠性设计领域的这一难题，尤其面对我国机械装备系统可靠性数据和信息严重匮乏的局面，特别是针对小样本和单样本机械装备系统的属性，开展概率信息缺失情况下的机械装备系统的可靠性设计理论方法与应用技术尤为重要。在很多情况下，工程系统的可靠度或失效概率的计算都是根据基本随机变量是互不相关或者相互独立的假定进行的[1]。然而，工程系统的随机变量一般都存在相关性，因此在进行工程系统的可靠性分析时，可以将相关的随机变量先变换为互不相关的变量，再计算工程系统的可靠度或失效概率。对彼此相关的随机变量，经常使用Rosenblatt 变换、Orthogonal 变换和 Nataf 变换等方法[2-9]。另一种不完全概率信息的可靠性分析与设计的方法是高阶矩方法[10,11]，高阶矩方法可以有效解决概率信息缺乏情况下的机械可靠性分析与设计问题，为有限概率信息的机械系统的可靠性分析与设计提供了实用有效的理论依据和技术支撑。

　　由于概率信息的缺失，无法精准地确定随机变量分布参数（如均值、方差、相关系数等）的量值，尤其很难断定相关系数的数值。相关系数是度量随机变量之间相关程度的指标，即两个随机现象之间相关密切程度的统计分析指标。随机参数对机械装备可靠性的影响可以具体化为随机变量的分布参数对可靠性的影响，机械装备系统中的随机参数与失效模式等一般都存在相关性，可以肯定的是，相关性对机械装备系统可靠性的影响是客观必然事件，有时甚至影响很大，这就需要进行相关性的定量分析和精准描述。确定相关系数通常需要大量的统计样本，而在工程实际中大样本实验与统计不但需要大量的人力、物力和财力的投入，而且不同类型与不同型号的项目研究需要重复这样的投入，这通常是很难甚至是不可能做到的，尤其针对机械装备的小样本和单样本特性，类似的投入几乎是不可能的，可见在现阶段缺乏足够的实验信息和统计数据是完全可以理解的。但是，随着科学技术与机械装备设计的发展与深入，必须逐渐积累失效信息与统计数据，以使机械装备设计更加细致、精确、合理。在缺乏足够的实验信息与统计数据的情况下，就很难精确地确定随机参数或失效模式的相关系数，所以在多数情况下工程设计者凭经验近似地指定相关系数或者忽略相关系数，而由此指定的相关系数计算获得的可靠度或失效概率一定存在着误差，甚至远离真解；另外，只要没有充分的根据说明随机参数的相关性时，通常选择随机参数之间不相关，这样计算的可靠度或失效概率的结果误差将会更大，有时甚至导致不正确的计算结果。

　　选取机械装备系统可靠性设计中相关系数量值的理论原则的构想框图如图 1 所示[12]。

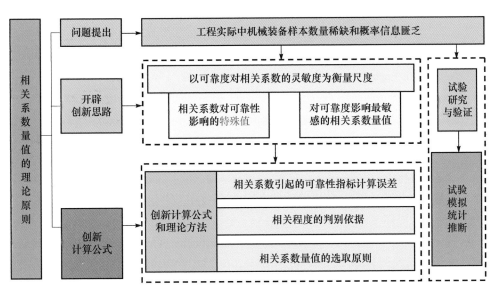

图 1　选取机械装备系统可靠性设计中相关系数量值的理论原则的构想框图

　　为了安全可靠和简化实验的需要，选择经过合理的理论分析推断以确定相关系数的量值，并进行机械装备系统可靠性研究是简便而有效的途径之一。可见，提出随机参数和失效模式之间相关系数量值的选取原则，提供随机参数和失效模式之间相关程度的判别依据，获得机械装备的可靠性指标随相关系数变化的规律，给出相关系数量值引起的可靠性指标计算误差等，将为工程实际的应用打下坚实的基础，以便为机械装备的可靠性设计、质量监控和改进提高提供有益的参考原则。

参 考 文 献

［1］　Ditlevsen O, Madsen H O. Structural Reliability Methods. New York: John Wiley & Sons, 1996.

［2］　Rosenblatt M. Remarks on a multivariate transformation. Annals of Mathematical Statistics, 1952, 23(3): 470-472.

［3］　Rackwitz R, Fiessler B. Structural reliability under combined load sequence. Computer and Structures, 1978, 114(12): 2195-2199.

［4］　Kiureghian A D, Liu P L. Structural reliability under incomplete probability information. Journal of Engineering Mechanics, 1986, 112(1): 85-104.

［5］　Zhang Y M, Wang S, Liu Q L. Reliability analysis of multi-degree-of-freedom nonlinear random structure vibration systems with correlation failure modes. Science in China Series E—Technological Sciences, 2003, 46(5): 498-508.

［6］　Vořechovský M. Simulation of simply cross correlated random fields by series expansion methods. Structural Safety, 2008, 30(4): 337-363.

［7］　Lebrun R, Dutfoy A. Do Rosenblatt and Nataf isoprobabilistic transformations really differ? Probabilistic Engineering Mechanics, 2009, 24(4): 577-584.

［8］　Goda K. Statistical modeling of joint probability distribution using copula: Application to peak and permanent displacement seismic demands. Structural Safety, 2010, 32(2): 112-123.

［9］　Leira B J. Probabilistic assessment of weld fatigue damage for a nonlinear combination of correlated stress components. Probabilistic Engineering Mechanics, 2011, 26(3): 492-500.

［10］　Zhang T X. An improved high-moment method for reliability analysis. Structural and Multidisciplinary Optimization, 2017, 56(6): 1225-1232.

［11］　Zhang T X, He D. An improved high-order statistical moment method for structural reliability analysis with insufficient data. Proceedings of the Institution of Mechanical Engineers Part C—Journal of Mechanical Engineering Science, 2018, 232: 1050-1056.

［12］ Yang Z, Zhang Y M, Zhang X F, et al. Reliability sensitivity-based correlation coefficient calculation in structural reliability analysis. Chinese Journal of Mechanical Engineering, 2012, 25(3): 608-614.

撰稿人：张义民[1,2]

1 沈阳化工大学、2 东北大学

液压流固耦合系统相关失效模式的可靠性设计

The Reliability Design of Hydraulic Fluid-Structure Interaction Systems with Correlation Failure Modes

　　液压技术和装置起源于 1654 年帕斯卡（Blaise Pascal）提出的静压传动原理，兴起于 19 世纪的国际石油工业，20 世纪 60 年代以后逐渐发展渗透到各个工业领域之中。随着机、电、液一体化理论和技术的发展及完善，液压技术和装置也得到了迅速发展，并且越来越广泛地应用于国民经济的多种行业之中。当前，液压技术和装置正向高速度、高压力、大流量、高效率、低噪声、长寿命、集成化、复合化、数字化、轻量化、极端化等方向发展，液压元件和系统的优化设计、仿真模拟、数字控制等理论和方法的日趋成熟，促进了液压技术和装置的迅速发展，并且取得了显著的成果[1,2]。在许多应用液压技术和装置的场合，如果工程设计人员在设计阶段就能充分考虑液压元件和系统的特性，就可以缩短液压元件和系统的设计周期，避免重复试验和制造加工带来的浪费。因此，需要建立合适的液压元件和系统的仿真和试验模型，并且合理地量化液压元件和系统的各种性能，通过对液压元件及系统的分析及设计以便预测液压装置的性能、提高液压装置的可靠性和减少设计周期，并且分析及评估液压元件和系统运行状态和性能，从而达到优化液压系统、缩短设计周期和提高系统稳定性的目标。目前液压技术和装置的普及程度已经成为衡量国家工业技术水平的指标之一。

　　液压技术和装置自 19 世纪诞生以来，得到了不断发展和完善，已经成为世界各国多种工业领域的关键技术之一，液压元件和系统的可靠性也成为保障机械产品质量的关键核心因素之一。液压系统和装置所处的环境严酷和所承受的激励繁多，致使液压元件与系统的失效模式多样与失效机理复杂。例如，液压元件和系统的性能因多元渐变而随时间逐渐劣化，以及液压元件和系统在突然启动、停机、变速或换向时，液压阀突然关闭或动作突然停止所形成的冲击而形成瞬态振动等。实质性的问题是由于液压元件和系统是带有液流质量及可压缩性等分布参数的系统，如此流固耦合的液压系统的可靠性研究必然涉及固体和流体两相介质的交互作用，在交互载荷作用下将会产生固体和流体的变形或运动，然后变形或运动又反作用改变环境的状况，从而循环影响固体和流体的变形或运动，可见流固耦合概念和理论的引入既是液压系统可靠性的本质，也是其研究的必然。由此可见，液压元件与系统的特殊性和复杂性在液压可靠性的理论技术研究中要予以充分体现，液压元件与系统的特点主要体现在：①在现有的机械设备中，液压装置的故障（或失效）率通常很高；②液压装置有参数可测量性差、动力传递封闭、故障（或失效）机理多样和复杂等许多问题；③比例伺服阀、优良效能液压泵等高性能的液压元件和系统的技术还需发展和完善。因此，关于液压元件与系统的可靠性研究就显得更为重要。

液压元件和系统的可靠性研究基本上兴起于 20 世纪 70 年代，国内外许多学者在不同层面上做了相关的研究工作，取得了相应的成果，出版了一些专著和发表了一些相关论文[3-15]。国内外液压元件和系统与装置的可靠性已经成为制约工业装备可靠性的重要因素之一，虽然国际液压元件和系统的可靠性理论及技术的研究经历了几十年的不断探索，但是至今没有突破液压流固耦合系统相关失效模式可靠性设计的理论瓶颈，液压元件和系统的固体及流体相互作用产生的各种行为现象以及这些行为现象对两相介质可靠性交互影响的科学问题还没有解决。液压元件和系统的可靠性分析与设计理论及技术还大多以经验积累或实验测试为基础，液压元件和系统的失效机理还没有充分揭示、液压流固耦合系统的可靠性设计模型还没有明确建立、液压元件和系统的相关失效模式的可靠性设计理论与方法还处于空白状态、液压元件和系统的可靠性理论与技术的工程应用还相当薄弱，所以应大力加强液压元件和系统的可靠性设计与分析的研发力度及投入。液压元件和系统的可靠性研究基本上可以分为以下三大类：

（1）根据全寿命周期统计和推断的液压元件及系统的故障和失效信息，建立液压流固耦合系统的可靠性模型并进行可靠性分析和设计。这样的液压流固耦合系统模型必然是复杂的连续系统模型，需要用时间和位置坐标等函数来描述其运动状态，并且具有无限多的自由度和固有频率。因此，当液压系统中的任一激励频率与液压系统的固有频率相接近就会发生大振幅共振现象，导致故障/失效的发生。将液压产品的研发与可靠性设计有机地结合起来，估计或预测液压元件和系统的可靠与失效状态，预估和评价液压产品的可靠性水平，发现和排除设计的薄弱环节，从根本上提高液压元件和系统的固有可靠性。

（2）遵循可靠性内涵和规律，分析液压元件和系统的故障及失效机理，寻找液压元件和系统可靠性低的原因，构建液压元件和系统流固耦合的相关失效模式的可靠性设计理论体系框架，这样的液压流固耦合系统相关失效模式不仅要考虑固体和流体的相互作用，而且要考虑振动和渐变的相互耦合，此难题是液压流固耦合系统相关失效模式可靠性设计的瓶颈。只有该难题的突破，才能有的放矢地对液压系统和装置的设计和制造缺陷进行修改，改进和消除液压产品的薄弱环节，使液压元件和系统的固有可靠性得以增长。

（3）采用正确的可靠性理论与技术，对既有的液压元件及系统进行可靠性试验和实验，利用过载应力条件和流固相互作用发现液压元件及系统的缺陷，融合应力分析、动态解析、故障机理等手段，综合建立液压元件和系统的故障模式并分析失效机理，从而夯实高可靠性和低成本的液压元件和系统产品的理论与试验基础。并且应用概率统计理论、可靠性设计理论、机械动力学理论及流体力学理论等对试验结果进行统计推断分析、对液压元件和系统进行可靠性估计及预测。在液压流固耦合系统相关失效模式的可靠性设计理论与方法的基础上，通过反复分析、试验使液压产品的设计、制造中的薄弱环节予以暴露，经过修正与排除液压产品的缺陷，使液压产品的可靠性持续提升。

目前液压元件和系统的可靠性理论与技术主要停留在经验模型方法和测试试验技术等方面。典型的液压元件（如液压管道、液压阀、液压泵等）的可靠性提升是液压系统可靠性的保障，可见提高液压元件的固有可靠性是液压产品可靠性研究的基本内容之一。随着国际科学技术的迅速发展，可靠性理论和技术越来越受到各行各业的重视和研发，因此进一步加强液压系统和装置的可靠性研究可以最大限度地防止或控制液压产品的故障和失效的发生，以保障和提高液压产品的可靠性。液压流固耦合系统相关失效模式的可靠性设计理论与技术的构想框图如图 1 所示。

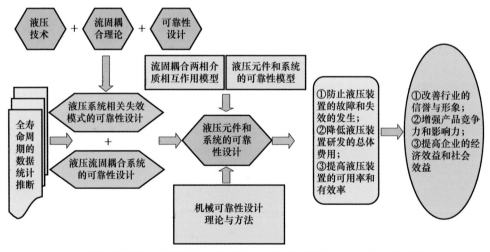

图 1　液压流固耦合系统相关失效模式的可靠性设计理论与技术的构想框图

参 考 文 献

[1]　雷天觉. 新编液压工程手册. 北京: 北京理工大学出版社, 1999.

[2]　路甬祥. 液压气动技术手册. 北京: 机械工业出版社, 2002.

［3］ 许耀铭. 液压可靠性工程基础. 北京: 国防工业出版社, 1991.

［4］ 湛从昌, 傅连东, 陈新元. 液压可靠性与故障诊断. 北京: 冶金工业出版社, 2009.

［5］ 赵静一, 姚成玉. 液压系统可靠性工程. 北京: 机械工业出版社, 2011.

［6］ Majumdar S K. Study on reliability modeling of a hydraulic excavator system. Quality and Reliability Engineering International, 1995, 11(1): 49-63.

［7］ Avontuur G C, van der Werff K. Systems reliability analysis of mechanical and hydraulic drive systems. Reliability Engineering and System Safety, 2002, 77(2): 121-130.

［8］ Burgazzi L. Failure mode and effect analysis application for the safety and reliability analysis of a thermal-hydraulic passive system. Nuclear Technology, 2006, 156(2): 150-158.

［9］ Zhang T X, Liu X H. Reliability design for impact vibration of hydraulic pressure pipeline systems. Chinese Journal of Mechanical Engineering, 2013, 26(5): 1050-1055.

［10］ 张天霄. 液压元件的可靠性设计和可靠性灵敏度分析. 长春: 吉林大学博士学位论文, 2014.

［11］ Zhang T X, Zhang N. Vibration modes and the dynamic behaviour of a hydraulic plunger pump. Shock and Vibration, 2016: 9679542.

［12］ Zhang T X. The analysis of vibration characteristics for a hydraulic structural component. Journal of Vibration Engineering and Technologies, 2016, 4(6): 563-571.

［13］ Zhang T X, Zhang Y M. A new model for reliability design and reliability sensitivity analysis for hydraulic piston pump. Proceedings of the Institution of Mechanical Engineers Part O—Journal of Risk and Reliability, 2017, 231(1): 11-24.

［14］ Zhang T X, He D. A reliability-based robust design method for the sealing of slipper-swash plate friction pair in hydraulic piston pump. IEEE Transactions on Reliability, 2018, 67(2): 459-469.

［15］ Zhang T X. Robust reliability-based optimization with a moment method for hydraulic pump sealing design. Structural and Multidisciplinary Optimization, 2018, DOI: 10.1007/s00158-018-1996-1.

撰稿人：张天霄[1]、张义民[2,3]

1 美国伊利诺伊大学芝加哥分校、2 沈阳化工大学、3 东北大学

高性能人工肌肉

Artificial Muscle of High-Performance

1. 问题的由来及重要性

自然生命体的结构特征、工作机理和运动特性，一直是科技人员灵感的重要来源。对于人类和脊椎动物，骨骼和肌肉是身体的重要组成部分。人体大约有 630 块独立的肌肉，占人体总重量的 40%，这些肌肉是完成复杂、灵巧运动的基础。肌肉可以视为一种能够提供间歇性位移和自适应刚度的线性驱动器，具有信息传输、能量传递、废物排除、能量供给、传动以及自修复功能，且柔韧性好、功率密度比大、噪声小，同时能够根据环境和任务实现物理性能的自动适应，综合性能非常优越。如何设计和制造与人或动物肌肉组织结构相似、功能相近的高性能人工肌肉驱动器成为研究热点之一。

2. 问题的本质与描述

按照能量来源和材料结构的不同，人工肌肉可以分为外在收缩式和内在收缩式两种类型。

外在收缩式人工肌肉主要包括液压人工肌肉和气动人工肌肉（pneumatic artificial muscle, PAM）两种，其中后者的应用更为广泛。PAM 的核心是一个可膨胀的薄壁囊，外部为限制变形的支撑材料，两端使用连接件固定。加压时产生收缩，在最大收缩率时输出力为零。由于只能单向收缩，常成对使用以产生双向力或运动。除具有气压传动固有的低成本、清洁、安全、安装简便等优点外，高功率/质量比和高功率/体积比是 PAM 相比于传统驱动器的最大优势，同时具有柔性结构，力学性能与生物肌肉相似。

内在收缩式人工肌肉主要以电活性聚合物（electro-active polymer, EAP）和形状记忆合金（shape memory alloy, SMA）为主。其中，聚合物种类繁多，相关的新发现、新发明层出不穷，具有很大的发展空间[1]。这类人工肌肉基于材料本身的特性，将电能、化学能、热能、光能转化为机械能，从而产生幅度较大的尺寸或形状变化。另外，部分 EAP 能够在外部作用下产生电压和电流的变化，具有一定的传感能力。SMA 是一种具有形状记忆效应和超弹性特征的感温材料，在一定条件下可产生变形，通过改变温度可产生逆变形，使材料恢复到初始形态[2,3]。

PAM、EAP 和 SMA 是人工肌肉的三个主流方向。与生物肌肉相比，不同类型的人工肌肉虽然在部分指标上有所超越，但仍存在很多不足，尚未出现综合性能指标与生物肌肉相媲美的人工肌肉，主要体现在以下几个方面：

（1）PAM 型人工肌肉的动力来源于高压气体，需要体积或质量较大的气源和供气管道等辅助设备，不利于进行集成和应用；另外，其充气变形为强非线性环节，且具有时变性，难以实现精确控制。

（2）EAP 型人工肌肉中，电场型聚合物人工肌肉的工作需要千伏级电压，安全性成为限制其应用的主要问题。离子型聚合物人工肌肉需要内部电介质溶液离子的移动而产生变形，而离子溶液的挥发和化学反应可导致驱动器性能的下降甚至功能的丧失，在响应速度、工作寿命、输出力等方面与生物肌肉存在较大的差距，目前主要在微小型实验设备上应用。

（3）SMA 型人工肌肉虽然在功率密度、行程等方面具有较好的组合性能，但是工作效率较低，只有约5%的能量转化成机械能，同时工作寿命也是限制其应用的重要方面。

3．历史回顾与研究现状分析

1）气动人工肌肉

1900 年，Reuleaux 在生物机械学的研究中提出了采用橡胶管模拟生物肌肉的原理。在此基础上，经过 Wilkins、Haven、Gaylord 等的逐渐改进，被 McKibben 应用于临床康复理疗。这种结构的气动肌肉称为 McKibben 型气动肌肉，也是目前研究最多、应用最广泛的气动人工肌肉[4]。

由于受非弹性变形和摩擦力的影响，气动人工肌肉的精确建模十分困难。华盛顿大学的 Chou 等[5]利用等效做功原理研究气动肌肉的建模。Tondu 等[6]利用虚功原理建立的模型得到应用，但是由于忽略了很多影响因素，与实际结果存在较大的误差。Tsagarakis 等[7]考虑了人工肌肉膨胀时的端部非圆柱体、橡胶壁厚、摩擦力以及橡胶弹性力，建立了人工肌肉在收缩与拉伸两种状态下的数学模型。Repperger 等[8]从弹性力学出发，将人工肌肉视为固体材料的弹性体，在等张力情况下，采用弹性模量和泊松比表示静态气动肌肉的特性。Reynolds 等[9]将人工肌肉等效为弹簧、缓冲器和收缩单元的并联模型。Bertetto 等[10]建立了 McKibben 型人工肌肉的有限元模型，考虑了内部橡胶扩展的非线性和负载传递机制。Zhang 等[11]采用有限元分析了气动肌肉的三维力模型，并推导出单元内部力向量和正切刚度矩阵。

由于气动人工肌肉自身的非线性、柔性以及空气介质的可压缩性，实现气动肌肉的精确控制是非常困难的。目前，常用的气动肌肉控制方法包括：无模型 PID

控制方法、基于模糊规则和神经网络的控制方法、滑模变结构控制方法以及自适应方法等。

2）聚合物人工肌肉

准确性和复杂性是 EAP 驱动器动力学建模需要考虑的主要问题。EAP 驱动器动力学建模的关键是物理建模、机电一体化建模以及大变形理论的综合应用。如果模型能够包含上述要素，则可以有效提高 EAP 驱动器的建模精度[12]。目前，EAP 驱动器建模的主要方法包括：基于试验数据的黑箱模型、试验数据与物理原理相结合的灰箱模型、基于内在物理原理的白箱模型和有限元模型。

EAP 驱动器的控制方法可分为反馈控制和前馈控制两大类[13]。反馈控制方法主要有传统 PID 控制、状态反馈控制、自适应控制、鲁棒控制、力反馈控制、面向模型的非线性控制、迭代反馈控制等，是目前应用最广泛的控制方式。前馈控制虽不需要反馈信息，但依赖于准确的驱动器模型，主要包括基于准静态模型的前馈控制、频率加权前馈控制、基于混合模型的前馈控制、自适应前馈控制、H_∞ 前馈控制等。前馈控制通常作为 EAP 反馈控制的性能补偿环节。另外，由于部分 EAP 驱动器具备传感功能，利用自感知信息进行闭环控制是 EAP 驱动器控制的新方向。

4. 问题的难点与挑战

由于人工肌肉比较接近自然生命体中驱动-感知-执行单元的结构和性能特征，成为当前的热点研究方向。由于材料、建模和控制等方面的制约，目前人工肌肉的形式选择和结构设计需要根据具体的应用要求，对机械、电气、化学等方面的特性进行平衡，现有人工肌肉的综合性能与生物肌肉相比存在很大的差距。人工肌肉的致动机理与动静态特性分析、动力学建模及新型结构优化设计、人工肌肉的仿生运动控制是高性能人工肌肉的三大难点。另外，如何使人工肌肉能够根据作业环境和任务的变化而自动地改变其形状、刚度等特性，并实现工作模式的自主切换，也是高性能人工肌肉研究面临的主要挑战。

参 考 文 献

[1] Mirfakhrai T, Madden J D W, Baughman R H. Polymer artificial muscles. Materials Today, 2007, 10(4): 30-38.

[2] 李明东, 程君实. 形状记忆合金丝驱动的仿生转动关节臂. 上海交通大学学报, 1999, 3(10): 1284-1287.

[3] Madden J D W, Vandesteeg N A, Anquetil P A, et al. Artificial muscle technology: Physical principles and naval prospects. IEEE Journal of Oceanic Engineering, 2004, 29(3): 706-728.

［4］ 陶国良, 谢建蔚, 周洪. 气动人工肌肉的发展趋势与研究现状. 机械工程学报, 2009, 45(10): 75-83.

［5］ Chou C P, Hannaford B. Measurement and modeling of McKibben pneumatic artificial muscles. IEEE Transactions on Robotics and Automation, 1996, 12(1): 90-102.

［6］ Tondu B, Lopez P. Modeling and control of McKibben artificial muscle robot actuators. IEEE Control Systems Magazine, 2000, 20(2): 15-38.

［7］ Tsagarakis N, Caldwell D G. Improved modelling and assessment of pneumatic muscle actuators. Proceedings of the IEEE International Conference on Robotics and Automation, 2000: 3641-3646.

［8］ Repperger D W, Phillips C A, Johnson D C, et al. A study of pneumatic muscle technology for possible assistance in mobility. Proceedings of the 19th IEEE/EMBS International Conference, 1997: 1884-1887.

［9］ Reynolds D B, Repperger D W, Phillips C A, et al. Modeling the dynamic characteristics of pneumatic muscle. BMES Annals of Biomedical Engineering, 2003, 31(3): 310-317.

［10］ Bertetto M A, Ruggiu M. Characteristics and modeling of air muscles. Mechanics Research Communications, 2004, 31: 185-194.

［11］ Zhang W, Accorsi M L, Leonard J W. Analysis of geometrically nonlinear anisotropic membranes: Application to pneumatic muscle actuators. Finite Elements in Analysis and Design, 2005, 41(9-10): 944-962.

［12］ Moghadam A A A, Hong W, Kouzani A, et al. Nonlinear dynamic modeling of ionic polymer conductive network composite actuators using rigid finite element method. Sensors and Actuators A: Physical, 2014, 217: 168-182.

［13］ Jeong H Y, Kim B K. Electrochemical behavior of a new type of perfluorinated carboxylate membrane/ platinum composite. Journal of Applied Polymer Science, 2006, 99(5): 2687-2693.

撰稿人：郭闯强、姜 力

哈尔滨工业大学

机器人的人机交互与自律协同

Cooperation of Man-Machine Interaction and Autonomic Control for Robots

1．问题的由来及重要性

在科学技术高度发达的今天，人们对先进设备的需求更加强烈。十几年前人们希望拥有属于自己的计算机，希望拥有更小的手机，现在人们希望拥有属于自己的机器人。然而，能够融入人们生活的机器人还限于扫地机器人、拍照无人机和玩具小车，能够被应用于车间以外的机器人还限于炒菜机器人、餐厅服务机器人。ASIMO、ATLAS、BIGDOG 是目前最先进的两足和四足机器人，但它们距离普通人还很遥远。

人是自然界的奇迹，因为人具备了功能强大的运动系统和感官系统。人的眼睛、皮肤构成了最重要的视觉和触觉系统，它们是完成具有外界约束运动的不可或缺的基础。当然，更为重要的是，人的大脑的学习和控制能力非常强大，能够完美地实现对自己身体的控制。相比之下，目前的机器人还比较幼稚，既没有如人的皮肤一样覆盖全身的触觉感知系统，也不具备如人的眼睛和大脑一样强大的视觉处理系统，更没有成熟的学习能力，所以机器人距离真正的如人一样高度发达的智能还有很大的距离。

在机器人没有实现完全智能化的条件下，人机交互成为非常重要的研究内容。机器人需要接收来自人的命令，人替代机器人完成部分决策，通过人机交互方式控制机器人的动作。然而，在一些操作人员无法进入的应用现场，操作人员只能靠机器人所携带的摄像头或机器人检测到的数据来观察和判断机器人所处环境从而得出任务指令，这种指令可能存在误判，所以需要机器人具有一定的自律控制能力。机器人既要执行人的指令，又要执行自律系统产生的指令。如何自然地协调人的干预与机器人的自律具有很大的困难，是一个需要研究的重要问题。

2．问题的本质与描述

如图 1 所示，人与机器人之间存在信息交互，机器人与环境之间存在信息交互，人与环境之间也存在信息交互。因此，机器人在一定环境中进行作业，受人机状态、资源环境、通信能力和可靠性等约束，建立人机协同作业任务界面划分方法和优先级关系，研究机器人与人更加自然的交互方法是人机交互需要研究和解决的问题。传统的人机交互一般采用鼠标和键盘实施命令的下达并通过屏幕进行反馈，但这种方式并不是人类沟通的原有方式，而且给人带来非生物性的冷漠感。因此，人类使用语言、动作、表情并通过听觉、视觉、触觉、味觉等多种自然感官与机器人进行自然交互是目前研究的趋势。根据作业现场机器人运动状态及人机多元信息交互，研究机器人对人的操作意图的理解和快速响应，可以揭示动态环境下完成复杂任务的人机交互作业机理。因为人类的命令并非低层次的动作指令，而是高层次的语义指令，所以机器人需要自主地并有创造性地去执行任务。另外，机器人需要通过自身或外部传感信息感知外界环境，并对感知的环境数据自主进行分析，结合人的指令进行滚动重规划，优化机器人下一步的运动，从而在精确执行规划运动的同时，避免因与环境接触带来的伤害，进一步确保操作的安全性和准确性。因此，通过人机交互下达命令与机器人接收人的指令并自主实施相结合的协同控制是机器人与人之间理想的协作方式。通过研究自然的人机交互方式与机器人自律控制策略，提出人类决策和机器人自主操作的协同作业模式，建立人机协作机制，实现人机交互与机器人自律的协同控制。

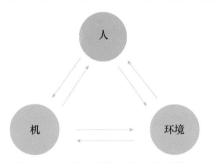

图 1 人、机、环境之间的关系描述

3. 历史回顾与现状分析

人机交互方式由最初的简单的按键操作，到后来的图形化人机交互界面操作，再发展到如今的基于视觉的体感操作[1]，人机交互方式的变化充分体现了科学技术的发展。在人机交互研究方面，Maxion 等[2]研究了人机交互界面的划分方法。Kenn 等[3]研究了基于数据手套的人机交互方法。Tzanetakis[4]将原声乐器与数字传感器相结合，实现了基于听觉的自然人机交互。在人机交互与自律协同研究方面，斯坦福大学教授 Khatib[5]提出了多任务优先级划分及避免任务间相互干扰的方法，通过采用零空间（null-space）方法实现不同任务层的拆分，使高优先级任务不会受低优先级任务的影响。Sentis 等[6]在 Khatib 研究的基础上采用零空间方法统一了机器人的空间运动控制。

4. 问题的难点与挑战

随着科学技术的发展和社会的进步，更多的人机交互设备将会得到应用，但人机交互与机器人自律控制之间的协同机制需要在理论上取得创新和突破。就人机交互和自律的协同技术而言，目前主要还存在以下几个科学难点：①机器人难以准确、自然地识别人的命令并做到自然的人机交互；②对于复杂多变的作业环境，机器人难以协调人的指令与环境的变化带来的影响；③人机交互任务等级的划分存在诸多矛盾，难以很好地协调多任务的执行；④人机交互与自律控制之间依然存在不可避免的干扰，机器人自律控制水平有待进一步提升，从而避免大量的任务需要采用人机交互的方式完成。人们在不断开发更加高效自然的人机交互方式的同时，也在不断提高机器人的自律控制水平，如何建立人机交互与机器人自律的最优协同机制，显著提高机器人应对复杂任务与多变环境的能力，是机器人研究领域面临的一个科学挑战。

参 考 文 献

[1] Zöllner M, Huber S, Jetter H, et al. NAVI—A proof-of-concept of a mobile navigational aid for visually impaired based on the microsoft kinect. Proceedings of Human-Computer Interaction, 2011, (6949): 584-587.

[2] Maxion R A, Reeder R W. Improving user-interface dependability through mitigation of human error. International Journal of Human-computer Studies, 2005, 63(1): 25-50.

[3] Kenn H, Megen F V, Sugar R. A glove-based gesture interface for wearable computing applications. Proceedings of the 4th International Forum on Applied Wearable Computing, 2007: 1-10.

[4] Tzanetakis G. Chapter 6. Natural human-computer interaction with musical instruments. Digital Tools for Computer Music Production and Distribution. Hershey: IGI Global, 2016.

[5] Khatib O. A unified approach for motion and force control of robot manipulators: The operational space formulation. IEEE Journal of Robotics and Automation, 1987, 3(1): 43-53.

[6] Sentis L, Khatib O. Control of free-floating humanoid robots through task prioritization. Proceedings of the IEEE International Conference on Robotics and Automation, 2005: 1730-1735.

撰稿人：邓　华、钟国梁、王恒升

中南大学

机构综合中的功能和性能问题

The Issues of Function and Performance in Mechanism Synthesis

1. 问题的由来及重要性

功能和性能是进行产品开发需要考虑的两方面要求，对机构和机器人来说通常分别体现在机构的构型设计和尺寸设计中。传统的机构设计采用基于分析的逆向设计过程，选用已有的机构构型通过性能分析的反复迭代试凑来实现设计，如何直接从功能和性能要求出发进行机构设计是机构学领域一个极具挑战性的问题。

目前在根据任务确定输入输出关联关系来进行机构拓扑综合方面已取得一定进展，但同时考虑复杂功能以及运动学、动力学性能的机构正向设计仍是一个非常困难的问题。目前多是个案解决，难以有一致的模式，缺乏更普遍性的理论方法[1]。

2. 问题的本质与描述

机构设计包括性能评价、型综合、尺度综合三个基本问题。性能评价是某种性能的一个数值化度量，反映的是代数关系（机构的代数结构或尺度结构），而型或者说拓扑是一种集合关系（铰链、杆，可用图论描述），拓扑结构本质上是非数值化的，因此难以建立两者之间的关系模型。目前国际上并联机构的型综合研究往往以机构末端的运动特征等功能为目标进行机构拓扑结构的设计，不考虑机构的过约束和工作空间等性能指标。这些性能指标往往在型综合完成之后通过反复的数值计算进行验证设计，这样容易造成机构设计过程的重复进行，导致设计资源的浪费。目前尚缺少在拓扑层面对约束系统尤其是过约束的表达，这使得将过约束作为一种明确的设计目标进行并联机构的拓扑综合变得困难。机构的工作空间往往与机构的尺寸有直接的关系，传统上对于工作空间的研究是在机构的尺度综合完成之后进行定量的研究。而在机构的拓扑层面，由于缺少尺寸参数，很难对工作空间进行讨论。因此，如何在拓扑层面建立机构的约束系统指标、对机构的约束特征特别是过约束特征进行表达并建立型指标与约束指标的关系模型，如何在拓扑层面对机构的工作空间进行定性的讨论并建立机构的构型与工作空间的关系模型，仍是机构学领域有待解决的国际难题。

3. 历史回顾与现状分析

现有的关于拓扑结构与性能关系的研究是脱节的，即拓扑结构的设计是以满足运动自由度功能为目标，而性能优化的研究属于机构尺寸优化的内容，是在拓扑结构设计之后进行的。机构拓扑设计解决了自由度功能的问题[2]，有多种型综合方法，通常仅以机构末端的运动特征为设计目标；也有一些设计开始从拓扑方面考虑性能的研究[3]，但还处于起步阶段，对工作空间、过约束等性能指标在拓扑层面的研究较少；机构性能的研究主要关注表达方式、不同性能度量之间的统一以及以性能为指标的尺寸优化问题[4-6]，机构拓扑结构的性能优选问题还有待继续研究。将性能指标设计纳入型综合过程中，在拓扑层面就进行机器人机构性能特性的考虑，具有重大的理论和实际意义，同时也面临很大挑战。

4. 问题的难点与挑战

描述机构的拓扑特征是机构学领域一直以来的研究热点，但目前的型指标仅表达机构末端运动特征的形式和维数，尚未涉及更为广泛的运动性质。对型综合来说，大都以机构末端的运动特征为直接目标，在综合过程中尚未考虑工作空间等性能指标。工作空间往往与机构的尺寸有直接关系，在机构的拓扑层面，由于缺少尺寸参数，很难对工作空间进行讨论。但并联机构的设计往往有特定的工程背景，对工作空间有特定的要求，因此有必要在拓扑层面对机构的工作空间等性能指标进行建模与分析评价，但这是一个较为困难的问题，其难点在于如何建立拓扑-性能关系模型，揭示出机构的拓扑结构和代数结构的映射关系。

参 考 文 献

[1] Siciliano B, Khatib O. Springer Handbook of Robotics. 2nd ed. Berlin: Springer, 2016.

[2] 高峰, 杨加伦, 葛巧德. 并联机器人型综合的 G_F 集理论. 北京: 科学出版社, 2011.

[3] Yue Y, Gao F, Wei B, et al. Design method of 6-DOF parallel manipulators by investigating the incidence relation between inputs and outputs. ASME International Design Engineering Technical Conferences and Computers and Information in Engineering Conference, 2015: 1-9.

[4] Merlet J P. Jacobian, manipulability, condition number, and accuracy of parallel robots. Journal of Mechanical Design, 2006, 128(1): 199-206.

[5] Patel S, Sobh T. Manipulator performance measures-a comprehensive literature survey. Journal of Intelligent and Robotic Systems, 2014, 77(3-4): 547-570.

[6] Puglisi L J, Saltaren R J, Moreno H A, et al. Dimensional synthesis of a spherical parallel manipulator based on the evaluation of global performance indexes. Robotics and Autonomous Systems, 2012, 60(8): 1037-1045.

撰稿人：孟祥敦、郭为忠、陈先宝

上海交通大学

浮动基座机械臂的作业稳定性

Operation Stability of Manipulators with Floating Base

1．问题的由来及重要性

空间机械臂是一种典型的浮动基座作业系统。在空间应用的机器人系统中，很多情况下机械臂的基座是浮动的。与固定基座的机器人相比，浮动基座与机械臂之间存在着运动学和动力学耦合，即基座的位姿随机械臂的运动发生改变，而基座的位姿变化同时影响机械臂的位姿[1,2]。另外，由于机械臂中存在关节柔性和臂杆柔性，所以机械臂的刚性运动伴随着柔性变形和振动，这进一步导致浮动基座机械臂的运动失稳、精度降低和性能退化。

空间机械臂是空间在轨服务的核心装备之一。浮动基座引起的非完整约束问题与机械臂固有的柔性问题相互耦合，导致空间机械臂作业系统难以稳定地执行复杂、快速、精确的操作任务。因此，在已经开展的空间在轨操作技术验证中，都把浮动基座与机械臂之间的动力学耦合以及机械臂的柔性行为作为关键问题，但是目前仍缺乏系统、有效、实用的方法实现浮动基座下柔性空间机械臂的稳定作业。

2．问题的本质与描述

浮动基座机械臂的本质是基座作为活动构件参与了机械臂的作业任务，基座与机械臂之间存在动力学耦合，基座的运动学/动力学参数影响机械臂的末端位姿。也就是说，机械臂的末端运动不仅与机械臂的关节运动有关，而且与机械臂连杆、基座的质量分布及其运动轨迹有关。柔性行为是空间机械臂的固有特性，由于空间机构质量轻、阻尼小，在执行空间在轨操作时容易激发振动。柔性机构的低频振动需要较长时间才能衰减下来，这不仅影响空间作业的效率，而且会降低机械臂的操作精度和动态性能，甚至导致机械臂系统的失稳和损坏。因此，与固定基座机械臂相比，浮动基座空间机械臂的运动规划、动力学行为描述及操作控制是非常复杂的。

3．历史回顾与研究现状分析

作为空间在轨服务的核心装备，空间机械臂一直是国际学术界的研究热点之一。美国、日本、欧洲等在空间机械臂地面试验中考虑了柔性行为的影响，并给出了抑制振动的方法。但是，目前在轨应用的空间机械臂，通常是在建模时将整个机械臂视为刚体，不考虑其关节和臂杆的柔性，在控制时通过运动规划限制其振动，这种方法严重降低了空间机械臂的操作效率，如加拿大臂在执行在轨操作任务时，约 1/3 的时间用于等待振动自由衰减到可接受范围。

针对浮动基座与机械臂的耦合问题，Umentani 等[3]引入动量守恒定律，提出了描述浮动基座空间机械臂微分运动学的广义雅可比矩阵，实现了浮动基座机械臂的运动规划。Papadopoulos 等[1]研究了浮动基座机械臂的动力学奇异问题。梁斌等将自由漂浮空间机器人转化为固定基座的动力学等价机械臂，提出了一种浮动基座机械臂的动力学建模方法。然而，上述理论均建立在刚性机械臂的基础上，未考虑机械臂的柔性特征。

针对刚柔耦合动力学建模问题，早期研究比较多的是运动-弹性动力学法，该方法不考虑构件弹性变形对大范围运动的影响，忽略了多刚体动力学与结构动力学之间的耦合，其建模精度难以满足应用要求。考虑到柔性体弹性变形和大范围运动的耦合，学者提出了分布参数法、假设模态法、集中质量法和有限元法等。分布参数法将柔性体看成一个分布参数系统，采用分布参数表示的偏微分方程描述柔性变形运动。假设模态法以空间分布特征函数与时变模态振幅描述的有限模态序列表示变形运动。集中质量法将柔性体等效成多个质点，以质点运动代替柔性体的弹性振动。有限元法将无限维的分布参数系统离散为有限维的集中参数系统。在自由度数目相同的情况下，有限元法的建模精度高于集中质量法和假设模态法。针对柔性多体动力学模型的降阶问题，典型研究方法包括模态综合法、动力缩聚技术和模型降阶准则等，这些理论为模型降阶和模态选取提供了必要的基础。

柔性行为的振动抑制方法可以分为被动控制方法和主动控制方法。被动控制方法是通过吸振、隔振、耗能等途径消耗振动能量，从而达到抑制振动的目的。这种方法的优点是不需要外界能量输入、可靠性高、成本低且易于实现，缺点是缺乏控制灵活性且对外界环境和作业对象的适应性比较差，对低频振动的抑制效果不理想。在很多情况下，采用单一的被动控制方式很难满足抑振要求。因此，振动抑制的研究工作主要集中于主动控制方法。柔性操作机构的主动振动控制方法包括输入整形、最优控制、自适应控制等[4-6]，但是目前还没有应用于在轨运行的空间机械臂系统中。

4. 问题的难点与挑战

浮动基座空间机械臂兼具浮动和柔性的特点。浮动基座使机械臂难以找到一个固定的参考，且所引发的非完整约束使机械臂末端位姿与运动路径有关，造成运动规划和操作控制的困难；柔性使机械臂在执行任务时发生震颤，严重时可造成系统失稳，其行为本质具有多模态、时变和非线性的特点。目前，现有测量方法难以对机械臂的柔性行为进行完全、精确的观测，这使机械臂的振动抑制更加困难。另外，空间机械臂在轨操作时与环境和目标发生接触，在不同操作任务需求及复杂环境下空间机械臂接触作业的柔顺控制成为更加复杂的问题。

　　高速度、高精度、高稳定、强抗扰的空间在轨操作要求对浮动基座下空间机械臂的作业提出了很大的挑战，需要解决的关键科学问题包括：①浮动基座机械臂的刚柔耦合动力学建模及行为数学表征；②浮动基座机械臂在非完整约束下的自主运动规划；③面向操作任务中碰撞和冲击的暂态动力学建模；④浮动基座机械臂的抑振控制。

参 考 文 献

［1］ Papadopoulos E, Dubowsky S. Dynamic singularities in the control of free-floating space manipulators. ASME Journal of Dynamic Systems, Measurement and Control, 1993, 115(1): 44-52.

［2］ Dubowsky S, Papadopoulos E. The kinematics, dynamics, and control of free-flying and free-floating space robotic systems. IEEE Transactions on Robotics and Automation, 1993, 9(5): 531-543.

［3］ Umetani Y, Yoshida K. Resolved motion rate control of space manipulators with generalized jacobian matrix. IEEE Transactions on Robotics and Automation, 1989, 5(3): 303-314.

［4］ Gennaro S D. Output stabilization of flexible spacecraft with active vibration suppression. IEEE Transactions on Aerospace and Electronic Systems, 2003, 39(3): 747-759.

［5］ Yavuz H, Mistikoglu S, Kapucu S. Hybrid input shaping to suppress residual vibration of flexible systems. Journal of Vibration and Control, 2012, 18(1): 132-140.

［6］ Chien M C, Huang A C. Adaptive control for flexible-joint electrically driven robot with time-varying uncertainties. IEEE Transactions on Industrial Electronics, 2007, 54(2): 1032-1038.

撰稿人：姜　力、刘　宇、刘　宏

哈尔滨工业大学

拟人多指手的灵巧作业

Dexterous Manipulation of Multi-Fingered Hand

1. 问题的由来及重要性

人手是复杂的灵巧操作机构。人手具有 20 多个自由度，能以 4～7Hz 的动作频率完成多种灵巧作业任务，并且具有丰富的触觉感知和本体感知功能，对操作对象和环境具有很强的适应能力和反射能力，是人体运动系统中最重要的执行器。人手的灵巧操作能力是通过模式运动、顺应运动、反射运动等特征运动的分治-协同而形成的，其中顺应运动使人手对被抓握物体具有形状和力的自适应性，反射运动使人手对外界扰动具有快速的反应能力。以机器人末端执行器和人手运动功能重建为背景，再造一双灵巧的手是人类长期以来不断追求的重要目标。

末端执行器是提高机器人智能水平和作业能力的关键。传统的单自由度执行器虽然结构简单、控制方便，但是灵活性、操作性和通用性较差，是制约机器人作业水平提高的一个重要瓶颈。具有仿人手自由度配置和多种感知功能的拟人化多指巧手是机器人末端执行器的发展方向，是以智能化为主要特征的下一代机器人的必然要求。在美国机器人发展路线规划中，把拟人灵巧作业列为未来机器人用于制造业和服务业必须具备的能力之一，把末端执行器视为提升灵巧作业能力的关键。

拟人多指手在肢残患者运动功能重建和康复方面具有非常巨大和迫切的需求。近年来，世界范围内残疾人口数量逐年增加，为了使肢残患者提高生活质量和工作能力，能够更好地融入社会，对假肢的功能和性能提出了更高的要求。进入 21 世纪以来，假肢的发展进入第二次技术革命，假肢由传统的单自由度向拟人化多自由度方向发展，正在进入以灵巧、感知和神经控制为主要特征的智能化假肢时代。

2. 问题的本质与描述

拟人多指手是一个具有串联/并联特征的运动混合闭链系统，具有超冗余的自由度和高维的操作空间。在进行抓取和操作时，拟人多指手与目标物体保持多点接触，如果具有足够的感知功能，并且采取合理的抓取方式、运动规划和协调控制方法，理论上拟人多指手能够实现任意形状物体的抓取和操作。

目前，拟人多指手的机构、驱动和传感系统已经基本具备了未来机器人的特征，制约拟人灵巧作业发展和实际应用的主要因素是拟人多指手灵巧作业机理和操作控制方法。拟人灵巧操作实质上是拟人多指手面向复杂任务/对象的多层多级运动协同，包括手指关节间的协同、手指间的协同、多手指与环境（或物体）间的协同以及人在环中的人机协同等。因此，如何揭示人手的灵巧作业机理，如何实现拟人多指手灵巧作业系统的多级协同，如何实现拟人多指手对环境/对象的自主认知和运动规划，如何实现快速、精准的运动控制和顺应性是拟人灵巧作业需要解决的主要问题。

3．历史回顾与研究现状分析

自 20 世纪 60 年代世界上第一只拟人多指手问世以来，拟人多指手一直是机器人领域的热点研究方向。拟人多指手以再现人手结构、外形和功能为目标，一般由 3～5 个手指组成，每个手指有 3～4 个可活动关节。具有代表性的拟人多指手成果包括：美国在 80 年代研制的 Stanford/JPL 三指手和 Utah/MIT 四指手[1]，德国在 90 年代研制的 DLR 系列手，美国 NASA 研制的 Robonaut 手[2-4]，中国哈尔滨工业大学与德国宇航中心联合研制的 HIT/DLR 手[5]，日本研制的 GIFU 系列手，以及美国华盛顿大学研制的灵巧手等[6]。英国的 Shadow 手是目前世界上最为成功的商品化灵巧手[7]。随着电子、传感、驱动、计算机等相关领域的发展和制造水平的提高，机器人灵巧手硬件系统已基本具备了人手的自由度配置和灵巧运动特性，并且具有位置、力和触觉感知能力。国内外虽然在多指手抓取规划、运动和力规划、协调控制以及柔顺控制等方面取得了很多研究成果，但是拟人多指手在工业机器人和服务机器人等领域的实际应用非常少，单自由度手爪仍然占据主导地位，多指手的卓越特性和固有优势并没有得到充分的体现。另外，即使是配置拟人多指手的机器人作业系统，遥操作仍然是最主要的操控方式，全自主操作控制鲜有成功应用。

在拟人假肢手方面，自 1948 年世界上第一个肌电控制假肢问世以来，单自由度假肢一直在假肢市场占据主导地位。进入 21 世纪，随着生、机、电一体化技术的迅速发展，假肢进入第二次技术革命，美欧发达国家持续加大对假肢研究的投入，并相继推出了 i-Limb、Michelangelo、Bebionic、DEKA 等第一代灵巧假肢产品[8,9]。2005 年，美国国防部高级研究计划局（DARPA）资助霍普金斯大学、芝加哥康复中心等全球三十多家科研和生产机构，联合开展"Revolutionizing Prosthetics"（革命性假肢）项目的研究工作，首次提出了"再造人手功能"的目标，成为假肢领域有史以来最大的研究计划。假肢第二次技术革命的标志是具有灵巧运动特性和感知能力、可再现人手功能的智能假肢，其趋势是多自由度的灵巧假肢机构和多源生物信号的生物机械接口。但是，多自由度灵巧假肢自 2007 年问世以来，其灵巧运动能力并没有在临床应用中得到充分的体现，主要原因是现有的生机接口只能输出少量的离散运动模式，对于生物信号缺失严重的患者更是如此。如何使大多数患者能够通过神经信号控制多自由度假肢手实现拟人灵巧作业是多自由度假肢走向广泛应用必须解决的关键问题。

4. 问题的难点与挑战

根据以机器人末端执行器和人手运动功能重建为背景的拟人手灵巧作业的本质和发展特点，拟人灵巧作业的难点和挑战如下：

（1）非结构未知环境下操作对象的自动识别和自主决策。目前，基于视觉信息识别作业环境和操作对象是实现机器人灵巧作业的主要方式，以此为基础，如何融合多指手的触觉、力和位置等多种传感信息，在复杂非结构环境，甚至盲环境条件下实现未知对象的自动识别和自主行为规划是拟人灵巧作业的前提和条件。

（2）拟人多指手灵巧作业系统的多级运动协同。拟人多指手灵巧作业系统的运动协同具有多层多级的特点，包括手指关节间、手指间、多手指与环境（或物体）间的协同以及人机的协同交互等，如何在规划和控制两个层次上实现拟人多指手的多级运动/力协同是拟人灵巧作业面临的主要挑战之一。

（3）神经控制智能假肢的拟人灵巧作业实现。随着假肢向多自由度方向发展，如何使残疾人能够有效控制多自由度假肢以充分发挥其灵巧运动能力成为关键问题。由于人体运动神经信息编码不明，现有的生机接口只能输出较少的离散运动模式，不能直接控制具有多主动自由度的灵巧假肢，生物信号运动解码与灵巧操作装置之间的功能失配是制约多自由度假肢复现人手运动特性的瓶颈。因此，如何在现有生机接口水平制约下实现多自由度假肢的灵巧运动是智能假肢机构设计、操作控制与临床应用面临的重要挑战。

参 考 文 献

[1] Jacobsen S C, Wood J E, Knutti D F, et al. The UTAH/MIT dextrous hand: Work in progress. The International Journal of Robotics Research, 1984, 3(4): 21-50.

[2] Liu H, Butterfass J, Knoch S, et al. A new control strategy for DLR's multisensory articulated hand. IEEE Control Systems, 1999, 19(2): 47-54.

[3] Butterfass J, Grebenstein M, Liu H, et al. DLR/Hand-II: Next generation of a dexterous robot hand. Proceedings of IEEE International Conference on Robotic and Automation, 2001: 109-114.

[4] Lovchik C S, Diftler M A. The Robonaut hand: A dexterous robot hand for space. Proceedings of IEEE International Conference on Robotics and Automation, 1999: 907-912.

［5］ Liu H, Meusel P, Seitz N, et al. The modular multisensory DLR-HIT-hand. Mechanism and Machine Theory, 2007, (42): 612-625.

［6］ Kawasaki H, Komatsu T, Uchiyama K. Dexterous anthropomorphic robot hand with distributed tactile sensor: Gifu hand II. IEEE/ASME Transactions on Mechatronics, 2002, 7(3): 296-303.

［7］ Shadow Robot Company. Developments in dexterous hands for advanced applications. Proceedings of IEEE International Conference on Robotics and Automation, 2004: 123-128.

［8］ Zollo L, Roccella S, Guglielmelli E, et al. Biomechatronic design and control of an anthropomorphic artificial hand for prosthetic and robotic applications. IEEE/ASME Transactions on Mechatronics, 2007, 12(4): 418-429.

［9］ Johannes M S, Bigelow J D, Burck J M, et al. An overview of the developmental process for the modular prosthetic limb. Johns Hopkins APL Technical Digest, 2011, 30(3): 207-216.

撰稿人：姜 力、刘 宏

哈尔滨工业大学

生物运动系统的机构学解析与运动仿生

Mechanism Analysis of Biological Motion System and the Motion Bionics

1. 问题的由来及重要性

地球上的动物物种繁多、运动特性迥异，自古就已成为人类模仿的对象。在科幻小说、影视作品及人们对机器人的想象中，机器人可以像各种动物一样灵活地运动，例如，奔跑速度极快的猎豹机器人，稳定性能极好的大狗机器人，自由飘浮的水母机器人，在水陆间自由穿梭的两栖机器人，可自由弯曲的象鼻软体机器人，在陆地自由行走的人形机器人等[1]。随着科学技术的发展，这些仿生机器人在形状、功能和性能上越来越接近动物，在航空航天、军事、工业和医疗等行业得到了广泛的应用。这些仿生机器人的创新源泉是动物的骨骼系统或者运动系统，迄今为止，生物学家通过解剖等技术手段对动物的骨骼系统和运动机理进行了大量研究，然而仍有许多关键问题尚未解决，尚不能满足运动仿生和开发高品质仿生机器人的需要。

动物的形态如此之多，从机构学角度看，软体动物即属于柔性机构，而节肢动物属于刚性材料。根据骨骼的连接关系，骨骼可分为串联、并联和混联。串联的有：人类的脊柱前后弯曲呈 S 形，共有 4 个弯曲，由颈曲、胸曲、腰曲和骶曲组成。并联的有：人手臂中大臂由桡骨和尺骨共同支撑。混联的有：人手臂由大臂和小臂串联而成。从机构学角度观察，动物在运动过程中的自由度、末端执行机构及其拓扑形式是在不断变化的，也就是说，运动中的机构多为变胞机构。变胞机构是指在机构连续运行中，由有效杆数目变化或运动副类型和几何关系变化引起机构拓扑结构变化，并导致机构活动度变化，但仍保持运行的机构。例如，壁虎机器人机构在其工作中存在由连续非约束变化导致的机构变自由度现象。腿机构摆动相时，运动系统开环，机构自由度增多；在支撑相时，机器人脚掌与目标体稳定连接，系统为闭环，自由度减少。若原动件保持数量不变，此时就需要使用"冗余协调驱动策略"以实现对运动的控制。手臂放于桌面时，手臂将由桌面支撑，各关节的动力源即可休息不做功。又如，人的五指，当不拿东西时，各手指处于开环状态，各个手指属于串联形式；当各手指捏住鸡蛋时，各手指与鸡蛋和手掌形成闭环状态；当使鸡蛋整周转动时，各手指间则在串、并联形式状态间来回切换。

自然界动物的运动构造如此巧妙，而如何构造、产生功能和性能优良的机构是人类长期关注的基本问题，因此特别需要人们用机构学的眼光来考察动物的运动构造和运动特性，为人类学习大自然、开发仿生机器人奠定基础。

2．问题的本质与描述

自然界在长期的演化中孕育出了各种各样的动物，经过亿万年的适应、进化、发展使得动物体的各个部位巧夺天工，动物特性趋于完美，具有了最合理、最优化的结构特点、灵活的运动特性，以及良好的适应性和生存能力。经过千百年的演化，哺乳类动物的骨骼结构、行走模式等已达到适应环境的最高水平。现代哺乳动物的骨骼结构特征、组成成分及密度分布都经受住了时间的考验，进化合理完善，具有很强的环境适应性，在合理受力的同时最大限度地优化了体积和重量。动物正常的生活和运动要求骨骼有足够的强度、刚度、稳定性和各关节的转动范围。这使得各骨骼产生最合理的尺寸比例，不同类型的骨骼产生最优的力学性能，即具有最大的强度、最省的材料、最轻的重量。简言之，就是具有"以尽可能少的材料承担最大负荷"的最优力学特性。所以，研究动物的机构拓扑机理，其本质是分析各关节的形成和分布情况甚至是其各杆件的长度、形状等，用机构学的眼光来考察动物的运动构造和运动特性，从而为运动仿生和仿生机器人的研究提供依据。

3．历史回顾与现状分析

生物学家通过解剖学等方法对动物的机构拓扑进行了深入的研究[2]。动物的运动系统包括骨（运动的杠杆）、骨连结（运动的枢纽）和肌肉（运动的动力）；从机构学角度看，骨为连杆、骨连结为运动副、肌肉为驱动。骨骼是大自然的一种极其精巧的设计，它在长期适应环境的过程中，不断改良以适合不同生命的特殊形式。骨骼在运动中的受力情况虽然复杂，但它总是以最优的外表形态和内部结构适应其功能，以优化的形态和结构为骨骼自身重建的目标。因此，凡是强有力的肌腱附着的骨骼部分，为适应受较大应力的功能，均形成局部隆起，如骨三角肌结节等。肌肉则是动力的来源。

自然界的动物形态各样，按生存环境，动物可分为陆面动物、空中动物、水下动物；按形态的柔软度，动物可分为软体动物和节肢动物；动物的运动形式多种多样，有行走、臂走、跳跃、爬行、飞行和游泳等；而腿的数目也各有不同，有两足、四足、六足、八足甚至更多足。这些形态的多样性导致每种动物的结构拓扑有很大差异。生物学家经过长期探索，揭示了各种动物的结构特点。青蛙与猫同为四足动物,但它们的运动形式完全不同,青蛙是跳跃运动,而猫为行走运动。这使得它们腿部骨骼的尺寸、形状、大小以及各关节的运动范围有非常大的区别。猩猩与人的骨骼最为相似,运动方式却有不小的区别。猩猩主要靠臂行走,善于攀岩爬树,而人类则是直立行走,所以他们的骨骼也有很大不同:猩猩的肱骨长于尺骨,而人类的肱骨和尺骨等长;猩猩的上肢骨骼长于下肢,而人类则相反。

动物运动如此奇妙,这不得不引起机构学家的思考:如何从机构学的视角揭示这些神奇的动物运动构造并实现运动仿生?仿生研究人员主要通过仿生学来实现动物中的机构拓扑,例如,用转动副来近似实现动物中的一维转动运动,用球副实现动物中绕同一点的三维转动以及用柔性材料等效软体动物等;人的手臂,肩关节和腕关节用球副近似等效,肘关节用转动副近似等效,对于软体动物,象鼻用柔性材料来实现,从而近似实现了各种运动的仿生机器人,如运动形式可从游泳变为爬行的蝾螈[3]、飘浮的水黾[4]和水母[5]、陆地奔跑的大狗机器人[1]等。

动物具有的功能比迄今任何人工制造的机械都优越得多。动物的运动结构拓扑形式各式各样,不同动物、不同场合、不同动作所对应的拓扑形式也大不相同,人类的认识还不够深刻,对其背后的真正秘密还知之甚少。如何使运动仿生的性能越来越接近仿生的对象,使仿生机器人接近甚至超越仿生的动物,是一个需要继续努力的挑战性课题。

4. 问题的难点与挑战

尽管国内外研究者已成功研制了很多仿生机器人,但其运动功能和性能还无法与其仿生对象自身的运动能力相比,仿生机器人在运动能力和适用范围等方面仍存在较大差距。仿生机器人未能取得根本性突破,原因包括:①对动物的运动构造和运动机理缺乏深入理解,目前主要是生物学家对动物的解剖学研究,还缺乏机构学家从机构学角度去揭示其运动奥秘;②目前的仿生机器人的机构模型只是对动物运动系统的近似模拟,其功能与性能和动物相差较远;③动物的运动构造和运动机理研究涉及多学科交叉,除解剖学之外,还需要从多学科视角加以研究。

目前,机器人对动物的仿生依然是"形似而神不似"、达不到动物运动系统的精巧程度,功能和性能还相差甚远。要实现更加本质的运动仿生,不仅要从生物学、解剖学的角度深入解析动物的运动系统,还需要从机构学和机器人学的视角深入解读动物的运动系统,如关节构造、运动副形式、运动速度、加速能力、运动灵敏度、骨骼强度、刚度、运动精度等,为仿生机器人的运动仿生提供更加准确的动物运动拓扑和运动参数,达到运动功能和性能仿生的"神似"。对生物运动机理作合理准确的机构学解析将有助于人类理解动物运动背后的秘密,并为运动仿生和仿生机器人的研究提供创新源泉。

参 考 文 献

[1]　王国彪, 陈殿生, 陈科位, 等. 仿生机器人研究现状与发展趋势. 机械工程学报, 2015,
　　　51(13): 24-44.

[2]　周其虎. 动物剖生理. 北京: 中国农业出版社, 2015.

[3]　Auke J I, Alessandro C, Dimitri R, et al. From swimming to walking with a salamander robot
　　　driven by a spinal model. Science, 2007, 315(5817): 1416-1420.

[4]　Gao X, Jiang L. Biophysics: Water-repellent legs of water striders. Nature, 2004, 432(7013): 36.

[5]　Leif R, Stephen C. Stable hovering of a jellyfish like flying machine. Nature, 2014, 11(92): 1-7.

撰稿人：郭为忠、林荣富

上海交通大学

仿人机器人脊椎的仿生机理

Bionic Principle of Spine-Inspired Torso for Humanoid Robots

1. 问题的由来及重要性

人类脊椎是一个结构复杂、具有超多自由度的生物体，也是人类身体灵活运动和保护的生理基础。仿人机器人是一种以人类作为仿生设计的灵感来源，旨在模仿人类外形特征和行为能力的机器人。在仿人机器人中，躯干作为支撑躯体和协调四肢的关键组成部分，对机器人实现良好的负载能力、自然的生物步态、协调的全身运动、较高的能源效率和较快的运动速度等具有极为重要的作用。

目前大多仿人机器人的躯干部分仅简化为有限的几个自由度，使得仿人机器人躯干与人类的脊椎无论在结构还是功能上都有着本质的差别，且给机器人带来了诸多缺点。为了使机器人具备人类脊椎的诸多优点，一些研究者在开发仿人机器人过程中，尝试把脊椎结构引入仿人机器人中，但现有机器人中所采用的过度简化脊椎仿生机构或高度模仿人类脊椎及肌群结构都还未能使机器人具备与人类脊椎相比拟的性能。

因此，仿人机器人躯干部分的过于简化或高度模仿人类脊椎都无法满足其结构和性能要求，而寻求一种既要获得脊椎的优异性能又要避免复杂控制的脊椎仿生机构已成为仿人机器人开发的关键科学难题。

2. 问题的本质与描述

仿人机器人中对人类脊椎的仿生是一个重要但很有挑战的难题。虽然人类脊椎具有负载能力强、灵活度高、工作空间大等诸多优点，但因其具有高冗余关节的复杂结构，在仿人机器人中尚未实现有效的仿生设计。目前存在的主要问题如下。

1) 绝大部分仿人机器人躯干未采用人类脊椎的仿生结构

在躯干的设计中没有对人类的脊椎结构进行研究，而是直接为机器人的躯干配置有限的几个自由度，使仿人机器人存在诸多缺点，如负载能力小，导致机器人无法从事较重负荷的任务；肢体灵活性差，使得机器人无法像人一样能够适应各种工作环境并能够执行多样化的任务；动作僵硬不自然，使得机器人的亲和力大打折扣；此外，还有运动速度慢、能量效率低等问题。

2）过度简化的脊椎仿生机构未能真正实现脊椎的优点

没有深入研究脊椎的生理结构特点，忽略脊椎与肌肉韧带的相互作用而将其独立出来并简化为串联结构，这种脊椎仿生机构只是与人类脊椎的生理结构达到形似，而且，对多冗余关节的串联机构进行运动学反解十分困难，增加了控制的难度。

3）高度模仿人类脊椎及肌群结构难以实现有效控制

高度模仿甚至完全照搬人类脊椎结构及肌肉分布使得机器人具有大量的驱动单元，虽然做到了形似，但由于缺乏对人类运动模式的深入研究，难以控制机器人实现有效的运动，且大量采用弹性驱动单元使得机器人刚度较差。

从本质上来说，人类脊椎的仿生机理还需从机器人学科的角度开展多方位的深入研究，如充分探索脊椎的生理结构、作用机理及其在人类运动中的调控作用，从而为仿人机器人开发仿脊椎结构的躯干和实现性能仿生提供参考依据。

3．历史回顾与现状分析

日本早稻田大学 Takanishi 实验室最早采用将 6 个舵机串联的方式来模仿人类脊椎的结构并制作了机器人 WBD-2[1]。该机器人主要是为了实现用肢体语言来表达情感，但是简单地用 6 个串联的舵机来模拟人类的脊椎除了增加躯干的灵活性以外，并没有真正实现人类脊椎的诸多优点。

英国埃塞克斯大学的 Holland 团队开发了首个具有仿人类骨骼结构的机器人CRONOS[2]，其后在此基础上，又与德国慕尼黑工业大学、瑞士苏黎世大学等机构联合开发了能近似模拟人类复杂肌肉系统和骨骼结构的机器人 ECCEROBOT[3]，该机器人试图从外观和内部结构上完全模仿人类，但是对内在运动模式的理解和如何控制机器人实现这些运动是该项目最需要解决的问题。

东京大学 JSK 实验室开发了 Kotaro[4]和 Kojiro[5]。研究者希望机器人能像人类一样具有柔软的、高度灵活的身体，为此开发的机器人全身可实现 91 个自由度，在腰部设置了五个串联的球关节，全身的一部分关节采用被动结构，另一部分采用电机驱动的肌肉来驱动，共使用了 96 个电机。该机器人实现了躯干的左右弯曲，但由于没有开发出能有效控制这么多电机的软件系统，因而并没实现身体的灵活动作。2010 年发布的 Kojiro 延续了 Kotaro 高冗余自由度的特点，但除了电机性能和感知能力有所提高外，并没有文献显示它可以在不借助外力的情况下实现站立，同时由于高冗余自由度带来的控制难度，该机器人仍未实现平衡稳定的双足行走。在这两个机器人中，研究者均采用串联结构模拟脊椎结构，这与人类脊椎的生理结构只是形似，而性能上不可比拟。此外，数量众多的人工肌肉更使得机器人的刚度过低，无法达到有效的应用目的。2012 年底，JSK 团队发布了新一代的 Kenshiro[6]，它是目前世界上最接近人体构造的仿人机器人，全身约拥有 160 块主要的肌肉：每条腿有 25 块，每个肩膀有 6 块，躯干有 76 块，而颈部有 22 块，可以做到一些细致的动作，包括胸腹和手部的动作都已经显得比较自然，一定程度反映了人体构造的优势。但是，这款机器人仍采用多关节串联的方式模仿脊椎结构，其中多数直拉型的肌肉还存在妨碍机器人运动的问题，而且，高度模仿人类的肌肉分布同样带来了如何有效控制机器人实现稳定可靠的行走和协调的肢体动作的难题。

4. 问题的难点与挑战

到目前为止，研究人员已在基于人类脊椎结构的仿生机构设计方面进行了有益的探索，也取得了一定的积极成果，但在具体实现过程中还未能达到切实可行的目的。究其原因有两点：①多关节串联的脊椎结构因其高冗余自由度而无法直接有效地用作仿人机器人躯干机构；②还未真正掌握脊椎在人体运动中的调控机理，即还需进一步深入研究脊椎在人体实现自然的生物步态和协调的肢体动作中所产生的运动规律及运行原理。因此，在仿人机器人脊椎仿生研究中，运用仿生机构设计具备人类脊椎优异性能而又可控的躯干机构，深入挖掘脊椎在人类运动中的调控机理，从而实现机器人自然的生物步态和协调的全身运动将成为仿人机器人研究领域面临的新挑战。

参 考 文 献

[1] Or J, Takanishi A. A biologically inspired CPG-ZMP control system for the real time balance of a single-legged belly dancing robot. Proceedings of IEEE/RSJ International Conference on Intelligent Robots and Systems, 2004: 931-936.

[2] Greenman J, Holland O, Kelly I, et al. Towards robot autonomy in the natural world: A robot in predator's clothing. Mechatronics, 2003, 13(3): 195-228.

[3] Potkonjak V, Svetozarevic B, Jovanovic K, et al. The puller-follower control of compliant and noncompliant antagonistic tendon drives in robotic system. International Journal of Advanced Robotic Systems, 2012, 8: 143-155.

[4] Mizuuchi I. Chapter 3. A musculoskeletal flexible-spine humanoid Kotaro aiming at the future in 15 years' time. Mobile Robots: Towards New Applications. Austria: Pro Literatur Verlag, 2006.

[5] Mizuuchi I, Nakanishi Y, Sodeyama Y, et al. An advanced musculoskeletal humanoid Kojiro. Proceedings of IEEE/RAS International Conference on Humanoid Robots, 2007: 294-299.

[6] Asano Y, Mizoguchi H, Kozuki T, et al. Lower thigh design of detailed musculoskeletal humanoid "Kenshiro". Proceedings of IEEE/RSJ International Conference on Intelligent Robots and Systems, 2012: 4367-4372.

撰稿人：王明峰[1]、李　涛[2]

1 中南大学、2 中国科学院合肥物质科学研究院

基于生物活性的表面仿生设计和制造

The Design and Fabrication of Biomimetic Surface Based on Biological Activity

自然界各具特色的生物强烈地吸引着人们去探索求知，也一直刺激着人类产生各种奇思妙想来改造这个世界。从整个科学技术发展的历史来看，影响人类文明进程的许多重大发明都源于仿生思维。这种思维是通过观察和分析自然界典型生物的各种特殊本领，研究和模拟生物体的结构、功能、行为及其调控机制，从而为工程技术提供创新的设计理念、工作原理和系统构成。

1．表面仿生设计和制造的研究现状

从 20 世纪 80 年代至今，"荷叶效应"和"非光滑表面理论"一直是表面仿生设计与制造领域的研究热点。1971 年，波恩大学植物学家 Barthlott 等发现了荷叶表面的乳状突起构型，此后近 20 年一直致力于研究其抗污染的自清洁效应，他们模仿荷叶表面制备了纳米表面涂层材料，并广泛应用于汽车制造业和建筑业[1]。任露泉等对蜣螂、蚯蚓、蝼蛄等土壤动物体表优异抗黏附性能的研究结果表明[2]，在特定的条件下，生物体在非光滑表面却具有优异的减黏、脱附、降阻和耐磨等性能，并以此理论基础开发出性能优异的不粘锅、仿生犁壁、推土板、仿生非光滑制动盘和制动闸片。同时，还有研究人员模仿蟑螂脚部的细小倒钩刺结构制备出可在粗糙表面扣住凸缘实现爬壁的倒钩刺装置，根据猫和猎豹脚掌的防滑附着机制设计出能有效增大表面摩擦系数的轮胎[3]。此外，基于人体汗腺的特殊结构和排汗原理，开发的高温发汗自润滑材料在极限高温重载工况下具有良好的润滑功能等[4]。这些仿生设计研究显著改善了材料表面的相关性能。

2．若干挑战问题

需要指出的是，现阶段的表面仿生设计大多是根据某种生物体的特殊功能，通过借鉴其表面结构，建立物理模型与数学模型，最终实现对生物系统的工程模拟，这些研究都仅仅是针对生物表面几何形态和微观织构的仿生设计。随着研究的深入，越来越多的科研工作者发现生物表面优异性能的实现与其生物活性有着极大的关联[5,6]。例如，仿照荷叶表面结构制作的纳米防污领带在使用一段时间后防污效果大大减弱，其自清洁能力远远不如具有生物活性的荷叶表面；现有人工关节系统只是以金属、高分子或陶瓷材料组成的摩擦副代替天然关节，其在人体内服役时的润滑状态与天然关节相差甚远，磨损造成的磨屑病更是给患者带来了巨大的痛苦和经济损失[7]；与此相反，正是由于具有生物活性，经常摩擦的皮肤会通过起茧以增强其耐磨性[8]，壁虎脚掌刚毛的可调控性使得其在墙上可做到收放自如的黏附/脱黏等[9]。因此，未来的表面仿生研究应该基于生物活性进行材料表面的仿生设计与制造。然而，这其中存在如下几个主要问题。

1）生物活性物质

生物活性是一个生物、化学反应的过程，这些过程最终形成了包括自复制、自补偿、自组装、自生长、自适应、自调控等在内的诸多优异的性能[5-7,10]，如牙齿服役生涯中的自补偿机制、皮肤表面反复摩擦生茧的自适应机制等。在进行材料表面的仿生设计研究时，考虑仿生对象不同生物活性的表达方式是至关重要的。在这个表达过程中有没有生物活性物质的参与；如果有，是什么；是蛋白质、水还是其他尚未探明其作用的物质。这些问题是表面仿生设计研究中必须要解决的难题，也是材料仿生设计基础理论研究长期未能达成共识的认知问题。

2）生物活性的作用方式

当前活体研究手段并不足够完善，要在不影响生物体正常机能的前提下探明生物体自身生物活性物质是如何在其相关组织结构上产生影响的并不容易，在生物活性的表达过程中，有哪些组织和结构参与，分别起到了什么样的作用。例如，随着实验设备的发展和实验技术的进步，人们清楚地观察到壁虎脚掌的微米/纳米级结构，从而对壁虎黏附机理的研究取得了重大进展；但是生物活性是如何影响壁虎脚掌刚毛与物体表面的范德瓦耳斯力，至今成谜。这使得科研人员尝试用各种方式仿生模拟壁虎脚，就算仅局限在光滑物体表面，也无法有效控制"强黏附"与"易脱黏"可逆黏附的交替过程。可见，如果表面仿生设计与制造仅仅对结构形态进行仿生而不考虑生物活性的作用，难以得到与生物体相同或类似的特殊性能。所以，探究生物体生物活性对微观组织结构和性能的影响方式，是表面仿生设计研究要解决的关键难题之一，也是摩擦工程前沿发展中的一条不明科学规律。

3）工程表面生物活性的实现方式

由于生物界存在各种神经单元，生物体才可以根据外界刺激来调控生物活性的表达与否和表达的方式；但是工程材料很难实现这样的自调控，所以在工程技术上实现材料表面生物活性的自动体现将是另一个值得攻破的难点。这种实现的过程与表面生物活性化不同，后者是通过某种手段在生物材料表面获得生物活性层等理想表面状态，以明显改善材料的耐蚀性，降低材料中有害离子在人体环境中的溶出，从而提高其生物相容性；而基于生物活性对材料表面进行仿生设计的目的不仅仅局限于生物材料的创新制造，更重要的是生产新型工程材料以及具有特定功能的工业产品甚至生活用品。例如，不少学者试图利用表面织构引导生物大分子、细胞或组织在其表面的黏附与生长，从而提高生物相容性，延长其服役寿命[11,12]。然而，表面织构在生物材料摩擦副表面上能否起到增强润滑，兼具促进生物分子吸附、细胞相容的双重功能？在二者作用尺度并不匹配的情况下（润滑尺度远远大于细胞黏附尺度），这一双重功能该如何相互构建？对于同一织构图案，不同细胞类型发生的接触引导效应又是什么？如何掌握细胞及细胞生成膜的摩擦性能特征？又如，生物体在其关节处的润滑能力是一种生物活性的体现，然而在工程润滑技术上很难达到那样的润滑效果，这不仅仅是润滑液的成分问题，还与在活体中关节处的自调控机制有着密切的关系。

要设计制造出具有生物活性的工程表面意义重大，使工程材料获得"智能"从而实现"智能仿生"是未来仿生学的一大重要课题。

参 考 文 献

[1] Barthlott W, Neinhuis C. Purity of the sacred lotus, or escape from contamination in biological surfaces. Planta, 1997, 202: 1-8.

[2] Ren L, Tong J, Cong Q. Unsmooth cuticles of soil animals and their characteristics of reducing adhesion and resistance. Sciences Bulletin, 1998, 43: 166-169.

[3] 戴振东, 于敏, 吉爱红, 等. 动物驱动足摩擦学特性研究及仿生设计. 中国机械工程, 2005, 16(16): 1454-1457.

[4] Xie F, Liu Z M. Study on single-cell contact model of thick-walled cellular solid. International Journal of Mechanical Sciences, 2011, 53(10): 926-933.

[5] Zhou Z R, Jin Z M. Biotribology: Recent progresses and future perspectives. Biosurface & Biotribology, 2015, 1(1): 3-24.

[6] 任露泉, 梁云虹. 仿生学导论. 北京: 科学出版社, 2016.

[7] Wang A, Sun D C, Yao S S, et al. Orientation softening in the deformation and wear of ultra-high molecular weight polyethylene. Wear, 1997, 203-204: 230-241.

[8] 李炜, 郑靖, 屈树新, 等. 关于皮肤摩擦学特性的研究. 润滑与密封, 2004, 2: 105-109.

[9] 郭策, 戴振东, 吉爱红, 等. 壁虎脚趾运动调控的研究. 中国生物医学工程学报, 2006, 25: 110-113.

[10] Zhou Z R, Yu H Y, Zheng J, et al. Dental Biotribology, New York: Springer, 2013.

[11] Qin L G, Dong G N. Response of MC3T3-E1 osteoblast cells to the microenvironment produced on Co-Cr-Mo alloy using laser surface texturing. Materials Sciences, 2014, 49: 2662-2671.

[12]　Harrison R G. The cultivation of tissues in extraneous media as a method of morphogenetic study. Anatomical Record, 1912, 6: 181-193.

撰稿人：周仲荣[1]、郑　靖[1]、秦立果[2]、董光能[2]

1 西南交通大学、2 西安交通大学

人体软组织的润滑机理

Lubrication Mechanism of Human Soft Tissues

人体的软组织是指人体的皮肤、皮下组织、肌肉、肌腱、韧带、关节囊、滑膜囊、神经、血管等。人体中涉及相对运动的器官一般都有软组织的参与，这些器官不仅需要承受一定的生理载荷，还要提供实现各种人体功能所需的运动。在正常环境下，相对运动的人体软组织之间因其独特的润滑机理，都具有优良的摩擦学特性，摩擦刺激是软组织正常工作的必要保障。但当组织损伤或疾病导致其功能受限时必须进行治疗。因此，软组织之间的润滑机理研究不仅有利于了解人体自然组织的工作机理，同时对研发其治疗方式也起到非常重要的作用。研究表明：人体软组织的独特材料学特征和几何结构都是保证其优良摩擦学特性的重要因素，但是，目前其基本润滑机理尚不清楚，揭示不同软组织的结构、成分与承载、运动之间的摩擦学作用机制至关重要。

软组织在人体中涉及相对运动的器官主要有眼、心肺、关节软骨等。眼部的眼睑和角膜之间不断眨动，将泪液涂满角膜表面，使其具有润滑性，同时除去表面灰尘，从而保持眼睛良好的视觉效果。胸膜、心包、腹腔和身体壁之间都存在滑动。胸膜由一个双膜结构组成，呼吸时两层胸膜之间的胸腔液体将胸膜分离，从而减少其相互摩擦。正常呼吸状态下，肺和胸壁之间有少量液体起到润滑作用，从而减少摩擦。而在自然关节运动中，关节滑囊和腱鞘的滑液膜可分泌滑液，从而起到润滑和滋养关节的作用。人体中除了这些宏观的器官外还有微观组织器官。其中最有趣是红血细胞和毛细血管之间的微循环。毛细血管是人体里最小的血管，其直径为 $5\sim10\mu m$。当红细胞在毛细血管中流动时会变形，而细胞和管壁之间始终存在一个薄的血浆润滑层，因此减小了红细胞壁和毛细血管壁之间的摩擦。

软组织器官具有不同的宏观几何结构。例如，髋关节具有高度匹配、近球面的承载面；而膝关节承载面的几何形状要复杂得多，并且匹配度较低。另外，软组织表面还具有不同的微观结构特征。例如，正常关节软骨表面的平均粗糙度为 $1\sim5\mu m$，而肺表面的粗糙度可达 $5\sim10\mu m$。这些不同的几何结构实现和优化了器官的运动和载荷传递。

同时，软组织器官还具有显著的材料学特性，即低弹性模量和固、液双相成分，其等效弹性模量一般为 $500Pa\sim10MPa$。软组织中水的含量很高，在软骨里可达到 80%，但渗透率很低，不会轻易渗出。这些材料学特性可显著改善软组织器官的润滑性能。以人体髋关节为例，一个步态中的最大载荷可以达到体重的 3～4 倍，最大滑动速度约为 50mm/s，而最大载荷往往伴随最小的滑动速度。从工程角度看，这些条件非常苛刻，不利于形成流体动压润滑。即使如此，髋关节仍然具有良好的润滑性能，可达到最小的摩擦和剪切应力，这正是因为关节软骨低的弹性模量和高的含水量特性。因此，不同于传统工程领域的润滑机理，生物软组织具有如下独特的润滑机理。

（1）弹性流体动压润滑机理。人体软组织承载表面的宏观和微观几何结构可以促进流体动压润滑；而软组织的低弹性模量可以促进变形，进一步实现弹性流体动压润滑[1]。

（2）双相润滑机理。在载荷作用下，软组织的变形会伴随液体相中压强的增加和液体的流出，从而承担一部分外载，降低固体与固体之间的摩擦和磨损。而相对较低的渗透率则可以保障在一段的时间内不断渗出液体，可以长时间弥补流体动压润滑。

（3）边界润滑机理。生物润滑剂不仅具有一定的黏度，还含有各种蛋白质、油脂等[2,3]。但对边界润滑的联合、协同作用的机理仍需进一步探讨。

（4）水基润滑/"刷"润滑。关节软骨表面的特殊结构可以形成一个水基膜[4]或者"刷"润滑[5]。

真实的润滑是以上各种机理在复杂服役环境下协同耦合作用的结果，目前，机理研究大多只注重某些特殊条件而缺乏统一的模型，工程意义上的润滑区域的传统分类也将不再适用。因此，复杂服役环境不同润滑机理间的相互作用与耦合机理成为软组织润滑机理研究的制约瓶颈与关键科学难题。具体包括：关节中如何考虑流体膜、边界膜和软骨双相固液承载的耦合机理等；不同软组织之间是否存在统一的润滑机理；不同软组织的结构、成分与承载、运动之间的摩擦学机理；软组织润滑的机械力学和分子生物学的相互作用。

突破这些难题，对生物摩擦学和生物医学工程、软组织仿生制造具有重大推动作用。生物软组织润滑机理的研究为人工软组织的设计、制造、优化及最终的临床使用提供了重要的依据，推动了生物摩擦学的研究。仿生摩擦学是向生物学习，从中取其精髓和灵感，以期解决实际工程问题，而工程摩擦学的深入研究也为生物摩擦学的研究提供了强大的推力和技术支撑。

参 考 文 献

[1] Saintyves B, Jules T, Salez T, et al. Self-sustained lift and low friction via soft lubrication. Proceedings of the National Academy of Sciences of the United States of America, 2016, 113(21):

5847-5849.

［2］ Greene G W, Martin L L, Tabor R F, et al. Lubricin: A versatile, biological anti-adhesive with properties comparable to polyethylene glycol. Biomaterials, 2015, 53: 127-136.

［3］ Wang X, Du M, Han H P, et al. Boundary lubrication by associative mucin. Langmuir, 2015, 31(16): 4733-4740.

［4］ Sorkin R, Kampf N, Zhu L Y, et al. Hydration lubrication and shear-induced self-healing of lipid bilayer boundary lubricants in phosphatidylcholine dispersions. Soft Matter, 2016, 12(10): 2773-2784.

［5］ Kreer T. Polymer-brush lubrication: A review of recent theoretical advances. Soft Matter, 2016, 12(15): 3479-3501.

撰稿人：靳忠民 [1,2,3]、**张亚丽** [1]

1 西南交通大学、2 西安交通大学、3 英国利兹大学

人工关节仿生创制的科学难题

Scientific Challenges for Bionic Manufacturing of Artificial Joint

20 世纪 60 年代，英国的 Charnley 把高密度聚乙烯髋臼和不锈钢股骨头组成全髋人工关节，并用骨水泥（甲基丙烯酸酯）固定，获得了较满意的效果[1]。随着科学技术的发展，人工关节假体不断推陈出新，手术器械和技术不断改进，应用范围也越来越广。目前，人工关节植入术用于治疗关节疾病和创伤，是骨科领域最成功的治疗手段。2015 年，我国约有 24 万例人工关节置换手术。随着人们生活水平的提高，预期寿命增长，人口老龄化程度加剧，发病呈年轻化趋势，人工关节置换手术以 30%的速度增长[2]。但目前人工关节的服役寿命只有 10～15 年，远不及天然关节的性能与寿命。

影响人工关节寿命和功能的主要因素包括细菌感染、关节脱位或断裂、关节磨损及其磨屑造成的骨溶解、无菌性松动等，其中，由润滑失效导致的磨损及其磨屑造成的骨溶解是导致人工关节失效的首要问题[3]。磨损产生的细小磨屑的聚集将使机体细胞产生一系列不良的生物学反应，并可能导致关节周围界膜的形成和骨质溶解，使固定良好的假体无菌松动而失效。由润滑不良导致磨损问题，磨损问题会进一步恶化润滑性能，进入恶性循环。因而，复杂工况下的润滑机理与润滑失效，以及由此引起的磨损行为是人工关节研究的关键科学难题。具体包括：复杂人体环境与典型生理活动下，如何准确计算流体动压膜与压力分布；如何考虑不同工况下体液与人工关节表面边界膜的力学行为；人工关节润滑的分子生物与动压润滑的相互作用等。同时随着人工关节寿命的提高，对关节的功能要求越来越高，仍然有很多关节患者感到不满意、不自然。目前人工关节仿生研究主要基于患者解剖结构，但是由于材料耐磨性的制约，生物力学功能仿生仍未达到。

针对如何提高人工关节的摩擦学性能、生物力学性能、可靠性及服役寿命等问题，人们进行了多方面的探索。目前的研究主要有以下重点：

（1）润滑机理研究。通过仿真与实验手段，开展多尺度、多物理、多因素的人工关节典型生理活动下的润滑机理、失效与改善研究。

（2）改进假体材料，提高耐磨性，降低磨损。通过开发复合生物材料、仿生功能新材料、材料表面改性等，不断筛选、优化、改进材料，有效解决材料的强度、韧性、耐磨性、生物相容性和安全性等协同效应问题。

（3）关节假体的优化设计。通过仿真优化设计，对关节廓形进行优化设计。改善接触与润滑，降低摩擦，从而有效提高耐磨性和使用寿命。同时，发展个性化假体，以便更好与患者解剖相结构匹配，最终实现解剖结构和生物力学的仿生功能。

（4）抑制磨损颗粒的生物学反应。通过临床使用药物抑制磨损颗粒对巨噬细胞的激活作用，从而抑制破骨细胞的活性；通过选用生物惰性的假体材料，降低颗粒本身对生物组织的刺激。

人工关节今后的发展将基于提高关节的功能和延长其寿命，通过骨肌生物力学和摩擦学的协同分析、高耐磨新材料的制备和精准/个性设计与制造等，提升我国植入体的设计制造水平，为我国生物医用材料产业跻身国际先进行列奠定科学与技术基础。

（1）骨肌生物力学和摩擦学协同分析。人工关节设计趋势已从基于解剖形状发展到骨肌力学功能[4]，包括增加髋关节股骨头直径、优化膝关节股骨髁形状等。另外，骨肌生物力学功能设计又将直接影响接触应力、滑动轨迹和距离等，进而影响滑动面摩擦磨损性能。因此，骨肌力学功能和摩擦学性能的协同优化仍然是一个世界难题。

（2）高耐磨新材料的制备。通过新型耐磨面（如 PEEK[5]等）、新一代高耐磨聚乙烯、表面改性（如高结合强度、高活性和抗菌性涂层[6]、水凝胶[7]等）等的研制，减少使用过程中磨粒的产生，改善骨-假体界面的结合强度，降低磨粒的生物学反应，延长人工关节的可靠性及使用寿命。

（3）精准/个性化设计与制造。基于人体解剖数据采集标准及模型参数，根据病患骨组织的解剖结构特点，通过重建其几何形态，设计优化组件模型，根据统计学获取关节外形的整体几何尺寸要求，确定标准部件的几何参数，进行精确组合，并通过骨肌生物力学模拟，从而实现人工关节解剖及力学设计的最优选择。利用骨科关节手术机器人的灵活机器臂的精确控制，凭借影像导航，在患者体内精准植入假体。

我国人工关节产品基本可以满足临床需要，但其制造水平仍落后于国际先进水平。新一代人工关节的研制，将加速我国医疗器械产业的更新换代，打破国外高端人工关节产品垄断，扩展人工关节的适用范围，显著改善患者的生存质量，减轻国家和人民医疗费用的沉重负担，同时也将产生巨大的社会经济效益。

参 考 文 献

[1] Chamley J. Tissue reactions to polytetrafluoroethylene. The Lancet, 1963, 282(7322): 1379.

[2] 中国产业研究报告网. 2013—2018 年中国人工关节行业发展态势分析与投资机遇研究报

告. http://www.chinairr.org/report/R10/R1001/201309/25-141588.html [2017-8-1].

[3] 王成焘. 人体生物摩擦学. 北京: 科学出版社, 2008.

[4] Chen Z X, Wang L, Liu Y X, et al. Effect of component mal-rotation on knee loading in total knee arthroplasty using multi-body dynamics modeling under a simulated walking gait. Journal of Orthopaedic Research, 2015, 33(9): 1287-1296.

[5] East R H, Briscoe A, Unsworth A. Wear of PEEK-OPTIMA® and PEEK-OPTIMA®—Wear performance articulating against highly cross-linked polyethylene. Proceedings of the Institution of Mechanical Engineers Part H—Journal of Engineering in Medicine, 2015, 229(3): 187-193.

[6] Wang H, Zhi W, Lu X, et al. Comparative studies on ectopic bone formation in porous hydroxyapatite scaffolds with complementary pore structures. Acta Biomaterialia, 2013, 9(9): 8413-8421.

[7] Kitamura N, Yokota M, Kurokawa T, et al. In vivo cartilage regeneration induced by a double-network hydrogel: Evaluation of a novel therapeutic strategy for femoral articular cartilage defects in a sheep model. Journal of Biomedical Materials Research Part A, 2016, 104(9): 2159-2165.

撰稿人: 张亚丽[1]、靳忠民[1, 2, 3]

1 西南交通大学、2 西安交通大学、3 英国利兹大学

中国剪纸艺术的机构学解析

Mechanism Analysis of Chinese Kirigami

1．问题的由来及重要性

剪纸是一种以剪刀或刻刀为工具进行创作的艺术，是一种镂空艺术和最为流行的民间艺术，在视觉上给人以透空的感觉和艺术享受，用于装点生活或配合其他民俗活动。剪纸艺术的载体不仅仅是纸张，也可以是其他薄片材料。2006 年 5 月 20 日，剪纸艺术经国务院批准列入第一批国家级非物质文化遗产名录。剪纸艺术的根本思想是通过巧妙的设计来获得与展示出不同的几何形状，这一基本思想给工程领域的科研人员许多启发。

剪纸艺术在中国具有悠长的历史，在战国时期（公元前 476～公元前 221 年）已经出现，如在河南辉县固围村战国遗址中发现了用银箔镂空刻花的弧形装饰物，湖南长沙黄泥圹出土的晋代金片装饰物。收藏于新疆维吾尔自治区博物馆的北朝（公元 386～534 年）团花剪纸，是迄今为止发现最早的中国剪纸作品。该剪纸材料为麻料纸，呈折叠状，供祭祀所用，其艺术表现已相当成熟。汉代纸的发明促使了剪纸的出现、发展与普及。唐代（公元 618～907 年）剪纸已处于大发展时期，已将剪纸图案应用于其他工艺方面，例如，新疆吐鲁番出土的"人胜"剪纸，西安出土的镂空花样皮革帽子、"人胜"刻金箔、金箔刻花图样等。宋代（公元 960～1279 年）造纸业成熟，纸品名目繁多，为剪纸的普及与品种的丰富提供了条件，如成为民间礼品的礼花，贴于窗上的窗花，还有灯彩、茶盏的装饰等。明、清时期剪纸艺术走向成熟，并进入鼎盛时期。民间剪纸艺术的运用范围更为广泛，明代（公元 1368～1644 年）有名的夹纱灯是将剪纸夹在纱中，用烛光映出花纹，这是剪纸在日常生活中的又一应用，现在人们将其称为"走马灯"。北京故宫博物院坤宁宫，室内顶棚和宫室两旁过道壁间均用白纸衬托出黑色龙凤双喜的剪纸图样，此为清代（公元 1644～1911 年）剪纸的特点。

2．问题的本质与描述

近年来，剪纸艺术在多个工程和科学领域都有应用，其中从设计到应用的关键科学问题集中在机构学领域，包括刚体机构与柔性机构，可以归纳为：挑选合

适的剪纸形状，使纸面具有最大的伸展性能；控制剪纸图案的折展过程；如何将
所需的三维形状平面化，设计出对应的剪纸图案；如何将所需机构等效为剪纸图
案，或者反过来将剪纸图案等效为机构。

3．历史回顾与现状分析

随着世界对清洁能源需求的增加，太阳能等清洁能源越来越受到重视和开始
广泛使用。为了保证在一天中获得最大的太阳能，提高太阳能电厂的产量，传统
的太阳能板下面安装有跟踪装置，使太阳能板尽可能地对准太阳。因此，太阳能
发电装置机构复杂性和加工保养成本增加，发电经济性降低。Lamoureux 等[1]通过
从剪纸艺术中获得的启发，设计了图 1 中的一种太阳能发电装置。与传统的硬质
太阳能板不同，他们使用了一种柔性太阳能薄膜用于发电，并在薄膜上面设计了
不同形状的刻痕。其跟踪太阳方向的机理很简单，在薄膜两端施加力，中间的太
阳能薄膜发生变形，不再为一个完整平面，而是大致朝向一个方向，通过控制薄
膜展开的程度来调整指向的角度，实现对太阳的跟踪。通过设计不同的刻痕以及
刻痕的密度，可以获得不同的力学性能，来适应不同的应用环境。

图 1　剪纸太阳能板[1]

柔性屏幕手机和穿戴设备的兴起对电池性能提出了更高的要求。除了电量提
高这一基本需求外，也希望电池能够具有一点柔性，提供给消费者更好的使用体
验。Song 等设计出了一种基于剪纸的可展锂电池（图 2[2]）。通过优化剪纸图案可
以获得超过 150%的伸展性，也能展现出更加优异的电化学性能和力学性能。

超材料是一种具有天然材料所不具备的超常物理性质的人工复合结构或复合
材料。负泊松比材料就是一类有着广泛应用前景的材料。剪纸艺术给负泊松比材
料的设计提供了新的思路[3]。同时，剪纸也为蜂窝状材料的加工提供了新的加工
工艺[4]。传统加工工艺仅适合加工形状规则的蜂巢结构，对于图 3 中变截面的结
构不太适应。可以使用剪纸技术在材料上面做出刻痕，然后折叠为所需的形状，
从而简化加工工艺。

剪纸艺术具有独特的风格和传统，拥有弯弯曲曲、变化多端的优美线条，并
且包含一些镂空图案，且多为平面形状。具有很高影响力的折纸艺术则不然，

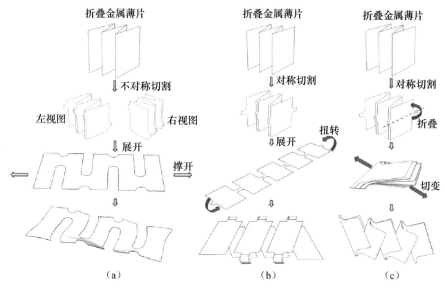

图 2   用于电池内芯的剪纸图案[2]

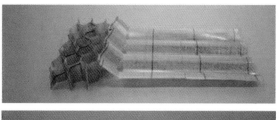

图 3   蜂巢结构[4]

折纸艺术品多是将纸张折叠后呈现出物体的立体形状，所使用的线条一般为直线。将剪纸和折纸这两种不同风格的艺术结合后，得到了一种新的艺术形式，即"立体剪纸"。首先使用剪纸的手法获得所要的图案，然后用折纸的技艺将图案立体化，然后将所获得的模型折叠好后作为书的夹层。当书被开起时，模型再次展开为设计好的立体形状。一类名为"pop-up"的图书（图 4）就是使用此工艺制作的，其机构学基础为平面或球面 4/5/6 杆机构，或是空间 Sarrus 机构和 Hybrid Bennet 6R 机构。

图 4　pop-up 图书[5]

在工程领域也有将剪纸技术与折纸技术结合的例子，尤其是在微型可动结构领域。综合利用立体剪纸技术、MEMS 技术以及精密加工等多个领域，杨百翰大学（Brigham Young University）设计出图 5（a）中一个用于老鼠受精卵注射的设备，图中球状物体为老鼠受精卵。该装置很明显与 pop-up 图书有着相似的物理形状。利用这种技术研发的装置可以广泛地应用于生物学和医学等领域的研究。图 5（b）中展示的夹层装置也是借鉴于 pop-up 图书，是一种微型夹持机构，图中所夹持的物体为普通的缝衣针。这种夹持装置可应用于微创手术领域，其本身具有很好的结构刚度，能夹持自身重量 100 倍的物体，有着很好的应用前景。

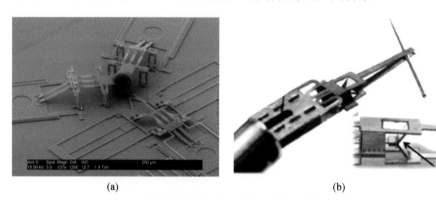

(a)　　　　　　　　　　　　　　　　　(b)

图 5　老鼠受精卵注射装置[6]与微型夹持装置[7]

4. 问题的难点与挑战

剪纸在科技领域的潜力吸引了广大科学家和工程师的兴趣，但是将其应用到工程领域仍然有很多障碍。首先，前文中介绍的可调柔性太阳能板实际上为一种柔性可展结构。太阳能板的调整过程可以看成太阳能薄膜沿着柔性铰链旋转的过程，这里的柔性铰链就是整块板上没有被切断的部分。在该装置中，柔性铰链是简单的直线状，只能大致地控制旋转方向。虽然这种设计完全满足发电厂的实际需求，但是为使这种技术应用更加广泛，如何设计这些铰链形状，可以便于精确地控制其旋转过程是一个需要探索的问题。

其次，对于介绍的剪纸电池和超材料等，都是将板状材料雕刻出图案，然后折叠成最终的形状。雕刻图案的过程可以类比为机构设计过程，折叠过程为机构运动过程。通过观察可以发现，折叠过程只是相当于简单平面机构的运动过程，如 zigzag 运动或者平面四杆机构的运动，无法体现出空间机构的运动。Bennett 机构、Bricard 机构等空间机构都有很好的折叠性能，如何将空间机构映射为剪纸图案，然后为其设计出折叠过程，也是很有挑战的事情。具有高折展比性能的空间机构如果设计成剪纸形式，能更进一步提升整体结构的折展比。

对于前文介绍的 MEMS 这类微小结构，都是借鉴剪纸图案。为了减少加工的复杂程度，剪纸图案需要尽量简单，这也意味着剪纸图案的等效机构应尽量简单。能使用平面四杆机构实现的功能就尽量不要使用五杆机构。这也引出机构综合的一个问题，即如何在保证使用需求的情况下尽量减少杆件数量和运动副数量。只有当等效机构最简化时，反过来设计的剪纸图案才能够简单，方便制造和使用。

参 考 文 献

[1] Lamoureux A, Lee K, Shljan M. Dynamic kirigami structures for integrated solar tracking. Nature Communications, 2015, 6: 8092.

[2] Song Z, Wang X, Lv X, et al. Kirigami-based stretchable lithium-ion batteries. Scientific Reports, 2015, 5: 10988.

[3] Hou Y, Neville R, Scarpa F, et al. Graded conventional-auxetic kirigami sandwich structures: Flatwise compression and edgewise loading. Composites Part B: Engineering, 2014, 59: 33-42.

[4] Saito K, Agnese F, Scarpa F. A cellular kirigami morphing wingbox concept. Journal of Intelligent Material Systems and Structures, 2011, 22(9): 935-944.

[5] Winder B G, Magleby S P, Howell L L. Kinematic representations of pop-up paper mechanisms. Journal of Mechanisms and Robotics, 2009, 1(1): 147-159.

[6] Aten Q T, Jensen B D, Burnett S H, et al. A self-reconfiguring metamorphic nanoinjector for injection into mouse zygotes. Review of Scientific Instruments, 2014, 85(5): 568-571.

[7] Gafford J, Kesner S B, Wood R J, et al. Microsurgical devices by pop-up book MEMS. ASME/IDETC: Robotics and Mechanisms in Medicine, 2013: V06AT07A011.

撰稿人：彭　睿、陈　焱

天津大学

复杂星体表面环境下行走探测机器人的多功能融合

Multifunction Fusion of Walking Robot under Complex Environment of Planet Surface

1. 问题的由来及重要性

探索太空和宇宙是人类认知世界、走出地球的雄心壮举。到目前为止，人类通过采用着陆平台（着陆器）、行走探测机器人（巡视器）或二者组合的方式，已先后对月球、金星、火星、个别彗核等地外星体进行了初步登陆勘查。从这些探测活动可以看出，在地外星体表面进行零距离的行走勘查，是目前人类开展深空探测最为先进、最为有效的技术手段，由着陆平台、行走探测机器人等构成的深空软着陆探测器是实现行走探测的核心装备。但目前常见的着陆平台只具有着陆缓冲的功能[1]，3～4 条着陆腿安装在着陆平台的底部，通过装填在着陆腿中缓冲材料的塑性变形或黏滞阻尼作用吸收着陆时的冲击能量，保证探测器的安全着陆[2,3]，着陆后的着陆平台在着陆腿的支撑下仅能在着陆点进行固定式探测[4]。如果需要进行相应的巡视探测活动，则需采用另外一套独立的行走探测机器人完成。探测机器人一般依靠着陆平台或其他设备的缓冲和支撑，降落在地外星体表面，且多采用轮式行走方式实现巡视，因此对地外星体表面复杂地形、地貌的适应性较弱。

目前已有的着陆平台与行走探测机器人的功能相互独立，互不融合，从而带来探测器组成复杂、系统庞大、探测能力及探测效率低等问题，因此有必要研究可将二者功能融于一体的、适合复杂星体表面环境下行走的探测机器人。从机构学角度看，需要通过机构的创新，研究、探索集着陆缓冲、姿态调整、稳步行走、探测作业等功能于一体的新型探测机器人。如何根据火箭的包络空间以及运载能力、行星表面形貌特点等限制条件，创新发明出结构紧凑、构型新颖、性能卓越的着陆、行走探测多功能一体化新型机器人，从而将着陆平台与行走探测机器人融为一体，大大简化探测器系统的组成，显著提高深空探测的能力和效率，是当前值得研究的国际性、前沿性难题，具有很大的科学技术挑战性。

2．问题的本质与描述

目前已有的着陆腿多是 3-UPS 并联机构的变形，如图 1 所示。在着陆器着陆过程中，位于着陆腿末端的足垫首先与着陆面碰撞接触，将碰撞力传递至着陆腿中所装填的缓冲材料，通过缓冲材料的塑性变形或阻尼作用吸收冲击能量，保证着陆器的安全着陆。为了进一步实现着陆后的行走功能，需要通过在着陆腿与着陆平台之间设置驱动源及传动组件，并根据所需的行走运动，对着陆腿进行相应的驱动，即实现着陆缓冲与行走探测等功能的融合。

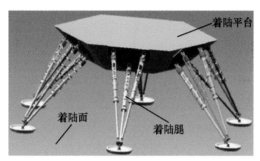

图 1　着陆腿

着陆缓冲与行走作业功能的融合问题，看似着陆腿功能的简单延伸，但其本质是机构的创新、发明、设计和实现问题，是在已有机构构型的基础上，为实现其不同阶段的不同功能，而对其驱动、传动、承载、执行等的实现方法及相应能力进行协调、匹配、转换、重组以及再分配的问题，也可以看成一种特殊的机构变胞问题。通过这样的功能融合，在保证着陆腿已有缓冲功能的基础上，有效提高探测机器人行走过程中对地外星体表面复杂地形、地貌的适应能力，即提高行走过程中的越障能力和对探测区域的到达能力，提高深空探测的效果和效率。

3．历史回顾与现状分析

从 20 世纪 60 年代成功采用着陆腿实现月面软着陆探测开始，在已有着陆腿的公开研究中，多是围绕其缓冲功能的实现及着陆稳定性等开展相关工作，没有人提出通过着陆腿功能的延伸进一步实现着陆后着陆器行走探测等功能的方法，其原因之一是并联机构的相关应用研究相对滞后，特别是并联行走机构的研究更是近几年才逐步开展的[5]，且其中的研究多针对行走功能的基本实现方式，而没有针对可能需要的着陆缓冲等多功能的融合开展研究。对于某些弹跳行走机构，由于其行走方式的单一性及行走过程的高耗能性，不适合地外星体表面的行走探测。总之，从国内外已有的公开资料来看，还没有一种高可靠着陆缓冲机构与高稳定行走机构有效融合的方案。

　　动物界中的所有高等动物从高处向低处的有限高度的跳跃缓冲以及日常的行走都是通过同一套腿来实现的，人类也是这样。因此，从动物的进化过程来看，着陆缓冲与行走功能的融合，即通过机构的创新，利用同一套机构实现着陆缓冲及着陆后的行走探测是有可能实现的。

　　随着深空着陆探测技术的发展，对有效载荷在整个着陆质量中的占比提出了更高的要求，该指标的高低是探测效率高低的重要体现。在目前已有着陆腿的基础上，通过机构的创新，将行走功能融于着陆腿之中，即通过同一套着陆腿既实现地外星体表面的着陆缓冲又执行后续的行走探测任务，是满足这一要求的有效途径。另外，与轮式行走相比，腿式行走还可以有效提高行走探测过程中对不确定地形、地貌的适应能力及对着陆探测器姿态稳定性的保证能力，扩大探测地域，充分发挥有效载荷的工作能力，进一步提高探测的效率、能力和精度。

　　4．问题的难点与挑战

　　（1）缓冲与行走功能融合原理的突破。这是最根本的难点与挑战所在。如何通过对两种功能原理的全面、系统、深入的分析与比较，进而针对着陆探测器不同工作阶段对着陆腿功能的不同要求，通过对着陆腿中相应组件工作模式的调整、自由度的限制、构型的转换等措施，实现缓冲功能到行走功能的转化，即两种功能的融合。该问题无论在理论上还是在技术上都具有巨大的挑战性。该难点的突破，将为并联机构的设计创新和应用推广奠定理论与技术基础。

　　（2）多功能融合后的机构可靠性保证。两种功能的融合，涉及机构工作模式调整、自由度限制、构型转换等问题。如何通过相应组件的结构设计，保证其功能融合后的可靠性；如何通过机构故障模式分析与关键组件的冗余设计，并通过制定相应的系统控制策略，即使在机构出现某些故障时，也可以保证探测机器人的基本行走功能。这些都是必须解决的难点问题。

　　（3）着陆稳定性与行走稳定性的提高。着陆腿作为一种典型的少自由度并联机构，其上平台为着陆平台，下平台为着陆面，如图 1 所示。缓冲及行走的实现均可以看成多个少自由度并联机构协调工作的问题。如何利用近年来并联机构学研究取得的理论成果，优化着陆腿的构型，提高着陆稳定性和行走稳定性，是目前面临的另外一个挑战。

参 考 文 献

[1]　Ball A, Garry J, Loernz R, et al. Planetary Landers and Entry Probes. New York: Cambridge University Press, 2007.

［2］ 杨建中. 航天器着陆缓冲机构. 北京: 中国宇航出版社, 2015.

［3］ 杨建中, 曾福明, 满剑锋, 等. 嫦娥三号着陆器着陆缓冲系统设计与验证. 中国科学(技术科学), 2014, 44(5): 440-449.

［4］ Desai P N, Prince J L, Queen E M, et al. Entry, descent, and landing performance of the mars phoenix lander. Journal of Spacecraft and Rockets, 2011, 48(5): 798-808.

［5］ 金振林, 张金柱, 高峰. 一种消防六足机器人及其腿部机构运动学分析. 中国机械工程, 2016, 27(7): 865-871.

撰稿人：杨建中

北京空间飞行器总体设计部

高辐射核环境作业机器人的防护问题

Protection of Rescue Robot under Nuclear Enviroment of High Radiation

1. 问题的由来及其重要性

随着科学与技术的迅速发展，核能获得了更加广泛的应用。在医学领域中利用核辐射产生的射线进行透视检查及辐射治疗；在能源领域中利用核能发电，提供了大量的清洁能源；在工业领域中，射线被广泛用于精密测量及金属探伤。然而，射线在衰变过程中将产生大量放射性物质，对生物细胞造成损害，危害人类的身体健康，因而安全是核能利用的前提。

国家标准对从事辐射工作人员的职业照射水平有明确的控制要求：连续 5 年的年平均有效剂量为不超过 20mSv，任何一年中的有效剂量不超过 50mSv。公众照射的年有效剂量则是 2.4mSv。人体器官在受到 100mSv 辐射剂量时就会造成损害，累计剂量达到 6000mSv 时将致命[1,2]。在高辐射剂量时，用机器人代替人进入现场作业是解决人体辐射损伤的有效方法。然而，机器人在高辐射剂量下也存在安全问题，尤其是最薄弱的电子和通信系统，核辐射会引起电子器件内部的电荷激发、电荷输运甚至材料交联、裂解等永久失效，还会导致电子器件的充放电、闭锁和烧毁等瞬态效应，致使电子系统失效[3]。

在所有应用中，辐射剂量最高的是核事故发生时的工作环境，机器人越早进入事故发生现场，就能越早进行紧急操作，减少辐射危害。1986 年，切尔诺贝利核电站爆炸事故发生当晚，核电站涡轮机厂房屋顶的辐照强度约为 $1.7×10^6$rad/h，被炸开的反应堆内部剂量率高达 $2.5×10^6$rad/h，对机器人是相当严酷的考验。尽管当时派出机器人进行现场协助作业，但都没有达到预期的效果[4]。据官方统计，至今为止死亡 4000 余人，受辐射污染人数近 300 万，直接经济损失达 180 亿卢布（约 2.8 亿美元），而且 6000km^2 土地无法使用，400 多个居民点成为无人区。

2011 年福岛核事故中多个国家参与救援，美国派出了 PackBot、Warrior 两款机器人，瑞典捐赠了 BROKK 系列 4 台机器人，日本对地震救援机器人 Quince 进行测试改装后于当年 6 月也进入核电站中执行测量任务。在救援关键时期，由于机器人抗辐射能力和操作机构的限制，都未能完成预定的任务要求，只能依赖 50 名工作人员坚守核电站，长时间强辐射照射对他们造成致命性的伤害，因此他们被称为"福岛 50 勇士"[5]。

机器人作为集机械、电子、计算机、人工智能等多种先进技术于一体的自动化设备，装备着伺服电机、精密减速器、末端执行器、传感器等关键零部件，每种器件中都分布着大量电子器件。电子器件及其组成的电子系统在高辐射环境下的安全工作取决于器件本身的耐辐射能力。当前开发的机器人普遍不能在强辐射环境下工作。为了提高对核辐射的利用与应对能力，世界各国加强了耐辐射机器人的研发[4,5]，但针对高辐射环境作业机器人的开发始终无法突破。除了机器人难以适应核电站复杂的空间环境和操作任务外，控制和通信系统较低的耐辐射能力是重要的原因。开发质量轻、体积小、易于加工、性能稳定的高辐射防护材料和耐辐射、稳定的电子系统是高辐射环境下机器人防护研究的重点。

2．问题的本质与描述

人们所说的辐射射线主要包括 α 射线、β 射线、γ 射线及中子。α 射线电离能力最强，穿透能力最弱，只需要简单的涂层即可有效防护。γ 射线的电离能力最弱，穿透能力最强，要一定厚度的混凝土、铅板或钨板才能有效阻挡[6]。β 射线的穿透能力介于 α 射线与 γ 射线之间，一层铝外壳可以将其屏蔽。中子是一种穿透力很强的间接电离粒子，会在屏蔽层中以弹性散射和非弹性散射的方式损失能量，最后被吸收并放出射线。中子辐照对某些类型的电子部件影响较大，但中子辐照水平在运行反应堆外一般很低，因此只有考虑中子屏蔽时才需要涉及快中子的减弱和吸收。

机器人中大量采用机械元件和电子元件。机器人的固件为铝合金材料，而机械元件也大多由金属材料构成（如用于支撑机器人的铝合金支架），金属材料耐辐射性能远高于其他材料。无机材料在机器人中的使用较少，主要是电路板上用于绝缘的氧化铝陶瓷。玻璃、陶瓷等无机绝缘材料具有较好的抗辐射性能，能在 γ 射线剂量为 10^9rad 以下工作[7]。一些有机材料也广泛应用于机器人中，包括线缆等绝缘材料中的聚氯乙烯（PVC）、聚丙烯（PP），这些有机材料会由于辐照裂解引起机械强度降低、绝缘性能下降。机器人所用的电子元件上还包含大量半导体材料（如硅半导体），该类材料抗辐射性能最弱[8]，因此电子器件是核防护的重点。

开发高辐射环境下的作业机器人对人类安全利用核能具有极其重要的意义。在设计高辐射环境下作业的机器人时首先要考虑 γ 射线效应对电子器件的影响，其次考虑辐射场多射线耦合环境下工作的电子器件的综合屏蔽防护，同时兼具灵活性、轻便性、加工性等基本特性。核事故时高辐射环境下机器人的屏蔽防护问题的解决，将带动医疗、金属探伤、食品检测等辐射场所中射线屏蔽防护的广泛应用。

3．历史回顾与现状分析

现阶段常用的辐射加固策略包括以下几种：

（1）改装现有设计。对现有的救灾机器人进行改造使其具有一定的辐射抗性，此方法不仅能缩短开发周期，还可有效节约成本，但只适用于对辐射要求不太高（总剂量小于 10^6rad）的环境。需要对机器人进行相关的辐射抗性评估以确定原机器人上的敏感元件，但是由于大部分电子元器件在运行状态下对辐射更敏感[9]，所以必须采用带电实时测试才能得到准确的辐射耐受性数据。

（2）重新设计机器人。当环境中的辐射剂量过高以致大部分电子元器件都需要进行加固时，改装现有设计的方法就不再适用。重新设计机器人意味着在整个设计环节都把抗辐射要求摆在关键地位，设计者从设计伊始即可直接选择耐辐射的元件或技术来搭建机器人。设计过程中还可结合相关软件对电路进行抗辐射性模拟，直至满足其功能性和抗辐射性的双重要求后再进行机器人制造。

采用此方法设计出的机器人目标明确，能确保满足相关要求。缺点是机器人的开发周期长，所需成本较高，同时还要求设计人员对元器件的电性能和耐辐射性，以及自动控制等相关技术都有全面的认知。

（3）辐射屏蔽。屏蔽材料可以减缓一次粒子的能量，吸收次级辐射，从而减少到达被保护器件的射线。与上述两种方法相比，对机器人的敏感部分甚至整体进行屏蔽是最经济快捷的方式，因此也被大范围采用。原子序数不同的金属对不同粒子的屏蔽效果不同，含有高原子序数的物质，对 γ 射线的屏蔽效果较好，所以常用钨和铅等做屏蔽材料。

传统铅材料价廉，线吸收系数高，广泛应用于辐射屏蔽防护，但铅具有较高的毒性，长期使用会污染环境。钨密度较大，采用 1cm 厚的钨板屏蔽 1cm×1cm×1cm 的物体，其质量高达 14kg。此外，受辐射源条件限制，针对 γ 射线屏蔽防护材料的研究多集中在低能段，在生产及相关设备配套的低能射线屏蔽材料已可大规模商业化，而中高能段的研究还停留在理论模拟及计算阶段，离实际应用还有很大的差距。

4．问题的难点与挑战

目前，具有强耐辐射性的电子元器件还未市场化，尤其在国内市场上还是空白。相关的技术壁垒导致耐辐射电子器件价格居高不下。高成本和低市场率进一步增大了高耐辐射机器人的开发成本和难度[10]。

若直接采用屏蔽，对于 10^6rad/h 的高辐射防护要求，只能采用重金属加厚的方法，过厚的屏蔽层将会使携带系统过重，不仅降低机器人的灵活性，还会增大驱动器的负荷、发热量和单次作业工作时间，易造成电子器件热失效。而其他材料受材料价格、加工性能及屏蔽性能等因素的制约，目前还无法大规模推广。

高辐射环境作业机器人的屏蔽设计不仅要考虑在多种辐射源下不同能量段射线（尤其是 γ 射线）对机器人电子器件的有效防护，又要兼顾机器人灵活作业的要求，并控制密闭环境下电子设备的热效应。通过结构设计、屏蔽组合等多种方案进行高辐射环境下的综合防护是当前核设施安全运行的关键问题[11]。该问题的解决对于医疗、能源以及工业等核能相关产业的安全运行和稳步发展都具有重要的意义。

参 考 文 献

[1] 国家质量监督检验检疫总局. GB 18871—2002. 电离辐射防护与辐射源安全基本标准. 北京: 中国标准出版社, 2004.

[2] 沈自才. 抗辐射设计与辐射效应. 北京: 中国科学技术出版社, 2015.

[3] Houssay L P. Robotics and radiation hardening in the nuclear industry. Gainesville: University of Florida, 2000.

[4] Kawatsuma S, Fukushima M, Okada T. Emergency response by robots to Fukushima-Daiichi accident: Summary and lessons learned. Industrial Robot: An International Journal, 2012, 39(5): 428-435.

[5] 刘呈则, 严智, 邓景珊, 等. 核电站应急机器人研究现状与关键技术分析. 核科学与工程, 2013, 33: 97-105.

[6] Nagatani K, Kiribayashi S, Okada Y, et al. Emergency response to the nuclear accident at the Fukushima Daiichi Nuclear Power Plants using mobile rescue robots. Journal of Field Robotics, 2013, 30(1): 44-63.

[7] Ouda A S. Development of high-performance heavy density concrete using different aggregates for gamma-ray shielding. Progress in Nuclear Energy, 2015, 79(2): 48-55.

[8] Kuwahara T, Tomioka Y, Fukuda K, et al. Radiation effect mitigation methods for electronic systems. IEEE/SICE International Symposium on System Integration, 2012: 307-312.

[9] Sharp R, Decréton M. Radiation tolerance of components and materials in nuclear robot applications. Reliability Engineering and System Safety, 1996, 53: 291-299.

[10] Bogue R. Robots in the nuclear industry: A review of technologies and applications. Industrial Robot, 2011, 38(2): 113-118.

[11] 姜懿峰, 栾伟玲, 张晓霓, 等. 环氧树脂基耐高温中子屏蔽复合材料的研究. 核技术, 2015, 38(12): 8-13.

撰稿人：栾伟玲、韩延龙、张晓霓、孙　柯、姜懿峰

华东理工大学

空间环境下的机构运动副润滑问题

The Problem of Lubrication for Kinematic Pairs in Mechanisms under Space Environment

1. 问题的由来及重要性

航天器机构中轴承、齿轮等活动部件在空间高低温、辐照等空间恶劣环境中的润滑问题，严重影响机构精度和使用寿命，不能适应未来航天器高精度和长寿命需求。

2. 问题的本质及描述

轴承、齿轮等是航天机构中主要的传递力和运动的部件，空间环境的特殊性导致其无法像地面机构一样使用液体油润滑方式，因此大多航天机构均使用固体润滑脂润滑。随着机构在轨工作时间的增加，活动部件的磨损不断增大，当润滑脂磨没后，活动部件本体将产生明显磨痕，严重降低机构的使用性能，导致机构关节处间隙等变大，非线性特性更加复杂，使得控制更加困难，精度无法保证，且随着磨损加剧，会出现轴承卡滞、齿轮断齿等情况，使得整个机构无法正常运动，寿命终止。

3. 历史回顾及现状分析

随着航天技术发展，航天器在轨工作寿命要求越来越长（目前普遍要求低轨5年，甚至8~10年；中高轨8年，甚至12~15年）。在轨长期运行的航天器驱动机构是现代航天器必不可少的重要组成部分，近年来国内外航天器驱动机构在轨故障甚至报废的案例正呈多发态势。据有关部门对在轨卫星的故障统计与分析，认为器材、环境与设计问题是引起卫星在轨故障的三大主要原因，其中发生在长寿命器件和活动器件上的故障在器材类故障中的比例高达46.8%和31.6%，而润滑引起的磨损失效又是引起机构故障的主要原因，高故障发生的活动器件主要有太阳帆板驱动机构、天线驱动机构、陀螺、动量轮等。

过去50年，随着润滑技术的发展，多种润滑材料被应用于航天机构的活动部件，润滑方式则根据其应用环境和工况的不同采用了液体润滑、固体润滑、固-液复合润滑以及针对不同部位采用不同润滑方式的策略。在航天技术领域，由于机构工作在真空、高低温、微重力、辐射等特殊环境中[1]，要求润滑材料应具备以下特征：低蒸气压、超低挥发；良好的润滑与防真空冷焊性能；宽的温度使用范围；可兼顾地面贮存和试验考核的要求；抗原子氧侵蚀；高可靠和长寿命的使用要求。

由于空间应用环境与工况的特殊性，谐波减速器内部各接触副一般处于混合或边界润滑状态，所以其液体润滑通常采用润滑脂，且以 PFPE（全氟聚醚）基润滑脂以及 MACs（多烷基化环戊烷）基润滑脂为主。全氟聚醚是 20 世纪随航天工业而发展起来的合成润滑材料之一。多烷基化环戊烷是美国 Pennzoil 公司于 1991年公布的一种新型高性能合成碳氢润滑剂，由不同种类和分子大小的醇合成的多烷基化环戊烷的黏度和倾点随着分子结构的不同而呈现有规律的变化。因此，可以通过选择适当的烷基或烷基个数得到不同黏度的多烷基化环戊烷，使其具有很宽的黏温范围，蒸气压也极低，蒸发损失（204℃，6.5h）小于 0.1%。这些性质使其特别合适空间润滑，而且多烷基化环戊烷能溶解常用的抗磨损添加剂来提高其润滑抗磨损性能，该特点也优于全氟聚醚，使其在空间机械的润滑上有很大的应用潜力[2]。

针对 Kompsat 3（韩国多用途卫星阿里郎 3 号）天线指向机构中的谐波减速器，Manfred 等[3]采用了 MAPLUB PF 润滑脂（属于 PFPE 基润滑脂）进行润滑，并进行了 9.87×10⁶ 转的热真空寿命试验，试验后发现柔轮与刚轮齿面出现轻微磨损，电机的驱动力矩有所升高，说明减速器内部摩擦力矩增大，传动效率下降。

北京控制工程研究所李晓辉等[4]采用美国 Castrol 公司生产的 Braycote 601EF 润滑脂对谐波减速器进行润滑，进行热真空环境下传动性能试验，主要评价了温度对润滑脂润滑性能的影响，以及由此引起的谐波减速器内部温升及传动效率的变化。

Gill 等[5]选用 MoS₂ 固体润滑和 PFPE 基润滑脂（Braycote 601）润滑的谐波齿轮减速器在热真空环境下进行对比试验。试验发现采用 Braycote 601 润滑脂时，由于润滑剂的黏温效应，温度对减速器传动效率的影响较为明显，在高速状态下其影响变小。采用固体润滑时影响其传动效率的主要是速度。寿命试验后拆卸观察，发现采用两种不同润滑方式的柔轮与刚轮齿面都有可见的磨损和变形区，波发生器保持完好。采用油脂润滑时，柔轮内壁与柔性轴承外圈之间有轻微的表面烧伤，固体润滑时该接触区域则有一层薄的光泽的 MoS₂ 膜保护，总体而言，采用固体润滑的谐波减速器其传动综合性能要优于油脂润滑。

Johnson 等[6]针对火星轨道勘测飞行器中高增益天线和太阳帆板所用谐波减速器，首先采用 Rheolube 2004 润滑脂润滑，并进行了热真空寿命试验研究，当输入转数达到 400 万转时出现运转异常现象，拆卸减速器检查发现整个柔轮与刚轮轮齿宽度方向的大部分都被磨损和损坏。然后分别使用 Penzane 和 Braycote 602 润滑脂润滑并进行了对比试验，发现在输入转数为 200 万转左右时，两者都出现了失效，并且失效类型和损坏程度一致，这一试验结果表明润滑剂类型不是寿命的决定因素。在进行不同材料谐波减速器对比试验后，断定失效主要与材料组合及其内部应力水平有直接关系。

对于谐波减速器的固体润滑技术，中国科学院兰州化学物理研究所固体润滑开放研究实验室开展了相关研究，孙晓军等在同型号谐波减速器和相同试验条件下，考察了不同固体润滑薄膜体系的润滑性能和磨损特性。结合试验后柔轮和刚轮齿面工作表面形貌和磨粒的成分分析，发现谐波减速器内柔轮-刚轮齿面之间的相对运动以滑动摩擦为主，伴随有滚动摩擦，啮合时由于柔轮发生弹性变形，所以齿廓之间容易干涉，并使齿面产生非正常磨损，而且粗糙度较高的齿面轮廓还容易产生明显的磨粒磨损，从而导致固体润滑薄膜失效。

总结上述国内外的相关研究，由于空间环境的特殊性以及空间润滑材料可选种类有限，所以合理选择空间用谐波减速器的润滑材料及润滑方式时，需要综合考虑其地面与在轨工况条件，润滑材料的摩擦学性能、物理化学性能、力学性能、热学性能以及耐环境性能（真空、高低温、辐照、潮湿大气）等，需要考虑使用工况及环境条件对润滑材料性能的影响并进行试验验证。

4. 问题的难点与挑战

空间高低温、真空、强辐照等极端环境下长寿命机构的润滑问题是现阶段空间机构设计中的难点，而且在火星等环境中昼夜温差很大，对润滑脂等的工作温度范围以及对高低温交替环境的适应性也提出了更高的要求。

参 考 文 献

[1] 刘维民. 空间润滑材料与技术手册. 北京：科学出版社，2009.

[2] 冯大鹏，翁立军，刘维民. 全氟聚醚润滑油的摩擦学研究进展. 摩擦学学报，2005，25(6)：597-602.

[3] Manfred S, Schmidt J. Life test of industrial standard and of a stainless steel harmonic drive. Proceedings of the 14th ESMATS Symposium, 2011: 698.

[4] 李晓辉，刘继奎，王术. 601EF 脂润滑谐波减速器热真空传动性能试验研究. 航天器环境工程，2011，28(5)：450-453.

[5] Gill S, Forster D J, Rowntree R A. Thermal vacuum performance of cycloid and harmonic gearboxes with solid (MoS$_2$) and liquid (Braycote 601) lubrication. Proceedings of the 5th ESMATS Symposium, 1993: 334.

［6］ Johnson M R, Gehling R, Head R. Life test failure of harmonic gears in a two-axis gimbal for the mars reconnaissance orbiter spacecraft. Proceedings of the 38th Aerospace Mechanisms Symposium, 2006: 37-50.

撰稿人：张晓东

北京空间飞行器总体设计部

机构奇异轨迹的几何-代数统一解析表达

United Geometry-Algebra Analytical Modeling of Mechanism Singular Trajectory

1．问题的由来及重要性

奇异位形，又称奇异，是指机构的运动约束条件发生线性相关而失效的某一特殊位置和姿态。当机构处于奇异位形时，其运动/力传递能力丧失，输出杆件的运动变得不可控或失去刚度而不能承受某个方向的外载，表现为死点、失稳等。虽然有增力机械、自锁机械等利用奇异位形时的静力特性工作，但绝大多数机械装置在运行时必须避开自身奇异位形以保证安全。因此，掌握机构奇异位形在工作空间的分布规律（又称奇异轨迹）对于机构的设计和轨迹规划至关重要。

2．问题的本质与描述

机构的奇异轨迹在几何上是一个多维曲面，在代数上可用以位姿参数为自变量的多项式表示，但在现有奇异研究中，一般很难获得奇异轨迹的解析表达式，即存在代数性质和几何意义割裂、难以描述奇异总体空间分布规律的问题。问题的根源在于机构学所依托的数学体系提供的表达和计算方法存在局限性。

当前机构学研究的主要数学工具属于 19 世纪数学家 H.G. Grassmann 和 J.W. Gibbs 建立的线性代数/矢量分析体系。Grassmann 在 1844 年定义了点积、外积、子空间、线性相关性、维数等概念，奠定了线性代数的基础。注意 Grassmann 对外积的定义是两个一维矢量的外积为一个二维矢量（面），三个一维矢量的外积可以得到一个三维矢量（体），依此类推；而 Gibbs 于 1881 年在 Grassmann 的基础上，定义了人们现在所用的叉积，即两个一维矢量的叉积仍是一个一维矢量。显然，叉积不能对多维矢量直接运算，但当时科学和工程问题绝大多数都在三维以内，因此叉积反而更易为人们接受。因此，Gibbs 建立的矢量分析方法取代了 Hamilton 四元数，逐渐成为物理和工程领域的标准数学工具。

在 Gibbs 体系下，三维空间中几何元素的运算都归结于点的坐标运算。随着现代物理和数学研究进展，人们发现 Gibbs 体系下运算高度依赖于坐标系，没有为多维几何对象提供原生的数学基础和数据结构，割裂了几何表达和代数运算之间的联系，还会增加模型和算法的复杂度，造成计算效率的下降。这在量子力学、机器视觉、图像处理等研究领域表现十分突出。

3. 历史回顾与现状分析

单环开链机构的奇异分析较为简单，此处以闭环多链机构的代表并联机构为例。并联机构的奇异分析方法可分为代数法和几何法两类。代数法通过分析并联机构的 Jacobian 矩阵的行列式值是否为零来判断奇异。Gosselin 等[1]根据输入和输出速度间关系的两个 Jacobian 矩阵把并联机构的奇异分成了三类，即边界奇异、位形奇异和构型奇异。发生边界奇异时，动平台位于工作空间的边界；发生位形奇异时，即使锁住所有输入，动平台仍具有一个或多个自由度；发生构型奇异时，动平台在驱动器做有限运动时仍可以保持静止。在 Gosselin 奇异分类的基础上，各国研究者又进一步提出了多种并联奇异分类方法[2,3]，但在本质上均是基于机构的瞬时运动学方程。此外，Park 等[4]通过在微分流形中引入黎曼度量，通过构建黎曼流形来研究并联机构的奇异。刘辛军等[5]通过运动/力传递分析研究并联机构的奇异，提出了测量奇异接近程度的指标，并分析了不同类型的非冗余并联机构的奇异接近度。

几何法通过分析并联机构中关节运动矢量、约束矢量等的线性相关性来判断奇异。Hunt[6]运用螺旋理论研究了并联机构的奇异；Merlet[7]提出了基于 Grassmann 线几何的奇异分析方法；Huang 等[8]运用一般线性丛的方法对并联机构的奇异进行了分析；此外，Grassmann-Cayley 代数也被用于少自由度并联机构的奇异分析[9]。Zlatanov 等[10]通过螺旋理论定义了少自由度并联机构的约束奇异。

4. 问题的难点与挑战

代数法的优点在于可得到机构在工作空间内的全部位形，缺点在于 Jacobian 矩阵行列式值是一个复杂的非线性方程，要求得满足其为零的符号解十分困难，通常只能采用数值搜索方法，很难看出其几何意义和总体规律。几何法的优点在于可以直观地表示出机构奇异的几何条件，但要确定机构的全部奇异难度较大，同时也很难用于指导机构的优化设计。此外，几何法用于复杂的机构也比较困难。

如何跳出传统机构学依托的线性代数/矢量分析体系，寻求机构奇异轨迹的几何-代数统一解析表达与分析方法是当前的难点和挑战。

参 考 文 献

[1] Gosselin C, Angeles J. Singularity analysis of closed-loop kinematic chains. IEEE Transactions on Robotics and Automation, 1990, 6(3): 281-290.

[2] Ma O, Angeles J. Architecture singularities of platform manipulators. IEEE International Conference on Robotics and Automation, Sacramento, 1991, 2: 1542-1547.

[3] Joshi S A, Tsai L W. Jacobian analysis of limited-DOF parallel manipulators. Journal of Mechanical Design, 2002, 124(2): 254-258.

[4] Park F, Kim J W. Singularity analysis of closed kinematic chains. Journal of Mechanical Design, 1999, 121(1): 32-38.

[5] Liu X J, Wu C, Wang J. A new approach for singularity analysis and closeness measurement to singularities of parallel manipulators. Journal of Mechanisms and Robotics, 2012, 4(4): 041001.

[6] Hunt K H. Kinematic Geometry of Mechanisms. Oxford: Clarendon Press, 1990.

[7] Merlet J P. Singular configurations of parallel manipulators and Grassmann geometry. The International Journal of Robotics Research, 1989, 8(5): 45-56.

[8] Huang Z, Zhao Y, Wang J, et al. Kinematic principle and geometrical condition of general-linear-complex special configuration of parallel manipulators. Mechanism and Machine Theory, 1999, 34(8): 1171-1186.

[9] Kanaan D, Wenger P, Caro S, et al. Singularity analysis of lower mobility parallel manipulators using Grassmann-Cayley algebra. IEEE Transactions on Robotics, 2009, 25(5): 995-1004.

[10] Zlatanov D, Bonev I A, Gosselin C M. Constraint singularities of parallel mechanisms. IEEE International Conference on Robotics and Automation, 2002: 496-502.

撰稿人：李秦川

浙江理工大学

并联可重构变胞机器人机构的奇异与分岔

Singularity and Multifurcation in Parallel Metamorphic Mechanisms

1. 问题的由来及重要性

机构是机器和机器人的基本运动件，是极其重要的组成部分。传统机构具有固定的拓扑结构和单纯的构态，而可重构机构则具有多构态，以此满足多任务、多工况与多功能要求，达到"一机多用"、节约资源与降低能耗的功效。可重构机构的研究始于 20 世纪 90 年代中期。1996 年，奥地利机构学家 Wohlhart 发现一种机构在经过奇异位形，转向不同运动方向时，在运动杆件没有发生变化，运动副特性没有发生变化时，活动度会发生变化，由此将其命名为运动转向机构（kinematotropic linkages）。同年，英国机构学家 Dai 在研究包装自动化生产线的机构中，基于生物演变（metamorphosis）原理提出了具有变拓扑、变活动度和变运动特性的变胞机构（metamorphic mechanisms）[1]。变胞机构由于几何约束或其他约束，在运动区间内，产生运动杆件变化，或者运动副特性变化，由此导致活动度变化。变胞机构为一典型的可重构机构。该类新型机构的提出是对传统的定活动度和定拓扑结构机构的拓宽与突破[2]。描述该机构的论文于 1998 年获 ASME 第 25 届机构学双年会唯一一篇最佳论文。1999 年，Dai 和张启先院士将该机构翻译为"变胞机构"。继 20 世纪 90 年代这两类唯一的可重构机构提出后，很快成为国际上机构学学术界的研究热点和重要议题，在国际上开拓出了可重构机构与可重构机器人的一个崭新领域[3]。

机构演变过程常常需要经过奇异位形，并诱发机构运动的分岔。变胞机构与运动转向机构的共同之处在于经过可控奇异位形，实现运动或构型分支的切换。这两类机构的共同属性是位形空间的分岔[4,5]，前者通过改变杆件数的变化或者运动副的特性改变机构拓扑与活动度[6,7]，许多情况是由机构的几何尺寸完成几何约束。后者通过不同转向，起动一些惰性运动副，并使得一些运动副变为惰性运动副。针对这些新机构与新现象，机构学研究者借助数学工具，力图从本质上揭示新机构的运动机理与新现象的发生原理，指导机构的设计[8,9]与新机构的发明创造。

虽然一些新颖变胞机构和机器人逐渐问世，但许多理论问题尚待研究，尤其是变胞机构构型分叉与其奇异之间的关联关系还没有从数学上得以解决，是目前机构学中的一个基础性科学难题。

从数学上解决这一机构学基础科学问题[10]，可以从本质上揭示变胞机器人机构的重构机理，是研究机构活动度变化、诸多工作空间关联，以及灵巧度与适应度提升等诸多问题的里程碑。

2．问题的本质与描述

研究机构的约束奇异与分岔机理促进了机构学研究者对变胞机构演变机理以及运动与约束力空间内在关联的理解。目前机构学的研究仅停留在具有特殊尺度参数的单闭环机构上，有待于进行有效拓展。李群与微分流形方法适合对机构运动进行描述与证明，而在描述机构约束及其变异与分岔运动方面需要进一步研究。采用解析簇和正切锥的概念，深入研究机构运动与奇异本质是其中的一种方法。

目前问题的本质在于，变胞机构性能综合与分析中依然沿用了传统机构的性能分析方法和数学工具，由此该类机构如何变胞，如何重构，如何通过几何约束，如何进行几何尺寸设计，如何进行性能分析，以及奇异位形对机构分岔性能影响都有待于解决。

3．历史回顾与现状分析

过去 20 年间，机构学研究者在揭示运动分岔机理方面作了许多不同思路的探索。一些学者最早将运动分岔机构位形空间的多个微分流形描述为解析簇，并通过位形空间约束方程的各阶微分计算解析簇正切锥，从而描述机构在特殊位形下的局部特征，以及研究运动分岔的产生原因。另一种方法是将旋量、李代数的李运算引入位形空间约束方程微分计算，为描述构型与运动分岔提供了一种更加简洁、紧凑的数学描述形式[11,12]。

目前变胞机构的研究中，对变胞灵巧手采取融合微分几何、旋量理论和奇异值分解，提出四维流形分析变胞灵巧手工作空间、操作度和灵巧度，并进行分析与解析，建立了一套数学模型。这些重要的研究方法尚未应用到变胞机构，而变胞灵巧手的研究方法与采用的数学工具则为变胞机构以及可重构机构和同类变胞机器人的设计和应用开辟了新的研究途径[13,14]。

然而，如何通过机构的奇异实现其自我重构和重组，运用多重功能的运动分岔[15]机理，达到同一机构实现多种构型转换的数学基础问题还没有得到系统的解决。

4．问题的难点与挑战

（1）如何选用有效的数学工具，揭示变胞机构通过奇异位形完成构型转换的数学条件和位形间关联，以及构型重构规律和运动与约束空间演变机理是需要解决的难点问题之一。

（2）变胞机构及其扩展的可重构机构的系统性设计是一个关键。如何采取微分几何、旋量理论和奇异值分解，并采用扩展阿苏尔杆组[8]，进一步结合李群、有限位移旋量[9]研究与提出变胞机构及其扩展的可重构机构的系统设计方法是难点之一。

（3）变胞机构构态变换稳态设计及其调控机理是一个重点。大部分变胞机构构型演变需要经过可控奇异位形，这是一个关联多个分岔运动分支的源机构，含有多种构型的源运动。如何获取稳态变换参数及其调控指标，使机构在过渡构型能够实现平稳过渡以达到变胞机构自重构是待解决的难点问题。

（4）变胞过程的平顺性与可控性是变胞机构能否应用的关键因素，然而对其有重要影响的机构参数与可控奇异位形、运动分岔之间的内在联系尚未解决。因此，如何建立机构参数、约束条件、奇异位形以及运动分岔之间的关联关系是另一个难点问题。

参 考 文 献

［1］ Dai J S, Jones J R. Mobility in metamorphic mechanisms of foldable/erectable kinds. Journal of Mechanical Design, 1999, 121(3): 375-382.

［2］ Mruthyunjaya T S. Kinematic structure of mechanisms revisited. Mechanism and Machine Theory, 2003, 38(4): 280-297.

［3］ Dai J S, Gogu G. Editorial: Morphing, metamorphosis and reconfiguration through constraint variations and reconfigurable joints. Mechanism and Machine Theory, 2015, 96(2): 213-214.

［4］ Zlatanov D, Bonev I A, Gosselin C M. Constraint singularities of parallel mechanisms. IEEE International Conference on Robotics and Automation, 2002: 496-502.

［5］ Aimedee F, Gogu G, Dai J S, et al. Systematization of morphing in reconfigurable mechanisms. Mechanism and Machine Theory, 2016, 96: 215-224.

［6］ Gan D, Dai J S, Dias J, et al. Reconfigurability and unified kinematics modeling of a 3rTPS metamorphic parallel mechanism with perpendicular constraint screws. Robotics and Computer-Integrated Manufacturing, 2013, 29(4): 121-128.

［7］ Dai J S, Huang Z, Lipkin H. Mobility of overconstrained parallel mechanisms. Journal of Mechanical Design, Transactions of the ASME, 2006, 128(1): 220-229.

［8］ Zhang L, Wang D, Dai J S. Biological modeling and evolution based synthesis of metamorphic mechanisms. Journal of Mechanical Design, Transactions of the ASME, 2008, 130(7): 072303.

［9］ Zhang K, Dai J S. Geometric constraints and motion branch variations for reconfiguration of single-loop linkages with mobility one. Mechanism and Machine Theory, 2016, 106: 16-29.

[10]　戴建生. 旋量代数与李群、李代数. 北京: 高等教育出版社, 2014.

[11]　Rico J M, Gallardo J, Duffy J. Screw theory and higher order kinematic analysis of open serial and closed chains. Mechanism and Machine Theory, 1999, 34(4): 559-586.

[12]　戴建生. 机构学与机器人学的几何基础与旋量代数. 北京: 高等教育出版社, 2014.

[13]　Li S, Wang H, Dai J S. Assur-group inferred structural synthesis for planar mechanisms. Journal of Mechanisms and Robotics, Transactions of the ASME, 2015, 7(4): 041001.

[14]　Dai J S. Finite displacement screw operators with embedded Chasles' motion. Journal of Mechanisms and Robotics, 2012, 4(4): 041002.

[15]　Qin Y, Dai J S, Gogu G. Multi-furcation in a derivative queer-square mechanism. Mechanisms and Machine Theory, 2014, 81(6): 36-53.

撰稿人：戴建生 [1,2]、张克涛 [1,2]、甘东明 [1,2]、张新生 [1,2]、孙　杰 [1,2]

1 天津大学、2 英国伦敦大学

操作度和灵巧度：可变型多指灵巧手的活动机理

Manipulation Degree and Dexterity: Motion Principle of Variable Topologic Multi-Fingered Dexterous Hand

1. 问题的由来及重要性

抓举是工业操作和机器人发展的必经之路，而多指灵巧手是机器人的必要部分，也是完成各种操作的关键要素。从 20 世纪 80 年代起，灵巧手的研究就吸引了大批学者。美国国家航空航天局（NASA）和德国航空航天中心（DLR）不惜成本打造可以远程操作的灵巧手。例如，NASA 的 Robotnaut 系统中使用的多指灵巧手经过投入上千万美元经费的长期研究，于 2011 年在太空舱中正式配置。当前，对多指灵巧手的抓取研究正在成为国际上该研究领域的热门。除了美国和德国，欧盟正在进行的科研项目中有数十个与抓取有关。目前，最灵活的灵巧手是将手掌分为两部分，采用两部分间的相对运动以改变手指间的相对位置关系；还有的将手指绕着垂直于固定手掌的轴线旋转以改变手指之间的位置关系。但是，所有灵巧手的手掌部分都限制了灵巧手的功能。2005 年以来发展的变胞灵巧手手掌的概念与变胞机构的研究[1]，其概念是将多手指安装在变胞手掌[2]上，通过手掌和手指的相对运动改变自由度。该新型灵巧手的研究，使我国处于世界灵巧手研究的前沿。这种新型多指灵巧手首次提出了灵巧手掌的概念，但也增加了数学模型的复杂性。变胞手掌与变胞多指灵巧手操作度和灵巧度的活动机理还没有被完全理解。该问题将直接影响变胞灵巧手及相关新型可变型灵巧手的设计和应用。

2. 问题的本质与描述

多指手的工作空间、抓举姿态、可操作性、灵巧度与灵巧手手指和物体之间的接触关系[3]、手指和物体之间的相对位置关系、物体的形状以及每个手指的运动学特性紧密相关。变胞手掌通过其可变构型引入了冗余活动度，极大地增加了变胞手的操作度和灵巧度，这是变胞手与传统灵巧手的最大差别。操作度给出了变胞手在某一构型时改变物体位置和方向的能力以及施加力的容易程度；灵巧度给出多指手的整体灵活性。变胞手掌的活动度极大地影响了多指灵巧手的各项性能[4]，而依靠现有的理论无法直接确定它们之间的定量关系，因此通过研究变胞手掌运动学关系确定变胞手掌如何运动以适应抓取物体的几何体征，推导变胞手掌对多指灵巧手各项性能指标影响的定量关系是本题目的核心问题。

3．历史回顾与现状分析

灵巧手的操作度和灵巧度的研究至今还没有一个公认的量化指标来衡量。一般认为，操作度是一个局部的指标，即在灵巧手的某一个时刻手指能在任意方向改变物体运动方向或者施加力或力矩的能力[5]。例如，应用雅可比矩阵奇异值的乘积[6]、雅可比矩阵奇异值的最小值，以及雅可比矩阵最大奇异值和最小奇异值之比等操作度量化指标。但是，这些量化指标存在明显的缺陷，例如，这些指标的数值在固定坐标系的原点或者方向改变时其值会随之变化，而且没有明确的物理或者几何意义。

灵巧度是一个全局的概念[7]，是指灵巧手在整个工作空间内任意改变物体的位置和方向的能力。由于刚体的运动群，特别是欧几里得群（SE(3)）没有一个双不变的度量[8,9]，一些单向不变的基于李群和李代数的操作度被提出。多指灵巧手通过接触点对物体做功[10]，接触点的存在使得灵巧手与其余的机器人系统明显不同，而且接触点的模型极大地影响了灵巧手系统的分析。灵巧度[11,12]的概念被广泛用在机器人的尺寸综合上[13]。

4．问题的难点与挑战

完整地理解变胞手掌与多指灵巧手的操作度和灵巧度的关联，难点在于：①如何提出一套完整的活动手掌对多指灵巧手功能影响的理论分析框架体系，通过对其特性的分析与研究，建立变胞灵巧手的综合数学模型；②如何结合灵巧手的工作空间分析和局部的操作度的分析，建立灵巧手在整个工作空间全局性的灵巧度的理论描述与分析体系；③如何建立较系统完善的具有变胞手掌的灵巧手的工作空间理论描述与分析体系；④如何解决具有可重构变胞手掌的灵巧手手指和抓取物体之间为非固定点接触，即手指和物体之间为滑动接触和滚动点接触时灵巧手的运动学问题；⑤如何综合考虑变胞手掌对多指灵巧手操作性和灵巧度的影响及各自权重，完善变胞灵巧手的综合数学模型[6]。

参 考 文 献

[1] Dai J S. Robotic Hand with Palm Section Comprising Several Parts Able to Move Relative to Each Other: UK Patent GB0409548.5. 2005.

[2] Dai J S, Wang D. Geometric analysis and synthesis of the metamorphic robotic hand. Journal of

Mechanical Design, Transactions of the ASME, 2007, 129(11): 1191-1197.

[3] Cui L, Dai J S. A Darboux-frame-based formulation of spin-rolling motion of rigid objects with point contact. IEEE Transactions on Robotics, 2010, 26(2): 383-388.

[4] Cui L, Dai J S. Posture, workspace, and manipulability of the metamorphic multifingered hand with an articulated palm. Journal of Mechanisms and Robotics, Transactions of the ASME, 2011, 3(2): 021001.

[5] Xiong Y L, Sanger D J, Kerr D R. Optimal synthesis of point contact restraint. Journal of Mechanical Engineering Science, 1992, 206(23): 95-103.

[6] Cui L, Dai J S. Reciprocity-based singular value decomposition for inverse kinematic analysis of the metamorphic multifingered hand. Journal of Mechanisms and Robotics, Transactions of the ASME, 2012, 4(3): 034502.

[7] Gosselin C M. The optimum design of robotic manipulators using dexterity indices. Robotics and Autonomous Systems, 1992, 9(4): 213-226.

[8] Bicchi A. Hands for dexterous manipulation and robust grasping: A difficult road toward simplicity. IEEE Transactions on Robotics and Automation, 1992, 16(6): 652-662.

[9] Cui L, Wang D L, Dai J S. Kinematic geometry of circular surfaces with a fixed radius based on Euclidean invariants. Journal of Mechanical Design, Transactions of the ASME, 2009, 131(10): 101009.

[10] Dai J S, Kerr D R. Analysis of force distribution in grasps using augmentation. Journal of Mechanical Engineering Science, 1996, 210(1): 15-22.

[11] Shah P, Dai J S. Orientation capability representation and application to manipulator analysis and synthesis. Robotica, 2002, 20(5): 529-535.

[12] 戴建生. 机构学与机器人学的几何基础与旋量代数. 北京: 高等教育出版社, 2014.

[13] Park F C. Optimal robot design and differential geometry. Journal of Mechanical Design, 1995, 117(B): 87-92.

撰稿人：戴建生 [1,2]、张克涛 [1,2]、甘东明 [1,2]、张新生 [1,2]、孙 杰 [1,2]

1 天津大学、2 英国伦敦大学

并联式或混联式机构动态特性设计与保证

Design and Guarantee of Dynamic Performance for Parallel/Hybrid Mechanisms

1. 问题的由来及重要性

高刚度和高动态响应特性一直是并联机构区别于传统串联机构的显著特性，此外，并联机构在理论上也具有精度高的潜在优势[1]。然而，基于并联式或者混联式机构的制造装备自问世以来，其潜在的刚度和精度性能并未得到充分发挥[2]，具体表现在采用此类制造装备加工硬质材料工件时，存在颤振现象以及已加工表面存在波纹等加工缺陷，反映出此类制造装备在整机动态性能方面需要改进。

动态性能是影响并联式或者混联式制造装备加工效率和加工精度的重要指标。对于硬质材料加工，此类制造装备的动态性能主要体现在整机的结构抗振性和加工过程的稳定性上。改善此类制造装备的动态性能是消除或降低颤振现象以及表面波纹度等加工缺陷的有效途径，具体方式有：①提高整机刚度质量比（即单位质量的静刚度），通过质量和刚度合理匹配改善频率特性，进而实现低阶主导模态的振动能量均衡，达到改善整机振动特性的目的；②改善刀具与工件间相对动刚度性能[3]，提高抵抗加工颤振的能力；③附加动力吸振装置消减颤振；④通过控制算法实现主动颤振抑制。

然而，由于并联式或者混联式制造装备具有多闭环的结构特征以及存在多个随动铰链[4]，这种结构上的特殊性和复杂性，使得上述改善动态性能的途径难以实施，关键问题在于：普通力学模型很难对并联机构中的被动铰链的间隙、摩擦和阻尼等因素进行真实有效的建模[5]。从而导致：一方面，无法有效研究机构刚度和动力学特性对加工性能的影响；另一方面，在机构性能设计时，无法有效研究机构构型、几何参数等因素对制造装备整机动态性能的综合影响。因此，无法实现根据指定的速度、加速度、刚度、精度以及频率等性能需求进行机构的构型、几何参数等层面的综合优化设计，而这一过程是实现真实机构设计的关键。

2. 问题的本质与描述

并联机构的多闭环结构特征，使得并联式或混联式制造装备末端的受力变形是一个多支链耦合的非线性函数，进而末端的刚度和动力学特性均表现为随位置和姿态瞬态变化的多支链耦合的强非线性函数[6]，可见，基于并联式或者混联式机构的制造装备是机构与结构耦合且具有强非线性特征的复杂机械系统，这种运动部件惯量和刚度随位置、姿态变化的时变性和非线性导致其力学建模非常复杂；同时，并联机构中存在多个随动铰链，而普通力学模型很难对这些铰链的间隙、摩擦和阻尼等因素有效建模，进而无法建立铰链参数与并联式或者混联式装备整机动态性能的映射关系。

要实现并联式或者混联式制造装备的高速、高精度以及高效、高稳定性的加工性能，就必须对其进行整机刚度和动态性能优化，开展上述优化需要利用弹性动力学、有限元等理论，并获得此类制造装备加工过程中振动和变形对精度的影响以及末端位姿变化对装备整机变形和振动的影响，而这一切的关键便是在弹性动力学、有限元等理论框架下实现随动铰链的真实有效建模。

因此，需要建立合理的并联式或者混联式制造装备整机弹性动力学及有限元模型，解决随动铰链的真实建模问题，在此基础上研究并联式或者混联式制造装备整机刚度和动态性能随位姿的变化规律，以及并联式或者混联式装备结构构型和几何参数对整机刚度和动态性能的影响，提出基于机构性能设计的整机刚度及动态特性优化方法，实现真实机构设计，这是非常具有挑战性的。

3. 历史回顾与现状分析

并联式或者混联式制造装备是机器人技术与机床结构技术相结合的产物，如前所述，其具有机构和结构耦合、时变和非线性等特点，其动力学系统是一个多弹性体系统，而在已有的研究中，主要集中在机构运动学层面的构型综合、性能优化以及基于刚体动力学的动力学优化，均没有涉及或者有效解决随动铰链的真实建模问题，且刚体动力学建模方法并不能全面反映具有高动态响应特性的并联式或者混联式制造装备的综合动态性能，进而导致并联式或者混联式机构的性能设计与装备整机刚度及动态性能优化相脱节，更无法开展机构构型以及几何参数对加工性能和加工精度影响的研究工作。因此，无法实现根据预期加速度、刚度、精度等性能进行机构构型、几何参数等综合优化的真实机构设计。

由此可见，将构件视为弹性体的动力学建模是实现并联式或者混联式制造装备真实机构设计以及整机刚度和动态性能优化的理想途径。然而，随动铰链的真实建模问题仍然是需要攻克的难题。另外，并联式或者混联式制造装备由于结构上的特殊性和复杂性，其弹性动力学建模的研究还很不成熟，存在模型过于复杂难以求解等问题，尚不能在实际应用中为并联式或者混联式制造装备整机刚度和动态性能的研究提供有效的解决方案。

4. 问题的难点与挑战

（1）普通力学模型难以对并联式或者混联式制造装备随动铰链的间隙、摩擦和阻尼等因素有效建模，无法建立随动铰链性能与整机刚度和动态性能之间的映射关系。

（2）从弹性体动力学和机构学的角度出发，结合并联式或者混联式制造装备的构型、几何参数、动态性能以及加工性能要求，实现基于弹性动力学的并联式或者混联式制造装备整机动力学建模，并真实反映随动铰链的间隙、摩擦和阻尼等信息，提取并联式或者混联式制造装备的整机动态特征。

（3）在解决随动铰链真实建模的基础上，建立并联式或者混联式制造装备整机刚度和动态性能随位姿变化的规律，以及此类制造装备结构构型和几何参数与整机刚度和动态性能的映射关系，实现整机综合性能优化以及真实机构设计，提出考虑刚度和动力学性能的构型综合及尺度综合方法。

参 考 文 献

[1] 黄真, 孔令富, 方跃法. 并联机器人机构学理论及控制. 北京: 机械工业出版社, 1997.

[2] 邹慧君, 高峰. 现代机构学进展. 北京: 高等教育出版社, 2007.

[3] Coppola G, Zhang D, Liu K F, et al. Design of parallel mechanisms for flexible manufacturing with reconfigurable dynamics. Journal of Mechanical Design, 2013, 135: 0710117.

[4] 黄真, 赵永生, 赵铁石. 高等空间机构学. 北京: 高等教育出版社, 2006.

[5] Chen G L, Wang H, Lin Z Q. A unified approach to the accuracy analysis of planar parallel manipulators both with input uncertainties and joint clearance. Mechanism and Machine Theory, 2013, 64: 1-17.

[6] Staicu S. Matrix modeling of inverse dynamics of spatial and planar parallel robots. Multibody System Dynamics, 2012, 27(2): 239-265.

撰稿人：刘辛军、谢福贵

清华大学

空间多环闭链变拓扑机构多构态协同设计

Collaborative Design Theory of Spatial Multi-Closed-Loop Variable Topology Mechanisms with Multi-Configuration

1. 问题的由来及重要性

空间多环闭链机构是由多个空间机构作为组成单元，并按一定规律和方式进行组合而形成的，具有多环路相互耦合且整体封闭（区别于多环开链机构）的拓扑特征；变拓扑机构（包括变胞机构）具有可重构、变拓扑结构、变自由度等特点，可以满足多功能、多模式的工作需求。空间多环闭链变拓扑机构综合了两者的属性，具有模块化、大展/收比、高刚度等优点。

变拓扑机构作为可展开结构（或折展机构）广泛应用于航天领域，如大型星载可展开天线、太空望远镜支撑背架等航天器关键组成部件。在其存储、展开过程和锁定工作状态时表现出多个不同的构态，综合了机构的运动属性与结构的承载属性；另外，由大量空间单元机构组合构成的空间多环闭链机构/结构形式可以实现可展开结构的大展/收比、高刚度、高精度等性能要求；同时，为了提高航天器的机动性、降低能耗，要求可展开结构在航天器变轨、调姿及更换维修等过程中，能够完成高可靠的重复展开与收拢。因此，空间过约束机构、变拓扑、多环闭链成为可展开结构的首要设计形式，而多构态、可展/收成为其主要特征。

目前实际应用的航天可展开结构多为一次性展开机构，即机构完全展开后通过机械装置完成永久锁定，难以满足新型航天器机构对多次展开、收拢的功能需求。另外，大型星载可展开天线、太空望远镜背架等空间多环闭链机构对展开可靠性、几何成形精度和结构稳定性等方面有着极高的要求。

展开机构在展开过程中极易出现故障，造成任务失败，主要原因有：运动不同步导致的运动副卡死、结构刚度不足引起的构件变形、空间环境诱发的低频振动等；在精度方面，对于天线指向机构、反射面等对精度要求较高的机构，其制造装配误差、运动副间隙、弹性-热变形等会导致机构中出现多源误差，造成实际机构运动偏差，其传递累积会对其形面精度产生不可忽视的影响，降低机构的工作效率，甚至使任务无法完成；在结构性能方面，此类机构处于展开锁定状态的动态性能至关重要，由于构件柔性大、运动副间隙多，在航天器惯载、空间环境载荷和锁定刚化瞬间产生的冲击等因素的影响，易产生衰减缓慢且难以抑制的低频振动，从而导致其结构性能下降，甚至引起灾难性的破坏。

2. 问题的本质与描述

空间多环闭链变拓扑机构是一种具有复杂变拓扑结构的多单元多环路系统，各环路相互耦合，存在大量复杂的约束关系，具有显著的过约束特征；同时，其构件及运动副数目可以发生变化，通过变换构件间的连接关系和单元机构的奇异位形，实现"非定常拓扑构型"，从而改变机构自身的拓扑结构以实现机构构态间的转换。

例如，大型展开天线，其在入轨后的展开过程中表现为机构的运动特性；在运输、发射过程中处于收拢状态；在轨服役时处于完全展开状态，表现为结构的稳固特性。其机构与结构相互转换表现出的变拓扑、变约束和多构态特性致使无法直接应用现有的理论解决其协同创新设计与性能分析问题，必须综合考虑机构与结构两种状态下的运动和力学性能要求，既要求在展/收过程中可以实现多次展开与收拢以及展/收过程的可靠性、同步性、避奇异等机构的运动学特性，又要满足在轨工作时的高形面精度、高刚度等结构的力学特性。

空间多环闭链机构中存在大量的柔性构件和运动副间隙，难以对多源误差进行逐一分析，由于此类机构中存在大量的过约束，机构运动和位姿变化会引起不可控的约束变化，使得误差在机构中的演变规律复杂，难以通过现有的方法对其多源误差进行分析。误差的传递、累积会引起实际机构运动偏差，造成展开不同步、关节卡死等机构失效的情况，同时会严重影响机构的几何成形精度。此外，由于多源误差的随机性，在构态转换过程中，机构的约束条件具有不确定性，可能产生不可预期的过约束，为此类机构的误差分析带来了极大的阻碍。

空间多环闭链变拓扑机构是一个多间隙刚柔耦合多体系统，其自身结构存在大量柔性构件、关节间隙、非线性约束，并且与航天器本体的运动相互耦合，在空间环境载荷、机动变轨、调姿引起的惯性载荷等极端工况下，其展开和服役过程中的动力学特性呈现出复杂的耦合性与非线性。因此，基于模态综合或线性有限元的传统方法已不适用于此类机构的动力学建模与分析。目前，绝对节点坐标法、等几何分析法、几何精确建模法等可以处理刚柔耦合、大变形等非线性问题，但仍不能有效解决多场耦合作用下的具有多环闭链可变拓扑特征的含大量关节间隙等复杂约束的多柔体系统动力学问题。

3. 历史回顾与现状分析

多环闭链机构的设计方法是单元机构组合或组网方法，早期单元机构为平面机构，Kiper 等[1]基于 Cardan 运动研究了平面三角形缩放机构的运动规律，综合出一类空间向心多面体可展/收变胞机构。后来单元机构的设计转向空间过约束机构；Ding 等[2]基于多面体机构提出了一种新型四棱锥单元，并以四棱锥机构为单元设计了一种平板式可展收机构；Chen[3]等提出了基于 Bennett 和 Bricard 空间过约束机构的展收机构设计法则。国内学者对单元组合或组网方法进行了研究，Huang 等[4]对可展机构的可动组合进行了系统的研究，给出了三种组合连接方式。

分析间隙误差的方法包括：矩阵法、区间法、直接线性化方法、旋量法、李群和李代数法以及基于约束面的运动映射法等。Erkaya 等[5]提出虚拟杆法研究路径生成和传动性能。含关节间隙的误差研究方法包括使用拉格朗日方程和微分估算法等。Tsai 和 Lai[6]分析了含关节间隙平面多环闭链机构的位置误差。Yang 等[7]基于最小位能原理，建立了变形误差分析模型。Li 等[8]提出虚拟杆投影法，建立了多环闭链机构多间隙误差随机模型，揭示了多环闭链机构中的误差传递规律，并给出其精度的不确定性分析方法。

对空间展开机构动力学建模的研究起始于对太阳能帆板的展开动力学研究，采用中心刚体-柔性附件的动力学模型；后来，多柔体系统动力学（浮动坐标法、绝对节点坐标法等）成为研究此类问题的方法。关富玲等[9]采用广义逆矩阵方法建立了桁架结构展开过程的动力学基本方程。胡海岩等[10]发展了 Shabana 的绝对节点坐标法，解决了大范围运动与大变形耦合问题。李团结等[11]建立了展开天线通用的展开过程运动分析模型。

综上所述，当前国内外对多环闭链机构的设计方法主要是基于单元机构的组网方法，侧重于机构的构型设计，实现重构或展收功能，缺乏兼顾机构与结构性能的多环闭链机构多构态协同创新设计理论；现有研究多侧重于间隙误差的建模与分析，主要针对开环和单闭环机构以及单一误差源对精度的影响，较少涉及平面多环闭链机构的间隙误差分析，缺少对空间多环闭链机构多源误差建模与精度分析的研究；目前对大型空间机构的动力学研究大多基于混合坐标法处理小变形与大范围运动耦合问题以及基于绝对节点坐标法处理大变形几何非线性等问题。而缺少综合考虑热交变载荷、运动副间隙、复杂过约束等因素的针对空间多环闭链变拓扑机构动力学分析的有效方法。

4．问题的难点与挑战

空间多环闭链变拓扑机构的设计与分析存在以下三个矛盾：

（1）空间多环闭链变拓扑机构既要满足处于机构态的运动性能又要满足处于结构态的力学性能所产生的设计矛盾。

（2）空间极端环境下多环闭链机构的多源误差及其强耦合关系与其运动性能

（运动同步性、可靠性、奇异性等）及结构性能（整体刚度、基频、形面精度等）之间的矛盾。

（3）多场耦合作用下，多间隙刚柔耦合多环闭链变拓扑机构的非线性、非光滑动态特性分析与其动力学建模及计算方法之间的矛盾。

由此得出以下三个难题与挑战：

（1）如何实现兼顾机构运动性能与结构力学性能的机构构型设计，提出空间多环闭链变拓扑机构的多构态协同创新设计理论。

（2）如何有效分析空间多环闭链机构的过约束问题，探寻误差在机构中的传递与演变规律，建立其多源误差不确定性分析方法。

（3）如何揭示多场耦合作用对多间隙刚柔耦合多环闭链变拓扑机构动态特性的影响规律，建立有效的动力学建模与分析方法。

参 考 文 献

[1] Kiper G, Söylemez E, Kişisel A U Ö. A family of deployable polygons and polyhedra. Mechanism and Machine Theory, 2008, 43(5): 627-640.

[2] Ding X L, Yang Y, Dai J S. Design and kinematic analysis of a novel prism deployable mechanism. Mechanism and Machine Theory, 2013, 63(5): 35-49.

[3] Chen Y. Design of structural mechanisms. Oxford: University of Oxford, 2003.

[4] Huang H, Deng Z, Li B. Mobile assemblies of large deployable mechanisms. Journal of Space Engineering, 2012, 5(1): 1-14.

[5] Erkaya S, Uzmay I. Determining link parameters using genetic algorithm in mechanisms with joint clearance. Mechanism and Machine Theory, 2009, 44(1): 222-234.

[6] Tsai M J, Lai T H. Accuracy analysis of a multi-loop linkage with joint clearances. Mechanism and Machine Theory, 2008, 43(9): 1141-1157.

[7] Yang Y, Luo J, Zhang W, et al. Accuracy analysis of a multi-closed-loop deployable mechanism. ARCHIVE Proceedings of the Institution of Mechanical Engineers Part C: Journal of Mechanical Engineering Science 1989—1996, 2015, 230(4): 203-210.

[8] Li X, Ding X L, Chirikjian G S. Analysis of angular-error uncertainty in planar multiple-loop structures with joint clearances. Mechanism and Machine Theory, 2015, 91: 69-85.

[9] 赵孟良, 吴开成, 关富玲. 空间可展桁架结构动力学分析. 浙江大学学报(工学版), 2005, 39(11): 1669-1674.

[10] 刘铖, 田强, 胡海岩. 基于绝对节点坐标的多柔体系统动力学高效计算方法. 力学学报, 2010, 42(6): 1197-1204.

[11] 李团结, 张琰, 段宝岩. 周边桁架可展开天线展开过程运动分析及控制. 西安电子科技大学学报(自然科学版), 2007, 34(6): 916-921.

撰稿人：丁希仑、李 龙

北京航空航天大学

柔顺机构中矩形截面梁的空间大挠度变形问题

Large Spatial Deflections of Beams with Rectangle Cross-Section in Compliant Mechanisms

1. 问题的由来及重要性

柔顺机构（也称为柔性机构）是一类借助其柔性单元的弹性变形实现运动、力或能量的传递与转换的装置[1]。与传统的刚性机构相比，柔顺机构具有高精度、高可靠性、无间隙、无摩擦、无磨损、免润滑、免装配、可单件加工、易于小型化等优点，因此受到高精度定位、精微操作、MEMS 等领域的广泛关注。

柔顺机构通常采用分布柔度式设计，这样有利于减小应力集中、分散柔性单元中的应力分布，使机构获得较大的运动范围、延长机构疲劳寿命并提高使用可靠性。由于这类柔顺机构的运动总是伴随着复杂的非线性大挠度变形过程，对它们的精确建模、分析与设计要比刚性机构难得多[1]。因此，大挠度变形（平面或空间）计算一直是柔顺机构研究中最基本的问题之一[1]。

经过多年的研究，平面大挠度变形问题在近几年得到较好的解决[1-3]，极大地方便了平面构型柔顺机构的分析与设计。多样化的需求，如航空航天等领域的快速发展，促使人们转向空间构型的柔顺机构研究。事实上，早在 1971 年，Shoup 和 McLarnan[4]就展示了数种借助空间大挠度变形实现运动的空间机构设计构想，如图 1 所示，但是，由于缺乏行之有效的空间梁大挠度变形建模方法，对它们的特性等的研究至今未见报道。空间梁大挠度变形的建模是限制空间构型柔顺机构发展和应用的瓶颈之一。

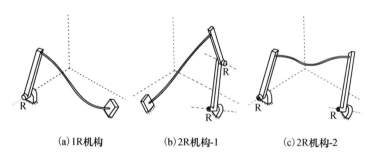

(a) 1R机构　　　　(b) 2R机构-1　　　　(c) 2R机构-2

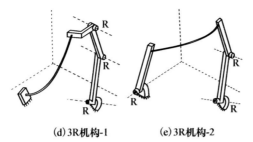

(d) 3R机构-1　　**(e) 3R机构-2**

图1　Shoup 和 McLarnan 在 1971 年给出的几种空间柔顺机构[4]

2．问题的本质与描述

如图 2 所示的空间梁，其本构方程可写为[5]

$$
\frac{\mathrm{d}^3 x}{\mathrm{d}s^3} = \frac{n\left(\dfrac{1}{2}\dfrac{\mathrm{d}M_\theta^2}{\mathrm{d}s}\dfrac{\mathrm{d}z}{\mathrm{d}s} + M_\theta^2 \dfrac{\mathrm{d}^2 z}{\mathrm{d}s^2}\right) - p\left(\dfrac{1}{2}\dfrac{\mathrm{d}M_\theta^2}{\mathrm{d}s}\dfrac{\mathrm{d}y}{\mathrm{d}s} + M_\theta^2 \dfrac{\mathrm{d}^2 y}{\mathrm{d}s^2}\right)}{M_\theta^2} + m\frac{M_\varphi}{GJ} \tag{1}
$$

$$
\frac{\mathrm{d}^3 y}{\mathrm{d}s^3} = \frac{m\left(\dfrac{1}{2}\dfrac{\mathrm{d}M_\theta^2}{\mathrm{d}s}\dfrac{\mathrm{d}z}{\mathrm{d}s} + M_\theta^2 \dfrac{\mathrm{d}^2 z}{\mathrm{d}s^2}\right) - p\left(\dfrac{1}{2}\dfrac{\mathrm{d}M_\theta^2}{\mathrm{d}s}\dfrac{\mathrm{d}x}{\mathrm{d}s} + M_\theta^2 \dfrac{\mathrm{d}^2 x}{\mathrm{d}s^2}\right)}{M_\theta^2} + n\frac{M_\varphi}{GJ} \tag{2}
$$

$$
\frac{\mathrm{d}^3 z}{\mathrm{d}s^3} = \frac{m\left(\dfrac{1}{2}\dfrac{\mathrm{d}M_\theta^2}{\mathrm{d}s}\dfrac{\mathrm{d}y}{\mathrm{d}s} + M_\theta^2 \dfrac{\mathrm{d}^2 y}{\mathrm{d}s^2}\right) - n\left(\dfrac{1}{2}\dfrac{\mathrm{d}M_\theta^2}{\mathrm{d}s}\dfrac{\mathrm{d}x}{\mathrm{d}s} + M_\theta^2 \dfrac{\mathrm{d}^2 x}{\mathrm{d}s^2}\right)}{M_\theta^2} + p\frac{M_\varphi}{GJ} \tag{3}
$$

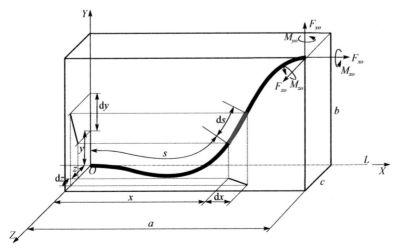

图2　空间梁的大挠度变形

其中

$$m = \frac{\mathrm{d}^2 z}{\mathrm{d}s^2}\frac{\mathrm{d}y}{\mathrm{d}s} - \frac{\mathrm{d}^2 y}{\mathrm{d}s^2}\frac{\mathrm{d}z}{\mathrm{d}s}$$

$$n = \frac{\mathrm{d}^2 x}{\mathrm{d}s^2}\frac{\mathrm{d}z}{\mathrm{d}s} - \frac{\mathrm{d}^2 z}{\mathrm{d}s^2}\frac{\mathrm{d}x}{\mathrm{d}s}$$

$$p = \frac{\mathrm{d}^2 y}{\mathrm{d}s^2}\frac{\mathrm{d}x}{\mathrm{d}s} - \frac{\mathrm{d}^2 x}{\mathrm{d}s^2}\frac{\mathrm{d}y}{\mathrm{d}s}$$

$$M_\varphi = M_x \frac{\mathrm{d}x}{\mathrm{d}s} + M_y \frac{\mathrm{d}y}{\mathrm{d}s} + M_z \frac{\mathrm{d}z}{\mathrm{d}s}$$

$$M_\theta = \sqrt{\left(M_x \frac{\mathrm{d}y}{\mathrm{d}s} - M_y \frac{\mathrm{d}x}{\mathrm{d}s}\right)^2 + \left(M_x \frac{\mathrm{d}z}{\mathrm{d}s} - M_z \frac{\mathrm{d}x}{\mathrm{d}s}\right)^2 + \left(M_y \frac{\mathrm{d}z}{\mathrm{d}s} - M_z \frac{\mathrm{d}y}{\mathrm{d}s}\right)^2}$$

上述本构方程涉及四种主要的非线性，即曲率非线性、挠率非线性、扭矩对弯曲的耦合、弯曲对扭角的耦合[6]；如果要进一步提高建模精度，还需要考虑横截面翘曲导致的非线性。

3. 历史回顾与现状分析

经过多年的研究，平面梁的大挠度变形计算在近几年得到较好的解决[1-3]，如伪刚体模型、完备椭圆积分解和链式梁约束模型等，极大地方便了平面柔顺机构的分析与设计。对于空间梁的大挠度计算：Frisch-Fay[7]给出的无限级数的椭圆积分解仅适用于无扭矩作用的情况；麻省理工学院 Bathe 和 Bolourchi[8]提出的更新拉格朗日算子法被认为是该问题的有限元解法的经典（并被 ADINA 软件采纳），却在变形较大时存在严重的收敛性问题（ADINA、ANSYS 和 ABAQUS 等有限元软件均存在同样的问题）。此外，Sen 和 Awtar[6]认为，在中等变形范围内对曲率非线性和挠率非线性近似线性化不会引入显著误差，并在线性化的基础上得到了双对称截面梁（如圆形和方形等）在中小挠度条件下的封闭解；Chen 和 Bai[9]在此封闭解的基础上，采用离散化方法进一步考虑曲率非线性和挠率非线性，得到了数值稳定性好的大挠度变形计算方法，但是该方法仅限于双对称截面梁。

4. 问题的难点与挑战

如前所述，空间梁大挠度变形是一个多种强非线性因素并存且相互耦合的问题。常用的数值计算方法在处理单一非线性问题时性能尚可，但是对于多种非线性耦合在一起的情况，会变得数值严重不稳定；此外，空间梁本构方程是典型的多解问题，处理不当很容易收敛到不正确的解。

综上所述，矩形截面梁的空间大挠度变形建模仍是柔顺机构领域的棘手问题。

因此，处理好几种主要非线性因素的关系，将是解决空间梁大挠度变形问题的关键。

参 考 文 献

[1] Howell L L, Magleby S P, Olsen B M. 柔顺机构设计理论与实例. 陈贵敏, 于靖军, 马洪波, 等译. 北京: 高等教育出版社, 2015.

[2] Zhang A, Chen G. A comprehensive elliptic integral solution to the large deflection problems of thin beams in compliant mechanisms. ASME Journal of Mechanisms and Robotics, 2013, 5(2): 021006.

[3] Ma F, Chen G. Modeling large deflections of flexible beams in compliant mechanisms using chained Beam-Constraint-Model (CBCM). ASME Journal of Mechanisms and Robotics, 2016, 8(2): 021018.

[4] Shoup T E, McLarnan C W. A survey of flexible link mechanisms having lower pairs. Journal of Mechanisms, 1971, 6(1): 97-105.

[5] Li G, Jia J, Chen G. Solving large deflection problem of spatial beam with circular cross section using an optimization-based Runge-Kutta method. International Journal of Nonlinear Sciences and Numerical Simulation, 2016, 17(1): 65-76.

[6] Sen S, Awtar S. A closed-form nonlinear model for the constraint characteristics of symmetric spatial beams. ASME Journal of Mechanical Design, 2013, 135(3): 031003.

[7] Frisch-Fay R. Flexible Bars. London: Butterworth & Co., 1962.

[8] Bathe K J, Bolourchi S. Large displacement analysis of three-dimensional beam structures. International Journal for Numerical Methods in Engineering, 1979, 14(7): 961-986.

[9] Chen G, Bai R. Modeling large spatial deflections of slender bisymmetric beams in compliant mechanisms using chained Spatial-Beam-Constraint-Model. ASME Journal of Mechanisms and Robotics, 2016, 8(4): 041011.

撰稿人：陈贵敏

西安交通大学

机电信号能否破译人类遗传密码？

Is It Possible to Decode the Human Genetic Information from Mechanical and Electrical Signals?

　　双螺旋结构的发现、遗传分子学的兴起、第一个完整基因组图谱的绘制……让越来越多的科学家认识到基因测序在生命科学领域中的重要作用。1977 年，Sanger 和 Coulson 关于快速测序技术论文的发表，基于 Sanger 测序法的第一代 DNA 测序技术随之诞生，Sanger 测序法利用链终止反应和电泳分离将 DNA 序列信息转换成 DNA 片段的长度信息，根据最后一个碱基的特征性荧光基团来确定序列信息。随后，测序技术开始迅速发展，第二代测序技术使用合成测序方法或者连接测序的方法，同时利用荧光或者化学发光检测成像，获取每次反应结合上的核苷酸序列，使得人类基因组重测序的费用降低到 10 万美元以下，测序时间也大为缩短。前两代测序方法虽然准确可靠，但是依旧费时昂贵，并且一次性读取的 DNA 片段长度太短。如果基因测序仪的成本能够从目前的几十万元降到几千元的水平，那么将来做基因测序就像在医院做 CT 一样，医生就有可能找到各种致病位点及诊断和治疗靶标，这将开创精准医疗的新时代。

　　研究新的测序原理、大幅缩减测序时间和减少昂贵试剂用量成为新一代测序技术的目标。在这场"测序浪潮"中，以美国螺旋生物（Helicos）公司的 SMS 技术、美国太平洋生物（Pacific Bioscience）公司的 SMRT 技术以及英国牛津纳米孔技术（Oxford Nanopore Technologies）公司的新型纳米孔测序法（nanopore sequencing）为代表的第三代测序技术正进入人们的视角。这一代测序技术中，基于纳米孔的单分子读取技术不需要扩增即可快速读取序列，通过直接读取碱基序列穿过纳米孔的电学信号，就可以实现碱基序列的测定，被认为是下一代基因测序技术中成本最低、最具有竞争力的技术。

　　那么纳米孔测序技术有哪些神奇之处，让广大科研工作者都对其高度关注？基于纳米孔的单分子 DNA 测序方法采用了类似"库尔特计数"的检测原理[1]，利用纳米孔的势垒，实现对柔性聚合物 DNA 链拉直，一旦 DNA 顺次通过纳米孔，这就为长序列直接读取碱基序列奠定基础。如图 1 所示，由于纳米孔的直径非常细小，仅允许单个核酸聚合物通过，当核酸聚合物 DNA 被驱动通过纳米孔时，每个碱基 ATGC 以及甲基胞嘧啶都有自己特有的电流振幅，因此很容易转化成 DNA

序列。纳米孔测序法能够进行实时测序，而且拥有非常长的阅读长度，这项技术只需要让待测 DNA 分子通过一个纳米级的孔道就行了。听起来似乎有些不可思议，但是英国牛津纳米孔技术公司在 2012 年推出了基于生物纳米孔的基因测序器件，其阅读长度可以达到 100Kbase，阅读正确率达到 86% 左右。

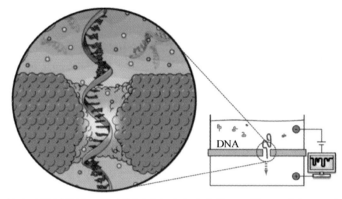

图 1　纳米孔检测装置（通过检测纳米孔电流变化可以检测和表征分子的特性）

　　基因测序就是要实现对 ATCG 这四种碱基的辨识，但是，由于四种碱基通过纳米孔时引起的电流差异性十分微小，所以通过机电信号实现四种碱基的辨识不是一件简单的事，研究人员需要克服很多困难和挑战。1996 年，纳米孔 DNA 测序法的先驱 Kasianowicz 等[2]就提出，这种测序方法至少要满足四个条件：

　　（1）用于测序的通道和薄膜必须足够牢固，要可以耐受用来消除聚核苷酸二级结构影响所需的温度和化学反应。

　　（2）纳米孔通道的长度必须与 0.4nm 的碱基间距在一个数量级以上。

　　（3）每种核苷酸必须要产生一种特征性的瞬态阻塞电流。

　　（4）碱基易位的速率必须要低于离子电流测量系统的时间分辨率。

　　因此，首先要解决的问题，就是如何制备出稳定低成本的纳米孔。Kasianowicz 等开创了利用 α-溶血素蛋白通道检测 DNA 序列的先河，在随后几年中，相继出现耻垢分枝杆菌外膜蛋白 A（MspA）、Phi29 连接通道等生物纳米孔，它们不但廉价、容易获取，而且可以在特定位置用适体修饰。然而，生物纳米孔也存在尺寸固定、结构不稳定、寿命短等缺点，并且由于生物纳米孔的厚度较大，所获取的过孔信号是五个连续碱基串的过孔信号，限制了纳米孔测序的准确度和测序效率。随着微加工技术的不断发展，人们已经可以制备更耐用的固态纳米孔，主要包括石墨烯、氮化硅、二氧化硅、三氧化二铝等。与生物纳米孔相比，固态纳米孔在化学、热学、力学稳定性上具有明显优势，孔径可人为控制，且易于与纳米器件进行安装，但目前成本仍较高。建立大规模高通量基因测序平台是测序的最终目标，器件的阵列化是提高纳米孔测序效率最有效的手段，但是生物纳米孔与聚合物薄膜的结合存在泊松极限，最大结合率为 37%，因此，固态纳米孔测序平台必然是纳米孔测序技术的新趋势，如何降低固态纳米孔的制造成本是研究人员正在解决的问题。

纳米孔测序技术面临的另一个问题，也是最为关键的问题，是如何精确控制 DNA 的位置以消除热运动的影响，将 DNA 的移动控制在单碱基分辨率。根据目前信号采集系统的最佳工作带宽在 250kHz 以下，DNA 过孔速度如果能控制在 1base/ms（每毫秒一个碱基），就有可能实现对单碱基的辨识。为了控制和降低 DNA 的过孔速度，目前研究者主要采用三种手段：

（1）调整纳米孔尺寸和实验条件。DNA 通过纳米孔时，不仅有溶液对 DNA 的黏滞阻力，也有纳米孔内壁与 DNA 之间的相互作用力，当纳米孔的内径与 DNA 的直径相当时，纳米孔内壁与 DNA 之间的相互作用力有范德瓦耳斯力、结构力和两者电荷之间的库仑力，可以通过对这三种力进行调节，增大对 DNA 的阻力，降低 DNA 的过孔速度。也可以通过控制溶液的温度、盐浓度、黏度和外加偏压强度，有效降低 DNA 的过孔速度。但是，这些方法在降低 DNA 过孔速度的同时减弱了离子电流信号，即相应地降低了信噪比。

（2）实现 DNA 过孔的主动控制。利用机械夹持 DNA 链，拖拽 DNA 通过纳米孔，如利用光镊、磁镊、原子力显微镜、石英音叉等[3-6]来牵引 DNA 分子通过纳米孔的方法来进行减速检测。其控制精度可以达到亚埃级，过孔速度可实现主动调控，因此被认为是一种较为有前景的方法。

（3）将纳米孔结合生物马达蛋白（核酸外切酶或 DNAP）实现酶驱动 DNA 易位。英国牛津纳米孔技术公司[7]应用这一原理开发了两种纳米孔测序技术：外切酶测序和链测序。外切酶测序是将α-溶血素和环化糊精组成的纳米孔固定在脂质双分子膜上，两侧为浓度不同的 KCl 溶液，并加以 160mV 的电压。DNA 单链在核酸外切酶的作用下被剪切为单核苷酸，依次通过纳米孔进行 DNA 测序。链测序则是利用 DNA 解旋酶将 DNA 双链解旋为单链，并通过纳米孔，进行连续测序。利用酶的生物特性来控制 DNA 易位，由于合成的波动性，存在遗漏或重复读取碱基的可能性，但仍是目前国际上达到最好辨识精度的生物纳米孔测序手段。该公司推出的 GridION 和 MinION 测序仪均是基于链测序的原理，其阅读长度可以达到 80～100Kbase，阅读正确率达到 86%左右。他们目前正在全世界范围内邀请数百位申请者来体验他们的便携式测序仪 MinION，让科研人员们自己来验证纳米孔测序技术的实力。

最后需要克服的难题，就是如何高效、准确无误地识别碱基，提高信噪比。影响四种碱基电流信号差异的有两个主要因素，即纳米孔的直径需要与 DNA 分子直径相当，以及纳米孔厚度必须与 0.4nm 的碱基间距在一个数量级以上。这也是目前α-溶血素生物纳米孔逐渐被 MspA 取代的原因。近年来，超薄氮化硅纳米孔以及石墨烯、氮化硼、二硫化钼等二维薄膜材料制备纳米孔逐渐成熟，其厚度与 DNA 相邻碱基之间的距离接近，同时还具有很好的力学性能。然而，电噪声的存在限制了固态纳米孔的离子电流检测在核酸检测和诊断中的广泛应用。目前被广大科研人员认定的噪声来源主要有两个：①具有 $1/f$ 特性的低频噪声（闪变噪声）；②支撑纳米孔的绝缘薄膜的高电容引起的高频背景噪声（介电噪声）。降低这些噪声是提高纳米孔测序传感器灵敏度和信噪比的关键。研究表明，表面修饰或化学表面处理可以有效地改善纳米孔的 $1/f$ 噪声（又称闪烁噪声），如表面沉积二氧化铝和使用食人鱼溶液处理纳米孔；最小化基底的电容能够降低电解质噪声，可以通过增加基底的厚度或者减少芯片上与流体的接触面积来达到目的。

近年来，国内外学者也在尝试抛开检测离子电流这个研究思路，开辟新型的信号检测方案。这是由于在检测离子电流时，生物分子对离子电流的调制受很多因素的影响，如 DNA 的二次结构、空间取向以及生物分子与壁面的相互作用。此外，离子的噪声信号等对有效信号的采集和分析都带来一定的影响。为了解决这些问题，一些学者开始尝试以下信号检测方案：

（1）检测穿过碱基的隧穿电流信号[8,9]。将两个纳米尺度的电极放在纳米孔两边，通过两个电极的隧穿电流将会随着 DNA 碱基逐个通过纳米孔而有所变化。但电子的隧道效应与 DNA 碱基和电极之间的距离有严格的关系，这也对该实验方法提出了挑战。

（2）基于场效应管晶体管（FET）原理的电导检测[10,11]。将硅纳米线场效应管或石墨烯纳米带晶体管集成至纳米孔，当 DNA 分子靠近或通过晶体管时将引起局部的电势变化，有望通过检测 FET 的电导变化实现碱基的区分。虽然采用这一方法时碱基通过方向对电导的变化影响很小，但目前仍没有实验数据显示该方法可以达到单碱基的辨识。

（3）记录 DNA 穿过一个电容器薄膜产生的电压信号[12,13]。当 DNA 分子通过半导体-氧化物-半导体（SOS）薄膜上的纳米孔时会引起薄膜半导体层上静电电势的变化。因此，当 DNA 穿过纳米孔时，它的电信号会以电压轨迹的形式记录下来。但是其分辨率还不足以记录下信号与单碱基易位之间的关系。

（4）检测荧光信号[14]。Huang 等利用 Ca^+ 结合荧光染剂（Fluo-8）的荧光特性，将离子电流信号巧妙地转换为荧光信号，当 DNA 通过纳米孔会引起 Ca^+ 的通量变化，即荧光强度发生变化。该实验小组验证了这种方法辨识碱基的能力，但时间分辨率过低，测序持续时间有限，需要进一步研究。

可以看出，生物纳米孔由于发展时间较长，在 DNA 过孔速度的控制方面取得了较大成功，通过 DNA 聚合酶驱动，可以达到 10^{-2}base/ms，已能完全满足测序的需要，但是在信号检测和器件集成方面，仍不能满足大规模、并行化的需要。

对于固体纳米孔，多模式信号检测发展较为成熟，但是过孔速度太快。因此，将两种方案的优势集成在一起，是解决问题的有效途径。一个可能的解决方案是设计制造出基于纳米孔和原子力显微镜的三通道并行检测的 DNA 测序传感器。如图 2 所示，在原子力显微镜探针上通过化学修饰的方法键合待测 DNA，实现对 DNA 过孔速度和方向的有效控制，利用三通道并行检测 DNA 过孔时产生的堵塞离子电流、基于场效应管放大的隧穿电流信号及牵引 DNA 过孔的力信号，使得检测 DNA 碱基的信息多元化，提高纳米孔 DNA 测序传感器的检测灵敏度，力求实现对 DNA 的单碱基辨识。这一想法巧妙地将机械信号和电流信号检测手段整合进同一个测序平台，不但实现了固态纳米孔的多模式信号并行检测，而且解决了固态纳米孔 DNA 过孔速度太快的难题。关于这一课题的研究仍处于高度的关注中，相信这将会对我国下一代基因测序仪的关键技术研究产生全新的突破。

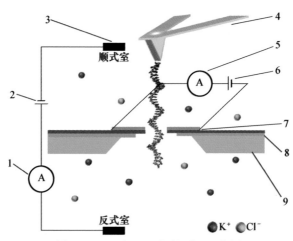

图 2　AFM 对 DNA 操控原理示意图

1. 电流表 1；2. 电源 1；3. Ag/AgCl 电极；4. 原子力显微镜探针；5. 电流表 2；6. 电源 2；
7. 纳米 Au（Pt）电极；8. 带有纳米孔的纳米薄膜；9. 基底

　　小小的纳米孔实现了遗传密码向机电信号的转化，成为 DNA 测序的新希望。随着研究人员的不断关注和投入，越来越多的证据表明纳米孔测序将可能实现单分子 DNA 直接测序的伟大构想。想象这样一个图景，也许不久的将来，人们拿着手机就能够测序自身的生命图谱，预测可能会有的疾病，"私人定制"自己的药物。

参 考 文 献

[1]　Coulter W H. Means for counting particles suspended in a fluid: U.S. Patent 2656508. 1953.

[2]　Kasianowicz J J, Brandin E, Branton D, et al. Characterization of individual polynucleotide

molecules using a membrane channel. Proceedings of the National Academy of Sciences of the United States of America, 1996, 93(24): 13770-13773.

[3] Nelson E M, Li H, Timp G. Direct, concurrent measurements of the forces and currents affecting DNA in a nanopore with comparable topography. ACS Nano, 2014, 8(6): 5484-5493.

[4] Hyun C, Kaur H, Rollings R, et al. Threading immobilized DNA molecules through a solid-state nanopore at >100μs per base rate. ACS Nano, 2013, 7(7): 5892-5900.

[5] Peng H B, Ling X S S. Reverse DNA translocation through a solid-state nanopore by magnetic tweezers. Nanotechnology, 2009, 20(18): 185101.

[6] Keyser U F, Koeleman B N, van Dorp S, et al. Direct force measurements on DNA in a solid-state nanopore. Nature Physics, 2006, 2(7): 473-477.

[7] Clarke J, Wu H C, Jayasinghe L, et al. Continuous base identification for single-molecule nanopore DNA sequencing. Nature Nanotechnology, 2009, 4(4): 265-270.

[8] di Ventra M. Fast DNA sequencing by electrical means inches closer. Nanotechnology, 2013, 24(34): 342501.

[9] Zwolak M, di Ventra M. Electronic signature of DNA nucleotides via transverse transport. Nano Letters, 2005, 5(3): 421-424.

[10] Traversi F, Raillon C, Benameur S M, et al. Detecting the translocation of DNA through a nanopore using graphene nanoribbons. Nature Nanotechnology, 2013, 8(12): 939-945.

[11] Dontschuk N, Stacey A, Tadich A, et al. A graphene field-effect transistor as a molecule-specific probe of DNA nucleobases. Nature Communications, 2015, 6: 6563.

[12] Sigalov G, Comer J, Timp G, et al. Detection of DNA sequences using an alternating electric field in a nanopore capacitor. Nano Letters, 2008, 8(1): 56-63.

[13] Heng J B, Aksimentiev A, Ho C, et al. Beyond the gene chip. Bell Labs Technical Journal, 2005, 10(3): 5-22.

[14] Fuellgrabe M W, Herrmann D, Knecht H, et al. High-throughput, amplicon-based sequencing of the CREBBP gene as a tool to develop a universal platform-independent assay. Plos One, 2015, 10(6): e0129195.

撰稿人：余静文、陈云飞

东南大学

感知功能再造：假肢制造技术进步的阶梯

Sensory Function Reengineering: Ladder of Technological Progress in Prosthesis Manufacturing

假肢的应用已有数百年的历史，迄今为止它仍然是截肢患者功能康复的唯一途径。21 世纪初，以"再造人手功能"为目标的假肢第二次技术革命开始启动，在全球科学家的共同努力下，仿人手灵巧假肢的第一代产品近年来相继问世。回顾肌电控制技术诞生至今大半个世纪的历史，假肢的主要技术进步体现在运动功能再造方面，因机构灵巧性、神经接口传输率等指标的不断提升，假肢的仿人手运动和操作功能有了长足的进步。但众所周知，人手的功能包括运动和感知两个方面，因此如何再造假肢的感知功能成为科学家必须面对的问题，但到目前为止，该技术的进展十分缓慢。

人手分布有约 17000 个机械刺激传感器，可感知两方面的信息：一是外部环境感知，包括触觉、力觉、环境温度等；二是本体感知，即对肢体自身信息的感觉功能。本体感知有时也被形象地称为身体地图，暗喻大脑中有一张自己身体的地图，无须视觉帮助即可实时感受到身体任何部位的运动。对于手这一特定的功能器官，本体感知是指神经系统对各关节位置及运动的自然感觉。感知功能再造的目标是在假肢中植入与人手类似的感觉功能，它是再造人手功能的重要科学技术内容之一，包括传感系统设计与感知通道重建两方面的任务。

假肢的传感系统设计与制造技术已逐步进入实用化阶段，目前最先进的假肢一般都会配置两类不同的传感器：一类是分布式触觉传感器，主要用于操作对象和外部环境的感知；另一类是关节位置和力传感器，用于假肢本体信息的实时测量。但一个不容忽视的事实是，现有的各类假肢传感系统与神经系统并不发生直接的信息通信，其功能仅限于为内环控制器提供触觉和本体位置信息反馈，提升假肢的局部自主式操作功能和机械系统的智能化水平。准确地说，假肢目前还处在有"感"无"知"的阶段，传感系统设计仅仅解决了感知功能再造的一半问题，问题的另一半是感知通道重建，即建立传感器信息的神经传入通道，让假肢具备与人手类似的"自然"感觉。

感知通道重建技术可追溯的历史很短，代表性进展首推电触觉技术，其原理是利用截肢患者残存的外周神经组织来建立传感器与神经系统之间的物理连接，并借助神经电刺激实现传感信息的神经反馈。电触觉可分为侵入式和非侵入式两类。2014 年，*Science Translational Medicine* 对来自不同研究小组的侵入式电触觉研究工作进行了报道。第一项工作源自意大利、瑞士、德国、英国和丹麦科学家的联合研究团队[1]，他们将假肢的传感信息转化成特定模式的多通道电刺激信号，通过植入式电极刺激正中神经尺骨神经束，旨在为假肢提供抓取操作过程中的实时感觉反馈。实验表明，借助该技术可以使截肢患者产生触感和并对抓握力的大小进行模糊区分，甚至可在一定程度上辨别抓握物体的刚度和形状。毫无疑问，该技术有助于截肢患者在无视觉辅助的条件下有效地控制假肢的抓取模式和抓取力，提升假肢的灵巧操作性能。另一项平行的工作来自美国克利夫兰的研究小组[2]，他们在两名截肢患者体内植入外周神经环绕式电极，并利用其产生的电刺激信号来诱发幻肢的触觉感知。实验结果显示，在长达 16～24 个月的时间窗口内，该技术可在幻肢不同部位产生可重复且稳定的触感，特别是借助电刺激模式的编码和控制技术，还可以诱发弹击、压力、移动触感和振动等不同类型的感觉。进一步研究还表明，改变电刺激信号的强度可控制感知区域大小，改变刺激频率则可控制感觉持续时间。侵入式电刺激最大的特点是可实现不同位置的精准刺激，但作为一种创伤性手段，该技术的使用范围目前主要限于科学实验。

与侵入式技术相比，非侵入式电刺激实施方便，具有潜在的应用优势。非侵入式感知通道重建技术的发展在时间上与侵入式技术基本同步，此类研究大都基于"幻肢图"这一特殊的生理现象。根据医学统计数据，约 80% 的截肢患者具有幻肢感，即被截肢体仍然存在的幻觉，其中大部分患者还存在完整程度不一的幻肢图，即残肢上可用图形标记的区域，不同的区域与幻肢的各部位存在空间对应关系，当某个区域受到外部刺激时，截肢患者会感觉幻肢对应的部位受到刺激。幻肢图为假肢传感系统感知信息的神经传入提供了一个自然的物理通道，也构成了非植入式电触觉技术的生理学基础。研究表明[3]，将假肢特定部位的传感器与幻肢图中对应区域的电刺激器相连，可以实现触觉信息的空间选择性传递。举例来说，若假肢的某个手指触碰外部物体时，安装在手指上的触觉传感信号被转化成一定模式的电刺激，通过与之相连的电刺激器刺激幻肢图中对应的手指区域，可实现假肢手指触觉传感信息到幻肢手指感觉之间的传递，即神经系统可以感受到来自假肢手指的触觉刺激。对于幻肢图完整的患者，位置分辨的平均准确率可达 90% 以上。与侵入式电触觉类似，改变电刺激强度、频率等参数也可诱发不同的感觉模式。

值得指出的是，电触觉是一个广义的概念，电刺激并不是传感器信息神经传入的唯一手段，例如，在瑞典隆德大学的研究工作中[4]，借助幻肢区触压、振动等机械刺激获得了与电刺激类似的结果。对于幻肢图完整的截肢患者，无论采用何种刺激方式，均可重建空间选择性良好的感知反馈通道。

一般来说，幻肢图仅存在于低位截肢患者。对于肘部以上截肢的患者，首先需要为传感信息的神经传入构造一个物理的通道。对于这一问题，最有影响的研究工作首推芝加哥康复工程研究院 Kuiken 博士的神经移位术实验[5]，其基本原理是通过外科手术将残存的手臂神经移位并与胸部肌肉相连，当接受此类手术的患者胸部肌肉被触及时，他们会感觉到幻肢受到刺激。温度探针刺激和表面电刺激实验显示，神经移位术可实现小区域内温度和痛觉传入通道的再生。这一开创性工作为高位截肢患者重建假肢的感觉功能提供了可行的途径。

以电触觉为代表的感知通道重建技术目前刚迈出第一步，其潜在的应用前景已在现有的科学实验中得到了展示。但总体上看，无论侵入式电触觉技术还是非侵入式电触觉技术，目前只是初步实现了感觉信息的空间选择性传递，且现有的研究主要局限于触觉信息的反馈，对于本体感知的研究几乎是空白，与重建"自然"感觉的目标相去甚远。特别值得指出的是，现有的各类电触觉感知研究几乎无一例外地采用心理物理学实验，因实验过程中的神经信号在体记录缺乏科学手段，给感知信息的神经编码规律、传入机制及其传输特性的认知带来了极大的困难，对实验结果的分析和解读缺少充分的神经信息学证据，刺激模式编码当然也就无据可依。从科学发展的现状来看，感知通道重建还是一项未来的技术。

感知通道重建是再造人手功能的重要基石之一，有待突破的科学技术问题很多，其中一个不可回避的科学难题是如何发现和认识感知信号的神经编码规律、传入机制和传递特性，为感知通道重建提供科学依据，相关的技术问题是如何对电刺激的模式进行编码和控制，实现多模式感知信息的自然反馈。

神经假肢设计与制造技术的发展步履蹒跚，迄今为止"再造人手功能"仍然是一个难以企及的目标。但随着高分辨率功能影像与神经电生理、高选择性侵入式神经信号测量乃至单个神经元测量等技术的进步和发展，神经信息的研究和认知具备了更先进的科学方法和实验手段。可以预期，随着研究的持续和深入，感知通道重建技术一定会从实验室逐步走向工程应用，神经假肢制造水平也一定会不断迈上新的台阶，为截肢患者带来福音。

参 考 文 献

[1] Raspopovic S, Capogrosso M, Petrini F M, et al. Bioengineering: Restoring natural sensory feedback in real-time bidirectional hand prostheses. Science Translational Medicine, 2014, 6(222): 222ra19.

[2] Tan D W, Schiefer M A, Keith M W, et al. A neural interface provides long-term stable natural touch perception. Science Translational Medicine, 2014, 6(257): 257ra138.

[3] Chai G, Sui X, Li S, et al. Characterization of evoked tactile sensation in forearm amputees with

transcutaneous electrical nerve stimulation. Journal of Neural Engineering, 2015, 12(6): 066002.

[4] Antfolk C, D'Alonzo M, Controzzi M, et al. Artificial redirection of sensation from prosthetic fingers to the phantom hand map on transradial amputees: Vibrotactile versus mechanotactile sensory feedback. IEEE Transactions on Neural Systems and Rehabilitation Engineering, 2013, 21(1): 112-120.

[5] Kuiken T A, Marasco P D, Lock B A, et al. Redirection of cutaneous sensation from the hand to the chest skin of human amputees with targeted reinnervation. Proceedings of the National Academy of Sciences of the United States of America, 2007, 104(50): 20061-20066.

撰稿人： 朱向阳

上海交通大学

类生物体灵巧手：如何复制人手的智能机械特性？

Bio-Inspired Hands: How to Reproduce the Mechanical Intelligence of Human Hands in Robotic Hands?

仿人灵巧手的研究起源于 Salisbury 和 Craig 在 *International Journal of Robotics Research* 创刊号上发表的著名论文 "Articulated hands: Force control and kinematic issues" [1]。此后 30 多年中，灵巧手一直是机器人学领域备受关注的研究对象[2]。在这一时期内，国内外研究机构推出了种类繁多的机器人灵巧手，代表性的有美国 NASA 的 Robonaut 手、德国宇航研究中心的 DLR 手、英国的 Shadow 手等。其中，Shadow 手将仿人手设计方法运用到了极致，它不仅外形和尺寸与人手相当，而且机构设计也基于对人手自由度的复制，其灵巧运动由 40 个气动人工肌肉控制。单从机构的运动学特性来看，Shadow 手代表了迄今为止灵巧手设计的最高水平。

仿人灵巧手的另一个重要的应用领域是假肢。21 世纪初以来，以"再造人手功能"为目标的假肢第二次技术革命开始启动，仿人手灵巧假肢的第一代产品也已在最近几年内问世。与机器人灵巧手不同的是，假肢普遍采用欠驱动结构，其欠驱动传动系统参照人手的关节协同关系设计，充分体现了"仿生"原则。但一个不容忽视的事实是，迄今为止最先进机器人灵巧手和假肢手操作功能均难以比肩其生物原形，与"再造人手功能"的科学目标相去甚远。

人手的运动十分复杂，包括模式运动和被动顺应运动（图 1）。顺应运动是指人手为适应被操作对象的形状和刚度而产生的自适应运动，不受中枢神经系统的支配，但在人手灵巧运动和操作中扮演着十分重要的角色。现有的少部分灵巧假肢采用弹性关节或特殊的形状自适应机构来部分再现人手的顺应运动功能，但此类机构共同的缺点是顺应运动模式单一，且顺应过程中的力分配特性急剧恶化。人手的顺应运动功能得益于其内禀的智能机械特性，包括运动和操作过程中的变阻抗特性、本体感知功能（运动和力）以及反射运动功能等。如何将

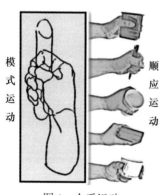

图 1　人手运动

人手的智能机械特性"移植"到仿人灵巧手中，已成为"再造人手功能"必须面对的问题。

仿人灵巧手自起源至今，"复制"人手功能一直是该技术的终极目标。因此，如何复制人手的智能机械特性也就成为一个无法回避的问题。近年来，"软体手"（soft hand）一词开始频频出现在国内外研究报告中，例如，比萨大学研制的Pisa/IIT 欠驱动软手（图 2（a）），它有 19 个关节，但只配置了单个作动器，其抓取操作功能可以媲美各类多自由度刚性假肢[3]。又如，柏林工业大学研制的RBO-2 手（图 2（b））全部由软体材料制作，其机械结构十分简单，可完成人手33 种常用抓取模式中的 31 种[4]。特别值得关注的是，近两年内基于主动软体材料的灵巧假肢机构雏形开始出现在国内外实验室中，此类机构的特点是集结构、作动、传感于一体，可以很大程度上再现生物原型的智能机械特性和本体感知功能。例如，上海交通大学采用介电高弹聚合物制作的三指手原型系统可以完成纸杯抓握、小球拾取等操作，手指最大动作频率可达 10Hz。从多自由度刚性假肢机构到"软体手"的变革，体现了假肢设计与制造技术向"再造人手功能"目标的再一次回归。采用软体功能材料研发具有类生物体智能机械特性的灵巧机构，正在成为下一代仿人灵巧手的技术发展方向[5-8]。

(a) Pisa/IIT 欠驱动软手　　　　　(b) RBO-2 手　　　　　(c) SJT-S0 手

图 2　软体手

软体机构技术的问世极大地拉近了机器与生物体之间的距离，目前科学家正致力于开发刚度可编程且集传感、作动、计算功能于一体的先进智能材料，以及运动行为可控的软体机器，并对未来的发展有所期许："未来的智能材料本身可以具备机器的全部功能"。但不可否认，软体机构是一项襁褓中的技术，面临大量的理论和技术难题。就仿人灵巧手这一具体的对象来说，未来需要解决的问题包括：如何设计和制作运动、作动、感知、控制功能一体化，具有类生物体智能阻抗特性的灵巧手机构？如何实现灵巧手操作过程中的变刚度控制？如何实现软体灵巧手机构的可控运动？

35 亿年的物竞天择，造就了复杂多样的生物系统。古往今来，"师法自然"一直是机械系统设计的重要手段之一，而仿人灵巧手等技术更是直接体现了人类对自身功能进行复制的目标。从技术发展的趋势来看，在未来一段时期内类生物体灵巧手的研制将会成为其中一项重要的任务。

参 考 文 献

[1] Salisbury J K, Craig J J. Articulated hands: Force control and kinematic issues. International Journal of Robotics Research, 1982, 1(1): 4-17.

[2] Controzzi M, Cipriani C, Carozza M C. Design of artificial hands: A review. The Human Hand as an Inspiration for Robot Hand Development. New York: Springer, 2014: 219-247.

[3] Catalano M G, Grioli G, Farnioli E, et al. Adaptive synergies for the design and control of the Pisa/IIT soft hand. International Journal of Robotics Research, 2014, 33(5): 768-782.

[4] Deimel R, Brock O. A novel type of compliant and underactuated robotic hand for dexterous grasping. International Journal of Robotics Research, 2016, 35(1-3): 161-185.

[5] Zhou X, Majidi C, O'Reilly O M. Soft hands: An analysis of some gripping mechanisms in soft robot design. International Journal of Solids and Structures, 2015, 64-65: 155-165.

[6] Daniela R, Michael T T. Design, fabrication and control of soft robots. Nature, 2016, 521: 467-475.

[7] Lipson H. Challenges and opportunities for design, simulation, and fabrication of soft robots. Soft Robotics, 2014, 1: 21-27.

[8] Shepherd R F, Choi W, Morin S A, et al. Multigait soft robot. Proceedings of the National Academy of Sciences of the United States of America, 2011, 108: 20400-20403.

撰稿人：朱向阳

上海交通大学

如何实现人-机-环境交互机制下的脑控技术?

How to Realize Brain-Control Technology under the Human-Machine-Environment Interaction Mechanism?

自 1924 年德国学者 Hans Berger 第一次记录到脑电信号以来，国内外学者在大脑感知模型建立、脑电信号采集、脑电信息解码和脑-机接口等方面均开展了大量研究并取得了一定的研究成果，形成了以脑控技术为核心的典型应用。脑控技术，即通过提取人或动物大脑皮层产生的脑电（electroencephalogram，EEG）信号，解析大脑的思维活动与意图，并将之翻译为相应的命令用于控制外围机电设备，从而实现人或动物对外围设备的直接控制。脑控技术作为当前的研究热点，是具有极高应用价值的重点、难点领域，脑控技术的发展和应用将极大推动国防军事、工作生活以及社会福利事业的发展和进步[1]。

目前，脑控技术的研究重点集中在脑电信号的信息挖掘与解析、脑-机接口性能提升和系统集成与开发等方面，并已成功应用于控制轮椅、假肢、机械臂、字符拼写器、游戏娱乐等场合[2]。其中，常用于外设控制的 EEG 信号可分为诱发型和自发型两种[3]。自发型脑电信号作为直接反映人脑意图的代表性信号，其生理学机制尤为复杂且尚不明晰，极易受个体状态、外部环境、个体间差异性等的影响[4]。为此，如何建立具有普适性的大脑认知机制，发展相应的神经控制模型，并将之有效地应用到人-机-环境系统中，已成为未来脑控技术研究中不可避免的问题。

1）人-机-环境系统中的脑控机理——多元输入多元输出的脑认知模型

脑认知模型是涉及脑神经科学、大脑认知机理等众多前沿科学的研究问题，目前尚未有突破性进展。如图 1 所示，脑认知模型可以通过上行回路——脑电信号产生机理和下行回路——肌电等生物信号产生机理两部分来描述。其中，上行回路通过解析人的视觉、听觉、触觉、嗅觉、味觉等感官感知的环境物理信息，并与人脑已有的智慧知识库信息进行深度融合，进而触发相应脑神经电位的产生，直至脑皮层展现出脑电信号的外在表现；下行回路是在上行回路产生脑神经电位脉冲的同时，再由脑神经电位脉冲通过人的神经系统和肌肉组织向下传递驱动信息，并借助人的四肢、语音或生物电信号，最终形成肌电、心电、肢体动作或语音等身体外在表达。以上两部分中，如何实现环境物理信号向神经生物电信号的转换，如何完成环境信息与知识智慧的深度融合，如何进行神经电脉冲向表层头皮、神经系统及肌肉组织的传递，都是亟待解决的科学问题。进而，由此综合运用计算机科学、人工智能、生物医学工程等学科知识，形成精确的多元输入（五大感官信息）、多元输出（脑电、肌电和语音等）的脑认知模型，高度还原人-机-环境中的脑认知过程，是目前人脑意念控制环境机电设备亟待解决的具有重要科学意义的难题。

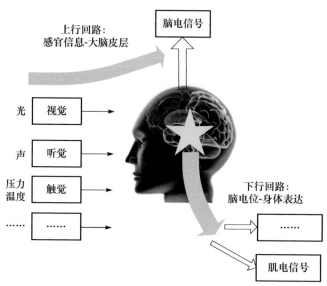

图 1　基于生物电产生机理的脑认知模型

2）脑控技术中人-机-环境交互机制

脑控技术的目标并非单一实现人脑对外设的控制，而是实现人-机-环境相互作用的统一系统。相较于现有的智能控制系统，基于脑控技术的机电系统不仅仅是简单地提高控制决策系统的智能程度或决策能力，而是充分利用并发展人机智能融合控制系统理论。更为甚者，它能够在系统控制的不同层次上进行多维的有机结合，充分考虑人和计算机控制系统在整个任务操作过程中的特点，充分调度人和计算机的能力，在信息感知、控制决策和反馈调节等各个环节实现相辅相成。在图 2 所示的人-机-环境交互机制模型中，如何建立人-机-环境共同作用下的决策机制，利用机器-环境深度融合下的综合信息修正人的决策失误，提高决策效率，保证行动执行的正确性及有效性；进而，利用人的灵巧智能，提高机器在复杂多变环境下的应对能力，形成人-机-环境这一系统的高度融合统一，无疑都是脑控技术发展所面临的难题。

基于生物表面电信号的神经控制技术正在引起广泛的关注，其潜在的发展不仅为外设控制开辟了一条全新的道路，更进一步拉近了人与机器间的关系，未来甚至可实现人机一体高度融合。生物表面电信号是生物体自主意识的体现，是生物体内部各组织系统传递信息、协同工作的媒介与外在表达。基于该机制设计的人机交互系统，可以使人更直接地操作外部机器设备，甚至产生这些设备是人本身的一部分的感觉，使人和机器之间更加紧密。

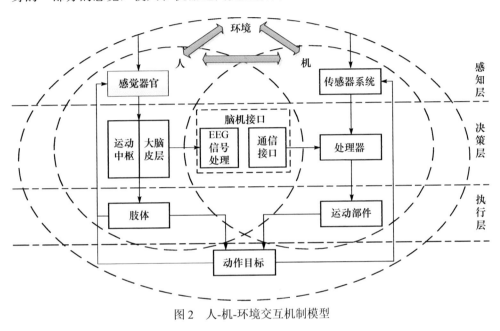

图 2　人-机-环境交互机制模型

参 考 文 献

[1]　张小栋, 李睿, 李耀楠. 脑控技术的研究与展望. 振动、测试与诊断, 2014, 34(2): 205-211.

[2]　Hancock P A, Jagacinski R J, Parasuraman R, et al. Human-automation interaction research past, present, and future. Ergonomics in Design: The Quarterly of Human Factors Applications, 2013, 21(2): 9-14.

[3]　Sakkalis V. Review of advanced techniques for the estimation of brain connectivity measured with EEG/MEG. Computers in Biology and Medicine, 2011, 41(12):1110-1117.

[4]　Graimann B, Allison B Z, Pfurtscheller G. Brain-Computer Interfaces: Revolutionizing Human-Computer Interaction. New York: Springer Publishing Company, 2013.

撰稿人：张小栋

西安交通大学

医疗机器人系统：如何同时保证其稳定性和透明性？

Medical Robotics System: How to Keep Its Stability and Transparency Simultaneously?

与传统的人工手术方式相比，机器人辅助外科手术具有显著优势[1-3]。目前，常见的手术机器人系统是采用主-从式的工作方式：手术医生位于主手一侧，用自己的双手操作机器人的主手，从手侧位于手术台附近，安装在从手侧的末端工具能够跟随主手的运动轨迹，完成各种手术操作[4]。为了达到这些目标，力反馈双边控制策略是这类机器人系统的理想控制方式，它的基本要求不仅包括从手跟踪主手的运动，还需要主手侧医生感受到从手与环境的作用力[5-8]，如图1所示。手术机器人的双边控制方式决定了其延时问题，加上可能的自由度冗余、模型逆解奇异点以及参数不确定性等，使其稳定性成为难点。稳定性度量系统是否稳定，而透明性则是衡量系统主操作端操作者感受从端环境的能力。

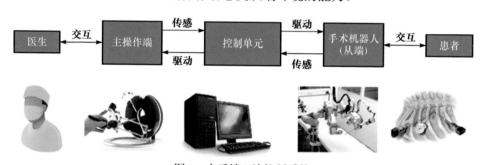

图1　力反馈双边控制系统

具体而言，有以下问题需要解决。

1）力反馈双边控制系统各种性能指标之间的冲突

力反馈双边控制系统的性能指标主要为稳定性和透明性。力反馈双边控制系统的稳定性和透明性是相互矛盾的，稳定性是系统控制的基础，透明性决定系统的可用性，两者缺一不可。如何在提高一项性能指标的同时不削弱另一方，目前还未解决。

2）手术环境对系统性能的影响机制

在手术机器人的工作过程中，从手与手术环境的作用情况不是一直不变的，例如，从手由自由运动状态变为与人体组织接触的状态。当外界环境变化时，由于该变化无法准确建模，力反馈双边控制系统的性能就会发生很大的变化。此外，在不同的环境中需要强调的系统性能也不同，当从手自由运动时，主要强调从手跟踪主手的能力，而从手与组织接触时需要强调医生感受从端环境作用力的能力。

针对系统透明性与稳定性相冲突的问题，需在保证系统快速、安全的前提下尽力消除或缓解二者的矛盾。

参 考 文 献

[1] Guthart G S, Salisbury J K. The intuitive TM telesurgery system: Overview and application. Proceedings of IEEE/ICRA, 2000: 618-621.

[2] Jacques M, Francesco R. The ZEUS robotic system: Experimental and clinical applications. Surgical Clinics of North America, 2003, 83(6): 1305-1315.

[3] 王树新, 王晓菲, 张建勋, 等. 辅助腹腔微创手术的新型机器人"妙手 A". 机器人技术与应用, 2011, (4): 17-21.

[4] de Gersem G, van Brussel H, Tendick F. Reliable and enhanced stiffness perception in soft-tissue telemanipulation. International Journal of Robotics Research, 2005, 24(10): 805-822.

[5] Tanaka H, Ohnishi K, Nishi H, et al. Implementation of bilateral control system based on acceleration control using FPGA for multi-DOF haptic endoscopic surgery robot. IEEE Transactions on Industrial Electronics, 2009, 56(3): 618-627.

[6] Talasaz A, Patel R V. Integration of force reflection with tactile sensing for minimally invasive robotics-assisted tumor localization. IEEE Transactions on Haptics, 2013, 6(2): 217-228.

[7] Son H I, Bhattacharjee T, Lee D Y. Estimation of environmental force for the haptic interface of robotic surgery. International Journal of Medical Robotics & Computer Assisted Surgery, 2010, 6(2): 221-230.

[8] Puangmali P, Liu H B, Seneviratne L D, et al. Miniature 3-axis distal force sensor for minimally invasive surgical palpation. IEEE/ASME Transactions on Mechatronics, 2012, 17(4): 646-656.

撰稿人：李进华[1]、代 煜[2]、王树新[1]

1 天津大学、2 南开大学

软体机电系统：如何适应"软体"的驱动与控制？

Soft Bodied Mechatronic System: How to Adapt to Actuation and Control of "Soft Body"?

机电系统（mechatronic system）的概念最早由日本安川电机公司于 20 世纪 70 年代提出，典型的机电系统包括机械本体、执行机构（驱动器）、反馈与检测、控制器和能源。刚性元件构成的机电系统在过去 50 余年得到长足进步，其运动精度、动态性能等方面已经达到较高水平，相关的设计方法及驱动控制理论基本成熟，并在工业、航空航天、医疗等领域得到大量运用。随着机电系统任务需求和应用范围的不断扩大，精度和动态性能不再是唯一追求，人们开始研究具有高柔顺度、可适应非结构化环境、实现人-机-环境交互的新型机电系统。在机电系统中引入柔性、弹性元器件成为最近 10 年的研究热点。其技术路线包括：①在关节、驱动器中增加弹性元件，形成串联柔顺驱动器（serial elastic actuator, SEA）[1,2]；②在机械本体中引入柔性，形成柔顺机构、连续体机构等一系列新型机电系统[3]。上述柔顺机电系统在机器人、微纳操作、医疗手术器械中得到了初步应用。

回顾机电系统的发展历程，其结构特征经历了由刚至柔的变化过程，由此很自然地引起了人们对下一代机电系统发展方向的思考。如果将机电系统的柔性程度继续提高，是否会产生机电领域的新方向？事实上，这样的新方向在机器人系统中已初见雏形。由自然界生物器官的启发，如象鼻、蠕虫的身体和章鱼的触手，哈佛大学、麻省理工学院等高校的国际顶尖学者将连续体机器人发挥到极致，提出了软体机器人的概念（图 1），其机械本体可以在内部刺激和外部约束下发生弯曲、伸缩等大范围变形以完成爬行、抓持等任务，实现了本体结构"刚-柔-软"的颠覆性演变[4-6]。上述工作开启了下一代软体机电系统的研究序幕。

软体机电系统在运动柔顺性、环境适应性和人机共融等方面相比传统的刚性机电系统具有与生俱来的优势，对发展未来机器人、航空航天及水下装备具有重要意义，但同时也带来了理论和技术的巨大挑战[7]。

在机构设计理论方面，软体机电系统尚缺乏有效的数学描述方法。传统的刚体在空间中的运动可以用 6 元素向量表示，包含 3 个位置与 3 个角度信息。但对于软体，当考虑其局部变形后，系统的自由度数量大幅增加，运动和姿态具有更丰富的信息。目前，很多学者借鉴梁理论、伪刚体等方法，用挠度表示变形，但

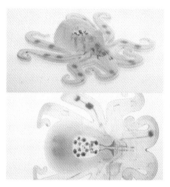

(a)Cornell大学的软体抓持手　　　　(b)欧盟FP7软体触须　　　　(c)哈佛大学的软体章鱼

图1　典型的软体机器人

是并不能充分反映局部变形以及驱动控制的影响。如何将软体的几何特征、运动形式及所受到的内部激励（驱动器）和外部约束（环境）融合到一个理论模型体系下，解决自由度、位姿、工作空间等一系列概念的数学定义和计算，寻找软体机构、结构的关键特征参数，建立几何、材料约束下力和运动的关联关系，为后续驱动与控制提供理论基础，是软体机电系统需要解决的首要问题。

在驱动与反馈方面，现有的理论方法和工程技术水平还无法满足软体机电系统的需求。目前软体机电系统的驱动器以气压、绳索/丝为主，而基于智能材料和化学能的软体驱动器正得到日益关注。但是上述方式普遍存在辅助设备体积大、输出位移/力偏小、测量困难等问题，迫切需要探索具有紧凑、轻质、高功率密度的新型驱动机理。软体机器人的优点是"软"，带来了运动的柔顺性；其缺点也是"软"，导致了操作刚度和精度的下降。因此，在设计中除了位形控制，还要充分考虑对"软"的调控，尤其是在与外部环境发生力交互的场合。由于尺寸、重量、能量等约束，以往机器人中将结构本体、驱动器、传感器分别设计的思路无法满足软体机电系统的性能需求。如何实现结构/功能一体化、驱动/反馈一体化，解决柔顺性和操作精度之间的相互制约矛盾，提出新型驱动器和传感器原理与技术，是软体机电系统面临的又一关键问题。

在控制策略方面，软体机电系统存在大范围结构形变，理论上具有无穷多的运动自由度，如何将高度冗余的运动自由度与有限数量的驱动自由度相联系，实现复杂运动、变形的有效分解和降维映射，是急需解决的基础科学问题。关于软体机电系统的控制策略，至今存在争论。一种思路是借鉴经典控制理论，通过传感器检测，充分掌握本体结构的位形特征，实现所有驱动器的独立反馈控制。另一种思路是借鉴软体生物控制原理，彻底抛开传统控制方法，尽量减少反馈回路，充分发挥软体的被动变形特征，通过形态、结构、驱动、环境的相互作用实现"本体智能"[8]。软体机电系统的发展初衷，正是希望通过软体来适应非结构环境并简化主动运动控制的难度。因此，虽然前一种思路在现阶段具有可行性，但是后者真正利用了软体系统的本质特征，更具吸引力和前沿性。

参 考 文 献

[1] Ham R, Sugar T, Vanderborght B, et al. Compliant actuator designs. IEEE Robotics and Automation Magazine, 2009, 16(3): 81-94.

[2] Bicchi A, Tonietti G. Fast and soft-arm tactics: Robot arm design. IEEE Robotics and Automation Magazine, 2004, 11(2): 22-33.

[3] Webster III R, Jones B. Design and kinematic modeling of constant curvature continuum robots: A review. International Journal of Robotics Research, 2010, 29: 1661-1683.

[4] Amend J R, Brown E, Rodenberg N, et al. A positive pressure universal gripper based on the jamming of granular material. IEEE Transactions on Robotics, 2012, 28(2): 341-350.

[5] Wehner M, Truby R L, Fitzgerald D J, et al. An integrated design and fabrication strategy for entirely soft autonomous robots. Nature, 2016, 536: 451-455.

[6] Rus D, Tolley M T. Design, fabrication and control of soft robots. Nature, 2015, 521: 467-475.

[7] Lipson H. Challenges and opportunities for design, simulation, and fabrication of soft robots. Soft Robotics, 2014, 1(1): 21-27.

[8] Pfeifer R, Lungarella M, Iida F. Self-organization, embodiment, and biologically inspired robotics. Science, 2007, 318: 1088-1093.

撰稿人：康荣杰、王树新

天津大学

如何实现手触觉感知与物理传感器检测的双向映射机制？

How to Realize the Bidirectional Mapping Mechanism between Tactile Sensing of Human Hand and Detection of Physical Sensors?

　　机器人技术研究的一个主要目的就是使其能够代替人的劳动，自如地完成人所能完成的工作，甚至是某些人难以胜任的工作。要达到这个目的机器人就必须具备判断周围环境的感知能力，可以与周围环境进行交互，完成复杂的工作，真正实现智能化。触觉是人体与外界环境物体直接接触时的重要感觉，是接触、冲击、压迫等机械刺激感觉的综合[1,2]。触觉传感器广泛应用于机器人抓取物体控制、状态识别和高级判断等许多方面。当机器人在某些场合工作时，需要其与人类一样精确检测出接触物体时触觉力的大小和方向。

　　触觉传感器获取信息必须接触物体，在一定程度上表面接触面积越大，获得的信息量越大，因此机器人需要高精度、高分辨率、高速响应且能任意分布的触觉传感器。同时，在许多接触压力测量场合，不但需要触觉传感器具有一定的柔性，能具有大面积的敏感性来准确地感知丰富的触觉信息，还需要提供足够的测量范围和空间分辨率。这就需要利用多个触觉敏感单元组成柔性触觉传感器阵列。利用了这种具备数据处理功能的阵列触觉传感器可部分或全部覆盖于机器人体表面（图1[3]），目的就是使机器人能够准确地感知并获得触觉信息。

　　为了让柔性触觉传感器阵列具有和人的皮肤一样的功能，传感器阵列必须满足相互矛盾的要求：一是传感器阵列必须像人的皮肤一样有弹性，以不影响机器人的动作；二是传感器阵列的数量要足够多，以便机器人能敏锐地感受到周围的环境变化[4]。虽然智能机器人技术的发展使各种新型的触觉传感器得到越来越多的应用，但对于手触觉感知与物理传感器检测的双向映射机制还不清楚。

　　对于采用主从式工作方式的机器人，操作人员位于主手一侧，用自己的双手操作机器人的主手，从手能够跟随主手的运动轨迹完成各种操作。为了使主手侧的操作人员感受到从手与环境的作用力，需要在从手上集成触觉传感器阵列[5]。目前研究的柔性阵列触觉传感器都是仅能实现单维触觉传感功能，即利用触觉传感器检测垂直于柔性表面的接触信息。但是当机器人需要灵巧且精确地完成抓持等复杂操作任务时，必须要有多维触觉传感的能力，即不仅应探测所施加的法向

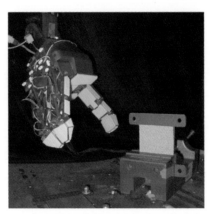

图 1　集成触觉传感器阵列的机器人手指[3]

力，还必须探测出所施加的切向力。由于人手触觉感知与物理传感器检测的双向映射机制尚不清晰，无法将触觉传感器阵列获得的信息完整地映射到主手侧，导致操作人员缺乏真实的力觉临场感。

参 考 文 献

[1] Qasaimeh M A, Sokhanvar S, Dargahi J, et al. PVDF-based microfabricated tactile sensor for minimally invasive surgery. Journal of Microelectromechanical Systems, 2009, 18(1): 195-207.

[2] Yoneyama T, Watanabe T, Kagawa H, et al. Force-detecting gripper and force feedback system for neurosurgery applications. International Journal of Computer Assisted Radiology and Surgery, 2013, 8(5): 819-829.

[3] Heyneman B, Cutkosky M R. Slip classification for dynamic tactile array sensors. The International Journal of Robotics Research, 2015, 35(4): 404-421.

[4] Sumer B, Aksak B, Sahin K, et al. Piezoelectric polymer fiber arrays for tactile sensing applications. Sensor Letters, 2011, 9(2): 457-463.

[5] Sokhanvar S, Packirisamy M, Dargahi J. A multifunctional PVDF-based tactile sensor for minimally invasive surgery. Smart Materials and Structures, 2007, 16(4): 989-998.

撰稿人：代　煜[1]、李进华[2]、王树新[2]

1 南开大学、2 天津大学

单细胞生物机器人的精准控制

Precise Control of Single Cell Biological Robot

单细胞生物机器人是利用单细胞生物控制的,在动态不确定环境中具有自主、半自主工作功能特性的特殊机器人。

地球上所有生物都源于单细胞生物。虽然单细胞生物属于最低等、最原始的动物,没有神经系统,更谈不上大脑,但许多单细胞生物已经展示了"聪明才智",具有强大的生存能力。例如,地球上已知最大的单细胞生物 Xenophyophore 可以在水深超过 10600m、寒冷、超高压的深海极端环境中生活;另一种单细胞生物 Spiculosiphon oceana 能够使用海绵骨针建立外壳,模拟海绵进食。科学家期望利用单细胞动物的"聪明"研制出单细胞控制机器人。

疟原虫黏菌(Plasmodium)是一类单细胞、寄生性的原生动物,具有繁衍及搜索营养源的能力。如图 1 所示,疟原虫黏菌发现营养源后会扩大活动范围并生成一系列脉状的疟原虫。疟原虫黏菌能够解决复杂的计算任务,如点之间的最短路径和其他逻辑计算[1]。

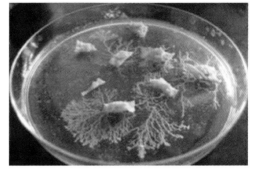

图 1 营养源中的疟原虫黏菌

2006 年,英国南安普敦大学培养了一种拥有避光本能的六角星形单细胞黏菌——多头绒泡菌(Physarum polycephalum),如图 2 所示。将这种星形黏菌的星点附着在六脚机器人的腿上,星点与六脚机器人的腿一一对应,用来控制六脚机器人的运动[2]。

当白光照射到多头绒泡菌上时,泡菌的避光性导致黏菌振动并改变厚度,计算机收到泡菌的振动信息后随即发出移动机器人腿的控制信号。当光束指向泡菌的不同部位时,机器人的相应腿就会做出反应。用光束对泡菌的不同部位进行有规律照射时,机器人能跟随这种规律进行运动而无须改动其内部程序,使得机器人具有一定的自主性,简化了机器人控制程序设计,减少了计算机任务量。随着光学技术的发展,机器人躲避障碍物的能力将会显著增强,更能适应复杂情况下

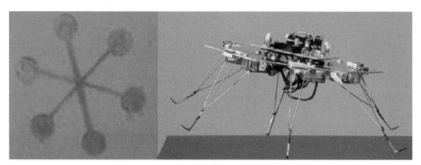

图 2　星形多头绒泡菌和六脚机器人

的工作。生物细胞的自我修复和重构功能，不仅可以自动修复机器人运动导致的细胞磨损，还赋予机器人自主应对复杂环境的能力。

　　英国西英格兰大学研究人员计划利用多头绒泡菌研制出"真正的"生物机器人 Plasmobot，通过光和电磁信号刺激多头绒泡菌来激发其化学反应，通过控制这种化学反应使 Plasmobot 朝特定方向运动，包围并"捡起"物体，甚至组装物体[3]。这种单细胞生物机器人的研究目标是具备组装微机器组件的能力。因此，精准控制光和电磁刺激激发的化学反应方法和策略是单细胞生物机器人领域的主要科学难题。

　　合成生物学的发展有望解决单细胞生物机器人的精准控制问题。合成生物学采用化学或生物化学合成的 DNA 或蛋白质生物元件，通过工程化鉴定，形成标准化的元件库，创造具有全新特征或增强性能的生物模块、网络、体系乃至生物体（细胞），来满足人类的需要[4]。有人将合成生物学形象地描述为"像组装电路一样组装生命"。

　　2010 年 5 月，美国克雷格·文特尔研究所的克雷格·文特尔等在 *Science* 上报道了实验室内通过化学合成"丝状支原体丝状亚种"的 DNA，并将其植入去除遗传物质的山羊支原体内，创造出世界上首个"人造单细胞生物"[5]。同年 10 月，该研究所发明了简单有效的基因合成技术，并以此合成了实验小鼠的线粒体基因组。他们使用的是一种合成基因组的新方法，使用的基本合成单元是只含 60 个核苷酸的 DNA 片段，将它们置于实验所需的环境中，就可以连接成整个基因组。该研究所的下一步计划是通过基因失活等方法考查基因组中每一个基因功能，期望对整个基因组有一个全面了解；同时，去除非必需的基因，获得一个"最小"的基因组。在此基础上，向"最小基因组"中插入特殊的功能模块，来制造出能够完成特定功能、具有某种特性的基因组和细胞[4]。

　　虽然克雷格·文特尔研究所已成功在实验室"人工合成生命细胞"，但实验室里从零件来组装单个细胞与自然界中建立可进行有效而有序相互作用的有机体的挑战完全不同。许多实际存在或"人造"细胞内和细胞间的相互作用，以及细胞与所在环境的相互作用仍然未知[4]。能够在自然环境中生存的有机体合成或人造设计任务将更具挑战性，合成有机体如何应对新的自然环境做出反应并相互作用更加难以预测。

随着合成生物学的进一步发展，具有不同功能的人工合成单细胞不断出现，将为单细胞生物机器人精准控制提供更好的手段[4,6,7]。但也存在以下问题：

（1）人工合成单细胞功能组件未必能准确描述，因此难以进行应用。

（2）即使每个组件的功能已知，但多个组件组装到一起，可能无法按事先想象的那样工作。

（3）人工合成单细胞内的分子活性容易随机波动，或形成噪声，生长条件的变化也会影响行为，这些都可能导致人工合成的单细胞生物机器人最终崩溃。

参 考 文 献

［1］ Tsuda S, Zauner K P, Gunji Y P. Robot control with biological cells. Biosystems, 2007, 87(2): 215-223.

［2］ Adamatzky A, Erokhin V, Grube M, et al. Physarum chip project: Growing computers from slime mould. International Journal of Unconventional Computing, 2012, 8(4): 319-323.

［3］ University of the West of England. "Plasmobot": Scientists to Design First Robot Using Mould. http://www.sciencedaily.com/releases/2009/08/090827073256.html [2017-8-1].

［4］ 熊燕，陈大明，杨琛，等. 合成生物学发展现状与前景. 生命科学, 2011, 23(9): 826-837.

［5］ Gibson D G, Glass J I, Lartigue C, et al. Creation of a bacterial cell controlled by a chemically synthesized genome. Science, 2010, 329(5987): 52-56.

［6］ Kwok R. Five hard truths for synthetic biology: Can engineering approaches tame the complexity of living systems? Roberta Kwok explores five challenges for the field and how they might be resolved. Nature, 2010, 463(7279): 288-290.

［7］ Epstein M M, Vermeire T. Scientific opinion on risk assessment of synthetic biology. Trends in Biotechnology, 2016, 34(8): 601-603.

撰稿人：李因武、张　锐

吉林大学

仿生 4D 打印中智能材料及其多重响应设计与开发难题

Multiple Responses Design of Intelligent Materials and Its Key Technical Problems during Bionic 4D Manufacturing

3D 打印是一种以数字模型文件为基础，运用粉末或液体材料，通过逐层打印的方式来构造物体的技术。人们利用 3D 打印技术制造出的各种各样的产品，包括飞机、汽车、机械部件、房屋、食品、服装、人体组织与器官[1-5]等。近来，在 3D 打印的基础上，美国麻省理工学院的蒂比茨提出了新一代 4D 打印技术，基于新型智能可编程材料，打印出的材料能够根据需求自适应变形，其应用潜力巨大，对于制造技术发展意义深远。

仿生 4D 打印制造是指通过形貌设计、理论计算和 3D 打印相结合，借助仿生智能材料和几何学的性质实现了时间和空间维度的有效控制，即仿生智能材料在 3D 打印的基础上，通过外界环境的刺激，随着时间实现自身的结构变化，如图 1 和图 2 所示[6]。仿生 4D 打印制造技术开辟了制备自发变形架构产品的新纪元，制备出其他技术无法比拟的新产品，它的出现，必将给制造业、建筑业及基础设施建设等领域带来翻天覆地的变化。

与传统的制造方式相比，4D 打印除了拥有 3D 打印的一些主要优势外，还具备很多其他重要特性：

（1）它能直接把设计以编程的方式内置到打印机当中，使物体在打印后，从一种形态变成另一种形态，为物体提供了更好的设计自由度，实现了物体的自我变化和制造。

（2）它能将多种可能的修正要素设定在打印材料的方案中，让物体在打印成型后，根据人们的想法驱动物体实现自我变形或对其完善和修正。

（3）它能在进一步简化物体生产和制造过程的同时，使打印出的物体先具备极为简单的形状、结构和功能，再通过外部激励或刺激，让它再变化为所需要的复杂形状、结构和功能。

（4）它能使部件与物体本身结构的难易程度在制作时变得不再那么重要，并可在其中嵌入驱动、逻辑和感知等能力，让物体变形组装时无须设置额外的设备，大大减少了人力、物力和时间等成本。

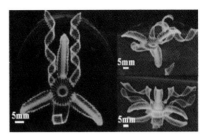

(a) 石斛兰　　　(b) 3D打印的仿石斛兰结构材料　　　(c) 浸水后螺旋生长成4D花朵

图 1　仿石斛兰 4D 花朵

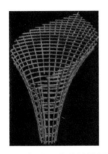

(a) 马蹄莲　(b) 3D打印的马蹄莲结构材料　　　(c) 浸水后螺旋生长成4D花朵

图 2　仿马蹄莲 4D 花朵

（5）它能激发工程师和设计人员的想象力，并设计出多种功能的动态物体，再进行物质编程进行打印制造，促使"物质程序化"这一造物方式成为现实。

（6）它能通过更有效的编程设计，将打印物体的数字文件由互联网发送到世界任何地点，克服了物体生产制造的空间限制，更好地实现了多样化物体的全球化数字制造。

目前，4D 打印的结构主要基于部件的敏感部位，也就是说其整个结构只有一小块具有反应性，因此其智能变形行为是有限的，只能沿着特定的执行路线进行。因此，需要解决的问题是，4D 打印技术能否创建出具有完整运动能力的结构，而不是只有特定的部分可以运动。耶路撒冷希伯来大学 Casali 应用化学中心的研究人员利用一台 PLA 3D 打印机实现了对形状记忆聚合物的整体部件的打印。他们创造了一个定制的加热树脂桶，在这个树脂桶中 Asiga 3D 打印机的打印平台是逐层降低的，这样可以对整体复杂部件进行打印，如一个血管支架、一个埃菲尔铁塔或一只小鸟等，如图 3 所示[7]。这样的打印技术与打印出的响应部件可用于软体机器人、微创医疗设备、传感器和可穿戴电子产品的制造等多个领域。

（a）血管支架

（b）埃菲尔铁塔

（c）小鸟

图 3　具有整体形变能力的 4D 打印部件

　　仿生 4D 打印制造技术创造出一种能够在被打印出来之后发生改变的物体，而且它们能够进行自我调整。仿生 4D 打印技术不仅推动了制造业的革新，而且有力助推了新型智能仿生产品的问世，除了非生命的仿生智能制品外，已有包含生命组件和具有完整生命的仿生制品不断涌现。这一制造技术的出现，不仅有力助推了生物模型直接转化为仿生技术产品的过程，而且制造出的仿生制品无论是结构，还是功能都更接近仿生模本，像真正仿生模本一样具有自适应性和智能性，展现了较高的仿生效能，将有可能在未来彻底颠覆传统的制造工业，广阔的市场应用蓝图已经徐徐打开。

　　但是，仿生 4D 制造技术在实现以上种种畅想之前，仍有许多瓶颈和技术难题需要突破。

　　1. 如何开发出更多适用于 4D 打印技术的仿生智能材料

　　4D 打印所面临的比 3D 打印更为严峻的问题，便是对特殊性打印材料的需求，因为相比 3D 打印，4D 打印需要的并非一般的普通材料，而是带有记忆功能的智能材料，是一种能感知外部刺激，并能够通过判断而进行自我变形、组装的新型功能材料。该材料不仅具备 3D 打印材料的可打印性,还要具有传感功能、反馈功能、信息识别与积累功能、响应功能、自我变形能力、自我组装能力、自我诊断能力、自我修复能力和超强适应能力,以及快速响应的变形、组装能力。因此,仿生 4D 打印技术的进步更多地依赖材料本身,主要取决于智能材料的发展。可以肯定的是,仿生 4D 打印技术研究和发展应用将对传统机械结构设计与制造带来深远的影响,但是,只有 4D 打印智能材料的多样化,4D 打印技术的应用才能更加广泛,因此其中如何开发出更多具有自适应响应的仿生智能材料是仿生 4D 打印发展的根本问题和前提,也是 4D 打印技术目前面临的主要瓶颈难题。

2. 如何实现多样化激励模式下的更多形式的自适应响应

仿生 4D 打印技术除了对智能材料要求较高以外,还需要具备另一项非常关键的因素,那就是要有触发自我组装的“催化剂”。这一“催化剂”根据不同的制备材料,可以是水、光、热、磁、电、力、温度、湿度、声音、振动、气体等。制造出的仿生智能部件在外部刺激下,按需改变形状、属性甚至功能,响应模式也要更多样化。因此,理想的目标是仿生 4D 打印的部件可以实现面对不同激励时,能够做出与之相适应的多种反应,使单一部件能够在不同工作条件实现自适应。能对不同激励产生不同响应的选择性行为可为仿生 4D 打印技术带来强劲的生命力。

参 考 文 献

[1] Martin J J, Fiore B E, Erb R M. Designing bioinspired composite reinforcement architectures via 3D magnetic printing. Nature Communications, 2015, 6: 8641-8647.

[2] Bertassoni L E, Cecconi M, Manoharan V, et al. Hydrogel bioprinted microchannel networks for vascularization of tissue engineering constructs. Lab on a Chip, 2014, 14(13): 2202-2211.

[3] Qin Z, Compton B G, Lewis J A, et al. Structural optimization of 3D-printed synthetic spider webs for high strength. Nature Communications, 2015, 6: 7038-7044.

[4] Uzarski J S, Xia Y, Belmonte J C I, et al. New strategies in kidney regeneration and tissue engineering. Current Opinion in Nephrology and Hypertension, 2014, 23(4): 399-405.

[5] Desrochers T M, Suter L, Roth A, et al. Bioengineered 3D human kidney tissue, a platform for the determination of nephrotoxicity. Plos One, 2013, 8(3): e59219.

[6] Gladman A S, Matsumoto E A, Nuzzo R G, et al. Biomimetic 4D printing. Nature Materials, 2016, 15: 413-419.

[7]　Zarek M, Layani M, Cooperstein I, et al. 3D printing of shape memory polymers for flexible electronic devices. Advanced Materials, 2015, 28(22): 4166.

撰稿人：梁云虹

吉林大学

纳米机器人协同作业修复受损骨骼

The Repair of Damaged Bone with Cooperative Work of Nano Robots

　　骨骼是支撑人体和进行运动的重要结构，一旦受损伤，会严重影响身体正常机能。目前，因意外事故或骨肿瘤等原因导致的大面积骨缺损、骨损伤手术中的骨改形或骨再造，采用的方法主要为自体骨移植法。自体骨移植法，即从患者身体的其他部位（如臀部等）切取大小适合的骨头，然后植入病变骨质缺损的部位。自体骨移植法可供移植的自体骨在数量上非常有限，而且接受这种疗法的患者至少需经历两次大手术（取骨和植骨），不仅治疗周期长，还存有一定的风险。

　　因此，科研人员尝试研制新型骨骼移植材料替代或部分替代自体骨。Zhang等[1]研究了镁金属成骨作用机制及其对骨折修复的作用，并在动物骨折模型中用镁金属促进了骨折的愈合。Yuan等[2]开发了新型人工骨移植材料，该生物陶瓷材料由多孔磷酸钙制成，在植入人体后可刺激周围的组织产生新的骨细胞，从而促进病患部位的骨组织愈合。随着时间的推移，当病患部位的骨头完全愈合时，该生物材料会完全分解，被新生成的骨骼代替。

　　Sharma等[3]开发出一种新型水凝胶生物材料，在软骨修复手术中将其注入骨骼小洞，能帮助刺激患者骨髓产生干细胞，长出新的软骨。在临床试验中，新生软骨覆盖率达到86%，术后疼痛也大大减轻。Shi等[4]开发出一种简便且最接近天然软骨的软骨修复方法，将纳米包裹小分子有机物的液态透明质酸支架通过一次手术填充于软骨缺损处，得到接近天然软骨的新软骨组织，从而使缺损软骨得到修复。

　　与自体骨移植法或使用自体骨替代材料不同，刺激受损处细胞组织，也可促进骨组织的形成和融合[5]。骨形成蛋白（bone mophogenetic proteins, BMPs）法采用一种骨生长刺激药物促使人体生成新的骨细胞，可以达到修复病患部位的目的。但人骨形成蛋白不但价格极其昂贵，在体内精确定位上也有一定难度，如果该蛋白扩散到不恰当的位置，就会使健康的部位出现骨增生现象。

　　纳米机器人的出现为受损骨骼的自我修复提供了可能。诺贝尔奖得主理论物理学家理查德-费曼在1959年提出利用微型机器人治病的想法。纳米机器人是根据分子水平的生物学原理为设计原型，设计制造可对纳米空间进行操作的"功能分子器件"，又称分子机器人。

世界各国纷纷制定相关战略或者计划，投入巨资抢占纳米机器人战略高地。蒙特利尔综合理工学院（Polytechnique Montréal）、蒙特利尔大学（Université de Montréal）以及麦吉尔大学（McGill University）的研究人员合作，开发出新型的纳米机器人试剂（nanorobotic agents），该新型试剂能够在血流中穿梭，以肿瘤中活跃的癌细胞为靶标，使药物精确到达癌病灶[6]。

与纳米机器人在病灶标靶投放药物不同，骨骼的自修复和自组建为有序投放，需要纳米级尺度的机器人的集群协作。需要在纳米级尺度的机器人研发、机器人集群协作机理的基础上，研究骨骼自组建纳米机器人集群，并将该纳米机器人集群通过无创伤（或微创）投放方式，投放于骨骼损伤（或附近）部位。通过机器人群体自主协调动作，在保证人体不产生排斥反应的前提下，生成新骨骼或修复骨骼损伤部位。

就骨骼自组建纳米机器人而言，未来需要解决的问题包括：

（1）研制纳米级尺度机器人，研发相应的仿生材料，应用其制作纳米机器人，保证纳米机器人在修复骨骼时不会导致身体排异反应。同时还需保证纳米机器人具有持续的动力源，使之在完成骨骼修复过程中具有自主移动和工作的能力。

（2）研究纳米机器人的分工协作能力，保证纳米机器人集群作业时，相互之间具有良好的通信，以及为完成受损骨骼组织的修复，纳米机器人之间具有良好的自主协作能力。

（3）所研制纳米机器人可以模仿和借助人体骨骼生长功能，在保证人体不产生排异反应的前提下引导和控制新生骨骼有序、并按照既定方向和尺度生长，生成新骨骼或修复骨骼损伤部位。

参 考 文 献

[1] Zhang Y, Xu J, Ruan Y C, et al. Implant-derived magnesium induces local neuronal production of CGRP to improve bone-fracture healing in rats. Nature Medicine, 2016, 22(10): 1160-1169.

[2] Yuan H, Fernandes H, Habibovic P, et al. Osteoinductive ceramics as synthetic alternative to autologous bone grafting. Proceedings of the National Academy of Sciences of the United States of America, 2010, 107(31): 13614-13619.

[3] Sharma B, Fermanian S, Gibson M, et al. Human cartilage repair with a photoreactive adhesive-hydrogel composite. Science Translational Medicine, 2013, 5(167): 28-33.

[4] Shi D, Xu X, Ye Y, et al. Photo-cross-linked scaffold with kartogenin-encapsulated nano-particles for cartilage regeneration. ACS Nano, 2016, 10(1): 1292-1299.

[5] Shih Y R, Phadke A, Yamaguchi T, et al. Synthetic bone mimetic matrix-mediated in situ, bone

tissue formation through host cell recruitment. Acta Biomaterialia, 2015, 19: 1-9.

［6］ Felfoul O, Mohammadi M, Taherkhani S, et al. Magneto-aerotactic bacteria deliver drug-containing nanoliposomes to tumour hypoxic regions. Nature Nanotechnology, 2016, 11(11): 941.

撰稿人：齐江涛、韩志武

吉林大学

仿基因控制组织发育的微纳生物制造原理

The Principle of Micro/Nano Bio-Manufacturing Based on Imitating Genetic Control of Tissue Development

生物制造（bio-manufacturing, BM）是制造领域与生命科学领域交叉的制造科学新领域[1]，相比于传统的制造业加工技术，其属于现代先进制造技术的范畴，同时是制造科学和生物科学未来发展的新方向。生物制造研究的内容主要包含利用生物形态和机能进行制造及制造类生物或生物体：①利用生物形体制造微纳结构的生物方式制造，如标准形体微生物细胞表面金属化制造功能微粒、鲨鱼皮沟槽微复制制造减阻表面等；②利用生物机能实现微纳结构的生物方式制造，如利用氧化亚铁硫杆菌腐蚀金属加工微零件（图1[2]）、利用 S-layer 自组装性能构造微具等；③通过操作与排列生物分子实现生物器件制造；④利用细胞三维受控组装组织工程支架实现人工器官制造[3]。

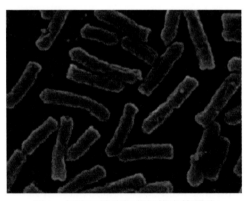

图1　氧化亚铁硫杆菌扫描电镜照片

仿生制造，又称仿生技术，以制造过程与生命过程的相似性为依据，研究内容主要包括利用机械制造、材料加工、生物制造等手段实现仿生材料结构、仿生表面结构、仿生运动结构的制造[1]。其自出现至发展到今天，已在各个方面取得一定的研究成果。利用传统仿生学制造的产品有鲨鱼皮泳衣、仿照蝇眼结构制造的蝇眼相机、仿照蜂巢结构制造的建筑物等。现代仿生学已经极大扩展了传统仿生学的研究范围，目前仿生模拟已经实现了非生物制造与生物制造的紧密结合，仿人体结构的人工制品不断涌现，如仿生骨骼、眼等。这些都是前所未有的，将对科技和工业带来一场新的技术革新[4]。

基因是生物体内具有遗传效应的信息片段，生物体的一切生命现象都与基因有关。自人类提出基因概念到现在，众多学者对其进行了深入研究并取得了丰硕成果，如成功绘制人类基因图谱、提出转基因技术等。其中转基因技术主要是将DNA进行剪切拼接后重新导入生物细胞内，使重组生物获得人们期望的新性状，目前已利用该技术成功生产出产品，如转基因大豆、转基因棉花等[5]。在微纳制造方面，人类已经成功制造出可执行任务的"分子机器"，实现了器件的纳米尺寸化[6]，如图2所示[7]。

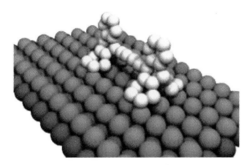

图2　纳米尺度下的分子机器车轮

结合当前生物制造、仿生制造和微纳制造的发展趋势，我们不禁提出一个科学问题，未来能否仿照基因控制生物组织发育的机理来控制微纳产品的生物制造，即在未来产品制造过程中，是否可以通过人工提取或直接制备遗传信息来控制生长出人类所需要的智能微纳产品。

人类作为一种高级动物，由单细胞经过细胞分裂、分化等过程到生长成为具有各种不同功能的复杂组织、器官和系统的个体，这些生长发育过程都是由人体内的遗传信息决定、控制的。根据仿生学理论，在微观上仿照基因控制生物组织发育这一机理进行微纳产品的生物制造在理论上也是极有可能的。传统意义上仿生学一般多集中于宏观层面上对生物体外部特征、结构、功能等方面进行模拟制造，但随着微纳技术的发展，在微观基因层面上模拟某些生物生长过程进行微纳生物制造成为可能。

基因控制生物生长发育是一个极为繁杂的过程，涉及遗传信息传递、表达等问题。仿照基因控制组织发育机理进行微纳生物制造涉及仿生制造、微纳制造、生物制造等多学科领域，而要真正解决这一科学问题，还存在以下难点：

（1）虽然人类在基因研究方面已经取得了很大成就，但目前大多数关于基因的研究还是以生物体内作为研究环境，如果未来利用基因控制微纳产品生长制造，则需要研究在脱离细胞环境下遗传信息传递、控制的工作机理。人类经过长久的进化，在生物体内遗传信息的传递有独特的介质和机理；当研究环境转移到体外时，遗传信息的传递机理是否改变，如何寻找一种新的遗传信息传递介质成为本科学问题的难点之一。

（2）生物体的组织发育与生长最终是靠细胞分裂、分化、生长等过程来实现的。而如果真正实现通过人工提取或直接制备遗传信息来控制原材料"生长"出人类所需要的智能微纳产品，需要寻找一种类细胞材料，这种材料需要具有"类生长"属性，当接收来自基因的"控制信息"后可以进行智能"类分裂"、"类分化"、"类生长"等过程，从而最终"生长"出所需微纳产品。因此，寻找一种智能"自生长"类细胞材料成为本科学问题的又一难点。

（3）人类在生物体基因控制生物组织发育生长方面已经有了较为成熟的研究，借助已有仿生学理论，仿基因控制组织发育机理进行微纳生物制造完全可以以此为模板进行研究。例如，仿照生物体基因表达过程（如转录、翻译等）来研究提取的遗传信息如何在体外进行表达与传递；仿照细胞分裂、生长过程与机理来探索发现人们所需的类细胞材料。

随着生命科学、信息技术、材料科学、计算机技术等各学科迅速发展，融合多学科进行制造已成为制造技术发展的一大趋势。仿照基因控制生物组织发育来进行微纳生物制造融合了微纳制造、生物制造、仿生制造、材料学等学科领域。未来，随着微纳技术、生物制造技术、材料科学等学科的不断发展，以仿照基因控制生物生长进行微纳生物制造将会成为现实。如果这一技术取得突破，将为制造领域带来重大技术革新。

参 考 文 献

[1] 林岗, 许家民, 马莉. 生物制造——制造技术和生命科学的完美结合. 机械工程, 2006, 44(500): 46-48.

[2] 程海娜. 斜方兰辉铜矿、铜蓝和黄铜矿生物浸出及机理. 长沙: 中南大学博士学位论文, 2010.

[3] 张德远, 蔡军, 李翔, 等. 仿生制造的生物成形方法. 机械工程学报, 2010, 46(5): 88-92.

[4] Ren L Q, Liang Y H. Preliminary studies on the basic factors of bionics. Science China—Technological Sciences, 2014, 57(3): 520-530.

[5] 罗云波, 贺晓云. 中国转基因作物产业发展概述. 中国食品学报, 2014, 14(8): 10-15.

[6] 李盛华, 张瀛溟, 刘育. 人工分子机器的历史、现状、展望. 科学通报, 2016, 61(36): 3917-3923.

［7］ Grill L, Rieder K H, Moresco F, et al. Rolling a single molecular wheel at the atomic scale. Nature Nanotechnology, 2007, 2(2): 95-98.

撰稿人：汪焰恩

西北工业大学

纳米生物材料加工中的相容性原理

The Principle of Biocompatibility Biomaterial in the Processing of Nano Biomaterials

　　飞秒激光作为脉冲在飞秒级的新型光源，具有超快时间特性和超高功率特性，它能在极短的时间、极小的空间和极端的物理条件下对生物细胞进行作用，使生物组织在细胞分子或系统上发生机能或形态上的变化。根据这些不同的生物效应，飞秒激光在生物效应、活细胞微手术、直写微纳加工应用、细胞成像等方面取得了一些成果[1]。

　　近年来，使用飞秒激光加工处理蛋白质、水凝胶类（如聚乙二醇等）等生物材料，从而获得生物适应性好的纳米器件，成为新的研究趋势。随着微机电系统技术的发展，飞秒激光加工技术被应用于如蛋白质等生物材料的制造，一些高空间分辨率、多样化、功能化的生物材料纳米器件得以实现[2]，但现有的飞秒激光加工纳米生物材料的制造中，在生物材料纳米器件与受体的直接集成之间，仍然存在生物相容性问题。

　　飞秒激光加工纳米生物材料的生物相容性，是指飞秒激光加工纳米生物材料过程中对生物材料纳米器件生物相容过程，包括体内黏附、增殖能力、离子动态平衡与体外降解等。飞秒激光加工纳米生物材料的生物相容性差，会在制造过程中引发基质分化、聚合蛋白质失效等问题。近年出现了一些对其生物相容性的研究，但尚无法清晰表述其生物相容性，即对不同基质、工艺的生物的体内黏附、增殖能力、离子动态平衡与体外降解相容原理。例如，德国汉诺威激光中心用飞秒激光在一种新的聚合物材料上完成了血管支架结构的突破性制作，相比传统的不锈钢支架具有很好的生物相容性，但距临床实用尚有距离[3]。日本大阪大学采用飞秒激光在活的细胞内切割了单根肌蛋白丝，对细胞内纤维解聚和组装进行了人为调控，对细胞增殖能力保留较好[4]。

　　总体而言，飞秒激光加工纳米生物材料对不同基质、工艺的生物相容性问题有如下难点：

　　（1）飞秒激光加工纳米生物材料的体内黏附、增殖能力、离子动态平衡与体外降解机制，是采用飞秒激光加工具有生物相容性纳米器件的基石，但其作用机制仍不清楚。从细胞内动力学角度对其机制给出清晰描述，是解决飞秒激光加工纳米生物材料中的相容性问题的核心[5,6]。

（2）在细胞进入、黏附、铺展、生长和分化全过程中基质材料对纳米生物材料的影响机理研究，尚未有清晰表述，这将直接影响所构建的组织形态和功能，通过对全周期纳米生物材料影响机理分析，才能指导共混复合、化学修饰、矿化还原装载等方法在加工中的正确使用[7,8]，使器件具有多样化的功能与结构。

（3）蛋白质等生物材料空间构型交联过程的多样化对相容性的影响机制，是采用飞秒激光设计与加工纳米生物材料过程要考虑的重点，现有研究仅限于个别种类特定工艺下的蛋白质[9,10]，从生物材料本身的多样性角度给出其对相容性的影响机制，对解决纳米生物材料加工中聚合蛋白质失效等实际问题具有重要意义。

参 考 文 献

［1］ 王丽, 邱建荣. 飞秒激光在生物学领域的应用. 激光与光电子学进展, 2010, (1): 10-22.

［2］ Kohli V, Elezzabi A Y. From cells to embryos: The application of femtosecond laser pulses for altering cellular material in complex biological systems. Integrated Optoelectronic Devices, International Society for Optics and Photonics, 2008: 68920J.

［3］ Canova F, Uteza O, Chambaret J P, et al. High-efficiency, broad band, high-damage threshold high-index gratings for femtosecond pulse compression. Optics Express, 2007, 15(23): 15324-15334.

［4］ Tirlapur U K, Konig K. Targeted transfection by femtosecond laser. Nature, 2002, 418(6895): 290-291.

［5］ 孙允陆. 蛋白质微纳光子器件的飞秒激光直写与特性研究. 长春: 吉林大学博士学位论文, 2015.

［6］ 孙思明, 孙允陆, 刘东旭, 等. 飞秒激光直写制备蛋白质功能化器件. 激光与光电子学进展, 2013, 8: 29-44.

［7］ Kohli V, Elezzabi A Y, Acker J P. Cell nanosurgery using ultrashort (femtosecond) laser pulses: Applications to membrane surgery and cell isolation. Laser in Surgery and Medicine, 2005, 37: 227-230.

［8］ Yasukuni R, Spitz J A, Meallet-Renault R, et al. Realignment process of actin stress fibers in single living cells studied by focused femtosecond laser irradiation. Applied Surface Science, 2007, 253: 6416-6419.

［9］ Gong J X, Zhao X M, Xing Q R, et al. Femtosecond laser-induced cell fusion. Applied Physics Letters, 2008, 92: 1-3.

[10] 刘琳, 孔祥东, 蔡玉荣, 等. 纳米羟基磷灰石/丝素蛋白复合支架材料的降解特性及生物相容性研究. 化学学报, 2008, (16): 1919-1923.

撰稿人：田　边、张仲恺、蒋庄德

西安交通大学

能否根据生物自适应规律实现工作部件的精确仿生？

Is It Possible to Achieve the Precise Biomimicry for the Actual Condition of the Working Parts According to the Rules of Biological Self-Adaptation for the Surroundings?

仿生学是通过研究自然现象或生物功能的机理与规律来解决人类所面对的科学或技术问题的一门综合性交叉学科。仿生学作为连接自然界与技术的桥梁，其发展无疑促进了人类发现世界、改造世界的能力。仿生学诞生初期，人们主要对生物功能起主要作用的因素进行单元仿生。随着观测手段的进步，科学家发现，生物功能往往不是一个因素起作用，而是多因素耦合作用的结果。生物的这种多因素耦合系统，在长期进化、优化过程中形成了适应其生存环境适应能力[1]。例如，荷叶自清洁功能是由微米级乳突结构、乳突与其上更为细小的微米或纳米绒突构成的复合结构以及表面蜡质结晶物质等耦元耦合作用实现的[2]。基于这种思想，研究者制备了从材料、形貌更接近生物体的仿生产品，在特定条件具备了非常优异的性能。

然而，在仿生技术应用的过程中，工作部件的工作条件与生物的生存条件往往存在很大差异，如何根据生物对周围环境的适应规律实现工作部件的精确仿生，是仿生学进一步发展所面临的重大课题。

以鲨鱼皮减阻研究为例：20 世纪 80 年代德国研究者 Reif 等[3,4]发现鲨鱼皮的减阻特性后，掀起了仿生减阻研究的热潮。受当时制造手段的限制，最初仅研究了相对容易制造的 V 型槽表面、2D 棱纹表面以及矩形槽表面的减阻性能，结果发现，这些表面在特定速度下均可实现 6%～9%的减阻。随着制造手段的进步，人们可以基于鲨鱼皮表面（图 1[5]）制备形貌更为相似的鲨鱼皮表面，且具有更好的减阻性能。例如，3D 打印方法制备的仿鲨鱼皮表面（图 2）减阻性能为 8.7%[6]；基于紫外光固化收缩方法制备的鲨鱼皮表面（图 3）最大可减阻 11%[7]；合成生物复制成形法制备的鲨鱼皮表面（图 4）在水中速度为 8m/s 时减阻 24.6%[8]。这些高精度仿生表面在特定雷诺数下表现出了良好的减阻性能，但在某些雷诺数下，其减阻性能可能不佳甚至是增阻的。由此可见，生物表面的形态和尺寸应该与周围流场相适应。在工程中，实际流场参数下表面形态及尺寸参数无法通过复制某种生物确定。如果能够获得生物对周围环境的适应规律，便可推算出工程中工作部件实际工况下最优的减阻表面形态及其参数尺寸。

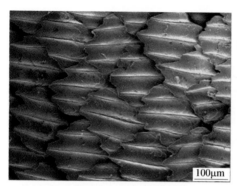

图 1　鲨鱼皮扫描电镜显微照片

图 2　3D 打印方法制备的仿鲨鱼皮表面

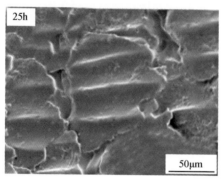

图 3　紫外光固化收缩法制备的
鲨鱼皮表面

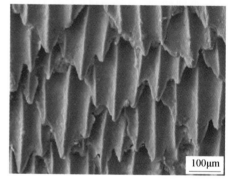

图 4　合成生物复制成形法制备的
鲨鱼皮表面

　　其他类似的问题，如仿生耐磨及耐冲蚀表面的设计等，也无法确定工作部件具体工况最优的表面形态及其尺寸。要解决这一技术难题，未来仿生学研究者首先需要解决的问题应该是：如何借助数学和计算机的手段确定生物模本的生物功能形成规律。根据此规律才可推算工作部件实际工况下仿生设计的具体方案，以满足工程条件下的特定需求。

参 考 文 献

[1] 任露泉, 梁云虹. 耦合仿生学. 北京: 科学出版社, 2012.

[2] Ren L Q, Liang Y H. Biological couplings: Classification and characteristic rules. Science China Technological Sciences, 2009, 52(10): 2791-2800.

[3] Reif W E, Dinkelacker A. Hydrodynamics of the squamation in fast swimming sharks. Neues

Jahrbuch Geologie und Paläotologie, 1982, 164: 184-187.

[4] Bechert D W, Hoppe G, Reif W E. On the drag reduction of the shark skin. AIAA Paper, 1985, 85: 546.

[5] Han X, Zhang D, Li X, et al. Bio-replicated forming of the biomimetic drag-reducing surfaces in large area based on shark skin. Chinese Science Bulletin, 2008, 53: 1587-1592.

[6] Wen L, James C W, George V L. Biomimetic shark skin: Design, fabrication and hydrodynamic function. Journal of Experimental Biology, 2014, 217: 1656-1666.

[7] Chen H W, Che D, Zhang X, et al. Large-proportional shrunken bio-replication of shark skin based on UV-curing shrinkage. Journal of Micromechanics and Microengineering, 2015, 25: 017002.

[8] Zhang D Y, Li Y Y, Han X, et al. High-precision bio-replication of synthetic drag reduction shark skin. Chinese Science Bulletin, 2011, 56: 938-944.

撰稿人：张成春

吉林大学

生物电磁吸波微粒制造

Manufacture of Biological Electromagnetic Particles

电磁波一方面在通信和医疗等改善人类生活和健康方面发挥着巨大的作用，但另一方面电磁波污染也已成为影响机电产品性能和威胁人类身体健康的一大祸根。随着电子技术的广泛应用，电磁污染已被公认为继大气污染、水质污染、噪声污染后的"第四大公害"。研究和开发电磁波吸收与屏蔽材料，减少电磁辐射强度，防止电磁辐射污染，已成为世界研究热点。传统屏蔽材料仅能表面反射电磁波，会产生二次辐射和干扰，难以满足电磁兼容要求，电磁防护贴片是解决这一问题的新方案[1]。

电磁防护贴片主要由填充的电磁吸波微粒和黏结剂构成，其重要构成——电磁微粒的性能直接关系到贴片的电磁防护性能。传统的电磁吸波微粒以铁氧体为主，但是磁导率过低、体密度过大，难以获得尽可能高的磁导率。以生物型电磁微粒为代表的一批新型吸波微粒包括金属微粉、导电高分子微粒、手征吸波微粒、晶须类吸波微粒、核壳型复合吸波微粒涌现出来。

生物型电磁微粒基于微生物结构为模板发展的新型制造技术获得。生物型电磁微粒制造技术是以自然界存在的微生物细胞或微小生物结构为模板，通过化学镀、电镀、热分解等多种微细加工方法，使微生物表面沉积具有电磁性能的材质。生物电磁微粒的电磁性能主要来自生物表面包覆的电磁性材质。微生物具有规则、多样的外形，独特的结构和密度较低等特点，且来源广、绿色环保，因此与以往工艺制造的电磁微粒相比，以微生物为模板制造的电磁微粒，具有常规工艺很难实现的各种形状与结构，具有绝对显著的形体优势与吸波性能。当然，生物电磁微粒的制造通过常规工艺是很难实现的，科学家提出了生物去除加工、生物约束成形、生物连接成形、生物复制成形、生物自组织成形、生物生长成形、生物缩放成形、生物吸附成形和生物变形成形等各类生物加工成形制造方法，形成了较完善的生物加工成形制造研究体系[2-7]。生物体直接约束成形制备电磁吸波微粒，微生物细胞金属化约束成形工艺流程如图1所示。基于微生物细胞金属化的约束成形是利用具有标准几何外形的微生物细胞为模板，在其表面沉积金属或者合金镀层、磁性镀层、铁氧体层等来制造具有特定功能的各种空心微颗粒。这种方法在形状多样性（微生物具有球、杆、螺旋、纤维、盘状等多种标准外形）、取材方便性（微生物在自然界中广泛分布且可以人工批量培养）、工艺稳定性等方面具有明显优势[8,9]。除了采用化学镀方法实现微生物细胞金属化以及磁性金属化外，还可以采用溶胶凝胶法和气相热分解法等实现微生物细胞的金属化[10]。以微生物作为模板，通过溶胶-凝胶处理，在微生物表面包覆一层 Fe_3O_4，如图 2 所示，所制备的螺旋形生物吸波微粒的微波电磁性能优异，在 $10\sim16GHz$ 内反射损失高于 $-10dB$[11]。在对吸波微粒主体进行改进的同时，还可以考虑从辅助吸波微粒角度进行微粒性能改进，如添加石墨烯、TiO_2 和 ZnO 等辅助吸波微粒后的材料复数介电常数降低，有利于提高吸波材料的反射率和频带[12]。

图 1　微生物细胞金属化约束成形工艺

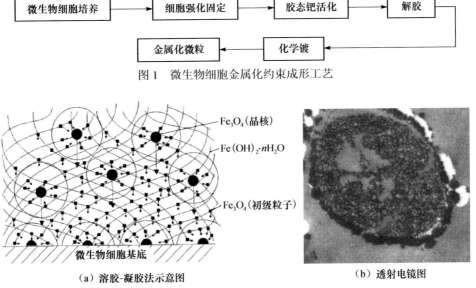

（a）溶胶-凝胶法示意图　　　　　　　　　　（b）透射电镜图

图 2　微生物细胞溶胶-凝胶法示意图及透射电镜图[11]

　　生物型电磁微粒以其显著的形体优势和吸波性能，成为高性能电磁防护贴片制造的新手段，但其生物型电磁微粒大规模推广和应用目前面临的一个重大问题是：如何克服海量微生物群体个体间形体和结构差异、从而有效控制和保障制造所得电磁微粒的形体与结构及性能的均一性。

参 考 文 献

[1]　Chambers B, Tennant A. Design of wideband Jaumann radar absorbers with optimum oblique incidence performance. Electronics Letters, 1994, 30(18): 1530-1532.

[2]　张德远, 蔡军, 李翔, 等. 仿生制造的生物成形方法. 机械工程学报, 2010, 46(5): 88-92.

［3］　Cai J, Li Y, Li X, et al. Research on magnetic metallization of bacterial cells. Chinese Science Bulletin, 2003, 48(2): 210-214.

［4］　Xu Y, Zhang D, Cai J, et al. Microwave absorbing property of silicone rubber composites with added carbonyl iron particles and graphite platelet. Journal of Magnetism and Magnetic Materials, 2013, 327(3): 82-86.

［5］　Zhang D Y, Cai J, Jiang X G, et al. Study on bioforming technology of bionic micro-nano structures. Key Engineering Materials, 2009, 1(7): 407-408.

［6］　张德远, 张文强, 蔡军. 一种以微生物为模板的电磁波吸收微粒的制备方法: CN 102070201 A. 2011.

［7］　张德远, 李雅芹, 孙以凯. 生物加工金属材料的可行性研究. 中国科学(C 辑), 1997, 5: 410-414.

［8］　Zhang D. The progress of bio-machining. The 4th International Conference on Frontiers of Design and Manufacturing. Beijing: International Academic Publisher, 2000, 1: 17-19.

［9］　Wong K K W, Stephen M. Biomimetic synthesis of cadmium sulfide-ferritin nanocomposites. Advanced Materials, 2010, 8(11): 928-932.

［10］　Chen B, Zhan T Z, Lian Z Y A. Magnetization of microorganism cells by sol-gel method. Science in China (Series E: Technological Sciences), 2008, 51(5): 591-597.

［11］　张文强, 陈博, 詹天卓, 等. 生物型吸波微粒的制备. 功能材料, 2009, 40(5): 826-829.

［12］　Tian N, You C Y, Liu J, et al. Electromagnetic microwave absorption of Fe-Si flakes with different mixtures. Journal of Magnetism and Magnetic Materials, 2013, 339(16): 114-118.

撰稿人：田为军、韩志武

吉林大学

人造体向生物体转化：如何构建跨尺度多孔仿生微环境？

Artificial-to-Biological Transformation: How to Construct the Multi-Scale Porous Biomimetic Microenvironment?

组织或器官的损伤与修复、缺失与再生一直是人类无限追求和不断探索的世界性难题，特别是随着运动创伤的增加和人口老龄化的加剧，缺损病例持续增加，对缺损组织或器官的再生修复要求日益迫切[1,2]。新兴的方法是利用生物可降解材料制造与缺损部位相匹配的人造支架，建立细胞与支架的三维空间复合体，为细胞提供获取营养、气体交换、废物排泄和生长代谢的场所，诱导细胞增殖、分化以及细胞外基质的合成和组装，而人造支架随之逐渐降解直至被完全吸收，从而实现缺损组织或器官的再生修复与功能重建[3]。该方法能在分子水平上刺激并调控细胞产生特殊应答反应，使缺损修复从简单的机械固定和功能替代发展到再生和重建有生命的组织或器官。

大然的细胞外基质是具有多层结构且由生物大分子白我组装而成的等级结构网络，不仅能为细胞提供大量的细胞膜受体结合位点，同时决定并维持着细胞的功能性。细胞能够通过感知人造体中的结构信息，表现出显著不同的分化特性。因此，要实现向生物体的转化，人造体必须具有适宜细胞繁衍的多级微孔结构从而模拟细胞外基质微环境，而微孔的大小、数量、形状和分布应满足不同组织的生长要求（图1）[4]。例如，150～800μm 的孔径能够为营养物质输送和代谢产物排出提供渠道，并有利于新生组织和血管长入；当孔径为 40～100μm 时有利于非矿化组织的长入，而 10～100μm 的孔径允许毛细血管的长入，从而促进营养物质的交换及代谢产物的排出；纳米尺度的孔径能提供更大的比表面积和更多的活性靶点，有利于细胞形核和蛋白质吸附，从而增强细胞与人体组织之间的相互作用，产生良好的细胞响应。若能仿生构建出跨尺度的多孔结构以创造有利于细胞活动、繁衍的微环境，不仅可以为细胞提供三维生长空间，还可进一步参与调控细胞的表型表达及其结构/功能重建。

虽然多孔微环境很多具体的生物功能至今尚不清楚，但这并没有限制国内外学者通过设计人造体的多孔结构来模拟构建细胞外微环境。尤其是近年随着组织

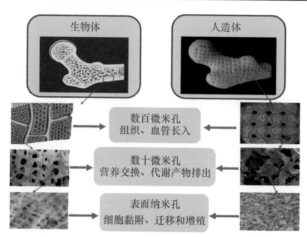

图 1　纳米、亚微米到微米尺度的多级微孔结构

器官再生修复研究的不断深入，多孔微环境的仿生构建研究已成为制造学、医学以及材料学等多学科共同关注的焦点（图 2）。美国康涅狄格大学利用添加造孔剂法制备了拥有 50μm 宏孔和 2～6nm 介孔的生物玻璃支架[5]；美国弗吉尼亚大学利用烧结微球法制备了孔径约为 200μm 的聚乳酸共乙醇酸/纳米羟基磷灰石复合支架[6]；美国克莱姆森大学首先 3D 打印水凝胶支架，然后在支架上打印细胞和蛋白质，通过改变支架结构和细胞种类控制再生组织类型；瑞士 ETH-Zurich 利用直接化学发泡法合成了一种开孔孔径为 30μm～1mm 的泡沫支架[7]；以色列本-古里安大学利用有机骨架复制法制备了孔径为 100～500μm 的人造支架[8]；日本大阪大学利用立体光固化技术制备了孔径均匀、形状规则的多孔 HAP 人工支架[9]；日本京都大学采用选择性激光熔化技术制备了不同孔隙尺寸的钛合金植入体，并研究了多孔结构对骨诱导生长的影响；新加坡南洋理工大学制备出了可降解组织工程支架，支架呈蜂窝状且内部分布有完全贯通的小孔；香港大学利用选择性激光烧结

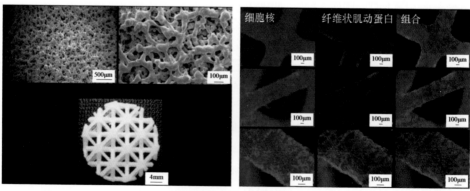

图 2　具有跨尺度多孔结构的人造支架

技术制备了孔径在微米尺度的 Ca-P/PHBV 复合支架[10]；上海硅酸盐研究所利用
3D 打印技术制备了孔径 1mm×1mm 的硅酸钙支架[11]。

　　总体而言，国内外研究机构在人造体的多孔微环境仿生构建方面已经取得了
一些成果，但仍然处于实验探索阶段，亟须解决以下难题：

　　（1）人造体多级微孔结构与细胞组织的能量交互及其功能形成机制。人造体
在植入后直接通过表面与蛋白质、细胞组织等相互作用，其表面属性（结构、能
量、成分、电荷等）对于多孔结构与细胞组织的能量交互及其功能形成至关重要。
目前局限于利用实验手段研究人造体表面结构、表面能等与细胞组织行为之间的
关系，尚需从细胞水平、分子水平等查明多级微孔结构与细胞组织的能量交互机
制；而且相关研究集中在单一尺度孔结构，对于多尺度孔组合下的仿生微环境形
成机理还不清楚。未来需从深层次水平研究不同尺度孔结构下生物分子的吸附机
理与能量交互机制，揭示多尺度孔结构协同作用下细胞微环境的形成机理，解决
人造体多尺度孔结构的组合配比与优化难题，从而为人造体多孔结构的设计制造
提供理论指导。

　　（2）人造体多级微孔结构的跨尺度制造原理与技术。人造体的制造方法决定
了其三维空间结构和性能，两者又相互耦合影响细胞和组织水平的分子传输与力
学传导，但现有制备方法要么缺乏对孔结构（如孔径大小、空间走向和连通性等）
的控制，要么只能制备单一尺度的多孔结构。因此，构建何种以及如何构建人造
体从纳米、亚微米到微米尺度的多孔仿生微环境从而促进细胞繁衍进而实现向生
物体的转化，将是生物制造领域学者未来研究的重要方向。

参 考 文 献

[1] Tunesi M, Bossio C, Tonna N, et al. Mesenchymal stem cell differentiation on electrochemically modified titanium: An optimized approach for biomedical applications. Journal of Applied Biomaterials and Functional Materials, 2013, 11(1): 9-17.

[2] Bian L, Mak A F, Wu C, et al. A model for facilitating translational research and development in China: Call for establishing a Hong Kong branch of the Chinese National Engineering Research Centre for Biomaterials. Journal of Orthopaedic Translation, 2014, 2(4): 170-176.

[3] Batra U, Kapoor S. Ionic substituted hydroxyapatite scaffolds prepared by sponge replication technique for bone regeneration. Nanoscience and Nanotechnology, 2016, 6(1A): 18-24.

[4] Bose S, Roy M, Bandyopadhyay A. Recent advances in bone tissue engineering scaffolds. Trends in Biotechnology, 2012, 30(10): 546-554.

[5] Li N, Wang R. Macroporous sol-gel bioglasses scaffold with high compressive strength, porosity and specific surface area. Ceramics International, 2012, 38(8): 6889-6893.

[6]   Qing L, Lakshmi N, Laurencin T C. Fabrication, characterization and in vitro evaluation of poly (lactic acid glycolic acid)/nano-hydroxyapatite composite microsphere-based scaffolds for bone tissue engineering in rotating bioreactors. Journal of Biomedical Materials Research Part A, 2009, 91(3): 679-691.

[7]   Juillerat F K, Pascaud U T P. Microstructural control of self-setting particle-stabilized ceramic foams. Journal of the American Ceramic Society, 2011, 94(1): 77-83.

[8]   Abramovitch-Gottlib L, Geresh S, Vago R. Biofabricated marine hydrozoan: A bioactive crystalline material promoting ossification of mesenchymal stem cells. Tissue Engineering, 2006, 12: 729-739.

[9]   Maeda C, Tasaki S, Kirihara S. Accurate fabrication of hydroxyapatite bone models with porous scaffold structures by using stereolithography. IOP Conference Series: Materials Science and Engineering, 2011, 18(7): 072017-8.

[10]   Duan B, Cheung W L, Wang M. Optimized fabrication of Ca-P/PHBV nanocomposite scaffolds via selective laser sintering for bone tissue engineering. Biofabrication, 2011, 3(1): 015001-9.

[11]   Wu C, Fan W, Zhou Y. 3D-printing of highly uniform $CaSiO_3$ ceramic scaffolds: Preparation, characterization and in vivo osteogenesis. Journal of Materials Chemistry, 2012, 22: 12288-12295.

撰稿人：帅词俊

中南大学

一维纳米材料的三维有序组装

Ordered 3D Assembly of 1D Nanomaterials

近年来，器件的日益微型化对微纳加工和组装技术提出了新的要求。作为重要的组装和构筑基元，一维纳米材料的可控三维组装成为困扰学术界和工业界的重要问题之一。随着对自然物质的深入认知以及自组装理论和合成技术的发展，一维纳米材料被广泛制备，并具有规模化生产的潜力。但是，这些可以规模化制备的一维纳米材料，通常化学结构上具有均一性，本质上缺乏可识别性，且持续刚性欠缺，规整排列困难，三维组装更是充满挑战。

一维纳米材料可根据化学组成分为无机纳米材料和有机纳米材料，根据长径比和持续长度可分为纳米线和纳米棒。由自然选择和进化机制可知，通过自组装的方式，可以"自下而上"精确、高效构筑各种精妙的结构。向生命大分子学习，利用 DNA 的互补配位、蛋白分子的外形识别和悬挂基团识别键合作用实现纳米粒子的识别和组装，可以在三维空间实现纳米结构的构筑[1,2]。*Science* 报道了通过受压促使一维结构向三维组装结构转变的研究工作[3]，通过模仿生命体内将一维结构受压制备复杂结构，进而实现其三维结构的组装，但其研究对象尺度达数十微米级别。但这一报道也给我们以启发，要实现纳米线的三维组装，首先要在其二维组装结构制备上取得突破，构筑具有手性螺旋、竹节等复杂一维或准二维结构，方能进一步实现其三维组装。

对于有机纳米线，单纯从合成学的角度，要实现纳米线的三维组装，势必要在纳米线的指定位置植入编码点，这些编码点必须具备可识别特性，如大量可键合化学基团、多重氢键配位基团或是具有分子印迹。如果在合成中将构成纳米线的每一个点视为一个单体分子，就可以通过对纳米线上的点进行编码和识别，进而以构筑规整大分子链及聚合物网络的方法来实现纳米线的二维甚至三维组装。目前合成的软物质一维纳米材料，通常只具备均匀的化学结构和不规则尺寸，而具有异种结构的尺寸均一纳米材料，更多地局限于球形纳米粒子，如两面神结构（janus）。基于多组分粒子之间的尺寸限制和相互作用，胶体粒子可以以不同的配位数互相结合构筑高级复合纳米粒子。纳米可以视为由一连串胶体粒子串联而成，但这一连串胶体粒子的结构很难通过人为设计来调整尺寸和化学结构。因此，要实现在一维纳米材料上规整植入编码，在合成上也是一个巨大的挑战。近年来，Manners 等设计制备了二茂铁硅烷的嵌段共聚物，巧妙地利用二茂铁在溶剂中的再结晶性能控制纳米线的活性可控生长，实现纳米线长度、成分和生长方向、分支等可控性，为实现纳米线的可编码化提供了一种思路和借鉴[4]。

对于无机一维纳米材料，由于纳米线在大尺寸维度上的结构可设计性较有机材料差，所以更难实现可持续编码。较小尺寸的纳米棒则已经有报道实现其竹节结构和哑铃结构的控制制备，包括金属单质和半导体化合物。如果将规整纳米棒视为构筑晶体结构的化学键，在其末端引入异质结构粒子构筑哑铃结构，可以通过晶面和尺寸调控设计不同配位数的末端连接点，则可根据有机金属框架结构（MOF）或晶体构筑方法实现零维、一维纳米粒子的共组装构筑规整三维结构。然而，要将该想法付诸实施，仍有以下两个挑战：

（1）纳米棒的规整排列。热运动使得较低浓度下分散纳米棒呈无序排布，随着浓度升高，熵驱动使得纳米棒呈取向排列。由于纳米棒自身的重力作用，无论哪种排列，都难以得到具有空间规则排列的结构，无法构成如同"放大"的原子晶体那样的点阵结构。可以猜想，规则多面体磁性哑铃末端有可能会由于晶面的规则性导致纳米棒在克服了自身重力的作用下（外加磁场）呈固定角度排布，选择合适的晶面、特定晶面数以及粒子尺寸可能起到控制末端配位数的效果。

（2）末端的连接方式。构筑的哑铃末端在规则排布后，单晶结构之间的固定是另一个难题。一种理想的固定方式是单晶粒子之间堆砌后晶界直接融合，但目前对于预制单晶纳米粒子之间的结合研究较少，只有少数研究关于无机纳米单晶之间在特定条件下的组装并结合。要想在不明显破坏上述纳米棒规则排布的相对温和条件下实现单晶融合，由于末端磁性材料的选择面更窄，磁性粒子之间的融合更具有挑战性。即使另有更为巧妙的组装构思，相对而言，无机纳米单晶的结合可控性明显不如软物质，因而构筑以无机纳米材料为基元的三维组装材料显得更具有挑战性。

参 考 文 献

[1] Tigges T, Heuser T, Tiwari R, et al. A. 3D DNA origami cuboids as monodisperse patchy nanoparticles for switchable hierarchical self-assembly. Nano Letters, 2016, 16 (12): 7870-7874.

[2] Luo Q, Hou C, Wang R, et al. Protein assembly: Versatile approaches to construct highly ordered nanostructures. Chemical Reviews, 2016, 116 (22): 13571-13632.

[3] Xu S, Yan Z, Jang K, et al. Assembly of micro/nanomaterials into complex, three-dimensional architectures by compressive buckling. Science, 2015, 347: 154-159.

［4］ Hailes R L N, Oliver A M, Gwyther J, et al. Polyferrocenylsilanes: Synthesis, properties, and applications. Chemical Society Reviews, 2016, 45: 5358-5407.

撰稿人：汤皎宁、邓远名

深圳大学

自组装：我们能把自我装配推进多远？

Self-Assembly: How Far Can We Push?

　　自组装（self-assembly）的构想自 20 世纪 70 年代提出后，经过短短的四五十年的发展，已经被认为是可能取代现有微纳米加工方法，成为大范围应用的微纳构造技术[1]。自组装是指基本结构单元（分子、纳米材料、微米或者更大尺度的物质）自发形成有序结构的一种技术。在自组装过程中，基本结构单元在非共价键的相互作用下自发地组织或聚集为一个稳定、具有一定规则几何外观的结构。自组装过程并不是大量原子、离子、分子之间弱作用力的简单叠加，而是若干个体之间同时自发的发生关联并集合在一起形成一个紧密而又有序的整体，是一种整体的复杂的协同作用。

　　在自组装发展的历程中，有多种代表性技术。最早的自组装技术是一种称为 LB（Langmuir-Bodgett）的技术。LB 技术是由两相亲性分子在气/液界面铺展形成单层膜，然后借助特定的装置将其转移到固体基片上形成单层或多层膜技术。这样形成的 LB 膜，层内有序度较高，结构较规整。从 20 世纪 80 年代以来，基于化学吸附的自组装技术作为 LB 技术的替代方法被开发出来。这种自组装技术以共价或配位化学为基础，通常包括两个步骤：①小分子化合物（如硅烷或烷基硫醇）通过化学吸附形成单层膜；②通过活化表面吸附下一层分子。这两步循环可以制备多层膜。这样得到的单层膜有序度较高，化学键稳定性也较好。层层（layer-by-layer, LBL）自组装是 90 年代快速发展起来的一种简易、多功能的表面修饰方法。层层自组装是基于带相反电荷的聚电解质在液/固界面通过静电作用交替沉积而形成多层膜[2-4]。进入 21 世纪以后，自组装技术更是得到了长足的进步和巨大的发展，并且其应用空间也得到了极大的拓展。分子自组装材料，特别是自组装膜材料由于其潜在的应用前景在工程应用中得到越来越多的应用。很多种功能性高分子及纳米粒子可自组装成为极高应用价值的多层结构。例如，Wang 等[5]采用三元共组装法，将氧化锡（SnO_2）与石墨烯整合在一起，与表面活性剂多元协同，制备出三元有序纳米复合材料（图 1），该材料用于电极的比容量可达到 760mA·h/g，且该材料是一种良好的缓冲材料，有利于提高锂离子电池电极材料的循环稳定性。厚度接近于零的单分子自组装膜在化学（如钝化）、机械（如浸润和附着）、电子（如抵抗）和热力学（如渗透性扩散）性能的表面和界面改性方面有很好的应用。另外，把自组装技术与电化学等方法相结合，有望在铁、铜等工业应用最广泛的金属上组装具有缓蚀功能的有序分子膜。工业用金属表面组装缓蚀功能有序分子膜的研究如果取得较大进展，将有可能给金属的防护技术带来革命性的影响。随着研究的不断深入，量子力学和分子力学将更多地应用于金属表面自组装功能分子膜的研究，并对自组装体系进行优化模拟；而现代表面物理分析方法的发展，将为自组装膜的表征提供新的研究手段。可以预言，在不久的将来，无论在基础理论研究还是在应用性研究方面，金属表面自组装缓蚀功能分子膜的研究都可望取得较大的突破。总体来看，人们对分子自组装的研究工作要比以前更深入，对于研究化学、物理、生命科学和材料科学的交叉学科，它将在光电材料、人体组织材料、高性能高效率分离材料、金属腐蚀与防护、超分子材料以及纳米材料中发挥应有的作用[6-9]。

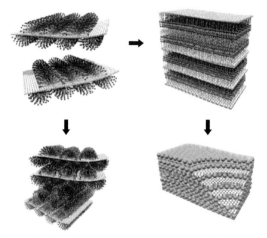

图 1　金属氧化石墨烯纳米粒子三重自组装示意图[5]

　　生命体是自然界最完美、最神奇的自组装体，由一系列级别的自组装体完美结合、协作共同造就。生物体总是从分子/生物大分子自组装形成细胞器/细胞、细胞间相互识别聚集形成组织、从组织再到器官、最后到单个的生物体，甚至生物个体的生存也依赖于群体中个体间的识别/自组织/协同等作用。自然界告诉我们，复杂功能的实现大多必然经过从小到大的多尺度分级有序的自组织/协同过程。目前，自组装在生物科学中取得了很多重大的进步，例如，在酶、蛋白质、DNA、缩氨酸、磷脂等的生物分子自组装膜的合成上以及利用合成生物技术实现了染色体的人工制造[10-13]，并且这些生物分子自组装膜被广泛应用于生物传感器、分子器件、高效催化材料和医用生物材料领域。更加具体的例子是，科研人员发现通过调控二元组分协同自组装的驱动力可以将生物启发的二肽与卟啉进行有机结合，制备多功能的具有"多室"结构的微球体系，从分子层次上研究了结构与功能的关系，阐释了分子协同自组装的机理（图 2[14]）。然而，这些自组装与生物体自身的自然生长和组装相比，还是非常初步、低级、低效率、高能耗的。如何掌握类生物体组装机制的先进高效自组装制造技术，是自组装科学面临的重大难题，解决了这个难题，人们将会拥有近乎完美的机械、高效的药物，生活将变得更加美好。

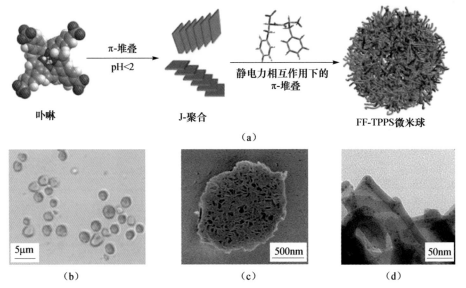

图 2　二肽和卟啉协同自组装的多功能微球[14]

自然界通过数十亿年进化出生命这一最高级自组装形式。化学家开展化学自组装研究，一个最重要的思想源泉即师法自然。这方面的研究有以下几个目的：

（1）探索控制生物自组装的非共价键作用机制和规律，为利用和改造生物自组装体系，发展新的功能组装体系提供原理和灵感。

（2）探索分子和大分子在纳米、微米、介观及宏观尺度上定向排列形成有序组装体的非共价键方法。科学家已经认识到，组装体内的分子组分和组装体整体可以表现出与单个孤立的分子单元非常不同的理化、生物及材料性质。但实现大尺度的定向分子自组装，尤其是在液相和表界面，仍然是一个挑战。

（3）化学研究走向复杂性的固有需要。复杂性是化学家对分子群体性结构与性质实施控制的必然要求，也是开发分子新功能与新应用的重要途径。但总体上讲，化学家通过设计合成分子开展自组装研究仅仅数十年。

因此，从生物模拟的视角看，化学自组装的体系与被模拟的生命体相比，从结构复杂性与多层次性、功能效率与选择性等方面都还处于初级和低级阶段[15,16]。主要体现在：

（1）自组装人工酶。模拟酶的高效率和专一性一直是化学家追求的一个重要目标。目前化学模拟酶的一个主要思路是设计分子和大分子主体，把被催化的底物通过非共价键作用力限定在催化位点附近，从而提高催化的效率。但目前利用化学自组装体系发展模拟酶催化的一个瓶颈是反应的产物分子具有与反应底物类似甚至更强的与催化体系结合的能力。因此，反应产物的积累会降低甚至毒化人工酶催化体系。如何克服这一难题仍需要从进一步研究天然酶的结构-活性机制着手。

（2）自我复制自组装体系与人工生命。DNA 的自我复制是生物模拟自组装化学研究的另一个重要领域。在过去的三十多年中，化学家发展出了一些简单的有机分子，它们的反应产物可以作为模板选择性络合底物分子，从而加速底物的反应，构成简单的自我复制体系。但是，这一领域近年来进展缓慢。一个瓶颈是目前设计的自我复制体系反应产生的目标分子与作为模板的分子结合一般要比与底物的结合更强。在目标分子积累到一定浓度后会降低模板效应即自我复制的能力。自然界进化出了解螺旋酶可以解开 DNA 的双螺旋结构。解螺旋酶是必需的吗？如果是，化学家能发展出非生物的解双股自组装体系吗？如果不是，能存在自我复制过程中模板效应优先的人工分子吗？与之相关，会产生几个化学自组装研究的重要命题：复制与遗传是否一定需要非常复杂的大分子才能实现？细胞、组织与器官的分化能通过人工自组装体系实现吗？可否通过合成分子产生全人工的生命体系？

（3）人工光合作用。光合作用是自然界的基本反应，叶绿体等通过形成高级自组装结构有效收集太阳光能，将水和二氧化碳转化为葡萄糖并放出氧气，再进一步转化为各种有机物。发展自组装人工光合作用体系，实现利用太阳光的可持续产生清洁能源新途径，是化学家和材料学家的梦想。发展广义的高效低廉的人工光合作用体系，不仅仅局限于二氧化碳的化学转化与利用及光解水产生氢气和氧气，人工固氮、重要生物质的高附加值转化、高消费量高分子消费品的降解及再生资源利用、稀有元素及重金属离子的富集（环保与资源再生）等，都是通过化学自组装开展人工光合作用研究的重要命题。通过设计单个大分子或高分子也可以设计人工光合作用中心，但植物光合作用中心是典型的自组装结构，通过化学自组装途径应具有广阔的前景。

（4）跨膜主动输送。跨膜输送是生命维持与代谢的基础。研究跨膜输送不仅科学意义重大，而且与疾病治疗、药物改造及增效密切相关。跨膜输送有被动和主动之分。被动输送涉及从高浓度一侧向低浓度一侧的运动，目前发展的自组装输送体系都仅限于被动输送。主动输送是把离子或分子从低浓度一侧运输到高浓度一侧的逆浓度过程，因此需要消耗能量。生物体有两种途径实现主动输送：一是利用膜蛋白通过消耗三磷酸腺苷（ATP）的化学能实现离子和生物活性分子的主动输送，被称为初级主动输送；二是利用膜两侧的电化学梯度，通过输送蛋白介导，不需要消耗 ATP 实现逆浓度输送。设计人工的输送分子及超分子，嵌入生物膜内实现跨膜主动输送，理论上应是可行的，但这一领域少有探索[17]。

自组装提供了一个利用合成分子产生新物质形态的基本手段，新奇结构的构建将是自组装长期研究的目标，概念、理论和方法的创新将永无止境。通过组装新的结构，可以不断发现新的科学现象、性质和规律。从组装的级次性来说，实现分子在微观、介观及宏观尺度上的可控排列将始终是化学家努力的方向，这一努力可以在二维和三维空间展开[18,19]，并将可能成为制备二维和三维聚合物的最有效手段[20]，成为合成化学技术的新突破。生物分子和生命在不同的尺度上可以表现出逐渐复杂和高级的功能和行为，对于这些与生命相关的命题，通过化学自组装研究寻找答案是最合理的途径。因此，可以预期，合成分子组成的自组装体系也可以表现出性能和行为尺度效应。一个大胆的预测是，科学家完全可以通过合成分子组装出人工生命及类生命体，它们甚至可以表现出一些自然界生物体不具备的特征，如避免死亡及可以拆卸等。另外，就生命起源而言，是否存在一个共性的"门槛"？分子组装体复杂到什么程度，才会产生生命体的特征？组成生命体的分子多样性需要达到多大的程度，才能表现出生命的特征？是否能发展出单分子的生命？研究生命体的自组装过程和机理是对生命本源认识的一次探索，在这个探索过程中，人类将会学到无穷无尽的自组装知识和科学原理，而这些知识和原理将会推动未来人类自组装技术趋向更加完美的水平，而自组装技术也将会为人类生存发展作出更多贡献。

参 考 文 献

[1] Israelachvili J N, Mitchell D J, Ninham B W. Theory of self-assembly of hydrocarbon amphiphiles into micelles and bilayers. Journal of the Chemical Society Faraday Transactions, 1976, 72(24): 1525-1568.

[2] Whitesides G M, Seto C T. Molecular self-assembly and nanochemistry: A chemical strategy for the synthesis of nanostructures. Science, 1991, 254(5036): 1312-1319.

[3] Winfree E, Liu F, Wenzler L A, et al. Design and self-assembly of two-dimensional DNA crystals. Nature, 1998, 394(6693): 539-544.

[4] Hartgerink J D, Beniash E, Stupp S I. Self-assembly and mineralization of peptide-amphiphile nanofibers. Science, 2001, 294(5547): 1684-1688.

[5] Wang D, Kou R, Choi D, et al. Ternary self-assembly of ordered metal oxide-graphene nanocomposites for electrochemical energy storage. ACS Nano, 2010, 4(3): 1587-1595.

［6］ Whitesides G M, Grzybowski B. Self-assembly at all scales. Science, 2002, 295(5564): 2418-2421.

［7］ Zeng H, Li J, Liu J P, et al. Exchange-coupled nanocomposite magnets by nanoparticle self-assembly. Nature, 2002, 420(6914): 395-398.

［8］ Zhang S. Fabrication of novel biomaterials through molecular self-assembly. Nature Biotechnology, 2003, 21(10): 1171-1178.

［9］ Kim S O, Solak H H, Stoykovich M P, et al. Epitaxial self-assembly of block copolymers on lithographically defined nanopatterned substrates. Nature, 2003, 424(6947): 411-414.

［10］ Ringler P, Schulz G E. Self-assembly of proteins into designed networks. Science, 2014, 302(5642): 106.

［11］ Leininger S, Olenyuk B, Stang P J. Self-assembly of discrete cyclic nanostructures mediated by transition metals. Chemical Reviews, 2015, 100(100): 853-908.

［12］ Cademartiri L, Bishop K J. Programmable self-assembly. Nature Materials, 2015, 14(1): 2-9.

［13］ Zhang W M, Zhao G H, Luo Z Q, et al. Engineering the ribosomal DNA in a megabase synthetic chromosome. http://science. sciencemag.org/content/355/6329/eaaf3981 [2017-8-1].

［14］ Zou Q, Zhang L, Yan X, et al. Multifunctional porous microspheres based on peptide-porphyrin hierarchical co-assembly. Angewandte Chemie International Edition, 2014, 53(9): 2366-2370.

［15］ Li Z T. How far can we push chemical self-assembly? A personal interpretation. Chinese Science Bulletin, 2016, 61: 2872-2875.

［16］ Service R F. How far can we push chemical self-assembly? Science, 2005, 309(5731): 95.

［17］ Bennett I M, Farfano H M V, Bogani F, et al. Active transport of Ca^{2+} by an artificial photo-synthetic membrane. Nature, 2002, 420(6914): 398-401.

［18］ Lehn J M. Perspectives in chemistry—Steps towards complex matter. Angewandte Chemie International Edition, 2013, 52(10): 2836-2850.

［19］ Tian J, Chen L, Zhang D W, et al. Supramolecular organic frameworks: Engineering periodicity in water through host-guest chemistry. Chemical Communications, 2016, 47(26): 6351-6362.

［20］ Payamyar P, King B T, Ottinger H C, et al. Two-dimensional polymers: Concepts and perspectives. Chemical Communications, 2015, 52(1): 18-34.

撰稿人：张俊秋、韩志武

吉林大学

Lamb 波传播中遇到介质断面后的模式转化机制

Mode Conversion Mechanism at Medium Discontinuities in Lamb Wave Propagation

Lamb 波作为一种存在于薄板类结构中的超声导波，其传播距离远，便于实现结构的大面积扫查且对小损伤敏感，已广泛应用于无损检测和结构健康监测[1]。Lamb 波在结构中的传播具有多模特性，即任意频率下，结构中至少存在两种模式。按照传播时介质质点的运动形态，这些模式可分为对称模式或反对称模式，并分别具有不同阶数，各阶数的对称模式和反对称模式通常表示为 $S_n(n=0,1,2,\cdots)$ 和 $A_n(n=0,1,2,\cdots)$。而且，每个模式的相速度和群速度均与结构厚度和激励频率的乘积（频厚积）相关，又表现出频散特性，如图 1 所示。

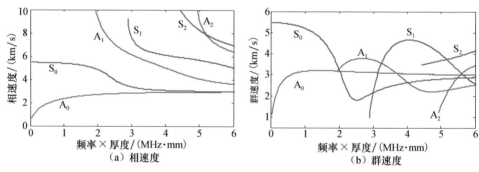

图 1 铝板中 Lamb 波的相速度和群速度随频厚积的变化曲线

Lamb 波在传播中遇到结构内部损伤、结构边界、结构变厚度区域等介质断面时，很可能发生模式转化，即 Lamb 波能量由某一个模式向其他模式转移的现象[2]，如图 2 所示。该现象虽增加了 Lamb 波的模式数，提高了信号分析和解读的复杂性，但也携带了结构特征信息，可作为结构损伤识别和评估的重要依据。相比于其他 Lamb 波损伤监测方法，基于模式转化的结构健康监测方法由于利用损伤断面处所转换的 Lamb 波模式信号进行损伤诊断，可减少对结构初始状态下基准信号的依赖，从而降低监测环境、结构载荷等时变因素变化带来的影响，可提高损伤诊断的可靠性[3]。因此，模式转化是 Lamb 波理论和应用研究领域中的重要内容。

Lamb 波模式转化属于多约束条件下的高频波动问题，波动频率、介质材料

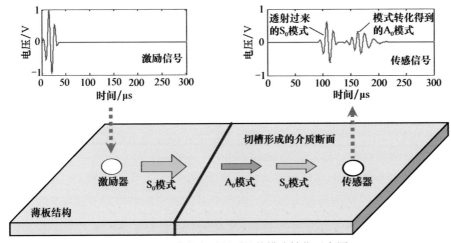

图 2　Lamb 波在介质断面处的模式转化示意图

特性或介质断面形状等多种因素均能影响模式转化结果。而且 Lamb 波在介质界面处的模式转化形式多样，既可能发生对称模式和反对称模式之间的转化，也存在不同阶数模式之间的转化。再加上 Lamb 波的多模和频散特性的影响，其模式转化机制极其复杂。目前，针对该难题的相关研究仍主要针对理想及简单界面，采用理论或数值简化分析方法或简单实验分析手段，其研究有待继续深入开展。需要重点开展研究的关键问题有以下方面：

（1）Lamb 波模式转化机理。由于模式转化涉及 Lamb 波高频波动与介质断面的相互作用，并伴随着产生非传播模态的瞬逝波等现象，相关物理过程非常复杂。此外，模式转化受结构形式的影响较大。例如，结构对称边界条件下的模式转化仅发生在不同阶数的对称模式或反对称模式间；而当边界非对称时，才会引起对称模式和反对称模式间的转化[2]。因此，有必要在综合分析 Lamb 波传播时各模式的振动形态、频厚积变化、超声阻抗匹配特性以及波动能量守恒等因素的基础上，详细研究 Lamb 波模式转化发生的基本机理和条件，以实现对 Lamb 波模式转化机制的确定。

（2）Lamb 波在复杂结构典型断面处的散射过程。Lamb 波传播时，其模式转化源自波在结构介质断面处所发生的散射过程。为了弄清 Lamb 波相对于每种典型介质断面的模式转化规律，需要分析 Lamb 波的散射过程。对于简单结构中规则断面导致的 Lamb 波散射问题，可采用解析或半解析的分析方法，如简正模式展开和正交模式分解方法[4]。而实际结构形式和损伤形式一般较为复杂，断面形状大多数不规则，这就需要借助于更复杂的分析手段。近年来提出的混合有限元方法有望解决这一问题[5]，该方法可对实际复杂结构中典型介质断面引起的 Lamb 波散射过程进行高效数值建模，从而分析得到 Lamb 波模式转化规律。

（3）Lamb 波多模和频散特性对模式转换的影响。由于 Lamb 具有多模特性，而且不同频率下各模式 Lamb 波的群速度、相速度有所差别，又造成 Lamb 波的频散现象，即 Lamb 波波包在结构中传播时发生波包扩展的现象。Lamb 波波包的扩展会造成时域相同或不同模式 Lamb 波波包之间的混叠，这样的波包混叠与结构介质断面处的散射过程混合作用，使得断面处的模式转换过程更加复杂，难以分析。在结构健康监测研究中，有抑制 Lamb 波多模特性的研究，如使用多个压电元件并通过相位调制，向结构中激发单一模式成分为主的 Lamb 波信号[3,6]；也有 Lamb 波频散特性分析和补偿的相关探索，如利用二维傅里叶变换、希尔伯特-黄变换、小波变换等时/频域信号分析方法来分析 Lamb 波频散信号，或者直接研究针对多个模式的频散补偿方法[7]。但有关多模和频散特性对介质断面处模式转换机制的影响研究较少。

参 考 文 献

［1］ 袁慎芳. 结构健康监控. 北京: 国防工业出版社, 2007.

［2］ Giurgiutiu V. Structural Health Monitoring with Piezoelectric Wafer Active Sensors. 2nd ed. Kidlington: Academic Press, 2014.

［3］ Sohn H, Kim S B. Development of dual PZT transducers for reference-free crack detection in thin plate structures. IEEE Transactions on Ultrasonics, Ferroelectrics, and Frequency Control, 2010, 57(1): 229-240.

［4］ Castaings M, Le C E, Hosten B. Modal decomposition method for modeling the interaction of Lamb waves with cracks. Journal of the Acoustical Society of America, 2002, 112(6): 2567-2582.

［5］ Cho Y, Rose J L. A boundary element solution for a mode conversion study on the edge reflection of Lamb waves. Journal of the Acoustical Society of America, 1996, 99(4): 2097-2109.

［6］ Yeuma C M, Sohn H, Ihn J B. Lamb wave mode decomposition using concentric ring and circular piezoelectric transducers. Wave Motion, 2011, 48(4): 358-370.

［7］ Cai J, Yuan S F, Qing X L, et al. Linearly dispersive signal construction of Lamb waves with measured relative wavenumber curves. Sensors and Actuators A: Physical, 2015, 221: 41-52.

撰稿人： 袁慎芳、蔡　建

南京航空航天大学

突破香农采样定理的机电系统特征辨识挑战

Breakthroughs in Shannon Sampling Theory on Feature Recognition of Mechatronics System

1. 问题背景及科学意义

当今时代是信息化时代，而信息的数字化也越来越为研究人员所重视。1928年，美国电信工程师奈奎斯特提出了香农采样定理[1]，将人类带入了数字化时代，半个多世纪以来，它统治着数字化领域的方方面面。机电系统同样依赖于传感技术和数字信息分析技术，通过对香农采样数据的分析和提取来揭示其系统的运行规律，这为机电系统的设计、控制、诊断提供了基础，为机电系统动态特性的验证分析提供保障。然而，香农采样定理的假设是特征信息具有有限的最高频率，因而可以通过 2 倍最高频率的采样来感知特征信息。对于几乎所有的惯性机电系统，带限假设是合理的、普适的、有效的，但并不是最优的。首先，机电系统特征信息具有丰富的本征信息结构，如带限特征、稀疏特征、自相似特征，而为了保证信息感知的普适性，香农采样定理仅利用了带限基本特征带，从而在信息测试中保留了大量的冗余信息，并引入了干扰信号和噪声，增加了特征信息后处理的困难和对专家知识的需求；其次，随着机电系统智能化程度的快速提升，多样化的机电系统信息连续采集导致了数据爆发式地增长和存储成本的剧增；最后，机电系统的网络化必然导致分布式信息处理，而大规模的实时数据通信和特征检测极大地限制了机电系统的远程控制和协同制造。综上，机电系统的模拟信号通过香农采样定理数字化之后，有时候使得获取有用信息如同"大海捞针"。

通过探索机电系统信息更多的本征结构信息，能否直接感知特征信息并以远低于香农采样频率的采样频率进行信息获取？2006 年，美国科学院院士 Donoho 提出的新一代采样理论——压缩感知[2]，可以用远低于香农采样频率的采样数据实现信息的直接感知和提取，成为突破香农采样理论限制的革命性技术，已经在数字通信理论、信息理论产生了广泛而深远的应用。压缩感知理论主要建立在特征信息稀疏的假设基础之上，而稀疏性是特征信息在匹配变换域下的基本结构模式，因此通过设计特定的稀疏变换域，可通过极少的数据采样点来感知特征信息，并同时减少甚至消除无关干扰信息和噪声的影响，极大地节约了信息采集、传输、存储成本。目前压缩感知理论的成功应用有单点素相机[3]、核磁共振成像[4]等。因此，压缩感知技术在基础理论上为机电系统特征信息直接感知提供了保障。然而，基于压缩感知理论的机电特征信息辨识研究较少，处于初级阶段，并逐渐成为国内外学者关注的焦点[5-7]。

2. 问题的难点与挑战

复杂的机电系统和多样化的特征信息难以满足压缩感知的基本假设，使得设计新一代机电系统信息感知和特征辨识系统成为重要的科学难题。首先，复杂的特征响应信号在目前的数字信息表达域中不具有严格统计意义下的稀疏分布模式，因此压缩感知无法直接应用到机电系统信息的采集。其次寻求匹配的最优的稀疏表达域属于 NP 难问题，超出了当前信息分析能力范畴，因此即使利用现在的压缩感知采样方案得到了理想的测试信号，仍然无法从采集的测试信号中可靠地检测机电系统的信息并进行特征辨识。最后，目前的压缩感知理论研究表明，随机采样能到达信息采样的极限，实现了完全无冗余的信息采集，但是利用硬件来随机地采集信息与目前的采集系统硬件的确定性构造矛盾[8]，难以制造出压缩感知硬件，成为压缩感知理论在机电工业应用领域的瓶颈。综上，利用压缩感知的思想来实现机电系统信息的直接感知并突破香农采样理论的限制，仍有待基本原理和技术取得重大进展。

目前，机电系统信号分析研究人员主要利用成熟的信号分析手段来检测机械动力学理论预示的特征信息，展开新一代机电信息感知技术的研究还较少。因此，为了突破香农采样理论对机电系统信息处理的限制，需要重点进行以下几方面的研究：

（1）探索新的机电信息物理本征结构。机电系统的信息多样性提供了新的契机来设计全新的信息采集机制，而重点在于利用数学建模理论来深刻地描述特征信息的物理本征结构，信息采集数学原理的本质突破、机电系统本征结构模型构建等是最核心的理论难点。

（2）建立新的稀疏表达域。经典的数字信号表达域（频域、小波域、时频域等）难以有效地稀疏表征机电系统的复杂信息，但是具有快速的信息处理能力。机器学习技术可以从测试信息中自动地组建稀疏表达域，但是计算复杂度较高。因此，通过融合两类技术的优势来逼近最优的稀疏表达域是建模的基本难点。

（3）设计定制的机电信息感知硬件。基于随机采样的硬件设计是具有普适性的，对于特定的机电系统信息却不是最优的，因此基于机电信息的本征结构，如何设计最优的确定性采样机制和硬件，实现工业级可行的硬件采集设备，是保障机电信息直接感知系统工业可行性的关键难点。

压缩感知理论提供了诱人的思路来突破经典的香农采样框架的瓶颈，然而其目前还停留在数学理论和仿真阶段，难以直接应用到机电系统的采集和特征辨识。因此，探索机电系统特征信息的物理先验本征结构，构建特征信息的稀疏表示，设计压缩采样硬件系统，不仅可以实现以远低于香农采样频率的采样率来直接高效率地感知多样化的机电特征信息，并保证高的精度辨识，同时将为机电系统分布式传感、远程控制和智能制造等提供理论和技术支撑。

参 考 文 献

[1] Nyquist H. Certain topics in telegraph transmission theory. Proceedings of the IEEE, 1928, 90(2): 280-305.

[2] Donoho D L. Compressed sensing. IEEE Transactions on Information Theory, 2006, 52(4): 1289-1306.

[3] Duarte M F, Davenport M A, Takhar D, et al. Single pixel imaging via compressive sampling. IEEE Transactions on Signal Processing, 2008, 25(2): 83-91.

[4] Lustig M, Donoho D L, Santos J M, et al. Compressed sensing MRI. IEEE Transactions on Signal Processing, 2008, 25(2): 72-82.

[5] Du Z, Chen X, Zhang H, et al. Sparse feature identification based on union of redundant dictionary for wind turbine gearbox fault diagnosis. IEEE Transactions on Industrial Electronics, 2015, 62(10): 6594-6605.

[6] Du Z, Chen X, Zhang H, et al. Compressed sensing based periodic impulsive feature detection for wind turbine systems. IEEE Transactions on Industrial Informatics, 2017, DOI: 10.1109/TII.2017.2666840.

[7] Yang Y, Nagarajaiah S. Output-only modal identification by compressed sensing: Non-uniform low-rate random sampling. Mechanical Systems and Signal Processing, 2015, S56-S57: 15-34.

[8] Duarte M F, Yonina C E. Structured compressed sensing: From theory to applications. IEEE Transactions on Signal Processing, 2011, 59(9): 4053-4085.

撰稿人：陈雪峰、杜朝辉

西安交通大学

动载荷识别反问题

Inverse Problem of Dynamic Force Identification

1. 问题背景及科学意义

机械装备长期运行在重载、疲劳、高加速度等复杂恶劣工况下，其核心零部件和重要结构不可避免地发生不同程度的振动。在实际工程需求的不断推动下，高端机械装备对振动问题的解决提出了更高的要求。依据振动溯源思想，也只有依靠精确的源识别，才能找出影响机械结构振动的关键因素，从而根本上解决机械结构的振动问题。工程中的振动问题可由系统、激励（输入）和响应（输出）三个要素来概括，表示为如式（1）所示的振动微分方程：

$$M\ddot{q} + D\dot{q} + Kq = F \tag{1}$$

已知激励和系统，求解响应，为系统动力响应分析，属于由"因"求"果"的动力学正问题（图1（a）），分析结果具有唯一性。已知系统和响应，求解激励，为动载荷识别，属于由"果"求"因"的动力学反问题（图1（b））；当系统认识或系统响应不完备时，式（1）的动荷载求解具有非唯一性。因此，要准确识别动荷载是相当困难的。动载荷识别在机械结构动力学优化设计、可靠性分析、声振传递路径分析、振动主动控制、机床切削加工、健康监测与故障诊断等领域扮演着重要角色。与振动响应分析正问题不同，载荷识别反问题更复杂，其研究相对缓慢，相关研究距离工程应用较远。

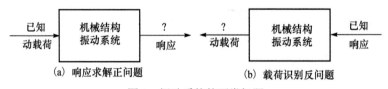

图1 振动系统的两类问题

动载荷的获取主要有两种方式，即直接测量法和间接识别法。利用力传感器直接测量结构动载荷最为直观，而这在实际测试中往往是不允许的，特别是极端复杂环境如风机叶片、飞机机翼、火箭起飞、核反应堆壳体、弹靶侵彻、海洋平台等所遭受的外来冲击。利用易于测量的振动响应结合系统模型实现载荷识别的反演计算正日益成为载荷获取的一种重要间接手段。与动力响应正问题不同，载荷识别反问题是典型的病态或不适定性问题，不满足 Hadmard 存在性、唯一性和稳定性三准则。载荷识别反问题的病态特性是指，由于系统矩阵条件数较大，在矩阵求逆过程中测量响应的较小误差会极大地放大到待求载荷中，使之偏离真实解。因此，利用经典的最小二乘法直接求逆是不可行的，必须研究载荷识别的正则化方法，添加约束条件，克服其病态特性，将不适定性（ill-posed）问题变成适定性（well-posed）问题[1,2]。

2. 历史回顾与现状分析

载荷识别起源于 20 世纪 70 年代的航空领域，由于当时对飞机性能要求的提高，设计过程采用了大量复合材料，为了更好地发挥复合材料承载性能，要求准确地了解飞机在实际飞行中的受力状况，提出了载荷识别的研究课题[3]。经过几十年的发展，载荷识别方法主要发展为频域法和时域法（图 2）。频域法利用系统频响函数在频域内求解未知载荷谱，广泛应用在稳态或者准稳态的振源识别中[1,2]。在频域内，正则化方法如伪逆法、截断奇异值分解法和 Tikhonov 法等，已用来克

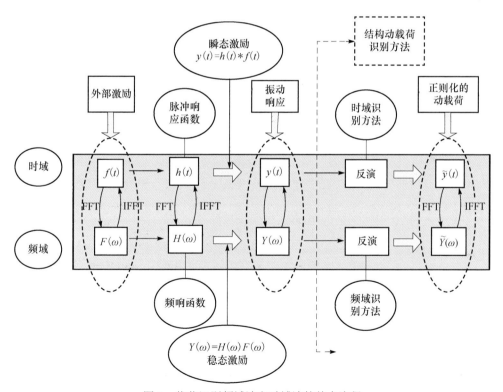

图 2　载荷识别频域法和时域法的基本流程

服频响函数矩阵在共振点附近的病态特性。然而，频域法不适用于低频和瞬时激励，需要在每个频点均实施正则化运算，比较耗时。伪逆法通过增加响应测点数目获得超定频响函数矩阵，可以提高识别精度，但这往往是不经济也是不被测试现场允许的。截断奇异值分解法和 Tikhonov 法依赖正则化参数选择准则来确定优化的正则化参数才能获得稳定解，在噪声信息可知的情况下可获得最优的正则化参数，而实际测试中噪声信息是未知的。

实际上，直接获得动载荷的时间历程更加直观，特别是在结构健康监测中，冲击载荷特别是最大峰值力的准确识别有着重要的意义。载荷时域解卷积模型允许直接识别激励且可以观察到每一个时间步的载荷。随着计算机和测试技术的发展，各类时域载荷识别方法不断涌现，并成为当前载荷识别研究的重点内容。除了经典的截断奇异值分解法和 Tikhonov 法，许多学者依据载荷形貌选择基函数如 Daubechies 小波[4,5]、B 样条函数[5-7]、余弦函数[5,8]和 Chebyshev 多项式[8]，逼近未知冲击载荷，通过求解基函数系数实现动载荷的识别。然而，截断奇异值分解法、Tikhonov 法和函数逼近法等时域载荷识别方法均涉及矩阵求逆或者分解运算，难以适用于大数据规模的载荷识别；均需要合理确定正则化参数，如函数逼近法需预先确定基函数数目。

3. 问题的难点与挑战

上述载荷识别方法仍处在 L_2 范数（即遵循能量最小化原则）框架下，识别精度达到瓶颈；对响应噪声、振动初始条件比较敏感；对正则化参数高度依赖，需要优化正则化参数；要求测点数目多于源数目，无法求解测点数目少于源数目的欠定系统；载荷定位工作量巨大，无法对多源冲击载荷定位；涉及矩阵求逆运算，难以应对高维度载荷识别反问题；应用对象多为简单的小尺寸梁、板等结构；载荷识别控制方程需要满足零初始条件，而实际工程结构如风机叶片、机翼常常处于运行状态[5,9,10]。

在过去的 20 年特别是近 10 年，受压缩感知（compressed sensing）新理论（被美国权威科学杂志《麻省理工科技评论》（*MIT Technology Review*）评为 2007 年度十大科技进展之一）的推动，稀疏约束作为一个基本正则化条件受到空前的关注，使稀疏正则化迅速成为信号、图像处理及相关领域的前沿课题[11,12]。压缩感知颠覆了传统的 Nyquist 采样定理，在压缩感知框架下，通过添加稀疏约束条件，基于 L_1 范数的稀疏正则化方法可以获得高度欠定系统的唯一解；相反，传统的基于 L_2 范数的正则化方法求解欠定系统会导致无穷多解。稀疏正则化方法在反问题的求解速度、维度、精度和参数选取等方面均具有明显优势。稀疏理论特别是压缩感知理论在信号和图像领域的兴起，为振动问题领域的学者提供了新的研究工具。那么是否意味着传统的基于 L_2 范数的载荷识别方法可以被替换？

实际上，冲击载荷的时域稀疏性以及简谐载荷的频域稀疏性，为稀疏正则化在载荷识别中的应用提供了先天性条件。庆幸的是，近年，Ginsberg 等[13]、Samagassi 等[14]和 Qiao 等[5,9,10]几乎同时提出了载荷识别的稀疏正则化方法。目前，稀疏理论在载荷识别领域的应用才刚刚开始，仍旧存在许多科学难题有待解决。例如，如何采用先进的凸优化算法高效求解大数据规模载荷识别的稀疏解卷积模型；如何从数学的角度证明载荷源数目和响应测量数目的欠定关系对识别精度的影响；如何构造满足压缩感知准则（restricted isometry property，RIP）的载荷识别系统矩阵。在可预知的未来，稀疏正则化方法有望成为载荷识别领域的革新性技术，将迎来井喷式发展，也将为该领域的学者提供无限的研究空间。

参 考 文 献

[1] Sanchez J, Benaroya H. Review of force reconstruction techniques. Journal of Sound and Vibration, 2014, 333(14): 2999-3018.

[2] 杨智春, 贾有. 动载荷识别方法的研究进展. 力学进展, 2015, 45(2): 29-54.

[3] Bartlett F D, Flannelly W G. Model verification of force determination for measuring vibratory loads. Journal of the American Helicopter Society, 1979, 24(2): 10-18.

[4] Li Z, Feng Z, Chu F. A load identification method based on wavelet multi-resolution analysis. Journal of Sound and Vibration, 2014, 333(2): 381-391.

[5] Qiao B, Zhang X, Wang C, et al. Sparse regularization for force identification using dictionaries. Journal of Sound and Vibration, 2016, 368: 71-86.

[6] Qiao B, Zhang X, Luo X, et al. A force identification method using cubic B-spline scaling functions. Journal of Sound and Vibration, 2015, 333: 28-44.

[7] Qiao B, Chen X, Xue X, et al. The application of cubic B-spline collocation method in impact force identification. Mechanical Systems and Signal Processing, 2015, 64-65: 413-427.

[8] Qiao B, Chen X, Luo X, et al. A novel method for force identification based on the discrete cosine transform. ASME Journal of Vibration and Acoustics, 2015, 137(5): 051012.

[9] Qiao B, Zhang X, Gao J, et al. Sparse deconvolution for the large-scale ill-posed inverse problem of impact force reconstruction. Mechanical Systems and Signal Processing, 2017, 83: 93-115.

[10] Qiao B, Zhang X, Gao J, et al. Impact-force sparse reconstruction from highly incomplete and inaccurate measurements. Journal of Sound and Vibration, 2016, 376: 72-94.

[11] Donoho D L. Compressed sensing. IEEE Transactions on Information Theory, 2006, 52(4): 1289-1306.

[12] Bruckstein A M, Donoho D L, Elad M. From sparse solutions of systems of equations to sparse

modeling of signals and images. SIAM Review, 2009, 51(1): 34-81.

［13］ Ginsberg D, Ruby M, Fritzen C P. Load identification approach based on basis pursuit denoising algorithm. Journal of Physics: Conference Series, 2015, 628(1): 012030.

［14］ Samagassi S, Khamlichi A, Driouach A, et al. Reconstruction of multiple impact forces by wavelet relevance vector machine approach. Journal of Sound and Vibration, 2015, 359: 56-67.

撰稿人： 陈雪峰、乔百杰

西安交通大学

纳尺度结构中波的传播机理

Wave Propagation Mechanism in Nanostructures

作为能量传播的一种方式,波的传播与人们日常生活和技术进步密切相关,涉及机械/建筑减振降噪、人工耳蜗、静音潜艇、吸音微孔板等诸多领域。应力波传播理论是分析结构和材料在动载荷尤其是爆炸/冲击载荷作用下的响应及破坏特性的基础,在国防和民用工程上有重大价值[1]。对其传播进行有效调控一直是人们努力实现的目标。从科学层面上,通过材料或结构设计对波传播进行调控是一个典型的反问题,数学上仍存在解的唯一性和计算等困难。因为缺乏对声波/弹性波传播的普适调控设计方法,加之相应材料设计与制备的滞后,人们还远未能具有对其传播任意调控的能力[2]。源于电磁波领域的变换方法为波传播的任意调控设计提供了一种可能。该方法要求波控制方程在曲线坐标变换下具有形式不变性,进而建立了空间变换与材料分布之间的等价关系,用材料分布解释空间弯曲效应。变换方法直接给出了功能与材料分布的对应关系,再结合同期发展起来的超材料均匀化设计理论和制备技术,人们能够从材料微结构层次承载波传播的调控,因此具有普适、灵活和启发性的应用前景。基于变换方法,不仅许多传统波调控的功能结构被重构,一些具有科幻色彩的构想,如隐身斗篷、黑洞装置、隐形通路也具有了现实的理论基础,且很多构想已经获得实验验证。要通过变换方法实现对波传播的控制,就需要更好地掌握材料结构中波传播的规律。

随着研究对象的空间尺度缩小到纳米,其高频动力学的时间尺度自然会缩短到纳秒、皮秒乃至飞秒。由于长程范德瓦耳斯力、离散结构、力电磁光多场耦合、高比表面积、分子热运动及量子效应的影响,纳机电系统的动力学非常复杂,常常需要用非线性、非局部模型描述。因此,尚不清楚上述复杂因素对纳尺度结构动力学行为的影响,更不了解在何种条件下可以略去某些因素的影响。而这些问题对于获得性能稳定的纳机电系统的设计非常重要。21 世纪初,当人们开始关注纳机电系统动力学时,很自然地尝试沿用连续介质力学模型和方法。研究人员在研究碳纳米管中的波传播时发现,连续介质力学预测结果与分子动力学模拟结果相差甚远,并在高频段给出错误结果,问题归结于传统的连续介质力学无法描述碳纳米管中碳原子所形成的微结构。纳尺度上原子结构的离散特征导致碳纳米管的动力学行为具有明显的小尺寸效应。

针对典型的纳尺度结构碳纳米管的波动问题（图1），已经取得了一定的研究进展。建立了弯曲波传播问题的非局部弹性梁模型及非局部弹性壳模型，预测了单壁碳纳米管中波的频散关系，如图 2 所示[3]。对于单壁碳纳米管中更一般的波传播问题，建立了非局部弹性圆柱薄壳模型，由此可分析解耦的扭转波、纵向和横向相互耦合的纵波和弯曲波，导出了具有两个分支的频散规律表达式，预测了碳纳米管中纵波的频散关系，如图 3 所示[4]。预测了碳纳米管中纵波及弯曲波的群速度及波数之间的频散关系，解释了分子动力学模拟能得到的相速度与波数间的频散关系的截止波数比连续介质力学所预言的截止波数低的原因[5]。

图 1　碳纳米管中波传播过程中的位移分布

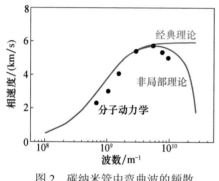

图 2　碳纳米管中弯曲波的频散

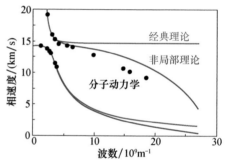

图 3　碳纳米管中纵波的频散

但是，纳尺度结构中波的传播机理尚有很多关键问题需要进一步研究。非绝对零度时，原子存在热运动，原子的热运动对应力波传播的影响尚不清楚。精确描述热振动对应力波传播影响，有助于提高纳尺度精确测量系统的测量精度[6]。纳尺度结构应力波的传播，由于空间尺度极小，时间尺度极短，如何实现纳尺度应力波传播的测量是极具挑战的问题，对纳尺度结构应力波传播的测量也有助于发现新的应力波传播的现象和机理。纳尺度结构的边界条件不同于传统的固支和简支等理想的边界条件，因此边界处应力波的反射和折射也是值得关注的科学问题。已有的纳尺度结构的波动行为主要关注一维情况，对二维结构及三维结构关注较少，相应理论需要推广到二维和三维情况，为纳尺度的动力学设计和波动控制奠定基础，进而在纳尺度下实现声学隐身。此外，微观结构的波动行为的理论对宏观超材料设计，以及波动控制的宏微观设计也具有参考价值。因此，纳尺度结构中波的传播机理是一个值得关注的科学难题。

参 考 文 献

[1] 王礼立, 任辉启, 虞吉林, 等. 非线性应力波传播理论的发展及应用. 固体力学学报, 2013, 34(3): 217-240.

[2] 陈毅, 刘晓宁, 向平, 等. 五模材料及其水声调控研究. 力学进展, 2016, 46(1): 382-434.

[3] Wang L F, Hu H Y. Flexural wave propagation in single-walled carbon nanotubes. Physical Review B, 2005, 71(19): 195412.

[4] Wang L F, Hu H Y, Guo W L. Validation of non-local elastic shell model for studying longitudinal waves in single-walled carbon nanotubes. Nanotechnology, 2006, 17(5): 1408-1415.

[5] Wang L F, Guo W L, Hu H Y. Group velocity of wave propagation in carbon nanotubes. Proceedings of the Royal Society A, 2008, 464(2094): 1423-1438.

[6] Tseytlin Y M. Structural Synthesis in Precision Elasticity. New York: Springer-Verlag, 2006.

撰稿人：王立峰

南京航空航空大学

纳尺度结构的热振动

Thermal Vibration of Nanostructures

　　一切物体的原子均在不停地做随机运动，其振动幅值与温度成正比。而对热振动更早的探索源自爱因斯坦对粒子布朗运动的开创性研究和朗之万方程的建立，这也开始了随机力对系统动力学行为影响的研究。热振动的影响在微尺度下就开始表现出来，例如，热噪声对微机电系统的分辨率和稳定性等性能起着至关重要的作用。在纳尺度下，由于热的作用，结构自身存在不可消除的振动，并且会引起系统状态参数的随机涨落。与宏观结构不同，纳尺度下热振动所对应的结构整体振幅不再是一个微小量。图 1 和图 2 为由分子动力学方法模拟得到的单壁碳纳米管和单层石墨烯热振动示意图，由于热噪声的作用，两种纳尺度结构均出现了明显的几何变形。因此，热引起的纳尺度结构动力学问题是自然存在的，不可避免[1-4]。

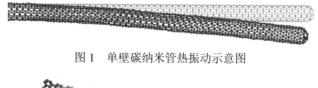

图 1　单壁碳纳米管热振动示意图

图 2　单层石墨烯热振动示意图

　　热振动决定着纳机电系统性能的极限。随着精度要求的不断提高，分子热运动引起的纳米器件和纳机电系统的热振动问题尤为突出，热振动问题必将成为限制纳机械传感器灵敏度以及纳机电系统性能的瓶颈。除此之外，热振动也有多种可供利用的方面，例如，测量纳米线的热振动谱，可快速、无损地标定纳米线的弹性模量等力学参数[5]；实现可控的分子尺度的能量传导是实现分子技术的根本，热振动与电子、声子、光子传播机制紧密相关，理解热振动问题有助于从本质上揭示材料的热传导问题[6]。

　　随着加工技术和化学合成技术的进步，越来越多的纳尺度结构被发现和制造出来。这些纳尺度结构具有良好的力学、电学、化学等性能，但同时由于多种不同于宏观结构的复杂特性，如结构自身的离散性、超高比表面积导致的表面效应、量子效应、范德瓦耳斯力作用等，导致纳尺度结构的动力学行为表现出很多异乎寻常的特征，同时也带来很多难以解决的动力学问题。尤其是当考虑热的影响之后，从动力学的角度来看，纳尺度温度效应可视为随机激励，如何建立准确描述随机激励下纳尺度结构动力学行为的力学模型，成为一项巨大的挑战：

（1）对纳尺度结构热振动行为的实验观测存在较大难度。纳尺度结构振动周期一般可到达纳秒、皮秒，甚至飞秒量级，准确、快速地获取其动力学信息对实验仪器分辨率及反应速度有很高的要求。现有对纳尺度结构动力学的测量一般通过原子力显微镜实现，而原子力显微镜的关键部件微悬臂和探针自身也存在一定幅度的热振动，会影响成像的精确性。尤其当测量高温样本的热振动时，微悬臂和探针的温度也相对较高，会造成更大的测量误差。因此，改进现有测量仪器，发展新一代测量仪器是实现纳尺度结构热振动测量的基本要求，有助于验证现有理论和发现热振动新现象。

（2）理论研究上的困难。纳尺度结构包含的原子数从数十个至几十万个不等，原子间可能存在共价键力、离子键力、范德瓦耳斯力等多种复杂的非线性作用力，并且各个振动模态之间可能存在能量传递现象。因此，其热振动问题本质上是复杂系统的非线性随机振动问题[7]。分子动力学方法成为研究此类问题最重要的工具，但一方面，分子动力学耗时仍然过大，且模拟结果的正确性很大程度上与操作者的经验有关。另一方面，分子动力学包括量子分子动力学方法中，大多数控温方法并未考虑量子效应的影响，限制了其适用范围。对于某些纳尺度结构，可简化为连续体模型处理，但非局部效应、边界效应等难以精确计算在内。随机动力学已有较长时间的发展历史，如何将其研究成果应用到纳尺度结构热振动的研究中，发展更完备的等效模型是未来需要解决的基本问题。

现阶段，涉及纳尺度结构热振动的研究主要集中在热传导问题、简单纳尺度结构的复杂热振动问题等。这些研究展示了热振动中丰富的动力学现象，但仍有多种尚未解决的问题存在。例如，热振动过程常常伴随着热辐射现象，而外部辐射也会对热振动产生影响。将辐射计入热振计算模型将进一步提高结果的精确性。另外，纳尺度结构的热振动可扩展至很多其他方向：

（1）复杂纳尺度结构的热振动问题。受限于计算能力和分析手段的限制，目前大多数理论研究集中在分析理想边界条件下孤立的简单结构的动力学行为。但现实条件下，纳尺度结构往往被放置于基底之上，结构以非接触的方式通过范德瓦耳斯力与基底相互作用。由于温度的影响，这种范德瓦耳斯力会发生随机波动，并且基底与结构之间可能存在相对滑移和能量传递等现象。对于上述问题，需要建立全局模型或对现有模型的边界条件进行改进。

（2）涉及化学反应和生命结构中的热振动问题。温度是化学反应的关键因素，化学反应中常常伴随着能量的释放和吸收。因此，若研究的纳尺度结构热振动过程存在化学反应，则会导致结构局部的温度和动力学参数发生变化，这种热振动与化学反应耦合的动力学行为尚未见报道。另外，对生命结构的研究已深入 DNA 分子，从力学角度来看，DNA 分子是一个复杂的多自由度非线性振动系统，热噪声对其动力学演化起着重要的影响，研究 DNA 分子中的热振动问题有助于理解其生物学行为。除此之外，热振动对分子马达等生物结构也有很大的影响[8]。

纳尺度结构的热振动是一项发展时间较短的研究方向，仍然面临着较多的难题和较大的挑战。需要进一步发展实验观测手段，提高量子力学及分子动力学计算效率及适用范围，改进经典动力学模型使之包含纳尺度下多种效应的影响。

参 考 文 献

[1] Stoneham A M, Gavartin J L. Dynamics at the nanoscale. Materials Science and Engineering C, 2007, 27(5): 972-980.

[2] Sansa M, Sage E, Bullard E C, et al. Frequency fluctuations in silicon nanoresonators. Nature Nanotechnology, 2016, 11(6): 552-558.

[3] Chaste J, Eichler A, Moser J, et al. A nanomechanical mass sensor with yoctogram resolution. Nature Nanotechnology, 2012, 7(5): 301-304.

[4] Gabrielson T B. Mechanical-thermal noise in micromachined acoustic and vibration sensors. IEEE Transactions on Electron Devices, 1993, 40(5): 903-909.

[5] Treacy M M J, Ebbesen T W, Gibson J M. Exceptionally high Young's modulus observed for individual carbon nanotubes. Nature, 1996, 381(6584): 678-680.

[6] Segal D, Agarwalla B K. Vibrational heat transport in molecular junctions. Annual Review of Physical Chemistry, 2015, 67(1): 185-209.

[7] 朱位秋. 非线性随机动力学与控制研究进展及展望. 世界科技研究与发展, 2005, 27(1): 1-4.

[8] Gittes F, Schmidt C F. Thermal noise limitations on micromechanical experiments. European Biophysics Journal with Biophysics Letters, 1998, 27(1): 75-81.

撰稿人：王立峰

南京航空航天大学

金属切削的非线性动力学问题

Nonlinear Dynamics of Metal Cutting

随着高速/超高速切削技术、精密/超精密加工技术的快速发展以及新型超硬刀具材料的广泛应用，机械产品的高速、高效、精密加工成为可能，因此切削颤振的预防与控制问题变得尤为尖锐和迫切[1]。然而，金属切削过程是一个动态过程，实际的瞬时切削厚度将在名义切削厚度附近波动，导致过程阻尼时变，同时随着切削的进行，系统刚度时变，是一个典型的时滞动力系统。传统的切削动力学局限于线性理论，能成功解释开始发生颤振的临界条件，即"稳定性阈"，却无法从动力学本质上解释颤振发生前后的种种现象。如何从颤振发生的物理本质入手，获取时滞效应对系统刚度和阻尼的影响机制、各种失稳形式的产生机制，以及工艺系统结构阻尼非线性和过程阻尼非线性对切削颤振的作用机理，将是探明切削动力学的物理本质和切削颤振主动控制的理论基础。

切削颤振是由切削系统内部激发反馈作用产生的一种自激振动，目前学术界主要将其划分为摩擦型颤振、再生型颤振和振型耦合型颤振等形式。其中，再生型颤振（图1）是工程中最常见的，也是学术界研究最多、最集中的一种失稳模式[2]。

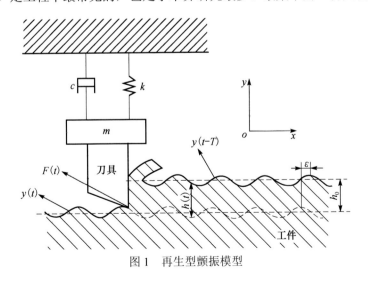

图 1 再生型颤振模型

切削颤振一直是机加工领域无法回避和亟待解决的关键问题之一。自20世纪

40 年代以来，国内外学者针对金属切削加工中的诸多振动问题进行了大量的理论及试验方面的研究与探索，并取得了许多非常有价值的研究成果。然而，早期关于切削颤振的基础性研究工作，大多适用于切削力和结构动力学特性等不随时间变化的直角切削。对于铣削加工，由于采用多齿旋转刀具切削，切削力大小和方向都随时间周期性变化，再加上具有多自由度的结构动力学特性等因素，使铣削加工过程的稳定性分析变得非常复杂。近 20 年来，国内外学者在铣削颤振方面的研究，主要集中在颤振稳定性分析、颤振预报及颤振控制等方面[3-5]。在颤振稳定性分析方面，现有研究主要是建立相应的铣削颤振模型，通过解析法或数值法来求解，推导出铣削稳定性 Lobe 图，并结合稳定性 Lobe 图来分析铣削系统稳定性，进而为颤振控制提供理论依据。在颤振预报研究方面，主要是通过直接或间接监测加工过程中的振动状态，分析所提取的特征信号，实现对颤振的早期预报。在颤振控制研究方面，总体上可以分为振动控制的方法和调整切削参数的方法（改变切削刚度和阻尼等）两大类，但从实际应用效果看，振动控制法和调整切削参数法均具有一定的局限性[5]。有关过程阻尼（process damping）的建模和标定是近十年来国际学术界的研究热点，加拿大著名学者 Altintas 曾将其列为切削颤振中尚未解决的、最具挑战性的研究难点之一[6]。目前，国内外学者开始重点通过刀具结构本身的改进与优化，利用加工过程中的非线性力学行为来抑制颤振，即充分考虑过程阻尼对铣削稳定性的影响，通过改变过程阻尼来实现颤振抑制[7,8]。

　　当今学术界在切削颤振的研究方面已经取得了大量的成果，但从过程阻尼的角度探索铣削颤振的产生本质、影响因素及其控制等方面的研究还很少，尤其是针对难加工材料及其弱刚性结构的铣削颤振控制基础理论与方法研究还不够深入和系统，现有铣削颤振理论研究仍无法为颤振主动控制技术提供统一判据和基础支撑。主要难点在于：一是现有研究在建立切削颤振模型的基础上，主要是将物理模型转化为时滞微分方程，然后通过半解析法或数值法来求解，并结合稳定性 Lobe 图来分析系统稳定性，或结合 Nyquist 判据或 Lyapunov 判据来进行系统稳定性分析，但该方法建模复杂，求解过程烦琐，实用性不高；二是铣削加工过程阻尼的大小与刀具结构参数如刀具后角、刃口半径、螺旋角、齿距等密切相关，而现有铣削颤振控制方法中，采用刀具刃口结构参数优化或采用变螺旋角、变齿距以及锯齿型切削刃等方法，均没有系统考虑过程阻尼效应，在减振刀具结构设计方面仍缺少完善的理论支撑。因此，系统深入地研究切削动力学非常困难，但意义重大。

　　综上所述，金属切削动力学研究今后迫切需要解决以下两个科学问题：

　　（1）基于统一稳定判据并考虑过程阻尼效应的铣削颤振产生机制。铣削颤振属于典型的由时滞引起的一种再生型颤振，当前关于铣削加工的时滞动力学模型往往忽略了过程阻尼效应，使得稳定性极限误差较大。而且，现有研究大多集中于方程本身的求解分析，因而对于铣削颤振物理本质的研究不够系统深入，且建模复杂，求解过程烦琐，由此制定的颤振控制方法具有较大的应用局限性。因此，有必要应用非线性动力学分析方法代替数学分析方法，引入统一判据，系统分析时滞效应对铣削系统阻尼和刚度的影响，揭示铣削颤振发生的物理本质，进而为颤振抑制提供统一的理论解释。

（2）基于过程阻尼效应的铣削加工减振刀具设计理论与方法。铣削加工过程阻尼的大小，与刀具结构参数如刀具后角、刃口半径、螺旋角、齿距等密切相关，然而现有的常规刀具设计与减振刀具设计，往往忽略了过程阻尼效应，因而所设计的刀具结构参数是否最优仍未可知。因此，在减振刀具设计过程中，可通过改变系统过程阻尼，实现减振刀具的优化设计，即将减振刀具设计归结为改变系统阻尼这一本质问题，为减振刀具的结构参数优化提供必要的理论支撑。

目前，航空航天、能源、轨道交通等国家重点发展行业产品性能的不断提高，使得具有高强度、高刚度、高耐磨性或高黏塑性的难加工材料及其难加工结构的应用越发广泛，但是难加工材料与难加工结构的切削过程中极易发生切削颤振，严重制约了新型材料与先进设计的推广应用。因此，从切削颤振发生的物理本质入手，深入研究时滞效应对系统刚度和阻尼的影响机制，揭示系统各种失稳形式的产生机制以及工艺系统结构阻尼非线性和过程阻尼非线性对切削颤振的作用机理，创新基于过程阻尼效应的铣削颤振主动抑制刀具设计理论与方法，系统解决切削颤振这一科学问题，对完善金属切削系统理论，促进国家重点发展行业产品核心零件的"控形"与"控性"加工技术的进步，丰富制造技术基础理论，推动制造技术发展等，有着重要的科学意义与实用价值。

参 考 文 献

[1] 师汉民. 金属切削理论及其应用新探. 武汉: 华中科技大学出版社, 2003.

[2] Altintas Y. Manufacturing Automation: Metal Cutting Mechanics, Machine Tool Vibrations, and CNC Design. 2nd ed. Cambridge: Cambridge University Press, 2012.

[3] Totis G, Albertelli P, Sortino M, et al. Efficient evaluation of process stability in milling with spindle speed variation by using the chebyshev collocation method. Journal of Sound and Vibration, 2014, 333(3): 646-668.

[4] Wang M H, Gao L, Zheng Y H. Prediction of regenerative chatter in the high-speed vertical milling of thin-walled workpiece made of titanium alloy. International Journal of Advanced Manufacturing Technology, 2014, 72(5-8): 707-716.

[5] 李欣. 铣削加工时滞及过程阻尼效应研究. 南京: 南京航空航天大学博士学位论文, 2015.

[6] Altintas Y, Weck M. Chatter stability in metal cutting and grinding. Annals of the CIRP, 2004,

53(2): 619-642.

[7] Ahmadi K, Ismail F. Stability lobes in milling including process damping and utilizing multi frequency and semi-discretization methods. International Journal of Machine Tools and Manufacture, 2012, S54-S55(3): 46-54.

[8] Hamed M, Gholamreza V, Mohammad R. Experimental dynamic modelling of peripheral milling with process damping, structural and cutting force nonlinearities. Journal of Sound and Vibration, 2013, 332(19): 4709-4731.

撰稿人：李　亮

南京航空航天大学

振动力学方程的一阶正则表达

First Order Canonical Expression of Vibration Equation

机械动力学模型一般为二阶牛顿微分方程，在需要进行复模态分析、振动稳定性分析及振动控制分析时，也常将其转化为一阶动力学微分方程，它们广泛应用于与机械相关的各工程领域。但该方程并不具有正则性，而是一种以力为主导的方程，二阶动力学方程中各项均为力的量纲，没有其"对偶量"——速度的方程描述。由于方程没有正则性，方程数仅取决于独立质块数，而与独立弹簧数无关，故其转化的一阶动力学微分方程数一定是偶数，使得该表达方式具有诸多不足，在具体应用时一般通过数学方式加以处理和弥补，如坐标扩充和坐标压缩[1-5]。

为了解决描述上非对偶性导致的问题，有不少学者进行了相关研究，提出了各种方法，较为成功的理论与方法是 20 世纪 60 年代初由美国的 Paynter 教授[6]提出的键合图（Bondgraph）理论，后经 Karnopp 和 Rosenberg 等[7]发展和完善，已广泛用于多能域耦合系统的建模、分析与仿真，该方法是先根据物理模型得出键合图，再由键合图得出一阶状态微分方程，它无疑是一种正则描述，其各关键变量都是对偶的，如广义力-广义速度、广义动量-广义变位等，所得出的一阶状态微分方程数目不一定是偶数，而是与系统的独立储能元件数相等。

实践表明，该方法依然有以下两点不足：①键合图方法不能像目前的振动力学方法那样直接由物理模型得出动力学微分方程，是一种间接方法；②键合图方法比较适用于拓扑结构特征明显的电路系统、液压回路系统及小部分机械系统，而不太适用于拓扑结构特征不明显的一般机械系统[8]。

非正则表达的缺陷可以用最简单的由 s 个质块组成的直串式弹簧-质量线性系统的模态分析为例说明。

对于弹簧数为 $s+1$ 的两端约束弹簧-质量系统，其独立储能元件数为 $2s+1$，而其二阶牛顿微分方程数为 s，故其转化一阶动力学方程数为 $2s$，一阶动力学方程数小于其独立储能元件数，丢失一个零模态，其变形（应变）模态信息不完整。

而对于弹簧数为 $s-1$ 的两端自由弹簧-质量系统，其二阶牛顿微分方程数为 s，故其转化一阶动力学方程数依然为 $2s$，而其独立储能元件个数为 $2s-1$，一阶动力学方程数大于其独立储能元件个数，多出一个零模态，显然存在冗余的位移模态信息。

　　且上述两类非正则表达形式均只能得出位移振型（即 p 振型），要得出另一类振型（即 q 振型），必须通过繁杂的数学转换[9]。

　　而当一阶动力学表达式用正则方式描述时，若取其各独立储能元件的广义变量，如质块的动量 p 和弹簧的变形量 q 为状态向量，p 和 q 互为对偶量，则弹簧数为 $s+1$ 的两端约束的弹簧-质量系统有 $2s+1$ 个独立状态向量，即 $X_1 = \{q_1, p_1, q_2, p_2, \cdots, q_s, p_s, q_{s+1}\}^T$；而弹簧数为 $s-1$ 的两端自由的弹簧-质量系统有 $2s-1$ 个状态向量，即 $X_2 = \{p_1, q_1, p_2, q_2, \cdots, p_{s-1}, q_{s-1}, p_s\}^T$。由于其状态向量 X 的维数刚好等于其独立储能元件个数，系统动力学描述是完全自洽的，不会出现冗余模态信息或模态信息丢失。此外，正则表达不但能得出系统质块的 p 模态（如速度模态、位移模态等），还能同时得出其对偶的 q 模态（如变形模态、应变模态等），方程物理意义明确。也更容易与习惯于正则描述的电路系统（基本对偶量为电压-电流）、液压回路系统（基本对偶量为压强-流量）等进行联合应用，便于多能域耦合系统分析研究。

　　当系统为非线性时，两描述方法也有类似差别，用正则方程能更完整和准确地描述系统的非线性性质。

　　初步研究表明，对于一般简单的直串式弹簧-质量系统，利用正则变量 (p, q) 可直接列写出形如 $\dot{X} = f(X, U)$（线性形式为 $\dot{X} = AX + BU$）的一阶动力学方程，但更复杂和更一般的系统则遇到巨大困难。

　　因此，寻求一种一般机械系统的振动力学方程的一阶正则表达则成为一项具有挑战意义的工作，这包括两个方面的问题：①由机械系统的物理模型直接得出以 (p, q) 为正则变量的一阶动力学方程的一般推导方法（包括储能元件的独立性判定准则等）；②基于广义变量 p（而不是 q）的对偶拉格朗日方程的一般推导方法。

参 考 文 献

[1]　师汉民, 黄其柏. 机械振动系统. 武汉: 华中科技大学出版社, 2013.

[2]　倪振华. 振动力学. 西安: 西安交通大学出版社, 1989.

[3]　方同, 薛璞. 振动理论及应用. 西安: 西北工业大学出版社, 1998.

[4]　梅凤翔. 分析力学. 北京: 北京理工大学出版社, 2013.

[5]　Moirovich L. Elements of Vibration Analysis. 2nd ed. New York: McGraw-Hill, 1986.

[6]　Paynter H M. Analysis and Design of Engineering Systems. Cambridge: MIT Press, 1961.

[7]　Karnopp D C, Margolis D L, Rosenberg R C. System Dynamics: Modeling and Simulation of

Mechatronic Systems. New York: Wiley, 2012.

[8] 王艾伦, 钟掘. 模态分析的一种新方法——键合图法. 振动工程学报, 2003, 16(4): 463-467.

[9] 李德葆. 实验模态分析及其应用. 北京: 科学出版社, 2001.

撰稿人：王艾伦

中南大学

振动时效的机理

Mechanism of Vibratory Stress Relief

  振动时效是消减工件残余应力的一种有效手段，与自然时效和人工热时效方法相比，振动时效具有无污染，效率高，节约时间、能源、费用等特点，也是节能减排的一项重要措施，在避免热时效过程可能产生工件氧化、工件受热不均而导致裂变或在冷却过程中产生新的应力等方面也具有益处。人们长期关注振动消减残余应力并对其研究了几十年，但至今其应用范围有限，还有很大的潜力没有发挥出来。其中一个重要原因是对振动时效的机理还不十分了解。几十年来，人们提出了许多理论描述振动时效的机理，但仅 Wozney 和 Crawmer[1]提出的振动时效条件"要减小残余应力，加载的动应力与残余应力的叠加要大于材料的屈服极限"具有较高的公认度，而其他理论大多尚未达成共识。

  早在 20 世纪初期，美国著名物理学家 Stratt 就提出了振动消除残余应力的想法并在美国取得专利。但直到 20 世纪 50 年代，在能源紧张的情况下，人们才开始加强振动时效的机理与应用研究，该技术也成为公认有效的消减残余应力的方法，并开始逐步有振动时效装置投放到市场上。数十年来，关于振动时效的文献连绵不断，但多是介绍针对某个具体构件的振动时效的方案及效果，关于振动时效机理的研究不多。学者先后从微观、宏观的角度提出了塑性变形理论、宏观微观应力理论、位错理论、弹性变形理论、挤压（拉伸）理论、内耗理论等，但多数未经过实验的证实[2]。此后很长时间，人们关于振动时效机理的研究多是对这些理论进行分析、验证、延伸等。例如，20 世纪 90 年代，宋天民等[2]以实验观测为基础，结合位错理论与内耗理论来解释振动时效的机理，认为振动时效的过程是金属材料内部晶体位错运动、增殖、塞积和缠结过程，其效果是位错组态变化和密度变化的结果。Walker 等[3]研究了位错运动的振动时效模型。直到近年，何闻等[4]提出"高频振动时效"，Shalvandi 等[5]提出"超声振动时效"等，他们提出的这类振动时效的机理基本上仍然是类似现行振动时效的微观机理，但他们的振动时效方法已是新的方法，在消减残余应力方面的效果还有待进一步观察和检验。

  虽然振动时效早已在众多领域被采用，其宏观、微观机理的研究也都取得了不少成果，相关假设也具有合理性并部分得到验证，但由于残余应力尤其是工件内部深处的残余应力不容易检测，要检测构件振动的动应力作用下的残余应力消减过程则更加困难。因此，人们对振动消减残余应力的过程仍没有清晰的了解，现在关于振动时效机理的理论还很不完善。振动时效表现出普遍的有效性和效果的不稳定性、难控制性，在各领域振动时效都有表现出明显的有效性，但有时又效果不佳，甚至没有一点效果。特别是在我国，振动时效的应用还十分有限，许多企业是应用振动时效后没有效果或效果太差，又放弃振动时效，重新采用热时效的。即使是经过精心设计的振动时效的工艺研究，其结果也常常大相径庭，有的文献报道可以消除工件表面几乎全部的残余应力[6]，而另外的文献却不能达到40%[3]。现在关于振动时效机理的假设或理论，还不够系统、完善，有人认为只有动应力加残余应力大于屈服极限才能够消减残余应力，有人则认为动应力加残余应力远远小于屈服极限都可能消减残余应力，甚至还有人认为，有些振动时效的假设之间还存在矛盾。

当发现恰当的振动的确可以消减残余应力并在工程实践中获得了应用时，人们对这项新技术的美好前景充满了憧憬，并满怀热忱地将其应用于各种场合。然而，几十年过去了，振动时效的应用远没有人们当初期望的那样广泛。振动时效的应用范围还能扩展多少？它的效果能否更好、更稳定？真的能够完全取代人工热时效吗？人们的疑惑源自于关于振动时效的理论还不够全面、系统、深入、完善。今天，当人们面对研究、应用了几十年的振动时效仍然不断出现效果不稳定、难控制时，不得不怀疑这些年关于振动时效的假设及其理论的全面性、真实性和准确性。究竟动应力加残余应力达到材料屈服极限后，会不会发生微观的塑性变形，如果发生微观塑性变形，这种微小变形是什么尺度，有什么规律；振动时效的微观机理究竟是不是"……交变应力下位错的变化是一个不断被激发放出位错、位错塞积、塞积开通的过程。伴随着此过程的进行，残余应力峰值下降……"[7]。对于这些或久远或新近提出的假设、理论，要不要重新审视、检验呢？但至少可以肯定，在构件振动的动应力作用下残余应力消减的过程中，一定还存在一些不为人知的关键机制没有被发现，彻底、全面地认识振动时效的机理仍然是制造科学领域的一个难题，实验检测技术的新进展、材料微观力学的新理论或许是破解这个难题的金钥匙。

参 考 文 献

[1] Wozney G P, Crawmer G R. An investigation of vibrational stress relief in steel. Welding Journal, 1968, 47(9): 411-419.

[2] 宋天民, 张国福, 尹成江. 振动时效机理的研究. 吉林大学自然科学学报, 1995, (1): 53-56.

[3] Walker C A, Waddell A J, Johnston D J. Vibratory stress relief—An investigation of the

underlying processes. Journal of Process Mechanical Engineering, 1995, 209(15): 51-58.

[4] 王剑武, 何闻. 高频激振时效技术的研究. 机床与液压, 2005, (9): 9-14.

[5] Shalvandi M, Hojjat Y, Abdullah A, et al. Influence of ultrasonic stress relief on stainless steel 316 specimens: A comparison with thermal stress relief. Materials and Design, 2013, 46(4): 713-723.

[6] Dawson R, Moffat D G. Vibratory stress relief: A fundamental study of its effectiveness. Journal of Engineering Materials and Technology, 1980, 102(2): 169-176.

[7] 芦亚萍, 何闻. 振动时效机理及其对疲劳寿命的影响分析. 农业机械学报, 2006, 37(12): 197-200.

撰稿人：蔡敢为

广西大学

铁道车辆轴承服役性能演变

Service Performance Evolution of Rolling Element Bearing for Railway Vehicles

  铁道车辆轮对轴承是一种大尺寸、低转速（通常低于 3000r/min）的专用轴承，滚子与内外圈滚道间注有润滑脂，并加以密封圈封装。作为机车、车辆走行部中关键的运动部件，其运行状态的好坏直接影响列车的行车安全。然而，受其结构限制，在轴承的服役过程中，无法从外部直接观测到内部元件的运行状态，即凭借目前的技术能力，在不破坏轴承结构、维持轴承正常工作的条件下，只能依靠外部测量的方式拾取轴承状态的有效信息。目前，主要依靠振动、温度、噪声、声发射信号等手段从轴承外部进行检测评估，但是，这些信号是内部产生损伤后，由内至外传递出来的，是内部损伤的外部表现特征。因此，许多重要的特征在复杂的传递路径中大大衰减，再加上外界环境中复杂噪声的干扰，能被直接提取的有价值信息就微乎其微了。由于轴承内部无法直接观测，只能凭借这些外部表现信号进行间接诊断，即轴承本身好似"黑箱"一样。如何打开这个"黑箱"，准确把握轮对轴承内部元件的服役性能及演化规律，确保其处于安全的运行状态给国内外学者提出了巨大的挑战。

  要想打开"黑箱"轴承、时刻洞悉轴承内部重要部位的健康状态，需要从动力学正、反问题两个方面着手。首先，需要开展复杂激励条件下轮对轴承的故障机理分析，即在动力学建模理论的指导下，建立轮对轴承的数学模型，通过动态行为仿真，得到损伤对应的时域、频域响应特征，揭示轴承内部故障与外部动力学响应之间的映射关系。其中，包括轮轨激励条件下轮对-轮对轴承-轴箱耦合系统多参数动力学建模和双列圆锥滚子轴承的损伤模型，特别是需要重点突破列车运行状态下轮对轴承的故障动态演化模型。现阶段，国内外相关工作[1]大多针对通用机械中的球轴承开展，针对轮对轴承这类专用机械的动力学建模鲜有报道，建立的数学模型也未能完全真实地反映轴承内部各元件的工作状态。模型中的不足主要体现在：①对于滚动体，现有模型通常认为滚动体在滚道上纯滚动或存在轻微（1%～2%）的切向滑动，而未考虑可能存在的轴向滚动或滑动的影响；②对于保持架，兜孔与滚动体的相互作用机理研究还存在很大的欠缺。尤其是塑钢保持架，其材料的属性及破坏形式等对轴承外部响应的影响规律研究不足；③对于轴承润滑条件的影响，弹流润滑的基础理论及其应用还需进一步深入探索；④对于损伤模型，未能准确描述工程中出现的损伤形貌，对于滚动体与损伤或损伤与滚道的接触模型还需要细化；⑤对于故障演化的规律总结和准确预测等，现有方法更是束手无策。

其次，需要解决强背景噪声条件下轴承故障特征的提取问题，即如何从外部信号中分离有效的响应特征[2]。在工程中，轮对轴承的状态监测通常依靠安装在轴箱体上的传感器进行，而传感器拾取的信息不仅包括轮对轴承的动力学响应，还包括来自轮轨间、轴箱自身、传动齿轮等响应的干扰。在列车高速运行的工况中，轴箱处的加速度能高达数百倍的重力加速度，其中轮轨间的振动等级要远高于轴承本身的振动数个量级。再加上环境噪声、列车其他部件的工作噪声等，形成了多源激振的复杂情况。由于存在极少数量的传感器和数量众多的振源信息，这是一个典型的欠定的盲源分离（blind source separation, BSS）问题[3]。简单地基于分量信号的统计独立性和非高斯性通常无法有效地分离出人们感兴趣的特征成分。因此，如何搭建有效的分析模型进行有效的源估计和盲提取还需要进一步深入讨论。

在上述两方面工作的基础上，基于数据挖掘、深度学习等新型智能理论和方法[4-6]，建立基于数据驱动的轮对轴承服役性能演化模型，可以实现服役性能的退化评估与剩余寿命预测。在科学技术飞速发展的今天，实现不需要人为干预的智能诊断与预测，无疑是未来铁道车辆关键结构与部件运营状态在线监测的发展方向。同时，基于演化模型得到的统计规律还可以用于指导生产设计，为动车组轮对轴承的国产化进程提供理论支撑。

参 考 文 献

[1] Singh S, Howard C Q, Hansen C H. An extensive review of vibration modelling of rolling element bearings with localised and extended defects. Journal of Sound and Vibration, 2015, 357: 300-330.

[2] 杨绍普, 赵志宏. 改进的小波相邻系数降噪方法及其在机械故障诊断中的应用. 机械工程学报, 2013, 49(17): 137-141.

[3] Haile M A, Dykas B. Blind source separation for vibration-based diagnostics of rotorcraft bearings. Journal of Vibration and Control, 2016, 22(18): 3807-3820.

[4] Yang Y, Liao Y, Meng G, et al. A hybrid feature selection scheme for unsupervised learning and its application in bearing fault diagnosis. Expert Systems with Applications, 2011, 38(9): 11311-11320.

［5］ Moghaddass R, Zuo M J. An integrated framework for online diagnostic and prognostic health monitoring using a multistate deterioration process. Reliability Engineering and System Safety, 2014, 124: 92-104.

［6］ 雷亚国, 贾峰, 周昕, 等. 基于深度学习理论的机械装备大数据健康监测方法. 机械工程学报, 2015, 51(21): 49-56.

撰稿人： 杨绍普、刘永强、顾晓辉

石家庄铁道大学

常导磁浮车辆的悬浮失稳和耦合共振

Levitation Instability and Coupled Resonance of the Electromagnetically Levitated Vehicle

　　常导磁浮车辆是一种新型轨道交通工具，它以电磁铁替代传统铁路车辆的车轮，利用电磁吸力悬浮车辆，以直线电机（将旋转电机沿径向剖开拉伸）牵引列车。由图 1 可知，磁浮车辆克服了传统铁路的轮轨黏着限制，加速和制动不依赖机械摩擦，具有更强的加速和爬坡能力。常导磁浮车辆与轨道之间没有机械接触，电磁力连续分布，车辆运行时振动小，乘坐舒适，几乎没有机械噪声。简而言之，磁浮车辆具有加速快、振动小、噪声低、线路适应性好、乘坐舒适等优点，它继承了轮轨车辆的诸多先进技术，同时集成了电力电子、自动控制、通信信号等高新技术[1]。

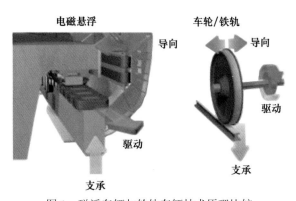

图 1　磁浮车辆与轮轨车辆技术原理比较

　　以电磁力替代轮轨力带来了诸多优点，同时也带来新的科学技术难题。例如，由于吸力型电磁悬浮本质上是不稳定的，需要对电磁铁电流进行反馈控制，主动调节电磁力大小，用以维持 8～10mm 的额定悬浮间隙，这意味着磁浮车辆与轨道之间存在主动、有源（有外部能量输入）的强耦合作用关系，故车轨系统容易发生强烈共振，严重时将导致系统悬浮失稳。事实上，德国、日本、韩国和中国的磁浮交通工程应用实践中，均出现了车辆和轨道耦合振动问题，比较典型的现象是：磁浮车辆静浮或慢速通过某些线路结构时（如道岔梁、维修基地钢梁、低刚度轨道梁等）振动剧烈，从而影响车辆运行安全性、乘坐舒适性以及电子器件的服役可靠性[2-5]。为了抑制磁浮车轨耦合共振，常见的工程措施是提高磁浮轨道梁刚度，或者是在已架设轨道梁上增设质量块和阻尼器，这些措施增加了磁浮线路建造成本，降低了常导磁浮交通的技术经济性。因此，要想充分发挥常导磁浮交通的技术优势，需要从系统动力学的角度重新认识磁浮车辆-电磁-控制-土木结构动力耦合作用机制与基本规律，并以此为基础开发磁浮车辆与轨道耦合振动控制方法及技术措施。

常导磁浮车辆首先要解决电磁悬浮稳定性问题。实际工程中电磁悬浮系统承受多种外部激扰，如车辆负载变动、线路不平顺、轨道梁弹性变形、导轨涡流产生的电磁力损失、直线电机法向力、轨道接缝等，这说明电磁悬浮控制的对象是不确定的。但是，目前磁浮车辆悬浮控制系统设计时大多采用了单磁铁悬浮系统模型（图 2）[5-8]，建立数学模型时一般将电磁力在平衡点处进行线性化处理，显然，这样得到的悬浮控制系统很难适应非线性、强干扰的实际情况。尽管一些学者也尝试将滑模变结构控制、模糊控制、鲁棒控制方法运用于单磁铁悬浮控制设计，但实际工程应用效果并不理想。因此，要彻底解决常导磁浮车辆的悬浮失稳问题，需要建立完整的磁浮车辆与轨道系统动力学模型，该模型具有自由度大、非线性强、时变性显著的特点，对于这种系统目前还没有较为高效的动力稳定性分析理论和方法。一些学者采用 Floquet 理论和 Lyapunov 指数分析法求解系统扰动方程的特征值来判定系统的稳定性[9]，但对高维的磁浮车辆-轨道系统动力方程，其计算速度和计算精度将受到极大的考验。因此，探索磁浮车辆-轨道系统稳定性分析方法仍是一项重要研究任务。

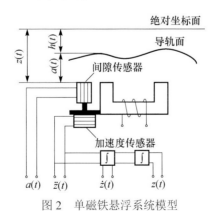

图 2　单磁铁悬浮系统模型

在处理常导磁浮车辆与轨道耦合共振问题方面，当前需要充分认识磁浮交通中电磁悬浮的力学本质。不同于传统铁路中车轮和钢轨之间的高刚度（10^9N/m 数量级）被动接触，电磁悬浮实际上是一个低刚度（10^6N/m 数量级）悬挂系统[10]，它既要跟踪轨道梁弹性变形形成的长波不平顺（低频激扰），又要抑制导轨反应面制造安装误差造成的短波路平顺（高频激扰），可以将其类比于人体免疫系统，"过敏"使得控制系统常常做出过激反应，导致车轨强烈耦合振动，而"迟钝"会导致电磁力调节不及时，出现电磁铁打轨现象。因此，必须探明车辆参数、悬浮控制参数、轨道参数对磁浮车轨动力作用的影响规律，明晰磁浮车辆-控制-轨道系统的固有频率分布情况，在此基础上开发磁浮车辆与轨道耦合振动控制方法与技术。因此，从耦合动力学角度对磁浮车辆和轨道系统开展结构优化与创新设计，用以提高转向架机械解耦能力和轨道结构的整体性，避免车轨系统发生共振，是非常有意义的研究工作。

综上所述，常导磁浮车辆耦合共振和悬浮失稳问题是其工程应用推广面临的主要难点，而单独从车辆子系统、悬浮控制子系统和轨道子系统入手都很难彻底解决这一问题，因为实际工程中车轨耦合振动是三个子系统动力参数匹配不合理造成的。而研究揭示磁浮车辆-电磁-控制-土木结构动力耦合作用机制与规律是解决这一问题的根本所在，这需要寻找适用于非线性时变系统的动力稳定性分析理论与方法，从系统动力学角度提出常导磁浮车辆与轨道动力学参数优化设计原则与方法。

参 考 文 献

[1] 吴祥明. 磁浮列车. 上海: 上海科学技术出版社, 2003.

[2] 翟婉明, 赵春发. 磁浮车辆/轨道系统动力学(I)——磁/轨相互作用及其稳定性. 机械工程学报, 2005, 41(7): 1-10.

[3] 赵春发, 翟婉明. 磁浮车辆/轨道系统动力学(II)——建模与仿真. 机械工程学报, 2005, 41(8): 163-175.

[4] 李莉, 孟光. 慢起慢落时磁浮车辆与钢轨道框架耦合共振分析. 振动与冲击, 2006, 25(6): 46-48.

[5] 李云钢, 常文森, 龙志强. EMS 磁浮列车的轨道共振和悬浮控制系统设计. 国防科技大学学报, 1999, 21(2): 93-96.

[6] 江浩, 连级三. 单磁铁悬浮系统的动态模型与控制. 西南交通大学学报, 1992, 27(1): 59-67.

[7] Sinha P K. Electromagnetic Suspension Dynamics and Control. London: Peter Peregrinus, 1987.

[8] Popp K. Mathematical modeling and control system design of maglev vehicles//Dynamics of High-Speed Vehicles, International Center for Mechanical Science Courses and Lectures No. 274. New York: Springer-Verlag, 1982: 333-364.

[9] 周又和, 武建军, 郑晓静, 等. 磁浮列车的动力稳定性分析与 Lyapunov 指数. 力学学报, 2000, 32(1): 42-51.

[10] 赵春发, 翟婉明. 常导电磁悬浮动态特性研究. 西南交通大学学报, 2004, 39(4): 464-468.

撰稿人：赵春发

西南交通大学

齿轮振动与疲劳的相互作用机制

Vibration-Fatigue Interaction Mechanism of Drive Gear

1. 问题描述

传动齿轮作为机械传动中最基础的零部件之一,其性能对于传动系统的安全、稳定有着极大的影响。齿轮传动不断朝着高速、重载的方向发展,由此也引起了更剧烈的振动、噪声和动载荷。在高速、重载、变工况等复杂服役条件下,齿轮将承受较大的动载荷,进而引起系统剧烈的振动,加速齿轮疲劳损伤,造成齿面点蚀、剥落、磨损以及齿根裂纹等齿轮故障。一旦产生齿轮故障,轻则影响齿轮传动系统的动态性能,引起更为剧烈的振动噪声等问题,重则引起齿轮断齿、传动系统破坏、动力传输中断甚至机毁人亡等严重安全性问题和灾难性事故。因此,开展传动齿轮的振动与疲劳损伤耦合作用机理的研究,揭示齿轮振动特征与疲劳损伤之间的对应关系,对于基于振动的齿轮传动系统故障预测与健康管理,建立齿轮传动系统状态监测、故障诊断与预测系统[1],以及齿轮疲劳失效机制具有重要作用。

从某种程度来说,齿轮系统动力学的研究等同于齿轮内部激励的研究。内部激励包括刚度激励、误差激励和啮合冲击激励。由于参与啮合的轮齿对数的交替变化,啮合刚度随时间也呈现时变周期性,进而引起齿轮啮合力的周期变化[2]。误差激励是齿轮加工、安装误差引起齿廓表面相对于理想齿廓位置偏移,是一种周期性的位移激励。啮合冲击激励是由于齿轮受载变形和加工误差,齿轮在啮入、啮出位置偏离理论啮合点,使啮合齿面产生冲击,是一种周期性的载荷激励。齿轮传动作为动力传输的中间环节,除内部激励外,同时还承受原动机、负载等外部激励。例如,高速动车齿轮传动系统除了受啮合过程中齿轮内部激励引起的振动外,还要承受负载端由于轨道不平顺带来的外部轮轨冲击以及输入端电动机谐波转矩的激励,这将使其振动特性变得更加复杂。

在内部激励和外部激励的共同作用下,齿轮轮齿将承受复杂的交变应力,极易产生疲劳失效,造成不同程度的齿轮故障。例如,点蚀是齿轮工作过程中由于齿面在高应力长时间反复作用下,局部齿面出现一定数量且体积很小的点坑的现象,其随时间的延长而继续扩展,直到齿面完全破坏为止。实验表明,负载的增加提高了早期点蚀故障的可能性，在齿轮单齿啮合区更易发生故障。齿轮疲劳损伤和故障的出现，将加剧齿轮传动系统的振动甚至造成冲击性的动载荷，振动与动载荷的增大将进一步加速齿轮疲劳失效和故障的演化。因此，传动齿轮的振动与疲劳损伤是相互影响的，如何更好地揭示二者之间的耦合作用机理，更为准确地描述它们之间的映射关系是当前齿轮传动研究领域的一大难题。

2. 研究现状

齿轮系统动力学的研究主要以非线性振动理论为基础，考虑时变刚度、尺侧间隙等非线性因素，研究其振动问题[3]。迄今为止，人们已经提出了许多形式的齿轮系统分析模型。根据模型中对啮合过程涉及的不同非线性因素与参数变化特性，模型可以有四种形式：①线性时不变模型，这类模型不考虑啮合刚度时变特性、齿侧间隙和啮合误差等非线性因素；②线性时变模型，这类模型仅考虑系统中时变的刚度，如轮齿啮合刚度和滚动轴承支承刚度的时变特性；③非线性时不变模型，这类模型仅考虑系统中间隙非线性，而不考虑时变刚度，间隙可以是齿侧间隙或滚动轴承间隙；④非线性时变模型，这类模型同时考虑啮合刚度和齿侧间隙等时变因素和间隙非线性因素。截至目前，已有许多学者对齿轮系统动力学模型、动态激励和振动响应等开展了大量的研究工作。

例如，陈再刚等[2,4,5]对轮齿误差、故障等与齿轮综合啮合刚度关系进行了研究，并提出了一种对于非均匀分布轮齿裂纹的齿轮啮合刚度计算模型。魏静等[6]综合考虑轮齿啮合时变刚度、齿轮传递误差、齿轮啮合冲击以及风载变化等非线性因素影响建立某大型风电增速齿轮箱非线性耦合分析模型，对齿轮箱的位移、速度、加速度以及结构噪声进行了全面的评价。Velex与Sainsot[7]考虑齿面摩擦这一非线性因素，基于Coulomb模型研究了在无误差圆柱齿轮与斜齿轮中摩擦激励的影响，他们的研究表明轮齿摩擦对齿轮的平移振动有着极大的影响。Guilbault等[8]假定阻尼来自轮齿滞后、润滑油挤压阻尼、齿轮运行环境因素的共同作用，研究齿轮阻尼产生机理，其最终模型的动态传递误差与实验结果吻合得很好。Kubur等[9]提出了多柔性轴的斜齿轮减速单元的动力学模型，其中包括轴结构的有限元模型和斜齿轮对的三维离散模型，并运用特征值法与模态求和技术来预测系统的自由振动和强迫振动。陈再刚等[10]考虑齿轮传动系统内部激励和轮轨不平顺激励的影响，建立了机车垂向耦合动力学模型，分析了机车零部件振动与传动系统耦合作用机制。结果表明，齿轮内部激励和外部轮轨激励对机车以及齿轮传动系统具有显著的影响。齿轮疲劳寿命准确预测也是目前研究的热点。Dong等[11]提出一种在动态情况下预测传动齿轮接触疲劳寿命的方法，并与简化的点蚀模型和已发表的实验数据进行了对比验证。Li等[12]提出一种基于裂纹尺寸与齿轮动载荷的裂纹拓展仿真模型，用于预测有疲劳裂纹齿轮的剩余可用寿命。该方法避免了重复的有限元计算，提高了其工程应用价值。佟操等[13]针对齿接触失效，建立带有安装与制造误差的齿轮参数化模型，通过大变形显式动力学仿真软件来模拟齿面动态接触应力，并引入 MCMC（Markov chain Monte Carlo）抽样选点，使得响应面的计算更加精确。

齿轮疲劳损伤的早期检测与裂纹拓展是研究的重点。Glodež 等[14]提出一种模拟直齿圆柱齿轮在接触区域表面疲劳过程的模型，并通过实验对其进行验证。通过该模型可以模拟疲劳裂纹从生成到临界长度的扩展过程。Ghaffari 等[15]研究摩擦对于齿轮疲劳裂纹产生和扩展的影响，并基于损伤力学的基本理论建立了由于滚动接触疲劳（rolling contact fatigue, RCF）产生的轮齿裂纹的模型。刘佳等[16]利用光流法对齿轮表面接触疲劳区和非接触疲劳区的热流量进行追踪，建立了齿轮疲劳早期阶段的光流场、瞬态热力特性与微观结构的关系，对于齿轮疲劳损伤的早期评估检测有着良好的作用。

虽然已有大量文献开展了齿轮振动和疲劳损伤的研究工作，但是大部分仍将二者割裂分别单独研究，二者的耦合作用机理尚未完全揭示清楚。

3．科学难题

传动齿轮振动-疲劳耦合作用的研究对于齿轮故障检测以及设计优化有着重要的指导意义，齿轮传动复杂的内外多源激扰使得其疲劳损伤与系统振动响应的耦合机理变得更为困难。其主要问题有：

（1）建立微观失效与宏观力学表征之间的跨尺度映射关系。

（2）齿轮传动系统精确动力学建模及服役性能演化模型。

（3）齿轮材料疲劳损伤精确计算与预测模型。

参 考 文 献

[1] Onsy A, Bicker R, Shaw B A. Predictive health monitoring of gear surface fatigue failure using model-based parametric method algorithms: An experimental validation. Nutrition Research Reviews, 2013, 6(1): 1-7.

[2] Chen Z G, Shao Y M. Dynamic simulation of spur gear with tooth root crack propagating along tooth width and crack depth. Engineering Failure Analysis, 2011, 18(8): 2149-2164.

[3] 李润方, 王建军. 齿轮系统动力学. 北京: 科学出版社, 1997.

[4] Chen Z G, Shao Y M. Mesh stiffness calculation of a spur gear pair with tooth profile modification and tooth root crack. Mechanism and Machine Theory, 2013, 62: 63-74.

[5] Chen Z G, Zhai W M, Shao Y M, et al. Analytical model for mesh stiffness calculation of spur gear pair with non-uniformly distributed tooth root crack. Engineering Failure Analysis, 2016,

66: 502-514.

[6] 魏静, 孙清超, 孙伟, 等. 大型风电齿轮箱系统耦合动态特性研究. 振动与冲击, 2012, 31(8): 16-23.

[7] Velex P, Sainsot P. An analytical study of tooth friction excitations in errorless spur and helical gears. Mechanism and Machine Theory, 2002, 37(7): 641-658.

[8] Guilbault R, Lalonde S, Thomas M. Nonlinear damping calculation in cylindrical gear dynamic modeling. Journal of Sound and Vibration, 2012, 331(9): 2110-2128.

[9] Kubur M, Kahraman A. Dynamic analysis of a multishaft helical gear transmission by finite elements: Model and experiment. Journal of Vibration and Acoustics, 2004, 126(3): 398-406.

[10] Chen Z G, Zhai W M, Wang K Y. A locomotive-track coupled vertical dynamics model with gear transmissions. Vehicle System Dynamics, 2017, 55(2): 1-24.

[11] Dong W, Xing Y, Moan T, et al. Time domain-based gear contact fatigue analysis of a wind turbine drivetrain under dynamic conditions. International Journal of Fatigue, 2013, 48(1): 133-146.

[12] Li C J, Lee H. Gear fatigue crack prognosis using embedded model, gear dynamic model and fracture mechanics. Mechanical Systems and Signal Processing, 2005, 19(4): 836-846.

[13] Tong C, Sun Z L, Chai X D, et al. Gear contact fatigue reliability based on response surface and MCMC. Journal of Northeastern University, 2016, 37(4): 526-531.

[14] Glodež S, Ren Z, Flašker J. Surface fatigue of gear teeth flanks. Computers and Structures, 1999, 73(S1-5): 475-483.

[15] Ghaffari M A, Pahl E, Xiao S. Three dimensional fatigue crack initiation and propagation analysis of a gear tooth under various load conditions and fatigue life extension with boron/epoxy patches. Engineering Fracture Mechanics, 2015, 135: 126-146.

[16] Liu J, Ren W, Tian G Y, et al. Early contact fatigue evaluation of gear using eddy current pulsed thermography. IEEE Far East Forum on Nondestructive Evaluation/Testing, 2014: 208-212.

撰稿人：陈再刚

西南交通大学

大变形柔软多体系统的建模、设计和控制

Modeling, Design and Control of Soft Multibody System with Large Deformation

随着仿生机器人、航天展开结构的发展和新型复合材料的应用，出现了一类大变形柔软机构和结构，如仿生软体机器人[1]（图1）、薄膜太阳帆板[2]（图2）等，使得多体系统的研究范畴从刚体-弹性体发展到柔软体系统的新阶段。此类柔软多体系统在工作过程中柔性变形很大，新型材料的应用使得力学性能更加复杂，动力建模过程中需考虑机械、材料和物理等多学科的耦合，使得柔软体结构的动力学特性难以预测。为实现大变形柔软多体系统的设计优化，需要考虑结构几何非线性特征；针对新型致动材料的非线性特征，需要建立适合主、被动变形的材料本构和致动动力学模型；针对多介质结构，需要综合考虑多学科交叉影响，建立多学科耦合的柔软体系统动力模型，分析其复杂的动力学行为，进而提出有效的控制和设计方案。

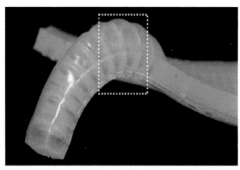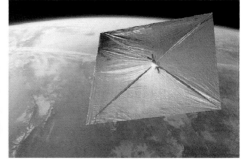

图 1　硅胶材料充气仿生软体机器人[1]　　　　图 2　卫星太阳能展开帆板[2]

软体结构种类繁多且结构各异，按致动机理可分为电活性聚合物致动、流体致动和化学致动等三种结构类型。流体致动的软体结构主要是采用气动结构来实现的，它具有结构设计简单、材料容易获取等特点，现阶段超过半数的软体结构都是通过气体致动来实现的[3]。气动软体结构的动力建模主要采用基于能量守恒的方法和基于应力应变分析的方法来开展。基于能量守恒的方法最早出现于McKibben气动人工肌肉的载荷-位移分析中[4]，较好地解决了具有单一活动度特

性的绕线约束单腔体结构的动力建模问题。此外，基于一定的变形假设，该方法也可用于序列布置多腔体结构的载荷-位移分析中[5]。基于应力应变分析的方法通过将空间变形简化为平面变形，采用超弹性本构模型建立宏观变形与外部载荷之间的平衡关系[1]。然而，这两种方法均采用了一定的假设和简化来降低复杂充气结构动力建模的难度，因此也不可避免地带来了诸如计算精度不足、无法分析结构实时形态等一系列问题。例如，在气压作用下，McKibben 致动器两端的侧面轮廓为二次曲线，而在简化分析中常将端部简化为锥形，从而降低了载荷-位移分析的精度[4]。在 Whiteside 实验室给出的典型气动弯曲结构的分析中，变形后的弯曲结构被认为是仍保持内外层曲率一致、侧壁与内外层切线正交的理想变形状态，从而忽略了侧壁受压变形带来的轴向载荷以及外层膨胀引起的径向载荷。另一方面，理想变形状态与结构的真实大变形有着较大的差距，且无法根据载荷变化对大变形进行实时跟踪[5]。基于应力应变分析的方法常需要将空间变形问题转化为平面应变问题进行分析，忽略了气动结构的空间变形特性，因此其计算误差在分析壁厚较小的气动结构变形时会变得非常明显[1]。此外，两类方法都只是将内充气体作为简单的法向均布载荷引入，没有考虑气相与固相的耦合作用，因而无法用于诸如初始充气变形等一些特殊变形阶段的动力分析。

与传统的刚体机器人相比，柔软体机器人的发展还大量依赖柔软体致动材料的发展。根据致动驱动的原理，柔软体致动材料可以分为两类，即被动致动材料和主动致动材料。被动致动材料驱动依靠第三方介质状态的变化而实现自身材料的变形，比较有代表性的是硅橡胶。在硅橡胶中构建结构特殊的气道，使气体在气道中形成特殊分布状态，促使硅橡胶完成预期的变形。主动致动柔性材料的驱动来源于材料本体在外界环境刺激的作用下自身结构（如分子链、晶型）改变，其形状随着环境条件的变化（如外加电场、温度、溶液酸碱度）而发生相应改变，加之这类材料可以配合许多微米或者纳米的制备或加工手段，因而可以很好地微型化并适应微观致动环境。目前主要的主动致动型柔性材料包含：①介电弹性体，基于外加电场下的分子极化而导致形变，以此来实现致动[6]，其优点是致动响应十分迅速，在致动伸缩率、致动压强、能量密度和转换效率等关键参数上和人类的骨骼肌肉十分类似；②导电活性聚合物，利用其在氧化还原反应中的掺杂与去掺杂过程而实现致动[7]；③离子交换聚合物，金属复合物，利用离子在电场作用下的迁移导致电渗压的变化而实现致动[8]；④新型碳纳米管纤维材料，最具代表性的是美国科学家 Baughman 等制备的致动器[9]，利用紧致螺旋结构膨胀时的解旋效应以带动旋叶旋转；⑤水凝胶，由于可以对温度、pH 等环境的变化产生致动响应，近年来也成为柔性致动器材料的热点[10]。

随着柔软多体系统的广泛应用和研究需要，现有的弹性体动力学研究方法已经不能满足对柔软体动力学性能分析和控制设计的需要，亟须建立多维度、多层次的大变形柔软体系统动力学耦合模型，综合考虑系统本身特征、结构材料非线性特性、系统工作介质和环境条件等影响。目前，弹性体系统动力学通常采用Rayleigh-Ritz 法、有限段法、有限元法、模态分析法等计算弹性体变形，进而基于浮动坐标法、共旋坐标法、离散单元法、绝对节点坐标法等建立弹性体系统运动学和动力学方程[11]。尽管目前学者已搭建了诸多弹性动力学建模的基本理论框架，但方法均存在一定的局限性。浮动坐标法采用绝对坐标系与浮动坐标系分别描述结构刚体运动与弹性变形，是应用较为广泛的弹性动力学建模方法[12]。但该方法中包含浮动坐标的小转动假设，使得该方法仅适用于小变形结构组成的系统，无法应用于解决大柔性体的动力学问题。共旋坐标法针对弹性结构上每个有限单元定义独立的运动参考系，可很好地描述结构的非线性运动变形行为。但对于大变形柔体系统，需要利用较多的有限单元对结构进行划分以保证其计算精度，单元数目的增加导致系统动力建模过程极为复杂，不利于工程应用。离散单元法可用于解决大变形结构体结构碰撞和破裂分解问题[13]，该方法无须划分网格，但实时的单元和碰撞检测导致其计算量较大。绝对节点坐标法在统一惯性坐标系下定义弹性体刚体运动及柔性变形，并在此基础上发展了能处理弹性构件大变形的非线性有限元模型[14]，该方法已被应用于解决太阳帆板等大变形结构的动力分析问题[15]。但该方法中单元刚度矩阵为高度非线性矩阵，导致其仿真效率降低。同时由于该方法中未区分弹性体刚体运动与弹性变形，所以后续对系统的控制十分困难。

因此，需综合考虑柔软结构的大变形特征，发展新型的多柔软体系统动力学模型，既能够准确描述柔软体的大变形行为、主动致动变形的新现象，又可降低刚体运动与柔性变形同时建模的复杂程度，提高建模计算仿真效率，进而提出控制和设计的新方法，实现多柔软体系统的精准高效控制。

大变形柔软多体系统的建模、设计和控制，是多体系统结构最新发展趋势为多体动力学学科带来的前沿科学挑战。

参 考 文 献

[1] Polygerinos P, Wang Z, Overvelde J T B, et al. Modeling of soft fiber-reinforced bending actuators. IEEE Transactions on Robotics, 2015, 31(3): 778-789.

[2] National Aeronautics and Space Administration. https://www.nasa.gov [2017-8-1].

[3] Rus D, Tolley M T. Design, fabrication and control of soft robots. Nature, 2015, 521: 467-475.

[4] Chou C P, Hannaford B. Measurement and modeling of McKibben pneumatic artificial muscles. IEEE Transactions on Robotics and Automation, 1996, 1(12): 90-102.

[5] Majid C, Shepherd R F, Kramer R K, et al. Influence of surface traction on soft robot undulation.

The International Journal of Robotics Research, 2013, 32(13): 1577-1584.

[6] Carpi F, Frediani G, Turco S, et al. Bioinspired tunable lens with muscle-like electroactive elastomers. Advanced Functional Materials, 2011, 21(21): 4152-4158.

[7] Zheng W, Razal J M, Whitten P G, et al. Artificial muscles based on polypyrrole/carbon nanotube laminates. Advanced Materials, 2011, 23(26): 2966-2970.

[8] Jo C, Pugal D, Oh I K, et al. Recent advances in ionic polymer-metal composite actuators and their modeling and applications. Progress in Polymer Science, 2013, 38(7): 1037-1066.

[9] Foroughi J, Spinks G M, Wallace G G, et al. Torsional carbon nanotube artificial muscles. Science, 2011, 334(6055): 494-497.

[10] Haque M A, Kurokawa T, Kamita G, et al. Lamellar bilayers as reversible sacrificial bonds to toughen hydrogel: Hysteresis, self-recovery, fatigue resistance, and crack blunting. Macromolecules, 2011, 44(22): 8916-8924.

[11] Schiehlen W. Multibody system dynamics: Roots and perspectives. Multibody System Dynamics, 1997, 1(2): 149-188.

[12] Shabana A A. Flexible multibody dynamics: Review of past and recent developments. Multibody System Dynamics, 1997, 1(2): 189-222.

[13] Fleissner F, Gaugele T, Eberhard P. Applications of the discrete element method in mechanical engineering. Multibody System Dynamics, 2007, 18(1): 81-94.

[14] Shabana A A. Dynamics of Multibody Systems. Cambridge: Cambridge University Press, 2013.

[15] Zhao J, Tian Q, Hu H Y. Deployment dynamics of a simplified spinning IKAROS solar sail via absolute coordinate based method. Acta Mechanica Sinica, 2013, 29(1): 132-142.

撰稿人：王　皓、刘锦阳、郑　文

上海交通大学

多自由度振动试验输入谱相位匹配问题

Phase Matching of Input Spectrum in Multi-DOF Vibration Test

正弦振动试验是对航天器结构刚度、强度、响应水平进行考核的关键手段，一般利用振动台模拟星箭界面的振动环境来进行试验。航天器振动试验一般采用正弦扫频，如从 5Hz 逐步过渡到 100Hz，扫频保持单位时间内相等的倍频速率（如 2oct/min）。传统正弦扫频方法为单自由度试验，需要分成三次完成，每次仅模拟一个平动方向的振动条件。然而，这种方法存在未考虑转动自由度、阻抗不匹配、容易造成"过试验"等诸多问题。多自由度振动试验是航天器振动试验的后续发展方向，它可以同时模拟两个以上直至六个自由度的输入条件，相比于传统的单自由度振动试验，它具有节省试验工期、振动边界模拟更为准确的优点。但是，多自由度试验也带来了更多棘手的问题，即除了工程实现上的困难，一个显著的科学难题就是振动输入的各个通道相位之间应该如何匹配。

在以往的单自由度试验中，相位的问题是不存在的。而对于多自由度试验，各个通道产生的响应是彼此叠加的。各个通道输入引起的结构响应既可能是正向增加，也可能是负向抵消。相位的差异就会造成结构响应的明显差异，考核结果将呈现较大离散性。而真实的发射段响应是随机的，不同发射任务输入谱的相位状态也各不相同。

那么，需要解决的科学问题是：振动的六个输入通道之间的相位应该如何匹配，才能保证以 3σ 的概率包含真实发射段的最大响应状态？

通常情况下，采用六个通道同时激励的前提是通道之间是解耦的。但一般来说，多输入多输出系统对应的多个传递关系之间是存在耦合的。以矩阵形式表示的方程组中，输出的量的系数矩阵不全是对角矩阵，也就是坐标有耦合。如果方程组的各系数矩阵均为对角阵，那么各方程间就不存在任何耦合，再对各方程分别求解，此时与单自由度求解完全相同。

方程组的耦合状态是由所选的坐标系统决定的，即对于同一系统，选取不同的物理坐标，方程组的形式和耦合情况就不同，但坐标的选取不能使方程解耦。根据线性系统理论，确实存在某个坐标系，可以使微分方程组解耦。这种坐标系称为主坐标，需要通过线性变换获得。常用的解耦方法是振型叠加法[1]，也称为模态分析法，其核心思想是利用振型向量的正交性来对方程组进行解耦，使每个方程只包含一个坐标，也就是主坐标。由前面所述的确定输入和输出的系数关系之后，先求出系统所有的固有频率和振型向量。由线性系统理论可知，各个振型之间是相互正交的，而且每个振型对于输入输出的系数矩阵也是正交的。因此，由各个振型组成的振型矩阵乘以系数矩阵之后，得到的矩阵就是对角阵，也就实现了方程之间的解耦。一旦六个通道解耦，多通道振动试验就可转化为单通道振动试验问题。

　　在方法上，先确定单通道激励与总体响应之间的传递关系或频响函数，然后根据总体响应反过来确定各激励通道的输入。实际上，这是由激励求响应问题的逆问题，在逆问题求解过程中，相位匹配自然解决，因为这个过程在本质上是根据频响函数和矩阵求逆确定的。

　　多自由度振动试验输入谱控制原理如图 1 所示，根据期望的输入谱，通过解耦矩阵求出对应纯方向的激励信号，然后输入控制器，最常用的是 PID 控制器[2]，这是工业生产过程控制系统中应用最广泛的一类控制器，由比例单元 P、积分单元 I 和微分单元 D 组成，PID 控制的基础是比例控制，积分控制可消除稳态误差，但可能增加超调，微分控制可加快大惯性系统响应速度以及减弱超调趋势。驱动六个通道（Plant），并实时检测输入谱，闭环系统根据输入谱误差修正控制输入，可使两者之差最小。

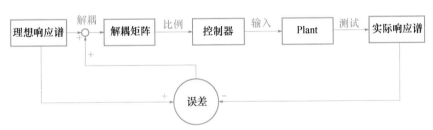

图 1　多自由度振动试验输入谱控制原理图

参 考 文 献

[1]　Rao S S. 机械振动. 4 版. 李欣业, 张明路, 译. 北京: 清华大学出版社, 2009.

[2]　陶永华. 新型 PID 控制及其应用. 北京: 机械工业出版社, 2002.

撰稿人：孟　光、李鸿光、静　波

上海交通大学

非线性机械及其控制系统的参数和载荷辨识

Parameter and Load Identification for the Nonlinear Mechanical System and Its Control System

　　利用系统非线性特征进行机械工程设计和控制是非线性动力学走向应用的趋势，非线性系统参数辨识以及控制回路中的时滞辨识将成为诸多机械工程应用中的瓶颈。2015 年 6 月，国际自动控制联合会（IFAC）在俄罗斯圣彼得堡召开首届关于非线性系统建模、辨识与控制学术会议（The 1st IFAC Conference on Modelling, Identification and Control of Nonlinear Systems），将"时滞辨识和非线性系统的参数辨识"作为会议的重要主题。由此可见，时滞、非线性系统参数辨识的研究是刚刚兴起的科学前沿研究。问题的挑战性在于：①在机械结构大型化及智能化的趋势下，负担着不同功能的部件不再相互独立，而是一种高自由度、强耦合的复杂整体，在系统状态监控中，测点的分布规则仍然缺乏科学的指导，导致实测的动力学信息往往是非完备的；②当机械结构系统的响应幅度较大时，其动力学特性往往会表现出显著的非线性，因此原本适用于线性系统的信号分析手段（如相关函数、传递函数等）不再适用；③激励源与激励对象装配后即构成耦合整体，这将导致结构所受的激励产生幅值或频率上的畸变，从而打破理想激励条件；④系统辨识是一项面向工程应用的课题，目前非线性耦合系统及其控制系统的结构设计、参数规划仍无成熟经验可循。为了促进我国非线性机械系统及其控制系统参数和载荷辨识研究，需对以下几个方面内容进行研究。

　　（1）非线性系统参数辨识。实际机械系统及其控制系统中存在大量非线性问题，如系绳卫星的非线性振动与控制、金属切削过程的非线性颤振和控制、车辆主动底盘系统的时滞非线性动力学与控制[1]。线性系统模型只是为了分析方便对精度要求较低或系统非线性对系统性能影响不大的系统的一种简化模型，近年来随着对系统性能要求的不断提高，这种线性逼近并非总是可靠，被忽略的非线性因素有时会在分析和计算中引起无法接受的误差，因此非线性问题的研究需求日益突出，其中建立描述非线性系统的数学模型是研究非线性问题的基础。然而，随着科学技术的发展，机械系统及其控制系统的复杂程度越来越高，具有多自由度、非线性、强耦合、时变性等复杂特性，一般很难根据数学或物理机理建模方法直接得到其数学模型[2]。因此，根据测得的输入输出数据，利用非线性系统辨识方法得到系统参数模型具有重要的意义。目前，非线性系统参数辨识研究正处于发展阶段，虽然人们提出了多种非线性系统参数辨识方法[3,4]，但由于非线性系统本身的复杂性及特殊性，很难找到一种统一的方法解决全部非线性问题，非线性系统参数辨识中还有很多亟须解决的问题。

（2）控制系统中的时滞参数辨识。机械主动控制系统中不可避免地存在着时滞[5,6]，如传感器采集和传输信号引起的时滞、控制器形成控制决策引起的时滞、作动器形成输出力引起的时滞，这可能导致作用于系统的控制力不同步、系统动力学性能下降甚至失稳。目前关于时滞动力学问题的研究一般假定系统中的时滞量已知，而实际系统特别是对于比较复杂的系统，时滞量一般都是未知的[7]。因此，根据系统输入输出数据辨识非线性机械控制系统中的时滞参数成为系统建模的一个重要问题。

（3）载荷可辨识性分析及算法构造。为了保证控制系统的控制精度以及机械系统的运行可靠性和安全性，常需要准确知道系统外载荷的大小，然而激励源与激励对象装配后即构成耦合整体，这将导致结构所受的激励产生幅值或频率上的畸变，从而打破理想激励条件。而且多数情况下，受技术条件或工作环境的限制，作用在结构上的动载荷难以直接测量甚至无法测量，如火车车轮与铁轨之间的接触载荷、柴油机工作时曲轴所承受的轴承载荷。因此，需要对机械系统进行载荷可辨识性分析以及算法构造。载荷辨识问题属于结构动力学的第二类反问题，存在不适定问题，虽然国内外学者提出了许多载荷辨识方法，但仍有部分科学难题亟须进一步解决，如正则化载荷辨识方法中正则化参数选择问题[8]。

（4）辨识算法的实验验证。根据实验测试数据，分别验证以上非线性系统参数辨识方法、控制系统时滞参数辨识方法以及载荷辨识方法的可行性。

以上四个问题逐层递进，构成了非线性机械系统及其控制系统参数和时滞辨识工作的完整内容，其核心科学问题是针对非线性时滞系统的参数辨识及其实验研究。

参 考 文 献

[1] 胡海岩, 孟庆国, 张伟, 等. 动力学、振动与控制学科未来的发展趋势. 力学进展, 2002, 32(2): 294-306.

[2] Cheng C M, Peng Z K, Zhang W M, et al. Wavelet basis expansion-based Volterra kernel function identification through multilevel excitations. Nonlinear Dynamics, 2014, 76(2): 985-999.

[3] Kerschen G, Worden K, Vakakis A F, et al. Past, present and future of nonlinear system identification in structural dynamic. Mechanical Systems and Signal Processing, 2006, 20(3): 505-592.

［4］ Worden K, Tomlinson G R. Nonlinearity in Structural Dynamics: Detection, Identification and Modelling. Bristol: Institute of Physics Publishing, 2001.

［5］ 蔡国平, 陈龙祥. 时滞反馈控制的若干问题. 力学进展, 2013, 43(1): 21-28.

［6］ 张文丰, 胡海岩. 含反馈时滞的非线性动力系统参数识别. 振动工程学报, 2001, 14(3): 314-318.

［7］ 陈龙祥, 蔡国平. 基于粒子群算法的时滞动力学系统时滞辨识. 应用力学学报, 2010, 27(3): 433-437.

［8］ Sanchez J, Benaroya H. Review of force reconstruction techniques. Journal of Sound and Vibration, 2014, 333(14): 2999-3018.

撰稿人： 孟　光、彭志科

上海交通大学

高速动车组车轮失圆问题

Out-of-Round Wheels of High Speed Electric Multiple Units

  动车组的运行是基于轮轨间的摩擦实现的，因此轮轨磨损客观存在。据统计，每运行 10 万 km，车轮约磨损 1mm，如果车轮在运行磨损中其表面外形保持不变，则是最理想的情况。但由于制造装配精度和车轮承载产生的微小变形，即使一个新的车轮也不可能是一个完美的圆形。然而，这种微小、随机的不圆度不会影响动车组的运行，工程上是可以接受的。

  随着运行里程的增加，由各种复杂机理导致的非正常磨耗，有可能会使得动车组的车轮失圆（out-of-round）变得非常突出，甚至影响正常行车。实际上，这种车轮失圆现象不仅在动车组上存在，在地铁、货车和大功率机车等铁道机车车辆上都存在，有的还非常严重[1,2]。失圆可以说是一个机理复杂、难以明确解决且长期困扰铁路科研人员的难题。

  磨损失圆的类型主要可分为车轮扁疤和车轮多边形两大类，对于多边形中顶点数很多的情况，又细分为车轮短波波纹（波长 5～7cm），它们的影响各不相同。扁疤导致包含高频成分的周期性大冲击载荷，短波波纹导致滚动噪声的增大，多边形导致较低频成分的垂向动态大载荷和伴随的噪声。明显的车轮失圆现象不可接受，它会对线路结构（如钢轨和扣件）和车辆部件（如轴箱和弹簧）的可靠性、乘坐舒适度，以及线路周边环境的振动噪声造成严重影响。

  我国动车组中最突出的车轮失圆形式是车轮多边形。由于我国大部分动车组都运行于高架无砟轨道，线路的减振能力和振动能量耗散能力很有限，所以动车组运行时对车轮失圆非常敏感。衡量车轮失圆程度的物理量，是沿车轮轮周基准测量圆的径向跳动量，动车组新车轮的径向跳动量不超过 0.1mm，动车组运行过程中，车轮的径向跳动量控制在不超过 0.3mm。当超过该值时，车轮就需要重新镟修恢复，因此车轮能容忍的不圆度越小，则镟修就越频繁，车轮的损耗也就越快。我国动车组的车轮在运行 20 万～30 万 km 后就需要镟修[3]，约相当于每年要镟修 3～4 次。

  车轮多边形的大致形状一般用顶点数来描述，就通常的机车车辆而言，出现的占主导的多边形的顶点数可以从两个顶点（类似于椭圆）直到数十个顶点（图 1）。一些研究提到，速度越高，形成的多边形的顶点数越少[4]。例如，图 1 为货车车轮上出现的数十个顶点数的多边形磨损，地铁车轮多边形磨损的顶点数一般为 8～13 个，而高速动车组的多边形磨损顶点数一般为 2～5 个。但我国高铁无砟轨道线路减振能力弱，运行速度普遍较高，因此我国动车组车轮多边形具有多顶点数短波波纹的特点，需要频繁镟修车轮来减缓列车振动噪声。

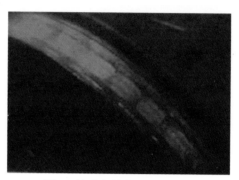

图 1　铁路车轮的多边形磨损

　　尽管国际上关于车轮多边形化的研究非常多，但针对一个具体的车型，还是常常无法知道造成车轮多边形的确切原因，因而也就无法采取相应的措施。车轮多边形问题的复杂性还体现在，车轮滚动时多边形产生的激励频率是很高的，而特定顶点数多边形的激励频率又随速度的变化而变化，因此如何从车辆、轨道系统中找到诱发多边形的对应特征频率并不是一件容易的事，因为速度不同对应同样顶点数多边形的频率就不同。根据学者的研究，大致可将动车组车轮发展为明显多边形的影响因素归结为车辆引起、轨道引起、车辆和轨道共同作用引起[2,5]。其中，车辆引起的因素包括车轮材质的非各向同性、塑性变形、车轮加工时的三点定位初始微小失圆、牵引力和制动力控制、车辆及部件的固有振动模态等[6]；轨道引起的因素包括等间隔轨枕产生的线路刚度变化、轨道扣件和垫板结构产生的刚度变化、轨道基础的刚度不均匀、线路的黏着条件变化等；车辆与线路共同作用引起的因素主要是指考虑线路和车辆为通过轮轨接触而相互作用的两个振动系统。绝大部分车轮多边形的理论研究都将重点放在车辆与轨道相互作用，从两个振动系统的垂向动态响应阐述车轮多边形的生成机理；针对具体发生问题的车辆，技术人员又多从牵引、制动控制的角度去尝试，这实际上是从圆周切向的振动特性去考虑该问题，而从切向振动的角度去阐述多边形的生成、发展机理是否可以更好地解释车轮多边形失圆问题，目前国际上还没有形成共识，而且研究者也较少。但从车辆纵向或切向振动的角度确实有成功的案例[1]，已有国内学者开展这方面的理论研究[5]，但国内外从这个角度进行的车轮多边形生成机理研究还不多，为该问题的研究提供了一个新的思路。

我国高铁运营里程已突破 2 万 km，每天都有大量的高速动车组为公众提供便捷的运输服务，车轮多边形问题是铁路的一个老大难问题，以既有研究成果为基础，进一步开阔研究思路深化理论研究，有效地缓解动车组车轮多边形失圆的问题，对提高列车的运行平稳性和可靠性、降低运营维护成本具有极大的经济和社会效益。

参 考 文 献

[1] 宋晓文，罗世辉. 米轨内燃机车车轮踏面剥离现象研究. 铁道机车车辆，2007, 27(增刊 1): 17-21.

[2] Nielsen J C O, Johansson A. Out-of-round railway wheels—A literature survey. Journal of Rail and Rapid Transit: Part F, 2000, 214: 79-91.

[3] 董孝卿，王悦明，王林栋，等. 高速动车组车轮踏面镟修策略研究. 中国铁道科学，2013, 34(1): 88-94.

[4] Johansson A, Andersson C. Out-of-round railway wheels—A study of wheel polygonalization through simulation of three-dimensional wheel-rail interaction and wear. Vehicle System Dynamics, 2005, 43(8): 539-559.

[5] 刘韦. 轮对纵向振动及其对车轮踏面剥离的影响研究. 成都: 西南交通大学博士学位论文，2016.

[6] Müller R. Veränderungen von Radlaufflächen im Betriebseinsatz und deren Auswirkungen auf das Fahrzeugverhalten. ZEV+DET Glasers Annalen,1998, 122: 539-559.

撰稿人：罗世辉

西南交通大学

高速水润滑滑动轴承空化流的润滑力学机理

Lubrication Mechanism of Cavitating Flows in High Speed Water-Lubricated Sliding Bearing

近年来，水润滑滑动轴承研究已成为国内外研究热点。水的黏度一般为油的 $1/20\sim1/50$，且黏温特性好，理论上具有不可压缩性。水润滑滑动轴承具有优良的综合性能，如温升低、转速高、振动噪声小、旋转精度高、刚度较大、成本低、性价比高和不污染环境等突出优势。

然而，随着机械系统主轴转速的不断提高，其线速度可高达 100m/s 以上，由于水的初生空化数较高，在高速工况下，水的空化数将远低于其初生空化数，从而导致水介质中的微气核生长形成气泡。另外，水介质中的微气核一般处于游移状态，当游移的微气核通过滑动轴承低压区域时也生长形成气泡，因此水润滑滑动轴承在高速工况下将处于空化流状态。空化流属于气液两相流，与单相液体流物理上最本质的区别是空化流存在气液界面效应，气液界面效应是指在气液相界面上存在与质量、动量和能量传递相关的所有物理现象，气相和液相的某些物理量如密度、速度和能量在界面上将出现不连续现象。此外，在高速工况下，空化流中的液体水一般处于紊流状态，由于气泡与气泡的相互聚合、气泡与紊流旋涡相互作用以及气泡与固体界面的作用，空化流中处于游移状态的气泡体积和形状随机变化，这也将导致气液界面形状的随机变化。显然，气液界面效应对空化流润滑特性将有明显的影响，而经典的雷诺润滑理论已不能正确定量描述和解释具有空化流特征的润滑机理。因此，亟须建立综合描述空化流特征的水润滑滑动轴承润滑模型，而建立这一新模型将面对以下科学难题的挑战。

1. 空化流界面处的质量、动量和能量传递机制

对于单相流体流动，其物理场的连续性要求通常是必然的，然而对于气液空化流，各相的物理量在界面处发生间断，连续性条件在界面处将不被满足，密度、速度以及能量在界面处将发生跳跃，导致气液两相在界面处发生质量、动量和能量交换，而这一交换由什么物理机制支配？影响这一交换机制的主要因素是什么？如何描述变化的界面形貌？如何在界面上构造这一交换机制的本构关系？如何在 N-S 方程中定量描述这一交换机制？对上述问题目前人们还没有一个深刻的认识，而建立水润滑滑动轴承空化流润滑模型，需要对上述问题做更深入的探索。

2．空化流中气泡破裂和聚合机制

气泡体积在单位体积空化流中所占的体积率对空化流润滑性能将有明显的影响，而破裂和聚合是导致气泡体积随机变化的主要原因。因此，建立高速水润滑滑动轴承空化流润滑理论的另一挑战性科学难题是揭示气泡在空化流中的破裂和聚合机制，构筑相应的破裂核函数与聚合核函数的函数形式（破裂核函数描述了破裂概率，聚合核函数描述了聚合概率）。从目前的研究文献[1,2]看，一些学者认为气泡破裂是气泡与紊流旋涡、气泡与固体界面相互作用的结果，而气泡聚合是气泡与气泡之间多体非弹性碰撞的结果，并且这种相互作用将伴随有能量交换，但紊流旋涡的尺寸、所携带的能量各异，具有极大的随机性，而多体非弹性碰撞机制也是目前人们尚未完全认知的，因此目前对气泡破裂和聚合机制还没有一个公认的普适性科学解释，大多数研究者提出的破裂核函数与聚合核函数多是唯象形式的，不具有普适性。因此，需要综合紊流理论、能量耗散理论、统计物理等学科的新研究成果，对气泡破裂和聚合机制给出更具普适性的科学解释，并导出相应的破裂核函数与聚合核函数。

3．发展固气液三相耦合的物理模型数值计算方法

建立水润滑滑动轴承在高速工况下的空化流润滑模型，涉及多相流力学、界面力学、统计力学、气泡动力学等多学科知识，可以预见所建立的理论模型是固气液三相耦合的物理模型，模型引入多物理变量，并且涉及多个物理量分布（如压力分布、温度分布、气泡体积分布、气泡速度分布等）的耦合求解，而描述这些物理量分布的微分方程组具有较强的非线性。因此，要对这一新的耦合体系进行数值计算并获得正确的收敛解，必然要发展新的数值计算方法，这将对计算数学学科提出更高的要求，这是一项值得进一步探讨研究的工作。

参 考 文 献

[1] Mitre J F, Takahashi R S M, Ribeiro C P, et al. Analysis of breakage and coalescence models for bubble columns. Chemical Engineering Science, 2010, 65(23): 6089-6100.

[2] Millies M, Mewes D. Interfacial area density in bubbly flow. Chemical Engineering and Processing, 1999, 38: 307-319.

撰稿人：蒋书运、林晓辉

东南大学

机车车辆轮轨黏着机理及其利用

Wheel/Rail Adhesion Mechanism of Rolling Stock and Its Utilization

利用轮轨摩擦是实现铁路运输的基本原理，在滚动接触问题中，通常用轮轨黏着系数表示轮轨摩擦的利用程度。黏着传递牵引力和制动力是任何滚动运动的基础。过去直流电机牵引时代，列车功率有限，其牵引重量和运行速度都比较小，轮轨黏着问题并不十分突出。但随着交流传动技术的发展，牵引功率大幅度提升，单位功率无论在启动、正常行驶或制动时都逐年增大，从此之后，不是牵引功率，而是轮轨间的黏着现象就成为限制货运重载、客运高速、大运量地铁等轨道交通工具进一步增大牵引力和制动能力的重要因素[1]。更好地利用黏着，就类似于站在地面拖拽一个重物时脚底与地面之间有更大的摩擦，如果是站在冰雪地面就极易打滑，会有种有力使不出的感觉，对于铁路轮轨运输，就是如此。

轮轨间的摩擦系数视具体条件差别很大。在湿度很小的大气环境和非常洁净干燥的理想平直轨道状态下，轮轨间的摩擦系数可以达到 0.5，但全天候运行条件下较大的空气湿度及轨道洁净程度降低等多种因素都会使摩擦降低，尤其是随着运行速度的提高，轮轨接触斑温度的升高会使摩擦系数显著降低，因此全天候可利用的摩擦系数会显著低于理想状态。

通常用黏着重量来表示能产生牵引摩擦力的列车重量，它与黏着系数的乘积就是列车的牵引力。现代机车车辆的牵引功率已可以满足牵引要求，能否充分发挥牵引功率实现需要的牵引力则受黏着制约。对于重载机车，提高机车的牵引力的途径是增大黏着或增大轴重，增大轴重受线路静态和动态承载能力特别是桥梁承载能力的影响，在轴重确定的情况下，增大黏着是增加牵引能力的有效途径。对于高速列车，随着最大运行速度越来越高，需要的牵引功率和牵引力也越来越大，最终必然是将列车的所有重量都用来产生摩擦力，即列车为全动轴。在平直道、列车全动轴条件下，作为示例，借用我国电力机车的牵引黏着公式可得到单位列车重量的牵引力，参考我国和谐号高速列车的功率配置和速度，可大致得到单位列车重量的基本阻力，将这两者表示在一张图上（图 1）可以看到，两条曲线最终会有一个交点，其对应的速度即列车最大极限速度，具体数值与列车的基本阻力和全天候可用的、准确的黏着系数表达式有关。虽然法国的高速列车利用线路下坡道最高试验速度达到 574.8km/h,但同样的列车要在平直道上保持这一速度几乎是不可能的。

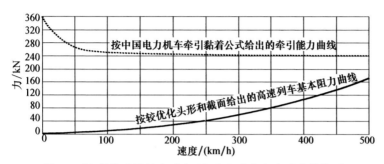

图 1 列车单位重量的牵引力及运行阻力与行车速度的关系

在车轮沿钢轨滚动状态下,摩擦是如何发挥作用的呢?如图 2 所示,当车轮以名义速度 V 沿轨道前进时,在牵引状态下,车轮在轮轨接触点的转动线速度会略大于前进速度,使得轮轨间有宏观滑动速度 ΔV。但由于轮轨材料具有一定的弹性,进入微小接触斑的车轮和钢轨材料会分别产生压应变和拉应变,两者看上去就像是黏结在一起并没有产生真实的滑动,而是以共同的应变速率流过接触斑。这个阶段中轮轨黏着依靠的是两者间的静摩擦,但随着切向应变的增加,切向应力随之增加,当它超过静摩擦极限后,摩擦力只能维持在滑动摩擦的限值之内,接触斑上的轮轨

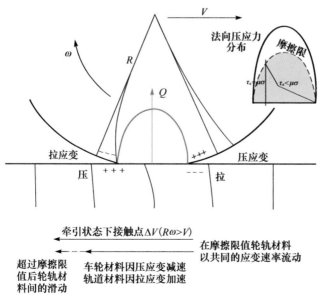

图 2 轮轨黏着原理图

材料应变速率产生差异，从而产生真实的滑动。因此，轮轨间的宏观滑动速度实际上由接触斑前端的黏着应变速率和后端的真实滑动速度差两部分组成。

牵引力较小时，接触斑几乎是全黏着，牵引力非常大时，接触斑几乎是全滑动。通常理解的摩擦系数要高于黏着系数，只有在接近全滑动的情况下，黏着系数才与摩擦系数相近[2]。铁路利用黏着的机理就是尽可能保持在未发生全滑动的临界状态下工作，最大限度地发挥出牵引力或制动力，一旦发生全滑动，就会引起车轮打滑和空转，从而使车轮擦伤。因此，最大限度地利用轮轨黏着是现代大功率机车、高速列车和城市轨道列车的重要课题。

目前提高黏着利用的主要措施有几个方面：①必要时通过撒砂等措施来提高轮轨间的摩擦系数；②通过机车车辆的转向架和悬挂设计使动车的轴重及其动态变化尽可能均匀；③采用扭矩-转速特性很陡的三相交流牵引电机及更加精细的电机控制；④在实际轮轨摩擦无法控制的情况下通过防滑防空转装置使动力输出尽可能工作在接近摩擦极限的临界状态。

对于动车组，提高黏着可进一步提升列车的制动能力和坡道能力；对于重载机车，可以显著改善机车的启动性能和坡道能力；对于城轨车辆，可提高列车的制动能力和坡道能力。因此，不断提高机车车辆的黏着利用对铁道运输的经济性具有重大意义。

参 考 文 献

[1] Lewis R, Olofsson U. Wheel-Rail Interface Handbook. New York: CRC Press, 2009.

[2] Spiryagin M, Lee K S, Yoo H H, et al. Modelling of adhesion for railway vehicles. Journal of Adhesion Science and Technology, 2008, 22(10): 1017-1034.

撰稿人：罗世辉

西南交通大学

力学承载结构的阻尼建模

Modeling of Nonlinear Damping in Load Bearing Structures

在日常生活中，振动是普遍存在的一种现象。在工程领域中，汽车、航天器、船舶、飞机等结构都会经历振动输入、传递和耗散的过程。在大多数情况下，结构振动会带来很多不利因素，如使建筑结构超载或倒塌，产生裂缝和其他破坏，也会导致设备防护设施破坏，机器和精密仪器不能正常使用，给人带来不舒适感，带来结构的断裂和疲劳等[1-3]。

在振动过程中，结构中的阻尼可以将运动能量转化为热能或其他形式的能量来耗散系统的能量，尤其对发生共振时的结构响应幅值起着决定性的作用。阻尼的定义是指在振动系统中，由于外界作用或者系统本身固有原因引起的振动幅值逐渐下降的量化表征。阻尼包括黏性阻尼、干阻尼、滞后阻尼和非线性阻尼等，其中黏性阻尼主要用于结构和介质之间的相互作用，滞后阻尼是由材料的内摩擦引起的，金属材料多数都带有滞后阻尼。

由于阻尼会导致系统振动时损耗能量，所以工程中常利用阻尼材料来减振降噪。在飞行器、卫星、导弹上的仪器设备的隔振均用到了黏弹性阻尼材料。在大型船舰机舱上的隔振隔声也利用了阻尼材料作为隔振层。例如，英国 M/S Thumpul 号 1250 吨船舶运载泵运转时，会将很高的振动和噪声传递给上层的食堂和厨房，利用 5mm 阻尼层外加 0.8mm 薄钢板隔振后，食堂内声级下降了 10dB[4]；又如，我国采用高性能阻尼材料对高速列车车体进行阻尼处理，如图 1 和图 2 所示，一方面通过阻尼材料的内阻抑制车体的振动来衰减振动引起的结构辐射噪声，另一方面利用黏弹性材料良好的隔声性能隔断一部分由外向内传递的空气传播噪声（如轮轨噪声、空气动力噪声等）来达到降低车辆内部噪声的目的。因此，阻尼技术是减振降噪中非常有效的手段，对阻尼的建模研究具有重要的意义。

对阻尼结构的准确建模一直是工程分析中的难题，历经 100 年的发展历程，结构的阻尼特性分析最为广泛的方法一直基于模态阻尼理论，它包含这样的假设：①阻尼总是可以实现模态间解耦的，如同刚度特性和质量特性一样，这也是比例阻尼的基本出发点；②阻尼与输入量级无关，这是结构线性分析的基本思想。模态分析理论是研究结构动力学特性的一种经典方法，在工程振动领域中被广泛应用。模态阻尼表征系统在不同模态下消耗振动能量的能力。但由于阻尼产生机理

图 1　喷涂阻尼涂料后的列车车体　　　图 2　列车车厢地板和侧墙贴附的阻尼材料

的复杂性，材料的微观特性结合宏观承载结构的复杂性、多样性，人们对阻尼的认识与建模还基本停留在唯象描述层面，导致阻尼建模问题难以采用精细的理论分析手段，而是多采用宏观表述方法，主要包含以下两个方面：

（1）各种尺度、工程结构的阻尼模型只适用于其各自一定工况下的某类结构，对影响阻尼特性的各个参量进行了不同程度的简化，当工况范围改变时，如系统输入的量级增大，放大倍数也随之改变，不再满足阻尼与输入量级无关的假设；另外，诸多承载结构中的阻尼往往不能被简化成比例阻尼，即并非质量或刚度矩阵的线性组合，甚至在某些工况呈现明显的非线性特性，致使基于经典阻尼理论的动力学计算结果和分析方法已无法验证、预测实际结构的响应，仿真与实测存在较大误差。在黏滞阻尼模型之外，大量其他阻尼模型被用来分析与验证不同的工程结构，如滞变阻尼理论或称复阻尼理论[5,6]，假设阻尼应力与弹性应力成正比，但与变形速度相同；Liang 和 Lee[7]提出任意非比例阻尼矩阵都可以由质量矩阵和刚度矩阵的多项式来表达；Hart 和 Vasudevan[8]提出阻尼力的大小随着结构振动幅值的增加而增加。阻尼模型已从黏滞阻尼转向针对不同结构的类型进行建模，计算其对应的结构阻尼，辨识类似结构的阻尼性质，许多工程问题已不能采用线性假设，也不能直接应用黏滞阻尼计算结构的阻尼参数。

（2）阻尼模型以及工程设计中采用的阻尼数据需要大量的工程实测和模型试验数据进行修正和总结，结构阻尼试验结果的准确性对模型建立的正确性又有着重要的影响。大量试验数据显示，阻尼数据规律性差，离散性高，不同试验的结果可比性低；现有的试验方法不能直接提供结构的阻尼力与阻尼耗能，需采用间接的方法识别阻尼，则系统回复力、惯性力的误差对阻尼分析的精度产生较大影响；阻尼的模型试验若与实际工程结构相符程度低，则最终的模型误差较大。

总体而言，在过去的 100 年里，承载结构的质量和刚度建模已经获得了极大的成功，但阻尼建模还存在诸多问题，亟须相关专业科学家从阻尼产生的机理、系统能量的损耗等多方面入手，深入探讨阻尼成因并建立可通用的阻尼建模方法。

参 考 文 献

［1］ 赵玫, 周海亭, 陈光冶. 机械振动与噪声学. 北京: 科学出版社, 2004.

［2］ Rao S S, 李欣业, 张明路. 机械振动. 北京: 清华大学出版社, 2009.

［3］ Thomson W. Theory of Vibration with Applications. Boca Raton: CRC Press, 1996.

［4］ 党川. 阻尼减振降噪技术原理及其应用. 四川环境, 1992, 11(3): 47-50.

［5］ 克拉夫, 彭津, 王光远. 结构动力学. 北京: 高等教育出版社, 2006.

［6］ 张相庭. 结构阻尼耗能假设及其在振动计算中的应用. 振动与冲击, 1982, 8(2): 12-22.

［7］ Liang Z, Lee G C. Representation of damping matrix. Journal of Engineering Mechanics, 1991, 117(5): 1005-1019.

［8］ Hart G C, Vasudevan R. Earthquake design of building: Damping. Journal of the Structural Division, 1975, 101(1): 11-30.

撰稿人: 孟 光、李鸿光

上海交通大学

轮轨高频振动机理

High Frequency Vibration Mechanism of Wheel-Rail System

铁路具有运能大、成本低、速度快、节能环保和不受气候影响等优点，在大宗货物运输、长途客运和城市公共交通中发挥着重要作用。铁路促进了社会经济的快速发展，但随着人民生活水平的提高，公众对铁路运输的环保要求也越来越高。其中，轨道交通引起的环境振动和噪声成为公众投诉的主要问题，因此如何减振降噪也一直是国际上轨道交通领域的研究难点和热点。

铁路噪声是由列车在行车过程中，轨道结构和列车各个部分的振动经由大气和大地的传播产生的。国内外铁路噪声理论与试验研究表明，铁路噪声主要由轮轨噪声、空气动力噪声、牵引噪声和建筑结构物振动引起的二次噪声等组成，它们与列车运行速度的关系大致如图 1 所示。一般认为，列车速度在 250km/h 以下时，以轮轨噪声为主，占到总噪声的 50%～70%，其能量集中在 800～2500Hz 频率范围内；随着车速的提高，空气动力噪声快速增长，所占比重越来越大，逐渐占据主导地位，但轮轨噪声水平仍不可忽视[1-3]。

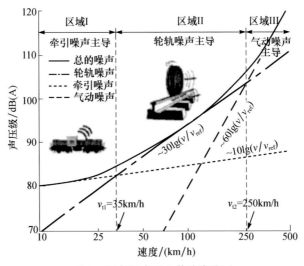

图 1　列车噪声源及其速度分区

传统的轮轨噪声包括轮轨滚动噪声、铁路冲击噪声和曲线啸叫。现代铁路大量采用无缝钢轨，铁路冲击噪声从根源上得到了很好的控制；高速铁路由于曲线半径大，且采用无缝钢轨，所以高速铁路的轮轨噪声主要是轮轨滚动噪声。现在普遍认为，轮轨滚动噪声来源于轮轨接触表面的粗糙不平（不平顺）引起的轮轨系统高频振动。如图 2 所示，当轮对在轨道上滚动时，这种不平顺导致轮轨之间相对运动以及轮轨本身的弹性振动，这种弹性振动向空气中辐射就变成噪声。除了车轮和钢轨这两个噪声源以外，轨枕、车体和道砟或轨道板也产生噪声，但它们一般处于次要地位。

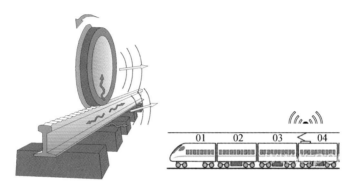

图 2　轮轨噪声的产生与辐射

　　轮轨高频振动除了带来令人烦扰的铁路噪声之外，还是造成轮轨滚动接触疲劳、钢轨波磨（图 3）、车轮多边形（图 4）等铁路领域常见工程问题的主要原因[4]，而且钢轨波磨、轮轨多边形磨耗等反过来又加剧了轮轨系统的振动，加速了车辆和轨道结构的疲劳损伤，从而形成恶性循环。因此，研究轮轨高频振动的力学机理，开发降低轮轨噪声、延长轮轨寿命的技术措施，具有重要的理论意义和工程应用价值。

 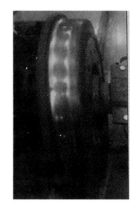

图 3　钢轨波磨　　　　　　　　图 4　车轮多边形

轮轨高频振动机理的研究首先要弄清轮轨高频滚动接触的力学行为与规律。铁路运输系统的基本原理是借助轮轨滚动接触实现列车牵引与导向。轮对沿轨道滚动，每个车轮要传递几吨到几十吨载荷到钢轨，轮轨材料因挤压形成面积为 $100mm^2$ 左右的接触斑，轮对和钢轨不仅发生结构弹性变形、接触斑附近材料发生弹性变形，而且在接触斑处的小区域内出现材料塑性变形，如图 5 和图 6 所示。当车轮和钢轨表面的短波不平顺（粗糙度）的波长足够短，以至于其波长比接触斑的尺寸还要小时，这种波长的不平顺对系统的激励作用会有所衰减[5]，这种现象称为"接触滤波"。国内外学者提出了许多接触滤波的函数，但是更合理的基于时程分析的滤波函数仍值得进一步研究。对于轮轨间切向接触，短波随机不平顺使得非稳态的轮轨接触更为突出，非稳态的高频振动可能是滚动接触疲劳、轮轨噪声和钢轨短波波磨产生的主要原因，因此轮轨非稳态滚动接触的研究十分重要。轮轨间雨水、油渍、树叶等"第三介质"以及与速度相关的摩擦定律，使得轮轨间非稳态的滚动高频振动行为极其复杂，各种因素综合作用下的轮轨非稳态滚动接触研究是轮轨高频振动研究的瓶颈[6,7]。

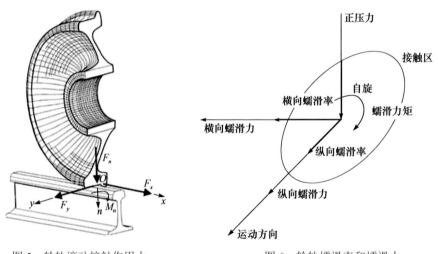

图 5　轮轨滚动接触作用力　　　　　　　　图 6　轮轨蠕滑率和蠕滑力

其次，轮轨表面粗糙度、钢轨短波不平顺、车轮不圆等是轮轨高频振动的激扰源，对轮轨噪声、轮轨滚动疲劳的预测分析十分重要。但是，国内仅有少量的轮轨表面粗糙度的实测数据，尚无较为通用的短波谱，这为轮轨高频振动的模拟带来了诸多不便。现有的技术手段已经可以较精确地测量轮轨界面的短波不平顺，但是针对不同的车轮和线路条件，基于大量实测数据，提出适用于轮轨高频振动计算的短波不平顺谱依然需要进一步探究[8]。此外，国内外在轮轨动力作用和车辆-轨道耦合动力学方面，已经取得了大量研究成果[9]。为了求解轮轨高频振动，基于这些较为成熟的轮轨动力作用模型，合理地描述轨道结构和车轮的柔性是轮轨高频振动描述的关键过程。基于有限元法或模态叠加法的车辆-轨道耦合系统刚柔耦合模型[10]，可以较好地反映轮轨结构柔性，但是随着模型计算精度的提高，计算效率受到较大影响。

综上所述，明晰轮轨间非线性、非稳态、高频振动规律，建立基于大量实测数据的中国轮轨表面短波谱，选用更合理而高效的柔性轨道和车辆模型是轮轨高频振动研究中亟待解决的三大科学难题。解决轮轨高频振动难题，厘清轮轨高频振动与轮轨噪声、钢轨波磨和车轮多边形之间的关系，进而降低轮轨噪声、延长轮轨寿命、提高车辆运行的安全性和舒适性对中国铁路发展意义重大。

参 考 文 献

[1] Thompson D J. Railway Noise and Vibration: Mechanism, Modelling and Means of Control. Amsterdam: Elsevier Science, 2008.

[2] 夏禾. 交通环境振动工程. 北京: 科学出版社, 2010.

[3] 雷晓燕, 圣小珍. 铁路交通噪声与振动. 北京: 科学出版社, 2004.

[4] 翟婉明. 铁路轮轨高频随机振动理论解析. 机械工程学报, 1997, (2): 20-25.

[5] Ford R A J, Thompson D J. Simplified contact filters in wheel/rail noise prediction. Journal of Sound and Vibration, 2006, 293(3): 807-818.

[6] Vollebregt E A H. New insights in non-steady rolling contact. Proceedings of the 24th International Symposium on Dynamics of Vehicles on Roads and Tracks, 2015: 1-4.

[7] Vollebregt E A H. Numerical modeling of measured railway creep versus creep-force curves with CONTACT. Wear, 2014, 314(1): 87-95.

[8] Zhao X, Li Z, Dollevoet R. The vertical and the longitudinal dynamic responses of the vehicle-track system to squat-type short wavelength irregularity. Vehicle System Dynamics, 2013, 51(12): 1918-1937.

[9] 翟婉明. 车辆-轨道耦合动力学. 4 版. 北京: 科学出版社, 2015.

[10] Guiral A, Alonso A, Giménez J G. Vehicle-track interaction at high frequencies—Modelling of a flexible rotating wheelset in non-inertial reference frames. Journal of Sound and Vibration, 2015, 355: 284-304.

撰稿人：翟婉明、赵春发、孙 宇

西南交通大学

长大重载列车的纵向冲击力学行为

Longitudinal Impact Behavior of Long and Heavy Haul Train

　　重载铁路具有牵引重量大、运输效率高的特点，是国际上公认的铁路运输尖端技术之一，代表着铁路货物运输领域的先进生产力[1,2]。重载货运对各国境内及国际的货物流通、资源配置发挥着重要作用，在一些地域广阔、矿藏丰富、煤炭和矿石等大宗货物运输占较大比重的国家，如美国、南非、澳大利亚、加拿大、中国、巴西等，重载铁路技术凸显出巨大的优势。美国是开展重载运输较早的国家，重载线路里程约 16 万 km，列车由 120～150 节车组成，总重为 1.4 万～1.6 万吨，标准轴重 32.5 吨。南非重载线路集中在 Richards Bay 煤炭线和 Sichen-Saldanha 铁矿石出口线，合计全长不足 1500km，但货物运输总量占整个铁路网络货运量的 60% 以上，列车轴重达到了 30 吨。加拿大铁路里程约 5.7 万 km，列车牵引质量为 1.3 万～1.6 万吨，货车轴重为 33 吨。澳大利亚拥有窄轨、宽轨等重载铁路超过 2.5 万 km，列车平均轴重 35 吨，最大轴重高达 40 吨。在高速铁路发达的国家，如德国和法国，近年来也相继开行重载列车。此外，巴西、印度、瑞典、德国、法国等国家也拥有一定里程的重载线路。

　　我国拥有大秦线和朔黄线两条已长期运营的重载铁路（图 1），近年来两条线路上分别试验开行了 3 万吨级重载列车和 30 吨轴重重载列车[3]。在重载铁路新线建设方面，2014 年批复新建蒙西至华中地区铁路煤运通道，线路全长 1806km，列车牵引质量为 1 万吨；2014 年底，我国第一条设计标准为 30 吨轴重的山西中南部通道重载铁路建成通车，线路长度 1260km。应该说，我国重载铁路技术已得到了长足发展，但与世界先进水平仍有一定差距，而我国重载铁路又具有"速、密、重"并举的特点，在牵引重量、运输密度及行车速度上均逼近或超过国外纪

图 1　大秦线上长大重载列车

录。今后，我国重载铁路的进一步发展，需要重点突破一些长期困扰世界重载铁路运输发展的瓶颈技术。

重载列车鲜明的特点在于"重"和"长"，而"开不起来，停不下来"形象地描述了长大重载列车技术革新所面临的工程难题，其蕴含的关键科学问题是重载列车纵向动力学问题。不难理解，牵引总重高达 3 万吨、总长约 4km 的重载列车在牵引、运行及制动过程中，由于列车运行状态的复杂性、列车编组形式和线路条件的多样性，多种因素共同作用导致重载列车出现剧烈的纵向冲击行为，对重载列车行车安全性和结构服役可靠性造成不利影响，严重时出现断钩、抻钩以及脱轨等安全事故。因此，研究多种因素耦合作用下的长大重载列车的纵向冲击力学行为，揭示其不同操纵条件下的纵向冲动机理，可为突破重载列车关键技术提供基础理论支撑，对实现长大重载列车的安全稳定运营具有重大现实意义。

为了掌握重载列车在牵引或制动时的纵向动力作用机理和基本特征，开发降低重载列车纵向冲动水平的适用技术，美国、加拿大、澳大利亚、苏联等自 20 世纪 70 年代就系统开展了重载列车纵向动力学研究。国内外学者建立了重载列车纵向动力学分析模型，采用分段线性函数描述钩缓系统（图 2）的阻抗特性，研究其动态响应和疲劳破坏情况，以及分析其刚度和阻尼对列车纵向动力学的影响，获取各种条件下的车钩力的变化情况[4-6]。经过几十年的发展，重载列车纵向动力学模型逐渐考虑了钩缓系统、空气制动系统以及列车编组形式等，其中，列车空气制动特性的模拟有了长足发展。还有学者建立了空气制动模型，包括机车自动制动阀、制动管和车辆控制单元，模型中考虑了空气流动、气体泄漏和制动管支路的影响，基于一维等温流动的假设，得到了空气压力方程，构成了空气制动、机车自动制动阀、车辆控制单元和列车振动组合的长编组列车动力学模型[7,8]。总体而言，重载列车纵向动力学行为与列车编组、车辆配置、运行工况及线路条件息息相关，同时还受列车制动特性、车钩缓冲器特性以及司机操纵方式等多方面影响[9]，目前铁路科学家虽已初步搭建了研究列车纵向冲动问题的基本理论框架，但仍有部分科学难题亟须进一步解决：

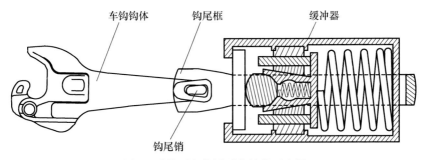

图 2　重载列车钩缓系统结构示意图

（1）重载列车钩缓系统的力学特性。研究者多以落锤试验及调车冲击试验得到的缓冲器位移-荷载迟滞特性曲线描述其力学特性，并将其嵌入列车纵向动力学模型中。然而，这种简单的力学特性描述方式难以准确刻画车钩和缓冲器的各主要部件的动态行为，对列车纵向冲动机理的深入研究也略显不足。钩缓系统结构的复杂性、力学特性的不确定性，对深入研究钩缓系统纵向作用下的动态行为带来了严峻的挑战。如何合理准确地建立其物理模型，表达其力学特性，仍然是当前需要解决的重点问题。

（2）空气制动波的传递特性。空气制动波的传递是重载列车纵向冲动的主要来源之一，正是制动波传递在时间维度上的延迟特性，造成前后车辆制动时刻的差异性，最终引起车辆之间强烈的纵向冲动作用，因此准确描述重载列车的空气制动特性，也是重载列车纵向相互作用研究的关键问题。目前，大量的研究多是参考了重载列车试验中个别车辆制动缸压力的实测数据，不能真实反映不同位置车辆的空气制动特性。基于列车制动装置的具体结构，开展气动特性的物理特性刻画以及建立准确合理的空气制动数学模型，并将其应用到重载列车纵向动力学的研究之中还需开展大量的科研工作[10]。

（3）大轴重下的轮轨接触关系。在铁路轮轨相互作用计算中，依然多采用传统的 Hertz 非线性接触理论，而实际的轮轨接触斑形状并不一定以椭圆形状出现，特别是在轮轨型面发生磨耗、轨面存在剥离等缺陷情况下，甚至会发生轮轨共形接触，因此采用更为先进的轮轨接触计算模型以反映实际的轮轨接触状态是必要的。然而，作为轮轨动力相互作用的核心，轮轨接触几何状态、轮轨空间动态变化以及接触介质的复杂性，复杂条件下的轮轨接触关系研究并未取得突破性进展，如何描述不同状态下的轮轨接触行为依然面临巨大的挑战。

（4）多维度、多层次的广义重载列车-轨道动力学行为。随着重载铁路动力学研究的深入和重载列车运行安全性问题的日益突出，狭义的列车纵向动力学已经不能满足对重载铁路轮轨动态相互作用研究的需要，当前亟须建立多维度、多层次的重载列车-轨道三维动力学耦合模型，综合描述各因素、各状态下的重载铁路的纵向动力学行为。巨大数量的车辆建模必然带来显著的"自由度爆炸"问题，这给模型的求解带来相当大的困难；但从系统分析的角度来看，建立综合性全面的大系统重载列车动力学理论分析模型，必然会成为一种科学研究趋势。

综上所述，伴随牵引质量和轴重的大幅提升，重载列车的纵向冲动问题成为制约重载铁路技术发展的瓶颈。在极端工作条件下，重载列车纵向动力学行为的影响因素越来越多，基于刚体动力学的列车纵向动力学理论与方法已不能适应多因素耦合作用下的纵向冲击研究，建立综合考虑列车编组、线路参数与轨道结构特性、列车牵引操纵特性、电控空气制动特性等的列车纵向动力模型及其数值模拟方法，探索复杂条件下长大重载列车的纵向冲动机理和力学行为特征，是下一代重载铁路技术突破面临的关键科学问题。

参 考 文 献

[1] International Heavy Haul Association. Guidelines to Best Practices for Heavy Haul Railway Operations: Management of the Wheel and Rail Interface. Omaha: Simmons-Boardman Books Inc., 2015.

[2] International Heavy Haul Association. Guidelines to Best Practices for Heavy Haul Railway Operations: Infrastructure Construction and Maintenance Issues. Virginia Beach: International Heavy Haul Association, 2009.

[3] 胡亚东. 我国铁路重载运输技术体系的现状与发展. 中国铁道科学, 2015, 36(2): 1-10.

[4] Cole C, McClanachan M, Spiryagin M, et al. Wagon instability in long trains. Vehicle System Dynamics, 2012, 50(S): 303-317.

[5] Ansari M, Esmailzadeh E, Younesian D. Longitudinal dynamics of freight trains. International Journal of Heavy Vehicle Systems, 2009, 16(1-2): 102-131.

[6] Pugi L, Fioravanti D, Rindi A. Modelling the longitudinal dynamics of long freight trains during the braking phase. The 12th IFToMM World Congress, 2007: 1-6.

[7] Specchia S, Afshari A, Shabana A A, et al. A train air brake force model: Locomotive automatic brake valve and brake pipe flow formulations. Journal of Rail and Rapid Transit, 2012, 227(1): 19-37.

[8] Afshari A, Specchia S, Shabana A A. A train air brake force model: Car control unit and numerical results. Journal of Rail and Rapid Transit, 2012, 227(1): 38-55.

[9] 严隽耄, 翟婉明, 陈清, 等. 重载列车系统动力学. 北京: 中国铁道出版社, 2003.

[10] Cantone L, Crescentini E, Verzicco R, et al. A numerical model for the analysis of unsteady train braking and releasing manoeuvres. Journal of Rail and Rapid Transit, 2009, 223(3): 305-317.

撰稿人： 翟婉明、王开云、张大伟

西南交通大学

复杂流场流量计算

Flowrate Calculation for Complex Flow Field

流量是表征流体流动状态的基本物理量之一，是指单位时间内流经封闭管道或明渠有效截面的流体量，当流体量以体积表示时称为体积流量，以质量表示时称为质量流量。流量的实时、准确判定具有重要的工程意义，它为石油、天然气等能源贸易以及流体传动、过程控制等系统的状态监测与反馈控制提供依据。流量计算是指通过流场内离散点或线上的压力、流速等传感信息计算出介质流量，例如，通过压差传感信息计算液压系统阀口流量，通过多条测量声道上线平均速度计算大口径流体输送管道内体积流量，其本质是建立离散传感信息与流量之间的映射关系。然而，对于存在介质属性变化、高阶漩涡、多相流等复杂流动行为的流场，传感信息与介质流量之间的映射关系很难被数学模型准确描述，其流量的准确计算仍十分困难。复杂流场流量计算是目前制约液压元件智能化与系统控制手段革新，以及能源贸易准确度等级与输送管网自动化程度提升的重要瓶颈，是流体输送、传动与控制等各领域面临的共性科学难题。

根据现有流体力学理论，当介质属性、流道结构及边界条件给定时，可利用N-S方程等微分方程计算流场分布，通过进一步积分获得流量信息。然而，在实际流量测量系统中，传感器仅获得离散点或线上的流场信息，无法提供完整边界条件求解微分方程进而获得流量。为此，现有方法通常基于特定流场模型，建立传感信息与流量之间的映射关系，进而计算流量，例如，液压系统中利用节流口压差-流量公式计算阀口流量[1,2]，多声道超声波流量测量中基于理想轴对称流型函数计算管道流量[3]。然而，实际流体系统中的流场往往并不严格遵循此类模型。在液压系统中，阀口磨损、黏性致热、剪切空化（气穴）等，导致阀口流量系数多变，使得压差-流量公式实际计算误差较大[4]。在石油、天然气、市政供水等流体输送管网中，弯管、阀门等扰流作用，使得管道中易诱发高阶漩涡，其实际流场并非理想轴对称流型[5]；在重油、LNG传输及食品、化工等领域，往往多发多相流，其流型复杂多变，更是难以被数学模型准确描述[6]。为此，也有研究者提出采用神经网络等方法直接建立传感信息与流量之间的映射关系，但该类方法需针对特定工况进行大量的样本训练，其实用性尚有待改善，且无法适用于未进行训练的工况[5,7]。由此可见，如何实时感知介质属性、速度与流型分布等流场特性变化,进而建立可准确反映当前流场传感信息与介质流量之间映射关系的数学模型,是复杂流场流量计算面临的主要挑战。

在液压系统的元件测试、反馈控制、状态监测与故障诊断中,流量往往是需要测量的关键参数之一。目前,利用齿轮、涡轮等流量计可实现液压系统平均稳态流量的测量,但存在压损大、易引发压力脉动等缺点。此外,由于受运动部件惯性等影响,该类流量计反应较慢,无法用于液压系统瞬态流量的在线动态测量。为此,研究者提出了整流法、节流差压法、旋转机构法和位移法等间接测量方法,以实现液压系统瞬态流量的实时测量[1]。其中,节流差压法将差压计与节流装置配套使用,根据节流口流量平方与前后压差之间的线性比例关系,以所测差压数值实时计算流量,具有耐压高、响应速度快等优点,应用较为广泛。很多研究者还利用这一原理,通过压差测量值实现液压阀口流量的计算,甚至通过对阀口的特殊设计,建立阀芯位移与流量的近似线性关系,根据阀芯位移测量值计算阀口瞬态流量[2]。但由于这些方法对压差与流量之间的关系处理较为理想化,误差较大。通过实验校准,结合最小二乘法拟合、参数识别等方法,对流量计算模型进行非线性修正,可以一定程度上改善计算精度[1]。然而,由于液压系统使用过程中,油液污染、含气量变化、黏性致热等导致介质属性发生变化,阀口与节流口磨损导致节流面积变化,这些因素使得事先校准的流量计算模型仍无法准确反映实际系统中压差或阀芯位移与流量之间的映射关系。更为严重的是,如图 1 所示[4],

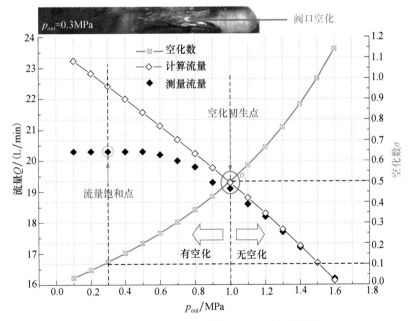

图 1　阀口空化引发流量饱和与计算流量误差

若出现阀口空化（气穴），则可能引起流量饱和，使实际阀口流量完全偏离理论模型计算结果。

　　在石油、天然气等能源输送管网中，多声道超声波流量计被广泛使用，其计量原理为：通过安装在每条声道线上的一对换能器，测得该声道上线平均流速，进而根据特定算法，计算出流过管道截面的体积流量。传统的流量计算模型由基于数值积分的高斯正交公式，结合特定的声道位置与剖面流速分布函数推导而来。例如，最为典型的 Gauss-Jacobi 模型和 OWICS 模型，均基于理想的轴对称剖面流速分布函数而建立[3]。但由于弯管、阀门等扰流作用，实际管道中易诱发高阶漩涡，其实际流场并非理想轴对称流型，导致该类方法在实际使用中误差较大。若针对具体流场选择不同的剖面流速分布函数与计算参数，则可一定程度上提高对相应工况的流量计算精度。近年来，众多研究者将神经网络等智能算法引入多声道超声波流量计算中。该类方法可不受声道位置等限制，直接建立传感信息与流量之间的映射关系（图 2[5,7]），根据样本学习事先获得不同流场分布下的映射网络参数，进而针对经事先训练的工况可输出高精度的流量计算结果。研究者还结合遗传算法、极限学习机等智能算法，以进一步提高计算精度或降低训练样本数[5,7]。该类方法可针对特定工况，建立声道传感信息与流量之间更为准确的映射模型，但必须针对每一种应用场合单独训练，限制了其实际应用。

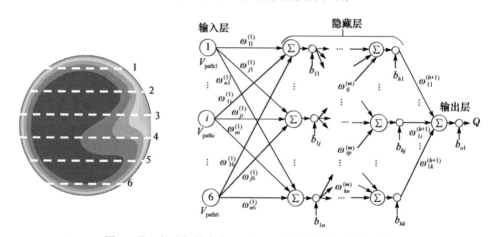

图 2　非理想流场的多声道流量测量与神经网络流量计算

　　在重油、LNG 传输及食品、化工等领域，往往面临多相流计量的问题。根据各相成分不同，多相流可分为气液两相流、气固两相流、液固两相流、气液固三相流等。根据流型区分，则可分为泡状流、环状流和柱塞流等。实际工况中，还有可能伴随着多相成分与流型的实时转变[6]。因此，相比于单相流，多相流的流量计量要复杂和困难得多。目前，通常借助流场干预技术，通过多相混合器、流型调整器等将多相流混合均匀，进而如图 3 所示，通过压差、电容、电阻、超声波、科里奥利流量计、微波、γ 射线等检测方法实现多相流量测量。或者，在测量前对多相流进行完全或者部分分离，然后使用单相流量计进行各相单独测量。但通常分离出的液相部分仍会含有少量气体，往往还需通过科里奥利流量计、压差等多相流测量方法进行计量[8]。由于需对多相流进行预先调制，以上方法均很难实现多相流的在线实时测量。为此，有研究者提出利用神经网络等算法对流场的多相成分进行智能识别，或实现多相流的可视化，以实现多相流的实时在线测量[9,10]。根据该类方法检测结果，结合多相流型分布函数，可进行多相流流量的实时计算。但由于多相流行为的复杂多变，其流型分布的准确数学描述仍是尚未解决的难题。

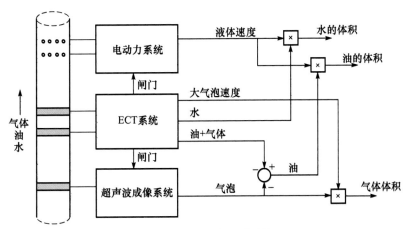

图 3　典型多相流计量系统

　　综上所述，对于介质属性、流速甚至流型分布复杂多变的流场，其流量的实时、准确计算仍是尚未解决的难题。只有进一步将流体力学与传感技术、信息处理甚至神经网络、机器学习、数据挖掘等智能计算方法相结合，实现基于传感信息的流场特性智能识别，进而针对不同类型流场建立具有工况自适应功能的流量计算数学模型，才能实现复杂流场流量的实时、准确计算。

参 考 文 献

[1] 岳继光, 吴盛林, 刘庆和. 液压系统中瞬态流量测试的研究. 哈尔滨理工大学学报, 1998, 6: 53-56.

[2] 吴根茂, 邱敏秀, 王庆丰. 新编实用电液比例技术. 杭州: 浙江大学出版社, 2006.

[3] Voser A, Brekke H, Gyamathy G, et al. Analyse und fehleroptimierung der mehrpfadigen akustischen durchflussmessung in wasserkraftanlagen. Zürich: Technische Wissenschaften ETH,

1999.

[4] 杜学文. 液压阀口空化机理及对系统的影响. 杭州: 浙江大学博士学位论文, 2008.

[5] Hu L, Qin L H, Mao K, et al. Optimization of neural network by genetic algorithm for flowrate determination in multipath ultrasonic gas flowmeter. IEEE Sensors Journal, 2016, 16(5): 1158-1167.

[6] Thorn R, Johansen G A, Hammer E A. Recent developments in three-phase flow measurement. Measurement Science and Technology, 1997, 8(7): 691-701.

[7] Qin L H, Hu L, Mao K, et al. Application of extreme learning machine to gas flow measurement with multipath acoustic transducers. Flow Measurement and Instrumentation, 2016, 49: 31-39.

[8] Corneliussen S, Couput J P, Dahl E, et al. Handbook of Multiphase Flow Metering. Revision 2. Norwegian: Society for Oil and Gas Measurement, 2005.

[9] Rajan V S, Ridley R K, Rafa K G. Multiphase flow measurement techniques—A review. Journal of Energy Resources Technology—Transactions of the ASME, 1993, 115(3): 151-161.

[10] Ismail I, Gamio J C, Bukhari S A, et al. Tomography for multi-phase flow measurement in the oil industry. Flow Measurement and Instrumentation, 2005, 16(2): 145-155.

撰稿人：傅　新、胡　亮

浙江大学

受限空间内的流体空化（气穴）问题

Cavitation in Restricted Space

空化是指因局部压力较低或温度较高，使液体压力低于饱和蒸气压，导致溶解在液体中的气体游离出来，在液体中形成大量的蒸气空泡。这种现象称为空化或气穴。水下高速运动的船舶螺旋桨、高速鱼雷等均会造成明显的空化现象，而在流体机械、液压系统等机械装备中，空化现象也广泛存在，且空泡的初生、发展、溃灭和回弹等动力学行为往往在狭小的受限空间内发生。如图 1 所示，空泡在固体壁面附近溃灭时可产生高速射流，并伴有强烈的压力脉动和局部高温，可对机械装备造成严重的气蚀破坏，并诱发振动、噪声等一系列问题。揭示空化带来的射流、激波、压力脉动等一系列复杂现象，掌握复杂壁面条件、流动条件作用下空泡的行为规律与能量传递特性，是控制气蚀、振动、噪声等问题的关键，对提高流体机械、液压系统及液压元件的性能和可靠性有重要作用。

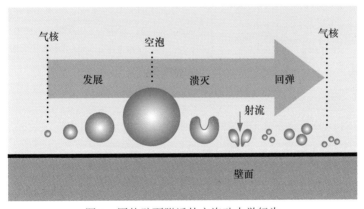

图 1　固体壁面附近的空泡动力学行为

1754 年，Euler 首次发现了水轮机中的空化现象。1917 年，Rayleigh[1]建立了描述球状空泡动力学行为的 Rayleigh-Plesset 方程，即 R-P 方程。这一理论几经修正，加入了黏性、表面张力、气体组分等更多影响因素，形成了空泡动力学的基础模型。但对于变形较大的空泡，R-P 方程无法由解析方法计算。从 20 世纪 80 年代以来，高速摄像技术和以边界积分法为代表的数值计算方法被广泛应用于空化研究，发现边界约束（包括壁面、液体界面、周边空泡干涉等）对空泡行为有决定性的影响[2]，如图 2 所示。Blake、Khoo 等学者系统研究了刚性壁面、弹性膜、自由液面、双/多空泡干涉等边界条件的影响规律，已能准确预测空泡在多种边界附近的溃灭周期、射流方向和射流强度。然而，实际装备中空化常在受限空间如节流口、节流槽、管道、作动腔等位置发生，复杂的壁面约束和流动状态对空化发展有显著影响，并且会导致二次空化等特殊的伴生现象。以 R-P 方程为代表的空泡动力学理论应用于受限空间的空化问题时，一方面在反映复杂壁面与流动环境的影响上存在困难，另一方面也难以准确描述受约束条件下空泡溃灭最后阶段的激波、二次空化等特殊现象。

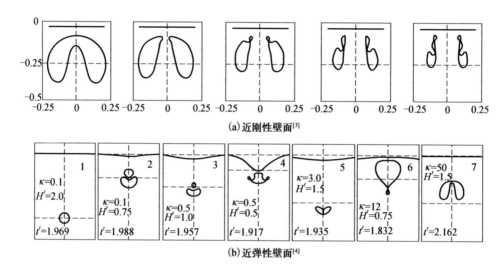

图 2   壁面环境对空泡溃灭射流的影响

在节流口、节流槽等受限空间，介质流动速度高、剪切率高、流态复杂。高剪切流动与空化现象耦合，形成附着型空穴、螺旋形空穴、超空化、游离空泡、脱落空泡等多样化的两相流形态，且对压差、背压等流动参数敏感[5]。多样化的壁面约束和流动状态，对空泡的溃灭位置、射流形态、射流强度等均产生显著影响，进而影响气蚀、噪声、振动等问题。已有的相关理论中，以流体体积函数（VOF）方法为代表的两相流模型对空泡溃灭、射流等微观过程的描述不够精确，而直接求解 R-P 方程等空泡动力学模型则难以反映宏观的复杂空穴形态的影响。对于 U 形、V 形滑阀阀口及锥阀阀口等典型位置，已有研究总结了其空穴或空泡的形成机理和形态变化规律，如图 3 所示。但是，如何准确分析空穴形态及位置对溃灭射流和压力脉动的影响，从本质上揭示受限空间内空穴演化规律及其对气蚀等问题的影响机理，仍然是机械装备介质空化研究中必须要突破的基础问题。

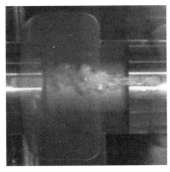 

(a) U形阀口　　　　　　　　　(b) V形阀口

图3　滑阀阀口的空穴形态

空泡溃灭的最后阶段，空泡压力与界面速度陡升，强烈的可压缩效应使剩余能量一部分转化为激波并向外扩散，其峰值压力可达 1000MPa 以上，对壁面冲击，形成气蚀，如图4所示[6]。另一部分能量则在空泡的回弹振荡中耗散，诱发压力脉动，是系统振动、噪声问题的重要原因。对于自由域中的空泡溃灭，Tinguely 等[7]发现其能量转化为激波的比例可在 2%到 95%的宽范围内变化。通过高马赫数模型的耦合，可给出自由域空泡溃灭的能量流向比例和激波峰值压力，其特征参数与环境压力、声速、介质参数等有关。近年的实验研究发现，周围存在壁面约束时，空泡溃灭能量的分配与自由域中有很大差异，如 Yang 等[8]学者发现刚性壁面附近，空泡溃灭后激波携带的能量比例随空泡-壁面间距变化，且激波能量存在极值。弹性壁面、圆管等不同的壁面环境均显著影响溃灭能量的分配，使更大比例的能量在压力脉动中逐渐耗散。能量流向的变化是受限空间中空泡动力学行为改变的重要原因，但是这一问题涉及空泡溃灭最后阶段的超声速流动过程，且在

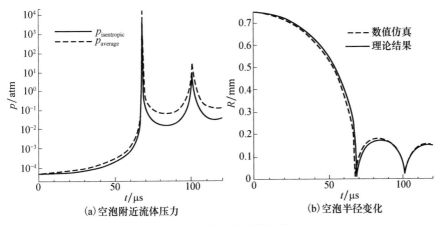

(a)空泡附近流体压力　　　　　　　(b)空泡半径变化

图4　空泡溃灭形成激波[6]

1atm≈1.01×10⁵Pa

周围边界的作用下，多样化的空泡溃灭形态也对激波的形成产生复杂影响，但现有理论对相关机理的认识还较为有限。对于受限空间内复杂壁面约束下的空泡溃灭过程，尚未能从本质揭示其能量分配机理，对激波强度、脉动特性等的有效预测尚存在困难。

受限空间中的空泡溃灭时，释放的激波被周围边界多次反射，并在某些区域发生汇聚。这些区域集中了激波所耗散的能量，导致局部液体相变而发生二次空化。二次空化可对固体壁面产生剧烈的侵蚀作用，也会显著改变溃灭能量的耗散速率[9]。由于周围边界的影响，二次空化可能在远离初生空泡位置出现，且可扩展到大范围区域。针对球形等规则的受限空间，可通过激波的传播与汇聚模型给出激波能量的集中耗散区域，以预测二次空化的发生位置[10]，如图 5 所示。但是，目前二次空化发生与溃灭的机理研究还处于较为初始的阶段。作为受限空间中特有的溃灭能量耗散途径，壁面约束条件决定了二次空化的发生条件、影响范围、振荡特性等，其影响规律的数学描述尚未能建立。

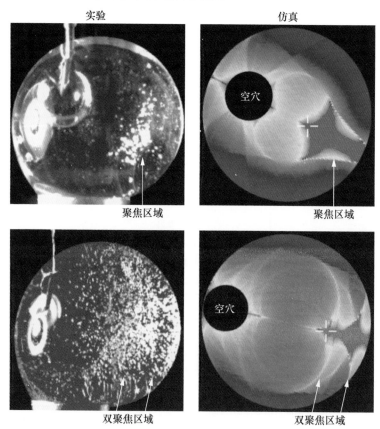

图 5　球形受限空间中空泡溃灭后的激波汇聚与二次空化[10]

综上所述，在复杂壁面与流动状态对空泡行为、溃灭能量分配、激波和二次空化现象等的作用机理方面，现有的理论学说尚存在缺陷和不足。深入研究两相流动与空泡动力学行为的耦合作用，并针对壁面约束下空泡溃灭的最后阶段和溃灭后的二次空化等行为开展探索，才能全面揭示受限空间内的流体空化特性。

参 考 文 献

[1] Rayleigh L. On the pressure developed in a liquid during the collapse of a spherical cavity. Philosophical Magazine Series 6, 1917, 34(200): 94-98.

[2] Lauterborn W, Kurz T. Physics of bubble oscillations. Reports on Progress in Physics, 2010, 73(10): 106501.

[3] Brujan E A, Keen G S, Vogel A, et al. The final stage of the collapse of a cavitation bubble close to a rigid boundary. Physics of Fluids, 2002, 14(1): 85-92.

[4] Klaseboer E, Turangan C K, Khoo B C. Dynamic behaviour of a bubble near an elastic infinite interface. International Journal of Multiphase Flow, 2006, 32(9): 1110-1122.

[5] Zou J, Fu X, Du X W, et al. Cavitation in a non-circular opening spool valve with u-grooves. Proceedings of the Institution of Mechanical Engineers Part A—Journal of Power and Energy, 2008, 222(A4): 413-420.

[6] Liu Y, Sun M. Accuracy improvement of axisymmetric bubble dynamics using low mach number scaling. Computers and Fluids, 2014, 90: 147-154.

[7] Tinguely M, Obreschkow D, Kobel P, et al. Energy partition at the collapse of spherical cavitation bubbles. Physical Review E, 2012, 86: 046315.

[8] Yang Y X, Wang Q X, Keat T S. Dynamic features of a laser-induced cavitation bubble near a solid boundary. Ultrasonics Sonochemistry, 2013, 20(4): 1098-1103.

[9] Field J E, Camus J J, Tinguely M, et al. Cavitation in impacted drops and jets and the effect on erosion damage thresholds. Wear, 2012, 290: 154-160.

[10] Obreschkow D, Dorsaz N, Kobel P, et al. Confined shocks inside isolated liquid volumes: A new path of erosion? Physics of Fluids, 2011, 23: 101702.

撰稿人： 邹　俊[1]、吉　晨[1]、傅　新[1]、陆　亮[2]、叶正茂[3]、杨华勇[1]

1 浙江大学、2 同济大学、3 哈尔滨工业大学

气液固交界弯月面稳定机理

Stability Mechanism of Meniscus at Gas-Liquid-Solid Interface

气液固交界弯月面是指固体边界附近气、液两相之间形成的弯月状界面，它广泛存在于自然界与日常生活中，如液体装于试管中，其气液界面在表面张力与试管壁润湿作用下形成弯月面。弯月面还存在于各类装备的缝隙流场中，如图 1 所示：液体在受上下固体边界约束的缝隙中，其侧向自由界面受气液固三相交互作用，呈现弯月状。若上下壁面存在相对运动，则弯月面受黏性剪切、边界滑移和动态润湿等因素作用而变形，甚至失稳破裂。在实际装备中，弯月面失稳破裂将使缝隙流场完整性遭到破坏，进而带来一系列问题，如柱塞密封与润滑失效、液粘离合器传动效率下降、浸没光刻曝光失效等。由此可见，弯月面稳定是缝隙流场实现浸润、承载、润滑、传热传质、流体驱动等功能的关键，其机理认知即揭示多相界面力、内外流场、边界滑移、动态润湿等复杂作用下的界面平衡特性，是流体传动、密封、润滑、微流体以及浸没光刻等领域面临的共性科学问题。

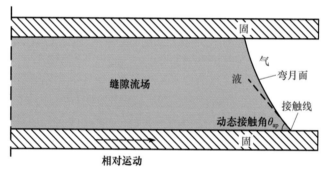

图 1　缝隙流场中的弯月面

早在 19 世纪初，英国物理学家 Young 便提出了接触角的概念，并据此建立了描述气液固三相接触线平衡机理的杨氏方程。随后，法国物理学家 Laplace 以此为边界条件，建立了描述稳定弯月面形态的非线性微分方程，揭示了内外压差与表面张力作用下的弯月面平衡机理，后人将其称为 Young-Laplace 方程。20 世纪 70 年代，Padday 等[1]提出了气液界面最小自由能稳定理论，建立了包含势能与界面能的液相总能量表达式，以其一阶变分描述界面形态，二阶变分判定界面稳定性。Young-Laplace 方程与最小自由能稳定理论沿用至今,为静态或准静态弯月面的宏观形态描述与稳定性判定提供了有效手段。然而,实际装备中弯月面往往受黏性剪切、边界滑移和动态润湿等作用,处于形态快速演变的动态平衡状态。此外,现代装备中缝隙流场厚度往往低至微米甚至纳米级,且运动副表面结构与物化特性复杂,其弯月面稳定涉及微观-介观-宏观的跨尺度复杂界面力作用。因此,描述宏观弯月面稳定机理的静态或准静态理论已无法满足需求。

目前,跨尺度与复杂界面行为作用下的弯月面动态稳定机理认知仍然存在困难[2]。首先,由于分子力等作用下的气液固三相接触线微观平衡机理尚未明晰,现有理论尚无法准确描述微观接触角特性,导致微观-介观-宏观之间的接触角与曲面演变规律无法获悉。其次,对于存在多相界面相对运动与动态润湿行为的缝隙流场,其固体界面可能为物理、化学非匀质表面,而高速剪切作用下的边界滑移特性尚难以准确判定,钉扎作用下非匀质表面界面力突变规律难以准确描述,甚至动态接触角无法唯一确定。以上因素使得气液固三相接触线处弯月面边界条件难以准确获知,缝隙流场内部流动对弯月面形态演变的作用规律难以明晰,弯月面动力学方程无法建立,致使其稳定机理研究面临困局。

现有研究指出,根据空间尺度与力学作用机理不同,弯月面可划分为如图 2 所示[2,3]的三个区域:微观区域(分子尺度,分子力主导)、宏观区域(毛细长度尺度,惯性力、表面张力主导)以及介于两者之间的介观区域(黏性力、表面张力主导)。传统流体力学模型中使用的接触角多为宏观尺度下的表观接触角,弯月面

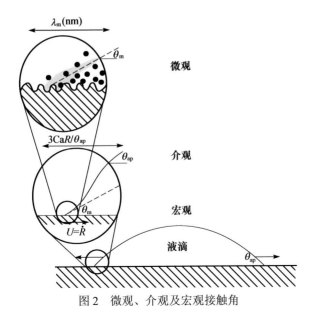

图2 微观、介观及宏观接触角

形态与力学平衡方程也以此为边界条件。然而，此角度为距离接触线足够远处界面形状的准静态近似，因此其值并不唯一，大小随观测点与接触线的距离而发生变化。尤其在动态情况下，当毛细数较大时，弯月面受黏性力作用而产生较大形变，给宏观接触角的唯一确定带来困难[2]。为此，Blake[4]借助流体动力学与分子动力学理论，提出了基于微观接触角数值的宏观动态接触角预测模型。然而，由于微观接触角受表面微观结构、分子热运动及界面扩散等影响，现有理论尚无法建立其数学描述，仅能通过原子力显微镜或分子动力学仿真获得其统计平均值。因此，微观-介观-宏观之间接触角与曲面演变规律的揭示尚存在困难。

　　液固界面边界滑移特性的研究是弯月面动力学特性分析的基础。1738 年，Bernoulli 首次提出了如图 3（a）所示的流体流动的无滑移边界条件假设，即固体表面的流体分子与固体表面的相对运动速度为零[5]。然而，随后众多研究者实验证实了液固界面存在边界滑移[6]。在现有流体力学理论中，普遍以滑移长度作为表征滑移特性的定量参数，并采用 Navier 提出的线性滑移模型，即如图 3（b）所示[5]，认为滑移长度为常数，滑移速度与局部剪切率成正比。Thompson 等[7]则指出，Navier 滑移模型只在低剪切率的情况下适用，当剪切率非常高时，滑移长度随着剪切率的增加而急剧增加，进而提出了非线性滑移模型。目前，如何准确获得滑移长度数值仍是尚未解决的难题。基于粒子图像测速（PIV）与全内反射荧光显微镜的直接测量方法，以及基于压差流量原理、原子力显微镜或面力仪的间接测量方法，对滑移长度的测量精度均有待提高。此外，润湿性、粗糙度、纳米气泡、气态层以及剪切率等均会影响边界滑移特性，其影响规律是边界滑移特性研究必须突破的基础问题。

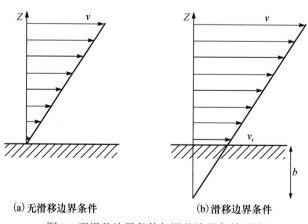

（a）无滑移边界条件　　　　　（b）滑移边界条件

图 3　无滑移边界条件与滑移边界条件对比

　　弯月面在非匀质表面所受的钉扎作用，也是导致弯月面偏离平衡态的原因之一。固体表面的非匀质属性包括物理非匀质和化学非匀质两种情况，它们会使弯月面与固体表面的接触角无法唯一确定,还会改变接触线及弯月面的形状(图4[8])。当接触线钉扎在单一非匀质界面上时,接触线形状与非匀质界面形状相重合,此区域上的表观接触角存在最大值、最小值,且随体积而变化[9]。当接触线同时覆盖多个无序或阵列排布的非匀质图案时,接触线将如图5所示[10]呈现多种规则或不规则的形状,接触角在接触线周向上不唯一,并且接触角和接触线运动速度都与接触线运动方向直接相关。目前,当流场尺寸远大于非匀质图案尺寸时,可用改造过的 Cassie 公式或 Wenzel 公式描述接触角在整个接触线上的平均值,但对局部接触线上的接触角与弯月面形态只能通过实验观测获得,尚未能从本质揭示其形成与稳定机理。

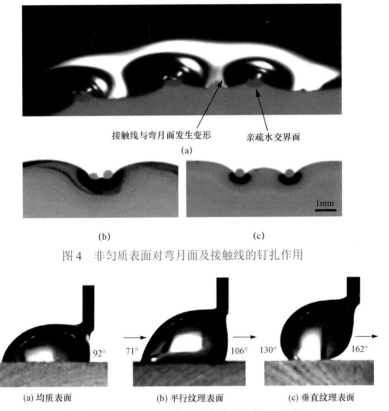

图 4　非匀质表面对弯月面及接触线的钉扎作用

图 5　光滑表面和非匀质表面牵拉时的接触角对比

综上所述,在弯月面跨尺度作用和复杂界面行为耦合机理等方面,现有的理论学说尚存在缺陷和不足。只有进一步结合宏观与微观力学、物理化学、界面科学以及流体力学,开展多相界面跨尺度力学平衡机理研究,才能全面揭示弯月面稳定特性。

参 考 文 献

［1］ Padday J F, Pitt A R. The stability of axisymmetric menisci. Philosophical Transactions of the Royal Society of London A: Mathematical, Physical and Engineering Sciences, 1973, 275(1253): 489-528.

［2］ Bonn D, Eggers J, Indekeu J, et al. Wetting and spreading. Reviews of Modern Physics, 2009, 81(2): 739-805.

［3］ Snoeijer J H, Andreotti B. Moving contact lines: Scales, regimes, and dynamical transitions. Annual Review of Fluid Mechanics, 2013, 45: 269-292.

［4］ Blake T D. The physics of moving wetting lines. Journal of Colloid and Interface Science, 2006, 299(1): 1-13.

［5］ Neto C, Evans D R, Bonaccurso E, et al. Boundary slip in Newtonian liquids: A review of experimental studies. Reports on Progress in Physics, 2005, 68(12): 2859.

［6］ Pit R, Hervet H, Leger L. Direct experimental evidence of slip in hexadecane: Solid interfaces. Physical Review Letters, 2000, 85(5): 980-983.

［7］ Thompson P A, Troian S M. A general boundary condition for liquid flow at solid surfaces. Nature, 1997, 389(6649): 360-362.

［8］ Cubaud T, Fermigier M. Advancing contact lines on chemically patterned surfaces. Journal of Colloid and Interface Science, 2004, 269(1): 171-177.

［9］ Lenz P, Lipowsky R. Morphological transitions of wetting layers on structured surfaces. Physical Review Letters, 1998, 80(9): 1920-1923.

［10］ Cheng C T, Zhang G, To S. Wetting characteristics of bare micro-patterned cyclic olefin copolymer surfaces fabricated by ultra-precision raster milling. RSC Advances, 2016, 6(2): 1562-1570.

撰稿人：傅　新、胡　亮、杨华勇

浙江大学

高频振动下多自由度谐振效应

Multi DOF Resonance Effect on High-Frequency Vibration

液压振动台是一种利用液压加载获得机械振动的装置，主要用于工业、航空航天、武器装备等产品的耐振性能试验，以及建筑物地震模拟、交通工具路况模拟等振动环境试验，以评定其结构的耐振性、可靠性、完好性及研究其对振动的响应。液压振动台易于实现低频、大位移、大推力动态激励，具有结构牢固、承载大、抗横向载荷能力强、振动波形调整灵活等特点，因此多用于大型结构或部件试验。过去因技术限制，常以各向依次进行单自由度试验来等效多自由度振动试验，但随着研究深入而意识到二者不能简单地等效，与传统的单自由度振动试验相比，多自由度振动试验能够保证振动分布的均匀性，防止过试验或者欠试验发生，可以更真实地模拟试件的振动环境[1-4]。

高频响、高精度、大位移、大承载是液压振动台的发展趋势，目前主流技术均采用电液伺服技术实现多自由度高频振动。振动台结构的固有频率因较多弹性元件的使用而大幅降低，当振动频率接近振动台结构固有频率时，振动台多阶谐振模态会在高频振动时被激发，即单自由度（X 向）高频振动激发的谐振会在非目标自由度（Y、Z 向）产生次生谐振叠加，如图 1 所示，叠加谐振的幅相特性和

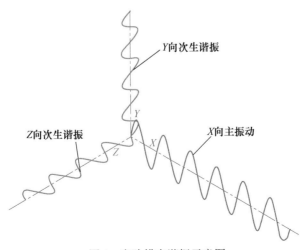

图 1　高阶模态谐振示意图

方向性都具有不确定性，这种交互串扰对振动信号的控制精度尤其是相位精度带来严重干扰[5]，对设备会造成破坏。因此，高频振动下多自由度谐振叠加效应、高频信号波形失真与动态补偿是电液伺服振动台面临的核心难题。

针对此问题目前国际相关研究普遍采用在线预测及实时补偿控制策略，通过时域加窗和频域加窗修正技术增强高频段加速度反馈修正能力，并引入控制对象模型预测器，在线估计系统的延迟和参数并进行实时补偿，从而获得系统恒定延迟，解决相位差异不稳定性问题，利用一步超前最小预测方差自适应模型预测器，通过引入预测方差目标最优函数，在线估计系统的对象模型，建立系统延迟补差机制，改善系统延迟特性差异，并采用具备信号泄漏抑制功能的多输入多输出（MIMO）系统频响函数高精度辨识技术，提高控制系统参数的辨识精度。

信号加窗会产生窗效应影响谱估计的质量，导致信号频谱不能真实地反映原始信号，为解决加窗导致的信号频谱幅度不一致问题，需对加窗后的信号频谱进行幅值修正，即在选择窗函数时，频谱的主瓣应尽可能窄，以提高分辨率和减小泄漏，并尽量减小窗函数频谱的最大旁瓣的相对幅度[6,7]。模型预测控制方法于1973 年在工业控制中首次应用，因实际系统的复杂性和多样性，对非线性系统模型预测控制的研究一直发展缓慢，目前尚无统一的理论可用于分析非线性控制系统。其中控制算法设计、稳定性分析、鲁棒综合以及优化求解等内容的研究存在很多问题[8]，对带约束、强非线性特性的模型预测控制算法及稳定性研究尚未成熟，现有鲁棒性研究不能完全解决不确定性引起的系统性能及稳定性降低问题，另外在线求解约束优化问题的计算量大、抗干扰能力弱、模型误差适应性不足也限制了模型预测控制的应用。

高频振动信号的幅值、相位控制精度首先依赖于系统频响函数的识别精确度，而频响辨识过程中所作傅里叶变换会带来暂态和泄漏谱影响。针对以上问题，采用具备信号泄漏抑制功能的 MIMO 系统频响函数高精度辨识等技术提高系统参数的辨识精度，将全相位谱估计法引入 MIMO 频响函数的系统辨识中，可减小由辨识频响函数计算补偿矩阵引起的偏差[9]，如图 2 所示。在此基础上针对非线性时变系统在线辨识频响函数快速迭代收敛性的要求，提出非线性预补偿和时变抑制算法的多自由度振动高精度复现控制策略，从而提高多自由度高频振动模拟信号的幅值与相位精准复现程度[10]。由于高频谐振及叠加谐振的幅相特性具有极大不确定性，而以上方法均未考虑振动台高频模态谐振及叠加效应的特性，无法及时精确预测谐振的诱发条件，补偿具有较大时滞性，难以实现高频振动下多自由度谐振叠加效应的实时补偿。

因此，针对高阶模态激发引起的附加谐振问题，采用高阶模态分析的方法，研究振动台结构在有效工作频率范围内的多阶振动模态规律，识别出结构物模态参数并建立结构物的模态模型，根据模态叠加原理，在已知各载荷时间历程的情况下判断出结构物实际振动的响应，定量研究单向高阶谐振对非目标自由度振动相位复现精度的影响，探索多自由度高阶谐振交互串扰机理，在多自由度振动控制中对叠加谐振扰动进行有效的预测及协同预补偿。通过自由度空间与模态空间的变换，实现 MIMO 系统到多个单输入单输出(SISO)系统的转化，采用独立自由度控制方法，分析非目标自由度对振动控制的影响，将非目标自由度的控制与反馈引入控制系统，对其进行目标为零的独立控制以削弱附加谐振，实现多自由度高频信号相位协同预补偿。同时必须针对振动信号传递路径上的所有结构与驱动系统进行动态建模，充分考虑系统非线性及时变特性，研究三状态反馈控制原理及算法的实时性，优化参数及实现高效计算，提高系统阻尼比，大幅削弱谐振峰值，抑制对非目标自由度振幅的影响。整体控制策略示意图如图 3 所示。

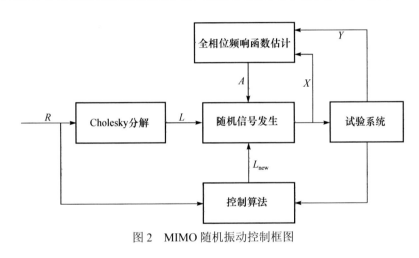

图 2　MIMO 随机振动控制框图

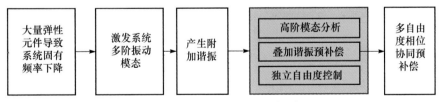

图 3　多自由度相位协同控制示意图

综上所述，采用模态分析的方法，揭示单自由度高阶谐振对其他自由度振动幅值与相位偏差的诱发机制与影响规律，在此基础上采用三状态反馈技术提高系统阻尼比以抑制谐振峰值对其他自由度振幅的影响，并在多自由度振动控制过程中根据各自由度振动频率进行相位协同预补偿，是实现振动台多自由度高频信号精确控制的有效补偿策略。

参 考 文 献

[1] Kim D S, Lee S H, Choo Y W, et al. Self-balanced earthquake simulator on centrifuge and dynamic performance verification. KSCE Journal of Civil Engineering, 2013, 17(4): 651-661.

[2] 侯瑜京. 土工离心机振动台及其试验技术. 中国水利水电科学研究院学报, 2006, 4(1): 15-22.

[3] Underwood M A, Keller T. Applying coordinate transformations to multi-DOF shaker control. Sound and Vibration, 2006, 40(1): 14-27.

[4] Kim D S, Kim N R, Choo Y W, et al. A newly developed state-of-the-art geotechnical centrifuge in Korea. KSCE Journal of Civil Engineering, 2013, 17(1): 77-84.

[5] Plummer A. A general co-ordinate transformation framework for multi-axis motion control with applications in the testing industry. Control Engineering Practice, 2010, 18: 598-607.

[6] 胡广书. 数字信号处理理论、算法与实现. 2 版. 北京: 清华大学出版社, 2003.

[7] 李杭生, 陈丹. 频谱分析中窗函数的研究. 微计算机信息, 2008, 24(10): 272-273.

[8] Findeisen R, Imsland L, Allowger E, et al. State and output feedback nonlinear model predictive control: An overview. European Journal of Control, 2003, 9(2-3): 190-206.

[9] Schoukens J, Rolain Y, Pintelon R. Leakage reduction in frequency-response function measurements. IEEE Transactions on Instrumentation & Measurement, 2006, 55(6): 2286-2291.

[10] Reble M, Allgower F. Unconstrained model predictive control and suboptimality estimates for nonlinear continuous-time systems. Automatica, 2012, 48(8): 1812-1817.

撰稿人：谢海波、杨华勇

浙江大学

高频多通道数字流体融合与控制

High Frequency Multi-Channels Digital Fluid Fusion and Control

　　数字流体是相对于传统连续流体而言的，其通过高频的离散流体来实现机械传动和功率传输。由于流体的离散特点，数字液压系统工作时将伴随着高频流量脉动和压力脉冲以及耦合、噪声、气穴、振动和元件疲劳等现象。高速开关阀作为典型的数字式液压元件，是数字流体的核心部件，具有可直接数字控制、抗干扰性强、节流损失小、结构简单、价格低廉等优点，通过对通径不同（或相同）的高速开关阀的组合运用，以期达到高精度流量控制是目前数字流体的研究核心。图 1 是一个典型的数字流体控制单元（digital flow control unit, DFCU）[1]，图中负载两端的进出油口各由一个组合式数字阀控制，每个组合式数字阀由 5 个开关阀组成，可控的最高流量精度即通径最小的开关阀的全开流量，可控的最大流量即 5 个开关阀全开时的流量，通过 5 个开关阀的配合起闭实现多种流量等级的控制。

　　因此，开关单元的数量和流量决定了组合式数字阀的流量可控精度和流量可控范围，开关单元的动态起闭特性决定了组合式开关阀的响应。越多的开关单元将会带来越连续的流量、越高精度的流量控制、越大的流量可控范围以及越优越的动态性能，当然系统也会变得越复杂。

　　组合式数字阀，即复杂数字液压元件的诞生使得高频多通道数字流体的融合与控制成为流体非连续传动中急需研究和解决的问题。

　　早在 1930 年，美国学者 Rickenberg[2]的专利中便提到利用 3 个流量不同的阀组合对负载进行控制。到了 1978 年，芬兰学者 Virvalo[3]提出采用 DFCU 阀组来控制液压缸的速度，但由于当时计算机技术的落后，DFCU 的逻辑电路采用常规的电阻电路制作完成，单个开关单元的驱动也在没有计算机辅助的情况下实现。由于当时计算机技术远不及今日，所以 DFCU 阀组的控制效果并不尽如人意，而且多个开关单元并联的油路使得阀组的体积庞大，油路阻尼增大。随着开关单元性能的提升以及开关单元控制技术的优化，DFCU 阀组再次进入学者的视线。来自芬兰的 Paloniitty 等[4]和来自美国的 Krause[5]均尝试采用层叠式技术加工数字阀块，如图 2 所示。Sakamoto 等[6]尝试利用热处理工艺来优化数字阀的成型。

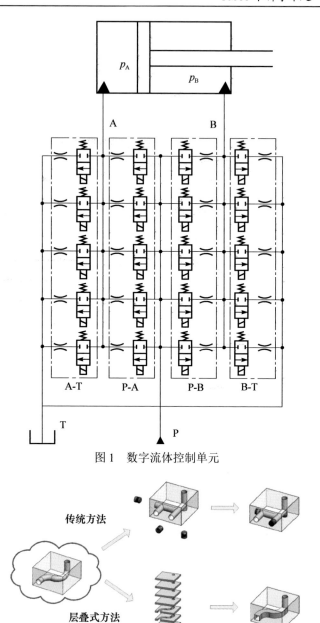

图 1   数字流体控制单元

图 2   层叠式复杂油路阀块加工技术[4]

层叠式复杂油路阀块加工技术将多个开关单元的油路集成到一个紧凑的阀块中，并且采用通径为 1,2,4,8,… 的开关单元作为 DFCU 阀组的基本单元，通过对各个开关单元状态的编码来控制开关单元的状态，如此一来，N 个开关单元便

可输出 2^N 种不同的流量，当需要改变输出流量时，只需要改变阀组的编码信号即可，如图 3 所示[1]。正是这种高精度的流量阶梯控制，可以完美地拟合比例阀等连续的流量。但是，如何根据工况以及目标流量对多个开关单元进行最优化复合控制仍然是一个研究难点。

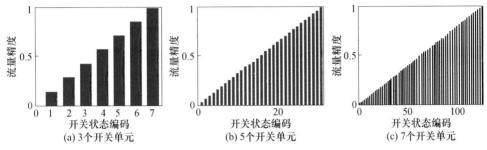

图 3   开关单元数量与流量精度的关系

目前，大多研究主要是基于连续流动产生的非连续波来研究数字流动的特征以及效果，对于多个高频通断条件下的单元流体组合形成的数字流体的动态效果、黏滞效应以及其空间、时间复合带来的阻尼特征描述还稍有局限，单个开关单元产生的高频离散流体对并联油路上其余开关单元的动静态特性影响的研究更是少之又少。因此，对于组合式数字阀，无论是流量特性还是压力特性都不仅仅是简单的多个开关单元性能的累加。对于单个开关单元适用的流体理论基础，由于多通道的高频离散流体间的相互作用，也无法完全适用在组合式数字阀的设计中，其前期的设计参数基本上依靠实验试凑的方式获得。

数字流体的工作原理需将多个开关单元并联工作，使数字流体融合后激励负载。常规的方法则是用油管将各开关单元的阀口相连。然而，众多研究表明，控制容腔的体积越小对油液体积变化就越敏感，油管连接的方法势必增大控制容腔的体积，降低数字阀的控制灵敏度。由于复杂油路的并联需求，在多通道的情况下势必会大大提高加工成本以及增加阀块体积。

而现有的阀块加工技术几乎无法满足集成组合式数字阀的多通道并联油路的加工，即使能将多个开关单元并联连接，阀块油路转向处也多为直角或无过渡圆角，由此带来的油液冲击将加大能量损耗。而且当开关单元达到一定数量时，错综复杂的油路将增大阀块体积和加工成本。为了能够在有限体积的阀体内安装多个开关单元，同时在输出油路上消除部分由于开关阀的离散流量控制带来的流量脉动、流量输出的不平稳等特性，并且保证油道的通畅和各油道间的密封性能，寻求一种简单而又经济的方法加工成型复杂油路的集成阀块将数字流体融合起来的方法是研究数字流体技术必须突破的问题。

控制是数字流体技术的核心，包括对单个开关单元的独立控制以及多个开关单元的复合协调控制，基本控制过程如图 4 所示。开关单元是组成数字阀的基础元件，更是决定数字阀性能的核心部件，其频响的高低直接决定了数字阀性能的优劣[7]。目前成熟的开关阀驱动技术多采用高电压激励方法，而此方法不可避免地会带来较高的温升，影响开关单元的寿命，使数字阀使用受限。因此，寻求一种高频且温升较低的开关单元控制方法是研究数字流体技术的基础问题。多个开关单元的联动协调控制涉及对指令的响应、工况的适应以及开关单元流量脉动对并联单元的影响等问题。虽然通过编码的控制可以实现对相应开关单元状态的控制，从而实现终端流量的控制，但是如何快速准确地计算出最优的编码，用最少的开关单元保证输出稳定的控制流量是数字流体的核心技术[8]。其次，开关单元在并联工作时，受其余并联单元的压力脉冲，其动静态性能与独立工作时存在较大差异，使得联动控制产生的流量与独立控制产生的流量不同，最终导致终端输出流量与目标指令相悖。在此情况下，如何快速检测终端输出流量，并结合目标流量和工况计算出相应编码对数字阀进行控制以实现实时闭环成为必须要解决的问题。通过离散的流量组合实现输出流量的近似连续的变化对于控制算法的快速性以及精确性具有很高的要求，同时也是研究的技术难点。再次，开关单元的流量特性和动态特性受压差影响较大，组合式数字阀工作时，每个开关单元都受来自其他开关单元起闭时产生的压力脉冲以及负载变化带来的压力波动，这势必会导致开关单元动态性能的波动，并影响组合式数字阀的性能。如何解决开关单元对压力波动的自适应调节，从而保持组合式数字阀性能的稳定也是研究的技术难点。

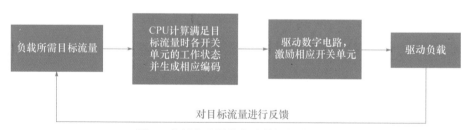

图 4　高频多通道数字流体控制流程图

数字液压是目前国际前沿热点问题，尤其是上百通道的数字流体传动及相应的多开关单元联动复合控制。高频多通道复合数字控制衔接数字流体传动是数字液压最关键的一环，涉及数字电路控制、磁场数字激励、驱动高频阀芯高频动态激励流体，从而使得数字流体产生、融合并控制功率输出，涉及电、磁、机构动力学、流体动力学等多学科交叉，并且数字液压容易和大数据采集系统、智能液压系统以及其他非连续系统控制结合，可为实现智能液压、高速高精度数字液压装备提供理论和应用基础。

综上所述，只有开展高频多通道流体理论与实验研究，才能进行复杂数字液压驱动系统及元件的精确设计和性能提升。

参 考 文 献

［1］ Linjama M. Digital fluid power — State of the art. Proceedings of the 12th Scandinavian International Conference on Fluid Power, 2011, 2(4): 18-20.

［2］ Rickenberg F. Valve: U.S. Patent 1757059. 1930.

［3］ Virvalo T K. Cylinder speed synchronization. Hydraulics and Pneumatics, 1978, 31(12): 55-57.

［4］ Paloniitty M, Karvonen M, Linjama A P M, et al. Laminated manifold for digital hydraulics — Principles, challenges and benefits. The 5th Workshop on Digital Fluid Power, 2012: 27.

［5］ Krause B. Laminated block with segment sheets connected by high temperature soldering: U.S. Patent 2005/0244669 A1. 2005.

［6］ Sakamoto A, Fujiwara C, Hattori T, et al. Optimizing processing variables in high temperature brazing with nickel-based filler metals. Welding Journal, 1989, 69(3): 63-71.

［7］ Suematsu Y, Yamada H, Tsukamoto T, et al. Digital control of electrohydraulic servo system operated by differential pulse width modulation. JSME International Journal, Series C, 1993, 36(1): 61-68.

［8］ Linjama M. On the numerical solution of steady-state equations of digital hydraulic valve-actuator system. The Eight Workshop on Digital Fluid Power, 2016: 24-25.

撰稿人：张　斌

浙江大学

液压泵高速旋转组件稳定性

Stability of Rotating Group in High-Speed Hydraulic Pump

液压泵高速旋转组件的稳定性是指液压泵在工作过程中，尤其是在高转速工况下其旋转组件之间的相对位置保持在合理范围之内以及关键摩擦副之间的润滑油膜未发生失效的特性。

液压泵作为液压系统的核心动力元件广泛应用于工程机械、农业机械、航空航天等领域。如图1所示，以轴向柱塞泵为例，液压泵的旋转组件主要是指主轴、缸体、柱塞以及滑靴[1]，液压泵通过旋转组件内并联容腔体积的周期性变化实现吸排油。在一定的输出流量下，液压泵的转速越高，需要的排量就越小，从而可以降低液压泵的体积和重量，提高其功率密度。所以，液压泵实现高速化是提高其功率密度的一个重要手段。例如，目前在A380飞机控制舵面上使用的电静液作动器（EHA）就采用伺服电机直接驱动高速液压泵的方式来为执行作动器提供压力油[2]，这些高速液压泵的转速一般在10000r/min以上。

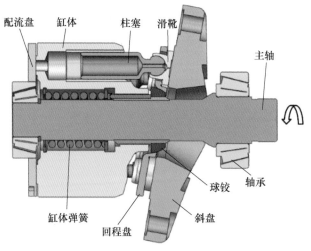

图1 轴向柱塞泵截面图

液压泵转速过高容易导致其旋转组件的相对位置发生微小变化，从而出现运动偶件的倾覆和偏磨问题。例如，滑靴离心力产生的倾覆力矩使得滑靴相对于斜盘有一个倾斜角度[3-5]，倾覆状态下的滑靴在斜盘表面高速滑动以及自旋的过程中将会出现滑靴外径偏磨，并且液压泵的转速越高，滑靴受到的离心力就越大，滑靴倾覆和偏磨现象就越严重。同理，由于柱塞滑靴组件惯性力的作用，缸体受来自柱塞滑靴组件的倾覆力矩，该倾覆力矩使得高速旋转的缸体相对于静止的配流盘产生微小的倾覆运动[6,7]，倾覆状态下的缸体与配流盘之间极有可能出现金属接触并发生外周偏磨。另外，在高压大排量工况下，滑靴的侧向力使得柱塞副的接触压力增大，若此时液压泵高速运动，将会使柱塞副 pv 值大幅度上升，高 pv 值容易导致柱塞副出现"咬合"问题。可以看出，摩擦副运动偶件的倾覆和偏磨不仅造成润滑密封表面形成楔形油膜，泄漏增大，还使得摩擦副的相对滑动表面容易发生直接金属接触，降低了液压泵的容积效率和机械效率，甚至导致整泵失效。

针对上述三对主要摩擦副在高速下容易出现的问题，以往的液压泵设计者提出了一些创新结构。例如，在航空液压泵中广泛使用滑靴定间隙回程结构，该结构使得在斜盘上高速滑动的滑靴经过吸油区时被强制机械回程，这一结构有利于降低高速下滑靴产生倾覆和偏磨的风险。针对缸体的倾覆问题，早期的液压泵设计中有采用缸体外周大轴承支承的方式，但该结构对轴承的安装精度和许用线速度要求很高。关于柱塞在缸孔中由于侧向力作用发生偏心的问题，美国普渡大学的 MAHA 实验室提出波浪形柱塞和鼓形柱塞结构[8]，提高了柱塞副的承载能力，降低了柱塞副的泄漏量。

除了上述提及的液压泵高速化引发的问题以外，还应注意到，柱塞滑靴组件以及柱塞腔内流体在圆周方向上质量分布不均匀将会在液压泵高速旋转过程中产生周期性变化的离心力，易使液压泵旋转组件产生自激振荡；此外，旋转组件的高速搅拌造成壳体内部流场极度紊乱（图2），造成摩擦副油膜边界压力急剧变化从而影响其润滑特性以及承载能力。这两种因素将是未来阻碍液压泵高速化设计的关键技术挑战。

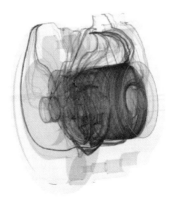

图 2　液压泵壳体内部三维流场

虽然现有液压泵设计理论中对单个类型摩擦副在离心力作用下的倾覆和偏磨现象进行了深入探索，总结了关键摩擦副倾覆和偏磨的失效机理并建立了预测模型，但是对滑靴副-球铰副-柱塞副-配流副构成的整体旋转组件的稳定性随缸体运动转速的变化规律研究及随斜盘运动的附加运动的研究较少。另外，现有关于液压泵摩擦副油膜承载特性的研究都是基于壳体压力恒定的假设，边界压力非稳态剧变对油膜动静压承载特性的影响研究不足。为了研制转速大于 10000r/min 的超高速液压泵，需要深入探索密闭容腔内动不平衡量周期性变化的高速旋转组件的动力学特性及失稳机理，并提出抑制其自激振荡和倾覆失稳的优化设计方法。同时，需要总结出液压泵高速旋转组件的搅拌损失规律，提出规整壳体内紊乱流场的方案，设计出降低柱塞泵搅拌损失的创新结构。

参 考 文 献

［1］ Baker J E. Power losses in the lubricating gap between cylinder block and valve plate of swash plate type axial piston machines. West Lafayette: Purdue University, 2008.

［2］ Habibi S, Goldenberg A. Design of a new high-performance electrohydraulic actuator. IEEE/ASME Transactions on Mechatronics, 2000, 5(2): 158-164.

［3］ Hooke C J, Li K Y. The lubrication of slippers in axial piston pumps and motors—The effect of tilting couples. Proceedings of the Institution of Mechanical Engineers, Part C: Journal of Mechanical Engineering Science, 1989, 203(5): 343-350.

［4］ Koc E, Hooke C J. Considerations in the design of partially hydrostatic slipper bearings. Tribology International, 1997, 30(11): 815-823.

［5］ Harris R M, Edge K A, Tilley D G. Predicting the behavior of slipper pads in swashplate-type axial piston pumps. Journal of Dynamic Systems, Measurement, and Control, 1996, 118(1): 41-47.

［6］ Manring N D. Tipping the cylinder block of an axial-piston swash-plate type hydrostatic machine. Journal of Dynamic Systems, Measurement, and Control, 2000, 122(1): 216-221.

［7］ Manring N D, Mehta V S, Nelson B E, et al. Scaling the speed limitations for axial-piston swash-plate type hydrostatic machines. Journal of Dynamic Systems, Measurement, and Control, 2014, 136(3): 031004.

［8］ Garrett R A. Investigation of reducing energy dissipation in axial piston machines of swashplate type using axially waved pistons. West Lafayette: Purdue University, 2009.

撰稿人：徐　兵、张军辉

浙江大学

柱塞泵摩擦副跨尺度油膜润滑机理

Mechanism of Trans-Scale Oil Film Lubrication in the Frictional Pairs of a Piston Pump

　　润滑是指两个做相对运动的物体表面，借助相对速度而产生的黏性流体膜将两摩擦表面完全隔开，并由其产生的压力来平衡外载荷，如图 1 所示。在各类摩擦副中，合理的润滑可以减少摩擦、降低磨损，提高机械零部件的使用寿命。油膜润滑的最佳状态是指油膜将两个摩擦副表面完全分离，而在此条件下其膜厚所产生的剪切力又最小，即同时满足最小摩擦力及摩擦副表面不接触两个条件。然而，实际接触状态十分复杂，由于运动速度突变、表面形貌损伤、污染颗粒介入等，摩擦副接触界面局部经常因未能建立油膜或者所建立油膜被破坏，造成摩擦副表面直接接触，导致出现油膜失效。

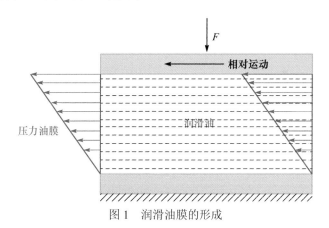

图 1　润滑油膜的形成

　　柱塞泵依靠柱塞的往复运动改变柱塞缸内的容积实现吸入和排出油液，从而将机械能转化为液压能。对于该元件，油液是能量传输的介质，为了保证能量传递效率必须降低油液泄漏，而减小油膜厚度是有效途径。然而，柱塞泵速度高、压力大，且经常在恶劣的工况中运行，导致极大的径向承载力、剪切力、高温和各种尺寸的颗粒污染物、微小空泡，这些因素均会使较薄的油膜失效，从而导致摩擦副磨损、运行效率和产品寿命降低。由此可见，油膜是柱塞泵维持高效传动、提高摩擦副可靠性的关键因素，柱塞泵摩擦副润滑机理的认知即多尺度动态接触作用下的油膜产生和破坏的机制，是流体传动、密封、润滑等领域面临的共性科学问题。

从 1902 年第一台斜盘式轴向柱塞泵以及 1930 年第一台斜轴式柱塞泵问世以来，柱塞泵以其独特的优势受到了学术界与工程界的广泛关注，而柱塞泵有关油膜机理的研究远落后于其产品技术的发展。直至 20 世纪 60 年代，才开始出现了针对柱塞泵摩擦副油膜特性的研究。早期的油膜研究主要是以仿真手段对摩擦副的宏观结构进行设计和验证，例如，广泛使用的"剩余压紧力设计法"，使摩擦副间既形成适当的润滑又有一定的密封性能；英国流体力学研究协会的 Shute 教授等[1]给出了配流盘密封带上压力分布的计算表达式，用以指导高低压槽的设计；英国伯明翰大学的 Hooke 教授等[2]按照静压支撑设计了滑靴结构；德国亚琛工业大学通过虚拟样机对泵中滑靴副油膜特性进行了预测分析，其中的油膜模块可以计算油膜形成状况和支撑力[3,4]。此类研究大都基于光滑平面，对动力学进行仿真。然而，柱塞泵在实际运行过程中，初期的油膜失效往往发生在局部，微观表面形貌对局部润滑机制影响作用复杂。因此，单纯从宏观尺度进行油膜厚度计算无法揭示该摩擦副润滑机理。

目前，针对柱塞泵油膜的研究已广泛使用微观尺度上的摩擦学理论和实验方法。我国南京航空航天大学邓海顺[5]利用简化的试验台对织构化配流副的润滑特性进行了研究，分析了表面微造型对油膜的影响规律；美国普渡大学 Monika 教授团队基于模型泵和 CASPAR 软件解算柱塞泵三对摩擦副的流体力学、动力学以及温度特性[6]。柱塞泵摩擦副间油膜的变化是动态的、非均匀的，在宏观流体润滑的状态下，局部仍有可能处于混合润滑甚至边界润滑，金属表面发生直接接触，产生早期磨损。在摩擦副油膜产生和破坏过程中，微观油膜润滑机理决定了局部润滑状态以及油膜厚度。因此，在研究摩擦副磨损特别是早期磨粒磨损时，必须基于局部微观的接触条件。

然而，考虑表面形貌、材料性能的微观油膜润滑分析是静态的、不连续的。柱塞泵摩擦副实际运动状态连续且表面结构复杂，仅对微观油膜润滑状态进行分析不仅效率低，而且无法反映摩擦副间油膜的整体状态。而宏观的油膜分析基于动力学计算，可以连续、动态地对宏观油膜厚度进行计算，并预测早期油膜失效的大致位置。由此可见，柱塞泵摩擦副跨尺度油膜润滑机理是分析柱塞泵摩擦副润滑状态、揭示油膜失效机理的关键科学问题。虽然目前宏观油膜计算及微观润滑机理研究均比较成熟，但是如何将两者进行结合，仍缺少跨尺度的润滑理论（图 2），需要结合宏观动力学及微观表面形貌，对多尺度下的润滑机理进行研究。

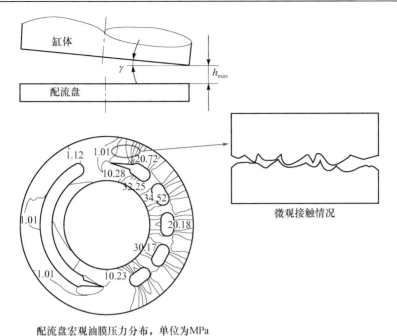

配流盘宏观油膜压力分布，单位为MPa

微观接触情况

图 2　跨尺度油膜示意图[7]

　　另外，摩擦副润滑状态的研究需要实验手段进行验证。国内外很多学者开发了单柱塞泵或简化柱塞泵结构，模拟柱塞泵局部运动进行测试。2000 年，美国普渡大学 Monika 教授团队建立了基于测试模型泵技术的柱塞副摩擦力测试平台，基本与柱塞泵实际运行工况相近。该团队基于模型泵利用热电偶直接接触油膜层测量的油膜温度场对柱塞副、配流副油膜的能量耗散进行研究[8]。浙江大学艾青林[9]使用高精度电涡流微位移传感器测量配流副油膜厚度，保证润滑膜厚度的测量误差小于 1μm。浙江大学张斌[10]发明了一种在高压高速工况下测试真实柱塞副油膜特性的新方法，搭建了柱塞副油膜特性测试模型泵及综合性能测试平台。可以发现，目前的测量方法均采用在测量点钻孔安装传感器对该点的油膜厚度进行接触式测量（图 3），该方法破坏了测量点的实际接触条件，无法真实反映该点的润滑情况，并且该种方法只能测量一个点的油膜信息，即使采用增加测量点的措施也无法掌握整个接触面上的润滑状态。为了全面、精确地监测柱塞泵摩擦副油膜润滑情况，需要使用非破坏式方法对整个接触面的油膜进行测量。因此，在真实工况下建立油膜的非接触式实时感知测量系统，是实现柱塞泵摩擦副跨尺度油膜润滑监测的关键技术。然而，传统的工程测量方法无法满足要求，生物传感器虽然可以满足大面积触觉式测量，但是其对环境要求较高，且测量范围较小，在目前条件下无法直接使用。

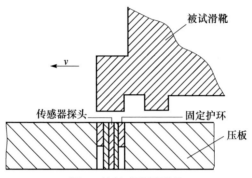

图 3　接触式膜厚测量

综上所述，在跨尺度润滑机理以及原位非接触式测量等方面，现有的理论及技术尚存在缺陷和不足。只有进一步结合宏观动力学与微观润滑理论、动态接触力学、先进的非接触式传感技术，研究多场、多尺度下油膜形成与破坏机制，才能全面揭示柱塞泵摩擦副油膜润滑机理。

参 考 文 献

［1］ Shute N A, Turnbull D E. The thrust balancing of axial piston machines. Research Report 772. Milton Keynes: British Hydromechanics Research Association, 1963.

［2］ Koc E, Hooke C J. Slipper balance in axial piston pumps and motors. Transaction of ASME, 1992, 114(4): 766-772.

［3］ Deeken M. Simulation of the reversing effects of axial piston pump using conventional CAE tools. Ölhydraulik und Pneumatic, 2002, 46: 6-12.

［4］ Deeken M. Simulation for the tribological contacts in an axial piston machine. Ölhydraulik und Pneumatic, 2003, (47): 11-12.

［5］ 邓海顺. 织构化配流副摩擦润滑特性的理论与试验研究. 南京: 南京航空航天大学博士学位论文, 2013.

［6］ Huang C, Ivantysynova M. A new approach to predict the load carrying ability of the gap between valve plate and cylinder block. Proceedings of Power Transmission and Motion Control, 2003: 225-239.

［7］ 王彬. 轴向柱塞泵平面配流副润滑特性及其参数优化. 杭州: 浙江大学博士学位论文, 2009.

［8］ Ivantysynova M, Huang C. Determination of gap surface temperature distribution in axial piston machines. ASME International Mechanical Engineering Congress and Exposition, 2006: 85-93.

［9］ 艾青林. 轴向柱塞泵配流副润滑特性的试验研究. 杭州: 浙江大学博士学位论文, 2005.

[10] 张斌. 轴向柱塞泵的虚拟样机及油膜压力特性研究. 杭州: 浙江大学博士学位论文, 2009.

撰稿人：祝 毅、杨华勇

浙江大学

电静液作动系统的功率与性能匹配问题

Matching of Power and Dynamics on Electro-Hydrostatic Actuator

电液伺服控制是实现位置、速度、力的大功率、高响应、高精度控制的主要手段，主要分为节流控制和容积控制两大类。容积控制具有效率高的突出优点，主要采用电机泵组和作动器集成一体化设计，称为电静液作动系统。该系统免去了集中泵源和复杂长管路布局，在作动器本地安装集成的电机泵组，安全性、可靠性、效率、重量、维修性和能量管理的便利性都得到了可观的提升[1]。因此，电静液作动技术在 21 世纪得到了航空航天、工程机械、船舶、大功率液压机床、机器人、风电等领域的广泛关注。

电静液作动系统的核心原理是伺服电机控制变量或定量液压泵，通过容积伺服调节，实现静液驱动作动功能，其典型结构如图 1 所示[2]。应用对象一般对其

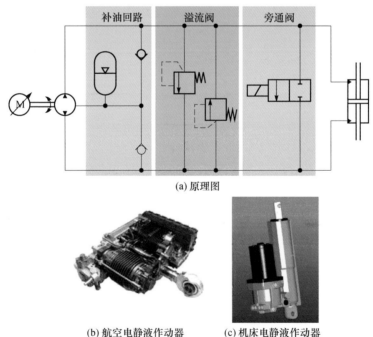

(a) 原理图

(b) 航空电静液作动器　　(c) 机床电静液作动器

图 1　一种典型的电静液作动系统

功率密度、寿命、热效应和动态特性都有很高的要求。从机理上，它采用高速伺服电机和伺服泵的组合结构，电机、液压泵、作动器、负载四元串联，如何进行多元件的功率、效率和动态匹配以及多变量控制、热平衡、四象限能量匹配，是构建高性能、高效、高功率密度电静液作动系统的主要科学难点。

以航空领域为例，传统飞机操纵采用功率液传，即作动器采用阀控，动力源来自发动机驱动液压泵构成的集中恒压油源，再通过细长管路输送高压油液到作动器端。为了提高可靠性，一般采用多套余度备份方式，造成有些大型飞机管路总长甚至达到数千米，系统重量较大、管路损伤风险较高、效率较低。近30年来航空领域国际研究热点是电静液作动系统，它催生了多电飞机的潮流，其主要贡献是改变了功率液传的复杂管路结构，构建了功率电传的新体系，即依靠飞机发动机驱动二次电源发电，功率电缆传输电能，在舵面本地布置集成化电静液作动器，使飞机具有更强的可靠性、更高的生存力、更好的维修性以及更便捷的能量管理能力[3,4]。该想法最初起源于20世纪70年代，90年代欧洲"框架6——非推进功耗优化重大项目"和美国的多电飞机的开发计划实施，极大地推进了该技术的进步[5]。1991年，Parker公司研制的电静液作动器在C-130和C-141飞机上完成了近1000h的空中试飞。德国汉堡-哈尔堡工业大学、法国国立应用科学学院（INSA）等更是相继开展了大量新原理、多学科设计方法、控制策略等基础理论与技术的研究。目前国外的现状是：在A380和A350飞机上作为主飞控系统的冷备份作动器使用（利勃海尔公司，约20kW），在F35战斗机上作为主作动器使用（MOOG公司，55kW，寿命约5000飞行小时）[6-8]。为了达到机载系统的高功率密度要求，电机泵转速需达到16000~20000r/min，工况严酷，因此将电静液作动器作为长寿命高可靠的民机主作动器还有待进一步突破。国内从"十一五"开始进行了一些初步理论研究和样机研制工作，但从方法、元件和关键集成技术上较国外落后20年，目前还处于实验室原理样机研究阶段，只在某型单次任务的飞行器上完成了演示验证工作，其性能、寿命、可靠性与国外都有很大差距。在民用技术领域，MOOG公司将其在航空机载电静液作动器领域的技术积累转化到大功率液压机床领域，为液压机床提供一体化电静液作动器，已经推出了一些产品。

电静液作动系统的功率与性能匹配是系统的关键，是容积控制具有共性的科学难题。该系统包含电机、液压泵、作动器、负载四种动态环节，以及电机和液压泵两类控制元件。如何实现各个环节的功率、效率、动态、多变量控制、热平衡和四象限能量匹配是其中的核心难题，典型工作点匹配如图2所示。

电静液作动系统的功率与性能匹配主要包括以下问题[9,10]：

（1）系统总体方案如何构建，电机调速与定速、液压泵的变量与定量如何组合。

（2）针对容积控制系统固有的动态响应慢的缺陷及零位换向问题，如何实现高响应控制。

（3）电静液作动系统在典型工作循环下，如何研究其四象限能量转换规律。

（4）电机、液压泵、作动器、负载四元串联，如何实现极限功率匹配与热控制。

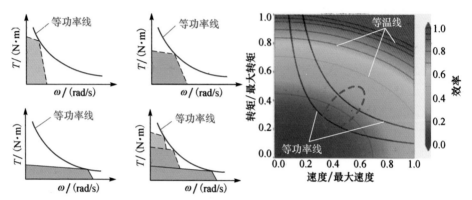

图 2　电静液作动系统中电机、液压泵的功率效率匹配

综上所述，电静液作动系统的功率与性能匹配问题虽然在行业内有一些突破，但是全面推广到运载机械和高档机床以及航空航天产业中还期待取得如下突破。

1）高功重比电静液作动系统的功率匹配

针对传统电静液原理存在的问题，能否通过负载敏感自适应匹配的变排量机构，来减少无用功和热效应，突破电机、液压泵、作动器、负载四元串联的功率匹配和热匹配技术。

2）高功重比电静液作动系统的性能控制

传统意义上认为容积伺服控制的动态性能和刚度都比节流控制差得多，这也是限制电静液作动系统应用的重要问题，期待突破电机、液压泵、作动器、负载四元环节动态匹配设计和新原理高动态调节机构与控制方法。

3）新原理直接驱动电静液作动系统的创成机理

针对双变量调节的难题，能否打破现有思维，构建新原理的电机泵动力单元，期待突破新原理的驱动和配流设计以及多变量流量压力控制。

4）电静液作动系统四象限能量调控与节能控制

针对典型工作循环，期待突破其四象限工作中的功率转换耗散规律，突破能量回收释放机理和节能综合控管。

参 考 文 献

[1]　朴学奎. 大型民用客机液压系统的对比分析. 航空科学技术, 2011, 6: 15-17.

［2］ Habibi S, Goldenberg A. Design of a new high-performance electro-hydraulic actuator. IEEE/ASME Transactions on Mechatronics, 2000, 5(2): 158-164.

［3］ Botten S L, Whitley C R, King A D. Flight control actuation technology for next-generation all-electric aircraft. Technology Review Journal, 2000, 8(2): 55-68.

［4］ 王占林, 陈斌. 未来飞机液压系统的特点. 中国工程科学, 1999, 3: 5-10.

［5］ Croke S, Herrenschmidt J. More electric initiative-power-by-wire actuation alternatives. Proceedings of the IEEE National Aerospace and Electronics Conference, 1994, 2: 1338-1346.

［6］ MOOG Inc. Electro Hydrostatic Actuators. East Aurora: MOOG Inc., 2014.

［7］ Navarro R. Performance of an electro-hydrostatic actuator on the F-18 systems research aircraft. Washington: National Aeronautics and Space Administration, Dryden Flight Research Center, 1997.

［8］ Bossche D V D. The A380 flight control electrohydrostatic actuators, achievements and lessons learnt. Proceedings of the 25th Congress of the International Council of the Aeronautical Sciences, 2006: 1.

［9］ Liang H, Jiao Z, Yan L, et al. Design and analysis of a tubular linear oscillating motor for directly-driven EHA pump. Sensors and Actuators A—Physical, 2014, 210: 107-118.

［10］ Ganga P J, Stephen V L. Modeling and analysis of an electronic load sensing pump. The 20th IEEE International Conference on Control Applications, 2011: 82-87.

撰稿人：尚耀星[1]、徐 兵[2]、焦宗夏[1]、严 亮[1]、
郭 宏[1]、吴 帅[1]、张军辉[2]、钱 浩[2]

1 北京航空航天大学、2 浙江大学

流体机械寿命与可靠性的"随机问题"

"Stochastic Problem" on Life and Reliability of Fluid Machinery

流体机械故障维修最早采用的是材料的疲劳更换和结构破坏的事后维修[1]。后来对大量故障样本进行统计发现，每一类流体机械产品都有一定的寿命，因此出现了根据一定寿命下的定时维修[2]。20世纪50年代，美国可靠性咨询组对第二次世界大战期间定时维修的武器战备进行分析发现，多达70%的定时拆换下来的待维修产品并没有发生故障，因此造成了过度维修，所以迫切需要根据产品实际情况开展维修。视情维修就是根据流体机械的实际健康情况开展的维修，采用视情维修可以明显提高产品的使用效能，减少维修费用[2]。在产品维修的发展进程中，随机理论和损伤累积理论在准确描述产品使用工况条件下失效规律起到极其重要的作用，因此研究产品寿命和可靠性中的随机问题具有非常重要的意义[2]。

流体机械是一类以流体为工作介质来转换能量的机械，其失效过程与其所承受的载荷应力和材料强度有关。最早的流体机械设计方法是基于 $S\text{-}N$ 曲线的安全系数法[2]（图1），即只要选择流体机械产品的材料强度 δ 大于所承受的应力水平 S_0，产品就可以安全使用，其寿命是无限的。一般定义安全系数为极限应力/许用应力，安全系数很大程度上根据设计经验确定，一般选取 $1\sim10$。实际使用中发现安全系数法设计的产品并不安全，主要原因是产品所承受的应力及其所采用的材料的特性是随机变化的[3]。1939年，瑞典Weibull提出了描述疲劳强度的Weibull分布，继而出现了应力和强度随机化后的应力-强度干涉的机械产品可靠性模型，如图2所示[4]。通常，将流体机械所承受的应力分布用 $f(s)$ 表示（s 表示应力），其设计采用的材料强度分布用 $g(\delta)$ 表示（δ 表示强度），则图2的阴影面积就是流体机械的故障概率，即强度小于应力的概率[2]。

20世纪60~70年代，人们发现流体机械的故障发生发展不仅与单个应力载荷有关，还常与多个应力有关，且表现为多场耦合的情况。例如，航空液压泵的故障规律与其关键摩擦副的压力场、温度场、交变载荷、材料强度等多个因素有关。90年代，美国普渡大学的Ivantysynova教授等[5-7]通过在流体机械上布局传感器获得其压力场、温度场和油膜的变化分布。日本著名学者Yamaguchi和Shimizu采用试验的手段获得了液压泵配油副油膜的支撑和密封特性的分布关系[8]。2010年，北京航空航天大学在考虑液压泵配流盘-转子摩擦副压力场分布和温度场分布的基础上（图 3），建立了动态油膜变化的多应力场耦合随机寿命关系[9,10]。

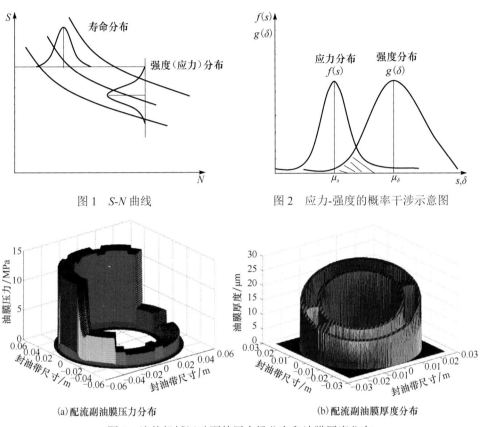

图 1　S-N 曲线　　　　　　图 2　应力-强度的概率干涉示意图

(a)配流副油膜压力分布　　　　(b)配流副油膜厚度分布

图 3　流体机械运动面的压力场分布和油膜厚度分布

随着人们对流体机械故障认知不断深入,其故障发生发展所经历的油膜润滑、边界润滑到摩擦磨损三个阶段必须在寿命随机理论中加以考虑,图 4 给出了液压泵配流副从油膜润滑、边界润滑到摩擦磨损过程配流副承受接触压力、黏温黏压效应进而造成磨粒磨损的过程,而以上各阶段均随着使用工况的变化具有随机分布形式。

对于流体机械,其性能退化关系是多场应力作用下累积损伤的结果,因此必须考虑多场应力作用下的累积损伤规律。图 5 给出了航空液压泵基于转速与压力逆幂律累积损伤（PL）模型和指数-逆幂律损伤（EPL）模型。进而在特定时间下和特定工况下得到流体机械的寿命与可靠性等随机特征量。

综上所述,流体机械的运动面所承受的多场耦合应力和强度劣化均服从随机变量分布,其故障发生发展过程需要精确描述其载荷作用下随机变量的累积损伤,

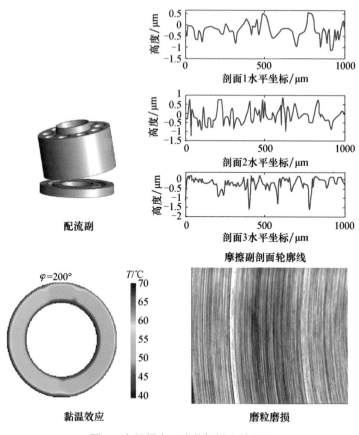

图 4　多场耦合下流体机械失效进程

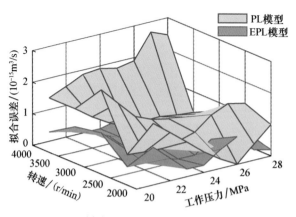

(a)磨损量与压力转速的关系

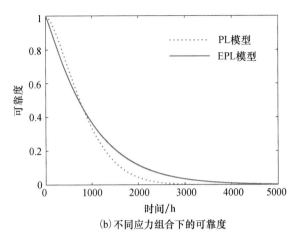

(b)不同应力组合下的可靠度

图 5　多场耦合下的累积损伤模型与可靠度模型

虽然应力-强度干涉模型对流体机械故障发生和发展的数学描述有一定的拓展,但在实际应用中还需要考虑多场耦合的随机分布表达、应力-强度干涉的动态表达和故障发生发展不同阶段累积损伤的随机表达。基于流体机械的故障机理、多场耦合作用与累积损伤的多随机变量研究有望找到一条新的有效的路径表征复杂流体机械运动面故障发生和发展规律,解决流体机械混合摩擦下的累积损伤无法统一表征的学科困难,同时也能为基于多尺度和多场耦合下寿命与可靠性分析提供理论基础。

参 考 文 献

[1]　姚一平, 李沛琼. 可靠性及余度技术. 北京: 航空工业出版社, 1991.

[2]　王少萍. 工程可靠性. 北京: 北京航空航天大学出版社, 2000.

[3]　Gooch J W. Encyclopedia of Tribology. New York: Springer, 2011.

[4]　Anders H. A History of Mathematical Statistics from 1750 to 1930. New York: Wiley, 1998.

[5]　Seeniraj G K, Ivantysynova M. Impact of valve plate design on noise, volumetric efficiency and control effort in an axial piston pump. Proceedings of ASME International Mechanical Engineering Congress and Exposition, 2006: 77-84.

[6]　Jouini N, Ivantysynova M. Valve plate surface temperature prediction in axial piston machines. Proceedings of 5th FPNI Fluid Power Net International PhD Symposium, 2008: 95-110.

[7]　Ivantysynova M, Huang C, Japing A J. Determination of gap surface temperature distribution in axial piston machines. Proceedings of ASME International Mechanical Engineering Congress and Exposition, 2006: 85-93.

［8］ Yamaguchi A, Matsuoka H. A mixed lubrication model applicable to bearing/seal parts of hydraulic equipment. ASME Journal of Tribology, 1992, 114: 116-121.

［9］ 杜隽. 航空液压能源系统动态失效机理与健康管理关键技术研究. 北京: 北京航空航天大学博士学位论文, 2012.

［10］ 韩磊. 液压泵动态润滑磨损理论及其加速寿命试验理论方法研究. 北京: 北京航空航天大学博士学位论文, 2012.

撰稿人：王少萍[1]、焦宗夏[1]、杨华勇[2]、姜万录[3]、石　健[1]、
张　超[1]、尚耀星[1]、王兴坚[1]、徐　兵[2]、祝　毅[2]

1 北京航空航天大学、2 浙江大学、3 燕山大学

输流管路的流固耦合振动

Fluid-Structure Interaction in Fluid-Conveying Pipes

"流体-结构"系统中流体和固体的相互作用可以描述为：流体对结构产生附加力，结构运动以物面边界的形式对流体的状态产生影响，两者相互作用的过程称为"流固耦合"（fluid-structure interaction, FSI）。输流管路的流固耦合效应，实质上是管内流体波动与管道结构振动的耦合，这会改变管路系统的固有频率属性，使得共振的风险加剧，导致支撑结构和导管破坏。该领域的研究主要面向有较高安全需求的场合，如输水管道水锤冲击、飞机液压管路振动、发动机燃油管路振动、石油输送管道的稳定性，以及核电站蒸汽管道振动等问题。此外，在生物医学方面，有心脏和动脉的脉动研究；在微流体方面，如微流管、微型流体元件设计等领域，都有流固耦合的相关研究。

输流管路的研究最早可追溯到 Lamb[1]定义的输流管道流固耦合：管道运动对压力波动造成影响，同时管内流体对管道轴向和径向振动产生影响。Skalak[2]继承并发展了 Lamb 的工作，提出了"双波耦合理论"——充液管道轴向振动的基本形式为流体压力波和管道轴向应力波。双波耦合理论得到了学界的广泛认可，被采用并得到了推广。因此，管路流固耦合问题可以描述为：流体的压力波和管道在各个方向上的应力波的叠加与反射。这种波动理论便于人们理解和给出相应的数学公式。

根据现有研究，管路流固耦合振动的主要耦合形式为三种，分别是：泊松耦合、结点耦合和摩擦耦合[3]。泊松耦合是流体压力使管壁径向产生形变，由于泊松效应，形成沿管壁传播的纵波，导致耦合振动。泊松耦合是管路流固耦合的主要形式。结点耦合通常由管路中分流或流向改变的部位引起，如管接头、弯管、分支接头等。摩擦耦合是流体由于黏性与管壁边界作用的接触耦合，在低频范围对系统特性的影响不大；当频率升高时，其特性将变复杂。

目前，流固耦合领域广泛采用的数学模型，是从流体力学 Navier-Stokes（N-S）方程和固体力学小变形弹性理论导出的基本方程，经必要简化得到。结合管路布局、边界支撑条件，由基本方程建立的流固耦合线性模型[4]，能够较精确地描述简单管路系统的振动状况。然而，管路接头、管夹支撑等结构的存在，会极大地影响流固耦合系统的动力学响应以及波的传播和反射。当前模型采用简化方法将此类结构视为集中质量块、集中弹性等形式，与实际情况存在一定偏差[5]。此外，载体的振动（如飞机机体振动）会通过支撑结构输入管路系统中，使流固耦合振动情况更为复杂，目前该问题还未得到很好的解决。

线性分析模型在推导过程中做了较多简化，对于弱约束系统、空化空蚀、系统动力学稳定等问题有较大局限。事实上，对于工业领域中广泛使用的弱约束管道，在流固耦合作用下，大都具有非线性动力学特性。输流管路的耦合振动具有自激振动的特性，当达到临界流速时，输流管路会发生失稳与振动发散。研究表明，当流速低于失稳临界流速的 60% 时，线性理论能得到较好的结果；当流速高于临界流速的 60% 时，非线性的影响将不能忽略[6]。目前已有学者建立了流固耦合的非线性模型[7]，研究管路系统的稳定性。随着研究的深入，非线性特性及响应将成为该领域研究的重要方向之一。

输流管路的流固耦合模型的求解，包括解析（或半解析）方法和数值方法。解析（或半解析）方法能够满足简单管路系统的流固耦合计算（图 1），但当考虑复杂管网和复杂流动情况时，计算速度、精度均有不足。数值方法包括有限元法、有限体积法、光滑粒子流体动力学（smoothed particle hydrodynamics, SPH）方法等，对简单管路也有较多的研究和应用。然而，数值方法存在计算速度慢、参数敏感等问题，计算时长通常以小时，甚至以天为计数单位，在实际应用中存在效率低的问题。虽然从原理上可以实现流体和结构的全耦合计算，但是这种分析的复杂度、精确度和求解规模是巨大的挑战。因此，复杂管路网络的流固耦合计算，是一个亟待解决的问题。

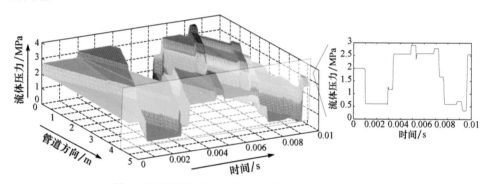

图 1　充液直管受轴向冲击后的压力分布和时域响应

流固耦合问题的研究，能够为管路系统提供减振设计和布局优化的理论基础。目前虽然在模型和解法上已经能够对简单管路系统进行分析，但是对于具有复杂支撑结构、外激励结构振动输入或具有大规模复杂构型的管路网络，仍存在分析方法上的困难。这些问题的解决，能够推动复杂动力学系统的研究方法进步，具有普遍的学术意义。管路流固耦合机理的探究、管道流体的非线性特性、流固耦合的精确数学建模，以及高精度、快速求解方法的实现，是该领域未来研究的方向。

参 考 文 献

[1] Lamb H. On the velocity of sound in a tube, as affected by the elasticity of the walls. Memoirs of the Manchester Literary and Philosophical Society, Manchester, 1898, 42 (9): 1-16.

[2] Skalak R. An extension of the theory of water hammer. Transaction of the ASME, 1956, 78(1): 105-116.

[3] Tijsseling A S. Fluid-structure interaction in liquid-filled pipe systems: A review. Journal of Fluids and Structures, 1996, 10: 109-146.

[4] Wiggert D C, Hatfield F J, Stuckenbruck S. Analysis of liquid and structural transients in piping by the method of characteristics. ASME Journal of Fluids Engineering, 1987, 109: 161-165.

[5] Xu Y, Johnston D N, Jiao Z, et al. Frequency modelling and solution of fluid-structure interaction in complex pipelines. Journal of Sound and Vibration, 2014, 333(10): 2800-2822.

[6] 张立翔, 黄文虎, Tijsseling A S. 输流管道流固耦合振动研究进展. 水动力学研究与进展, 2000, 15(3): 366-379.

[7] Paidoussis M P. Fluid-induced instabilities of cylindrical structures. Applied Mechanics Reviews, 1987, 40: 163-175.

撰稿人：徐远志、焦宗夏

北京航空航天大学

液压系统流体脉动的滤波方法

Cancellation of Fluid Pulsation in Hydraulic Systems

液压系统以其功率密度大、抗负载刚性大等优点，在航空航天、船舶等许多重要工业部门得到了非常广泛的应用。随着液压系统向高速、高压、大功率方向发展，液压能源管路系统的振动与噪声问题日趋严重。

液压系统的振动与噪声主要来源于三个方面：①液压泵的吸排油结构及反冲倒灌会产生周期性的流体脉动，降低系统可靠性及寿命，并可能引起管路系统谐振，造成破坏；②从系统支撑结构输入的外部机械振动，会激发流体和管道的流固耦合振动；③液压阀切换、液压缸换向等操作引起流体流动状态的突变，导致压力的骤升与骤降，造成压力冲击。

为降低液压系统的流体振动，可在管道中加装消振元件，抑制流体脉动。这类似于滤波作用，滤除流体的波动量，将振动降低到合理的范围，因此称为液压滤波。液压滤波存在一个有效工作频率范围，在该范围内消振器能够起到良好的脉动消减效果。然而，流体振动的频域特性受激励元频率、管路布局、液压元件等的影响，因此宽频域动态滤波问题是现代液压系统消振的关键研究方向。

液压滤波可分为被动和主动两种方式，前者通过结构或材料被动吸收流体脉动，后者通过作动器主动干预系统状态，达到滤波的目的。

流体管道系统的被动式消振/滤波元件，根据其阻抗特性可分为容性消振器和阻性消振器两种[1,2]：

（1）容性消振器利用介质的压缩性或容腔体积的变化，吸收流量脉动。例如，容腔滤波器（或缓冲瓶），具有一定体积的空腔，功能如同电路中的低通滤波器（低频波通过，高频波衰减）。

（2）阻性消振器通过吸振材料或阻尼孔耗散能量，减缓流体波动。例如，板孔式消振器，串联在管路系统中衰减脉动，但会带来一定的压力损失。

由于液压系统中的流体脉动成分多、频率范围宽，研究人员尝试采用多个频率段的组合消振器[3]，但性能与体积的平衡仍是挑战。尽管具有结构简单可靠、使用方便的特点，被动式消振器面临着频率拓宽和体积缩减的问题，制约了其在液压系统中的有效应用。

采用主动或半主动控制的滤波元件，通过调整元件结构或参数，实现滤波性能的动态调节,适应系统状态或使用需求的变化,即主动滤波/消振。主动滤波包括传感器、控制器和作动器三部分,根据作动器类型的不同,可以分为三类(图1):第一类是利用安装在管壁外的作动器对管壁产生控制力,引起管壁的弹性变形,进而在管道内产生流体波动,与原有的流体脉动相互抵消[4];第二类是利用作用于流体的作动器直接产生流体波,抵消管路系统中原来的流体脉动[5];第三类是利用旁路溢流阀产生流量波动,与管路系统中原有的流量脉动相互抵消[6-8]。因为要与管道中的流体压力直接抗衡,第一种与第二种主动滤波需要的驱动力更大,所以适用于低压场合。对于高压液压系统,第三种是较合理的消振方式。

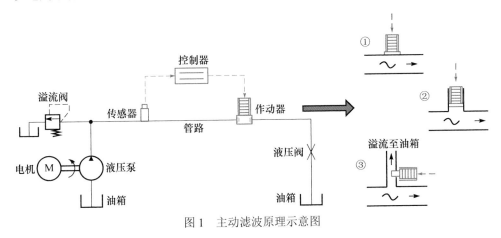

图1 主动滤波原理示意图

虽然主动消振具有频率自适应的特点,但是受制于作动器的工作频率范围,主动滤波可消除的频率范围仍有限制。此外,主动消振算法的跟踪能力和稳定性仍有待提高,这对于需要长时间连续工作的液压系统尤为重要。因此,控制方法与作动器的设计是主动滤波的技术瓶颈。

随着液压系统向高压高速、节能环保的方向发展,振动与噪声问题愈发得到重视,而液压滤波技术也变得更为关键。新一代液压系统,尤其以飞机液压系统为代表,宽频域动态滤波成为该领域的重要主题。传统被动消振器具有简单易用的特点,但工作频宽和紧凑体积是仍需突破的瓶颈。主动滤波能够动态调节滤波性能,具有良好的应用前景,但仍存在作动器频宽范围、控制算法稳定性以及系统一体化设计等问题。此外,结构上也需要考虑主动滤波器的系统一体化设计等问题。

<h1 style="text-align:center">参 考 文 献</h1>

[1] 蔡亦钢. 流体传输管道动力学. 杭州: 浙江大学出版社, 1990.

[2] 苏尔皇. 使用蓄能器消减液压系统中脉动的正确方法. 工程机械, 1981, (8): 52-57.

[3] Kojima E, Ichiyanagi T. Development research of new types of multiple volume resonators. Bath Workshop on Power Transmission and Motion Control, 1998: 193-206.

[4] Brennan M, Elliott S, Pinnington R. A non-intrusive fluid-wave actuator and sensor pair for the active control of fluid-borne vibrations in a pipe. Smart Materials and Structures, 1999, 5(3): 281-295.

[5] Kojima E, Shinada M. Development of an active attenuator for pressure pulsation in liquid piping systems: A real time-measuring method of progressive wave in a pipe. JSME International Journal Series B: Fluids Engineering, Heat Transfer, Power, Combustion, Thermophysical Properties, 1991, 34(4): 466-473.

[6] Jiao Z, Chen P, Hua Q, et al. Adaptive vibration active control of fluid pressure pulsations. Proceedings of the Institution of Mechanical Engineers, Part I: Journal of Systems and Control Engineering, 2003, 217(4): 311-318.

[7] 李树立, 焦宗夏. 液压流体脉动主动控制研究现状与展望. 机床与液压, 2006, (9): 243-246.

[8] Wang L. Active control of fluid-borne noise. Bath: University of Bath, 2008.

撰稿人: 徐远志、焦宗夏

北京航空航天大学

耐污染电液伺服阀控元件设计机理

Contamination Robust Electro-Hydraulic Servo Valve Design Mechanism

　　基于节流原理的阀控技术是液压控制的重要手段，尤其是高控制精度要求的液压伺服控制。电液伺服阀控制精度高、动态特性好，是电液伺服系统的核心控制元件，但目前常用的电液伺服阀最大的缺点是容易受油液中的杂质污染影响正常工作。以常用的喷嘴挡板伺服阀为例，容易发生堵塞、卡死的部位主要有两个。第一个是其先导级，控制的节流窗口极小，通流管路和节流间隙只有数十微米，尺寸等级达到这个级别的杂质颗粒容易造成先导节流孔的堵塞，导致伺服阀故障的严重后果。第二个是主阀的滑动副，阀芯和阀套间的间隙在 1～5μm，极其微小的杂质颗粒渗透到间隙中，是造成阀芯卡死的重要风险源，另外，颗粒会磨损阀芯光滑表面，使阀芯节流锐边磨钝，泄漏增大，降低性能。

　　最早的喷嘴挡板型电液伺服阀发明之后，其耐污染能力就受到了广泛的关注。早期的研究者测试了油液污染对伺服阀性能的影响程度，形成了初步的伺服阀设计规范[1]。之后针对提高伺服阀的耐污染特性，耐污染能力较高的液压先导结构，如射流管阀等陆续被研究成功[2]。但每种阀也都存在各自的缺点，目前，应用最广的先导型液压阀仍旧是喷嘴挡板伺服阀。随着射流管阀的设计机理与工艺等关键科学问题的解决，其正逐步替代传统的喷嘴挡板伺服阀。近年来，随着电磁技术的发展，采用电机械转换装置直接驱动阀芯的直接驱动伺服阀[3]，去掉了对污染源敏感的先导级，一定程度上降低了对污染的敏感性。但由污染造成的主阀芯卡死风险，节流边磨损、间隙增大等性能降级仍然存在，而且其偶发性、突发性强，性能渐变规律还不明确，电液伺服阀油液污染程度与阀的可靠性，细微颗粒与主阀芯的卡死的故障风险的变化规律还没有建立，无法对阀芯阀套的设计、材料选型等形成理论支撑。

　　目前提高电液伺服阀耐污染能力的途径主要包括创新耐污染先导原理与结构[4]和直接驱动伺服阀芯的电机械转换元件[5]两个方面，前者主要从先导结构出发，通过增大尺寸、实现污染自清洁等方式提高先导级的耐污染能力，新先导原理结构是主要科学难点；后者通过研究高频响、高精度、小体积重量、大输出力、高可靠性和长寿命的电机械转换元件实现阀芯直接驱动，避免污染敏感点，如何设计新型电磁驱动和智能材料驱动元件，以及实现与阀需求最佳匹配是主要的科学难点。目前常规的电机械转换元件，电磁类驱动元件主要缺点在于体积重量大、频宽有限等，而智能驱动材料类则普遍行程偏小、成本高等[6-9]。另外，掌握油液污染杂质对滑阀微小间隙滑动副的表面磨损和卡死机理，研究如何通过滑阀表面微结构、精密加工与表面处理等手段提高其耐污染能力也是重要的科学问题。

综上所述，在耐污染电液伺服阀控元件方面，还没有成熟的耐污染设计机理，面临的核心科学问题是新型耐污染液压先导原理，直接驱动伺服阀用超高功重比有限行程电磁驱动元件、新型智能材料驱动元件设计，建立驱动元件与阀的最优匹配理论，阀芯滑动副表面耐污染微结构等。

参 考 文 献

[1] 田源道. 电液伺服阀技术. 北京: 航空工业出版社, 2008.

[2] 方群, 黄增. 电液伺服阀的发展历史、研究现状及发展趋势. 机床与液压, 2007, 35(11): 162-165.

[3] 李其朋, 丁凡. 电液伺服阀技术研究现状及发展趋势. 工程机械, 2003, 34(6): 28-33.

[4] Richard B, Ruan J, Ukrainetz P. Analysis of electromagnetic non-linearity in stage control of a stepper motor and spool valve. Journal of Dynamic System and Measurement and Control, 2003, 125: 405-412.

[5] Wu S, Jiao Z X, Yan L, et al. Development of a direct-drive servo valve with high-frequency voice coil motor and advanced digital controller. IEEE/ASME Transactions on Mechatronics, 2014, 19(3): 932-942.

[6] Yokota S, Yoshida K. A small-size proportional valve using a shape-memory-alloy array actuator. Proceedings of Japanese Mechanical Society, 1996, 62(593): 224-229.

[7] Borboni A, Tiboni M, Mor M, et al. An innovative pneumatic mini-valve actuated by SMA Ni-Ti wires: Design and analysis. Proceedings of the Institution of Mechanical Engineers, Part I: Journal of Systems and Control Engineering, 2011, 225(3): 443-451.

[8] Lindler J E, Anderson E H. Piezoelectric direct drive servovalve. Smart Structures and Materials: Industrial and Commercial Applications of Smart Structures Technologies, 2002: 488-496.

[9] Sente P, Labrique F, Alexandre P. Efficient control of a piezoelectric linear actuator embedded into a servo-valve for aeronautic applications. IEEE Transactions on Industry Electronics, 2012, 59(4): 1971-1979.

撰稿人：吴　帅[1]、阮　健[2]

1 北京航空航天大学、2 浙江工业大学

流体动力系统的自激振荡/噪声（啸叫）

Self-Excited Oscillation/Noise (Whistle) of Fluid Power System

流体动力系统的自激振荡/噪声（啸叫）是指流体动力元件和系统工作过程中流体或结构产生的一种单一频率、高频的振荡和噪声，具有不确定性和偶发性。自激振荡和噪声导致各种液压阀尤其是伺服阀工作不稳定，严重时液压阀和系统失效，甚至引发灾难性事故。自激噪声的产生机理目前存在着流场剪切层失稳振荡、气穴、液体容腔谐振以及流固耦合等几种解释，但至今仍难以在液压元件和系统设计阶段预测自激噪声，也无法在工作过程中采取有效措施抑制和消除自激噪声。由于其研究涉及流体力学、结构力学、机电一体化等多学科知识的结合，因而成为多年来困扰流体传动及控制领域的一个难题。

流体力学中的自激问题由来已久，塔科马桥事件、空谷回声、风中鸣叫的高压线和摇摆的烟囱等都是该问题的具体体现。20 世纪 50～60 年代，人们开始注意到液压元件如各种液压阀工作过程中存在的自激振荡和啸叫[1]，并观察到这种自激噪声具有很大的偶发性和随机性。在出厂检测时不产生自激噪声的液压阀产品，安装到实际应用的系统中有可能就会产生自激。在不同系统和不同条件下使用时，液压产品自激噪声的概率会大不相同。虽然自激有时只表现为一种刺耳的令人不愉快的噪声，但是自激出现时也往往引起液压元件的机械振动、流量脉动和工作性能不稳定，甚至失效。自激噪声难以捉摸的随机性和偶发性引起了流体传动领域研究人员的极大兴趣，成为 80～90 年代研究的热门课题。1984 年，英国的 Watton[2]对喷嘴挡板伺服阀的前置级进行了动态特性的研究，尤其对前置级高频振动噪声的产生根源进行了研究，建立了喷嘴挡板伺服阀产生自激振荡噪声的充分条件，并给出了自激噪声与供油压力之间的关系。1988 年，瑞士学者 Ziada[3]等对旁路溢流阀和一种汽轮机液压控制阀中噪声的来源进行了研究，得出了剪切层不稳定引起旁路溢流阀自激噪声以及剪切层振荡和声波谐振共同引起汽轮机液压控制阀自激噪声的结论。1995 年，日本学者 Hayashi[4]研究锥阀管路系统稳定性并梳理了可能引起自激振荡或噪声的不同流动状态。1997 年，美国 Sun 液压公司 Weber 等[5,6]注意到一种平衡阀产品的啸叫问题，通过 CFD 仿真和试验验证了高达 4～5kHz 的噪声频率。航空航天应用中，控制阀的自激啸叫时有发生，60 年代液压助力器的自激振荡，曾被列为我国重大攻关项目。2008 年，我国航天科工集团田源道、张小洁等也对自激引起的伺服阀工作不稳定和弹簧管破裂失效问题开展了研究。但由于过去仿真和试验研究手段的局限,无法揭示自激产生的根本原因。

　　剪切层是存在较大速度梯度的流体层,流体在层内处处是有旋的,如混合层、尾迹和射流等,如图 1 所示。在液压阀阀口处流场总是存在两股相对运动速度差异较大的射流和冲击现象,从而产生剪切层振荡,如图 2 所示[7]。剪切层内微尺度随机漩涡在波动反馈作用下能够形成大尺度的拟序漩涡结构[8,9],从随机变为有序,研究人员曾试图从剪切层漩涡运动的分析中获得更为确切的自激噪声理论依据[10]。但漩涡作为涡动声源,具有强烈的非线性、随机性和不确定性,涉及非定常大雷诺数 N-S 方程求解,目前尚不能获得全面解析,试验验证仍十分困难[11]。

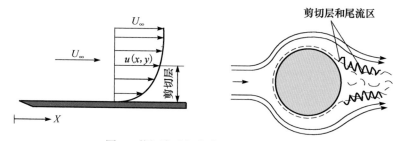

图 1　剪切流动与自激噪声的波动反馈

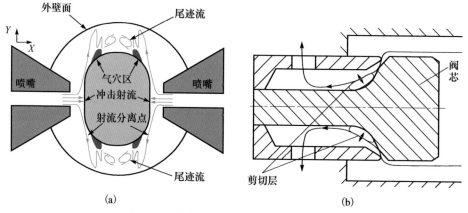

图 2　液压阀阀口流场中的剪切层振荡现象

　　气穴的产生和破灭所引起的压力脉动和噪声也是流场中自激形成的重要来源之一,流场中压力低于液体的饱和蒸气压会导致液体汽化形成气穴,因此液压阀的节流口、锐边和转弯处很容易产生气穴并由此形成气穴噪声。但是,Porteiro 等[12]研究表明,液压阀中由气穴产生的自激噪声其频率不是单一的,会在几百赫兹到几千赫兹的较宽范围内变化。

"空谷传声、虚堂习听"，自公元6世纪"回声"已成为社会普遍认知的物理现象。声波以扰动的形式向四周辐射能量，碰撞壁面反射回来，若反射声波能够持续激发新的扰动辐射，则形成自激噪声[12,13]。向空瓶中吹气发声、风琴和管乐器演奏音乐的原理都可以通过如图3所示的亥姆霍兹容腔共振原理来加以解释，液压系统中的蓄能器和阻尼器也是利用液体容腔来吸振和降噪的[14,15]。液压元件中封闭的液体容腔能够诱发容腔谐振噪声，但容腔结构的复杂性，使得谐振频率的预测非常不准确，因此目前该原理还没有形成实用的分析方法[16]。

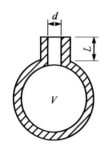 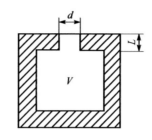

图3　亥姆霍兹容腔

流体动力系统的自激振荡和噪声出现时，往往伴随着液压元件和系统内部零部件的机械振荡。这种振荡不同于零部件的受迫振动，例如，风中振动的大桥和摇摆的烟囱，其振动和摇摆是气流和流过的固体之间运动相互耦合的结果。液压元件内部流体域和固体域的相互作用也会形成这种耦合，从而引起自激振荡和噪声。但目前由于缺乏液压元件多尺度流固耦合（多场耦合）的动力学模型及稳定性理论，因而这一机理研究仍不完善。

流体动力系统的自激问题有时是上述几种因素单独作用引起的，有时也可能是几种因素混合作用导致的。自激振荡和噪声是液压元件各物理场结构参数匹配关系不合理的体现，因此往往通过调整某些参数或设计结构能够消除自激，但如何调整目前仍然缺乏相应的理论和可遵循的规律。试验筛选尤其是高温试验筛选能够有效排除容易出现自激的液压阀，尽可能减小投放到市场的液压阀出现自激的概率，但液压产品废品率会大大增加，成本增高。对自激噪声研究的经验表明，自激噪声的强度随液压阀的工作压力升高而增强，因此限定液压阀的工作压力范围则能够尽可能减小自激发生的概率，但也减小了液压产品的应用范围。

进一步开展液压元件和系统中流场流动稳定性和非自由可压缩流场中涡旋演进机理研究、液压元件和系统多尺度分布参数多场耦合动力学建模方法以及稳定性研究，在设计和制造阶段预测自激振荡和噪声的产生，并采取有效措施进行抑制，是目前自激振荡和噪声研究的重要目标和方向。

参 考 文 献

［1］ Fujii S. Excitation of vibration of a fluid column by a fluttering valve. Transactions of the Japan Society of Mechanical Engineers, 1952, 18(66): 182-164.

［2］ Watton J. The effect of drain orifice damping on the performance characteristics of a servovalve flapper/nozzle stage. Journal of Dynamic Systems Measurement and Control, 1987, 109(1): 19-23.

［3］ Ziada S, Buhlmann E T, Bolleter U. Flow impingement as an excitation source in control valves. International Symposium on Flow-Induced Vibration and Noise: Flow-Induced Vibrations due to Internal and Annular Flows, and Special Topics in Fluid Elasticity, 1988: 75-92.

［4］ Hayashi S. Instability of poppet valve circuit. JSME International Journal, Serial C: Dynamics, Control, Robotics, Design and Manufacturing, 1995, 38(3): 357-366.

［5］ Porteiro J L F, Weber S T, Rahman M M. An experimental study of flow induced noise in counterbalance valves. The 4th International Symposium on Fluid-Structure Interactions, Aeroelasticity, Flow-Induced Vibration and Noise, 1997: 557-562.

［6］ Porteiro J L F, Weber S T, Rahman M M. Experimental study of flow induced noise in counterbalance valves. Proceedings of the ASME International Mechanical Engineering Congress and Exposition, Part 2 (of 3), 1997, (53-2): 557-562.

［7］ Li S, Mchenya M, Zhang S. Study of jet flow with vortex and pressure oscillations between the flapper-nozzle in a hydraulic servo-valve. IEEE World Automation Congress, 2012: 1-4.

［8］ Baines P G, Mitsudera H. On the mechanism of shear flow instabilities. Journal of Fluid Mechanics, 1994, 276: 327-342.

［9］ Rockwell D, Naudascher E. Self-sustained oscillations of impinging free shear layers. Annual Review of Fluid Mechanics, 1979, 11(1): 67-94.

［10］ Oshkai P, Rockwell D, Pollack M. Shallow cavity flow tones: Transformation from large-to small-scale modes. Journal of Sound and Vibration, 2005, 280(3): 777-813.

［11］ Winant C D, Browand F K. Vortex pairing: The mechanism of turbulent mixing-layer growth at moderate Reynolds number. Journal of Fluid Mechanics, 1974, 63(2): 237-255.

［12］ Rossiter J E. Wind-tunnel experiments on the flow over rectangular cavities at subsonic and transonic speeds. Aeronautical Research Council Reports and Memoranda, 1964: 3438.

［13］ Curle N. The influence of solid boundaries upon aerodynamic sound. Proceedings of the Royal Society of London A: Mathematical, Physical and Engineering Sciences, 1955, 231(1187): 505-514.

［14］ Ichiyanagi T, Kuribayashi T, Ito M, et al. Research on the Helmholtz type variable resonance attenuator for the fluid power system. Proceedings of the 8th JFPS International Symposium on

Fluid Power, 2011: 235-241.

[15] Rowley C W, Colonius T, Basu A J. On self-sustained oscillations in two-dimensional compressible flow over rectangular cavities. Journal of Fluid Mechanics, 2002, 455: 315-346.

[16] Masanori T, Ryo N, Makoto A, et al. Unsteady CFD simulation of pure-tone noise generated by a hydraulic relief valve. Proceedings of the 9th JFPS International Symposium on Fluid Power, 2014: 774-781.

撰稿人：李松晶[1]、阎耀保[2]、陆　亮[2]、欧阳小平[3]、
张圣卓[1]、彭敬辉[1]、曾　文[1]

1 哈尔滨工业大学、2 同济大学、3 浙江大学

大型移动液压装备高效节能运行机制

Energy Efficient and High Speed Smoothly Working Theory for the Large Scale Mobile Hydraulic Equipment

　　为满足大型工程建设和大型矿山开采高效作业需求，移动作业装备的发展趋势是大型化和重型化，装机功率、体积、重量越来越大。图1（a）为用于土方工程的大型液压铲，目前最大规格机型斗容 62m³，机重 1200t，装机功率近 4MW；图1（b）

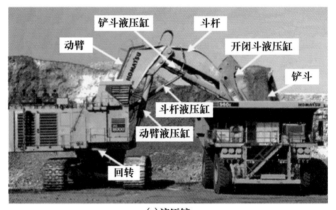

(a) 液压铲

(b) 电铲

图1　大型工程建设和矿山开采装备作业照片

为用于露天矿山开采的电铲，目前最大规格机型斗容 75m³、机重 1700t、装机功率达 10MW。

重型移动工程作业装备普遍采用液压控制技术，为达到高生产效率、高运行可靠性和长使用寿命，要求在外界载荷和作业机构惯性大范围快速变化下，能够高频次快速平稳起动、制动和高速平稳运行；为实现低碳、绿色可持续生产，要求作业中能耗尽可能小，理想目标是仅消耗做有用功所需的能量。但长期以来，高速平稳运行与高效节能一直是一对矛盾体，受调控器件性能和能量传递方式制约，为满足高速平稳运行，需要采用增大装机功率和高能耗节流控制方式进行调控，造成非常大的能量损失。为此，需要解决的科学问题有：探索重型移动装备极低能量耗散下高速平稳起动、制动和高速平稳运行机制，研究大功率供需能量高频次快速转换、传递、平衡与运动控制之间的作用规律，揭示执行机构运动特征与能量流之间的高阶次耦合关系，建立重型移动装备高效节能作业的调控理论，实现高速平稳驱动与高效节能的统一。

重型移动液压装备，其能量传递路径是内燃发动机将化学能转换成机械能驱动液压泵，液压泵将机械能转换成液压能，再通过控制元件将液压能分配到各液压执行器，驱动机械结构做功。因此，为实现能量耗散的最小化，需要从参与能量传递、转换和调控的各个环节统筹考虑，探明各个转换、传递环节间耦合作用关系，探明动力源与液压泵、控制元件以及执行机构与负载之间的作用规律。在液压控制技术层面，需要重点从降低液压系统的节流损失和高效回收利用浪费掉的动势能两个方面探索。

在降低系统节流损失方面，研究热点是集成式泵控技术和进出油口独立控制技术。泵控技术方面，针对回路原理、控制方式、热平衡、四象限驱动和能量匹配特性等，国内外开展了多方面的研究[1-3]，在飞机舵面驱动系统中已获得应用。集成式泵控系统，是容积控制而非节流控制，虽然可极大地提高液压系统能效，但存在大功率容积控制元件动态响应较慢、每台泵都必须按峰值流量配置、有些应用场合需附加辅助回路补偿非对称液压缸面积差、多执行器作业系统回路复杂等问题，制约其在重型大功率系统中的应用，有待新理论和新方法的突破。

采用进出口独立控制技术，可以有效降低液压系统由于进出油口同时节流带来的能量损失，并提高系统运行平稳性，研究者对这种原理的回路组成方案、控制方式、泵阀复合协同控制策略、压力和速度解耦控制策略、关键元器件特性等做了大量的研究[4-6]。但现有成果主要集中在中小功率及直动式阀驱动的系统，而对于重型液压装备还没有针对性的研究工作。现有方法只是将进出油口同时节流改变为进油口和出油口独立节流，控制阀上仍存在大的节流损失，且难以满足大型移动液压装备工作压力大范围变化，特别是低压工况下的动态响应和可控性要求。因此，大功率多执行器复合作业过程的低压损能量分配、极低系统压力下的可控性与高动态响应，是制约这一原理应用于重型移动工程装备有待攻克的重大难题。

在高效回收利用动势能方面，目前主要有二次调节回路原理、混合动力储能原理和液压蓄能器直接回收等方式。研究工作主要集中在回收策略、再生利用策略、控制策略和耗能机理等方面[7-10]。德国利勃海尔公司研发了采用闭式回路驱动动臂和上车回转的挖掘机样机，美国卡特彼勒公司研发了蓄能器回收回转制动能的挖掘机并投放市场，日立建机、小松等公司研发了混合动力挖掘机并投放市场。但是受元件动态响应制约，为满足高速平稳运行要求，现有回收利用方式需要附加耗能的节流控制，并且能量转换、传递链较长，导致回收利用效率较低。

综上所述，实现重型移动装备极低能量损耗下的高速平稳运行，需要从大惯性重载执行机构高速平稳运行机制、低压损多执行器复合作业能量流实时调控策略、容积调控元件创新控制原理等多个层面深入研究。需要综合机械动力学、电气传动、流体传动、控制理论和热力学等多学科，建立装备整机能量流动与转换的准确模型，掌握极低压力下元件特性及其与系统运行特性的映射关系，探明执行机构运动特征与能量流之间的高阶次非线性耦合关系，在此基础上对整机的能量流进行控制及管理，通过元件、回路原理和调控策略创新，实现供需能量的实时快速匹配，从而实现整机高速平稳运行与低能耗的统一。

参 考 文 献

［1］ Busquets E, Ivantysynova M. The world's first displacement controlled excavator prototype with pump switching—A study of the architecture and control. The 9th International Symposium on Fluid Power, 2014, 9(9): 324-331.

［2］ Kang R J, Jiao Z X, Wang S P. Design and simulation of electro-hydrostatic actuator with a built-in power regulator. Chinese Journal of Aeronautics, 2009, 22(6): 700-706.

［3］ Quan L, Liu S P. Improve the kinetic performance of the pump controlled clamping unit in plastic injection molding machine with adaptive control strategy. Chinese Journal of Mechanical Engineering, 2006, 19(1): 9-13.

［4］ Sitte A, Weber J. Structural design of independent metering control systems. The 13th Scandinavian International Conference on Fluid Power, 2013, 4(13): 261-270.

［5］ Xu B, Ding R, Zhang J, et al. Pump/valves coordinate control of the independent metering system for mobile machinery. Automation in Construction, 2015, 57(2): 98-111.

［6］ 董致新, 黄伟男, 葛磊, 等. 泵阀复合进出口独立控制液压挖掘机特性研究. 机械工程学报, 2016, 52(12): 173-180.

［7］ Hippalgaonkar R, Zimmerman J, Ivantysynova M. Fuel savings of a mini-excavator through a hydraulic hybrid displacement controlled system. Proceedings of the 8th IFK International Conference on Fluid Power, 2012, 2: 139-154.

［8］ Busquets E, Ivantysynova M. A robust multi-input multi-output control strategy for the secondary controlled hydraulic hybrid swing of a compact excavator with variable accumulator pressure. ASME/BATH Symposium on Fluid Power and Motion Control, 2014: 1-9.

［9］ Ho T H, Ahn K K. Design and control of a closed-loop hydraulic energy-regenerative system. Automation in Construction, 2012, 22(4): 444-458.

［10］ Wang T, Wang Q F. Efficiency analysis and evaluation of energy-saving pressure compensated circuit for hybrid hydraulic excavator. Automation in Construction, 2014, 47(3): 62-68.

撰稿人： 权　龙、张晓刚、黄家海、葛　磊、杨　敬

太原理工大学

水液压元件的摩擦、润滑与密封

Lubrication and Seal Mechanism of Water Hydraulic Components

水液压传动技术直接使用过滤后的淡水或海水代替矿物油作为工作介质，由于其安全、绿色环保等诸多优势而引起广泛关注，并已成为国际上流体传动及控制学科重要的研究和发展方向。伴随着新型材料、先进制造工艺等相关学科的不断发展，水液压传动技术面临的诸多技术挑战正在逐步被解决，并在民用到军用、陆地到海洋、地面到地下、工业到日常生活的许多行业，如水处理、细水雾灭火、核反应堆、舰船、水下作业、食品加工等得到推广应用。

然而，水介质与矿物油介质存在巨大差距。物理特性方面，水的黏度仅为液压油的 1/30～1/50、汽化压力是油的 10^7 倍、密度比油大 10%、弹性模量比油大 50%；化学特性方面，水（特别是海水）是电解质，对大多数金属材料具有很强的腐蚀性；同时，水中还容易滋生微生物。因此，水液压元件尽管结构原理与油液压元件相似，但面临更为严峻的技术挑战，如图 1 所示，其成熟度与油液压元件相比相距甚远。

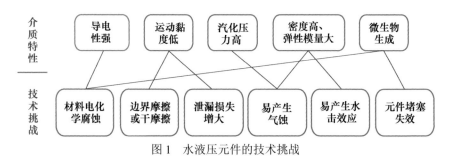

图 1　水液压元件的技术挑战

水液压元件面临的首要问题是摩擦副的摩擦、润滑与密封问题。水液压元件摩擦副在介质的腐蚀性、弱润滑、易气蚀以及高速重载的多重作用下，腐蚀磨损异常严重，同时失效形态多变。与此同时，由于介质黏度低，摩擦副密封困难，易泄漏，从而影响容积效率。

水液压元件的材料体系同油液压元件相比差别很大，油液压元件常采用金属材料，而水液压元件除了金属材料以外，常采用工程陶瓷、工程塑料等复合材料及不同的表面处理方法。这些复合材料同金属相比其力学性能、热力学性能及机械摩擦性能均具有很大的差异性。目前，摩擦副的研究主要有理论分析和试验研究两种方式。针对水液压元件摩擦副材料选配和试验，国内外进行了大量的研究。美国、英国、芬兰等国家均对采用工程材料的摩擦副在水润滑条件下的摩擦磨损性能进行了试验研究。德国亚琛工业大学对柱塞、配流盘表面进行改性研究，以此改善摩擦副的润滑状况，减小磨损[1]。国内华中科技大学、浙江大学、大连海事大学、燕山大学、南京航空航天大学、北京工业大学、西南交通大学、中国海洋大学、兰州理工大学等多所高校及研究机构也开展了相关研究工作[2,3]。

　　然而，水液压元件摩擦副的润滑状态及负载特征非常复杂，要完全模拟真实工况进行摩擦学性能试验非常困难，成本也非常高；而且，通过实验得到的数据非常有限，很难反映摩擦副局部的细微参数变化。因此，建立水润滑摩擦副的润滑模型，从理论上分析环境和介质因素对摩擦副性能的影响是重要的手段。

　　目前，在水压润滑摩擦副的润滑理论方面，多数研究仍沿用油压泵的摩擦润滑理论，基于层流状态下的雷诺方程建立数学模型，获得柱塞泵主要摩擦副的特性参数[4,5]。文献[6]和[7]针对水压泵/马达中经常采用的不锈钢/工程塑料配对形式，基于雷诺方程建立了水润滑静压支撑轴承/密封副的数学模型，研究了摩擦副承载能力、空腔压力、水膜厚度、泄漏流量和功率损失之间的关系。然而，这些方法与真实状况有明显差距。图 2 为油液压元件和水液压元件的润滑状态的差别。油液压元件在工作中一般处于流体润滑状态，而水液压元件则常处于混合润滑或边界润滑的状态，因此采用完全流体润滑模型并不能真实反映水润滑摩擦副的状态。这也导致目前水液压润滑摩擦副的设计停留在半经验的阶段，难以进行精确的理论设计。

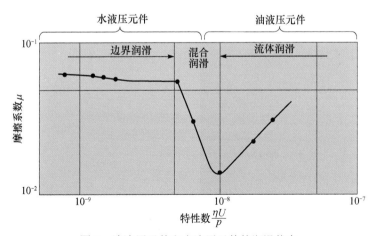

图 2　油液压元件和水液压元件的润滑状态

在摩擦副的混合润滑研究方面，日本学者 Yamaguchi 和 Matsuoka[8]针对液压元件中平面接触的摩擦副，在平均流量模型和弹性接触模型基础上建立了一种混合模型，同时考虑了弹性流体动力润滑（EHL）作用。应用该模型，Kazama[9]尝试建立了水润滑轴向柱塞泵中斜盘/滑靴副的混合润滑模型；之后，同样基于平均流量模型和弹性接触模型，Kazama[10]对柱塞滑靴之间的球铰副混合润滑进行了仿真分析，将平面接触摩擦副模型拓展到曲面接触摩擦副。

这些研究对水液压元件摩擦副设计理论的建立提供了一定的参考，但距离建立完整的理论设计体系还存在诸多问题，例如：未考虑结构形变；未考虑不同摩擦副之间的耦合；未涉及摩擦副的传热问题；未考虑表面微观形貌（包括粗糙度）效应。由于水的黏度低，润滑膜很薄，所以对微观形貌非常敏感；陶瓷、工程塑料等材料的导热性差，容易导致摩擦副的热量堆积，忽略这些因素必然导致模型产生大的偏差。然而，目前这些微观因素对配对副摩擦润滑性能的影响机理都不是十分明确，需要进一步研究。

除了摩擦润滑以外，密封性能是水液压元件的另一个重要问题。液压元件的密封形式多样。按照泄漏通道有外泄漏和内泄漏两种。对于水液压泵/马达，外泄漏点主要包括端盖的静密封、轴端的动密封等，这一类密封基本沿用现有的密封技术，如采用 O 形圈、机械密封等。而内泄漏点包括柱塞/缸孔、配流盘/缸体、滑靴/斜盘三对摩擦副。由于液压泵的结构紧凑、转速高，摩擦副常采用间隙密封形式。与外泄漏相比，内泄漏要复杂得多，主要体现在摩擦副运动形式既有往复运动又有旋转运动、泄漏通道既有环形缝隙也有平行板缝隙等。

对于间隙密封，首先要考虑其泄漏量的精确计算问题。目前，在计算泄漏量的过程中，常参照油液压元件进行层流流态的假设，因此泄漏量与密封间隙的三次方成正比。然而，这个结果与实际的泄漏量有较大的出入，从而说明层流的假设存在适应性的问题。实际上，由于水的黏度低，同等条件下介质流动的雷诺数增大，流动更容易进入紊流状态，加之气穴容易发生，现有模型难以对泄漏量进行精确计算。

与此同时，液压元件的摩擦副既要承受复杂的动载荷，又要起密封作用，因此需要同时考虑润滑性和密封性。然而，润滑和密封往往是一对矛盾。如图 3 所示，对于水液压元件，由于介质黏度低，摩擦副的泄漏增加，密封更加困难。为了减小泄漏，通常的办法是减小密封间隙。然而，摩擦副间隙减小，润滑性变差，发热严重，容易导致热卡死。

值得关注的是，润滑性和密封性影响着水液压元件的两个主要指标，即机械效率和容积效率，其中，摩擦副润滑性对应机械效率，润滑性能好，机械效率高；密封性能对应容积效率，密封性能好，容积效率高。润滑性能和密封性能的矛盾使得同时提高机械效率和容积效率之间存在矛盾。

因此，需要考虑摩擦副的材料特性和润滑状况，对密封间隙等关键参数进行

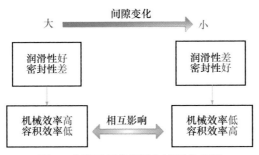

图 3　水液压元件润滑与密封的关联

统筹设计，应兼顾润滑性和密封性，处理好两者之间的矛盾，提高容积效率和机械效率，从而提高水液压元件的总效率。

综上所述，对于水液压元件，摩擦、润滑与密封是相互交织的三个核心问题，是水液压元件设计开发的关键。然而，现有的理论尚存在明显缺陷和不足，只有进一步结合宏观与微观力学、传热学、材料科学以及流体力学等相关理论，开展系统深入研究，才能建立水液压元件精准设计方法，系统解决水液压元件摩擦、润滑与密封问题。

参 考 文 献

[1] Murrenhoff H, Enekes C, Gels S, et al. Efficiency improvement of fluid power components focusing on tribology systems. The 7th International Fluid Power Conference, 2010, 3: 215-248.

[2] Wang X L, Liu W, Zhou F, et al. Preliminary investigation of the effect of dimple size on friction in line contacts. Tribology International, 2009, 42(7): 189-197.

[3] Wu D, Liu Y S, Li D L, et al. The applicability of WC-10Co-4Cr/Si_3N_4 tribopair to the different natural waters. International Journal of Refractory Metals and Hard Materials, 2016, 54: 19-26.

[4] 翟江, 周华. 海水淡化轴向柱塞泵静压支承滑靴副的流固耦合分析. 浙江大学学报(工学版), 2011, 45(11): 1889-1894.

[5] 刘桓龙. 水压柱塞泵的润滑基础研究. 成都: 西南交通大学博士学位论文, 2008.

[6] Wang X, Yamaguchi A. Characteristics of hydrostatic bearing/seal parts for water hydraulic pumps and motors. Part 1: Experiment and theory. Tribology International, 2002, 35(7): 425-433.

[7] Wang X, Yamaguchi A. Characteristics of hydrostatic bearing/seal parts for water hydraulic pumps and motors. Part 2: On eccentric loading and power losses. Tribology International, 2002, 35(7): 435-442.

[8] Yamaguchi A, Matsuoka H. A mixed lubrication model applicable to bearing/seal parts of hydraulic equipment. ASME, Journal of Tribology, 1992, 114(1): 116-121.

［9］ Kazama T. Numerical simulation of a slipper model for water hydraulic pumps/motors in mixed lubrication. Proceedings of the 6th JFPS International Symposium on Fluid Power, 2005: 509-514.

［10］ Kazama T. Mixed lubrication simulation of hydrostatic spherical bearings for hydraulic piston pumps/motors. Journal of Advanced Mechanical Design, System and Manufacturing, 2008, 2(1): 71-82.

撰稿人：刘银水[1]、吴德发[1]、朱碧海[1]、张增猛[2]、侯交义[2]

1 华中科技大学、2 大连海事大学

淹没态高压磨料水射流机理与效能

Mechanism and Performance of High Pressure Submerged Abrasive Water Jet

高压水射流是以水为载体，在高压或超高压的条件下获得巨大冲击动能，从而进行切割、冲洗等作业的新技术，通过加入一定比例的磨料颗粒，可以进一步产生极强的冲蚀和磨削作用。随着海洋工程的发展，高压磨料水射流技术在海底环境沉船表面切割、海洋资源勘察以及海上石油钻井平台等领域有广泛的应用前景。"库尔斯克号"核潜艇深水高压磨料水射流切孔施工如图1所示，其安全性、高效性和冷切割能力为人们所瞩目。高压磨料水射流的相关基础研究和装备开发已经成为流体动力领域的研究热点。目前，对高压磨料水射流切割研究多集中在系统和工艺参数对切割深度、材料表面、喷嘴磨损等的影响方面[1]，例如，Ahmed等[2]通过研究得到磨料水射流的切削性能主要取决于磨料颗粒的速度和影响角度以及颗粒和被切割工件的物理性质，而磨料颗粒对靶体材料的冲击和磨削对切深有较大的影响。

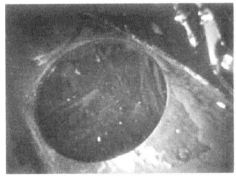

图1 "库尔斯克号"核潜艇打捞中利用淹没态高压磨料水射流切孔

高压磨料水射流在对靶体材料进行切割时，其切割断面大致分为三部分，如图2所示，由上至下分别是切割磨削区、变形磨削区和反射冲蚀区[3]，靶体材料的组织结构变化直接反映出磨料水射流切割性能的局部差异[4]。随着切割喷嘴的进给，高压磨料水射流的切割作用机理发生着变化，冲蚀、磨削作用是时变的，很难建立起切割效应的物理模型。目前采用的射流流场仿真难以正确反映实际流场特性和切割效能,装备也存在着能效和可靠性低等问题。在淹没态高压磨料水射流切割中,高压高速射流理论、复杂流场和对靶体作用的流固耦合机理等难题亟待解决和完善,同时,高围压淹没环境对磨料输送混合、射流结构设计和多参数优化结果产生影响等,也是目前水下高压磨料水射流切割中所面临的共性问题。

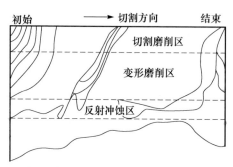

图 2　高压磨料水射流切割断面示意图

　　高压水射流冲洗、切割、凿岩等已经大量实用化,当前研究着眼于设备集成、效率提升、射流优化以及脉冲射流（图 3）、超声射流新原理等方面[5-7]。河南理工大学的魏建平等[6]研究了脉冲射流形成机理,提出了动态脉冲射流数学模型,并用来预测射流压力、速度的变化。Foldyna 等[7]研究利用超声提高射流打击效能,进一步降低了同等切割效力下的压力等级,并降低了装备开发和集成的难度。国内外相关学者关注的重点是针对不同切割参数,在 Hashish 等[8]切割模型基础上优化水射流工作参数和冲击作用范围等。现有切割模型在实际应用中,都存在着一些缺陷和不足,与实验结果之间往往存在较大的偏差。淹没态高压磨料水射流切割过程相对复杂,涉及的切割参数与环境变量更多,受影响和限制严重,对于能有效反映切割过程的模型还有待进一步完善。

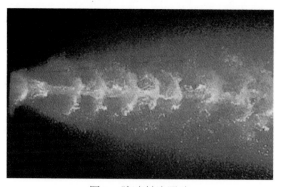

图 3　脉冲射流照片

　　高压磨料水射流切割过程涉及液固两相混合运动,打击过程需考虑流固耦合作用,对于射流机理特别是淹没态射流的研究尚不成熟。由于高压磨料水射流是由纯水和磨料粒子组成的两相流,目前一般采用定常条件下的平面湍性射流和边界层理论分析射流机理。江苏大学的杨敏官等[9]研究了射流多相流中的磨料运动特性,结合喷嘴部磨损观察预测磨粒轨迹,进而分析了磨料物理特性、喷嘴直径和工作压力等参数影响。然而,射流冲击动力学、与靶体材料作用和质能输送转化等方面还主要依靠试验观测和经验分析,围压淹没条件下的试验条件则更加困难,缺乏分析工具,无法有效地进行射流控制和相关参数优化,进而提高淹没态射流冲洗和切割效能。Sato 等[10]利用高速摄像研究了缩孔-渐扩孔中的周期性气穴现象。Peng 和 Okada 等[11]也利用气穴观测与流场仿真结果进行比较,试图建立淹没态射流场的仿真模型。现有观测研究表明,淹没态高压磨料水射流需分析高压高速流场、结构应力场的传递耦合作用,其研究涉及流体力学、振动冲击力学、材料学等多个学科,建立淹没态高压磨料水射流的精准流动模型具有较大的难度。

　　综上所述,目前对淹没态高压磨料水射流的机理和效能研究仍存在缺陷和不足,获得切割过程中复杂的流场参数及切割作用演化规律存在困难,现有的简化切割模型也很难准确对切割效能进行预测。只有进一步完善高压磨料水射流理论,创新试验方法,获取射流流场关键参数变化规律,提高高压高速流场、结构应力场的传递耦合作用的分析精度,才能真正提高工作效能和可靠性。

参 考 文 献

[1] Korat M M, Acharya G D. A review on current research and development in abrasive waterjet machining. International Journal of Engineering Research and Applications, 2014, 4(1): 423-432.

[2] Ahmed D H, Naser J, Deam R T. Particles impact characteristics on cutting surface during the abrasive water jet machining: Numerical study. Journal of Materials Processing Technology, 2016, 232: 116-130.

[3] Hashish M. Visualization of the abrasive waterjet cutting process. Experimental Mechanicals, 1998, 28(2): 159-169.

[4] Liu H X, Shao Q M, Kang C, et al. Impingement capability of high-pressure submerged water jet: Numerical prediction and experimental verification. Journal of Central South University, 2015, 22(10): 3712-3721.

[5] Popan A, Balc N, Carean A, et al. Developing a new program to calculate the optimum water jet cutting parameters. Academic Journal of Manufacturing Engineering, 2011, 9(3): 16-21.

[6] Liu Y, Wei J P. On the formation mechanism and characteristics of high-pressure percussion pulsed water jets. Fluid Dynamics and Materials Processing, 2015, 11(3): 221-240.

[7]　Foldyna J, Sitek L, Svehla B, et al. Utilization of ultrasound to enhance high-speed water jet effects. Ultrasonics Sonochemistry, 2004, 11(11): 131-137.

[8]　Kunaporn S, Ramulu M, Hashish M. Mathematical modeling of ultra-high-pressure waterjet peening. Journal of Engineering Materials and Technology, 2005, 127(2): 186-191.

[9]　Yang M G, Wang Y L, Kang C, et al. Multiphase flow and wear in the cutting head of ultra-high pressure abrasive water jet. Chinese Journal of Mechanical Engineering, 2009, 22(5): 729-734.

[10]　Sato K, Taguchi Y, Hayashi S. High speed observation of periodic cavity behavior in a convergent-divergent nozzle for cavitating water jet. Journal of Flow Control, Measurement and Visualization, 2013, 1(3): 102-107.

[11]　Peng G Y, Okada K, Yang C X, et al. Numerical simulation of unsteady cavitation in a high-speed water jet. International Journal of Fluid Machinery and Systems, 2015, 9(1): 66-74.

撰稿人：弓永军、张增猛、侯交义、宁大勇

大连海事大学

纳微米级水雾与空气的高效换热

Heat Transfer between Air and Nano/Micron-Sized Water Droplets

纳微米级水雾与空气的换热广泛存在于自然界中，例如，大气中云、雾的形成与消散过程，大气中广泛存在的水蒸气遇冷，将会凝结成水滴，大量水滴的聚集，形成了云、雾。在太阳的照射下，水滴吸热蒸发变成水蒸气，云、雾消散，在此过程中，云、雾中存在大量纳微米级水雾与大气发生换热。水雾与空气的换热也广泛应用于工业设备的降温、制冰储能以及城市室外环境降温。如图 1 所示，单个水滴与环境空气形成的流场，包括液滴核心区、气液边界层以及外界空气层。在实际换热应用中，气液边界层内空气流速低，传热率下降，增加水雾的导入量将降低设备的工作性能，进而带来一系列问题，如压缩机效率下降、过热失效、制冰效率下降等。因此，水雾的换热是气液两相流动实现等温压缩、高效冷却、动态制冰、传热传质等功能的关键，该换热过程是水滴蒸发、空气-水滴传热、气液边界层流动以及水雾与空气的两相流动等因素相互作用的复杂耦合过程，是流体传动、流体储能、两相流动以及传热等领域面临的共性科学问题。

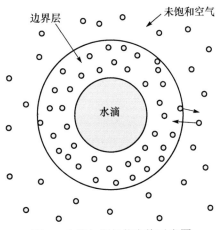

图 1 水滴与空气热交换示意图

由于水滴蒸发时从空气中吸取大量的相变潜热，对气液两相的温度和传热都产生重要影响，大量学者研究了水滴的蒸发过程。首先，将水滴的蒸发分为两个阶段：①水分子从水滴表面脱离；②水蒸气从水滴表面进入周围空气。第一个阶段物理模型的建立远比第二阶段复杂，因此在实际计算中，多数研究考虑第二个阶段而忽略第一个阶段，并基于水滴表面水蒸气饱和的假设（水滴的蒸发率等于水蒸气向空气的扩散率），得到水滴蒸发物理模型。这类模型称为液动力模型（hydrodynamic model）。

1877 年，Maxwell[1]首先分析讨论了空气与水滴相对静止的稳态蒸发过程，假定水滴表面的蒸汽压等于饱和蒸汽压，水滴的蒸发速率取决于液体蒸汽的扩散速率。1882 年，Sreznevsky[2]在水滴蒸发实验中发现了水滴直径平方随时间的线性递减规律，成为描述水滴蒸发最基本的模型，即著名的 d^2 定律（d 为液滴直径），为水滴的蒸发研究奠定了基础。1959 年，Fuchs[3]提出当水滴的半径与环境介质分子的平均自由程相当时，水滴蒸发的扩散过程不是直接从水滴表面开始，而是从距离水滴表面一个分子自由程开始，基于分子动力学对初始半径进行了修正。1963 年，Spalding[4]求解了液滴稳定蒸发的问题，推导出基于稳定扩散模型条件下的对数形式的经典模型。1989 年，Abramzon 等[5]考虑了由于大蒸发率产生的表面吹风效应，进一步修正了经典模型中的对流 Sherwood 数关系式。该模型对物理参数变化适应性强、兼容非归一化的 Lewis 数以及模拟蒸气与空气之间对流效应（Stefan 流），一直沿用至今。

上述模型均没有模拟蒸发过程中水滴边界的运动，当水滴尺度较大时（毫米级），水滴的蒸发量小，可以忽略水滴直径的变化，而当水滴尺度小至微纳米时，水滴直径变化幅度增大而不可忽略，基于稳态边界假设的模型不再适合描述水滴边界的动态变化，但目前还不具备动态模型建立所依赖的实验观测条件，如稳定直径微纳米水滴的发生等，因此微纳米水滴蒸发规律的揭示尚存在困难。

另外，实际应用中，蒸发过程多发生在高压环境，经典模型中普遍采用的准稳态气体假设不再成立。液态水接近临界状态时，在气液界面上二者的质量传递速率趋于一致，气体的对流效应不可忽略；气液相物性参数随温度和压力变化明显，不能视为常数。例如：蒸发潜热趋于零，导热系数急剧上升；高压时气相在液相中的溶解性增加，气液混合将导致热力学性质发生明显的改变；水滴的表面张力变小，经外界气流剪切后容易变形和破裂；对于气相，由于远远偏离理想状态，需考虑真实气体效应。

此外，当水滴小到纳米尺度时，水滴的尺寸与其组成分子的尺寸相比仅大几个量级，连续性假定不再成立，水滴分子的结构和物理性质不能再被忽略，此量级上的许多量，如密度、温度等失去了空间和时间连续性的特点，因此需要一种新的方法对纳米水滴的换热进行描述和研究。

在水滴传热方面，1977 年 Cooper[6]在空气相对静止的条件下，即水滴与空气之间的传热问题简化为导热问题，分别在气相和液相中求解导热方程得到解析解，可以预测空气与水滴之间的热扩散量。这个时期对水滴传热的研究基于流体的热扩散效应。因此，这些方法适用于水滴静止不动、导热系数变化不大的情况。

水滴与空气相对静止时，各向同性，空间三维的传热可简化成一维，而实际应用中，水滴与空气总保持相对运动，即该问题是二维或三维传热问题。另外，气液相对运动，产生强烈的对流，因此必须在扩散传热方程的基础上考虑对流项，在引入对流项后，传热方程的解算需要借助 Navier-Stokes 方程对流体运动的速度进行求解。此外，静止时流体边界层的厚度恒定（趋于无限），而运动时流体边界层厚度随速度场变化。因此，传热方程引入了非线性的对流项，以致目前还未得到解析解，传热的机理仍不清晰。

水滴群形成的水雾在空气中运动，在重力和气动力的作用下悬浮和沉积，形成一定持液率的气液两相流，持液率对两相的传热起重要作用。1949 年，Lockhart 等[7]开始了气液两相分层流研究，提出了计算持液率与压力梯度的经验关系式，分析出气液相界面的粗糙度对持液率的影响。以往的 60 多年里，许多学者开展了大量的理论分析和实验研究，提出了许多预测关系式。然而，对于持液率的研究还远未成熟。

综上所述，纳微米级水雾与空气的换热机理仍不清晰，现有的理论学说和实际应用方面尚存在缺陷和不足。只有进一步结合相变热力学、分子动力学以及流体力学，开展微纳米尺度下、气液两相流动中，水滴蒸发相变的研究，才能全面揭示纳微米级水雾与空气的高效换热的本质。

参 考 文 献

[1] Maxwell J C. The Collected Scientific Papers of James Clerk Maxwell. Vol. II. Cambridge: Cambridge University Press, 1890.

[2] Sreznevsky V. The evaporation of hemispherical drops resting on a plane. Zh Russ Fiz Khim Obslichest, 1882: 14(420): 483.

[3] Fuchs N A. Evaporation and Droplet Growth in Gaseous Media. Oxford: Pergamon Press, 1959.

[4] Spalding D B. Convective Mass Transfer: An Introduction. London: Edward Arnold, 1963.

[5] Abramzon B, Sirignano W A. Droplet vaporization model for spray combustion calculations. International Journal of Heat and Mass Transfer, 1989, 32: 1605-1618.

[6] Cooper F. Heat transfer from a sphere to an infinite medium. International Journal of Heat and Mass Transfer, 1977, 20: 991-993.

[7] Lockhart R W, Martinelli R C. Proposed correlation of data for isothermal two-phase, two-component flow in pipes. Chemical Engineering Journal, 1949, (45): 39.

撰稿人：蔡茂林、许未晴、石　岩

北京航空航天大学

气动元件的摩擦副机理

Friction Couples Mechanism in Pneumatic Elements

气动元件为防止泄漏而采用的弹性密封产生的摩擦力常常占据气动元件出力的较大比例。并且具有很大的离散性和不可控性。气动元件中摩擦力是造成气动元件运动不稳定、速度精度低、摩擦发热、降低寿命及耗费能量等现象的主要原因之一，一直限制着气动系统在高性能领域的应用。图 1 为某气缸在 1mm/s 的低速运动状态下的位移及动摩擦力曲线，从中可以看出，气缸在低速运动时会出现时走时停的不稳定运动状态，同时摩擦力波动较大、可控性较差。如何减小气动元件摩擦力并提高低速运动的稳定性的研究是气动技术领域的一个重要课题。

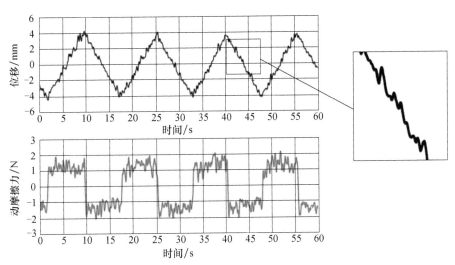

图 1　某气缸在 1mm/s 速度下的位移及动摩擦力曲线

气缸摩擦副在发生相对运动时界面的接触状态影响着其低速条件下的运动状态。Stolarski[1]认为，塑性微观接触形成的黏附连接导致了爬行的产生，这时运动呈现为微观的跳跃现象，黏结-跳跃构成周期性的轻微振动行为，即低速黏滑现象。Mokhtar 等[2]认为，爬行运动是滑动过程中的静、动摩擦系数的不同及摩擦力变化的结果。陈家靖等[3]还给出了决定爬行现象出现与否的临界速度公式，该速度与静、动摩擦力的差成正比。马春红等[4]开展了在低压条件下的气缸氟橡胶密封圈黏滞摩擦研究。随橡胶圈压缩率、密封压力的增加，摩擦力增大并呈现出明显的回弹特征，即滞后摩擦力与释放时间增加，且呈现较强的非线性规律。郑金鹏等[5]在研究中发现，随着密封圈位移幅值的增加，其在微动界面上可呈现黏着、混合黏滑和完全滑移三种不同的接触状态。而微动密封运行过程中，其应力分布明显不同于静态，且不同部位存在较大的差异。对这些由气动摩擦副及材料接触状态的特殊性带来的诸多复杂现象的解释与理论分析具有较大的难度，它们随工况及材料的不同带来的复杂性又为该领域研究带来新的挑战。

　　针对上述气动元件摩擦副中复杂的摩擦学行为，常常通过引入其他特殊介质来改善摩擦特性，如利用液体密封及润滑脂等方式。de Volder 等[6,7]将液态镓（Ga）与磁流体应用于气动密封中，从而改善了气缸的润滑条件。但是以上述例子为代表的特殊流体介质润滑的研究存在一些问题，例如，磁流体润滑中基液与分散质的种类、浓度及匹配的研究尚不够深入，磁流体的磁性能、黏滞性与稳定性研究都存在很大的困难。Chang 等[8]在润滑剂中添加纳米颗粒，使得气缸摩擦副中的滑动摩擦转变为接触点的滚动摩擦从而减小摩擦力；他们还指出，锂基润滑脂润滑在气缸处于低速工作状态时有很好地减轻爬行现象的效果，如图 2 所示。但是不得不面对的问题是，对亚微米、纳米薄膜润滑的数值计算会遇到许多复杂现象，如润滑薄膜的分子结构和非牛顿特性、薄膜固化与相变、表面粗糙度效应以及润滑膜含有固体杂质等[9]。这些都是气缸的润滑理论未涉及又没有解决的难题。密封圈和缸筒在润滑条件下的接触属于高弹体润滑的范畴，目前该理论在重载条件下的接触中应用比较多，但是在处理密封圈的问题上，研究得比较少。同时，考虑温度对整个润滑脂黏度以及密度影响时，整个模型会很复杂，通常需要数值解析的

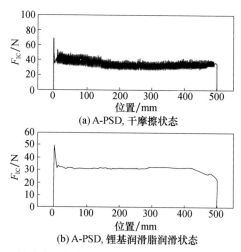

(a) A-PSD, 干摩擦状态

(b) A-PSD, 锂基润滑脂润滑状态

图 2　在 5mm/s 的速度下气缸的干摩擦力与锂基润滑脂润滑的摩擦力曲线

方式来求解整个润滑区的膜厚以及压力分布，得到密封圈的润滑膜厚与相关因素的变化关系。在密封圈的接触过程中，如何通过设置迭代循环来寻求接触应力以及稳定的平衡位置也成为一个难点。

多年来人们对减小气动元件摩擦力进行了各种研究和尝试，例如，利用振动等方式改变摩擦表面接触状态的方法，其中包含颤振补偿方法和超声减摩方式。颤振补偿方法即在控制阀上叠加高频的颤振信号对摩擦力进行补偿的方法。而超声减摩方式应用在气缸减摩上主要表现为利用压电陶瓷元件对气缸的缸筒或活塞施加高频的机械振动来降低摩擦力。由图 3 所示[10]的气缸动摩擦力曲线可以看出，叠加了超声振动的气缸其动摩擦力数值减小、转换运动方向时的摩擦力凸峰消失。

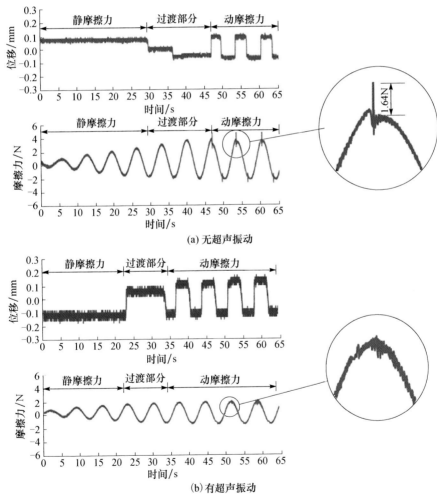

图 3　无、有超声振动时气缸的位移与动摩擦力曲线对比

两种方法均实现了较好的效果，但是其中的很多问题尚不够明确。例如，基于主动振动下的减摩机理与完善的物理模型还不清楚；多个振动参数，如与减摩效果正相关的振幅，在减小摩擦力的过程中通过改变了哪些物理量实现的减摩效果还没有定论；不同摩擦副在气动系统超声减摩中的不同影响的根本原因是什么；橡胶材料的阻尼特性对减摩具有哪些影响等。这些问题都是该领域有待解决的重要科学难题。

摩擦力存在于所有机械传动及控制中，它在气动系统中带来了更加复杂的影响。很多学者尝试利用库仑摩擦力等经典模型或它们的组合将其简化描述为线性黏性系统，以方便对气缸摩擦力在其工作点进行线性分析。对库仑摩擦力及黏滞摩擦的简化与过度线性化的模型会为系统行为的预测与控制带来很大的误差[11]。在早期对气缸摩擦力的研究中，很多气动公司将摩擦力表示为活塞截面积、工作压力及一个系数的乘积。显然该方法不能为气动伺服控制的建模与设计提供太多帮助，因此 Belforte 等[12]基于试验测试提出了更为复杂的摩擦力模型。但是该模型具有一定的适用范围，不具更强的普适性，因此 Nouri 等[13]提出了随速度变化的具有四个系数的动摩擦力模型。然而，当更加复杂的控制策略被应用于气动系统中时，用于补偿的更精确的摩擦力模型就尤为重要了，de Wit 等[14]在 Dahl 模型的基础上提出了 LuGre 动态摩擦模型，该模型能较真实地描述大部分摩擦现象及摩擦力的稳态、瞬态特性。在摩擦力模型不断趋于复杂化的同时也面临着不可避免的难题，即针对气动系统中复杂的工作条件，很难提出一个结合多因素多条件下的成熟摩擦力模型来从机理上全面、透彻地对摩擦力有一个准确的预测和控制，而针对每一个具体系统中的参数辨识又显得不够准确和高效。

综上所述，对气动元件摩擦副的减摩问题研究涉及流体力学、摩擦学、材料学、振动学等多门科学领域，包含接触界面、材料性质、密封与润滑、机械振动及摩擦模型等多个研究方向，属于气动技术领域最棘手的难题之一。在解决气缸减摩问题的过程中，现有的理论与方法还存在诸多不成熟之处，只有通过结合材料学及微观摩擦学等前沿学科的最新成果，才能揭示气动元件更为全面深刻的摩擦特性，从而研究出可以有效降低或控制气动系统摩擦力的科学理论。

参 考 文 献

[1] Stolarski T. Analysis of the resistance to motion in a sliding contact. Wear, 1994, 171: 203-209.

[2] Mokhtar M O A, Younes Y K, Mahdy T H E, et al. A theoretical and experimental study on the dynamics of sliding bodies with dry conformal contacts. Wear, 1998, 218(2): 172-178.

[3] 陈家靖, 陈景华. 导轨油防爬性能的研究. 机床与液压, 1981, (1): 3-15.

[4] 马春红, 白少先, 康盼. 氟橡胶 O 型圈低压气体密封黏滞摩擦特性实验. 摩擦学学报,

2014, 34(2): 160-164.

[5] 郑金鹏, 沈明学, 孟祥铠, 等. 机械密封用 O 形橡胶密封圈微动特性. 上海交通大学学报, 2014, 48(6): 856-862.

[6] de Volder M, Reynaerts D. A hybrid surface tension seal for pneumatic and hydraulic microactuators. Microsystem Technologies, 2009,15(5): 739-744.

[7] de Volder M, Reynaerts D. Development of a hybrid ferrofluid seal technology for miniature pneumatic and hydraulic actuators. Sensors and Actuators A Physical, 2009, 152(2): 234-240.

[8] Chang H, Lan C W, Chen C H, et al. Measurement of frictional force characteristics of pneumatic cylinders under dry and lubricated conditions. Przeglad Elektrotechniczny, 2012, 88(7): 261-264.

[9] 温诗铸, 黄平. 摩擦学原理. 4 版. 北京: 清华大学出版社, 2012.

[10] Gao H, de Volder M, Cheng T, et al. Tribological property investigation on a novel pneumatic actuator with integrated piezo actuators. Tribology International, 2015, 86: 72-76.

[11] Hamiti K, Voda-Besançon A, Roux-Buisson H. Position control of a pneumatic actuator under the influence of stiction. Control Engineering Practice, 1996, 4(8): 1079-1088.

[12] Belforte G, D'Alfio N, Raparelli T. Experimental analysis of friction forces in pneumatic cylinders. Neurosurgery, 1989, 59(59): 274-292.

[13] Nouri B M Y, Al-Bender F, Swevers J, et al. Modelling a pneumatic servo positioning system with friction. American Control Conference, 2000, 1062: 1067-1071.

[14] de Wit C C, Olsson H, Astrom K J, et al. A new model for control of systems with friction. IEEE Transactions on Automatic Control, 1995, 40(3): 419-425.

撰稿人: 包 钢

哈尔滨工业大学

气体轴承-转子系统失稳机理

Instability Mechanism of Gas Bearing-Rotor System

转子稳定性是转子保持无横向振动的正常运转状态的性能，若转子在运转状态下受到偶然的微小扰动后产生的与正常运转状态的偏离总能保持微小或逐渐消逝，则这一运转状态是稳定的；否则是不稳定的。气体轴承由于润滑介质黏度较低，能够有效地克服滚动轴承和液体轴承由于摩擦生热带来的严重问题，在高速旋转机械中获得日益广泛的应用。系统运行过程中，由于转子具有偏心，气膜力作用的结果一方面形成沿着承载方向的承载力，另一方面形成促使转子沿切向运动使转子失稳的涡动力。气体轴承-转子系统如图 1 所示，其中轴承-气膜-转子组成了相互干涉和耦合的作用系统。当轴承和转子等固体受到流体载荷或外载干扰时会产生不同程度的变形或运动，而变形或运动反过来又改变了流场，破坏了气膜原有的平衡，进而使流体载荷的分布和大小发生改变直至达到新的平衡。流固耦合就是研究变形固体在流场作用下的各种行为以及固体位形对流场的影响。研究表明，高速下气体轴承-转子流固耦合作用的结果影响转子的稳定性，发生涡动、振荡和共振等现象明显，最终导致失稳，造成转轴发生疲劳破坏或在轴承内不能形成润滑膜而烧坏等事故。由此可见，气体轴承-转子系统的稳定是旋转机械实现润滑、承载等功能的关键，其机理认知即复杂非线性流固耦合下轴承润滑与转子运动特性的相互作用，是流体传动、润滑与密封、转子动力学等领域面临的共性科学问题。

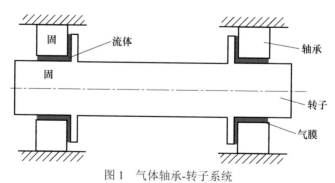

图 1　气体轴承-转子系统

早在 1886 年，著名学者雷诺提出了雷诺方程，方程描述了润滑膜压力和物体表面几何形状、运动速度、流体黏性之间的关系，从而奠定了流体润滑理论基础，同时也为润滑轴承的研究提供了理论基础。

动态气膜力是研究气体轴承-转子系统稳定性的前提和基础。Ausman[1]采用 PH 线性摄动法针对气体动压润滑宽轴承的模型求解了动态雷诺方程，并得到了气体动压轴承的半频涡动现象，但所采用的模型过于简单，并对轴承失稳后的情况没有进行深入研究。在以后的研究中，许多学者对摄动法进行了不断改进，但摄动法在计算时采用偏心率作为小扰动量，因此仅限于小偏心率情况下使用。Lund[2]首先将轴承和转子结合在一起，提出了滑动轴承-转子系统采用 8 个线性化刚度和阻尼特性系数的线性气膜力计算模型。但由于轴承模型中润滑介质的惯性与湍流、系统振动、非稳态状态等因素使气体润滑轴承的气膜力具有强非线性特点，目前关于非线性动态气膜力的研究成果较少，大多是在借鉴油膜力研究的基础上进行修正，主要包括数值方法、数据库方法和解析方法等。Miller 等[3]采用直接数值模拟方法将润滑方程和运动学方程联立求解，获得了系统的非线性瞬态响应，这种非线性油膜力动力学计算模型更加符合系统运转的实际情况。数值方法虽然精确，但是需要较大的计算工作量。为了减少计算量，许多学者试图采用近似解析法计算气膜力，这些方法均是采用"π"油膜假设下的无限长或无限短的非线性油膜力计算模型，解析法计算速度较快，但是普适性较差，并且计算精度较低[4]。黑棣等[5]基于数据库方法，通过插值运算快速得到了径向滑动轴承的非线性油膜力。对比分析不同研究方法发现，建立一个完善的非线性动态气膜力解析模型是研究气体轴承-转子系统失稳现象的根本，可以从机理角度探讨系统非线性全局问题。

流固耦合现象是研究气体轴承-转子系统失稳机理的关键问题。气体轴承-转子系统稳定性的线性分析方法已被广泛研究，并日臻完善。稳定性的线性分析方法大都通过线性化处理，再借助特征值法、Routh-Hurwitz 稳定性判据、Nyquist 判据及根轨迹判据等方法。这些研究方法及成果对人们从宏观上确定系统的稳定性起到了积极的推动作用，但随着旋转机械向高转速、大跨度、柔性化的方向发展，线性理论很难解释气体轴承-转子系统失稳现象，非线性理论的发展促使气体轴承-转子系统稳定性的非线性分析理论有了很大的进步，其中李雅普诺夫稳定性理论、Floquet 理论、Poincare 稳定性理论以及工程稳定性判据等被普遍使用，并针对稳定与渐近稳定概念、稳定性裕度与判据、临界转速与失稳转速阈值、油膜振荡和涡动时的分岔和混沌等问题展开研究，研究成果显著[6-9]。但实际旋转机械中转子受气膜力、密封、固体表面形貌等内在及外部非线性因素干扰和激励，处于一个流体场与固体变形之间相互干涉且瞬变的强非线性动力学行为状态，目前大多数研究成果是基于数值分析，与工程实践之间还有一定的差距，还没有一个普遍适用的理论分析方法和完善的实验测试验证手段，因此需要深入研究，寻求突破。

动态气膜力描述方面目前还缺乏统一、完善的数学计算表达式。韩东江[10]结合油膜润滑理论，从物理意义给出了相对较为清晰的气膜力非线性表达，如式（1）所示，在压力梯度无滑移条件下，气膜力主要由轴颈旋转的惯性力、涡动的失稳分力、气膜的挤压力和供给压力项组成：

$$F_g = A(\lambda,\varepsilon,\rho,l,\mu,r_0)\omega - B(\lambda,\varepsilon,\rho,l,\mu,r_0)\frac{\mathrm{d}\phi}{\mathrm{d}t} + C(\lambda,\varepsilon,\rho,l,\mu,r_0)\frac{\mathrm{d}\varepsilon}{\mathrm{d}t}$$
$$+ D(\lambda,\varepsilon,\rho,l,\mu,r_0)p_a \tag{1}$$

其中，气膜力特征系数包括：旋转收敛系数 A、扰涡运动系数 B、弹性挤压系数 C、轴承供气压力系数 D、轴颈自转角速度 ω、涡动角速度 $\mathrm{d}\phi/\mathrm{d}t$、轴颈几何偏心率 ε、轴颈半径 r_0、轴承间隙比 λ、气体密度 ρ、气体动力黏度 μ、轴承宽度 l。

但从式（1）中可以看出，特征系数（A,B,C,D）具有明显的瞬时、非线性特征，动态气膜力也随之具有强烈的非线性力学特性；并且式（1）没有考虑滑移效应，忽略了轴承表面微观形貌、分子自由程、边界分离等因素影响，在高速微间隙润滑气体轴承-转子系统中则不容忽视，很难准确描述气膜力瞬时流场特征及其变化规律，因此如何建立满足工程应用又简洁的非线性气膜力模型还面临困局，也无法对气膜力失稳机理进行深入剖析。

气体轴承-转子系统的流固耦合，目前完善、深入的研究成果还较少，主要原因在于转子运动行为、润滑流体的物理性质、轴承中流体润滑状况多种因素之间，仍然缺乏全面统一的理论分析和实验验证方法；轴承-转子-基础系统的耦合稳定性判据也没有统一实用的标准，不能解决工程实际复杂系统稳定问题。现有研究指出：气体轴承在数值模拟研究中通常忽略主轴转子在流场压力作用下的微小变形，假设为刚性结构体，但是主轴转子的微小变形必然引起流场特性的变化，对于高速超精密轴系这种变化不可忽略；而对于弹性支承箔片动压气体轴承这种柔性表面轴承，流固耦合效应就更加不容忽视。如何建立非线性动态气膜力、转子运动间双向耦合数值模型，寻求适合解算方法是众多学者多年的努力方向。

综上所述，在动态气膜力、气体轴承-转子耦合作用机理等方面，现有的理论学说尚存在缺陷和不足。只有进一步结合空气动力学、流体力学、转子动力学、机械学，开展气体轴承-转子稳定机理研究，才能有效抑制高速旋转机械的涡动、振荡，避免失稳现象发生。

参 考 文 献

[1] Ausman J S. Linearized ph stability theory for translator half-speed whirl of long, self-acting gas-lubricated journal bearings. Journal of Basic Engineering, 1963, 85(4): 611-619.

[2] Lund J W. Calculation of stiffness and damping properties of gas bearings. Journal of Lubrication

Technology, 1968, 90(4): 793-803.

[3] Miller B A, Green I. Numerical formulation for the dynamic analysis of spiral-grooved gas face seals. Journal of Tribology, 2001, 123(2): 395-403.

[4] Bastani Y, Queiroz M D. A new analytic approximation for the hydrodynamic forces in finite-length journal bearings. Journal of Tribology, 2010, 132(1): 1-9.

[5] Hei D, Lu Y J, Zhang Y F, et al. Nonlinear dynamic behaviors of a rod fastening rotor supported by fixed-tilting pad journal bearings. Chaos, Solitons and Fractals, 2014, 69: 129-150.

[6] Lyapunov A M. The general problem of the stability of motion. International Journal of Control, 1992, 55(3): 531-534.

[7] 张卫, 朱均. 转子-滑动轴承系统的稳定裕度. 机械工程学报, 1995, 31(2): 57-62.

[8] Su J C T, Lie K N. Rotor dynamic instability analysis on hybrid air journal bearings. Tribology International, 2006, 39(3): 238-248.

[9] Schifftnann J, Favrat D. Integrated design and optimization of gas bearing supported rotors. Journal of Mechanical Design, 2010, 132(5): 0510071-05100711.

[10] 韩东江. 高速涡轮轴系稳定性分析与实验研究. 北京: 中国科学院工程热物理研究所博士学位论文, 2014.

撰稿人：马文琦、熊 伟、王海涛

大连海事大学

微米敏感颗粒物滞卡滑阀的力学机制

Mechanism of Spool Clamping due to Micro Sensitive Particles

阀芯滞卡是滑阀在实际工作中受多种因素影响出现的现象，如阀芯运动欠灵活、重复性差、卡涩、卡死等。阀芯滞卡会引起液压阀流控性能劣化、功能丧失，造成液压系统可靠性下降。国际标准化组织（ISO）统计："污染是 70%～85% 液压系统故障的主要原因"，美国钢铁企业调查报告指出："超过 75% 的液压系统的故障是由液压油中的颗粒污染所引起的"。在固体颗粒污染、水污染、空气污染、化学污染等众多物质型污染之中，固体颗粒污染物是液压和润滑系统中最普遍、危害最大的污染物。如图 1 所示，每一毫升油液中固体颗粒物粒径的分布是不同的，对于较小尺寸的颗粒物，过滤的方法并不十分有效。而且，实验中发现过滤油液和拆卸清洗阀芯只能缓解而不能根除滞卡，即使使用过滤后的干净油液，系统经过一段时间的运转后滞卡现象仍会复发。事实上，过滤的油液中虽然颗粒物的平均浓度很低，但是微小颗粒物在阀腔内旋涡的作用下会出现集聚，造成颗粒物局部浓度大大增加。当阀芯运动至颗粒物集聚区域时，小于或相当于滑阀间隙尺度的敏感颗粒物就会侵入间隙，造成滞卡（图 2）。

图 1　油液中的固体颗粒物

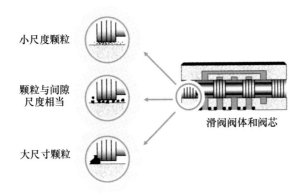

图 2 不同尺度颗粒物在滑阀间隙分布示意

颗粒物造成阀芯滞卡的力学过程之一是颗粒物的集聚过程。如图 3（a）所示，受阀腔、均压槽等几何结构的影响，腔内流动会出现旋涡区以及相对流速缓慢的死水区，当密度较大的微小颗粒物流经阀腔、均压槽等结构时，在旋涡的作用下会发生集聚、沉降，大大增加局部的颗粒物浓度，加大侵入滑阀配合间隙的概率。固体颗粒物与油液在阀腔内的流动属于固液两相流问题，研究一般基于欧拉框架或拉格朗日框架。目前，欧拉框架下将颗粒物视为拟流体，与连续相的油液存在双向或四向耦合，难点在于构造拟流体的数学模型。欧拉法还不能做到非常准确的数学建模，但对于颗粒物集聚过程的定性描述还是经济有效的手段[1]。拉格朗日框架下将颗粒物视为离散相，直接描述颗粒的运动轨迹及颗粒与湍流的相互作用，有望揭示颗粒物在阀腔内因流动发生集聚的规律，但颗粒运动受湍流的影响比较复杂。当颗粒尺度远小于湍流的 Kolmogorov 尺度时，颗粒引起的湍流尺度和颗粒雷诺数都很小，此时颗粒的受力可采用标准的模型，包括拖曳力、压力梯度力、附加质量力、Basset 力和重力。但当颗粒尺度大于等于湍流的 Kolmogorov 尺度时，湍流造成颗粒阻力的减小或增大并不确定。另外，颗粒对湍流的影响也很复杂，并且目前人们对其了解还非常有限。已有的研究结果表明，大尺度颗粒会使

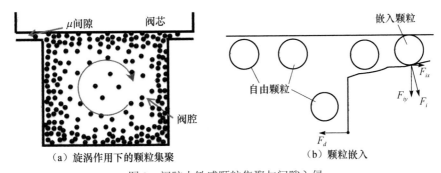

（a）旋涡作用下的颗粒集聚   （b）颗粒嵌入

图 3 阀腔内敏感颗粒集聚与间隙入侵

流场的湍流度增加，反之则会使湍流度减小。当颗粒尺度大于 Kolmogorov 尺度且颗粒雷诺数大于 350 时，湍流度有显著增加[2]。当体积浓度低于 10^{-5} 时，颗粒引起的湍流度变化不大[3]。阀腔的尺度一般为数十毫米量级，间隙的量级为数微米至十几微米，微米级颗粒物在湍流作用下从阀腔流向间隙时的运移、集聚过程的研究仍具有相当的难度。

颗粒物造成阀芯滞卡的力学过程之二是颗粒物侵入间隙后的滞卡过程。由于滑阀配合间隙尺度为几微米至十几微米，间隙的粗糙表面形貌尺度、形位误差可使得实际间隙严重偏离平行、光滑的理想状态。如图 3（b）所示，一个或数个微米级的敏感颗粒物一旦侵入间隙，就容易发生卡死现象。大量更小尺度的颗粒物侵入间隙，则可能引发滞涩现象。对于与间隙尺度相当的敏感颗粒物，采用浸入边界法（immersed boundary method, IBM）对其在间隙内的运动进行建模是较好的选择[4]。如图 4（a）所示，通过建立阀腔与间隙流域的广义交界面并传递数据，可以衔接两个尺度跨越很大的流域。如图 4（b）所示，浸入边界法可以处理与间隙流域尺度相当的大颗粒的流动问题，并且可以处理颗粒物的不规则外形，这是欧拉-拉格朗日法做不到的，但还需要补充颗粒与间隙表面的接触力模型，才能进一步揭示卡滞的力学机制，这需要对颗粒的实际形状、间隙表面的不规则形貌、接触力公式、接触过程中的耗散进行正确描述。

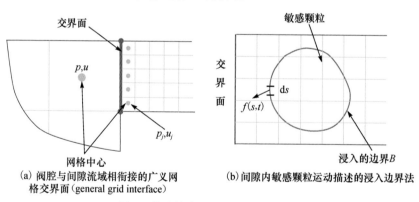

（a）阀腔与间隙流域相衔接的广义网格交界面（general grid interface）　　（b）间隙内敏感颗粒运动描述的浸入边界法

图 4　描述敏感颗粒运动的数值方法

接触力的分析可追溯到 Hertz 的接触理论[5]。在 Hertz 理论的基础上，进一步发展了考虑接触表面内分子或原子间作用力的 Johnson-Kendall-Roberts 理论、考虑接触面外的范德瓦耳斯力的 Derjagin-Muller-Toropov 理论及 Bradley 理论等，根据无量纲载荷和 Tabor 数的不同，各有一定的适用范围。但以上理论均为弹性接触，当一次加载接触面变形超过弹性极限而出现塑性变形时，就必须考虑塑性变形的残余应力。对任意形状颗粒接触力公式，目前还必须开展实验进行测量。将接触力模型与颗粒物在间隙内的流动结合起来，仍有许多工作有待开展。

由于颗粒物与间隙的尺度均很小、阀腔内流动复杂、间隙表面形貌不规则等，颗粒物滞卡滑阀力学机制的理论研究以及相应的可视化实验研究都具有很大的难度。需要进一步的深入工作，才能从机理上解释并根治阀芯滞卡问题，由此把对液压系统可靠性的认识推进到新的层次。

参 考 文 献

[1] Hong J, Liu X Q, Zheng Z, et al. Mechanism of relief valve pressure maladjustment induced by solid particles. Proceedings of the 9th International Fluid Power Conference, 2014.

[2] Kussin J, Sommerfeld M. Experimental studies on particle behaviour and turbulence modification in horizontal channel flow with different wall roughness. Experiments in Fluids, 2002, 33(1): 143-159.

[3] Geiss S, Dreizler A, Stojanovic Z. Investigation of turbulence modification in a no-reactive two-phase flow. Experiments in Fluids, 2004, 36(2): 344-354.

[4] Peskin C S. Flow patterns around heart valves: A numerical method. Journal of Computational Physics, 1972, 10: 252-271.

[5] Johnson K L. Contact Mechanics. Cambridge: Cambridge University Press, 1985.

撰稿人：郑　直、冀　宏、魏列江、王金林、刘新强、闵　为

兰州理工大学

多物理场耦合作用下飞机作动器往复密封失效理论

The Fatigue Theory of the Reciprocating Seal of Aircraft Actuators in Multiphysics

　　液压作动器中密封材料与其对偶件间发生相对滑动而产生摩擦与磨损,进而导致密封件的失效。航空作动器在高压、宽温、变速度等多物理场作用下,往复密封材料物化特性及液压流体特性均会发生改变,加剧往复密封的失效。

　　由于液压密封中多采用橡胶或塑料等材料,疲劳失效与摩擦磨损在失效过程中占主要地位[1]。疲劳失效是指由于工作过程中受周期性载荷及流体压力波动造成密封材料突然断裂,失效具有瞬时、不可预测等特点,对系统危害极大。摩擦磨损则是由于密封界面机械作用而产生材料不断损耗,磨损过程中产生的泄漏及摩擦逐渐增大,最终导致密封材料失效。

　　液压密封件磨损状态直接影响作动器效率和性能。橡胶等密封材料因黏弹性、非线性及在工作过程中的大变形、溶胀效应等特点使其失效理论有别于金属材料,而研究压力、温度、速度等多物理场工况对往复密封失效的综合影响理论目前尚缺乏相关研究。现代研究表明,黏滑振动和微振是产生周期性磨损斑纹的主要原因,微振使微观斑纹萌生,而黏滑振动使斑纹间距扩展。Rivlin 等[2]和 Greensmith 等[3]利用特征撕裂能,提出在橡胶物化特性不变条件下,载荷与橡胶磨损的关系。深崛美英等[4,5]根据橡胶的黏弹性行为叠加原理提出 Demattia 等加速实验方法,并得到循环次数与内部应变间的函数关系。Gent 等提出利用能量释放率作为密封橡胶疲劳损伤参量[6,7]。

　　目前密封失效分析主要从密封自身应变能分析密封所受载荷对密封疲劳的影响,未考虑密封材料物化特性在多工况条件下的改变。在此真实工况中,受多物理场因素的影响,密封失效演变规律难以准确获知,失效预测模型难以建立,密封失效机理研究停留于表象,未能深入展开。

　　温度主要影响密封的本构特性。密封材料——橡胶,经硫化后形成空间立体网络结构,如图 1 所示[8],其内部橡胶长分子链间的相互缠绕造成橡胶应力应变非线性特点。目前,Mooney-Rivlin 模型用于描述橡胶在等温大变形条件下的非线性特点。正常橡胶柔软而富有弹性,但温度降低会造成橡胶材料的玻璃化,材料失去弹性;而温度过高则会造成橡胶材料由高弹性状态进入黏流态,造成橡胶发生不可逆的塑性应变。因此，苛刻工况条件下，在考虑介质相容性的同时，密封材料的耐温性也需着重考虑，图 2 为各密封材料的工作温度范围[9]。目前橡胶两临界转变温度可由实验获得，但在正常温度区间内密封物化特性转化规律尚无准确的模型描述；同时聚合物蜷曲的形状形成油液分子扩散的空间，造成密封件溶胀，温度造成油液分子运动速度增快，加大了溶胀发生的概率，因此密封材料随温度演变规律的揭示尚有一定困难，宽温域对密封件失效的影响难以准确预测。

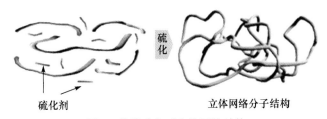

图 1　橡胶硫化后立体网络结构

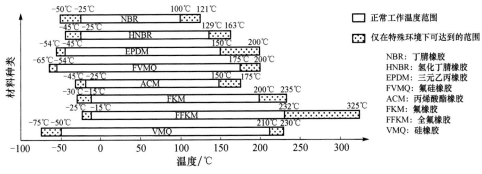

图 2　各密封材料工作温度范围

流体压力主要影响密封内部应力状态分布，也是影响密封失效的关键因素之一。橡胶等密封材料因其黏弹性、非线性、大变形以及压力过高造成的挤出咬合等特点（图 3[10]），使其内部应力复杂化。目前静态密封件内应力可利用有限元分

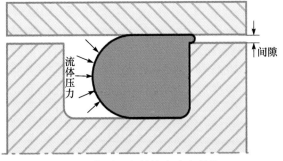

图 3　高压下密封挤出咬合现象

析技术计算，基于断裂力学的材料疲劳理论将应力能量释放率作为密封材料失效的等效参量[6,11]，但断裂力学方法假定密封材料疲劳破坏的主要原因是内部应力破坏以及裂纹的增长，而未考虑密封复合材料内部不同物质间的脱黏而导致破坏，并且以理想形状裂纹为基础同实际疲劳裂纹间存在较大偏差，模型精度有待进一步验证。同时密封件在往复运动中受周期交变力作用，其材料内部大分子链不断切换于蜷曲和伸直状态，会造成密封本构特性发生蠕变，因此流体压力尤其是高压化对密封失效影响机理还有待进一步研究。

如图 4 所示[12]，密封副界面间不是干摩擦，由于流体动压效应而产生一定的油膜，密封界面处的摩擦性能与密封对偶件的速度密切相关。20 世纪 40 年代，White 和 Denny[13]通过实验获得不同速度下密封的摩擦磨损特性；Nikas 等通过理论分析计算获得矩形密封界面润滑状态[14,15]；Salant 等[16]利用有限元以及有限体积等数值计算方法，分析不同速度条件下密封的摩擦学特性。实验和仿真模型研究表明，密封副接触区域处于混合摩擦状态，随着速度增大，界面油膜厚度增大，摩擦力减小，但目前研究均假定密封配合面（轴或缸筒内表面）为绝对光滑，其配合面表面形貌对密封性能的影响未展开深入研究。并且由上述摩擦力进而计算磨损失效的过程中，通常应用的是商业有限元分析软件，通过边界网格消除及节点协调修正来分析摩擦磨损过程[17]，其假定摩擦磨损为均匀消耗过程，未考虑局部破损及磨粒影响。

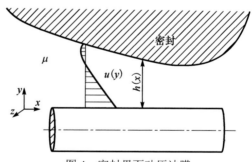

图 4　密封界面动压油膜

飞机作动器工作环境恶劣，压力、温度、速度、振动加速度等多物理耦合工况会造成作动器密封件内部应力状态复杂化，这意味着往复密封失效理论须综合多物理场因素的影响，同时因密封结构不同，各物理场对密封性能影响所占权重不尽相同，无疑大大增加了研究的难度。因此，在深入研究密封材料失效机理的基础上，综合材料、化学、流体力学、摩擦学及数值计算技术，提出多物理场耦合作用下的往复密封失效理论将是今后努力的研究方向。

参 考 文 献

[1] 张嗣伟. 橡胶磨损原理. 北京: 石油工业出版社, 1998.

[2] Rivlin R S, Thomas A G. Rupture of rubber. Part I: Characteristic energy for tearing. Journal of Polymer Science, 1953, 10: 291-318.

[3] Greensmith H W. Rupture of rubber. IV. Tear properties of vulcanizates containing carbon black. Journal of Polymer Science, 1956, 21: 175.

[4] 深崛美英, 徐广源. 弹性体疲劳寿命的预测. 世界橡胶工业, 1986, (4): 68-77.

[5] 孙伟星, 刘山尖, 欧阳昕, 等. 橡胶隔振器寿命预测及加速试验研究进展. 装备环境工程, 2013, 10(1): 57-60.

[6] Gent A N, Lindley P B, Thomas A G. Cut growth and fatigue of rubbers. I. The relationship between cut growth and fatigue. Rubber Chemistry and Technology, 1965, 38: 292-300.

[7] 丁智平, 陈吉平, 宋传江, 等. 橡胶弹性减振元件疲劳裂纹扩展寿命分析. 机械工程学报, 2010, 46(22): 58-64.

[8] 道康宁. 有机硅弹性体/硅橡胶——结构和属性. http://www.dowcorning.com.cn/zh_CN/content/discover/discovertoolbox/forms-rubber-structure.aspx [2017-8-1].

[9] Trelleborg. Aerospace Sealing Systems. http://tss-static.com/remotemedia/media/globalformastercontent/downloadsautomaticlycreatedbyscript/catalogs/aerospace_gb_en.pdf [2017-8-1].

[10] Trelleborg. O-Rings and Back-up Rings. http://www.tss.trelleborg.com/remotemedia/media/globalformastercontent/downloadsautomaticlycreatedbyscript/catalogs/o_ring_gb_en.pdf [2018-6-26].

[11] Shao Y H, Rui K. A life prediction method for o-ring static seal structure based on physics of failure. Prognostics and System Health Management Conference, 2014: 16-21.

[12] Müller H K, Nau B S. Fluid sealing technology: Principles and applications. New York: M. Dekker, 1998.

[13] White C M, Denny D F. The sealing mechanism of flexible packings. London: HM Stationery Office, 1948.

[14] Nikas G K. Elastohydrodynamics and mechanics of rectangular elastomeric seals for reciprocating piston rods. Journal of Tribology, 2003, 125(1): 60-69.

[15] Prati E, Strozzi A. A study of the elastohydrodynamic problem in rectangular elastomeric seals. Journal of Tribology, 1984, 106(4): 505-512.

[16] Salant R F, Yang B, Thatte A. Simulation of hydraulic seals. Proceedings of the Institution of Mechanical Engineers, Part J: Journal of Engineering Tribology, 2010, 224(9): 865-876.

[17] Schmidt T, Andre M, Poll G. A transient 2D-finite-element approach for the simulation of mixed

lubrication effects of reciprocating hydraulic rod seals. Tribology International, 2010, 43(10): 1775-1785.

撰稿人：欧阳小平[1]、杨华勇[1]、周清和[2]、郭生荣[2]

1 浙江大学、2 中航工业金城南京机电液压工程研究中心

柱塞泵液固声多场耦合激励振动机理

Vibration Mechanism of Liquid-Solid-Acoustic Multi-Field Coupled Excitation in Axial Piston Pumps

柱塞泵振动是液压系统噪声的主要成因,其产生和传递的示意图如图 1 所示。柱塞泵在吸排油过程中,柱塞腔内的油液压力周期性高低压切换,有限的柱塞数目、液压油的可压缩性和进出口较大的压力差导致油液流速与容腔体积变化速率不匹配,柱塞腔内产生压力尖峰和气穴、气蚀现象,进出口处产生动态高频流量脉动。高频变化的柱塞腔压力通过柱塞副、配流副、滑靴副间隙油膜传递到缸体、柱塞、配流盘和斜盘上,再通过主轴轴承的油膜传递到壳体和端盖上,即作用在柱塞、滑靴等处的力和力矩经过内部多级振荡油膜和阻尼网络最终都传递到壳体和端盖上,对壳体和端盖进行耦合激振;在此期间,柱塞腔压力结合柱塞滑靴组件往复运动产生的惯性力,迫使斜盘和缸体始终受到脉动力矩,从而引发斜盘和缸体高频振动,进而影响柱塞副、配流副、滑靴副间隙油膜特性的变化;另外,高频流量脉动与负载耦合转化为高频压力脉动,引起液压管路和下游元件高频振动。由此可见,柱塞泵振动噪声由流体噪声激振源和结构噪声激振源共同作用产

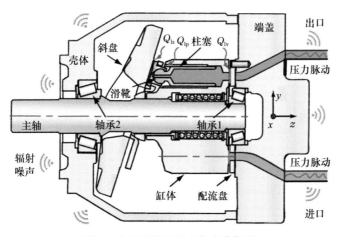

图 1　柱塞泵振动噪声的产生机理

生，各个摩擦副间隙油膜特性与零部件振动特性相互影响。因此，研究柱塞泵液固声多场耦合激励振动机理是研究柱塞泵噪声并实现液压系统减振降噪的关键。

目前，探究柱塞泵振动机理的方法主要分为两步：①建立噪声激振源仿真模型，求解进出口流量脉动、压力脉动、柱塞腔压力和作用于内部各零部件的力和力矩等；②建立振动和噪声仿真模型，将噪声激振源作为输入条件计算柱塞泵外表面的振动和由振动引起的噪声。

为了得到噪声激振源，1986 年，Edge 等[1]建立了柱塞泵的集中参数模型来分析油液惯性项对柱塞腔压力建立过程的影响，但他们的模型没有考虑柱塞泵内部关键摩擦副泄漏这一重要因素。21 世纪初，Manring[2]假设摩擦副之间的泄漏流量为层流，使用线性函数来表示摩擦副的泄漏量和压降之间的关系，然而无法反映真实泄漏量的时变性。Ivantysynova 等[3]建立了考虑液固热多场耦合的柱塞副、配流副、滑靴副润滑模型，虽然计算量大，但可以比较精确地求解各个摩擦副的泄漏量。然而，同时考虑油液惯性项和摩擦副泄漏量对柱塞腔压力影响的前提下，若油液弹性模量模型不精确，仿真得到的柱塞腔压力会存在小于零的负超调。马吉恩[4]测试了 4～24MPa 压力范围内的液压油弹性模量，并且利用曲线拟合的方法得到在其他压力等级下的弹性模量。但是，0～4MPa 范围内的拟合结果与真实值差距较大。Kim 等[5]采用变体积法、变质量法和声速法测试了0.1MPa 以上的不同压力下液压油的有效体积弹性模量，并且研究了温度和含气量等因素对有效体积弹性模量的影响规律，构建了液压油有效体积弹性模量的理论公式。Berta 等[6]分析了液压油中液体、气体和蒸汽随着油液压力的变化而出现的气体析出和液体气化现象，详细分析了液压油的弹性模量在 0～0.1MPa 压力范围内的变化规律，建立了液压油弹性模量在全压力范围内的表达式。

针对柱塞腔内的气穴和气蚀现象，Vacca 等[7]通过细致地分析液压油组成成分在不同压力下的变化情况，建立了四种分段函数来描述液压油密度与油液压力和温度的关系，并且将前述的液压油模型用于分析柱塞泵的流量脉动和柱塞腔压力的变化情况，推荐了一种全压力范围内的液压油模型，适用于对柱塞泵的空化（气穴）现象进行分析。Meincke 等[8]通过试验和仿真得到了柱塞泵内部气蚀发生的位置，如图 2 所示，该位置处的油液压力远低于周围油液的压力。

上述研究所建立的柱塞泵模型只能得到噪声激振源，为了得到柱塞泵的振动和噪声，瑞典林雪平大学（Linkoping University）的研究人员使用了传递函数法求解柱塞泵的振动和噪声，其原理如图 3 所示。首先通过集中参数法仿真求解柱塞泵的噪声激振源，然后通过试验测试柱塞泵外表面测点的振动和声场场点的噪声，最后建立噪声激振源与振动和噪声的映射关系[9]。由于传递函数法需要在多个不同的压力等级下对振动和噪声进行测试才能得到力和力矩与振动或噪声的传递函数，测试时间较久。当柱塞泵转速、壳体或端盖发生改变时，所建立的传递函数就会失效，需要重新进行测试。为了克服上述方法的缺点，Kunze 等[10]利用有限元法和边界元法分别建立了柱塞泵的有限元模型和边界元模型，而且给出了激振源→振动→噪声的求解路线，如图 4 所示，该方法能够模拟噪声激振源的传递过程和振动的传播过程。然而，他们只关注壳体和端盖结构，忽略了柱塞泵内部旋转组件或将其简单处理。

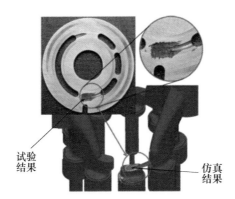

图 2　气蚀位置仿真和试验对比

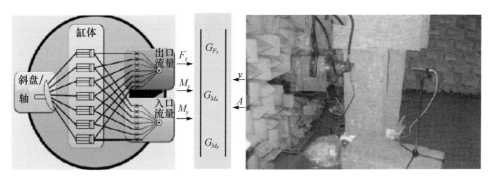

图 3　传递函数法求解振动和噪声原理

综上所述，现有关于柱塞泵振动机理的研究通常对结构噪声激振源和流体噪声激振源进行单独建模分析，对不同类型激振源之间的耦合机理、分布式激振源沿不同传递路径的耦合传递规律，以及激振源与辐射噪声之间的映射关系研究不足，并且尚未将柱塞泵内高频振动的斜盘、缸体等零部件的微观运动与各个摩擦副间隙油膜特性耦合起来。因此，现有基于单一类型激振源产生机理和传递规律的研究对声场的预测存在一定误差，改善柱塞泵噪声等级的能力有限。探索振动噪声耦合激励振动机理、传递路径、传递规律以及柱塞泵的降噪结构是国内外学者面临的研究难点。

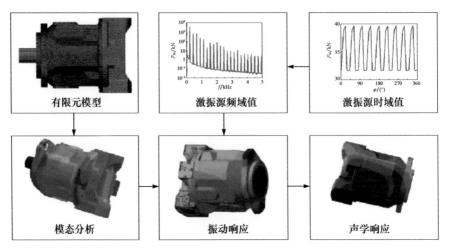

图 4　柱塞泵振动和噪声求解路线图

参 考 文 献

[1] Edge K A, Darling J. Cylinder pressure transients in oil hydraulic pumps with sliding plate valves. Proceedings of the Institution of Mechanical Engineers, Part B: Journal of Engineering Manufacture, 1986, 200(1): 45-54.

[2] Manring N D. The discharge flow ripple of an axial-piston swash-plate type hydrostatic pump. Journal of Dynamic Systems, Measurement, and Control—Transactions of the ASME, 2000, 122(2): 263-268.

[3] Schenk A, Ivantysynova M. A transient thermoelastohydrodynamic lubrication model for the slipper/swashplate in axial piston machines. Journal of Tribology, 2015, 137(3): 031701.

[4] 马吉恩. 轴向柱塞泵流量脉动及配流盘优化设计研究. 杭州: 浙江大学博士学位论文, 2009.

[5] Kim S, Murrenhoff H. Measurement of effective bulk modulus for hydraulic oil at low pressure. Journal of Fluids Engineering, 2012, 134(2): 021201.

[6] Berta G L, Casoli P, Vacca A, et al. Simulation model of axial piston pumps inclusive of cavitation. ASME International Mechanical Engineering Congress and Exposition, 2002: 1-9.

[7] Vacca A, Klop R, Ivantysynova M. A numerical approach for the evaluation of the effects of air release and vapour cavitation on effective flow rate of axial piston machines. International Journal of Fluid Power, 2010, 11(1): 33-45.

[8] Meincke O, Rahmfeld R. Measurement, analysis and simulation of cavitation in an axial piston pump. Proceedings of the 6th International Fluid Power Conference, 2008.

［9］ Pettersson M, Weddfelt K, Palmberg J O. Prediction of structural and audible noise from axial piston pumps using transfer functions. Proceedings of the 8th Bath International Fluid Power Workshop, 1995.

［10］ Kunze T, Berneke S. Noise reduction at hydrostatic pumps by structure optimization and acoustic simulation. Proceedings of the 5th International Fluid Power Conference, 2006.

撰稿人：徐　兵、张军辉

浙江大学

真实啮合齿面的疲劳预测与失效机理

The Fatigue Prediction and Failure Mechanism of Realistic Meshing Tooth Profile

齿轮表面接触疲劳是齿轮失效的主要形式之一。齿轮在啮合过程中，相互接触的齿面受到周期性变化的接触力的作用。当齿面接触应力超过材料的接触疲劳极限时，在多次循环重复的载荷作用下（一般经过 $10^5 \sim 10^6$ 次的应力循环），齿面通常会产生点蚀，其主要特征为接触表面逐渐退化，并且呈现出有微坑或大斑块的灰暗无光泽的表面，如图 1 所示[1]。在目前齿轮接触疲劳设计中，通常将齿轮接触等效为点接触或线接触，通过传统的 Hertz 接触理论[2]计算最大接触应力，并引入载荷因数，得到齿面接触强度的校核公式[3]。国际标准化组织 1997 年制定的 ISO 6336 标准[4]、中国 1993 年制定的国家标准[5]，以及美国 1995 年制定的 ANSI/AGMA 2001-C95 标准[6]等，均采用这一基本理论与方法。

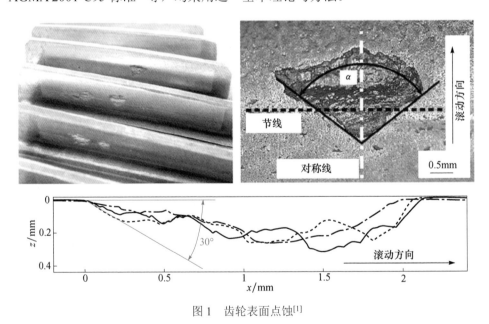

图 1 齿轮表面点蚀[1]

但是，由于润滑的作用，大多数齿轮传动的实际啮合齿面接触不是简单的固体接触，所以齿轮接触疲劳的研究中应首先利用弹流润滑理论获得齿面接触压力和切向力，然后获得轮齿内部应力场分布，最后应用强度理论、裂纹扩展理论或损伤力学理论进行齿面疲劳预测。20 世纪 60 年代，Dowson 和 Higginson[7]将直齿圆柱齿轮副假设为理想光滑表面，基于弹性流体动力润滑理论获得了齿面接触压力。2010 年，Li 等[8]建立了考虑齿面粗糙度的非牛顿流体瞬态混合弹流润滑模型以获得轮齿接触压力和切向力，该模型综合考虑了齿面法向力、相对曲率半径、相对表面速度、滑滚率的变化，但是该模型未考虑材料的微观缺陷和由齿轮时变刚度等引起的动载荷对齿面接触力的影响。2014 年，Li 等[9]根据前述弹流润滑模型[8]获得齿面接触压力和切向力，再利用边界元法计算轮齿应力场分布，并采用多轴疲劳方法建立了齿轮微点蚀模型，但该模型未考虑齿面接触温升等对齿面润滑接触失效的影响，也未考虑材料的微观缺陷和动载荷对齿轮内部裂纹扩展和界面失效的影响。

随着近代微观理论和实验技术的发展，人们发现真实齿轮材料表面粗糙，且内部具有复杂的微观结构，齿轮表面热处理造成内部材料碳化物的体积比、硬度、屈服强度和残余应力沿深度方向逐渐变化。Hannes 等[10]在研究滚动接触疲劳时考虑了材料表面粗糙度，将光滑圆柱线接触应力与粗糙表面的尖峰点接触应力叠加起来作为接触载荷来建立滚动接触疲劳模型。Donzella 等[11]在研究滚动接触疲劳时考虑了材料硬度随表层深度的变化。Flasker 等[12]在研究接触疲劳点蚀时考虑了润滑油的困油效应对疲劳裂纹扩展的影响。这些文献[10-12]都是针对纯滚动接触开展研究，其结果不能反映以相对滑动为主的齿面接触的实际情况，且仍然存在未考虑齿轮材料的缺陷、由时变刚度等引起的齿轮动载荷和受接触摩擦温升等影响的啮合齿面润滑状态等因素。

齿轮齿面在复杂的循环接触动载荷作用下，晶体边界、内部杂质、内部缺陷及加工痕迹等因素都会导致应力集中，从而引起表面裂痕或次表面裂纹萌生[13]，如图 2 所示[14]。然后，这些裂纹将会进一步扩展，直到材料表面剥离形成微点蚀[15]。随着接触循环的增加，点蚀范围逐渐扩大，最终导致接触疲劳失效，如图 3（a）[14]所示。表面纹理或者粗糙度（图 3（b）[14]）及材料内部微结构的不均匀性（图 4[16]）均显著影响齿轮的接触疲劳。但目前齿轮内部材料特性以及局部的应力循环和应变积累的变化对疲劳和失效的影响在很大程度上是未知的。而且由于滚动接触疲劳的特殊性，经典的疲劳理论很难直接应用于滚动接触疲劳[17]，滚滑接触疲劳也与滚动接触疲劳有很大的区别，如裂纹扩展规律不同等[18]。因此，有必要针对齿轮的工作特点（主要是滚滑接触运动）提出有效的疲劳预测方法。

齿轮传动的齿面啮合过程较为复杂，其齿形需符合啮合几何学，齿面的相对滚滑速度需符合啮合运动学，齿面之间存在润滑介质，所受载荷为时变刚度等引起的动载荷。这样的啮合齿面存在接触应力场、啮合温度场、润滑流场等的相互

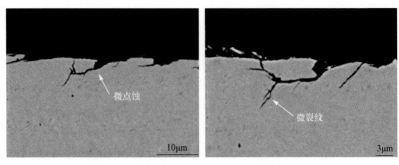

图 2　齿轮表面、内部微裂纹及微点蚀[14]

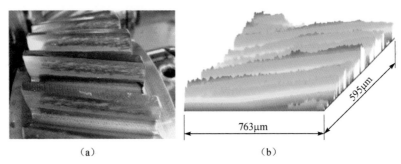

（a）　　　　　　　　　　　　　　（b）

图 3　齿轮接触疲劳和实际齿面[14]

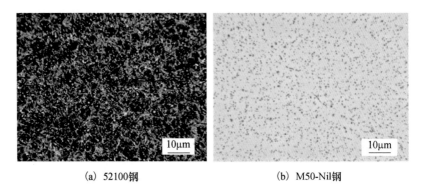

(a) 52100钢　　　　　　　　　　　(b) M50-Nil钢

图 4　齿轮钢热处理后内部微结构[16]

耦合，其疲劳问题既与齿面材料的微观结构相关，又与表面粗糙度、齿轮的齿形及啮合齿面的相对曲率、齿面间的相对滑动/滚动比、齿面间的温度场和润滑状态相关。本题目涉及的科学难题是：动载荷循环作用下综合考虑实际啮合齿面的轮齿几何特征、表面纹理、材料微观缺陷、接触变形、润滑效应等多因素的宏/微观多场耦合作用机理、齿面裂纹萌生扩展动态行为以及齿面疲劳失效机理。涉及的具体问题有：考虑实际啮合齿面的表面纹理特征、轮齿几何特征、运动特征以及时变刚度引起的动载荷等的齿面接触压力、切向应力以及轮齿内部应力场的高效求解模型与算法；考虑轮齿材料内部微观结构与载荷特征的疲劳预测方法。齿轮传动最主要的两类失效（齿面点蚀失效和轮齿断裂失效）本质上都属于疲劳失效，该难题研究为齿轮传动疲劳失效的解决提供了有力支撑。

解决该科学难题关键在于如下五个方面：

（1）综合考虑宏观啮合行为与微观界面行为的齿面"固-液-热"多场耦合接触模型的建立。

（2）真实齿面啮合条件下典型常用非均匀材料（如热处理梯度材料、含杂质材料）接触问题（特别是三维问题）基本解的获取。

（3）针对上述问题基于并行计算和大数据处理的快速算法。

（4）齿轮表面几何特征（如相对曲率、表面纹理）、材料微缺陷、润滑油流变及温度特性等对齿轮接触润滑、界面压力、膜厚以及体内应力分布的影响规律。

（5）材料的微观局部非均匀性、齿轮材料内部微缺陷、润滑介质和温升等对接触界面裂纹萌生、扩展进而导致齿轮疲劳失效的作用机理。

综上所述，目前齿轮接触疲劳研究缺乏全面考虑实际啮合齿面的材料、几何、运动、界面物理特征和实际啮合齿面之间存在的固-液-热等宏/微观多场耦合建模及分析方法。因此，构建全面考虑上述因素的实际啮合齿面的接触力学模型，探明啮合齿面宏/微观多场耦合的作用机理，弄清实际啮合齿面的裂纹萌生—扩展—疲劳失效的成因、影响因素与时间进程，最终有效缩小理论研究结果与工程实际的差距，具有重要的学术和工程应用价值。

参 考 文 献

[1] Hannesa D, Alfredssona B. Modelling of surface initiated rolling contact fatigue damage. Procedia Engineering, 2013, 66: 766-774.

[2] Johnson K L. Contact Mechanics. London: Cambridge University Press, 1985.

[3] 闻邦椿. 机械设计手册: 齿轮传动(单行本). 5版. 北京: 机械工业出版社, 2015.

[4] International Standards Organization. ISO 6336. Calculation of Load Capacity of Spur and Helical Gears. Geneva: ISO, 1997.

[5] 国家技术监督局. GB/T 14229—93. 齿轮接触疲劳强度试验方法. 北京: 中国标准出版社, 1993.

[6] American Gear Manufacturers Association. ANSI/AGMA 2001-C95. Fundamental Rating Factors and Calculation Methods for Involute Spur and Helical Gear Teeth. New York: ANSI, 1995.

[7] Dowson D, Higginson G R. Elasto-Hydrodynamic Lubrication—The Fundamentals of Roller and Gear Lubrication. Oxford: Pergamon Press, 1966.

［8］　Li S, Kahraman A. A transient mixed elastohydrodynamic lubrication model for spur gear pairs. Journal of Tribology, 2010, 132(1): 11501-11509.

［9］　Li S, Kahraman A. A micro-pitting model for spur gear contacts. International Journal of Fatigue, 2014, 59(2): 224-233.

［10］　Hannes D, Alfredsson B. Surface initiated rolling contact fatigue based on the asperity point load mechanism—A parameter study. Wear, 2012, S294-S295(3): 457-468.

［11］　Donzella G, Mazzù A, Petrogalli C. Failure assessment of subsurface rolling contact fatigue in surface hardened components. Engineering Fracture Mechanics, 2013, 103(103): 26-38.

［12］　Flasker J, Fajdiga G, Glodez S, et al. Numerical simulation of surface pitting due to contact loading. International Journal of Fatigue, 2001, 23(7): 599-605.

［13］　Miller K J. Materials science perspective of metal fatigue resistance. Materials Science and Technology, 1993, 9(6): 453-462.

［14］　Evans H P, Snidle R W, Sharif K J, et al. Analysis of micro-elastohydrodynamic lubrication and prediction of surface fatigue damage in micropitting tests on helical gears. ASME Journal of Tribology, 2013, 135(1): 011501.

［15］　Glodez S, Abersek B, Flasker J, et al. Evaluation of the service life of gears in regard to surface pitting. Engineering Fracture Mechanics, 2004, 71(4): 429-438.

［16］　Hetzner D W, Geertruyden W V. Crystallography and metallography of carbides in high alloy steels. Materials Characterisation, 2008, 59(7): 825-841.

［17］　Slack T S, Raje N. A review of rolling contact fatigue. Journal of Tribology, 2009, 131(4): 041403.

［18］　Kramer P C. An investigation of rolling-sliding contact fatigue damage of carburized gear steels. Golden: Colorado School of Mines, 2007.

撰稿人：秦大同、王占江、刘长钊

重庆大学

齿轮磨削表面微观形貌主动创成

Active Generation of Micro Topography for Grinding Gear Surface

齿轮磨削表面微观形貌主动创成是指基于零件疲劳性能的使役要求，建立齿面磨削后微观形貌与接触疲劳性能的量化关系，提出具有设计-制造评判价值的微观形貌表征参数，形成使役性能可预测的微观形貌设计理论与方法。研究磨削加工参数对齿面微观形貌的影响规律，建立磨削参数与微观形貌表征参数之间的关联规律；对于给定的微观形貌设计参数，考虑磨削加工参数的调控范围，利用高效数值计算算法对磨削加工参数与微观形貌表征参数的关联规律进行求解，得到磨削加工参数解集；综合对比分析确定最优的磨削加工参数，实现面向疲劳性能要求的齿面微观形貌主动创成。

相对齿轮宏观形貌几何设计与制造理论的不断发展，齿面微观形貌设计及其制造研究较为滞后。以表面粗糙度 R_a 为表面微观形貌主要评价指标的现有齿面设计制造规范，不能充分体现表面微观形貌对接触疲劳性能的影响，也无法对加工样本的接触疲劳性能做出有效预测。主要原因是：相对于光滑表面而言，微观形貌导致界面力与运动传递发生在名义接触区域内离散微凸体之上，因而真实接触面积是光滑接触面积较小的一部分，真实接触压力大于光滑表面假设下名义接触压力，如图 1 所示[1]。在真实接触压力作用下，亚表层最大应力及其发生深度随不同微观形貌而变化，从而引起接触疲劳强度改变。试验研究表明：优化粗糙度可以显

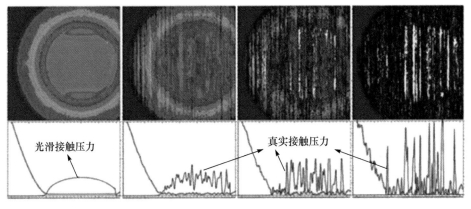

图 1 光滑表面与真实表面接触压力分布示意图[1]

著改善接触疲劳性能，然而两者并非存在简单单调映射关系。微观形貌具有随机和无序特征。对于同批加工样本，在相同粗糙度参数条件下（通常指轮廓算术平均偏差 R_a），表面形貌千差万别，不同样本接触应力分布截然不同，导致样本疲劳性能呈现出较大的分散性和不确定性，其分散性可超过一个量级。

传统设计理论通常基于光滑表面假设，忽略微观形貌影响或采用简化方式予以近似修正，如齿轮接触疲劳强度设计方法接触疲劳设计公式（1）。通过动载系数、齿间载荷分配系数和齿向载荷分布系数，根据齿轮精度等级确定计算载荷 F_{ca}，以便近似引入微观形貌作用。进一步，借助表面光洁度系数和轮廓算术平均偏差，对许用应力进行修正设计[2]：

$$\sigma_H = f(F_{ca}, L, \rho_1, \rho_2, E, \mu, \cdots) \leqslant [\sigma] = \frac{K_N \sigma_{lim}}{S} \tag{1}$$

这种近似设计方法一直延续至今，例如，我国 GB/T 3480—97 标准、国际标准化组织 ISO 6336 标准和美国 ANSI/AGMA 2001-C95 标准。随着机械设计向高速、重载和精密化方向发展，传统基于光滑表面的设计理论已不能满足零件长寿命和高可靠性要求。此外，现有粗糙度设计标准只采用两个高度参数 R_a 和 R_z，辅以两个附加间距参数 R_{Sm} 和 $R_{mr}(c)$ 满足功能设计要求，对微观形貌统计特征考量不足。传统磨削加工方法追求以最经济的成本满足所提粗糙度参数设计指标，对粗糙度参数的创成原理与过程认识不清。如何从磨削加工过程建立加工参数与微观形貌表征参数之间的映射关系，实现齿面粗糙度参数可预测的微观形貌主动创成原理与方法，才能满足未来微观形貌设计要求？

为实现齿面微观形貌主动创成，微观形貌的科学表征与建模是基础。微观形貌表征参数众多，如 GB/T 1031—2009 标准中含有 12 个幅值参数、9 个空间特性参数和 9 个形状特性参数。Whitehouse 很早就提出参数爆炸现象，各个参数之间映射关系尚不明晰，它们与接触疲劳性能之间的量化关联规律也不得而知。哪些参数与接触疲劳性能高度相关，可用于设计制造评判？Nayak[3]和 Greenwood[4]在这方面开展了卓有成效的开创性工作，他们利用随机过程理论方法研究了表征参数之间的数学关系。为将微观形貌与磨损、润滑性能联系起来，Abbott 和 Firestone[5]提出了 Abbott-Firestone 曲线，由此发展了描述形貌实体与空隙面积的功能参数。从形貌纹理特征出发，Carneiro 等[6]又提出了描述表面结构形状纹理参数。Hubert 等[7]又介绍了具有润滑表征意义的特征参数。为解决上述参数依赖于采样间隔的缺陷，在 Majumdar 等[8]证实机械加工表面微观形貌具有统计自相似和自仿射特征之后，基于 Mandelbrot 分形几何理论[9]，提出用满足连续性、处处不可微和自仿射特性的 Weierstrass-Mandelbrot 函数来描述表面轮廓，并由轮廓曲线测度和测量尺度之间的幂律关系，定义了具有无标度性的分形维数和尺度系数。此外，从法国汽车工业 R&W 标准衍生出的 Motif 参数[10]，利用包络线短轮廓来描述微观形貌，避开了滤波和采样长度干扰。Motif 参数可同时描述微观形貌幅值和空间两方面属性。以高度和自相关分布或者以分形参数为重构载体的建模方法，不能对大多数表征参数进行建模。如何建立重构载体与表征参数之间的映射关系，发展以粗糙度参数为重构目标的微观形貌建模方法，借助性能分析与敏感性分析，构造与接触疲劳高度相关的特征参数，才能实现微观形貌的科学表征与建模。

建立微观形貌的表征参数与磨削工艺、磨削加工参数的关联规律，是实现齿轮微观形貌主动创成的关键。国内外学者相关的研究工作可分为经验模型和理论模型，经验模型是通过大量实验总结拟合得到磨削后表面粗糙度与加工参数之间的预测模型。经验模型具有形式简单、预测准确的优点，在工业中得到广泛的应用。理论模型的优点在于它实现对加工过程的定量描述，可对输入量进行计算分析，可以推演实验中无法观察得到的一些变化。磨削过程本质是由大量随机分布在砂轮表面的磨粒按磨削工艺给出的切削运动轨迹相互叠加形成的。现有磨削表面微观形貌建模方法都是假设一颗磨粒与工件接触一次产生一个切屑，由于组成砂轮的磨粒数目和形状不确定，磨削过程中仅有一部分磨粒参与磨削并产生切屑，另一部分在工件表面推动材料塑性流动使得前方隆起，在两侧形成沟壁，还有一部分磨粒对工件表面仅有摩擦作用引起弹性变形。只有切削深度大于材料临界切削深度时，磨粒才会在工件表面形成切屑。由于缺乏能够准确反映真实磨削状态的单颗磨粒切削轨迹，通过考虑砂轮形貌和工件运动干涉对磨削几何学进行数学分析存在困难，且磨削过程中划擦和耕犁对表面形貌造成影响，需要予以考虑。此外，随机砂轮表面磨粒服从一定统计分布，各个磨粒运动轨迹为复杂空间曲面运动，需对大规模的空间复杂曲面进行布尔运算才能得到磨削表面形貌。

综上所述，在齿轮磨削表面微观形貌主动创成方面，现有设计与制造理论尚存在诸多瓶颈。从微观形貌表征与建模、磨削表面微观形貌包络创成过程以及三维微观形貌主动创成原理方面进行探究，是实现齿轮使役性能主动控制与预测的重要途径。

参 考 文 献

[1] Zhu D, Wang Q J, Ren N. Pitting life prediction based on a 3-D line contact mixed EHL analysis and subsurface von Mises stress calculation. Journal of Tribology, 2010, 131(4): 178-179.

[2] Šraml M, Flašker J. Computational approach to contact fatigue damage initiation analysis of gear teeth flanks. The International Journal of Advanced Manufacturing Technology, 2007, 31(11): 1066-1075.

[3] Nayak P R. Random process model of rough surfaces. Journal of Lubrication Technology, 1971,

93(3): 398-407.

[4] Greenwood J. A unified theory of surface roughness. Proceedings of the Royal Society A, 1984, 393(1804): 133-157.

[5] Abbott E J, Firestone F A. Specifying surface quality—A method based on accurate measurement and comparison. Mechanical Engineering, 1993, 55: 569-572.

[6] Carneiro K, Jensen C P, Jørgensen J F, et al. Roughness parameters of surfaces by atomic force microscopy. CIRP Annals—Manufacturing Technology, 1995, 44(1): 517-522.

[7] Hubert C, Kubiak K J, Bigerelle M, et al. Identification of lubrication regime on textured surfaces by multi-scale decomposition. Tribology International, 2014, 82: 375-386.

[8] Majumdar A, Tien C. Fractal characterization and simulation of rough surfaces. Wear, 1990, 136(2): 313-327.

[9] Voss R F. Fractals in nature: From characterization to simulation. Science of Fractal Images, 1988: 21-70.

[10] Scott P. Foundations of topological characterization of surface texture. International Journal of Machine Tools and Manufacture, 1998, 38(5): 559-566.

撰稿人： 唐进元[1]、陈海锋[2]、周　炜[2]

1 中南大学、2 湖南科技大学

齿轮曲面形性协同一体化制造

Collaborative Manufacturing for Gear Surface Considering Both Geometric and Physical Performances

齿轮曲面形性协同一体化制造，是指利用现代设计与制造技术，从基体材料组织和制造界面使役性能演变规律出发，通过多种能量流的科学配置、复杂制造过程中的加工参数反调修正与参数驱动的路径规划，实现高精度、高使役功能和高制造效率一体化的齿轮曲面创成理论与技术方法。齿轮曲面形性协同一体化制造研究已取得许多成果，包括磨削表面改性研究，复合能场作用下切削、磨削制造研究等，初步实现了基于齿面误差和公差等级评判的高精成形和以基于危险点应力校核为代表的成性协同制造。面临未来高速重载工况、高精传动性能与高性能稳定性（以下简称"三高"）的多重挑战，研究齿轮曲面形性协同制造理论与方法，是齿轮制造技术发展的重要方向。

实现"三高"目标下的高精度、高使役功能和高效率齿轮制造，一方面需要发展基于齿面形貌与性能关联规律[1]的形性协同制造理论模型，另一方面需要揭示复杂曲面材料与力学性能、几何形貌在多种能量流作用下的演变规律。齿轮"三高"形性协同一体化制造示意图如图1所示，需要借助在线测量与实时监测技术，提供齿面设计与制造协同优化方案，通过几何与使役性能来反向驱动加工参数的全闭环自动反调修正，实现齿面形性主动创成可控制造的"三高"要求。所涉及的主要科学难点如下。

1）复杂曲面制造误差溯源与加工参数智能修正中的曲面点云精准数据获取、快速重构及几何使役性能协同的高鲁棒性多元多参数驱动规划

齿面点云数据是指对齿面形貌离散化[2]得到定义齿面点形位的数据集合。整个加工工艺规划过程中各种误差因素的影响，造成实际制造齿面与理想设计齿面偏离，实际测试齿面点云数据与理想点云数据不符[3]。借助齿轮制造实时在线检测技术手段，通过测量设备快速获取齿面精确点云数据[4]，利用计算机图形学理论及优化算法快速重构齿面模型，由齿面误差敏感性分析与拓扑优化快速建立齿面误差与加工参数之间的映射关系[5]，解决考虑安装误差、机床空间几何误差、热变形误差和工件装夹误差等因素下的真实齿面几何形貌精确测量与快速建模问题[6,7]，实现齿轮制造误差溯源与设计制造全闭环过程自动参数驱动反馈与优化。

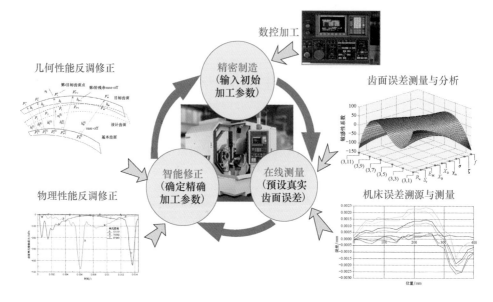

图 1　齿轮"三高"形性协同一体化制造示意图

　　加工参数多元性和多样性，导致加工参数相互耦合、雅可比矩阵病态和约束条件不确定性问题[8,9]，针对目标函数呈现强非线性和求解非鲁棒性特征[9,10]，需要提供鲁棒性的优化算法。同时，考虑实际生产制造环境的各个工序的差异性、加工误差的偶然性、数据信息交换的不稳定性、各种预设条件的不确定性等因素，需要考虑整个协同设计体系的高效集成与柔性化。构建以几何精度和使役性能为目标函数的齿面制造综合优化评价体系，完成整个设计制造过程的全闭环精确高效自动反馈与控制，在加工参数智能修正体系中兼顾齿面几何和使役性能指标，引入加工参数作为设计与制造过程的变量，定义保障形性协同的多元约束函数，建立精确、高效的多元加工参数修正优化模型。

　　2) 复杂曲面基体材料组织、力学性能与几何形貌尺寸在多种能量流作用下的演变规律

　　齿轮制造过程是能量流、物质流、信息流耦合演变过程。一方面，依靠切削力去除材料，并伴随制造改性，通过控制刀具路径，将机械能在不同位置、不同方向输入，渐进得到所需几何形貌尺寸。另一方面，切削过程伴随热产生，在制造界面力热共同作用下，齿轮表面物理形态（硬度、应力、材料微观组织等）发生变化，在附加诸如超声能等外部能量场时，将改变机械能在制造过程中的权重，得到不同几何形貌与表层物理性能（统称表面完整性）。与此同时，通过改变机械能、热能、外部辅助输入能的比重，得到不同材料组织与力学性能。

　　齿轮表面完整性是所有制造工序中能量输入综合作用的结果。齿轮形性协同

一体化制造难点表现为：保证几何加工精度前提下消除切削裂纹、烧伤和表面高拉应力状态等，实现表面完整性特征参数趋优制造，使得表面几何与物理状态同时满足高精加工高性能创成要求。这样的要求需解决如下难题：①表面完整性参数与齿轮接触、弯曲强度等使役性能关联规律；②表面完整性参数与制造工艺过程参数关联规律。由于多种能量流作用下材料几何、材料与物理演变规律尚不明确，现阶段主要借助试验手段，单独考虑各工序加工参数对表面完整性参数作用，还未系统地从能量输入-制造演变角度研究制造工艺、工艺参数等与表面完整性特征参数映射关系，多能源作用下齿轮材料去除机理认识不足，阻碍了齿轮高精形性制造技术的发展。因此，从理论上揭示多种能量流作用下齿轮几何形貌、力学性能和材料组织演变规律，指导工艺参数、制造环境参数的科学设置，对探究齿轮形性协同一体化制造的科学奥秘大有裨益。

　　总之，建立齿轮形性协同设计与制造模型，研究更加精确与稳定的齿轮复杂曲面形性工艺目标函数及其求解算法，构建加工齿面在线测量、多元多加工参数的智能修正和实现制造参数在线反馈驱动的多元协同与人机交互体系，揭示复合能量流作用下齿轮材料组织、力学性能与几何形貌的演变规律，优化制造工艺，科学配置工艺参数与制造环境参数；实现制造过程能量的科学调控，兼顾形性协同制造精度与效率，实现齿轮"三高"性能要求下的形性协同一体化制造是高端齿轮制造必须突破的科学难题。

参 考 文 献

[1] Krenzer T J. Computer aided corrective machine settings for manufacturing bevel and hypoid gear sets. Proceedings of the Fall Technical Meeting, 1984: 84FTM4.

[2] Litvin F L, FuentesA. Gear Geometry and Applied Theory. London: Cambridge University Press, 1994.

[3] Litvin F L, Kuan C, Wang J C, et al. Minimization of deviations of gear real tooth surfaces determined by coordinate measurements. ASME Journal of Mechanical Design, 1993, 115(4): 995-1001.

[4] Lin C Y, Tsay C B, Fong Z H. Computer-aided manufacturing of spiral bevel and hypoid gears by applying optimization techniques. Journal of Materials Processing Technology, 2001, 114: 22-35.

[5] Ding H, Tang J Y, Zhong J, et al. A hybrid modification approach of machine-tool setting considering high tooth contact performance in spiral bevel and hypoid gears. Journal of Manufacturing Systems, 2016, 41: 228-238.

[6] Shih Y P, Fong Z H. Flank modification methodology for face-hobbing hypoid gears based on ease-off topography. ASME Journal of Mechanical Design, 2007, 129(12): 1294-1302.

［7］　Litvin F L, Zhang Y, Kieffer J, et al. Identification and minimization of deviations of real gear tooth surfaces. ASME Journal of Mechanical Design, 1991, 113(1): 55-62.

［8］　Artoni A, Gabiccini M, Kolivand M. Ease-off based compensation of tooth surface deviations for spiral bevel and hypoid gears: Only the pinion needs corrections. Mechanism and Machine Theory, 2013, 61: 84-101.

［9］　Ding H, Tang J Y, Zhong J. Accurate nonlinear modeling and computing of grinding machine settings modification considering spatial geometric errors for hypoid gears. Mechanism and Machine Theory, 2016, 99: 155-175.

［10］　Ding H, Tang J Y, Zhong J. An accurate model of high-performance manufacturing spiral bevel and hypoid gears based on machine setting modification. Journal of Manufacturing Systems, 2016, 41: 111-119.

撰稿人：唐进元、丁　撼

中南大学

齿轮啮合状态参量的测量

Measurement of Meshing State Parameters of Gears

在现代设备中，齿轮是主要的传动形式之一，齿轮工作时形成的润滑油膜除了有减小摩擦、减少磨损等作用外，还有承受载荷的作用，因此润滑状态的好坏直接决定着齿轮工作性能的优劣和寿命的长短；而齿面接触应力的确定是评估齿面接触疲劳强度的重要参数，因此进行齿轮啮合轮齿润滑油膜厚度和接触应力的测量，对于分析和改善齿轮润滑状态，提高齿轮的工作性能和寿命有着重要的意义。

1. 啮合齿面油膜厚度的测量

目前国内外测量润滑油膜厚度的方法有很多，电阻法是最早提出的用于测量润滑油膜厚度的方法，其基本原理利用了金属导电性能与润滑油导电性能相差悬殊的特性。1952 年，Lane 等[1]用电阻法测量了齿轮传动中的成膜情况，指出滑动速度越大润滑油膜就越薄，而轮齿上滑动速度最快的地方可能会出现金属直接接触。电阻法电路简单，但是油膜电阻随油膜厚度的变化很小，很难定量地测量出油膜厚度的大小，只能给出定性的趋势。梁军[2]用放电电压法对渐开线直齿圆柱齿轮啮合全过程进行了观测，实验结果表明，在一定的油膜厚度范围内，油膜厚度与放电电压是线性关系。实验测得齿轮的油膜厚度与理论计算结果有相同的数量级，但测得啮合初期油膜厚度最薄，与理论计算结果相差较大，这种结果可能是由齿轮变形后的顶刃啮合引起的，顶刃啮合时齿面的运动方向不利于弹流油膜的建立；此外，当油膜厚度小于 1μm 时，放电电压法不能分辨出油膜的厚度，且放电电压法只能测得相对油膜厚度，不能定量测得油膜大小。

张有忱等[3]用激光透射法间接测量了圆弧齿轮的油膜厚度，在被测齿轮伸出轴端上安装一对渐开线直齿轮，视这对齿轮在任何时刻完全与齿轮箱内的实验齿轮同步，因此这对渐开线直齿轮在节点啮合处的间隙量变化就反映了被测齿轮齿面间的油膜变化。此方法可以定量地测得齿轮中心油膜厚度的大小，但是与实际计算结果相比有一定的误差，因为测量时渐开线直齿齿面的初始间隙的大小直接影响测量精度，且由于周节累积误差的存在，在齿轮跑合一定时间后需将齿轮卸载，重新加载跑合以使所有齿都能参加跑合，进而使实验过程复杂且误差加大。

李威等[4]用动态电压法对斜齿轮的润滑状态进行了检测，将啮合过程中每一瞬时接触线视为直线，沿接触线切槽、埋设铜线，制成传感器，如图 1 所示，通过测量铜线进入啮合时两齿面间的电压降来推测成膜情况，等效测试电路示意图如图 2 所示。实验结果证明了弹流基本理论，即油膜随速度变化明显，载荷对膜厚影响不显著，但是不能定量精确测得齿面间膜厚的大小。

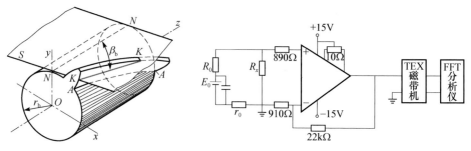

图 1　埋设铜线示意图　　　　　　　图 2　等效测试电路示意图

目前，弹流油膜的测试方法有很多种，例如，光干涉法可以测量纳米级油膜厚度，而且精度也可达到纳米级别，但是由于这些方法本身或者需要接触体之一为透光介质，或者需要做绝缘处理等的限制以及齿轮啮合过程中接触点位置瞬变的特点，很难直接用于齿轮膜厚的测量，且有关齿轮润滑膜厚的直接测量研究尚不多见，获得齿轮啮合油膜厚度的精确值多依赖于数值求解。对于齿轮啮合轮齿间膜厚的测量，其科学难点是如何建立测量量（电阻、电容等）与膜厚的定量关系，特别是对齿轮等接触状态发生瞬时变化的情况，将导致润滑油膜厚度的时变性和大范围变动，如何建立测量量和膜厚的时变关系以及实现动态测量，需要阐明测量量在薄膜中的变化机制和规律；而技术上的难点是如何克服齿轮啮合过程中一对轮齿啮合位置的瞬变特性对测量的影响，以便各种方法的应用。

2．齿面接触应力的测量

为了研究齿轮表面的啮合情况，预估接触疲劳寿命，了解啮合区域的接触应力分布显得格外重要，接触应力直接决定弯曲应力的大小以及承载能力，齿轮受载荷越小，接触压力越小，则使用寿命越长，然而由于轮齿的接触区域很小而且接触区的结合状态是未知的、突变的，随载荷、材料及边界条件等因素而变，它的应力分布是非线性的。齿轮接触应力的预估一直都是一个很复杂的科研领域，而摩擦力的影响使得齿轮接触问题更加复杂。对于复杂曲面接触问题的测量方法主要是三维光弹性法、电测法以及应变式压力传感器法。Muraro 等[5]通过实验研究了接触应力分布以及油膜厚度对齿轮磨损的影响，应用了两种不同的温度和扭矩，实验证明齿轮侧面的磨损主要取决于油膜厚度的大小；Owashi 等[6]研发了一种薄膜压力传感器，用于测量齿轮啮合时的应力分布，测得的压力结果比赫兹压力大，而且沿齿轮轴的方向压力分布是不均匀的。

Patil 等[7]采用新的实验台 GDSTR 研究了齿轮啮合的应力状态，测试了四种不同的扭矩条件，实验结果与有限元分析计算结果比较接近，但只能给出某种条件下齿轮啮合接触应力的平均值，不能测得齿轮啮合过程中的应力分布状态。霍成民等[8]采用光弹性三维剪应力法对齿轮的接触应力进行了研究，将模型在载荷作用下进行冻结，通过模型切片及分析对渐开线齿轮接触应力进行测量，实验结果表明接触正应力小于赫兹接触理论幅值及有限元计算结果，且只能测得啮合中某些啮合点处的应力状态，并不能求得完整啮合状态下的接触应力分布。Hoehn 等[9]发展了一种膜厚和接触压力的集成测量方法。图 3 为采用双圆盘机模拟轮齿某一时刻的啮合。由于弹性变形，双圆盘在接触区形成平行板电容，构成 LC 振荡器的一部分，油膜厚度决定了电容的大小，LC 振荡器的固有频率依

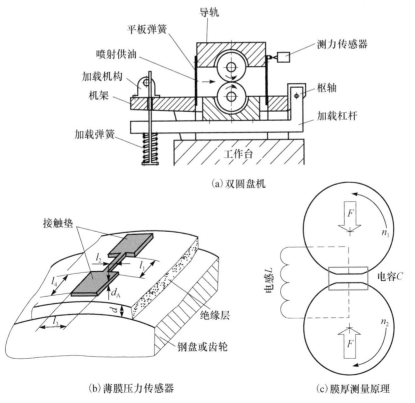

(a)双圆盘机

(b)薄膜压力传感器

(c)膜厚测量原理

图 3　双圆盘机模拟齿轮啮合测量膜厚、压力的集成测量系统[9]

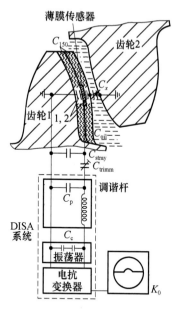

图 4　齿轮节点啮合处膜厚、压力的集成测量系统[10]

赖于电容，因此通过测量 LC 振荡器的固有频率可反推出油膜厚度。另外，通过镀膜工艺先在一个接触表面沉积 Al_2O_3 绝缘层，然后在其上沉积如图 3（b）所示的薄膜压力传感器（通常采用 $CuMn_{12}Ni$），通过测量传感器阻值随压力的变化而得到接触压力，该方法可同时得到膜厚和接触压力。如图 4 所示，Peeken 等[10]用类似的方法测量了直齿轮节点处的膜厚、压力和温度变化，并研究了表面粗糙度的影响，由于啮合点位置的变化，未见关于轮齿整个啮合过程测量的报道。

传统的应力测量方法如机械法、光栅法、衍射法等尽管理论体系完备，检测技术也成熟，但检测周期长，对构件表面要求高，需要检测电路或光路，在齿轮啮合条件下应用受到限制；而超声法只能测量一定距离内的平均应力，无法做到单点定量测量；磁学应力测试法可以缩短检测时间，实现非接触测量，但是信号产生原理复杂，需进一步研究在应力场和磁化场作用下内部磁畴结构的运动机理以实现定量检测。此外，大部分应力测量方法还不能实现动态应力测量。主要的科学难点在于建立应力作用引起的材料组织结构变化而导致的声或电磁性能变化与应力之间的量化关系，以超声波法为例，由于声速对应力的响应非常小，通常兆帕级的应力只引起声速纳秒级的变化，对信号处理的要求就非常高，而由于材料组织结构等引起的织构效应、材料的各向异性等导致的声速波动将可能超过应力引起的声速波动，从而导致应力状态识别的困难。

综上所述，目前对于齿轮真实啮合状态下的油膜厚度和接触应力的测量这一技术难题，还没有良好的解决方案，关键在于齿轮啮合的突变性、几何结构的复杂性以及现有测量方法的局限性。如果突破齿轮传动油膜厚度和接触应力直接测量的难题，齿轮传动设计理论将会得到有效的提升。由于齿轮啮合过程中啮合线始终不变，利用这一特点可以克服实际轮齿啮合时接触区位置随时间变化的影响，而超声等无损检测理论和技术的发展也为实际齿轮啮合膜厚和应力的测量提供了新的思路。

参 考 文 献

[1]　Lane T B, Hughes J R. A study of the oil-film formation in gears by electrical resistance

measurements. British Journal of Applied Physics, 1952, 3(10): 315.

［2］ 梁军. 齿轮 EHL 油膜厚度的测量. 武汉理工大学学报, 1985, 2: 7.

［3］ 张有忱, 温诗铸. 用激光透射法测量圆弧齿轮油膜厚度的实验研究. 机械设计, 1994, 11(1): 45-48.

［4］ 李威, 唐群国. 用动态电压法判断斜齿轮润滑状态的实验研究. 机械传动, 1996, 20(1): 20-24.

［5］ Muraro M A, Koda F, Reisdorfer Jr U, et al. The influence of contact stress distribution and specific film thickness on the wear of spur gears during pitting tests. Journal of the Brazilian Society of Mechanical Sciences and Engineering, 2012, 34(2): 135-144.

［6］ Owashi M, Michiyasu Y. Development of a measurement method of contact pressure between gear teeth using a thin-film sensor (measurement of pressure distribution by multi-point pressure sensor with shared lead films). Journal of the Japan Society of Mechanical Engineers, 2011, 77(782): 3938-3950.

［7］ Patil S S, Karuppanan S, Atanasovska I. Experimental measurement of strain and stress state at the contacting helical gear pairs. Measurement, 2016, 82: 313-322.

［8］ 霍成民, 杜少辉, 董本涵. 渐开线齿轮接触应力测量实验方法研究. 实验力学, 2008, 23(2): 125-132.

［9］ Hoehn B R, Michaelis K, Kreil O. Influence of surface roughness on pressure distribution and film thickness in EHL-contacts. Tribology International, 2006, 39: 1719-1725.

［10］ Peeken H, Ayanoglu P, Knoll G, et al. Measurement of lubricating film thickness, temperature and pressure in gear contacts with surface topography as a parameter. Lubrication Science, 1990, 3(1): 33-42.

撰稿人：王文中

北京理工大学

高速、重载齿轮胶合机理与设计方法

Scuffing Theory and Design Method on High Speed/ Heavy Load Gear

  线速度 100～500m/s、转速 10000～50000r/min 的高速齿轮传动是航空发动机（10000～30000r/min）、涡轮发电机（200～300m/s）、涡轮压缩机（20000r/min）、高铁（100m/s）等重大装备的关键技术，其速度、承载能力是衡量一个国家齿轮制造水平的标志性指标。重载齿轮是矿山、冶金、船舶、发电等重大装备的关键技术。

  高速齿轮的主要失效形式是瞬时啮合温度过高，造成油膜破裂而产生胶合和擦伤（图 1）。高速齿轮的意外胶合事故频发，且损失巨大，使得企业对高速齿轮设计和制造望而生畏。重载齿轮的齿面处于边界润滑状态，易于产生磨损、擦伤和胶合失效，也是常见失效形式。

图 1 典型的齿面胶合

  齿轮胶合发生在材料表面——润滑界面的微观接触区域。目前齿轮胶合的设计计算方法，主要是以 ISO 标准为代表的 Block 闪温法和积分温度法[1-3]，主要考虑了速度、载荷和几何参数，粗略考虑了润滑油的性状等对啮合温度的影响，是一套以早期的理论和试验为基础的半经验设计计算方法。

  国内外对齿轮胶合失效的研究，主要是对齿轮的稳态热弹流的理论研究和计算分析[4,5]，近年提出了以膜厚为基础的胶合判断准则，但因缺少膜厚测试手段和试验数据的支撑，还没有成为可靠的设计标准。试验研究则主要以载荷、速度和本体温度等宏观变量进行[6,7]，在微观胶合机理不清的情况下，试验结果作为设计计算的准则的不确定性较大。

对发生胶合的表面材料相容性耦合效应、材料表面微观结构、微凸体碰撞黏着机理、热化学效应、闪温测量与计算、高速非稳态润滑状态等的研究比较分散；微观因素和机理研究受检测手段的限制进展缓慢，缺乏相应的复杂工况的微观润滑性能的准确测试方法和可靠的基础试验数据；未能从动态热弹流温升和膜厚、微观表面接触黏着的基础理论出发，形成高速齿轮的抗胶合的可靠设计方法和准则。国外高速齿轮制造企业进行了大量试验研究，积累了大量工程经验，但因涉及企业核心技术而处于保密状态。

国内的齿轮胶合机理研究相对简单和欠缺。理论研究主要是齿面稳态热弹流润滑和边界润滑的理论研究和计算分析，以及按照 ISO 标准进行的验证性计算分析和齿轮温度场分析[8]，但两者还没有很好融合而形成设计方法；试验研究则主要对载荷、速度和本体温升进行胶合极限的测试，探讨了轻微擦伤-胶合过程评定和极限温度变化规律[9]等，但缺乏对动态膜厚和闪温的可靠试验检测手段和测试数据，如齿面间摩擦系数对闪温计算极为重要，但少有对摩擦系数的测试和数据；高速齿轮设计制造的实践经验和试验研究匮乏，特别是没有很好地与近年来热弹流润滑理论成果和材料表面改性技术的发展相结合，使得设计人员缺少控制失效的计算方法和把握能力。

主要的技术难题有：

（1）界面微观胶合机理。探索齿面材料-润滑油与添加剂的表面摩擦热化学效应、瞬间高温胶合的闪温理论与胶合微观演化过程及其对膜厚、热与温升、黏着的效应和胶合机理。

（2）微/宏观胶合理论。研究高滑动速度下齿面润滑的摩擦热及热对流传导耦合效应的非稳态热弹流润滑理论与分析方法；探索齿面微观结构、齿形误差、动态冲击、边沿接触效应等实际工况的影响，突破两者黏着擦伤的胶合机理、评价判定方法、齿廓设计制造准则和可靠的控制方法，并通过物理模拟测试和齿轮试验测试，提出准确的高速齿轮润滑设计的基础数据和判定准则。

（3）试验检测方法。研究高速齿轮啮合区非稳态热弹流润滑与瞬时温度状态的可靠测试技术与传感器技术（如闪温、膜厚测量技术），突破润滑膜厚和闪温的测试精度（≤5%）以及齿面温度传感器可靠制造技术（MTBF≥2000h），达到实用化。

（4）重载齿轮胶合。研究接触应力、对偶材料、润滑剂、表面结构与表面改性层的边界润滑特性、耦合效应、胶合机理和设计准则。

参 考 文 献

[1] 国家质量监督检验检疫总局. GB/Z 6413.1—2003 (ISO/TR 13989-1:2000). 圆柱齿轮、锥齿

轮和准双曲面齿轮胶合承载能力计算方法　第 1 部分: 闪温法. 北京: 中国标准出版社, 2003.

[2] 国家质量监督检验检疫总局. GB/Z 6413.2—2003 (ISO/TR 13989-2:2000). 圆柱齿轮、锥齿轮和准双曲面齿轮胶合承载能力计算方法　第 2 部分: 积分温度法. 北京: 中国标准出版社, 2003.

[3] 中国机械工业联合会. JB/T 8830—2001 (ISO 9084:1998). 高速渐开线圆柱齿轮和类似要求齿轮 承载能力计算方法. 北京: 中国机械工业联合会, 2001.

[4] 温诗铸, 杨沛然. 弹性流体动力润滑. 北京: 清华大学出版社, 1992.

[5] 林子光. 弹流理论及其应用. 天津: 天津科学技术出版社, 1994.

[6] Winter H, Michaelis K. ANSI/AGMA 90FTM8-1990. Investigation on the Scuffing Resistance of High-speed Gears. New York: ANSI, 1990.

[7] 萨本佶. 高速齿轮传动设计. 北京: 机械工业出版社, 1986.

[8] 王宇宁, 孙志礼, 杜永英, 等. 齿轮初期啮合瞬态热胶合研究. 机械设计与制造, 2014, (2): 40-42.

[9] 江亲瑜, 王松年. 齿轮胶合临界温度的变化新规律. 大连铁道学院学报, 1996, (3): 44-46.

撰稿人: 刘红旗

机械科学研究总院

失油过程中齿轮传动系统动态热-摩擦-动力学特性演变机理

Evolution Mechanism of Thermal-Tribo-Dynamic Characteristics for Gear Transmission System during Loss of Lubrication

出于安全考虑，航空等重要齿轮传动系统在失去润滑后仍需持续运转一定时间，即需具有干运转能力。失油过程中，传动件接触界面由全膜弹流润滑逐渐向混合润滑、边界润滑直至干摩擦过渡，齿轮传动系统动态热-摩擦-动力学特性演变机理复杂，仅面向狭窄静态工况或不考虑油量变化的现有研究远不能满足其动态热-摩擦-动力学特性预测需求。

失油过程中，齿轮传动系统接触区温度急剧升高，膜厚显著降低，油膜内部的高剪切力及粗糙峰直接接触引起油膜破裂，润滑剂表现出非牛顿特性；局部高压力峰引发塑性变形，接触表面摩擦磨损增加，零部件表面间同时存在油膜接触、粗糙峰接触、磨粒及边界膜；同时，时变动载荷对油膜厚度和油膜破裂影响较大，影响系统的摩擦与热特性。如此循环，失油条件下齿面更易因磨损与剧烈温升发生胶合失效，其疲劳寿命难以准确预测，传动系统的干运转时间难以保证。

现有研究中，齿轮传动系统的热、摩擦、动力学特性多从宏观参数角度各自单独研究，相互耦合尤其是失油过程中的演变机理尚存在较多空白，无法获得油量变化过程中压力、温度、摩擦磨损的演变规律，更无法揭示相互强耦合下系统动态热-摩擦-动力学特性演变机理及齿面失效机理。因此，亟须建立耦合摩擦学的齿轮传动系统动力学设计方法，准确描述失油过程中任意时刻传动件接触区的温度、润滑、摩擦磨损及振动噪声状态，揭示失油过程中齿轮传动系统的动态热-摩擦-动力学特性演变及齿面失效机理，加速干运转研究的设计进程，满足航空高生存能力对传动系统的设计需求。

为保证传动系统干运转研究，需揭示失油过程中润滑剂的成膜机理。1971年Wedeven 等[1]和 1974年 Chiu[2]通过光干涉试验，通过描述入口区弯月面边界到接触中心的距离定义了接触区乏油程度；Handschuh 等[3]在 NASA Glenn 研究中心接触疲劳试验台上，开展失油情形下采用不同润滑剂、不同工况、不同齿轮材料的航空直齿轮副润滑及热特性理论及试验研究，获得了直齿轮在 60min 内不失效的最小润滑剂量。随着失油程度的加剧，粗糙峰直接接触造成局部应力峰，引起塑性变形及疲劳裂纹，1996 年 Xu 等[4]和 2010 年 Ren 等[5,6]分别建立了线/点接触的弹塑性流体动力润滑模型，发现移动凸起引起塑性变形，且影响接触区压力分布及膜厚分布；雒建斌等[7]以光干涉相对光强原理的光干涉法研究了由干接触边界润滑和薄膜润滑组成的混合润滑状态，提出应用动态接触率描述混合润滑状态；Yu 等[8]建立齿轮的边界润滑模型，分析粗糙峰在承担不同载荷情形下的接触区摩擦及热特性；Martini 等[9]应用分子动力学模拟薄膜弹流润滑，应用离散力学方法分析润滑界面现象。但是，至今尚未能形成同时考虑油量变化、表面形貌、热效应、塑性变形、磨粒杂质、疲劳裂纹等因素的非稳态齿轮传动系统润滑模型，难以探索接触性态、熵产场及温度场演变规律以及揭示齿轮传动系统接触、润滑及温度场的演变机理。

失油过程中，齿面摩擦磨损加剧，接触区温度急剧升高，齿面动载荷对油膜厚度及油膜破裂产生很大影响，齿面失效机理复杂。美国俄亥俄州立大学的 Kahraman 课题组[10-12]多年来一直致力于齿轮副的摩擦动力学及疲劳特性研究，针对不同齿轮副形式，研究润滑剂非牛顿特性、黏性阻尼、动载荷、表面粗糙度对其的影响规律。Barbieri 等[13]建立了齿轮弹流润滑和动力学特性的耦合模型，发现压力及膜厚均受动力学特性的显著影响。苑士华等[14]以油膜与粗糙峰共同承载理论建立齿轮系统动力学模型，获得了啮合周期内动态冲击载荷变化规律。Snidle 等[15]通过理论及试验研究航空齿轮在严苛工况下的胶合及点蚀特征，发现不同加工表面形貌会改善胶合应力，减少表面摩擦及能量损失。综上，由于失油过程中油量及表面形貌时变，齿面动载荷变化较大，需研究齿轮副的胶合失效及性能演变规律，实现失油过程中微观形貌表征与性能的综合评估。

此外，失油过程中影响齿轮传动系统热、摩擦、动力学特性的随机参数众多，尤其是表面磨损及疲劳裂纹，其演变机理复杂且难以描述。油量减少过程中，接触表面摩擦磨损加剧，磨粒引起局部高应力及高温，降低传动件疲劳寿命，Wojnarowski 等[16]分析了轮齿磨损对齿轮系统动态因子的影响规律；Zhu 等[17]研究了两个磨削表面物体在滑动/滚动情形下的表面磨损及形貌变化特征。润滑状态的劣化也引起接触表面裂纹萌生及裂纹扩展，Nenadic 等[18]采用有限元法研究直齿轮裂纹扩展，且在疲劳试验机上开展加速轮齿断裂试验；Hannes 等[19]提出基于粗糙点载荷机理的裂纹扩展模型，预测滚动接触疲劳裂纹路径的载荷，估算其疲劳寿命；Evans 和 Snidle 等[20]建立斜齿轮的微弹流润滑模型，并应用损伤累积理论证实微点蚀发生在粗糙峰接触面。综上，由于加工误差、装配误差、油膜挤压、塑性变形、齿面磨损、疲劳裂纹等参数在失油过程中为不确定因素，需对其展开机理演变研究及对齿轮传动系统动态热-摩擦-动力学特性影响研究。

综上所述，为满足失油过程中齿轮传动系统高生存能力的设计需求，现有的理论在齿轮啮合齿面及轴承滚道-滚动体接触区的温度场分布、摩擦磨损、动力学特性演变机理方面尚存在空白及不足，需进一步融合界面物理、界面化学、流变学、材料力学及分子动力学等学科，将润滑分析与材料的磨损及能耗分析相结合，揭示传动系统在润滑状态劣化进程中的演变及失效机理，建立宏/微观参数协同的齿轮传动系统设计新方法。

参 考 文 献

［1］　Wedeven L D, Evans D, Cameron A. Optical analysis of ball bearing starvation. ASME Journal of Lubrication Technology, 1971, 93(3): 349-361.

［2］　Chiu Y P. An analysis and prediction of lubricant film starvation in rolling contact systems. ASLE Transaction, 1974, 17: 22-35.

［3］　Handschuh R F, Polly J, Morales W. NASA/TM-2011-217106. Gear Mesh Loss-of-Lubrication Experiments and Analytical Simulation. Ohio: Glenn Research Center, 2011.

［4］　Xu G, Nickel D A, Sadeghi F, et al. Elastoplastohydrodynamic lubrication with dent effects. Proceedings of the Institution of Mechanical Engineers, Part J: Journal of Engineering Tribology, 1996, 210(4): 233-245.

［5］　Ren N, Zhu D, Chen W W, et al. Plasto-elastohydrodynamic lubrication (PEHL) in point contacts. Journal of Tribology, 2010, 132: 031501.

［6］　Ren N, Zhu D, Wang Q J. Three-dimensional plasto-elastohydrodynamic lubrication (PEHL) for surfaces with irregularities. Journal of Tribology, 2011, 133: 031502.

［7］　雒建斌, 刘珊, 潘国顺, 等. 纳米级混合润滑研究. 机械工程学报, 2003, 39(2): 1-7.

［8］　Yu Q T, McIntyre S, Chang L M, et al. A boundary lubrication model including surface-film failure for gear contact analysis under loss-of-lubrication condition. STLE Annual Meeting and Exhibition, 2014, 1: 2.

［9］　Martini A, Liu Y, Snurr R, et al. Molecular dynamics characterization of thin film viscosity for EHL simulation. Tribology Letters, 2006, 21: 217-225.

［10］　Li S, Kahraman A. A spur gear mesh interface damping model based on elastohydrodynamic contact behaviour. International Journal of Powertrains, 2011, 1(1): 4-21.

［11］　Li S, Kahraman A. A tribo-dynamic model of a spur gear pair. Journal of Sound and Vibration, 2013, 332: 4963-4978.

［12］　Kang M R. A study of quasi-static and dynamic behavior of double helical gears. Ohio: The Ohio State University, 2014.

［13］　Barbieri M, Lubrecht A A, Pellicano F. Behavior of lubricant fluid film in gears under dynamic conditions. Tribology International, 2013, 62: 37-48.

[14] 苑士华, 董辉立, 胡纪滨, 等. 考虑油膜润滑作用的渐开线齿轮动载荷分析. 机械工程学报, 2012, 48(19): 10-16.

[15] Snidle R W, Evans H P, Alanou M P, et al. Understanding scuffing and micropitting of gears. The Control and Reduction of Wear in Military Platform, 2003: 14-1-14-18.

[16] Wojnarowski J, Onishchenko V. Tooth wear effects on spur gear dynamics. Mechanism and Machine Theory, 2003, 38(2): 161-178.

[17] Zhu D, Martini A, Wang W Z, et al. Simulation of sliding wear in mixed lubrication. Journal of Tribology, 2007, 129: 544-552.

[18] Nenadic N G, Wodenscheck J A, Thurston M G, et al. NASA/TM-2011-216983. Seeding Cracks Using a Fatigue Tester for Accelerated Gear Tooth Breaking. Rochester: Rochester Institute of Technology, 2011.

[19] Hannes D, Alfredsson B. A fracture mechanical life prediction method for rolling contact fatigue based on the asperity point load mechanism. Engineering Fracture Mechanics, 2012, 83: 62-74.

[20] Evans H P, Snidle R W, Sharif K J, et al. Analysis of micro-elastohydrodynamic lubrication and prediction of surface fatigue damage in micropitting tests on helical gears. Journal of Tribology, 2013, 135(1): 011501.

撰稿人: 陆凤霞[1]、朱如鹏[1]、鲍和云[1]、邱　明[2]
1 南京航空航天大学、2 河南科技大学

滚动轴承性能可靠性演变机理

Evolvement Mechanism of Rolling Bearing Performance Reliability

滚动轴承性能可靠性，是指在给定的环境、条件与时间内，滚动轴承运行性能可以满足规定运行性能的能力。这种能力可以用可靠性函数量化表征，可靠性函数的具体取值称为可靠度或无失效概率，属于概率论范畴。滚动轴承性能主要包括振动、噪声、音质、摩擦力矩、磨损、温升以及运动精度等指标。若滚动轴承在使用过程中不能满足规定的运行性能要求，则认为滚动轴承性能失效。

长期以来，滚动轴承可靠性理论主要以经典统计学为基础，考虑疲劳失效模式的静态问题，并假设失效概率服从 Weibull 分布。然而，随着航空航天、高速客车、新能源、精密与智能装备等领域的快速发展，从生产实践中不断发现滚动轴承性能变异的许多异常现象。例如，振动与噪声、摩擦力矩、零件断裂、密封性、运动精度、卡死、烧结等，这些性能的变化规律与失效概率分布呈现出不确定性、多变性、多样性、非平稳性、非线性等特征。在经历初期退化、渐进退化、快速退化与急剧退化等阶段时，滚动轴承性能的变化趋势、失效轨迹、概率分布等信息随之变化，导致滚动轴承运行性能可靠性的奇异演变。因此，在缺乏概率分布与趋势等先验信息的条件下，滚动轴承性能可靠性的演变势态是不确定性、多变性、多样性、非平稳性、非线性等特征表征的关键。由此得到的机理认知，应当阐明滚动轴承性能从无失效到失效的多样性演变特征，识别性能可靠性的演变非线性轨迹，探明等价关系发生概率与后验发生概率，揭示可靠性演变不确定性等新特性。这是机械基础件产品与机械传动系统的性能可靠性设计、评估与预测领域的共性科学问题。

在耐久性实验研究中，人们已经认识到，运行中的滚动轴承，若润滑良好，安装正确，无尘埃、水分与腐蚀等介质的侵入，且载荷适中，则造成滚动轴承损坏的唯一原因是材料的疲劳。1939 年，在对脆性工程材料失效进行统计处理时，Weibull 发现了结构破坏与应力体积之间的关系，提出了 Weibull 理论的基本定律[1]。1947 年，依据 Weibull 理论，Lundberg 等[2]基于"疲劳断裂的概率是承载表面下最大剪切应力深度的函数"这一事实，提出了著名的 Lundberg-Palmgren 滚动轴承疲劳寿命理论。初期的滚动轴承疲劳寿命理论定义了滚动轴承疲劳寿命的两参数 Weibull 分布，并证实，对于失效概率在 7%～60%的疲劳寿命，Weibull 分布与实验数据极为吻合[1]。但是，在服役期间，滚动轴承的失效模式并不仅仅是疲劳破坏，而是疲劳破坏前经常出现的内部零件卡死、烧结、耕犁、塑性变形、裂纹或断裂等性能失效的多样性现象。这些失效模式的概率分布未知，特征数据少，特别是轴承内部零件之间的非线性动态接触与碰撞，润滑介质的非线性黏温与黏压特性，且精度损失呈现不确定的和多变的非线性特征，使轴承性能及其变化趋势随时间和工况发生改变[3-5]。显然，静态寿命理论因立足于单一疲劳磨损，而难以揭示滚动轴承性能多样性的可靠性演变机制，不能满足当前工程需求。

现有研究考虑了更多的影响因素，以阐明滚动轴承性能演变的多样性。对于服役条件，润滑状态与热效应将改变滚动轴承的零件断裂与磨损失效机理，污染润滑将扭曲滚动轴承润滑形态，真空度与转速变化以及涡动将导致异样的轴承摩擦力矩与滑动失效行为，而且润滑油的性质也将改变滚动轴承性能的化学反应失效模式[6,7]；若滚动轴承存在缺陷，则其内部接触应力分布、振动与噪声特性将随着缺陷形式及其位置的变化而变化[8]。对于磨损，滚动轴承的滚动-滑动磨损具有分形层次的碎片生物活性机制，干摩擦高速运行的陶瓷球的主要破坏形式是表面裂纹和表层剥离，而滚道破坏呈现疲劳裂纹、点蚀和犁痕等多种形式，且表面裂纹失效概率具有不确定性[9]。事实上，现有理论与实验研究成果仍难以明晰多样性影响因素及其层次与尺度的多变性、非线性与耦合效应的运行机制，无法表征滚动轴承性能多样性的可靠性演变状态和势态的不确定性与多变性。

非线性演变轨迹、等价关系发生概率与后验发生概率的探索，是刻画滚动轴承性能失效轨迹的非平稳性与非线性本质的基础。现有研究发现，滚动轴承系统的稳定性，在时间序列、频率响应与相轨迹等方面具有多变性[3,4]；速度和初期故障的微量波动会导致系统频谱、相轨迹、高阶 Poincare 映射、Lyapunov 指数与 Duffing 混沌振子等动态行为的重大变化[5,10]；滚动轴承的接触应力、接触角、旋滚比等性能参数均显露出非线性变化特征[5]。目前，在理论上仍然处于困惑境地的是，滚动轴承性能时间序列的相空间重构轨迹、Lyapunov 指数、奇异吸引子等混沌特征，如何敏感于性能退化的初期微弱表现；滚动轴承性能从无失效向失效演变的遗传多样性，如何受制于变异基因信息传递的显性与隐性；滚动轴承性能可靠性演变的非平稳性与非线性，如何依赖于混沌时间序列的等价关系发生概率与后验发生概率等。

从上述研究发现，滚动轴承性能可靠性演变过程呈现不确定性、多样性、多变性、非平稳性与非线性等特征，而目前在滚动轴承性能从无失效到失效的多样性演变特征、性能可靠性演变的非线性轨迹、等价关系发生概率与后验发生概率以及不确定性等方面存在认知方面的困难。那么，如何才能有效地解决问题？自然界有一种现象，物种发生异样变化，可能是相关基因变异的结果。遗传学认为，基因变异是基因组 DNA 分子发生的突然的可遗传的变异。这可以反过来说，若基因有变异迹象，则通过评估其变异特征，可以预测物种的演变历程。受此启发可知，变异基因驱动轴承性能特征演变，即存在某些变异基因，使轴承性能发生异样变化。遗传是一种关系的传递，突变是生物多样性的根本来源。遗传与变异不仅蕴含着众多粒子的动态与随机过程表现，而且具有贫乏的特征信息，还充满等价关系信息的非线性传递层次与尺度等。因此，为了解决认知方面的困难，需要研究滚动轴承性能的变异基因。这有待于多学科与跨学科理论及方法的融合与创新。相应的研究方向应该是，基于非线性动力学、多体动力学、接触力学、摩擦学等，探索滚动轴承运行性能的力学本质；基于信息熵理论、自助方法论、粗集理论、灰色系统理论等，发现滚动轴承运行性能异常的未知特性；基于模糊集合理论、贝叶斯理论、随机过程理论、混沌时间序列理论等，实证滚动轴承运行性能变异基因的传递概率。这样做的目的是实现时间序列可靠性理论上的突破，以便在缺乏概率分布与趋势等先验信息的条件下，能够揭示滚动轴承性能可靠性的演变机理，进而预测其演变过程。

参 考 文 献

[1] Harris T A, Kotzalas M N. Rolling Bearing Analysis. 5th ed. New York: Taylor & Francis Group, 2006.

[2] Lundberg G, Palmgren A. Dynamic capacity of rolling bearings. Acta Polytechnica Scandinavica, Mechanical Engineering Series, 1947, 1(3): 1-52.

[3] Nataraj C, Harsha S P. The effect of bearing cage run-out on the nonlinear dynamics of a rotating shaft. Communications in Nonlinear Science and Numerical Simulation, 2008, 13(4): 822-838.

[4] Sinou J J. Non-linear dynamics and contacts of an unbalanced flexible rotor supported on ball bearings. Mechanism and Machine Theory, 2009, 44(9): 1713-1732.

[5] 夏新涛, 徐永智. 滚动轴承性能变异的近代统计学分析. 北京: 科学出版社, 2016.

[6] 王黎钦, 崔立, 郑德志, 等. 航空发动机高速球轴承动态特性分析. 航空学报, 2007, 28(6): 1461-1467.

[7] Pasaribu H R, Lugt P M. The composition of reaction layers on rolling bearings lubricated with gear oils and its correlation with rolling bearing performance. Tribology Transactions, 2012, 55(3): 351-356.

[8] 杨将新, 曹冲锋, 曹衍龙, 等. 内圈局部损伤滚动轴承系统动态特性建模及仿真. 浙江大学学报(工学版), 2007, 41(4): 551-555.

[9] 黄敦新, 白越, 黎海文, 等. 姿控飞轮用陶瓷球轴承失效特性分析. 摩擦学学报, 2008, 28(3): 254-259.

［10］ Cong F Y, Chen J, Pan Y N. Kolmogorov-Smirnov test for rolling bearing performance degradation assessment and prognosis. Journal of Vibration and Control, 2011, 17(9): 1337-1347.

撰稿人：夏新涛、邱　明、陈　龙、南　翔

河南科技大学

液力元件叶栅系统循环流动损失机理

Power-Loss Mechanism of Circulatory Flow in Cascades of Hydrodynamic Components

液力传动是流体传动的一个重要分支，其功能是实现叶轮机械能与流体能量之间的传递与转换。液力变矩器、耦合器和缓速器等液力元件广泛地应用在各类工业装备中，如典型的向心涡轮式三元件液力变矩器在自动变速车辆中，对变化的路面载荷具有很强的自适应能力，这种自适应能力由其内部叶栅系统保证，如图 1（a）所示。在由不同转速叶栅所规定的封闭流道内部流动的油液，是液力元件的工作介质，通过其不断地传递和转化能量，动力装置驱动泵轮带动工作液体流动，并根据外界变化的载荷自动适应地驱动涡轮输出动力。因此，担负不同功能并具有不同转速的多组叶轮叶栅，与内部高速循环流动的传动油液之间存在强烈的耦合关系。在实际装备中，对于入口及出口角度等结构参数确定的给定叶栅系统，在如图 1（b）所示随速比变化的原始特性曲线中，摩擦损失和冲击损失等液力损失项的存在，使得液力元件在能量传递和驱动的效率提升方面面临很大的局限。因此，对这种复杂的流动液力损失机理的认知，是揭示封闭多相循环流动、流动模态分解与重构、空损抑制等复杂能量转换过程对传动性能的影响规律的前提，这是流体传动与控制、缓速制动、流固耦合、调速控制等技术领域面临的共性科学问题。

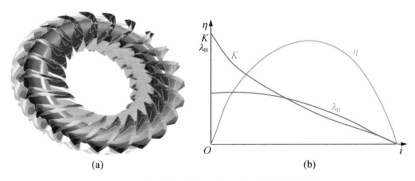

图 1　叶栅系统结构组成及其原始特性曲线

自 20 世纪初，德国科学家 Hermann[1]发明各类液力元件以来，尽管这种依靠流体动能传递动力的技术能够改良原动机特性并拓展其稳定工作区间和调速调矩范围，具有无可替代的优良传动性能，但与其他传动技术相比传动效率一直是其短板，而对功率损失的定量预测技术的发展也一直伴随着液力元件技术发展的全过程。20 世纪 60 年代以来，Jandasek[2]、Mahoney 等[3]提出并奠定了一维束流设计理论，基于角动量定理对液力变矩器内部高速循环的有黏流动现象进行了简化和假设，针对这种具有三维空间几何形状和不同运行工况特征的复杂叶轮机械，将具有黏性、Corilis 力、离心力等引起的边界层、流动分离、二次流、尾迹与喷射，以及泵轮、涡轮和导轮等多个元件间不稳定交互流动等客观存在的物理现象，通过各叶轮间能头平衡，以及对流动损失的按机理的粗略划分，通过流动相似准则和量纲分析，结合大量的宏观外特性实验标定和微观内特性流场测试，构建了流动损失预测的基本理论框架。这样的处理方法能够在形式上简便地描述液力元件内部客观复杂流动现象，为设计研制带来极大的便利，但由于该方法对具体样机及其物理环境和研制人员经验依赖过大，在新产品等非相似设计研制时适用程度和预测精度有限。因此，一维分析对预测复杂的液力元件内部循环流动并不可行，难以确切地描述叶轮内部的复杂真实流动情况，所以这种简化模式下的理论已经难以满足实际设计需求。

当前，液力元件三维流动设计方法已经可以克服一维束流理论的部分不足，它是借助数值模拟手段，对三维参数化叶栅形成的空间流道进行计算流体动力学求解，通过获取的速度和压力场分布对原始特性进行分析与预测，并通过实验设计和复合优化算法对空间叶栅进行逐步调整和设计优化[4,5]。但这种方法本质上是通过叶栅系统的大量优化试算来寻找最优或较优原始特性，并不关注微观流场参数分布状况以及对应的流动损失抑制技术。也就是说，目前在液力元件这种高速封闭环面流动中，对能量损失机理的进一步认知对于突破目前液力元件设计指标的瓶颈限制具有极大的潜力。

液力元件内部的能量损失机理的认知，目前主要存在以下几方面的问题：一是对于叶栅结构形式对复杂流动现象成因的影响作用机制不够明晰，束流理论对此完全用简单系数表征，而三维流动设计在优化过程中获得了大量微观参数分布信息，但无法有效解读；二是对于复杂流动行为定量化描述方法缺失，对于液体单相和气液两相流动的流动状态分布模式只能从现象上进行描述，无法将其各种流动状态在不同工况下的产生、发展和消亡演变规律进行准确唯一的描述；三是对于液力元件工作相间转化的突变和失稳现象发生时机的判定，只能从现象上进行粗略描述和预测。流固耦合映射规律缺失、损失定量描述手段匮乏、突变和失稳触发条件机制不够明朗，这些问题的存在使得液力元件内部流动的能量损失描述极为困难。

流动损失机理与流动参数分布特征间存在着互为表里的关系。近年来，流体力学相关理论研究和观测实验表明，在叶轮机械内部流场中存在着高度有组织的流动模态，而且这种模态具有一定的衍生发展规律，并且这种流动模态与其携带的流动能量具有一定的对应关系，通过提取有效流动模态，可以将复杂高阶偏微分方程描述的流动行为简化为较低阶数的常微分方程描述的流动行为，通过这种降阶模型的构建能够在给定能量水平的前提下精确预测流动行为，并通过对稳态和瞬态下已知流动模态及其组织模式的控制实现复杂的流体能量传递和控制。Sirovich[6]基于模式识别和流体力学相关理论，提出快照（snapshot）技术使得这一理论实用化。随后，Florea 和 Hall 等[7]采用这种方法将翼型非稳态流动分解为拟稳态流动和集合了多种模态的动态流动；Dowell 和 Hall[8]讨论了降阶模型的流固耦合行为；而后大量基于本征正交分解等方法的降阶模型方法得到有效运用[9-12]。然而，由于液力元件内部循环流动损失受叶轮间隙、制动随动充液率和相间工况转换等的影响，目前其流动模式虽然可以得到有效分解[13]，如图 2 和图 3 所示，但对具体流动模式的识别还缺乏有效的数学判据，只能通过含有不同能量组分的模态平均值对流动损失进行估计，因此在液力元件流动损失机理的理论解释上仍然存在很大障碍。

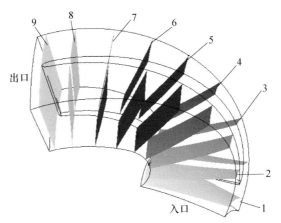

图 2　液力变矩器泵轮叶片过流截面
1~9 表示入口到出口的等距离过流截面位置

涡体识别判据是识别液力元件流道内流动模式的基础之一。不同的流动模式空间分布，以及流动模式在不同速比工况变化时演变历程，对于液力元件传动性能有决定性的影响，而涡体的定量判断和识别也是传动效率和功率损失精确预测的有效手段。伴随 1911 年 von Karman 从空气动力学观点出发提出卡门涡街现象的理论解释以来，涡体识别相关领域的大量研究都在尝试将旋涡流动这一现象进行定量化。目前典型的识别判据主要有 Q 判据（即 Okubo-Weiss 判据）、λ_2 判据和

Δ 判据：Q 判据通过比较涡度幅值与应变率幅值的大小判断是否有涡体存在；λ_2 判据根据对局部压强存在极小值时涡度与应变率平方项是否存在两个为负的特征值来进行判断；而 Δ 判据是通过分析速度梯度特征值情况对涡体进行判断的[14,15]。目前，这些理论判断方法对简单流动现象具有一定的准确性，但是对于液力元件这类具有复杂多工作轮循环内流的叶轮机械，其定量识别尚不具有实用性，而获取真实物理世界的涡体结构，现今主要借助空间速度观测的层析 PIV 等实验技术和复杂流动现象模拟技术等手段，其精度也有待进一步提高，如图 4 所示。

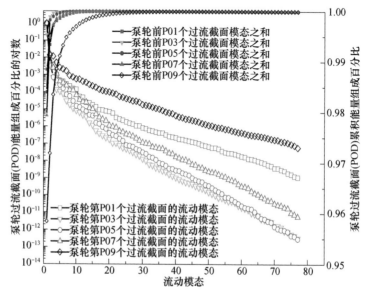

图 3　泵轮叶片过流截面各阶模态分解组成

P01～P09 为泵轮对应过流截面名称

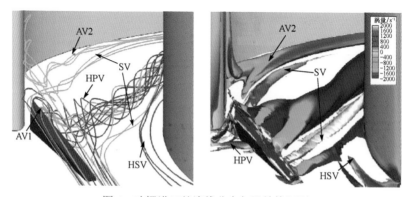

图 4　叶栅进口处流线分布与涡结构识别

AV1-附加涡 1；AV2-附加涡 2；HPV-马蹄涡压力面分支；HSV-马蹄涡吸力面分支；SV-流线涡

叶表纹理效应对涡体的形成和演化也有很大的影响[16-18]，而这也是提升液力元件能量传递和驱动效率的潜在手段。通过对叶片表面纹理的主动调整，考虑仿生减阻结构特征，分析非光滑表面减阻机理，寻求合理的叶表纹理设置来对涡体的形成进行控制。目前，各类简单或复杂、规则或随机的仿生结构在旋涡生成控制方面已经得到了部分运用，如图5所示[18]，包括采用形状记忆材料的4D打印技术的运用也使得基于表面结构自动适应调节成为可能。但目前表面纹理与流动损失的映射关系尚不得知，从流-固-气交互界面的微观流动角度出发的流动减阻机理研究存在一定的不足之处。

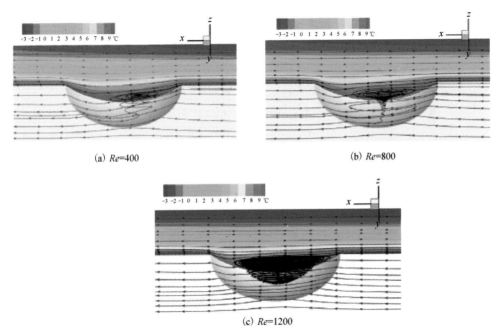

图 5 表面结构不同雷诺数下流线与温度分布

综上所述，现有学说在涡体识别方法与多介质表面纹理减阻机理等方面仍有待进一步研究，结合多相流动数值模拟、微观流场观测体测量技术、仿生学、材料学等领域的相关技术研究，开展循环流动多相介质间涡体定量以及叶表纹理对携带这种定量涡体流动减阻机理的研究，将有望揭示液力元件内部流动损失机理。

参 考 文 献

[1] Hermann F. Fluessigkeitsgetriebe mit einem oder mehreren Treibenden und einem oder mehreren getribenen Turbineenraedem zur Arbeitsuebertragung zwischen benachbarten. Wellen: Patentiert

im Deutschen Reiche, 1905.

［2］ Jandasek V J. The design of a single-stage, three-element torque converter for passager car automatic transmission. SAE Paper, 1962.

［3］ By R R, Mahoney J E. Technology needs for the automotive torque converter—Part I: Internal flow, blade design and performance. SAE Paper, 1998: 1880482.

［4］ Shieh T. Torque converter blade intergration and optimization. iSight User's Conference, 2000.

［5］ Wei W, Yan Q D. Study on hydrodynamic torque converter parameter integrated optimization design system based on tri-dimensional flow field theory. SAE International Journal of Fuels and Lubricants, 2008, 1(1): 778-783.

［6］ Sirovich L. Turbulence and the dynamic of coherent structures. Part I: Coherent structure. Quarterly of Applied Mathematics, 1987, 45(3): 561-571.

［7］ Florea R, Hall K C, Cizmas P G A. Reduced-order modeling of unsteady viscous flow in a compressor cascade. AIAA Journal, 1998, 36(6): 1039-1048.

［8］ Dowell E H, Hall K C. Modelling of fluid-structure interaction. Annual Reviews Fluid Mech, 2001, 33: 445-490.

［9］ Wang Y, Yu B, Cao Z, et al. A comparative study of POD interpolation and POD projection methods for fast and accurate prediction of heat transfer problems. International Journal of Heat and Mass Transfer, 2012, 55: 4827-4836.

［10］ Line A, Gabelle J C, Morchain J, et al. On POD analysis of PIV measurements applied to mixing in a stirred vessel with a shear thinning fluid. Chemical Engineering Research and Design, 2013, 91: 2073-2083.

［11］ Liu S, Pan X,Wei W, et al. Complexity-based robustness analysis of turbulence model in torque converter flow field simulation. Journal of Jilin University (Engineering and Technology Edition), 2013, 43(3): 613-618.

［12］ Hoppe R H W, Liu Z. Snapshot location by error equilibration in proper orthogonal decomposition for linear and semilinear partical differential equations. Journal of Numerical Mathematics, 2014, 22(1): 1-32.

［13］ Wei W, Huang M X, Yan Q D. Flow pattern evolution and energy decomposition of flows at different operating conditions in a hydrodynamic torque converter. ASME Turbo Expo: Turbomachinery Technical Conference and Exposition, 2016: V02CT39A032.

［14］ Kida S, Miura H. Identification and analysis of vortical structures. European Journal of Mechanics—B/Fluids, 1998, 17(4): 471-488.

［15］ Kolar V. Vortex identification: New requirements and limitations. International Journal of Heat and Fluid Flow, 2007, 28(4): 638-652.

［16］ Gallizio F. Analytical and numerical vortex methods to model separated flows. Bordeaux:

University of Bordeaux, 2009.

[17] Qi L, Zou Z P, Wang P, et al. Control of secondary flow loss in turbine cascade by streamwise vortex. Computers and Fluids, 2012, 54: 45-55.

[18] Xia H H, Tang G H, Shi Y, et al. Simulation of heat transfer enhancement by longitudinal vortex generators in dimple heat exchangers. Energy, 2014, 74(5): 27-36.

撰稿人：魏　巍、闫清东

北京理工大学

径向滑片活齿啮合式无级变速传动啮合理论及动力学

Gearing Theory and Dynamics of Radial Slip Sheet Teeth Type Continuously Variable Speed Transmission

机械无级变速传动（continuously variable speed transmission, CVT）一般是靠摩擦传递运动和动力的，通过连续改变节圆的半径实现从动件转速及转矩的无级连续变化。对于瞬时运动精度要求不高的非精密机械动力传动，可忽略其微小的摩擦滑移、速度波动效应及运动误差，应用在汽车上可使发动机在节油的转速下运行。由于摩擦传动受主、从动件接触区摩擦力或流体剪切力的局限，其传递转矩要比同等尺寸大小的齿轮啮合[1]传动小得多。增大传递的转矩和功率一直是机械无级变速传动领域理论研究及制造技术的难题。

半个多世纪以来，研发制造并成功批量应用于汽车等动力传动的机械无级变速器主要是德国的 Boch 金属带 CVT（由荷兰学者发明）和 LuK 金属链 CVT；日本购买使用德国的 Boch 金属带 CVT 专利。这些机械无级变速传动的最大转矩目前仅能满足轿车的要求。在 CVT 理论方面的研究工作有：链式 CVT 的非线性动力学[2]；金属带式 CVT 的受力数值分析[3]；钢带轴向偏移分析[4]；快速变化速度的理论模型[5]；金属片廓线、作用力及润滑等[6]。

齿轮啮合传动能比摩擦传动传递大得多的转矩，并且压力角小，传动效率高。但一对齿轮啮合传动的平均转速比是不变的（特殊用途的非圆节线齿轮瞬时转动速度变化除外），常用的链传动也是定传动比，不能实现无级变速传动。

径向滑片活齿啮合式无级变速传动是我国技术人员发明的[7]，从机械结构和原理上有创新，研发制造的多种型号啮合传动装置实现了无级变速。径向滑片活齿啮合式无级变速传动的结构如图 1 所示。锥盘 1 上有滑槽 3，活齿轮盘 5 的圆周上的径向矩形滑槽内安装有多个活齿滑片 2，每个活齿由多个径向滑片组成。活齿在齿高范围内可径向移动的滑片在径向力（弹簧、液力或离心力）的作用下径向移动。位于主、从动径向滑片活齿圆周上安装有金属齿形链环 4，金属齿形链环的链节上均布凹形齿槽——作为与主、从动轮盘上活齿啮合的内齿。在径向力的作用下，主、从动轮盘上的滑片活齿径向嵌入金属齿形链环的链节上均布的凹形齿槽内，与金属齿形链环的链节上凹形齿槽内外啮合，传递周向力、转矩及运动。通过调速机构在运转中可连续改变主、从动活齿轮盘圆周上活齿回转半径——节圆半径，实现从动活齿轮盘无级变速输出。这种传动的机理可解释为将传统齿轮的齿分解为多个薄片单元，这些薄片单元在齿轮座盘上槽里的有限位移内连续径向滑动，自适应金属齿形链环的凹形齿槽的几何形廓而避免干涉，实现啮合，使由轮齿单元化形成的转速波动很小，达到了连续变速、平稳传动的效果。

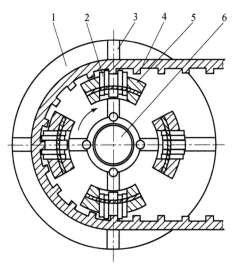

图 1　径向滑片活齿啮合式无级变速传动结构原理

1-锥盘；2-活齿滑片；3-滑槽；4-金属齿形链环；5-活齿轮盘；6-传动轴

由于径向滑片活齿与金属齿形链环的凹形齿槽啮合传动而非摩擦传动，突破了现有金属带、链式无级变速传动的最大扭矩受摩擦力局限的限制。这一突出优势引起国内外机械传动领域的学者及汽车厂商的极大兴趣和关注。然而，因为滑片活齿与链齿槽之间有非光滑连续齿廓接触啮合，主、从动齿廓接触点公法线方向变化不连续，基于齿轮啮合经典理论（Willis 定理）很难分析解释径向滑片活齿啮合传动机理[8,9]。十多年来，国内外对径向滑片活齿啮合式无级变速传动的理论研究没有进展，缺少理论基础作为支撑。此外，径向滑片活齿啮合式无级变速传动与传统齿轮传动及链传动有以下不同，导致理论研究的困难。

1．在几何运动学方面

（1）多个滑片组成的活齿外廓几何形状在啮合传动中是变化的。

（2）活齿的端面齿厚是离散可变的，变化的最小增量是单个滑片的厚度。

（3）啮合传动中相邻两活齿的节距是变化的。

（4）活齿轮盘上约半数的活齿同时与金属齿形链环的内齿槽啮合接触。

以上多因素作用导致运动变化情况复杂。

2．在啮合传动动力学方面

（1）活齿周向啮合力不均。传动过程中多个活齿同时啮合接触，活齿滑片与金属齿形链环的内齿槽啮合接触力的大小与滑入齿槽内的滑片数有关，各活齿啮合力不均，活齿滑片啮合面与金属齿形链环的内齿槽侧有间隙时啮合力为零。

（2）活齿径向力冲击。活齿啮合传动中滑片高速径向往复运动与金属齿形链环的内齿槽有冲击碰撞，易发生高频振动。

（3）每个活齿啮合传动中滑片之间仅有压力而无拉力，滑片之间有润滑油、间隙及阻尼。

（4）每个活齿啮合的瞬态刚度随着参与啮合的滑片数不同而变化。

（5）滑片活齿轮盘上有滑片槽等结构，结构刚性较小，影响动力学特性。

3．在制造技术方面

不同于现有传动齿轮中每个齿轮是单个零件，一个活齿轮盘上有多个径向滑槽，滑片组安装在滑槽内，每个滑片组由多个滑片集成。由于一个活齿轮有几十个零件，每个零件的材料及制造精度都对整个传动精度及承载能力有影响。因此，活齿啮合传动件制造、测量技术也是难题。

综上所述，径向滑片活齿啮合无级变速传动比经典的摩擦传动、齿轮传动、链传动在运动几何学及动力学方面复杂得多。其既有活齿连续变径啮合，又有金属链传动的特点，且活动零件多，运动及约束复杂，用现有的齿轮啮合理论及齿轮传动动力学方法难以求解。需要提出新的理论和方法建立径向滑片活齿啮合式无级变速传动的理论体系和数学模型，深入研究其啮合理论和系统动力学，为新型传动技术奠定基础，解决机械传动的共性科学难题。

参 考 文 献

[1] Buckingham E. Analytical Mechanics of Gears. New York: McGraw Hill, 1949.

[2] Pausch M, Pfeiffer F. Nonlinear dynamics of a chain drive CVT. Proceedings of the International Conference on Nonlinear Mechanics, 1998, 8: 336-341.

[3] Kuwabara S, Fujii T, Kanehara S. Study on a metal pushing V-belt CVT: Numerical analysis of forces acting on a belt at steady state. JSAE Review, 1998, 19(4): 117-122.

[4] 杨亚联, 秦大同, 王红岩. CVT 无级变速传动钢带轴向偏移分析. 重庆大学学报, 1999, 22(6): 1-7.

[5] Garbone G, Mangialardi L, Mantriota G. Theoretical model of metal V-belt drives during rapid ratio change. Journal of Mechanical Design, 2001, 123(3): 111-117.

[6] 程乃士. 汽车金属带式无级变速器——CVT 原理和设计. 北京: 机械工业出版社, 2008.

[7] 王国斌. 滑片变形齿无级啮合活齿轮: 中国, CN200580039668.6. 2007.

[8] Литвин Ф Л. 齿轮啮合原理. 2 版. 李特文, 译. 上海: 上海科学技术出版社, 1984.

[9] 吴序堂. 齿轮啮合原理. 北京: 机械工业出版社, 1982.

撰稿人：董志峰

中国矿业大学（北京）

高效多功率流复合传动系统设计方法

Design Method of High Efficiency Power Split Transmission

　　高效率和无级变速是车辆传动系统未来的发展方向。由于能源危机与环境污染日益严峻，人们在不断探索适用于未来车辆的先进传动系统。在实际工程应用中液力传动、液压传动、摩擦传动、电力传动都可以实现无级变速，且各具特色，但由于负载和工作环境的限制，单一的传动形式无法满足工作需求，于是出现了多功率流复合传动系统。它利用行星齿轮机构功率分/汇流的特点，将液力变矩器、液压泵/马达、金属带、发电机/电动机等无级变速元件布置于行星齿轮机构功率流传递路径上，使功率流一部分通过齿轮机构传递，另一部分通过无级变速元件传递，如图1所示。通过多种传动方式的有机组合以及功率流的合理分配，一方面拓宽无级变速范围，另一方面提高系统效率，同时可以提高最大传递功率。多功率流复合传动系统在乘用车、商用车、特种车辆以及装甲战斗车辆等领域都有越来越广泛的应用，丰田公司推出的 Prius 就是其中典型的代表。多功率流复合传动系统在满足高速、高压、高效率、大功率以及特殊环境下高性能传动系统需求方面，有着巨大的发展潜力。但是目前其设计方法并不完善，从机构学角度来讲，其拓扑设计与参数设计存在一定的脱节，还没有发展出一套满足完备性和普适性的设计理论与方法[1]；从系统优化设计的角度来讲，还不具备动态综合设计的能力；从多动力源的能量管理与多功率流的协同控制的角度来讲，还不能满足智能化、网络化与实时性的需求[2]。从系统方案设计，到系统优化控制，在设计上

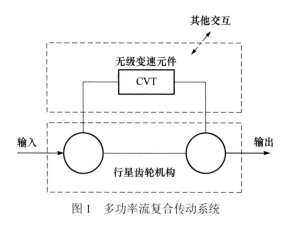

图 1　多功率流复合传动系统

逐层递进，攻克这些难题，对于推进我国车辆传动领域的创新设计，制造出具有国际先进水平的车辆传动装置具有重要的意义和价值。

行星齿轮机构是实现多功率流复合传动系统的关键和纽带。通过行星齿轮机构、无级变速元件和操纵元件（离合器/制动器等）的不同组合与连接，实现系统的功能，使功率流高效传递。20 世纪 70～90 年代，实现了以图论研究行星轮系功能与结构方案的方法，行星齿轮机构平面图如图 2 所示。由图论进行行星轮系机构运动学的分析，并提出了行星轮系的多种图论模型，用计算机程序实现轮系运动学自动化分析，从而推广用于 2 自由度多档行星传动的功能分析和方案设计[3]。近年来，诸多学者着力解决行星齿轮机构离合器/制动器序列综合、机构平面性判断以及传动性能分析等问题[4,5]，但各种方法仍具有一定的局限性和不足。多功率流复合传动系统是一个典型的多输入、多输出、多自由度、多介质的传动系统，这类复杂机构的设计仍缺乏系统、完整、有效的实用理论与方法。无级变速元件具有各自的驱动特性，能量转换、传递及损失复杂，需要深入解决机构拓扑与结构、功能的数学表述，以及拓扑与结构、功能之间的映射关系、运算及求解等问题。

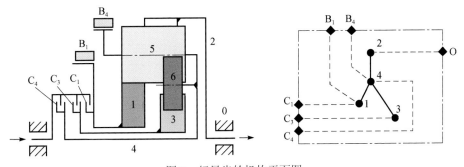

图 2   行星齿轮机构平面图

多功率流复合传动系统的参数设计已从基于工程经验与稳态性能分析的阶段发展到基于多目标函数优化设计的阶段，但是由于系统的多样性与不确定性、环境负载的随机性，通过理论建模与优化获得的最优解，很多情况下并非工程设计最优解。多功率流复合传动系统要求具有良好的动力性、经济性、高传动效率以及高功率密度，基于多目标函数的机构尺度综合问题通常需要考虑多种约束条件、多个目标函数，设计众多优化参数[6,7]，而且此过程需要与多功率流复合传动系统的拓扑设计有机结合，最终开展合理的评价来决定系统设计的优劣。但是目前拓扑设计模型与参数设计模型的有机衔接、数学模型的完备性及性能评价指标的合理性等尚未得到妥善解决。与拓扑综合相比，机构的参数建模理论研究还远未成熟，大量研究工作仅针对某一特定机构的某类参数建模，数学模型缺乏完备性和普适性。

多功率流复合传动系统涉及机械、控制、电子、流体和软件等多学科领域，在系统设计优化阶段，需要描述不同传动形式内部的运动学和动力学本质以及系统的全局特性，剖析复杂环境下非线性动力学、电磁学、高压高速高效传动的摩擦特性、油膜承载特性、润滑和自适应密封机理，揭示系统的跨能域耦合机制，掌握系统非线性动力演变规律，才能实现系统性能的提升与可靠性的改善。但是目前对多功率流复合传动系统内部机理与规律认识不够深刻，缺少统一、透明而柔性的多领域建模理论与方法，还不具备多功率流复合传动产品的系统识别、环境预测、载荷预测、概率设计、可靠性设计等动态综合设计的能力。

对动力源与负载的全局功率优化以及各动力驱动元件间局部优化的协同控制问题是多功率流复合传动系统功率流控制与管理的难点。现有的能量管理策略划分为基于规则的能量管理策略和基于优化的能量管理策略两大类[8]。人工神经网络、模糊逻辑等智能系统方法已被应用到车辆能量管理技术中[9,10]。但是，基于规则的策略无法实现最优控制。基于优化和智能系统方法的控制策略共同缺陷是没有真正的在线解和良好的实时性能，另一不足是在控制器设计初期，假设行驶工况已知，即使一些现有的预测方法被纳入能量管理系统并可获得未来的道路条件，预测质量较低仍是一个需要关注的问题[2]。由于控制对象模型的不确定性、高度的非线性以及复杂的任务要求，智能控制将越来越多地应用于多功率流复合传动系统。随着车联网、智能交通等技术的发展，车辆已经成为大系统中不可分割的一员，如何根据交通网络的实时反馈信息和历史信息利用大数据技术对车辆未来行驶环境进行预测和判断，在更广阔的空间维度和时间维度进行优化，是多功率流复合传动系统多动力源能量管理与多功率流协同控制的重要研究方向。

综上所述，在多功率流复合传动系统设计方面，现有的理论学说尚存在缺陷和不足。只有从机构学、动态综合设计和控制理论等全方面获得突破，才能建立起比较完善的多功率流复合传动系统设计方法，设计出高速、高压、高效率、大功率以及特殊环境下高性能的多功率流复合传动产品。

参 考 文 献

[1] 国家自然科学基金委员会工程与材料科学部. 机械工程学科发展战略报告(2011~2020). 北京: 科学出版社, 2011.

[2] Zhang X, Mi C. Vehicle Power Management: Modeling, Control and Optimization. 北京: 机械工业出版社, 2013.

[3] Chatterjee G, Tsai L W. Computer-aided sketching of epicyclic-type automatic transmission gear trains. ASME Journal of Mechanical Design, 1996, 118: 405-411.

［4］ Hwang W M, Huang Y L. Connecting clutch elements to planetary gear trains for automotive automatic transmissions via coded sketches. Mechanism and Machine Theory, 2011, 46(1): 44-52.

［5］ Kwon H S，Kahraman A, Lee H K, et al. An automated design search for single and double-planet planetary gear sets. Journal of Mechanical Design, 2014: MD-13-1368.

［6］ Pierrot F, Nabat V, Company O, et al. Optimal design of a 4-DOF parallel manipulator: From academia to industry. IEEE Transactions on Robotics, 2009, 25(2): 213-224.

［7］ Gao F, Liu X J, Gruver W A. Performance evaluation of two degree of freedom planar parallel robots. Mechanism and Machine Theory, 1998, 33(6): 661-668.

［8］ Chau K T, Wong Y S. Overview of power management in hybrid electric vehicles. Energy Conversion and Management, 2002, 43(15): 1953-1968.

［9］ Wang X, He H, Sun F, et al. Comparative study on different energy management strategies for plug-in hybrid electric vehicles. Energies, 2013, 6(11): 5656-5675.

［10］ Ippolito L, Loia V, Siano P. Extended fuzzy C-means and genetic algorithms to optimize power flow management in hybrid electric vehicles. Fuzzy Optimization and Decision Making, 2003, 2(4): 359-374.

撰稿人：项昌乐、韩立金、刘　辉

北京理工大学

微纳传动机构的多尺度非线性变形及解耦问题

Problems of Multi-Scale Nonlinear Deformation and Decoupling for Micro-Nano Transmission Mechanism

随着微纳米等研究领域不断发展，复杂微纳机构在微纳机电系统、微电子等领域有着巨大的需求。微纳传动作为微尺度中的重要研究领域，存在许多尚未解决的科学难题。柔性机构是微纳传动机构的一个重要分支，它是指通过其部分或全部具有柔性的构件变形而产生位移，实现运动和动力变换的机械结构。柔性机构微尺度效应是其变形产生的几何非线性及多物理场（如流体场、电场、热场、磁场等）的耦合效应，关系到能否实现柔性机构微纳米级移动位移，满足高定位精度及高位移分辨率等要求，是微纳传动机构的设计及工程应用必须解决的关键科学问题。

微纳传动机构变形及传动机理的研究，对于微纳传动机构的运动方式具有重要的意义。微变形与微传动机理的研究，能够从理论上更好地解释柔性铰链及基于柔性铰链的微纳传动机构的放大比、输入输出位移、刚度等问题。在微纳传动过程中，微结构的受力分析、能量损失及传动效率等是目前难以解决的问题，均可基于此理论开展更进一步的深入探究。

由于柔性机构的运动与力的传递依靠构件的变形来实现，柔性机构中的原理、理论及方法与传统刚性机构相比存在较大差别。1965 年，Paros[1]等首次对柔性铰链变形问题进行了解析研究，推导出了圆弧型柔性铰链刚度的设计计算公式（包括精确计算公式和简化公式），并沿用至今。典型的直梁型柔性铰链结构及受力关系如图 1 所示。该方法的精确计算公式较为复杂，而简化后的实用计算公式，在许多情况下存在较大的误差。在分析大变形的情况下，如从广泛应用微位移机构的实际出发，针对发生变形较小且结构参数在 $t \geqslant R$（t 为直圆型柔性铰链的最小厚度，R 为直圆型柔性铰链的切割半径）的情况，是不适用此方法的。

1993 年，Howell 等在研究大变形柔性悬臂梁时，提出了伪刚体模型法，如图 2 所示。该方法将柔性机构简化成含有刚性构件和弹簧的刚性机构，采用一般机构设计方法来分析[2]。由于在柔性机构中，所要达到的移动及定位目标，通常是毫米、微米及纳米等微小位移量，相比于传动机械，其尺度效应在微驱动及微执行机构中是不可忽略的量，因此伪刚体模型将柔性机构简化分析时，存在一定的误差，这部分误差在宏观机械中，常因数量级过小而作为忽略量，但在微纳传动机构研究中，该部分的忽略量（如微小变形等）正是实现微纳传动或微纳移动量，对于微纳传动机构是十分重要的。

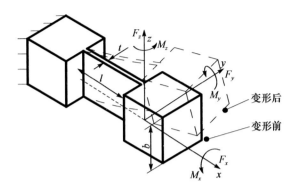

图 1　直梁型柔性铰链结构及受力关系

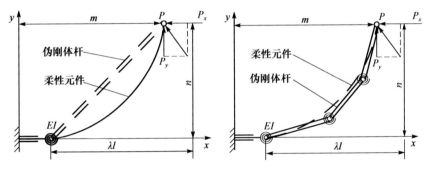

图 2　典型伪刚体模型

1997 年，Smith 等对 Paros 和 Weisbord 的圆弧型柔性铰链柔度封闭方程进行了扩展，得到椭圆型柔性铰链的柔度封闭方程。2002 年，吴鹰飞等[3]采用微元法，对柔性铰链轴向的动刚度进行研究，推导了圆弧型柔性铰链六个自由度的柔度封闭方程。陈贵敏等在 2005 年、2008 年和 2011 年分别提出了直圆-角圆型、直圆-椭圆型和椭圆-圆弧-角圆型柔性铰链的设计，推导了适用于这几种柔性铰链的柔度封闭方程，推进了新型多柔度微纳传动机构的研究，典型柔性铰链的设计如图 3 所示[4]。而在多尺度、多物理场及极端环境等诸多非线性综合因素下，微纳传动机构的微纳变形协调原理和微纳应力应变特性等尚处于探索性研究阶段，是尚未解决的科学难题之一。

　　微纳传动平台是基于柔性铰链，应用于产生微小线位移和角位移的高精密工作平台，如图 4（a）[5]和（b）[6]所示。这些平台具有高精度、高稳定性、大行程、低耦合、多自由度的特点，越来越受到学术界及工程界的重视。在多自由度系统

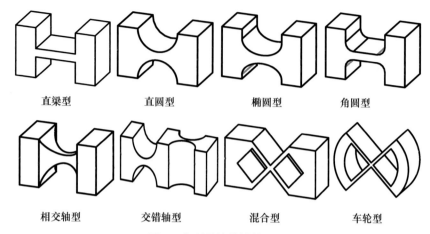

直梁型　　　　　　直圆型　　　　　　椭圆型　　　　　　角圆型

相交轴型　　　　交错轴型　　　　　混合型　　　　　车轮型

图 3　典型柔性铰链的设计

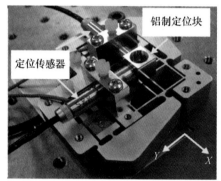

铝制定位块

定位传感器

（a）二自由度快速定位的系统　　　　（b）六自由度微传动平台

图 4　微纳传动平台

中，由于各自由度分支的关联性和非对称性，当其中一个输入端有位移输入时，柔性铰链的弹性变形会使其他输入端产生一定量的微位移变化，机构不同分支的微位移变化量之比称为微位移耦合比，它的大小与微纳传动平台能否实现精确定位有着密切的关系，针对微位移耦合比的规律性研究有助于微纳传动平台高精度定位控制的实现。2013 年，张昔峰等[7]设计了一种大行程二维纳米工作台，此平台通过微调机构实现微动台相对宏动平台的平动和转动位置调节，可减小微动平台与宏动平台之间的直线度运动误差、偏摆角误差、俯仰角误差和滚转角误差，有效地降低了由宏/微平台之间运动坐标系不平行引起的各轴之间的运动耦合误差。林超等在 2013 年和 2014 年分别设计提出了五自由度和六自由度微动平台，并对其微位移耦合特性进行分析，运用有限元法建立了微位移耦合方程，并对微动平台进行微位移补偿，达到解耦的目的。2015 年，于琢铨等[8]提出了一种纳米精度级的单轴柔性移动平台装置。该装置采用有倾角的双模块平行四边形结构实现了位移放大效果，对称性的结构减小了连带误差和热变形，从而提高了定位精度。这些相关平台的理论与设计研究，推进了微纳装备的微纳传动与定位技术的发展。

微纳传动平台在多尺度、多物理场及极端环境等非线性因素的影响下，具有复杂的微位移耦合现象。微纳传动机构在一个作动系统下实现多个尺度的位移时（多尺度效应是指从输入端的纳米、微米级别放大到输出端的微米甚至毫米级别），不同尺度下的位移受尺度效应的影响不同，其拟序结构和随机涨落同时或交替出现，产生相互耦合现象；微纳传动机构的驱动器以及材料等本身具有非线性特性，在传动过程中会产生耦合现象；同时，由于微纳传动机构具有特征尺寸微小的特点，所以宏观机械中并不明显的多物理场耦合现象在微纳传动中十分明显，如在微物体表面上的液膜，由于表面张力的作用，容易在相邻物体之间形成具有一定接触角的弯月形液桥，这种液桥将对接触的物体产生液桥张力的作用；微纳传动机构运动过程中产生的微发热受机构特征尺寸的影响，会引起机构的受热膨胀，从而产生耦合变形；在电场、磁场、流体场等其他物理场中，同样会产生微纳传动机构受多物理场的干扰耦合现象，例如，在微齿轮中轮齿啮合表面的微凸点之间将形成液桥，当微凸点的接触压力与液桥张力达到平衡时，微凸点的变形与液桥张力及接触压力之间就形成了耦合[9]。这些位移耦合现象造成多尺度的柔性大变形协调、无摩擦机构中微纳传动损失、内力传递、微传动精度、耦合及解耦等非线性机理不解的科学难题，不易找到反映其内在规律的分析模型。但是，研究微纳传动平台耦合及解耦问题、解耦的正解和逆解下新的控制方法，对微纳传动平台的运动精度及可控性的提高具有重要的作用。

综上所述，对于微纳传动机构虽然已有不少成果，但对于微纳传动机构基本单元的分析及系统的相关理论研究仍然缺乏，使微纳传动的机理、微纳应力应变与微传动的效应仍然存在诸多疑点和不解。在微传动过程中，微纳传动机构的多尺度柔性大变形协调、无摩擦微纳传动损失、内力传递等是不可忽视的重要因素，仍有待更深入的研究；在现有微纳传动平台中，压电驱动器具有非线性变形特点，导致驱动器的输出力与位移均存在非线性问题；同时，考虑多尺度、多物理场及极端环境等诸多并未涉及的非线性综合因素的影响，微纳传动平台仍然存在不同自由度运动耦合的现象。对于多自由度微纳传动平台运动耦合的分析与解耦，同样是微纳传动的一个重要科学难题。

参 考 文 献

[1] Paros J. How to design flexure hinges. Machine Design, 1965, 37: 151-156.

[2] Larry L H. 柔顺机构学. 余跃庆, 译. 北京: 高等教育出版社, 2007.

[3] Wu Y F, Zhou Z. Design calculations for flexure hinges. Review of Scientific Instruments, 2002, 73(8): 3101-3106.

[4] 林容周. 典型柔性铰链及其杠杆型柔顺机构的理论与实验研究. 广州: 华南理工大学硕士学位论文, 2013.

[5] Yong Y K, Aphale S A, Moheimani S O R, et al. Design, analysis and control of a fast nano-positioning stage. International Conference on Advanced Intelligent Mechatronics, 2008: 451-456.

[6] 林超, 才立忠, 邵济明, 等. 6 自由度微传动平台位姿误差分析与精度补偿. 农业机械学报, 2015, 46(5): 357-364.

[7] 张昔峰, 黄强先, 袁钰, 等. 具有角度修正功能的大行程二维纳米工作台. 光学精密工程, 2013, 21(7): 1811-1817.

[8] 于琢铨, 田少卿. 基于自导向位移放大过程的机械式柔性纳米精度移动平台运动机制研究. 科技通报, 2015, 31(12): 51-54.

[9] Xu J G, Fan H. Elastic analysis for liquid-bridging induced contact. Finite Elements in Analysis and Design, 2004, 40(9-10): 1071-1082.

撰稿人：林　超、蔡志钦、任一航、吴朝辉

重庆大学

机电液复合传动系统多场耦合作用机理

Multi-Field Coupling Mechanism of Mechanical-Electrical-Hydraulic System

机电液复合传动系统由电气系统、机械传动系统和液压传动系统构成，利用控制系统对各子系统的功率流进行最佳分配，实现各子系统间协调工作，从而获得系统最佳的输出性能。由于机电液复合传动系统具有良好的工况适应性、较高的传动效率和较快的动态响应，所以在工程机械、车辆、飞机、船舶和国防装备等行业广泛应用。

机电液复合传动系统包含的机械、电气、液压、控制等子系统相互间存在多重耦合关系，工作过程中应力场、电磁场、流场、温度场等的交互作用，将直接影响系统能量传递特性和动态特性。

现代机电液复合传动系统的工作日趋高速、重载、高效、自动和精密，服役条件也日趋极端，各类动力学问题将是降低系统工作质量和效率、引发重大运行故障、造成巨大经济损失乃至严重社会后果的重要原因之一[1,2]。

机电液复合传动系统性能在很大程度上取决于系统动力学特性，因此探索系统多场动力学耦合作用机理，准确解析机电液复合传动系统工作规律，既是机电液复合传动研究的难点，又是系统性能提升的关键[1,2]。

国内外对复杂机电液复合传动系统研究主要集中在建模与仿真方面[3-8]，对系统耦合机理研究较少，因此针对复杂机电液复合传动系统，进行各子系统多场耦合机理及对系统性能影响规律的研究，以提高传动系统动态特性，具有重要的学术意义和应用价值。

根据工况需求和载荷变化，可以确定机电液复合传动系统合理功率流向和功率流分配，而系统效率则对系统输出特性有重要影响，目前的研究主要集中在系统各个环节能量损耗分析和系统效率优化等方面[5]，而缺乏对机电液复合传动系统能量分配、传递、转换及耗散特性的精确定量研究。因此，精确建立机电液复合传动系统能量分配、传递、转换及耗散模型，计算系统功率传递过程中的能耗特性，分析系统结构参数和工作参数对能量环节的影响规律，获取传动系统效率、温升和动力特性与各能耗环节的映射关系，最终探索一种机电液复合传动系统效率优化和参数控制方法，是机电液复合传动系统研究中的难点。

　　为了使机械传动、电机和液压传动各子系统协调工作以实现机电液复合传动系统的最佳工作性能，必须进行系统的动力学建模与仿真分析[5-7]。但现有研究中缺乏全面考虑包含非线性物理细节的齿轮传动、液压传动、电机及控制的传动系统机电液耦合动力学模型。在建立复合传动系统系统动力学模型中，应考虑各子系统诸多物理细节的影响，如机械传动系统拓扑结构、时变啮合刚度等，电气系统采样信号畸变延迟、PWM 开关死区、电机空间谐波与铁芯饱和等，液压传动系统流体特性（质量、压缩性、黏性等）、液压阀和管道特性以及液压泵流量和液压马达转矩脉动等，最终建立综合考虑工作载荷、运行工况、环境条件和系统控制的传动系统机电液耦合动力学模型。由于机电液复合传动系统维数高，单元数量大，过程间的耦合错综复杂，所以研究机电液复合传动系统的动力学建模方法和模型求解方法是实现系统最佳性能的基础和难点。

　　实际运行条件下的机电液复合传动系统工作性能由机、电、液各子系统的性能耦合和综合控制来决定[5-7]，因此有必要进行机电液复合传动系统耦合特性的研究。研究包括：由载荷变化、电机工作点调节以及齿轮系统时变刚度等因素引起的动力学特性变化及其对电机系统动态响应和稳定性的影响；液压系统压力和流量变化等引起的系统动力学特性变化及其对液压控制系统动态响应和稳定性的影响；电机系统工作参数变化对液压系统稳定性和动态响应特性的影响以及液压系统压力与流量控制对电机系统的反作用；由载荷突变引起的机械传动系统动载荷对电机系统和液压传动系统运行状态的影响规律，建立考虑载荷变化条件下的启动、变速、制动等实际工况对传动系统动态特性综合影响规律，最终获取机电液各子系统动态最佳耦合工作区、边界条件和参数调控方法。因此，研究如何实现系统高效和高可靠运行的子系统参数协调控制方法是机电液复合传动系统综合性能优化的重点和难点。

　　机电液复合传动系统优化设计包含系统方案和结构参数的优化及系统综合性能的优化等，由于传动系统的复杂性，系统设计变量和约束条件的类型繁多，数量巨大，且各子系统之间关系耦合，存在不同物理域属性和交互作用，因此建立合理的优化模型和有效的优化算法对能否实现系统全局优化尤为重要，而构建基于不同物理场性能仿真的机电液复合传动系统虚拟样机可为系统优化设计提供有效手段[8]。

　　综上所述，高效和高可靠机电液复合传动系统取决于机械、电气、液压和控制各子系统的协调工作，研究系统机电液多场耦合特性，需要运用多学科相关理论和知识，是复杂机电液复合传动系统性能优化必须解决的难题。为实现大型复杂机电液复合传动系统在极端环境和突变载荷条件下的高效率、多功能、高精度和高响应，必须研究复杂多变边界约束条件下系统多场耦合作用机理，探索系统构型及参数与多场耦合特性之间的关联规律及其对传动性能的影响规律，建立基于多场耦合的高性能机电液复合传动系统设计分析与性能优化方法。

参 考 文 献

[1] 钟掘, 陈先霖. 复杂机电系统耦合与解耦设计. 中国机械工程, 1999, 10(9): 1051-1054.

[2] 廖道训, 熊有伦, 杨叔子. 现代机电系统(设备)耦合动力学的研究现状和展望. 中国机械工程, 1996, 7(2): 44-46.

[3] 王艾伦, 钟掘. 复杂机电系统的全局耦合建模方法及仿真研究. 机械工程学报, 2003, 39(4): 1-5.

[4] Fu S J, Liffring M, Mehdi I S. Integrated electro-hydraulic system modeling and analysis. IEEE Aerospace and Electronic Systems Magazine, 2002, 17(7): 4-8.

[5] Liu G, Xu B, Zheng T, et al. Research on dynamic modeling and simulation of complex mechanical-electrical-hydraulic coupling system. Spring Congress on Engineering and Technology, 2012: 1-4.

[6] Granda J J. The role of bond graph modeling and simulation in mechatronics systems: An integrated software tool: CAMP-G, MATLAB-Simulink. Mechatronics, 2002, 12(9): 1271-1295.

[7] Gendrin M, Dessaint L. Multidomain high-detailed modeling of an electro-hydrostatic actuator and advanced position control. The 38th Annual Conference on IEEE Industrial Electronics Society, 2012: 5463-5470.

[8] Ferretti G, Magnani G A, Rocco P. Virtual prototyping of mechatronic system. Annual Reviews in Control, 2004, 28(2): 193-206.

撰稿人：杨　阳、秦大同

重庆大学

齿轮传动装置的振动、噪声产生与传递机理

Generation and Transfer Mechanism of Vibration and Noise in Gear Transmission Device

　　齿轮传动装置是各类装备中动力传输的重要基础元件，在航空航天、船舶、汽车、机床等行业领域中应用广泛。由于齿轮传动系统是参数自激系统，其振动噪声不可避免。如图 1 所示，齿轮传动装置的振动噪声激励源主要包括由齿轮啮合产生的与啮合刚度、误差及啮合冲击相关的内部激励，以及由旋转质量不平衡、原动机与负载的转速和扭矩波动、轴承的时变刚度等产生的外部激励。根据产生机理与传递路径的不同，可将噪声分为空气噪声（air-borne noise，又称加速度噪声）和结构噪声（structure-borne noise，又称自鸣噪声）两种。空气噪声主要由轮齿啮合冲击、摩擦直接引起周围空气介质扰动产生声辐射，并经由齿轮箱内的空气和润滑油传播，再透过齿轮箱辐射出来；结构噪声主要由齿轮动态啮合力引起轮体的结构振动产生，并经传动轴-轴承-支座传播，进而通过齿轮箱箱壁的振动辐射出来。齿轮传动装置的噪声问题不仅影响环境舒适性，还往往与装备的服役性能、疲劳寿命、安全性和可靠性相关。由此可见，对齿轮传动装置振动噪声的研究是实现机械装备高可靠性、高效率、高精度、长寿命等功能的关键，其机理认知即揭示齿轮参数对激励源的影响规律及与系统振动声辐射谱特征间的内在关系，阐明齿轮传动装置振动噪声传递机制与动态服役行为演化规律，是高性能机械传动设计、振动噪声控制、故障诊断与防治等领域面临的共性科学问题。

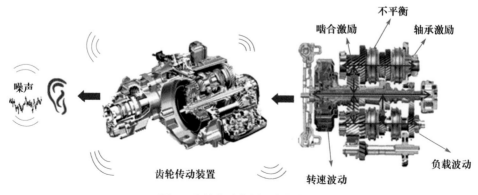

图 1　齿轮传动装置噪声的产生

自 1949 年 Buckingham[1]在其里程碑式的著作中论及齿轮噪声，对齿轮噪声问题的研究便成为一个历史性的热点和难题。1965 年，Niemann[2]首次提出了预估齿轮系统噪声的经验公式，此后，Masuda 等[3]又对该方法进行了发展改进，以研究各种加工方法和不同工作条件对噪声强度的影响。随着研究的深入，人们在齿轮噪声问题上取得了相当的进展。在分析理论方面，由冲击理论、振动理论逐渐发展到声振耦合理论。在系统分析模型方面，经历了从仅由一对齿轮副组成的简单系统向同时包含齿轮、传动轴、轴承、箱体和外部流体的复杂系统的过渡。在分析方法方面，由采用解析方法分析齿轮系统时域和频域动态响应，逐步发展到解析法、数值法和实验法相结合，能从多方面综合研究齿轮系统的瞬态特性、稳态特性和混沌特性[4]。近年来，随着科学技术的不断进步，齿轮传动装置向大功率、高转速、低噪声、轻量化方向发展，同时结构形式也愈加复杂，致使系统激振源多且频带宽，振动特性呈现强非线性和耦合特征，振动噪声问题日显突出，现有齿轮系统振动噪声理论已无法满足当前对齿轮传动系统低噪声设计的苛刻需求，齿轮传动装置减振降噪面临着多输入、多工况、多因素的影响以及高、低频混合激励与控制的挑战，其噪声产生传递机理及控制机制有待进一步深入研究。

总体上，齿轮传动装置的振动噪声主要受激励、响应和控制三大方面及其之间的相互耦合作用的影响。减少激励、控制响应和抑制传递是实现齿轮传动装置低噪声设计的关键。齿轮传动系统主要激励可归结为动态传递误差。动态传递误差的主要影响因素有啮合刚度、误差（含制造误差和修形等）、啮合冲击以及齿面摩擦等，它们又可归结为变形和误差两大方面，并与设计参数和制造精度密切相关[5]。合理选择齿轮基本参数是减小齿轮系统振动激励的主要方法之一。工程上除了齿面修形，提高制造精度也是实现降低振动噪声的主要途径。然而，目前的研究，其误差大多通过假设幅值的简谐函数来表示，与制造精度缺乏定量对应关系。Borner 等[6]的研究表明，精度等级的提高并不一定意味着动态传递误差及噪声的降低，它还与传递的扭矩相关。因此，齿轮参数包括误差对动态激励的影响规律与作用机理是亟待解决的关键难题。另外，噪声产生的激励源研究主要集中在齿轮副啮合激励，而轴承、离合器等产生的多源激励少有研究；对内部激励影响因素的研究往往局限于单因素，未能综合考虑多因素间相互作用及其耦合效应，致使复杂变载荷工况下齿轮系统的多源激励机理尚不明晰，齿轮传动装置的噪声产生机理研究面临困局。

目前对复杂变载荷工况和多源激励下的齿轮传动装置振动噪声传递机理的认知及噪声响应的精确计算仍然存在困难。首先，振动能量的传递是一个非常复杂的过程，如图 2 所示[7]，齿轮啮合激励会引起结构件的弹性变形，从而使振动能量以弹性波的形式被吸收、耗散、传递及辐射出去，而且波在传递的过程中还会激发弹性构件的自然振动，从而增强部分传递及辐射到环境中的能量。因此，如何探明振动能量传递路径并有效控制是齿轮噪声研究面临的重要挑战。其次，在实际工程中，制造误差、润滑、磨损、温度和工作环境变化等因素都将导致齿轮系统与箱体结构的不确定性。现有文献主要讨论了加工制造误差、运行环境变化等不确定性因素，对磨损、润滑以及故障带来的不确定性问题研究较少，尚无法建立较为准确的数学描述。而且多个不确定性因素的同时存在导致齿轮系统不确定问题的高维性，而针对高维不确定性问题现阶段还尚未给出一种高效的求解办法。另外，齿轮系统建模的合理性直接影响振动噪声仿真分析结果的准确性，是齿轮噪声研究中非常重要的环节。目前齿轮装置振动噪声分析方法主要还是分为轮齿动态啮合过程、齿轮系统动力学和箱体结构振动特性三部分，较少涉及二者或三者的耦合。而且对齿轮系统动力学的研究往往忽略了传动轴、轴承、箱体、柔性支撑等部件的动力学特性或对其进行简化等效处理，从而建立起相应的轴承-齿轮-转子系统模型。此外，齿轮传动装置作为一个整体安装在基座上，其振动传递相互耦合，这就需要引入基础阻抗特性，建立齿轮-箱体-柔性基础的全耦合振动分析模型，来探究齿轮系统激励-箱体结构响应-基础阻抗特性相互作用机理。因此，综合考虑传动装置应用对象及结构形式、特殊与极端运行环境、复杂多源时变载荷，建立准确的动力学模型是目前齿轮传动装置振动噪声研究必须突破的难题。

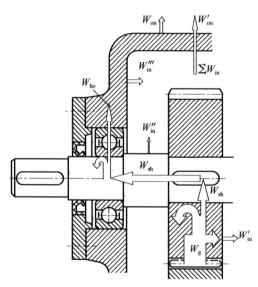

图 2　振动能量在齿轮装置弹性结构中的传递[7]

开展齿轮传动装置振动噪声产生传递机理研究的目的是控制其噪声。噪声控制方法主要包括声源控制、传递路径控制和响应控制。例如，减小动态激励、齿轮加工工艺改进、新型材料应用、轴系的合理设计、轴承支撑形式改良均能从声源和传递路径上提高传动系统性能，降低齿轮传动装置的振动噪声[8,9]。控制传动装置振动噪声响应的途径主要是优化箱体结构（含箱体肋板布置等）和添加阻尼结构材料等。然而，目前箱体结构及其肋板布局设计主要考虑的是箱体结构强度和刚度，针对低振动噪声的肋板排布与阻尼粘贴位置的确定具有盲目性。虽然板面贡献度和结构优化已初步用于改进箱体结构的振动噪声响应，但针对大型复杂箱体结构，仍存在结构振动响应影响机理不明、计算能力有限的问题。此外，对于高低频混合激励下的齿轮箱体，低频振动响应可以通过有限元/边界元法计算得到，但在中频段和高频段，无论是中频混合法还是统计能量法，都存在着子系统划分困难、模态损耗因子难以确定等问题[10]。因此，如何在全频域范围内对大型复杂齿轮箱进行振动噪声分析尚未得到很好的解决。目前控制齿轮传动装置噪声的方法还比较单一，随着齿轮系统动力学、结构声学、数值计算方法、新材料技术、智能结构、主动控制技术等相关领域的发展，齿轮传动装置噪声的控制手段会愈加系统化。然而，针对复杂传动结构、特殊运行环境、多源时变载荷，综合考虑齿轮传动装置的高可靠、长寿命、低噪声、轻量化等一系列性能指标，进行多学科、多目标噪声控制尚存在困难。

综上所述，对于齿轮传动装置振动噪声产生与传递机理的研究虽然已经有了一定的成果，但尚存在缺陷和不足。只有进一步研究齿轮传动装置激励源的不确定性影响因素以及各因素间的耦合特性，建立基于多源激励和复杂环境的精确动力学模型，才能更好地揭示齿轮传动装置的振动噪声产生与传递机理，实现振动噪声的有效控制。

参 考 文 献

[1] Buckingham E. Analytical Mechanics of Gears. Dover: McGraw-Hill, 1949.

[2] Niemann G. Maschinenelemente Band 2. Berlin: Springer-Verlag, 1965.

[3] Masuda T, Abe T, Hattori K. Prediction method of gear noise considering the influence of the tooth flank finishing method. Journal of Vibration, Acoustics, Stress and Reliability in Design, 1986, 108(1): 95-100.

[4] Kahraman A, Singh R. Non-linear dynamics of a geared rotor-bearing system with multiple clearances. Journal of Sound and Vibration, 1991, 144(3): 469-506.

[5] Chang L, Liu G, Wu L. A robust model for determining the mesh stiffness of cylindrical gears. Mechanism and Machine Theory, 2015, 87: 93-114.

[6] Borner J, Maier M, Joachim F J. Design of transmission gearings for low noise emission: Loaded tooth contact analysis with automated parameter variation. Proceeding of International

Conference on Gears, 2013: 719-730.

[7] Milosav O, Snežana Ć K. Gear unit housing effect on the noise generation caused by gear teeth impacts. Journal of Mechanical Engineering, 2012, 58(5): 327-337.

[8] Velex P, Chapron M, Fakhfakh H, et al. On transmission errors and profile modifications minimising dynamic tooth loads in multi-mesh gears. Journal of Sound and Vibration, 2016, 379: 28-52.

[9] Jolivet S, Mezghani S, Isselin J, et al. Experimental and numerical study of tooth finishing processes contribution to gear noise. Tribology International, 2016, 102: 436-443.

[10] Shorter P J, Langley R S. Vibro-acoustic analysis of complex systems. Journal of Sound and Vibration, 2005, 288(3): 669-699.

撰稿人: 刘　更 [1]、刘　岚 [1]、林腾蛟 [2]

1 西北工业大学、2 重庆大学

动力传动系统低频扭转振动控制

Low-Frequency Torsional Vibration Control of Powertrain

　　低频扭转振动控制是在旋转机械转矩传递过程中，通过对传递路径中刚度和阻尼的调节控制，使得旋转系统在传递有效转矩的同时，能对更低频率的扭转振动进行消减，起到保护旋转元件和设备的目的，如图 1 所示。动力机械很多以机械旋转的形式进行动力传输，在动力传输过程中伴随着低频扭转振动，对人体舒适性和机器设备的精密性、安全性具有较大的损害。低频扭转振动普遍存在于车辆、船舶、机床、工程机械、手术仪器等，是现代机械设备向高功率密度、高转速、高精度方向发展过程中急需解决的问题。相对于平移方向振动控制问题，扭转方向的振动因旋转系统自身空间限制、复杂振动激励输入、非线性扭振认知机理、多样运行工况等因素，使得对低频扭转振动控制难度加大。

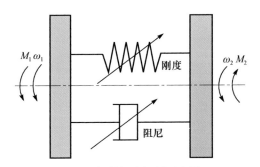

图 1　扭转振动控制示意图

　　经典线性振动理论表明：线性振动系统中，隔振系统只对激励频率高于 $\sqrt{2}\omega_n$（ω_n 为系统固有频率）的振动具有隔离效果[1]，如图 2 所示（ζ 表示系统阻尼系数）。降低减振系统的刚度可以降低固有频率、增加隔振频带，有效地消减低频振动，而较低刚度会使传动系统的承载效率和稳定性下降[1,2]。针对不同的频率范围，系统阻尼对隔振效果影响不同，当振动频率高于 $\sqrt{2}\omega_n$ 时，增加阻尼不利于振动品质的改善。减振元件有效承载的高刚度特性与振动隔离要求的低刚度特性之间的矛盾，以及针对不同频带或者全频带的振动环境如何对系统阻尼进行调节，成为动力传动系统低频扭转振动控制的共性科学问题。

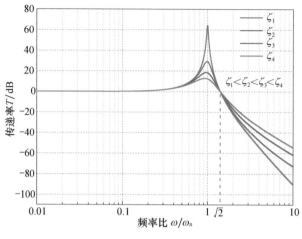

图 2   振动传递曲线

　　解决承载需要的高刚度特性和振动控制需要的低刚度特性之间的矛盾，在平移振动方面的研究已经取得了一定的成果[3,4]。Carrella 等[5]较早研究了准零刚度非线性系统隔振效果，应用解析法对所述系统进行了主谐波振动响应分析，并通过数值解法验证了解析解的准确性。非线性刚度在振动控制中具有比传统的线性隔振器更好的消减振动表现。采用智能材料、正负刚度并联机构等具有非线性刚度特性的材料或结构所设计的准零刚度隔振器如图 3 所示，对低频振动起到了良好的消减效果[6,7]。

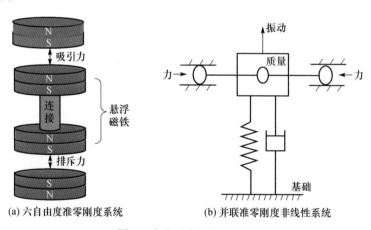

(a) 六自由度准零刚度系统   (b) 并联准零刚度非线性系统

图 3   准零刚度隔振器示例

　　在旋转机械方面，基于旋转机械阻尼器以及零扭转刚度的创新设计也取得了相应成果，特别是扭转磁流变阻尼器[8]和变形翼零扭转刚度[9]的研究。然而，为了增加旋转系统的减振频带，在保证系统高效工作的前提下，减小旋转系统的刚度是非常有效的途径。由于旋转机械不同于其他平移机械的特性，所以在旋转机械领域，基于刚度和阻尼变化的主动/半主动设计的研究较少。如何将现今研究逐渐深入的智能材料、新型结构应用在旋转机械的创新设计中，如何针对不同的振动环境等因素，选择和设计主动/半主动作器，形成在扭转方向的高静刚度低动刚度创新设计理论，突破旋转机械传统振动控制的设计，仍然是急需解决的问题。需要说明的是，正负刚度并联机构应用在旋转机械上，是解决低频扭转振动的重要方法之一。正负刚度并联机构关键在于负刚度的实现，在负刚度机构研究中，负刚度机构的创新设计与制造成为难点。现有研究表明，负刚度的非线性特性对诸多结构参数较为敏感，如连杆弹簧负刚度结构的弹簧预压缩量、连杆长度，磁性材料的磁性大小、磁表面积等，而这些因素也是导致结构失稳、降低振动消减效能的主要原因。所以，如何实现负刚度结构中敏感元件的精确设计和制造，同样是旋转机械创新设计的关键问题。

新材料、新结构等非线性因素的引入所引起系统多因素耦合特性，使得非线性振动系统的内在机理也发生了变化，动力传动系统的多自由度非线性本质决定了其模态参数、幅频特性、内共振、饱和现象和渗透现象等将会发生大的变化，关于非线性振动更多内在特性方面的研究还处在起步阶段[3]。Yang 等[7]从功率流角度分析了非线性系统的动力学特性，同时研究了系统的次谐波共振现象，探索了非线性系统的振动机理，给非线性系统的研究提供了新的思路。由于非线性特性的引入、诸多耦合等因素的影响，反映非线性系统内在特性的研究还有许多难点要攻克，非线性动力传动系统的高效求解方法、动力传动系统振动传递路径以及振动控制效能有效表征方法也是需要解决的基础问题。

动力传动系统动力传输过程中伴随着波动转矩的变化，由于新材料、新结构等非线性因素的引入，动力传动系统在低频扭转振动控制时基于波动转矩的稳定性研究也是急需解决的问题。Sun 等[10]在非线性隔振系统的稳定性控制方面，分别在承载刚度和非线性刚度部分增加可驱动刚度，采用时滞主动控制方法，对非线性隔振系统稳定性控制做了初步研究。如何在利用智能材料和新型结构优势的基础上，通过其刚度和阻尼可控的特点，解决旋转机械系统稳定性问题；针对动力传动系统多振动模态非线性特性，对非线性模态进行有效的解耦控制，使系统的各个模态独立地进行控制，解决系统低频和中高频减振性能不可兼得的问题，也是动力传动系统低频扭转振动控制的难点。以上所述稳定性问题，都是基于旋转机械在理想承载情况下（所承载平均转矩不变）而言的，这些问题的解决，有利于明确在理想承载情况下动力传动系统的振动消减效能。旋转机械中，由于不同功能及工况的需要，存在加速和减速工况以及拓扑结构的切换，系统所传递的平均转矩发生变化（此时为非理想承载情况）势必会对系统内在特性有所影响。在旋转机械中，随着系统传递平均转矩、转速的大范围变化，如果不对非理想承载情况下的系统进行调节控制，则动力传动系统不再工作在最佳的减振工况，且此时系统内部机理也将发生变化，使得实际被控系统的数学模型很难事先通过机理建模或离线系统辨识来确知，或者它们的数学模型的某些参数或结构是处于变化之中的，所以需研究针对动力传动系统的主动/半主动自适应控制策略及方法，以适应复杂工况以及较宽激振频率范围，使动力传动系统具有快速的响应特性、较强的抗干扰能力以及对参数变化良好的鲁棒性。

　　综上所述，在动力传动系统低频扭转振动控制中的创新制造、运行机理、非线性影响、多参数耦合、控制策略及方法等方面，现有的理论和研究尚存在不足之处。充分利用智能材料、新型结构的优势，研究扭振系统的内在机理，结合先进控制算法的使用，是解决动力传动系统低频扭转振动控制中耦合、多激励、多工况等问题的思路。如图 4 所示，解决动力传动系统低频扭转振动问题，应从设计理论和方法着手，打破传统的设计思路，结合新材料、新结构的创新应用对动力传动系统进行创新设计，深入探索动力传动系统振动的内在机理，同时结合主动/半主动控制的方法，进一步提高动力传动系统的动力传输品质。

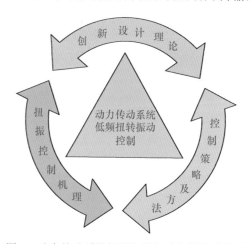

图 4　动力传动系统低频扭转振动问题解决思路

参 考 文 献

[1] Thomson W T, Dahleh M D. Theory of Vibration with Applications. 5th ed. Upper Saddle River: Prentice Hall, 1998.

[2] Rivin E I. Passive Vibration Isolation. New York: ASME, 2001.

[3] Ibrahim R A. Recent advances in nonlinear passive vibration isolators. Journal of Sound and Vibration, 2008, 314(3-5): 371-452.

［4］　Liu C C, Jing X J, Daley S, et al. Recent advances in micro-vibration isolation. Mechanical Systems and Signal Processing, 2015, 56-57: 55-80.

［5］　Carrella A, Brennan M J, Kovacic I, et al. On the force transmissibility of a vibration isolator with quasi-zero-stiffness. Journal of Sound and Vibration, 2009, 322(4-5): 707-717.

［6］　Zhu T, Cazzolato B, Robertson W S P, et al. Vibration isolation using six degree-of-freedom quasi-zerostiffness magnetic levitation. Journal of Sound and Vibration, 2015, 358: 48-73.

［7］　Yang J, Xiong Y P, Xing J T. Dynamics and power flow behavior of a nonlinear vibration isolation system with a negative stiffness mechanism. Journal of Sound and Vibration, 2013, 332(1): 167-183.

［8］　Imaduddin F, Mazlan S A, Zamzuri H. A design and modelling review of rotary magnetorheological damper. Materials and Design, 2013, 51: 575-591.

［9］　Daynes S, Lachenal X, Weaver P M. Concept for morphing air foil with zero torsional stiffness. Thin-Walled Structures, 2015, 94: 129-134.

［10］　Sun X T, Xu J, Jing X J, et al. Beneficial performance of a quasi-zero-stiffness vibration isolator with time-delayed active control. International Journal of Mechanical Sciences, 2014, 82: 32-40.

撰稿人：刘　辉、项昌乐

北京理工大学

太空环境下传动机构使役性能与可靠性预测

Assessing of Causative Performance and Reliability about Space Transmission Mechanisms

在真空、高低温和辐射等复杂工况下，对传动机构的使役性能、寿命和可靠性等进行定量的评价和预测是空间传动机构设计和实验的重要科学内容。空间传动机构，特别是空间驱动和指向机构的性能退化、故障或失效往往是造成各类航天器在轨失效的主要原因之一。空间传动机构不仅决定着航天器的运行能力和工作寿命，也制约着平台和载荷设备整体能力的发展水平。

目前，太空环境下影响传动机构使役性能和可靠性的因素主要包括[1]：

（1）发射。发射过程中的振动和高加速载荷可能产生磨损，导致固体润滑剂失效，引起接触黏着、接触表面压痕等问题。

（2）真空。由于金属接触表面没有氧化过程，容易产生附着和冷焊，磨损加剧（在大气环境中，传动机构接触表面磨损后会迅速氧化形成保护膜（passivated），从而减少磨损）；真空中的液体润滑剂容易挥发损失，影响润滑效果，污染光学器件或太阳能电池。同时在真空环境中，没有对流散热，只能通过热传导或辐射散热，接触表面容易局部温升。

（3）辐射。其中的粒子及电磁辐射易导致某些聚合物降解，紫外线、射线原子氧等也可能使润滑剂性能退化，如固体润滑剂被原子氧氧化或腐蚀。

（4）温度。高低温和交变高低温容易使润滑剂降解或凝固，导致极端温度条件下润滑不足。

（5）"零重力"。固体润滑部件形成的磨屑容易形成光学表面的微粒污染；当然，在地面试验中很难完全模拟"零/微重力"环境的工况规律。

因此，复杂太空环境中，真空、温度（高低温、温度冲击、热梯度）、辐射、原子氧等条件下常常引起包括轴承在内的传动机构性能退化、故障、寿命降低和失效。在工作过程中，空间传动机构经常出现润滑特性退化、表面磨（破）损卡滞、摩擦力矩增大和波动（力矩噪声）以及传动机构精度、效率和侧隙等关键使役性能指标恶化，影响机构寿命和可靠性。目前在太空环境下传动机构使役性能规律研究中，主要集中在单因素或有限因素的影响研究，并且以试验研究为主[2-4]；美国编写了《空间机构教训研究》[5,6]，欧洲太空局建立了故障信息数据库FADAT，日本宇宙开发事业团（NASDA）建立了航天器故障数据库 MARK[7]。而复杂的多因素（真空、高低温环境、失重或微重力）条件下，空间传动机构的使役性能退化、失效等产生的机理和本质还没有完全清楚，在设计、试验、评价理论和方法及可靠性预测等方面还缺乏系统深入的科学基础。

目前，在太空环境下传动机构通常采用固体润滑，区别于常规的流体润滑。在摩擦学规律研究方面，美国 NASA、欧洲 ESA 和日本等进行了大量的研究，取得了一定的成果，如 NASA 的 *NASA Space Mechanisms Handbook*、*Handbook of Space Tribology* 和 ESA 的 *Handbook of Space Tribology*[1]。由于空间传动机构的摩擦学特性与摩擦副材料、温度、润滑材料、运动速度、负荷、装配等多种因素相关，而现有的摩擦学规律研究方面，也主要集中于在试验基础上开展的单因素影响规律研究。

在太空环境下传动机构失效机理和影响规律方面，Finkin[8]从理论上对固体润滑轴承磨损的影响因素进行了分析；Gupta 等[9]在轴承动力学特性基础上建立了磨损模型；Dellacorte 等[10]研究了由于安装误差等引起的空间站 Alpha 转动关节接触失效的机理；Bohner 等[11]研究了由于微小安装误差引起的固体润滑支撑轴承摩擦力矩增大的机理和试验。空间用谐波齿轮减速器失效机理方面，Schafer 等[12]和 Johnson 等[13]分别通过试验研究发现：脂润滑谐波齿轮减速器在热真空环境下柔轮内壁与柔性轴承外圈、柔轮与刚轮轮齿间出现了明显的磨损。关于温度、负载、安装误差等工况和材料等因素对故障机理和磨损寿命研究的文献中，考虑单因素进行定性和试验研究的较多，理论研究的较少。

在空间传动机构使役性能规律试验研究方面，与空间轴承失效机理研究类似，目前的研究集中于单因素影响条件下单个部件的变化规律的试验研究，如固体润滑滚动轴承的摩擦、磨损和疲劳等研究[9-11]。日本的 Maniwa 等[14]对真空环境下谐波齿轮的润滑和传动效率进行了试验研究。李晓辉等[15]对热真空条件下的脂润滑谐波减速器的温升和传动效率等进行了试验研究，研究表明：谐波减速器的效率和温升等传动性能与其环境温度、输出扭矩和转速具有直接相关性。低温情况下由于接近润滑脂的倾点以及润滑脂黏度快速增加，导致谐波减速器传动效率下降较快。李波[16,17]采用正交设计法对谐波减速器进行了热真空试验，选择传动效率作为传动性能的评价指标，考察环境温度、负载、润滑方式和工作时间等对其传动效率的影响敏感性，研究表明：温度是影响空间润滑谐波减速器传动效率的重要因素，润滑和负载影响次之，时间最小；试验后脂润滑和固体润滑谐波减速器在柔轮齿面和内壁处均呈现明显的滑动磨痕。根据谐波减速器失效机理中存在刚轮与柔轮间的磨损、柔轮与柔性轴承之间的磨损，因此磨损后也会对传动效率产生不利影响。在理论研究方面，由于空间环境和工况的复杂性，以及空间传动机构的材料、设计、加工和装配误差、润滑等诸多环节，空间传动机构使役性能系统的变化规律和趋势的理论研究目前尚未见到文献报道。由于各种性能退化影响因素之间的耦合和同时作用，空间传动机构使役性能退化规律的理论研究存在一定的困难，影响因素之间的相关性难以评估。

在加速寿命试验理论和方法研究方面，Meeks 等[18]对空间固体润滑轴承寿命预测进行了理论和试验研究，在疲劳、滚道磨损、保持架磨损等已知故障模式基础上建立了固体润滑轴承性能退化、寿命评估和可靠性分析的准经验模型。Murray 等[19]对空间机构的加速寿命试验进行了较为深入的研究。但现有的加速寿命试验中，通常采用单应力恒定应力加速寿命试验，已经不能满足空间环境复杂工况条件下的试验需要[20,21]；同时，现有研究对寿命分析、预测和评估的理论研究较少，定性评价寿命的试验研究较多。

尽管已经在空间复杂环境工况下（真空、高低温、温度冲击、辐射、失重等）传动机构使役性能和可靠性预测理论开展了研究工作，但由于问题的复杂性和小样本特性，现有工作更多局限于在试验的基础上进行评价分析，尚未建立起完善统一的磨损模型、性能退化及寿命分析模型和加速寿命试验方法。迄今为止，空间机构的使役性能退（变）化规律尚缺少完善的理论描述和预测。

在下一步的工作中，需要考虑热真空环境、温度冲击、原子氧、辐射等空间复杂环境，结合润滑磨损、机构设计、制造、材料和可靠性理论等多学科知识，宏微结合，对空间机构使役性能、可靠性和寿命等方面进行理论和试验研究，为太空环境下长寿命、高可靠的传动机构的设计和应用提供理论基础。

参 考 文 献

[1] 固体润滑国家重点实验室. 空间摩擦学手册. 3 版. 兰州: 固体润滑国家重点实验室, 2006.

[2] Pepper S V, Ebihara B T, Kingsbury E, et al. NASA-TP-3629. A Rolling Element Tribometer for the Study of Liquid Lubricants in Vacuum. Cleveland: NASA Lewis Research Center, 1996.

[3] Fusaro R L. How to evaluate solid lubricant films using a pin-on-disk tribometer. Lubrication Engineering, 1987, 43(5): 330-338.

[4] Buttery M. An evaluation of liquid, solid, and grease lubricants for space mechanisms using a spiral orbit tribometer. Proceedings of the 40th Aerospace Mechanisms Symposium, 2010: NASA/CP-2010-216272.

[5] Shapiro W, Murray F, Howarth R, et al. NASA-TM-107046. Space Mechanisms Lessons Learned Study: Volume 1 Summary. Cleveland: NASA Lewis Research Center, 1995.

[6] Shapiro W, Murray F, Howarth R, et al. NASA-TM-107047. Space Mechanisms Lessons Learned Study: Volume 2 Literature Review. Cleveland: NASA Lewis Research Center, 1995.

[7] 王存恩. NASDA 的航天器故障数据库. 控制工程, 1995, 1: 36-43.

［8］ Finkin E F. Theoretical analysis of factors controlling the wear of solid-film-lubricated ball-bearings. Wear, 1984, 94(2): 211-217.

［9］ Gupta P K, Forster N H. Modeling of wear in a solid-lubricated ball-bearing. Tribology Transactions, 1987, 30(1): 55-62.

［10］ Dellacorte C, Krantz T L, Dube M J. NASA/TP-2011-217116. ISS Solar Array Alpha Rotary Joint (SARJ) Bearing Failure and Recovery: Technical and Project Management Lessons Learned. Cleveland: NASA Lewis Research Center, 2011.

［11］ Bohner J J, Conley P L. On the torque and wear behavior of selected thin film MOS$_2$ lubricated gimbal bearings. The 22nd Aerospace Mechanisms Symposium, 1988: 227-244.

［12］ Schafer I, Bourlier P, Hantschack F, et al. Space lubrication and performance of harmonic drive gears. Proceedings of the 11th European Space Mechanisms and Tribology Symposium, 2005: 591.

［13］ Johnson M R, Gehling R, Head R. Life test failure of harmonic gears in a two-axis gimbal for the Mars reconnaissance orbiter spacecraft. Proceedings of the 38th Aerospace Mechanisms Symposium, 2006: 20060044149.

［14］ Maniwa K, Obara S. Study on lubrication mechanisms of strain wave gearing. Jaxa Research and Development Report, 2007, 6: 1-170.

［15］ 李晓辉, 刘继奎, 王术. 601EF 脂润滑谐波减速器热真空传动性能试验研究. 航天器环境工程, 2011, 28(5): 450-453.

［16］ 李波. 基于交互正交试验的空间用谐波减速器传动性能影响因素研究. 航空学报, 2012, 33(2): 375-380.

［17］ 李波. 空间润滑谐波减速器传动性能正交试验分析. 机械工程学报, 2012, 48(3): 82-87.

［18］ Meeks C R, Bohner J. Predicting life of solid-lubricated ball-bearings. Tribology Transactions, 1986, 29(2): 203-213.

［19］ Murray S F, Heshmat H. NASA-CR-198437. Accelerated Testing of Space Mechanisms. Cleveland: NASA Lewis Research Center, 1995.

［20］ 翁立军, 刘维民, 孙嘉奕, 等. 空间摩擦学的机遇和挑战. 摩擦学学报, 2005, 25(1): 92-95.

［21］ Miyoshi K. Aerospace mechanisms and tribology technology case study. Tribology International, 1999, 32(11): 673-685.

撰稿人：王光建、喻　立、邹帅东

重庆大学

复杂多自由度传动离散结构拓扑与连续功能参量的新数学表征

A New Mathematical Representation on Discrete Structural Topology and Continuous Performance Parameter for *M*-DOF Transmission Mechanism

从混合动力车辆、工程机械、产业机器人到海底作业机械等领域，多自由度传动机构由于可具有多动力源、组合灵活、实现多输入多输出等特点[1]，在高性能复杂装备中发挥着不可替代的作用。混合动力车辆传动装置、新能源车辆多电机驱动系统、飞机混合动力系统、混合式风能发电机组等众多应用场合正进行一场多自由度传动系统的技术革新，新型传动机构不断涌现[2,3]。

在机器人领域，为适应工作柔性特征，将传统机构的高速、低成本、大功率、高效节能等优势与机器人机构的灵活性特征有机结合[4]，实现机电一体化和智能化，混合驱动机构的概念于 20 世纪 90 年代初由英国学者 Tokuz[5]首次提出，以其高效、灵活、智能、低成本的优势，拥有巨大的发展空间和应用价值。多自由混合驱动结构 20 多年的发展中，在功率匹配、轨迹规划、混合驱动存在条件等各方面都有深入的研究，其研究热点也从双自由度混合驱动向多自由度混合驱动发展。例如，二自由度混合驱动机构已成功应用于压力机、合模机构上；三自由度混合驱动机构已开始应用于可控挖掘机、柔索并联机器人及月球车上[6,7]。

随着车辆混合动力传动系统、电驱动系统的发展，其运行模式已由单工况、单模式向全工况、多模式发展，要求核心传动机构从两自由度向多自由度演变[8]。为应对日趋严格的燃油经济性及排放法规、提高传动效率、增加运行模式、提升电机系统的性能要求，例如，由早期丰田公司混合动力车辆 Prius 的两自由度传动机构发展到通用汽车公司 Voltec 的多自由传动机构，通过 2～3 个行星功率耦合机构和若干离合器操纵元件，获得更多运行模式，应对不同的使用工况[9]。在大功率履带车辆或者多轴轮式车辆混合驱动方面，已由转速、转矩二自由度机构向转速、转矩多自由度机构发展，增加机构的灵活度，实现中心转向、轴间动力无级分配、轮间转矩定向功能等，并可充分利用多电机转矩的灵活分配，提高传动效率。

　　机器人等领域的混合驱动机构属于空间多自由度机构，车辆混合传动系统属于平面多自由度机构，而近些年，两者的核心问题都为多自由度传动机构的构型综合，分析已有机构的拓扑构型，应用变拓扑机构创新设计理论和方法，研究适用于多自由度传动机构的构型创新设计。多自由度传动机构的构型综合研究将是可控机构学的一个新型研究领域[10]，相比于单自由度机构和两自由度机构，多自由度传动机构可实现复杂多功率流分配，存在拓扑到功能、性能的多映射关系，其构型综合的挑战在于寻求拓扑结构与功能、性能的数学描述；与此同时，针对不同应用场合，如微小型传动机构到大功率传动机构乃至大尺寸空间可控机构，多自由度传动机构的性能、功能是尺寸、拓扑结构双重作用的结果，同一拓扑在尺寸发生变化时，性能与功能可能会发生截然不同的变化；相同尺寸的机构在构成不同拓扑时，性能与功能也都大相径庭。由于性能指标和设计尺寸参数具有多元性、耦合性和非线性，为了实现多自由度机构设计过程的全局最优，研究多自由度传动机构尺寸参数与性能、功能之间的关系具有十分重要的理论和实用价值。

　　科学问题：由于尺寸是空间连续量，而多自由度机构的拓扑和功能是空间离散量，如何在拓扑综合算法中进行尺度、性能的连续参量和功率的空间离散量耦合描述。在离散空间中，多自由度传动机构的物理形态与性能、功能无法用现有的传动机构分析理论和方法进行描述。截至目前，对多自由度传动机构拓扑综合的研究以及功能空间的离散数学描述多是基于图论与离散数学，其只能实现单一的运动学的性能或模式功能的分析，而无法获得全局功能描述和全局动力学性能优化。需要研究离散结构拓扑与连续功能参量的数学表征方法，进行机构的拓扑综合算法与全局动力学性能优化的耦合求解，研究多自由度机构的驱动特性、工作空间等参数的优化设计问题，把多自由度传动机构设计拓展到三个维度（性能、功能、尺度）的设计空间。

　　期待突破：描述多自由度传动物理形态的拓扑必须是综合连续空间与离散空间的新数学表征形式，或者反之，描述性能、功能的各种连续量必须找到一种存在于拓扑物理形态的离散空间中的数学表征，才能在讨论离散拓扑的同时，研究连续尺寸、功率流、效率、功能、性能、灵活度等参量。

参 考 文 献

[1] 戴建生. 机构学与机器人学的几何基础与旋量代数. 北京: 高等教育出版社, 2014.

[2] 邹慧君, 蓝光辉. 机构学研究现状、发展趋势和应用前景. 机械工程学报, 1999, 35(5): 1-4.

[3] Hannan M A, Azidin F A, Mohamed A. Hybrid electric vehicles and their challenges: A review. Renewable and Sustainable Energy Reviews, 2014, 29(2014): 135-150.

[4] 李瑞琴, 王英, 王明亚, 等. 混合驱动机构研究进展与发展趋势. 机械工程学报, 2016,

52(13): 1-9.

[5] Tokuz L C. Hybrid machine modeling and control. Liverpool: Liverpool Polytechnic University, 1992.

[6] Zi B, Duan B Y, Du J L, et al. Dynamic modeling and active control of a cable-suspended parallel robot. Mechatronics, 2008, 18(1): 1-12.

[7] Briot S, Bonev I A. Accuracy analysis of 3-DOF planar parallel robots. Mechanism and Machine Theory, 2008, 43(4): 445-458.

[8] Hofman T, Ebbesen S, Guzzella L. Topology optimization for hybrid electric vehicles with automated transmissions. IEEE Transactions on Vehicular Technology, 2012, 61(6): 2442-2451.

[9] Zhang X, Li S, Peng H, et al. Design of multi-mode power split hybrid vehicles—A case study on the voltec powertrain system. IEEE Transactions on Vehicular Technology, 2016, 65(6): 1-10.

[10] Simo-Serra E, Perez-Gracia A. kinematic synthesis using tree topologies. Mechanism and Machine Theory, 2014, 72(72): 94-113.

撰稿人：彭增雄、魏　超

北京理工大学

碳纤维复合材料减速器壳体抗冲击损伤、
热负荷的使役特性

Structural Performance of CFRP Gear Case under
Thermal and Impact Loads

先进高端机械装备呈现出"力量到边"的分布式驱动发展趋势。为了最大限度地减小执行终端的质量和惯量，利用碳纤维复合材料（CFRP）高比强度、高比模量、高抗疲劳性能和高阻尼特性等优点，充分考虑材料空间分布、非匀质设计等要素，进行碳纤维减速器壳体结构的不等厚拓扑设计，实现减速器壳体的轻量化，提高装备运行的敏捷性与机动性，并开展相应的基础理论和试验研究，具有重要意义。

与铝、镁、钛等先进轻型金属壳体相比，碳纤维复合材料壳体热传导性极差，散热系数小。在高速重载传动条件下减速器内润滑油温急剧升高，热量难以被壳体导出实现散热降温，尤其在无法提供完整的液态润滑油路的部分使用条件下，如全轮毂电机驱动车辆减速器、机器人关节中旋转伺服减速器、倾转式多升/推力面无人机的螺旋桨减速器等，工作时壳体内润滑油温可达 130℃以上。碳纤维减速器壳体长期工作在高温润滑油的浸润条件下，复合材料内部易出现热老化、后固化、界面脱黏等现象，会对箱体疲劳强度、寿命等使役特性带来影响。

装备的复杂工作环境将引起超高周期振动疲劳效应（循环周期≥10^7次），如此也会对材料服役寿命产生较大影响。由于复合材料在刚度和强度上的各向异性、内部构造上的不均匀性和不连续性等力学特性，在疲劳载荷下呈现出非常复杂的破坏机理。当含冲击损伤复合材料构件的疲劳应力累积到一定水平时，复合材料构件将呈现"突然死亡"的破坏特征。

因此，使役情况下复合材料减速器壳体将面临油液浸润、温度冲击、高/低周振动载荷等多物理场耦合作用。如何揭示各因素间非线性相互作用机理，建立湿（油）-热-力多物理场环境下复合材料宏观性能演化模型，是进行先进装备轻量化结构设计、疲劳载荷损伤与寿命预测面临的共性科学问题。

复合材料传动箱体结构所面临的载荷和使役环境极其复杂，由湿热、盐雾、光照、疲劳等因素引起的复合材料老化问题尤为突出，严重影响设计工作者对结构的安全性能评估和使用寿命预测[1]。20 世纪末，针对单因素情况下复合材料性能退化机理展开了研究，采用 X 射线、SEM、光学显微镜、热成像等方法对纤维增强树脂基复合材料微观结构变化进行了观测[2]，研究结果表明，湿热环境会引起结晶体不同程度脆化和界面微裂纹萌生，由于材料热膨胀性能的差异，温度冲击产生的热变形响应不匹配会加速材料黏结界面损伤扩展，疲劳载荷效应会加剧纤维层间分层和界面剥离。事实上，各因素间相互作用下会产生显著的耦合效应，例如：疲劳效应会引起复合材料结构局部温度升高（图 1）；湿热环境将加速疲劳损伤扩展；疲劳作用同样会加剧水分子扩散和渗透等[3]。目前，关于湿-热-力多物理场环境下复合材料损伤演化研究十分欠缺，微观耦合失效机理尚不清晰。此外，油液和水分子与聚合物材料亲疏性存在差异，材料化学稳定性也必然不同。因此，该内容也是轻量化减速器壳体结构应用无法回避的问题。

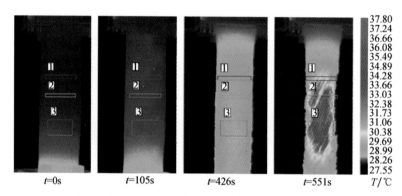

图 1　拉伸疲劳载荷作用下复合材料局部温升效应

　　真实耦合环境下复合材料疲劳损伤演化实验表征技术和测试标准目前尚未建立。对于湿热、盐雾等环境因素引起的老化对复合材料结构宏观性能的影响，由于实验周期耗时较长，国内外研究工作者通常采用人工加速测试方法[2]，其中湿热老化主要为恒温恒湿方法和交变温湿度循环方法。然而，人工加速测试结果和结构真实服役周期内性能退化无法建立完全等价的映射关系。此外，金属结构振动疲劳效应实验表征技术相对成熟，一般采用超声波振动来实现超高周期疲劳加载，国内学者王清远、洪友士等依托该技术对轨道交通用金属材料疲劳行为及微纳尺度结构演化进行了研究[4]。复合材料与金属材料相比在物理性能上存在较大差异，无法采用该技术实现超高周加载，常规共振高频疲劳实验技术无法满足超高周测试需求。多物理耦合环境下复合材料疲劳损伤研究国内外均未见报道，除超高疲劳限制外，耦合环境场协同加载仍是巨大的技术挑战。为满足复合材料在轨道交通民用装备工程应用的设计与评估需求，新的实验表征技术有待进一步发展和完善。

湿（油）-热-力多物理场环境下复合材料结构强度理论还有待完善，因为涉及各种各样非线性破坏形式，所以进行准确预测和评估十分困难。自 Jenkins 在 1920 年提出正交各向异性材料最大应力判据至今[5]，国内外学者为指导工程设计，先后建立了 Zinoviev、Bogetti、Puck、Tsai-Wu、Hashin、Huang 等多种复合材料宏观/细观力学强度理论模型[6]。考虑到振动、冲击、温度等因素对材料强度的影响，模型随后引入了应变速率、温度等参数[7]，但各参数影响规律均基于实验测试结果，属于宏观唯象模型，且未反映材料的各向异性差异，仿真计算强度预测结果与实际往往存在一定偏差[3,8,9]。此外，高速重载条件下，结构疲劳强度预测缺乏有效的细观理论模型，目前通常采用的是 S（剩余强度）-N（循环周期）唯象演化曲线[9]，国内学者姚卫星、轩福贞等开展了部分微观理论研究工作[10]。事实上，关于油液浸润、温度冲击、路面振动等多物理场耦合情况下复合材料剩余强度、刚度和疲劳寿命研究，国内外均未开展，然而该研究内容对于复合材料重载结构工程设计十分必要。

综上所述，湿（油）-热-力多物理场之间的耦合机制已成为复合材料学科方向的科学难题，解决该难题对于预测复合材料损伤演化和性能劣化机理，促进先进装备结构轻量化设计具有重要意义。

参 考 文 献

[1] 王云英, 刘杰, 孟江燕. 纤维增强聚合物基复合材料老化研究进展. 材料工程, 2011, 7: 85-89.

[2] Tsai Y, Bosze E, Barjasteh E, et al. Influence of hygrothermal environment on thermal and mechanical properties of carbon fiber/fiberglass hybrid composites. Composite Science and Technology, 2009, 66: 432-437.

[3] Colombo C, Vergani L. Influence of delamination on fatigue properties of a fibreglass composite. Composite Structures, 2014, 107: 325-333.

[4] He C, Liu Y, Dong J, et al. Through thickness property variations in friction stir welded AA6061 joint fatigued in very high cycle fatigue regime. International Journal of Fatigue, 2016, 82: 379-386.

[5] Jenkins C. Report on materials of construction used in aircraft and aircraft engines. Great Britain Aeronautical Research Committee, 1920.

[6] 黄争鸣, 张华山. 纤维增强复合材料强度理论的研究现状与发展趋势——"破坏分析奥运会"评估综述. 力学进展, 2007, 37(1): 80-98.

[7] Jendli Z, Fitoussi J, Meraghni F, et al. Anisotropic strain rate effects on the fiber-matrix interface decohesion in sheet moulding compound composites. Composite Science and Technology, 2005, 65(3-4): 387-393.

［8］ Feng Y, Gao C, He Y, et al. Investigation on tension-tension fatigue performances and reliability fatigue life of T700/MTM46 composite laminates. Composite Structures, 2016, 136: 64-74.

［9］ Sarfaraz R, Vassilopoulos A, Keller T. A hybrid *S-N* formulation for fatigue life modeling of composite materials and structures. Composites: Part A, 2012, 43: 445-453.

［10］ 吴富强, 姚卫星. 一种复合材料层合板的 *S-N* 曲线模型. 机械强度, 2004, 26: 127-129.

撰稿人: 陈浩森、徐　彬、雷红帅、樊　伟

北京理工大学

复杂机电传动系统多维高频动力学问题及其控制

Multivariable Dynamics Control of Complex Mechanical and Electrical Transmission in High Frequency Domain

复杂机电传动系统是新能源汽车、高速机车、高速高精度机床、飞机作动装置、航天器空间展开机构和大型铺摊盾构机械等高技术复杂机电装备驱动系统的核心部件，集成了机、液、气、电力、电子、电磁等多种学科和技术，存在复杂的能量流与信息流的传递、转换和演变。与传统机械系统相比，复杂机电传动系统的组成结构复杂性和技术综合性有了革命性的提升，同时也对系统动力学行为的分析与控制提出了新的挑战。

长期以来，对机电传动系统的分析与控制侧重于功能实现和中低频段（0～10Hz）内的动态响应性能。随着对机电传动系统认识的不断深入和对系统品质需求的不断提升，人们发现高频段（10～100Hz 以上）系统特性对复杂机电装备使役性能有显著影响（图 1）[1]，即噪声、振动和平顺性（noise, vibration and harshness, NVH）问题。例如，新能源汽车驱动系统中采用了大功率永磁同步电机作为驱动系统后，其快速的转矩响应特性对其他机械部件带来了高频的转矩冲击；同时电机的电磁噪声也给驾乘人员带来新的不适感觉。对于高精度机床，电机驱动器的载波频率在电机主轴上形成的高频转矩谐波与机械系统的耦合易于产生主轴颤动，从而显著影响加工精度[2]。航天领域中，航天器在轨运行期间，由电机驱

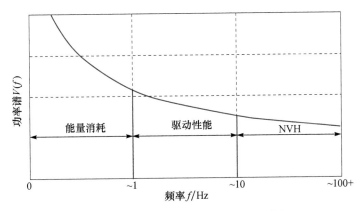

图 1　复杂机电传动系统的工作频段划分

动的展开式挠性板等结构件在受多种微振动干扰源的作用会引起中高频抖动，由于太空中微重力和弱阻尼的动力学环境，如果不施加必要的控制，振动很难立即衰减，会严重影响天线、相机等有效载荷的工作性能[3]。因此，近年来，机电传动与控制领域内的研究者对于高频段的系统动力学特性给予了足够的关注，并且已经开展利用电作动元件特有的高速响应特性对机电传动系统内的高频振动开展主动控制研究。

　　研究复杂机电传动系统的高频动力学品质控制，难点之一在于系统动力学模型的建立。由于复杂机电系统包含多物理子系统，所对应的数学模型具有维数高、多时空尺度以及多子系统高度耦合等特点，加之物理系统高度异质性导致数学上的高度异构性，模型往往呈现严重病态，难以数值求解；另外，由于结构参数的不确定性，导致最终所建立系统理论模型存在较大的不确定性，基于这种模型所设计得到的控制器维数也较高，难以实际应用。为进行复杂机电传动系统动力学仿真分析并进一步开展控制器设计，必须进行降阶研究（图2）。Sedighizadeh 等[4]应用积分流形的方法对复杂双绕组永磁风力发电机和机械传动装置开展降维研究，将仿真时间缩短 50%以上。瑞典隆德大学[5]采用轨迹分段线性（trajectory piecewise-linear, TPWL）方法对基于仿射架构的发动机平均值模型进行降阶处理，将原具有 6 个状态变量复杂模型简化到只有 1 个状态变量的简单模型，计算速度提升了 100 倍，最大误差不超过 1.2%，降阶模型可实时运行于 32 位嵌入式电子控制单元（electronic control unit, ECU）中。由于上述系统的阶次不超过 10，而且机电耦合程度较弱，获得了较好的降维效果。对于大量刚柔混合单元与连续、离散混合信号状态的复杂机电传动系统，如功率分流式混合动力汽车用变速箱和电

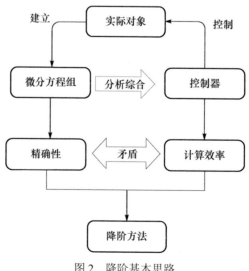

图 2　降阶基本思路

机驱动的机器人机械臂等装备，前述方法的降维效果不够显著，Krylov 子空间下的矩匹配方法为大规模偏微分方程组的降维提供了可行途径（图 3）[6]。另外，复杂机电传动系统多数具有较强的非线性和机电功率高度耦合等特征。传统的忽略快动态的降维方法容易导致降维模型丢失高频段的机电耦合响应特征，误差较大。加利福尼亚大学伯克利分校的 Gu 等[7]采用流形降维方法将具有强非线性和高度耦合特征的复杂 CMOS 电路降阶处理，可以兼顾瞬变动态响应特征的捕获与慢变直流工作点的计算误差，最大均方误差为 0.1293。但总体来说，如何在保证降维前后稳定性特征不变的前提下提升降维效果、实现计算的实时性仍然是复杂机电系统降维研究的难点。

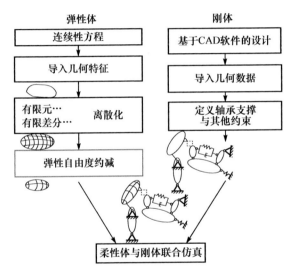

图 3   刚柔混合多体系统模型降维思路

面向复杂机电传动系统的高频动力学控制是本领域的另一个难点。尽管高响应速度机电元件为动力学品质的主动控制提供了可行性，但仍需要控制理论的突破以提供高效的设计和仿真方法。仍以新能源汽车为例，基于车载电子控制器件和电力执行器件的对信息和能量的快速响应特性，在多种工作模式之间切换过程中实时协调控制各个子系统，可实现主动抑制模式切换过程中的机械零件与电气部件所承受的冲击载荷。已有的研究方法集中在时域、时频混合域和模态域内寻找解决方案。秦大同等[8]主要通过时域内的动力学模型，研究混合动力汽车和纯电动汽车在模式切换过程中如何通过电机的快速转矩响应减小切换过程冲击。童毅[9]主要基于频域内的 FFT 计算发动机脉动转矩并在时域内分配永磁同步电机的转矩来补偿发动机的动态转矩，以提升混合动力汽车驾乘者的舒适度，可称为混合域方法。Njeh 采用 H_∞ 方法通过电机的主动转矩控制，将并联式混合动力汽车用发动机在 7.5Hz、15Hz 和 22.5Hz 三个谐次的脉动转矩削减，NVH 主动控制效果显著。对于更复杂的多流机电传动系统，还需要探索和揭示机电动载荷多路径传输效应、影响机制、扰动幅值与相位的实时辨识等科学问题，期望在多维强耦合非线性约束系统的实时优化求解和多维变量的协调控制方面取得突破，实现高性能动力学品质的主动控制。

　　对于更高阶数和频段的受控机电系统，其 NVH 的控制方法主要基于模态控制思想。胡海岩等[10]在飞机气动弹性及其主动控制方面开展了大量工作（图 4）。本方向的难题在于：当采用模态控制方法控制结构的中高频振动时，未被控制的剩余模态在控制力的作用下，将会出现"控制溢出"的问题。除此之外，模态控制中所需的控制力一般通过十分精确的模态坐标计算获得，然而在提取模态坐标的过程中又会出现"观测溢出"的问题。对于高频动力学的研究范围，由于无法准确获取模态特性，并且对模型偏差将会十分敏感，所以以此模态模型设计相应的控制器，控制器的可靠性会明显降低，其控制方法仍需要理论研究的进一步深化。

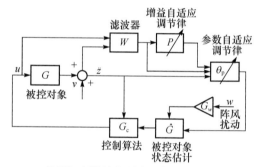

（a）用于气动弹性问题分析的样机及测试设备　　（b）机翼气动弹性颤振的自适应主动控制策略

图 4　气动弹性问题的主动控制

参 考 文 献

[1] Koprubasi K, Westervelt E R, Rizzoni G, et al. Toward the systematic design of controllers for smooth hybrid electric vehicle mode changes. American Control Conference, 2007: 2985-2990.

[2] 吕浪, 熊万里, 侯志泉. 面向机电耦合振动抑制的电主轴系统匹配特性研究. 机械工程学报, 2012, (9): 144-154.

[3] 王有懿. 航天器桁架结构中高频抖动动力学分析与主动控制研究. 哈尔滨: 哈尔滨工业大学博士学位论文, 2014.

[4] Rezazadeh M, Sedighizadeh M. A wind farm reduced order model using integral manifold theory.

World Academy of Science, Engineering and Technology, 2008, 38: 263-268.

[5] Nilsson O, Rantzer A. A novel nonlinear model reduction method applied to automotive controller software. American Control Conference, 2009: 4587-4592.

[6] Fehr J, Eberhard P. Error-controlled model reduction in flexible multibody dynamics. Journal of Computational and Nonlinear Dynamics, 2010, 5(3): 470-478.

[7] Gu C, Roychowdhury J. Manifold construction and parameterization for nonlinear manifold-based model reduction. Design Automation Conference, 2010: 205-210.

[8] 秦大同, 陈淑江, 胡明辉, 等. 纯电动汽车电机与制动器协调起步控制. 中国机械工程, 2012, 23(14): 1758-1763.

[9] 童毅. 并联式混合动力系统动态协调控制问题的研究. 北京: 清华大学博士学位论文, 2004.

[10] 胡海岩, 赵永辉, 黄锐. 飞机结构气动弹性分析与控制研究. 力学学报, 2016, 48(1): 1-27.

撰稿人：马　越、项昌乐、王伟达

北京理工大学

车辆传动系统故障实时监测与诊断

Real-Time Fault Monitoring and Diagnosis of Transmission System

车辆传动系统由离合器、变速器、万向传动装置、主减速器、差速器和半轴等部件组成。在车辆行驶过程中，任何一传动部件故障均会引起车辆驾驶异常，甚至导致交通事故发生。例如，离合器从动钢片翘曲变形或摩擦片破裂引起离合器分离不彻底，导致车辆起步发抖；变速器齿轮啮合部位磨损成锥形，导致变速器自动跳挡；变速器互锁装置损坏引起乱挡等问题。因此，作为车辆研发过程中的关键技术之一，传动系统故障监测与诊断对整车行驶过程安全性与稳定性具有重要意义。

传动系统故障监测与诊断技术最早始于 20 世纪 60 年代的西方发达国家，从最初仅依赖车辆工程师经验判断排查车辆故障，到使用万用表等简单的检测仪器，再到车载故障诊断系统（on-board diagnostics, OBD）的应用，车辆传动系统故障诊断技术取得了长足的进步。目前车辆传动系统故障监测与诊断技术存在的主要难点问题如下：

（1）混合动力传动系统故障诊断机制还不完善。随着时代的进步，现代汽车技术发展日新月异，尤其在环境污染以及能源危机两大问题影响下，混合动力技术发展迅速，国际市场已经超过千万辆的规模，而目前针对混合动力复杂机电耦合传动系统的故障诊断机制仍不完善。一方面，混合动力车辆传动系统与传统车辆相比差异很大，且更加复杂多变，根据其拓扑结构，可以分为串联、并联以及混联，其中混联式构型有离合器开关式，也有更多基于行星机构耦合的功率分流形式，因此混合动力车辆的传动系统相比传统车辆更加复杂；此外，由于混合动力系统集成了电机、电池等新型部件，导致其潜在故障的可能性增加；再者，混合动力车辆特殊的结构也导致车辆在不同工况下其传动系统部件的工作状态与传统汽车有所不同，故传统汽车的诊断技术不能够覆盖混合动力车辆传动系统。另一方面，混合动力传动系统转速、转矩传递特性与传统车辆也不相同。混合动力车辆传动系统转速变化范围更大，可从每分钟数十转变化至每分钟上万转；同时正向驱动转矩与负向再生制动转矩交替时变特性，使得传动系统失效问题更复杂。此外，当前传统汽车故障诊断多采用车载故障诊断系统，该技术发展较为成熟[1,2]，但并不能实现混合动力车辆传动系统故障监测。

（2）故障诊断算法精确度与实时性之间的矛盾尚待解决。目前在车辆传动系统故障诊断算法中应用广泛的是门限检测方法，该方法通过检测当前信号值与预设的门限值之间的相对大小关系来进行故障检测，主要包括最大值/最小值检测、斜率检测、信号间数值比例关系检测等，算法简单，可靠性高，实时性强，但存在诊断精度低和鲁棒性差等缺点。为了提高诊断精度，现代模糊理论、神经网络、小波分析和专家系统等理论也引入车辆传动系统故障诊断系统[3-10]，虽然在一定程度上能够提高诊断精度，但算法复杂，实时性差，难以实际应用。关于像车辆传动系统这样复杂系统的实时故障诊断问题，近年来基于观测器的实时故障诊断技术发展较快，尤其是 $H\infty$ 优化技术在对复杂系统的实时诊断问题中得到了应用[11,12]。同时，基于解析模型和基于数据驱动的方法也已成为近年来的热门研究领域[13-15]。但是如何将相关实时故障诊断理论与车辆传动系统故障诊断需求相结合，建立同时适用于传统车辆，特别是混合动力车辆的复杂机电耦合传动系统的实时故障诊断机制，提高故障检测的合理性和准确性，仍然是目前车辆传动系统故障诊断研究领域的重大科学难点。

（3）未来智能车辆故障监测与诊断技术发展问题。未来智能车辆涵盖了自动控制、计算机、电子信息、地理信息、人工智能等多门学科，是当今世界前沿研究方向。智能车辆系统运行数据类型繁杂，具有多层面、多尺度、多模式、不规则等特点，且受复杂地形地貌、雨雪风雷天气变化、电磁干扰等不确定环境因素影响，导致环境感知传感器、车辆动力学传感器以及执行机构故障的发生不可避免。随着大数据、车联网和云计算应用在智能交通系统的普及和完善，云端和整车控制器实现协同故障诊断成为可能：通过在云端运行智能车辆健康管理系统，有规律地采集智能车辆传感器部件和执行器部件的相关运行信息，收集细粒度的信息，构成智能车辆（包括其重要的传动系统子部分）健康监测的大数据，进而建立导致各类故障的大数据模型，并根据故障模型诊断出智能车辆已有的或即将发生的故障。因此，针对智能车辆的全新体系结构，其传动系统的故障诊断更可结合大数据、车联网和云计算技术，探索新的故障监测与诊断技术，实现更精准的故障定位及预测，构建智能车辆传动系统的健康管理，建立更加完善的智能车辆传动系统故障实时诊断体系也是当务之急。

针对上述车辆传动系统故障诊断问题，需要深入研究的科学问题有：故障预测的特征提取方法，传动系统故障建模，故障演化机理及其对动力传动系统性能的影响，融入整车（特别是混合动力车辆）控制算法的实际产品开发流程。

参 考 文 献

[1] 徐建平. 美国第2代及欧洲汽车微机故障诊断系统. 汽车电器, 2004, (6): 45-48.

［2］　Szybist J P, Song J, Alam M, et al. Biodiesel combustion, emissions and emission control. Fuel Processing Technology, 2007, 88(7): 679-691.

［3］　刘玉梅, 苏建, 曹晓宁, 等. 基于模糊数学的汽车悬架系统故障诊断方法. 吉林大学学报(工学版), 2009, (S2): 220-224.

［4］　魏少华, 陈效华, 隋巧梅, 等. 人工 ANN 在车辆故障诊断中的应用. 南京理工大学学报(自然科学版), 2005, 29(2): 193-196.

［5］　周小勇, 叶银忠. 基于 MATLAB 塔式算法小波变换的多故障诊断方法. 控制与决策, 2004, 19(5): 592-594.

［6］　罗晓, 陈耀, 孙优贤. 基于小波变换的含噪系统辨识. 信息与控制, 2003, 32(5): 467-474.

［7］　文成林, 周东华. 多尺度估计理论及其应用. 北京: 清华大学出版社, 2002.

［8］　魏荣, 卢俊国, 李军, 等. 离散混沌系统的小波模型和定量分析. 电子学报, 2002, 30(1): 73-75.

［9］　吴明强, 史慧, 朱晓华, 等. 故障诊断专家系统研究的现状与展望. 计算机测量与控制, 2005, 13(12): 1301-1304.

［10］　张代胜, 王悦, 陈朝阳. 融合实例与规则推理的车辆故障诊断专家系统. 机械工程学报, 2002, 38(7): 91-95.

［11］　Wang Y, Ding S X, Ye H, et al. A new fault detection scheme for networked control systems subject to uncertain time-varying delay. IEEE Transactions on Signal Processing, 2008, 56(10): 5258-5268.

［12］　Zhong M, Guo D, Zhou D. A Krein space approach to H_∞ filtering of discrete-time nonlinear systems. IEEE Transactions on Circuits and Systems, 2014, 61(9): 2644-2652.

［13］　Qin S J. Survey on data-driven industrial process monitoring and diagnosis. Annual Reviews in Control, 2012, 36(2): 220-234.

［14］　Ding S X. Data-driven Design of Fault Diagnosis and Fault-tolerant Control Systems. London: Springer-Verlag, 2014.

［15］　Yin S, Ding S X, Xie X, et al. A review on basic data-driven approaches for industrial process monitoring. IEEE Transactions on Industrial Electronics, 2014, 61(11): 6418-6428.

撰稿人：张　农 [1]、曾小华 [2]

1 合肥工业大学、2 吉林大学

高速齿轮多相流摩擦润滑机理与能量传递

Lubrication Mechanism and Energy Transfer of Ultra-Speed Gear under Multi-Phase Complex Plow Field

高速齿轮通常是指圆周速度 $V > 100\text{m/s}$ 的齿轮传动。航空发动机、直升机等传动齿轮都已达到这个圆周速度标准。高速齿轮主要采用喷油方式润滑，高速喷油润滑射流与高速旋转的空间曲面发生冲击后，有一部分流体被击碎而扩散到周围环境，密闭传动装置内的复杂气场和喷油射流相互耦合作用，导致高速齿轮啮合区润滑和传热的机理非常复杂。

润滑方式和供油量的选择，直接影响齿轮等零部件的润滑和传热性能。齿轮工况与喷油润滑参数若不匹配，会造成齿面点蚀、胶合、磨损等传动失效。目前高速齿轮润滑与冷却一般是同时进行的。为了保证润滑油的润滑作用，要求其不能产生相变；然而，流体相变可以吸收相当多的热量。揭示高旋转多相复杂流场中的喷油润滑特性、喷油射流相变传热机理、喷油润滑定量相变控制等润滑机理和能量传递规律，是多相复杂流场环境高速齿轮传动领域的关键问题。

齿轮传动系统润滑经历了从古典润滑理论到弹流动力润滑理论的发展过程。随着试验和计算技术的发展，各国学者在齿轮啮合原理、摩擦润滑、弹流动力润滑和流体润滑试验等方面的研究，推动了高速齿轮喷油润滑的发展。

齿轮润滑理论兴起于 Martin[1] 对经典润滑理论的应用，Grubin 于 1949 年给出了线接触油膜厚度公式，提出 Grubin 入口区简化方法，开创了弹流润滑理论研究的新阶段[2]。Vichard[3] 最先涉及非稳态弹流润滑问题的研究，基于 Grubin 入口分析假设，通过数值方法获得了载荷、综合曲率半径和卷吸速度对油膜厚度的影响，该方法成为研究弹流问题的重要动力。采用牛顿法求解 Reynolds 方程与弹性变形方程，获得准稳态完全数值解的研究方法，将齿轮动态润滑研究带入了另一个崭新的时期[4]。齿轮润滑是一个系统工程，Snidle 等[5] 提出齿轮润滑的研究应综合考虑热效应、瞬时非稳态效应、润滑剂的非牛顿特性和表面粗糙度等因素。

国内在 20 世纪 80 年代开始开展齿轮润滑理论的研究，先后提出了热弹流、流变弹流以及非稳态弹流润滑的数值解法，最后在对数值计算方法进行重大改进的基础上，建立了弹流润滑理论。

自然界和工程问题中会遇到大量的多相流动。多相流动是指在同一个环境内，同时存在多种流动介质的现象。高速齿轮工作在高旋转多相复杂流场中，多相流动影响着喷油润滑特性。流动与传热二者密不可分，研究多相流传热就必须研究多相流。

近几十年来，多相流流动机理、流动时相的分布等问题得到了较为广泛的研究。学者从连续介质力学出发，对多相流建立了均相流、分相流等物理模型，研究相界面上的质量、动量和能量交换。计算机科学、现代数值技术和流体力学理论的发展很快，目前主要采用欧拉法和拉格朗日法对多相流动进行数值计算，已经可以精确、详细地模拟一定复杂流动情况。建立齿轮与单一空气相有限元流体模型，分析高速旋转齿轮对周围空气流体的影响。图 1 为高速旋转齿轮周围流场的速度流线图。运用计算流体力学（CFD）方法对流体问题进行模拟也越来越高效。

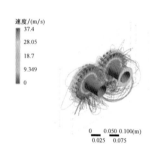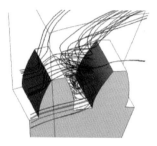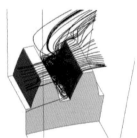

图 1　高速齿轮旋转流场仿真分析

多相流与传热研究发展至今，由于问题的复杂性和测试手段的局限性，流动机理及能量传递等还不太清楚。需要综合数值模拟方法与试验方法来准确把握传热过程规律。

通过多相流对流换热和强迫对流换热的试验研究，获得了多相流层流和紊流的对流换热系数的经验公式[6]。通过定义相变模型，对多相流体的相变传热过程进行建模，获得相变传热影响机制。

在多相流动过程中，流体吸收从齿面传递的热量，达到润滑的效果，整个过程是有相变的传热传质过程。齿面温度是评定齿轮润滑性能的重要指标，齿面温度与多种失效形式有关。

喷油润滑的性能与喷油嘴喷射方向、油雾特性等多种因素有关，不同润滑参数下齿轮的冷却效果不同，使得齿面温度也不同。研究者针对高速齿轮喷油射流相变传热机理研究，开展了直齿圆柱齿轮喷油润滑分析，获得转速和载荷对齿轮温升的影响[7]；提出了考虑表面粗糙度的齿轮混合润滑机理和气液共相状态下齿轮最小供油量优化技术[8]。

对齿面温度的测量主要采用红外测温技术。运用红外测温技术测量喷油润滑齿面的温度来分析齿面温度与胶合失效之间的关系[9]。通过红外温度传感仪对齿面温度进行测试，分析不同喷油位置和油压对齿轮表面温度的影响。

高速齿轮工作在气液多相润滑的复杂环境，其摩擦润滑机理和齿面冷却机制是齿轮传动领域的科学难题。虽然在摩擦润滑及空间曲面温度测量的研究取得了重要进展，一些研究成果能够较好地模拟充分供油等理想状态下的齿轮传动性能。但是高转速多相复杂流场特性对相变和能量传递过程的影响，润滑流体定量相变控制的原理和方法仍是摩擦润滑领域的困难。

从摩擦学理论、空间曲面啮合原理、数值计算方法、试验技术等方面，明确高速齿轮多相流喷油润滑与相变传热过程，是解决高速齿轮喷油润滑中的润滑失效与散热不良等问题，同时揭示多相流体喷油机理、气液固相界面能量传递机制的有效方法。

参 考 文 献

[1] Martin H M. Lubrication of Gear Teeth. Engineering, 1916: 102-199.

[2] 温诗铸, 杨沛然. 弹性流体动力润滑. 北京: 清华大学出版社, 1992.

[3] Vichard J P. Transient effects in the lubrication of hertzian contacts. Journal of Mechanical Engineering Science, 1971, 13: 173-180.

[4] Zhu D, J Wang Q J. Elasto-hydrodynamic lubrication: A gateway to interfacial mechanics—Review and prospect. Journal of Tribology, 2011, 133(4): 041001.

[5] Snidle R W, Evans H P, Alanou M P. Gears elastohydrodynamic lubrication and durability. Proceedings of the Institution of Mechanical Engineers, Part C, 2000: 39-49.

[6] Shah M M. Generalized prediction of heat transfer during two component gas-liquid flow in tubes and other channels. AIChE Symposium Series, 1981, 77: 140-151.

[7] Handschuh R, Kilmain C, Ehinger R. Operational condition and superfinishing effect on high-speed helical gearing system performance. NASA Report, 2007.

[8] Valeriani C, Zunjing W, Frenkel D. Comparison of simple perturbation-theory estimates for the liquid-solid and the liquid-vapor interfacial free energies of Lennard-Jones systems. Molecular Simulation, 2007, 33(13): 1023-1028.

[9] Townsend D P, Akin L S. Gear lubrication and cooling experiment and analysis. Journal of Mechanical Design, 1981, 103(4): 219-226.

撰稿人：王延忠

北京航空航天大学

摩擦的起源

Origin of Friction

摩擦是物质世界普遍存在的一种物理现象，是在具有相对运动或相对运动趋势的接触表面间的一种阻碍[1,2]。摩擦与人类的生活和生产息息相关，在人类文明进步中占据非常重要的地位。例如，钻木取火促使人类由原始生活走向现代文明，滚动摩擦代替滑动摩擦促进了科学技术的进步。目前人们虽然可以通过不同的实验方法获得不同量级、不同接触状态、不同运动方式下的摩擦力和摩擦系数等。但是，对摩擦产生的机理和本质还没有完全清楚，特别是从分子、原子量级揭示摩擦的起源尚待深入研究。目前关于摩擦的起源有以下观点。

1. 微凸体变形学说

早期的摩擦起源的探索是在 da Vinci 和 Amontons 等研究的基础上，由 Coulomb 研究并总结后提出的古典摩擦定律，其主要内容为：①滑动摩擦力与法向载荷成正比；②滑动摩擦力与名义接触面积无关；③滑动摩擦力小于等于静摩擦力；④滑动摩擦力与滑动速度无关。早期的研究认为摩擦主要由相对运动过程粗糙峰的啮合、变形、剪切等造成。Coulomb 的摩擦实验被列为物理界 20 个著名实验之一（图 1）[1]。这些摩擦定律现在依然广泛应用于工程领域。

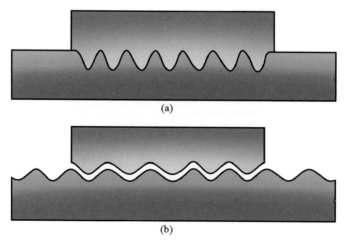

(a)

(b)

图 1　Coulomb 机械啮合模型示意图

2．黏着学说

英国学者 Desaguliers 用两个均切去 1/4 直径的铅球进行相互摩擦的实验（质量分别为 1lb 和 2lb，1lb≈0.454kg），摩擦后小球黏住大球，由此提出了"黏着学说"，即产生摩擦力的真正原因在于摩擦表面上存在分子或原子力的作用。克拉盖尔斯基等[2]认为，滑动摩擦是克服表面粗糙峰的机械啮合和分子吸引力的过程，由此建立了摩擦二项式定律。Bowden 和 Tabor[3]经过系统的实验研究，建立了较完整的黏着摩擦理论。

3．近代学说

以上模型大都是从宏观尺度上探讨摩擦的起源。随着对摩擦的研究深入和现代科学技术的发展，人们开始从微观上探讨摩擦的起源。目前研究大多聚焦在不考虑结构损伤和磨损的原子尺度摩擦，并先后提出有微观能量耗散的"鹅卵石"模型[4]、独立振子模型[5]、Frenkel-Kontorova（FK）模型[6]、FK-Tomlinson（FKT）模型[7]、复合振子模型[8]、耦合振子模型[9]和基于量子力学的声子/电子激励摩擦模型[10,11]等。

（1）"鹅卵石"模型[4]由 Israelachvili 提出，其主要思想是将物体表面视为原子级光滑，相对滑动过程被抽象为球形分子在规则排列的原子阵表面上移动，部分能量将会由于原子碰撞而耗散或被晶格振动所吸收，还有一部分能量会在原子碰撞中反射回来，通过计算此过程汇总能量的耗散值，从而计算出摩擦力的大小，所得结果被部分实验所证实。

（2）振子模型[5-9]由 Tomlinson 于 1929 年提出，之后不同学者分别提出了 FK模型、FKT 模型、复合振子模型和耦合振子模型等。这些模型以排列弹簧组考虑了表面原子间的相互作用。

（3）声子模型[10,11]综合考虑振子运动规律、界面声子动力学和摩擦能量耗散过程，重点关注相对滑动激发的晶体周期振动（声子）和以声子为载体的机械能-热能的能量耗散机制，特别是相应声子行为（如散射、失相、寿命和声-声、声-电耦合）与摩擦起源密切相关。

（4）电势起伏模型、分子缠绕模型和原子匹配性模型等[12-14]。

摩擦本质上是一个机械能转化为热能的过程。当今摩擦起源的研究更多在微观领域，常以原子力显微镜、表面力仪、扫描电镜等为工具进行实验研究，并通过构造适当的数学-物理模型，从分子/原子尺度解释摩擦产生的原因，进而明晰摩擦的内在机理。众多研究表明：摩擦能量耗散的主要途径涉及结构损伤、声子的激发、电子诱发的能量耗散，以及以光、电的形式导致的能量辐射（图2）。对这个转化过程的研究或许能使人们从根本上理解摩擦的起源，进而更精确地

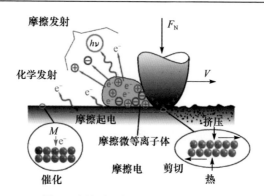

图 2   摩擦过程能量耗散的主要途径

控制摩擦。

人们认识摩擦已有数千年的历史，虽然人们对摩擦起源的研究一直进行不懈的努力，但是由于问题的复杂性，现有理论和学说尚存在其局限性，至今尚未建立起完善的摩擦起源的理论和模型。目前人们主要从微观尺度对摩擦进行研究，一方面通过修正或完善现有分子间相互作用的数学-物理模型解释摩擦起源；另一方面通实验仪器，如透射电子显微镜等，开展原位实验观察摩擦过程中表面、内部结构、组织等变化，以期揭示摩擦产生的机理。了解摩擦起源不仅能帮助人们精确计算摩擦力、准确预测材料的磨损性能，而且可为摩擦学从技术层面上升到科学层面奠定基础。

参 考 文 献

[1] 温诗铸, 黄平. 摩擦学原理. 4 版. 北京: 清华大学出版社, 2012.

[2] 克拉盖尔斯基 И В. 摩擦、磨损与润滑手册. 北京: 机械工业出版社, 1986.

[3] Bowden F P, Tabor D. The Friction and Lubrication of Solids. Oxford: Clarendon Press, 1964.

[4] Israelachvili J N. Microtribology and microrheology of molecularly thin liquid film//Bhushan B. Modern Tribology Handbook. New York: CRC Press, 2001: 24-66.

[5] Tomlinson G A. A molecular theory of friction. The London, Edinburgh, and Dublin Philosophical Magazine and Journal of Science, 1929, 7(46): 905-939.

[6] Kontorova T, Frenkel J. On the theory of plastic deformation and twinning. II. Zh. Eksp. Teor. Fiz., 1938, 8: 1340-1348.

[7] Weiss M, Elmer F. Dry friction in the Frenkel-Kontorova-Tomlinson model: Static properties. Physical Review B, 1996, 53(11): 7539.

[8] Xu Z M, Ping H. Composite oscillator model for the energy dissipation mechanism of friction. Acta Physica Sinica, 2006, 55(5): 2427-2432.

［9］ Ding L Y, Huang P. Study of interfacial friction mechanism based on the coupled-oscillator model. Wear, 2010, 268(1): 172-177.

［10］ 龚中良, 黄平. 基于热力耦合的滑动摩擦系数模型与计算分析. 华南理工大学学报(自然科学版), 2008, 259(4): 10-13.

［11］ 王亚珍. 基于热力耦合的界面摩擦机理的研究. 广州: 华南理工大学博士学位论文, 2010.

［12］ Krim J. Surface science and the atomic-scale origins of friction: What once was old is new again. Surface Science, 2002, 500(1): 741-758.

［13］ Robbins M O, Krim J. Energy dissipation in interfacial friction. MRS Bulletin, 1998, 23(6): 23-26.

［14］ Krim J. Friction at the atomic scale. Scientific American, 1996, 275(4): 74-80.

撰稿人： 黄　平[1]、胡元中[2]、王立平[3]、解国新[2]、鲁志斌[3]、薛群基[3]、占旺龙[1]、赖添茂[4]、雒建斌[2]

1 华南理工大学、2 清华大学、3 中国科学院兰州化学物理研究所、4 广州大学

微观非接触状态是否存在"摩擦"？

Whether Friction Exists under Noncontact Condition?

  摩擦学是研究相对运动的相互作用表面及其有关理论和实践的一门科学技术[1]。摩擦学的研究涵盖了宏观尺度和微观尺度的相互作用。在过去的几十年里，宏观接触表面摩擦学的理论和实践都得到了空前的发展。在宏观机械运动摩擦中，通常不考虑分子原子的相互作用，这是由于它们与接触表面的相互作用相比太微弱，可以忽略。但是在微观尺度下，如在微纳米机械中，当相邻两运动表面间隙处于微米、纳米尺度时，原子相互作用（如化学键合力、范德瓦耳斯力、静电力以及其他由量子效应引起的作用力（如 Casimir 力）等）则不可忽略，它们也会在两个运动表面之间产生摩擦阻尼。微尺度下表面间摩擦力可能比宏观尺度小几个乃至十几个数量级，如何准确测量微尺度下的超低摩擦力是一个巨大的挑战。

  在微尺度下，如何定义"非接触摩擦"的概念目前仍然存在争议。在摩擦学领域，一般认为，只有接触表面的相对运动产生的相互作用力才称为摩擦力。但是由于微尺度下的摩擦主要由原子间相互作用力引起，所以两个相对运动表面之间应该既存在接触摩擦又存在非接触摩擦。非接触摩擦起源于表面原子间相互作用，其机理尚未得到完全揭示[2-5]。根据表面间距离，相互作用力主要可分为长程静电力、中短程范德瓦耳斯力及短程化学键力和泡利排斥力，非接触摩擦也可相应地分为长程摩擦力及短程摩擦力。现有的一些理论认为[6]，非接触摩擦产生的原因有以下三点：①样品间距离很小时，较大的相互作用使表面产生变形，振荡针尖通过时产生时变应力场从而激发声波，声子发射产生能量耗散；②由于两个样品中存在永久或者波动电荷，运动时产生了焦耳耗散；③电子云波动产生的瞬时偶极子与诱导偶极子之间发生声子交换，当对偶体相互运动时，交换的声子发生多普勒转移，产生范德瓦耳斯摩擦力。

  微观接触摩擦的测量方法一般是采用一个横向运动的微悬臂梁同时作为法向力及侧向力（摩擦力）传感器（图1），通过降低微悬臂梁的刚度来提高摩擦力的测量精度，但是降低悬臂的刚度容易造成运动的失稳，且采用这种方法存在悬臂法向变形及扭转变形的耦合。

  近十几年来，人们为了揭示原子、分子的相互作用本质，开展了微观非接触力及测量技术的研究，并逐步发现其在超高分辨率成像方面具有巨大潜力，这些

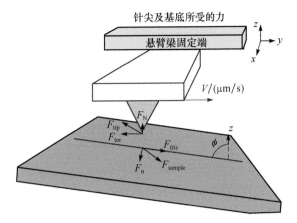

图 1 微尺度下接触摩擦测量方法

为非接触摩擦的测量及研究提供了途径，非接触摩擦及测量技术获得了学术界的广泛关注。与接触摩擦相比，非接触摩擦的测量更具有挑战性，主要原因在于：

（1）由于中短程非接触摩擦测量需要精确控制摩擦副之间的距离在范德瓦耳斯力甚至化学键合力范围内，同时非接触摩擦力的量级往往在皮牛量级以下，使得测量非常困难。若采用直接测量法，无法解决探针的失稳跳触问题与测量精度之间的矛盾，所以非接触测量一般利用探针悬臂在样品表面附近振动，通过表面力对悬臂振动幅值、频率及相位的改变，来获得所需的形貌以及非接触表面相互作用等信息。由于针尖与表面之间的相互作用非常复杂，悬臂为非线性振动，其行为受悬臂结构、刚度、初始振幅、激振频率、品质因子、探针间距、样品材料等众多因素影响，所以影响测量分辨率的因素相当复杂。目前，在如何提高测量精度以及如何从复杂振动信息中解耦出力的信息方面，还缺乏相应的理论研究及技术手段。

（2）除了动力学因素，非接触摩擦测量值还受其他因素影响，例如，悬臂运动时与空间气体分子碰撞，悬臂的夹持处内摩擦，悬臂振动时内部材料热弹性阻尼，环境噪声等都会影响测量结果。目前，实验获得的非接触摩擦力仍然比理论预测值大几个数量级，如何排除这些因素，获得两个样品之间的真实摩擦作用，是一个很大的挑战。

（3）由于非接触摩擦测量方法的特殊性，很难同时获得对偶表面相互作用时的法向和横向作用力，如何设计传感器结构，同时实现两个方向力的测量也是一个需要解决的问题。

近十几年来，国际上以德国雷根斯堡大学、IBM 苏黎世实验室、瑞士巴塞尔大学、西班牙马德里大学为代表的实验室在非接触摩擦及测量技术方面做出了很多前沿探索，引领了这个领域的方向，他们的技术代表了世界最高水平[7-12]。为了克服传统的非接触测量中悬臂振动温漂及失稳等问题，2000 年德国雷根斯堡大学的 Giessibl[7]开发了 qPlus 技术，采用高频振动的石英音叉代替悬臂式力传感器，针尖可以在亚埃量级振幅工作，从而大幅提高了短程力的探测灵敏度。2009 年，IBM 苏黎世实验室的 Gross 等[8]利用 qPlus 技术结合针尖修饰技术探测到了氢键的长度及角度，结果被 *Science* 评为 2009 年十大科技进展之一，他们的力测量精度为皮牛量级。2013 年，Weymouth 等[9]利用平行于表面的音叉传感器测量了单个原子与单晶硅表面的非接触摩擦力（图 2），发现其受表面晶格结构及键对称性影响。qPlus 技术在获得高清晰原子图像方面具有很大的优势，但是在其理论及功能拓展方面还需要完善，在非接触摩擦耗散方面的研究还很少。2011 年，瑞士巴塞尔大学的 Kisiel 等[10]利用钟摆式探针的振动衰减来测量非接触摩擦耗散。钟摆式探针的悬臂与表面垂直，避免了跳触问题（图 3）。他们采用很软的悬臂（弹性常数为 30mN/m）来提高力测量精度，并利用高温退火处理提高了悬臂的品质因子达两个数量级，在超高真空（1.0×10^{-7}Pa）及低温环境（6K）下获得了 2.0×10^{-12}kg/s 的摩擦系数测量精度（对应的最小测量力精度达1.76×10^{-17}N/$\sqrt{\text{Hz}}$），采用此方法发现了超导态下探针与 Nb 膜的非接触摩擦力远小于常态，证明了非接触摩擦与声子及电子耗散有关。上述方法虽然在力测量方面能够获得很高的精度，但是由于大气中的品质因子较低，所以大多数必须在超高真空及低温环境下测量，而且不能同时获得法向及横向两个方向的力。西班牙马德里大学的 Garcia 等[11]及美国哈佛大学的 Sahin 等[12]则基于传统的悬臂式传感器，提出了多频激励及多次谐波成像技术，激发出探针的高阶振型或者利用高次谐波成像，发现可以更灵敏

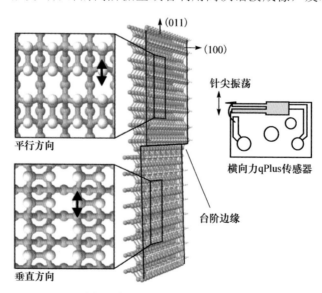

图 2　音叉法测非接触摩擦力[9]

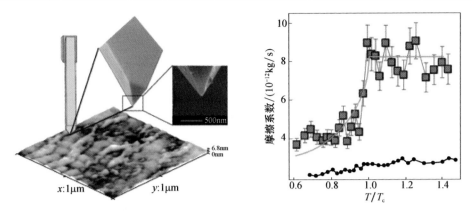

图 3 钟摆法测非接触摩擦力[10]

地反映样品表面力学性质的变化，并获取一些常规情况下所不能检测得到的精细结构。

近年来微尺度下的超低摩擦测量方法虽然取得了许多出色的研究成果，但是在理论及技术方面仍然需要进一步完善，特别是非接触摩擦测量方面，国际上只有少数几个实验室能够实现高精度非接触摩擦耗散的测量，国内与世界先进水平之间存在较大差距。

通过发展高灵敏度的摩擦耗散测量技术，在微尺度下开展摩擦行为和控制这一典型共性问题的研究，对揭示摩擦起源及耗散机制具有重要的意义。从学科发展上讲，是对摩擦学研究内涵的补充；从实践上讲，可解决微/纳器件及高精度测试设备中存在的共性技术问题，对提高微/纳器件及超高灵敏度测试装备的工作可靠性具有重大的理论指导意义。

参 考 文 献

[1] 温诗铸, 黎明. 机械学发展战略研究. 北京: 清华大学出版社, 2003.

[2] Dorofeyev I, Fuchs H, Wenning G, et al. Brownian motion of microscopic solids under the action of fluctuating electromagnetic fields. Physical Review Letters, 1999, 83(12): 2402-2405.

[3] Gotsmann B, Fuchs H. Dynamic force spectroscopy of conservative and dissipative forces in an Al-Au(111) tip-sample system. Physical Review Letters, 2001, 86(12): 2597-2600.

[4] Rugar D, Budakian R, Mamin H J, et al. Single spin detection by magnetic resonance force microscopy. Nature, 2004, 430(6997): 329-332.

[5] Mamin H J, Rugar D. Sub-attonewton force detection at millikelvin temperatures. Applied Physics Letters, 2001, 79: 3358.

[6]　Gotsmann B. Sliding on vacuum. Nature Material, 2011, 10: 87-88.

[7]　Giessibl F J. Atomic resolution on Si(111) by noncontact atomic force microscopy with a force sensor based on a quartz tuning fork. Applied Physics Letters, 2000, 76: 1470.

[8]　Gross L, Mohn F, Moll N, et al. The chemical structure of a molecule resolved by atomic force microscopy. Science, 2009, 325(5944): 1110-1114.

[9]　Weymouth A, Meuer D, Mutombo P, et al. Atomic structure affects the directional dependence of friction. Physical Review Letters, 2013, 111: 126103.

[10]　Kisiel M, Gnecco E, Gysin U, et al. Suppression of electronic friction on Nb films in the superconducting state. Nature Materials, 2011, 10: 119.

[11]　Garcia R, Herruzo E. The emergence of multifrequency force microscopy. Nature Nanotechnology, 2012, 7: 217-226.

[12]　Sahin O, Magonov S, Quate C, et al. An atomic force microscope tip designed to measure time-varying nanomechanical forces. Nature Nanotechnology, 2007, 2: 507-514.

撰稿人：郭　丹 [1]、程广贵 [2]、解国新 [1]

1 清华大学、2 江苏大学

跨尺度（微观/介观/宏观）摩擦学理论

Multi-Scale (Macro/Meso/Micro) Tribology Theory

从钻木取火到最新的纳米器件，摩擦在人类技术的进步过程中都伴有重要作用，因此研究摩擦规律和调控界面摩擦对人类社会的发展有着非常重要的意义。真实的摩擦都是十分复杂的跨尺度作用相互耦合的结果，在微观/介观/宏观尺度上改变摩擦界面相互作用都可以使摩擦系数达到几个数量级的改变。对摩擦的跨尺度效应以及其交互作用机制的理解是关系到能否对摩擦的基本规律有一个全面的了解，以及是否能够建立宏观（介观）、微观摩擦规律之间有效联系的关键科学问题[1,2]；同时也关系到能否实现对摩擦特性从现象学解释向定量预测发展，为从微观、介观到宏观跨尺度设计摩擦学材料提供理论依据[3,4]。

宏观摩擦规律 1699 年由 Amontons 建立[5]，按照这些规律，当两个宏观块体相对滑动时，摩擦力正比于载荷，比例因子为摩擦系数，同时摩擦系数与载荷和宏观的名义接触面积无关。摩擦是一种阻碍界面相对运动或相对运动趋势的现象，理解界面的接触行为是探索摩擦问题的关键。第一个关于接触界面的解析研究是由赫兹在 1882 年提出的平整表面之间的无摩擦弹性接触模型[6]。最简单的粗糙表面模型是规则的具有相同曲率和高度的突起排布，如图 1（a）所示，只有远远小于名义接触面积，真实接触面积才正比于载荷。Bowden 和 Tabor[7]解释了金属接触中真实接触面积和载荷关系的物理基础。Archard[8]发展了一个更为真实的多层次模型，即小的球形颗粒长在更大的球形颗粒上描述粗糙表面，这一模型导致真实接触面积随着载荷线性增加。更加实用的模型是 GW 接触模型[9]，其通过统计

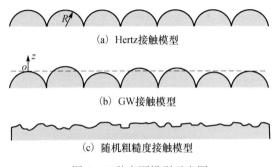

(a) Hertz接触模型

(b) GW接触模型

(c) 随机粗糙度接触模型

图 1　三种表面模型示意图

具有相同形状和相同半径但是具有随机高度分布特征的球状凸起来描述粗糙表面，如图 1（b）所示。多点接触理论是 1975 年发展起来的以提出者姓氏首字母命名的 BGT 模型[10]。BGT 模型考虑粗糙度在不同的尺度（图 1（c）），只要真实接触面积远小于名义接触面积，真实接触面积和载荷即呈线性关系。Persson 多尺度表面模型[11]（图 2）将描述接触表面相互作用从单尺度连续地向多尺度深入，并有效地建立介观和宏观各个尺度之间的联系，建立了包含宏观和介观相互作用的多尺度摩擦理论基础。

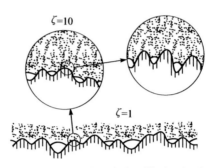

图 2　Persson 多尺度表面模型示意图

　　另外，随着纳米科学与技术的发展，界面和表面的性能对理解块体机制达到了支配地位。连续介质力学无法在原子尺度捕捉力分布的细节，纳米尺度的摩擦行为展现了许多与长期存在的 Amontons 宏观摩擦规律相背离的现象[12-15]。得益于强大的纳米尺度工具的发展，人们对于原子尺度摩擦的来源的理解已经取得了令人瞩目的进展。当宏观摩擦对于摩擦材料的变化展现相对较弱的依赖时，纳米尺度的能量耗散对于组成摩擦界面的原子尺度的细节极其敏感。大量最新的实验和计算工作已经可以分辨出各种过程对摩擦的贡献，包括声子、电子、范德瓦耳斯力的作用，以及公度性和吸附的作用[12]。描述纳米尺度摩擦的理论模型[16,17]也能够抓住纳米摩擦的关键物理图像（图 3），再现纳米摩擦中黏滑到连续滑动[18]、

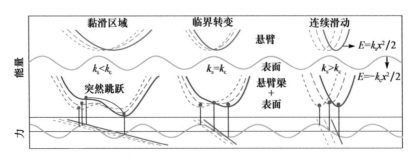

图 3　Prandt-Tomlinson 模型示意图

单滑到多滑[19]，以及结构"超润滑"等现象[20]。这些技术提供了新的见解，并给予新的希望——总有一天人们会拥有完全的预测摩擦的工具。然而，人们对纳米尺度的摩擦规律的了解仍然是十分有限的，目前的瓶颈之一是无法直接观察到界面在摩擦接触过程中的纳米尺度相互作用以及纳米结构的变化，随着透射电子显微镜分辨率不断提高，通过将纳米压痕装置或扫描探针装置置于电镜中，为摩擦过程中界面纳米结构的变化进行原子尺度分辨率的直接观察提供可能[21]。因此，利用高分辨透射电镜解决摩擦接触界面纳米结构与摩擦特性的原位观察与测量问题是揭示纳米摩擦本质的根本途径。最早将透射电子显微镜与纳米接触特性研究相结合的是原位纳米压痕实验，该实验对金属铝材料塑性萌生与对应的位错成核[22]进行了研究。而后，越来越多的原位纳米压痕技术逐渐应用于金属基体块状材料、陶瓷材料以及薄膜/基体结构系统，其研究主要集中在压应力作用下材料变形、相变、位错、裂纹等变化与相应的载荷位移曲线之间的关系[23]。近年来，对于摩擦过程中界面在剪切应力作用下的变化特征的原位研究，仅有少数学者利用透射电子显微镜观察到摩擦过程中界面的变形特征以及纳米结构的变化[24,25]，无法在高分辨观察纳米结构变化的同时测试其摩擦学特性。这是由于在透射电子显微镜中实现分辨率小于 0.1nm 的高分辨透射电子显微成像的物镜极靴间距，与原位摩擦样品杆的亚纳米级控制检测系统存在空间上相互矛盾，因此对于高分辨透射电子显微镜下摩擦原位观测问题的研究仍待深入。

　　虽然摩擦中的跨尺度的特征以及跨尺度的耦合作用在宏观摩擦中的重要性已经凸显出来，但是跨尺度地考虑摩擦模型还仅仅处于尝试阶段，现有的跨尺度摩擦理论模型已经包含了宏观和介观相互作用，但是还没有处理原子尺度的微观相互作用的能力。一个典型的例子是尽管经典的 Amontons 定律是人类对摩擦问题的唯象认识，但它准确地描述了摩擦力与载荷呈线性依赖的普遍行为。虽然数百年来，对摩擦的研究和认识取得了很大的进步，然而迄今为止，仍未得到关于 Amontons 定律的微观原理推导，即现有的知识无法从材料表面的基本性质预测摩擦磨损行为。

　　随着研究的不断深入，人们了解到界面接触表现出如图 4 所示[26]的特征。接触并存在相互作用的物体表/界面（图 4（a））存在不连续性，这种离散性表现为与粗糙度相关的多峰接触（图 4（b）），真实接触面积即多峰接触面积，为宏观接触面积的很小部分。然而，为了研究除粗糙度之外的其他因素对摩擦的影响，以及对摩擦现象给予微观层次的解释，同时满足新一代纳米技术对摩擦学研究提出的新需求，单峰摩擦（图 4（c））即纳米尺度摩擦成为当前研究的热点。在纳米尺度，单峰接触界面主要存在两种形式，即原子级平坦接触（图 4（d））和原子级粗糙接触（图 4（e））。对于单峰摩擦，Szlufarska 等[15]提出接触原子总面积（所有具有相互作用的跨界面原子的横截面面积之和）的定义是对接触面积概念的重要突

破，结合修正的连续力学接触理论[15,27-29]，对单峰/纳米摩擦行为做出了较好的解
释。建立基于单峰摩擦与跨界面多尺度的粗糙度有机结合理论仍然是摩擦学研究
中的重大挑战，仍旧是亟待解决的科学难题。

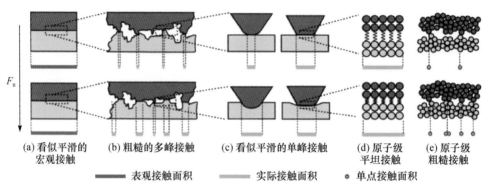

F_n

(a) 看似平滑的　　(b) 粗糙的多峰接触　(c) 看似平滑的单峰接触　(d) 原子级　　(e) 原子级
　 宏观接触　　　　　　　　　　　　　　　　　　　　　　　　　　 平坦接触　　粗糙接触

　　　　━━━ 表观接触面积　　　━━━ 实际接触面积　　● 单点接触面积

图 4　宏观物体的界面接触行为和接触面积示意图[26]

　　综上所述，摩擦过程中跨尺度特征和交互作用是真实摩擦过程中的普遍现
象，虽然跨尺度的摩擦研究取得了重要进展，一些研究成果能够很好地描述理想
情况下的介观和宏观相互作用，但是大多数实际应用中还包含原子尺度的微观
相互作用，宏观/介观和微观摩擦机制之间缺乏有效的关联桥梁。利用高分辨透
射电子显微镜进行原位摩擦观测实验，测试纳米摩擦界面的接触、摩擦和磨损行
为特征，观察接触界面内部原子键合结构的变形、分解、重组随载荷和摩擦力变
化规律，解决高分辨透射电子显微镜下摩擦原位观测问题，将为阐明纳米结构作
用下的摩擦学机理，实现纳米摩擦学行为控制奠定研究基础。当前，学术界的研
究主要以单峰摩擦为研究基础，通过完善的粗糙度理论[11]弥补微纳摩擦和宏观
摩擦的研究鸿沟，建立多尺度的摩擦学理论。然而，其中仍旧存在诸多悬而未决
的关键问题，如纳米接触的粗糙度理论、原子尺度的接触力学[14]等。对跨尺度摩
擦学理论的深入研究，有望找到一条新的、有效的路径连接宏观/介观摩擦规律
和微观摩擦规律的桥梁，解决摩擦学现阶段宏观（介观）微观无法统一的学科困
难。该难题的研究具有重要的科学和技术意义，有助于人们从材料的表界面性质
出发，精确地计算、预测和设计界面的摩擦磨损行为，为从微观尺度开始跨尺度
地设计摩擦材料提供理论基础，使工程和纳米机械发挥完美的性能，推动人类社
会的进步。

参 考 文 献

[1]　Szoszkiewicz R, Riedo E. Nanoscale friction: Sliding charges. Nature Materials, 2014, 13(7):

666-668.

[2] Gerde E, Marder M. Friction and fracture. Nature, 2001, 413(6853): 285-288.

[3] Broughton J, Abraham F F. Concurrent coupling of length scales: Methodology and application. Physical Reviews B, 1999, 60: 2391-2403.

[4] Rahman R, Foster J T. Bridging the length scales through nonlocal hierarchical multiscale modeling scheme. Computational Materials Science, 2014, 92: 401-415.

[5] Amontons G. De la resistance cause'e dans les machines. Memoires de l'Academie Royale A, 1699: 275-282.

[6] Hertz H R. Ueber die berührung fester elastischer körper. Journal für die Reine und Angewandte Mathematik, 1882, 92: 156-171.

[7] Bowden F P, Tabor D. The area of contact between stationary and between moving surfaces. Proceedings of the Royal Society of London A: Mathematical, Physical and Engineering Sciences, 1939, 169: 391-413.

[8] Archard J F. Elastic deformation and the laws of friction. Proceedings of the Royal Society of London A: Mathematical, Physical and Engineering Sciences, 1957, 243: 190-205.

[9] Greenwood J A, Williamson J B P. Contact of nominally flat surfaces. Proceedings of the Royal Society of London A: Mathematical, Physical and Engineering Sciences, 1966, 295: 300-319.

[10] Bush A W, Gibson R D, Thomas T R. The elastic contact of a rough surface. Wear, 1975, 35: 87-111.

[11] Persson B N J. Theory of rubber friction and contact mechanics. Journal of Chemical Physics, 2001, 115: 3840-3861.

[12] Vanossi A, Manini N, Urbakh M. Modeling friction: From nano to meso scales. Reviews of Modern Physics, 2013, 85: 529.

[13] Urbakh M, Klafter J, Gourdon D. The nonlinear nature of friction. Nature, 2004, 430(6999): 525-528.

[14] Luan B, Robbins M O. The breakdown of continuum models for mechanical contacts. Nature, 2005, 435(7044): 929-932.

[15] Mo Y, Turner K T, Szlufarska I. Friction laws at the nanoscale. Nature, 2009, 457(7233): 1116-1119.

[16] Prandtl L. Mind model of the kinetic theory of solid bodies. Journal of Applied Mathematics and Mechanics: Zeitschrift für Angewandte Mathematik und Mechanik, 1928, 8: 85-106.

[17] Tomlinson G A. A molecular theory of friction. Philosophical Magazine, 1929, 7: 905-939.

[18] Conley W G, Raman A, Krousgrill C M. Nonlinear dynamics in Tomlinson's model for atomic-scale friction and friction force microscopy. Journal of Applied Physics, 2005, 98: 053519.

[19] Medyanik S N, Liu W K, Sung I H. Predictions and observations of multiple slip modes in

atomic-scale friction. Physical Review Letters, 2006, 97: 136106.

[20] Cahangirov S, Ataca C, Topsakal M, et al. Frictional figures of merit for single layered nanostructures. Physical Review Letters, 2012, 108: 126103.

[21] Schuh C A. Nanoindentation studies of materials. Materials Today, 2006, 9: 32-40.

[22] Minor A M, Asif S A S, Shan Z, et al. A new view of the onset of plasticity during the nanoindentation of aluminium. Nature Materials, 2006, 5: 697-702.

[23] Nili H, Kalantar-Zadeh K, Bhaskaran M, et al. In situ nanoindentation: Probing nanoscale multifunctionality. Progress in Materials Science, 2013, 58: 1-29.

[24] Iwamoto C, Yang H S, Watanabe S, et al. Dynamic and atomistic deformation of sp^2-bonded boron nitride nanoarrays. Applied Physics Letters, 2003, 83: 4402-4404.

[25] Wang J J, Lockwood A J, Peng Y, et al. The formation of carbon nanostructures by in situ TEM mechanical nanoscale fatigue and fracture of carbon thin films. Nanotechnology, 2009, 20: 305703.

[26] Gotsmann B, Lantz M A. Quantized thermal transport across contacts of rough surfaces. Nature Materials, 2013, 12(1): 59-65.

[27] Müser M H. Rigorous field-theoretical approach to the contact mechanics of rough, elastic solids. Physical Review Letters, 2008, 100: 055504.

[28] Carpick R W, Ogletree D F, Salmeron M A. general equation for fitting contact area and friction vs load measurements. Journal of Colloid and Interface Science, 1999, 211(2): 395.

[29] Schwarz U D. A generalized analytical model for the elastic deformation of an adhesive contact between a sphere and a flat surface. Journal of Colloid and Interface Science, 2003, 261(1): 99.

撰稿人：鲁志斌[1]**、王立平**[1]**、范　雪**[2]**、刁东风**[2]**、薛群基**[1]

1 中国科学院兰州化学物理研究所、2 深圳大学

滚动摩擦的机理及定量预测

Mechanism and Quantitative Prediction of Rolling Friction

滚动摩擦是由于接触表面间不同形式的能量耗散所产生的一种阻碍相对滚动的现象，其特征是消耗动能并将其转化为热能或其他不可恢复的能[1]。滚动摩擦能减少阻力这一原理早在史前古埃及金字塔的壁画上已有描述。随着工业技术的发展，滚动摩擦的应用也更为广泛。例如，工业设备的滚动轴承中球与滚道间的摩擦、交通运输中各种车轮与轨道间的摩擦、传动系统中摩擦轮之间的摩擦、纳米制造中纳米颗粒与表界面之间的摩擦等。然而，滚动摩擦过程十分复杂，近代摩擦学虽对滚动摩擦的产生机理及其计算作了一些研究，但还远远不能满足工程技术的需要，特别是对于不同滚动形式（如自由滚动、具有牵引力的滚动和伴随滑动的滚动）、不同工况以及不同尺度的滚动摩擦机理及预测方法还缺乏统一认识[2-4]。

目前关于滚动摩擦机理主要源于以下实验。19 世纪，基于 Reynolds[5]关于橡胶的实验研究，学界普遍认为滚动摩擦是由滚动体与表面之间的界面滑移引起的。但 1955 年 Tabor[6]通过实验证实：当两表面之一为橡胶时，滚动摩擦的主要起因不是界面滑移，而是橡胶体内的弹性滞后损失。随后，Eldredge 等[7]通过对硬钢球在金属平面上滚动的实验发现，钢球最先发生的塑性变形是引起滚动摩擦的主要原因。之后，Kendall[8]对光滑橡胶与玻璃之间的滚动实验发现，滚动摩擦为黏着滞后的结果，其中能量耗散来自于产生接触和分离的不可逆过程。通过上述实验研究，滚动摩擦的机理可解释为：当物体在平面上做滚动运动时，如图 1 所示，接触区域前部的面积增加，后部的面积减小。在此过程中，可能存在界面微滑移、材料塑性变形、弹性滞后以及表面黏着的作用，导致接触表面间产生能量耗散，由此引起滚动摩擦，阻碍物体向前滚动。

然而，目前对于不同的材料、接触状态和几何形状，还未给出系统分析哪种因素在滚动摩擦中起主导作用的方法，而且已有些结论尚存在矛盾之处。例如，Eldredge 等[7]指出，界面滑移可能对表面磨损起一些作用，但对滚动摩擦的影响很小；润滑剂可能会降低磨损率，但对滚动摩擦几乎不起作用。而 Kendall[8]在实验中发现，仅加入一滴水润滑剂就会立刻降低滚动摩擦。

关于滚动摩擦的预测主要包括以下模型：①Bentall 等[9]建立的考虑微滑的

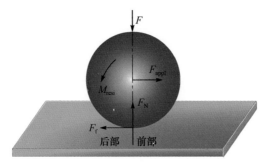

图 1　滚动摩擦示意图

滚动摩擦模型，指出滚动摩擦问题的解由材料常数和滑动摩擦系数共同决定；②Brilliantov 等[10]提出的考虑弹性滞后损失的滚动摩擦模型，但前提是必须给定材料的黏性系数；③Eldredge 等[7]给出的考虑塑性变形的滚动摩擦近似计算模型，提出抵抗滚动的切向力在本质上等于滚道的横截面乘以一个近似于材料的静态屈服强度或硬度相等的压力；④Krijt 等[11]提出的考虑黏着效应的滚动摩擦模型，但需要提前预知裂纹闭合及张开的能量释放率。上述理论模型存在的主要问题是：无法评价何种因素在滚动摩擦中起主导作用；在计算公式中的许多参数，如滑动摩擦系数、黏性系数和能量释放率等尚缺乏准确的数据，因此它们在应用上还存在局限。

综上所述，滚动摩擦是一个非常复杂的过程，虽然已历经百年探索，但不同条件下影响滚动摩擦的主导因素仍不清楚，且尚无普适的滚动摩擦预测模型，需要人们继续探索。

参 考 文 献

［1］　Johnson K L. Contact Mechanics. Cambridge: Cambridge University Press, 1987.

［2］　温诗铸, 黄平. 摩擦学原理. 3 版. 北京: 清华大学出版社, 2008.

［3］　Gao G, Cannara R J, Carpick R W, et al. Atomic-scale friction on diamond: A comparison of different sliding directions on (001) and (111) surfaces using MD and AFM. Langmuir, 2007, 23(10): 5394-5405.

［4］　Sharma N L, Reid D D. Rolling as a frictional equilibration of translation and rotation. European Journal of Physics, 1999, 20(3): 129-136.

［5］　Reynolds O. On rolling-friction. Philosophical Transactions of the Royal Society of London, 1876, 166: 155-174.

［6］　Tabor D. The mechanism of rolling friction. II. The elastic range. Proceedings of the Royal Society of London A: Mathematical, Physical and Engineering Sciences, 1955, 229(1177):

198-220.

[7] Eldredge K R, Tabor D. The mechanism of rolling friction. I. The plastic range. Proceedings of the Royal Society of London, 1955, 229(1177): 181-198.

[8] Kendall K. Rolling friction and adhesion between smooth solids. Wear, 1975, 33(2): 351-358.

[9] Bentall R H, Johnson K L. Slip in the rolling contact of two dissimilar elastic rollers. International Journal of Mechanical Sciences, 1967, 9: 389-404.

[10] Brilliantov N V, Pöschel T. Rolling friction of a viscous sphere on a hard plane. Europhysics Letters, 1998, 42(5): 511-516.

[11] Krijt S, Dominik C, Tielens A. Rolling friction of adhesive microspheres. Journal of Physics D: Applied Physics, 2014, 47(17): 1-9.

撰稿人：王晓力

北京理工大学

黏着功测量

Measurement of Work of Adhesion

黏着功是指将两个单位面积表面从平衡接触状态分离至无穷远处所做的功[1,2]。它是衡量材料界面特性的重要参量，决定了两接触表面间的接触力和黏着力，同时会对两表面的摩擦和磨损过程产生重要影响[3]。根据测量黏着功物理过程的不同，黏着功分为热动力学黏着功、加载或卸载过程黏着功等。其中，热动力学黏着功是指对于理想平衡体系，将两个表面拉至一起所做的功与将两个表面分离所需要的功相等[4]；而加载或卸载过程黏着功则考虑了接触过程的力学效应和化学效应，认为将两个表面分离所需要的功大于将其拉至一起所做的功。黏着功的获得对于薄膜技术[5]、生物和仿生黏附[6]、复合材料[7]以及微/纳机电系统[8]等都具有重要的科学意义及应用价值。然而，时至今日，黏着功仍无法直接测量，需借助力学模型间接获得，因此黏着功测量是否准确与所采用的力学模型密切相关[9]。

目前黏着功的测量方法主要有以下几种：

（1）利用扫描探针显微镜测量球形或圆锥形探针与样品之间的黏附分离力，如图 1 所示，然后利用 JKR 理论或 DMT 理论中黏附分离力与黏着功的关系式来求得黏着功[10,11]。其中，JKR 理论是 Johnson、Kendall 和 Roberts 于 1971 年基于弹性能、机械能和表面能之间的平衡提出的黏附接触模型，该理论仅考虑了接触区内的近程黏附力的作用；DMT 理论为 Derjaguin、Muller 和 Toprov 于 1975 年基于"热动力学"方法提出的黏附接触模型，该理论仅考虑了接触区外的长程黏附力作用，且认为该黏附力没有改变表面轮廓，仅提供了法向附加载荷。这是目前应用最为广泛的一种测量方法。然而，受实验条件、环境及表面粗糙度等因素的影响，黏附分离力的测量值存在一定的波动，同时经典的 JKR 理论或 DMT 理论不能精确描述实际黏着接触行为，因而使测得的黏着功不够精确。

（2）利用扫描探针显微镜测量圆锥形探针与样品之间的力-位移曲线（参考图 1），然后对曲线中的吸引力部分进行积分，所得结果除以接触面积即黏着功。这一方法克服了第一种方法中结果依赖于接触模型的不足，但是两个表面真实接触面积求取比较困难，如图 2 所示，由于接触区域的尺寸很小，难以精确测量，而且圆锥形针尖可能会与接触边缘发生横向黏着，导致真实接触面积增大。因此，此种方法测得的黏着功往往偏高[11]。

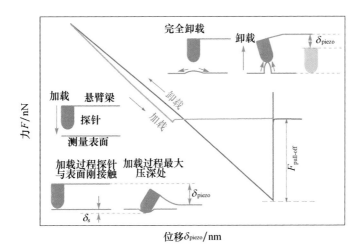

图 1　AFM 测量得到的球形探针与聚合物表面力-位移曲线

δ_{piezo} 是压电装置控制下悬臂梁的位移；δ_s 是探针压入被测样品时样品发生的变形量；
$F_{pull-off}$ 是根据力-位移曲线获得的球形探针与样品之间的黏附分离力

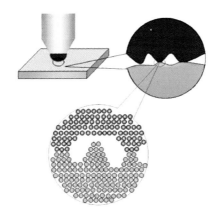

图 2　两表面间真实接触面积的确定

（3）通过表面力仪实验测量加载和卸载过程中接触面积随外载荷的变化曲线，然后利用考虑黏着滞后的 JKR 理论对测得的曲线进行拟合来得到加载过程和卸载过程中的黏着功[12]。这种方法基于 JKR 理论，因而仅适用于获得表面光滑无污染的软材料接触时的黏着功。

（4）采用对黏着作用敏感并具有柔韧性的薄膜进行实验获得黏着功[2]。例如，在 Kendall 设计的剥离实验（peel test）[13]中，可以通过悬挂重块使薄膜从平板上分离来测得剥离长度，然后利用剥离力学模型反求得到黏着功。这种测量薄膜/基体黏着功的方法还包括四点弯曲法、应力盖层法、胶带法、压痕法和拉脱法等，但此类方法不适用于薄膜变形较大的情况，因为此时材料非线性和几何非线性较强，无法获得相应力学模型的精确解析解[2]，难以从实验结果中直接提取黏着功。

综上所述，虽然目前有多种获得黏着功的方法，但其测试结果大多受限于所采用的理想力学模型，难以获得考虑实际几何、材料及环境因素的黏着功的精确值。如何实现黏着功的精准测量仍是一个难题，需要进一步开展研究。

参 考 文 献

［1］ Israelachvili J N. Intermolecular and Surface Forces. 3rd ed. New York: Academic Press, 2011.

［2］ Hui C, Long R. Direct extraction of work of adhesion from contact experiments: Generalization of JKR theory to flexible structures and large deformation. Journal of Adhesion, 2012, 88(1): 70-85.

［3］ Jacobs T D, Ryan K E, Keating P L, et al. The effect of atomic-scale roughness on the adhesion of nanoscale asperities: A combined simulation and experimental investigation. Tribology Letters, 2013, 50(1): 81-93.

［4］ Benz M, Rosenberg K J, Kramer E J, et al. The deformation and adhesion of randomly rough and patterned surfaces. The Journal of Physical Chemistry B, 2006, 110(24): 11884-11893.

［5］ Volinsky A A, Moody N R, Gerberich W W, et al. Interfacial toughness measurements for thin films on substrates. Acta Materialia, 2002, 50(3): 441-466.

［6］ Gao H, Wang X, Yao H, et al. Mechanics of hierarchical adhesion structures of geckos. Mechanics of Materials, 2005, 37(2): 275-285.

［7］ Finnis M W. The theory of metal-ceramic interfaces. Journal of Physics: Condensed Matter, 1996, 8(32): 5811-5836.

［8］ Maboudian R, Howe R T. Critical review: Adhesion in surface micromechanical structures. Journal of Vacuum Science and Technology B, 1997, 15(1): 1-20.

［9］ Bhushan B. Nanotribology and Nanomechanics, volume 2: Nanotribology, Biomimetics and Industrial Applications. Berlin: Springer, 2011.

［10］ Yablon D G. Scanning Probe Microscopy for Industrial Applications: Nanomechanical Characterization. New Jersey: John Wiley & Sons, 2013.

［11］ Moore N W, Houston J E. The pull-off force and the work of adhesion: New challenges at the nanoscale. Journal of Adhesion Science and Technology, 2010, 24(15-16): 2531-2544.

［12］ Machtle P, Helm C A. Adhesion and adhesion hysteresis of mica surfaces covered with bola-amphipiles in dry and humid air. Thin Solid Films, 1998, 330: 1-6.

［13］ Kendall K. Rolling friction and adhesion between smooth solids. Wear, 1975, 33(2): 351-358.

撰稿人：王晓力、司丽娜

北京理工大学

摩擦是如何诱发材料结构发生演变的？

How Is Microstructure Evolution of Materials Induced by Sliding Friction?

　　虽然材料家族日益丰富，但当今乃至未来的摩擦学材料仍将以结构材料和表面涂层为首选。人们发现在实际的摩擦磨损过程中摩擦副因热力耦合作用会诱发表层材料发生结构演变，使其物理性质、力学性能和对环境的响应特性均有别于基体。典型的例子如具有亚稳结构的奥氏体不锈钢、相变诱发塑性（TRIP）钢、形状记忆合金、高熵合金等。但前人的研究重点关注宏观的摩擦磨损行为，对微观乃至纳观的因摩擦应力或应变诱发的结构演变行为与摩擦学性能的关系并未予以足够重视。例如，虽然有大量的关于涂层的摩擦化学效应及其对摩擦学特性影响的研究并取得了一定的成果，但尚未建立接触表面化学特性如何控制摩擦学行为的理论，界面化学键的形成和断裂如何控制摩擦磨损行为的机理也不明确。因此，研究摩擦如何诱发材料结构发生演变及其与摩擦学行为间的关系，进而构建考虑摩擦诱发表层材料结构转变效应的摩擦学理论是值得重点关注的科学问题。

　　在摩擦磨损过程中，表层材料的结构演变是一种对外在环境的自响应或自适应行为[1]，如 FCC（面心立方）结构的奥氏体是一种在一定外在条件（压力、温度等）下处于热力学非平衡态的材料微观结构，当能量条件有利时会转变为稳态结构且性能强化的物相[2]，即摩擦应力/应变诱发的相变增韧或原生第二相强化会改变材料的摩擦学性能。当摩擦应力未达到触发结构转变的临界点时，材料的磨损与稳态材料（如陶瓷材料）的类似；当发生结构转变时，因消耗摩擦功和松弛内聚微观应力，材料的摩擦学行为将发生改变；当外力过大，超过基体塑性变形的临界应力时，材料会在摩擦诱发结构转变前发生严重变形，导致表层材料中微观缺陷的产生、堆积和缠结，微裂纹形成、扩展和破坏甚至焊合，如 Fe-Mn-Si 形状记忆合金因摩擦诱发的结构转变所呈现的磨损规律就符合 Cheng 等[3,4]提出的 FCC 金属从弱黏着抗力的材料向强黏着抗力的 BCC（体心立方）材料转移的观点。此外，环境介质与基体表面在摩擦过程中发生摩擦化学反应生成异于基体结构和性能的产物，例如，摩擦表面氧化物以及涂层材料摩擦诱发的结构异化，如 DLC 膜（类金刚石膜）的石墨化等，也会影响材料的摩擦磨损行为。基于严重塑性变形的表面纳米化技术[5]赋予材料优良摩擦学性能的核心在于晶粒的纳米化和表层碳化物/化合物的碎化和溶解所致的基体硬化或软化，其原理与摩擦磨损过程中摩擦诱发表层材料的结构演变如出一辙。

总之，摩擦诱发材料的结构演变是一种吸收机械能、降低相界面应力集中和延缓微观缺陷形成和累积、减少变形和抑制缺陷形成以及裂纹扩展的自调适行为，从而有利于减轻磨损[6]。显然，结构演变行为与摩擦诱发的表层材料的应力应变状态、加工硬化/软化行为、温度、环境介质以及材料成分和结构密切相关[7,8]，但由于摩擦磨损过程的黑箱属性，摩擦诱发的材料结构转变与摩擦学性能间的关系至今尚未建立，导致其对摩擦学行为的正负影响未见厘清。为此，应进一步加强如下科学问题的研究：

（1）摩擦诱发材料的表层结构演变如何影响摩擦学性能；

（2）摩擦诱发材料的结构演变对表层中裂纹和磨屑形成的阻抑机制；

（3）摩擦诱发材料的结构演变所致的原生强化/硬化对摩擦副寿命的贡献；

（4）摩擦诱发材料的结构演变的形核机制及其动力学行为以及与热诱发的结构转变的关联；

（5）结合计算机技术和实验技术，揭示摩擦磨损过程中与摩擦磨损的瞬态机理相关的黑箱行为；

（6）通过揭示摩擦诱发材料的结构演变行为，指导设计或制备原生强化型复合材料或具有能量耗散功能和自适应能力的智能结构涂层。

参 考 文 献

[1] Wu S K, Lin H C, Yeh C H. A comparison of the cavitation erosion resistance of TiNi alloys, SUS304 stainless steel and Ni-based self-fluxing alloy. Wear, 2000, 244: 85.

[2] 徐祖耀. 马氏体相变与马氏体. 北京: 科学出版社, 1999.

[3] Cheng L H, Rigney D A. Transfer during unlubricated sliding wear of selected metal systems. Wear, 1985, 105: 47.

[4] Cheng L H, Rigney D A. Adhesion theories of transfer and wear during sliding of metals. Wear, 1990, 136: 223.

[5] Liu X C, Zhang H W, Lu K. Strain-induced ultrahard and ultrastable nanolaminated structure in nickel. Science, 2013, 342(6156): 337.

[6] Peña J, Gil F J, Guilemany J M. Effect of microstructure on dry sliding wear behaviour in CuZnAl shape memory alloys. Acta Materialia, 2002, 50(12): 3117.

[7] Wei X C, Hua M, Xue Z Y, et al. Evolution of friction-induced microstructure of SUS 304 metastable austenitic stainless steel and its influence on wear behavior. Wear, 2009, 267(9-10): 1386-1392.

［8］ Rigney D A. Large strains associated with sliding contact of metals. Materials Research Innovations, 1998, 1: 231.

撰稿人: 韦习成[1]、李　健[2]、Hua Meng[3]、周　峰[4]、王海斗[5]

1 上海大学、2 武汉材料保护研究所、3 香港城市大学、
4 中国科学院兰州化学物理研究所、5 陆军装甲兵学院

摩擦噪声发生机理：一个困扰摩擦学和振动噪声学界一百多年的科学难题

The Generation Mechanism for Friction-Induced Vibration and Noise, Chatter, Squeal: A Trouble in Tribology and Vibration and Noise for Over 100 Years

摩擦自激振动和噪声（friction-induced vibration and noise, chatter, squeal）是指两接触表面在干摩擦滑动过程中产生的一种自激振动及噪声，一般分为低频（$f \leqslant 1000$Hz）的颤振噪声（chatter）和中、高频（$f=1000 \sim 20000$Hz）的尖叫噪声（squeal）[1]。常见的摩擦噪声有制动摩擦尖叫噪声、机床切削颤振等。摩擦噪声不但影响人类身心健康和生活环境，还制约机床等高端装备的加工精度，如制动尖叫噪声声压级达到 $90 \sim 110$dB(A)，对驾驶员的工作情绪、身心健康和声学环境有重要的影响。20 世纪 70 年代以后，汽车工业成为支撑世界经济发展的一个重要支柱产业，各大著名品牌的汽车生产厂商对汽车制动噪声十分重视，大规模资助制动摩擦噪声的研究，使制动摩擦噪声成为近 20 年来机械学领域的一个世界性研究热点问题。尽管如此，时至今日制动摩擦噪声问题还是无法得到根本的解决，尤其是对摩擦噪声发生机理的认识尚没有完全掌握。目前关于摩擦噪声的发生机理有以下观点。

1. 黏-滑振动机理

早在 1920 年前后就有文献报道过摩擦噪声问题，早期的研究人员认为摩擦噪声由摩擦界面之间的黏-滑现象引起[1-3]。由于摩擦界面最大静摩擦力和动摩擦力不同，界面摩擦力相对于滑动速度的变化多如图 1 所示，当 $0 \leqslant \alpha \leqslant \pi/2$ 时，摩擦力（F）-相对滑动速度（V_r）曲线具有负斜率。可以证明，当一个单自由度质量弹簧系统受到具有摩擦力-相对滑动速度的负斜率特性的摩擦力作用时，摩擦力-相对滑动速度的负斜率特性能够引起摩擦系统振动能量的正反馈，从而引起摩擦系统越来越大的振动直至噪声。

黏-滑振动机理比较适宜解释低速滑动引起的颤振振动和噪声，但不适宜解释滑动速度比较大时发生的摩擦尖叫噪声。尖叫噪声是一个专用术语，特指摩擦系统的振动部件发生的在摩擦切线方向和法线方向的同频耦合振动所辐射的噪声。显然，黏-滑振动机理无法解释在摩擦法线方向的振动。另外，黏-滑振动机理推导的摩擦系统振动是越来越大直至无限大，与现实中发生的摩擦振动总是有限的情况不符。

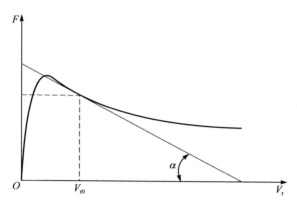

图 1　摩擦力-相对滑动速度关系

2. 自锁-滑动机理

1961 年，Spurr[4]认为摩擦界面的自锁-滑动（sprag-slip）引起摩擦噪声，所提出的模型如图 2 所示，制动盘 AB 向右运动，制动闸片 CD 在制动压力 P 作用下与制动盘接触，N 为接触反力，F 为摩擦力，μ 为摩擦系数。Spurr 根据图 2 的模型建立了如下约束方程：

$$F = \frac{\mu P}{1 - \mu \tan \theta} \tag{1}$$

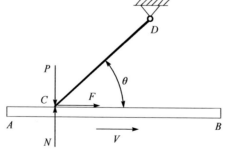

图 2　sprag-slip 模型

基于式（1），Spurr 认为当摩擦系数满足 $\mu \tan \theta = 1$ 时，摩擦力 F 达到无限大，此时制动盘和制动闸片发生自锁，但由于制动闸片 CD 存在弹性而产生变形，当

变形大时 $\mu\tan\theta\neq1$，此时制动盘和制动闸片又出现滑动。在制动滑动过程中，制动盘和制动闸片之间不断经历滑动—自锁—滑动的循环过程，因而引起制动系统的振动和噪声。

自锁-滑动机理可以解释滑动方向对摩擦噪声的影响，当图 2 制动盘向右滑动时式（1）才成立，此时摩擦系统才会出现摩擦噪声。当制动盘向左滑动时摩擦系统不会产生摩擦噪声。在由一个运动部件和一个静止部件组成的实际摩擦滑动系统中，当运动部件向着接近静止部件的方向滑动时出现摩擦噪声的概率比运动部件向着远离静止部件的方向滑动时出现摩擦噪声的概率大得多。同样，该机理无法解释尖叫噪声系统在摩擦法线方向的振动。

3. 模态耦合机理

North[5]在 1976 年提出了模态耦合（mode coupling）机理的基本思想，他将制动系统模型简化为一个 2 自由度（y 和 θ）模型，如图 3 所示。制动盘的质量为 m，厚度为 $2h$，转动惯量为 J，制动闸片的刚度为 k_1，制动盘的垂向刚度和转动刚度分别为 k_t 和 k_r，摩擦闸片和制动盘之间的制动压力为 N_0，摩擦系数为 μ，North 建立的制动系统运动方程如式（2）所示。对该方程进行运动稳定性（复特征值）分析就会发现在一些条件下，摩擦系统会发生自激振动进而辐射制动摩擦噪声。

$$M\ddot{z} + Kz = 0 \qquad\qquad (2)$$

式中

$$z = \begin{bmatrix} y \\ \theta \end{bmatrix}, M = \begin{bmatrix} m & 0 \\ 0 & J \end{bmatrix}, K = \begin{bmatrix} k_t + 2k_1 & 2k_1L - 2\mu N_0 \\ 2\mu k_1 h + 2k_1 L & k_r + 2k_1 L^2 \end{bmatrix}$$

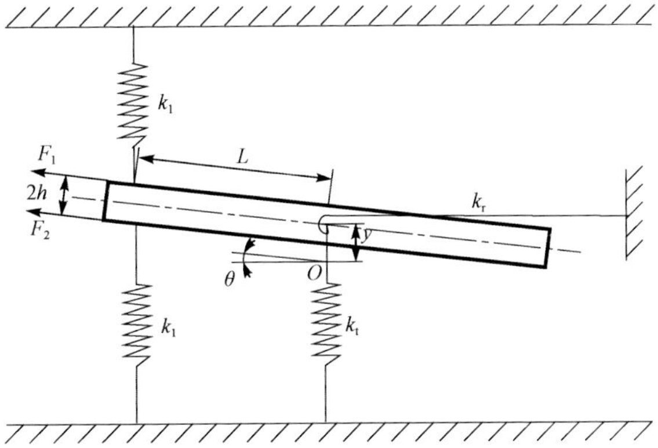

图 3　模态耦合模型

模态耦合机理是目前得到研究者广泛认同的摩擦尖叫噪声产生机理，它考虑了尖叫噪声发生时摩擦部件的切向振动和法向振动的耦合问题，很好地解释了摩擦系数越大摩擦系统发生摩擦噪声的可能性也越大的原因，也可以解释对应的摩擦振动不能无限增长的原因。但模态耦合机理只能预测摩擦噪声发生的概率，不能准确预测摩擦噪声在滑动过程中的发生位置。模态耦合机理预测摩擦系统的不稳定模态一般都有多个，实际摩擦系统发生摩擦噪声的频率一定是这多个不稳定模态频率中的一个，但不能预先确定哪一个频率的摩擦噪声将会出现。

4. 其他机理

此外，还有学者提出了锤击（hammering）机理[6]、制动盘对偶模态分裂（splitting the doublet modes）机理[7]；我国学者也提出了摩擦力时滞噪声机理[8]等。

现存的摩擦噪声机理都可部分解释摩擦噪声的成因，但也存在明显的不足，主要表现在：

（1）摩擦噪声发生的随机性没有得到很好的认识，即在名义相同的条件下制动系统有时会产生摩擦噪声，但有时又不会。例如，汽车盘形制动系统制动时，摩擦噪声不是在制动盘周向 360° 的每个位置都会产生噪声，只是在局部位置产生噪声。

（2）目前国际学术界还不能解释一些普通的摩擦噪声现象，如摩擦噪声多出现在中、低速度滑动时。

（3）到目前为止，没有从源头控制制动摩擦噪声的方法，全世界都做不到制动系统无制动噪声设计。

摩擦噪声发生机理涉及宏观的弹性体振动和微观的摩擦学相互作用等多尺度问题，在实际研究中要达到宏观和微观尺度的统一不是一件容易的事情[1]。现有的研究或者在弹性体振动方面考虑比较全面，但在摩擦学方面则考虑比较简单；或者在摩擦学方面考虑比较全面，但在弹性体振动方面则考虑比较简单。摩擦噪声由摩擦系统的自激振动引起，自激振动的特点是不需要外界持续的不平顺输入就能发生持续的振动，因此引起摩擦自激振动的发生机理看不见、测不着，只能假设某一个条件成立，然后进行摩擦系统的动力学仿真或试验，如果仿真或者试验结果与实际发生的摩擦噪声现象吻合，则认为该条件就是摩擦噪声发生机理，如黏-滑机理、模态耦合机理等。尽管现在国际上的一些著名的商业有限元软件如 ABAQUS 和 ANSYS 等都内置了摩擦噪声预测功能[9,10]，但只能预测摩擦噪声可能发生的频率，而对摩擦噪声在滑动行程的哪一个位置发生以及滑动速度对摩擦噪声的影响等都无法进行有效的预测。最重要的是，对摩擦噪声的研究已有上百年，但目前世界上没有一种汽车完全没有制动摩擦噪声，这说明摩擦噪声是一个研究了一百多年但没有完全解决的问题。

目前，大多数研究人员接受模态耦合机理作为摩擦噪声发生机理，近年来国际学术界对摩擦噪声的研究几乎都基于这个机理，商业有限元软件 ABAQUS 和

ANSYS 等内置的摩擦噪声分析功能也是基于这个机理。模态耦合机理的数学表达式（2）中包含了关键的能量反馈回路，由摩擦系统的位移耦合构成。摩擦噪声由自激振动引起，自激振动取决于振动能量反馈回路和能量正反馈条件等两个方面。从位移型、速度型和加速度型能量反馈方式，以及从摩擦起源的角度审视摩擦噪声发生机理，或许是获得该问题新解答的一个思考方向。

参 考 文 献

[1] Kinkaid N M, O'Reilly O M, Papadopoulos P. Automotive disc brake squeal. Journal of Sound and Vibration, 2003, 267(1): 105-166.

[2] Ibrahim R A. Friction-induced vibration, chatter, squeal, and chaos. Part 2: Dynamics and modeling. Applied Mechanics Review, 1994, 47(7): 227-253.

[3] Crolla D A, Lang A M. Brakes noise and vibrations-the state of the art. Proceedings of the Leeds-Lyon Symposium on Tribology, 1990: 165-174.

[4] Spurr R T. A theory of brake squeal. Proceedings of the Automobile Division, Institution of Mechanical Engineers, 1961: 33-52.

[5] North M R. Disc brake squeal//Braking of Road Vehicles, Automobile Division of the Institution of Mechanical Engineers. London: Mechanical Engineering Publications, 1976: 169-176.

[6] Rhee S K, Tsang P H S, Wang Y S. Friction-induced noise and vibration of disc brakes. Wear, 1989, 133: 39-45.

[7] Mottershead J E, Chan S N. Flutter instability of circular discs with frictional follower forces. Journal of Vibration and Acoustics, 1995, 117(1): 161-163.

[8] Chen G X, Liu Q Y, Jin X S, et al. Stability analysis of a squealing vibration model with time delay. Journal of Sound and Vibration, 2008, 311(1): 516-536.

[9] Liles G D. Analysis of disc brake squeal using finite element methods. SAE Noise and Vibration Conference and Exposition, 1989, 119(4): 797-801.

[10] Ouyang H, Nack W, Yuan Y, et al. Numerical analysis of automotive disc brake squeal: A review. International Journal of Vehicle Noise and Vibration, 2005, 1(3-4): 207-231.

撰稿人：陈光雄[1]、莫继良[1]、周仲荣[1]、冯海生[2]、王黎钦[2]、张传伟[2]

1 西南交通大学、2 哈尔滨工业大学

摩擦发射的原理

Principle of Tribo-Emission

摩擦过程中，摩擦副表面分子间的相互作用导致材料表面发生弹性形变、塑性形变，并引起材料表面分子、原子或电子的能级跃迁。当跃迁的分子、原子或电子从非稳激发态跃迁回基态时，就会发射出 X 射线、紫外线、可见光、红外线、电子、离子等物理射线[1]。摩擦发射物理射线的形式及强度与摩擦的起源、摩擦能量耗散途径紧密相关，受到人们的广泛关注和研究。

Zink 等[2]、Fontenot 等[3,4]、Vettegren 等[5]、Hollerman 等[6]研究了冲击导致的发光现象，发现被冲击晶体的摩擦发射谱与其荧光谱相似，与冲击过程中晶体中裂纹的扩展、新生表面起电导致的分子激发有关[2]，此外还发现入射能量的改变可导致摩擦光谱的峰移[4]。通过摩擦光谱探测到石英晶体表面 Si—O—Si 键断裂后 SiO·原子团从激发态向基态的跃迁，从而可将摩擦发射谱用于研究摩擦表面的单原子迁移[5]。

Hird 等[7]、Miura 等[8]研究了大气和真空中滑动摩擦的发光特性，发现金刚石针尖在金刚石等盘片上滑动时发出的光谱包含其光致发光特征谱线，且摩擦发光与电致发光以及摩擦表面键的断裂有关。Nakayama 等[9-11]观察到滑动摩擦过程中发射的电子、离子、紫外线、可见光、红外线等，并发现了摩擦发射引起的润滑分子离子化和裂解。

Hird 等设计了摩擦发射 X 射线的装置，采用"接触-分离"模式，利用 X 射线探测器观察到两表面在接触-分离过程中发射出的 X 射线[12-15]。摩擦发射 X 射线的强度可供 X 射线照相技术作为光源使用。

研究摩擦过程中的发射现象有助于探索摩擦的起因。此外，摩擦过程发射的物理射线还可用于损伤监测、害虫诱捕等方面。由于摩擦发射的物理射线种类较多，影响因素错综复杂而且相互耦合，对摩擦发射的系统研究存在诸多困难。因此，到目前为止，摩擦发射的机理并未十分清楚，现有的摩擦发射探测系统仍具有一定的局限性。实现对摩擦发射 X 射线、紫外线、可见光、红外线等物理射线的宽谱探测，实现轻载、光滑表面、无接触表面等无磨损摩擦状态下微弱物理射线发射信号的探测，是探索摩擦发射机制的关键。

参 考 文 献

[1] Walton A J. Triboluminescence. Advanced in Physics, 1977, 26(6): 887-948.

[2] Chandra B P, Zink J I. Mechanical characteristics and mechanism of the triboluminescence of fluorescent molecular crystals. Journal of Chemical Physics, 1980, 73(12): 5933-5941.

[3] Fontenot R S, Hollerman W A, Aggarwal M D, et al. A versatile low-cost laboratory apparatus for testing triboluminescent materials. Measurement, 2012, 45(3): 431-436.

[4] Fontenot R S, Hollerman W A, Goedeke S M. Initial evidence of a triboluminescent wavelength shift for ZnS:Mn caused by ballistic impacts. Materials Letters, 2011, 65(7): 1108-1110.

[5] Vettegren V I, Bashkarev A Y, Mamalimov R I, et al. Fractoluminescense of crystalline quartz upon an impact. Physics of the Solid State, 2008, 50(1): 28-31.

[6] Hollerman W A, Bergeron N P, Goedeke S M, et al. Annealing effects of triboluminescence production on irradiated ZnS:Mn. Surface and Coatings Technology, 2007, 201(19-20): 8382-8387.

[7] Hird J R, Chakravarty A, Walton A J. Triboluminescence from diamond. Journal of Physics D: Applied Physics, 2007, 40(5): 1464-1472.

[8] Miura T, Hosobuchi E, Arakawa I. Spectroscopic studies of triboluminescence from a sliding contact between diamond, SiO_2, MgO, NaCl, and Al_2O_3 (0001). Vacuum, 2010, 84: 573-577.

[9] Nakayama K. Triboemission of electrons, ions, and photons from diamondlike carbon films and generation of tribomicroplasma. Surface and Coatings Technology, 2004, 188-189(1): 599-604.

[10] Nakayama K. Triboplasma generation and triboluminescence: Influence of stationary sliding partner. Tribology Letters, 2010, 37(2): 215-228.

[11] Nakayama K. Mechanism of triboplasma generation in oil. Tribology Letters, 2011, 41(2): 345-351.

[12] Camara C G, Escobar J V, Hird J R, et al. Correlation between nanosecond X-ray flashes and stick-slip friction in peeling tape. Nature, 2008, 455(7216): 1089-1092.

[13] Hird J R, Camara C G, Putterman S J. A triboelectric X-ray source. Applied Physics Letters, 2011, 98(13): 133501.

[14] Kneip S. A stroke of X-ray. Nature, 2011, 473(7348): 455-456.

[15] Collins A L, Camara C G, Naranjo B B, et al. Charge localization on a polymer surface measured by triboelectrically induced X-ray emission. Physical Review B, 2013, 88(6): 064202.

撰稿人：徐学锋[1]、马丽然[2]

1 北京林业大学、2 清华大学

摩擦发电问题

Tribo-Electrification Problem

当两个物体发生相互摩擦时，不同物体的原子核束缚核外电子的能力不同，造成其中一个物体失去部分电子，另一个物体得到多余的电子，从而导致两种物体产生带电的现象称为摩擦起电。摩擦起电是一种日常生活中常见的现象，如梳头、脱毛衣和文件复印等。近年来，利用可再生能源技术克服日趋严重的传统能源枯竭问题成为世界各国的重点发展领域。在纳米能源和纳米制造领域，纳米发电机的研究近年来开展得如火如荼[1]。与传统的发电机基于法拉第电磁感应定律的工作原理将其他形式的能源转换为电能不同，纳米发电机以微纳结构材料的压电效应、热电效应，甚至是摩擦电效应为基础来实现电能的转换。因此，"摩擦起电"这个曾经为人类古老文明创造过辉煌历史的简单的发电方式在纳米科技飞速发展的今天重新焕发青春活力。摩擦纳米发电机采用两种摩擦电性相反的材料在接触对摩过程中发生的正负电荷分离，产生电势差从而形成电流。该装置创造性地利用两种材料相互之间的摩擦起电和静电感应的耦合效应，将人类自然生活环境中不同形式的微小机械能（如手指在手机屏幕上的滑动）转化为可以使用的电能，作为一种简单、低成本、可持续和环境友好的绿色新能源技术，成为能源与环境科学研究领域的新热点[2]。通过在摩擦纳米发电机中构建超高电荷密度接触界面，增加接触和分离过程中的摩擦电荷转移数量，提高单位载荷下的发电效率，有助于实现下一代智能便携式可穿戴电子产品（如智能手环和手表）的自充电要求，解决智能电子产品普遍存在的充电难题，最终达到相关设备的自供电。因此，研究摩擦纳米发电机中的摩擦学问题，尤其是阐明摩擦发电过程中输出摩擦电荷数量和接触界面摩擦学行为的关系、摩擦行为和高效率发电之间的关联，将显著推动摩擦纳米发电机在纳米能源领域的实用化进程。

在纳米能源领域，当前摩擦纳米发电机的基础理论研究主要集中在以下两个方向：

（1）探索新型摩擦发电结构模式。目前主要有垂直接触与分离、横向滑动、单电极和自支撑摩擦电层等四种基本模式。

（2）提高摩擦纳米发电机的平均输出功率密度和能量转化效率。通过改变摩擦电极的材料、几何结构和表面织构来提升摩擦纳米发电机的输出电学特性[3,4]，在实现高效能量转换的同时保证电能输出的稳定性和持续性。

迄今为止，摩擦发电机理尚不清楚，接触材料之间的摩擦学行为对摩擦纳米发电机输出电学性能的影响规律仍有待解决，可以考虑从以下几个方面开展工作：

（1）摩擦电荷的研究。需要从微观角度（纳米尺度甚至亚纳米尺度）揭示接触界面摩擦电荷的产生、转移和存储机制，探讨材料表面微观电子结构和价态（如边缘量子阱和表面电荷密度等）对电荷密度的影响规律，实现高电荷存储密度材料（薄膜或块体）的简易、低成本和大批量制备。

（2）摩擦机理的研究。需要从宏观角度（毫米尺度甚至厘米尺度）阐明接触界面的摩擦特性（主要是摩擦系数）及其与输出电学性能（包括开路电压、短路电流、功率密度和能量转换效率）的关系，实现接触界面低摩擦力作用下高的平均输出功率密度。

（3）磨损机制的研究。揭示接触界面对摩材料的磨损形态（主要是磨损率）与输出电学性能之间的关系，实现摩擦纳米发电机的低磨损和长寿命。

（4）其他影响因素的研究。不同外部因素（如气氛中相对湿度和氧气含量、温度和雨（雪）水和内部因素（人体汗液）对摩擦纳米发电机的摩擦学行为（摩擦系数和磨损率）和输出电学性能的影响规律，也是其在智能可穿戴电子设备上应用时需要解决的技术难点。

研究表明，开发具备低摩擦行为和高密度电荷储备能力的纳米表面是实现低摩擦高效率发电的有效途径之一。例如，含有大量石墨烯边缘量子阱的碳基薄膜对于实现纳米表面的低摩擦具有显著效应[5,6]，同时可以实现纳米表面的高密度电荷控制[7]。综上所述，摩擦发电问题的研究对于拓展摩擦纳米发电机在纳米能源领域的工业化应用具有巨大的实用价值，对于丰富摩擦学研究具有显著的科学意义。

参 考 文 献

［1］ Wang Z L, Song J H. Piezoelectric nanogenerators based on zinc oxide nanowire arrays. Science, 2006, 312(5771): 242-246.

［2］ Fan F R, Tian Z Q, Wang Z L. Flexible triboelectric generator. Nano Energy, 2012, 1: 328-334.

［3］ Wang Z L, Chen J, Lin L. Progress in triboelectric nanogenerators as a new energy technology and self-powered sensors. Energy and Environmental Science, 2015, 8: 2250-2282.

［4］ Zhang X S, Han M D, Meng B, et al. High performance triboelectric nanogenerators based on large-scale mass-fabrication technologies. Nano Energy, 2015, 11: 304-322.

［5］ Chen C, Diao D F, Fan X, et al. Frictional behavior of carbon film embedded with controlling-sized graphene nanocrystallites. Tribology Letters, 2014, 55: 429-435.

[6]　Wang P F, Hirose M, Suzuki Y, et al. Carbon tribo-layer for super-low friction of amorphous carbon nitride coatings in inert gas environments. Surface and Coatings Technology, 2013, 221: 163-172.

[7]　Zhang X, Wang C, Sun C Q, et al. Magnetism induced by excess electrons trapped at diamagnetic edge-quantum well in multi-layer grapheme. Applied Physics Letters, 2014, 105: 042402.

撰稿人：汪朋飞 [1]、刁东风 [1]、张海霞 [2]

1 深圳大学、2 北京大学

摩擦发热机制和测量

Mechanism and Measuring of Frictional Heating

摩擦发热是机械摩擦的一种自然属性，人类对摩擦热的利用最早可追溯至原始社会的"钻木取火"。摩擦热对摩擦学系统产生显著影响，尤其是摩擦副材料的力学性能，如屈服、蠕变、应力松弛等[1]。摩擦温度的急剧上升往往可以作为摩擦学系统失效的判据[2]。因此，对摩擦发热的科学分析是理解摩擦材料损伤和摩擦副失效机制的重要依据。然而，直到 Archard[3]、Blok[4]等对"闪温"概念的提出和完善，研究者才开始对摩擦热有系统和科学的认识。但仍有以下科学难题尚待解决。

1．摩擦过程中热功转化机制及效率

摩擦热功转化机制是探索摩擦热产生、改善摩擦热接触和合理利用摩擦热的理论基础。Tominson 提出独立振子（IO）模型，结合量子力学和晶体热动力学，研究发现原子动力学失稳使大部分势能转化为摩擦热，理论上超过 85%的能量转化为摩擦热[5,6]。但摩擦能量同时会转化为界面能、辐射能、应变能、声能等。建立精确的摩擦热模型，必须解决摩擦热功转化效率和转化途径、材料晶体结构和热物理属性影响机制、界面属性影响机制等难题；并且需要建立新的测试手段，获取微观摩擦学系统数据，对所建模型进行验证和修正。

2．摩擦热的耗散途径

摩擦热的耗散途径包括热传导、热辐射、性能变化[7]、相变、摩擦化学等。不同耗散途径的摩擦热直接作用于摩擦副本身和所处环境的状态，如摩擦副温升、环境温升、材料力学性能衰退、摩擦氧化和摩擦产物化合态等。摩擦热耗散对摩擦学系统特性产生显著的影响，尤其是干滑动摩擦过程[8,9]。各耗散途径的微观机制、相互作用、对摩擦热的贡献率，及其与摩擦磨损之间的关系需要进一步系统研究。

3．摩擦表面温度的准确评估

摩擦发热的科学评估，是解决摩擦热功转化机制、耗散机制难题的关键，已成为制约整个摩擦学学科理论化、系统化的障碍。

对于理论计算与模拟，比较经典的方法有 Archard、Holm、Tian-Kennedy、Greenwood-Greiner、Ashby-Abulawi-Kong 等，结合计算机模拟技术，可分析预测摩擦表面平均温升和摩擦闪温[10]。各模型计算结果差距较大，主要原因在于表面粗糙接触模型不同。静态表面粗糙度的表征和模拟技术非常成熟，但摩擦过程中粗糙度不断演变，提高摩擦热模拟准确度的关键在于建立合理的动态粗糙表面接触模型[11]。

实验测量是研究摩擦发热最直观的手段，是判断理论模型是否科学的依据和揭示摩擦热耗散机制的基础。常用的方法有接触热电势法[7]、热电偶法、材料性能-温度关系法[12]、红外热成像法等。但由于摩擦副表面膜电阻、热传导滞后性、非透光性等因素，上述方法均存在一定缺陷。因此，摩擦表面温度准确评估需要解决的难题包括：摩擦温度同步测试，摩擦副表面温度大面积、高分辨的动态分布测试，不依赖材料属性和接触特性的表面温度评估，摩擦热耗散机制辨别等。这些问题的解决依赖于微型传感器、非接触无损测量、数据挖掘等多学科和摩擦学的交叉创新。

参 考 文 献

[1] Zhang J, Jiang H, Jiang C, et al. In-situ observation of temperature rise during scratch testing of poly(methylmethacrylate) and polycarbonate. Tribology International, 2016, 95: 1-4.

[2] Liu J, Zhang Y, Du S, et al. Effect of friction heat on tribological behaviors of Kevlar fabric composites filled with polytetrafluoroethene. Proceedings of the Institution of Mechanical Engineers, Part J: Journal of Engineering Tribology, 2015, 229(12): 1435-1443.

[3] Archard J F. The temperature of rubbing surfaces. Wear, 1959, 2(6): 438-455.

[4] Blok H. The flash temperature concept. Wear, 1963, 6(6): 483-494.

[5] 龚中良, 丁凌云, 黄平. 摩擦界面原子受迫振动温升模型及计算研究. 摩擦学学报, 2008, 28(4): 322-326.

[6] Czichos H, Dowson D. Tribology: A systems approach to the science and technology of friction, lubrication and wear. Tribology International, 1978, 11(4): 259-260.

[7] 赵萍, 鄢波, 程先华. 减振器活塞杆摩擦热分析及温度与硬度的关系. 润滑与密封, 2001, 1(2): 44-47.

[8] 张永振. 钢铁干滑动摩擦副摩擦学特性研究. 西安: 西安交通大学博士学位论文, 2001.

[9] 刘建, 张永振, 杜三明. PTFE 编织复合材料摩擦温度与磨损特性研究. 机械工程学报, 2012, 23: 90-94.

[10] Kalin M. Influence of flash temperatures on the tribological behaviour in low-speed sliding: A

review. Materials Science and Engineering A, 2004, 374(1): 390-397.

[11] 李玉龙, 王文中, 赵自强, 等. 基于移动点热源积分法的弹流润滑温度场计算. 润滑与密封, 2014, (12): 43-47.

[12] Dawson B D, Lee S M, Krim J. Tribo-induced melting transition at a sliding asperity contact. Physical Review Letters, 2009, 103(20): 205502.

撰稿人: 张永振[1]、王文中[2]

1 河南科技大学、2 北京理工大学

摩擦力准确计算：一个数百年来尚未解决的科学难题

Difficulties in Accurate Calculation of Friction: A Scientific Puzzle Unsolved for Hundreds of Years

迄今尚无任何数学模型或数值方法能对摩擦力作出准确计算。现行方法将摩擦的犁沟和黏着分量叠加，但离准确计算还很遥远。不仅犁沟力计算有许多困难，黏着项中界面剪切强度的确定更需涉及复杂的摩擦体系和诸多影响因素，即使对于超薄液体膜或原子尺度摩擦两种最简单体系，也因尚未掌握润滑液流变特性变化规律，或因阻尼和能量耗散系数的不确定性而无法计算界面剪切强度。此外，化学键、电荷、温度等因素对摩擦影响的计算研究还刚起步。

由于计算机技术的发展，人们已有能力对材料的各种力学行为进行准确的数值计算，但摩擦是一个例外，迄今还没有一个可用的数学公式或数值模型能对摩擦力作准确预测。数百年来科学家和工程师为解决这一难题进行了不懈努力，但与最终成功还有相当距离。若能在摩擦定量计算研究中取得突破，不仅可赋予人们预见材料摩擦行为和控制摩擦的能力，而且对关键参量（如界面剪切强度等）的定量研究也将大大加深对摩擦界面科学的认知。需要说明的是，本难题中的摩擦力特指滑动摩擦，关于滚动摩擦计算中的难题将另有专文论述。

早在摩擦研究的初创时期（16～19世纪）不少科学家就试图给出一个摩擦力的计算公式，如著名的库仑摩擦定律将摩擦力表示为法向载荷与摩擦系数的乘积，即 $F=P\cdot\mu$，但困难在于摩擦系数 μ 无法准确计算。欧拉曾把表面描述为一对相互啮合的锯齿状斜面（图1），并假定滑动时表面将沿着斜面爬升，由爬升所需的能量即可计算滑动摩擦系数：$\mu\approx\tan\alpha$[1]。但是在真实的随机起伏表面上这种爬升运动几乎难以察觉，而且表面爬升必然伴随一个后续的下降运动，欧拉公式未考虑下降过程中的能量反馈，故未获广泛认可。较严谨的摩擦定量分析出现在20世纪50年代，如英国科学家Bowden和Tabor提出的黏着摩擦模型，他们认为表面微观不平度（粗糙度）导致真实接触面积（图2（b）中灰色斑点）只占名义面积的一小部分，而摩擦力应等于真实接触面积 A_r 与滑动发生时的界面剪应力（即界面剪切强度）τ 的乘积，$F=A_r\cdot\tau$。这似乎为摩擦力的准确计算提供了一种可能[2]，其实这里仍有许多尚未解决的问题，尤其界面剪切强度 τ 是一个很难计算的关键参量，而且模型只考虑由表面黏着引起的摩擦而忽略了表面犁沟等其他因素产生的摩擦分量。

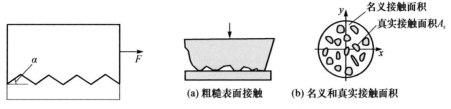

图1　欧拉的摩擦计算模型　　　　　　图2　粗糙表面接触示意图

更完善的方法是将摩擦力表示为若干分量之和[3]，即 $F=F_{pl}+F_{ad}+F_{au}$，其中，F_{pl} 为表面微凸体犁沟、刻划或切削导致的摩擦分量（犁沟项）；F_{ad} 为界面分子受剪切时产生的黏着摩擦力（黏着项）；F_{au} 为来自其他因素的附加摩擦力（附加项），如液体润滑剂的黏性阻力、静电力和非接触摩擦力等。虽然该式给出了摩擦力预测的大致方向，但离准确计算依然很遥远，主要困难有以下方面：

（1）原则上，单个微凸体的犁沟摩擦力可由材料弹塑性变形的数值分析获得，但滑动体前方材料堆积和后方弹性恢复等影响目前还不能准确描述[4]，至于多个粗糙峰互相关联导致大面积犁沟或材料不规则撕裂的情形更无法处理。

（2）黏着摩擦力计算的关键是界面剪应力或剪切强度的确定，有人建议两种材料干接触时可取其中较弱材料的极限剪应力作为界面强度，但它不适于存在润滑膜（流体膜、吸附膜或化学反应膜）或剪切发生在接触界面的情况。

（3）如剪切发生在润滑膜内部，界面强度应与润滑膜的极限剪应力有关，困难在于液体薄膜的性质与润滑分子大小、结构及其与固体表面相互作用相关，目前尚未掌握这些因素对极限剪应力的影响规律，还无法给出一个有效的计算公式[5,6]。

（4）从原子分子相互作用研究摩擦为定量计算提供了新希望，如独立振子模型[7]和鹅卵石模型[8]中就有摩擦力或界面强度的表达式，但它们无法用于实际计算，因其中涉及很多未知参数，如阻尼系数、能量耗散率以及材料性能等，这些参数的确定尚属有待探索的领域[9,10]。

（5）表面化学键、电荷、温度环境等因素对摩擦的影响相当复杂，如何将它们的影响加入摩擦计算的研究还刚起步。

（6）摩擦的附加分量有些是可以计算的，如液体的黏性阻力等，但还有很多因素引起的附加摩擦力如电磁场涨落和量子效应导致的非接触摩擦等，其定量规律尚未得到充分的揭示[11]。

然而，仅靠细节的完善并非是解决摩擦计算的根本之道，关键还需针对若干核心参数（如界面强度、润滑膜极限剪应力和能量耗散率等）建立反映摩擦物理本质的简化计算模型。

参 考 文 献

［1］ Dowson D. History of Tribology. London: Professional Engineering Publishing, 1998.

［2］ Bowden F P, Tabor D. Friction and Lubrication of Solids. Oxford: Oxford University Press, 1954.

［3］ Moore D F. Principles and Applications of Tribology. New York: Pergamon Press, 1975.

［4］ Lafaye S, Gauthier C, Schirrer R. The ploughing friction: Analytical model with elastic recovery for a conical tip with a blunted spherical extremity. Tribology Letters, 2006, 21: 95-99.

［5］ Granick S. Motions and relaxations of confined liquids. Science, 1991, 253: 1374-1379.

［6］ Ma L R, Luo J B. Advances in thin film lubrication (TFL): From discovery to the aroused further researches. Science China—Technological Science, 2015, 58(10): 1609-1616.

［7］ Krylov S Y, Frenken J W M. The physics of atomic-scale friction: Basic considerations and open questions. Physica Status Solidi B, 2014: 251: 711-736.

［8］ Israelachvili J N, Chen Y L, Yoshizawa H. Relationship between adhesion and friction forces. Journal of Adhesion Science and Technology, 1994, 8: 1231-1249.

［9］ Persson B N J, Ryberg R. Brownian motion and vibrational phase relaxation at surfaces: CO on Ni(111). Physical Review B, 1985, 32(6): 3586-3596.

［10］ Hu Y Z, Ma T B, Wang H. Energy dissipation in atomic-scale friction. Friction, 2013, 1(1): 24-40.

［11］ Volokitin A I, Persson B N J. Near-field radiative heat transfer and noncontact friction. Reviews of Modern Physics, 2007, 79(4): 1291-1329.

撰稿人： 胡元中、马天宝、雒建斌

清华大学

磨损的预测

Wear Prediction

　　摩擦磨损是机器最常见、最大量的一种失效方式。国外统计资料显示，摩擦消耗掉全世界 30%的一次性能源，约有 80%的机器零部件因磨损而失效[1,2]。发达国家每年因摩擦磨损造成的损失占国内生产总值（GDP）的 5%～7%。我国是制造大国，其损失比例更高。据不完全统计，我国每年由于摩擦磨损造成的经济损失达上万亿元[3]。与摩擦相比，磨损较为复杂。迄今为止磨损的机理还不十分清楚，且没有一条简明的定量定律。对于大多数机器，磨损比摩擦显得更为重要，实际上人们对磨损的理解远不如摩擦，对机器磨损的预测能力也较差。对于大多数不同系统的材料，在空气中的摩擦系数大小相差不超过 20 倍，而磨损率之差却大得多，如聚乙烯对钢的磨损率和钢对钢的磨损率之比可达 10^5 倍，磨损比摩擦具有更大的复杂性和敏感性[4]。

　　关于磨损的研究工作开展得也相对较晚，20 世纪 50 年代初期，在工业发达国家开始提出"黏着磨损"理论，探讨磨损机理。20 世纪 60 年代后，电子显微镜、光谱仪、能谱仪、俄歇电子能谱仪以及电子衍射仪等微观分析技术的发展，推动了对各种磨损现象在微观尺度的检测分析和微观机理的深入探求。利用这些手段，可以分析和监测磨损的动态过程，研究磨损过程中表面/次表面及磨屑形貌、成分组织和性能的变化，揭示磨损的机理，从而有助于寻求提高机器寿命的可能途径。然而，工程设计中目前还没有行之有效的磨损定量预测模型，只能采用条件性计算，主要是因为磨损涉及的影响因素较多，包括工况条件、摩擦配副材料的组织成分、表面的物化性质、力学性能等，导致磨损发生的机理存在较大差异。目前关于材料磨损的经典理论包括[5]：

　　（1）1937 年，Tonn 提出磨粒磨损的经验公式；

　　（2）1946 年，Holm 在研究电接触中首次提出黏着磨损的概念并认为磨损量正比于滑动距离；

　　（3）1953 年，Archard 在其建立的黏着磨损理论中，提出了简单的磨损计算公式，指出磨损量与滑动距离和载荷成正比，与摩擦副中软材料的屈服极限或硬度成反比；

　　（4）1957 年，克拉盖尔斯基提出了固体疲劳理论和计算方法；

（5）1965 年，Rabinowicz 从能量的观点分析黏着磨损中磨屑的形成，提出最小磨屑尺寸的计算公式；

（6）1973 年，Suh 提出了磨损剥层理论，指出磨损量与载荷、滑动距离成正比，而不直接与材料的硬度相关。

此外，关于磨损计算，还有 IBM 磨损计算方法、组合磨损计算方法等。近年来，还有一些基于有限元以及分子动力学等的预测方法、基于疲劳力学和断裂力学的预测理论。

然而，这些预测模型和计算公式多数为经验或半经验性，有些公式（如疲劳理论公式）相当复杂，许多参数也缺乏准确的数据，应用上存在局限性。迄今为止，尚缺少接近工程实际的磨损定量计算方法和手段，可以用于高效准确地预测磨损过程，进而控制磨损量。

事实上，磨损预测的难点不仅局限在磨损总量的预测，更难在需要定量预测磨损发生的部位、磨损引起的表面几何形状和组织结构与性能的动态变化，这就需要解决如何建立磨损与摩擦界面微观形貌、几何轮廓变化之间的物理和数学模型、磨粒生成和演化的物理及数学模型以及伴随磨损过程发生的表面化学成分演变（如吸附膜、摩擦化学反应膜的生成及去除）、亚表层微观组织结构的演化（如塑性变形、晶粒细化、非晶化等）的定量关系，这些数理模型必然涉及跨越分子尺度、晶粒尺度、粗糙峰尺度和摩擦副乃至摩擦系统宏观尺度的建模问题，需要解析从亚纳米尺度至宏观尺度下表面结构和组织演化的细节，现有的连续性模型或离散模型都难以胜任，任务十分复杂和艰巨。例如，黏着磨损的磨屑尺寸有多大这个基本问题至今仍有很大争议，Archard 认为磨屑尺寸与单个粗糙峰的真实接触区大小相等；Rabinowicz 则从伴随单个磨屑产生导致表面能增大的观点提出磨屑尺寸不可能小于临界尺寸公式预测的大小（对大多数金属材料，在无表面吸附膜或反应膜时在微米量级）[6]；近年来，日本学者 Mishina[7]等利用原子力显微镜对金属黏着转移的微粒尺寸进行测量，得出黏着转移的颗粒基本单元尺寸是纳米量级，转移后的这些磨屑单元在后续摩擦过程中脱落和团聚而形成了微米尺度的磨屑；Aghababaei 等[8]的分子动力学模拟计算结果则支持 Rabinowicz 提出的黏着磨屑存在最小临界尺寸的观点。在实验研究方面，由于在线实时高分辨测量表面微观形貌、化学成分和组织结构动态演化非常困难，对磨损表面的细观、微观表征不得不在磨损实验结束后离线进行，对磨损的演化进程只能停留在"推测"的水平，离精准预测的目标还存在很大的差距。

磨损预测对于零部件的寿命评估、失效分析具有重要的工程意义，而其内在的机理研究具有重要的科学意义。因此，开展磨损的预测研究，将有效地节约材料和能量，提高机械设备的使用性能，延长使用寿命，减少维修费用，这对于国民经济具有重大的意义。

参 考 文 献

［1］ Dasic P. International standardization and organizations in the field of tribology. Industrial Lubrication and Tribology, 2003, 55(6): 287-291.

［2］ Jost H P. Tribology micro and macro economics: A road to economic savings. World Tribology Congress III, 2005: 1-18.

［3］ 谢友柏, 张嗣伟. 摩擦学科学及工程应用现状与发展战略研究. 北京: 高等教育出版社, 2009.

［4］ 何奖爱. 材料磨损与耐磨材料. 沈阳: 东北大学出版社, 2001.

［5］ 温诗铸, 黄平. 摩擦学原理. 3 版. 北京: 清华大学出版社, 2008.

［6］ Robinowicz E. Friction and Wear of Materials. 2nd ed. New Jersey: John Wiley & Sons, 1995.

［7］ Mishina H. Surface deformation and formation of original element of wear particles in sliding friction. Wear, 1998, 215: 10-17.

［8］ Aghababaei R, Warner D H, Molinari J. Critical length scale controls adhesive wear mechanisms. Nature Communications, 2016, 7: 11816.

撰稿人： 孟永钢[1]、王文中[2]、雒建斌[1]、解国新[1]

1 清华大学、2 北京理工大学

量子摩擦学

Quantum Tribology

量子摩擦学是从量子角度研究摩擦的起源与行为的科学。宏观上，摩擦过程可以视为连续的过程。但是，从微观角度看，摩擦过程是两个原子趋近、接触（处于斥力状态）和脱离的过程。常有原子（晶格）振动，键的断裂，电子-空穴对的产生、复合和光电子的发射等物理现象。摩擦量子化主要是指微观摩擦能量耗散模式是量子化的，即能量的积累和释放只能以确定的数值一份一份地进行。其过程通常以声子、电子、光子等微观粒子作为能量耗散量子化的主要载体，粒子产生和湮灭的演变规律均呈现出量子效应，体现量子摩擦学的本征物理机制。因此，以能量量子化为研究前提，探究表面电子结构、电子能态密度和电荷逸出功等电子学特性，探索声子的激发、失稳、弛豫等动力学过程，探索电子-声子相互作用和摩擦发射光子的机制，是揭示摩擦本质并获得量子摩擦学特性的重要途径。

从量子化角度开展摩擦过程能量耗散的途径和机制的主要工作有：研究自组装膜、石墨烯等体系的动力学失稳和黏滑摩擦行为，表明表面结构公度性、横向刚度等对黏滑摩擦和能量耗散有重要影响[1,2]。研究发现，原子尺度摩擦部分取决于滑动过程中的电荷密度涨落和表面溢出功。摩擦导致的晶格振动还可通过声子-电子耦合方式激发电子-空穴对，并以电阻热和电子激发的形式耗散[3]。对于绝缘体和导电性较差的半导体，摩擦产生电荷会在摩擦路径中短时间残留，与另一摩擦副之间产生库仑作用力，导致能量消耗[4]。对于金属和半导体，除了声子激发外，滑动表面间还会由于激发态电子的晶格散射产生焦耳热而导致声子-电子耦合模式的能量耗散[5]。对于超导材料，其常态下的摩擦系数通常远大于超导态，超导态下摩擦耗散主要是以声子模式为主导，电子模式被极大抑制[6]。上述能量耗散均涉及摩擦过程电子、声子的动力学机制，其理论模拟较多，实验研究比较少，相关检测、测量手段缺乏是量子摩擦学领域的主要问题之一。

为解决上述问题，多种测量方法包括泵浦探测方法、二次谐波光谱技术、拉曼散射光谱技术等被用于表征摩擦诱导声子跃迁动力学行为，进而研究摩擦过程的量子机理[7,8]。特别是相干反斯托克斯拉曼散射（CARS）、超短脉冲 TR-CARS 技术的发展使得在超快时间尺度上获得材料中声子动力学信息成为可能[9,10]。Waltner 等[11]研究了半导体量子点 CdSSe 中相干声子弛豫。Ikeda 等[12]研究了碳纳米管中的相干声子动力学行为等。Wu 等[13]采用 TR-CARS 技术探测了热声子动力学机理，成功区分了石墨烯中不同声子弛豫耗散途径。这些技术尝试在量子摩擦学领域研究，解决摩擦过程中的探测难题。

从量子角度研究摩擦是一个全新的领域，初步模拟研究已经取得了进展，但实验研究尚未见开展。目前采用拉曼散射和泵浦探测方法测量声-声、电-声耗散属于静态研究，测量对象相对简单，实验的困难容易克服。因此，开展摩擦电子、声子激发的动力学过程的实验研究，明晰量子尺度机械能向热能转化的中间过程和相应的物理机制，对摩擦学原理研究有重要意义。量子摩擦学是人类探索摩擦起源和机械能向热能转变的重要分支领域，多种传统摩擦学的测量方法、理论机理和实验手段已经不再适用，多类难题尚待解决。

参 考 文 献

[1] Wang H, Hu Y Z, Zhang T. Simulations on atomic-scale friction between self-assembled monolayers: Phononic energy dissipation. Tribology International, 2007, 40(4): 680-686.

[2] Xu L, Ma T B, Hu Y Z, et al. Vanishing stick-slip friction in few-layer graphenes: The thickness effect. Nanotechnology, 2011, 22(28): 285708.

[3] Filleter T, McChesney J L, Bostwick A, et al. Friction and dissipation in epitaxial graphene films. Physical Review Letters, 2009, 102(8): 086102.

[4] Qi Y, Park J Y, Hendriksen B L M, et al. Electronic contribution to friction on GaAs: An atomic force microscope study. Physical Review B, 2008, 77(18): 184105.

[5] Persson B N J. Sliding Friction: Physical Principles and Applications. Berlin: Springer-Verlag, 1998.

[6] Kisiel M, Gnecco E, Gysin U, et al. Suppression of electronic friction on Nb films in the superconducting state. Nature Materials, 2011, 10: 119-122.

[7] Chae D H, Krauss B, von Klitzing K, et al. Hot phonons in an electrically biased graphene constriction. Nano Letters, 2010, 10: 466-471.

[8] Thomas B. Samuel G. Temperature and doping dependence of phonon lifetimes and decay pathways in GaN. Journal of Applied Physics, 2008, 103(9): 093507.

[9] Leonhardt R, Holzapfel W, Zinth W, et al. Terahertz quantum beats in molecular liquids. Chemical Physics Letters, 1987, 133(5): 373-377.

[10] Vallée F, Bogani F. Coherent time-resolved investigation of LO-phonon dynamics in GaAs. Physical Review B, 1991, 43(14): 12049-12052.

[11] Waltner P, Materny A, Kiefer W. Phonon relaxation in CdSSe semiconductor quantum dots studied by femtosecond time-resolved coherent anti-Stokes Raman scattering. Journal of Applied Physics, 2000, 88(9): 5268-5271.

［12］　Ikeda K, Uosaki K. Coherent phonon dynamics in single-walled carbon nanotubes studied by time-frequency two-dimensional coherent anti-Stokes Raman scattering spectroscopy. Nano Letters, 2009, 9(4): 1378-1381.

［13］　Wu S W, Liu W T, Liang X G, et al. Hot phonon dynamics in grapheme. Nano Letters, 2012, 12: 5495-5499.

撰稿人：雏建斌、刘大猛

清华大学

极端工况下的摩擦磨损

Friction and Wear under Extreme Conditions

摩擦磨损发生在两个相互接触且具有相对运动或相对运动趋势的表面（即摩擦副）之间，其摩擦磨损过程既受摩擦副材料的物理、化学性能影响，又受摩擦副之间润滑材料性能的影响。随着人类探索未知世界和应对日益复杂挑战的诉求增加，航空航天、高速铁路、极限制造等前沿技术领域不断发展，装备性能指标趋于更强、更快、更高，运动部件摩擦副使用环境和要求日益苛刻，带来了有别于常规的苛刻工况摩擦磨损行为[1]。摩擦副极端工况来源主要包括如下三类：

（1）极端环境。极端环境包括外太空高真空、高低温交变环境、海洋腐蚀环境、核装备强辐射环境等。图1为极端工况条件下典型摩擦副所处的温度范围，部分摩擦副已接近绝对零度深冷、材料高温极限，或者高低温交变和冲击[2]。

（2）苛刻应用条件。苛刻应用条件包括航空航天发动机高温、低温、高速、重载、无润滑或乏油、强载流等。

（3）特殊介质。特殊介质包括运载工具和导弹等发动机的强氧化性和腐蚀性介质，如液态氧、液态氢、过氧化氢和部分腐蚀燃料。这些极端环境和应用条件耦合，对摩擦学研究的现有认知和成果不断提出新的挑战，对高精度、高可靠性、长寿命、免维护等装备技术发展目标形成了制约。

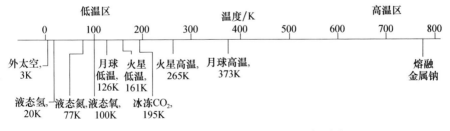

图 1　极端工况条件下典型摩擦副所处温度范围[2]

极端工况下摩擦副的摩擦磨损行为，需要考虑由极端使用环境和工况下速度、载荷、温度、环境、润滑介质等多物理场耦合作用，发生在表面层，且涉及材料、力学、热学、物理、化学等过程，导致运动部件及运动副的基本物理化学性质发生变化，引发润滑材料快速失效，磨损加速，运动副精度的保持能力和稳定运行能力急剧降低，服役寿命严重缩短，甚至诱发止转性重大事故。

深冷条件下，摩擦副表面材料性能发生两个显著转变，即强度略有提高，以及韧性显著下降，从而导致材料表面产生微裂纹并进一步引发低温疲劳磨损失效。高低温交变是典型的极端温度与热振的耦合效应，与材料的热性能耦合将产生典型的浅表性微裂纹和剥落，其显著特征是深度有限，向表面扩展，载荷作用的次序效应弱化，剩余寿命高于一般工况的疲劳寿命。例如，环保型氢氧火箭发动机轴承，转速高达 123000r/min，接触应力达 3.5GPa，尽管采用液态氢或氧燃料作为冷却介质，但接触微区瞬时局部温度可达 300℃以上，形成摩擦副接触区瞬时近600℃的温差冲击，摩擦副表面经历反复的高低温交变作用，导致力-热耦合作用下循环接触表面热振裂纹、固体润滑转移膜破裂。

高速高频冲击条件下，部分摩擦副材料的磨损行为与普通工况截然相反，出现硬度高的摩擦副偶件表面磨损失重大，硬度相对较低的表面磨损失重小甚至无磨损的现象，如高速接触式石墨密封摩擦副、高速冲击条件下的滚动轴承引导面摩擦副等。高速高温重载等导致的摩擦副微区条件变化与润滑剂和摩擦副表面的材料性能变化形成耦合效应，二者之间处于互为条件、不利影响交替放大的快速恶性循环之中，从而显著改变摩擦状态和磨损特性，趋向表面化是其典型摩擦磨损行为特征，表面微胶合、微疲劳、浅表层夹杂模拟和强化、高压微间隙下的润滑剂性能演化等是其主要研究方向，并取得了显著成果。

航空发动机摩擦功能部件如轴承、齿轮等长时间工作在高温、高速、重载等苛刻工况下，润滑条件十分恶劣，对于特殊情况还需要具备在乏油和断油状态下可靠工作的能力，此时摩擦副接触微区表面会产生 $10^5 \sim 10^7 s^{-1}$ 的高剪切率，导致摩擦热瞬时聚集和高温，表面瞬时温度可高出基体 500～800℃，使得摩擦副服役温度从 200℃以下拓展到 250～600℃；部分航空航天运动机构部件，由于受环境和介质的严格限制，同样存在苛刻工况和恶劣环境耦合导致的瞬时高温或者高低温交变引起的摩擦磨损问题。

苛刻工况条件不断突破现有摩擦学材料性能极限和摩擦学研究体系，如材料抗胶合极限从现有的 40MPa·m/s 向 100MPa·m/s、摩擦系数向超低（＜0.005）、使用寿命向超长（轴承达 10^9 循环次，摩擦副寿命超过 30 年）发展，并要求具有高精度、高可靠性、高稳定性和长期环境友好。这些苛刻工况条件下的摩擦磨损问题越来越突出，已成为航空航天、国防装备、极限制造等领域发展的技术瓶颈之一。

通过对 1975～2007 年的 272 次国内外卫星在轨故障统计分析，发现故障多由摩擦学问题造成，其中 12%的失效造成整星任务的终止，46%的失效造成整星性能的下降，给卫星发射国家造成了巨大的经济损失[3]。图 2 为美国国家航空航天局对航天器、摩擦学问题和解决方法的统计和总结，表明现有的技术和手段已经远远解决不了不断出现的摩擦学问题，且需求和技术之间的差距越来越大[4]，说明人类对极端工况下摩擦磨损行为和机理的认识需要进一步深化。

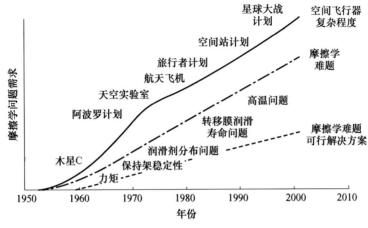

图 2 航天器发展中的摩擦学问题[4]

综上，揭示极端工况下的摩擦磨损机理，发展减摩抗磨的先进技术和提高装备极限服役能力，需重点开展以下研究：

1）跨尺度接触行为的模拟分析方法

摩擦磨损行为是摩擦副表面界面之间能量产生和交换过程的表现，极端环境和工况条件只有经过表面界面耦合才能影响摩擦磨损行为，跨尺度接触行为的模拟分析是揭开力、热、物性之间关系的纽带，微观接触力学、量子力学能够为这一领域提供支撑。

2）系统环境和摩擦副工况的瞬态耦合效应

摩擦学问题是典型的系统性问题，极端工况摩擦学问题尤其如此。迄今为止，摩擦磨损的稳态过程吸引了绝大部分研究，取得了突出成果，建立了有关设计分析方法和准则。但是，环境和工况之间的耦合行为、耦合以后的瞬态行为分析理论和方法才是揭开该类摩擦磨损机理的先决条件。

3）摩擦副表面材料的本构方程与关联模型

单一因素的摩擦副表面材料本构方程研究已经取得丰硕成果，如润滑剂的高压高剪切流变行为研究、表面材料显微结构状态变化等，纳米划痕测量、聚焦离子束分析等都为这类研究提供了科学表征分析手段，但对于极端工况和环境耦合产生的瞬态行为、对材料性能的演变、对损伤积累的影响有待深入研究。

4）面向极端工况的摩擦副性能设计方法

人类建立相应理论研究摩擦学问题都在一定假设前提下，研究结果对一般工况或者特定使用要求的摩擦学问题具有针对性和适应性，但基于对极端工况、极端环境、摩擦表面材料性能的耦合行为、瞬态行为的研究结果，揭示极端工况下摩擦副材料与表面的组分、结构与性能演变规律，建立材料摩擦磨损的物理模型和定量计算公式，以便预测摩擦副的可靠寿命，是长期追求的目标，也是长期困扰摩擦学研究人员而又远未完成的科学难题。

5）极端工况摩擦副的健康状态监测与信息融合

正因为极端工况摩擦副的摩擦磨损行为非常复杂，极易受工况波动、环境波动和材料极限性能波动的多重干扰，摩擦副失效模式极易发生转换或者多重失效模式并存，工程实际中的极端工况摩擦学问题非常复杂和棘手。从方法学上延伸，对其开展健康状态监测与信息融合成为解决这类问题的最后保障，从而形成了跨学科的发展需求。解决基于摩擦学研究、发展有关检测、监测、诊断等跨学科基础科学问题成为未来发展复杂装备系统、实现其智能化的必经之路。

参 考 文 献

[1]　温诗铸, 黎明. 机械学发展战略研究. 北京: 清华大学出版社, 2003.

[2]　Miyoshi K. Solid lubricants and coatings for extreme environments: State of the Art survey. NASA/TM-2007-214668. 2007.

[3]　卿涛, 周宁宁, 周刚, 等. 空间摩擦学在卫星活动部件轴系的应用研究现状及发展. 润滑与密封, 2015, (2): 100-108.

[4]　Fusaro R L. Preventing spacecraft failures due to tribological problems. NASA/TM-2001-210806. 2001.

撰稿人：王黎钦[1]、刘　阳[2]、周仲荣[3]

1 哈尔滨工业大学、2 中国科学院金属研究所、3 西南交通大学

摩擦过程的"黑箱"问题

The Problem of "Black Box" in the Process of Friction

人们在研究物体摩擦时所采用的普遍方法是根据摩擦副系统的输入变量和输出结果，推测摩擦副内部结构、组织、表/界面等的变化过程。摩擦过程看不见、测不到，是系统理论中典型的"黑箱"（black box）问题[1]。

从界面力学观点来看，摩擦与磨损是发生在材料表/界面的微观物理和化学变化过程[2]。实际工程应用中，由不同摩擦配副材料以及润滑介质形成的固/固或固/液/固界面形式的滑动摩擦副，在循环应力场、热场、磁场、辐照、氧等环境因素交互作用下，滑动界面真实接触区域可能产生很高的局部应力与变形，发生化学反应[3-5]。摩擦副表/界面和润滑介质之间复杂的物理化学变化过程、接触界面分子/原子构象变化过程以及表面接触形态变化过程是一个看不见、摸不着的"黑箱"过程，直接或间接地影响着摩擦副的摩擦学性能。

有关材料滑动摩擦微观界面的研究大都还在材料物理化学性能对摩擦学性能作用的层面进行，如美国、英国、新加坡等学者通过球/盘摩擦磨损试验发现聚合物界面的分子取向、结晶度、表面形貌以及滑动方向等因素都会影响其摩擦学性能，其中滑动方向与分子取向对摩擦副摩擦系数的影响较为显著[6,7]，但是，摩擦过程中接触界面特性变化对其摩擦学性能的影响规律研究还没有深入到分子/原子构象层面，摩擦学"黑箱"问题一直困扰着摩擦学科技工作者。

现代试验、检测水平的提高和基于量子理论的计算机仿真技术的快速发展，使人们对摩擦表/界面的认识逐渐从宏观现象深入到微观本质。原子力显微镜（AFM）探针法、表面力仪测定法、高速摄像法[8-11]等手段在测试和观察摩擦表面的黏附、摩擦力以及界面之间局部接触界面间的黏滑运动现象取得了一定的成功，摩擦"黑箱"问题也逐渐向"灰箱"转化。但是摩擦本身是一个动态时变的"黑箱"过程，这些研究无法检测材料滑动过程中摩擦界面的物理化学变化过程，如微观接触点上的化学变化、润滑介质在环境因素的作用下与摩擦表面的相互作用机制等，也无法探究材料摩擦配副滑动过程中的界面分子/原子构象演变、表面物理化学变化对其摩擦学行为的影响。而这些变化过程对于揭示材料摩擦界面的物理化学状态演变机理是十分重要的。

计算机分子动力学模拟是当今研究微观尺度下接触和摩擦问题的最有效方法

之一,它能够让研究者有可能从微观角度去追踪和分析滑动过程中摩擦界面分子、原子的运动以及表面化学反应的过程。但是,受制于计算机的硬件和软件,计算机分子动力学模拟在时间尺度和空间尺度方面存在局限性,研究仅能模拟纳米级空间尺度、纳秒级时间尺度以内的体系变化情况[12],模拟结果与试验结果存在一定差距,难以令人信服。要克服这种局限性,简单地使用分子动力学计算模拟方法是很难实现的。

因此,在材料摩擦学仿真研究中,为了既能在时间尺度、空间尺度上向宏观尺度靠近,又能表征摩擦副材料随滑动时间变化时摩擦界面分子构象、表面物理化学及表面接触形态的变化过程,需要将介观模拟方法、分子动力学方法以及能表征电子结构的量子力学方法有机结合起来,这样有可能解决计算机分子模拟中时间尺度和空间尺度的局限性问题,而且可能准确地揭示材料在滑动过程中摩擦界面的分子构象演变、物理化学变化过程,摩擦过程中的"黑箱"问题有可能得到有效解决。

综上所述,目前关于材料摩擦学研究方法局限于常规宏观试验和微观仪器分析,难以深入到表/界面分子/原子层次揭示摩擦磨损原理。简单的分子动力学模拟研究方法受时间尺度和空间尺度方面的制约,影响了材料摩擦学理论研究的发展。而表/界面理论的发展和多种计算方法的出现,为从表/界面和原子层面研究材料摩擦磨损机理提供了可能。但是,如何将量子力学方法、分子动力学方法与介观模拟方法结合,用分子构象、电子结构和吸附能等表征摩擦副材料滑动过程中摩擦界面物化演变,构建界面分子构象、电子结构和吸附能与其摩擦学性能的对应关系,在学术界还没有成功的先例,彻底揭示摩擦学的"黑箱"过程还任重道远。

参 考 文 献

[1] Czichos H. Tribology—A Systems Approach to the Science and Technology of Friction, Lubricant and Wear. Amsterdam: Elsevier Scientific Publishing Company, 1979: 14-44.

[2] 温诗铸. 界面科学与技术. 北京: 清华大学出版社, 2011.

[3] Kubin W K, Pletz M, Daves W, et al. A new roughness parameter to evaluate the near-surface deformation in dry rolling/sliding contact. Tribology International, 2013, 67: 132-139.

[4] 王承鹤. 塑料摩擦学——塑料的摩擦、磨损、润滑理论与实践. 北京: 机械工业出版社, 1994.

[5] 薛群基, 张俊彦. 润滑材料摩擦化学. 化学进展, 2009, 21(11): 2445-2457.

[6] Minn M, Sinha S K. Molecular orientation, crystallinity, and topographical changes in sliding and their frictional effects for UHMWPE film. Tribology Letters, 2009, 34(2): 133-140.

[7] Heo S J, Jang I, Barry P R, et al. Effect of the sliding orientation on the tribological properties of

polyethylene in molecular dynamics simulations. Journal of Applied Physics, 2008, 103(8): 083502.

[8] Michel D, Kopp-Marsaudon S, Aime J P. Tribology of a polystyrene polymer film investigated with an AFM. Tribology Letters, 1998, 4(1): 75-80.

[9] Maeda N, Chen N, Tirrell M, et al. Adhesion and friction mechanisms of polymer on polymer surfaces. Science, 2002, 297(5580): 379-382.

[10] Rubinstein S M, Cohen G, Fineberg J. Detachment fronts and the onset of dynamic friction. Nature, 2004, 430(26): 1005-1009.

[11] Ben-David O, Rubinstein S M, Fineberg J. Slip-stick and the evolution of frictional strength. Nature, 2010, 463(7): 76-79.

[12] Dai L, Satyanarayana N, Sinha S K, et al. Analysis of PFPE lubricating film in NEMS application via molecular dynamics simulation. Tribology International, 2013, 60: 53-57.

撰稿人：李　健、段海涛

武汉材料保护研究所

相似系统间摩擦学特性的传递规律

The Transferring Rule of Tribological Characteristics between Similar Systems

摩擦学行为因其强烈的时变性、系统依赖性和复杂性，造成摩擦学研究的实验室成果难以直接走向工业应用，还需要经过包括模拟台架试验、台架试验、整机试验、现场试验在内的大量试验。这些试验周期长、花费高昂，即使如此仍然面临着知识的重用性差，即当前的实验结果不能直接推广到后续的实验中的问题。究其原因，在于摩擦学系统属性、表征、系统层次与摩擦学状态的相关性仍然缺乏清晰的描述，不足以支持系统内的不同级别间、不同系统间摩擦学特性的传递，上一过程的结果无法正确指导下一过程。那么，要实现知识的重用首先要明确摩擦学特性在何种系统间才能传递的问题。

摩擦学的系统思想在摩擦学诞生初期就已经被提出来[1,2]。Czichos[3]在其名著《摩擦学——对摩擦、润滑和磨损的科学和技术的系统分析》一书中，对摩擦学系统的理论和方法进行了全面的阐述，给出了实验室系统和工程系统间转换的唯象方法，即在工程系统上得到的磨损排序和表面形貌与实验室得到的基本近似即具有相似特征的系统，就认为是可转换的。谢友柏[4,5]从系统工程的角度建立了摩擦学系统的行为的三个公理，确定了系统的结构，考虑了系统元素的历史状态，分别对慢变系统和快变系统建模，运用状态方程描述系统的输入、输出，使得摩擦学系统的描述具有可操作性。戴振东和薛群基[6]在非平衡态热力学熵平衡方程的框架下构造摩擦系统的数学模型，试图以熵产生的形式定量描述摩擦磨损过程中发生的所有变化。葛世荣和朱华[7]以摩擦学的三个公理为基础，认为摩擦学系统为非线性动力系统，具有混沌性和分形性，提出了磨合吸引子的概念。徐建生等[8]运用神经网络预测方法探讨了摩擦学系统条件的转化。Snoeijer等[9]选用球盘弹性接触的油膜轮廓作为相似判据，获得了实验结果与数值模拟间的一致性。上述工作在摩擦学系统建模与应用研究方面无疑具有开创意义。

由于摩擦学的理论体系本身不健全，摩擦学系统的系统理论和建模研究一直进展缓慢[5]，主要是探讨摩擦学系统本身的建模、属性表达，还没有涉及如何确保系统间摩擦学特性可以传递。而可实现摩擦学特性传递的系统应为相似系统。相似系统的理论为此提供了初步的基础[10]。因此，建立相似摩擦学系统，有助于减少中间试验环节，探明系统间摩擦学特性的传递规律，实现实验室系统或标准系统下产生的摩擦学特性向真实产品的传递、摩擦学系统的逆向工程，缩短产品开发周期。

相似系统间摩擦学特性的正确传递需要确保在传递时不发生或少发生失真，其内在规律是什么、判据如何建立？失真造成数据降维，或由于摩擦学行为的时变性和复杂性，涉及接触、生热和散热、振动，材料、工况条件如润滑状态、环境气候条件等因素，其相似性评估必然不能面面俱到。为了提高系统分析效率，也会根据相似条件的强弱以降低系统的维度。降维之后的系统，仅考虑原有的机械结构的几何相似、功能相似是不够的，可能还需要进行系统的重构。

相似系统间因存在着强烈的能量流动、物质流动和信息流动，必然存在着强烈的耦合。通常构建低级别即标准试样级系统用于仿真或用于实验室试验，所得摩擦学特性经由实验室模拟台架系统向高级别产品台架系统传递直至目标产品系统。在这样一个尺度、复杂度逐渐加大的传递过程中，由于构成系统的元素增多，系统间的耦合更强烈，系统结构更加复杂，考虑到在产品全生命期内系统特性的时变性，系统的解耦也将变得更加困难，需要发展新的系统理论和分析方法来支持。

综上所述，构建相似的摩擦学系统，实现系统特性的传递，有利于知识的重用，指导产品全生命期的设计、运行、维护，提供解决方案。

参 考 文 献

[1] Salomon G. Application of systems thinking to tribology. Tribology Transactions, 1974, 17(4): 295-299.

[2] Czichos H. The principle of system analysis and their application to tribology. Tribology Transactions, 1974, 17(4): 300-306.

[3] Czichos H. Tribology — A System Approach to the Science and Technology of Friction, Lubrication and Wear. Amsterdam: Elsevier Scientific Publishing, 1978.

[4] 谢友柏. 摩擦学的三个公理. 摩擦学学报, 2001, 21(3): 161-166.

[5] 谢友柏. 摩擦学系统的系统理论研究和建模. 摩擦学学报, 2010, 30(1): 1-8.

[6] 戴振东, 薛群基. 摩擦体系结构分析和定量建模的熵探索. 南京航空航天大学学报, 2003, 25(6): 585-589.

[7] 葛世荣, 朱华. 摩擦学复杂系统及其问题的量化研究方法. 摩擦学学报, 2002, (5): 405-408.

[8] 徐建生, 赵源, 李健. 摩擦学系统条件转化研究. 摩擦学学报, 2002, 22(1): 58-61.

［9］ Snoeijer J H, Eggers J, Venner C H. Similarity theory of lubricated Hertzian contacts. Physics of Fluids, 2013, 25(10): 101705.

［10］ 周美立. 相似系统论. 北京: 科学技术文献出版社, 1994.

撰稿人：董光能

西安交通大学

摩擦学系统磨损状态的在线辨识

Online Wear Condition Identification for Tribological Systems

状态辨识隶属模式识别的范畴，是对表征事物或现象的各种形式的信息（包括数值信息、文字信息以及逻辑信息等）进行处理和分析，从而对事物或现象进行描述、辨认、分类和解释的过程[1]。摩擦学系统是由各种类型的摩擦副组成的复杂系统，具有系统性、时变性以及耦合性的特点[2]，其在摩擦过程中所呈现的状态特性可以通过直接或间接监测到的信息来表征。因此，摩擦学系统磨损状态辨识是利用摩擦学系统的状态特征信息，如油液信息、振动信息以及性能参数等，识别摩擦学系统中摩擦副的磨损形式以及磨损程度，判断摩擦学系统中摩擦副的磨损发生原因、润滑介质的性能变化和失效机理，进而评价摩擦学系统的正常或异常状态，并给出相关维护建议。这一概念在 2004 年 12 月召开的"摩擦学科学与工程前沿"研讨会上被首次系统地提出[3]。

摩擦学系统磨损状态辨识包含数据采集和管理、特征提取以及状态辨识三个阶段。随着在线传感器技术的发展，用于实时在线润滑油分析以及磨粒分析的仪器设备和传感器[4]以及针对不同应用需求的机械设备的磨损状态监测系统[5,6]等的大量出现，为实时获取反映摩擦学系统磨损状态的定性或定量信息奠定了基础。但在各种实际应用中，研究表明仅靠单一方法的特征量如磨粒分析或振动分析的辨识特征量，只能完成 30%～40%的异常磨损状态的辨识[7,8]。对处于运行状态的摩擦学系统进行磨损状态辨识时，受传感器安装的限制，加之周围噪声的影响，稳态信号难以获得，获得的信号往往是多个源信号的混合体，大大降低了状态辨识的准确性[9]。在特征提取阶段，诊断异常磨损状态的特征参数易于提取，但是对于处于早期的轻微磨损故障或潜在故障，现有方法明显能力不足。目前，在建立摩擦学系统磨损状态辨识模型中，基于人工智能的方法如神经网络、模糊逻辑和专家系统等，以及基于统计分析的方法如支持向量机等已得到广泛应用[10-13]，但是目前这些模型还主要以离线辨识为主，所建模型并不能随着摩擦学系统磨损状态的变化做出实时响应，并对模型自身结构和参数进行调整，从而影响了模型的实效性和适用性。另外，用于摩擦学系统磨损状态辨识的多源信息具有多样性、不完整性以及不准确性，辨识模型建立过程中用到的专家知识以及理论模型通常存在一定的缺陷和模糊性，而目前的建模方法尚不能很好地处理信息和知识的上述固有特性。

摩擦学系统的磨损状态辨识应以摩擦学的机理研究为基础,对磨损状态产生的本质加以认识。通过理论建模、大量的试验分析以及对理论模型的不断修正,得到反映摩擦学系统状态和特征信息之间的规律,为摩擦学系统磨损状态辨识提供依据,增强对未知摩擦学系统磨损状态以及早期异常磨损状态的辨识能力。

建立有效的在线磨损状态辨识模型是实现摩擦学系统磨损状态辨识的关键。早期异常状态信号的准确提取可以大大提高在线磨损状态辨识模型的时效性,为摩擦学系统异常状态的控制争取最大的时间裕度。摩擦学系统的磨损状态是一个随时间变化的过程,根据历史数据以及系统累积运行数据所建立的状态辨识模型并不能完全适应不同运行阶段的辨识,所以应通过相应的在线监测系统,实时获取反映摩擦学系统当前运行状态的特征信息。所建磨损状态辨识模型应能够根据最新的特征信息实时地、自适应地对模型结构和参数进行调整和更新,并对不断变化的摩擦学系统的磨损状态做出判断,从而提高模型的适用性和准确性。由于摩擦学系统的构成元素复杂,行为模式多样,形成机制各异,所以对摩擦学系统磨损状态进行描述时,要做到方法多样性、模型综合性和描述多元性。只有采取多种方法(包括油液监测、振动监测和性能参数监测等)才能更全面地获取摩擦学系统磨损状态特性的各种信息及其特征。同时应发展具有综合信息处理能力的建模方法和建模工具,对摩擦学信息、专家知识以及理论模型中存在的多样性、不完整性、不准确性以及模糊性等做出处理。与依靠单一信息、单一方法所建立的辨识模型相比,多源信息的综合利用可以提高辨识模型的稳定性,具有综合信息处理能力的辨识模型能够降低错误结论的产生,使得辨识模型更加可靠。因此,需要研究摩擦副不同运行状态、不同阶段的摩擦学系统磨损状态的特征信息,深入认识摩擦学系统磨损状态的演化机理,发展多方法融合的摩擦学系统磨损状态在线监测系统,研究有效的微弱故障特征增强方法和强噪声背景下的故障特征提取方法,构建实时、快速、准确的摩擦学系统磨损状态的特征参量提取算法,开发具有综合信息处理能力的建模方法和工具,建立集多源、定性、定量系统信息并且具有在线更新能力的摩擦学系统智能在线磨损状态辨识体系。

作为摩擦学与诊断学的交叉研究方向,摩擦学系统磨损状态的辨识对提高机械设备系统的精度保持性、可靠性、寿命、节能降耗以及降低维修工作量等都具有关键作用,是发展装备制造业中不可忽视的一个重要环节。随着机械设备系统健康管理工作实时性要求的提高,开展摩擦学系统磨损状态在线辨识已经成为摩擦学工业应用和设备管理中的热点问题,在不影响系统正常运行的前提下,通过及早发现异常摩擦磨损、不当润滑等故障趋势或状态,为延长机械设备系统的使用寿命和提升维修水平提供可靠依据。摩擦学系统磨损状态辨识模型可描述摩擦特征信息与摩擦学系统磨损状态之间的相互关系,是揭示摩擦学系统的磨损状态这一"黑箱"问题的一种有效手段。

参 考 文 献

［1］ 史海城，王春艳，张媛媛. 浅谈模式识别. 今日科苑，2007, (22): 169.

［2］ 谢友柏. 摩擦学的三个公理. 摩擦学学报, 2001, 21(5): 161-166.

［3］ 谢友柏. 工程系统(第 2 卷): 摩擦学科学与工程前沿. 北京: 高等教育出版社, 2005.

［4］ 严新平，李志雄，张月雷，等. 船舶柴油机摩擦磨损监测与故障诊断关键技术研究进展. 中国机械工程, 2013, 24(10): 1413-1419.

［5］ Wu T H, Peng Y P, Wu H K, et al. Full-life dynamic identification of wear state based on on-line wear debris image feature. Mechanical Systems and Signal Processing, 2014, (42): 404-414.

［6］ Yan X P, Sheng C X, Zhao J B, et al. Study of on-line condition monitoring and fault feature extraction for marine diesel engines based on tribological information. Proceedings of the Institution of Mechanical Engineers, Part O—Journal of Risk and Reliability, 2015, 229(4): 291-300.

［7］ Maru M M, Castilo R S, Padvese L R. Study of solid contamination in ball bearings through vibration and wear analysis. Tribology International, 2007, 40(3): 433-440.

［8］ Peng Z X, Kessissoglou N. Integration of wear debris and vibration analysis for machine condition monitoring. Proceedings of International Conference on Intelligent Maintenance Systems, 2003: 23-30.

［9］ Jiang Y, Qin L, Zhang Y L. Vibration signal processing for gear fault diagnosis based on empirical mode decomposition and nonlinear blind source separation. Noise and Vibration Worldwide, 2010, 42(11): 55-61.

［10］ Wu T H, Peng Y P, Sheng C X, et al. Intelligent identification of wear mechanism via on-line ferrograph images. Chinese Journal of Mechanical Engineering, 2014, 27(2): 411-417.

［11］ Gajate A, Haber R, del Toro R, et al. Tool wear monitoring using neuro-fuzzy techniques: A comparative study in a turning process. Journal of Intelligent Manufacturing, 2012, 23(3): 869-882.

［12］ Peng Z X, Goodwin S. Wear-debris analysis in expert systems. Tribology Letters, 2001, 11(3-4): 177-184.

［13］ 顾大强，周利霞，王静. 基于支持向量机的铁谱磨粒模式识别. 中国机械工程, 2006, 17(13): 1391-1394.

撰稿人：严新平、袁成清、白秀琴、徐晓健

武汉理工大学

摩擦自旋电子学问题

Tribo-Spintronics Problem

随着纳米制造技术的进步，纳米磁性器件的构造方式进入了原子尺度，其工作单元也从以磁畴发展到单个电子，利用电子自旋状态来实现数据存储、输运调控等功能[1]。而石墨烯由于极高的传输效率、机械强度以及极高的边缘自旋密度成为制造低维自旋纳米器件的理想材料，例如，使用石墨烯扶手椅边缘构造的量子比特[2]可以用于量子计算机，基于石墨烯边缘自旋散射的磁阻效应传感器[3]可以用于无人机智能飞行。这些器件工作的本质来源于石墨烯边缘稳定可控的自旋态，因此当工作界面发生意外接触或碰磨时，造成器件失效的主要原因是电子自旋之间的相互作用被破坏。现有的微磁学理论在解释摩擦生磁、摩擦退磁等现象时考虑的最小单元是磁畴，然而对于以自旋电子为工作单元的纳米器件，由于维数和尺度的限制，必须在原子尺度下才能澄清摩擦对自旋相互作用的影响，这就是摩擦学中的自旋电子学问题。

在纳米尺度下，两表面接触或摩擦过程中除了产生应力、热量等宏观作用，还有范德瓦耳斯力、库仑力等微观作用。不管是宏观作用导致的晶格变形、原子成键/断键、表面电荷重新分布[4]等显著变化，还是微观作用导致的原子位置、振动、极性等状态的微小扰动，都有可能引起电子自旋之间相互作用的变化。例如，如果石墨烯量子点在摩擦应力或温度下发生形变，那么在形变集中的位置会引起自旋极化，从而改变整个量子点边缘的自旋相干度，造成量子比特存储失效。而多层石墨烯在摩擦应力下层间距的改变也会导致本来独立的边缘自旋发生相干作用，或者本来相干的自旋摆脱相互作用，从而失去对载流子的自旋相关散射特性，导致自旋信号的丢失。此外，如果摩擦接触的对偶面也是石墨烯或低维材料，那么其表面的剩余自旋有可能与石墨烯表面自旋形成偶极子，从而产生新的自旋极化区域。反过来，自旋态的改变也会影响纳米表面摩擦学行为。例如，石墨烯磁阻传感器在磁场下由于自旋高度极化，表现出强烈的表面选择性，有可能与抗磁性材料接触时表现出超低摩擦行为，而与顺磁或铁磁材料接触时表现出高摩擦行为。对于这样一个包含多种耦合作用的摩擦学过程，目前还没有清晰的模型来描述。如何合理简化问题，建立理论模型并设计实验对各微观作用区分研究仍是难题。随着表面间距、运动速度、路径的不同，电子自旋态的变化规律也有待于进一步探索。另外，磁性纳米表面在相对运动过程中随着原子间距沿晶格方向发生周期性变化，由于磁矩交换作用产生额外的吸引力或排斥力[5]，所以不仅具有阻碍相对运动的趋势，还有促进相对运动的趋势。从摩擦学角度考虑，这是否属于摩擦力的一种起源，也是一个值得探讨的问题。

从宏观摩擦学角度上，石墨烯边缘自旋相干排列可以看成纳米尺度的磁畴，这些纳米磁畴结构的存在会对转移膜的形态产生影响[6]。然而，在微观上，摩擦过程引入的应力、热、界面库仑作用都有可能导致其中的原子位置、键长、电荷分布发生改变，由此引发表面自旋态以及自旋输运特性的动态演变。目前与之相关的机理还处于未知状态。为了解决这一问题，可以通过自旋观测与原子尺度摩擦原位结合来进行探究，如磁性原子力显微镜、开尔文探针显微镜、针尖增强拉曼光谱，甚至透射电镜洛伦兹模式原位摩擦，从而揭示磁性碳纳米结构在摩擦过程中的磁电特性演变机制。

最近研究发现，调控二维碳纳米表面中石墨烯边缘含量可以提高电子自旋磁矩密度，从而实现强磁性[7,8]。学者对这种纳米表面的摩擦学行为进行初步研究，提出了石墨烯边缘在摩擦过程中的演变机理[6]，为开展石墨烯边缘的摩擦磁学研究打下了基础。然而，其中的自旋电子学问题尚未得到解决，需要进一步探索。综上所述，摩擦磁学中自旋电子学问题的研究对于准确理解磁性纳米表面摩擦机理，揭示摩擦起源具有重要意义，对推动低维自旋器件设计理念的进步，实现自保护自旋器件的制造具有指引作用。

参 考 文 献

[1] Wolf S A, Awschalom D D, Buhrman R A, et al. Spintronics: A spin-based electronics vision for the future. Science, 2001, 294(5546): 1488-1495.

[2] Trauzettel B, Bulaev D V, Loss D, et al. Spin qubits in graphene quantum dots. Nature Physics, 2007, 3(3): 192-196.

[3] Wang C, Diao D. Self-magnetism induced large magnetoresistance at room temperature region in graphene nanocrystallited carbon film. Carbon, 2017, 112: 162-168.

[4] Filippov A E, Klafter J, Urbakh M. Friction through dynamical friction and rupture of molecular bonds. Physical Review Letters, 2004, 92: 135503.

[5] Ouazi S, Kubetzka A, von Bergmann K, et al. Enhanced atomic-scale spin contrast due to spin friction. Physical Review Letters, 2014, 112: 076102.

[6] Chen C, Diao D, Fan X, et al. Frictional behavior of carbon film embedded with controlling-sized graphene nanocrystallites. Tribology Letters, 2014, 55: 429-435.

[7] Wang C, Diao D. Magnetic behavior of graphene sheet embedded carbon film originated from graphene crystallite. Applied Physical Letters, 2013, 102: 052402.

[8] Wang C, Zhang X, Diao D F. Nanosized graphene crystallite induced strong magnetism in pure carbon films. Nanoscale, 2015, 7: 4475-4481.

撰稿人：王　超、刁东风

深圳大学

含能材料的摩擦安全性

Safety of Energetic Material Friction

含能材料作为一种特殊的亚稳态能源物质，当受到外界刺激时可自行发生剧烈理化反应，瞬间释放巨大能量并对外做功，在民用、军事等领域有着广阔的应用前景。通常所述含能材料主要指炸药及其相关物，按化学组分可分为单质炸药（如 TNT、黑索金 RDX、奥克托今 HMX、TATB 等）和混合炸药（如熔铸炸药、高聚物黏结炸药 PBX、含金属粉炸药、低易损性炸药以及工业炸药等）；按用途又可分为起爆药、猛炸药、烟火剂和火药[1]。然而，对于如此纷繁炸药材料的点火与起爆机理尚不清楚，每种炸药对不同外界刺激响应呈现选择性和概率性，且能引起炸药分解、燃烧、爆炸的刺激有很多种能量形式，如热能（慢烤、点火等）、机械能（撞击、摩擦、冲击波等）、电能（静电火花、高压放电等）、光能（可见光、激光等）和高强度电磁辐射（α射线、β射线、γ射线）等[2]。此外，绝大多数炸药还具有一定的毒性，威胁着人身健康[3]。这些都属于含能材料安全性研究的实际范畴。

安全责任，重于泰山。关于炸药安全性的科学评测与有效防控问题，一直以来都是业界关注的热点。在炸药产品全生命周期内可能遭受的外界引爆刺激中，以热冲击和摩擦碰撞最为普遍，且由摩擦产生的热和静电是导致事故发生最多的两种能量形式[4]。虽然炸药点火爆炸的根本在于内外因共同作用下的系统热失衡，但是炸药摩擦感度具有的强学科交叉性与响应敏感性特征，使得其很可能是揭示炸药起爆机理的"突破口"，相关研究鲜见。实践表明，炸药摩擦感度会受多方面因素影响，如炸药类型、熔点、密度、活化能、晶型结构等特性，配伍摩擦副或内部杂质的熔点、硬度、导热系数、颗粒度等产热成核参量，摩擦剧烈程度和配副表面性质等活化反应因素[5]。目前，普遍认为引发炸药反应的根本动力为热爆炸机制，各种外界刺激（如摩擦、冲击、放电等）最终都转化为热作用，并在炸药局部区域形成起爆"热点"[6,7]，如图 1 所示。但热点尺寸、温度和延续时间具有关联性，其尺寸一般为 $0.1\sim10\mu m$，延续时间为 $10^{-5}\sim10^{-3}s$，温度高于 700K，只有这样的热点才能诱发爆炸[8,9]。人们知道，摩擦本质上是一种机械能转化为热能的作用过程，而实际工况下的很多情形都可能诱发炸药的起爆热点，如冲击物与炸药晶体或杂质间的摩擦、炸药混相界面或晶体间的内摩擦、炸药晶体缺陷湮灭处的局部温升以及摩擦所致的发光、放电作用等[10]。综上所述，摩擦感度的科学阐释是解决炸药摩擦安定性问题的核心，亟须深入研究。

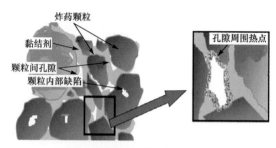

(a) 混合炸药细观结构及空隙塌缩热点[6]

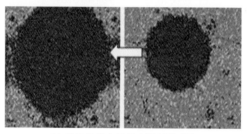

(b) 单质炸药内部热点增长模型[7]

图 1   含能材料内部热点形成

目前，人们主要采用标准实验与仿真方法对炸药摩擦感度进行统计评估，缺乏对其起爆机制和评测理论的系统研究。炸药产品全生命周期内的典型摩擦问题如下：

（1）单质炸药合成时，成型粒子与所处流变环境之间的搅拌摩擦作用对其结晶过程和内部缺陷会产生何种影响？而相态差异及缺陷与炸药摩擦感度又有何内在联系？

（2）炸药细化与生产加工（如造粒、熔铸、模压、机械加工等）中，颗粒碰撞、材料相变、表界面损伤、共混物级配、器具作用致物性变化等如何影响炸药摩擦安定性？

（3）含能材料及产品储运时处于配副多样、温湿变化、刺激隐蔽、老化失效等复杂环境下，摩擦起电、产热、改性等效应如何影响炸药感度，如何评测系统安全性？

（4）在含能材料退役处置与销毁时，固体器具机械摩擦、磨料射流高压冲蚀等方式如何影响该材料在复合场中的摩擦安定性？药剂与配伍件的摩擦相容性如何评测？

（5）在工况热、力、电、波等协同作用下，如何科学地阐释均相和非均相炸药的摩擦分解与起爆机制，明确单质与混合炸药之间摩擦感度的内在联系？

总之，对于工程中含能材料的某些摩擦安全性问题，现有成果并不能给予精确评测与合理解释，相关的理论瓶颈正严重制约着许多产业（如国防军工、工程爆破、航空航天等）的快速发展。该问题研究既有强烈的技术需求，也有助于摩擦科学的统一和拓展。

参 考 文 献

[1] 金韶华, 松全才. 炸药理论. 西安: 西北工业大学出版社, 2014.

[2] 董海山, 周芬芬. 高能炸药及其相关物性能. 北京: 科学出版社, 1989.

[3] Dobratz B M, Crawford P C. Properties of Chemical Explosives and Explosive Simulations. Livemore: Lawrence Livemore National Laboratory, 1974.

[4] US Department of Energy. DOE Standard Explosives Safety: Chapter II. Operational Safety. Washington: DOE, 2012.

[5] 郝建斌. 燃烧与爆炸学. 北京: 中国石化出版社, 2012.

[6] Kim K. Development of a model of reaction rates in shocked multi component explosives. Proceeding of the 9th Symposium (International) on Detonation, 1989: 593-603.

[7] Hu Y H, Brenner D W, Shi Y F. Detonation initiation from spontaneous hotspots formed during cook-off observed in molecular dynamics simulations. The Journal of Physical Chemistry C, 2011, 115: 2416-2422.

[8] Bowden F P, Yoffe A D. Initiation and Growth of Explosions in Liquids and Solids. Cambridge: Cambridge University Press, 1952.

[9] Heimicke G. Tribochemistry. Berlin: Carl Hanser Verlag, 1984.

[10] Swallow G M, Field J E, Hoarn L A. Measurements of transient high temperatures during the deformation of polymers. Journal of Materials Science, 1986, 21(11): 4089-4096.

撰稿人： 曹志民、陈 俊、张 丘、刘 维、黄交虎

中国工程物理研究院化工材料研究所

超滑的机理

Mechanism of Superlubricity

超滑现象是近 20 年来发现的新现象，引起了摩擦学、机械学、物理学乃至化学等领域学者的高度关注，为解决能源消耗这一难题提供了新的途径。理论上，超滑是实现摩擦系数接近于零的润滑状态[1]。但是，一般认为滑动摩擦系数在 0.001 量级或更低（与测试干扰信号同一量级）的润滑状态为超滑状态[2-5]。在超滑状态下，摩擦系数较常规的油润滑呈数量级降低，磨损率极低，接近于零。超滑状态的实现和普遍应用，将会大幅度降低能源与资源消耗，显著提高关键运动部件的服役品质，这将是人类文明史上的一大进步。重大科学问题的研究进程一般经历三个阶段，即现象发现→机理揭示→实践应用，目前超滑的研究正处于由第一阶段向第二阶段过渡的关键时期，因此未来十年可能是超滑面临重大突破和飞速发展的重要时期。美国国家航空航天局（NASA）、欧洲研究理事会（ERC）、日本宇宙航空研究开发机构（JAXA）等重要组织已相继投入巨资开展超滑研究，并在近年来先后公布了一系列具有优秀超滑性能的材料。目前，我国在液体超滑、固体结构超滑研究方面已经取得了重要的原始创新性突破，研究水平位列国际前三[6-8]。因此，如何在国际范围内抢占先机、重点布局是当务之急。

超滑研究涉及摩擦学、纳米计量、材料科学、量子力学、分子物理等领域。目前已经发现某些材料在特殊工况条件下的摩擦过程中会出现超滑现象。但是，其机理尚不清楚，有些现象用现有理论无法解释。近年来，关于固体摩擦中实现超低摩擦的实验报道越来越多，如类金刚石表面在一定环境气氛下的摩擦系数可降低至 0.005 以下[9]，而理论研究则相对滞后。目前对这些实验现象的解释有的采用基于晶体非公度界面结构的超滑模型，但它无法描述宏观尺度下真实的摩擦界面。而表面钝化、结构相变等传统理论也不足以说明摩擦几乎趋于消失的机制。目前，液体超滑绝大多数是特定材料的摩擦副在水或水基溶液中实现，如云母在盐溶液中[10]、硅基陶瓷在纯水中[11]、硅基陶瓷或蓝宝石在酸基溶液中[12,13]。近年来，新型合成润滑油在钢铁表面的超低摩擦系数也有报道，但其超滑机理仍不明确[14,15]。液体超滑的机理目前有水合作用、摩擦化学和流体动压作用几种解释。但每一种理论都无法适用于所有的液体超滑现象。

超滑的关键是将摩擦降低到最低程度，而摩擦过程能量的耗散途径和机制是预测和控制摩擦的关键。因此，对摩擦过程能量耗散的定量研究是探索超滑机理的重要手段。对摩擦信号的微观、在线、实时测量，是揭示超滑本质的根本途径。难点包括摩擦激发声子的数量和模态的理论预测及实验测量、激发态声子的衰变规律、声子与电子阻尼的耦合机理，以及能量积累/释放过程中耗散系数的定量计算等。

此外，超滑技术目前离工业的实际应用尚有一定距离，制约其发展的主要瓶颈有：对于固体超滑，其应用受真空、惰性气氛或氢气气氛等使用环境制约；对于水基超滑，其摩擦副材料多限制为陶瓷基材料，且要求表面极为光滑；而作为工业中应用最为广泛的油基润滑剂，其超滑研究基本仍停留在仿真和模拟阶段；另外，超滑在高速、重载荷、大接触面积等工业实际工况下的实现仍十分困难。存在这些问题的关键在于对于超滑的机制尚不清楚，一旦揭示了超滑尤其是宏观尺度超滑的奥秘，则超滑就可能从实验室走向工业应用。

参 考 文 献

[1] Hirano M, Shinjo K. Atomistic locking and friction. Physical Review B, 1990, 41(17): 11837-11851.

[2] Erdemir A, Mantin J M. Superlubricity. New York: Elsevier Academic Press, 2007.

[3] 李津津, 雒建斌. 人类摆脱摩擦困扰的新技术——超滑技术. 自然杂志, 2014, 36(4): 248-255.

[4] Dienwiebel M, Verhoeven G S, Pradeep N, et al. Superlubricity of graphite. Physical Review Letters, 2004, 92(12): 126101.

[5] Klein J, Kumacheva E, Mahalu D, et al. Reduction of frictional forces between solid-surfaces bearing polymer brushes. Nature, 1994, 370(6491): 634-636.

[6] Li J, Ma L, Zhang S, et al. Investigations on the mechanism of superlubricity achieved with phosphoric acid solution by direct observation. Journal of Applied Physics, 2013, 114(11): 10583.

[7] Xu L, Ma T B, Hu Y Z, et al. Vanishing stick-slip friction in few-layer graphenes: The thickness effect. Nanotechnology, 2011, 22: 285708.

[8] Wang Z, Wang C B, Zhang B, et al. Ultralow friction behaviors of hydrogenated fullerene-like carbon films: Effect of normal load and surface tribochemistry. Tribology Letters, 2011, 41(3): 607-615.

[9] Erdemir A. Genesis of superlow friction and wear in diamond like carbon films. Tribology International, 2004, 37(11-12): 1005-1012.

[10] Ma L, Gaisinskaya-Kipnis A, Kampf N, et al. Origins of hydration lubrication. Nature Communications, 2015, 6: 6060.

[11]　Chen M, Kato K, Adachi K, et al. The comparisons of sliding speed and normal load effect on friction coefficients of self-mated Si_3N_4 and SiC under water lubrication. Tribology International, 2002, 35: 129-135.

[12]　Li J J, Zhang C H, Luo J B. Superlubricity behavior with phosphoric acid-water network induced by rubbing. Langmuir, 2011, 27(15): 9413-9417.

[13]　Deng M M, Zhang C H, Li J J, et al. Hydrodynamic effect on the superlubricity of phosphoric acid between ceramic and sapphire. Friction, 2014, 2(2): 173-181.

[14]　Amann T, Kailer A. Ultralow friction of mesogenic fluid mixtures in tribological reciprocating systems. Tribology Letters, 2010, 37(2): 343-352.

[15]　Li K, Amann T, Walter M, et al. Ultralow friction induced by tribochemical reactions: A novel mechanism of lubrication on steel surfaces. Langmuir, 2013, 29(17): 5207-5213.

撰稿人：雒建斌[1]、张晨辉[1]、胡元中[1]、李　克[2]

1 清华大学、2 武汉理工大学

二维材料摩擦学问题

Tribology of Two-Dimensional Materials

自 2004 年石墨烯首次被制备以来，以石墨烯为代表的二维材料（六方氮化硼（h-BN）、MoS$_2$ 等）因其优异的电、热、光和力学性能以及特殊的平面原子结构成为各领域的研究热点。近十年来研究人员通过原子力显微镜（AFM）、扫描隧道显微镜（STM）、第一性原理和分子动力学等实验及计算方法广泛研究了二维材料的黏着、纳米摩擦磨损等界面行为，这对二维材料在微纳器件超薄润滑薄膜[1-6]、润滑油纳米添加剂[7-11]、复合材料纳米填料的应用非常重要[12]。同时，二维材料所表现出的摩擦力与分子层数的依赖关系及"负摩擦系数"等现象引起人们对其物理机制的关注和讨论，这也为微观尺度摩擦起源的揭示提供了一条有效的途径。

1. 二维材料的层间摩擦

非公度超润滑机理[13-17]：二维材料层间摩擦受其形状、尺寸、缺陷以及滑动方向和接触力（层间距变化）等很多因素的影响，但都可归结为二维材料的公度性对层间相对滑动摩擦力的影响。非公度（晶格失配）堆垛的二维材料层间滑动具有非常小的摩擦力，甚至出现超润滑。

2. 二维材料表面摩擦与层数的依赖关系

多数研究结果表明石墨烯表面滑动摩擦力随层数的增加而减少，当层数达到 5 层时，表现出与块体石墨相似的润滑性能，但石墨烯表面摩擦性能与层数间的关系规律在不同尺度下的本质原因存在不同的观点。

（1）接触黏着褶皱效应[18,19]。如图 1 所示，AFM 探针与石墨烯的接触黏着使接触区前缘发生非对称褶皱变形，增大了探针尖的滑动阻力。对于弱结合的石墨烯，层数不同导致了表面变形能力的差异，进而影响真实接触面积以及摩擦力，而与基底的强结合能够有效地抑制二维材料发生褶皱，其摩擦力不受层数的影响[18]。然而，Li 等[20]研究发现表面黏着褶皱效应对摩擦力的影响在部分情况下很可能十分有限。如图 2 所示，主导石墨烯摩擦力随层数变化及随摩擦距离增大的关键因素是接触界面"质量"的演化，即在滑动过程中，二维材料动态地调整其构型从而改变与压头原子之间的接触程度以及公度性。

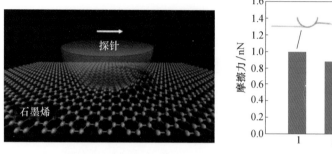
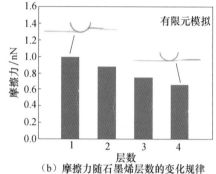

（a）石墨烯表面褶皱变形示意图　　　（b）摩擦力随石墨烯层数的变化规律

图 1　石墨烯表面摩擦与层数关联性的接触黏着褶皱效应[18]

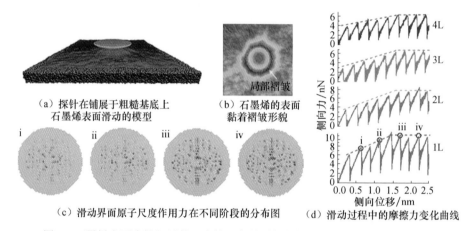

（a）探针在铺展于粗糙基底上　　　（b）石墨烯的表面
　　石墨烯表面滑动的模型　　　　　黏着褶皱形貌

（c）滑动界面原子尺度作用力在不同阶段的分布图　　（d）滑动过程中的摩擦力变化曲线

图 2　石墨烯表面摩擦与层数、摩擦距离关联性的接触界面"质量"演化机制

（2）电子激发能量耗散理论[21,22]。如图 3 所示，单层石墨烯的电子-声子耦合常数较大，增加了电子激发的能量耗散方式，抑制了晶格振动，表现出高的表面滑动摩擦力。而两层石墨烯的电子-声子耦合几乎消失，黏-滑摩擦引起的晶格振动能够有效减小石墨烯表面的滑动摩擦力[21]。

（3）弹性变形能量耗散理论[23,24]。如图 4 所示，对于碳纳米管等纳米尺度尖端的探针与石墨烯的接触摩擦体系，层数的增加并没有引起接触面积的明显变化，非接触区域弹性变形产生的能量耗散是摩擦力和摩擦系数随层数的增加而减小的主导因素[23]。这一接触摩擦体系的另一种观点则认为对称的面外变形对接触面积的影响是摩擦系数随层数增加而减小的原因[24]。

（4）剪切变形能量耗散理论。探针黏-滑拖拽引起石墨烯层间剪切变形能量耗散是其摩擦力随层数增大的原因。Xu 等[25]的"弹簧振荡器"模型（图 5）和 Reguzzoni 等[26]的"滑动模型"揭示了石墨烯层间周期性位移-恢复的剪切变形能量耗散机理。

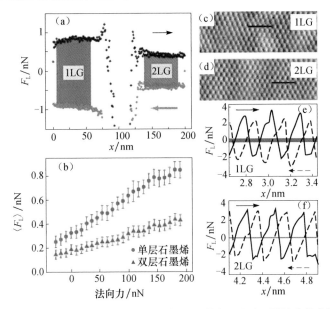

图3 电子激发能量耗散理论解释单层石墨烯和两层石墨烯摩擦力[21]

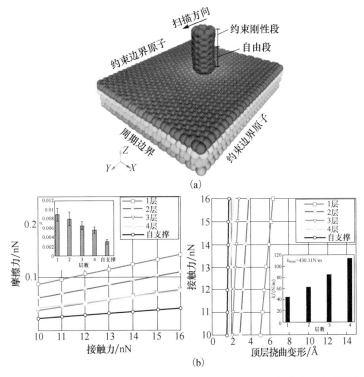

图4 弹性变形能量耗散理论解释石墨烯摩擦力随层数的变化规律[23]

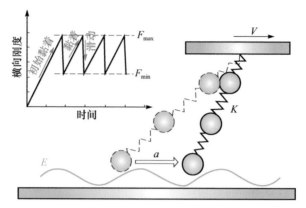

图 5　五层石墨烯的"弹簧振荡器"模型[25]

3. 二维材料的"负摩擦系数"现象

自支撑二维材料表面的黏-弹性变形能够产生传统摩擦学理论无法解释的"负摩擦系数"现象，即探针与石墨烯的接触力越负（黏着拉力），摩擦力反而越大。如图 6 所示，Smolyanitsky 等[27]认为"负摩擦系数"是由于随着黏着拉力的增大[28]，自支撑单层石墨烯接触区域形成的弹性隆起增大了探针尖的滑动阻力。Deng 等[29]认为不同接触力作用下摩擦力随层数的变化是探针尖-石墨烯接触区域变形与探针尖-石墨烯亚层间范德瓦耳斯力的竞争影响结果。在拉力或较低的压力下，探针与石墨烯表层的接触力主导其摩擦力，导致摩擦力随层数增加而增加；而在较高的压力下，石墨烯变形对摩擦力的影响增大，导致摩擦力随层数增加而减小。

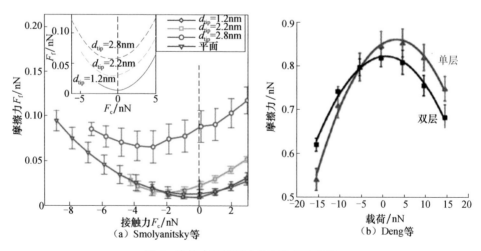

图 6　摩擦力随接触力的变化规律[27,29]

4. 表面改性对二维材料摩擦性能的影响机制

石墨烯的表面改性将影响其刚度、表面黏着等性能，从而影响其摩擦学性能，但对其影响机制存在很大的分歧。研究人员发现氢、氟和氧化学改性显著改变了石墨烯的面外弯曲刚度，从而导致其表面摩擦力增大[30,31]。Wang 等[32]发现氢化使石墨烯的电子结构发生了改变，使其具有更低的摩擦系数，而氧化石墨烯层间静电和氢键作用导致更高的表面摩擦力。Zheng 等[33]研究发现石墨烯的氟化、氧化并不直接影响其摩擦学性能，多层石墨烯与基底强结合的莫尔条纹区域能够抵御氟化、氧化等外界扰动对石墨烯平整形貌的改变，从而增强了石墨烯润滑的鲁棒性。

综上，当材料的维度降低到二维时，其比表面积显著增大，表面对于材料摩擦学性能的影响变得更大，传统的微观摩擦理论已经不能对二维材料的摩擦学行为给出一个合理的解释。尽管人们已经在石墨烯独特的摩擦学行为领域取得了一定进展，但研究中普遍采用的原子力显微镜测试方法由于跳跃接触失稳，在针尖-表面脱离区域的表界面信息及重要的摩擦学行为经常被忽视，并且迄今为止二维材料的摩擦物理化学图像还没有获得，而基于不同尺度的理论研究不能给出统一的二维材料摩擦机制，这造成对二维材料在不同尺度下的摩擦机制及普适性摩擦起源、声子-电子耦合作用与摩擦的关联、摩擦的演化行为等仍然没有很好地理解，报道的研究结论也出现分歧和矛盾。因此，借助更加有效的试验手段及更准确的跨尺度理论研究二维材料的摩擦学机制依然是一个重大的挑战。另外，针对二维材料纳米添加剂和复合材料增强填料，还需深层次揭示其表界面状态对材料摩擦学性能的协同作用机制，建立更准确的润滑理论（纳米滚珠效应、摩擦化学反应及物理/化学转移膜理论等）。

参 考 文 献

［1］ Pu J B, Mo Y F, Wan S H, et al. Fabrication of novel graphene–fullerene hybrid lubricating films based on self-assembly for MEMS applications. Chemical Communication, 2014, (50): 469-471.

［2］ Pu J B, Wang L P, Xue Q J, et al. Preparation and tribological study of functionalized graphene-IL nanocomposite ultrathin lubrication films on Si substrates. Journal of Physical Chemistry C, 2011, (115): 13275-13284.

［3］ Pu J B, Wang L P, Xue Q J, et al. Controlled water-adhesion and electrowetting of conducting hydrophobic graphene/carbon nanotubes composite films on engineering materials. Journal of Materials Chemistry A, 2013, (1): 1254-1260.

［4］ Wang Y, Pu J B, Li X, et al. Fabrication and tribological study of graphene oxide/multiplyalkylated cyclopentanes multilayer lubrication films on Si substrates. Tribology Letters, 2014, (53): 207-214.

［5］ Wang S H, Pu J B, Wang L P, et al. The tunable wettability in multistimuli-responsive smart graphene surfaces. Applied Physics Letters, 2013, (102): 011603.

［6］ Zhang X Q, Wan S H, Pu J B, et al. Highly hydrophobic and adhesive performance of graphene films. Journal of Materials Chemistry, 2011, (21): 12251-12258.

［7］ Liu X F, Pu J B, Wang L P, et al. Novel DLC/ionic liquid/graphene nanocomposite coatings towards high-vacuum related space applications. Journal of Materials Chemistry A, 2013, (1): 3797-3809.

［8］ Zhang L L, Pu J B, Wang L P, et al. Frictional dependence of graphene and carbon nanotube in diamond-like carbon/ionic liquids hybrid films in vacuum. Carbon, 2014, (80): 734-745.

［9］ Zhang L L, Pu J B, Wang L P, et al. Synergistic effect of hybrid carbon nanotube-graphene oxide as nanoadditive enhancing the frictional properties of ionic liquids in high vacuum. ACS Applied Materials and Interfaces, 2015, (7): 8592-8600.

［10］ Meng Y, Su F H, Chen Y Z. A novel nanomaterial of graphene oxide dotted with Ni nanoparticles produced by supercritical CO_2-assisted deposition for reducing friction and wear. ACS Applied Materials and Interfaces, 2015, 7: 11604-11612.

［11］ 蒲吉斌, 王立平, 薛群基. 石墨烯摩擦学及石墨烯基复合润滑材料的研究进展. 摩擦学学报, 2014, 34(1): 93-113.

［12］ 张丽丽, 蒲吉斌, 张广安, 等. 类石墨烯二硫化钼的制备及其真空摩擦学性能研究. 摩擦学学报, 2015, 35(6): 746-753.

［13］ Balandin A A, Ghosh S, Bao W, et al. Superior thermal conductivity of single-layer graphene. Nano Letters, 2008, (8): 902-907.

［14］ Zhang Y, Tan J W, Stormer H L, et al. Experimental observation of the quantum hall effect and berry's phase in graphene. Nature, 2005, (438): 201-204.

［15］ Feng X F, Kwon S, Park J Y, et al. Superlubric sliding of graphene nanoflakes on graphene. ACS Nano, 2013, (7): 1718-1724.

［16］ Leven I, Krepel D, Shemesh O, et al. Robust superlubricity in graphene/h-BN heterojunctions. Journal of Physical Chemistry Letters, 2013, (4): 115-120.

［17］ Guo Y F, Guo W L, Chen C F. Modifying atomic-scale friction between two graphene sheets: A molecular-force-field study. Physical Review B, 2007, (76): 155429.

［18］ Lee C G, Li Q Y, William K, et al. Frictional characteristics of atomically thin sheets. Science, 2010, 328(5974): 76-80.

［19］ Choi J S, Kim J S, Byun I S, et al. Friction anisotropy-driven domain imaging on exfoliated monolayer graphene. Science, 2011, 333(6042): 607-610.

[20] Li S Z, Li Q Y, Robert W C, et al. The evolving quality of frictional contact with graphene. Nature, 2016, (539): 541.

[21] Filleter T, McChesney J L, Bostwick A, et al. Friction and dissipation in epitaxial graphene films. Physical Review Letters, 2009, (102): 086102.

[22] Filleter T, Bennewitz R. Structural and frictional properties of graphene films on SiC(0001) studied by atomic force microscopy. Physical Review B, 2010, (81): 155412.

[23] Smolyanitsky A, Killgore J P, Tewary V K. Effect of elastic deformation on frictional properties of few-layer graphene. Physical Review B, 2012, (85): 035412.

[24] Liu P, Zhang Y W. A theoretical analysis of frictional and defect characteristics of graphene probed by a capped single-walled carbon nanotube. Carbon, 2011, (49): 3687-3697.

[25] Xu L, Ma T B, Hu Y Z, et al. Vanishing stick-slip friction in few-layer graphenes: The thickness effect. Nanotechnology, 2011, (22): 285708.

[26] Reguzzoni M, Fasolino A, Molinari E, et al. Friction by shear deformations in multilayer graphene. Journal of Physical Chemistry C, 2012, (116): 21104-21108.

[27] Smolyanitsky A, Killgore J P. Anomalous friction in suspended graphene. Physical Review B, 2012, (86): 125432.

[28] Deng Z, Smolyanitsky A, Li Q Y, et al. Adhesion-dependent negative friction coefficient on chemically modified graphite at the nanoscale. Nature Materials, 2012, (11): 1032-1037.

[29] Deng Z, Klimov N N, Solares S D, et al. Nanoscale interfacial friction and adhesion on supported versus suspended monolayer and multilayer graphene. Langmuir, 2013, (29): 235-243.

[30] Ko J H, Kwon S, Byun I S, et al. Nanotribological properties of fluorinated, hydrogenated, and oxidized graphenes. Tribology Letters, 2013, (50): 137-144.

[31] Kwon S K, Ko J H, Jeon K J, et al. Enhanced nanoscale friction on fluorinated graphene. Nano Letters, 2012, (12): 6043-6048.

[32] Wang J J, Wang F, Li J M, et al. Theoretical study of superlow friction between two single-side hydrogenated graphene sheets. Tribology Letters, 2012, (48): 255-261.

[33] Zheng X H, Gao L, Yao Q Z, et al. Robust ultra-low-friction state of graphene via moiré superlattice confinement. Nature, 2016, 7: 13204.

撰稿人：蒲吉斌[1]、苏峰华[2]、王立平[1]、黄 平[2]

1 中国科学院宁波材料技术与工程研究所、2 华南理工大学

弹流润滑的几个难题

Some Difficult Problems in Elastohydrodynamic-Lubrication

弹流润滑是齿轮、滚动轴承等基础零部件的主要润滑机理。弹流润滑基础理论经过几十年的发展，无论是实验手段还是理论模型及数值方法，都已经比较成熟，经典弹流理论为零部件的设计分析提供了有力的支持。然而，随着技术的发展，零部件工况条件变得多变和苛刻，经典弹流理论需要进一步发展以解释工程中存在的各种现象，从而为高性能零部件的摩擦学设计和分析提供强有力的支持。弹流理论进一步需要解决以下问题。

1．界面滑移

经典弹流理论是基于界面无滑移边界条件推导而得到的。无滑移边界条件在弹流理论中一直占据统治地位，几乎所有的工程应用、理论分析、实验研究甚至流体力学及润滑力学的教科书都采用了该假设。而"极限剪应力"理论[1]指出，油膜具有剪切强度上限，当其所受剪切力大于此上限时即发生剪切屈服从而产生滑移。由于材料表面性质不同，屈服可能发生在与固体的结合面，也可能发生在油膜内部。当固液界面黏附力不足、滑滚比较大或者纯滑条件下，产生的滑移很可能会导致流体膜破裂以致润滑失效；而在牵引传动、滚动轴承等系统中，依靠润滑油膜的黏性剪切进行运动的传递，界面滑移将导致传动能力的下降，严重影响高速/重载工况下的性能。大量实验现象表明滑移存在于润滑界面，特别是在现代装备向高速重载方向发展，界面滑移的直接、精确测量显得尤为重要。目前，对于滑移的测量主要有以下几种方法。

1）显微粒子图像测速技术

显微粒子图像测速（micro-scale particle image velocimetry, Micro-PIV）技术是20世纪90年代发展起来的一种微尺度流动测量与显示技术[2]，可以实现无干扰、整场、瞬态和定量的微尺度速度场测量，有效测量的尺度范围为 0.05～100μm，目前已达到相当高的分辨率（小于 1μm），测速范围从每秒数纳米到数米，成为重要的微流动研究手段。其基本原理是通过观测流场中散布的示踪粒子，获得两幅或多幅粒子图像，并对这些粒子图像进行空间相关性分析得到流场速度。

2）表面力仪

表面力仪（SFA）和原子力显微镜（AFM）测量表面力的机理都是基于Vinogradova[3]提出的小球（或圆柱）接近平板时流体动阻力的滑移修正公式。在实验测量中，小球（或圆柱）探针到平板的间距 h 可以达到 $1\sim10\text{nm}$ 范围，这是目前显微粒子图像测速技术无法达到的尺度范围。同时，小球与平板相互接近速度可调，为考察剪切率对滑移的影响提供了便利手段。

3）冲击封油技术和光干涉技术结合

采用冲击封油技术[4]，在高压下将一定量的润滑油封在接触区中心，当玻璃盘/钢球运动时，通过光干涉技术追踪封油核心的运动位移，观察弹流接触界面的滑移，并且可以通过计算得到滑移长度。这种方法实现了界面滑移的可视化，通过观察封油核心的运动规律证实了界面滑移的存在。

4）荧光染色-光漂白成像法

首先将润滑剂进行荧光染色，荧光染色的润滑剂通过弹流接触区时，利用高强度激光将荧光染色的润滑剂进行光漂白，从而沿膜厚方向形成一定大小的标记润滑剂圆柱，监控其通过接触区时的运动和形状，并以一定的算法计算出其沿膜厚方向的速度轮廓，进而确定滑移速度和滑移长度。该方法首次实现了在弹流条件下测量界面滑移，发现沿膜厚方向速度轮廓并非通常假设的线性变化[5,6]。该方法采用了黏度很大的 PB 聚丁烯。

以上几种方法中，显微粒子图像测速技术和表面力仪/原子力显微镜测量法局限于常压下界面滑移的测量，而冲击油封与光干涉结合的方法实现了高压的测量，但是速度相对较小，与工程实际中的弹流条件有一定的差距。其他微尺度流场测速技术，如磷光显示测速[7]、分子标记测速[8]和拉曼散射技术[9]等，只能获得定性研究结果，也称为流动定性可视化研究，其分辨率和测量精度都不足。荧光-光漂白方法尽管能够得到弹流接触区中沿膜厚方向的速度轮廓，从而研究弹流条件下的滑移现象，该方法需要进一步改进以研究真实弹流条件下的滑移现象。

很多润滑摩擦副向高速重载方向发展，滑移对膜厚和摩擦的预测有显著的影响，但是目前缺少直观有效的方法对弹流润滑中的滑移量以及滑移速度进行精确测量。有效的滑移测量方法对于了解弹流润滑中的滑动、油膜失效现象和润滑剂流变性质将会有明显的帮助。

2．微量供油条件下的弹流润滑理论

最大限度降低润滑剂用量对日益突出的能源与环境问题尤为重要。研究表明，在弹流润滑中建立有效油膜真正所需的润滑剂供给量极少[10,11]。在精密机械系统的摩擦学设计中也提出了微量连续的润滑剂供给策略，然而在此条件下已有的经典弹流润滑理论难以应用，近年发展的乏油润滑理论也不能对微量润滑进行完整的描述[12]。微量供油与乏油并不等同。一般来讲,乏油润滑模型是对润滑过程中一个供油不足的相对稳定润滑过程的描述,而微量供油润滑是润滑供油方式的转变。当前,零件弹流润滑的微量供油设计缺少理论依据,供油参数的选取多依据经验[13],很难对润滑状态做出合理的判断。微量供油条件下,弹流润滑的控制机制不同于经典的润滑理论,如润滑剂的离散与物态特性、微液滴(或微液流)在接触区内的演变、离散供油液滴与承载膜的瞬态耦合、润滑剂的张力驱动补充、接触区内非连续润滑膜输运等都使弹流润滑呈现新的特性。油膜和摩擦力变化都将与传统的理论产生较大的偏离。此时,弹流润滑的描述仅一部分依赖于雷诺方程或修正的雷诺方程,其他描述会涉及薄膜流动、热力学方程、液膜与固体间分子作用、固气液三相耦合等物理模型。涉及的新模型引入更多的变量求解。要对新的体系进行数值计算,必然要发展新的主流计算方法,这并不是一项容易的工作。

微量供油弹流润滑理论面临的另一挑战是微量润滑剂供给时在固体表面的分布。在经典的弹流理论中,润滑剂的供给是人为设定的。而在微量供油时,存在微量油流或油滴与固体表面的相互作用,形成不同的形态[14],从而影响润滑膜的建立。此过程与弹流润滑的动态耦合也是一项艰巨的任务。

在进行上述工作的同时,需要建立对应的实验系统对微量供油弹流润滑的特性进行测量。对于油膜形状的测量,需要发展大量程和高分辨率的光学测试方法。

3. 特殊条件下的弹流润滑行为

在无保持架的滚动轴承及滚针轴承、内燃机凸轮-挺杆机构、直线导轨中,弹流接触滑滚比通常在 2 到无穷之间变化;而在高速机床主轴轴承、航空发动机轴承中普遍存在高速或超高速润滑条件,线速度普遍高于 60m/s。在这些特殊条件下,弹流油膜形状和变化规律一般偏离经典弹流理论,出现油膜凹陷、膜厚随速度升高而减小等异常行为,研究者提出了温度-黏度楔、柱塞流等模型以解释油膜的异常行为,然而不同的机理可能导致相同的油膜异常行为,因此各种机理的适用范围及其之间如何过渡是尚未解决的问题。此外,不同的添加剂、润滑油种类及成分、接触固体界面特性,对弹流润滑的影响也是需要考虑的问题。

4. 精确供油条件的测定

乏油润滑理论和实验研究已经表明,供油条件对弹流润滑性能产生显著影响。然而,目前的研究均假设接触表面存在某种分布的供油层,属于理想情况。实际工况下润滑油在接触表面的分布受离心力、表面张力等的影响呈现复杂的演变过程,对弹流润滑性能和补充供油机制产生重要影响。自由表面供油层厚度和分布的测量将十分有助于研究实际零部件润滑性能的演变,目前有研究采用光干涉表面轮廓仪等仪器[12]测量表面油层厚度,但测量的有效性和可靠性较差,且只能离线操作,不能很好地反映供油层的连续变化等，需要发展高分辨率动态光学测试方法。

参 考 文 献

[1] Smith F W. Lubricant behavior in concentrated contact systems—Some rheological problems. ASLE Transactions, 1960, 3: 18-25.

[2] Santiago J G, Wereley S T, Meinhart C D, et al. A particle image velocimetry system for microfluidics. Experiments in Fluids, 1998, 25(4): 316-319.

[3] Vinogradova O I. Coagulation of hydrophobic and hydrophilic solids under dynamic conditions. Journal of Colloid and Interface Science, 1995, 169(2): 306-312.

[4] Guo F, Wong P L, Geng M, et al. Occurrence of wall slip in elastohydrodynamic lubrication contacts. Tribology Letters, 2009, 34(1): 103-111.

[5] Ponjavic A, Chennaoui M, Wong J S. Through-thickness velocity profile measurements in an elastohydrodynamic contact. Tribology Letters, 2013, 50: 261-277.

[6] Ponjavic A, Wong S S. The effect of boundary slip on elastohydrodynamic lubrication. RSC Advances, 2014, 4: 20821.

[7] Gendrich C P, Koochesfahani M M, Nocera D G. Molecular tagging velocimetry and other applications of a new phosphorescent supramolecule. Experiments in Fluids, 1997, 23(5): 361-372.

[8] Garbe C S, Roetman K, Beushausen V, et al. An optical flow MTV based technique for measuring microfluidic flow in the presence of diffusion and Taylor dispersion. Experiments in Fluids, 2008, 44(3): 439-450.

[9] Roetmann K, Schmunk W, Garbe C S, et al. Micro-flow analysis by molecular tagging velocimetry and planar Raman-scattering. Experiments in Fluids, 2008, 44(3): 419-430.

[10] 温诗铸, 杨沛然. 弹性流体动压润滑. 北京: 清华大学出版社, 1992.

[11] Gohar R. Elastohydrodynamics. 2nd ed. London: Imperial College, 2001.

[12] van Zoelen M T, Venner C H, Lugt P M. The prediction of contact pressure—Induced film thickness decay in starved lubricated rolling bearings. Tribology Transactions, 2013, 53(6): 831-841.

[13] Jiang S Y, Mao H B. Investigation of the high speed rolling bearing temperature rise with oil-air lubrication. Journal of Tribology, 2011, 133: 021101.

[14] Yarin A L. Drop impact dynamics: Splashing, spreading, receding, bouncing. Annual Review of Fluid Mechanics. 2006, 38: 159-192.

撰稿人：王文中[1]、郭　峰[2]、王　静[2]、杨沛然[2]

1 北京理工大学、2 青岛理工大学

润滑液分子结构与摩擦学特征的关系

Relationship between the Lubricant Molecular Structure and Their Tribological Characteristics

中国科学院出版的《中国至 2050 年先进材料科技发展路线图》一书[1]中提到"计算材料学的发展，使材料组织结构与性能的关系得到系统准确的理解，从而使性能预测和材料设计成为可能，进而精确设计并控制材料制备过程"，将成为我国至 2050 年前后未来材料领域可能或必须突破的重大科学技术问题之一。随着社会经济的发展和科学技术的进步，材料按需设计、实现使役性能的精确控制已成为先进材料发展的一个必然趋势。

众所周知，物质的结构决定物质的性质是化学的基本规律之一，润滑介质的化学结构与其摩擦学性能间是否同样也具有一定的依存规律呢？化学发展到今天，有机化学品的性质参数除了通过实验测定外，还可以预测。Hansh 在 20 世纪60 年代对取代基活性关系的研究，取得了令人瞩目的成果，创立了 QSAR（quantitative structure-activity relationship）研究方法，即有机化合物的定量结构-活性相关方法，目前，QSAR 是化学家广泛感兴趣的研究领域[2]。QSAR 是一种行之有效的进行定量计算或近似估计的方法，是将某一类化合物的理化性质与其物理化学活性等（即表征参量（descriptor））之间建立数学关系的研究方法。

当前，摩擦学材料的精确设计是摩擦学领域的重要发展方向之一。在摩擦学的研究方面引入计算化学的方法，以摩擦学性能为判据，建立摩擦学定量构效关系模型，将成为寻求润滑油添加剂或基础油分子的最佳设计途径之一。

目前国内的一些研究团队在此基础上发展了 QSAR 理论，提出了摩擦学定量构效关系（quantitative structure tribo-ability relationship, QSTR）的概念，分别建立了 BPNN-QSTR、EVA-QSTR、BRNN-QSTR、CoMFA-QSTR 及 CoMSIA-QSTR 等模型研究润滑基础油或添加剂的摩擦学定量构效关系，以期找到化合物的化学结构和摩擦学性能间的定量关系，并在量子化学、计算化学、统计学和摩擦学的多学科基础上对摩擦学机理进行探讨[3-8]。

润滑剂分子的摩擦学性能除了与其本身的化学结构相关，还与其在相对运动的固体表面间所形成的低剪切强度的润滑膜的特性相关[9]。通过研究润滑剂的各种微结构的摩擦学性能，控制浓度、温度和配偶面的化学组成等参数，可以制备出在摩擦过程中表现出良好的减摩抗磨性能的微结构。

润滑膜的微结构特性研究包括四个方面：①微间隙改变流体的性质。当相对运动的两表面间的间隙降低到几十纳米时，润滑剂分子将发生重排，形成有序分子层[10]，出现独特的微观行为，对润滑薄膜的摩擦学行为产生重要影响。②微结构决定微间隙中流体的流变特性。在无序液体中加入微量表面活性剂可以形成有效的微结构，包括半胶束（hemimicelles）、胶束（micelles）和单体（monomers）的稳定混合态，甚至胶束可聚集成球形、柱形等微结构[11]，可能影响流体的流动效应。③微结构流体在微间隙下具有良好的摩擦学性能。对流体约束和加载可产生非晶态、固态或类液晶态等多种界面结构。依赖特定的条件，胶束又可能形成不同的液晶微结构（通常可用向矢量和有序度参数表征），对剪切作用将产生不同的响应，影响润滑性能。微结构的减摩/抗磨作用与微间隙的大小有关。其特征尺度与间隙尺寸越接近，其影响也就越大[12]。④微结构的润滑机理研究及利用。在薄膜润滑或边界润滑中尤其需要关注微结构的作用[13]，微结构的形成与其化学组成及固体壁面的作用有关。润滑剂中的各种微结构形成的驱动力是与疏水效应相关的熵变。由于条件不同，吸附/解附与团聚/解散过程中形成的微结构也可能不同，形成的润滑液将具有不同的物理化学性质。这是一动态过程，在实际的润滑过程中，吸附与团聚的微观条件发生改变有可能使形成的微结构发生改变，这使得获取润滑过程中即时的润滑剂微观结构变得极为困难，其观测方法尚未系统建立，因而使得相应的润滑机理的研究尤为困难。

随着微运动器件的发展、精密控制的增强，以及润滑理论在微观领域的完善和成熟，要求科学家对具有微结构流动的润滑特性和作用机理进行深入研究，开拓摩擦学的新研究领域。

由于摩擦学体系的复杂性、摩擦作用机理繁多且作用过程中受众多因素的影响，试图从理论上确定性地描述润滑剂分子结构和摩擦学特征之间的关系，并根据润滑剂的化学结构或所形成润滑膜的微结构特性来精确地求解其摩擦学性能，无疑具有相当的挑战性。目前主要难点在于：①如何将分子动力学的方法和 QSTR 模型结合起来，对摩擦学过程进行更精确的描述；②开发更符合复杂摩擦学系统的 QSTR 相关软件；③QSTR 的研究在工业中实际应用；④润滑过程中即时的润滑剂微观结构的观测，相应的润滑特性和润滑机理的研究方法。虽然润滑剂 QSTR 模型及所形成的润滑膜的微结构观测不是对摩擦磨损过程的最精确描述，可能某些推测不一定符合传统摩擦学的具体机理，但是它反映了隐藏在不确定现象背后的统计规律性，为系统的估计和外推提供了方法，因而对化合物的摩擦学性能的预测有着重要的意义，也将推动摩擦学的研究向更本质的方向发展。

参 考 文 献

[1]　中国科学院先进材料领域战略研究组. 中国至 2050 年先进材料科技发展路线图. 北京: 科学出版社, 2010.

[2]　Hansch C, Steward A R. The use of substituent constants in the analysis of the structure-activity relationship in penicillin derivatives. Journal of Medicinal Chemistry, 1964, 7: 691-694.

[3]　Dai K, Gao X. Estimating antiwear properties of lubricant additives using a quantitative structure tribo-ability relationship model with back propagation neural network. Wear, 2013, 306(1-2): 242-247.

[4]　Gao X, Wang Z, Zhang H, et al. A quantitative structure tribo-ability relationship model for ester lubricant base oils. Journal of Tribology, 2015, 137(2): 021801.

[5]　Gao X, Wang Z, Zhang H, et al. A three dimensional quantitative tribo-ability relationship model. Journal of Tribology, 2015, 137(2): 021802.

[6]　Gao X, Wang R, Wang Z, et al. BPNN-QSTR friction model for organic compounds as potential lubricant base oils. Journal of Tribology, 2016, 138(3): 031801.

[7]　Gao X, Dai K, Wang R, et al. Establishing quantitative structure tribo-ability relationship model using Bayesian regularization neural network. Friction, 2016, 4(2): 1-11.

[8]　Gao X, Liu D, Wang Z, et al. Quantitative structure tribo-ability relationship for organic compounds as lubricant base oils using CoMFA and CoMSIA. Journal of Tribology, 2016, 138(3): 031802.

[9]　Zhang C H. Understanding the wear and tribological properties of ceramic matrix composites//Advances in Ceramic Matrix Composites. London: Woodhead Publishing, 2014: 312-339.

[10]　Bhushan B. 摩擦学导论. 葛世荣, 译. 北京: 机械工业出版社, 2007.

[11]　Holmberg K, Jönsson B, Kronberg B, et al. Surfactants and polymers in aqueous solution. New Jersey: John Wiley & Sons, 2002.

[12]　Zhang C H. Research on thin film lubrication: State of the art. Tribology International, 2005, 38(4): 443-448.

[13]　Briscoe W H, Titmuss S, Tiberg F, et al. Boundary lubrication under water. Nature, 2006, 444(7116): 191-194.

撰稿人: 高新蕾 [1]、刘宇宏 [2]、马丽然 [2]、张朝辉 [3]

1 武汉轻工大学、2 清华大学、3 北京交通大学

薄膜润滑分子行为探测

The Measurement of Molecular Behaviors of Lubricant in Thin Film Lubrication

随着科技的飞速发展，航天、信息、精密仪器、制造等诸多领域，均朝向高精度及超微细发展，而与此同时，材料的磨损、能量的消耗以及相关的润滑问题成为其发展的瓶颈，相对运动零部件之间的表面界面作用更加突出，尤其是当运动部件面临着重载、高温、微尺度间隙等苛刻条件时，问题变得更为严峻。上述问题对摩擦学设计，尤其是对精确的摩擦学材料设计提出了巨大的挑战。如能很好地揭示润滑的内在机制和本质规律，将从根本上为机械系统润滑设计奠定理论基础。

20 世纪 90 年代，基于实验研究，用于描述纳米级润滑膜分子行为规律的薄膜润滑物理模型被首次提出[1]。作为摩擦学的一个重要分支和一种全新的润滑状态，该理论的提出填补了传统润滑理论中弹流润滑与边界润滑间的空白，完善了整个润滑理论。当润滑体系处于薄膜润滑状态时，润滑剂分子将在纳米级润滑膜中形成吸附层、有序层、流体层的微观结构[2-4]，如图 1 所示。在弹流润滑状态下，润滑膜的流体效应起主导作用，润滑膜厚度往往处于 15 个分子层以上；当润滑状态处于边界润滑时，起决定作用的是两固体表面之间的边界膜。薄膜润滑理论所描述的润滑膜厚度基本处于几纳米至几十纳米范围内[5]，对于特种机械及精密机械，摩擦副之间的润滑膜厚度往往处于该范围内，尤其是在低速、重载及水基润滑的条件下。因此，薄膜润滑理论在精密机械、微纳制造、IC 制造等领域具有非常重要的价值，对解释精密机械、微纳制造等领域的纳米级润滑现象具有非常重要的价值，并为摩擦副设计和润滑分子结构设计提供指导。

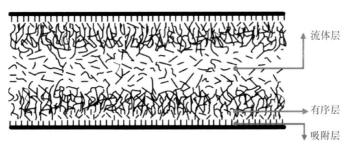

流体层

有序层

吸附层

图 1　薄膜润滑微观模型示意图

　　薄膜理论在提出后的 20 余年中一直受到摩擦学界的广泛关注。研究人员开展了一系列相关的研究工作[6-19]。薄膜润滑状态涉及润滑分子的物理、化学行为以及润滑分子与摩擦副固体表面间的物理、化学作用。纳米级润滑膜厚度测量技术（如相对光强法[1,6]、垫层法[7]、比色法[8]等）为探测薄膜润滑的膜厚、润滑膜化学反应以及油水二项流问题提供了很好的手段。研究先后发现了一系列润滑新现象，包括纳米约束增黏现象[9]、纳米间隙极性分子增黏现象[10]（图 2）、电致微气泡现象[11]、液体超滑现象[12-14]（图 3）等，为解决工程润滑问题开辟了新的途径。

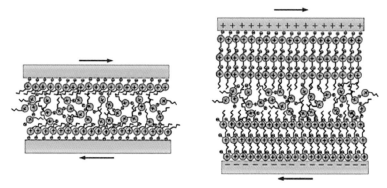

图 2　薄膜润滑状态下外加电场作用导致的液体增黏现象[10]

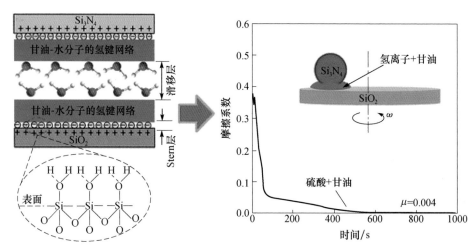

图 3　基于纳米氢键网络结构的酸体系液体超滑现象[13]

　　薄膜润滑的基本特征是分子分层排布及有序化，即纳米级润滑膜中的液体分子在剪切诱导和固体表面吸附的共同作用下，呈现多层结构分布，并存在对润滑起重要作用的有序分子层[20]。通过对润滑液体流动特性变化的探测，薄膜润滑理论指出，在该状态下，除了固体表面的吸附膜及流体动压膜外，存在一层兼有二者特性的有序液体膜，在摩擦和剪切过程中，润滑膜分子结构发生有序排列的变化，并且随着摩擦过程的进行，有序排列分子增多，上述理论已经通过拉曼分子光谱的在线探测得到初步证实[21]，如图 4 所示。本质上来说，薄膜润滑是有序膜起主要作用的一种润滑形式。可以看到，薄膜润滑所涉及的本质在于分子的吸附、排列及有序化等微观行为，从根本上掌握这些微观行为将为薄膜润滑的研究带来重大的突破。

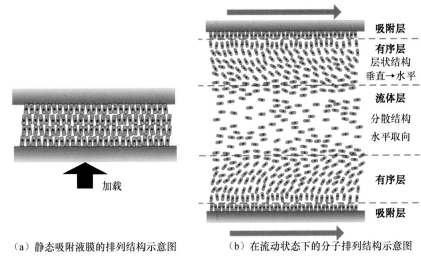

　（a）静态吸附液膜的排列结构示意图　　　（b）在流动状态下的分子排列结构示意图

图4　拉曼光谱探测得到的液晶分子结构[21]

　　与理论体系较为完备的弹流润滑理论不同，受研究手段的限制，在过去的长达 20 余年间，国内外缺乏实现纳米级润滑膜内分子结构、取向、排列、界面化学反应等微观行为的实时探测手段。如何有效地观测和研究上述分子级微观行为规律？如何有效地分辨界面和体相分子微观结构？如何确认固体壁面处润滑分子的吸附性能？如何测量分子的排列结构？如何确认剪切过程润滑分子取向演变？如何确认润滑剂分子与固体材料的择优选择性配伍关系？如何探测微观润滑界面的摩擦化学反应等？至今仍然没有得到很好的解决。这些问题已成为薄膜润滑研究中的瓶颈和难题。因此，研发新型的超高分辨率、超快的润滑纳米界面分子探测技术，阐明薄膜润滑分子行为特性规律是亟待解决的重要问题，将对润滑理论的完善和新型润滑材料的开发具有巨大的推动作用。

参 考 文 献

[1]　雒建斌. 薄膜润滑测量与实验研究. 北京: 清华大学博士学位论文, 1994.

［2］ Luo J B, Wen S Z, Huang P. Thin film lubrication, Part I: The transition between EHL and thin film lubrication. Wear, 1996, 194: 107-115.

［3］ Luo J B, Wen S Z. Study on the mechanism and characteristics of thin film lubrication at nanometer scale. Science in China (Series A), 1996, 35: 1312-1322.

［4］ Luo J B, Huang P, Wen S Z, et al. Characteristics of liquid lubricant films at the nano-scale. Journal of Tribology—Transactions of the ASME, 1999, 121: 872-878.

［5］ 雒建斌, 沈明武, 史兵, 等. 薄膜润滑与润滑状态图. 机械工程学报, 2000, 36(7): 15-21.

［6］ Ma L, Zhang C. Discussion on the technique of relative optical interference intensity for the measurement of lubricant film thickness. Tribology Letters, 2009, 36: 239-245.

［7］ Spikes H A, Guangteng G. Properties of ultrathin lubricating films using wedged spacer layer optical interferometry. Proceedings of the 14th Leeds-Lyon Symposium on Tribology, 1988: 275-279.

［8］ Hartl M, Krupka I, Liska M. Differential colorimetry: Tool for evaluation of chromatic interference patterns. Optical Engineering, 1997, 36: 2384-2391.

［9］ Xie G X, Luo J B, Liu S H, et al. "Freezing" of nanoconfined fluids under an electric field. Langmuir, 2010, 26(3): 1445-1448.

［10］ Xie G X, Luo J B, Liu S H, et al. Nanoconfined liquid aliphatic compounds under external electric fields: Roles of headgroup and alkyl chain length. Soft Matter, 2011, 7(9): 4453-4460.

［11］ Luo J B, He Y, Zhong M, et al. Gas micro-bubble phenomenon in nanoscale liquid film under external electric field. Applied Physics Letters, 2006, 89(1): 013104.

［12］ Ma Z Z, Zhang C H, Luo J B, et al. Superlubricity of a mixed aqueous solution. Chinese Physical Letters, 2011, 28: 056201.

［13］ Li J J, Zhang C H, Luo J B. Superlubricity behavior with phosphoric acid-water network induced by rubbing. Langmuir, 2011, 27(15): 9413-9417.

［14］ Li J J, Zhang C H, Sun L, et al. Tribochemistry and superlubricity induced by hydrogen ions. Langmuir, 2012, 28(45): 15816-15823.

［15］ Liang H, Guo D, Ma L R, et al. The film forming behavior at high speeds under oil-air lubrication. Tribology International, 2015, 91: 6-13.

［16］ Xiao H, Guo D, Liu S H, et al. Experimental investigation of lubrication properties at high contact pressure. Tribology Letters, 2010, 40(1): 85-97.

［17］ Ratoi M, Spikes H A. Lubricating properties of aqueous surfactant solutions. Tribology Transactions, 1999, 42(3): 479-486.

［18］ Ma L R, Zhang C H, Luo J B. Investigation of the film formation mechanism of oil-in-water (O/W) emulsions. Soft Matter, 2011, 7: 4207-4213.

［19］ Akbulut M, Chen N, Maeda N, et al. Crystallization in thin liquid films induced by shear. Journal of Physical Chemistry, 2005, 109 (25): 12509-12514.

[20] 雒建斌, 张朝辉, 温诗铸. 薄膜润滑研究的回顾与展望. 中国工程科学, 2003, 5(7): 84-89.

[21] 张韶华. 纳米级润滑膜分子排列结构的实验研究. 北京: 清华大学博士学位论文, 2014.

撰稿人： 雒建斌、马丽然、刘宇宏

清华大学

核辐射环境下的摩擦磨损问题

Friction and Wear Problems under Nuclear Radiation Environments

核辐射是原子核从一种结构或能量状态转变为另一种结构或能量状态过程中释放出来的粒子流。一般认为，核辐射主要包括 α、β、γ 三种射线和由裂变反应产生的中子射线。现有研究表明，核辐射所产生的晶格位错效应、电离效应和电荷转移效应会导致材料的微观结构、本构关系、热学特性、电特性、结构和性能稳定性等发生变化，其变化程度因辐射形式及剂量不同而不同。

对于聚合物材料，核辐射产生的射线能够使聚合物的碳链产生交联、断裂、氧化等一系列化学反应，改变聚合物结构与性能[1,2]。通过控制辐射化学反应过程，可以改善高分子材料的化学结构、热解特性、力学性能、抗辐射稳定性、材料老化、蠕变性能等[3-5]。对于金属材料，一方面，足够剂量的核辐射能引发部分金属材料活化转变为放射性材料[6]；另一方面，辐射能影响金属中缺陷产生以及位错滑移等[7-9]，使金属材料本构关系发生变化[10]，从而导致金属材料的力学性能发生变化，如硬化、脆化、强度增加、塑性下降等。研究表明[6]，辐照条件下钨的力学性能发生明显变化，硬度可增加 23%。

现有观点认为，材料在相互摩擦过程中，往往伴随着机械作用、分子作用、摩擦诱导的化学反应等。一方面，材料自身的结构和性质会影响其摩擦学行为；另一方面，材料的表面结构和性质也会随着摩擦过程的持续而发生变化。对于在核辐射环境下工作的摩擦副，辐射会在多大程度上、以何种方式影响其摩擦和磨损行为，是一个尚未被充分认识的问题。一些研究表明，辐射条件下，材料的耐磨性能会显著降低[11]。那么，辐射对摩擦副材料之间摩擦、润滑和磨损的影响是否只是简单地由材料结构和性质的改变而造成？摩擦界面处以及在润滑介质中是否会发生辐射效应与常规摩擦学效应的协同作用？如果这种作用存在，其作用机理是什么？

同时，摩擦发光、摩擦产生 X 射线、摩擦产生电荷转移等现象也已经被实验所证实。那么上述机械摩擦产生的物理效应与核辐射环境之间是否存在一定的联系和相互影响？是否会产生非常规的新现象？无论从科学还是从技术的角度，这都是一个非常值得深入探讨的课题。

参 考 文 献

［1］ Sarac T, Quievy N, Gusarov A. Influence of gamma irradiation and temperature on the mechanical properties of EFDM cable insulation. Radiation Physics and Chemistry, 2016, 125: 151-155.

［2］ Cassidy J, Nesaei S, McTaggart R, et al. Mechanical response of high density polyethylene to gamma radiation from a Cobalt-60 irradiator. Polymer Testing, 2016, 52: 111-116.

［3］ 罗世凯, 傅依备, 罗顺火, 等. 核辐射对氟树脂F2313力学性能的影响. 高分子材料科学与工程, 2002, 18(3): 106-109.

［4］ Wenger R S, Laganelli A L, Somers J, 等. 核辐射对先进复合防热材料烧蚀性能的影响. 导弹与航天运载技术, 1982, (9): 3-14.

［5］ 傅依备, 许云书, 黄玮, 等. 核辐射技术及其在材料科学领域的应用. 中国工程科学, 2008, 10(1): 12-22.

［6］ Khan A, Elliman R, Corr C, et al. Effect of rhenium irradiations on the mechanical properties of tungsten for nuclear fusion applications. Journal of Nuclear Materials, 2016, 477: 42-49.

［7］ Liu J, Tang X B, Chen F D, et al. Defects production and mechanical properties of typical metal engineering materials under neutron irradiation. Technological Sciences, 2015, 58(10): 1753-1759.

［8］ Ouytsel K V, Batist R D, Schaller R. Dislocation defect interactions in nuclear reactor pressure vessel steels investigated by means of internal friction. Journal of Alloys and Compounds, 2000, 300(1): 445-448.

［9］ Azevedo C R F. A review on neutron irradiation induced hardening of metallic components. Engineering Failure Analysis, 2011, 18(8): 1921-1942.

［10］ Singh B N, Foreman A J E, Trinkaus H. Radiation hardening revisited: Role of intracascade clustering. Journal of Nuclear Materials, 1997, 249(2-3): 103-115.

［11］ Zhang L, Sawae Y, Yamaguchi T, et al. Effect of radiation dose on depth-dependent oxidation and wear of shelf-aged gamma-irradiated ultra-high molecular weight polyethylene (UHMWPE). Tribology International, 2014, 89: 78-85.

撰稿人：邵天敏

清华大学

空间辐照条件下的润滑问题

Lubrication Problem in Space Irradiation

航天器运行部件在极端的空间环境中必须具有高可靠性、高精度、高稳定性、长寿命、自修复性等特点，因此在模拟空间环境中航天器运行部件的摩擦和润滑性能研究是当前空间探索新材料领域中的研究热点。然而，极端的空间环境和运行工况，尤其是高真空、原子氧侵蚀、离子束辐照、高低温交变、多次起停等会对聚合物材料性能产生严重的损伤[1,2]。国内外航天科技发展的历史表明，空间辐照造成的润滑失效严重影响了航天器材料的稳定性和寿命。因此，开展空间极端环境和工况对聚合物材料的摩擦和润滑性能影响的研究，并揭示其影响机理，对扩宽聚合物材料在空间科学领域的应用具有重要的理论和实际意义。近年来关于空间辐照环境对航天器材料的光学性能、表面结构和力学性能的研究很多，但是关于空间辐照对材料的摩擦和润滑问题的研究比较少[3,4]，而且开展空间极端环境对聚合物摩擦副材料摩擦和润滑影响的研究还存在诸多瓶颈和难点：

（1）实现辐照环境下材料损伤的原位检测和分析。目前，通常是采用先辐照后摩擦的方式，无法做到辐照和摩擦同步进行。同时，对辐照后材料表面成分变化的各种表征（如 FTIR、Raman 光谱等）也是在辐照设备外进行的，因此表征结果不能完全直接地反映辐照摩擦磨损实验及其对材料表面成分的影响。因此，合理地设计在线检测手段和空间辐照设备是当前研究的难题之一。

（2）减少或尽量避免模拟测试对空间辐照模拟设备的污染和损伤。聚合物和润滑油材料在空间辐照过程中会对空间辐照模拟设备产生一定的污染，从而严重影响辐照设备的真空度和寿命。因此，在空间辐照模拟设备的设计上，需要充分考虑不同材料在辐照条件下对空间模拟设备寿命的影响，或者在设备的设计上增加排除污染的装置。

（3）开发设计适用于空间辐照环境下的新材料。聚合物被广泛地应用于空间环境中的润滑设备，但是聚合物中的大多数化学键在空间辐照环境中容易发生化学键的断裂，从而造成一定程度的损伤。目前的研究多是在聚合物中引入耐辐照的填料来提高其抗辐照性能。设计制备自身具有抗辐照能力的聚合物的润滑材料是目前研究的难点。这需要从聚合物的单体入手进行设计制备。

参 考 文 献

［1］ Zhao X H, Shen Z G, Xing Y S, et al. An experimental study of low earth orbit atomic oxygen and ultraviolet radiation effects on a spacecraft material—Polytetrafluoroethylene. Polymer Degradation and Stability, 2005, 88: 275-285.

［2］ Tagawa M, Yokota K, Kishida K, et al. Minton, energy dependence of hyperthermal oxygen atom erosion of a fluorocarbon polymer: Relevance to space environmental effects. ACS Applied Materials and Interfaces, 2010, 2(7): 1866-1871.

［3］ Atar N, Grossman E, Gouzman I, et al. Reinforced carbon nanotubes as electrically conducting and flexible films for space applications. ACS Applied Materials and Interfaces, 2014, 6(22): 20400-20407.

［4］ Minton T K, Wright M E, Tomczak S J, et al. Atomic oxygen effects on POSS polyimides in low earth orbit. ACS Applied Materials and Interfaces, 2011, 4(2): 492-502.

撰稿人：王齐华

中国科学院兰州化学物理研究所

离子液体摩擦学发展中的几个难题

Troubles in Development of Ionic Liquid Tribology

离子液体一般是由大的有机阳离子和有机阴离子以离子键结合的方式组成的常温下为液态的化合物，它兼具离子化合物和有机化合物的诸多优点。作为材料领域的新贵，离子液体具有不易燃、低挥发、抗氧化性好、高的热稳定性、电化学窗口宽等一系列优点，使其可以作为绿色化学介质在有机合成、催化、电化学、物质分离和表面活性剂等许多领域具有重要的应用。

2001 年，刘维民等[1]首次报道离子液体对几乎所有摩擦副材料都具有良好的润滑性能，随后离子液体摩擦学逐渐成为科学研究领域的热点。随着研究的深入，人们发现：与现役润滑油相比，离子液体也存在明显的不足，如腐蚀摩擦副、相容性差、生物降解性及毒性研究不充分等（图 1），这些不足限制了离子液体在润滑领域的大规模应用。因此，离子液体摩擦学的发展仍需解决以下几个难题：

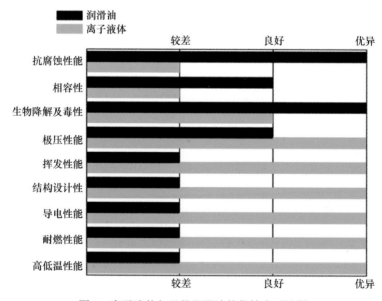

图 1　离子液体与现役润滑油的优缺点对比图

（1）腐蚀性难题。传统离子液体用作金属摩擦部件的润滑剂时，存在较为严重的腐蚀问题，这不仅会损坏金属基运动机构及其相关部件，同时会加剧金属摩擦部件的腐蚀磨损，影响设备整体的运转稳定性以及长效性。例如，阴离子为 BF_4^-、PF_6^-、$N(SO_2CF_3)_2^-$ 等的传统离子液体，服役过程中会水解产生 HF、POF_3、硼酸和磷酸等对金属具有强腐蚀性的物质，容易引起金属摩擦部件的局部或全面腐蚀[2-5]。利用离子液体结构的可设计性，通过分子结构设计，引入缓蚀基团、降低卤素含量等，有望解决离子液体腐蚀摩擦副材料的难题。

（2）相容性难题。润滑油脂中通常加有各种添加剂以改善其防腐抗蚀、抗氧化、消泡抗凝等性能。然而，离子液体由于其本身离子性突出，与现役多数润滑油或添加剂相容性较差。目前，国内外已有部分研究学者[6,7]通过分子结构设计，采用引入相应官能团、降低结构对称性等手段，大幅改善了离子液体与现役润滑油及添加剂的相容性。

（3）生物降解性与毒性。近年来，对离子液体生物降解性和毒性的研究逐渐增多，研究发现，离子液体分子结构极为稳定，在自然界中很难降解，且会污染水体，对动植物以及微生物造成一定的毒害。Wells 等[8]通过生化需氧量（BOD_5）考察离子液体的生物降解性，研究发现，所选用的离子液体，包括咪唑类、吡啶类、季铵盐类和季膦盐类都没有明显的降解迹象。Landry 等[9]研究了[BMIM][Cl]离子液体对小鼠的毒性，发现浓度为 175mg/kg 的[BMIM][Cl]离子在两星期内对老鼠的体重、行动和健康无影响，但当浓度增加到 550mg/kg 时，可以使老鼠致死；当浓度增大到 2000mg/kg 时，所有被实验的老鼠行为反常，并在 1 天内全部死掉。为了改善离子液体的降解性能，Gathergood 等[10]借鉴洗涤剂和季铵盐表面活性剂的降解机理，设计了阳离子中含有氨基和酯基的咪唑类离子液体，发现其生物降解性明显提高，28 天内降解率即可达 60%～70%。离子液体生物降解性与毒性的研究刚起步，研究结果依然缺乏系统性，需要更多的数据积累，并以此为基础，确立离子液体运输、处置和使用规则，制定针对离子液体的生物和环境安全、健康评价标准。

总之，尽管离子液体摩擦学在研究和应用过程中还存在一些难题，但这些研究丰富了摩擦学理论，拓展了摩擦润滑材料的研究及应用领域，尤其是在重载、高低温、高真空等苛刻条件下服役的摩擦机构中，离子液体表现出其独特的优势。科学家目前正从离子液体结构与性能的构效关系、分子结构设计、规模化生产工艺等角度入手，解决离子液体腐蚀摩擦副、相容性差、生物降解性差及毒性大等难题，促进离子液体摩擦学的快速发展。

参 考 文 献

［1］ Ye C F, Liu W M, Chen Y X, et al. Room-temperature ionic liquids: A novel versatile lubricant. Chemical Communications, 2001, 21: 2244-2245.

［2］ Reddy R G, Zhang Z J, Arenas M F, et al. Thermal stability and corrosivity evaluations of ionic liquids as thermal energy storage media. High Temperature Materials and Processes, 2003, 22(2): 87-94.

［3］ 朱立业. 离子液体润滑剂的金属腐蚀性与抑制. 后勤工程学院学报, 2010, 26(3): 67-70.

［4］ Zhao Z, Shao Y W, Wang T M, et al. Study on corrosion property of a series of hexafluorophosphate ionic liquids on steel surface. Corrosion Engineering Science and Technology, 2011, 46(4): 330-333.

［5］ Swatloski R P, Holbrey J D, Rogers R D. Ionic liquids are not always green: Hydrolysis of 1-butyl-3-methylimidazolium hexafluorophosphate. Green Chemistry, 2003, 5(4): 361-363.

［6］ Zhang S W, Hu L T, Qiao D, et al. Vacuum tribological performance of phosphonium-based ionic liquids as lubricants and lubricant additives of multialkylated cyclopentanes. Tribology International, 2013, 66: 289-295.

［7］ Qu J, Bansal D G, Yu B, et al. Anti-wear performance and mechanism of an oil-miscible ionic liquid as a lubricant additive. ACS Applied Materials and Interfaces, 2012, 4: 997-1002.

［8］ Wells A S, Coombe V T. On the freshwater ecotoxicity and biodegradation properties of some common ionic liquids. Organic Process Research and Development, 2006, 10: 794-798.

［9］ Landry T D, Brooks K, Poche D, et al. Acute toxicity profile of 1-butyl-3-methylimidazolium chloride. Bulletin of Environmental Contamination and Toxicology, 2005, 74(3): 559-565.

［10］ Gathergood N, Scammells P J. Design and preparation of room-temperature ionic liquids containing biodegradable side chains. Australian Journal of Chemistry, 2002, 55: 557-560.

撰稿人：张松伟、李　毅、胡丽天

中国科学院兰州化学物理研究所

材料表面形态特征的数学描述与重构

Mathematical Description and Reconstruction of Micro Geometrical Morphology of Material Surface

自古以来，自然界就是人类各种技术思想、工程原理及重大发明的源泉。自然界中有很多生物表面因具有特殊的微观形貌而展现出神奇的功能，如荷叶表面的超疏水结构、蜣螂体表的坚硬耐磨结构、壁虎脚趾的摩擦力调节功能等[1,2]。因此，如何在材料表面制备具有与生物类似功能的微结构以提升材料性能逐渐成为表面工程的一个研究热点。

随着微纳米加工技术、3D打印等各类先进表面工程技术的不断发展，在材料表面制备仿生微结构已逐渐成熟，然而目前的仿生仍停留在初级模仿阶段，一个重要原因就是对表面形貌进行定量描述的关键参量及重构方法相对缺乏。目前，国际通用的表面微观形貌表征方法包括轮廓法与分形法两种基本方法，轮廓法常用参数包括算术平均偏差(R_a)、微观平均十点高度(R_z)、轮廓最大高度、偏斜度等，近年来也逐渐出现一些面粗糙度的计算方法，基本原理与轮廓法类似。分形法则是依据材料表面形貌在不同尺度之间出现的相似性特征，提取出分形维数等一系列参数，实现对表面形貌不规则程度的定量表征[3-6]。

在各类生产实践及科学研究中，人们能用几何参数有效地描述各类机械零部件（如齿轮、曲轴、叶片等）的结构参数。而对材料微观表面形貌的描述，主要存在以下两个方面的问题：

（1）微观形态复杂，微观峰谷由多种不规则形状交叉组合而成，缺少明确的分界面和规则形状，不能用几何学中的点、线、面、体进行独立表述；

（2）为了解释材料的宏观性能，不能仅仅对局部形貌进行表征，必须同时对多个微区形态进行分析和描述，这就需要统计学理论和合适的算法支持。

计算机辅助人工设计由来已久，随着计算机深度学习算法的快速发展，在很多方面已经能够替代人类进行一些打破思维壁垒的设计，目前已成功应用于多种智能产品的研发应用中。但在仿生制造中，面临的主要问题是3D打印、微纳刻蚀等加工方法还无法对期望的微观形貌进行定量生成，一般只能简单地通过实验采集生物表面形貌的个别参量并输入计算机内进行插值重构，现有的仿生尚不能从微观、介观、宏观尺度上对生物体的特定结构进行全方位的模拟与重构。

参 考 文 献

[1] Bhushan B. Biomimetics: Lessons from nature—An overview. Mathematical Physical and Engineering Sciences, 2009, 367: 1445-1486.

[2] Dou Z L, Wang J D, Chen D R. Bionic research on fish scales for drag reduction. Journal of Bionic Engineering, 2012, 9: 457-464.

[3] Chen X H, Wang D W. Fractal and spectral analysis of aggregate surface profile in polishing process. Wear, 2011, 271: 2746-2750.

[4] Tang W, Wang Y. Fractal characterization of impact fracture surface of steel. Applied Surface Science, 2012, 258: 4777-4781.

[5] Lawrence K D, Ramamoorthy B. Surface topography characterization of automotive cylinder liner surfaces using fractal methods. Applied Surface Science, 2013, 280: 332-342.

[6] Dhillon S, Kant R. Quantitative roughness characterization and 3D reconstruction of electrode surface using cyclic voltammetry and SEM image. Applied Surface Science, 2013, 282: 105-114.

撰稿人：王海斗、陈书赢、刘金娜、刘　喆

陆军装甲兵学院

环境自适应智能涂层

Self Adapting Smart Coating in Different Environment

随着现代科技的进步，人们对机械产品零件表面功能的要求越来越高，并逐步向多功能化、智能化方向发展。20 世纪 80 年代中期，受自然界中很多生物具备环境感知功能的启发，美国和日本科学家首先提出了智能材料（smart material 或 intelligent material）的概念。智能材料泛指能够通过自身的感知获取信息，同时做出判断和处理，继而改变自身的一种或多种性能参数以适应外界环境或工况条件的变化，从而实现自诊断、自调节、自适应、自修复等类似于智能生物系统的各种特殊功能的材料[1]。

智能涂层（smart coating）是 20 世纪 90 年代后期在智能材料的基础上发展起来的。智能涂层是将智能材料以涂层的形式制备于目标物体上，能对某一外部刺激，如温度、压力、应变和环境，产生选择性作用或者对环境变化做出响应，以适应环境变化的表面复合结构。但是，关于智能涂层的具体概念和范畴，目前尚无确切定义。由于智能涂层特有的表面特性，一些无法作为整体材料实现的自动应变功能可以通过智能涂层的形式实现，而且智能涂层材料用量少、环境响应快。因此，智能涂层应用价值巨大，越来越受到人们的重视[2]。智能涂层的结构如图 1 所示[3]。

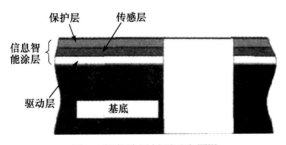

图 1　智能涂层剖面示意图[3]

智能涂层常具有自修复、自清洁、自润滑、抗菌、耐腐蚀，以及能够对酸碱度、温度或光线强度等的变化做出反应等特性，图 2 为涂层内部自修复胶囊因环境变化而形成裂纹的自修复过程示例。

随着机械零部件服役环境的严苛性、复杂性和多变性增加，智能涂层已经成

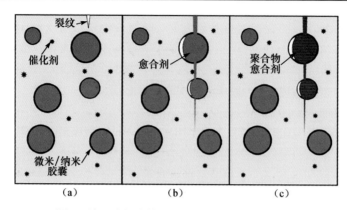

图 2　涂层内部自修复胶囊对裂纹的修复过程[4]

为信息学和材料学的研究热点之一。根据智能涂层物理信号响应机理，智能涂层可分为微观结构变化响应型涂层、光响应型涂层、pH 响应型涂层、氧化还原响应型涂层以及电场和磁场响应型涂层等。根据涂层功能，智能涂层可分为光催化涂层、生物催化涂层、防污涂层、抗菌聚合物涂层、超疏水涂层、变色涂层以及热触发涂层等。从以上研究内容来看，服役环境多种多样，只考虑一种工况条件制备功能涂层很可能顾此失彼，如何将智能涂层与环境变化相配合，实现多种工况条件下的及时响应以及如何制备具备多种功能的智能涂层成为发展的必然趋势，同时，如何及时且精准地实现涂层对外界环境变化产生的信号进行反馈，以及反馈信号的收集及判断成为环境自适应智能涂层研究领域的难点[5,6]。

为了满足工程应用的广泛发展以及苛刻服役环境的要求，环境自适应智能涂层成为涂层发展的必然趋势，智能涂层的概念和理念源于生命现象，成长于人类对生物现象理解的发展[4,5,7]。因此，智能涂层理论和技术是对现有涂层理论和技术的升华和发展，未来智能涂层的研究也将越来越紧密地与生命科学和材料科学联系在一起，其研究领域将更加扩大[8]。但是，就目前的发展情况而言，环境自适应智能涂层的发展有以下科学难题需要解决：

（1）如何制备同时具有多种功能的智能涂层，完善智能涂层的制备方法。智能涂层的应用前景广阔，其分类纷繁复杂，如用于微机械系统的压电智能涂层、用于航天系统的隐身涂层及热控涂层、用于医疗系统的类生物涂层等，但是单一性能的智能涂层具有其应用的局限性。为了克服每种智能涂层自身的缺点，材料的复合化是其发展的必然趋势，这就为智能涂层的制备方法提出了新的挑战[9]。

（2）如何实现智能涂层与环境的有效映射，建立良好的综合环境考核系统。涂层的服役环境十分复杂，如光、电、热、应力、化学刺激等，因此对环境考核系统的建立提出了更高的要求，研究和开发具有多重响应功能的环境考核系统已成为发展的必然趋势。并且，环境自适应智能涂层应该能够及时检测和识别外部刺激，如声、光、电、磁、热等；能够对外界变化做出响应；能够按照设定的方式选择和控制响应等；能够在外部刺激消除后，迅速地恢复到原始状态[10,11]。

（3）建立系统的智能涂层概念，如何通过对不同性质的智能涂层技术相互借鉴、相互启迪来促进智能涂层技术向实用化发展。目前智能涂层技术尚不成熟，特别是大多数涂层是质地较软的聚合物材料基体，使智能涂层更容易受到环境的负面作用，出现磨损、老化等现象而使涂层过早失效，使用寿命和成本问题比较突出。此外，如何通过制备工艺的优化和复合，赋予智能涂层多种优异性能也面临较大挑战[12]。

参 考 文 献

[1] 姚连珍. 智能调温及光敏变色微胶囊的研究与制备. 天津: 天津工业大学硕士学位论文, 2013.

[2] 李健, 王颖, 高新蕾. 智能涂层——类生物表面活性智能涂层. 材料保护, 2006, 39(1): 36-39.

[3] 王巧云, 韩敏建, 杨晓龙, 等. 以金属为基体的智能涂层应力状况研究. 热加工工艺, 2015, (2): 158-160.

[4] Radziuk D, Skirtach A, Sukhorukov G, et al. Stabilization of silver nanoparticles by polyelectrolytes and poly(ethylene glycol). Macromolecular Rapid Communications, 2007, 28(7): 848-855.

[5] Meléndez-Ortiz H I, Varca G H C, Lugão A B, et al. Smart polymers and coatings obtained by ionizing radiation: Synthesis and biomedical applications. Open Journal of Polymer Chemistry, 2015, 5(3): 17-33.

[6] Kumar C S, Mohammad F. Magnetic nanomaterials for hyperthermia-based therapy and controlled drug delivery. Advanced Drug Delivery Reviews, 2011, 63(9): 789.

[7] 李健, 王颖. 智能涂层及其研究现状. 表面工程资讯, 2006, 6(1): 5-6.

[8] 冷劲松, 孙健, 刘彦菊. 智能材料和结构在变体飞行器上的应用现状与前景展望. 航空学报, 2014, 35(1): 29-45.

[9] 张新民. 智能材料研究进展. 玻璃钢/复合材料, 2013, (Z2): 57-63.

[10] 张海璇, 孟旬, 李平. 光和温度刺激响应型材料. 化学进展, 2008, 20(5): 657-672.

[11] 于媛媛. 具有多重响应性聚合物及微球的制备与表征. 上海: 复旦大学硕士学位论文, 2009.

[12] 潘俊德, 田林海, 贺琦, 等. 智能材料研究进展. 机械工程材料, 1998, (5): 1-3.

撰稿人：王海斗、谭　娜、马国政、邢志国

陆军装甲兵学院

纳米晶金属表面的获得与稳定保持

Preparation and Stabilisation of Nanocrystalline Surface Layer of Metal

纳米晶（金属）材料是单相或多相多晶体，其晶体尺寸至少在一维方向上约为几纳米，典型尺寸为 1～10nm。晶粒尺寸如此之小，使得材料约有一半体积由晶界组成。自 Gleiter 教授于 20 世纪 80 年代率先制备出纳米晶体材料以来[1]，纳米材料以其特异的物理、化学性能受到世界各国的高度重视，从目前的技术水平来看，要以较低的成本制备出形状复杂、无结构缺陷、无界面污染的三维大块状纳米材料还有较大困难[2]，而表面纳米化技术被认为是最有可能在结构材料和工程应用上获得突破的纳米技术之一[3]。

1999 年，Lu 等[4]提出了金属材料表面纳米化的概念，即在金属材料表面制备出具有一定厚度的纳米结构表层，从而以较低的成本将纳米材料的优异性能赋予材料和零件表面，进而提高材料的整体性能和使用寿命。材料表面纳米化的方法主要有三种[4]：表面涂覆或沉积、表面自纳米化以及表面纳米化与表面化学处理相结合的混合纳米化。表面涂覆或沉积是将具有纳米尺度的颗粒固结在材料表面，在材料上形成一层纳米结构涂层；表面自纳米化是在材料表面引入强烈的塑性变形或非平衡相变等非平衡过程将材料表面晶粒细化到纳米尺度；混合纳米化是将表面纳米化与表面化学处理相结合，在材料表层形成与基体成分不同的纳米晶固溶体或化合物结构。

表面纳米化可以明显地提高材料的表面性能和整体性能：纳米结构表面可提高材料表面硬度和耐磨性；表面超细纳米晶可有效抑制表层裂纹的萌生，而芯部粗晶组织又可阻止裂纹的扩展，因此纳米结构表面可有效提高材料的整体强度和抗疲劳性能；表面纳米晶之间形成高体积分数的界面还可为元素扩散提供理想的通道，从而显著提高其化学反应活性，降低后续化学热处理温度。因此，表面纳米化是实现材料结构功能一体化设计，通过纳米化技术赋予传统工程金属材料高性能和多功能的可行方法。

在各类表面纳米化工艺中，表面自纳米化因具有工艺简单、成本低、易于实现等优点而受到最为广泛的关注。采用这种方式获得的表面纳米层结构致密、无孔隙、无污染，且具有梯度结构，因而不易剥落、分离。表面自纳米化技术的原理是外加载荷使金属块体材料的表面或次表面发生强烈的塑性变形，引入非平衡缺陷，从而使晶粒逐步细化成纳米晶粒[4]。目前，表面自纳米化技术主要包括表面机械研磨、超声喷丸、激光喷丸、超声速微粒轰击（SFPB）等。国内外研究者已经成功实现了纯铁、纯铜、铝合金、40Cr、不锈钢和低碳钢等材料表面的自纳米化。何柏林等[5]采用超声冲击法对 16MnR 钢十字接头焊趾进行处理，获得了具有较大残余压应力的纳米化表面；温爱玲[6]等采用高能喷丸强化工艺在钛合金表面制备出一定厚度的纳米层；葛利玲等[7]研究发现不锈钢经 SFPB 表面处理后产生的晶粒细化和马氏体相变使试样表面硬度明显提高；韩忠等[8]采用表面机械研磨方法在纯铜表面制备出纳米晶层，测试后发现在干摩擦滑动条件下，Cu 纳米晶表层摩擦磨损性能明显优于普通粗晶 Cu。

总体来说，表面纳米化研究还处于起步阶段，要想实现这种技术的进一步发展和规模化工业应用还需解决以下两方面难题。

1）表面纳米化的结构特征和微观机理

要将纳米材料与纳米技术与传统成熟的技术配合，以实现零件和材料表面纳米晶层的高效构筑，必须针对不同层错能、不同晶体结构和不同晶粒取向的多晶材料，揭示材料组织演变和晶粒细化的控制因素。此外，表面纳米化处理一般会增加材料表面的粗糙度并引入较大的残余应力。因此，要实现各种材料性能指标的匹配协调和同步提升，必须进一步研究纳米化表面的结构特征和实现机理。

2）高活性、亚稳态纳米晶表面的长期保持

高活性的纳米晶表层常常呈亚稳态，易于发生回复、晶粒长大和化学反应。如何控制并长期保持纳米晶表层的结构特征是确保其稳定发挥作用的基础。纳米化后的表面因存在大量非平衡晶界和晶格畸变而处于热力学上的亚稳定状态，当温度升高时表层纳米结构有向稳定状态转变的趋势。纳米表面的热稳定性关系到其能否在高温下仍然保持优异的力学性能，因此研究纳米表面的热稳定性具有重要意义。金属、合金和化合物一般具有较高的稳定性，某些材料的热稳定温度能达到材料熔点的 60%[9,10]，但某些热稳定性较差的材料在较低温度下就会发生纳米晶结构长大现象。针对纳米材料热稳定性已有大量研究，如热稳定性模型，包括动力学模型、热力学模型[11]等，然而目前的研究多局限于理论层面，对实际应用中如何保持其稳定性还没有有效的方法。

表面纳米化处理有非常广阔的应用前景，近年来已引起国内外学者的广泛关注和研究。随着关键问题的解决，表面纳米化技术必将迎来飞速发展，有望成为纳米材料研究领域大规模产业化应用的新技术。

参 考 文 献

［1］　Gleiter H. Nanocrystalline materials. Progress of Material Science, 1989, 33(4): 223-315.

［2］　徐滨士. 纳米表面工程. 北京: 化学工业出版社, 2004.

［3］　Huang L, Lu J, Troyon M. Nanomechanical properties of nanostructured titanium prepared by SMAT. Surface and Coatings Technology, 2006, (201): 208-213.

［4］　Lu K, Lu J. Surface nanocrystallization (SNC) of metallic materials presentation of the concept behind a new approach. Journal of Materials Science, 1999, 25(3): 193-197.

［5］　何柏林, 于影霞, 余皇皇, 等. 超声冲击对转向架焊接十字接头表层组织及疲劳性能的影响. 焊接学报, 2013, 34(8): 51-54.

［6］　温爱玲. 表面纳米化对钛及其合金疲劳性能的影响. 大连: 大连交通大学博士学位论文, 2011.

［7］　葛利玲, 卢正欣, 井晓天, 等. 0Cr18Ni9 不锈钢表面纳米化组织及其热稳定性对低温渗氮行为的影响. 金属学报, 2009, 45(5): 566-572.

［8］　韩忠, 卢柯. 纯铜纳米晶表层摩擦磨损性能研究. 中国科学, 2008, (11): 1477-1487.

［9］　Andrievski R A. Review stability of nanostructured materials. Journal of Materials Science, 2003, 38(7): 1367-1375.

［10］　Murty B S, Datta M K, Pabi S K. Structure and thermal stability of nanocrystalline materials. Sadhana, 2003, 28(1): 23-45.

［11］　Koch C C. Structural nanocrystalline materials: An overview. Journal of Materials Science, 2007, 42(5): 1403-1414.

撰稿人：王海斗[1]、王守仁[2]、杨学锋[2]、乔　阳[2]、王高其[2]、马国政[1]

1 陆军装甲兵学院、2 济南大学

如何实现材料表面原子尺度可控去除？

How to Achieve Controllable Removal on Material Surface at Atomic Scale?

微观磨损研究是在原子、分子尺度上揭示摩擦过程中表面相互作用、物理化学变化及损伤，旨在控制材料剥落甚至实现无磨损的摩擦[1]。微观磨损机理是实现材料表面原子尺度可控去除的理论基础。微观磨损与宏观磨损不同，它是在极轻载荷作用下产生的表面原子分子层的损伤，其磨损深度通常在纳米量级，有时也称纳米磨损。目前，信息、生物、先进制造、航空航天等高新技术领域的微型化趋势极大地促进了微/纳机电系统（MEMS/NEMS）的发展，催生出一批高性能微/纳机电系统的出现。然而，由于表面和尺寸效应的影响，微观磨损已成为微/纳机电系统长期可靠服役的巨大障碍[2]。纳米制造科学是支撑纳米科技走向应用的基础[3,4]。典型的纳米制造技术包括纳米切削、纳米抛光、纳米压印和纳米铸造等。其中，纳米切削和纳米抛光是实现 32nm 以下线宽极大规模集成电路制造的五大关键技术之一，其研究主要涉及原子尺度材料的去除机理。纳米压印和纳米铸造被誉为未来纳米尺度图形化的代表技术，需要有效地解决低磨损或无磨损条件下的脱模问题。因此，微观磨损不仅是微/纳机电系统应用中的关键问题，更已成为纳米制造的共性基础问题[5]。

材料表面的微观去除按照机制的不同，大致可分为机械去除和摩擦诱导的化学去除两大类。其中，机械去除通常是指由于摩擦过程中材料的机械变形而引发的材料损伤，包括磨粒去除和疲劳损伤等。而摩擦诱导的化学去除是指由于摩擦过程中的局部温升或表面活化，导致接触界面发生摩擦化学反应，引发材料表面原子或原子团簇的去除[6,7]。与宏观材料去除不同，表面和尺寸效应使微观材料去除表现出其独特的规律。宏观条件下，由于接触区相对较大，表面的粗糙峰导致对磨副之间的接触为多点接触，即使在名义接触压力远小于材料屈服极限的低载荷条件下，粗糙峰会也使对磨表面发生塑性变形，产生以犁沟效应为代表的机械去除。然而，在微观条件下，接触区相对较小，多数情况下表现为单点接触，低载条件下接触区仅发生弹性变形，机械磨损的影响相对较弱，摩擦诱导的化学去除常常在材料的微观去除过程中起主导作用。

因此，与宏观条件下材料的机械剥离或塑性变形不同，材料表面的微观去除是一个力、温度和化学等多因素耦合作用的过程，不仅受材料内在性质如硬度、键能等的影响，同时与磨损表面属性（如表面亲疏水、化学活性等）以及外界环境条件（气氛、空气湿度等）密切相关[8-10]。此外，其材料损伤也表现出独特的变化规律，如材料表面凸起结构的产生[11]以及表面材料的原子级剥离（图1）[12]。因此，尽管人们采用金刚石针尖对微观尺度下材料表面的机械剥离机制已经进行了广泛的研究，但是对摩擦化学作用导致材料损伤或原子剥离的机理仍不够清楚，这也是目前研究的难点。开展针对材料表面的原子级去除行为和机理研究，不仅有助于探明外界能量与固体材料原子级去除之间的映射关系，揭示材料微观去除过程中的机械化学耦合作用机制，也有助于推动微/纳机电系统的实用化进程。

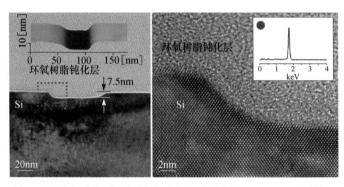

图 1　晶圆表面的原子级材料剥离的透射电镜（TEM）观测结果

材料表面的原子级去除是一个机械、化学和温度等多因素耦合作用的过程，需要解决的难点主要包括以下几个方面：

（1）单晶硅等材料表面原子级迁移机制研究。需要揭示实验条件对单晶硅表面原子层状去除的影响规律，如压力、速度、温度、循环次数和溶液 pH 等对单晶硅表面原子层状去除的影响规律。在此基础上，如何构建单晶硅等材料表面原子层状去除机制，探明外界能量与单晶硅原子层状去除之间的映射关系，是目前实验研究的一大难点所在。

（2）多因素作用下单晶硅等材料表面原子级去除量化模型构建。单晶硅晶圆表面的平坦化是一个力、温度和化学多因素耦合作用的过程。从单一因素的研究到机械化学协同作用的研究，最后拓展到机械、化学与温度的多场耦合影响的研究，这是一个多因素相互影响、相互融合的过程。多因素的耦合影响研究不仅仅对人们的知识储备认知提出了要求，还对实验过程以及实验设备提出了挑战，必须找到一种实验方法能够同时实现机械、化学与温度的调控与检测。最终能够在多场耦合作用的影响下，实现对微观去除的规律与机理的认知与深入理解。因此，得到晶圆材料表面在机械、化学和温度等多因素耦合作用下的原子级去除机制，并构建原子级可控材料去除模型，最终实现晶圆材料表面的超精密、无损伤加工将是一项难度大且非常具有挑战性的工作。

参 考 文 献

［1］ 钱林茂, 田煜, 温诗铸. 纳米摩擦学. 北京: 科学出版社, 2013.

［2］ Bhushan B. Nanotribology and Nanomechanics of MEMS/NEMS and BioMEMS/BioNEMS Materials and Devices. Berlin: Springer, 2007.

［3］ 王国彪. 纳米制造前沿综述. 北京: 科学出版社, 2009.

［4］ Jackson M J. Microfabrication and Nanomanufacturing. Boca Raton: CRC Press, 2006.

［5］ 雒建斌, 何雨, 温诗铸, 等. 微纳米制造技术的摩擦学挑战. 摩擦学学报, 2005, 25(3): 283-288.

［6］ 温诗铸, 黄平. 摩擦学原理. 北京: 清华大学出版社, 2002.

［7］ Liu J J, Notbohm J K, Carpick R W, et al. Method for characterizing nanoscale wear of atomic force microscope tips. ACS Nano, 2010, 4(7): 3763-3772.

［8］ Qian L M, Sun Q P, Zhou Z R. Fretting wear behavior of superelastic nickel titanium shape memory alloy. Tribology Letters, 2005, 18 (4): 463-475.

［9］ Yu J X, Kim S H, Yu B J, et al. Role of tribochemistry in nanowear of single-crystalline silicon. ACS Applied Materials and Interfaces, 2012, 4(3): 1585-1593.

［10］ Yu B J, Dong H S, Qian L M, et al. Friction-induced nanofabrication on monocrystalline silicon. Nanotechnology, 2009, 20(46): 465303.

［11］ Jacobs T D B, Carpick R W. Nanoscale wear as a stress-assisted chemical reaction. Nature Nanotechnology, 2013, 8: 108-112.

［12］ Chen L, He H T, Wang X D, et al. Tribology of Si/SiO$_2$ in humid air: Transition from severe chemical wear to wearless behavior at nanoscale. Langmuir, 2015, 31(1): 149-156 .

撰稿人：钱林茂、陈　磊

西南交通大学

如何快速预测涂层服役寿命？

How to Rapidly Forecast the Actual Life of Coatings?

表面涂层技术（喷涂、熔覆、气相沉积等）是提高基体材料性能和修复损伤零件的优质高效方法[1]。涂层与基体以冶金、机械等结合方式形成了金属/金属、金属/非金属、非金属/非金属等多元复合体系，涂层是该体系完成服役的关键物质载体。研究发现，基体/涂层这种多元复合体系的损伤主要表现为涂层的提前失效，也就是说，涂层的服役寿命直接决定了该复合体系的使用寿命[2]。涂层不仅表现为材料成分的多组元，更表现在组织结构的高紊乱，具有高自由能与多界面性的关联竞争作用，而且涂层服役过程中受力状态（大小、频率、方向）、工作环境（温度、腐蚀介质、氧化还原气氛）十分复杂且处于动态变化之中，其寿命演变呈现高度复杂性与非线性。

针对表面涂层服役寿命的预测，国内外普遍采用的方法是考查涂层失效的主要影响因素并建立相应的寿命预测模型，以此为依据结合特征信号采集和识别技术建立起应力与损伤程度之间的关系，从而实现涂层服役状态的实时监测和预警。但这种方法的建立需要大量的实验样本作为支持，且大多只考虑影响失效的主要因素，其模型预测的结果为平均寿命水平，并不能针对单个特定样本做出快速、精确的预测，同时无法预估由于零件服役过程中诸多环境因素的变化而产生的影响，此外涂层由于其自身尺寸效应的影响以及与基体之间存在的相互作用，想要快速预测涂层的服役寿命面临着更为严峻的挑战。

涂层服役寿命的快速预测具有重要意义，首先是用尽量少的涂层样本，高效地建立涂层的寿命预测模型；其次是能够通过短期的服役状态监测迅速预测出涂层的剩余寿命。前者需要在较少的实验样本前提下建立其寿命预测模型，而后者需要结合收集涂层服役过程中的状态信息，再基于前者的理论模型快速对涂层剩余寿命进行准确的评估。但是，要实现涂层寿命的快速预测面临如下难题。

1. 小样本、多因素寿命预测模型的建立

相对于基体材料，表面涂层常常由非均质材料多次增材成形，涂层、基体及原生性缺陷复合损伤过程中需要考虑的机械、物理性能远比单一材料复杂，所以需要综合考虑涂层/基体之间的耦合作用，涂层在服役过程中受到的正应力、剪切应力以及腐蚀介质等的影响。此外，涂层服役过程中产生的塑性变形、压溃及致

密度变化等非线性行为将进一步增加涂层损伤程度的判定难度。如何在小样本、多因素、非线性条件下综合考虑涂层损伤失效机理并建立寿命预测模型，难度较大。

2. 涂层服役寿命快速评估系统的建立

该系统建立既要基于精确的数值模型，同时需要精确快速地获取涂层服役状态。近年来快速发展的结构缺陷演变动态监测方法，如光纤传感器、声发射技术、相对真空传感器、压电传感器、涡流传感器等接触或非接触的方式实现了结构部件的动态监测[3-6]。目前的传感器布置主要有贴片式、涂覆式、植入式、非接触式[7,8]等。结合涂层尺寸的特点，采用相应的方式使传感器、驱动器布置于涂层内部或者介于界面（涂层/基体），首先，要解决如何最大限度地保持涂层结构完整性的问题；其次，面临如何发挥传感器自身最大功能，具有最大的生存能力和维护能力，能够有效抵抗外部环境产生的干扰和损伤的挑战[9]；再次，植入式的传感介质及其构成的传感系统应有适合的体积，不能对基体或涂层的材料组分和物理性能产生劣化的影响，满足涂层、传感器尺寸相容要求[10,11]。由于监测结果是涂层/基体复合结构损伤累积的结果，如何区分和量化涂层损伤和基体损伤，精确提取出涂层的损伤情况也是快速预测涂层服役寿命的难点。涂层监测传感器主要布置方式如图 1 所示。

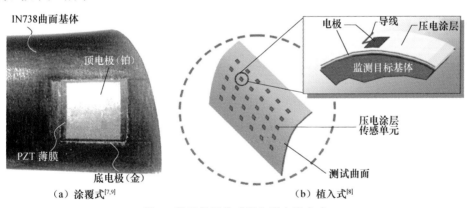

图 1   涂层监测传感器主要布置方式

涂层服役寿命的快速预测对于及时发现损伤，合理安排维修与再制造周期，延长使用寿命，有效避免不必要的突发事故具有重要的意义，但目前在寿命预测模型和寿命评估系统建立方面尚有很大难度。

参 考 文 献

[1] 徐滨士，朱胜，马世宁，等. 装备再制造工程学科的建设和发展. 中国表面工程, 2003,

16(3): 1.

［2］ Miller R A, Lowell C E. Failure mechanism of thermal barrier coatings exposed to elevated temperature. Thin Solid Films, 1982, 95(3): 265-273.

［3］ Bowen C, Kim H, Weaver P, et al. Piezoelectric and ferroelectric materials and structures for energy harvesting applications. Energy Environment Science, 2014, 7(1): 25-44.

［4］ Muralt P. Ferroelectric thin films for micro-sensors and actuators: A review. Journal of Micromechanics and Microengineering, 2000, 10(2): 136-146.

［5］ Stefanaki K. Simulation of PZT monitoring of reinforced concrete beams retrofitted with CFRP. Smart Structures and Systems, 2014, 14(5): 811-830.

［6］ Liu J Q, Fang H B, Xu Z Y, et al. A MEMS-based piezoelectric power generator array for vibration energy harvesting. Microelectronics Journal, 2008, 39(5): 802-806.

［7］ Markham J R, Latvakoski H M, Frank S L F, et al. Simultaneous short and long wavelength infrared pyrometer measurements in a heavy-duty gas turbine. Journal of Engineering for Gas Turbines and Power, 2002, 124(3): 528-533.

［8］ Al-Ghamd A M, Mba D. A comparative experimental study on the use of acoustic emission and vibration analysis for bearing defect identification and estimation of defect size. Mechanical Systems and Signal Processing, 2006, 20(7): 1537-1571.

［9］ Hoshyarmanesh H, Nehzat N, Salehi M, et al. Thickness and thermal processing contribution on piezoelectric characteristics of $Pb(Zr-Ti)O_3$ thick films deposited on curved IN738 using sol-gel technique. Proceedings of the Institution of Mechanical Engineers Part L: Journal of Materials Design and Applications, 2015, 229(6): 511-521.

［10］ Zhang Y. Piezoelectric paint sensor for real-time structural health monitoring. Proceedings of SPIE, 2005: 57-65.

［11］ Yang Y, Madhav A V G, Chao W, et al. Application of multiplexed FBG and PZT impedance sensors for health monitoring of rocks. Sensors, 2008, 8(1): 271-289.

撰稿人：王海斗、刘　喆、马国政、邢志国

陆军装甲兵学院

液体中纳米颗粒运动规律与表征

Law and Characterization of Nanoparticle Movement in Liquid

目前，纳米颗粒受到人们的广泛关注和研究。其中，由于在新材料制备、超精密加工中的重要作用，纳米颗粒在液体中的运动及在固体表面的沉积成为一个重要的研究课题。纳米颗粒规整排列而成的二维或三维有序结构称为胶体晶体。胶体晶体由于具有独特的光学、电学、磁学等特性，在光子器件、集成光路、催化剂材料、微反应器、生物传感器等方面有着广阔的应用前景[1-4]。同时，基底表面制备的胶体晶体涂层具有超疏水特性，可用于材料表面的防污染、防腐、自净等，并具有明显的减阻、耐磨等特性[5,6]。传统的制备方法造价昂贵，过程繁杂耗时，且制备的晶体面积较小。作为一种新颖、经济和高效的制备方法，蒸发诱导自组装（evaporation-induced self-assembly, EISA）利用液体中纳米颗粒的运动和自组装制备胶体晶体，具有制备过程简单，成本低廉，可制备大面积、高质量晶体等优点，已成为最具发展潜力的胶体晶体制备技术之一[7,8]。研究液体中纳米颗粒的运动和表征有助于 EISA 技术的进一步应用和提高。

液体中纳米颗粒的运动与液体的流动、蒸发密切相关，而液体的流动、蒸发涉及多个相互耦合的物理过程，其中包括固态基底热传导、液体内部液体流动、液体内部热传导、周围气体流动、周围气体热传导、蒸汽分子扩散等。大气环境中液体蒸发是一个近似稳态过程，蒸发速率由蒸汽分子在大气中的扩散决定[9-11]。液体表面不均匀的蒸发速率会导致液滴表面温度的不一致，而液滴表面温度梯度会导致液滴内部发生对流（称为 Marangoni 流动）[12-17]。Marangoni 流动会改变液滴中的纳米颗粒运动，进而影响纳米颗粒的自组装构型。实验发现，液滴中往往同时存在外向流动和 Marangoni 流动，并进一步观测了纳米颗粒在液滴接触线处的自组装过程[18,19]。

由于液体流动、纳米颗粒与流体相互作用、纳米颗粒间相互作用的复杂性，液体中纳米颗粒运动的解析解一般难以获得。又由于纳米颗粒粒径较小，往往小于光学显微镜的分辨极限，对液体中纳米颗粒的运动观测和表征也存在很多困难。因此，截至目前，对液体中纳米颗粒运动规律与表征缺乏系统全面的研究，导致目前的模型在阐述 EISA 中纳米颗粒自组装机制上存在局限性。了解液体蒸发中的各个物理过程，阐明液体蒸发过程中温度场、流场分布特性，揭示液体中纳米颗粒的运动规律，是深入了解 EISA 中纳米颗粒自组装机理、提高胶体晶体质量和可靠性的关键。

参 考 文 献

［1］ Yablonovitch E. Inhibited spontaneous emission in solid-state physics and electronics. Physical Review Letters, 1987, 58(20): 2059-2062.

［2］ Leunissen M E, Christova C G, Hynninen A P, et al. Ionic colloidal crystals of oppositely charged particles. Nature, 2005, 437(7056): 235-240.

［3］ Velev O D, Tessier P M, Lenhoff A M, et al. Materials: A class of porous metallic nanostructures. Nature, 1999, 401: 548.

［4］ Holland B T, Blanford C F, Stein A. Synthesis of macroporous minerals with highly ordered three-dimensional arrays of spheroidal voids. Science, 1998, 281(5376): 538-540.

［5］ Miwa M, Nakajima A, Fujishima A, et al. Effects of the surface roughness on sliding angles of water droplets on superhydrophobic surface. Langmuir, 2000, 16: 5754-5760.

［6］ 徐中, 仲强, 王磊, 等. 大颗粒陶瓷聚合物三维自组装表面轮廓特征的控制与减阻性能. 中国表面工程, 2011, 24(1): 61-65.

［7］ Rastogi V, Mellle S, Calderon O G, et al. Synthesis of light-diffracting assemblies from microspheres and nanoparticles in droplets on a superhydrophobic surface. Advanced Materials, 2008, 20(22): 4263-4268.

［8］ Park J, Moon J. Control of colloidal particle deposit patterns within picoliter droplets ejected by ink-jet printing. Langmuir, 2006, 22(8): 3506-3513.

［9］ Picknett R G, Bexon R J. Evaporation of sessile or pendant drops in still air. Journal of Colloid and Interface Science, 1977, 61: 336-350.

［10］ Deegan R D, Bakajin O, Dupont R F. Capillary flow as the cause of ring stains from dried liquid drops. Nature, 1997, 389(6653): 827-829.

［11］ Popov Y O. Evaporative deposition patterns: Spatial dimensions of the deposit. Physical Review E: Statistical Nonlinear and Soft Matter Physics, 2005, 71: 036313.

［12］ Hu H, Larson R G. Evaporation of a sessile droplet on a substrate. Journal of Physical Chemistry B, 2002, 106: 1334-1344.

［13］ Ristenpart W D, Kim P G, Domingues C, et al. Influence of substrate conductivity on circulation reversal in evaporating drops. Physical Review Letters, 2007, 99: 234502.

［14］ Xu X F, Luo J B, Guo D. Criterion for reversal of thermal Marangoni flow in drying drops. Langmuir, 2010, 26: 1918-1922.

［15］ Zhang K, Ma L R, Xu X F, et al. Temperature distribution along the surface of evaporating droplets. Physical Review E: Statistical Nonlinear and Soft Matter Physics, 2014, 89: 032404.

[16] Xu X F, Luo J B. Marangoni flow in an evaporating water droplet. Applied Physical Letters, 2007, 91: 124102.

[17] Xu X F, Luo J B, Guo D. Radial-velocity profile along the surface of evaporating liquid droplets. Soft Matter, 2012, 8: 5797-5803.

[18] Huang D D, Ma L R, Xu X F. The capillary outward flow inside pinned drying droplets. International Journal of Heat and Mass Transfer, 2015, 83: 307-310.

[19] Xu X F, Ma L R, Huang D D, et al. Linear growth of colloidal rings at the edge of drying droplets. Colloids and Surfaces A: Physicochemical and Engineering and Engineering Aspects, 2014, 447: 28-31.

撰稿人：徐学锋[1]、郭　丹[2]

1 北京林业大学、2 清华大学

高速切削微量润滑机制

The Lubricating Mechanism of Minimal Quantities of Lubricant in High Speed Cutting

1. 高速切削概述

高速切削加工理念来源于德国 Salomon 博士的专利，图 1 为 Salomon 高速切削加工理论的示意图[1]。高速切削加工的主要目的就是提高生产效率、加工质量和降低成本，它包括高速切削加工、高进给切削加工、大余量切削和高效复合切削加工、高速与超高速磨削、高效深切磨削、快速点磨削和缓进给深切磨削等[2-4]。高速切削加工技术的研究范围包括：高速高效切削磨削机理、高速高性能主轴单元及进给系统设计制造控制技术、高速高效加工用刀具磨具、加工过程检测与监控技术、高速加工控制系统、高速高效加工装备设计制造技术、高速高效加工工艺等[5,6]。

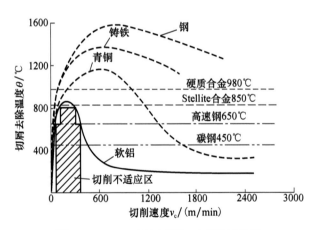

图 1　Salomon 高速切削加工理论示意图

高速切削具有主轴转速高、材料去除率高及产热量高的"三高"特性。从切削机理上，切削加工过程通过能量转换、高硬刀具（切削部分）对工件材料的作用，使其表面层产生高应变速率，并且高速切削过程具有非线性、时变、大应变、高应变率、高温、高压及多场耦合等特点[7-9]。基于高速切削具有的高温、高压及高应变率等特性，在高速切削过程中伴随着强烈的挤压和摩擦磨损，切削加工过程中的摩擦包括刀-工摩擦和刀-屑摩擦，具体形式如图 2 所示。

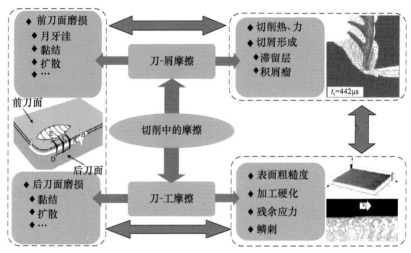

图 2　切削过程中的摩擦

切削中的摩擦对切削加工过程有着重要影响，尤其是在高速切削难加工材料时，刀-屑间的摩擦更加剧烈，切削区温度更高，对切削过程影响更大。其中，刀-屑摩擦对切屑的形成、切削力、切削温度以及前刀面磨损等有较大影响；而刀-工摩擦对已加工表面质量以及后刀面磨损有重要影响。因此，研究刀具与工件材料接触表面的摩擦特性至关重要，并通过改善切削区的接触状态，以减小切削摩擦的影响。采取适当的措施降低切削区的摩擦，减少切削热，改善切削加工过程，成为重要的研究内容。而切削液成为改善切削区摩擦的有效方法，切削液在加工过程中起到润滑、冷却和清洗的作用，从而带走加工中产生的热量、降低摩擦和刀具磨损、排除切屑等。良好的润滑或者恰当的润滑方式对高速切削中的摩擦有着极大的改善，因此微量润滑技术应运而生。

2. 高速切削加工微量润滑研究

微量润滑（minimal quantity lubrication, MQL）是指压缩空气与少量润滑液混合雾化后，喷射到加工区，对刀具和工件之间的加工区域进行冷却润滑。在 MQL 中，润滑液的用量一般为 0.03～0.2L/h。

微量润滑系统利用压缩气体将极微量的润滑油在喷嘴处雾化，将雾化的油雾颗粒喷射到切削区，雾化的油雾颗粒附着在切削区。雾化的油雾颗粒小、表面积大，加大了与刀具、工件散热面积的接触，有利于切削热的散发。另外，微量润滑切削加工时，前刀面和切屑底面的滑擦作用在刀-屑接触区形成了大量的毛细管，通过虹吸作用使切削区得到良好的润滑效果。而传统切削液切削技术也是通过渗透作用来实现冷却润滑的，但是传统的湿式加工进入切削区的是切削液中的油滴，颗粒很大，而在切削加工过程中所形成的毛细管很细不易吸收大的油滴，致使冷却润滑效果较差[10]。

微量润滑技术已成为现代切削加工的重要冷却方式之一，因其良好的切削加工性能备受青睐。大量研究也证明其优越的性能，例如，Attanasio 等[11]在微量润滑条件下研究不同供给方位对刀具磨损的影响。研究结果表明：当向刀具前刀面提供微量润滑时，刀具寿命与干切削时相当；而向刀具后刀面供给微量润滑时，可延缓刀具磨损，延长刀具寿命。在铣削钛合金过程中，Hassan 等[12]以刀具磨损、硬度和已加工表面粗糙度作为优化目标对微量润滑系统中润滑油的用量进行了优化，指出优化的润滑油用量为 125mL/h。Kishawy 等[13]研究了不同的冷却润滑条件铣削高硅铝合金 A356 时对切削力、刀具磨损及被加工表面粗糙度的影响，结果表明，微量润滑能有效降低铣削力，减少刀具磨损，延长刀具寿命，改善已加工表面质量，适合该种材料的切削加工[14,15]。

高速切削微量润滑技术是决定高速切削加工质量、高速切削机床及刀具使用寿命的主要技术之一。高速切削微量润滑的润滑介质使用量少，加工过程属于时变过程，并且在加工过程中伴随着温度变化，虽然微量润滑在很大程度上降低了切削温度，制约了切削热的产生，降低了切削力，提高了切削加工表面质量，但以上都仅仅是实现了高速切削加工过程的质变，对高速切削微量润滑的机理的量化方面仍然属于空白。

对于高速切削微量润滑，切削过程中切削力的降低及表面质量的提高都源于切削液在切削加工过程中形成的液体油膜，油膜厚度及油膜压力的大小是表征高速切削微量润滑机制的重要参数。由于切削液的使用量少，并且在切削过程中伴随着高应变速率变形，所以切削加工过程中油膜厚度和油膜压力的测量仍未得到解决。正因如此，极大地限制了高速切削加工微量润滑的发展。

参 考 文 献

[1] 艾兴. 高速切削加工技术. 北京: 国防工业出版社, 2003.

[2] 苏宇, 何宁, 李亮, 等. 低温氮气射流对钛合金高速铣削加工性能的影响. 中国机械工程, 2006, 11: 1183-1187.

[3] 苏宇, 何宁, 李亮. 冷风切削对高速切削难加工材料刀具磨损的影响. 摩擦学学报, 2010, 5: 485-490.

[4] 刘献礼, 王艳鑫, 郭凯. 绿色切削技术的研究现状及发展. 航空制造技术, 2009, 13: 26-31.

[5] 何宁. 高速切削应用技术. 金属加工(冷加工), 2009, 22: 25-28.

[6] 赵威, 何宁, 李亮, 等. 微量润滑系统参数对切削环境空气质量的影响. 机械工程学报, 2014, 13: 184-189.

[7] Liao Y S, Lin H M, Chen Y C. Feasibility study of the minimum quantity lubrication in high-speed end milling of NAK80 hardened steel by coated carbide tool. International Journal of Machine Tools and Manufacture, 2007, 47(11): 1667-1676.

[8] Kamata Y, Obikawa T. High speed MQL finish-turning of Inconel 718 with different coated tools. Journal of Materials Processing Technology, 2007, 192-193: 281-286.

[9] Sun W. Hochgeschwindig keits fräsen von hoch warm festen stählen mit minimalmengenschmierung. Darmstadt: Technische Universität Darmstadt, 2005.

[10] 马国红, 刘永姜, 杜盼盼, 等. 微量油膜附水滴切削性能的试验研究. 现代制造工程, 2015, 1: 81-84.

[11] Attanasio A, Gelfi M, Giandian C. Minimal quantity lubrication in turning: Effect on tool wear. Wear, 2006, 260(3): 333-338.

[12] Hassan A, Yao Z Q. Minimum lubrication milling of titanium alloys. Materials Science Forum, 2004, 471-472: 89-91.

[13] Kishawy H A, Dumitrescu M, Ng E G, et al. Effect of coolant strategy on tool performance, chip morphology and surface quality during high-speed machining of A356 aluminum alloy. International Journal of Machine Tools and Manufacture, 2005, 45(2): 219-227.

[14] 计伟, 刘献礼, 范梦超, 等. PCBN 刀具切削 GH706 磨损特征研究. 摩擦学学报, 2015, 1: 37-44.

[15] 龙远强, 邓建新, 周后明, 等. 微织构自润滑刀具干切削 0Cr18Ni9 奥氏体不锈钢的切削性能. 机械工程材料, 2015, 3: 75-79.

撰稿人: 张　平[1]、王优强[1]、张晨辉[2]

1 青岛理工大学、2 清华大学

铁路钢轨波浪形磨损机理与预防

Rail Corrugation and Its Suppression Measures

1. 概述

铁路钢轨波浪形磨损，简称钢轨波磨（rail corrugation），是指新铺设或者打磨过的钢轨使用一段时间后，在钢轨的工作表面产生的一种近似波浪形的磨耗，如图 1 所示。钢轨接触表面这种不均匀磨损常常包含一个主波长磨损和几个次波长磨损。主波长磨损是指该波长磨损所对应的波深对钢轨不均匀磨损深度贡献量最大，在铁路运营现场，即能够通过肉眼明显地见到钢轨接触表面不均匀磨损的波长，如图 1 所示。列车在运营过程中，轮轨滚动接触作用中的每时每刻都具有较强的随机性，即轮轨作用力的幅度、频率范围以及环境条件的变化都具有随机性，由此导致的轮轨接触表面的累积磨损应该具有"均匀性"或去向一致性。但是，轮轨接触表面不均匀磨损累积具有较强的规则性，这是铁路业界一直以来具有挑战性的难题。考虑轮轨滚动接触摩擦副不同的功能和几何外形，波磨的形成机理、研究方法以及采取的措施既有共同之处也有本质上的区分。

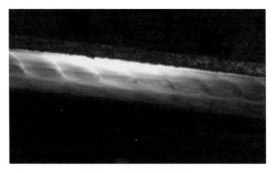

图 1　钢轨波磨照片

钢轨波磨导致列车和轨道发生强烈的冲击振动和噪声，加速列车和轨道关键零部件疲劳破坏，直接危及行车的安全。现时，我国高速铁路出现了轻、中度的钢轨波磨，既有铁路、重载铁路和地铁线路钢轨波磨十分严重。我国城市地铁也正处在大规模发展和运用时期，由于城市建筑群密集，城市地铁线路小半径曲线多，600m 半径以下的线路钢轨出现了几乎 100%不同程度的波磨。另外，在直线段上，由于减振措施不得当以及波磨形成的机理及结构特征的关系不清楚，许多路段也出现了不同程度的短波长波磨。目前地铁运营过程中的最大问题就是钢轨波磨泛滥成灾，导致地铁列车和轨道系统的强烈振动、噪声和关键零部件伤损率高，不仅降低了乘客的乘坐舒适性和增加了环境噪声水平，而且影响行车安全。

2. 钢轨波磨的研究

早在 1900 年前后就有文献报道过钢轨波磨问题。自 20 世纪 70 年代起，铁路专家和国际相关的学术界对钢轨波磨进行系统的研究，自此之后直至现在对其研究更是方兴未艾。国际波磨研究领域知名学者 Grassie 等[1]在 1993 年对前人的研究成果进行了系统的总结，明确了钢轨波磨机理包括两个方面的内容：①波长固定机理（共振机理和滤波机理）；②材料损伤机理（摩擦磨损和塑性累积变形）。轮轨摩擦功波动引起其材料的波状磨损。后来，Grassie 等[2]认为波磨的材料损伤机理主要是材料磨损。因此，国际学术界主要围绕钢轨波磨机理进行研究，并形成了如下两种观点。

1）轮轨瞬态动力学引起摩擦功波动导致钢轨波磨[3-7]

图 2 显示了该理论的基本思想，对于新钢轨或者打磨过的钢轨，其与车轮接触的工作表面不可避免地存在微米量级的原始表面粗糙度，当车轮在这些粗糙表面滚过时，轮轨之间就会发生结构振动，这种振动经过轮轨接触力学和接触滤波

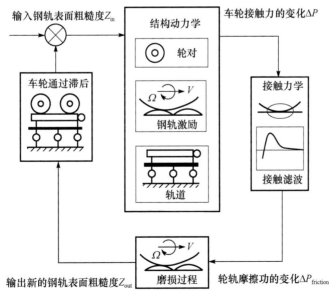

图 2　轮轨瞬态动力学引起钢轨波磨的原理

的作用，就产生特殊的轮轨振动，该振动引起轮轨摩擦功波动，使钢轨发生与摩擦功波动频率相同的小波磨，这些小波磨就成为钢轨新的粗糙表面，后续车轮不断滚过，如此不断循环往复，日积月累，钢轨的工作表面就由原始的表面粗糙发展成为明显的波磨。

2）轮轨黏滑振动引起摩擦功波动导致钢轨波磨[3,4,8,9]

该理论假设轮轨之间的蠕滑力达到饱和并随着蠕滑率的增大而逐渐减小，如图 3 所示。在蠕滑力饱和区段，蠕滑力成为摩擦力。根据摩擦黏滑振动原理可推知，轮轨在此条件下发生了黏滑振动，此黏滑振动同样可引起摩擦功的波动，从而引起钢轨波磨。

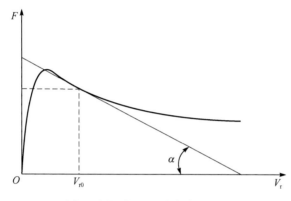

图 3　蠕滑力-滑动速度变化关系

目前绝大部分波磨研究工作都是基于第一种观点开展的。可以说，这两种观点都可部分解释钢轨波磨的成因，但也存在不可忽视的不足，主要表现在：①到目前为止，没有形成成熟的钢轨波磨预测理论和方法，也就是说，对新设计的铁路线路，还不能在设计阶段就预测钢轨波磨的发生以及采取相应的控制措施，故做不到铁路线路无波磨设计。②目前国际学术界甚至不能满意地解释最普通的波磨现象，例如，在曲线半径小于 600m 的铁路线路的内轨几乎 100%产生严重的波磨，但外轨波磨轻微甚至波长不同；又如，在曲线半径大于 600m 路段或直线段，在轨道结构减振措施不合适或较大枕距和速度较高情况下也出现了短波长甚至超短波长（35mm）波磨。③在运营速度较高的地铁线上，长轨枕大枕距（625mm）铺设比短轨枕铺设容易出波磨。④枕距越长越容易出波磨。⑤具有强的"共形"接触表面的钢轨易出波磨。不能认识这些现象规律和本质，最关键的问题是现在所有的钢轨理论模型，还不能真实精确模拟铁路车辆轨道特性，尤其像波磨发生发展漫长的过程行为，如结构的非线性特性、阻尼特性、局部高频振动特性、刚柔耦合特性、力学行为和伤损之间的关系、大系统耦合特性及边界范围等。最近，国内学者从轮轨系统摩擦自激振动的观点研究钢轨波磨现象，取得了一些可喜的成果[10,11]，进一步完善了对钢轨波磨现象的解释。

参 考 文 献

[1] Grassie S L, Kalousek J. Rail corrugation: Characteristics, causes and treatments. Journal of Rail Rapid Transit, 1993, 207: 57-68.

[2] Grassie S L. Rail corrugation: Advances in measurement, understanding, and treatment. Wear, 2005, 258: 1224-1234.

[3] Sato Y, Matsumoto A, Knothe K. Review on rail corrugation studies. Wear, 2002, 253: 130-139.

[4] Ostemeijer K H. Review on short pitch rail corrugation studies. Wear, 2008, 265: 1231-1237.

[5] Igeland A, Ilias H. Railhead corrugation growth predictions based on nonlinear high frequency vehicle/track interaction. Wear, 1997, 213: 90-97.

[6] Ilias H. The influence of railpad stiffness on wheelset/track interaction and corrugation growth. Journal of Sound and Vibration, 1999, 227(5): 935-948.

[7] Jin X S, Wen Z F. Effect of discrete track support by sleepers on rail corrugation at a curved track. Journal of Sound and Vibration, 2008, 315: 279-300.

[8] Wu T X, Thompson D J. Vibration analysis of railway track with multiple wheels on the rail. Journal of Sound and Vibration, 2001, 239: 69-97.

[9] Clark R A. Slip-stick vibrations may hold the key to corrugation puzzle. Railway Gazette International, 1984, 7: 531-533.

[10] Chen G X, Zhou Z R, Ouyang H J, et al. A finite element study on rail corrugation due to saturated creep force-induced self-excited vibration of a wheelset-rail system. Journal of Sound and Vibration, 2010, 3294: 643-655.

[11] Cui X L, Chen G X, Yang H G, et al. Study on rail corrugation of a metro tangential track with cologne-egg type fasteners. Vehicle System Dynamics, 2016, 54(3): 353-369.

撰稿人：金学松、陈光雄、温泽峰、朱旻昊

西南交通大学

船舶能效提升的摩擦学问题

Tribology Problems on Improvement of Ship Energy Efficiency

　　船舶在我国水路运输、海洋开发和海权捍卫中具有重要作用。随着石油资源的枯竭和环保要求的不断提高，节能减排和高效营运已成为行业共识，绿色船舶已成为未来船舶发展的方向[1]。发展绿色船舶，提升船舶的节能减排水平既符合国际航运业的整体趋势，也符合我国节能减排的总体战略。

　　船舶在正常航行过程中，存在船舶主机、辅机、轴系等船舶机械系统的摩擦损失以及船体表面与空气和水之间的摩擦损失，导致用于驱动船舶正常运行的能量只占船用燃料所提供能量的小部分[2]。船舶动力系统是船舶机械最主要的耗能装置，其通过传动装置和轴系带动螺旋桨旋转产生推力，克服船体阻力使船舶前进[3]。中国船级社相关统计分析表明：三大主力船型（油船、散货船、集装箱船）中，船舶能量有效利用率约为 32%，存在较大节能空间；从初级能量消耗端看，主机占全船化石能量消耗的 75%左右，是主要耗能设备；从能量损失角度看，主副机排烟和冷却损失约占全船总能量损失的 50%；从能量有效做功方面看，船舶推进做功约占总有效做功的 50%[4]。因此，寻求船舶主机、传动设备、尾轴承等机械系统的减磨降耗方法是船舶节能、减排以及能效提升过程中需要解决的关键问题。

　　同时，国际海事组织（IMO）对某主力型船舶的研究表明，推进力的 55%用于克服船体摩擦，17%用于克服兴波阻力，而其余 28%则为克服水流、风速等引起的增阻[1,2]。由于船体表面污损等，船舶航行所需克服的阻力也相应增加，从而造成所需推进力的增加[5]。船舶航行的摩擦阻力 80%来自船体表面，而船体表面阻力又主要取决于海洋生物污损造成的污损粗糙度。海洋生物污损率为 5%时的阻力相当于洁净表面的 2 倍，污损造成的船体表面平均粗糙度每增加 10μm，将导致燃料消耗增加 0.3%～1.0%[6]。因此，生物污损已成为船舶实现高速、低能耗运行的主要障碍。寻求环保、高效的船体防污、减阻方法进而降低船舶摩擦阻力已成为航运业的关键科学问题。

　　上述数据表明，船舶动力系统的关键摩擦副以及船体表面摩擦等是船舶的主要能耗部分，其能耗状态与船舶航行的风向-流速-水深等通航环境息息相关。长期以来，航行环境对船舶的影响研究主要集中于航行安全和可靠性等方面，而对船舶能耗的影响研究较少。通航环境与船舶机械系统、船体表面等的有机结合方面尤其缺乏系统的研究。

由此可见，船舶机械系统的摩擦和船舶表面的摩擦阻力对船舶航行能效影响重大并缺乏相应的理论支撑，因此，摩擦学的科学理论与技术在发展绿色船舶、提高船舶能效方面具有十分重要的作用[3]。并且通过综合调控通航环境、船舶机械能效和船体表面摩擦阻力才能达到船舶能效提升的预期目标。

船舶机械能效提升的本质是提高船用燃料的能量用于驱动船舶航行的比例。随着对能效提升的要求越来越高，既要在综合通航环境的基础上考虑提升船舶机械系统能效的方法，也要构建防污损和减少摩擦阻力的一体化技术[7]，进而将通航环境、船体表面阻力与机械系统的匹配进行整体考虑，研究基于摩擦学的船舶能效提升理论和方法。涉及三大难点问题，一是船舶机械系统关键摩擦副的减摩作用机理；二是船体表面高效静态防污与显著动态减阻的表面设计及协同作用机理[8]；三是建立船舶机械系统能效、船体表面阻力和航速之间的协同与调控机制[9]。

在绿色船舶的发展中，应加强摩擦学知识在绿色船舶中的应用研究，以摩擦学理论为基础，积极运用摩擦学知识在船舶外形设计、制造、营运和管理等各个环节中实现节能降耗的直接目标。在未来船舶发展中，首先，以船舶系统可靠性和安全性为出发点，基于摩擦学系统分析，研究船舶机械系统中摩擦副、船体界面在特殊航行环境条件下的摩擦磨损机理和特性问题；其次，以生物材料以及微生物结构为启示，研究并应用各种新型减摩耐磨材料及相关微结构、防污减阻材料以综合提高船舶系统的运行可靠性和能效利用率。通过上述手段的综合运用，最终达到满足未来国际海事组织对船舶能效的期许目标。

参 考 文 献

[1] 严新平, 袁成清, 白秀琴, 等. 绿色船舶的摩擦学研究现状与进展. 摩擦学学报, 2012, 32(4): 410-420.

[2] Chu S, Majumdar A. Opportunities and challenges for a sustainable energy future. Nature, 2012, 488(7411): 294-303.

[3] 严新平, 白秀琴, 袁成清. 试论海洋摩擦学的内涵、研究范畴及其研究进展. 机械工程学报, 2013, 49(19): 95-103.

[4] 中国船级社. 船舶能量消耗分布与节能指南. 北京: 中国船级社, 2014.

[5] Dean B, Bhushan B. Shark-skin surfaces for fluid-drag reduction in turbulent flow: A review. Philosophical Transactions of the Royal Society A: Mathematical, Physical and Engineering Sciences, 2010, 368: 4775-4806.

[6] 周陈亮. 舰船防污涂料的历史、现状与未来. 中国涂料, 1998, (6) : 9-12.

［7］ Wooley K L. New nanoparticle coating mimics dolphin skin prevents "biofouling" of ship hulls. Science Blog, 2002.

［8］ 白秀琴, 袁成清, 严新平. 基于表面能协同调控的材料表面防污性能设计. 船海工程, 2016, 45(1): 55-60.

［9］ 袁成清, 白秀琴, 郭智威, 等. 基于摩擦学的船舶动力系统能效提升研究. 船海工程, 2016, 45(1): 91-98.

撰稿人： 严新平、袁成清、白秀琴

武汉理工大学

摩擦诱导活性生物组织演变调控机理

Regulatory Influence of Friction-Inducement on the Growth of Living Biological Tissues

　　摩擦不仅与人类的生活和生产息息相关，与其他生物体也紧密相关。因此，生物摩擦学也随之成为机械工程领域的研究热点和难点之一。然而，长期以来，绝大部分生物摩擦学研究的学者更多关注天然生物材料的奇异表面特性或耐磨性，而几乎不涉及摩擦作用对活性生物体组织的影响机制研究。

　　在摩擦作用下，金属材料接触表面发生变形甚至晶粒细化已是不容置疑的事实，可以想象，具有生物活性的生物体组织在摩擦作用下显然会发生相应的变化。事实上，足底或手掌皮肤变厚甚至长茧就是一个典型的在摩擦反复作用下皮肤软组织自适应的案例。

　　活性生物组织与其他介质发生摩擦非常普遍。对于软组织，因运动、血液流动或医疗器械作用，关节界面的半月板、心脏瓣膜等组织与接触挤压、冲击和摩擦等密切相关，但人们很少关心摩擦作用下这些组织材料性能的演变研究，如材料组织结构、疲劳强度、服役寿命等；对于硬组织，典型的有关节骨表面、牙齿等，因运动或咀嚼咬合需要，摩擦磨损不可避免，但有关摩擦诱导生物组织演变调控机理尚不清楚。在自然界，还有更多的生物体如穿山甲、鱼、鸟、贝等，其表面均与其他物体（如泥土、水、空气等）发生摩擦，同样，因摩擦作用，这些生物体表面组织的自适应特性仍然是一个谜。

　　由于研究难度、成本、时间及伦理等方面原因，有关生物组织材料的力学及摩擦学性能研究较多，如皮肤组织的拉伸性能研究等，但绝大部分研究主要针对离体生物组织材料，所以也无法开展摩擦诱导生物组织演变调控机理的研究，而我国是较早关注并开展相关研究的国家之一。

　　从软组织来看，摩擦诱导的组织演变可导致两种结果：一种是组织表面形成一层角质化保护层，防止内部组织损伤，例如，人体手（脚）掌长期摩擦形成的胼胝（老茧）、动物脚掌和灵长目臀部形成的胼胝垫、与假肢矫形器械接触的皮肤表面角质化的增生等，均是因为皮肤经历反复摩擦损伤-修复交替过程后，皮肤表面出现红肿、水泡、结痂、痂皮脱落及角质增生，真皮内胶原纤维束长度和厚度减小，表皮和角质层明显增厚，对摩擦损伤的防御和自适应能力逐渐增强，从而达到保护深部的组织免受外界的进一步损伤[1]；摩擦诱导软组织演变的另一种结果是引起不可逆转的组织损伤，例如，在手术过程中，手术钳的不当夹持和牵引操作会造成组织或器官表面黏膜层或上皮组织撕裂和出血，严重时会引起器官穿孔，导致手术并发症。而术中的组织补片，在术后恢复期会与周围组织不断地摩擦接触，造成周围组织表面损伤形成炎症等[2]，如肠补片造成的周围组织粘连，这正是摩擦诱导组织损伤的典型结果。

针对十分复杂的牙齿等矿化组织，初步研究发现咀嚼咬合可能引发微观生物组织结构、性能发生变化，进一步的系统研究正在进行中[3]。

摩擦诱导生物组织演变调控机理研究的主要挑战在于缺乏对经过漫长进化后的生物体对外界摩擦的自适应能力和个性差异的基本了解，缺乏基于多学科交叉深度融合的研究能力，缺乏相关有效的研究方法和实验手段。

研究揭示摩擦诱导生物组织演变调控机理，不仅对探索自然界奥秘、工程仿生和人类进化具有重要的科学价值，而且利用这种调控机理对新型（康复）医疗器械研制等具有重要的应用价值。

参 考 文 献

[1]　Li W, Pang Q, Lu M, et al. Rehabilitation and adaptation of lower limb skin to friction trauma during friction contact. Wear, 2015, 332-333: 725-733.

[2]　Li W, Shi L, Deng H Y, et al. Investigation on friction trauma of small intestine in vivo under reciprocal sliding conditions. Tribology Letters, 2014, 55(2): 261-270.

[3]　Hua L C, Ungar P S, Zhou Z R, et al. Dental development and microstructure of bamboo rat incisors. Biosurface and Biotribology, 2015, 1(4): 263-269.

撰稿人：周仲荣、郑　靖、李　炜

西南交通大学

典型构元的力-变形弹塑性解析关系和测试方法

The Analytical Elastoplastic Load-Deformation Relations and Testing Methods for Typical Components

对于各向同性、比例加载的固体材料，根据连续介质力学与变分原理发展的弹塑性有限元方法可以通过商用软件较精确求解大多数复杂构件的弹塑性力学问题。长期以来，在受到包括拉压、弯扭以及压入等比例加载条件下，针对如图 1 所示的杆、梁、环、板、压入体、裂纹体等构元的弹塑性问题通常借助弹塑性有限元分析或试验统计来获得经验公式，在此基础上，包括压入、断裂、疲劳测试的一些试图揭示材料特性的现行测试技术得以实现。然而，一些材料构元的弹塑性经验公式常难以有效揭示非线性问题的本质力学行为，其材料测试不易或无法开展。针对各类材料构元发展具有揭示力学本质的解析或半解析方程对发展测试新技术，推动毫微纳尺度、多场下的结构完整性评价有重要科学意义。

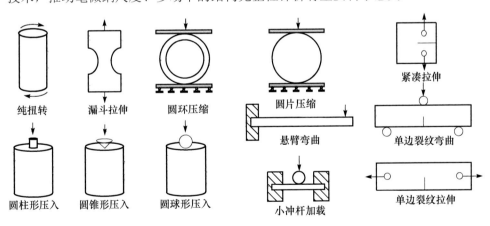

纯扭转　　　漏斗拉伸　　　圆环压缩　　　圆片压缩　　　紧凑拉伸

圆柱形压入　圆锥形压入　圆球形压入　　悬臂弯曲　　单边裂纹弯曲

小冲杆加载　　　单边裂纹拉伸

图 1　用于准静态、蠕变、冲击等加载下的材料测试构元

基于材料构元的弹塑性测试新技术一开始就面临困难。例如，压入测试技术，其根据有限元分析结果回归得到的平面构元弹塑性载荷、位移关系的经验公式多则近百个参数，少则十余个参数[1-4]，在获取构件材料的力学性能测试上因条件适应能力差，难以简单、普遍有效地服务于学术研究和工程应用；又如，自 20 世纪 70 年代以来，国际标准化组织（ISO）、美国材料与试验协会（ASTM）及中国标

准化协会（CAS）基于大量硬度、强度试验结果制定了硬度、强度转换标准，标准中列入的转换数据量巨大，然而各标准都认定硬度与强度、硬度与硬度之间不存在函数关系，因而各标准制定者都认为由标准提供的转换表数据得到的转换结果与真实结果之间存在大误差，置信度低[5,6]；对于 I 型裂纹试样，美国电力研究院（EPRI）曾于 80 年代提出了弹塑性断裂问题分析的工程方法，基于弹塑性有限元分析给出了 J 积分与位移及载荷与位移的重要关系，其中关联几何与应力硬化指数 n 的若干 h 函数由大量离散数据的列表给出[7]，至今未发展出解析性函数关系。此外，自 80 年代以来，针对小尺寸薄片的小冲杆试验（small punch test, SPT）被广泛应用于服役结构、小型构件取样的力学性能测试并制定了相应测试标准[8,9]。然而，用于材料强度、断裂韧性和蠕变性能测试的 SPT 方法多采用统计性质的经验公式[10]，至今尚没有反映力学本质规律的解析或半解析表达式。

　　对于如图 2 所示的线弹性、幂律弹性、线弹性-幂律弹塑性材料在冲击、蠕变、准静态单调与循环加载条件以及极端条件等弹塑性加载下获得材料构元载荷、变形、时间与材料力学行为的关系是材料测试的根本任务。经典的弹塑性力学[11,12]虽然发展了近一个世纪，但关于如图 1 所示杆、梁、环、板、压入体等简单构元至今都未给出适用于幂律材料弹塑性测试和变形区应力、应变分布规律分析的解析或半解析公式，阻碍了材料测试新技术的发展。获得包括压入构元、裂纹构元等各种弹塑性构元的载荷与位移、载荷与应变的解析或半解析关系一直是国际弹塑性力学研究的难题。

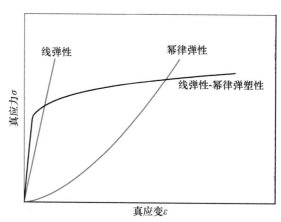

图 2　材料的真应力-真应变关系

参 考 文 献

[1]　Dao M, Chollacoop N, van Vliet K J, et al. Computational modeling of the forward and reverse

problems in instrumented sharp indentation. Acta Materialia, 2001, 49(19): 3899-3918.

［2］ Chollacoop N, Dao M, Suresh S. Depth-sensing instrumented indentation with dual sharp indenters. Acta Materialia, 2003, 51(13): 3713-3729.

［3］ Cheng Y T, Cheng C M. Scaling, dimensional analysis, and indentation measurements. Materials Science and Engineering: Reports, 2004, 44(4): 91-149.

［4］ Cao Y P, Lu J. A new method to extract the plastic properties of metal materials from an instrumented spherical indentation loading curve. Acta Materialia, 2004, 52(13): 4023-4032.

［5］ International Organization for Standardization. ISO 18265-2013. Metallic Materials—Conversion of Hardness Values. Geneva: ISO, 2013.

［6］ ASTM International. ASTM E140-12be1. Standard Hardness Conversion Tables for Metals Relationship Among Brinell Hardness, Vickers Hardness, Rockwell Hardness, Superficial Hardness, Knoop Hardness, Scleroscope Hardness, and Leeb Hardness. West Conshohocken: ASTM, 2012.

［7］ Kumar V, German M D, Shih C F. An Engineering Approach for Elastic-Plastic Fracture Analysis. Schenectady: General Electric Co., 1981.

［8］ CEN Workshop Agreement. CWA 15627: 2006 E. Small Punch Test Method for Metallic Materials. Brussels: CEN, 2006.

［9］ 国家质量监督检验检疫总局, 中国国家标准化管理委员会. GB/T 29459.1—2012. 在役承压设备金属材料小冲杆试验方法 第 1 部分: 总则. 北京: 中国标准出版社, 2013.

［10］ García T E, Rodríguez C, Belzunce F J, et al. Estimation of the mechanical properties of metallic materials by means of the small punch test. Journal of Alloys and Compounds, 2014, 582: 708-717.

［11］ Hill R. The Mathematical Theory of Plasticity. Oxford: Oxford University Press, 1998.

［12］ Kachanov L M. Fundamentals of the Theory of Plasticity. Milton Keynes: Courier Corporation, 2004.

撰稿人：蔡力勋、陈　辉、包　陈

西南交通大学

金属材料蠕变变形速率应力依赖性微观机理的探索

The Mechanism for Power Law Creep of Metals and Alloys

　　金属材料的蠕变（creep）通常是指在一定温度下和远低于该材料断裂强度的恒定载荷作用下，材料的形变随时间逐渐增大的现象，如图 1 所示。这种与时间相关的变形现象广泛地存在于纯金属、固溶强化以及二次相沉淀强化合金中，几乎涵盖了铜基、铝基、铁基、镍基等各类工程金属材料。蠕变变形速率与材料属性（如晶粒尺寸、层错能、自扩散激活能）、温度高低和载荷大小有关。这种与时间相关的变形行为可能会导致一些机械部件不再发挥其作用，如高温核反应堆、航空发动机和热交换装置的高温部件。这些工程部件一旦发生意外失效，将会给人类生命和财产造成重大损失。

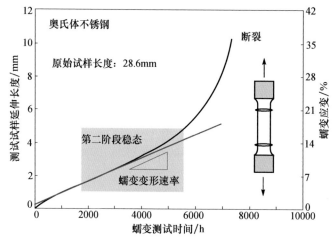

图 1　金属在恒定载荷作用下的蠕变现象

此处以 550℃、250MPa 的实验条件下奥氏体不锈钢发生与时间相关的变形为例

　　因此，早在 20 世纪初期，英美科学家就已经开始了针对金属材料蠕变强度实验数据的采集工作。通过对大量钢铁材料蠕变变形速率数据的拟合分析（the best fit to a series of data），Norton[1]在 1929 年提出了第二阶段稳态蠕变变形速率与加载应力呈幂指数正比关系的经验公式（诺顿蠕变律——power law creep equation），

如图 2 所示，该经验公式几乎适用于拟合各类金属材料的稳态蠕变速率与应力的实验数据[2]。基于该经验公式的蠕变变形速率预测方法主要依赖大量的短时实验数据（通常在高应力载荷下）进行外推，以此来实现对长时蠕变变形速率的预测。这也在很大程度上限制了对材料高温长期服役寿命预测的准确性。

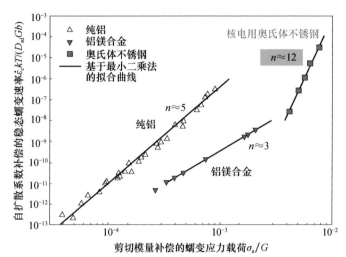

图 2　常见多晶体材料的蠕变速率应力依赖性的总结

纯铝和镁元素固溶强化铝镁合金展示出与位错理论值相符的蠕变变形速率的应力依赖性，
但奥氏体不锈钢给出了远远大于 5 的应力依赖指数

金属材料的蠕变是热激活的过程，因此其温度依赖性被一致认为遵循阿伦尼乌斯定律，这也和大量的实验数据相吻合。但是应用金属学位错理论（dislocation mechanism）来预测蠕变变形速率的应力依赖指数（creep stress exponent of n），从而对诺顿蠕变律这一经验公式提出机理性的阐述却遇到了严重的挑战[2-4]。根据位错黏性滑移（viscous glide）原理，应力依赖指数理论值 $n \approx 3$。根据位错亚结构（dislocation substructure）原理，应力依赖指数理论值 $n \approx 5$。这些理论值和实验现象基本吻合[5]，如图 2 所示；但这些仅限于纯金属和简单固溶强化合金中，应力依赖指数远远大于 5 在工程结构材料中广泛存在。随着高分辨率透射电子显微镜（TEM）的出现，人们可以直接观察到原子和位错尺度上的材料结构信息。这一实验技术手段的相对成熟促成了在 20 世纪 60～90 年代，揭示蠕变变形机理成为国际上金属材料一个研究热点[3,4]。虽然科学家尝试提出了各种新的蠕变位错理论，对于应力依赖指数 n 远远大于 5 的实验现象进行解释，然而始终没有得到基于位错理论、适用于工程结构材料的高温蠕变变形的突破性理论和物理模型。

正是因为缺乏机理上的解释，目前在工程上应用的蠕变变形本构方程都是基于大量蠕变实验数据的拟合或经验公式。例如，国内外公认的三大高温结构完整性评估体系中（R5[6]、RCC-MRx[7]、ASME Code Section III Division 5[8]），对于材料蠕变变形速率的预期仍然在很大的程度上依赖实验数据支持。这一科学难题的挑战性在一定程度上是由于工程结构材料在长期高温服役过程中微观组织结构会逐步发生演变（固溶强化元素、二次沉淀强化相、位错密度和结构等）。这些微观结构的演变对材料位错在高温下运动的影响是复杂的。已有的电子显微镜等实验手段通常是很难在原位、实时、多尺度的条件下观察材料的高温力学性能表现的。值得一提的是，随着国家级大型科学装置和实验平台的发展与完善，如英国钻石光源（Diamond Light Source）、欧洲同步辐射光源（European Synchrotron Radiation Facility）、美国先进光子源（Advanced Photon Source）、上海光源（Shanghai Synchrotron Radiation Facility），其卓越的性能为人们开展原位、实时、多尺度观察材料的力学性能如蠕变、疲劳、高温腐蚀等实验工作[9-11]带来了广阔的前景。最后值得一提的是，研究金属材料的高温蠕变机理有利于建立材料高温性能退化和失效的预测模型，这也将为开发耐高温新型金属材料、保证高温结构件的服役安全和可靠性奠定重要的理论基石。

参 考 文 献

［1］ Norton F H. Creep of Steel at High Temperatures. New York: McGraw-Hill, 1929.

［2］ Mukherjee A K, Bird J E, Dorn J E. Experimental correlation for high temperature creep. Transaction of American Society for Metals, 1969, 62: 155-179.

［3］ Gibeling J C, Nix W D. The Description of elevated temperature deformation in terms of threshold stresses and back stresses: A review. Materials Science and Engineering, 1980, 45: 123-135.

［4］ Cadek J. The back stress concept in power law creep of metals: A review. Materials Science and Engineering, 1987, 94: 79-92.

［5］ Chen B, Flewitt P E J, Cocks A C F, et al. A review of the changes of internal state related to high temperature creep of polycrystalline metals and alloys. International Materials Reviews, 2015, 60: 1-29.

［6］ Ainsworth R A. R5 procedures for assessing structural integrity of components under creep and creep-fatigue conditions. International Materials Reviews, 2006, 51: 107-126.

［7］ AFCEN RCC-MRx. Design and Construction Rules for Mechanical Components of Nuclear Installations: High Temperature, Research and Fusion Reactors. Paris: AFCEN, 2015.

［8］ American Society of Mechanical Engineers. ASME BPVC-III-5. Code on High Temperature Reactors. New York: ASME, 2010.

［9］ Levine L E, Bennett C L, Yang W, et al. X-ray microbeam measurements of individual dislocation cell elastic strains in deformed single-crystal copper. Nature Materials, 2006, 5: 619-622.

［10］　Ohuchi T, Kawazoe T, Higo Y, et al. Dislocation-accommodated grain boundary sliding as the major deformation mechanism of olivine in the Earth's upper mantle. Science Advances, 2015, 1: 1-10.

［11］　Mo K, Zhou Z, Miao Y, et al. Synchrotron study on load partitioning between ferrite/ martensite and nanoparticles of a 9Cr ODS steel. Journal of Nuclear Materials, 2014, 455: 376-381.

撰稿人：Chen Bo

英国考文垂大学

复合材料结构的多尺度模拟

Multiscale Modeling of Composite Materials and Structures

自德谟克利特（Democritus）在公元前三世纪推测原子的存在以来，越来越多的物理现象/证据表明存在非常小的物理尺度。随着 1543 年哥白尼《天体运行论》的出版，更多的证据开始证明物理现象也可以发生在非常大的尺度上。今天，还难以做到在这两个极端上找到可靠的边界。事实上，时间跨度是潜在无限的，长度的跨度也可以是无限的。

在 20 世纪，最根本的基础科学研究在尺度跨度上正好加了几个数量级。在当前 21 世纪，开发用于连接发生在多个尺度的物理现象的可靠方法自然而然成为科学技术探索的主要目标之一。现在人们知道，科学的许多完全不同的领域，如生物学、宇宙学、古生物学、大气物理学、材料科学，甚至社会科学都面临着涉及多个尺度的问题（图 1）。

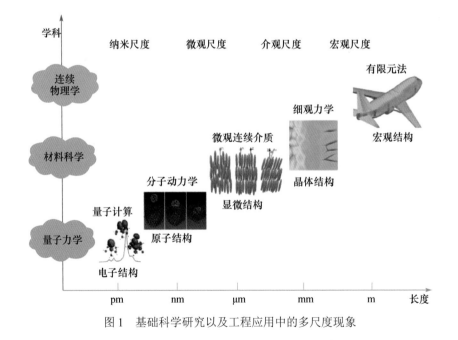

图 1　基础科学研究以及工程应用中的多尺度现象

　　直到最近，计算工具还是没有足够强大到能够有效从事多尺度问题的研究活动。然而，随着高速数字计算机的兴起，人们现在开始具有能力用来试图解决以前都是遥不可及的科学问题。例如，裂纹在韧性多晶粒晶体金属的增长，这是一个连续介质力学问题，还是一个分子尺度问题？或者是更小的，甚至在量子尺度？今天的证据似乎表明，它涉及所有这些尺度，而且在这些尺度观察到的物理现象确实同时与它们的邻近尺度相关。因此，如何发展对这种复杂现象的预测方法将是当前科学界面临的严峻挑战[1]。

　　复合材料具有轻质量、高比强度、高比模量、较好的延展性、抗腐蚀、耐高（低）温等特点，已被大量运用到航空航天、汽车、机械等行业。复合材料结构具有明显的多尺度特征，即对应于复合材料的宏观尺度、组分材料的细观尺度、孔隙微裂纹等特征的微观尺度，以及高于材料尺度的结构尺度[2]。如何开展准确有效的复合材料/结构多尺度模拟，成为复合材料/结构设计及应用的关键。在复合材料/结构的设计中，为了预测复合材料/结构的总体机械行为，等效均匀化方法[3]近年来得到了较快的发展。等效均匀化方法基于材料细观结构的信息，寻找宏观均匀材料的有效性能，并且最终导出用于宏观数值计算的等效均匀材料。复合材料可以在细观尺度上认为具有周期性分布结构特征，从而可以利用有限元分析方法对复合材料代表性体积单元（representative volume element, RVE）进行相应的数值分析，然后通过均匀化理论，建立代表性体积单元和宏观结构之间的应力应变关系模型，从而获得用于宏观结构有限元分析的等效材料参数。

　　代表性体积单元宏观足够小，微观足够大，是非均匀和无序材料的集合。等效均匀化方法虽然可以获得宏观结构的力学响应，但是并不能准确描述复合材料细观结构非均匀性导致的局部破坏问题。例如，发生高温蠕变疲劳时，复合材料的性能以及承受载荷时的断裂失效行为与代表性体积单元的组织结构密切相关，因此需要进一步在细观层面进行分析[4]。同时，利用宏观结构分析得到的位移响应可作为进一步细观分析时代表性体积单元的边界条件。复合材料宏观均匀化方法与细观分析方法，本质上是解决不同尺度下的材料响应分析，所采用的分析对象与方法存在尺度差异。因此，复合材料多尺度分析的关键性问题是建立复合材料宏观响应量与细观响应量之间的关联关系（图 2），建立相应的数值模拟框架，运用多尺度方法进行复合材料跨尺度模拟[2,5]。

　　复合材料结构多尺度计算近年来得到了较快的发展，例如，比利时 eXstream 工程公司于 2003 年推出了专注于多尺度复合材料非线性材料本构预测和材料建模的商用软件包 DIGIMAT[6]，它是在精度和计算效率之间的一个均衡解决途径。复合材料多尺度计算模型的构造方法一般分为尺度界限和尺度间耦合两种，前者着眼于在分析对象的不同部分采用不同尺度（图 2），后者着眼于寻找宏观与微观之间的联系。对于复合材料结构的跨尺度模拟，需要选择适当尺度的分析模型，

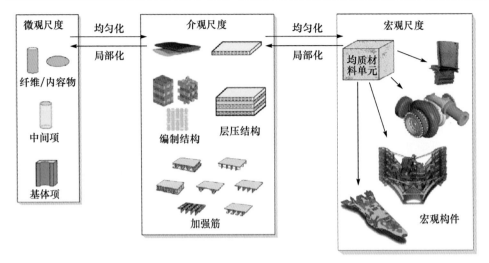

图 2   多尺度复合材料结构模拟中不同尺度之间关联性示意图[7]

并实现不同尺度模型之间的协同计算。从而更好地把握复合材料结构的整体受力特征以及微细观破坏过程，进而更好地理解、把握复合材料结构的性能。

随着尺度的变化，如何对复合材料界面效应准确模拟也是一大难点。复合材料至少具有增强体和基体两种不同性质的材料，这些材料在复合的过程中产生了界面。虽然增强体和基体都保持着它们自己的物理和化学特性，但是二者之间界面的存在，使得复合材料形成了全新的力学性能。作为复合材料的"心脏"，界面是一种极为重要的微结构，是联系增强体和基体的"纽带"，对各组分性能的发挥程度以及复合材料的总体性能有着决定性的影响。复合材料的界面导致的各组分间的协同效应使得复合材料比单一材料具有更为优异的性能。但是目前的多尺度模拟计算方法以及现有的软件工具还不能有效准确地考虑不同尺度下复合材料界面效应的作用。

近十几年来，随着高性能计算机的快速发展，结构的多尺度模拟计算也得到了长足进展，但是复合材料结构的多尺度模拟如何实现准确、高效、简便仍然是一个科学难题：

（1）复合材料多元多相带来的非均质问题，异质性导致的各类响应的非均匀分布问题，非均质与非均匀引起的各向异性问题与几何效应问题等需要对不同复合材料进行细观乃至微观尺度的进一步研究。

（2）针对被模拟对象选择在不同尺度模拟方法的尺度界限及不同尺度的耦合和跨尺度的关联还需要在理论及数值方法上进行更深入的发展；随着尺度的变化，界面效应的物理机制还不是非常清楚，界面理论还需要进一步发展和完善。

（3）不同尺度模型之间的有效结合与信息传递仍然是当前研究的重点，例如，针对三维金属基复合材料结构，当基体材料在载荷作用下呈现塑性、蠕变等非线性变形破坏时，需要更为有效的复合材料结构的多尺度模拟手段。

（4）低尺度建模理论仍是当前多尺度模拟的难点，另外，如何同时提高多尺度模拟的效率与精度也是关键，目前的复合材料结构多尺度模拟方法只能以牺牲计算精度来提高效率。

（5）多尺度分析方法由于自身理论体系缺乏系统性和完整性，虽然能解决一些实际问题，但针对性很强，往往是一对一的解决方案，缺乏普适性[8]。

参 考 文 献

［1］ Kwon Y W, Allen D H, Talreja R. Multiscale Modeling and Simulation of Composite Materials and Structure. New York: Springer, 2012.

［2］ Kanouté P, Boso D P, Chaboche J L, et al. Multiscale methods for composites: A review. Archives of Computational Methods in Engineering, 2009, 16: 31-75.

［3］ Marfia S, Sacco E. Computational homogenization of composites experiencingplasticity, cracking and debonding phenomena. Computer Methods in Applied Mechanics and Engineering, 2016, 304: 319-341.

［4］ Giugliano D, Chen H F. Micromechanical modeling on cyclic plastic behavior of unidirectional fiber reinforced aluminum matrix composites. European Journal of Mechanics—A/Solids, 2016, 59: 155-164.

［5］ Yang Q, Xie W, Meng S, et al. Multi-scale method of composites and damage simulation of typical component under tensile load. Acta Materiae Compositae Sinica, 2015, 32(3): 617-624.

［6］ Sonia G, Singhb R, Mitrac M, et al. Modelling matrix damage and fibre—Matrix interfacial decohesion in composite laminates via a multi-fibre multi-layer representative volume element (M2RVE). International Journal of Solids and Structures, 2014, 51(2): 449-461.

［7］ Bednarcyk B A, Arnold S M. A multiscale nonlinear modeling framework enabling the design and analysis of composite materials and structures. NASA/TM-2012-217244. 2012.

［8］ 张酒龙, 郭小明. 多尺度模拟与计算研究进展. 计算力学学报, 2011, 28: 1-5.

撰稿人：陈浩峰

英国斯特拉斯克莱德大学

能否用较小样本条件实现产品可靠性的评定？

Whether It Can Realize Product Reliability Evaluation with Very Small Sample Size or Not?

在武器装备、航空航天、核电等领域，某些整机、子系统和关键零部件极为昂贵、产量极少、可靠性和寿命要求极高，对其进行准确的可靠性评定对产品的研发、制造和安全保障有重要意义。可靠性试验是可靠性评定的主要方法，然而，这些产品可用于试验的样本往往只有 1～2 个，甚至 0 个。由于样本量太少，目前常用的可靠性试验和统计方法难以对其进行可信的可靠性评估，所以迫切需要发展面向小样本或极小样本产品的可靠性评定方法。

对样本量的要求造成了可靠性试验的统计理论与工程实际的主要矛盾，也是推动可靠性试验及其统计方法发展的主要原因。从试验方法和数据分析方法看，到目前为止，可靠性试验的发展大致经历了四个阶段。

第一阶段：模拟产品真实使用环境的试验和基于大样本理论的推断。

统计学中将样本量趋于无穷的前提下才能成立的理论称为大样本理论，不需要这个前提的就是小样本理论[1,2]。实际中，无穷样本原本不可能，因此往往也将大样本理论用在样本量大到有足够好的近似的情形（如 10～30 个）。从严格的统计学观点看，工程上早就将大样本理论当小样本理论使用，并且在很多场合可行。

第二阶段：加速寿命试验和基于大样本理论的推断。

随着产品可靠性的提高和产品寿命的增长，模拟真实使用环境的可靠性试验已不能在可接受的时间和样本量内获得足够的失效样本。因此，发展了加速寿命试验：将产品置于高于工作应力的条件下试验，再利用寿命与应力的关系外推工作应力下的可靠性指标[3]。从统计上看，这类方法依然基于大样本理论进行推断，"加速"正是为了得到满足大样本要求的失效样本数。

第三阶段：加速退化试验和基于大样本理论的推断。

对于可靠性更高、寿命更长的产品，即使加速寿命试验也往往不能得到足够的失效样本。针对这类产品的可靠性评估，发展了加速退化试验：将产品置于高于工作应力的条件下试验，但不需将试验进行到产品失效，而是通过产品的性能退化轨迹外推得到伪寿命数据，再利用伪寿命数据对产品的可靠性进行推断[4]。

加速退化试验能在可接受的试验时间内对高可靠长寿命的产品进行可靠性评估，但针对伪寿命数据的统计分析方法一般仍然建立在大样本理论的基础上。

第四阶段：小样本或极小样本试验及小样本推断。

某些极为昂贵、产量极少的关键零部件、设备、仪器和整机，可用于试验的样本可能只有 4~5 个、1~2 个，甚至 0 个。由于样本量太少，要进行一般意义下的统计推断几乎不可能，所以需要发展新的评估思路、理论和方法。目前为解决该问题进行的主要尝试有：

（1）发展针对单失效或零失效数据的统计推断理论和方法。该类方法尝试从产品寿命分布的结构中发掘更深刻的规律，并用于统计推断，如某些针对指数分布和 Weibull 分布的无失效数据可靠性评估方法[5]。

（2）发展可融合不同来源数据信息的统计推断方法。该类方法尝试结合相似产品的寿命数据、现场使用数据和试验数据等进行推断，如基于 Bayesian 方法融合这些数据并做出评估[6]。

（3）发展从少量试验数据中发掘、衍生出更多有效信息的统计推断方法。该类方法尝试基于已有失效数据，通过样本分割或计算机模拟生成更多数据进行推断，如水手刀法（Jackknife）和各类自助法（Bootstrap）[7]。

（4）发展基于非概率可靠性理论的评估方法。该类方法尝试用概率以外的指标描述可靠性，以突破概率可靠性理论强烈依赖于试验数据统计分析的瓶颈，如基于模糊集、粗糙集和证据理论等构造方法[8]。

（5）发展基于失效物理和老化动力学的评估方法。该类方法尝试基于产品的性能退化机理，建立随机动力学模型，用理论推导、计算机仿真和试验数据相结合的方法进行推断[4,9,10]。

上述方法推动了小样本推断的发展，但也引入了另一些难以解决的问题。例如，如果方法是基于某些分布提出，如何在小样本的情况下检验分布的正确性；如果用 Bayesian 方法进行数据融合和推断，如何保证先验分布的合理性和去除不相关信息的干扰；如果用自助法，如何总能用极少量的真实数据产生有代表性的模拟数据；如果基于模糊集、粗糙集等进行推断，如何用可测量的方法验证推断的正确性；如果基于性能退化动力学模型进行分析，如何评估外推的精度和判断模型能进行可信预测的时间范围。

要获得可信的推断，必须有足够的信息量，如果寿命试验中不能得到足够的信息，则需要从其他方面去发掘或补充，这是现有方法的共同思路。然而，一旦补入的信息不是源自严格的测量，则难以对评估的结果进行检验，甚至难以对评估的精度进行分析，这很难被科学和工程接受。因此，目前小样本推断除继续针对具体问题拓展方法外，也需要发展对方法效果的评价体系。

10000 个科学难题 · 制造科学卷

参 考 文 献

[1] 陈希孺. 数理统计引论. 北京: 科学出版社, 2007.

[2] 陈希孺. 高等数理统计. 合肥: 中国科学技术大学出版社, 2009.

[3] Nelson W B. Accelerated Testing: Statistical Models, Test Plans, and Data Analyses. New York: Wiley, 2004.

[4] Meeker W Q, Escobar L A. Statistical Methods for Reliability Data. New York: Wiley, 1998.

[5] 韩明. 无失效数据的可靠性分析. 北京: 中国统计出版社, 1999.

[6] Hamada M S, Wilson A G, Reese C S, et al. 贝叶斯可靠性. 曾志国, 等译. 北京: 国防工业出版社, 2014.

[7] Wasserman L. 现代非参数统计. 吴喜之, 译. 北京: 科学出版社, 2008.

[8] Hryniewicz O. Bayes statistical decisions with random fuzzy data—An application in reliability. Reliability Engineering and System Safety, 2016, 151: 20-23.

[9] Provan J W. 概率断裂力学和可靠性. 航空航天工业部《AFFD》系统工程办公室, 译. 北京: 航空工业出版社, 1989.

[10] McPherson J W. 可靠性物理与工程——失效时间模型. 秦飞, 等译. 北京: 科学出版社, 2013.

撰稿人: 陈文华[1]、高　亮[2]

1 浙江理工大学、2 四川农业大学

棘轮效应是如何加速结构破坏的?

How Does Ratchetting Speed Up Structure Failure?

材料和结构在非对称的交变载荷作用下,根据所承受载荷的大小 Bree 图显示可能出现三种状态(图 1),第一种是结构某局部产生同一种塑性应变,塑性应变不断累积,直至破坏(incremental plastic collapse),这种现象称为棘轮(ratchetting)效应;第二种是塑性应变不断反复,形成稳定的交变塑性(alternating plasticity),这种状态称为塑性安定(plastic shakedown)状态,在这种交变塑性情况下,结构将因反复发生反向塑性变形而发生低周疲劳(low cycle fatigue)破坏;第三种是若干次循环后,塑性应变趋于稳定,在后续的循环表现为纯弹性响应,每次循环载荷不再产生新的塑性变形,这种状态称为弹性安定(elastic shakedown)状态,在这种情况下发生的疲劳破坏属于低应力状态下的高周疲劳(high cycle fatigue)破坏。在以上讨论的三种状态中,棘轮破坏是最危险,也是力学行为最复杂的一种状态。

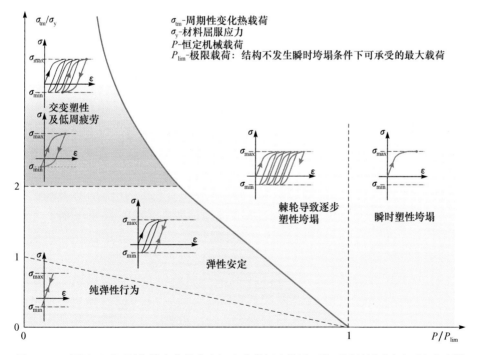

图 1 Bree 图显示不同周期性变化载荷和恒定载荷组合作用下的不同材料反应和破坏机制[1]

棘轮效应会减少结构的疲劳寿命或使结构发生大变形从而不能正常工作，是实际工程结构设计中需要考虑的重要问题之一，如压力容器、核反应堆的管道、轮轨接触等。为了防止材料或结构的棘轮效应产生，安定性分析已被工程师所重视和接受。Bree[1]提出的载荷分区图被 ASME、EN13445 和 KTA 等标准引入，并用来确定结构热棘轮边界。RCC-MR 标准采用有效应力图法确定棘轮边界。日本 C-TDF 基于有限元方法提出了两种确定棘轮边界的方法，即等效塑性应变控制法和弹性内核控制法[2]。Chen 等[3-5]拓展了极小定理中的经典的机动上限安定定理，并结合线性规划方法直接计算出结构在循环载荷作用下的棘轮边界。但这些研究和工程应用并没有考虑棘轮变形对疲劳寿命的影响。

研究表明，随动强化律在预测材料棘轮变形演化中起关键作用，Chaboche 等[6]和 Ohno 等[7]通过叠加的 Armstrong-Frederick 随动强化律明显提高了对棘轮变形的预测能力。在此基础上，许多学者[8-10]提出了不同的修正随动强化律以进一步改进预测精度，并且棘轮变形对于疲劳失效的影响也有少量涉及[11]，使得在材料的棘轮变形基础理论方面已有长足的进步[12]。然而，由于棘轮变形的复杂性和多因素相关性，目前对于棘轮变形的描述和预测仍是对材料本构理论研究的最大挑战之一，要准确预测材料或结构的棘轮效应仍非常困难，棘轮变形的微观机制也有待澄清，棘轮效应是如何加速结构失效的基础科学问题并没有解决。这主要体现在以下几个方面：

（1）棘轮效应与许多因素相关，如材料微观组织结构、工作温度、加载历史、应力状态等，需要总结和积累各种材料的基本棘轮变形试验，材料本构模型还不能准确预测和描述复杂情况下多种材料的棘轮变形。

（2）基于现有本构模型预测结构的棘轮变形难以进行，更多的材料特性需在本构模型中加以考虑，进而改进预测结果，如材料的循环强化或软化响应、残余应力、材料各向异性、载荷非比例度、时间相关和率相关等，以及核电和石化工业中由循环温度、热膨胀和热冲击引起的管系热棘轮等，需要进一步开发考虑这些因素的结构分析程序。

（3）需要深入研究棘轮变形损伤与疲劳损伤交互作用的机制，以及非比例多轴应力下棘轮-疲劳耦合损伤的机制及失效模型。高温下棘轮-蠕变-疲劳交互作用等对结构寿命的影响规律和机制仍不清楚，需要研究可统一描述复杂热-机耦合作用的疲劳寿命预测参量。

（4）现有的静力安定定理和机动安定定理只能用于弹性安定极限的数值求解，对于一般循环载荷条件下的棘轮破坏极限还没有相应的上下限求解理论。

（5）由于对棘轮变形的微观机制缺乏认知，需要结合不同材料体现出的不同棘轮行为特征和各种先进的微观观察手段及微纳尺度数值模拟方法（如分子动力学模拟和离散位错动力学模拟等），系统地开展棘轮行为的微观机理研究。从而基于本质建立从材料设计到结构设计的抵御棘轮变形的能力，提高材料和结构的疲劳寿命。

综上所述，要解答棘轮效应如何加速工程结构失效的问题，首先需要解决以上提出的几个问题：

（1）材料本构模型是否能准确描述棘轮变形。

（2）如何在大型商用软件中嵌入合适的本构模型，以达到结构棘轮变形的预测。

（3）棘轮变形如何加速疲劳寿命以及高温下棘轮-蠕变-疲劳交互作用机理。

（4）如何建立一般循环载荷条件下的棘轮破坏极限的上下限求解理论。

（5）在微纳尺度下棘轮变形的微观机制及其如何影响疲劳失效。

参 考 文 献

［1］ Bree J. Elastic-plastic behaviour of thin-tubes subjected to internal pressure and intermittent high-heat fluxes with application to fast-nuclear-reactor fuel element. Journal of Strain Analysis for Engineering Design, 1967, 2(3): 226-238.

［2］ Chen X, Chen X, Yu D, et al. Recent progresses in experimental investigation and finite element analysis of ratcheting in pressurized piping. International Journal of Pressure Vessels and Piping, 2013, 101: 113-142.

［3］ Chen H, Ponter A R. Linear matching method on the evaluation of plastic and creep behaviours for bodies subjected to cyclic thermal and mechanical loading. International Journal for Numerical Methods in Engineering, 2006, 68: 13-32.

［4］ Chen H, Ponter A R S. A method for the evaluation of a ratchet limit and the amplitude of plastic strain for bodies subjected to cyclic loading. Journal of Mechanics—A/Solids, 2001, 20: 555-571.

［5］ Lytwyn M, Chen H, Ponter A. A generalized method for ratchet analysis of structures undergoing arbitrary thermo-mechanical load histories. International Journal for Numerical Methods in Engineering, 2015, 104: 104-124.

［6］ Chaboche J L. On some modifications of kinematic hardening to improve the description of ratchetting effects. International Journal of Plasticity, 1991, 7: 661-678.

［7］ Ohno N, Wang J D. Kinematic hardening rules with critical state of dynamic recovery, Part I: Formulation and basic features for ratchetting behavior. International Journal of Plasticity, 1993, 9: 375-390.

［8］ Jiang Y Y, Sehitoglu H. Modeling of cyclic ratcheting plasticity. Part I: Development of constitutive relations. Journal of Applied Mechanics, Transactions ASME, 1996, 63: 720-725.

［9］ Kang G, Gao Q, Yang X. A visco-plastic constitutive model incorporated with cyclic hardening for uniaxial/multiaxial ratcheting of SS304 stainless steel at room temperature. Mechanics of Materials, 2002, 34: 521-531.

[10] Chen X, Jiao R, Kim K S. On the Ohno-Wang kinematic hardening rules for multiaxial ratcheting modeling of medium carbon steel. International Journal of Plasticity, 2005, 21: 161-184.

[11] Kang G, Liu Y J, Ding J, et al. Uniaxial ratcheting and fatigue failure of tempered 42CrMo steel: Damage evolution and damage-coupled visco-plastic constitutive model. International Journal of Plasticity, 2009, 25: 838-860.

[12] Kang G. Ratchetting: Recent progresses in phenomenon observation, constitutive modeling and application. International Journal of Fatigue, 2008, 30: 1448-1472.

撰稿人：陈浩峰 [1]、陈　旭 [2]、康国政 [3]

1 英国斯特拉斯克莱德大学、2 天津大学、3 西南交通大学

多轴非比例载荷如何影响结构的服役寿命？

How Does Multi-Axial Nonproportional Loading Affect Service Life of Structures?

　　机械部件的疲劳失效是工程结构设计必须考虑的重要问题，而高效合理的疲劳寿命预测理论便成为科学家和工程师共同追寻的目标[1]。20 世纪初，Basquin[2]提出了经典的应力法疲劳寿命预测模型；20 世纪中叶，Coffin[3]和 Manson[4]又相继提出了经典的应变法疲劳寿命预测模型。这两种疲劳寿命模型对工程材料的对称拉压循环下的单轴疲劳寿命预测结果被广为认可。然而，在工程应用中，压力容器、汽轮机叶片、轮轴、轴承、曲柄轴等大量疲劳关键部件都处于多轴的循环应力应变状态；由此导致的疲劳失效实为多轴疲劳，而大量实验数据表明多轴复杂载荷下疲劳寿命通常要比单轴疲劳寿命短得多[5]。简单地将单轴疲劳寿命预测方法推广到多轴疲劳并非总是成功的。

　　现有的多轴疲劳寿命预测方法可分为应力法、应变法、能量法和临界面法。应力法和应变法主要通过一定强度准则定义的等效应力或应变作为疲劳损伤参数，仅适用于单轴或多轴比例载荷条件（多轴比例载荷条件是指不同轴向的循环载荷协同变化，即每时每刻都同增同减或增减相反；反之即多轴非比例载荷条件）。能量法把塑性应变功作为疲劳损伤参数，预测准确性高度依赖于应力应变本构计算。临界面法则基于疲劳断裂模式来定义损伤参数：当材料疲劳行为为剪切型疲劳裂纹扩展主导时，损伤参数定义为最大切应变幅与该面上正应力（幅值或最大值）的组合；当疲劳行为为拉伸型裂纹扩展主导时，损伤参数定义为最大正应变幅与该面上正应力的组合。该方法通过已确定的主导疲劳裂纹扩展模式定义损伤参数，不仅能较好地预测简单非比例路径疲劳寿命，而且能够给出主导疲劳裂纹扩展方向，是目前多轴疲劳寿命预测的主要方法。然而，上述方法并未考虑材料的多轴非比例载荷效应。与单轴循环载荷或多轴比例载荷相比，非比例载荷条件下，材料通常表现出独特的循环力学行为、断裂模式和疲劳性能，即存在非比例载荷效应。当实际构件危险点应力应变状态无法简化成单轴或比例加载状态时，考虑非比例载荷效应的应力应变分析及疲劳寿命校核，在结构件的设计和优化过程中将成为关键。因此，若要将上述多轴疲劳寿命预测理论应用于工程结构设计，首先需要解决以下三方面问题：

（1）非比例载荷效应首先体现为材料在一定非比例载荷条件下可能出现的附加循环硬化现象（图1）。自 1978 年 Lamba 和 Sidebottom 首次在 OFHC 铜上发现这一现象以来，目前对于多种材料的非比例硬化效应已经积累了大量实验数据[6]。非比例硬化效应对于材料的差异如表 1 所示[7]。科学家对于非比例硬化效应的剖析主要从两个层面展开。一是基于宏观现象的数学描述，通过引入非比例硬化系数来衡量非比例硬化程度进而表征不同加载路径对非比例硬化效应的贡献[8]，通过在疲劳寿命预测准则中引入非比例敏感因子来反映材料微观结构的影响[9]。然而，目前非比例硬化定量分析参数的定义方法均为基于宏观现象的经验公式，与微观机制关联不明确，不能反映现象的本质机理，因而对非比例硬化效应分析的适用性存在一定限制。二是基于微观机理的物理描述，认为是由转动的主应变条件下多重位错滑移系的激活、孪晶等各向异性亚微观结构的形成以及不同微观结构之间的交互作用造成的附加硬化[10-12]。以 304、316L 不锈钢等低层错能材料为例，从单轴循环、多轴比例到多轴非比例加载，材料主要位错结构呈现由平面位错为主、增多的位错缠结或位错墙到高密度位错胞的转变。非比例循环载荷下产生的高密度缺陷（包括不均匀位错、交错堆垛和孪晶等），以及缺陷处应变诱发相

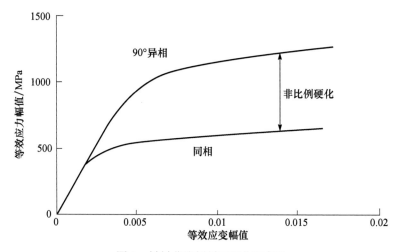

图 1   材料非比例循环硬化现象[6]

表 1   不同材料的非比例硬化系数[7]

材料	α	材料	α
304、316 不锈钢，20℃	1.0	Inconel 镍基合金	0.2
OFHC 铜	1.0	42CrMo 钢	0.15
316 不锈钢，550℃	0.37	1100、7075 铝合金	0
1045 钢	0.3		

注：非比例硬化系数α定义为90°非同相路径下循环稳定阶段应力与同相路径下循环稳定阶段应力之比。

变强化，是非比例附加循环硬化的本质原因。尽管非比例附加循环硬化现象已经能够获得微观机理层面上的定性解释，但依然缺乏能够与宏观硬化现象和疲劳寿命建立数值关系的定量分析。

（2）非比例载荷条件下，疲劳损伤演化机制和断裂模式尚不明确，这给疲劳失效准则的建立带来了困难。多轴非比例疲劳行为的特点主要表现在多重损伤演化和裂纹扩展模式，以及与单轴及比例载荷相比裂纹扩展速率较快、疲劳寿命大幅下降。非比例循环过程中，周期内不断转动的主应变使材料多重滑移系激活成为可能，趋于形成多种微观结构缺陷，进而造成了疲劳裂纹扩展模式的多样性和不确定性。如图2所示，1045钢90°非同相载荷条件下就没有表现出裂纹扩展的择优取向。多重损伤模式应当通过适当的疲劳损伤参数反映在疲劳寿命预测准则中。

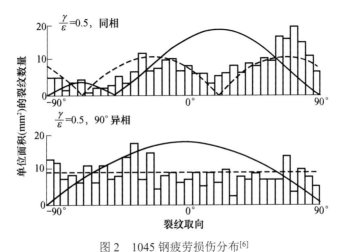

图 2   1045 钢疲劳损伤分布[6]

实线表示正应变分布，虚线表示切应变分布，直方柱表示 25%疲劳寿命时小裂纹取向分布；

γ 代表剪应变，ε 代表轴向应变

（3）非比例循环载荷下，对材料的应力应变状态的数学描述，即应力应变本构模型，是材料或结构的非比例循环行为及疲劳寿命预测的关键。对于存在非比例载荷效应的材料，基于单轴循环试验的本构模型不能准确反映非比例循环载荷下材料应力应变状态。因此，近 20 年来已经提出了多种考虑非比例载荷效应的唯象型本构模型。通过引入非比例参数修正基于单轴实验的各向同性硬化准则和随动强化项，这些本构模型基本上描述了非比例载荷效应。对于各向同性硬化准则的非比例修正主要反映非比例附加循环硬化行为。然而，现有的各种形式的非比例参数定义方式和修正方法均只能应用于有限的材料及加载路径，模型参数较多且参数确定方法烦琐，仍然缺乏一个可靠的、方便工程应用的非比例载荷的本构模型。

在全球能源紧缩并提倡绿色节约型社会的今天，多领域工程构件趋向小型化、轻量化发展，这要求人们对更加严苛和复杂的多轴非比例循环载荷条件下材料或结构的应力应变行为和低周疲劳寿命有更为清晰的理解和准确的预测，从而优化构件结构设计和使用规程，并为在役设备的可靠性评估提供依据。要实现这一目标，在今后的研究工作中亟须解答前文提出的主要问题：①宏观的非比例载荷效应与其微观机理之间是否存在定量关系？②多轴非比例载荷下疲劳损伤机理是什么？③如何建立一个稳健的非比例应力应变本构模型？

参 考 文 献

［1］　Kruzic J J. Predicting fatigue failures. Science, 2009, 325(5937): 156-158.

［2］　Basquin O H. The exponential law of endurance tests. Process of American Society of Test Materials, 1919, 10: 625-630.

［3］　Coffin Jr L F. A study of the effects of cyclic thermal stresses on a ductile metal. Transaction ASME, 1954, 76: 931-950.

［4］　Manson S S. Behavior of materials under conditions of thermal stress. Technical Report Archive and Image Library, 1953, 7(S3-4): 661-665.

［5］　Socie D F, Marquis G B. Multiaxial Fatigue. Warrendale: SAE, 2000.

［6］　Calloch S, Marquis D. Triaxial tension-compression tests for multiaxial cyclic plasticity. International Journal of Plasticity, 1999, 15: 521-549.

［7］　Marquis G B, Socie D F. Multiaxial Fatigue//Milne I, Ritchie R O, Karihaloo B. Comprehensive Structural Integrity. Amsterdam: Elsevier Science, 2003: 221-250.

［8］　Chen X, Gao Q, Sun X F. Low-cycle fatigue under nonproportional loading. Fatigue and Fracture of Engineering Materials and Structures, 1996, 19: 839-854.

［9］　Itoh T, Sakane M, Ohnami M, et al. Nonproportional low cycle fatigue criterion for type 304 stainless steel. ASME Journal of Engineering Materials and Technology, 1995, 117: 285-292.

［10］　Doong S H, Socie D F, Robertson I M. Dislocation substructures and nonproportional hardening. ASME Journal of Engineering Materials and Technology, 1990, 112: 456-464.

［11］　Bocher L, Delobelle P, Robinet P, et al. Mechanical and microstructural investigations of an austenitic stainless steel under non-proportional loadings in tension-torsion-internal and external pressure. International Journal of Plasticity, 2001, 17: 1491-1530.

［12］　Taleb L, Hauet A. Multiscale experimental investigations about the cyclic behavior of the 304L SS. International Journal of Plasticity, 2009, 25: 1359-1385.

撰稿人： 陈　旭、付巳超

天津大学

热-机耦合载荷如何影响结构的疲劳寿命？

How Does Thermal-Mechanical Coupling Loading Affect Fatigue Life of Structure?

现代工业生产和应用过程中的一些关键设备，如航空发动机涡轮盘、电站燃气轮机叶片、石油炼制加氢反应容器等，通常因设备的起停或运行状态的改变而经受着温度和机械载荷的联动循环。若这些关键设备在热载荷和机械载荷耦合循环作用下发生疲劳失效，则称为"热-机疲劳"。热-机疲劳是一种非恒温低周疲劳，在现代工业设计和工程研究中需引起重要关注。与常规的高温低周疲劳相比，热-机疲劳涉及机械载荷引起的应力与瞬态热效应导致的热应力的叠加，损伤机制包括且不局限于疲劳、蠕变和氧化及其相互耦合。尽管国内外针对热-机疲劳已有三四十年的大量研究工作[1,2]，但目前对工程结构在热-机耦合作用下的疲劳寿命预测依然是个未解的难题，主要体现在以下几个方面：

（1）实验室热-机疲劳试验结果能否直接应用于工程设计仍需谨慎验证。实验室热-机疲劳试验是一种简化的理想的热载荷和机械载荷耦合作用下的低周疲劳试验。其试验形式通常为温度控制和机械应变控制的线性同步或异步组合[1,2]，如图 1 所示。在这种控制方式下，试样的热应变为自由状态，不会产生热应力，而试样内部的应力主要由施加的机械应变导致。因此，实验室热-机疲劳试验探究的是材料在瞬态温度下的机械应力应变响应及疲劳寿命。工程实际中的结构部件在经受热载荷和机械载荷的耦合作用下，往往存在一定的约束条件。例如，高速运转的航空发动机涡轮盘沿着半径方向存在一定的温度梯度，温度高的区域的热膨胀变形则受到温度相对较低的区域的限制，这样便在涡轮盘内部产生了热应力；与此同时涡轮盘还承受着高速旋转导致的离心载荷。由此可见，实验室热-机疲劳试验形式要比工程部件实际的热-机疲劳状态简单

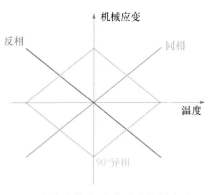

图 1　实验室热-机疲劳试验控制方式：同相（温度和机械应变同升同降）、反相（温度和机械应变升降相反，也称为180°异相）和 90°异相

得多。

（2）热-机疲劳损伤机制"因材而异"，也并不完全明晰。常规的高温疲劳损伤机制主要包括疲劳、蠕变和氧化及其相互作用，而热-机疲劳的温度变化则可能加剧这些损伤机制，甚至引入新的损伤机制。例如，在较高温度下生成的表面氧化层在较低温度下会承受更高的应力，更容易发生剥落或引起更严重的应力集中，从而加速裂纹的萌生。对于匀质单相材料，如奥氏体不锈钢，有研究发现热-机疲劳载荷下的循环硬化幅度高于温度循环范围内的任意恒温低周疲劳载荷下的硬化幅度[3]。动态应变时效可以解释高温低周疲劳载荷下的显著循环硬化[4]，但并不能解释热-机疲劳载荷引起的额外循环硬化。过高的循环硬化幅度可能导致较高的局部应力机制，诱发裂纹萌生。值得指出的是，已有研究表明奥氏体不锈钢的热-机疲劳寿命有可能比最高温度下的低周疲劳寿命还要低[5]，而这其中的损伤机制并不完全明晰。对于非匀质多元材料，如燃气轮机引擎的热障涂层[6]以及定向凝固获得的 NiAl-Cr(Mo)纳米层复合高温合金[7]，它们在热-机疲劳下的失效形式多为多元界面的剥离、屈曲等，而由于多元成分的热膨胀系数差异产生不容忽视的热应力可能是重要原因。

（3）可应用于工程设计有限元分析的热-机疲劳循环本构模型，尤其是可反映材料热-机疲劳损伤机制的循环本构模型，仍亟须开发。现代工程设计往往需要对关键部件进行有限元仿真分析，而对需要在热-机疲劳载荷下服役的工程部件进行有限元仿真首先需要精准的材料热-机疲劳循环本构模型。目前较为广泛地应用于热-机疲劳分析的循环本构模型主要为统一型模型[8]。该类模型的流动律将塑性应变和蠕变应变统一为非弹性应变以 Norton 公式的形式与背应力关联，而其与温度的关联形式又分为两种：一种是对随动硬化律参数进行温度的多项式函数关联[9]，另一种是利用 Arrhenius 公式将流动律与温度关联，实现热-机的统一描述[3]。这两种统一型循环本构模型均可对热-机疲劳试验进行较为精准的描述，但限于模型的复杂性还都未被嵌入商用有限元软件中。

（4）采用何种损伤参量预测热-机疲劳寿命。目前热-机疲劳试验得到的疲劳寿命曲线大都选取机械应变幅值作为疲劳参量。但如前所述，实际工程应用中热应变也是不可忽视的影响疲劳寿命的参量之一。事实上，疲劳参量的选取更应该以热-机疲劳损伤机制为依据。研究发现，若以机械应变幅值（或塑性应变幅值）为疲劳参量，不同控制路径下的疲劳寿命曲线会出现较大差异[10]，这主要与不同的损伤机制相关。能否选择一个合适的疲劳参量将这些存在差异的疲劳曲线归一化仍是个难题。

综上所述，要对工程结构在热-机耦合作用下的疲劳寿命进行高效合理的预测首先需要解决以上提出的四个问题：①实验室热-机疲劳试验结果与工程实际相比是否偏于保守？②热-机疲劳的损伤机制有哪些？③如何构建一个可靠的热-机疲劳循环本构模型？④如何选取可统一描述复杂热-机耦合作用的疲劳寿命预测参量？

参 考 文 献

[1] Rémy L. 5.03-thermal-mechanical fatigue (including thermal shock). Comprehensive Structural Integrity, 2003: 113-199.

[2] Lancaster R J, Whittaker M T, Williams S J. A review of thermo-mechanical fatigue behaviour in polycrystalline nickel superalloys for turbine disc applications. Materials at High Temperature, 2013, 30(1): 2-12.

[3] Yu D, Chen X, Yu W, et al. Thermo-viscoplastic modeling incorporating dynamic strain aging effect on the uniaxial behavior of Z2CND18.12N stainless steel. International Journal of Plasticity, 2012, 37: 119-139.

[4] Ananthakrishna G. Current theoretical approaches to collective behavior of dislocations. Physical Reports, 2007, 440(4-6): 113-259.

[5] Nagesha A, Kannan R, Parameswaran P, et al. A comparative study of isothermal and thermo-mechanical fatigue on type 316L(N) austenitic stainless steel. Materials Science and Engineering A, 2010, 527(21-22): 5969-5975.

[6] Padture N P, Gell M, Jordan E H. Thermal barrier coatings for gas-turbine engine applications. Science, 2002, 296(5566): 280-284.

[7] Yu D, An K, Chen X, et al. Phase-specific deformation behavior of a NiAl-Cr(Mo) lamellar composite under thermal and mechanical loads. Journal of Alloys and Compounds, 2016, 656: 481-490.

[8] Chaboche J L. A review of some plasticity and viscoplasticity constitutive theories. International Journal of Plasticity, 2008, 24(10): 1642-1693.

[9] Yaguchi M, Takahashi Y. A viscoplastic constitutive model incorporating dynamic strain aging effect during cyclic deformation conditions. International Journal of Plasticity, 2000, 16(3-4): 241-262.

[10] Christ H J. Effect of environment on thermomechanical fatigue life. Materials Science and Engineering A, 2007, 468-470(2): 98-108.

撰稿人： 陈　旭、于敦吉

天津大学

核电材料高温水环境中腐蚀破裂的机理和预测

Mechanisms and Prediction of Corrosion Cracking in High Temperature Water Environments of Materials in Nuclear Power Plants

　　20世纪人类最伟大的创举之一就是征服和有效利用核能，包括核能发电。目前核电已成为大规模开发利用的能源，在法国、美国和日本等发达国家占总发电量高达 30%～80%，是能有效解决能源需求增长与化石燃料消费带来温室效应和污染问题的少数答案之一。我国正在安全高效地发展核电工业，不久将成为世界上核电机组最多的几个国家之一。材料及构件在其高温水服役环境中的腐蚀破裂一直是个历史悠久、挥之不去、内涵不断演变、对电站经济运行和安全可靠性有重要影响的问题，被公认是核电的主要挑战之一[1]。对关键结构材料和核燃料腐蚀破裂机理和预测的研究到目前依然是个科学热点[2-5]。

　　该问题与核电站与生俱来。核电站有多种类型，目前世界绝大多数在运行和在建的核电站是第二代和第三代的水堆，包括压水堆、沸水堆和重水堆，正在研发的第四代核电站有六种堆型如钠冷却的快堆、超临界水堆和熔盐堆等，种类虽多，但主要差别是前面部分从堆芯取出核裂变热的载体方式不同，相同的是后面部分都是利用该核裂变热将液态水加热成大体积蒸汽推动汽轮机发电，有大量部件接触高温水。目前作为世界核电站绝对主流的水堆都是直接用水从堆芯取热，接触高温水的材料和部件更是繁多，如图 1 所示。众多关键材料部件在高温水环境中服役，腐蚀破裂自然发生。

　　核电站与火电站不同，堆芯有核辐射，导致周围材料脆化、水及腐蚀产物带上对人体有危害的放射性，安全可靠性有高度要求；它又是个远较火电站精密的系统，较多的腐蚀产物会严重妨碍其运行；而且它是高投资高产出，退役费用高昂，对其工作寿命也有高要求，原来设计寿命通常是 40 年，现在普遍要求是 60 年，还会要求尽可能延寿。因此，自20世纪50年代开始研发核电站起，人们就开始考虑腐蚀问题，重要设备常常是大量使用耐蚀金属材料如不锈钢和镍基合金，它们对高温水环境中全面腐蚀的抗力优异，保障了核电站的基本运行。然而，国际核电工业长期运行的统计数据和经验表明，这些耐蚀材料在高温水服役环境中应力腐蚀破裂以及点蚀（图 2）等腐蚀破裂问题是构件失效的主要原因之一，常造

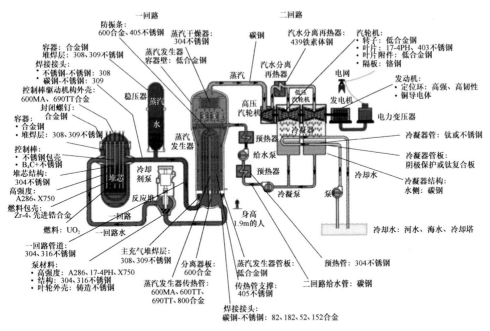

图 1 压水堆核电站基本结构和材料示意图

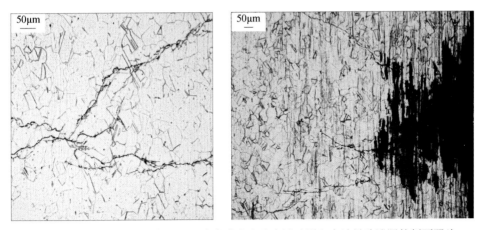

图 2 某核电站不锈钢管高温水环境中发生应力腐蚀破裂和点蚀导致泄漏的剖面照片

成长时间而又耗费显著的停堆和修复，甚至产生核辐射泄漏等核安全问题，这已成为影响整个系统运行经济性和安全性的主要问题之一[6,7]。数十年来，全世界针对这些问题做了大量失效分析和研究，相关材料和服役条件也已得到很大改进。例如，常用不锈钢从普通级演变为核级，主流蒸汽发生器传热管从不锈钢演变到镍基合金，镍基合金从 600 系列演变到 690 系列，高温水化学也有了很大改善，改进显微组织和残余应力的各种方法被开发出来，构件的寿命和安全可靠性有了显著提高。这方面已取得的大量科研成果不仅为核电发展成人类关键能源产业之一作出重要贡献，也丰富和发展了腐蚀与防护科学，如成功开发出了高温高压水环境中电化学测控技术和裂纹尖端采样分析的实验技术[8,9]、长期监测腐蚀裂纹微小扩展的精密技术，以及关于各种腐蚀失效的理论包括滑移-溶解学说及定量模型、内氧化学说和微孔洞学说等，有的已建立了定量模型[10]等。

然而，以应力腐蚀破裂为代表的腐蚀破裂问题挥之不去，只是内涵不断演变，当前的难点在于高端材料在多元复杂环境中长期服役面临的问题，例如，腐蚀破裂过程极其缓慢以至失效通常是多年甚至数十年后发生，前期的常规检测方法难以检出甚至认为属于免疫，但在核电站高度安全可靠性和长寿命要求下，这也是要努力排除的。目前核电站关键材料在高温水环境中腐蚀破裂方面的一些重要问题如下：

（1）高品质核燃料和高耐蚀结构材料在良好服役环境中的腐蚀破裂机理。即使目前最好的材料，依然有腐蚀破裂问题，例如，近年来长周期高精度实验发现，人们曾经寄予厚望的新开发的 690 类镍基合金包括 52 和 152 焊接材料对应力腐蚀破裂也不免疫[11,12]。目前各国专家正在利用各种先进方法进行探索，包括从原子尺度上对腐蚀破裂机理的研究[2-4,12]，并对已提出的主要理论观点如滑移-溶解学说及定量模型、内氧化学说和微孔洞学说等进行验证，但是由于腐蚀破裂过程非常缓慢而又复杂等，其机理仍然不够清楚。

（2）材料老化与腐蚀相互促进条件下的破裂失效机理。在漫长的服役过程中，焊缝等非平衡态材料常常发生缓慢的调幅分解，堆内构件材料在辐照下也发生偏聚、硬化和空位-位错环增多等一系列微结构变化和脆化，这些缓慢的老化过程与腐蚀相互促进，其复杂破裂机理是至今经久不衰的研究课题[1,5]。随着越来越多的核电站进入设计寿命的中后期甚至延寿期，这一高难度问题有越来越重要的意义。

（3）工程材料及部件裂纹萌生和扩展的影响因素的进一步发掘。影响腐蚀破裂的因素众多，实验室里常常出现数据离散问题，到工程上问题更多。近年来发现有些原来不太关注的工程环节有重大影响，例如，表面打磨等导致的冷加工状态对先进材料腐蚀破裂安全可靠性有关键性影响。

有必要更精细和深入地认识高端工程材料的腐蚀破裂机理及其影响因素，包括重要的表面微细状态及相关制造工艺细节，建立定量化模型，开发更好的用于工程的寿命和安全可靠性预测方法。

参 考 文 献

[1]　Zinkle S J, Was G S. Materials challenges in nuclear energy. Acta Materials, 2013, 61: 735-758.

[2]　Martin T L, Coe C, Bagot P A J, et al. Atomic-scale studies of uranium oxidation and corrosion

by water vapor. Scientific Reports, 2016, 6: 25618.

［3］ Marquis E A, Hyde J M, Saxey D W, et al. Nuclear reactor materials at the atomic scale. Materials Today, 2009, 12(11): 30-37.

［4］ Meisnar M, Vilalta-Clemente A, Moody M, et al. A mechanistic study of the temperature dependence of the stress corrosion crack growth rate in SUS316 stainless steels exposed to PWR primary water. Acta Materialia, 2016, 114(1): 15-24.

［5］ Johnson D C, Kuhr B, Farkas D, et al. Quantitative analysis of localized stresses in irradiated stainless steels using high resolution electron backscatter diffraction and molecular dynamics modeling. Scripta Materialia, 2016, 116: 87-90.

［6］ Saji G. Degradation of aged plants by corrosion: "Long cell action" in unresolved corrosion issues. Nuclear Engineering and Design, 2008, 239(9): 1591-1613.

［7］ 李光福. 核电站腐蚀失效问题及其挑战. 2013 年全国失效分析学术会议特邀报告. 理化检验——物理分册, 2013, 49(增刊 2): 4-9.

［8］ Andresen P L, Young L M. Crack tip micro-sampling and growth rate measurements in low-alloy steel in high temperature water. Corrosion, 1995, 51: 223-233.

［9］ Peng Q J, Li G F, Shoji T. The crack tip solution chemistry in sensitized stainless steel in simulated boiling water reactor water studied using a micro-sampling technique. Journal of Nuclear Science and Technology, 2003, 40: 397-404.

［10］ Ford F P. Quantitative prediction of environmentally assisted cracking. Corrosion, 1996, 52: 375-395.

［11］ Andresen P L, Morra M M, Ahluwalia K. Effect of deformation temperature, orientation and carbides on SCC of Alloy 690. Proceedings of the 16th International Conference on Environmental Degradation of Materials in Nuclear Power Systems—Water Reactors, 2013.

［12］ Toloczko M B, Olszta M J, Overman N J, et al. Observations and implications of intergranular stress corrosion crack growth of Alloy 152 weld metals in simulated PWR primary water. Proceedings of the 16th International Conference on Environmental Degradation of Materials in Nuclear Power Systems—Water Reactors, 2013.

撰稿人：李光福[1,2]

1 上海材料研究所、2 上海市工程材料应用与评价重点实验室

接触疲劳亚表面损伤机理的破解

Revealing Damage Mechanism in Subsurface of Rolling Contact Fatigue

接触疲劳载荷下运行的轴承和齿轮等机械构件，经过一定的循环次数后，接触表面材料不断剥落形成点蚀凹坑，引起剧烈振动而导致失效。这在风力发电机中尤为突出。我国目前风电机组装机容量排名世界第一[1]，然而风电的维护成本极大地影响着其潜在发展。在风机运行过程中，齿轮箱的失效是影响风机运行可靠性的主要因素之一[2]。欧洲风能协会（EWES）统计报告指出[3]，齿轮箱的设计寿命是 20 年，但通常不到 1/4 寿命就因轴承失效停机更换，而一次更换齿轮箱的成本高达 30 万美元。我国风电业的管理和研究滞后于发达国家，风机齿轮箱失效后采取以旧换新为主，成本很高。因此，提高接触疲劳载荷下轴承和齿轮的使用寿命是各国科学家和工程师面临的难题。

把失效的轴承和齿轮等接触件剖开金相检验分析后发现，其在亚表面局部产生了白色蚀刻区域（white etching area, WEA）和裂纹。裂纹由内向表面扩展导致材料剥落，这是接触亚表面材料损伤和剥落的"罪魁祸首"。国内外学者对接触疲劳中 WEA 的形成和影响因素（如加载条件、氢环境和材料内部夹杂的影响）进行了大量研究[4]，对 WEA 有了一定的认识，例如，WEA 是由高度局域化的大变形剪切带组成，其内部发生再结晶而形成纳米级的铁素体晶粒[5]。然而，目前对 WEA 的形成机理没有统一的认识，无法回答 WEA 的本质及如何产生等科学问题。主要体现在以下几个方面：

（1）WEA 的本质。WEA 是马氏体轴承钢和无碳化物贝氏体轴承钢在接触疲劳载荷下材料组织发生变化的结果。动态载荷下，当材料内部的塑性应变累积达到一定程度后，塑性失稳发生，塑性变形高度局部化，产生由量变到质变的白色"剪切带"。要形成该剪切带，动态机械能必须达到一定的临界值。Rittel 等[6]对高应变率冲击研究表明：材料形成剪切带时所需的能量几乎是恒定的，与变形局部化前的预应变无关，并推测该恒定值可能是材料的韧性常数。在只有微米级的剪切带内部产生巨大的应变[7]，剪切带的形成可在微秒或纳秒内形成[8,9]，剪切带一旦形成，其扩展速度可达 510m/s[10]。尽管在高速动态冲击中所形成的剪切带和接触疲劳亚表面形成的 WEA 有很大的相似之处，如相似的大变形剪切形貌（两者的致密度有一定差别）、在剪切带与基体交界处产生裂纹、剪切带内部由纳米级晶粒组成，但冲击是一次造成的损伤，而接触疲劳是累积损伤；高应变率冲击中剪切带的形成瞬间完成，而接触疲劳中 WEA 的形成是否也在瞬间完成一直是未解之谜。同是材料在局部动态塑性失稳下组织的变化，是动载荷下材料特有的损伤形式，两者是否存在必然联系，WEA 的本质是否是绝热剪切带？

（2）材料微观组织对 WEA 产生的影响。剪切带的形成在动态再结晶机制下进行，材料微观组织不同，发生动态再结晶所需的能量不同。材料是否产生剪切带取决于其对动态塑性失稳的敏感性，即对动态塑性应变的响应。奇怪的是，马氏体轴承钢中 WEA 的硬度比基体高 10%～50%，而由英国剑桥大学 SKF 轴承研发中心研制的无碳化物贝氏体轴承钢[5]中的 WEA 比基体软 9%～10%。同样是由纳米晶体组成，性能差别却如此之大。这说明在 WEA 形成机理上材料微观组织的决定因素还未清楚。WEA 的形成是接触载荷滑移条件、材料内部动态再结晶和微观组织共同作用的结果，如图 1 所示。要揭示接触疲劳亚表面的损伤机理，必须从材料发生动态再结晶所需的动态载荷能量条件、材料组织对塑性失稳的微观响应以及表面接触条件出发，深刻理解其共同作用下的损伤机理。

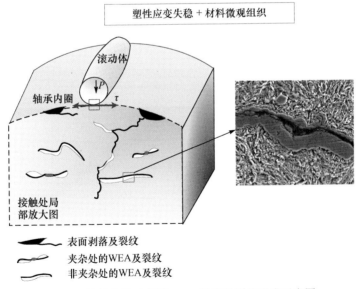

图 1　接触疲劳亚表面 WEA 损伤及裂纹形成示意图

（3）接触疲劳极限是否存在。WEA 的产生破坏了材料微观组织的均匀性，在其内部或与基体界面处产生裂纹，大大降低了接触疲劳寿命。在风机齿轮箱轴承设计中没有考虑接触疲劳下材料组织发生变化，服役半年便失效的事实说明：疲劳极限可能不存在，基于常规方法计算的接触疲劳极限已不能保证轴承的安全长寿命运行，需提出基于材料退化的物理机制的疲劳极限设计方法。

　　由此可见，破解接触疲劳微观损伤的机理，明确影响轴承失效的外界载荷和内在材料微观组织因素，对提高风机齿轮箱的安全可靠运行以及抗接触疲劳设计和研发具有重要的科学理论和实践意义。

参 考 文 献

［1］　李俊峰, 蔡丰波, 乔黎, 等. 2015 中国风电发展报告. 北京: 中国循环经济协会可再生能源专业委员会, 2015.

［2］　Decarolis J F, Keith D W. The real cost of wind energy. Science, 2001, 294: 1000-1003.

［3］　Krohn S, Morthorst P E, Awerbuch S. The economics of wind energy. Brussels: European Wind Energy Association, 2009.

［4］　Evans M H. An updated review: White etching cracks (WECs) and axial cracks in wind turbine gearbox bearings. Journal of Materials Science and Technology, 2016, 11: 1-37.

［5］　Solano-Alvarez W, Pickering E J, Peet M J, et al. Soft novel form of white-etching matter and ductile failure of carbide-free bainitic steels under rolling contact stresses. Acta Materialia, 2016, 121: 215-226.

［6］　Rittel D, Wang G Z, Merzer M. Adiabatic shear failure and dynamic stored energy of cold work. Physical Review Letters, 2006, 96: 75502.

［7］　Zhang Z, Eakins D E, Dunne F P E. On the formation of adiabatic shear bands in textured HCP polycrystals. International Journal of Plasticity, 2016, 79: 196-216.

［8］　Lewandowski J J, Greer A L. Temperature rise at shear bands in metallic glasses. Nature Materials, 2006, 5: 15-18.

［9］　Li N, Wang Y D, Peng R L, et al. Localized amorphism after high-strain-rate deformation in TWIP steel. Acta Materialia, 2011, 59: 6369-6377.

［10］　Marchand A, Duffy J J. An experimental study of the formation process of adiabatic shear bands in a structural steel. Journal of the Mechanics and Physics of Solids, 1998, 36: 251-283.

撰稿人： 李淑欣、束学道

宁波大学

摆脱静力学束缚的动载复杂应力状态下疲劳强度理论

Fatigue Strength Theory Breaking Free from Static Mechanics under Complex Alternating Stress

　　动载荷下长时间服役中的航空飞行器、交通运输设备等各种机械结构多数承受各自独立的多向（多轴）交变载荷作用，所造成的疲劳损伤会使结构件发生突然断裂的现象。早在 1871 年 Wöhlor 便提出了应力-寿命曲线，1954 年 Coffin[1]和 Manson[2]先后提出了应变-寿命方程来预测疲劳断裂前的使用寿命。由此发展起来的疲劳强度理论及其相应的动强度设计方法逐渐取代了传统的静强度设计方法。目前的疲劳强度设计方法在处理外部载荷为独立的多轴交变应力或应变问题时，主要采用静强度理论方法[3]（包括 1913 年 von Mises 提出的等效强度理论，最大主应力理论、最大剪切理论或 Tresca 准则等）、塑性功方法[4,5]、临界损伤面方法[6]等，来评估机械零部件/结构件强度或预测寿命。然而，经典静强度理论处理方法所存在的最大问题是：在随机多轴非同相外部载荷下，基于静强度理论不能准确描述其等效应力应变关系，无法准确确定等效应力/应变幅度和平均等效应力[7]。如由 Mises 准则等效/合成出的应力应变，如图 1 所示，有时无法形成像单轴交变载荷下较为规则的封闭迟滞回环，只能强制将经典的静力学力学理论经过各种修正进行应力应变关系计算，如采用旋转因子与强化系数、最大剪切应变折返点之间的法向应变程[8,9]描述非比例附加强化现象和寿命预测等[10]。造成方法混乱，结果误差大，在实际结构在动载下的强度设计与寿命评估中难以得到正确应用。

　　因此，如何突破基于经典静强度理论在交变弹塑性复杂应力/应变状态下应用存在的瓶颈，直接建立动载下能够准确表述复杂应力状态下（多轴）应力应变关系的强度理论，并能退化到静强度理论形式，而不是将静强度理论经过各种不同的修正推广到动载下的处理方法，应该是当前结构强度研究学者与设计人员，甚至是固体力学研究者所要解决的难题之一。

　　目前交变多轴载荷下的疲劳研究大多数是针对恒幅加载，对于随机多轴疲劳，如飞机机身、机翼、汽车曲轴、汽轮机转子叶片、核反应堆等结构件的强度设计和寿命预测中，会涉及在复杂多轴加载历程下如何循环计数，以及如何计算每个循环所造成的损伤等问题。此外，在变幅多轴循环载荷下，材料内部的最大剪切应变幅和最大损伤位置可能不在同一个平面上。尽管国内外多轴疲劳的研究已经

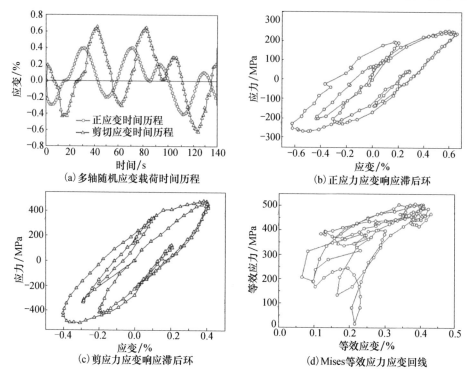

图 1　随机多轴非同相外部载荷下的应力应变响应及等效应力应变

有四十年左右的历史，提出了大量经验的方法，但在随机多轴动载荷处理方面一直没有突破传统静力学强度理论的思维定式，因此一直没有形成对随机非比例多轴载荷进行准确等效合成的普遍适用方法。

　　在实际随机多轴载荷下服役的机械结构，疲劳寿命预测的准确程度主要取决于循环应力应变等效方法的精准程度。尽管摆脱静力学强度理论的束缚难度很大，但是这个难题一旦解决，会使动载荷下的疲劳寿命预测技术上升到一个新的台阶。

参 考 文 献

[1]　Coffin L F. A study of the effects of cyclic thermal stresses on a ductile metal. Transactions of the American Society of Mechanical Engineers, 1954, 76: 931-950.

[2]　Manson S S. Behavior of materials under conditions of thermal stress. National Advisory Commission on Aeronautics: Report 1170. Cleveland: Lewis Flight Propulsion Laboratory, 1954.

[3]　Socie D F, Marquis G B, Marquis G B. Multiaxial Fatigue. Warrendale: SAE, 2000.

[4]　Eliyin F. Cyclic strain energy density as a criterion for multiaxial fatigue failure//Brown M W,

Miller K J. Biaxial and Multiaxial Fatigue. London: EGF Publications 3, 1987: 571-583.

［5］ Ellyin F, Golos K, Xia Z. In-phase and out-of-phase multiaxial fatigue. ASME Journal of Engineering Materials and Technology, 1991, 113: 112-118.

［6］ Park J, Nelson D. Evaluation of an energy-based approach and a critical plane approach for predicting constant amplitude multiaxial fatigue life. International Journal of Fatigue, 2000, 22(1): 23-39 .

［7］ Gates N, Fatemi A. Multiaxial variable amplitude fatigue life analysis including notch effects. International Journal of Fatigue, 2016, 91: 337-351.

［8］ Wang C H, Brown M W. Life prediction techniques for variable amplitude multiaxial fatigue—Part 1: Theories. ASME Journal of Engineering Material and Technology, 1996, 118: 367-370.

［9］ Wang C H, Brown M W. Life prediction techniques for variable amplitude multiaxial fatigue—Part 2: Comparison with experimental results. ASME Journal of Engineering Materials and Technology, 1996, 118: 371-374.

［10］ Shang D G, Sun G Q, Deng J, et al. Multiaxial fatigue damage parameter and life prediction for medium-carbon steel based on the critical plane approach. International Journal of Fatigue, 2007, 29(12): 2200-2207.

撰稿人：尚德广

北京工业大学

断裂力学中的裂尖拘束效应

Crack-Tip Constraint Effect in Fracture Mechanics

目前，含缺陷材料与结构的安全评定和寿命预测主要是基于单参数的宏观断裂力学原理。其理论基础是假设结构和实验室平面应变试样裂纹尖端的力学场均唯一地由单参数应力强度因子 K 或 J 积分控制，从而实现实验室试样材料断裂性能向实际结构的移植。然而，大量的实验、数值计算和理论分析表明，结构裂尖力学场和材料的断裂性能均与裂尖拘束相关，如随裂尖拘束的增加，裂尖前应力和三轴应力增大，材料的断裂韧性降低[1]，蠕变裂纹扩展速率加快[2]。裂尖拘束可以理解为结构对材料裂尖非线性变形（如塑性变形或蠕变变形）的阻碍，其受结构/试样几何、裂纹尺寸、加载方式、载荷水平和材料性能及其失配的影响[3]。由于裂尖拘束效应的存在，实际结构与试样的三维裂尖场和断裂并非由二维平面应变条件下的单参数 K 或 J 控制，从而产生不同裂尖拘束的实验室试样所测试的材料断裂性能如何准确移植到不同拘束结构的问题。如图 1 所示，目前测量材料断裂性能的试样主要包括紧凑拉伸（CT）试样、C 型拉伸（CST）试样、单边缺口弯曲（SENB）试样、单边缺口拉伸（SENT）试样和中心裂纹拉伸（CCT）试样。这些试样的裂尖拘束不同，结构（如图 1 中所示的管道）裂纹的拘束受结构几何及裂纹尺寸等的影响也是不同的。试样与结构裂尖拘束的不同，会造成结构安全评定和寿命预测中可能得到过于保守或非保守的结果。如用图 1 中高拘束的 CT 试样测得的材料断裂韧性或蠕变裂纹扩

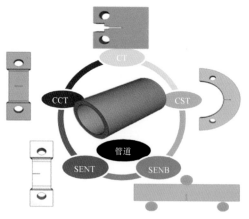

图 1　不同拘束实验室试样的断裂性能向管道结构的移植

展速率数据移植用于低拘束管道裂纹的断裂评定或蠕变裂纹扩展寿命预测,将产生过于保守的结果;反之,如用低拘束的 CCT 试样测得的材料断裂性能数据用于评价高拘束管道裂纹的安全性,将产生非保守的结果。

上述裂尖拘束效应问题造成了目前结构安全评定和寿命预测(包括弹塑性断裂评定及疲劳、蠕变和应力腐蚀裂纹扩展寿命预测)的不准确性。由于大型结构试验一般难以进行,至今无法准确量化结构安全评定和寿命预测中的保守或非保守的不准确程度。因此,在含缺陷材料与结构的安全评定和寿命预测中,如何准确纳入裂尖拘束效应以提高安全评价和寿命预测的精度,是至今未完全解决的科学难题。

裂尖拘束分为面内拘束(in-plane constraint)和面外拘束(out-of-plane constraint)。面内拘束受裂纹扩展方向上试样/结构尺寸,即未开裂韧带长度的影响;面外拘束则受与裂纹前沿线相平行的方向上试样/结构尺寸,即厚度的影响。为了准确纳入面内与面外拘束效应,需要发展能够定量表征拘束的力学参数。自 20 世纪 80 年代末以来,断裂力学学术界对裂尖拘束的定量化进行了较为广泛的研究,基于裂尖应力场分析,发展出了 T 应力[4]、Q[5]、A_2[6]、T_z[7]、R^*[8]等拘束参数。这些参数主要可以表征面内拘束(如 T、Q、A_2 和 R^*)或面外拘束(T_z),其与断裂参数 K 或 J 相结合可以比较准确地描述试样或结构中考虑拘束效应的实际裂尖力学场。基于 K-T、J-Q、J-A_2、J-T_z 及 C^*-R^* 等两参数断裂力学的结构安全评价和寿命预测方法也得到了一定的发展[4-9]。

然而,宏观断裂力学中的裂尖拘束的准确表征、纳入面内/面外及材料复合拘束的结构完整性评价的原理及方法等基础科学问题并没有完全解决,主要体现在以下几个方面:

(1)对于实际结构中的三维(3D)裂纹,由于结构几何、裂纹尺寸和形状及加载方式的不同,面内拘束与面外拘束同时存在。如果用不同面内拘束与面外拘束的参数组合表征 3D 试样或结构的裂尖拘束,则计算过程复杂且不能反映结构总的拘束程度以及面内拘束与面外拘束的交互作用[10]。因此,如何用一个统一的拘束参数准确地表征面内与面外复合拘束及其交互作用,是断裂力学理论和结构完整性原理发展中面临的重要科学问题。

(2)对于焊接结构以及微结构中的裂纹,面内拘束与面外拘束和局部材料性能失配引起的材料拘束同时存在,如何用一个参数统一量化表征这种复合拘束,并用于结构完整性的评定,仍是未解决的科学问题。

(3)要实现精确纳入拘束的结构完整性评定,如何建立统一拘束参数与材料断裂性能的关联,如何计算确定结构中 3D 裂纹的统一拘束参数等问题都有待于解决。

(4)对于不同的失效模式,表征裂尖力学场的断裂参数和拘束参数不同。针对不同的失效模式，如脆性断裂、延性断裂、蠕变裂纹扩展、蠕变-疲劳裂纹扩展及应力腐蚀裂纹扩展等，与其相应的纳入复合拘束的结构完整性评定和寿命预测的原理和技术方法仍未建立。

上述科学问题的解决对提高各工业领域中结构完整性评定和寿命预测的精度，避免过于保守或非保守的评定具有重要的理论和实际意义。

参 考 文 献

［1］ Dodds R H, Shih C F, Anderson T L. Continuum and micromechanics treatment of constraint in fracture. International Journal of Fracture, 1993, 64(1): 101-133.

［2］ Tan J P, Tu S T, Wang G Z, et al. Effect and mechanism of out-of-plane constraint on creep crack growth behavior of a Cr-Mo-V steel. Engineering Fracture Mechanics, 2013, 99(2): 324-334.

［3］ Brocks W, Schmitt W. The second parameter in *J-R* curves: Constraint or triaxiality. ASTM Special Technical Publication, 1995, (1244): 209-231.

［4］ Betegon C, Hancock J W. Two-parameter characterization of elastic-plastic crack tip fields. Journal of Applied Mechanics, 1991, 58(1): 104-110.

［5］ O'Dowd N P, Shih C F. Family of crack tip fields characterized by a triaxiality parameter—I: Structure of fields. Journal of Mechanics and Physics of Solids, 1991, 39(8): 989-1015.

［6］ Chao Y J, Yang S, Sutton M A. On the fracture of solids characterized by one or two parameters: Theory and practice. Journal of Mechanics and Physics of Solids, 1994, 42(5): 629-647.

［7］ Guo W. Elastoplastic three dimensional crack border field—I: Singular structure of the field. Engineering Fracture Mechanics, 1993, 46(1): 93-104.

［8］ Tan J P, Wang G Z, Tu S T, et al. Load-independent creep constraint parameter and its application. Engineering Fracture Mechanics, 2014, 116(1): 41-57.

［9］ Ainsworth R A, Sattari-Far I, Sherry A H, et al. Methods for including constraint effects within the SINTAP procedures. Engineering Fracture Mechanics, 2000, 67(4): 563-571.

［10］ Mostafavi M D, Smith J, Pavier M J. Fracture of aluminum alloy 2024 under biaxial and triaxial loading. Engineering Fracture Mechanics, 2011, 78(12): 1705-1716.

撰稿人：王国珍、涂善东

华东理工大学

核废料存储容器的超长寿命设计

Long-Term Service Life Design of Disposal Canister for Nuclear Waste

自 20 世纪 50 年代起，核能因具有高强度能量得到广泛开发和利用，由此产生的核废料也日益增加。据统计，目前仅美国就拥有 70000t 高放射性民用核废料和 13000t 高放射性军用核废料[1]。我国核电规模预计在 2030 年将超过美国，成为世界第一。如何恰当处理核废料，并确保其长期储存的安全性，是全球关注的热点问题[2]。对于高放射性核废料（high-level waste），目前国际上公认较为可行的最终处理方法为深地处置（deep geological repository）[3]。如图 1 所示[4]，该方法计划将此类核废料密封在特殊容器中，并把容器存放在地下数百米深处，只允许极少量或零维护。瑞典、瑞士和加拿大于 70 年代便开始了相关探索，随后芬兰、日本、韩国、比利时、法国和英国等国家也先后加入了研究行列[5]。然而，至今地球上还未能建成一个能够永久和安全存放高放射性核废料的设施。若摒除政治障碍和地质原因，如何设计制造出具有超长寿命的核废料存储容器，是摆在各国科学家和工程师面前的最大难题。

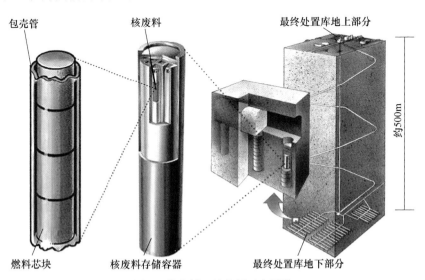

图 1   核废料深地处置示意图[4]

　　众所周知，核废料中某些放射性元素的半衰期很长。例如，钚-239 的半衰期为两万四千年，铀-235 的半衰期则长达七亿年之久[6]。美国环境保护署最新规定储库的监管期为一百万年[7]。核废料存储容器是深地质处置方法中的主要工程屏障，其作用是将存放核废料并防止放射性核素逃逸至周边环境，设计寿命一般需达到十万年，已远远超过人类已有文明史长度。在如此长的设计寿命内，容器所承受的载荷需考虑时间、辐射、温度、地壳运动、岩土结构膨胀、地下水渗透、地面冰盖重力等复杂因素的综合影响[8]，并可能出现蠕变断裂、腐蚀破坏、塑性垮塌、辐照脆化等多种失效模式。

　　历经四十余年的尝试和论证，瑞典和芬兰走在了世界的前列。Svensk Kärnbränslehantering AB（SKB）[8]和 Posiva[9]等公司已设计出一种内层为铸铁、外层为铜的双腔容器，并很可能将其使用在世界上第一个深地处置库中。加拿大核废料管理组织提出了一种以铜为涂层的新型容器设计方案[5]，一定程度上提高了核废料存储容器的稳定性。但是，核废料存储容器的超长寿命设计与制造的科学基础问题并没有解决，主要体现在以下几个方面：

　　（1）容器材料在深地质处理条件下的蠕变变形（creep deformation）是一超慢速化学动力学过程，通过短时试验数据获得的现有的经验公式显然无法在时间尺度上外推多个数量级，目前尚缺乏合适的本构模型来描述超长时间的材料蠕变行为[10]。基于位错攀移和位错滑移物理机制的蠕变模型或许提供了思路[11]，但模型仍缺乏长时低应力试验数据的有效验证。

　　（2）蠕变延性（creep ductility）是容器材料长时变形的上限，但其与材料成分、应力水平和应力状态等的关联机制尚未明晰。例如，添加 30～100ppm 的磷可有效改善铜的蠕变延性，SKB 的学者[12]认为磷对晶界滑移的阻滞作用使得蠕变延性提高，但 Pettersson[13]试验研究发现纯铜和含磷铜的晶界滑移速率并无差异。另外，对于大部分合金，蠕变延性随着应力的降低和应力三轴度的增加而明显下降并导致危险[14]。虽然一年左右的试验结果表明铜的蠕变延性对应力水平和应力状态不敏感[15]，但成千上万年后蠕变延性是否仍保持恒定仍需科学阐释。

　　（3）容器和涂层材料的腐蚀（corrosion）机制有待更深入的研究。SKB[8]和 Posiva[9]等公司乐观估计在地下厌氧条件下，容器材料仅发生由膨土岩中硫离子导致的均匀腐蚀，腐蚀厚度在一百万年内不会超过 2mm。但有观点认为点蚀现象将加速铜的腐蚀过程，容器可能在几百年内就发生泄漏[16]。另外，瑞典国家核废料委员会的报告[17]指出，铜在无氧水中的腐蚀过程产生的氢有可能聚集在铜的表面并导致氢脆现象，对容器的材料性能产生非常不利的影响。这些质疑均表明人们在容器的长时腐蚀问题上尚未达成共识。

　　毋庸置疑，核废料存储容器的超长寿命设计对于人类和平利用核能的可持续发展将起到决定性作用，也将为其他重大装备的长时服役性能预测和安全保障提供科学依据和重要借鉴。

参 考 文 献

［1］ Cornwall W. Deep sleep. Science, 2015, 349: 132-135.

［2］ Bhattacharjee Y. An unending mission to contain the stuff of nuclear nightmares. Science, 2010, 328: 1222-1224.

［3］ Stone R. Deep repositories: Out of sight, out of terrorists' reach. Science, 2004, 303: 161-164.

［4］ Thegerström C. Deep geological disposal of nuclear waste in the Swedish crystalline bedrock. Brussels: EU Science Hub, 2010.

［5］ Boyle C H, Meguid S A. Mechanical performance of integrally bonded copper coatings for the long term disposal of used nuclear fuel. Nuclear Engineering and Design, 2015, 293: 403-412.

［6］ Tracy C L, Dustin M K, Ewing R C. Policy: Reassess New Mexico's nuclear-waste repository. Nature, 2016, 529: 149-151.

［7］ Ewing R C, von Hippel F N. Nuclear waste management in the United States—Starting over. Science, 2009, 325: 151-152.

［8］ Raiko H, Sandström R, Ryden H, et al. Design analysis report for the canister. TR-10-28. Evenemangsgatan: Swedish Nuclear Fuel and Waste Management Co., 2010.

［9］ Raiko H. Canister design 2012. POSIVA 2012-13. Olkiluoto: Posiva, 2013.

［10］ 涂善东, 轩福贞, 王卫泽. 高温蠕变与断裂评价的若干关键问题. 金属学报, 2009, 45: 781-787.

［11］ Sandström R. Basic model for primary and secondary creep in copper. Acta Materialia, 2012, 60: 314-322.

［12］ Sandström R, Wu R. Influence of phosphorus on the creep ductility of copper. Journal of Nuclear Materials, 2013, 441: 364-371.

［13］ Pettersson K. An updated review of the creep ductility of copper including the effect of phosphorus. Stockholm: Swedish Radiation Safety Authority, 2016.

［14］ Wen J F, Tu S T, Xuan F Z, et al. Effects of stress level and stress state on creep ductility: Evaluation of different models. Journal of Materials Science and Technology, 2016, 32: 695-704.

［15］ Sandström R. The role of phosphorus for mechanical properties in copper. SKBdoc 1417069 v.1. Evenemangsgatan: Swedish Nuclear Fuel and Waste Management Co., 2014.

［16］ Swahn J. Comments on plans for the final disposal of spent nuclear fuel. MKG Report 6. Goteborg: Swedish NGO Office for Nuclear Waste Review, 2012.

[17]　Swedish National Council for Nuclear Waste. Nuclear Waste State-of-the-Art Report 2013. Final repository application under review: Supplementary information and alternative futures. SOU 2013:11. Stockholm: Swedish National Council for Nuclear Waste, 2013.

撰稿人：温建锋、涂善东

华东理工大学

材料与构件残余应力检测的待解难题

Unsolved Problems in the Measurements of Residual Stress in Materials/Components

残余应力是材料或构件内部自平衡的内应力，按平衡范围的不同，可以分为三类：第一类内应力，又称宏观残余应力，平衡范围包括整个部件；第二类内应力，又称微观残余应力，平衡范围与晶粒尺寸相当；第三类内应力，又称点阵畸变应力，平衡范围在几十纳米至几百纳米。在工程材料或结构中，上述三类残余应力共存。

材料内应力表达材料内部单位面积所承受的力，它存在于材料的内部，无法直接检测。在物质的基本结构原子尺度上，"内应力"是什么？其效应如何？宏观尺度上无法直接检测的内应力，是否能通过射线在原子尺度上检测获得？目前这些问题并没有彻底解决。

金属材料及构件在热加工过程中，其内部的温度场、应力场发生激烈的非均匀变化，使得其内部热膨胀与收缩不均匀、内部的微观组织变化不均匀、产生点阵畸变等，从而产生自平衡的内部应力场。构件在机械加工制造过程中，表面层也可能产生局部残余应力。构件表面、亚表面和深部因制造因素形成微裂纹，其微裂纹尖端的应力场形态是驱动裂纹扩展以致最终破坏的原因。残余应力过大会严重影响构件加工成形精度及装配精度，造成构件开裂和构件早期失效等严重问题，据统计，约有 50%的失效构件受残余应力影响或直接由残余应力导致失效。构件服役时，其真实应力由残余应力与工作载荷应力叠加作用形成，当两者方向相同时，残余应力的作用相当于工作载荷应力，从而降低构件的实际服役能力。材料与构件的残余应力影响结构强度、疲劳寿命、应力腐蚀开裂、尺寸稳定性和寿命，是引起构件开裂或变形的主要原因[1,2]，准确表征、预测和调控残余应力，对于优化制造工艺和防止结构过早失效，具有非常重要的意义。

目前，残余应力测试方法根据对被测试样是否会造成损坏可分为有损测试方法和无损测试方法两类[3]。有损测试方法主要有钻孔法、裂纹柔度法、剥层法等，是将存有残余应力的部件从构件中分离或切割出来使应力释放，由测量其应变的变化求出残余应力，该方法会对工件造成一定的损伤或者破坏，而且获得的是局部应力的平均值。无损测试方法即物理检测法，主要有磁性法、超声波法、X 射线衍射法、同步辐射法、中子衍射法等。其中，磁性法和超声波法只能用来检测表面残余应力的平均值，且精度较低。X 射线在材料中的穿透深度由其波长和材料的性能决定，对于钢铁材料，X 射线的穿透深度通常约为 10μm，由于其穿透能力较弱，X 射线衍射法只能测量材料表面的残余应力。采用同步辐射 X 射线光源[4]时，由于其强度是普通 X 射线光源强度的百万倍以上，其穿透深度可以达到几百微米以上。但是，同步辐射光源本质上依然是电磁波，它与原子核外电子相互作用，影响其对晶体材料的穿透能力，工程应用时，也仅仅能够用于测试构件次表面的应力。中子衍射法[5,6]以高能量的中子流为入射能束，其测定残余应力的基本原理与 X 射线衍射法类似，都是基于布拉格衍射定律。与 X 射线、同步辐射相比，中子不带电，与核内电子没有相互作用，具有更强的穿透能力，对于一般工程材料其穿透深度可以达到分米级，更有利于测量材料或工程部件深部的应力状态。各种残余应力的测试方法及其可达测试深度如图 1 所示。

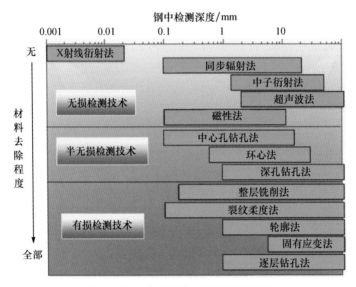

图 1　残余应力测试方法与测试深度

中国原子能科学研究院的先进研究堆已建成初具规模的"中子散射科学平台"，可为内应力衍射研究提供中子束流。在国家重大科研仪器设备研制专项基金的支持下，在此科学平台上建设的"材料与构件深部应力场及缺陷无损探测中子谱仪"将在 2018 年建成和投入使用。

工程上通过有限元模型来计算残余应力，预测应力大小和构件变形。真实内应力的实验检测方面，目前工业上广泛使用 X 射线衍射应力测试技术测取构件表面应力，并已成为国际上的通用方法。但是，X 射线法检测到的残余应力是构件浅层表面上 X 射线光斑范围内的相同晶体的统计平均应力。中子衍射法检测到的内应力是构件深部规范体积（gauge volume）内的相同晶体同族晶面应力的统计平均值，无论是光斑尺寸还是规范体积尺寸，都还是宏观尺度，所检测的内应力都难以反映某一晶体的应力状态，因此内应力衍射测试方法基本上是在第一类宏观残余应力范畴应用。

对于宏观残余应力检测，困难主要在于检测深度，当前中子检测技术能够达到分米级别。对于第二类和第三类残余应力的检测，检测原理和相关的检测方法、检测技术与衍射信号分析计算方法还不能完整地解决这一问题。第二类、第三类内应力源于构件/材料微结构尺度，材料成分中物相的含量和分布、晶体形状与尺度、织构、晶界与晶面、晶体缺陷的浓度与分布、点阵畸变等所有微结构的变化。这些微结构的变化产生的微观应力在实测信息中表现为中子衍射的线形宽化，如图 2[7]所示。对具有宽化特征的衍射线形进行分析计算，可得到相应微结构和微应力。当前的一个研究热点是从宽化的衍射线形中分解出由微观结构的各种变化产生的微观应力，诸多学者的研究工作发展了多种计算方法，如 Fourier 级数法、方差法、近似函数法[7]等。但由于实际构件/材料中导致衍射线形宽化的因素有很多，而且可能有多种因素同时存在，从宽化的衍射线形中通过计算分解出各种因素产生的内应力是十分困难的。此外，利用射线衍射检测与计算晶体材料内部应力，所依据的是 АКСЕНОВ 应力-应变宏微等效原理，即将微观尺度物质承受外载作用时的应力应变状态用描述宏观规律的胡克定律 $\sigma=C\varepsilon$ 表征，不同的是 C 值对应某同类晶体、同族晶面的弹性常数。而对于纳观尺度平衡的第三类内应力，其产生与作用范围在晶体内部，用晶面系数的改变来线性表征微应力-应变关系已不可能，因此对第三类内应力的表征方法，也有待解决。

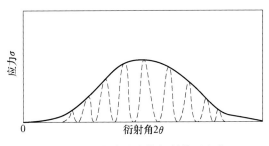

图 2　微观应力造成的衍射线形宽化

参 考 文 献

[1]　Green D J, Tandon R, Sglavo V M. Crack arrest and multiple cracking in glass through the use of designed residual stress profiles. Science, 1999, 283: 1295-1297.

[2]　Kahn H, Ballarini R, Bellante J J, et al. Fatigue failure in polysilicon not due to simple stress

corrosion cracking. Science, 2002, 298(5596): 1215-1218.

[3] 刘倩倩, 刘兆山, 宋森, 等. 残余应力测量研究现状综述. 机床与液压, 2011, (11): 135-138.

[4] 陆燕玲, 文闻, 罗仕海, 等. 上海光源在材料与能源科学中的应用. 现代物理知识, 2010, 22(3): 36-41.

[5] Withers P J. Mapping residual and internal stress in materials by neutron diffraction. Computes Rendus Physique, 2007, (8): 806-820.

[6] Langh R, James J, Burca G, et al. New insights into alloy compositions: Studying Renaissance-bronze statuettes by combined neutron imaging and neutron diffraction techniques. Journal of Analytical Atomic Spectrometry, 2011, (26): 949-958.

[7] 姜传海, 杨传铮. 内应力衍射分析. 北京: 科学出版社, 2013.

撰稿人：吴运新[1]、陈康华[1]、蒋文春[2]、孟　光[3]

1 中南大学、2 中国石油大学（华东）、3 上海交通大学

材料微观结构应力表征

Stress Characteristic Based on Material Microstructure

结构疲劳寿命预测对于优化设计、预防灾难性失效具有重要意义。应力是结构疲劳寿命的关键控制变量。然而，传统力学中定义的应力是一个纯力学概念，是在材料"连续、均匀、各向同性、充满所在空间"的理想假设基础上做出的。这样的定义对于工程中真实的非均质结构材料（如金属材料）失效问题显然是很粗糙的。这样的定义只能解释为统计意义上的某种宏观平均度量，没有反映材料微观结构上的应力非均匀及应力集中等问题。由于材料微观结构的复杂性[1,2]，这种"统计平均"未必真正适用于材料疲劳损伤分析及疲劳寿命预测，甚至会误导对损伤速率-应力水平关系的认知。例如，金属疲劳本质上是材料的局部行为，更多是由其微观结构形态决定的，包括位错结构、晶粒、晶界组态与性能等。而传统定义的应力量值不能体现对疲劳损伤具有重要影响的金属材料晶粒以下尺度的局部应力的真实大小，局部应力场特征由于应力量值"平均化"而被忽视[3]。另外，疲劳进程中，由于损伤的累积，材料性能及微观组织结构不断变化，有更集中的位错等缺陷形成，甚至有微裂纹产生，某些微观结构部位上的应力也会逐渐增大。

材料显微构造特征通常包括位错密度、亚颗粒大小及动态重结晶颗粒大小等物理量[4]，局部应力场与这些物理量之间存在函数关系。如果能够构建与这些重要物理量，或至少与晶粒、晶界等显微组织结构相关的"微观结构应力"，用以表征载荷效应会更有意义。

结构应力表征问题同时也出现于其他失效机理、失效模式的失效分析中。损伤力学中的"有效应力"考虑了材料的真实承载面积，且随损伤的进展变化；断裂力学中的"应力强度因子"也随裂纹长度（损伤度量）的增长而增大。研究证明，裂纹扩展本身也体现了明显的材料微观特征时空不均匀性[5]。国际上，焊接结构寿命预测的主流方法已开始广泛采用"结构应力"[6]。这种时空不均匀性不仅与载荷有关，还与材料特性有关。只有建立在材料微观特征量基础上的应力物理量才可能更为精确地表征时空不均匀性对损伤及失效过程的影响。

进一步地，损伤力学中的"有效应力"综合反映了力学和材料损伤状态两方面的特性，但本质上还是一个简单的统计学概念，尚未全面反映材料微观形貌对应力分布（如应力集中效应）的影响[7,8]；断裂力学在表达裂纹扩展驱动力时，舍弃了应力概念,采用在裂纹尖端有确切表达式的"应力强度因子",回避了裂纹尖端应力无穷大的物理解释困难,有革命性意义[9,10]。然而,断裂力学中的应力强度因子也是纯力学概念——与材料微观组织结构无关,且工程结构中的裂纹尖端曲率半径也不可能为零。类似应力强度因子概念,国内有学者提出了缺口应力场强度概念,是在疲劳应力参量表达方面很有意义的尝试,但其也是纯力学或几何概念,未与材料微观组织结构及其性能联系起来、未体现随材料损伤程度的变化。

显然,疲劳损伤分析需要针对具体材料及其缺陷的宏观/微观特征,选取更为合适的应力表征量,可称为"微观结构应力"。随着疲劳过程及损伤的发展,影响"微观结构应力"的主要因素也在发生变化(图1),"微观结构应力"将是一个在材料疲劳过程中不断变化的物理量。

图1　结构疲劳进程中的组织结构形貌与应力影响因素

随着复合材料的大量使用,疲劳损伤分析与寿命预测面临新的挑战。目前,复合材料疲劳应力分析主要建立在细观力学基础上[11,12]。在该方法中,需要对复合材料进行简化并建立计算模型,而后利用有限元方法进行计算,并与实验结果相比较。这种方法随着计算机技术的发展得到广泛应用。然而,由于材料的时空不均匀性和各向异性等特征,简化模型难免引起误差。此外,复合材料的疲劳行为与材料特性、界面特性及载荷条件紧密相关。三者相互作用所引起的材料内部及界面应力表征问题是其疲劳损伤分析和疲劳寿命预测的首要问题[13]。对于具有复杂微观结构的 3D 打印材料,应力定义同样是一个不可回避的问题。

由此,全面考虑载荷和承载材料的微观组织结构(包括缺陷形态)、损伤机理及损伤状态,定义"材料微观结构应力",建立相应的理论方法体系,有重要科学意义和工程应用价值。这样的定义不但能更精确地表征载荷对损伤的作用效果,也有助于正确认识损伤速率与应力水平之间的关系。而定义疲劳进程中"微观结构应力"的难点,则包括材料微观组织结构、缺陷及其力学行为和演化规律表征、微观应力集中效应及多轴应力状态表征、微观应力分布形态及其统计规律表征以及"微观结构应力"的多维表征参数中疲劳损伤控制变量辨识、提取与构造等。

参 考 文 献

［1］ Wan V V C, Cuddihy M A, Jiang J, et al. An HR-EBSD and computational crystal plasticity investigation of microstructural stress distributions and fatigue hotspots in polycrystalline copper. Acta Materialia, 2016, 115: 45-57.

［2］ Novovic D, Dewes R C, Aspinwall D K, et al. The effect of machined topography and integrity on fatigue life. International Journal of Machine Tools and Manufacture, 2004, 44(2): 125-134.

［3］ Atzori B, Lazzarin P, Tovo R. From a local stress approach to fracture mechanics: A comprehensive evaluation of the fatigue strength of welded joints. Fatigue and Fracture of Engineering Materials and Structures, 1999, 22(5): 369-381.

［4］ Alam M M, Barsoum Z, Jonsén P, et al. The influence of surface geometry and topography on the fatigue cracking behaviour of laser hybrid welded eccentric fillet joints. Applied Surface Science, 2010, 256(6): 1936-1945.

［5］ Bjerkén C, Melin S. A tool to model short crack fatigue growth using a discrete dislocation formulation. International Journal of Fatigue, 2003, 25(6): 559-566.

［6］ Fu Y, Song J H. On computing stress in polymer systems involving multi-body potentials from molecular dynamics simulation. Journal of Chemical Physics, 2014, 141: 054108.

［7］ Zheng Q S, Betten J. On damage effective stress and equivalence hypothesis. International Journal of Damage Mechanics, 1996, 5(3): 219-240.

［8］ Lemaitre J. A continuous damage mechanics model for ductile fracture. Journal of Engineering Materials and Technology, 1985, 107(1): 83-89.

［9］ Newman J C, Raju I S. An empirical stress-intensity factor equation for the surface crack. Engineering Fracture Mechanics, 1981, 15(1-2): 185-192.

［10］ Rybicki E F, Kanninen M F. A finite element calculation of stress intensity factors by a modified crack closure integral. Engineering Fracture Mechanics, 1977, 9(4): 931-938.

［11］ Chan K S. Effects of interface degradation on fiber bridging of composite fatigue cracks. Acta Metallurgica et Materialia, 1993, 41(3): 761-768.

［12］ Degrieck J, van Paepegem W. Fatigue damage modeling of fibre-reinforced composite materials: Review. Applied Mechanics Reviews, 2001, 54(4): 279-300.

［13］ Kim M H, Kang S W, Kim J H. An experimental study on the fatigue strength assessment of longi-Web connections in ship structures using structural stress. International Journal of Fatigue, 2010, 32(2): 318-329.

撰稿人：谢里阳、赵丙峰

东北大学

大型金属构件高能束增材制造过程内应力形成与测量

Internal Stress Formation Mechanism and Measurement Method for High Energy Beam Additive Manufacturing of Large Metallic Component

　　高性能难加工金属大型关键构件制造技术，被公认为是航空航天、核电、石化、船舶等重大高端装备制造业的基础和核心关键技术。高性能大型金属构件的增材制造通过逐点扫描、逐线搭接、逐层熔化凝固堆积（增材制造），实现三维复杂零件的"近净成形"，实际上是高能束超常冶金/快速凝固高性能"材料制备"与大型复杂构件逐层增材"直接制造"的一体化过程。因此，采用增材制造技术成形大型难加工金属构件具有独特的技术优势[1]。

　　在高能束流增材制造过程的成形工艺中，极细小的高能束作用在金属粉末/丝材上，使金属粉末/丝材熔化并凝固成实体，由于快热快冷的成形特点，在材料内形成高达 $10^3\sim10^6$K/s 的温度梯度，从而形成较大的热应力。特别是大型金属构件增材制造过程中长期经受高能束的循环剧烈加热和冷却，短时循环固态相变微热处理，超高温度梯度和强约束联合作用下移动熔池的快速凝固，在成形零件内部产生和累积很大的热应力、组织应力和机械约束应力及其强烈的非稳态交互作用，导致零件翘曲变形和严重开裂。事实上，大型金属构件增材制造过程中严重变形和开裂问题，是制约该技术发展和应用的"瓶颈难题"。对增材制造过程"内应力形成机理"和"测量问题"等关键科学问题的研究，不仅是切实解决"热应力控制和变形开裂预防"等长期制约高性能大型金属构件增材制造发展和应用"瓶颈难题"的基础，更是决定该技术优势能否得以充分发挥并走向工程应用推广的基础。

　　由于对高能束增材制造过程内应力演化规律及其非线性非稳态耦合交互作用下零件变形开裂行为缺乏深入认识，国内外主要研究对象还限于小型复杂构件。内应力控制及变形开裂成为长期制约大型金属构件高能束增材制造技术发展的瓶颈难题。因此，开展大型金属构件高能束增材制造过程内应力形成与测量问题研究，对于实现对大型金属构件高能束增材制造过程内应力的有效控制、有效预防大型金属构件高能束增材制造过程中"变形和开裂"现象的发生，提高成形构件的几何形状尺寸精度具有重要意义。

　　高能束增材制造采用能量密度极高的激光/电子束/电弧熔化金属粉末/丝材，

粉末/丝材在高能束的作用下，在极短的时间内经历一个极不均匀的快热和快冷热物理过程，熔池及其周围材料以极高的速度加热、熔化、凝固并冷却，从而产生体积收缩变形，但是受周围较冷区域材料的限制，在零件内部产生了巨大的残余应力，并且由于尺寸巨大和形状复杂，大型构件内的残余应力存在复杂的累积、转移和集中的演化过程，所以其内部残余应力分布复杂、变化剧烈，是此类构件变形开裂的根本原因。

大型金属构件高能束熔化逐层沉积增材制造过程的材料物理、化学和冶金现象十分复杂，同时发生着"高能束/金属（粉末/丝材、固体基材、熔池液体金属等）交互作用"、移动熔池的"超常冶金"、移动熔池在超高温度梯度和强约束条件下的"快速凝固"、复杂约束长期循环条件下"热应力演化"等。增材制造过程中零件长期经历高能束的周期性、剧烈、非稳态、循环加热和冷却及其短时非平衡循环固态相变。强约束下移动熔池的快速凝固收缩等超常热物理和物理冶金现象，在零件内产生应力水平很高、演化及交互作用过程极其复杂的热应力、相变组织应力和约束应力及其强烈的非线性强耦合交互作用和应力集中[2]，导致该问题的解决异常复杂。

大型金属构件增材制造成形过程中局部热输入造成的不均匀温度场必然引起局部热效应，在高能束快速扫描的条件下，一方面，材料及基材产生极大的温度梯度，熔池及其附近周围材料被快速加热、熔化、凝固和冷却，这部分材料在加热过程中产生的体积膨胀和冷却过程中产生的体积收缩均受周围较冷区域的限制。另一方面，温度的升高会导致金属材料的屈服极限降低，使得部分区域的热应力大于材料的屈服极限，形成塑性热压缩，材料冷却后就比周围区域窄小，从而在成形层中形成残余应力。内应力的形成是热应力、组织相变应力和凝固收缩应力三者相互耦合和逐步累积的效果，而且必然存在于增材制造成形金属材料过程，对该问题的研究是高性能难加工金属大型关键构件的增材制造及其"控形控性一体化"主动控制和更快走向工程推广应用的关键。

增材制造内应力的测试方法可分为物理无损测试法和机械有损测试法两大类，包括裂纹柔度法、小孔法、轮廓法、中子衍射法、X射线衍射法等[3-5]。Mercelis等[3]分析了激光增材制造工艺残余应力产生机理，认为残余应力主要由极高的温度梯度引起；采用柔度法测量了残余应力分布并建立了成形过程中的残余应力数学模型，考虑了去除基板对应力场的影响。分析发现，零件与基板结合部位的残余应力非常高，使得此处极易发生开裂和翘曲。Lai等[4]采用钻孔法研究了激光近净成形工艺的残余应力，研究发现LENS残余应力属于低应力水平；激光功率越大或者扫描速度越小，残余应力越大；平行于扫描方向的残余应力较大，垂直于扫描方向的残余应力较小。Rangaswamy等[5]采用中子衍射法测量了LENS工艺成形构件内部的残余应力，测量发现在构件中部存在明显的残余压应力，而边缘处为残余拉应力，残余应力数值上可达屈服强度的 50%～80%。Xie 等采用轮廓法测量了电子束焊接 Ti-6Al-4V 厚板内部的残余应力，结果表明试样焊接区域纵向（沿焊接方向）残余应力水平很高（超过屈服应力）且梯度较大；此外，纵向的残余应力还会引起显著的横向（垂直于焊接方向）应力，焊接部位材料处于复杂的三向应力状态[6]。Ding 等[7]和 Zhang 等[8]分别用中子衍射法和轮廓法测量了 WAAM 成形的 Ti-6Al-4V 板材的残余应力分布，研究发现在增材制造与基材的界面附近残余应力分布复杂，使构件产生翘曲变形，同时对构件的力学特性影响显著。Colegrove 等[9]同样指出 WAAM 成形构件内存在显著的残余应力，并提出采用高压轧制可显著减小构件内部的残余应力，同时改善其微观组织形态，提高其力学性能。

柔度法在被测试样的表面引入一条裂纹，这条裂纹的深度逐渐增加，然后采用传感器测量不同裂纹深度所对应的应变，从而通过计算求得残余应力，因此难以测量零件表面的应力。钻孔法是用机械方法在试样上钻孔，并通过测量应变来计算残余应力，不仅产生较大的加工应力，还需要在钻孔附近贴应变片，因此对试样的表面质量和尺寸的要求较高。中子衍射法和 X 射线衍射法无法测量零件内部应力。总之目前的测量方法还很不完善，使得增材制造的残余应力的研究不尽完美。更为重要的是，这些测量方法仅能测量成形后构件的内应力分布，无法得到增材制造过程中的残余应力累积过程。因此，部分学者通过建立有限元模型来模拟增材制造成形过程的内应力的累积过程[10]。综合比较上述残余应力测量方法，机械测量法总会对构件造成不同程度的破坏，而射线法虽然不会对构件产生破坏，但是由于射线的穿透深度有限，限制了它在大型复杂结构中的应用。大型金属增材制造构件通过破坏性实验测量残余应力代价太大，而无损检测技术又无法实现。因此，对于大型金属增材制造结构，宜采用数值模拟技术和少量实验验证的方法，不仅可节省大量人力、物力，还可解决一些目前实验无法直接研究的复杂问题。

要实现对大型金属构件增材制造过程内应力的有效控制、有效预防大型金属构件增材制造过程中"变形和开裂"现象的发生，提高成形构件的几何形状尺寸精度，需深入研究以下三个有关的基础问题：

（1）超高温度梯度作用下移动熔池的"约束快速凝固收缩应力"形成机理及演化规律。

（2）周期性、非稳态、长期热循环作用下大型复杂构件热应力、组织应力、凝固收缩应力的非稳态耦合、内应力累积、传递和集中演化规律及其作用下的零件变形、开裂行为。

（3）建立大型金属构件高能束增材制造温度场及热应力场演化的数值模型及实验测量方法，为解决变形开裂问题奠定理论基础。

参 考 文 献

［1］ 王华明. 高性能大型金属构件激光增材制造: 若干材料基础问题. 航空学报, 2014, 35(10): 2690-2698.

［2］ Baufeld B, Brandl E, van der Biest O. Wire based additive layer manufacturing: Comparison of microstructure and mechanical properties of Ti-6Al-4V components fabricated by laser-beam deposition and shaped metal deposition. Journal of Materials Processing Technology, 2011, 211: 1146-1158.

［3］ Mercelis P, Kruth J P. Residual stresses in selective laser sintering and selective laser melting. Rapid Prototyping Journal, 2006, 12(5): 254-265.

［4］ Lai Y, Liu W, Kong Y, et al. Influencing factors of residual stress of Ti-6.5Al-1V-2Zr alloy by laser rapid forming process. Rare Metal Materials and Engineering, 2013, 42(7): 1526-1530.

［5］ Rangaswamy P, Holden T M, Rogge R B, et al. Residual stresses in components formed by the laser-engineered net shaping (LENS®) process. The Journal of Strain Analysis for Engineering Design, 2003, 38: 519-527.

［6］ Pu X, Zhao H, Wu B, et al. Using finite element and contour method to evaluate residual stress in thick Ti-6Al-4V alloy welded by electron beam welding. Acta Metallurgica Sinica (English Letters), 2015, 28(7): 922-930.

［7］ Ding J, Colegrove P, Mehnen J, et al. Thermo-mechanical analysis of wire and arc additive layer manufacturing process on large multi-layer parts. Computational Materials Science, 2011, 50: 3315-3322.

［8］ Zhang J, Wang X, Paddea S, et al. Fatigue crack propagation behavior in wire+arc additive manufactured Ti-6Al-4V: Effects of microstructure and residual stress. Materials and Design, 2016, 90: 551-561.

［9］ Colegrove P A, Coules H E, Fairman J, et al. Microstructure and residual stress improvement in wire and arc additively manufactured parts through high-pressure rolling. Journal of Materials Processing Technology, 2013, 213: 1782-1791.

［10］ Ding J, Colegrove P, Mehnen J, et al. A computationally efficient finite element model of wire and arc additive manufacture. The International Journal of Advanced Manufacturing Technology, 2014, 70: 227-236.

撰稿人：张纪奎

北京航空航天大学

能否精确预测零件表层切削残余应力？

Whether the Surface Residual Stresses Induced in Cutting Process Can Be Accurately Predicted?

1. 研究背景

切削后，通常在加工表面层产生残余应力，残余应力对零件的使用性能，包括疲劳特性、抗应力腐蚀性、精度保持性等具有重要影响。例如，在航空领域，飞机的机翼、起落架轮轴和压气机叶片等零部件在使用过程中由于裂纹扩展（图1）等造成突然断裂失效的现象时有发生，而引起疲劳断裂失效的重要因素之一就是工件内不合理的残余应力分布。在航海领域，为保证某钻井平台全回转推进器承力回转轴在高达 200t·m 的强交变载荷与高盐度海水腐蚀环境的交互作用下正常工作，需要保证其表面最大残余应力小于 135MPa。

由于残余应力对工件使用性能具有重要影响，所以需要对残余应力进行控制，主要通过表面强化工序（对工件进行后处理）使零件表层获得要求的残余压应力。典型的工艺方法有去应力退火、振动时效、喷丸强化（图2）等。然而，采用以上方法调控残余应力必然导致工艺路线的延长，工艺复杂程度与成本的增加。随着绿色制造以及超精密加工的发展，以上这些传统的通过后处理对残余应力进行调控的方法在很多情况下已经不能满足现代制造业的要求。如果能在切削加工阶段对残余应力进行控制，则可以消除后处理带来的不利影响，缩短工艺路线，节约生产成本。

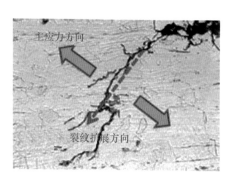

图 1　压气机叶片裂纹扩展

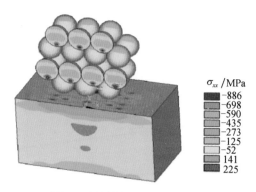

σ_{xx} /MPa

-886
-698
-590
-435
-273
-125
-52
141
225

图 2　喷丸模拟残余应力分布[1]

2．研究现状

切削过程引起的残余应力大小和分布的准确预测对于提高零件疲劳寿命、抗腐蚀性及控制零件变形具有重要意义。从形成机制来看，残余应力主要由非均匀塑性变形、热应变及材料相变等非协调局部变形导致。

关于切削加工残余应力的早期工作主要是针对切削残余应力的形成机理及加工参数影响规律的实验研究。20 世纪 80 年代后期，计算机技术及有限元技术的迅速发展使得切削残余应力的数值模拟工作开始大量涌现，直到现在仍然是该领域的主流研究手段。借助有限元仿真技术，研究者针对工件材料特性、刀具材料特性、刀具刃口几何特性、切削参数、冷却条件等影响因素从不同角度对切削过程及残余应力进行数值模拟，并从中发现了加工残余应力的一系列影响规律[2]。

然而，作为切削加工过程的结果，残余应力数值计算的准确性很大程度上取决于切屑形成过程数值模拟。伴随着高温、高应变、高应变率下的大变形及界面接触，金属切削过程变形呈现很强的非线性特征。尽管现有的非线性有限元技术在理论上已经能够较好地处理大变形问题，但在处理连续切削过程中的网格畸变及切屑断裂分离方面还是需要人为简化来保证仿真计算的顺利进行，而真实反映切削分离过程的数值模拟仍是计算固体力学在应用中的一个难题[3]。

在残余应力的解析理论预测方面，大量学者[4,5]基于滚动滑动接触状态下的弹塑性变形理论建立了正交切削残余应力解析预测模型，并分析了各种工艺条件（包括切削参数、刀具参数及冷却条件）对残余应力的影响规律。然而，目前的解析模型大多是基于平面应变的基本假设建立的，而且没有考虑切削过程力-热耦合的影响，因此预测精度不高。在残余应力优化方面，部分学者[6,7]已经开展了一些研究，针对残余应力合理分布的切削工艺参数优化研究较少。

3．主要难点描述及说明

零件表层的残余应力分布状况是在加工过程中逐步形成的。面临的问题是，如何通过优化切削过程控制工艺参数使零件表层残余应力分布达到要求的状况。研究的难点是，切削参数对零件表层残余应力影响机制及其规律的获得、准确的切削残余应力预报模型的建立、最优残余应力分布曲线的定义及其参数表征、基于最优残余应力分布曲线的切削过程控制参数优化方法等。

（1）切削过程工艺参数对零件表层残余应力的影响机制。在切削加工中，切削参数、刀具参数影响着已加工工件表面附近的残余应力分布，然而切削参数、刀具参数的变化对残余应力分布的影响规律错综复杂。目前主要从最终残余应力分布的角度逆向分析不同切削过程切削参数、刀具参数对残余应力的影响规律。然而，这种方法只能针对特定的工况进行定性的分析，工作量大，而且通用性差。若能够从原理上揭示各工艺参数对残余应力的影响机制，不仅能对当前的工艺参数进行评估，而且能够从工艺参数优选的角度对残余应力分布进行控制。

（2）切削过程残余应力精确预测。切削过程是一个涉及弹塑性力学、断裂损伤力学、传热学、摩擦学等多学科综合交叉的复杂的热力耦合过程。切削过程机械应力及不均匀的温度分布引起的热应力会引起工件材料塑性变形，当刀具离开工件表面时，由于应力释放及冷却过程的影响，会在工件表层引起残余应力。此外，在切削热作用下由于金相组织转变也会产生残余应力，从而加大了切削过程残余应力求解的难度。目前国内外学者主要通过有限元仿真和解析建模的方法预测切削加工引起的残余应力分布。然而，有限元仿真分析受结构离散、逼近等方法的影响，因此只能输出近似解。此外，在边界条件、载荷工况、切屑断裂分离方面还是需要人为简化来保证仿真计算的顺利进行，这影响了仿真结果的准确性。由于切削表层残余应力的影响因素非常复杂，尤其是特定工件材料在宏观尺度上的力学及热学特性都存在明显的非线性特征，需要对解析模型进行一定程度的简化，就不可避免地影响预测结果的准确性。

（3）以最优残余应力分布为目标的最优切削参数逆向推理。想要获得最优的残余应力分布，首先需要对其进行定义及参数化表征（图3）。目前针对残余应力合理分布的优化研究主要是针对工件表面残余应力的单目标优化，然而对工件使用性能产生影响的不仅仅是表面残余应力，也包含残余应力分布的其他衡量指标（如最大残余压/拉应力、应力深度分布等）。目前的研究尚没有明确如何从残余应力分布曲线中提取出特征参数，并基于这些特征参数建立目标函数进行多目标优化。

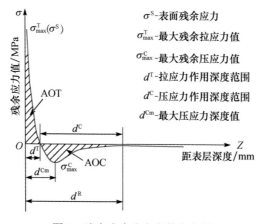

图3　残余应力分布参数化表征

4. 解决难题的意义及重要性

零件表层切削残余应力分布预测是重要的科学问题，对此问题的深入研究，有助于建立相对精确的切削工艺参数与加工表面残余应力分布之间的映射模型，可以根据给定的工艺条件预测出加工后工件表面层的残余应力分布。可以通过分析不同切削工艺条件对残余应力的影响机制，逆向推理最优切削参数。通过面向残余应力合理分布的工艺参数优化，在切削之前对工件残余应力进行工艺调控，从而缩短工艺路线，降低残余应力调控的成本。

参 考 文 献

[1] 詹科. S30432 奥氏体不锈钢喷丸强化及其表征研究. 上海: 上海交通大学博士学位论文, 2013.

[2] Brinksmeier E, Cammett J T, Nig W K O, et al. Residual stresses-measurement and causes in machining processes. CIRP Annals—Manufacturing Technology, 1982, 31: 491-510.

[3] Outeiro J E C, Umbrello D, Saoubi R M, et al. Evaluation of present numerical models for predicting metal cutting performance and residual stresses. Machining Science and Technology, 2015, 19: 183-216.

[4] Liang S Y, Su J C. Residual stress modeling in orthogonal machining. CIRP Annals—Manufacturing Technology, 2007, 56(1): 65-68.

[5] Lazoglu I, Ulutan D, Alaca B E, et al. An enhanced analytical model for residual stress prediction in machining. CIRP Annals—Manufacturing Technology, 2008, 57(1): 81-84.

[6] Zong W J, Sun T, Li D. FEM optimization of tool geometry based on the machined near surface's residual stresses generated in diamond turning. Journal of Material Processing Technology, 2006, 180(12): 271-278.

[7] Farshid J, Hossein A, Javad S. Experimental measurement and optimization of tensile residual stress in turning process of Inconel 718 superalloy. Measurement, 2015, 63(3): 1-10.

撰稿人：闫　蓉、张小明、彭芳瑜

华中科技大学

高温下结构的蠕变：一个困扰机械强度学界近百年的科学难题

Creep in High Temperature Structures: A Trouble in Mechanical Strength for Nearly 100 Years

与塑性变形需要工作应力超过材料的屈服强度不同，当机械设备在30%~40%材料熔点温度以上环境中服役时，即便应力远低于材料的屈服强度，也会发生变形持续增加的现象，且具有不可恢复的变形特征，甚至诱发设备发生远低于屈服应力的破坏，如图1所示，此现象称为结构的蠕变（creep of structure）。工程中由于蠕变引发的设备失效事故屡见不鲜，如汽轮机高压转子断裂、主蒸汽管道破裂、焦炭塔裙座开裂、高温螺栓变形等。尤其是当代诸多高端装备，如超超临界电站设备、新一代航空发动机、第四代核电（快中子反应堆、高温气冷堆）等，均面临着高温、高压、长寿命等极端服役工况，使得设备的蠕变失效与预防控制问题更加凸显[1]。

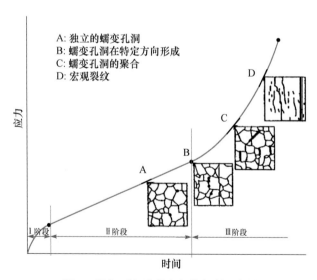

A: 独立的蠕变孔洞
B: 蠕变孔洞在特定方向形成
C: 蠕变孔洞的聚合
D: 宏观裂纹

图1　蠕变-时间曲线与损伤机制示意图

自1830年法国工程师Vicat首次关注并报道蠕变现象以来，工程中人们主要通过研制或选择抗蠕变材料，来避免锅炉等设备发生高温失效。1929 年，美国 MIT 的 Norton 教授等提出了材料蠕变应力门槛值概念，以期得到一个类似于疲劳极限（fatigue limit）的材料常数，使得当工作应力低于蠕变应力门槛值时就可避免蠕变发生。然而，随后 Harper、Dorn 及 Coble 等的研究表明，许多材料并未表现出蠕变门槛应力的现象，较低应力下也会发生扩散主导的蠕变变形。其后，材料物理学家研究探索了材料发生蠕变的扩散、位错等内在机制[2,3]，建立了外载荷、晶粒尺寸、晶界等因素与蠕变变形的函数关系[4]，形成了载荷、温度与蠕变机制之间的关系图（图 2）。尤其是基于对合金元素、晶体结构与蠕变强度及寿命关系的理解[5,6]，人们研究开发了诸多抗蠕变、高强度的高温合金材料。然而，随着机械装备的服役温度和载荷参数的不断增长，人们发现单纯通过研发新材料或改善材料的抗蠕变性能已难以满足日益增长的结构强度要求，同时也导致了设备制造的成本增加。因此，研究如何结合设备的功能特点，通过优化结构几何与载荷应力分布以实现高端装备的长寿命、高可靠性需求，已成为诸多高端装备研制的新课题。

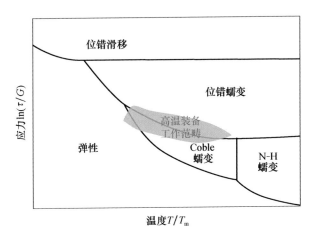

图 2　蠕变机制与载荷、温度关系示意图

与材料的蠕变问题不同，机械装备中即便是同一部件也往往存在温度和应力的非均匀现象，设计中需要给出合理的限定准则以避免蠕变破坏。1925 年，美国机械工程师学会（American Society of Mechanical Engineers, ASME）成立了高温材料性能委员会，并于 1944 年首次建立了蠕变条件下的许用应力确定方法，1963 年首次以规范案例（Code Case）形式，建立了基于弹性分析路线的应力分类蠕变设计方法，其后经过多次修改完善沿用至今。然而，由于蠕变导致的应力松弛和卸载效应，人们发现按照 Inglis 等 1913 年建立的孔洞应力集中理论选择材料和蠕变强度设计，会导致过于保守的结果[7]，如原设计寿命为 30 年的英国 Parsons 电厂的汽轮机转子，使用 40 年后依然完好无损。同时，忽略结构中蠕变导致的应力重分布和松弛效应，不仅导致设备使用的材料性能等级升高，而且增加了结构尺寸，增大了制造难度和成本。因此，研究发展合理的蠕变本构模型，精确计算结构不连续部位的蠕变应力重分布和强度设计，依然是结构蠕变强度学领域的重要内容。

蠕变变形引起结构功能失效是结构高温强度设计面临的另一个难题。1975 年，法国建造的 Phénix 快中子增殖实验堆容器发生的蠕变屈曲问题，使人们意识到控制蠕变变形的工程需求[8]，其后相继开展了有关航空发动机、燃气轮机、超超临界汽轮机等装备的转子、叶片等部件蠕变变形的设计控制研究。ASME 高温标准提出蠕变变形控制的设计准则（膜应变小于 1%，表面应变小于 2.5%，局部应变小于 5%）。然而，对于满足设备功能完整性的蠕变设计准则，则需要用户针对不同的产品研究给出。另外，如图 2 所示，材料的蠕变机理和变形失效模式不仅与材料本身相关，而且随工作温度、应力的大小而改变，从而导致高温装备的蠕变应力和应变难以精确可靠计算。同时，结构的局部蠕变集中还往往受周围弹性应力应变场导致的弹性跟随效应（elastic follow-up effect）、蠕变与疲劳机制的交互作用以及局部蠕变-塑性增强效应影响，热机条件下的安定性分析和棘轮变形预测，也是目前结构蠕变强度和寿命分析面临的难点[9]。

因此，虽然经历了近百年的大量研究，高温下结构的蠕变问题至今远未解决。如何结合新一代超超临界汽轮机、第四代核反应堆、航空发动机等高温设备的新需求，研究建立变温度、变载荷下结构中蠕变应力和应变的合理计算方法，以及建立多失效机制及其耦合下的强度判据，是高温结构蠕变强度学的新问题。

参 考 文 献

[1] 涂善东, 轩福贞, 王卫泽. 高温蠕变与断裂评价的若干关键问题. 金属学报, 2009, 45(7): 781-787.

[2] Wood W A, Tapsell H J. Mechanism of creep in metals. Nature, 1946, 158: 415-416.

[3] Jones R B. Diffusion creep in polycrystalline magnesium. Nature, 1965, 207: 70.

[4] Seth B R. Transition theory of elastic-plastic deformation, creep and relaxation. Nature, 1962, 195: 896-897.

[5] Taneike M, Abe F, Sawada K. Creep-strengthening of steel at high temperatures using nano-sized carbonitride dispersions. Nature, 2003, 424: 294-296.

[6] Pyzalla B, Camin T, Buslaps M, et al. Simultaneous tomography and diffraction analysis of creep damage. Science, 2005, 1: 92-95.

[7] Yao H T, Xuan F Z, Wang Z D, et al. A review of creep analysis and design under multi-axial

stress states. Nuclear Engineering and Design, 2007, 237: 1969-1986.

[8] AFCEN RCC-MR. Design and Construction Rules for Mechanical Components of FBR Nuclear Islands. Paris: AFCEN, 2002.

[9] Zhao M, Koves W. Isochronous stress-strain method with general state of stress and variable loading conditions for creep evaluation. Journal of Pressure Vessel Technology, 2012, 134(5): 051205.

撰稿人： 轩福贞

华东理工大学

极端环境下密封件的寿命预测

Lifetime Prediction of Seals under Extreme Conditions

密封件主要在静态或动态条件下实现对气体或液体的密封，并在长期运行中保持良好的稳定性，不发生泄漏，在现代工业中得到广泛应用，拥有独特而重要的地位。密封材料主要为金属材料、非金属材料和复合材料，其中应用最多同时也最易退化失效的是橡胶类密封材料。现代工业中有很多极端和复杂的应用环境，如新一代火箭贮箱中的极端低温（液氧-182.96℃、液氢-252.7℃）环境、空间轨道上的真空/辐射/高低温（10^{-6}～10^{-11}Pa/带电粒子年剂量 10^3Gy、紫外 $1.18×10^2$W/m^2/-180～200℃）环境、化工行业中的特殊介质（浓 H_2SO_4/浓 HNO_3 等强酸、NaOH 等强碱）环境、核工业中的辐射（10^3～10^8Gy/h）环境、航天器中的高温/疲劳载荷（>80℃）环境等。应用在上述环境中的密封材料，尤其是橡胶密封材料，其性能稳定性和寿命预测成为保证工业系统及产品可靠性的关键问题。例如，卫星的驱动结构和飞行器的对接结构密封件采用具有突出耐高低温、耐原子氧、抗辐射性能、真空出气（挥发分）少的硅橡胶；运载火箭推进剂系统采用耐热、耐燃（即使在纯氧中也不燃烧）、耐强氧化剂（N_2O_4 和硝酸）性能突出的羧基亚硝基氟橡胶和氟醚橡胶；伺服机构及煤油燃料贮箱采用耐高低温、耐油和安装稳定性好的丁腈橡胶[1,2]。不夸张地说，一些关键部位的关键材料的有效性甚至能决定一个航天器的命运。

材料的长期寿命预测通常采用加速试验，通过提高环境应力水平（温度、湿度、压力、循环次数等）的方式让材料在短期内失效，然后利用数学模型将数据外推至正常环境应力水平下，获得寿命预测值。传统的高分子材料寿命预测方法主要为两类，一类是基于经验的 WLF（Williams-Landel-Ferry）方程，另一类是基于阿伦尼乌斯方程（Arrhenius equation）的化学反应动力学方法。前者主要针对黏弹性主导的老化过程，而后者主要应用于物理化学机理主导的老化过程[3,4]。通常橡胶类密封材料的老化过程主要为断裂降解和交联，因此在实际中更多应用阿伦尼乌斯方程进行寿命预测。尽管应用广泛，但阿伦尼乌斯方程要求满足的首要前提条件是材料老化机理不随温度变化，即老化反应活化能不随温度变化。但事实上老化过程通常都包含多个反应，在不同温度范围会有不同的反应占据主导地位，同时还存在氧的扩散与氧化反应之间的竞争，这些都会导致活化能产生温度依赖性[5]，由此导致的非阿伦尼乌斯现象在试验中也经常能观察到[6]。将阿伦尼乌斯方程应用于极端环境下的橡胶密封材料寿命预测时，还存在其他问题。阿伦尼乌斯方程的本质是描述化学反应速率与温度之间的定量关系，而很多极端环境中，温度并非导致橡胶材料退化的唯一的，甚至关键的环境应力，橡胶材料在这类环境下的老化失效机理也与只有温度应力下的老化机理不尽相同。目前有一些经验方程可以进行特殊的极端环境加速后的寿命评估，如高低温疲劳环境下的 Coffin-Manson 方程[7]、辐射环境下的阿伦尼乌斯修正方程[8]等，但对于多数极端环境下的橡胶密封材料均缺乏有针对性的精确寿命预测方法。

建立精确的材料寿命预测方法首先要求对导致材料失效的机理有深刻的认识。有时尽管预测方法和对数据的处理过程是正确的，但用于寿命外推的性能与应用环境下的材料退化和失效过程不一致，寿命预测的结果就没有意义。例如，硅橡胶的耐高低温性能很好，但耐湿能力较差。在高湿度条件下应用的硅橡胶通过温度外推得到的寿命预测结果就无法反映真实情况。建立精确寿命预测方法的认知前提包括但不限于[9]：

（1）何种性能的退化导致了该应用环境下材料的失效；

（2）哪些官能团或形貌特征最容易在应用环境下发生反应/退化；

（3）应用环境中或材料中的哪些介质或助剂会使材料加速退化；

（4）综合以上方面，确定关键性能更容易受哪些因素影响而退化。

到目前为止，由于不同极端环境下橡胶密封材料的老化及失效机理的复杂性，这方面仍缺乏深入的系统性研究，仅有一些零星的报道。

在寿命预测模型方面，目前的探索主要从两个方向进行，一个探索方向是绕过复杂的老化反应过程及机理，将老化过程视为"黑箱"状态，只考虑输入端和输出端。这一方向较有代表性的是人工神经网络（ANN）[10]，可输入各种环境应力数据，输出为失效寿命。该方法的优点是容错性强，以及可以自动寻找最优解，但由于未考虑具体的老化机理，针对性差，准确度有待提高。另一个探索方向是在阿伦尼乌斯方程的基础上进行扩展，加入其他环境应力函数模块，这方面的代表为 Eyring 方程[7]，通过增减环境变量，如湿度、拉/压应力等，有针对性地实现不同环境应力下材料的寿命预测。目前 Eyring 方程的准确性和实用性还有待进一步验证及研究，在实际工程中应用较少。

综上所述，在现代工业，尤其是航空航天、核工业等以精密和极端条件为特点的高端工业飞速发展的今天，工业系统及产品在极端环境中的可靠性问题显得尤为重要。而作为可靠性各环节中重要一环的密封件，其稳定性和寿命预测方面仍存在很多问题亟待解决。这些问题包括但不限于：

（1）机理研究方面，各类极端和复杂环境下密封材料的老化机理究竟是什么，以及同时存在的不同环境应力之间的耦合效应有多强；

（2）预测模型方面，如何建立起有针对性的极端环境下的寿命预测模型，以及模型在多大程度上反映老化反应的真实过程；

（3）试验实施方面，如何设计贴近实际应用环境，同时保证老化机理不变的极端环境加速试验方法。

系统性地解决上述问题将有助于提高工业系统的可靠性，同时推动密封材料设计及研制领域的进步。

参 考 文 献

[1] 赵云峰. 高性能橡胶密封材料及其在航天工业上的应用. 宇航材料工程, 2013, 1: 1-10.

[2] 王江, 宋丹, 庞爱民, 等. 载人航天器不同系统用密封材料研究. 载人航天, 2014, 20(3): 256-260.

[3] Kommling A, Jaunich M, Wolff D. Effects of heterogeneous aging in compressed HNBR and EPDM O-ring seals. Polymer Degradation Stability, 2016, 126: 39-46.

[4] Huy M L, Evrard G. Methodologies for lifetime predictions of rubber using Arrhenius and WLF models. Angewandte Makromolekulare Chemie, 1998, 262: 135-142.

[5] Wise J, Gillen K T, Clough R L. An ultrasensitive technique for testing the Arrhenius extrapolation assumption of thermally aged elastomers. Polymer Degradation Stability, 1995, 49: 403-418.

[6] Celina M C. Review of polymer oxidation and its relationship with materials performance and lifetime prediction. Polymer Degradation Stability, 2013, 98: 2419-2429.

[7] Escobar L A, Meeker W Q. A review of accelerated test models. Statistical Science, 2006, 21: 552-577.

[8] Burnay S G, Hitchon J W. Prediction of service lifetimes of elastomeric seals during radiation aging. Journal of Nuclear Materials, 1985, 131: 197-207.

[9] Flynn J H. A critique of lifetime prediction of polymers by thermal analysis. Journal of Thermal Analysis and Calorimetry, 1995, 44: 499-512.

[10] Xiang K, Xiang P, Wu Y. Prediction of the fatigue life of natural rubber composites by artificial neural network approaches. Materials and Design, 2014, 57: 180-185.

撰稿人：杨　睿[1]、赵云峰[2]、梁晓凡[2]

1 清华大学、2 航天材料及工艺研究所

不确定性服役条件下结构的寿命预测

Structural Life Prediction under Uncertain In-Service Conditions

随着工程系统如飞行器、航天器向高性能、复杂化和大型综合化方向发展，工程结构作为工程系统的主要承载平台，其服役条件越来越复杂和严苛。工程结构在长期服役过程中由于疲劳、磨损、交变的环境等将不可避免地发生退化[1]，导致结构不能正常有效地工作，甚至可能引发灾难性事故。因此，有必要在结构设计和服役阶段预测结构的使用寿命。结构的寿命预测通过已有的知识和数据预测结构的退化规律，推断未来的退化状态和可能的失效模式，从而得到结构的剩余使用寿命[2]。准确有效的结构寿命预测方法可以在结构设计阶段预知结构的使用寿命，保障结构的可靠性，同时可以优化结构设计，平衡结构可靠性和经济性之间的矛盾。在工程系统的服役过程中准确地预测结构寿命可以保障系统的安全性和任务可用性，指导工程系统的维护策略制定，减少不必要的维护措施和备件库存，提高工程系统的经济性。

早期的结构寿命预测方法是确定性的，其通过大量的试验获得材料的应力-寿命曲线或者应变-寿命曲线，然后假设结构即将承受的应力/应变谱，通过损伤累积模型确定结构的使用寿命。这种方法简单直观，但是试验所采用的试件与实际的结构之间的关系通常难以确定。随着对材料退化规律研究的深入，许多物理模型和经验模型被提出用于描述结构的退化规律。给定结构的载荷历程以及边界条件，可以计算得到结构的退化过程，然后得到结构的使用寿命[3]。然而，工程实际中，结构的寿命受各种不确定性因素的影响。这些不确定性是无法避免的，并且来源多种多样。确定性的寿命预测方法不能很好地描述这些不确定性，使得很难准确地评价结构寿命预测的可靠性[4]。如果低估结构剩余使用寿命将导致不必要的预防性维护，使得系统维护费用增加；而高估结构剩余使用寿命将导致非必要的系统失效甚至灾难性事故，给生命财产安全带来重大损失。因此，在预测结构寿命时必须考虑这些不确定性因素的影响。不确定性服役条件下结构寿命的不确定性主要体现在四个方面[5]：

（1）结构材料固有的微观不均匀性和随机分布的初始缺陷，使得结构的退化过程是一个随机过程。此外，通过试验获得的材料参数如弹性模量、泊松比等也具有不确定性。

（2）工程结构在制造、加工、装配等过程中，由于人为因素或者工艺条件限制，导致尺寸误差或者偶然引入的缺陷。

（3）实际问题的复杂性、边界条件变化的不可预知性、人类认识的局限性以及对结构边界条件的简化导致边界条件具有不确定性。结构承受的载荷历程以及服役环境如温度、湿度等都是不确定的，在结构寿命预测时必须根据之前的历史数据或者经验假设结构的载荷历程。

（4）由于人类认识的局限性，无论采用何种寿命预测模型都无法绝对准确地描述结构的真实退化情况，即模型的不确定性。

上述不确定性大致可以分为由于偶然因素或者随机因素引起的客观不确定性，以及由于缺乏数据、认知偏差、信息不完备等因素引起的主观不确定性。对于不确定性服役条件下结构的寿命预测，20 世纪 60 年代以来，人们通过概率统计理论[6]将客观不确定性因素处理为随机变量，然后输入确定的寿命预测模型中，从而把输入随机变量的不确定性传递到结构的寿命预测结果中，则结构寿命的响应也为随机变量。进一步通过概率统计方法研究寿命预测结果的概率统计特性。虽然这一类方法在工程应用中得到了广泛的应用，但是需要大量的数据来确定输入参数的概率分布。然而，对于像航空航天领域中的小样本，结构复杂、造价昂贵的结构，这些数据常常不足或者信息不完善，此时基于概率统计模型所得到的结果往往是不可靠的。20 世纪 80 年代以后，人们逐渐认识到在结构的寿命预测中不仅要考虑随机不确定性，还需要考虑主观不确定性，即人类的经验与认知信息不确定的问题，因此一些学者将模糊集合论[7]、证据理论[8]等与概率统计方法相结合，同时考虑随机不确定性和主观不确定性。但是这类方法的研究较为欠缺，各种模型和方法仍处于起步阶段，许多问题亟待解决。上述结构寿命预测方法属于可靠性设计领域，主要用于结构的设计阶段。近年来，随着计算机技术和传感器技术的提高，在线实时获取结构的健康状态成为可能[9]。对于在结构服役期间，通过基于结构状态监测的结构剩余寿命预测方法得到越来越多的关注。如图 1 所示，这种方法通过传感器获取当前结构退化状态相关的观测信息，然后估计当前结构的退化状态，并与物理模型或者数据驱动模型相结合以预测结构寿命[10]。由于结合了结构实际退化过程的监测数据，得到的寿命预测结果更加接近实际。但是除了上述不确定性外，这种方法还引入了传感器数据噪声和观测误差，以及结构当前退化状态估计的不确定性。

对于不确定性服役条件下的结构寿命预测问题，虽然在一些方面取得了一定的进展，但是还有很多关键问题需要研究，例如：

（1）对于不确定性服役条件下的结构寿命预测，首先需要确定影响结构寿命预测的不确定性来源，选择合适的不确定性表征，如通过概率统计理论表征客观不确定性，使用模糊集理论、证据理论等表征主观不确定性。但是在工程实际中，

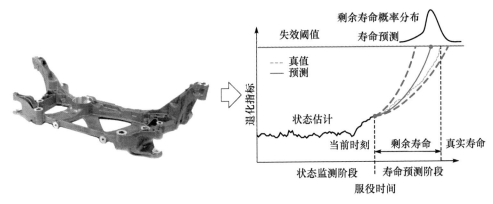

图 1　基于结构状态监测的寿命预测

各种不确定性因素相互耦合，使得不确定性因素的来源难以区分。

（2）作为结构寿命预测的输入，不确定性因素需要通过试验或者已有知识量化。当数据不足或者信息不完善时，得到的寿命预测结果常常存在较大的误差。对于复杂和昂贵的工程系统，其工程结构的真实历史退化数据通常难以获取，但这些工程系统通常又是安全性苛求的系统，对寿命预测的可靠性要求极高。

（3）工程实际中，往往主观不确定性和客观不确定性同时存在，因此同时考虑两种不确定性的结构寿命预测方法是不可或缺的。但是主观不确定性和客观不确定性的数学表征方式不同，使得预测寿命响应的求解以及不确性因素的敏感性分析更加困难，还需要进一步研究。

（4）在基于结构状态监测的结构寿命预测方法中，虽然结构状态监测方法通过传感器获取了结构状态信息，但是这些传感器信息以及依据这些信息得到的状态估计同时也受上述不确定性因素的影响，严重影响结构的寿命预测。结构状态监测方法的准确性和工程实用性有待更多的验证和提高。

（5）现有的结构寿命预测方法研究大多针对试件或者部件的寿命预测，而对于工程系统，其零部件相互耦合，部件的寿命与系统的寿命并不等同，因此在实现整体工程系统的寿命预测仍需要大量的研究。

参 考 文 献

[1]　Kruzic J J. Predicting fatigue failures. Science, 2009, 325: 156-158.

[2]　Sikorska J Z, Hodkiewicz M, Ma L. Prognostic modelling options for remaining useful life estimation by industry. Mechanical Systems and Signal Processing, 2011, 25(5): 1803-1836.

[3]　姚卫星. 结构疲劳寿命分析. 北京: 国防工业出版社, 2003.

[4]　Chandran K S R. Duality of fatigue failures of materials caused by Poisson defect statistics of

competing failure modes. Nature Materials, 2005, 4(4): 303-308.

[5] Sankararaman S. Significance, interpretation, and quantification of uncertainty in prognostics and remaining useful life prediction. Mechanical Systems and Signal Processing, 2015, 52: 228-247.

[6] Kolmogorov A N. Foundations of the theory of probability. Mathematical Gazette, 1956, 77(2): 332.

[7] Zimmermann H J. Fuzzy set theory. Wiley Interdisciplinary Reviews: Computational Statistics, 2010, 2(3): 317-332.

[8] Shafer G. A Mathematical Theory of Evidence. Princeton: Princeton University Press, 1976.

[9] 袁慎芳. 结构健康监控. 北京: 国防工业出版社, 2007.

[10] Si X S, Wang W, Hu C H, et al. Remaining useful life estimation—A review on the statistical data driven approaches. European Journal of Operational Research, 2011, 213(1): 1-14.

撰稿人：袁慎芳、陈　健、邱　雷

南京航空航天大学

疲劳小裂纹扩展试验、机制与理论

Experiments, Mechanics and Theories of Small Fatigue Crack

伴随现代工业朝高参数、大型化发展，疲劳失效成为现代机械装备的主要形式之一，给社会和生产造成了巨大的损失。疲劳失效过程总体可以划分为裂纹萌生、疲劳小裂纹和小裂纹扩展三个阶段。经过数十年的研究，长裂纹的扩展机理逐渐清晰、试验手段也相对完善，并形成了基于线弹性断裂力学方法的诸多理论模型。1975 年，Pearson 首次发现疲劳小裂纹效应[1]。他考察裂纹尺寸对沉淀硬化铝合金裂纹扩展速率的影响后发现：在名义应力强度因子范围相等的条件下，长度为 0.006~0.5mm 的表面小裂纹比长度为几十毫米长裂纹的扩展速率快 100 倍。随后，一些研究证明：疲劳小裂纹在低于长裂纹的扩展门槛值 ΔK 的名义应力水平下扩展，也存在可能[2]。自此，疲劳小裂纹的研究逐渐引起了人们的重视，成为国际疲劳断裂领域的研究热点。

先前的大多研究均表明：当名义裂纹驱动力相同时，小裂纹的扩展速率会比长裂纹的相应扩展速率高得多（图 1）。因此，把（由长裂纹疲劳试验得到的）实验室数据直接用于含短裂纹构件的破坏设计，可能导致对疲劳寿命的过高估计[3]。对于不锈钢、钛合金及镍基合金等金属材料，疲劳裂纹萌生和小裂纹扩展阶段占据总疲劳寿命的比例可高达 70%以上[4]。因此，疲劳小裂纹演化过程在材料疲劳损伤、破坏中占有相当重要的地位；另外，基于损伤容限评定理论的全寿命设计方法，代表重大工程关键部件强度设计的重要发展方向。这一理论假设部件中

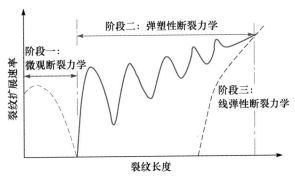

图 1　多尺度裂纹扩展进程示意图

本来就存在初始裂纹（无损检测方法可检的最大裂纹尺寸），疲劳寿命是初始裂纹扩展到某个临界尺寸所需的时间或循环次数。所以严格意义来讲，损伤容限全寿命区间包括裂纹萌生区间即致裂寿命区间和裂纹扩展区间两部分，依赖于疲劳裂纹萌生和扩展行为的精确描述。

疲劳小裂纹的扩展机理与长裂纹存在诸多差异，导致传统的线弹性断裂力学模型不能用于小尺度裂纹扩展速率预测[5]。这主要体现在如下几个方面：

（1）局部微观结构特征及不连续（如晶粒尺寸、晶界、孪晶、夹杂物），影响着疲劳小裂纹的扩展速率和路径。对于不锈钢及镍基合金等材料，当小裂纹扩展到晶界时，扩展速率出现明显的下降，甚至出现止裂现象。但是，一旦裂纹长度超过几个晶粒尺寸，裂纹扩展速率则随疲劳周次的增加而增加[6]。

（2）由于周围弹性材料施加的约束不同，疲劳小裂纹微尺度下的扩展机制与穿透型长裂纹明显不同。尤其随着晶粒尺度的降低，这种机制的差异变得愈加明显[7]。

（3）小尺度裂纹尖端的局部屈服，导致裂纹闭合效应存在，使得有效（近顶端）裂纹驱动力和名义（远场）裂纹驱动力存在差异。

以往的研究大多认为：裂纹闭合是导致长裂纹与小裂纹扩展速率差异的主要原因[8]。另外，如果部件服役于高温环境，环境（氧化）等化学效应对小尺度裂纹扩展行为的影响不容忽视。例如，氧化对疲劳裂纹的萌生至扩展的影响具有双重竞争作用，即裂尖前沿的晶界氧化会导致局部裂纹驱动力增加而促进裂纹扩展，但氧化引起的裂尖钝化效应又阻碍裂纹进程。所以，高温条件下的断裂参量的建立需要考虑氧化效应和裂尖塑性引起的裂纹闭合效应的耦合作用[9]。

21 世纪以来，小裂纹观测方法和试验手段更加趋于微观和直接，旨在澄清小裂纹扩展机理。目前疲劳小裂纹的观测手段主要有两类，即依赖于表面薄膜复型的离线观察和依赖于扫描电镜的原位观察。前者可以实现自然萌生的裂纹从萌生至扩展全过程的监测，但是试验耗时、操作烦琐；后者的优点在于其分辨率高，而且能实时观测裂纹扩展，但是很难捕捉裂纹萌生的过程。以上方法只能用于表面裂纹的跟踪，无法反映内部裂纹的全部信息，从而难以实现三维裂纹的精确测量。高分辨三维 CT 技术的发展，为实现疲劳小裂纹扩展的三维分析提供了可能。但是这类方法也存有一定的挑战，如高分辨 CT 重建精度易受重建噪声的影响、难以实现裂纹特性的定量分析[10]。

过去的 30 年中，人们在疲劳裂纹萌生及小尺度裂纹扩展速率预测与模型研究方面，做了诸多工作，如图 2 所示。在疲劳小裂纹扩展模型方面，大多研究关注了小裂纹驱动力相对于长裂纹的差异。例如，现有的一些小尺度裂纹扩展模型基于传统线弹性断裂力学的修正演绎而来，依赖于大量的试验拟合。另外，材料的微观结构、裂纹间的相互作用、环境效应等因素对疲劳小裂纹的扩展速率和路径存在重要影响。目前尚未有能够描述不同载荷和环境条件的疲劳小裂纹的统一模型。例如，高温环境下的疲劳小裂纹扩展模型，不仅需要考虑氧化效应对裂尖应变场的影响，还需澄清载荷对氧元素吸附扩散进程的作用机制，以建立基于氧化闭合效应和裂尖塑性应变场耦合作用的裂纹驱动力参量，这依赖于小尺度裂纹扩展进程中微观尺度行为的合理描述，以发展物理意义明确的断裂参量及小尺度裂纹扩展模型，这也是近几年备受关注的断裂力学和材料学研究范畴。

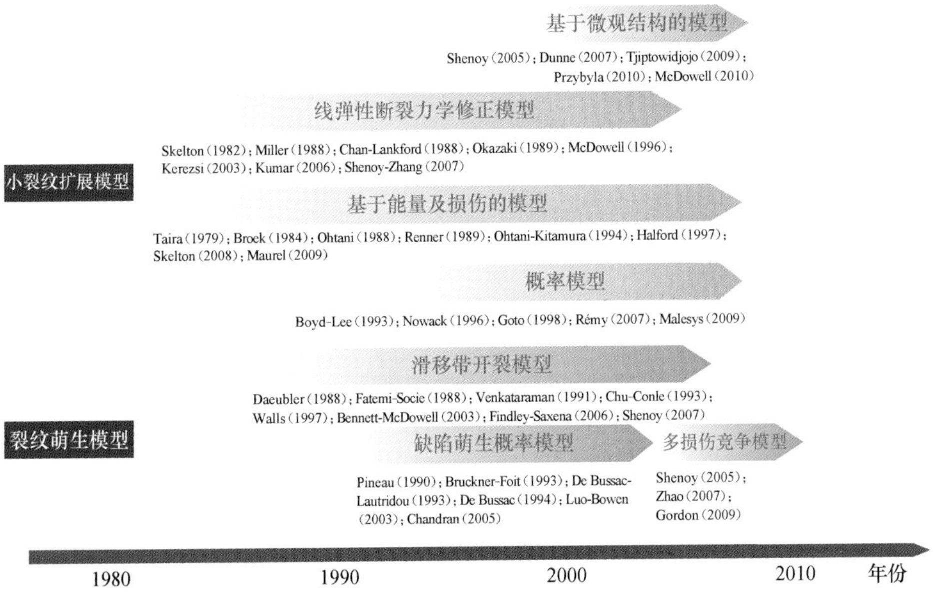

图 2　疲劳小裂纹预测模型发展史

在疲劳小裂纹现象被发现 40 年以来，虽然各国的科学家在其测试方法、机理及预测模型等方面取得了一定的进展，但是还存在诸多基本问题尚未突破。主要体现在：

（1）疲劳小裂纹的测试方法和试验手段。基于高分辨成像手段的三维小裂纹原位测量技术，将引领疲劳小裂纹测量的主要方向。但是如何实现裂纹特性的定量表征及其与断裂参量的关联，还亟待突破。

（2）温度、微观机构、晶粒尺寸效应对裂纹萌生和小尺度裂纹扩展机制的影响，实现裂纹扩展过程中驱动力与阻力竞争效应的精确表征，是实现裂纹扩展机制和理论预测的基础。

（3）裂纹萌生和小尺度扩展过程中局部应力应变场的精确测量与理论建模，从而形成考虑裂纹闭合等效应的断裂参量描述，发展具有普适的多尺度裂纹扩展模型，一直是机械强度领域悬而未解的难题。此类问题的解决对关键部件的长寿命设计与保障，以及基于损伤容限评定的下一代装备可靠性技术的发展，提供了关键的科学与技术支持。

参 考 文 献

［1］ Pearson S. Initiation of fatigue cracks in commercial aluminum alloys and the subsequent propagation of very short cracks. Engineering Fracture Mechanics, 1975, 7(2): 235-247.

［2］ Suresh S. Fatigue of Materials. London: Cambrige Press, 1990.

［3］ Newman Jr J C, Phillips E P, Swain M H. Fatigue-life prediction methodology using small-crack theory. International Journal of Fatigue, 1999, 21(2): 109-119.

［4］ Deng G J, Tu S T, Wang Q Q, et al. Small fatigue crack growth mechanisms of 304 stainless steel under different stress levels. International Journal of Fatigue, 2014, 64: 14-21.

［5］ Musinski W D, McDowell D L. Simulating the effect of grain boundaries on microstructurally small fatigue crack growth from a focused ion beam notch through a three-dimensional array of grains. Acta Materialia, 2016, 112: 20-39.

［6］ Qin C H, Zhang X C, Ye S, et al. Grain size effect on multi-scale fatigue crack growth mechanism of Nickel-based alloy GH4169. Engineering Fracture Mechanics, 2015, 142: 140-153.

［7］ Pineau A, Benzerga A A, Pardoen T. Failure of metals III: Fracture and fatigue of nanostructured metallic materials. Acta Materialia, 2016, 107: 508-544.

［8］ Suresh S, Ritchie R O. Propagation of short fatigue cracks. International Metals Reviews, 1984, 29: 445-475.

［9］ Zhao L G, Tong J. A viscoplastic study of crack-tip deformation and crack growth in a nickel-based superalloy at elevated temperature. Journal of the Mechanics and Physics of Solids, 2008, 56(12): 3363-3378.

［10］ Thibault P, Menzel A. Reconstructing state mixtures from diffraction measurements. Nature, 2013, 494(7435): 68-71.

撰稿人：张显程、涂善东

华东理工大学

超常规服役条件下材料性能原位测试技术与仪器装备

In-Situ Testing Technology and Instrument for Materials' Properties under Extreme Service Conditions

随着我国在空间探测、深海探测、先进武器、高速列车等高技术领域的快速发展，极端、苛刻、多物理场耦合条件下高性能材料的探索及其超常规服役过程的研究受到越来越多关注和重视。在超常规服役环境中材料的微结构、服役性能等具有独特的变化规律，材料的物性参数在多物理场条件下存在极其复杂的耦合作用机制，如图 1 所示[1]。但相对于现有的较完善的常规服役条件材料性能评价理论体系[2]，超常规服役条件下材料的变形损伤机制与性能弱化规律目前尚不清晰，这也是导致世界范围内关键材料供给能力不足，难以对各类重大设施、装备和结构寿命进行有效预测的主要原因。近几年随着科学技术的发展，特别是电

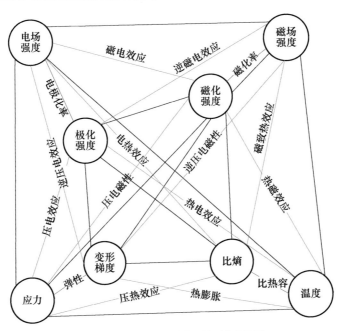

图 1　多物理场耦合作用机制示意图

子显微学等材料性表征技术水平的不断提高，原位力学测试技术应运而生。原位力学测试是指对试件材料进行力学测试时，通过电子显微学技术、X 射线衍射技术等对载荷作用下材料微观变形损伤、组织结构变化进行高分辨率可视化动态监测的技术。这项新技术的出现，突破性地使得研究各类固态材料的微观变形损伤机制、性能演化规律及其与载荷作用和材料性能间的相关性规律成为可能。如何设计研制出能够实现超常规服役条件的材料性能原位测试装置，是当前材料性能测试领域面临的极具挑战的难题之一。

超常规服役条件如高/低温、强磁、强电、高压、强腐蚀等，已有单项极端环境装置的研制和运用，使科学家在实验室中发现了物理、化学、地学等领域中许多前所未闻的新现象。科学家在超常规服役条件下取得了一批诸如高温超导[3,4]、量子反常霍尔效应[5]、多自由度量子隐形传态研究[6,7]等具有重大影响的研究成果，其中一些重要创新性的成果已得到应用[8]。超常规服役条件材料性能测试装置的研制可以大大拓展现有的研究领域，为解决当前科学技术中的重大难题，发现新物态、新现象，开辟新领域提供强有力的技术支撑。

超常规服役条件材料性能原位测试研究强烈地依赖于试验装置和测试技术。为在相关前沿科学研究探索中取得先机，世界上许多发达国家和地区如美国、欧盟、日本等，竞相投入了大量的人力和物力展开有关研究。著名的研究机构有美国 Florida 强磁场实验室和极低温实验室、法国 Grenoble 低温中心和强磁场实验室、日本东京大学固体所极端条件实验室、日本东北大学强磁场实验室、英国卢瑟福中央激光实验室等。但以上机构研制的测试装置仅用于探索物性在极端环境下的变化规律等基础性研究，且极端环境单一、样品空间小（样品微米级），难以集成表征材料微观组织结构演化和性能弱化机制的原位测试技术，无法实现多载荷复合加载条件下的使役行为测试。截至目前，国际上尚未见多重极端环境的超常规服役条件下材料性能原位测试综合试验装置。

超常规服役条件材料性能原位测试装置的研制面临以下几方面的困难：

（1）超常规服役条件下原位监测技术的集成与应用。电子显微、X 射线衍射、光谱分析和扫描探针显微等技术的迅猛发展，使得对材料微观组织结构演化与变形损伤机制的高分辨率可视化原位监测成为可能，搭建了研究复杂载荷作用下材料性能演化规律与载荷作用相关性规律的桥梁[9,10]。但超常规环境下多物理场的加载对原位监测技术的要求极为苛刻。在超高/低温、强磁场、强电场、高压等环境下，材料样品周围可用空间极小，难以容纳常规原位监测装置；而且强磁场也会对射线类监测技术产生很强的干扰；超常规服役条件甚至会对原位监测装置造成强烈的冲击和破坏。这些对高性能原位监测技术都提出了极高的要求。

（2）超常规服役条件下的力学复合加载与控制。由于环境、空间等因素的限制，超常规服役条件下的力学加载与控制方式必将与常规方式有较大的不同。首先，低温加载系统具有液氦杜瓦及多层隔热真空层结构，力学加载系统需要贯穿这些结构从而将动力传递到低温试验区。超高温极端条件会将热量通过试件传递给力学加载系统，这对关键组件的温度保护提出了更高的要求。其次，强磁场中的超导磁体会产生较大的磁场，强电场加载系统也会产生较大的电场，这都对力学加载与控制系统的电磁抗干扰能力提出了更高的要求。还需要注意的是，试件所处的极端条件各异，用于固定试件的夹持夹具除需克服空间狭小的限制外，还应能够在极端条件下稳定可靠地工作。

（3）多重极端环境的耦合加载。极限低温与强磁场加载系统均需要使用液氦冷却系统，为保证冷却效果致使可扩展空间有限，在此基础上集成强电场加载系统将十分困难。极限低温与高温加载系统相互制约，它们的耦合集成会制约彼此的上限指标，同时也会制约被测样品的结构尺寸。超高温加载系统对强电场加载系统中的电绝缘材料提出了很高的要求，常规耐高压硅油和绝缘涂层等均无法在超高温条件下使用。

显然，研制超常规服役条件下材料性能原位测试装置，据此研究揭示超常规服役条件与材料性能演化间交互作用的物理本质，可望产生一系列重要原创性研究成果，并将进一步带动先进材料体系、构件及其制备技术的发展，具有重要的科学价值。

参 考 文 献

[1] Stephen E B, Robert L L. Fundamentals of Continuum Mechanics, with Applications to Mechanical, Thermomechanical, and Smart Materials. San Diego: Elsevier, 2015.

[2] Kruzic J J. Predicting fatigue failures. Science, 2009, 325(5937):156-158.

[3] Cartlidge E. Superconductivity record sparks wave of follow-up physics. Nature, 2015, 524(7565): 277.

[4] Sun L, Chen X J, Guo J, et al. Re-emerging superconductivity at 48 Kelvin in iron chalcogenides. Nature, 2012, 483(7387): 67-69.

[5] Chang C Z. Experimental observation of the quantum anomalous Hall effect in a magnetic topological insulator. Science, 2016, 340(6129): 167-170.

[6] Takeda S, Mizuta T, Fuwa M, et al. Deterministic quantum teleportation of photonic quantum bits by a hybrid technique. Nature, 2013, 500(7462): 315-318.

[7] Wang X L, Cai X D, Su Z E, et al. Quantum teleportation of multiple degrees of freedom of a single photon. Nature, 2015, 518(7540): 516-519.

[8] Debnath S, Linke N M, Figgatt C, et al. Demonstration of a small programmable quantum computer with atomic qubits. Nature, 2016, 536(7614): 63-66.

［9］ Mielke C H, Balatsky A V. Nanomechanics: Crossing a bridge into the unknown. Nature Nanotechnology, 2008, 3(3): 129-130.

［10］ Hemker K J, Nix W D. Nanoscale deformation: Seeing is believing. Nature Materials, 2008, 7(2): 97-98.

撰稿人：赵宏伟、张世忠

吉林大学

冲蚀磨损机制及预测模型

Erosion Mechanisms and Prediction Model

冲蚀磨损是指材料受到小而松散的流动粒子冲击时表面出现破坏的一类磨损现象，如图 1 所示。其定义可以描述为固体表面同含有固体粒子的流体接触并做相对运动时其表面材料所发生的损耗。携带固体粒子的流体可以是高速气流，也可以是液流，前者称为喷砂型冲蚀，后者则称为泥浆型冲蚀。

（1）喷砂型冲蚀：气流携带固体粒子冲击固体表面产生的冲蚀。这类冲蚀现象在工程中最常见，如气流运输物料对管路弯头的冲蚀，火力发电厂粉煤锅炉燃烧尾气对换热器管路的冲蚀等。

（2）泥浆型冲蚀：油液体介质携带固体粒子冲击到材料表面产生的冲蚀。这类冲蚀表现在建筑、石油钻探、煤矿开采、冶金矿山选矿场中及火力发电站中使用的泥浆泵、杂质泵等过流部件受到的冲蚀，以及在煤的气化、液化（煤油浆、煤水浆的制备）、输送及燃烧中有关输送管道、设备受到的冲蚀等。

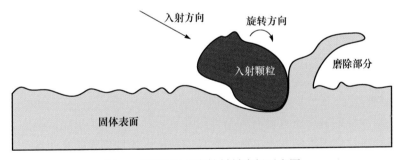

图 1　单颗粒冲击塑性材料磨损示意图

另外，有一种由液体中溶解或蒸发的气泡破裂而产生的循环冲击作用在材料表面造成的破坏（称为气蚀），也常被认为是冲蚀磨损的一种类型。这类冲蚀主要发生在水利机械上，如船用螺旋桨、水泵叶轮等。

冲蚀磨损是现代工业生产中常见的一种磨损形式，它广泛存在于机械、冶金、能源、建材等许多工业部门，已成为材料破坏或设备失效的重要原因之一[1]。但一般情况下颗粒的单次冲击不致造成设备的破坏，而许多粒子反复冲击表面，则会造成表面疲劳而破裂。在对机器设备进行设计制造时需考虑冲蚀磨损的影响，以尽量避免或减少冲蚀磨损的发生，提高机器设备的抗磨损能力，延长其使用寿命。

迄今为止，研究者提出了很多冲蚀机理模型，但每种模型都有其局限性。自1958 年 Finnie 第一个冲蚀理论——微切削理论[2]提出以来，许多研究者提出了多种关于冲蚀的模型，但到目前为止，人们仍未能全面揭示材料冲蚀的内在机理。Finnie 等[2-5]认为当固体表面受到尖锐的磨粒划过时，材料将被切除而损失。同时，Finnie 对材料冲蚀体积进行了定量的描述：材料的冲蚀体积正比于磨粒的动能，反比于靶材的流动应力，与冲击角度呈一定的函数关系。此模型主要针对塑性材料，特别是在较小冲击角度、尖锐磨粒的冲蚀磨损中非常适用；而对于非塑性材料在较大冲击角度下非多角形磨粒（如球形磨粒）的冲蚀磨损则存在较大的偏差。1963 年，Bitter[6,7]提出了变形磨损理论，该理论认为冲蚀磨损可由两部分组成，即变形磨损和切削磨损，总的磨损量为二者的总和。该理论在单颗粒冲蚀磨损试验机上得到验证，合理地解释了塑性材料的冲蚀现象，但缺乏物理模型的支持。Levy[8]在大量试验的基础上提出锻压挤压理论，在反复的冲击和挤压变形作用下，靶材表面形成的小的、薄的、高度变形的薄片将从材料表面上剥落下来，该理论较好地解释了微切削模型难以解释的现象。针对脆性材料的冲蚀磨损，目前较有影响的是 Evans[9]等提出的弹塑性压痕破裂理论。该理论认为在持续载荷的作用下，中间裂纹从弹性区向下扩展，形成径向裂纹。同时，当最初的载荷超过中间裂纹的极限时，即使没有持续载荷的作用，材料内部的残余应力也会导致裂纹横向扩展。该理论很好地反映了靶材和磨粒对冲蚀磨损的影响，但不能解释脆性粒子以及高温下刚性粒子对脆性材料的冲蚀行为。针对颗粒在冲击时发生破碎现象，Tilly[10]认为，破裂后的粒子也将对靶面产生第二次冲蚀，冲蚀的能力正比于粒子的动能和破碎程度，总冲蚀磨损量为两次之和，该理论可以解释脆性粒子的大入射角冲蚀问题。

虽然对冲蚀的机理研究已有半个世纪并有多种冲蚀理论出现，但因为造成磨损的因素众多、作用机制非常复杂，到目前为止，人们仍未能全面揭示材料冲蚀的机理，因此有必要进一步深入地研究及完善冲蚀理论及其中的作用机制并建立高精度的磨损预测模型。其中的基础科学问题主要体现在以下几个方面：

（1）冲蚀磨损的影响因素众多，磨粒的大小、速度、冲击角度、冲蚀时间、磨粒及靶材表面的硬度、材料属性（塑性或脆性）等都是影响冲蚀磨损的重要因素[11,12]。虽然对上述因素已有数十年的研究，但仍有很多作用机制尚不明确[13]，如 100μm 以下的小颗粒造成的磨损、复合材料的磨损、靶材的塑性和脆性转变等机制，仍需要深入的研究。

（2）复杂结构设备内多相耦合作用下的磨损有待于进一步研究。除颗粒及靶材的性质外，携带颗粒的流体的流速、流态对冲蚀磨损有十分重要的影响。在流态发生突然变化的部位（如突然扩充、收缩、弯曲等），流体与磨粒之间的复杂耦合作用会造成过流部件的过早失效。流动相态（如气-固两相、液-固两相、气-液-固三相）对磨损也有重要的影响[13]，但因技术手段、机理模型等因素的限制，关于该领域的研究仍不够深入。

（3）现存的磨损预测模型大都精度较低、适用性较差[14]。基于经验的模型一般较为保守、精度较低，普遍适用性较差，而基于微观的颗粒尺度模型虽然精度较高，但应用范围很小，大都停留在理论层面[15]或仅用于弯管、三通等简单结构磨损的预测，无法直接指导工业应用的过程装备设计。因此，发展精度高、适用性强且面向应用的磨损模型是未来的一项重要研究内容。

通过研究流体力学因素的影响程度，进一步完善冲蚀磨损的机制，通过机械、材料、力学、化学等多学科交叉，解决其中的关键基础科学问题，建立和完善多相（气-固两相、液-固两相、气-液-固三相）耦合的冲蚀磨损数学模型并对复杂结构设备内的磨损进行预测研究，指导设备的设计和制造，避免或减少冲蚀磨损的发生，提高设备的抗磨损能力，延长设备的使用寿命和可靠性，对相关工业过程特别是过程工业具有重要的实用价值。

参 考 文 献

[1] Finnie I. Some reflections on the past and future of erosion. Wear, 1995, 186-187: 1-10.

[2] Finnie I. Erosion of surfaces by solid particles. Wear, 1960, 3: 87-103.

[3] Finnie I, Wolak J, Kabil Y. Erosion of metals by solid particles. Journal of Materials, 1967, 2(3): 682-700.

[4] Finnie I. Some observations on the erosion of ductile metals. Wear, 1972, 19: 81-90.

[5] Finnie I, Stevick G R, Ridgely J R. The influence of impingement angle on the erosion of ductile metals by angular abrasive particles. Wear, 1992, 152: 91-98.

[6] Bitter J G A. A study of erosion phenomena, part I. Wear, 1963, 6: 5-21.

[7] Bitter J G A. A study of erosion phenomena, part II. Wear, 1963, 6: 169-190.

[8] Levy A V. The erosion of structure alloys, cermets and in situ oxide scales on steels. Wear, 1988, 127: 31-52.

[9] Evans A G. Impact damage mechanics: Solid projectiles. Treatise on Material Science and Technology, 1979, 16: 63-65.

[10] Tilly G P. A two stage mechanism of ductile erosion. Wear, 1973, 23: 87-96.

[11] Lyczkowski R W, Bouillard J X. State-of-the-art review of erosion modeling in fluid/solids systems. Progress in Energy and Combustion Science, 2002, 28: 543-602.

[12] Meng H, Ludema K. Wear models and predictive equations: Their form and content. Wear, 1995,

181-183: 443-457.

［13］ Parsi M, Najmi K, Najafifard F, et al. A comprehensive review of solid particle erosion modeling for oil andgas wells and pipelines applications. Journal of Natural Gas Science and Engineering, 2014, 21: 850-873.

［14］ Zhao Y, Xu L, Zheng J. CFD-DEM simulation of tube erosion in a fluidized bed. AIChE Journal, 2017, 63: 418-437.

［15］ Xu L, Zhang Q, Zheng J, et al. Numerical prediction of erosion in elbow based on CFD-DEM simulation. Powder Technology, 2016, 302: 236-246.

撰稿人：郑津洋、赵永志

浙江大学

聚合物慢速裂纹扩展的多尺度表征与评价

Multiscale Characterization and Assessment of Slow Crack Growth of Polymer

聚合物材料资源丰富、易回收、易于加工成型且能耗低，同时具有优异的耐腐蚀性能以及良好的强度和韧性组合性能，已广泛地应用于国民经济各个领域。随着人们对聚合物及其复合材料性能的深入研究，原本仅在非结构件或非承载件中应用的聚合物及其复合材料，逐渐应用于关键承载件或结构件之中。例如，在原本仅用于压力管道表面起防腐层作用的聚乙烯，现在已经用于管材本体承担工作载荷。尤其在市政燃气、给排水等领域，聚合物管道有大规模取代金属管道的趋势，并在陆地油气输送、海洋资源开发等领域开发出新型钢丝增强、纤维增强的聚合物基复合管道。在航空航天、汽车等领域，以往聚合物复合材料仅用于次要结构（secondary structure）或装饰件，如今的民用客机空客 A350、波音 B787 等新机型机身主体为复合材料[1]，宝马公司 BMW i3 的车身结构也大量采用聚合物复合材料。聚合物及其复合材料的广泛应用反过来又迫使人们更为深入地研究并理解其力学行为[2]。

慢速裂纹扩展（slow crack growth, SCG）是一个由来已久的现象，也引起了科学界越来越多的关注。例如，20 世纪 90 年代开展了薄膜单晶硅结构的慢速裂纹扩展研究[3]；最新的热门科学研究问题，如热固性聚合物愈合技术中慢速裂纹扩展行为对愈合过程的影响[4]，氢脆现象中原子水平下的解理会导致慢速裂纹扩展[5]等。而对于聚合物承载件，慢速裂纹扩展则是其最主要的失效形式。以聚乙烯管材为例，其主要失效模式有三种：①高应力引起的韧性失效；②低应力水平下的脆性失效；③更低应力水平且与环境作用下的老化损伤。在基于聚合物全寿命周期的设计制造过程中，对于韧性失效，目前采取相对保守的安全系数进行设计；对于材料老化，则通过在制造过程中加入抗老化剂等方式解决；而对于低应力水平的脆性失效——在正常工作压力和温度条件下发生的材料损伤、裂纹萌生与缓慢扩展的过程，即慢速裂纹扩展，如图 1 所示，目前仍然没有很好的解决办法。关键是慢速裂纹扩展的多尺度表征与评价这一基础性科学问题尚未得到很好解决，主要体现在以下几方面：

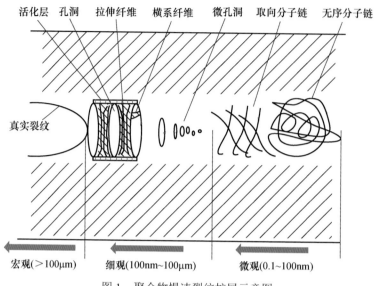

图1　聚合物慢速裂纹扩展示意图

（1）聚合物慢速裂纹扩展的破坏时间跨度从数年到数百年，基于加速试验获得的短时性能数据无法在时间尺度上通过外推得到实际服役性能。在聚合物绝大部分服役周期内，其均处于材料损伤、裂纹萌生阶段，然而一旦宏观裂纹产生，将迅速扩展直至结构破坏。研究人员试图通过加速试验方法来评估聚合物的长时性能[6]，一系列试验方法如FNCT（Full Notch Crack Test）、PENT（Pennsylvania Notch Test）等应运而生。这些基于短时试验获得的经验公式或半经验公式，虽为目前聚合物的工程应用提供了设计方法，但仍缺乏描述其长时力学行为的本构模型的理论支撑。

（2）聚合物的慢速裂纹扩展失效横跨微观、细观、宏观多个尺度，涉及化学、材料学、力学等多学科前沿问题的交叉，失效机理仍不明确。在微观尺度上，慢速裂纹扩展表现为分子链的重排、滑移、取向、解缠和断裂[6]等，虽然该微观模型（纳米尺度，$10^7 \sim 10^8$s）已被人们普遍接受，但至今尚未有很好的试验支持。在细观尺度上，聚合物的慢速裂纹扩展表现为银纹的引发、生长和断裂，但这一过程目前仍难以融入连续介质力学或断裂力学体系之中[7]。在宏观尺度上，裂纹尖端的应力-应变场的变化与细观尺度上的银纹行为相互耦合[8]，如何揭示应力-应变的时空变化规律，以及应变能的释放及转移规律是尚未解决的科学难题。

（3）慢速裂纹扩展过程的损伤演化规律与宏观物理量之间的关系尚不明确，缺乏有效的测试与表征手段。目前聚合物中的宏观缺陷已有较成熟的方法检测，但这些都是基于宏观缺陷与探测波之间显著的相互作用[9]。而慢速裂纹扩展的大部分时间里，变化均发生在微纳尺度以下，难以获得显著的宏观物理量变化信息。

在聚合物的宏观性能表征上，研究者一般在热力学框架内，通过一定的假设建立起损伤的演化方程，并据此研究其性能损伤劣化行为[10]。但如何定量地将宏观层面上的损伤演化与微观结构的变化通过物理方法或测试手段定量地联系起来，从而表征聚合物多尺度的慢速裂纹扩展行为，仍是一个亟须解决的科学难题。

显然，聚合物慢速裂纹扩展的多尺度表征与评价这一基础问题的解决将为聚合物及聚合物基复合材料基于全寿命周期的设计制造与性能评价提供重要的理论支撑与技术手段，具有基础理论研究和工程应用的双重意义。

参 考 文 献

[1] Hogg P J. Composites in armor. Science, 2006, 314(5802): 1100-1101.

[2] Vaia R, Baur J. Adaptive composites. Science, 2008, 319(5862): 420-421.

[3] Connally J A, Brown S B. Slow crack growth in single-crystal silicon. Science, 1992, 256(5063): 1537-1539.

[4] Tsangouri E, Aggelis D, Hemelrijck D V. Quantifying thermoset polymers healing efficiency: A systematic review of mechanical testing. Progress in Polymer Science, 2015, 49-50: 154-174.

[5] Song J, Curtin W A. Atomic mechanism and prediction of hydrogen embrittlement in iron. Nature Materials, 2013, 12(2): 145-151.

[6] Rowland H D, King W P, Pethica J B, et al. Molecular confinement accelerates deformation of entangled polymers during squeeze flow. Science, 2008, 322(322): 720-724.

[7] Socrate S, Boyce M C, Lazzeri A. A micromechanical model for multiple crazing in high impact polystyrene. Mechanics of Materials, 2001, 33(3): 155-175.

[8] Brown N, Lu X, Huang Y L, et al. Slow crack growth in polyethylene — A review. Makromolekulare Chemie Macromolecular Symposia, 1991, 41(1): 55-67.

[9] Zheng J, Shi J, Guo W. Development of non-destructive test and safety assessment of electrofusion joints for connecting polyethylene pipes. ASME Journal of Pressure Vessel Technology, 2012, 134(2): 21406.

[10] Darabi M K, Al-Rub R K A, Masad E A, et al. A thermo-viscoelastic-viscoplastic-viscodamage constitutive model for asphaltic materials. International Journal of Solids and Structures, 2011, 48(1): 191-207.

撰稿人： 郑津洋、施建峰、罗翔鹏

浙江大学

飞机机翼微小裂缝在线健康监测和自修复机理

On Line Health Monitoring and Self-Healing Mechanism of Microcracks in Aircraft Wings

复合材料具有比强度、比刚度高，材料力学性能可设计性，良好的抗疲劳性、抗腐蚀性等优点，是轻质高效结构设计的最理想材料，被广泛应用于航空航天等行业，现代大型客机复合材料用量已经成为其先进性和市场竞争力的标志。为了避免因复合材料的缺陷而导致机毁人亡的灾难，飞机复合材料结构健康监测不容忽视，已经关系到国家科技发展战略的顺利实施。飞机在飞行过程中的长期交变载荷是结构疲劳产生的原因。当材料经历循环加载时（反复作用于结构的负载与卸载），疲劳将发展为结构局部的变化甚至是损坏。随着机翼结构损伤逐步增长，会导致其承载能力逐步下降而发生断裂等事故。所以，在航空领域，对于飞机机翼的损伤识别是一个热点问题，对萌生之初的微小机翼裂纹或者缺陷的及时发现并采取应急措施显得尤为重要，可防患于未然。

目前对飞机机翼复合材料结构的主要无损检测方法[1,2]有超声、红外热成像、声发射、光纤布拉格光栅应变传感器、振动等。相比振动方法和声发射方法，超声兰姆波由于其有相对较高的精度，被广泛应用于缺陷检测和缺陷定位[3]。超声扫描成像和脉冲红外热成像也可以有效地进行缺陷检测和定位，但是在低冲击能量情况下红外热成像不能用于检测缺陷[2]；虽然超声成像可以直观地提供更多缺陷信息（如缺陷深度、大小和位置等），但是它需要扫描，所以比红外热成像检测方法效率低。此外，光学相干层析[4]和太赫兹脉冲成像[5]是两种非接触式、高分辨率的断层扫描技术，在复合材料和结构的无损检测有些初步的应用。光学相干层析可以获得亚微米级的检测精度，但是其检测深度仅在几毫米以内。太赫兹作为"改变未来世界的十大技术"之一，它的检测精度虽比超声高[6]，但是其探测深度受限于太赫兹发射的功率，目前还有待进一步提高。目前，超声、红外热成像、光学相干层析和太赫兹技术虽然可以对复合材料检测得到可视化的图像，但是它们很难用于飞机机翼实际的在线应用[1]。实际工程中，光纤布拉格光栅应变传感[1]和振动方法[2]可以实现飞机机翼等大结构的长期在线健康监测。但是一般情况下，振动方法所得到的检测精度比超声和红外热成像的差，对于萌生之初的微小裂纹或者缺陷比较难检测的部位，有些学者利用一些先进信号处理方法（如平稳小波分析[7]、频谱校正理论[8]等）或者伪光学相干振动层析方法[9]等来提高检测灵敏度。但是总体而言，振动方法目前仍然难以实现对微小缺陷的高精度检测。因此，如何实现高灵敏度的飞机机翼实时健康监测技术和高可靠性的评价方法，对飞机机翼的早期损伤识别是一个难题。

　　另外，对于高空飞行中的飞机，若在出现缺陷之后能采取必要的应急措施，例如，及时地以类似人类皮肤愈合的方式或者在裂缝处自行进行必要的加固，起到裂缝"自我修复"的效果，在一定程度上可以减少机毁人亡的灾难。英国布里斯托大学 Bond 教授课题组研究带有微胶囊[10,11]、空心纤维管[11,12]和本征材料[11]自我修复纤维增强复合材料，如图 1 所示。在微胶囊和空心玻璃纤维装有合成聚合物的小分子化合物（单体），随着结构裂纹扩展导致微胶囊和空心玻璃纤维破裂，单体就流入缺陷区域引起聚合反应而实现缺陷自我修复。而本征材料包含潜在功能可以通过热可逆反应、氢键结合、离聚物排列、分子扩散与纠缠等触发缺陷的愈合[11]。但是这种自我修复材料在不同环境下（如高空中的低温和飞行跑道起飞时的较高温度）保持稳定的自修复能力仍是急需解决的科学难题。

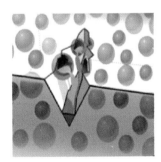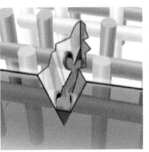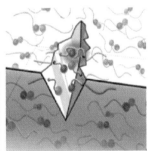

图 1　含有微胶囊[10,11]、空心纤维管[11,12]和本征材料[11]自我修复纤维增强复合材料

　　飞机机翼的早期损伤识别以及自修复材料的稳定性问题是目前尚未解决的难题，主要体现在以下几个方面：

　　（1）何种无损检测方法可以实现高灵敏度、高可靠性的飞机机翼实时在线监测，飞机机翼早期损伤的高精度、高灵敏度、高可靠性实时在线监测新方法及安全评价一体化方法。

　　（2）如何推进高精度的光学相干层析和太赫兹技术等新的无损检测技术在实际飞机机翼在线诊断的应用。

　　（3）如何在不同环境下（如高空中的低温和飞行跑道起飞时的较高温度）使复合材料保持稳定的自修复能力，新型自修复复合材料的自修复原理及环境适应性。

　　此类问题的解决将有助于飞机机翼结构健康监测和缺陷自我修复水平提升到一个新的高度，真正实现对飞机的保驾护航，并且为飞机机翼的设计和制造提供指导。

参 考 文 献

［1］ Takeda S, Aoki Y, Ishikawa T, et al. Structural health monitoring of composite wing structure during durability test. Composite Structures, 2007, 79: 133-139.

［2］ Katunin A, Dragan K, Dziendzikowski M. Damage identification in aircraft composite structures: A case study using various non-destructive testing techniques. Composite Structures, 2015, 127: 1-9.

［3］ Staszewski W, Mahzan S, Traynor R. Health monitoring of aerospace composite structures—Active and passive approach. Composites Science and Technology, 2009, 69: 1678-1685.

［4］ Liu P, Groves R, Benedictus R. Optical coherence tomography for the study of polymer and polymer matrix composites. Stain, 2014, 50: 436-443.

［5］ Dong J, Locquet A, Citrin D. Enhanced terahertz imaging of small forced delamination in woven glass fibre-reinforced composites with wavelet de-noising. Journal of Infrared, Millimetre and Terahertz Waves, 2016, 37: 289-301.

［6］ Zhong S, Shen Y, Ho L, et al. Nondestructive quantification of pharmaceutical tablet coatings using terahertz pulsed imaging and optical coherence tomography. Optics and Lasers in Engineering, 2011, 49(3): 361-365.

［7］ Zhong S, Oyadiji S O. Crack detection in simply-supported beams without modal parameter using stationary wavelet transform. Mechanical Systems and Signal Processing, 2007, 21(4): 1853-1884.

［8］ Zhong S, Oyadiji S O, Ding K. Response-only method for damage detection of beam-like structures using high accuracy frequencies. Journal of Sound and Vibration, 2008, 311: 1075-1099.

［9］ Zhong S, Zhong J, Zhang Q, et al. Quasi-optical coherence vibration tomography technique for damage detection in beam-like structures based on auxiliary mass induced frequency shift. Mechanical Systems and Signal Processing, 2017, 93: 241-254.

［10］ Trask R, Williams H, Bond I. Self-healing polymer composites: Mimicking nature to enhance performance. Bioinspiration and Biomimetics, 2007, 2(1): 1-12.

［11］ Blaiszik B, Kramer S, Olugebefola S, et al. Self-healing polymers and composites. Annual Review of Materials Research, 2010, 40: 179-211.

［12］ Bond I, Trask R. Self-healing fiber-reinforced polymer composites. MRS Bulletin, 2008, 33: 770-774.

撰稿人: 钟舜聪

福州大学

热障涂层系统中热生长氧化层萌生和扩展的
高精度检测/监测方法

High-Precision Measurement and Monitoring Methodologies for TGO Initiation and Growth in Thermal Barrier Coatings

随着航空发动机向高推重比发展，发动机的设计进口温度不断提高。涡轮叶片在高温条件下工作，仅靠采用先进的冷却技术、发展新型耐高温合金材料和改进涡轮叶片的制造工艺，在较短时期内难以满足安全可靠工作所必需的高温蠕变强度和抗高温氧化腐蚀能力。目前最先进镍基高温合金单晶的使用温度不超过1150℃，且已接近其使用温度极限，传统合金甚至单晶合金已不能完全满足燃气轮机高温部件的要求。涡轮叶片耐高温能力限制着航空发动机效率的提升，因此有效地提高涡轮叶片的耐高温能力就成为当务之急。为了解决上述难题，通过在高温部件中制备热障涂层（thermal barrier coating, TBC，是指由金属过渡层和耐热性、隔热性好的陶瓷热保护功能涂层组成的"层合型"金属陶瓷复合涂层系统[1]），可以进一步提高现代燃机的使用温度[2,3]，从而提高发动机热效率和推重比。热障涂层的多种优异性能[4-6]，如可以减轻瞬间热力载荷、降低对冷却设备和技术的要求、提高腔内高温气体的温度，从而提高气体性能以及热效率等。国际燃气轮机的重要厂家 GE 公司宣称热障涂层技术是其产品效率提高的重要保障因素。

由于很难完全消除 TBC 系统中陶瓷涂层与超合金基体（superalloy substrate）之间材料热膨胀系数不匹配的问题，通常在陶瓷层（top coat, TC）与超合金基体之间插入一金属过渡层（bond coat, BC）构成双层结构系统，如图 1 所示，以改善陶瓷与合金基体间的力学匹配和物理相容性。金属过渡层既保证陶瓷层与基体紧密结合，又起到良好的抗氧化和对基体的热保护作用[7]。TBC 经过若干次冷热循环后，在金属过渡层与陶瓷工作层之间会出现热生长氧化层（thermally grown oxide, TGO）[2]。目前研究表明，TGO 的组成、结构、形态及生长速率会显著影响热障涂层的使用寿命，热障涂层的失效往往发生于 TGO/TC 和 TGO/BC 界面，是影响热障涂层材料热力学性能和耐久性的关键因素。由此看出，TGO 是一个影响和控制 TBC 使用寿命的最关键因素[8,9]。随着部件高温服役时间的延长，TGO 会不断生长，其厚度逐渐增大，在 TGO 内部易于形成微观裂纹。TGO 的生长和微裂纹扩展是最终引起热障涂层开裂、分层与剥落的主要原因[2]。因此，TGO 是热障涂层体系中最薄弱的环节，直接影响热障涂层的服役寿命和安全性。如果能在热障涂层失效之前对热障涂层的健康状况进行无损检测，及早发现热障涂层内部的 TGO 和缺陷状况并采取必要措施，就可防患于未然，热障涂层无损检测的意义显得尤为重要。

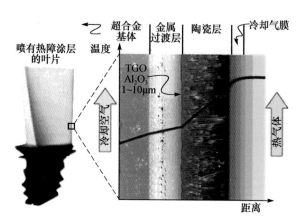

图 1　热障涂层体系的示意图

图片源自 http://www.myengineeringworld.net

常用有损检测方法主要有金相检验、扫描电子显微镜（SEM）等。这些方法普遍的缺点是破坏性与滞后性。目前研究 TGO 的生长机制和涂层失效机理多数采用对热障涂层的切面做 SEM 检查[10]。传统的非破坏性方法（如磁粉、渗透、涡流检测）不能对涂层的开裂状况进行检测；由于在涂层开始剥离之前 TGO 厚度值较小（一般小于 10μm），超声和红外热像等方法很难在保证检测深度（一般 300～400μm，现代汽轮机在 600～2000μm[11]）前提下对早期 TGO 薄层进行微米级高精度检测需求，难以对涂层的开裂状况进行有效检测；并且超声红外热成像在进行超声激励时存在破坏热障涂层的风险[12]。X 射线是一种精度较高的无损检测方法，但它适用于孔隙和夹杂物等体积型缺陷，对分层缺陷检测有困难，并且使用过程中需要考虑其安全性；高剂量的 X 射线可能在陶瓷材料中导致晶体缺陷[12]。光学相干层析（optical coherence tomography, OCT）技术是一种非接触式、高分辨率的断层扫描技术，素有"光学超声成像"的美称，在涂层薄膜的高精度定量无损检测上有着较好的优势[13]，但是随着热障涂层的厚度逐步增加，OCT 已经不能同时保证检测深度和高精度纵向分辨率。太赫兹（terahertz）作为"改变未来世界的十大技术"之一，虽然其能实现对厚涂层的探测[14]，但是在监测/检测 TGO 萌生初期 TGO 和早期微小缺陷的问题上，其检测分辨率还需进一步提高。

涂层质量评价和寿命监测是当今国际上热障涂层技术应用中尚未完全解决的问题[13]，涂层的寿命预测方面的研究还远远不能满足科技发展的需求[15]，热障涂层高精度高可靠性无损检测问题仍然是一个世界性难题，主要体现在以下几个方面：

（1）现代燃气轮机的热障涂层的厚度由 300～400μm 逐步增厚到 600～2000μm，而涂层开始剥离之前 TGO 厚度值一般小于 10μm。采用何种无损检测方法可以同时满足探测精度和深度的要求，即热障涂层的高精度、高可靠无损检测新方法。

（2）如何针对现有无损检测方法研究热障涂层内部萌生之初的 TGO 和早期微小缺陷高灵敏度特征提取算法，以便对热障涂层的健康状况进行及时诊断和寿命预测，即现有损伤检测方法对 TGO 萌生及早期微裂纹扩展的损伤信号传感、信号采集、特征提取及分析方法。

（3）每一种无损检测方法都有其自身特点和局限性，如何提高热障涂层无损检测的可靠性，即提高热障涂层无损检测可靠性新方法。

探索早期缺陷形成机理及扩展规律，建立涡轮叶片热障涂层结构完整性评价体系，使热障涂层失效基础理论提升到一个新高度，将为科学评价和高效利用热障涂层及其寿命预测等提供科学依据和重要指导作用。

参 考 文 献

[1] Rösler J. Stress state and failure mechanisms of thermal barrier coatings: Role of creep in thermally grown oxide. Acta Materilaia, 2001, 49: 3659-3670.

[2] Padture N, Gell M, Jordan E. Thermal barrier coatings for gas-turbine engine applications. Science, 2002, 296(5566): 280-284.

[3] 徐滨士. 表面工程与维修. 北京: 机械工业出版社, 1996.

[4] Schulz U, Leyens C, Fritscher K, et al. Some recent trends in research and technology of advanced thermal barrier coatings. Aerospace Science & Technology, 2003, 7(1): 73-80.

[5] David R. Materials selection guidelines for low thermal conductivity thermal barrier coatings. Surface and Coatings Technology, 2003, 163-164: 67-74.

[6] Nijdam T, Kwakernaak C, Sloof W. The effects of alloy microstructure refinement on the short-term thermal oxidation of NiCoCrAlY alloys. Metallurgical and Materials Transactions A, 2006, 37(3): 683-693.

[7] Zhu W, Cai M, Yang L, et al. The effect of morphology of thermally grown oxide on the stress field in a turbine blade with thermal barrier coatings. Surface and Coatings Technology, 2015, 276: 160-167.

[8] Schlichting K, Padture N, Jordan E. Failure modes in plasma-sprayed thermal barrier coatings. Materials Science and Engineering A, 2003, 342: 120-130.

[9] Rabiei A, Evans A. Failure mechanisms associated with the thermally grown oxide in plasma-

sprayed thermal barrier coatings. Acta Materials, 2000, 48: 3963.

［10］ 华佳捷, 张丽鹏, 刘紫微, 等. 热障涂层失效机理研究进展. 无机材料学报, 2012, 27(7): 680-686.

［11］ Kumar V, Balasubramanian K. Progress update on failure mechanisms of advanced thermal barrier coatings: A review. Progress in Organic Coatings, 2016, 90: 54-82.

［12］ Evans B, Stapelbroek M. Optical properties of the F^+ center in crystalline Al_2O_3. Physical Review B, 1978, 18: 7089-7098.

［13］ Zhong S, Shen Y, Ho L, et al. Nondestructive quantification of pharmaceutical tablet coatings using terahertz pulsed imaging and optical coherence tomography. Optics and Lasers in Engineering, 2011, 49(3): 361-365.

［14］ Tu W, Zhong S, Shen Y, et al. Nondestructive testing of marine protective coatings using terahertz waves with stationary wavelet transform. Ocean Engineering, 2016, 111(1): 582-592.

［15］ 杨洪伟, 栾伟玲, 涂善东. 等离子喷涂技术的新进展. 表面技术, 2005, 34(6): 7-10.

撰稿人：钟舜聪

福州大学

材料疲劳极限的科学本质

The Nature of Fatigue Limit of Materials

结构的疲劳破坏是工程中最典型的失效形式之一[1]。自 19 世纪 60 年代德国工程师 Wöhler 开展车轴钢的疲劳试验以来，人们对疲劳的研究已有一百多年的历史。Wöhler 最初使用应力-寿命（S-N）关系表示疲劳试验结果，提出了疲劳极限的概念，认为它是材料承受交变载荷足够多次不发生失效的载荷，此时材料具有无限疲劳寿命。一直以来，人们将疲劳极限作为材料的本质属性，认为其是材料常数，用于评价材料优劣，是结构抗疲劳设计的重要参数。人们普遍认为它代表的是裂纹萌生后不发生扩展的临界应力水平，传统认为裂纹主要萌生于表面，因此疲劳极限反映了表面缺陷或表面裂纹不扩展时的疲劳强度。

近一百多年来，人们围绕材料的疲劳问题进行了长期的研究与探索。尤其是近年来，随着疲劳试验技术的进步，高频、超声频率试验技术兴起，人们可在短时间内开展超过 10^7 循环周次的疲劳试验。人们发现应力水平低于传统疲劳极限时材料也会发生破坏，疲劳强度会随着循环周次增加而下降，疲劳破坏常起源于内部缺陷（如夹杂物、气孔）或不连续组织处，致使出现多阶段 S-N 曲线形式（图 1）。通过总结得到裂纹的萌生存在表面和内部两种模式[2]，人们对传统疲劳极限的定义重新认识。若从材料内部存在缺陷的角度分析疲劳极限，则材料受交变载荷终会断裂于内部缺陷处，即疲劳极限是不存在的，有必要修正传统疲劳设计方法；

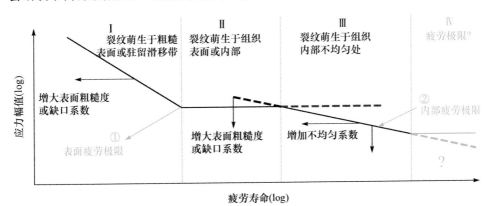

图 1　结构材料疲劳多阶段 S-N 曲线形式[3]

若从疲劳损伤过程的角度分析疲劳极限，含缺陷或理想材料的疲劳损伤及其裂纹萌生与扩展过程，必然存在裂纹是否萌生或扩展的临界应力条件，即疲劳极限可能存在。材料的疲劳极限是否存在成为需要解决的新问题。

围绕疲劳极限的存在性，各国科学家都开展了有益的试验探索与理论建模。法国科学家 Bathias[4] 发现了多种材料低应力时疲劳破坏于内部，首先明确指出不存在材料疲劳极限；日本科学家 Murakam 等[5] 报道含缺陷材料的 S-N 曲线形式中，低应力下疲劳破坏于内部缺陷处而不出现疲劳极限。从材料内部缺陷角度分析疲劳极限的存在性尚需破解内部缺陷处疲劳裂纹如何萌生与扩展，从而确认内部裂纹萌生与扩展的临界应力是否存在。另外，日本研究人员 Nishijima 等[6] 提出材料存在表面疲劳极限和内部疲劳极限的概念，认为表面裂纹萌生过程中遇到微观组织的阻力停止扩展出现表面疲劳极限，而内部裂纹尖端发射位错的临界应力条件未满足时出现内部疲劳极限。德国科学家 Mughrabi[7] 从循环滑移和应变局部化角度分析 S-N 曲线形式，随着应力水平的下降，循环滑移和应变局部化程度减弱，当其减弱到循环塑性应变临界值时出现传统疲劳极限，当外部载荷条件足够低以致循环滑移可逆、无法逾越疲劳裂纹萌生和扩展门槛值时，材料因没有宏微观疲劳损伤在极低应力水平时出现二次疲劳极限。基于应变局部化理论的疲劳极限存在论，至今没有很好地澄清表面向内部启裂转变、低应力水平时疲劳破坏由内部裂纹萌生占主导等现象的物理机制。

在科学层面，人们认识到材料疲劳极限是否存在的核心问题是寻找疲劳裂纹不扩展的临界条件。20 世纪 80 年代以来，人们一直围绕疲劳裂纹不扩展的条件进行探索，提出了结构裂纹裂尖的循环变形行为及位错运动的门槛值条件，发现了裂纹尾迹出现的闭合机制（图 2[8]），将疲劳门槛值划分为材料内禀门槛值和外在门槛值，疲劳裂纹是否扩展的条件就简化为裂纹扩展的动力与阻力的研究。然而，疲劳门槛值的内禀特性是相对的，会受制于研究条件，且未充分考虑内禀门槛值和外在门槛值之间的联系和相互作用，未完全澄清疲劳裂纹扩展的临界条件的物理机制。

实际上，疲劳裂纹是否扩展本质上是一个多尺度断裂问题，包括材料原子尺度的断裂、微观尺度上裂纹与材料特征组织的相互作用、宏观尺度上裂尖与尾迹力学参量平衡等方面，任一尺度上都可能形成裂纹停止扩展的条件，因此临界扩展条件在尺度上是不唯一的。近年来，人们基于数字图像相关（digital image correlation）法，尝试发展基于裂尖应变参量的裂纹扩展准则[9]，相较现有基于应力强度扩展准则，其物理机制更能得到反映；基于同步辐射 X 射线衍射（synchrotron X-ray diffraction）和计算 X 射线断层成像（computed tomographic imaging）技术，分析裂尖与尾迹的断裂物理机制[10]，有助于澄清内禀门槛值与

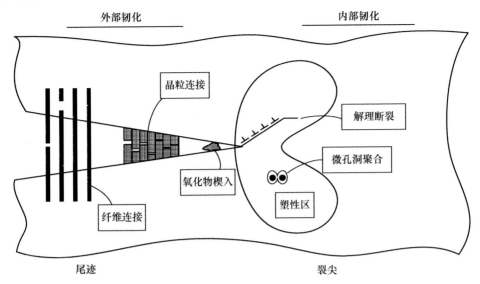

图2 结构疲劳裂纹扩展的裂尖与尾迹断裂机理示意图[8]

外在门槛值的相互作用关系；基于衍射衬度成像（diffraction contrast tomography）技术，分析晶粒尺度上的三维损伤与断裂机理[11]，有利于评判断裂模式与裂纹临界扩展条件。这些先进的试验测量和表征手段的兴起，为疲劳裂纹扩展的多尺度特性及其不扩展条件的探索研究提供了较好的条件，但完全澄清疲劳极限科学本质的科研之路还很长。

对于疲劳极限的存在性，若进一步考虑到材料类型、表面状态、缺口、频率、温度与环境等因素的影响，"传统疲劳极限"或"表面疲劳极限"也可能不出现，使得疲劳极限的存在性以及是否为材料的固有属性等问题更加难以明确。从实际应用角度，或许摒弃"疲劳极限"的传统称谓，取而代之为"条件疲劳强度"更切合实际，而如何权衡实验室基于疲劳试样的研究结论与实际工程结构抗疲劳设计方法更是一大难题。因此，虽然人们对材料疲劳极限的研究和认识由来已久，但是材料疲劳极限的科学本质这一科学难题至今没有得到解决。

参 考 文 献

[1] Kruzic J J. Predicting fatigue failures. Science, 2009, 325: 156-158.

[2] Chandran K S R. Duality of fatigue failures of materials caused by Poisson defect statistics of competing failure modes. Nature Materials, 2005, 4: 303-308.

[3] Pyttel B, Schwerdt D, Berger C. Very high cycle fatigue—Is there a fatigue limit? International Journal of Fatigue, 2011, 33: 49-58.

[4]　Bathias C. There is no infinite fatigue life in metallic materials. Fatigue and Fracture of Engineering and Structures, 1999, 22: 559-565.

[5]　Murakam Y, Nomoto T, Ueda T. Factors influencing the mechanism of superlong fatigue failure in steels. Fatigue and Fracture of Engineering and Structures, 1999, 22: 581-590.

[6]　Nishijima S, Kanazawa K. Stepwise *S-N* curve and fish-eye failure in gigacycle fatigue. Fatigue and Fracture of Engineering and Structures, 1999, 22: 601-607.

[7]　Mughrabi H. On "multi-stage" fatigue life diagrams and the relevant life-controlling mechanisms in ultrahigh-cycle fatigue. Fatigue and Fracture of Engineering and Structures, 2002, 25: 755-764.

[8]　Ritchie R O. Mechanisms of fatigue-crack propagation in ductile and brittle solids. International Journal of Fracture, 1999, 100: 55-83.

[9]　Zhu M L, Lu Y W, Lupton C, et al. In situ near-tip normal strain evolution of a growing fatigue crack. Fatigue and Fracture of Engineering and Structures, 2016, 39: 950-955.

[10]　Withers P J. Fracture mechanics by three-dimensional crack-tip synchrotron X-ray microscopy. Philosophical Transactions, 2015, 373(2036): 20130157.

[11]　King A, Johnson G, Engelberg D, et al. Observations of intergranular stress corrosion cracking in a grain-mapped polycrystal. Science, 2008, 321(5887): 382-385.

撰稿人：朱明亮、轩福贞

华东理工大学

健康评估及预测中的不确定性问题

Uncertainties in Health Assessment and Forecasting

20 世纪系统科学尤其是复杂性科学的兴起，深入地揭示了复杂系统极为根本而又难以把握的一大内在特性——不确定性。对于复杂装备/系统（complex equipment/system），在较短的时间内，其系统结构可以看成确定的，系统行为可以比较精确地预测；而在较长的时间内，系统的行为却随时间不断演变且难以预测，初始条件的微小变化会导致装备/系统的行为轨迹出现巨大的偏差。这一内在特性，从系统科学和复杂性科学的角度，衍生出了复杂系统的不确定性问题。随着科学技术的深入发展，世界本质上不确定性比确定性更为基本和普遍，在确定性的周围存在着广阔无垠的不确定性海洋。与此同时，不确定性问题正逐渐成为多个传统和信息学科研究的重点和热点所在，提出了关于不确定性的独具特色的概念和方法，如数学中的随机性（random）概念及其概率计算方法，经济学中的风险（risk）概念及其计算方法，失效分析中的概率故障物理（probabilistic physics of failure）概念及其计算方法等，推动着对不确定性理论认识的深入。

复杂装备/系统、关键部组件、特种材料等在其寿命周期剖面中长期受机械载荷、振动载荷、特殊环境等多种应力耦合作用，导致材料与结构性能发生损伤退化，甚至失效，影响复杂装备/系统的整体性能和健康状态。另外，在工作过程中，单元紧密关联、功能相互耦合，不同材料和结构性能损伤退化模式各不相同，甚至具有一定的竞争性、多态性以及随机性等；同时，受不同材料和结构性能数据的采集、获取、传输及处理中检测及测试等方面引入的不确定性因素影响，进一步增加了复杂装备/系统健康评估及预测中的健康状态特征与演化机理研究的复杂性。传统的针对单一确定失效模式的寿命预测与健康评估方法不能有效地解决系统健康评估中面临的问题。对此，研究多状态系统的不确定性信息处理、性能退化机制分析、故障物理建模与寿命预测等基础科学问题，有利于建立多失效模式下的多状态系统健康状态评估及预测模型和方法，实现准确的健康评估及预测，这将为研制具有高可靠、更长服役寿命的装备系统奠定重要的理论基础。

针对复杂装备/系统健康评估及预测中的不确定性问题，目前国际上分别从理论、仿真及实验技术方面进行了探索。不确定性从本质上主要分为随机不确定性（aleatory uncertainty）和认知不确定性（epistemic uncertainty），并相继形成了处理不确定性的概率论（probability theory）、可能性理论（possibility theory）、区间理论（interval theory）、模糊理论（fuzzy theory）、D-S 证据理论（evidence theory）等[1-3]。针对数据不足、知识缺乏条件下复杂系统健康评估问题，美国能源部 Sandia 国家实验室[4]提出了裕度与不确定性量化（quantification of margins and uncertainties, QMU）方法，以确保如何基于复杂系统的数值仿真计算给出正确的健康评估结论。在概率故障物理方面，美国空军研究实验室（U.S. Air Force Research Laboratory）Larsen 等[5]开展了满足安全性、可靠性、经济可承受性、性能等指标下军用航空发动机热端部件的概率结构设计，指出疲劳寿命分布与微孔洞缺陷分布及其在早期损伤和小裂纹扩展过程中的敏感程度密切相关，并给出了降低材料疲劳性能分散性和寿命预测不确定性对其寿命影响的相应措施；Zhu 等[6,7]、Mahadevan 等[8]着重研究了不同环境效应下的疲劳裂纹扩展、可靠性分析与健康评估过程中的不确定性量化、模型确认与验证等问题，量化并描述了物理不确定性、统计不确定性和模型不确定性对其损伤评估和寿命预测的影响规律。概括而言，复杂装备/系统健康评估实施过程中所需的信息在来源、分布和属性上存在不同的情况[9,10]，如图 1 和图 2 所示。首先，针对某一部件的信息可能涉及研制阶段的仿真分析、试验阶段的可靠性试验以及试用阶段的实时监测，即多源信息（multi-source information）；同时，根据所建立的系统层次模型，评估信息将分布在包括各子系统、功能部件及元器件在内的不同层面，即层次信息（hierarchical information）；另外，受评估水平和计算能力的影响，某些复杂系统仍然广泛采用经验设计，多源、层次信息所包含的内容具有多种不确定性共存的特性，即异种信息（heterogeneous information）。如何在有限的样本下，针对多源、层次和异种信息，融合研制阶段的仿真结果、试验阶段的测试信息以及使用阶段的多传感器信息，需要不确定信息的混合性处理思想，这是健康评估技术的关键所在。

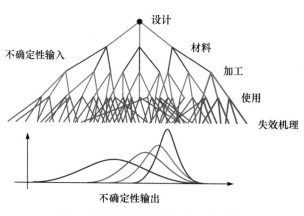

图 1   健康评估及预测中的不确定性

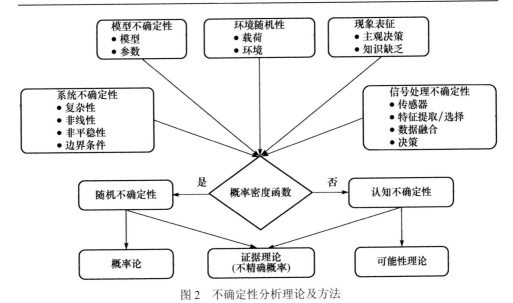

图 2 不确定性分析理论及方法

虽然各国科学家在不确定性理论及方法研究方面取得了一定的进展，但现有的健康评估技术多在随机不确定性下进行，而混合不确定性下的复杂分层系统健康评估技术在国内外仍处于探索阶段，目前还有许多基本问题尚未解决，例如：

（1）健康评估及预测中不确定性的表征、量化、融合、传递理论及方法研究。

（2）针对复杂装备/系统失效与零件失效之间的结构、功能关系，在考虑多失效模式及其影响因素的前提下，如何有效融合多源、层次、异种信息并降低系统的复杂度，同时量化材料和结构性能数据的采集、获取、传输及处理中的不确定性，处理包含随机不确定性和认知不确定性在内的混合不确定性。

（3）耦合系统/结构故障物理分析，如何量化载荷、环境、材料性能、累积损伤等因素的分散性对系统/结构性能的影响规律，最终实现并反馈到系统/结构的设计或定寿、健康评估中。

（4）在数据不足、不完备（incompleteness）或者知识缺乏（lack of knowledge）的情况下，如何开展认知不确定性下的多应力综合加速寿命试验及其验证研究。

（5）针对复杂装备/系统的可靠定寿，如何开展材料-结构-子系统-系统级试验等多尺度不确定性信息的融合处理并揭示其对装备服役性能的影响规律。

上述关键问题，已成为复杂装备/系统寿命预测与健康评估面临的核心问题与挑战，也是至今未完全解决的科学难题。目前的研究现状严重制约了关键部组件、相关材料长时服役性能的预测和相关装备/系统的安全保障。此类问题的解决将有利于最大限度地发挥复杂装备/系统的作用而又避免意外的事故和灾害，同时使健康评估及预测理论提升到一个新高度，进而推进相关领域的研究。

参 考 文 献

［1］　Oberkampf W L, Helton J C, Joslyn C A, et al. Challenge problems: Uncertainty in system response given uncertain parameters. Reliability Engineering and System Safety, 2004, 85(1): 11-19.

［2］　Ben-Haim Y. Uncertainty, probability and information-gaps. Reliability Engineering and System Safety, 2004, 85(1): 249-266.

［3］　Kiureghian A D, Ditlevsen O. Aleatory or epistemic? Does it matter? Structural Safety, 2009, 31(2): 105-112.

［4］　Pilch M, Trucano T G, Helton J C. Ideas underlying quantification of margins and uncertainties (QMU): A white paper. Unlimited Release SAND2006-5001. Albuquerque: Sandia National Laboratory, 2006.

［5］　Larsen J M, Jha S K, Szczepanski C J, et al. Reducing uncertainty in fatigue life limits of turbine engine alloys. International Journal of Fatigue, 2013, 57: 103-112.

［6］　Zhu S P, Huang H Z, Peng W, et al. Probabilistic physics of failure-based framework for fatigue life prediction of aircraft gas turbine discs under uncertainty. Reliability Engineering and System Safety, 2016, 146: 1-12.

［7］　Zhu S P, Huang H Z, Smith R, et al. Bayesian framework for probabilistic low cycle fatigue life prediction and uncertainty modeling of aircraft turbine disk alloys. Probabilistic Engineering Mechanics, 2013, 34: 114-122.

［8］　Sankararaman S, Mahadevan S. Bayesian methodology for diagnosis uncertainty quantification and health monitoring. Structural Control and Health Monitoring, 2013, 20(1): 88-106.

［9］　Lopez I, Sarigul-Klijn N. A review of uncertainty in flight vehicle structural damage monitoring, diagnosis and control: Challenges and opportunities. Progress in Aerospace Sciences, 2010, 46(7): 247-273.

［10］　Chen J, Yuan S, Qiu L, et al. Research on a lamb wave and particle filter-based on-line crack propagation prognosis method. Sensors, 2016, 16(3): 320.

撰稿人： 朱顺鹏、黄洪钟、彭卫文

电子科技大学

编 后 记

　　《10000 个科学难题》系列丛书是教育部、科学技术部、中国科学院和国家自然科学基金委员会四部门联合发起的"10000 个科学难题"征集活动的重要成果，是我国相关学科领域知名科学家集体智慧的结晶。征集的难题包括各学科尚未解决的基础理论问题，特别是学科优先发展问题、前沿问题和国际研究热点问题，也包括在学术上未获得广泛共识，存在一定争议的问题。这次征集的海洋、交通运输和制造科学领域的难题，正如专家们所总结的"一些征集到的难题在相当程度上代表了我国相关学科的一些主要领域的前沿水平"。当然，由于种种原因很难做到在所有研究方向都如此，这是需要今后改进和大家见谅的。

　　"10000 个科学难题"征集活动是由四部门联合组织在国家层面开展的一个公益性项目，得到教育界、科技界众多专家学者的积极参与和鼎力支持，功在当代，利在千秋，规模宏大，意义深远。数理化难题编撰的圆满成功，天文学、地球科学、生物学、农学、医学和信息科学领域难题的顺利出版，获得了专家好评和社会认同。这九卷书为海洋、交通运输和制造科学三卷书的撰写提供了宝贵经验。

　　征集活动开展以来，我们得到了教育部、科学技术部、中国科学院、国家自然科学基金委员会有关领导的大力支持，教育部原副部长赵沁平亲自倡导了这一活动，教育部科学技术司、国务院学位委员会办公室、科技部资源配置与管理司、科技部基础研究司、科技部高新技术发展及产业化司、中国科学院学部工作局、国家自然科学基金委员会计划局、国家自然科学基金委员会政策局、教育部科学技术委员会秘书处、中国海洋大学、北京交通大学和中南大学为本次征集活动的顺利开展提供了有力的组织和条件保障。由于此活动工程浩大，线长面广，人员众多，篇幅所限，书中只出现了一部分领导、专家和同志们的名单，还有许多提出了难题但这次未被收录的专家没有提及，还有很多同志默默无闻地做了大量艰苦细致的工作，如教育部科学技术委员会秘书处李杰庆、裴云龙、胡小蕾、王金献、崔欣哲、魏纯辉，中国海洋大学于志刚、罗轶、林霄沛、曹勇、王汉林、孙杨，中南大学王娜、董方、温昱钦，厦门大学曹知勉、张锐，同济大学易亮，北京交通大学荆涛、景云、白明洲、荀径、马跃、何笑冬、朱珊、杨力阳、潘姿华，上海交通大学郭为忠，华东理工大学张显程，清华大学解国新，西南交通大学赵春发，浙江大学祝毅，西北工业大学高鹏飞，国防科技大学彭小强，北京理工大学胡洁，西安交通大学韩枫，吉林大学张志辉，以及科学出版社鄢德平、万峰、周炜、裴育同志等。总之，系列丛书的顺利出版是参加这项工作的所有同志共同努力的成果。在此，我们一并深表感谢！

《10000 个科学难题》丛书

海洋、交通运输和制造科学编委会

2017 年 7 月